现代数学基础丛书·典藏版 33

解析数论基础

潘承洞　潘承彪　著

科学出版社

北京

内 容 简 介

哥德巴赫猜想、孪生素数、素数分布、华林问题，除数问题、圆内整点问题、整数分拆及黎曼猜想等著名数论问题吸引了古今无数的数学爱好者.本书全面详细地讨论了迄今为止研究这些问题的重要的分析方法、理论和结果，介绍了它们的历史及最新进展，是研究这些问题必不可少的入门书.

读者对象是大学高年级学生、研究生、数论工作者以及具有一定数论知识及分析知识的数学爱好者.

图书在版编目(CIP)数据

解析数论基础/潘承洞,潘承彪著.—北京：科学出版社,1991.2（2016.6 重印）
(现代数学基础丛书・典藏版;33)
ISBN 978-7-03-000929-6

I.①解… II.①潘… ②潘… III.①解析数论 IV.①O156.4

中国版本图书馆 CIP 数据核字(2016) 第 113252 号

责任编辑：张 扬／责任校对：林青梅
责任印制：徐晓晨／封面设计：王 浩

科学出版社出版
北京东黄城根北街 16 号
邮政编码：100717
http://www.sciencep.com
北京厚诚则铭印刷科技有限公司印刷
科学出版社发行 各地新华书店经销
*
1991 年 2 月第 一 版 开本：B5(720×1000)
2016 年 6 月印 刷 印张：58 3/4
字数：768 000

定价：398.00 元

(如有印装质量问题，我社负责调换)

序

我们的老师闵嗣鹤教授50年代曾在北京大学数学力学系为数届大学生、研究生讲授解析数论，并把讲课内容整理补充，写成了《数论的方法，上、下册》(科学出版社，1958, 1981)一书。这是国内第一本解析数论基础教材，为在我国开展解析数论的研究和培养人才方面起了很大作用．近三十年来，解析数论得到了很大的发展，形成了一些新的分支(如 Diophantus 逼近，超越数论，模形式等)，国际上也出版了一些内容和侧重面不同的解析数论基础书与专著。近年来国内热心于学习研究解析数论的人也愈来愈多．因此，为了适应这种进展和读者的需要，出版一些解析数论各分支的基础教材就是十分必要的了．1983 年在王元同志和科学出版社的建议下，我们就着手写一本能够比较全面地介绍解析数论的基本方法、基本问题和基本理论，并反映它的近代发展的基础教材．

从 1978 年至今，我们在山东大学和北京大学数学系为大学生、研究生开设了多届解析数论课和讨论班，编写了讲义，逐步积累了各方面的内容，这本书就是在这样的基础上整理、补充而成的．本书内容是这样安排的：

(一) 第一至六章是必要的分析与函数论方面的预备知识，这些内容在大学课程中一般是不讲的；

(二) 以后各章介绍基本的研究方法，主要包括以下几部分：(1) Riemann ζ 函数与 Dirichlet L 函数的基本理论(第七至十七章，第二十三至二十五章)，Dedekind η 函数的基本理论(第三十五章)；(2) 复变积分法(第六章 §5)；(3) 指数和方法(第十九，二十一，二十二章及第二十六章 §3)；(4) 圆法(第二十，二十六，三十六章)；(5) 大筛法，ζ 函数与 L 函数的零点分布(第二十八，二十九，三十，三十三章)；(6) 筛法(第三十二章)；

(三) 讨论了一些主要问题：(1) 素数分布(第十一，十八，三十一，三十四章，第二十八章 §6，及第三十二章 §6 定理

8)；(2) Goldbach 猜想与孪生素数猜想(第二十，三十二章)；(3) Waring 问题(第二十六章)；(4) Dirichlet 除数问题(第二十七章)；(5) 无限制整数分拆问题(第三十六章).

本书不包括 Kloostermann 指数和及最近由此得到的解析数论的一些新结果. 因为这些内容要涉及与传统的解析数论方法截然不同的一个十分重要的领域，但这是一个值得注意的进展. 通过这八年的教学实践，我们认为本书所包含的内容可以为研究生在传统解析数论方面打下一个相当坚实的基础，并能比较容易地阅读文献和独立地进行研究工作. 当然，对于只要求知道一点解析数论最基本知识的读者，选读第一至二十及三十二章的部分内容就足够了.

同通常编写基础书所遵循的原则一样，我们重点是讨论各种基本方法，以及应用于著名经典问题所得到的基本结果. 当同一个内容有不同的重要处理方法时，我们将把这些方法及所得结果都加以介绍(例如，在第十九章中介绍了估计线性素变数指数和的五种方法；在第二十一，二十二章中分别介绍了估计 Weyl 指数和的两种方法；在第三十一章中介绍了证明算术级数中素数分布的均值定理的三种方法；以及第三十二章中介绍了各种筛法). 为了能说清楚各种方法是如何运用于这些著名问题，我们所证明的结果往往不是最好的(例如，第二十四章的 ζ 函数与 L 函数的阶估计；第二十六章的 Waring 问题;第二十七章的除数问题；以及第三十二章 §6 定理 10 关于 $Z(x,h)$ 的上界估计等). 因为一般说来在解析数论中为了得到最好的结果，证明总是十分繁琐的，需要高度复杂的技巧和计算，于是冲淡了主要的环节，而这对初学者是没有好处的. 此外，对基本方法的适用对象、适用范围，以及对方法本身的深刻领会和恰到好处的熟练应用，是进行科学研究的一种重要能力，因而也是进行科学训练所应遵循的原则和重要的目的之一.

本书绝大多数章节后都配有习题，对较难的习题给出了提示. 有的章节习题数量相当多, 可选做一部分. 这些习题有的是给出了正文中定理的新证明，有的是正文内容的进一步讨论和延伸，而有的则是介绍了另一些重要方法和著名问题. 所以，即使只是把这些习题看一遍也是会有益的.

阅读本书需要具备大学数学系的分析、复变函数论和部分泛函分析(仅在第二十八章§3, §4 需要)的知识. 当然也要求学过初等数论，内容相当于华罗庚的《数论导引》的前六章，或闵嗣鹤与严士健的《初等数论》.

本书中的公式、定理、引理与推论都按每节编号，习题按每章编号. 每章前言中的公式按大写字母 A, B, C, … 排列. 在引用时，式(3)指同一节的公式(3)；式(2.3)是指同一章的 §2 的公式(3)；式(3.2.3)是指第三章 §2 的公式(3)；习题 3 是指同一章的习题 3; 习题 8.3 是指第八章的习题 3. 依此类推.

本书所列出的参考书目仅是在写本书时所参考的著作，但并不齐全，有关的历史资料和文献大多可在所列书目中找到. 写作本书时参考的其它资料将在有关地方指出. 本书中没有介绍的重要的新结果，将在正文中给出有关的文献.

本书各章书稿都经我们的研究生仔细阅读过，他们指出了其中不少疏忽和笔误之处，在此向他们表示衷心的感谢.

本书的写作与出版得到了国家教育委员会高等学校科学技术基金的资助；王元、裴定一同志仔细审阅了本书原稿，提出了宝贵意见；梅霖同志为本书的编辑出版做了大量有益的工作. 在此，谨向他们致以衷心的谢忱.

由于我们水平有限，书中错误不当之处还一定不少，欢迎批评指正.

饮水思源，我们的老师闵嗣鹤教授为发展我国解析数论、培养年青的解析数论工作者作出了杰出的贡献，但不幸于1973 年10 月 10 日过早地离开了我们. 谨以此书表达我们对他的深切怀念，感谢他对我们的亲切教诲、关心和爱护.

潘承洞　潘承彪

一九八七年七月于青岛大学

符 号 说 明

以下是全书通用符号的说明，如果在个别地方有不同的含意，则将明确申明.

$p, p', p_1, p_2, \cdots$	素数
$a \mid b$	a 整除 b
$a \nmid b$	a 不能整除 b
$p^k \Vert b$	$p^k \mid b$ 但 $p^{k+1} \nmid b$
(a, b)	a 和 b 的最大公约数；或表示开区间 $a<x<b$（a, b 是实数）
$(a, b, \cdots, c)$	$a, b, \cdots, c$ 的最大公约数
$[a, b]$	a 和 b 的最小公倍数；或表示闭区间 $a \leqslant x \leqslant b$（$a, b$ 是实数）
$[a, b, \cdots, c]$	$a, b, \cdots, c$ 的最小公倍数
$a \equiv b \pmod q$	$q>0, q \mid a-b$
$a \equiv b(q)$	即 $a \equiv b \pmod q$
$[x]$	不超过 x 的最大整数
$\{x\}$	$x-[x]$
$\Vert x \Vert$	$\{x\}$ 和 $1-\{x\}$ 中较小的一个；或赋范空间元素的范数
$\sum\limits_{n \leqslant x}, \sum\limits_{n<x}; \sum\limits_{p \leqslant x}, \sum\limits_{p<x}$	对正整数 $n \leqslant x, n<x$，素数 $p \leqslant x, p<x$ 求和
$b_1(u), ((u))$	均表 $u-[u]-1/2$
$e(z)$	$e^{2\pi i z}$，z 复数
$\int\limits_{(a)}$	$\int\limits_{a-i\infty}^{a+i\infty}$，$a$ 实数

$\sum_{n=1}^{q}{}'$	对如下整数 n 求和: $1 \leqslant n \leqslant q, (n, q) = 1$
$\sum_{n \bmod q}$	对模 q 的一个完全剩余系求和
$\sum_{n \bmod q}{}'$	对模 q 的一个简化(缩)剩余系求和
γ	Euler 常数，等于 $\lim\limits_{n \to \infty}\left\{\sum_{n=1}^{N} \frac{1}{n} - \log N\right\} = 0.577215 \cdots$；或表示 $\zeta(s)$, $L(s, \chi)$ 的非显然零点 ρ 的虚部: $\rho = \beta + ir$
$d(n)$, $d_2(n)$	n 的正除数的个数，称为除数函数
$d_k(n)$	n 表为 k 个正整数的乘积的不同表法(次序不同算作不同的表法)的个数
$\sum_{d \mid n}$, $\prod_{d \mid n}$	对 n 的正除数求和，求积
$\sum_{p \mid n}$, $\prod_{p \mid n}$	对 n 的素除数求和，求积
$\sigma_s(n)$	$\sum_{d \mid n} d^s$, s 复数
$\omega(n)$	n 的不同的素因子的个数，$\omega(1) = 0$
$\Omega(n)$	n 的所有素因子的个数(按重数计算)，$\Omega(1) = 0$
$\mu(n)$	Möbius 函数: $\mu(1) = 1$; n 是无平方因子数时 $\mu(n) = (-1)^{\omega(n)}$; 其它情形 $\mu(n) = 0$
$\Lambda(n)$	Mangoldt 函数: 当 $n = p^k (k \geqslant 1)$ 时 $\Lambda(n) = \log p$, 其它情形 $\Lambda(n) = 0$
$\varphi(n)$	Euler 函数，等于这样的整数 l 的个数: $1 \leqslant l \leqslant n, (l, n) = 1$
$\frac{F'}{F}(s)$	$\frac{F'(s)}{F(s)}$
$\Gamma(s)$	Euler Γ 函数，见式(3.2.1)
χ, $\chi(n)$	Dirichlet 特征，见定义 13.1.1
$\chi \bmod q$, $\chi(n; q)$	模 q 的Dirichlet 特征, 见定义13.1.1

$\chi \bmod q \Leftrightarrow \chi^* \bmod q^*$	定义见§13.2末
$G(l,\chi)$	Gauss和，等于$\sum_{n=1}^{q}\chi(n)e(ln/q)$(见式(13.3.3))
$C_q(l)$	Ramanujan和，等于$\sum_{n=1}^{q}{}' e(ln/q)$(见式(13.3.10))
$\tau(\chi)$	$G(1,\chi)$
$\pi(x)$	不超过x的素数个数
$\theta(x)$	$\sum_{p\leqslant x}\log p$
$\psi(x)$	$\sum_{n\leqslant x}\Lambda(n)$
$\pi(x,q,l)$	素数$p\leqslant x$，$p\equiv l(\bmod q)$的个数
$\theta(x,q,l)$	$\sum_{x\geqslant p\equiv l\,(q)}\log p$
$\psi(x,q,l)$	$\sum_{x\geqslant n\equiv l\,(q)}\Lambda(n)$
$\psi(x,\chi)$	$\sum_{n\leqslant x}\Lambda(n)\chi(n)$
$\mathrm{Li}\,x$	对数积分，等于$\lim_{\delta\to 0}\left(\int_0^{1-\delta}+\int_{1+\delta}^{x}\right)\frac{du}{\log u}$
$\mathrm{li}\,x$	对数积分，等于$\int_2^x\frac{du}{\log u}$，$x\geqslant 2$
$\sum_{\chi \bmod q}{}^*$	对模q的全体原特征(见定义13.2.1)求和
$\left(\frac{a}{p}\right)$	Legendre符号
$\left(\frac{m}{n}\right)$	Jacobi符号
RH	Riemann猜想(假设)(见§12.2)

GRH	广义 Riemann 猜想(假设)(见§14.2末)
$f(x)=O(g(x))$	存在正数 A(和 x 无关)，在指定的某一 x 取值范围内有 $\|f(x)\|\leqslant Ag(x)$，A 称为"O 常数". 如果正数 A 和某些参数有关，有时为了明确起见把这些参数记在符号 O 的右下角. 例如 $f(x)=O_\lambda(g(x))$ 表示 A 和所讨论问题中的参数 λ 有关
$f(x)\ll g(x)$	即 $f(x)=O(g(x))$，A 称为"$\ll$ 常数"，A 和某些参数有关时，可记在符号 $\ll$ 的右下角
$\zeta(s)$	Riemann ζ 函数，见式(6.1.11)，及§7.1
$\zeta(s,a)$	Hurwitz ζ 函数，见式(6.1.12)，及§7.1
$F(s,\theta)$	周期 ζ 函数，见式(6.1.13)，及§7.1
$L(s,\chi)$	Dirichlet L 函数，见式(6.1.14)，及§14.1
$s(h,k)$	Dedekind 和，见式(35.2.3)

目　　录

绪　　论

一般来说，一个学科分支的起源总是从对一些人们所关切的、感兴趣的重要问题的研究开始的；当形成了特有的研究对象、特有的研究方法、以及较为系统的基本理论和成果时，一门新学科就诞生了. 有的学科是侧重于以研究对象来划分，有的则侧重于以研究方法来划分.

数论(有时称为高等算术)是研究整数性质的一个数学分支. 虽然现在属于数论范围的许多著名问题在很早就开始研究，得到了十分丰富的成果，但奇怪的是，数论作为一门独立的数学分支出现却是迟至十九世纪初的事. 人们公认C.F.Gauss 在1801年发表的天才著作《算术研究(*Disquisitiones Arithmeticae*)》是数论作为一门独立学科诞生的标志. 数论最基本的特有的研究方法就是 Gauss 在这一天才著作中所创立的同余理论.

解析数论是数论中以解析方法作为其研究工具的一个分支. 通常把 G.F.B.Riemann 于 1859 年发表的著名论文《论不大于一个给定值的素数的个数(Über die Anzahl der Primzahlen unter einer gegebenen Grösse)》(参见 §12.1)看作是解析数论作为数论的一个分支开始形成的主要标志. 下面简单地谈一谈一百多年来解析数论(不包括 Diophantus 逼近，超越数论，模形式等)的形成和发展过程.

利用解析方法来研究整数性质，早在 18 世纪的 Euler 就开始了. 一个众所周知的事实是他证明了一个重要的恒等式：对实变数 $s>1$ 有

$$\prod_p (1-p^{-s})^{-1} = \sum_{n=1}^{\infty} n^{-s} . \tag{1}$$

由于 $s\to 1$ 时，式(1)的右边趋于 $+\infty$，由此他就推出了素数有无穷多个. 我们知道算术中最重要的定理是算术基本定理：每个

整数 $n>1$，必可唯一地表为

$$n=p_1^{\alpha_1}\cdots p_r^{\alpha_r},\ \alpha_j\geqslant 1,\ 1\leqslant j\leqslant r, \tag{2}$$

其中 p_j 是素数，$p_1>\cdots>p_r$. 恒等式(1)就是从这算术基本定理推出的. 反过来，假定恒等式(1)成立，也可推出算术基本定理. 所以，两个(实变数)解析函数之间的关系式(1)是算术基本定理的解析等价形式. 这正是 Euler 恒等式(1)的重要性之所在.

Euler 应用解析方法的另一个例子是关于整数的无限制分拆问题. 设 $n\geqslant 1$，$p(n)$ 表示把 n 表为若干个正整数(不计次序)之和的所有不同的表法个数，即方程

$$n=n_1+\cdots+n_l,\ n_1\geqslant\cdots\geqslant n_l\geqslant 1,\ l\geqslant 1, \tag{3}$$

的解数. $p(n)$ 称为无限制分拆函数. 例如

$$3=3=2+1=1+1+1,$$

所以 $p(3)=3$；

$$5=5=4+1=3+2=3+1+1$$
$$=2+2+1=2+1+1+1=1+1+1+1+1,$$

所以 $p(5)=7$. 约定 $p(0)=1$. Euler 引进了以 $p(n)$ 为系数的幂级数

$$F(z)=\sum_{n=0}^{\infty}p(n)z^n, \tag{4}$$

它称为是 $p(n)$ 的(幂级数)母函数(或生成函数). 容易证明：当 $|z|<1$ 时上述幂级数收敛，且有

$$F(z)=\sum_{n=0}^{\infty}p(n)z^n=\prod_{r=1}^{\infty}(1-z^r)^{-1} \tag{5}$$

(见定理 36.1.1). 利用它 Euler 证明了整数分拆理论中著名的五角数定理(见 [11, 定理 353], [12, 第八章 §3 定理 3]). 这里又一次把有关整数的一个性质和一个解析函数的关系式联系起来了.

Euler 并没有进一步利用解析方法研究数论问题，也没有得到重要的结果(上面所说的结果都可以用初等方法证明)，其原

因之一可能是当时复变函数论还没有发展成熟. 然而, 只有在整数性质与解析函数性质之间建立了联系, 才有可能把解析方法用于研究数论. 历史证明解析数论正是沿着 Euler 的光辉思想发展起来的.

Gauss 利用完整三角和公式

$$\sum_{r=1}^{m} e(r^2/m)=(1+i^{-m})(1+i^{-1})\sqrt{m}\ , \tag{6}$$

给出了二次互反律的一个证明(见 [1, §9.11]). 这是指数和方法第一次用于解决数论问题.

首先为解析数论奠定了基础的是 D. G. L. Dirichlet. 他成功地应用解析方法解决了两个著名数论问题: (I) 首项与公差互素的算术数列中有无穷多个素数; (II) 二次型的类数公式.

算术数列中的素数[1)] 设 $q\geqslant 3,\ 1\leqslant l<q\ ,\ (l\ ,\ q)=1$, 算术数列

$$l\ ,\ l+q\ ,\ l+2q\ ,\cdots\ ,\ l+dq\ ,\cdots \tag{7}$$

中是否也有无穷多个素数, 这是知道了自然数中存在无穷多个素数后很自然要问的一个问题. Euler 宣布当 $1=1$ 时算术数列 (7) 中有无穷多个素数; 而 A. M. Legendre 明确地提出算术数列 (7) 中有无穷多个素数(并利用这一结论给出了二次互反律的一个证明). 但是,他们都没有给出证明. 虽然对特殊的 l 和 q, 初等数论中已证明了很多这样的结果, 但一般结论是否成立, 则是一个十分困难的猜想. Dirichlet 先于 1837 年证明了这一猜想对 q 是素数时成立,继而利用他证明的二次型类数公式推出对一般的 q 猜想也成立. 为了确定一个整数是否属于算术数列 (7)(d 可取负值), 他引进一类极其重要的算术函数—— 模 q 的特征(见 §13.1):

设 $q\geqslant 1$, 一个不恒为零的算术函数 $\chi(n)$ 如果满足条件: (i) 当 $(n\ ,\ q)>1$ 时 $\chi(n)=0$; (ii) 对任意的 n 有 $\chi(n+q)=\chi(n)$; (iii) 对任意的 $n\ ,\ m$ 有 $\chi(mn)=\chi(m)\chi(n)$, 那么 $\chi(n)$ 就称为模

---

1) 参看 [7, §1 – §4], [1, 第七章], [12, 第九章 §8], [4, 第一章].

q 的特征，为了明确指出它是属于模 q 的特征也记作 $\chi(n;q)$. 通常也叫作 Dirichlet 特征.

显然，$\chi(n)\equiv 1,(n,q)=1$, 是特征，它称为模 q 的主特征. 仅取实值的特征称为实特征. Dirichlet 证明了：对给定的模 q 恰有 $\varphi(q)$ 个不同的特征；当 $(n,q)=1$ 时 $|\chi(n)|=1$;

$$\frac{1}{\varphi(q)}\sum_{n=1}^{q}\chi(n)=\begin{cases}1,\chi\text{ 是主特征},\\0,\chi\text{ 不是主特征};\end{cases}\tag{8}$$

以及对任意的 n 及 $(a,q)=1$ 有

$$\frac{1}{\varphi(q)}\sum_{\chi \bmod q}\overline{\chi}(a)\chi(n)=\begin{cases}1,n\equiv a(\bmod q),\\0,n\not\equiv a(\bmod q),\end{cases}\tag{9}$$

这里求和号表示对模 q 的所有特征求和.

他遵循 Euler 的思想，利用性质(9)得到了下面的关系式：当实变数 $s>1$ 时,

$$\begin{aligned}\sum_{p\equiv l(\bmod q)}\frac{1}{p^s}&=\frac{1}{\varphi(q)}\sum_{p}\frac{1}{p^s}\sum_{\chi \bmod q}\overline{\chi}(l)\chi(p)\\&=\frac{1}{\varphi(q)}\sum_{\chi \bmod q}\overline{\chi}(l)\left\{-\sum_{p}\log\left(1-\frac{\chi(p)}{p^s}\right)+O(1)\right\}\\&=\frac{1}{\varphi(q)}\sum_{\chi \bmod q}\overline{\chi}(l)\log\left\{\prod_{p}\left(1-\frac{\chi(p)}{p^s}\right)^{-1}\right\}+O(1).\end{aligned}\tag{10}$$

他引进了函数

$$L(s,\chi)=\sum_{n=1}^{\infty}\chi(n)n^{-s},\ s>1.\tag{11}$$

由算术基本定理(2)及 $\chi(n)$ 的性质容易推出：当 $s>1$ 时有

$$\prod_{p}(1-\chi(p)p^{-s})^{-1}=\sum_{n=1}^{\infty}\chi(n)n^{-s}=L(s,\chi).\tag{12}$$

现在把 $L(s,\chi)$ 称为 Dirichlet L 函数，由式(10)和(12)推出

$$\sum_{p \equiv l \pmod q} \frac{1}{p^s} = \frac{1}{\varphi(q)} \sum_{\chi \bmod q} \overline{\chi}(l) \log L(s, \chi) + O(1). \quad (13)$$

如果能够证明当 $s \to 1$ 时，上式右边的和式趋于 $+\infty$，那么就证明了算术数列(7)中有无穷多个素数. 这样，通过关系式(13)我们的算术问题就又转化为研究实变数的解析函数 $L(s, \chi)$ 的性质. 通过对 $L(s, \chi)$ 性质的进一步研究，这一结论被归结为要去证明：当 χ 是实特征且不是主特征时

$$L(1, \chi) = \sum_{n=1}^{\infty} \chi(n) n^{-1} \neq 0^{1)} \quad (14)$$

(见定理 14.2.4). 当 q 是素数时，Dirichlet 直接证明了式(14)；而对一般的 q，他是从下面的二次型类数公式(18)推出的.

二次型的类数公式[2] 设整系数非退化的二元二次型

$$F = F(x, y) = ax^2 + bxy + cy^2, \quad (15)$$

它的判别式

$$d = b^2 - 4ac. \quad (16)$$

显见 $d \equiv 0$ 或 $1 \pmod 4$，且 $d \neq$ 平方数. 以下恒假定 d 是这样的数. 二元二次型 F 和二元二次型

$$G = G(x_1, y_1) = a_1 x_1^2 + b_1 x_1 y_1 + c_1 y_1^2$$

称为是相似的，如果存在模变换

$$x = rx_1 + sy_1, \quad y = tx_1 + uy_1,$$

$$r, s, t, u \text{ 是整数}, \quad ru - st = 1, \quad (17)$$

使得

$$F(rx_1 + sy_1, tx_1 + uy_1) = G(x_1, y_1).$$

显见，两个相似的型的判别式相同. 我们把所有两两不相似的，以 d 为判别式的二次型的个数记作 $h(d)$，称为二次型的类数. 容易证明，对一给定的 d，有且只有有限个两两不相似的二元二

1) 由式(8)易证式(14)中的级数收敛.

2) 参看[7,§6],[12,第十二章].

次型以 d 为其判别式，所以 $1\leqslant h(d)<+\infty$. 1839 年，Dirichlet 证明了

$$h(d)=\begin{cases}(2\pi)^{-1}w|d|^{1/2}L(1,\tilde{\chi}),\ d<0;\\ (\log\varepsilon)^{-1}d^{1/2}L(1,\tilde{\chi}),\ \ d>0,\end{cases}\tag{18}$$

这里 $\tilde{\chi}(n)=\left(\dfrac{d}{n}\right)$ 是模 $|d|$ 的实特征，$\left(\dfrac{d}{n}\right)$ 是 Kronecker 符号（参看 [12, 第十二章 §3]），

$$L(1,\tilde{\chi})=\sum_{n=1}^{\infty}n^{-1}\left(\frac{d}{n}\right),\tag{19}$$

$$w=\begin{cases}2, & d<-4,\\ 4, & d=-4,\\ 6, & d=-3,\end{cases}\tag{20}$$

以及 $\varepsilon=(u_0+v_0\sqrt{d})/2$，$u_0+v_0\sqrt{d}$ 是 Pell 方程 $u^2-dv^2=4$ 的最小正解（参看[12, 第十一章 §4 定理 4]）.

由 $h(d)\geqslant 1$ 及式 (18) 立即推出

$$L(1,\tilde{\chi})\neq 0,\tag{21}$$

利用特征和 L 函数的简单性质就可推出式 (14) 成立.

Dirichlet 的这两个历史性工作显示了解析方法的强大生命力：初等方法所不能解决的数论问题可转化为研究（实变数）解析函数的性质，而得到令人满意的解决. 顺便指出，二次型类数公式是属于代数数论范围的问题，在这里已经显示出了代数方法、解析方法、以至几何方法相结合来研究数论的趋势，这种趋势近年来在数论的发展中尤为明显.

素数分布问题一直是数论研究的中心课题之一. 素数有无穷多个，以及首项与公差互素的算术数列中有无穷多个素数，都是定性结果. 我们当然希望知道，不超过 x 的素数个数 $\pi(x)$ 是多少? 以至进一步问，不超过 x 且属于算术数列 (7) 的素数个数 π

$(x;q,l)$是多少? Legendre 和 Gauss 都猜测(见§11.1):

$$\pi(x)\sim x/\log x. \tag{22}$$

Gauss 的猜测更精确些:

$$\pi(x)\sim \mathrm{Li}\,x, \tag{23}$$

这里 Li x 是对数积分. 这就是通常所说的素数定理. 上面提到的 Riemann 的著名论文正是研究这一问题的. Riemann 也是把 Euler 恒等式(1)作为他研究这一问题的出发点, 一个重要的不同是: 他把 s 看作是复变数, 当 Re $s>1$ 时式(1)仍然成立. 他记

$$\zeta(s)=\sum_{n=1}^{\infty}\frac{1}{n^s}, \qquad \mathrm{Re}\, s>1; \tag{24}$$

这就是现在说的 Riemann Zeta 函数. 他对 ζ 函数作了极为全面深刻的研究, 得到了一系列重要结论(见§12.1). 然后, 建立了一个联系 $\pi(x)$ 和 $\zeta(s)$ 的重要关系式, 他的不甚严格的推导如下: 对等式(1)两边取对数, 当 Re $s>1$ 时有

$$\log\zeta(s)=-\sum_p\log\left(1-\frac{1}{p^s}\right)=s\sum_{m=1}^{\infty}\frac{1}{m}\sum_p\int_{p^m}^{\infty}x^{-s-1}dx.$$

进而得

$$\frac{1}{s}\log\zeta(s)=\int_1^{\infty}J(x)x^{-s-1}dx, \quad \mathrm{Re}\, s>1,$$

这里

$$J(x)=\sum_{m=1}^{\infty}\frac{1}{m}\pi(x^{1/m})=\pi(x)+O(x^{1/2}). \tag{25}$$

进而, 由 Mellin 变换的反转公式(定理 1.2.1)得到: 当 $x>1$, Re $a>1$ 时,

$$J_0(x)=\frac{1}{2}(J(x+o)+J(x-o))=\frac{1}{2\pi i}\int_{(a)}\log\zeta(s)\frac{x^s}{s}ds$$

$$=\frac{-1}{2\pi i}\frac{1}{\log x}\int_{(a)}x^s\frac{d}{ds}\left(\frac{\log\zeta(s)}{s}\right)ds.$$

由此，利用他所证明的关于 $\zeta(s)$ 的性质，Riemann 得到了著名的所谓 Riemann 素数公式:

$$J_0(x) = \mathrm{Li}\, x - \sum_{\rho} \mathrm{Li}\, x^{\rho} - \log 2 + \int_x^{\infty} \frac{1}{t(t^2-1)\log t}\, dt, \quad (26)$$

这里求和号是对 $\zeta(s)$ 的所有复零点 ρ 求和（Riemann 已经严格证明了 $\zeta(s)$ 可解析开拓到全平面，以及它的全体复零点均位于长条 $0 \leqslant \mathrm{Re}\, s \leqslant 1$ 中）. 注意到式(25)，这一公式清楚地表明 $\pi(x)$ 和 $\zeta(s)$ 的复零点的分布密切相关.

在论文中，Riemann 提出了一个至今未解决的猜想: $\zeta(s)$ 的全体复零点均位于直线 $\mathrm{Re}\, s = 1/2$ 上. 这就是著名的 Riemann 猜想. 大家知道，对这一猜想的研究大大地推动了解析数论，代数数论，代数几何等学科的发展.

我们将在第十二章较为详细地介绍 Riemann 的论文及有关问题.

Riemann 的这一不朽工作，不仅提出了应用复变函数论来研究数论的一般思想和方法，而且在数论的一个最重要的中心问题——素数定理——上得到了具体的实现(尽管有时推导是不严格的，而这种不严格在某种意义上说是不可避免的). 从此以后，对素数定理的研究正是严格地沿着 Riemann 在这篇论文中提出的思想、方法、和结论而取得进展的. 他所给出的全部结论后来都给出了严格的证明，并大大地推动了单复变函数论，特别是整函数理论的发展. 最后，终于在 1896 年，Hadamard 和 de la Vallée Poussin 几乎同时独立地证明了素数定理(23)成立. 这里提出的研究素数定理的具体方法通常称为复变积分法，它在 Dirichlet 除数问题，Gauss 圆问题(见第二十七章)等著名问题上也都成功地得到了应用. E. Landau 对这一方法的完善和发展作出了贡献[1).

从此，新的解析方法不断被引入来研究数论问题. 在1920 年前后，差不多同时开始了对圆法，筛法和指数和方法的研究，

1) 参见 [14, §49].

取得了初等方法所不能得到的丰硕成果.

1920 年前后，G.H. Hardy，S. Ramanujan 和 J. E. Littlewood 提出并系统地发展了解析数论中的一个强有力的新方法——圆法，1930 年前后，И.М.Виноградов 又对圆法作了重要改进. 圆法成功地应用于无限制整数分拆，Waring 问题，Goldbach 猜想，平方和问题等一系列著名问题.

1918 年，Hardy 和 Ramanujan 首先提出了圆法，用于研究整数分拆问题. 他们从 Euler 的关系式(5)出发，把 z 看作是复变数，由 Cauchy 积分定理得到：当 $0<r<1$ 时有

$$p(n)=\frac{1}{2\pi i}\int_{|z|=r} F(z)z^{-n-1}dz$$

$$=r^{-n}\int_0^1 F(re^{2\pi i\theta})e^{-2\pi in\theta}d\theta. \tag{27}$$

利用函数 $F(z)$[1)]的性质计算上式最后一个积分，他们得到了 $p(n)$ 的渐近公式. 后来，H. Rademacher 于1937 年利用 Farey 分割和进行巧妙的计算得到了 $p(n)$ 的级数展开式(见第三十六章).

Waring 问题是 E. Waring 在 1770 年提出的(见第二十六章). 简单地说就是：对任给正整数 $k\geqslant 2$，一定存在正整数 $m=m(k)$，使得不定方程

$$x_1^k+\cdots+x_m^k=N,\ x_j\geqslant 0,j=1,\cdots,m, \tag{28}$$

对每个自然数 N 必有解. 我们把这样的正整数 m 中的最小的记作 $g(k)$. 如果仅要求不定方程(28)对每个充分大的自然数 N 有解，那么把这样的正整数 m 中的最小的记作 $G(k)$.

Goldbach 猜想是 C. Goldbach 和 Euler 在 1742 年的数次通信中提出来的(见第二十章). 他们猜测

(A) 每个不小于 6 的偶数是两个奇素数之和;

1) 对 $F(z)$ 的研究是属于模形式理论的一部分，模形式理论是研究堆垒数论的一个重要解析方法，本书不作系统的讨论.

(B) 每个不小于 9 的奇数是三个奇素数之和.

1920 年前后，Hardy 和 Littlewood 发表了一系列文章 (见 [33, 第一章])，系统地发展了圆法，用于研究 Waring 问题和 Goldbach 猜想. 利用 Cauchy 积分定理，类似于式 (27) 可得到以下结论:

(I) 设 $R_m(N)$ 是不定方程 (28) 的解数，则

$$R_m(N)=\frac{1}{2\pi i}\int_{|z|=r} H^m(z)z^{-N-1}dz$$
$$=r^{-N}\int_0^1 H^m(re^{2\pi i\theta})e^{-2\pi iN\theta}d\theta,\ 0<r<1, \tag{29}$$

这里

$$H(z)=\sum_{n=0}^{\infty} z^{n^k},\quad |z|<1; \tag{30}$$

(II) 设 $D(N)$ 是 N 表为两个奇素数之和的表法个数，$T(N)$ 是 N 表为三个奇素数之和的表法个数，则

$$D(N)=\frac{1}{2\pi i}\int_{|z|=r} S^2(z)z^{-N-1}dz$$
$$=r^{-N}\int_0^1 S^2(re^{2\pi i\theta})e^{-2\pi iN\theta}d\theta,\quad 0<r<1; \tag{31}$$

$$T(N)=\frac{1}{2\pi i}\int_{|z|=r} S^3(z)z^{-N-1}dz$$
$$=r^{-N}\int_0^1 S^3(re^{2\pi i\theta})e^{-2\pi iN\theta}d\theta,\quad 0<r<1; \tag{32}$$

这里

$$S(z)=\sum_{2<p} z^p,\quad |z|<1. \tag{33}$$

他们认为函数 $H(re^{2\pi i\theta})$ 及 $S(re^{2\pi i\theta})$ 都具有这样的性质：当 θ 和分母“较小”的既约分数“较近”时，函数取“较大”的值，函数的主要部分就集中在这些既约分数的“附近”. 因此，他们就希望能利用 Farey 分数把积分区间 [0,1] 分割为基本区间 E_1 和余区间 E_2 两部分，E_1 就是由那些以分母“较小”的既约分数为中心的小区间所组成，使得式(29)，(31)和(32)中的积分的主要部分就是在 E_1 上的积分；这样，适当选取 r(和 N 有关)，把在 E_1 上的积分计算出来，并证明在 E_2 上的积分是可以忽略的次要部分，以得到当 N 充分大时解数的渐近公式，由此来证明 Waring 问题与 Goldbach 猜想对充分大的 N 成立. 这就是他们的圆法的思想. 然而，这一方法对Waring 问题来说仅当 $k=2$ 时有效，可以证明 $m=5$ 时不定方程(28)必有解(虽然由Largrange 定理可推出 $g(k)=4$，但这里得到了解数的渐近公式). 而对 Waring 问题($k\geqslant 3$)及 Goldbach 猜想，虽然在基本区间 E_1 上的积分可以计算出来，但不能证明在余区间 E_2 上的积分是可以忽略的次要部分，因此他们只得到了一些重要的条件结果. 尽管如此，这一强有力的解析方法——圆法——的提出，开创了近代解析数论研究的一个新时期.

后来，Виноградов 发现，式(29)，(31)和(32)中的幂级数都可以用有限指数和来代替. 利用熟知的积分

$$\int_0^1 e^{2\pi i h\theta}d\theta=\begin{cases}1, & h=0;\\ 0, & 整数\ h\neq 0.\end{cases} \tag{34}$$

可得到

$$R_m(N)=\int_0^1\left(\sum_{0\leqslant n\leqslant N^{1/k}}e^{2\pi i\theta n^k}\right)^m e^{-2\pi iN\theta}d\theta=\int_{E_1}+\int_{E_2}; \tag{35}$$

$$D(N)=\int_0^1\left(\sum_{2<p<N}e^{2\pi i\theta p}\right)^2 e^{-2\pi iN\theta}d\theta=\int_{E_1}+\int_{E_2}; \tag{36}$$

$$T(N)=\int_0^1\left(\sum_{2<p<N}e^{2\pi i\theta p}\right)^3 e^{-2\pi iN\theta}d\theta=\int_{E_1}+\int_{E_2}. \tag{37}$$

这就大大简化了原来的关系式(这相当于在原来的复积分中取积分围道 $|z|=1$，而这在那里是不可以的，因为 $|z|=1$ 是原来那些幂级数的自然边界)．这样一来，实现圆法的关键就转化为估计有限指数和在余区间 E_2 上的积分．这就导致 Виноградов 创造了一整套估计各种类型的指数和的天才方法—— 这就是近代解析数论中的又一个具有广泛应用的重要方法——指数和方法．利用他的方法，Виноградов 证明了著名的三素数定理(见第二十章)，得到 $G(k)$ 的最好的上界估计(见第二十六章前言)，以及素数定理余项的最佳估计(见定理 11.3.3)．

指数和也称三角和，是指各种类型的和式

$$\sum e(f(n)), \tag{38}$$

这里 $f(x)$ 为满足某些条件的实函数 n 属于某个有限整数集合．指数和方法也称三角和方法，就是估计这种和式的上界的方法．近代解析数论之所以得到了重大进展是和指数和方法的提出与发展分不开的．重要类型的指数和有以下三种：

完整三角和(也称**有理三角和**)　设 q 是给定的正整数，$P(x)=a_kx^k+\cdots+a_1x$ 是整系数多项式，$(a_k,\cdots,a_1,q)=1$．我们把

$$S(q,p(x))=\sum_{x=1}^{q}e(P(x)/q) \tag{39}$$

称为完整三角和．它在 Waring 问题的主项的研究中起着重要作用(见 §26.2)．Gauss，华罗庚，和 A. Weil 对完整三角和的研究作出了重要贡献．关于完整三角和的基本结果和主要历史见 §26.3 及所引文献．

Weyl 指数和　设 $f(x)$ $(a\leqslant x\leqslant b)$ 是具有足够多次导数的实函数，我们把

$$\sum_{a<n\leqslant b}e(f(n)) \tag{40}$$

称为 Weyl 和，它最初是由 H. Weyl(1916)在其关于一致分布的开创性工作中引进的，并给出了它的非显然上界估计. 后来，在 Riemann ζ 函数理论(见第十，二十三，二十四，二十五章)，素数分布(见第十一章)，Waring 问题(见第二十六章)，整点问题(见第二十七章)，以及 Diophantus 逼近等解析数论的重要课题的研究中，都出现了 Weyl 指数和，而且估计这种指数和是研究这些问题的关键. 估计这种指数和的方法主要有三种：第一种是 Weyl 提出的，后经 Hardy－Littlewood 作了改进(见习题 19.3). 后来, van der Corput 和 И.М.Виноградов 分别提出了两种新方法，这两种方法各有优劣，但都好于 Weyl 的方法. 关于这两种方法，及其主要历史、发展分别见第二十一，二十二章及所引文献.

素变数指数和 设 $f(x)$ 和式(40)中的相同，

$$\sum_{p\leqslant x} e(f(p)) \tag{41}$$

称为素变数指数和，特别重要的是线性素变数指数和

$$\sum_{p\leqslant x} e(\alpha p). \tag{42}$$

这种指数和是 И.М.Виноградов 首先提出，得到了非显然估计，并进行了深入的研究. 他正是通过成功地估计线性素变数指数和(42)，而证明了著名的三素数定理——每个充分大的奇数是三个奇素数之和，并得到了表法的渐近公式(见第二十章). 关于线性素变数三角和方法的主要结果及其发展见第十九章及所引文献；关于非线性情形参看 [34],[35] 及习题 19.3. 应用圆法和素变数指数和估计，华罗庚在 Waring－Goldbach 问题上作出了重要贡献(见 [13]).

与指数和方法有关的是所谓特征和方法，它在 Dirichlet L 函数理论，与算术数列有关的数论问题，以及其它一些著名数论问题(如最小正剩余、最小正原根等)中有重要应用. 但对特征和估计至今没有得到令人满意的结果. 我们仅在 §13.4 和第二十九章讨论了一些最初步的结果. 这是一个十分重要的研究课题.

还应该提出的是 H. Kloostermann (1926) 在研究表整数为平方和 $b_1x_1^2+b_2x_2^2+b_3x_3^2+b_4x_4^2$ 时所引进的所谓 Kloostermann 和：设整数 $q\geqslant 1$, a, b 是给定的整数,

$$\sum_{n=1}^{q} e\left(\frac{an+bn^{-1}}{q}\right), \tag{43}$$

这里 $n^{-1}n\equiv 1\pmod q$. 近年来对这种指数和的研究有了一些进展，并在一些数论问题上得到了应用（参看：Н.В.Кузнецов, Мат. СБ. 111(1980), 334－383; J. M. Dershouillers, H. Iwaniec, Invent. Math. 70(1982), 219－288). 本书不讨论这方面的内容.

筛法是随着对孪生素数，Goldbach 猜想等著名问题的研究发展起来的，就其方法本身来说是一个初等的解析方法，具有很强的组合数学特征. 但是为了处理筛法中出现的次要项，往往需要用到高深的解析方法和结果. 关于什么是筛法，筛法理论的基本问题，以及筛法与数论问题的联系，将在 §13.1 中作较详细的介绍，这里不多说了. 筛法分为小筛法与大筛法，而通常说筛法时总是指小筛法. 筛法起源于古老的 Eratosthenes 筛法，但这种筛法实际上是一种算法，对数论问题不能得到有理论价值的结果. 首先对 Eratosthenes 筛法作出了具有重大理论价值的改进的是 V. Brun, 在 1920 年左右，他用他的改进后的新方法证明了两个重要定理：(a) 由所有孪生素数的倒数组成的级数收敛（定理 32.3.2）；(b) 命题 $\{9,9\}_h$ 和命题 $\{9,9\}$ 成立，这里 h 是给定的偶数，命题 $\{a,b)_h$ 表示存在无穷多个正整数 n, 使得 n 和 $|n+h|$ 分别是不超过 a 个和 b 个素数的乘积，命题 $\{a,b\}$ 表示充分大的偶数一定是一个不超过 a 个素数的乘积与一个不超过 b 个素数的乘积之和. 他的方法被称为 Brun 筛法，他的工作开创了用筛法来研究数论的新途径. 在四十年代 B. Rosser 改进了 Brun 筛法，当时他的工作没有引起人们的注意，直到七十年代前后才为人们所重新发现，H. Iwaniec 对 Rosser 筛法作了重要改进与发展.

这两种筛法具有很强的组合特征，所以称为组合筛法．对 Eratosthenes 筛法另一意义重大的改进是 A. Selberg 在 1950 年前后提出的，他的方法是基于二次型求极值的简单思想，直接得到所需要的上界估计，十分简单且便于应用．他的方法被称为 Selberg 上界筛法或 λ^2 筛法．对筛法理论和应用作出了重要贡献的还有 A.A.Бухштаб，P. Kuhn，和陈景润．在某些问题上(如 Brun－Titchmarsh 定理，见定理 32.6.8)利用筛法可以取得其它解析方法所不能得到的结果，而一些问题(如相邻素数之差的上界估计[1])的最佳结果也是由筛法得到的．对小筛法的研究还远远没有完结，现在仅对最简单的所谓线性筛法(见式(32.5.2))得到了满意的解决，而对多维筛法则仅取得了很初浅的成果(参见 [10]，[25]，[26，第七章]，及 §32.6)．

大筛法是 Ю.В.Линник(1941) 在研究模 p 的正的最小二次非剩余时提出来的，大筛法的历史将在第二十八章的前言中介绍．在大筛法研究的初期，它是以算术形式出现的(见 §28.5)，且带有一些捉摸不透的神秘性．由于 Bombieri 的工作(1965)，使人们认识到大筛法实际上是某种指数和的均值估计(见式(28.1.3))．正是这一思想，使得大筛法成为近代解析数论的一个重要工具，而大筛法本身应归入指数和方法，是一个很初等的分析工具．大筛法在 Riemann ζ 函数和 Dirichlet L 函数的零点分布(见第三十，三十三章)，算术数列中素数的平均分布(见第三十一章)，以及 Brun－Titchmarch 定理(见 §28.6)中有重要应用．

我国数学家对小筛法和大筛法的理论与应用作出了重要的贡献．特别是陈景润(1966，1973)证明了命题 $\{1,2\}$，这被公认为是筛法(包括大筛法)理论富有创造性的最杰出的应用(参看[26，定理 9.3])；他在关于小区间中的殆素数的著名工作(见 *Sci. Sin.* 18(1975)，611－627；22(1979)，253－275)中，首次把指数和方法成功地用于估计小筛法中的余项，这对近年来小筛法的进展有重要影响．

---

1) 参看 Iwaniec 和 Pintz，*Monatshefte Math*.98，115－143(1984)．

解析数论还有一个重要的初等方法——密率理论，它是由Шнирельман所首先提出的，这里不详细介绍了(参看[14，第一章§1]，及H. H. Ostmann, Additive Zahlentheorie, Bd, I, II, 1956). 利用密率与筛法相结合可以证明：每个自然数($\geqslant 2$)可以表为不超过19个素数之和(见H. Riesel, R. C. Vaughan, *Ark. Mat.* 21(1983), 45-74). 这是至今用别的方法所不能得到的.

还有其它一些解析方法用于研究数论问题. 例如，Tauber型定理用于素数定理和其它问题的研究(参看[5], [27]), Turan方法用于研究ζ函数与L函数(参看Turan，数学分析中的一个新方法，数学进展2(1956), 311-365; 及[26，第十章])，但是它们看来并没有形成为强有力的解决数论问题的重要方法.

综上所述，一百多年来，解析数论主要是随着不断引进解析方法来研究素数分布、孪生素数、Goldbach猜想、Waring问题、整点问题、整数分拆等著名数论问题而发展起来的. 它所特有的基础知识主要是Riemann ζ函数论与Dirichlet L函数论(特别是$\zeta(s)$与$L(s,\chi)$的零点的性质)，以及一些有关模函数(参看第三十五章)的性质，它所特有的基本方法主要是复变积分法、圆法、指数和方法与特征和方法、以及筛法等，逐步地建立了较为完整的理论体系，大大推进了对这些著名问题的研究. 解析数论一直是数学中十分活跃而且是脚踏实地的取得进展的一个分支. 但也应该看到，绝大多数著名问题还没有最终解决，现有的结果离猜测有着很大距离；当前解析数论的发展似乎处于一个相对停滞阶段，需要引进新的思想与方法. 解析数论本身是在和其它学科互相渗透的过程中逐步发展起来的，从历史和近年来的发展趋势看，新的分析、代数、以及几何方法必将不断被引进来继续推动解析数论的向前发展，而这些学科的方法与结果的价值也将在其推动数论问题的解决所取得的进展中得到检验. 总之，解析数论始终是一门具有强大生命力和光辉前景的重要学科.

第一章　Fourier 变　换

本书中需要用到有关Fourier 级数、Fourier 积分、Fourier 变换、Mellin 变换以及Laplace 变换的一些最基本的知识．有关Fourier 级数的知识在一般的大学分析教程中都能找到，这里仅把其它一些结果列出来，以便查用，大多不加证明，它们的证明可在[9，三卷三分册]，[31，第十三章] 或 [19，第四、五、六、十、十一章] 中找到.

§1．Fourier 积分与Fourier 变换

本节所讨论的函数$f(x)$均假定为定义在$(-\infty,\infty)$上的实值函数，只有第一类间断点，且积分

$$\int_{-\infty}^{\infty}|f(x)|dx<+\infty . \tag{1}$$

如果$f(x)$是复值函数，就要求它的实、虚部都满足上述条件，那末只要分开实、虚部来讨论，以下定理都成立．我们设

$$\bar{f}(x)=(1/2)(f(x+0)+f(x-0)). \tag{2}$$

我们把积分

$$\frac{1}{2\pi}\int_{-\infty}^{\infty}dy\int_{-\infty}^{\infty}f(u)\cos(y(u-x))du$$

$$=\int_{-\infty}^{\infty}dy\int_{-\infty}^{\infty}f(u)\cos(2\pi y(u-x))du \tag{3}$$

称为是$f(x)$的 **Fourier 积分**．它也可写为复数形式

$$\lim_{A\to\infty}\int_{-A}^{A}e(-xy)dy\int_{-\infty}^{\infty}f(u)e(yu)du . \tag{4}$$

Fourier 积分(3)(或 (4))不一定收敛，关于它的收敛性有以下的 Dirichlet－Jordan 判别法.

定理 1 若存在正数$h>0$,使得$f(x)$在区间 $[x_0-h, x_0+h]$ 上是有界变差，则

$$\bar{f}(x_0)=\int_{-\infty}^{\infty} dy \int_{-\infty}^{\infty} f(u)\cos(2\pi y(u-x_0))\,du \tag{5}$$

或

$$\bar{f}(x_0)=\lim_{A\to\infty}\int_{-A}^{A} e(-x_0 y)\,dy\int_{-\infty}^{\infty} f(u)e(yu)\,du\ . \tag{6}$$

如果$f(x)$在任一有限区间上是有界变差，则式(5)(或式(6))在$-\infty<x_0<\infty$ 上成立.

我们把函数

$$\hat{f}(y)=\int_{-\infty}^{\infty} f(u)e(yu)\,du \tag{7}$$

称为是$f(x)$的 **Fourier 变换**.

定理 2 $\hat{f}(y)$是$(-\infty, \infty)$上的有界连续函数，且

$$\lim_{|y|\to\infty}\hat{f}(y)=0\ . \tag{8}$$

式(8)就是熟知的 Riemann－Lebesgue 定理.

从定理 1 立即可推出 Fourier 变换的反转公式.

定理 3 如果$f(x)$在任一有限区间上是有界变差，则有

$$\lim_{A\to\infty}\int_{-A}^{A}\hat{f}(y)e(-xy)\,dy=\bar{f}(x)\ ,\quad -\infty<x<\infty, \tag{9}$$

其中$\bar{f}(x)$由式(2)给出. 如果积分

$$\int_{-\infty}^{\infty}|\hat{f}(y)|\,dy \tag{10}$$

存在，则

$$\int_{-\infty}^{\infty} \hat{f}(y) e(-xy) dy = \bar{f}(x) . \tag{11}$$

类似于 Fourier 级数的 Parseval 定理，有以下的所谓 Parseval－Plancherel 定理．

定理 4 设 $f(x)$，$g(x)$ 是满足本节条件的函数，且在区间 $(-\infty, \infty)$ 上 Lebesgue 平方可积，则有

$$\int_{-\infty}^{\infty} f(x) g(x) dx = \int_{-\infty}^{\infty} \hat{f}(x) \hat{g}(x) dx , \tag{12}$$

其中 $\hat{f}, \hat{g}$ 分别为 f, g 的 Fourier 变换．特别当 $f=g$ 时有

$$\int_{-\infty}^{\infty} f^2(x) dx = \int_{-\infty}^{\infty} (\hat{f}(x))^2 dx . \tag{13}$$

作为 Fourier 变换反转公式的其它表达形式，下面来讨论 Mellin 变换和 Laplace 变换的反转公式．

§2. Mellin 变换的反转公式

定理 1 设 $g(x)$ 是定义在区间 $(0, \infty)$ 上的实值函数，在任一有限区间上有界变差．再设复变数 $s=\sigma+it$．如果当 $\mathrm{Re}\, s=\sigma_0$ 时下面积分绝对收敛

$$\int_0^{\infty} x^{s-1} g(x) dx = G(s) , \tag{1}$$

（$G(s)$ 称为是 $g(x)$ 的 **Mellin 变换**），则

$$\bar{g}(x) = \lim_{A\to\infty} \frac{1}{2\pi i} \int_{\sigma_0 - iA}^{\sigma_0 + iA} x^{-s} G(s) ds, \ x>0 ; \tag{2}$$

如果积分

$$\int_{-\infty}^{\infty} |G(\sigma_0 + it)| dt \tag{3}$$

存在，则

$$\overline{g}(x)=\frac{1}{2\pi i}\int_{(\sigma_0)}x^{-s}G(s)\,ds\ ,\ x>0\ ,\tag{4}$$

其中$\overline{g}(x)$由式(1.2)给出.

证：在式(1)中作变换 $x=e^{2\pi u}$可得

$$G(\sigma_0+it)=\int_{-\infty}^{\infty}\left(2\pi e^{2\pi u\sigma_0}g\left(e^{2\pi u}\right)\right)e(tu)\,du\ ,$$

即$G(\sigma_0+it)$是 $2\pi e^{2\pi u\sigma_0}g(e^{2\pi u})$的 Fourier 变换.因此由定理 1.3 的式(1.9)推出

$$2\pi e^{2\pi u\sigma_0}\,\overline{g}\left(e^{2\pi u}\right)=\lim_{A\to\infty}\int_{-A}^{A}G(\sigma_0+it)\,e(-tu)\,dt\ ,$$

再令$e^{2\pi u}=x$，并两边除以$2\pi e^{2\pi u\sigma_0}$即得式(2). 从定理 3 的第二部份可证明式(4)成立.

如在定理 1 中取 $g(x)=e^{-x}$，在式(3.2.8)将证明

$$\Gamma(s)=\int_0^{\infty}x^{s-1}e^{-x}dx\ ,\mathrm{Re}\ s>0\ .$$

因而有

$$e^{-x}=\frac{1}{2\pi i}\int_{(\sigma)}x^{-s}\Gamma(s)\,ds\ ,\quad x>0\ ,\sigma>0\ .\tag{5}$$

§3. Laplace 变换的反转公式

定理 1 设$f(x)$是定义在$[0,\infty)$上的实值函数，在任一有限区间上有界变差，复变数 $s=\sigma+it$. 如果当$\mathrm{Re}\ s=\sigma_0$ 时下面的积分绝对收敛

$$\int_0^{\infty}e^{-sx}f(x)\,dx=F(s)\ ,\tag{1}$$

（$F(s)$ 称为是$f(x)$ 的 **Laplace 变换**），则

$$\bar{f}(x)=\lim_{A\to\infty}\frac{1}{2\pi i}\int_{\sigma_0-iA}^{\sigma_0+iA}e^{xs}F(s)\,ds\,, \tag{2}$$

其中

$$\bar{f}(x)=\begin{cases}\frac{1}{2}\left(f(x+0)+f(x-0)\right), & x>0\,,\\ \frac{1}{2}f(0_+), & x=0\,,\\ 0\,, & x<0\,.\end{cases} \tag{3}$$

若积分

$$\int_{-\infty}^{\infty}e^{x\sigma_0}|F(\sigma_0+it)|\,dt \tag{4}$$

存在，则

$$\bar{f}(x)=\frac{1}{2\pi i}\int_{(\sigma_0)}e^{xs}F(s)\,ds\,. \tag{5}$$

证：在 $(-\infty,0)$ 上定义 $f(x)\equiv 0$. 由式(1)得

$$F(\sigma_0+it)=\int_{-\infty}^{\infty}e^{-itx}e^{-\sigma_0x}f(x)\,dx\,,$$

即

$$F(\sigma_0-it)=\frac{1}{\sqrt{2\pi}}\int_{-\infty}^{\infty}\left(\sqrt{2\pi}\;e^{-\sigma_0x}f(x)\right)e^{itx}dx\,,$$

所以 $F(\sigma_0-it)$ 是 $\sqrt{2\pi}\;e^{-\sigma_0x}f(x)$ 的 Fourier 变换，类似于定理 2.1 的证明，利用定理 1.3 即可证明所要的结果.

第二章 求和公式

在数论中经常会遇到如下形式的和式

$$\sum b(n)f(n),$$

其中 $b(n)$ 是一复数列，$f(u)$ 是一实变量的复值函数，具有足够多次导数．本章将介绍分析中研究这种类型的和式的三种常用的求和方法：Abel 分部求和法，Euler－MacLaurin 求和法，及 Poisson 求和法．有关本章内容可参看［29，第 2，5 章］．

§1. Abel 分部求和法

定理 1 设 $b(n)(n=1,2,\cdots)$ 是一复数列，其和函数

$$B(u)=\sum_{n\leqslant u} b(n), \tag{1}$$

再设 $0\leqslant u_1<u_2$，$f(u)$ 是区间 $[u_1,u_2]$ 上的连续可微函数．那末有

$$\sum_{u_1<n\leqslant u_2} b(n)f(n)=B(u_2)f(u_2)-B(u_1)f(u_1)-\int_{u_1}^{u_2} B(u)f'(u)\,du. \tag{2}$$

证：设 $[u_1]=n_1$，$[u_2]=n_2$，我们有

$$\sum_{u_1<n\leqslant u_2} b(n)f(n)=\sum_{n=n_1+1}^{n_2} b(n)f(n)=\sum_{n=n_1+1}^{n_2}(B(n)-B(n-1))f(n)$$

$$=-B(n_1)f(n_1+1)-\sum_{n=n_1+1}^{n_2-1}B(n)(f(n+1)-f(n))+B(n_2)f(n_2)$$

$$=-B(n_1)f(n_1+1)-\sum_{n=n_1+1}^{n_2-1}B(n)\int_n^{n+1}f'(u)\,du+B(n_2)f(n_2)$$

$$=-B(n_1)f(n_1+1)-\int_{n_1+1}^{n_2}B(u)f'(u)\,du+B(n_2)f(n_2).$$

此外，

$$\int_{u_1}^{n_1+1}B(u)f'(u)\,du=B(n_1)(f(n_1+1)-f(u_1)),$$

$$\int_{n_2}^{u_2}B(u)f'(u)\,du=B(n_2)(f(u_2)-f(n_2)).$$

注意到 $B(u_1)=B(n_1)$，$B(u_2)=B(n_2)$，由以上三式即得式(2).

特别的，若取 $u_1=1$，$u_2=u>1$，由式(2)得

$$\sum_{1\leqslant n\leqslant u}b(n)f(n)=B(u)f(u)-\int_1^u B(u)f'(u)\,du \tag{3}$$

如果和函数$B(u)$可表为

$$B(u)=\beta(u)+r(u), \tag{4}$$

其中 $\beta(u)$ 为连续可微函数，是 $B(u)$ 的主要项，$r(u)$ 是次要项，那末由式(2)可得

$$\sum_{u_1<n\leqslant u_2}b(n)f(n)=\int_{u_1}^{u_2}\beta'(u)f(u)\,du+R \tag{5}$$

其中

$$R=r(u)f(u)\Big|_{u_1}^{u_2}-\int_{u_1}^{u_2}r(u)f'(u)\,du. \tag{6}$$

这也就是说和式

$$\sum_{u_1<n\leqslant u_2}b(n)f(n) \tag{7}$$

的主要项是积分

$$\int_{u_1}^{u_2}\beta'(u)f(u)\,du. \tag{8}$$

定理 1 还可以作如下的推广，这在一般的 Dirichlet 级数理论中是有用的.

定理 2 设给定实数列 $\lambda_1, \lambda_2, \cdots$, 满足 $\lambda_1<\lambda_2<\cdots<\lambda_n<\cdots$, 及 $\lim_{n\to\infty}\lambda_n=+\infty$. 再设 $b(n)(n=1, 2, \cdots)$ 是任一复数列,

$$B_\lambda(u)=\sum_{\lambda_n\leqslant u} b(n). \tag{9}$$

再设 $f(u)$ 是 $[u_1, u_2]$ 上的连续可微函数, $u_1<u_2, \lambda_1\leqslant u_2$. 那末有

$$\sum_{u_1<\lambda_n\leqslant u_2} b(n)f(\lambda_n)=f(u_2)B_\lambda(u_2)-f(u_1)B_\lambda(u_1)-\int_{u_1}^{u_2}B_\lambda(u)f'(u)\,du. \tag{10}$$

证：设 $\lambda_0=-\infty$. 必有整数 $k\geqslant l\geqslant 0$, 使 $\lambda_l\leqslant u_1<\lambda_{l+1}$, $\lambda_k\leqslant u_2<\lambda_{k+1}$. 同定理 1 的证明一样，式(10)的左边等于

$$\sum_{l+1\leqslant n\leqslant k} b(n)f(\lambda_n)=B_\lambda(\lambda_k)f(\lambda_k)-B_\lambda(\lambda_l)f(\lambda_{l+1})-\int_{\lambda_{l+1}}^{\lambda_k}B_\lambda(u)f'(u)\,du.$$

由此及以下两式即得式(10):

$$\int_{u_1}^{\lambda_{l+1}}B_\lambda(u)f'(u)\,du=B_\lambda(\lambda_l)(f(\lambda_{l+1})-f(u_1)),$$

$$\int_{\lambda_k}^{u_2}B_\lambda(u)f'(u)\,du=B_\lambda(\lambda_k)(f(u_2)-f(\lambda_k)).$$

§2. Euler-MacLaurin 求和法

如果在定理 1.1 中取 $b(n)\equiv 1$, 那末和函数

$$B(u)=[u], \qquad u\geqslant 0.$$

如果取 $\beta(u)=u$, 则 $r(u)=[u]-u$. 由式(1.5)得: 对任意实数 $u_1<u_2$ 有[1)]

$$\sum_{u_1<n\leqslant u_2} f(n)=\int_{u_1}^{u_2} f(u)\,du+([u]-u)f(u)\Big|_{u_1}^{u_2}-\int_{u_1}^{u_2}([u]-u)f'(u)\,du \ . \tag{1}$$

更合适的是取 $\beta(u)=u-\dfrac{1}{2}$ ，并记

$$b_1(u)=u-[u]-\frac{1}{2} \ . \tag{2}$$

由式(1.5)可得: 对任意实数 $u_1<u_2$ 有[2)]

$$\sum_{u_1<n\leqslant u_2} f(n)=\int_{u_1}^{u_2} f(u)\,du-b_1(u)f(u)\Big|_{u_1}^{u_2}+\int_{u_1}^{u_2} b_1(u)f'(u)\,du \ . \tag{3}$$

这就是最简单的 Euler－MacLaurin 求和公式.

显然, 函数 $b_1(u)$ 是以 1 为周期的奇函数, 且

$$\int_0^1 b_1(u)\,du=0 \ . \tag{4}$$

由 $b_1(u)$ 出发可以定义这样一列函数: $b_1(u)$ ，$b_2(u)$ ，$\cdots$:

$$b_{l+1}(u)-b_{l+1}(0)=\int_0^u b_l(u)\,du \ , \ l=1,2,\cdots , \tag{5}$$

---

1) 当 $u_1<0$ 时, 只要考虑函数 $F(u)=f(u+[u_1])$, 定义在区间 $[u_1-[u_1],\ u_2-[u_1]]$ 上.

2) 当 $u_1<0$ 时, 只要考虑函数 $F(u)=f(u+[u_1])$, 定义在区间 $[u_1-[u_1],\ u_2-[u_1]]$ 上.

$$\int_0^1 b_{l+1}(u)\,du = 0, \quad l = 1, 2, \cdots. \tag{6}$$

容易看出,这样的函数列是存在唯一的,这里的条件(6)是为了确定初值 $b_{l+1}(0)$. 由于 $b_1(u)$ 是以 1 为周期且有式(4)成立,容易归纳地证明 $b_{l+1}(u)$ $(l=1,2,\cdots)$ 亦是以 1 为周期. 由直接计算可得

$$\begin{aligned}
b_2(u) &= \frac{1}{2}(u-[u])^2 - \frac{1}{2}(u-[u]) + \frac{1}{12}, \\
b_3(u) &= \frac{1}{6}(u-[u])^3 - \frac{1}{4}(u-[u])^2 + \\
&\qquad \frac{1}{12}(u-[u]), \\
b_4(u) &= \frac{1}{24}(u-[u])^4 - \frac{1}{12}(u-[u])^3 \\
&\qquad + \frac{1}{24}(u-[u])^2 - \frac{1}{720},
\end{aligned} \tag{7}$$

等等. 利用所引进的这一串函数 $b_l(u)$,通过分部积分,从式(3)就可得到下面一般的 Euler－MacLaurin 求和公式.

定理 1 设 l 是正整数, $f(u)$ 在区间 $[u_1, u_2]$ 上 l 次连续可微,那末有

$$\begin{aligned}
\sum_{u_1 < n \leqslant u_2} f(n) &= \int_{u_1}^{u_2} f(u)\,du + \sum_{j=1}^{l} (-1)^j b_j(u) f^{(j-1)}(u) \Big|_{u_1}^{u_2} \\
&\quad + (-1)^{l+1} \int_{u_1}^{u_2} b_l(u) f^{(l)}(u)\,du.
\end{aligned} \tag{8}$$

这一求和法在求渐近公式与近似计算中十分有用. 为此还需要对 $b_l(u)$ 作进一步讨论.

由 Fourier 级数理论知(见[9, §664 例(2)－(5)] 或[31,第十三章杂题 11])

$$b_1(u) = -\sum_{n=1}^{\infty} \frac{2}{2n\pi} \sin(2n\pi u), \quad u \neq \text{整数}, \tag{9}$$

进而得到对任意实数 u 有

$$b_{2l}(u)=(-1)^{l-1}\sum_{n=1}^{\infty}\frac{2}{(2n\pi)^{2l}}\cos(2n\pi u),$$

$$l=1,2,\cdots, \tag{10}$$

$$b_{2l}(0)=(-1)^{l-1}\frac{2}{(2\pi)^{2l}}\sum_{n=1}^{\infty}\frac{1}{n^{2l}},$$

$$l=1,2,\cdots, \tag{11}$$

以及

$$b_{2l+1}(u)=(-1)^{l-1}\sum_{n=1}^{\infty}\frac{2}{(2n\pi)^{2l+1}}\sin(2n\pi u),$$

$$l=1,2,\cdots, \tag{12}$$

$$b_{2l+1}(0)=0. \tag{13}$$

所以，$b_{2l}(u)$ 是偶函数，$b_{2l+1}(u)$ 是奇函数，此外，显有

$$|b_{2l}(u)|\leqslant|b_{2l}(0)|, \qquad l=1,2,\cdots. \tag{14}$$

在式(8)中取 u_1，u_2 为整数，分别记为 N_1，N_2，再取 $l=2m$，并注意到式(13)，就得到

$$\begin{aligned}\sum_{N_1<n\leqslant N_2}f(n)=&\int_{N_1}^{N_2}f(u)\,du+\frac{1}{2}(f(N_2)-f(N_1))\\&+\sum_{j=1}^{m}b_{2j}(f^{(2j-1)}(N_2)-f^{(2j-1)}(N_1))\\&-\int_{N_1}^{N_2}b_{2m}(u)f^{(2m)}(u)\,du\\=&\int_{N_1}^{N_2}f(u)\,du+\frac{1}{2}(f(N_2)-f(N_1))\\&+\sum_{j=1}^{m-1}b_{2j}(f^{(2j-1)}(N_2)-f^{(2j-1)}(N_1))\\&+R_{2m-2},\end{aligned} \tag{15}$$

其中

$$b_{2j}=b_{2j}(0)\ ,$$

$$\mathrm{R}_{2m-2}=\int_{N_1}^{N_2}(b_{2m}-b_{2m}(u))\,f^{(2m)}(u)\,du\,. \tag{16}$$

下面举例说明这一求和公式的应用.

例 1．设N为正整数. 那末对任意正整数m有

$$\sum_{n=1}^{N}\frac{1}{n}=\log N+\gamma+\Omega_m(N)\,, \tag{17}$$

其中γ为一常数(通常称为Euler 常数),

$$\Omega_m(N)=\frac{1}{2N}-\sum_{j=1}^{m-1}\frac{(2j-1)!\,b_{2j}}{N^{2j}}-\int_N^{\infty}(2m)!\,(b_{2m}-b_{2m}(u))\frac{du}{u^{2m+1}} \tag{18}$$

为此, 在式(15)中取$f(u)=\dfrac{1}{u}$, $N_1=1$, $N_2=N$, 化简后得到

$$\sum_{n=1}^{N}\frac{1}{n}=\log N+K_m+\Omega_m(N)\ , \tag{19}$$

其中 K_m和N无关,

$$K_m=\frac{1}{2}+\sum_{j=1}^{m-1}(2j-1)!\,b_{2j}+(2m)!\int_1^{\infty}(b_{2m}-b_{2m}(u))\ \frac{du}{u^{2m+1}}\ . \tag{20}$$

由于对任意固定的m,

$$\lim_{N\to\infty}\Omega_m(N)=0\ ,$$

所以,

$$\lim_{N\to\infty}\left(\sum_{n=1}^{N}\frac{1}{n}-\log N\right)=K_m\ . \tag{21}$$

显见左边和 m 无关，因此 K_m 是一个和 m 无关的常数，记作γ[1)]. 这就证明了式(17).

利用式(17)和(18)可以非常有效的对γ作近似计算，由计算可得

$$\gamma=0.577215664901532\cdots. \tag{22}$$

§3. Poisson 求和法

对于任意一个定义在区间 $[a,b]$ 上的只有第一类间断点的函数 $f(x)$，我们定义函数 $\bar{f}(x)$ 如下[2)]：

$$\begin{aligned}\bar{f}(x) &= \frac{1}{2}(f(x-0)+f(x+0)),\ a<x<b,\\ \bar{f}(a) &= \frac{1}{2}f(a+0),\ \bar{f}(b)=\frac{1}{2}f(b-0).\end{aligned} \tag{1}$$

首先证明有限形式的 Poisson 求和公式.

定理 1 设整数$N_1<N_2$,$f(x)$是定义在区间 $[N_1, N_2]$ 上的实的有界变差函数. 我们有

$$\sum_{N_1\leqslant n\leqslant N_2}\bar{f}(n)=\sum_{l=-\infty}^{\infty}{}' \int_{N_1}^{N_2} f(x)e(-lx)dx, \tag{2}$$

其中$\sum'$表示级数取主值，即

$$\sum_{l=-\infty}^{\infty}{}' = \lim_{L\to+\infty}\sum_{l=-L}^{L}. \tag{3}$$

证：设 n 为一整数，$N_1\leqslant n<N_2$. 考虑在$(-\infty,\infty)$上定义的函数

$$h(x)=\begin{cases} f(x+n), & 0\leqslant x<1,\\ f(x-[x]+n), & \text{其它}.\end{cases} \tag{4}$$

显然，$h(x)$是以 1 为周期. 设

---

1) 可以直接证明式(21)左边的极限存在(见习题 11)，并直接用它来定义 Euler 常数 γ.

2) 当 $a=-\infty$ 或 $b=+\infty$ 时可相应地加以定义.

$$a_l=\int_0^1 h(x)\,e(-lx)\,dx=\int_n^{n+1} f(x)\,e(-lx)\,dx. \tag{5}$$

由 Fourier 级数理论中熟知的 Dirichlet－Jordan 判别法知

$$\sum_{l=-\infty}^{\infty}{}' a_l e(lx)=\bar{h}(x),\quad -\infty<x<+\infty. \tag{6}$$

特别取 $x=0$ 由以上三式得

$$\frac{1}{2}f(n+0)+\frac{1}{2}f(n+1-0)$$

$$=\sum_{l=-\infty}^{\infty}{}'\int_n^{n+1} f(x)\,e(-lx)\,dx. \tag{7}$$

上式对 n 从 N_1 加到 N_2-1 即得式(2).

为了把定理 1 推广到无穷区间上，可以对函数 $f(x)$ 加上不同的条件. 我们要证明两个这种类型的定理.

定理 2 设 $f(x)$ 是定义在 $(-\infty,+\infty)$ 上的实函数，在任一有限区间上有界变差. 再设存在正数 A，使当 $x\geqslant A$ 及 $x\leqslant -A$ 时 $f(x)$ 单调，以及积分

$$\int_{-\infty}^{\infty} f(x)\,dx$$

存在. 那末有

$$\sum_{n=-\infty}^{\infty}\bar{f}(n)=\sum_{l=-\infty}^{\infty}{}' g(l), \tag{8}$$

其中

$$g(y)=\int_{-\infty}^{\infty} f(x)\,e(-yx)\,dx^{1)}. \tag{9}$$

证：由单调性及积分存在，容易证明级数

$$S(u)=\sum_{n=-\infty}^{\infty} f(n+u),\quad -\infty<u<\infty, \tag{10}$$

---

1) 事实上可取 $g(y)$ 是 f 的 Fourier 变换 $\hat{f}$.

收敛，且在任一有限区间上一致收敛，所确定的函数以 1 为周期．设整数 $N\geqslant A$，令

$$S(u)=\sum_{n\leqslant -N-1} f(n+u)+\sum_{-N\leqslant n\leqslant N-1} f(n+u)+\sum_{n\geqslant N} f(n+u)$$

$$=F_1(u)+F_2(u)+F_3(u)\ ,\quad 0\leqslant u\leqslant 1\ .$$

显然，$F_1(u)$，$F_3(u)$ 在 $[0\ ,1]$ 上是单调的，$F_2(u)$ 在 $[0\ ,1]$ 上是有界变差的．因此，由 Fourier 级数的 Dirichlet－Jordan 收敛判别法知

$$\frac{1}{2}\left(S(0_+)+S(0_-)\right)={\sum_{l=-\infty}^{\infty}}' \int_0^1 S(u)\,e(-lu)\,du \tag{11}$$

由级数(10)的一致收敛性可推得

$$\frac{1}{2}\left(S(0_+)+S(0_-)\right)=\frac{1}{2}\left(\sum_{n=-\infty}^{\infty} f(n+0)+\sum_{n=-\infty}^{\infty} f(n-0)\right)$$

$$=\sum_{n=-\infty}^{\infty} \overline{f}(n)\ ,$$

$$\int_0^1 S(u)\,e(-lu)\,du=\sum_{n=-\infty}^{\infty}\int_0^1 f(n+u)\,e(-lu)\,du=g(l)\ .$$

由以上三式就证明了所要的结果．

应该指出，定理 1 是定理 2 的特殊情形，而定理 2 的证明并不依赖于定理 1．

当 $f(x)$ 对充分大的 x 不单调时，有以下的定理．

定理 3 设 $f(x)$ 是整个数轴上的实的二次连续可微函数，且积分

$$\int_{-\infty}^{\infty} f(x)\,dx\ ,\qquad \int_{-\infty}^{\infty} |f''(x)|\,dx$$

存在．那末

$$\sum_{n=-\infty}^{\infty} f(n)={\sum_{l=-\infty}^{\infty}}' g(l)\ , \tag{12}$$

其中$g(y)$由式(9)给出.

先来证明一个引理.

引理4 在定理3的条件下有

$$\lim_{x\to\pm\infty} f'(x) = \lim_{x\to\pm\infty} f(x) = 0,$$

及级数

$$\sum_{n=-\infty}^{\infty} f'(n), \quad \sum_{n=-\infty}^{\infty} f(n)$$

收敛.

证：由于积分$\int_{-\infty}^{\infty} f(x)\,dx$存在，所以当$n\to\pm\infty$时

$$\int_{n}^{n+1} f(x)\,dx \to 0.$$

因而由积分中值定理知，存在λ_n：

$$n \leqslant \lambda_n \leqslant n+1, \quad n = 0, \pm 1, \pm 2, \cdots, \tag{13}$$

使得

$$\lim_{n\to\pm\infty} f(\lambda_n) = 0. \tag{14}$$

进而由微分中值定理知，存在η_n：

$$n < \lambda_n < \eta_n < \lambda_{n+2} < n+3, \quad n = 0, \pm 1, \pm 2, \cdots, \tag{15}$$

使得

$$\lim_{n\to\pm\infty} f'(\eta_n) = 0. \tag{16}$$

另一方面，从积分$\int_{-\infty}^{\infty} f''(x)\,dx$存在及

$$\int_{0}^{x} f''(x)\,dx = f'(x) - f'(0)$$

推出极限

$$\lim_{x\to+\infty} f'(x), \quad \lim_{x\to-\infty} f'(x)$$

存在. 由此及式(16)就证明了

$$\lim_{x\to\pm\infty} f'(x)=0\ . \tag{17}$$

对 任意的 x， 必有唯一的 n 使得 $\lambda_n \leqslant x < \lambda_{n+1}$. 因而，由式(13)得

$$|f(x)-f(\lambda_n)|=\left|\int_{\lambda_n}^{x} f'(u)\,du\right| \leqslant 2 \max_{\lambda_n \leqslant u \leqslant x} |f'(u)|\ ,$$

由此，从式(17)，(14)立即得到

$$\lim_{x\to\pm\infty} f(x)=0\ . \tag{18}$$

下面来证级数的收敛性. 我们有

$$\begin{aligned} f'(n) &= \int_{n-1}^{n} f'(x)\,dx+\int_{n-1}^{n} \{ f'(n)-f'(x) \}dx \\ &= f(n)-f(n-1)+\int_{n-1}^{n} dx \int_{x}^{n} f''(y)\,dy \\ &= f(n)-f(n-1)+\int_{n-1}^{n} (y-n+1)f''(y)\,dy\ , \end{aligned}$$

上式最后一步交换了积分号. 上式对 n 求和，由式(18)得到

$$\sum_{n=-\infty}^{\infty} f(n)=\sum_{n=-\infty}^{\infty} \int_{n-1}^{n} (y-n+1)f''(y)\,dy\ ,$$

右边的级数由于积分 $\int_{-\infty}^{\infty} |f''(x)|\,dx$ 存在而绝对收敛. 这就证明了级数 $\sum_{n=-\infty}^{\infty} f'(n)$ 收敛.

类似地可得

$$f(n)=\int_{n-1}^{n} f(x)\,dx+\int_{n-1}^{n} (f(n)-f(x))\,dx$$

$$= \int_{n-1}^{n} f(x)\,dx + \int_{n-1}^{n} dx \int_{x}^{n} f'(y)\,dy$$

$$= \int_{n-1}^{n} f(x)\,dx + \int_{n-1}^{n} (y-n+1) f'(y)\,dy$$

$$= \int_{n-1}^{n} f(x)\,dx + \frac{1}{2} f'(n)$$

$$- \frac{1}{2} \int_{n-1}^{n} (y-n+1)^2 f''(y)\,dy.$$

上式对 n 求和，由于积分 $\int_{-\infty}^{\infty} f(x)\,dx$,$\int_{-\infty}^{\infty} |f''(y)|\,dy$ 存在及级数 $\sum_{n=-\infty}^{\infty} f'(n)$ 收敛，得到

$$\sum_{n=-\infty}^{\infty} f(n) = \int_{-\infty}^{\infty} f(x)\,dx + \frac{1}{2} \sum_{n=-\infty}^{\infty} f'(n)$$

$$- \frac{1}{2} \sum_{n=-\infty}^{\infty} \int_{n-1}^{n} (y-n+1)^2 f''(y)\,dy.$$

这就完全证明了引理.

由于在定理 3 的条件下可推出，当 u 在任一有限区间上变化时，积分 $\int_{-\infty}^{\infty} f(x+u)\,dx$,$\int_{-\infty}^{\infty} |f''(x+u)|\,dx$ 都是一致收敛的，因而由引理 4 的论证可以看出：函数项级数 $\sum_{n=-\infty}^{\infty} f(n+u)$ 及 $\sum_{n=-\infty}^{\infty} f'(n+u)$ 在任一有限区间上也都是一致收敛的. 因此，设

$$S(u) = \sum_{n=-\infty}^{\infty} f(n+u), \tag{19}$$

它是周期为 1 的连续可微函数，且有

$$S'(u)=\sum_{n=-\infty}^{\infty} f'(n+u). \tag{20}$$

下面来证明定理 3.

定理 3 的证明：设 $S(u)$ 由式(19)给出. 由以上讨论知, $S(u)$ 可展开为 Fourier 级数,

$$S(u)=\sum_{l=-\infty}^{\infty}{}' a_l e(lu),$$

其中

$$a_l=\int_0^1 S(u)e(-lu)du=\int_0^1\sum_{n=-\infty}^{\infty} f(n+u)e(-lu)du$$

$$=\sum_{n=-\infty}^{\infty}\int_0^1 f(n+u)e(-lu)du=\int_{-\infty}^{\infty} f(u)e(-lu)du,$$

这里用到了级数(19)在 $[0,1]$ 区间上一致收敛, 所以可交换求和号与积分号. 取 $u=0$ 就证明了定理.

附注. 本节的定理和引理都假定了 $f(x)$ 是实值函数. 如果 $f(x)$ 为复值函数 $f(x)=f_1(x)+if_2(x)$ 时, 只要 $f_1(x)$ 和 $f_2(x)$ 分别满足所要求的条件, 定理与引理显然都成立.

顺便指出：在 $f(x)$ 满足一定条件下, 容易从 Euler-MacLaurin 求和公式(2.8)来推出 Poisson 求和公式—— 定理 1,2,3(见习题 21,22). 因此, Poisson 求和法实质上是 Euler-MacLaurin 求和法的一个特殊情形. 但当式(2), (8), (12)右边的和式容易计算出时, 利用 Poisson 求和法可得到别的方法得不到的结果, 所以它是一个十分强有力的分析工具.

习　　题

1. 利用 $f(n)=f(u_2)-\int_n^{u_2} f'(u)du$, 通过交换积分号与求和号来证明定理 1.1.

2. 利用 Stieltjes 积分证明定理 1.1 和式(1.5).

3. 证明在定理 1.2 的符号和条件下有

$$\sum_{u_1<\lambda_n\leqslant u_2} b(n)f(\lambda_n)=(B_\lambda(u_2)-B_\lambda(u_1))f(u_2)-\int_{u_1}^{u_2}(B_\lambda(u)-B_\lambda(u_1))f'(u)du.$$

4. 直接由式(2.5),(2.6)证明：(a) $b_l(u)(l=2,3,\cdots)$是以 1 为周期的周期函数; (b) $b_{2l}(u)$ $(l=1,2,\cdots)$是偶函数；(c) $b_{2l+1}(u)$ $(l=1,2,\cdots)$是奇函数，且$b_{2l+1}(0)=0$ $(l=1,2,\cdots)$.

5. 证明式(2.10)，(2.12).

6. 证明: (a) $\sum_{n=1}^{\infty}n^{-2}=\pi^2/6$； (b) $\sum_{n=1}^{\infty}n^{-4}=\pi^4/90$；

(c) $\sum_{n=1}^{\infty}(-1)^{n-1}n^{-2}=\pi^2/12$；(d) $\sum_{n=1}^{\infty}(-1)^{n-1}n^{-4}=7\pi^4/720$.

7. 证明当 $l=0,1,2,\cdots$ 时有$\sum_{m=0}^{\infty}(-1)^m(2m+1)^{-2l-1}=(-1)^{l-1}2^{2l}\pi^{2l+1}\cdot b_{2l+1}(1/4)$. 由此推出: (a) $\sum_{m=0}^{\infty}(-1)^m(2m+1)^{-1}=\pi/4$；(b) $\sum_{m=0}^{\infty}(-1)^m(2m+1)^{-3}=\pi^3/32$.

8. 证明 $b_{2l}(1/4)=2^{-2l}b_{2l}(1/2)$.

9. 继续式(2.7)求出 $b_5(u)$，$b_6(u)$，$b_7(u)$，$b_8(u)$，$b_9(u)$，$b_{10}(u)$的表达式.

10. 证明：(a) $6!\,b_6(0)=1/42$；(b) $8!\,b_8(0)=-1/30$；(c) $10!\,b_{10}(0)=5/66$.

11. 设 $\gamma_N=\sum_{n=1}^{N}n^{-1}-\log N$. 证明: $\gamma_N>0$, $\gamma_{N+1}<\gamma_N$. 由此直接证明式(2.21)左边的极限存在.

12. 设 $y\geqslant 1$. 证明：$\sum_{n\leqslant y}n^{-1}=\log y+\gamma-y^{-1}(y-[y]-1/2)+\theta(8y^2)^{-1}, |\theta|\leqslant 1$.

13. 设N是正整数, $R_m(N)=(2m)!\int_N^{\infty}(b_{2m}-b_{2m}(u))u^{-2m-1}du$. 证明：(a)$R_m(N)$和$b_{2m}$同号; (b)$R_m(N)$和$R_{m+1}(N)$异号, 且$R_m(N)=(2m-1)!\cdot N^{-2m}b_{2m}+R_{m+1}(N)$；(c) $R_m(N)=\theta_m(2m-1)!\,N^{-2m}b_{2m}$, $0<\theta_m<1$.

14. 利用式(2.17)及上题结果证明：$0.575<\gamma<0.579$. 进一步计算γ精确到小数点后六位.

15. 证明 Euler 常数 $\gamma=1/2-\int_1^{\infty}b_1(u)u^{-2}du$.

16. 设 $0<a\leqslant 1$, $c(a)=a^{-1}-1+(1-a)\sum_{n=1}^{\infty}(n+1)^{-1}(n+a)^{-1}$. 证明对 $w\geqslant 1$ 有 $\sum_{0\leqslant n\leqslant w}(n+a)^{-1}=\log w+\gamma+c(a)+O(w^{-1})$. 进一步推出类似于式(2.17)的更精确的渐近公式.

17. 设 N 为正整数, Gauss 和 $S(N)=\sum_{n=0}^{N-1}e(n^2/N)$. 证明: (a) $S(N)=(1+i^{-N})N\int_{-\infty}^{\infty}e(Nx^2)dx$; (b) $S(N)=(1+i^{-N})(1+i^{-1})N^{1/2}$.

18. 设 $\alpha>0$, $\alpha\beta=1$. 证明在定理3.2 的条件下有

$$\sqrt{\alpha}\sum_{n=-\infty}^{\infty}\bar{f}(n\alpha)=\sqrt{\beta}\sum_{l=-\infty}^{\infty}{}'\, g(l\beta).$$

19. 利用Euler－MacLaurin 求和公式(2.8)($l=1$,2) 来证明引理 3.4 中的级数 $\sum_{n=-\infty}^{\infty}f'(n)$及 $\sum_{n=-\infty}^{\infty}f(n)$ 收敛.

20. 设 M 是正数, $f(x)$在区间 $[-M,M]$ 上有界变差, 当 $|x|\geqslant M$ 时 $f(x)$ 二次可微, 且积分 $\int_{-\infty}^{\infty}f(x)dx$, $\int_M^{\infty}|f''(x)|dx$, $\int_{-\infty}^{-M}|f''(x)|dx$ 都存在. 那末, $\sum_{n=-\infty}^{\infty}\bar{f}(n)=\sum_{l=-\infty}^{\infty}{}'\, g(l)$,这里符号的意义同定理3.2 .

21. 利用 Euler－MacLaurin 求和公式(2.8)及 $b_1(u)$的 Fourier 级数展开式(2.9)来证明 Poisson 求和公式(3.2)(即定理 3.1). (先不管 $f(x)$的条件, 可以认为 $f(x)$是连续可微的. 怎样才能用这方法来严格地证明定理 3.1?)

22. 利用上题的方法来证明定理 3.2 及定理 3.3. (同样可先不考虑 $f(x)$的条件限制).

23. 设 $0\leqslant u<1$, $b_l(u)$是 §2 中所定义的函数, $l=1,2,\cdots$. 证明: $b_l(u)=\sum_{k=0}^{l}b_{k,l}u^k$, 且系数 $b_{k,l}$ 满足以下递推关系式: $b_{1,1}=1$, $b_{0,1}=-1/2$;

$$b_{0,l+1}=\sum_{k=0}^{l}b_{k,l}(k+2)^{-1},\ \text{及}\ b_{k,l+1}=k^{-1}b_{k-1,l}\ ,\ k\geqslant 1 .$$

24. 设 $0 \leqslant u < 1$, $b_l(u)$ 同上题. 证明: $b_l(u)=\sum_{k=0}^{l} d_{k,l}(u-1/2)^k$, 且系数 $d_{k,l}$ 满足以下递推关系式: (a) $d_{1,1}=1$, $d_{0,1}=0$; (b) $d_{0,l+1}=\sum_{k=0}^{l}(1+(-1)^{k+1}) \cdot (k+2)^{-1}2^{-k-2}d_{k,l}$; (c) $\sum_{k=0}^{l}(1+(-1)^k)(k+1)^{-1}2^{-k-1}d_{k,l}=0$; (d) 当 $2|l$ 时 $d_{0,l+1}=0$.

25. 在第 23 题的条件和符号下, 设 $B_l=l!b_{0,l}$. 证明: (a) $b_{l,l}=(l!)^{-1}$, $b_{k,l}=(k!(l-k)!)^{-1}B_{l-k}$, $0<k<l$; (b) 对 $l \geqslant 2$ 有 $B_l=\sum_{k=0}^{l}\binom{l}{k}B_k$, $B_0=1$; (c) $b_l(u)=(l!)^{-1}\sum_{k=0}^{l}\binom{l}{k}B_{l-k}u^k$.

第三章　Γ 函数

本章将利用无穷乘积来定义 Γ 函数，并由此出发来研究它的基本性质. 有关本章内容可参看 [18,第一，二章], [29, 第 3 章], [31, §4.41, §4.42], 及 [9,第二卷第三分册第十四章 §5].

§1．无穷乘积

定义 1 设 $u_1, u_2, \cdots$ 是一无穷复数列，且 $u_n \neq -1$, $n=1$, 2,…. 我们把符号

$$(1+u_1)(1+u_2)\cdots(1+u_n)\cdots=\prod_{n=1}^{\infty}(1+u_n) \tag{1}$$

称为**无穷乘积**. 乘积

$$s_k=(1+u_1)\cdots(1+u_k)=\prod_{n=1}^{k}(1+u_n) \tag{2}$$

称为无穷乘积(1)的**部分乘积**.

定义 2 若

$$\lim_{k\to\infty} s_k=s\neq 0,$$

则称无穷乘积(1)**收敛**，其值为 s, 记为

$$\prod_{n=1}^{\infty}(1+u_n)=s.$$

不然，就说无穷乘积(1)**发散**.

由定义 2 直接可以推出 ：(a) 无穷乘积 (1) 收敛的必要条件为 $u_n \to 0$；(b) 改变有限个 u_n 的值(当然不等于 -1)，不影响无穷乘积的敛散性；(c) 无穷乘积(1) 收敛的充要条件是级数

$$\sum_{n=1}^{\infty}\log(1+u_n)$$

收敛. 当 $u_n \geqslant 0$ 时有下面的定理

定理 1 若 $u_n \geqslant 0$, $n=1, 2, \cdots$, 那末无穷乘积(1) 收敛的充

要条件是级数 $\sum\limits_{n=1}^{\infty} u_n$ 收敛.

证：设 $\sigma_k = u_1 + u_2 + \cdots + u_k$. 由 $u_n \geqslant 0$ 可推出

$$\sigma_k < s_k \leqslant e^{\sigma_k},$$

由此并注意到 $s_1, s_2, \cdots, s_k, \cdots$ 和 $\sigma_1, \sigma_2, \cdots, \sigma_k, \cdots$ 都是递增数列，就证明了定理.

定理 2 若无穷乘积

$$\prod_{n=1}^{\infty} (1 + |u_n|) \tag{3}$$

收敛，则无穷乘积 (1) 一定收敛. 这时，称无穷乘积 (1) 为**绝对收敛**.

证：设 $w_k = \prod\limits_{n=1}^{k} (1 + |u_n|)$. 显有

$$|s_{k+1} - s_k| \leqslant w_{k+1} - w_k.$$

由条件知级数

$$\sum_{k=1}^{\infty} (w_{k+1} - w_k)$$

收敛，所以级数

$$\sum_{k=1}^{\infty} (s_{k+1} - s_k)$$

亦收敛，即存在极限

$$\lim_{k \to \infty} s_k = s.$$

为了证明乘积 (1) 收敛，还要证明 $s \neq 0$. 为此考虑无穷乘积

$$\prod_{n=1}^{\infty} \left(1 + \frac{-u_n}{1 + u_n}\right) = \prod_{n=1}^{\infty} \frac{1}{1 + u_n}. \tag{4}$$

由于乘积 (3) 收敛，所以由定理 1 知级数 $\sum\limits_{n=1}^{\infty} |u_n|$ 收敛，因而级数

$$\sum_{n=1}^{\infty} \left| \frac{u_n}{1 + u_n} \right|$$

亦收敛. 再由定理 1 推出无穷乘积

$$\prod_{n=1}^{\infty}\left(1+\frac{|u_n|}{|1+u_n|}\right)$$

收敛. 设无穷乘积(4)的部份乘积为 $s_k{}'$, 由前半部份证明知存在极限

$$\lim_{k\to\infty} s_k{}' = s{}'.$$

由此及 $s_k{}'=1/s_k$ 就证明了 $s\neq 0$.

结合定理 1 和 2 可得

推论 3 若级数 $\sum\limits_{n=1}^{\infty}|u_n|$ 收敛, 则乘积(1)一定收敛.

下面来讨论函数项无穷乘积.

定理 4 设 $u_1(z)$, $u_2(z)$, … 是区域 G 中的解析函数列, 且对任意的正整数 n, $u_n(z)\neq -1$, $z\in G$. 如果级数 $\sum\limits_{n=1}^{\infty}|u_n(Z)|$ 在区域 G 中一致收敛, 则函数项无穷乘积

$$\prod_{n=1}^{\infty}(1+u_n(z)) \tag{5}$$

在 G 中一致收敛于一解析函数 $U(z)$, 且 $U(z)\neq 0$, $z\in G$.

这是推论 3 及"一致收敛的解析函数列的极限是解析函数"的直接推论.

定理 5 设 $a_1, a_2, \cdots$ 是复数列, 满足条件

$$0<|a_1|\leqslant|a_2|\leqslant\cdots,\quad \lim_{n\to\infty}|a_n|=+\infty . \tag{6}$$

再设 $h_1, h_2, \cdots$ 是一正整数列, 使对任意正数 r, 级数 $\sum\limits_{n=1}^{\infty}\left(\frac{r}{|a_n|}\right)^{h_n}$ 收敛[1]. 再设

---

1) 对任意满足条件(6)的复数列 $a_1, a_2, \cdots$, 这样的正整数列 $h_1, h_2, \cdots$ 是一定存在的, 例如取 $h_n=n$ 即可. 不难看出, 当有正整数 h 使级数 $\sum|a_n|^{-h}$ 收敛时, 可取 $h_n=h$, $n=1, 2, \cdots$.

$$E(u,0)=1-u\ ,$$

$$E(u\ ,h)=(1-u)\exp\left(u+\frac{u^2}{2}+\cdots+\frac{u^h}{h}\right),$$

$$h=1\ ,2,\cdots. \tag{7}$$

那末，函数项无穷乘积

$$\prod_{n=1}^{\infty}E\left(\frac{z}{a_n}\ ,\ h_n-1\right) \tag{8}$$

定义了一个以且仅以 $a_1,a_2,\cdots$ 为零点的整函数.

证：首先来证明对任意正数 R 无穷乘积

$$\prod_{|a_n|>2R}E\left(\frac{z}{a_n}\ ,h_n-1\right) \tag{9}$$

在区域 $|z|\leqslant R$ 上一致收敛. 当 $|a_n|>2R$ 时有

$$E\left(\frac{z}{a_n},\ h_n-1\right)=\exp\left(-\sum_{l=h_n}^{\infty}\frac{1}{l}\left(\frac{z}{a_n}\right)^l\right)=1+u_n(z)\neq 0\ ,$$

$$|z|\leqslant R\ ,$$

及

$$\left|\sum_{l=h_n}^{\infty}\frac{1}{l}\left(\frac{z}{a_n}\right)^l\right|\leqslant 2\left|\frac{z}{a_n}\right|^{h_n}<1\ ,\ \ |z|\leqslant R\ .$$

所以

$$|u_n(z)|\leqslant 2e\left|\frac{z_n}{a_n}\right|^{h_n}.$$

这样,由定理的条件及定理 4 推出乘积(9)在 $|z|<R$ 中一致 收敛于一无零点的解析函数.

其次，有限乘积

$$\prod_{|a_n|\leqslant 2R}E\left(\frac{z}{a_n}\ ,h_n-1\right)$$

显然在 $|z|<R$ 中解析，且仅以那些模小于 R 的 a_n 为其零点. 这样，由 R 的任意性就证明了定理[1].

推论 6 任一整函数 $G(z)$ 必可表为

$$G(z)=e^{H(z)}z^m\prod_{n=1}^{\infty}E\left(\frac{z}{a_n},h_n-1\right),\tag{10}$$

其中 m 是 $G(z)$ 在 $z=0$ 时的零点的重数，$a_1,a_2,\cdots$ 是 $G(z)$ 的所有异于零的零点(按重数计)，且按其模的递增次序排列，h_1，$h_2,\cdots$ 满足定理 5 的条件，$H(z)$ 为一整函数.

证：设 $F(z)=z^m\prod_{n=1}^{\infty}E\left(\frac{z}{a_n},h_n-1\right)$[2]，由定理 5 知 $G(z)/F(z)$ 为一没有零点的整函数. 任取一支 $H(z)=\log(G(Z)/F(z))$ 就证明了所要的结果.

这一结果称为整函数的因子分解定理.但在一般情形下,对式(10)中的无穷乘积和 $H(z)$ 我们知道得并不精确. 显然,表达式(10)也不是唯一的. 在第五章要进一步研究这一问题.

§2. Γ 函数的基本性质

Euler Γ函数可以用多种方法来定义，我们将用无穷乘积来定义它，这种定义基本上是属于Gauss 的，但通常称为是 Weierstrass 的定义.

定义 1 设γ为由式(2.2.21)所定义的 Euler 常数. 定义函数$\Gamma(s)$的**倒数**为

$$\frac{1}{\Gamma(s)}=se^{\gamma s}\prod_{n=1}^{\infty}\left(1+\frac{s}{n}\right)e^{-s/n}.\tag{1}$$

由定理 1.5(取 $a_n=-n$，$h_n=2$)知右边的无穷乘积确定了一个以且仅以 $s=-1,-2,\cdots$ 为一阶零点的整函数，因而式(1)右边是以 $s=0,-1,-2,\cdots$ 为其一阶零点的整函数. 所以，这样

1) 对于函数项无穷乘积，在任一有限区域上允许其有有限个因子有有限个零点.

2) 当$G(z)$只有有限个零点时，无穷乘积变为多项式.

定义的函数$\Gamma(s)$是以$s=0,-1,-2,\cdots$为其一阶极点且没有零点的半纯函数. 下面来证明 $\Gamma(s)$的基本性质.

性质1 (Euler)

$$\frac{1}{\Gamma(s)}=s\prod_{n=1}^{\infty}\left(1+\frac{s}{n}\right)\left(1+\frac{1}{n}\right)^{-s}. \tag{2}$$

证: 由γ的定义知

$$e^{\gamma s}=\lim_{N\to\infty}\exp\left\{s\sum_{n=1}^{N}\frac{1}{n}-s\sum_{n=1}^{N}\log\left(1+\frac{1}{n}\right)\right\}$$

$$=\prod_{n=1}^{\infty}\left(1+\frac{1}{n}\right)^{-s}e^{s/n},$$

由此及定义1即得式(2).

特别地, 取$s=1$, 由式(2)得

$$\Gamma(1)=1. \tag{3}$$

性质2 (Euler-Gauss)

$$\frac{1}{\Gamma(s)}=\lim_{N\to\infty}\frac{s(s+1)\cdots(s+N-1)}{(N-1)!\,N^s}. \tag{4}$$

证: 由式(2)可得

$$\frac{1}{\Gamma(s)}=s\lim_{N\to\infty}\prod_{n=1}^{N-1}\frac{n+s}{n}\prod_{n=1}^{N-1}\left(\frac{n+1}{n}\right)^{-s}$$

$$=s\lim_{N\to\infty}\frac{(s+1)\cdots(s+N-1)}{(N-1)!}\frac{1}{N^s}.$$

这就证明了式(4).

性质3 (函数方程)

$$\Gamma(s+1)=s\,\Gamma(s) \tag{5}$$

证: 当$s\neq0$时, 由式(4)得

$$\frac{1}{\Gamma(s+1)}=\lim_{N\to\infty}\frac{(s+1)(s+2)\cdots(s+N)}{(N-1)!\ N^{s+1}}$$

$$=\frac{1}{s}\lim_{N\to\infty}\frac{s(s+1)\cdots(s+N-1)}{(N-1)!\ N^{s}}\ \frac{s+N}{N}$$

$$=\frac{1}{s\Gamma(s)}\ .$$

由式(3)及(5)推出：对正整数 m 有

$$\Gamma(m+1)=m!\ . \tag{6}$$

所以函数 $\Gamma(s)$ 可以看作是阶乘函数 $m!$ 的推广．通常记

$$\prod(s)=s\,\Gamma(s)\ . \tag{7}$$

性质4 当 $\mathrm{Re}\ s>0$ 时有

$$\Gamma(s)=\int_0^{\infty}e^{-u}u^{s-1}du\ . \tag{8}$$

证：设 n 为正整数，考虑积分

$$I(n,s)=\int_0^{n}\left(1-\frac{u}{n}\right)^{n}u^{s-1}du\ ,\quad \mathrm{Re}\ s>0\ . \tag{9}$$

作变量替换 $u=nv$，计算积分可得

$$I(n,s)=\frac{n^{s}\,n!}{s(s+1)\cdots(s+n)}\ ,\quad \mathrm{Re}\ s>0\ .$$

由此及式(4)得

$$\lim_{n\to\infty}I(n,s)=\Gamma(s)\ ,\qquad \mathrm{Re}\ s>0\ . \tag{10}$$

另一方面，由熟知不等式 $e^{x}\geqslant 1+x$ (x 为实数)可得

$$e^{-u}\geqslant\left(1-\frac{u}{n}\right)^{n}\ ,\qquad u\leqslant n\ ,$$

及

$$e^{u}\geqslant\left(1+\frac{u}{n}\right)^{n}\ ,\qquad u\geqslant -n\ .$$

由以上两式及另一熟知不等式

$$(1-x)^n \geqslant 1-nx\,, \qquad 0 \leqslant x \leqslant 1$$

可得：当 $|u| \leqslant n$ 时，

$$0 \leqslant e^{-u} - \left(1-\frac{u}{n}\right)^n \leqslant e^{-u}\left(1-\left(1-\frac{u^2}{n^2}\right)^n\right) \leqslant \frac{u^2}{n} e^{-u}.$$

由此得到

$$\left|\int_0^n e^{-u} u^{s-1} du - \int_0^n \left(1-\frac{u}{n}\right)^n u^{s-1} du\right| < \frac{1}{n}\int_0^\infty e^{-u} u^{\sigma+1} du.$$

由此及式(9)，(10)就证明了式(8).

性质 5 （余元公式）

$$\frac{1}{\Gamma(s)\Gamma(1-s)} = \frac{\sin \pi s}{\pi}. \tag{11}$$

证：由式(2)可得

$$\begin{aligned}
&\frac{1}{\Gamma(s)\Gamma(1-s)} \\
&= s(1-s)\prod_{n=1}^{\infty}\left(1+\frac{s}{n}\right)\left(1+\frac{1-s}{n}\right)\left(1+\frac{1}{n}\right)^{-1} \\
&= s(1-s)\prod_{n=1}^{\infty}\left(1+\frac{s}{n}\right)\left(1-\frac{s}{n+1}\right) \\
&= s\prod_{n=1}^{\infty}\left(1-\frac{s^2}{n^2}\right).
\end{aligned}$$

由此及熟知的公式[1)]

$$\frac{\sin \pi s}{\pi} = s\prod_{n=1}^{\infty}\left(1-\frac{s^2}{n^2}\right) \tag{12}$$

1) 公式(12)可由定理 5.3.1 推出（见推论 5.3.6）. 但它可直接用更初等方法来证明(见 [31，§3.23]).

就证明了所要的结果.

由式(11)立即能得到

$$\Gamma\left(\frac{1}{2}\right)=\sqrt{\pi}\ .\tag{13}$$

由此及式(8)可得

$$\int_{-\infty}^{\infty} e^{-u^2}du=\sqrt{\pi}\ .\tag{14}$$

性质6（二重公式，Legendre）

$$\Gamma\left(\frac{1}{2}\right)\Gamma(2s)=2^{2s-1}\,\Gamma(s)\,\Gamma\left(s+\frac{1}{2}\right).\tag{15}$$

证：直接由 Γ 函数的定义(1)可 得

$$\frac{\Gamma\left(\frac{1}{2}\right)}{\Gamma(s)\,\Gamma\left(s+\frac{1}{2}\right)}=2s\left(s+\frac{1}{2}\right)e^{2rs}\prod_{n=1}^{\infty}\left(1+\frac{s}{n}\right)e^{-s/n}$$

$$\cdot\left(1+\frac{2s}{2n+1}\right)e^{-s/n}$$

$$=se^{2rs}(1+2s)\prod_{n=1}^{\infty}\left(1+\frac{2s}{2n}\right)e^{-\frac{2s}{2n}}$$

$$\cdot\left(1+\frac{2s}{2n+1}\right)e^{-\frac{2s}{2n+1}}\,e^{-2s\left(\frac{1}{2n}-\frac{1}{2n+1}\right)}.$$

$$=\frac{1}{2}\,\frac{1}{\Gamma(2s)}\,e^{2s}\prod_{n=1}^{\infty}e^{-2s\left(\frac{1}{2n}-\frac{1}{2n+1}\right)}\ .$$

由此及

$$1-\frac{1}{2}+\frac{1}{3}-\frac{1}{4}+-\cdots=\log 2$$

就证明了式(15).

性质 7 (Hankel) 设ε为一正数，$C(\varepsilon)$表示由直线:$+\infty>r\geqslant\varepsilon$, $\theta=-\pi$，圆:$r=\varepsilon$，$-\pi\leqslant\theta\leqslant\pi$，及直线$\varepsilon\leqslant r<+\infty$，$\theta=\pi$组成的正向围道，再设复变数$z=re^{i\theta}$. 那末有

$$\frac{1}{\Gamma(s)}=\frac{1}{2\pi i}\int_{C(\varepsilon)}e^{z}z^{-s}dz\ , \tag{16}$$

其中z^{-s}为取定的一支:

$$z^{-s}=e^{-s\log z}\ ,\quad \log 1=0\ . \tag{17}$$

证：以$I(s)$表式(16)的右边，显然它是一个整函数，且由 Cauchy 积分定理知其值与ε无关. 当 Re $s<1$ 时，

$$\begin{aligned}I(s)=&\frac{1}{2\pi i}\int_{+\infty}^{\varepsilon}e^{-r}\exp(-s(\log r-i\pi))e^{-i\pi}dr\\&+\frac{1}{2\pi i}\int_{\varepsilon}^{+\infty}e^{-r}\exp(-s(\log r+i\pi))e^{i\pi}dr\\&+\frac{1}{2\pi i}\int_{-\pi}^{\pi}\exp(\varepsilon e^{i\theta})\exp(-s(\log\varepsilon+i\theta))\varepsilon ie^{i\theta}d\theta\end{aligned}$$

令$\varepsilon\to0$，由式(8)可推得

$$I(s)=\frac{\sin\pi s}{\pi}\Gamma(1-s)\ ,\qquad \mathrm{Re}\ s<1\ .$$

利用解析开拓，由此及式(11)就证明了式(16).

性质 8

$$-\frac{\Gamma'}{\Gamma}(s)=\frac{1}{s}+\gamma+\sum_{n=1}^{\infty}\left(\frac{1}{n+s}-\frac{1}{n}\right).\tag{18}$$ [1)]

证：设$s=\rho e^{i\varphi}$. 在除去原点和负实轴的开平面. $\rho>0$，$-\pi<\varphi<\pi$上取定一支

---

1) 我们以$\frac{\Gamma'}{\Gamma}(s)$表$\frac{\Gamma'(s)}{\Gamma(s)}$.

$$\log \frac{1}{\Gamma(s)} = \log s + \gamma s + \sum_{n=1}^{\infty} \left(\log \left(1 + \frac{s}{n} \right) - \frac{s}{n} \right), \tag{19}$$

这里$\log 1 = 0$. 两边求导即得式(18)在这开平面上成立，再由解析开拓就证明所要的结果.

由式(18)推出

$$- \frac{\Gamma'}{\Gamma}(1) = \gamma. \tag{20}$$

设$s \neq 0, -1, -2, \cdots$,

$$\lambda(s) = \min_{n \geqslant 0} |s + n|. \tag{21}$$

显有

$$\sum_{n=1}^{\infty} \left(\frac{1}{n+s} - \frac{1}{n} \right) = \sum_{1 \leqslant n \leqslant 2|s|+2} \left(\frac{1}{n+s} - \frac{1}{n} \right) + \sum_{n > 2|s|+2} \frac{-s}{n(n+s)}$$

$$\ll \frac{1}{\lambda(s+1)} + \log(|s| + 2).$$

由此及式(18)推出

$$- \frac{\Gamma'}{\Gamma}(s) \ll \frac{1}{\lambda(s)} + \log(|s| + 2). \tag{22}$$

§3. Stirling 公式

本节要利用 Euler－MacLaurin 求和法(§2.2)来得到$\log \Gamma(s)$(见式(2.19))的渐近公式，即 Stirling 公式.

定理1 在除去原点和负实轴的区域内有

$$\log \Gamma(s) = \left(s - \frac{1}{2} \right) \log s - s + \frac{1}{2} \log 2\pi + \Omega_m(s), \tag{1}$$

这里$\log 1 = 0$, $\log \Gamma(s)$ 由式(2.19)确定，以及

$$\Omega_m(s) = \sum_{j=1}^{m} \frac{(2j)!b_{2j}}{2j(2j-1)} s^{-2j+1} - \int_0^\infty \frac{(2m)!b_{2m}(u)}{2m(u+s)^{2m}} du$$
$$= \sum_{j=1}^{m-1} \frac{(2j)!b_{2j}}{2j(2j-1)} s^{-2j+1} + \int_0^\infty \frac{(2m)!}{2m} \frac{(b_{2m}-b_{2m}(u))}{(u+s)^{2m}} du, \tag{2}$$

m 为任意正整数.

证: 由式(2.4)可得

$$\log\Gamma(s) = \lim_{N\to\infty} \left\{(s-1)\log N - \sum_{n=1}^{N} \log\left(1+\frac{s-1}{n}\right)\right\}. \tag{3}$$

在式(2.2.15)中取 $f(u) = \log\left(1+\frac{w}{u}\right)$, $N_1=1$, $N_2=N$. 由于 $f^{(j)}(u) = (-1)^{j-1}(j-1)!\{(u+w)^{-j} - u^{-j}\}$, 故对任意正整数 m 得

$$\sum_{n=2}^{N} \log\left(1+\frac{w}{n}\right) = \int_1^N \log\left(1+\frac{w}{u}\right) du + \frac{1}{2}\left\{\log\left(1+\frac{w}{N}\right) - \log(1+w)\right\} + \sum_{j=1}^{m} \frac{(2j)!b_{2j}}{(2j-1)2j}\{(N+w)^{-2j+1} - N^{-2j+1} - (1+w)^{-2j+1} + 1\}$$
$$+ \int_1^N (2m-1)!b_{2m}(u)((u+w)^{-2m} - u^{-2m}) du. \tag{4}$$

由以上两式得到(取 $w=s-1$)

$$\log\Gamma(s) = -\frac{1}{2}\log s + h(s) - 1 + K_m + \Omega_m(s), \tag{5}$$

其中

$$K_m = 1 - \sum_{j=1}^{m} \frac{(2j)!b_{2j}}{(2j-1)2j} + \int_1^\infty (2m-1)!b_{2m}(u) u^{-2m} du, \tag{6}$$

$$h(s)=\lim_{N\to\infty}\left\{(s-1)\log N-\int_1^N\log\left(1+\frac{s-1}{u}\right)du\right. \tag{7}$$

$$=s\log s-s+1.$$

显见当 s 取正数趋于 $+\infty$ 时，$\Omega_m(s)\to 0$，所以对固定的正整数 m，存在极限

$$\lim_{s\to+\infty}\left\{\log\Gamma(s)-\left(s-\frac{1}{2}\right)\log s+s\right\}=K_m.$$

由于左边和 m 无关，所以 K_m 应是一和 m 无关的常数.设为 K.下面利用式(2.15)来定出 K.

在式(5)中取 $m=1$ 及 $s=n$，$n+\frac{1}{2}$，$2n$，并利用式(7)得

$$\log\Gamma(n)=\left(n-\frac{1}{2}\right)\log n-n+K+\Omega_1(n)$$

$$\log\Gamma\left(n+\frac{1}{2}\right)=n\log\left(n+\frac{1}{2}\right)-\left(n+\frac{1}{2}\right)$$

$$+K+\Omega_1\left(n+\frac{1}{2}\right)$$

$$\log\Gamma(2n)=\left(2n-\frac{1}{2}\right)\log 2n-2n+K+\Omega_1(2n).$$

此外，由式(2.13)，(2.15)得

$$\log\Gamma(2n)+\frac{1}{2}\log\pi=(2n-1)\log 2+\log\Gamma(n)$$

$$+\log\Gamma\left(n+\frac{1}{2}\right).$$

令 $n\to+\infty$，由以上四式即得

$$K=\frac{1}{2}\log 2\pi \tag{8}$$

由此及式(5)，(7)就证明了定理.

对式(1)求导就得到：对任意正整数 m 有

$$\frac{\Gamma'}{\Gamma}(s)=\log s-\frac{1}{2s}-\sum_{j=1}^{m}\frac{(2j)!b_{2j}}{2j}s^{-2j}$$

$$+\int_0^{\infty}\frac{(2m)!b_{2m}(u)}{(u+s)^{2m+1}}du \tag{9}$$

$$=\log s-\frac{1}{2s}-\sum_{j=1}^{m-1}\frac{(2j)!b_{2j}}{2j}s^{-2j}$$

$$-\int_0^{\infty}\frac{(2m)!(b_{2m}-b_{2m}(u))}{(u+s)^{2m+1}}du .$$

为了估计渐近公式(1)和(9)中的积分，要利用以下的不等式：设 $u\geqslant 0$，$s=\rho e^{i\varphi}$，$\rho>0$，$-\pi<\varphi<\pi$，则有

$$\frac{(|s|+u)^2}{|s+u|^2}=\frac{(\rho+u)^2}{u^2+2\rho u\cos\varphi+\rho^2}$$

$$=\left(1-\frac{2\rho u}{(\rho+u)^2}(1-\cos\varphi)\right)^{-1} \tag{10}$$

$$\leqslant\left(\cos\frac{\varphi}{2}\right)^2.$$

由此及 $|b_{2m}(u)|\leqslant|b_{2m}|$ 可得

$$\left|\int_0^{\infty}\frac{(2m)!b_{2m}(u)}{2m(u+s)^{2m}}du\right|\leqslant\left|\frac{(2m)!b_{2m}}{2m}\right|\left(\cos\frac{\varphi}{2}\right)^{-2m} \tag{11}$$

$$\cdot\int_0^{\infty}\frac{du}{(\rho+u)^{2m}}\leqslant\left(\cos\frac{\varphi}{2}\right)^{-2m}\left|\frac{(2m)!b_{2m}}{2m(2m-1)\rho^{2m-1}}\right|$$

及

$$\left|\int_0^{\infty}\frac{(2m)!b_{2m}(u)}{(u+s)^{2m+1}}du\right|\leqslant\left(\cos\frac{\varphi}{2}\right)^{-2m-1}\left|\frac{(2m)!b_{2m}}{2m\rho^{2m}}\right|. \tag{12}$$

综合以上讨论就证明了

定理 2 设$s=\rho e^{i\varphi}$，$\rho>0, -\pi<\varphi<\pi$，那末对任意的正整数m有渐近公式

$$\log\Gamma(s)=\left(s-\frac{1}{2}\right)\log s-s+\frac{1}{2}\log 2\pi$$

$$+\sum_{j=1}^{m-1}\frac{(2j)!b_{2j}}{2j(2j-1)}s^{-2j+1}+R_m^{(1)}, \tag{13}$$

$$|R_m^{(1)}|\leqslant\left(1+\left(\cos\frac{\varphi}{2}\right)^{-2m}\right)\left|\frac{(2m)!b_{2m}}{2m(2m-1)\rho^{2m-1}}\right|; \tag{14}$$

及

$$\frac{\Gamma'}{\Gamma}(s)=\log s-\frac{1}{2s}-\sum_{j=1}^{m-1}\frac{(2j)!b_{2j}}{2j}s^{-2j}+R_m^{(2)} \tag{15}$$

$$|R_m^{(2)}|\leqslant\left(1+\left(\cos\frac{\varphi}{2}\right)^{-2m-1}\right)\left|\frac{(2m)!b_{2m}}{2m\rho^{2m}}\right|. \tag{16}$$

这些渐近公式通常在应用中仅需要用到$m=1$的情形，而且重要的是要知道对固定的σ当$|t|\to\infty$时$\Gamma(s)$的渐近性状. 由式(13)($m=1$)可以推得下面的结果.

推论 3 设$a\leqslant b$是给定的实数，$|t|\geqslant 1$. 那末，当$a\leqslant\sigma\leqslant b$，$|t|\to+\infty$时一致地有

$$\Gamma(s)=\sqrt{2\pi}\,e^{-\frac{\pi}{2}|t|}|t|^{\sigma-1/2}e^{it(\log|t|-1)}e^{\lambda\frac{i\pi}{2}\left(\sigma-\frac{1}{2}\right)}\left(1+O(|t|^{-1})\right), \tag{17}$$

其中O常数仅和a,b有关；$\lambda=1$，当$t\geqslant 1$，及$\lambda=-1$，当$t\leqslant -1$.

证：不妨假定$t\geqslant 1$. 设$s=\sigma+it=\rho e^{i\varphi}$，则

$$0<\varphi=\frac{\pi}{2}-\operatorname{arctg}\frac{\sigma}{t}\leqslant\begin{cases}\dfrac{\pi}{2}, & \sigma\geqslant 0,\\ \dfrac{\pi}{2}-\operatorname{arctg}a, & a\leqslant\sigma<0,\end{cases} \tag{18}$$

这里及以后 arctg x 取主值：$-\frac{\pi}{2} < \operatorname{arc\,tg} x < \frac{\pi}{2}$. 这样，取 $m=1$ 由式(14)得

$$|R_1^{(1)}| \leqslant \frac{1}{6}\left(\cos\frac{\varphi}{2}\right)^{-2}\rho^{-1} = \frac{1}{3}\left(\operatorname{tg}\frac{\varphi}{2}\right)t^{-1}. \tag{19}$$

由以上两式与式(13)($m=1$)得

$$\begin{aligned}\log\Gamma(s) &= \left(\sigma-\frac{1}{2}+it\right)(\log\sqrt{\sigma^2+t^2}+i\varphi) \\ &\quad -(\sigma+it)+\frac{1}{2}\log 2\pi+O(t^{-1}), \qquad (20)\\ &= \left(\sigma-\frac{1}{2}\right)\log\sqrt{\sigma^2+t^2}-t\left(\frac{\pi}{2}-\operatorname{arc\,tg}\frac{\sigma}{t}\right) \\ &\quad -\sigma+\frac{1}{2}\log 2\pi+i\left\{t\log\sqrt{\sigma^2+t^2}+\left(\sigma-\frac{1}{2}\right)\right. \\ &\quad \left.\cdot\left(\frac{\pi}{2}-\operatorname{arc\,tg}\frac{\sigma}{t}\right)-t\right\}+O(t^{-1}),\end{aligned}$$

其中 O 常数仅和 a 有关. 当 $a\leqslant\sigma\leqslant b, t\geqslant 1$ 时,

$$\log\sqrt{\sigma^2+t^2} = \log t+O(t^{-2}),$$

$$\operatorname{arctg}\frac{\sigma}{t} = \frac{\sigma}{t}+O(t^{-3}),$$

这里的 O 常数均仅和 a,b 有关. 利用以上两式及式(18)，从式(20)得到

$$\begin{aligned}\log\Gamma(s) &= \frac{1}{2}\log 2\pi-\frac{\pi}{2}t+\left(\sigma-\frac{1}{2}\right)\log t \\ &\quad +i\left\{t\log t-t+\frac{\pi}{2}\left(\sigma-\frac{1}{2}\right)\right\}+O(t^{-1}),\end{aligned} \tag{21}$$

这里的 O 常数仅和 a,b 有关. 由此就证明了式(17)当 $t\geqslant 1$ 时成

立. 再两边取共轭就证明了 $t\leqslant -1$ 时亦成立.

对式(17)两边取绝对值, 即得

推论 4 在推论3 的条件下, 一致地有

$$|\Gamma(s)|=\sqrt{2\pi}\,e^{-\frac{\pi}{2}|t|}\,|t|^{\sigma-1/2}(1+O(|t|^{-1})), \tag{22}$$

$$|\Gamma(s)|^{-1}=\frac{1}{\sqrt{2\pi}}e^{-\frac{\pi}{2}|t|}\,|t|^{1/2-\sigma}(1+O(|t|^{-1})), \tag{23}$$

其中 O 常数均仅和 a,b 有关.

有关本章内容可参看 [18, 第一, 二章], [29, 第 3 章], [31, §4.41, 4.42] 及[9, 第二卷第三分册第十四章 §5].

习 题

1. 设 m 是正整数. 证明对任意正整数 N 有

$$m!=\frac{(N+1)\cdots(N+m)}{(N+1)^m}\prod_{n=1}^{N}\left(\frac{n}{n+m}\right)(N+1)^m$$

$$=\frac{(N+1)\cdots(N+m)}{(N+1)^m}\prod_{n=1}^{N}\left(\frac{n}{n+m}\right)\left(\frac{n+1}{n}\right)^m.$$

如何由这两个表达式可分别看出 $\Gamma(s)$(更确切地说是 $s\Gamma(s)=\Pi(s)$)是 $m!$ 的推广.

2. 证明性质 2.1, 2.2, 及 2.7 都可分别用来作为 Γ 函数的定义.
3. 利用性质 2.3 证明 $\Gamma(s)$ 在点 $s=-m$, $m=0,1,2,\cdots$ 处有一阶极点, 留数为 $(-1)^m(m!)^{-1}$.
4. 利用性质 2.3 及 2.1 来证明性质 2.5.
5. 直接证明由式(3.6)给出的 K_m 是一和 m 无关的常数, 且

$$K_m=1-\int_1^{\infty}(b_2-b_2(u))u^{-2}du=1+\int_1^{\infty}b_1(u)u^{-1}du.$$

6. 利用式(3.2)的第二式及函数 $b_l(u)$ 的性质, 证明不等式(3.14)右边的 $1+(\cos(\varphi/2))^{-2m}$ 可改进为 $(\cos(\varphi/2))^{-2m}$.
7. 利用式(3.9)的第二式, 证明不等式(3.16)右边的 $1+(\cos(\varphi/2))^{-2m-1}$ 可改进为 $(\cos(\varphi/2))^{-2m-1}$.

8. 设 $\Omega_m(s)$ 由式(3.2)给出，证明：

$$|\Omega_1(s)|\leqslant\begin{cases}(8\sigma)^{-1}, & t=0,\ \sigma>0,\\ (8|t|)^{-1}(\pi/2-\operatorname{arctg}(\sigma/|t|)), & t\neq 0,\end{cases}$$

这里arctg x 取主值.

9. 如果假定定理 3.2 中的 s 取正整数 N, 证明

$$R_m^{(1)}=\theta_m(2m-2)!b_{2m}N^{-2m+1},\quad 0<\theta_m<1.$$

由此推出

$$\log(N!)=(N+1/2)\log N-N+(\log 2\pi)/2+\theta_1(12N)^{-1}.$$

10. 设 δ 是给定的正数，a 为任意常数. 证明：当 s 在区域：$\rho>0$, $-\pi+\delta\leqslant\varphi\leqslant\pi-\delta$ 中趋于无穷时，一致地有

$$\log\Gamma(s+a)=a\log s+\log\Gamma(s)+O(|s|^{-1}),$$

其中 O 常数和 δ 与 a 有关.

11. 直接从性质 2.8 来证明式(3.9).

12. 设 $H(s)=\pi^{-s/2}\Gamma(s/2)$，$F(s)=H'(s)/H(s)$，以及 $l(s)=F(s)+F(1-s)$. 证明在推论 3.3 的条件,对给定的正整数k有:(a) $F(s)=(1/2)\cdot\log(s/2\pi)+O(|t|^{-1})$, $F^{(k)}(s)=O(|t|^{-k})$;(b) $l(s)=\log(|t|/2\pi)+O(|t|^{-1})$, $l^{(k)}(s)=O(|t|^{-k})$;(c) $H^{(k)}(s)=H(s)\{(F(s))^k+O(|t|^{-1}\log^{k-1}|t|)\}$; (d) 设 $A(s)=H(1-s)/H(s)$，$l_k(s)=(A(1-s))^{-1}\frac{d^k}{ds^k}A(1-s)$，则 $l_k(s)=(l(s))^k+O(|t|^{-1}\log^{k-1}|t|)$;(e) 当用 $(1/2)s(s-1)\pi^{-s/2}\Gamma(s/2)$ 来代替 $H(s)$ 时,以上结论全都成立.

第四章　几个函数论定理

本章要证明几个通常在大学复变函数论课程中不讲的定理. 可参看［31,第五章］或其它复分析基础书。

§1. Jensen 定理

定理 1　设 $f(z)$ 是 $|z|<R$ 上的半纯函数, $f(0)\neq 0$. 再设它的所有的不同的零点为 $a_1, a_2, \cdots$, 其重数分别为 $h_1, h_2, \cdots$, 它的所有的不同的极点为 $b_1, b_2, \cdots$, 其重数分别为 $k_1, k_2 \cdots$, 且满足

$$0<|a_1|<|a_2|<\cdots,\ 0<|b_1|<|b_2|<\cdots.$$

那末, 对任意的 $0<r<R$ 有

$$\frac{1}{2\pi}\int_0^{2\pi}\log\left|\frac{f(re^{i\theta})}{f(0)}\right|d\theta=\sum_{|a_j|\leqslant r}h_j\log\frac{r}{|a_j|}-\sum_{|b_j|\leqslant r}k_j\log\frac{r}{|b_j|}.\quad(1)$$

证: 若在 $|z|\leqslant r$ 上 $f(z)$ 既无零点又无极点, 则可取定一支 $\log f(z)$, 它在 $|z|\leqslant r$ 上解析. 由 Cauchy 积分公式知

$$\frac{1}{2\pi_i}\int_{|z|=r}\frac{\log f(z)}{z}dz=\log f(0).$$

作替换 $z=re^{i\theta}$, $0\leqslant\theta<2\pi$, 再两边取实部就证明了所要的结果.

若在 $|z|\leqslant r$ 上 $f(z)$ 有零点 $a_1, a_2, \cdots, a_n$ 及极点 $b_1, b_2, \cdots, b_m$, 我们来考虑函数

$$F(z)=\frac{(z-b_1)^{k_1}\cdots(z-b_m)^{k_m}}{(z-a_1)^{h_1}\cdots(z-a_n)^{h_n}}f(z).$$

显然 $F(z)$ 在 $|z|\leqslant r$ 上解析且无零点, 故由前面证明的结果知

$$\frac{1}{2\pi}\int_0^{2\pi}\log\left|\frac{F(re^{i\theta})}{F(0)}\right|d\theta=0.$$

从以上两式可得

$$\frac{1}{2\pi}\int_0^{2\pi}\log\left|\frac{f(re^{i\theta})}{f(0)}\right|d\theta=\sum_{j=1}^{m}k_j\log|b_j|-\sum_{j=1}^{n}h_j\log|a_j|$$
$$-\sum_{j=1}^{m}k_jI(b_j)+\sum_{j=1}^{n}h_jI(a_j), \tag{2}$$

其中

$$I(w)=\frac{1}{2\pi}\int_0^{2\pi}\log|re^{i\theta}-w|\,d\theta.$$

下面来计算 $I(w)$. 当 $|w|<r$ 时

$$I(w)=\log r+\mathrm{Re}\frac{1}{2\pi}\int_0^{2\pi}\log\left(1-\frac{w}{r}e^{-i\theta}\right)d\theta$$
$$=\log r-\mathrm{Re}\frac{1}{2\pi}\int_0^{2\pi}\sum_{l=1}^{\infty}\frac{1}{l}\left(\frac{w}{r}e^{-i\theta}\right)^l d\theta$$
$$=\log r.$$

当 $|w|=r$ 时，设 $w=re^{i\theta_0}$，这时

$$I(w)=\log r+\log 2+\frac{1}{\pi}\int_0^{\pi}\log\sin\theta\,d\theta$$
$$=\log r,$$

这里用到了熟知的积分(见 [1, 455, 1 °])

$$\frac{2}{\pi}\int_0^{\frac{\pi}{2}}\log\sin\theta\,d\theta=-\log 2.$$

综以上结果得到

$$I(w)=\log r,\qquad |w|\leqslant r \tag{3}$$

由此及式(2)就证明了定理.

Jensen 公式(2)可改写为另一有用的形式. 设 $n(u)$，$m(u)$ 分别表示 $f(z)$ 在 $|z|\leqslant u$ 上的零点和极点的个数(均按重数计). 若 $|a_n|\leqslant r<|a_{n+1}|$，则有

$$\int_0^r \frac{n(u)}{u}\,du=\sum_{j=1}^{n-1}\int_{|a_j|}^{|a_{j+1}|}\frac{n(u)}{u}\,du+\int_{|a_n|}^{r}\frac{n(u)}{u}\,du$$

$$=\sum_{j=1}^{n-1}(h_1+\cdots+h_j)\int_{|a_j|}^{|a_{j+1}|}\frac{du}{u}+(h_1+\cdots+h_n)\int_{|a_n|}^{r}\frac{du}{u}$$

$$=\sum_{j=1}^{n} h_j\log\frac{r}{|a_j|}\,. \tag{4}$$

类似地，若$|b_m|\leqslant r<|b_{m+1}|$，可得

$$\int_0^r \frac{m(u)}{u}\,du=\sum_{j=1}^{m} k_j\log\frac{r}{|b_j|}\,. \tag{5}$$

这样，利用式(4)和(5)，式(1)可改写为

$$\frac{1}{2\pi}\int_0^{2\pi}\log\left|\frac{f(re^{i\theta})}{f(0)}\right|d\theta=\int_0^r\frac{n(u)-m(u)}{u}\,du\,. \tag{6}$$

由 Jensen 定理立即得到下面的有用的推论.

推论 1 在定理1 的条件下，若$f(z)$无极点，则对任意的$0<r'<r<R$有

$$n(r')\leqslant\left(\log\frac{r}{r'}\right)^{-1}\log\frac{M(r)}{|f(0)|}\,, \tag{7}$$

其中

$$M(r)=\max_{|z|\leqslant r}|f(z)|\,.$$

证：由式(6)得（这里 $m(u)=0$）

$$\log\frac{M(r)}{|f(0)|}\geqslant\int_{r'}^{r}\frac{n(u)}{u}\,du\geqslant n(r')\log\frac{r}{r'}\,,$$

这就证明了式(7).

特别取$r'=\dfrac{r}{2}$ 可得

$$n\left(\frac{r}{2}\right)\leqslant\frac{1}{\log 2}\log\frac{M(r)}{|f(0)|}\,. \tag{8}$$

§2. Borel－Carathéodory 定理

定理 1 设$f(z)$在圆$|z-z_0|\leqslant R$上解析，则有

$$|f^{(n)}(z_0)|\leqslant \frac{2(n!)}{R^n}(A(R)-\operatorname{Re}f(z_0)) \quad, n=1,2,\cdots, \tag{1}$$

其中

$$A(R)=\max_{|z-z_0|\leqslant R}\operatorname{Re}f(z). \tag{2}$$

证：不妨设 $z_0=0$, $f(0)=0$, 若不然可考虑函数 $g(z)=f(z+z_0)-f(z_0)$. 由于调和函数在边界上取最大值，所以这时有$A(R)\geqslant 0$. 设

$$f(z)=\sum_{n=1}^{\infty}a_n z^n, \qquad |z|\leqslant R+\varepsilon,$$

ε为一充分小的正数，以及

$$a_n=|a_n|e^{i\theta_n}, \qquad n=1,2,\cdots.$$

这样就有

$$\operatorname{Re}f(Re^{i\theta})=\sum_{n=1}^{\infty}|a_n|R^n\cos(\theta_n+n\theta).$$

因而，

$$\int_0^{2\pi}\operatorname{Re}f(Re^{i\theta})\,d\theta=0,$$

$$\int_0^{2\pi}\cos(\theta_n+n\theta)\operatorname{Re}f(Re^{i\theta})\,d\theta=\pi|a_n|R^n, n=1,2,\cdots.$$

两式相加，并注意到$1+\cos x\geqslant 0$, 得到

$$\pi|a_n|R^n=\int_0^{2\pi}(1+\cos(\theta_n+n\theta))\operatorname{Re}f(Re^{i\theta})\,d\theta$$

$$\leqslant A(R)\int_0^{2\pi}(1+\cos(\theta_n+n\theta))\,d\theta=2\pi A(R),$$

$$n=1,2,\cdots.$$

注意到 $a_n=\dfrac{1}{n!}f^{(n)}(0)$，这就证明了所要的结果.

由定理 1 可进一步证明

定理 2 设 $f(z)$ 在 $|z-z_0|\leqslant R$ 上解析,则对任意的 $0<r<R$,在圆 $|z-z_0|\leqslant r$ 上有

$$|f(z)-f(z_0)|\leqslant \frac{2r}{R-r}\left(A(R)-\operatorname{Re} f(z_0)\right), \tag{3}$$

$$|f^{(n)}(z)|\leqslant \frac{2(n!)R}{(R-r)^{n+1}}\left(A(R)-\operatorname{Re} f(z_0)\right),\ n=1,2,\cdots. \tag{4}$$

证：设 $z-z_0=\bar{r}e^{i\theta}$，$\bar{r}\leqslant r$. 由定理1 得

$$|f(z)-f(z_0)|=\left|\sum_{k=1}^{\infty}\frac{f^{(k)}(z_0)}{k!}(z-z_0)^k\right|$$

$$\leqslant 2\left(A(R)-\operatorname{Re} f(z_0)\right)\sum_{k=1}^{\infty}\left(\frac{r}{R}\right)^k,$$

由此即得式(3). 当 $n\geqslant 1$ 时，由定理 1 得

$$|f^{(n)}(z)|=\left|\sum_{k=n}^{\infty}\frac{k\cdots(k-n+1)f^{(k)}(z_0)}{k!}(z-z_0)^{k-n}\right|$$

$$\leqslant 2\left(A(R)-\operatorname{Re} f(z_0)\right)\sum_{k=n}^{\infty}k\cdots(k-n+1)\frac{r^{k-n}}{R^k}$$

$$=2\left(A(R)-\operatorname{Re} f(z_0)\right)\frac{d^n}{dr^n}\left(\frac{R}{R-r}\right),$$

由此就证明了式(4).

从式 (3) 容易推出

$$M(r)\leqslant \frac{2r}{R-r}A(R)+\frac{R+r}{R-r}|f(z_0)|, \tag{5}$$

其中

$$M(r)=\max_{|z-z_0|\leqslant r}|f(z)|.$$

§3. Hadamard 三圆定理

定理 1 设 $f(z)$ 是区域 $0<r_1\leqslant|z|\leqslant r_3$ 上的解析函数(单值的或多值的). 再设 $r_1<r_2<r_3$,

$$M_j=\max_{|z|=r_j}|f(z)|,\quad j=1,2,3. \tag{1}$$

那末有

$$M_2^{\log(r_3/r_1)}\leqslant M_1^{\log(r_3/r_2)}M_3^{\log(r_2/r_1)}, \tag{2}$$

其中等号当且仅当 $f(z)=cz^a$ 时成立, a 为实数.

证: 设 λ 为一待定实数, $\varphi(z)=z^\lambda f(z)$. 由最大模原理[1)]知: 当 $r_1\leqslant|z|\leqslant r_3$ 时

$$|\varphi(z)|\leqslant\max(r_1^\lambda M_1,r_3^\lambda M_3).$$

因而在 $|z|=r_2$ 上有

$$|f(z)|\leqslant\max(r_1^\lambda r_2^{-\lambda}M_1,r_3^\lambda r_2^{-\lambda}M_3).$$

现取 λ 使右边括号内两项相等, 即取

$$\lambda=-\{\log(M_3/M_1)/\log(r_3/r_1)\},$$

由以上两式就得到

$$M_2\leqslant(r_2/r_1)^{-\lambda}M_1,$$

即

$$M_2^{\log(r_3/r_1)}\leqslant(r_2/r_1)^{\log(M_3/M_1)}M_1^{\log(r_3/r_1)}$$
$$=(M_3/M_1)^{\log(r_2/r_1)}M_1^{\log(r_3/r_1)},$$

这就证明了式(2). 此外, 由最大模原理知, 等号仅在 $\varphi(z)$ 等于常数时成立, 这就证明了定理的另一结论.

若记 $M(r)=\max\limits_{|z|=r}|f(z)|$, 则式(2)可写为

$$\log M(r_2)\leqslant\frac{\log r_3-\log r_2}{\log r_3-\log r_1}\log M(r_1)+\frac{\log r_2-\log r_1}{\log r_3-\log r_1}\cdot\log M(r_3). \tag{3}$$

1) 最大模原理对多值解析函数亦成立.

这样，Hadamard 三圆定理就可表述为: $\log M(r)$ 是 $\log r$ 的下凸函数.

§4. Phragmén－Lindelöf 定理

Phragmén－Lindelöf 定理是最大模原理的一个重要推广，为以后的需要这里仅证明它的一个特殊情形.

定理 1 设 $f(s)$ 是半带形区域 $\sigma_1 \leqslant \sigma \leqslant \sigma_2, t \geqslant t_0 \geqslant 1$ 内及其边界上的解析函数，对任意的 $\varepsilon > 0$ 有

$$|f(\sigma+it)| \leqslant M(\varepsilon) e^{\varepsilon t}, \sigma_1 \leqslant \sigma \leqslant \sigma_2, t \geqslant t_0, \tag{1}$$

其中常数 $M(\varepsilon)$ 仅和 ε 有关. 再设存在实数 k_1, k_2, M_1, M_2 使

$$|f(\sigma_j+it)| \leqslant M_j t^{k_j}, \quad t \geqslant t_0, j=1,2 . \tag{2}$$

那末当 $\sigma_1 \leqslant \sigma \leqslant \sigma_2$ 时一致地有

$$|f(\sigma+it)| \leqslant M t^{k(\sigma)}, \qquad t \geqslant t_0, \tag{3}$$

其中 M 是和 t_0, σ_j, M_j 及 $k_j\,(j=1,2)$ 有关的常数.

$$k(\sigma) = k_1 \frac{\sigma_2-\sigma}{\sigma_2-\sigma_1} + k_2 \frac{\sigma-\sigma_1}{\sigma_2-\sigma_1} = a\sigma+b. \tag{4}$$

证: 先证明 $k_1=k_2=0$ 的情形. 这时 $k(\sigma) \equiv 0$. 由条件 (2) 知，这时 $f(s)$ 在所讨论的半带形的边界上有界，即有正数 A 使得

$$|f(\sigma_j+it)| \leqslant A, \quad t \geqslant t_0, \quad j=1, 2,$$

$$|f(\sigma+it_0)| \leqslant A, \quad \sigma_1 \leqslant \sigma \leqslant \sigma_2 .$$

考虑函数 $\varphi(s) = e^{i\delta s} f(s)$，$\delta$ 为一正数. 这样，

$$|\varphi(s)| = e^{-\delta t} |f(s)| . \tag{5}$$

取 $\varepsilon = \delta/2$，由条件 (1) 知

$$|\varphi(\sigma+it)| \leqslant M(\delta/2) e^{-\frac{\delta}{2}t}, \quad \sigma_1 \leqslant \sigma \leqslant \sigma_2, \ t \geqslant t_0 .$$

因此存在正数 $T(\delta)$，使

$$|\varphi(\sigma+it)| \leqslant A, \quad \sigma_1 \leqslant \sigma \leqslant \sigma_2, t \geqslant T(\delta).$$

这样，对任意的 $T \geqslant T(\delta)$，在矩形 $\sigma_1 \leqslant \sigma \leqslant \sigma_2, t_0 \leqslant t \leqslant T$ 的边界上有 $|\varphi(s)| \leqslant A$,因此由最大模原理知在这矩形上有 $|\varphi(s)| \leqslant A$. 进而，由 T 的任意性就证明了

$$|\varphi(s)| \leqslant A, \quad \sigma_1 \leqslant \sigma \leqslant \sigma_2, \quad t \geqslant t_0.$$

由此及(5)即得

$$|f(s)| \leqslant A e^{\delta t}, \quad \sigma_1 \leqslant \sigma \leqslant \sigma_2, \quad t \geqslant t_0.$$

对固定的 t，令 $\delta \to 0$，由此就证明了定理当 $k_1 = k_2 = 0$ 时成立.

为了证明一般情形,讨论函数

$$\psi(s) = f(s) e^{-k(s)\log(-is)}, \quad \sigma_1 \leqslant \sigma \leqslant \sigma_2, \ t \geqslant t_0, \tag{6}$$

其中 $\log(-is)$ 取主值. $\psi(s)$ 在这半带形内及其上解析. 我们有

$$\begin{aligned}
&\operatorname{Re}\{k(s)\log(-is)\} \\
&= \operatorname{Re}\left\{(k(\sigma) + iat)\left(\log t + \log\left(1 - i\frac{\sigma}{t}\right)\right)\right\} \\
&= k(\sigma)\log t + \frac{1}{2}k(\sigma)\log\left(1 + \frac{\sigma^2}{t^2}\right) + at \operatorname{arc\,tg}\frac{\sigma}{t} \\
&= k(\sigma)\log t + r(s);
\end{aligned}$$

其中 arc tg x 取主值 $-\frac{\pi}{2} < \operatorname{arc\,tg} x < \frac{\pi}{2}$. 显有

$$\begin{aligned}
|r(s)| &= \left|\frac{1}{2}k(\sigma)\log\left(1 + \frac{\sigma^2}{t^2}\right) + at \operatorname{arc\,tg}\frac{\sigma}{t}\right| \\
&\leqslant \frac{\sigma^2}{2t^2}|k(\sigma)| + |a\sigma| \\
&\leqslant \frac{\sigma^2}{2}|k(\sigma)| + |a\sigma| \leqslant B, \quad t \geqslant 1,
\end{aligned}$$

这里 B 为一和 $\sigma_1, \delta_2, k_1, k_2$ 有关的常数. 因而,

$$\begin{aligned}
|\psi(s)| &= |f(s)| e^{-k(\sigma)\log t - r(s)} \\
&= |f(s)| t^{-k(\sigma)} e^{-r(s)}, \quad \sigma_1 \leqslant \sigma \leqslant \sigma_2, \ t \geqslant t_0,
\end{aligned}$$

这样，$\psi(s)$ 满足当 $k_1 = k_2 = 0$ 时的定理的所有条件. 因此，由前所证有常数 A_1，使

$$|\psi(s)|\leqslant A_1,\quad \sigma_1\leqslant\sigma\leqslant\sigma_2,\quad t\geqslant t_0,$$

由以上三式即得

$$|f(s)|\leqslant A_1 e^B t^{k(\sigma)},\qquad \sigma_1\leqslant\sigma\leqslant\sigma_2,\quad t\geqslant t_0,$$

取 $M=A_1 e^B$ 就证明了定理.

附注 1. 定理改为下半带形: $\sigma_1\leqslant\sigma\leqslant\sigma_2$, $t\leqslant t_0\leqslant -1$, 显然亦成立.

附注 2. 如果我们讨论的是一解析函数列 $f(s,q)$, $q=1,2,3,\cdots$, 假定存在 q 的函数 $C(q)\geqslant 1$, 使原来的条件 (1) 和 (2) 改为条件

$$|f(\sigma+it,q)|\leqslant M(\varepsilon)e^{\varepsilon c(q)t},\quad \sigma_1\leqslant\sigma\leqslant\sigma_2,\ t\geqslant t_0, \tag{7}$$

$$|f(\sigma_j+it,q)|\leqslant M_j(c(q)t)^{k_j},\ t\geqslant t_0,\ j=1,2, \tag{8}$$

其中 $M(\varepsilon)$, M_j 均和 q 无关. 那末当 $\sigma_1\leqslant\sigma\leqslant\sigma_2$, $q\geqslant 1$ 时一致地有

$$|f(\sigma+it,q)|\leqslant M(c(q)t)^{k(\sigma)},\quad t\geqslant t_0. \tag{9}$$

这结果的证明和定理 1 完全一样. 在第一部分中只要考虑 $\varphi(s,q)=e^{i\delta c(q)s}f(s,q)$, 在第二部分中考虑 $\psi(s,q)=f(s,q)e^{-k(s)\log(-ic(q)s)}$. 我们要强调指出的是这里的 M 和 q 无关. 这一附注在估计 L 函数的阶时要用到.

有了定理 1 就可以证明带形区域 $a\leqslant\sigma\leqslant b$ 上的半纯函数 $f(s)$ 的阶函数 $\mu(\sigma)$ 一定是下凸函数. 为此先引进有关的定义.

定义 1 设 $f(s)$ 是带形区域 $\sigma_1\leqslant\sigma\leqslant\sigma_2$ 上的半纯函数.

(i) 如果存在实数 μ, 使得估计式

$$f(s)\ll(|t|+1)^{\mu} \tag{10}$$

当 $\sigma=\sigma_0$ $(\sigma_1\leqslant\sigma_0\leqslant\sigma_2)$, $|t|\geqslant t_0$ 时成立, 就称 $f(s)$ **在直线** $\boldsymbol{\sigma=\sigma_0}$ **上是有限阶的**, 其中 $\ll$ 常数依赖于 μ, σ_0, t_0. (ii) 如果估计式 (10) 当 $\sigma_1\leqslant\sigma\leqslant\sigma_2$, $|t|\geqslant t_0$ 时成立, 就称 $f(s)$ **在带形** $\boldsymbol{\sigma_1\leqslant\sigma\leqslant\sigma_2}$ **上是有限阶的**, 其中 $\ll$ 常数依赖于 μ, σ_1, σ_2, t_0.

定义 2 在定义1 的情形 (i) 中, 使得估计式 (10) 成立的 μ 的下确界称为 $f(s)$ **在直线** $\boldsymbol{\sigma=\sigma_0}$ **上的阶**, 记作 $\mu(\sigma_0)$. 当 $f(s)$ 是

带形 $\sigma_1 \leqslant \sigma \leqslant \sigma_2$ 上的有限阶函数时，$\mu(\sigma)$，$\sigma_1 \leqslant \sigma \leqslant \sigma_2$，就称为 $f(s)$ 的**阶函数**.

类似的，也可以在半直线和半带形上来定义有限阶函数、阶及阶函数.

例如：设 n 是整数，s^n 是任一带形上的有限阶函数，$\mu(\sigma) = n$. e^s 是任一带形上的有限阶函数，$\mu(\sigma) = 0$. e^{s^2} 是任一带形上的有限阶函数，$\mu(\sigma) = -\infty$. 由式(3.3.22) 知 $\Gamma(s)$ 是有限阶函数，$\mu(\sigma) = -\infty$，但 $\dfrac{1}{\Gamma(s)}$ 不是有限阶函数.

下面证明关于阶函数的基本性质.

定理 2 设 $f(s)$ 是带形 $\sigma_1 \leqslant \sigma \leqslant \sigma_2$ 上的有限阶函数，则其阶函数 $\mu(\sigma)$ 是下凸函数.

证：无妨一般，可限于讨论上半带形：$\sigma_1 \leqslant \sigma \leqslant \sigma_2 \quad t \geqslant 0$. 设 t_0 是足够大的正数，使 $f(s)$ 在区域 $\sigma_1 \leqslant \sigma \leqslant \sigma_2$，$t \geqslant t_0 \geqslant 1$ 上解析. 由阶函数定义知，对任意的 $\varepsilon > 0$，定理 1 的条件(1) 满足，且有

$$f(\sigma_j + it) \ll t^{\mu(\sigma_j)+\varepsilon}, \quad t \geqslant t_0, \quad j = 1, 2. \tag{11}$$

因此，由定理 1 及阶函数定义立即推出：当 $\sigma_1 \leqslant \sigma \leqslant \sigma_2$ 时，

$$\mu(\sigma) \leqslant k(\sigma) = (\mu(\sigma_1) + \varepsilon) \frac{\sigma_2 - \sigma}{\sigma_2 - \sigma_1} + (\mu(\sigma_2) + \varepsilon) \frac{\sigma - \sigma_1}{\sigma_2 - \sigma_1}.$$

令 $\varepsilon \to 0$，由上式就证明了所要的结论.

附注．关于定理 1 的附注 2，在定义 1 和定理 2 中同样适用. 对具体的函数估计阶时，应该用定理 1，因为用定理 2 时在估计式(11) 中总出现一个 ε.

第五章　有穷阶整函数

§1. 有穷阶整函数[1)]

在推论 3.1.6 中虽然已经证明了整函数一定可以分解为式(3.1.10)的形式，但在一般情形下我们不能对这一分解式进一步再说些什么. 本章将要讨论一类重要的整函数——有穷阶整函数，它在 Riemann ζ 函数论和 Dirichlet L 函数论中起着极为重要的作用. 对于这种整函数具有完全确定的分解形式，这就是本章所要证明主要结果——Hadamard 因子分解定理.

定义 1　设 $G(z)$ 是整函数[2)]. 如果存在正数 a 和 c_1，使得对任意的 $r \geqslant 1$ 有

$$M(r)=\max_{|z|=r}|G(z)| \leqslant \exp(c_1 r^a), \tag{1}$$

那末就称 $G(z)$ 为**有穷阶整函数**. 使得式(1)成立的正数 a 的下确界 α 称为**整函数 $G(z)$ 的阶**.

这样，若 $G(z)$ 的阶为 α，那末对任意的正数 ε，必有

$$M(r) \leqslant \exp(c_2 r^{\alpha+\varepsilon}), \quad r \geqslant 1, \tag{2}$$

其中 c_2 为一可能和 ε 有关的常数；而对任意的常数 c_3，不等式

$$M(r) \leqslant \exp(c^3 r^{\alpha-\varepsilon}), \quad r \geqslant 1 \tag{3}$$

一定不成立.

常数和多项式是零阶整函数；$e^{p(z)}$ 是 k 阶整函数，其中 $p(z)$ 为一个 k 次多项式；$\cos\sqrt{z}$ 是 $\frac{1}{2}$ 阶. e^{e^z} 不是有穷阶整函数，因为对任意正数 a 和 c_1 都不可能有式(1)成立，这种整函数称为是无穷阶的.

具有有限个零点的有穷阶整函数的构造是十分简单的. 对此

---

1) 有时也称为有穷级整函数.

2) 我们总假定 $G(z)$ 不恒为零.

有下面的结论.

定理 1 设$G(z)$是有穷阶整函数. 如果它只有有限个零点[1] a_1, $a_2\cdots a_N$, 那末一定有

$$G(z)=\prod_{n=1}^{N}(z-a_n)\exp(p(z)), \tag{4}$$

其中$p(z)$是一多项式, 且其次数等于$G(z)$的阶.

证: 先假定$G(z)$没有零点. 设其阶为α. 因无零点故可取定一支$p(z)=\log G(z)$. 由阶的定义知, 对任意的$\varepsilon>0$, 当$r\geqslant 1$时一致地有

$$\operatorname{Re} p(z)=\log|G(z)|\leqslant c_2(\varepsilon)r^{\alpha+\varepsilon}, |z|\leqslant r, \tag{5}$$

这里用到了最大模原理. 由于$P(z)$亦为整函数, 故有

$$P(z)=\sum_{n=0}^{\infty} b_n z^n. \qquad |z|<+\infty.$$

由定理4.2.1 及式(5)推出

$$|b_n|\leqslant 2r^{-n}(c_2(\varepsilon)r^{\alpha+\varepsilon}-\operatorname{Re} b_0), \quad n=1,2\cdots. \tag{6}$$

当$n>a$时, 可取定$\varepsilon>0$, 使$\alpha+\varepsilon<n$, 令$r\to\infty$由上式得$b=0$. 因此

$$P(z)=b_0+b_1z+\cdots+b_kz^k, \quad k\leqslant[\alpha].$$

由于$\exp(P(z))$的阶等于k, 所以$k=\alpha$. 这就证明了定理在没有零点的情形成立.

在一般情形下, 只要考虑函数$G(z)\prod_{n=1}^{N}(z-a_n)^{-1}$. 容易证明它的阶和$G(z)$相同, 且没有零点. 因而由已证明的结论就得到所要的结果.

附注. 为了证明定理 1 的第一部分, 实际上仅需要式(5)在一串$|z|=r_m$上成立, $r_m\to+\infty$, 即只要假定$G(z)$是没有零点的整函数, 且在这一串r_m上有式(5)成立, 而并不需要假定已知$G(z)$的阶为α.

---

1) 按重数计, d阶零点出现d次.

由定理 1 立即可得到以下推论:

推论 2 一个零阶整函数，如果只有有限个零点，那末它一定是一个多项式.

推论 3 一个α阶整函数，$\alpha<+\infty$，如果$\alpha\neq$整数，那末它一定有无穷多个零点.

推论 4 设$G(z)$是α阶整函数，$0<\alpha<\infty$. 如果它只有有限个零点，则必有正数 c_4 使得对任意的 $r\geqslant 1$ 有

$$M(r)\leqslant \exp(c_4 r^{\alpha}). \tag{7}$$

因而若对任意的 c_4 式(7)都不成立，则 $G(z)$必有无穷多个零点.

具有无穷多个零点的有穷阶整函数讨论起来就要复杂得多，零点个数的多少必然会影响函数的阶. 首先我们来证明一个相反方向的结果: 一个有穷阶函数，它的零点个数不会太多.

定理 2 设$G(z)$是α阶整函数，$n(r)$表 $G(z)$在圆 $|z|\leqslant r$ 上的零点个数，则对任意的 $\varepsilon>0$，当 $r\geqslant 1$ 时有

$$n(r)\leqslant c_5(\varepsilon)\, r^{\alpha+\varepsilon}, \tag{8}$$

其中 $c_5(\varepsilon)$为依赖于ε的正数. 如果式(2)中的常数 c_2 可取得和ε无关，则式(8)中的ε可去掉.

证: 这是 Jensen 公式的推论 —— 式(4.1.8)和式(2)的直接推论.

为了进一步讨论有穷阶整函数的结构，需要引进复数列的收敛指数和典型乘积的概念.

§2. 收敛指数与典型乘积

首先引进复数列的收敛指数的概念.

定义 1 设 $a_1, a_2, \cdots$ 是一有限或无限复数列，满足

$$0<|a_1|\leqslant|a_2|\leqslant\cdots. \tag{1}$$

若存在正数 b，使级数$\sum\limits_{n=1}^{\infty}|a_n|^{-b}$收敛，则称这复数列有有限收敛指数. 所有这样的正数 b 的下确界 β 称为这复数列的**收敛指数**. 若不存在正数 b 使级数$\sum\limits_{n=1}^{\infty}|a_n|^{-b}$收敛，则说它的收敛指数为无

穷.

一个有限数列的收敛指数为零. 若收敛指数 β 满足 $0<\beta<+\infty$,则一定是无限数列且

$$|a_n|\to+\infty. \tag{2}$$

数列 $a_n=2^n$ 的 $\beta=0$;设 $\lambda>0$,数列 $a_n=n^\lambda$ 的 $\beta=1/\lambda$;$a_n=n\log^2 n$ 的 $\beta=1$; $a_n=\log n$ 的 $\beta=+\infty$.

收敛指数是一个数列分布的疏密程度的一个测度. 大概说来,收敛指数愈小数列分布愈稀, 愈大则分布愈密.

定义 2 设 $G(z)$ 是一个整函数, 它的所有异于零的零点(按重数计[1])构成一个复数列, 并按条件(1)排列. 我们把这个复数列的收敛指数称为整函数 $G(z)$ 的**零点的收敛指数**.

关于有穷阶整函数的零点的收敛指数有下面的定理.

定理 1 设有穷阶整函数 $G(z)$ 的阶为 α ,其零点的收敛指数为 β. 那末,

$$\beta\leqslant\alpha^{2)}. \tag{3}$$

证: 若 $\beta=0$, 定理当然成立. 现设 $\beta>0$. 所以 $G(z)$ 的异于零的零点(按重数计)构成一个无穷复数列 $a_1,a_2,\cdots$,按条件(1) 排列. 由于 $G(z)$ 的零点没有有限的聚点, 所以必有 $|a_n|\to+\infty$. 设

$$|a_n|\geqslant1,\quad n\geqslant n_0.$$

由式(1.8)知, 取 $r=|a_n|$, $n\geqslant n_0$, 对任意 $\varepsilon>0$ 有

$$n\leqslant c_5(\varepsilon)\,|a_n|^{\alpha+\varepsilon},\ \ n\geqslant n_0.$$

因而有

$$\sum_{n=n_0}^{\infty}|a_n|^{-(\alpha+z\varepsilon)}\ll\sum_{n=n_0}^{\infty}n^{-1-\frac{\varepsilon}{\alpha+\varepsilon}}<+\infty.$$

这就证明了 $\beta\leqslant\alpha+2\varepsilon$, 令 $\varepsilon\to0$ 就得到式(3).

定理 1 中的等号当然是不一定成立的, 因为一个有穷阶整函

1) 即一个 d 阶零点在这数列中出现 d 次.

2) 若 $G(z)$ 为无穷阶整函数, 定理显然成立.

数乘上 $e^{P(z)}$（$P(z)$ 为一多项式）后，零点不变．但是对于一类特殊的整函数，定理1 中的等号必成立．为此我们要引进下面的定义．

定义 3 设复数列 $a_1, a_2, \cdots$ 的收敛指数 $\beta<+\infty$．再设 p 是使级数

$$\sum_{n=1}^{\infty} |a_n|^{-p-1} \tag{4}$$

收敛的最小非负整数．我们把无穷乘积[1)]

$$g(z)=\prod_{n=1}^{\infty} E\left(\frac{z}{a_n}, p\right) \tag{5}$$

称为是这一复数列的**典型乘积**，p 称为这个乘积的**亏数**，其中 $E(u,h)$ 由式(3.1.7)给出．

由定理 3.1.5（取 $h_n=p+1, n=1,2,\cdots$）知，典型乘积(5)是一个整函数，以且仅以这个复数列为其零点．我们要来证明：典型乘积的阶一定等于它的零点的收敛指数，即确定这个典型乘积的复数列的收敛指数．在证明这一结论之前，先来指出定义3 中的 β 与 p 的关系．

容易看出：

$$\beta \leqslant p+1 \leqslant [\beta]+1 . \tag{6}$$

当 β 不是整数时，$p=[\beta]$；$\beta=0$ 时 $p=0$；当 β 是正整数时，如果级数

$$\sum_{n=1}^{\infty} |a_n|^{-\beta} \tag{7}$$

收敛，则 $p=\beta-1$；如果级数(7)发散，则 $p=\beta$．这样一来，

$$p=[\beta] \text{ 或 } \beta-1 \tag{8}$$

必有一成立，即式(6)中必有一个等号成立．

定理 2 设复数列 $a_1, a_2, \cdots$ 的收敛指数 $\beta<+\infty$，它的典型乘积的阶是 α，那末

$$\alpha=\beta . \tag{9}$$

---

1) 在有限复数列的情形，这是一个多项式．

证：由定理1知必有$\beta\leqslant\alpha$. 下面来证明$\alpha\leqslant\beta$. 为此我们要直接估计典型乘积$g(z)$的模的上界. 先假定$r\geqslant 1$, $r\neq|a_n|$, $n=1,2,\cdots$. 由式(5)及式(3.1.7)知，在$|z|=r$上有

$$\log|g(z)|=\sum_{n=1}^{\infty}\left\{\log\left|1-\frac{z}{a_n}\right|+\operatorname{Re}\left(\frac{z}{a_n}+\cdots+\frac{1}{p}\left(\frac{z}{a_n}\right)^p\right)\right\}^{1)}$$

$$=\sum_{|a_n|<2r}+\sum_{|a_n|\geqslant 2r}. \tag{10}$$

当$|a_n|\geqslant 2r$时，在$|z|=r$上有

$$\log\left|1-\frac{z}{a_n}\right|+\operatorname{Re}\left(\frac{z}{a_n}+\cdots+\frac{1}{p}\left(\frac{z}{a_n}\right)^p\right)$$

$$=-\operatorname{Re}\sum_{j=p+1}^{\infty}\frac{1}{j}\left(\frac{z}{a_n}\right)^j$$

$$\ll\left(\frac{r}{|a_n|}\right)^{p+1}.$$

因而有

$$\sum_{|a_n|\geqslant 2r}\ll r^{p+1}\sum_{|a_n|\geqslant 2r}|a_n|^{-p-1}, \quad |z|=r.$$

由式(8)知p的取值有两种可能:

(i) $p=\beta-1$, 这时由p的定义知

$$\sum_{|a_n|\geqslant 2r}\ll r^{\beta}, \quad |z|=r; \tag{11}$$

(ii) $p=[\beta]$, 这时对充分小的$\varepsilon>0$, 必有$\beta+\varepsilon<p+1$, 因而

$$\sum_{|a_n|\geqslant 2r}\ll r^{p+1}\sum_{|a_n|\geqslant 2r}|a_n|^{\beta+\varepsilon-p-1}|a_n|^{-\beta-\varepsilon} \tag{12}$$

$$\ll r^{\beta+\varepsilon}, \qquad |z|=r.$$

当$|a_n|<2r$时，在$|z|=r$上有

1) 当$p=0$时$\{\cdots\}$中的第二项不出现.

$$\log\left|1-\frac{z}{a_n}\right|+\operatorname{Re}\left(\frac{z}{a_n}+\cdots+\frac{1}{p}\left(\frac{z}{a_n}\right)^p\right)$$

$$\leqslant \log\left(1+\frac{r}{|a_n|}\right)+\frac{r}{|a_n|}+\cdots+\frac{1}{p}\left(\frac{r}{|a_n|}\right)^p$$

$$\leqslant\begin{cases}\dfrac{r}{|a_n|}+\dfrac{r}{|a_n|}+\cdots+\dfrac{1}{p}\left(\dfrac{r}{|a_n|}\right)^p\leqslant 2^{p+1}\left(\dfrac{r}{|a_n|}\right)^p, p\geqslant 1,\\ c_1(\varepsilon)\left(\dfrac{r}{|a_n|}\right)^\varepsilon, p=0,\end{cases}$$

其中 ε 为任意正数，$c_1(\varepsilon)$ 为和 ε 有关的正数. 由于总有 $\beta+\varepsilon>p$，故当 $|z|=r$ 时总有

$$\begin{aligned}\sum_{|a_n|<2r} &\leqslant c_2(\varepsilon, p) r^{p+\varepsilon}\sum_{|a_n|<2r}|a_n|^{-p-\varepsilon}\\ &=c_2(\varepsilon,p)r^{p+\varepsilon}\sum_{|a_n|<2r}|a_n|^{\beta+\varepsilon-p}|a_n|^{-\beta-2\varepsilon}\\ &\leqslant c_3(\varepsilon,p)\, r^{\beta+2\varepsilon}\sum_{|a_n|<2r}|a_n|^{-\beta-2\varepsilon} \qquad (13)\\ &\leqslant c_4(\varepsilon,p)\, r^{\beta+2\varepsilon}, \qquad |z|=r.\end{aligned}$$

这里用到了收敛指数的定义，c_2, c_3, c_4 是和 ε, p 有关的常数.

综合式(10)—(13)即得：对任意的 $\varepsilon>0$ 有

$$|g(z)|\leqslant \exp(c_5 r^{\beta+2\varepsilon}), \quad |z|=r, \tag{14}$$

其中 c_5 是和 ε 有关的常数. 由连续性知，上式当 $1\leqslant r=|a_n|$ 时亦成立. 这就证明了 $\alpha\leqslant\beta$. ∎

附注. 从定理证明中可以看出：如果数列 $a_1, a_2, \cdots$ 是无限数列，且 $\sum_{n=1}^{\infty}|a_n|^{-\beta}$ 收敛，那末，由于一定有 $\beta>0$ 及 $p<\beta$，估计式(14)中的 2ε 可以去掉. 这样一来，如果一个典型乘积 $g(z)$ 的阶为 $\alpha>0$，且具有这样的性质：对任给的正数 A，总可找到 $r\geqslant 1$ 使得

$$\max_{|z|=r} |g(z)| > \exp(A r^{\alpha}).$$

那末，由于 $\beta=\alpha$ 及上面的说明，即可断言级数 $\sum_{n=1}^{\infty} |a_n|^{-\beta}$ 一定发散.

推论 3 $1/\Gamma(s)$ 是一阶整函数.

证：由定义(见式(3.2.1))知

$$\frac{1}{\Gamma(s)} = s e^{\gamma s} \prod_{n=1}^{\infty} \left(1+\frac{s}{n}\right) e^{-\frac{s}{n}}.$$

容易看出，右边的无穷乘积是数列 $a_n=-n\ (n=1,2,\cdots)$ 的典型乘积，这数列的收敛指数等于 1，故由定理 2 知这典型乘积的阶等于1. 所以 $\frac{1}{\Gamma(s)}$ 的阶 $\leqslant 1$. 另一方面，由式(3.3.23)(取 $\sigma=0$)知它的阶 $\geqslant 1$. 这就证明了推论.

§3. Hadamard 因式分解定理

定理 1 设 $G(z)$ 是有穷阶整函数，阶为 α，$G(0)\neq 0$. 再设它的零点所对应的典型乘积[1)]为 $g(z)$. 那末，

$$G(z) = g(z) \exp(P(z)), \tag{1}$$

其中 $P(z)$ 是一次数不超过 α 的多项式.

证：当 $G(z)$ 只有有限个零点时，这就是定理 1.1. 现设 $G(z)$ 有无穷多个零点：$a_1, a_2, \cdots, 0<|a_1|\leqslant|a_2|\leqslant\cdots$，$|a_n|\to+\infty$. 由定理 2.1 知，零点的收敛指数 $\beta\leqslant\alpha$. 再由定理 2.2 知典型乘积

$$g(z) = \prod_{n=1}^{\infty} \left(1-\frac{z}{a_n}\right) \exp\left(\frac{z}{a_n}+\cdots+\frac{1}{p}\left(\frac{z}{a_n}\right)^p\right) \tag{2}$$

的阶等于 β，p 由条件(2.4)确定. 显然 $G(z)/g(z)$ 是一个没有零点的整函数，如果能够证明它的阶 $\leqslant\alpha$，那末由定理 1.1 就推出所要的结论. 为此就要估计它的上界. 注意到定理 1.1 的附注，我们只要在某一串 $|z|=r_m\ (r_m\to+\infty)$ 上来估计 $1/g(z)$ 的上界，

1) 即它的零点所构成的数列(见定义 2.2)所对应的典型乘积.

即估计 $|g(z)|$ 的下界.

由于级数 $\sum_{n=1}^{\infty}|a_n|^{-p+1}$ 收敛，所以一定能找到一串正数 $r_m\to+\infty$，使对所有的 m 和 n 有

$$||r_m-|a_n||>|a_n|^{-p-1} \tag{3}$$

成立，这是因为所有以 $|a_n|$ 为中心，长为 $2|a_n|^{-p-1}$ 的区间的总长度为有限，任一不属于这些区间的正数 r 均满足条件(3). 现对任一个 $r=r_m$ 把典型乘积 $g(z)$ 分为三部分

$$g(z)=\prod_{|a_n|\leqslant\frac{r}{2}}\cdot\prod_{\frac{r}{2}<|a_n|\leqslant 2r}\cdot\prod_{|a_n|>2r}=g_1(z)g_2(z)g_3(z). \tag{4}$$

下面分别来估计 g_1, g_2, g_3 在 $|z|=r$ 上的下界

(a) 当 $|a_n|\leqslant\dfrac{r}{2}$ 时，在 $|z|=r$ 上有

$$\left|\left(1-\frac{z}{a_n}\right)\exp\left(\frac{z}{a_n}+\cdots+\frac{1}{p}\left(\frac{z}{a_n}\right)^p\right)\right|\geqslant\left(\frac{r}{|a_n|}-1\right)$$
$$\cdot\exp\left(-2\left(\frac{r}{|a_n|}\right)^p\right)\geqslant\exp\left(-2\left(\frac{r}{|a_n|}\right)^{\beta+\varepsilon}\right),$$

最后一步用到了 $\beta\geqslant p$, ε 为任意正数. 因而有

$$|g_1(z)|\geqslant\exp(-c_1(\varepsilon)r^{\beta+\varepsilon}),\quad |z|=r. \tag{5}$$

(b) 当 $\dfrac{r}{2}<|a_n|\leqslant 2r$ 时，由于条件(3)在 $|z|=r$ 上有

$$\left|\left(1-\frac{z}{a_n}\right)\exp\left(\frac{z}{a_n}+\cdots+\frac{1}{p}\left(\frac{z}{a_n}\right)^p\right)\right|\geqslant\frac{|a_n-z|}{|a_n|}$$
$$\cdot\exp(-2^{p+1})\geqslant|a_n|^{-p-z}\exp(-2^{p+1})$$
$$\geqslant r^{-p-2}2^{-p-1}\exp(-2^{p+1})=c_2(p)r^{-p-2}.$$

满足 $\dfrac{r}{2}<|a_n|\leqslant 2r$ 的 a_n 的个数，即是 $g(z)$ 在区域 $\dfrac{r}{2}<|z|\leqslant 2r$ 中的零点个数 N. 由于 $g(z)$ 是 β 阶整函数，故由式(4.1.8)知：对任意的 $\varepsilon>0$ 有

$$N \leqslant c^2(\varepsilon)\, r^{\beta+\varepsilon}, \qquad r \geqslant 1.$$

当$r \geqslant 2^{p+1}\exp(2^{p+1})$时，$c_2(p)r^{-p-2} < 1$，故从以上两式得

$$\begin{aligned} |g_2(z)| &\geqslant \exp\{-c_2(\varepsilon)\, r^{\beta+\varepsilon}((p+2)\log r - \log c_2(p))\} \\ &\geqslant \exp\{-(p+3)c_2(\varepsilon)\, r^{\beta+\varepsilon}\log r\} \\ &\geqslant \exp\{-c_3(\varepsilon) r^{\beta+2\varepsilon}\}. \end{aligned} \tag{6}$$

(c) 当$|a_n| > 2r$时，在$|z| = r$上有

$$\begin{aligned} &\log\left|\left(1-\frac{z}{a_n}\right)\exp\left(\frac{z}{a_n}+\cdots+\frac{1}{p}\left(\frac{z}{a_n}\right)^p\right)\right| \\ &= \mathrm{Re}\left\{-\sum_{j=p+1}^{\infty}\frac{1}{j}\left(\frac{z}{a_n}\right)^j\right\} \\ &\geqslant -2\left(\frac{r}{|a_n|}\right)^{p+1}. \end{aligned}$$

因而，

$$|g_3(z)| \geqslant \exp\left\{-2r^{p+1}\sum_{|a_n|>2r}|a_n|^{-p-1}\right\}, \quad |z| = r.$$

注意到估计式(2.11)和(2.12)实际上是证明了：当$r \geqslant 1, r \neq |a_n|$时，对任意的$\varepsilon > 0$有

$$r^{p+1}\sum_{|a_n|>2r}|a_n|^{-p-1} \leqslant c_4(\varepsilon)\, r^{\beta+\varepsilon}.$$

因而，当$r \geqslant 1, r \neq |a_n|$时有

$$|g_3(z)| \geqslant \exp(-c_4(\varepsilon) r^{\beta+\varepsilon}), \quad |z| = r. \tag{7}$$

综合式(4),(5),(6),(7)就得到：对任意的$\varepsilon > 0$，当$r \neq |a_n|$，$r \geqslant 2^{p+1}\exp(2^{p+1})$时，

$$|g(z)| \geqslant \exp(-c_5(\varepsilon)\, r^{\beta+\varepsilon}) \tag{8}$$

设$m \geqslant m_0$时$r_m \geqslant 2^{p+1}\exp(2^{p+1})$. 由上式及$G(z)$的阶为$\alpha \geqslant \beta$，就得到对任意的$\varepsilon > 0$必有

$$\left|\frac{G(z)}{g(z)}\right| \leqslant \exp\left(c_6(\varepsilon) r_m^{\alpha+\varepsilon}\right), \quad |z| = r_m, \ m \geqslant m_0. \tag{9}$$

由最大模原理知上式当 $|z| \leqslant r_m$ 时亦成立. 这样，由定理 1.1 的证明的第一部分及附注推得

$$\frac{G(z)}{g(z)} = \exp(P(z)),$$

$P(z)$ 是一次数不超过 α 的多项式[1]. 定理证毕.

由于一个 α_1 阶整函数和一个 α_2 阶整函数的乘积的阶不超过 $\max(\alpha_1, \alpha_2)$. 所以定理1中的 α —— $G(z)$ 的阶，β —— $G(z)$ 的零点的收敛指数，即 $g(z)$ 的阶，及 k —— $P(z)$ 的次数之间有如下的关系：

$$\alpha \leqslant \max(\beta, k) \leqslant \max(\beta, [\alpha]) \leqslant \alpha. \tag{10}$$

因此，可得如下推论.

推论 2 当 α 不是整数时，必有 $\beta = \alpha > 0$. 因而，若 $\beta = 0$，则 α 必为整数.

推论 3 若 $\alpha > \beta$，则 α 必为正整数，且必有正数 c_7 使对任意的 $r \geqslant 1$ 有

$$|G(z)| \leqslant \exp(c_7 r^{\alpha}), \quad |z| = r. \tag{11}$$

推论 4 若 $\alpha > 0$，且不存在正数 c_7 使式(11)成立，则 $\beta = \alpha$ 且级数 $\sum |a_n|^{-\beta}$ 发散.

证：$\beta = \alpha$ 由推论 3 得出. 这样，$g(z)$ 的阶就等于 $\alpha > 0$，且亦不存在正数 c_7 使

$$|g(z)| \leqslant \exp(c_7 r^{\alpha}), \quad |z| = r \geqslant 1$$

成立，这样，由定理 2.2 的附注就证明了后一结论.

当 $z = 0$ 是 $G(z)$ 的 m 阶零点时，$z^{-m}G(z)$ 亦是整函数且 $z = 0$ 不是它的零点. 显然 $z^{-m}G(z)$ 的阶不大于 $G(z)$ 的阶，并和 $G(z)$ 有相同的异于零的零点，因此我们有

1) 由于 $g(z)$ 是一无穷乘积，所以不能推出 $G(z)$ 和 $\exp(P(z))$ 有相同的阶.

推论 5 设$G(z)$是有穷阶整函数，阶为α，$z=0$是它的m阶零点. 再设它的所有异于零的零点对应的典型乘积为$g(z)$. 那末

$$G(z)=z^m g(z)\exp(P(z)), \tag{12}$$

其中$P(z)$为一次数不超过α的多项式.

最后，作为一个简单的应用，我们来证明:

推论 6

$$\sin z=z\prod_{n=1}^{\infty}\left(1-\frac{z^2}{n^2\pi^2}\right). \tag{13}$$

证：$\sin z$是一阶整函数，$z=0$是一阶零点. 其它的零点是$n\pi(n=\pm 1,\pm 2,\cdots)$，都是一阶的. 所以$\beta=p=1$. 因此，由推论 5 知

$$\sin z=z e^{a+bz}\prod_{n=1}^{\infty}\left(1-\frac{z}{n\pi}\right)e^{\frac{z}{n\pi}}\left(1+\frac{z}{n\pi}\right)e^{-\frac{z}{n\pi}}$$

$$=z e^{a+bz}\prod_{n=1}^{\infty}\left(1-\frac{z^2}{n^2\pi^2}\right).$$

由

$$\lim_{z\to 0}\frac{\sin z}{z}=1$$

推出$a=0$. 再由$\sin(-z)=-\sin z$推出$b=0$.

有关本章内容可参看 [31, 第八章], [18, 第一章].

第六章 Dirichlet 级数

本章讨论一般的 Dirichlet 级数，主要是常义 Dirichlet 级数的基本性质. 可参看 [31,第九章], [32,I,III. §3.12], [18,第四章§1] 及 [23,第二篇第一章].

§1. 定义与收敛性

定义 1 设$\lambda_n (n=1,2,\cdots)$是一实数列，满足条件: $0\leqslant\lambda_1<\lambda_2<\cdots<\lambda_n<\cdots$[1]，及

$$\lim_{n\to\infty}\lambda_n=+\infty ;$$

再设 $a(n)\ (n=1,2,\cdots)$ 是任意复数列，复变数 $s=\sigma+it$. 我们把

$$\sum_{n=1}^{\infty}a(n)e^{-\lambda_n s} \tag{1}$$

称为**广义 Dirichlet 级数**，λ_n 称为它的**指数**，$a(n)$ 称为**系数**. 它的部份和记为

$$A(u,s)=\sum_{\lambda_n\leqslant u}a(n)e^{-\lambda_n s} . \tag{2}$$

特别当取 $\lambda_n=\log n$ 时，级数(1)变为

$$\sum_{n=1}^{\infty}a(n)n^{-s} , \tag{3}$$

它称为**常义 Dirichlet 级数**.

当 $\lambda_n=n$ 时，令 $z=e^{-s}$ 级数(1)就变为幂级数.

为了讨论级数(1)的收敛性，先证明下面的引理，它刻划了级数(1)在不同点 s 处的部份和之间的关系.

引理 1 对任意的复数s, s_0，及实数 $u_2>u_1$，我们有

$$A(u_2,s)-A(u_1,s)=A(u_2,s_0)e^{-u_2(s-s_0)}-A(u_1,s_0)e^{-u_1(s-s_0)}$$
$$+(s-s_0)\int_{u_1}^{u_2}A(u,s_0)e^{-u(s-s_0)}du . \tag{4}$$

---

1) 有时允许数列 $\{\lambda_n\}$ 中出现有限个负值，但未加说明者均指所有的 $\lambda_n\geqslant 0$.

证：在 Abel 求和公式(2.1.10)中取 $f(u)=e^{-u(s-s_0)}$, $b(n)=a(n)e^{-\lambda_n s_0}$，即得式(4).

设s_0是给定的复数，对任意正数 H_1，H_2，以$\mathscr{D}(s_0)=\mathscr{D}(s_0, H_1, H_2)$表区域：

$$|t-t_0|\leqslant H_1(\sigma-\sigma_0)e^{H_2(\sigma-\sigma_0)}. \tag{5}$$

定理 2 设 s_0 为给定的复数，α 为实数. 如果有

$$A(u,s_0)\ll e^{\alpha u}, \tag{6}$$

那末，(a) 对任给的正数 δ, H_1 及H_2，级数(1)在区域：

$$\mathscr{D}(s_0), \qquad \sigma\geqslant\sigma_0+\alpha+\delta, \tag{7}$$

上一致收敛；(b) 级数(1)在半平面 $\sigma>\sigma_0+\alpha$ 内收敛，它所确定的函数 $A(s)$ 在该半平面内解析，且

$$A(s)=\sum_{n=1}^{\infty}a(n)e^{-\lambda_n s}=(s-s_0)\int_{\lambda_1}^{\infty}A(u,s_0)e^{-u(s-s_0)}du,$$

$$\sigma>\sigma_0+\alpha; \tag{8}$$

(c) 当级数(1)为常义 Dirichlet 级数时，

$$A(s)=\sum_{n=1}^{\infty}a(n)n^{-s}=(s-s_0)\int_1^{\infty}\left(\sum_{n\leqslant x}a(n)n^{-s_0}\right)x^{-(s+1-s_0)}dx,$$

$$\sigma>\sigma_0+\alpha. \tag{9}$$

证：对于任意正数$u_2>u_1>H_2$，及属于区域(7)的点 s，由式(4)可得

$$A(u_2,s)-A(u_1,s)\ll e^{-u_1\delta}+\frac{|t-t_0|}{\sigma-\sigma_0}e^{-u_1(\sigma-\sigma_0)}$$
$$\ll e^{-u_1\delta}+e^{-(u_1-H_2)\delta},$$

由此及 Cauchy 收敛准则就证明了(a). 对半平面 $\sigma>\sigma_0+\alpha$ 内的任意固定的一点 s, 只要 δ 取得充分小及 H_1 取得充分大，点 s 就一定属于这样的区域(7)内，由此及(a)就得到了(b)的前一个结论. 在式(4)中取 $u_1=\lambda_1$ 并令 $u_2\to\infty$，利用条件(6)就证明了式(8). 当 $\lambda_n=\log n$ 时，令 $u=\log x$ 由式(8)立即推出式(9).

定理 3 对每个Dirichlet 级数(1)，一定存在唯一的实数 σ_c (可为 $-\infty$ 或 $+\infty$)，使当 $\mathrm{Re}\,s>\sigma_c$ 时级数(1)收敛，$\mathrm{Re}\,s<\sigma_c$ 时发散. σ_c 称为级数(1)的**收敛横坐标**，半平面 $\sigma>\sigma_c$ 称为**收敛半平面**.

证：把所有实数 σ 作这样的分类：当 $s=\sigma$ 时使级数(1)收敛的 σ 属于一类(A)，发散的属于一类(B). 这样，全体实数就被分为了(A)，(B)两类. 由定理 2(取 $\alpha=0$)知，对任意的 $\sigma_1\in(A)$，$\sigma_2\in(B)$，必有 $\sigma_1>\sigma_2$.(为什么？) 因而由实数理论知，这种划分确定了唯一的一个实数 σ_c，使若$\sigma>\sigma_c$ 则有 $\sigma\in(A)$，若 $\sigma<\sigma_c$ 则有 $\sigma\in(B)$. 由此及定理 2 (取 $\alpha=0$)就证明了所要的结论. (为什么？)

关于 Dirichlet 级数的绝对收敛性则更为简单，我们有

定理 4 若级数(1)在 $s_0=\sigma_0+it_0$ 绝对收敛，则它在半平面 $\sigma\geqslant\sigma_0$ 上绝对一致收敛. 此外，对每个 Dirichlet 级数(1)，一定存在唯一的一个实数 σ_a(可为 $-\infty$ 或 $+\infty$)，使当 $\mathrm{Re}\,s>\sigma_a$ 时级数(1)绝对收敛，$\mathrm{Re}\,s<\sigma_a$ 时不绝对收敛. σ_a 称为级数(1)的**绝对收敛横坐标**，半平面 $\sigma>\sigma_a$ 称为**绝对收敛半平面**.

证：由于数列 λ_n 是非负的，以及

$$\sum_{n=1}^{\infty}|a(n)e^{-\lambda_n s}|=\sum_{n=1}^{\infty}|a(n)|e^{-\lambda_n\sigma},$$

由级数收敛性的比较判别法就证明了定理的第一部份. 以这一结论代替定理 2，利用证明定理 3 的同样的论证即可证明定理的第二部份.

显然有

$$\sigma_a\geqslant\sigma_c. \tag{10}$$

利用以上的定理及通常的数值级数收敛判别法，对一些简单的 Dirichlet 级数不难直接确定其 σ_a 和 σ_c .

例 1 . $a(n)=1$ ，$\lambda_n=\log n$.

$$\zeta(s)=\sum_{n=1}^{\infty}n^{-s}, \tag{11}$$

称为 **Riemann** ζ **函数**. 由于当 $\sigma>1$ 时级数 $\sum\limits_{n=1}^{\infty} n^{-\sigma}$ 收敛; $\sigma<1$ 时 $\sum\limits_{n=1}^{\infty} n^{-\sigma}$ 发散, 所以

$$\sigma_a=\sigma_c=1.$$

例 2 . 设 $a>0$. $a(n)\equiv 1, \lambda_n=\log(n-1+a)$[1].

$$\zeta(s,a)=\sum_{n=0}^{\infty}(n+a)^{-s}, \tag{12}$$

称为 **Hurwitz** ζ **函数**. 同例 1 可证

$$\sigma_a=\sigma_c=1.$$

例 3. 设 θ 为实数. $a(n)=e(\theta n)$, $\lambda_n=\log n$.

$$F(s,\theta)=\sum_{n=1}^{\infty} e(\theta n) n^{-s} \tag{13}$$

称为**周期** ζ **函数**. 当 θ 为整数时, $F(s,\theta)=\zeta(s)$, 所以 $\sigma_a=\sigma_c=1$. 当 θ 不为整数时, 由 $|e(\theta n)|=1$ 可知 $\sigma_a=1$; 而由级数(13)当 $s=\sigma>0$ 时收敛(为什么) $s=\sigma<0$ 时发散知 $\sigma_c=0$.

例 4[2]. 设 $\chi(n)$ 是模 q 的特征. $a(n)=\chi(n)$, $\lambda_n=\log n$. 我们把

$$L(s,\chi)=\sum_{n=1}^{\infty}\chi(n) n^{-s} \tag{14}$$

称为对应于特征 χ 的 **Dirichlet** L **函数**. 当 χ 为主特征时, 由

$$\sum_{k=0}^{\infty}(kq+1)^{-\sigma}\leqslant\sum_{n=1}^{\infty}\chi(n) n^{-\sigma}\leqslant\sum_{n=1}^{\infty} n^{-\sigma}$$

可知 $\sigma_a=\sigma_c=1$. 当 χ 不是主特征时, 由于对任意 x 有

$$\left|\sum_{n\leqslant x}\chi(n)\right|\leqslant q/2,$$

---

1) 当 $0<a<1$ 时 $\lambda_1<0$, 但我们仍把它看作 **Dirichlet** 级数. 它同符合我们定义的 Dirichlet 级数 $\sum\limits_{n=1}^{\infty}(n+a)^{-s}$ 具有相同的敛散性, 二者仅差一项 a^{-s}.

2) 我们将在第十三章讨论模 q 的特征 (即 Dirichlet 特征) 的性质. 对此不熟悉的可先略去这部份内容 (包括习题) 不看.

所以级数(14)当 $s=\sigma>0$ 时收敛，而当 $s=\sigma<0$ 时显然发散，故得 $\sigma_c=0$；而由 $|\chi(n)|=1,(n,q)=1$，易得 $\sigma_a=1$.

例 5 . 我们再列表举出一些例子，它们的 σ_a 和 σ_c 是很容易验证的 .

λ_n	$\log n$	$\log\log n$	$\log\log n$	$\log n$	$\log\log n$	$\log n$
$a(n)$	$1/n!$	$(-1)^n/n$	$(-1)^n/\sqrt{n}$	$(-1)^n$	$(-1)^n$	$n!$
σ_c	$-\infty$	$-\infty$	$-\infty$	0	0	$+\infty$
σ_a	$-\infty$	1	$+\infty$	1	$+\infty$	$+\infty$

Dirichlet 级数和幂级数的一个本质区别是: 幂级数的绝对收敛半径和收敛半径一定是相等的，而 Dirichlet 级数的绝对收敛横坐标和收敛横坐标则不一定相等. 关于差 $\sigma_a-\sigma_c$ 我们有

定理 5 对于任意的Dirichlet 级数(1)有

$$\sigma_a-\sigma_c\leqslant\varlimsup_{n\to\infty}\frac{\log n}{\lambda_n}. \tag{15}$$

特别对常义 Dirichlet 级数有

$$\sigma_a-\sigma_c\leqslant 1 \tag{16}$$

证：以 β 记式(15)右边的上极限. 当 $\beta=+\infty$ 时定理显然成立. 现设 $0\leqslant\beta<+\infty$. 由定理 4 知，只要证明对任一 $\sigma>\sigma_c+\beta$,级数(1)当 $s=\sigma$ 时必绝对收敛. 对这样的 σ 必有 $\sigma_1>\sigma_c$，$\beta_1>\beta$，使得 $\sigma=\sigma_1+\beta_1$. 由 $\beta_1>\beta$ 知，必有 $\varepsilon>0$ 使 $\beta<(1-\varepsilon)\beta_1$，因而必有$n_0$使当$n\geqslant n_0$时有

$$\log n<(1-\varepsilon)\beta_1\lambda_n .$$

而由 $\sigma_1>\sigma_c$ 知级数(1) 当 $s=\sigma_1$ 时收敛，故有正数 C 使得

$$|a(n)e^{-\lambda_n\sigma_1}|\leqslant C,\quad n=1,2,\cdots .$$

由以上两式得: 当 $n\geqslant n_0$ 时有

$$|a(n)e^{-\lambda_n\sigma}|\leqslant|a(n)e^{-\lambda_n\sigma_1}|e^{-\lambda_n\beta_1}\leqslant Cn^{-\frac{1}{1-\varepsilon}},$$

这就证明了级数(1)当 $s=\sigma>\sigma_c+\beta$ 时绝对收敛.

习题 6, 7, 8 给出了利用系数 $a(n)$ 来求收敛横坐标 σ_c 及绝对收敛横坐标 σ_a 的公式，我们也可以用这些公式来求出以上例子中的 σ_c 和 σ_a.

由定理 2, 定理 3 知，一个 Dirichlet 级数在其收敛半平面内确定了一个解析函数，收敛区域的边界是一条直线，同幂级数一样，所确定的解析函数在边界上的性质是很复杂的. 这里仅证明一个最简单的结果.

定理 6 设函数 $F(s)$ 在半平面 $\operatorname{Re} s>\alpha$ 内可表为 $F(s)=\sum_{n=1}^{\infty}a(n)n^{-s}$，且 $a(n)\geqslant 0$ $(n=1,2,\cdots)$. 再设这Dirichlet 级数的收敛横坐标为 σ_c. 那末，当 $F(s)$ 在点 $s=\alpha$ 解析时，必有 $\sigma_c<\alpha$.

证：不妨设 $\alpha=0$. 由 $F(s)$ 在半平面 $\operatorname{Re} s>0$ 内解析，及在点 $s=0$ 解析可推出：存在 $\varepsilon>0$ 使 $F(s)$ 在圆 $|s-1|<1+2\varepsilon$ 内解析，所以它在此圆内可展为幂级数

$$F(s)=\sum_{k=0}^{\infty}(k!)^{-1}F^{(k)}(1)(s-1)^k,\quad |s-1|<1+2\varepsilon. \tag{17}$$

另一方面由定理 2 (a) 及解析函数逐项求微分的 Weierstrass 定理知[1)]:

$$F^{(k)}(1)=(-1)^k\sum_{n=1}^{\infty}a(n)(\log n)^k n^{-1},\quad k=0,1,2\cdots. \tag{18}$$

取 $s=-\varepsilon$，由式(17)，(18)得

$$\begin{aligned}F(-\varepsilon)&=\sum_{k=0}^{\infty}(k!)^{-1}\left\{\sum_{n=1}^{\infty}a(n)(\log n)^k n^{-1}\right\}(1+\varepsilon)^k\\&=\sum_{n=1}^{\infty}a(n)n^{-1}\sum_{k=0}^{\infty}(k!)^{-1}(\log n)^k(1+\varepsilon)^k\\&=\sum_{n=1}^{\infty}a(n)n^{\varepsilon},\end{aligned}$$

这里由于 $a(n)\geqslant 0$, 上式中的二重级数是正项的，所以可交换求

1) 见定理 3.1 (a).

和号. 由上式及定理3 知 $\sigma_c \leqslant -\varepsilon$. 这就证明了所要的结论[1].

由定理 6 立即得到

推论 7 在定理6 的条件下, $s=\sigma_c$ 一定是 $F(s)$ 的奇点.

在结束本节时, 我们顺便指出: 式(8)是建立了 Dirichlet 级数和 Dirichlet 积分

$$\int_1^{\infty} b(v) v^{-s} dv \tag{19}$$

之间的关系, 两者具有相同的性质, 读者自己可以毫无困难地把本章中对 Dirichlet 级数所建立的概念和结论推广到 Dirichlet 积分上去. 由于对积分的讨论有时比较方便, 以后实际上经常把 Dirichlet 级数化为 Dirichlet 积分来讨论(参看第七, 十四章). 特别的在第十一章 §4 将用到类似于定理 6 的结论:

定理 8[2] 设函数 $F(s)$ 在半平面 $\mathrm{Re}\, s>\alpha$ 内可表为 $F(s)=\int_1^{\infty} b(v) v^{-s} dv$, 且 $b(v) \geqslant 0\ (1 \leqslant v<\infty)$. 再设这 Dirichlet 积分的收敛横坐标为 σ_c . 那末, 当 $F(s)$ 在点 $s=\alpha$ 解析时, 必有 $\sigma_c<\alpha$, 以及 σ_c 是 $F(s)$ 的奇点.

证明和定理 6 完全相同, 只要注意到对任意的 $\delta>0$, 当 $\mathrm{Re} s \geqslant \sigma_c+\delta$ 时, 积分一致收敛. 具体证明留给读者.

§2. 唯一性定理

对于给定的指数 λ_n, 一个解析函数 $A(s)$ 如果在某个半平面内能表为形如式 (1.1) 的 Dirichlet 级数, 那末它的表法即系数 $a(n)$是不是唯一确定的呢? 回答是肯定的. 我们先来证明

定理 1 设Dirichlet 级数(1.1)的收敛横坐标 $\sigma_c<+\infty$. 若存在 $\sigma_0>\sigma_c$ 使得当 $\mathrm{Re}\, s \geqslant \sigma_0$ 时有

---

1) 当 $a(n)$有有限个取负值时, 定理显然也成立.

2) 当条件改为 $b(v) \geqslant 0\ (v_0 \leqslant v<\infty)$时, 定理显然也成立.

$$\sum_{n=1}^{\infty} a(n)\, e^{-\lambda_n s}=0,$$

那末，

$$a(n)=0\ ,\quad n=1,2,\cdots .$$

证：设整数 $k\geqslant 1$. 假若已经证明前 $k-1$ 个系数 $a(n)=0$, 则有

$$a(k)+\sum_{n=k+1}^{\infty} a(n)\, e^{-(\lambda_n-\lambda_k)s}=0\ ,\quad \mathrm{Re}\, s\geqslant \sigma_0 .$$

由定理 1.2 知上式左边级数在实轴 $s=\sigma\geqslant\sigma_0$ 上是一致收敛的，因而令 $s=\sigma\to+\infty$ 即得 $a(k)=0$, 这就证明了定理.

其次，当 $\sigma_a<+\infty$ 时，我们来给出系数 $a(n)$ 的表达式.

定理 2 如果级数 (1.1) 当 $\mathrm{Re}\ s=\alpha$ 时绝对收敛，那末

$$a(k)=\lim_{T\to\infty}\frac{1}{2T}\int_{-T}^{T} A\ (\alpha+it)\, e^{\lambda_k(\alpha+it)}dt\ ,\ k=1,2,\cdots . \qquad (1)$$

证：当 $\mathrm{Re}\ s=\alpha$ 时级数(1)对 $|t|\leqslant T$ 是一致收敛的，故由逐项积分得

$$\frac{1}{2T}\int_{-T}^{T} A(\alpha+i\,t)\, e^{\lambda_k(\alpha+it)}dt=\frac{1}{2T}\sum_{n=1}^{\infty}\int_{-T}^{T} a(n)\, e^{(\lambda_k-\lambda_n)(\alpha+it)}dt$$

$$=a(k)+e^{\alpha\lambda_k}\sum_{n\neq k} a(n)\, e^{-\lambda_n\alpha}\ \frac{\sin(T(\lambda_k-\lambda_n))}{T(\lambda_k-\lambda_n)} .$$

由于 $|\sin x|\leqslant|x|$, 所以上式最后的级数对 T 一致收敛，令 $T\to\infty$ 即得式(1).

§3. 常义 Dirichlet 级数的运算

设 f 是一个算术函数，以它为系数的常义 Dirichlet 级数可以看作是它的母函数，记作

$$D(f)=\sum_{n=1}^{\infty} f(n)\, n^{-s}, \qquad (1)$$

级数的运算和对应的算术函数的运算有着密切的联系. 我们以下

总假定级数(1)的收敛横坐标 $\sigma_c < +\infty$(因而由定理 1.5 知它的绝对收敛横坐标亦 $< +\infty$)，所以在半平面 $\sigma > \sigma_c$ 内确定了一个解析函数

$$F(s) = D(f) = \sum_{n=1}^{\infty} f(n)\, n^{-s}. \tag{2}$$

定理 1 (a) 级数(2)在收敛半平面内可逐项微分，即对任意正整数 k 有

$$F^{(k)}(s) = (-1)^k \sum_{n=1}^{\infty} f(n)(\log n)^k n^{-s}, \sigma > \sigma_c; \tag{3}$$

(b) 若 $f(1) = 0$, 则

$$\int_{\sigma+it}^{+\infty+it} F(w)\, dw = \sum_{n=2}^{\infty} \frac{f(n)}{\log n} n^{-s}, \quad \sigma > \sigma_c, \tag{4}$$

其中积分路径为直线[1]).

证：结论(a)是定理 1.2(a)及关于解析函数的 Weierstrass 定理的直接推论. 注意到式(4)右边的级数当 $\sigma > \sigma_c$ 时收敛，故由定理 1.2(a)知,当 $f(1) = 0$ 时有

$$\lim_{x \to +\infty} \int_{\sigma+it}^{x+it} F(w)\, dw = \lim_{x \to +\infty} \left\{ \sum_{n=2}^{\infty} \frac{f(n)}{\log n} n^{-s} - \sum_{n=2}^{\infty} \frac{f(n)}{\log n} n^{-x-it} \right\}$$

$$= \sum_{n=2}^{\infty} \frac{f(n)}{\log n} n^{-s},$$

这就证明了式(4).

定理 2 设 f, g, h 是三个算术函数，它们相应的级数 $D(f)$, $D(g)$, $D(h)$ 当 $\sigma > \sigma_0$ 时绝对收敛. 那末，使得

$$D(f) D(g) = D(h), \qquad \sigma > \sigma_0 \tag{5}$$

成立的充要条件是

$$f * g = h, \tag{6}$$

1) 本定理很容易推广到广义 Dirichlet 级数.

这里 $f*g$ 表示算术函数的 Dirichlet 卷积，即

$$(f*g)(l)=\sum_{mn=l} f(m)g(n). \tag{7}$$

一般的有，

$$D(f_1)D(f_2)\cdots D(f_k)=D(h) \tag{8}$$

成立的充要条件是

$$f_1*f_2*\cdots*f_k=h. \tag{9}$$

证：由于绝对收敛级数的乘积可以任意聚项，故有

$$D(f)D(g)=\sum_{m=1}^{\infty}\sum_{n=1}^{\infty} f(m)g(n)(mn)^{-s}=\sum_{l=1}^{\infty}(f*g)(l)l^{-s},$$

这就证明了条件(6)的充分性（这时并不要求假定 $D(h)$ 当 $\sigma>\sigma_0$ 时绝对收敛）. 而由上式及定理 2.1 亦推出条件(6)是必要的.

推论 3 如果 $f(n)$ 是完全可乘（即积性）函数，则有

$$(F(s))^{-1}=\sum_{n=1}^{\infty}\mu(n)f(n)n^{-s},\quad \sigma>\sigma_a, \tag{10}$$

$$F(s)\neq 0,\qquad \sigma>\sigma_a. \tag{11}$$

证：容易看出，$\sum\limits_{n=1}^{\infty} f(n)n^{-s}$ 和 $\sum\limits_{n=1}^{\infty}\mu(n)f(n)n^{-s}$ 有相同的绝对收敛横坐标 σ_a. 再因为当 f 是完全可乘时它的Dirichlet 逆是 μf，即

$$f*(\mu f)=I, \tag{12}$$

这里 I 是 Dirichlet 卷积的单位，即

$$I(1)=1,\quad I(n)=0,\quad n>1. \tag{13}$$

因而由定理 2 知

$$D(f)D(\mu f)=1,\qquad \sigma>\sigma_a. \tag{14}$$

这就证明了所要的结论.

由于式(11)及当 $\sigma\to+\infty$ 时 $F(s)\to 1$，故当 f 为完全可乘时，我们可以取定一支

$$G(s)=\log F(s), \quad \lim_{\sigma\to+\infty} G(s)=0. \tag{15}$$

定理4 如果 f 是完全可乘的，则有

$$-\frac{F'}{F}(s)=\sum_{n=1}^{\infty}\Lambda(n)f(n)n^{-s}, \quad \sigma>\sigma_a, \tag{16}$$

$$\log F(s)=\sum_{n=2}^{\infty}\Lambda(n)f(n)(\log n)^{-1}n^{-s}, \quad \sigma>\sigma_a. \tag{17}$$

证：由式(3)($k=1$)，式(10)及定理2知，当 $\sigma>\sigma_a$ 时

$$-\frac{F'}{F}(s)=\sum_{l=1}^{\infty}h(l)l^{-s},$$

其中

$$h(l)=\sum_{mn=l}(f(m)\log m)(\mu(n)f(n))$$

$$=f(l)\sum_{mn=l}\mu(n)\log m=f(l)\Lambda(l).$$

这就证明了式(16)．由式(15)及(16)知

$$G'(s)=\frac{F'}{F}(s)=-\sum_{n=2}^{\infty}\Lambda(n)f(n)n^{-s}, \quad \sigma>\sigma_a.$$

故由式(15)及(4)得

$$G(s)=-\int_{\sigma+it}^{+\infty+it}G'(w)dw=\sum_{n=2}^{\infty}\frac{\Lambda(n)}{\log n}f(n)n^{-s}, \quad \sigma>\sigma_a,$$

这就证明了式(17)．

利用上面所证明的结论，我们可以来求出一些常义 Dirichlet 级数所确定的函数，以及反过来求出函数的常义 Dirichlet 级数展开式.

例 1．由定理2 得：对任意正整数 k，

$$\zeta^k(s)=\sum_{n=1}^{\infty}d_k(n)n^{-s}, \qquad \sigma>1, \tag{18}$$

其中

$$d_k(n)=\sum_{m_1\cdots m_k=n}1, \tag{19}$$

它是n表为k个正整数乘积的表法个数[1]. 特别的

$$d_2(n)=d(n), \tag{20}$$

就是n的正除数个数. 类似的

$$L^k(s,\chi)=\sum_{n=1}^{\infty} d_k(n)\chi(n)n^{-s}, \quad \sigma>1. \tag{21}$$

例 2. 由推论3 知

$$\zeta^{-1}(s)=\sum_{n=1}^{\infty} \mu(n)n^{-s}, \qquad \sigma>1. \tag{22}$$

$$L^{-1}(s,\chi)=\sum_{n=1}^{\infty} \mu(n)\chi(n)n^{-s}, \quad \sigma>1. \tag{23}$$

例 3. 由定理 4 知

$$-\frac{\zeta'}{\zeta}(s)=\sum_{n=1}^{\infty} \Lambda(n)n^{-s}, \qquad \sigma>1. \tag{24}$$

$$-\frac{L'}{L}(s,\chi)=\sum_{n=1}^{\infty} \Lambda(n)\chi(n)n^{-s}, \qquad \sigma>1. \tag{25}$$

$$\log\zeta(s)=\sum_{n=2}^{\infty} \Lambda(n)(\log n)^{-1}n^{-s}, \qquad \sigma>1. \tag{26}$$

$$\log L(s,\chi)=\sum_{n=2}^{\infty} \Lambda(n)\chi(n)(\log n)^{-1}n^{-s}, \quad \sigma>1. \tag{27}$$

例 4. 由于 Euler 函数

$$\varphi(l)=\sum_{mn=l} \mu(m)n,$$

故由定理 2 及式(22)知

$$\sum_{l=1}^{\infty}\varphi(l)l^{-s}=\sum_{m=1}^{\infty} \mu(m)m^{-s}\sum_{n=1}^{\infty} n\cdot n^{-s}=\frac{\zeta(s-1)}{\zeta(s)}, \ \sigma>2. \tag{28}$$

例 5. 利用同一个函数的不同形式的级数展开式, 我们可得到算术函数的恒等式. 例如由

1) 这里不同次序的乘积看作是不同的表法.

$$\left(\frac{\zeta'}{\zeta}\right)' + \left(\frac{\zeta'}{\zeta}\right)^2 = \frac{\zeta''(s)}{\zeta(s)} \tag{29}$$

可得[1)]（为什么）

$$\sum_{n=1}^{\infty} \Lambda(n) \log n\, n^{-s} + \sum_{n=1}^{\infty} (\Lambda * \Lambda)(n) n^{-s} = \sum_{n=1}^{\infty} (\mu * \log^2)(n) n^{-s},$$

$$\sigma > 1.$$

由此及定理 2.1 就得到 Selberg 恒等式

$$\Lambda(n) \log n + (\Lambda * \Lambda)(n) = (\mu * \log^2)(n). \tag{30}$$

例 6. 设 $\omega(n)$ 为 n 的不同的素因子个数，即

$$\omega(n) = \sum_{p \mid n} 1.$$

由定理 2 知

$$\sum_{n=1}^{\infty} \omega(n) n^{-s} = \zeta(s) \sum_{p} p^{-s}, \qquad \sigma > 1. \tag{31}$$

例 7. 设 k 为正整数，求 $\zeta(s)/\zeta(ks)$ 的 Dirichlet 级数. 利用式(22)，由定理 2 得

$$\frac{\zeta(s)}{\zeta(ks)} = \sum_{n=1}^{\infty} \frac{1}{n^s} \sum_{m=1}^{\infty} \frac{\mu(m)}{m^{ks}} = \sum_{l=1}^{\infty} \frac{1}{l^s} \sum_{m^k \mid l} \mu(m) \tag{32}$$

$$= \sum_{l=1}^{\infty} q_k(l) l^{-s}, \qquad \sigma > 1,$$

这里用到了

$$\sum_{m^k \mid l} \mu(m) = q_k(l) = \begin{cases} 1, & l \text{ 无大于 1 的 } k \text{ 次方因子}, \\ 0, & \text{其它}. \end{cases} \tag{33}$$

特别当 $k=2$ 时，$q_2(l) = \mu^2(l)$，所以

$$\frac{\zeta(s)}{\zeta(2s)} = \sum_{l=1}^{\infty} \mu^2(l) l^{-s}, \qquad \sigma > 1. \tag{34}$$

---

1) log 表示算术函数 $\log(n) = \log n$.

例 8. 设 $r(n)$ 是不定方程 $n=x^2+y^2$ 的整数解 $\{x, y\}$ 的个数. 求 $\sum_{n=1}^{\infty} r(n) n^{-s}$ 所确定的函数. 熟知

$$r(n)=4\sum_{d\mid n}\chi(d;4,1), \tag{35}$$

这里 $\chi(n;4,1)$ 是模 4 的非主特征，即

$$\chi(n;4,1)=\begin{cases}(-1)^{(n-1)/2}, & z\nmid n,\\ 0, & z\mid n,\end{cases} \tag{36}$$

因此，

$$\begin{aligned}\sum_{n=1}^{\infty} r(n) n^{-s} &= 4\sum_{n=1}^{\infty} n^{-s}\sum_{n=1}^{\infty}\chi(n;4,1) n^{-s}\\ &=4\zeta(s)L(s), \qquad \sigma>1,\end{aligned} \tag{37}$$

其中

$$L(s)=\sum_{n=1}^{\infty}(-1)^{n-1}(2n-1)^{-s}, \qquad \sigma>0. \tag{38}$$

§4. 常义 Dirichlet 级数的 Euler 乘积表示

当系数 $f(n)$ 是可乘函数时，常义 Dirichlet 级数在其绝对收敛半平面内可以表为在该半平面内绝对收敛的无穷乘积. 由于 Euler 最早证明了当实数 $s>1$ 时,

$$\sum_{n=1}^{\infty} n^{-s}=\prod_{p}(1-p^{-s})^{-1}, \tag{1}$$

所以，这种无穷乘积叫做 Euler 乘积. 我们要证明

定理 1 设 f 是可乘函数，级数 (3.1) 的绝对收敛横坐标为 $\sigma_a<+\infty$. 我们有

$$\sum_{n=1}^{\infty} f(n) n^{-s}=\prod_{p}(1+f(p)p^{-s}+f(p^2)p^{-2s}+\cdots)\neq 0,$$

$$\sigma>\sigma_a, \tag{2}$$

其中右边的无穷乘积展布在全体素数上，且对任意正数 δ, 它在半平面 $\sigma\geqslant\sigma_a+\delta$ 上绝对一致收敛. 当 f 是完全可乘函数时，则

有

$$\sum_{n=1}^{\infty} f(n) n^{-s} = \prod_{p} (1 - f(p) p^{-s})^{-1}, \quad \sigma > \sigma_a. \tag{3}$$

证：当 $\sigma \geqslant \sigma_a + \delta$ 时

$$\sum_{p} | f(p) p^{-s} + f(p) p^{-2s} + \cdots | \leqslant \sum_{p} (| f(p) | p^{-\sigma} +$$

$$| f(p^2) | p^{-2\sigma} + \cdots) \leqslant \sum_{n=1}^{\infty} | f(n) | n^{-\sigma_a - \delta} < +\infty,$$

故由推论 3.1.3 知，式(2)右边的无穷乘积在半平面 $\sigma \geqslant \sigma_a + \delta$ 上绝对一致收敛且不等于零. 再由有限个绝对收敛级数相乘时可以任意聚项以及算术基本定理知，对任意 $x > 2$ 有

$$\left| \prod_{p \leqslant x} (1 + f(p) p^{-s} + f(p^2) p^{-2s} + \cdots) - \sum_{n \leqslant x} f(n) n^{-s} \right|$$

$$\leqslant \sum_{n > x} | f(n) | n^{-\sigma}, \quad \sigma > \sigma_a,$$

令 $x \to +\infty$，即得式(2). 当 $f(n)$ 是完全可乘时，$f(p^k) = f^k(p)$，所以

$$1 + f(p) p^{-s} + f(p^2) p^{-2s} + \cdots = (1 - f(p) p^{-s})^{-1}, \quad \sigma > \sigma_a.$$

由此及式(2)即得式(3).

由此定理及式(1.11)，(1.14)，(3.22)，(3.23)立即推得：

$$\zeta(s) = \sum_{n=1}^{\infty} n^{-s} = \prod_{p} (1 - p^{-s})^{-1}, \quad \sigma > 1. \tag{4}$$

$$\zeta^{-1}(s) = \sum_{n=1}^{\infty} \mu(n) n^{-s} = \prod_{p} (1 - p^{-s}), \quad \sigma > 1. \tag{5}$$

$$L(s, \chi) = \sum_{n=1}^{\infty} \chi(n) n^{-s} = \prod_{p} (1 - \chi(p) p^{-s})^{-1}, \quad \sigma > 1. \tag{6}$$

$$L^{-1}(s, \chi) = \sum_{n=1}^{\infty} \mu(n) \chi(n) n^{-s} = \prod_{p} (1 - \chi(p) p^{-s}), \quad \sigma > 1. \tag{7}$$

特别当 χ 为模 q 的主特征 χ^0 时，

$$L(s,\chi^0)=\prod_{p\nmid q}(1-p^{-s})^{-1}=\zeta(s)\prod_{p|q}(1-p^{-s}),\quad \sigma>1. \tag{8}$$

如果 $\chi^*\bmod q^*$ 是 $\chi \bmod q$ 导出的原特征，则有

$$\begin{aligned}L(s,\chi)&=\prod_{p\nmid q}(1-\chi^*(p)p^{-s})^{-1}\\&=\prod_{p}(1-\chi^*(p)p^{-s})^{-1}\prod_{p/q}(1-\chi^*(p)p^{-s})\\&=L(s,\chi^*)\prod_{p/q}(1-\chi^*(p)p^{-s}),\qquad \sigma>1.\end{aligned} \tag{9}$$

利用无穷乘积来做乘法运算是十分方便的. 因此，可以利用无穷乘积来求出某些函数的 Euler 乘积，进而求出它的 Dirichlet 级数；或者反过来，先求出某些 Dirichlet 级数的 Euler 乘积，然后求出它所表示的函数. 我们举例来说明.

例 1. $\zeta^{-1}(s)$ 的级数表示式(3.22)是由推论 3.3 得到的，进而由定理 1 得到了它的 Euler 乘积. 事实上，由 $\zeta(s)$ 的 Euler 乘积(4)直接可推出 $\zeta^{-1}(s)$ 的 Euler 乘积，由此从定理 1 也推出了它的级数表示式(3.22).（为什么？） 此外，利用定理 3.2 得到

$$1=\zeta(s)\zeta^{-1}(s)=\sum_{n=1}^{\infty}n^{-s}\sum_{m=1}^{\infty}\mu(m)m^{-s}=\sum_{l=1}^{\infty}\Big(\sum_{m|l}\mu(m)\Big)l^{-s},\quad \sigma>1.$$

由此及定理 2.1, 我们就给出了 Möbius 公式

$$\sum_{m|l}\mu(m)=\begin{cases}1, & l=1,\\ 0, & l>1\end{cases}$$

的一个新证明. 利用这个方法可以证明许多有趣的算术函数的卷积公式.

例 2.

$$\frac{\zeta(s)}{\zeta(2s)}=\frac{\prod_p(1-p^{-s})^{-1}}{\prod_p(1-p^{-2s})^{-1}}=\prod_p(1+p^{-s})=\sum_{n=1}^{\infty}\mu^2(n)n^{-s},\quad \sigma>1. \tag{10}$$

这一式子也可从右往左推，得到右边的级数所表示的函数. 由此亦可得到公式（3.33）($k=2$)的一个证明.

例 3 . 设k为正整数. 由式（4）及二项式展开可得

$$\zeta^k(s)=\prod_p(1-p^{-s})^{-k}=\prod_p\left\{1+\sum_{m=1}^{\infty}\binom{k+m-1}{m}p^{-ms}\right\},$$
$$\sigma>1. \tag{11}$$

由此及式(3.18)得到：若n的素因子分解式为$p_1^{m_1}\cdots p_r^{m_r}$，则

$$d_k(n)=\prod_{j=1}^{r}\binom{k+m_j-1}{m_j}, \tag{12}$$

特别的，

$$d(n)=d_2(n)=(m_1+1)\cdots(m_r+1). \tag{13}$$

例 4 . 式(3.28)可以这样证明：由定理 1 得

$$\begin{aligned}\sum_{n=1}^{\infty}\varphi(n)n^{-s}&=\prod_p(1+(p-1)p^{-s}+(p^2-p)p^{-2s}+\cdots)\\&=\prod_p(1-p^{-s})(1+p^{-(s-1)}+p^{-2(s-1)}+\cdots)\\&=\prod_p(1-p^{-s})\prod_p(1-p^{-(s-1)})^{-1}\\&=\zeta(s-1)/\zeta(s),\qquad\sigma>2.\end{aligned} \tag{14}$$

上式同样可以从后往前推导.

例 5. 设 Liouville 函数$\lambda(n)=(-1)^{\Omega(n)}$，$\Omega(n)$是$n$的所有的素因子个数，$\Omega(1)=0$. $\lambda(n)$是完全可乘的.

$$\begin{aligned}\sum_{n=1}^{\infty}\lambda(n)n^{-s}&=\prod_p(1+p^{-s})^{-1}=\prod_p(1-p^{-2s})^{-1}\prod_p(1-p^{-s})\\&=\zeta(2s)/\zeta(s),\qquad\sigma>1.\end{aligned} \tag{15}$$

利用以可乘函数为系数的常义 Dirichlet 级数来研究数论，通常称为**乘性数论**或**积性数论**，这是解析数论最重要的组成部份.

§5. 常义 Dirichlet 级数的 Perron 公式

先证明一个引理.

引理 1 设b, T 为正数. 我们有

$$\frac{1}{2\pi i}\int_{b-iT}^{b+iT}\frac{a^s}{s}\,ds=1+O\left(a^b\min\left(1,\ \frac{1}{T\log a}\right)\right),\quad a>1,\tag{1}$$

$$\frac{1}{2\pi i}\int_{b-iT}^{b+iT}\frac{a^s}{s}\,ds=O\left(a^b\min\left(1,\ \frac{1}{T\,|\log a|}\right)\right),0<a<1,\tag{2}$$

以及

$$\frac{1}{2\pi i}\int_{b-iT}^{b+iT}\frac{ds}{s}=\frac{1}{2}+O\left(\frac{b}{T}\right),\tag{3}$$

其中 O 常数都是绝对常数.

证: 先证式(1). 设 U 为一充分大的正数, Γ_1 是以 $b\pm iT$, $-U\pm iT$ 为顶点的矩形围道. 因为 $a^s s^{-1}$ 在 Γ_1 内仅有一个一级极点 $s=0$, 留数为 1, 所以

$$\frac{1}{2\pi i}\int_{\Gamma_1}\frac{a^s}{s}\,ds=1.$$

我们容易得到估计:

$$\left|\int_{-U+iT}^{b+iT}\frac{a^s}{s}\,ds\right|\leqslant\int_{-U}^{b}\frac{a^\sigma}{\sqrt{T^2+\sigma^2}}\,d\sigma\leqslant\frac{a^b}{T\log a},$$

$$\left|\int_{-U-iT}^{b-iT}\frac{a^s}{s}\,ds\right|\leqslant\frac{a^b}{T\log a},$$

$$\left|\int_{-U-iT}^{-U+iT}\frac{a^s}{s}\,ds\right|\leqslant a^{-U}\int_{-T}^{T}\frac{dt}{\sqrt{U^2+t^2}}.$$

令 $U\to+\infty$, 由以上四式即得

$$\frac{1}{2\pi i}\int_{b-iT}^{b+iT}\frac{a^s}{s}\,ds=1+O\left(\frac{a^b}{T\log a}\right). \tag{4}$$

再考虑围道 Γ_2：由以原点为心，$\sqrt{T^2+b^2}$ 为半径的圆周上的实部 $\leqslant b$ 的一部份 C_1（另一部份记为 C_2）及直线段 $\sigma=b$，$-T\leqslant t\leqslant T$ 所组成．这时同样有

$$\frac{1}{2\pi i}\int_{\Gamma_2}\frac{a^s}{s}\,ds=1.$$

注意到

$$\left|\frac{1}{2\pi i}\int_{C_1}\frac{a^s}{s}\,ds\right|\leqslant a^b,$$

由以上两式可得

$$\frac{1}{2\pi i}\int_{b-iT}^{b+iT}\frac{a^s}{s}\,ds=1+O(a^b),$$

由此及式(4)就证明了式(1)．为了证明式(2)，只要把围道 Γ_1 和 Γ_2 分别改取为 Γ_3 和 Γ_4．Γ_3 是以 $b\pm iT$, $U\pm iT$ 为顶点的矩形，$U>b$；Γ_4 是由 C_2 及直线段 $\sigma=b$，$-T\leqslant t\leqslant T$ 组成．由于 $0<a<1$，所以 $a^s s^{-1}$ 在这两围道内解析，因而有

$$\frac{1}{2\pi i}\int_{\Gamma_j}\frac{a^s}{s}\,ds=0,\quad j=3,4.$$

同前面完全一样估计相应线段上的积分（注意这时 $0<a<1$），立即可推得式(2)．最后来证明式(3)．

$$\frac{1}{2\pi i}\int_{b-iT}^{b+iT}\frac{ds}{s}=\frac{b}{\pi}\int_0^T\frac{dt}{b^2+t^2}=\frac{1}{\pi}\operatorname{arctg}\frac{T}{b}$$
$$=\frac{1}{2}-\frac{1}{\pi}\operatorname{arctg}\frac{b}{T},$$

由此即可推出所要的结论．

现在我们来证明所谓带余项的 Perron 公式．

定理2[1] 设

$$A(s)=\sum_{n=1}^{\infty} a(n) n^{-s}, \qquad \sigma_a<+\infty.$$

再设存在递增函数 $H(u)$ 及函数 $B(u)$ 使得

$$|a(n)| \leqslant H(n), \qquad n=1,2,\cdots,$$

$$\sum_{n=1}^{\infty} |a(n)| n^{-\sigma} \leqslant B(\sigma), \qquad \sigma>\sigma_a.$$

那末，对任意的 $s_0=\sigma_0+it_0$ 及 $b_0>\sigma_a$，当$b_0 \geqslant b>0$ $b_0 \geqslant \sigma_0+b>\sigma_a$，$T \geqslant 1$ 及 $x \geqslant 1$ 时有：(a) $x \neq$ 正整数时，

$$\sum_{n \leqslant x} a(n) n^{-s_0}=\frac{1}{2\pi i}\int_{b-iT}^{b+iT} A(s_0+s)\frac{x^s}{s} ds+O\left(\frac{x^b B(b+\sigma_0)}{T}\right)$$

$$+O\left(x^{1-\sigma_0} H(2x) \min\left(1, \frac{\log x}{T}\right)\right)$$

$$+O\left(x^{-\sigma_0} H(N) \min\left(1, \frac{x}{T\|x\|}\right)\right), \tag{5}$$

其中 N 是离 x 最近的整数 $\left(x\text{ 为半奇数时，取 } N=x-\frac{1}{2}\right)$，$\|x\|=|N-x|$；(b) $x=$ 正整数 N 时，

$$\sum_{n<N} a(n) n^{-s_0}+\frac{1}{2} a(N) N^{-s_0}=\frac{1}{2\pi i}\int_{b-iT}^{b+iT} A(s_0+s)\frac{N^s}{s} ds$$

$$+O\left(\frac{N^b B(b+\sigma_0)}{T}\right)$$

$$+O\left(N^{1-\sigma_0} H(2N) \min\left(1, \frac{\log N}{T}\right)\right), \tag{6}$$

---

1) 最近，Wolke (*J. London Math. Soc.* (2), 28 (1983), 406—416) 对 Perron 公式的形式作了某种改进.

这里O常数仅和σ_a，b_0有关.

证：先证情形(a). 由于$\sigma_0+b>\sigma_a$，所以可逐项积分，再利用引理1的式(1)和(2)得

$$\frac{1}{2\pi i}\int_{b-iT}^{b+iT} A(s_0+s)\frac{x^s}{s}ds=\sum_{n=1}^{\infty} a(n)n^{-s_0}\frac{1}{2\pi i}$$

$$\cdot\int_{b-iT}^{b+iT}\left(\frac{x}{n}\right)^s\frac{ds}{s}=\sum_{n\leqslant x} a(n)n^{-s_0}+O(R),\quad (7)$$

其中

$$R=\sum_{n=1}^{\infty}|a(n)|n^{-\sigma_0}\left(\frac{x}{n}\right)^b\min\left(1,\frac{1}{T\left|\log\frac{x}{n}\right|}\right)$$

$$=\sum_{n\leqslant x/2}+\sum_{x/2<n<2x}+\sum_{n>2x}.\quad (8)$$

对右边第一，第三个和式有估计:

$$\sum_{n\leqslant x/2}+\sum_{n\geqslant 2x}\ll\frac{x^b}{T}\sum_{n\leqslant x/2}|a(n)|n^{-b-\sigma_0}+\frac{x^b}{T}\sum_{n\geqslant 2x}|a(n)|n^{-b-\sigma_0}$$

$$\ll\frac{x^b}{T}B(b+\sigma_0).\quad (9)$$

对第二个和式有估计:

$$\sum_{x/2<n<2x}\ll x^{-\sigma_0}H(N)\left(\frac{x}{N}\right)^{b+\sigma_0}\min\left(1,\frac{1}{T\left|\log\frac{x}{N}\right|}\right)$$

$$+x^{-\sigma_0}H(2x)\sum_{\substack{x/2<n<2x\\ n\neq N}}\left(\frac{x}{n}\right)^{b+\sigma_0}\min\left(1,\frac{1}{T\left|\log\frac{x}{n}\right|}\right)$$

$$\ll x^{-\sigma_0}H(N)\min\left(1,\frac{1}{T\left|\log\frac{x}{N}\right|}\right)+x^{-\sigma_0}H(2x)$$

$$\cdot \min\left(x,\ \sum_{\substack{x/2<n<2x\\ n\neq N}} \frac{1}{T\left|\log\frac{x}{n}\right|}\right). \tag{10}$$

利用不等式

$$|\log(1+\lambda)| = \left|\int_0^{\lambda} \frac{du}{1+u}\right| \geqslant \frac{|\lambda|}{1+|\lambda|}, \lambda > -1, \tag{11}$$

及 $N-\frac{1}{2} < x \leqslant N+\frac{1}{2}$ 可得：

$$\sum_{x/2<n<N} \frac{1}{\left|\log\frac{x}{n}\right|} \leqslant \sum_{x/2<n\leqslant N-1} \frac{1}{\log\frac{N-1/2}{n}}$$

$$\leqslant \sum_{1\leqslant r\leqslant N/2} \frac{1}{\log\left(1+\frac{r-1/2}{N-r}\right)}$$

$$\leqslant \left(N-\frac{1}{2}\right)\sum_{1\leqslant r\leqslant N/2} \frac{1}{r-1/2} \ll x\log x, \tag{12}$$

类似可得

$$\sum_{N<n<2x} \frac{1}{\left|\log\frac{x}{n}\right|} \ll x\log x. \tag{13}$$

再利用不等式(11)得

$$\left|\log\frac{x}{N}\right| = \left|\log\left(1+\frac{x-N}{N}\right)\right| \geqslant \frac{2}{3}\ \frac{|x-N|}{N} \geqslant \frac{1}{3}\ \frac{\|x\|}{x},$$

由此及式(10)，(12)，(13)可得

$$\sum_{x/2<n<2x} \ll_{b_0,\sigma_a} x^{-\sigma_0} H(N) \min\left(1, \frac{x}{T\|x\|}\right)$$

$$+ x^{1-\sigma_0} H(2x) \min\left(1, \frac{\log x}{T}\right).$$

由此及式(7),(8),(9),就证明了式(5).

对情形(b)可同样证明. 这时利用引理1的式(3)可得

$$\frac{1}{2\pi i}\int_{b-iT}^{b+iT} A(s_0+s)\frac{x^s}{s}ds=\sum_{n=1}^{N-1} a(n)n^{-s_0} + \frac{1}{2}a(N)N^{-s_0}$$

$$+O(R'),$$

其中

$$R'=\sum_{n\neq N} |a(n)|n^{-\sigma_0}\left(\frac{N}{n}\right)^b \min\left(1, \frac{1}{T\left|\log\frac{N}{n}\right|}\right)$$

$$+\frac{b}{T}a(N)N^{-\sigma_0},$$

对上式中的和式如同 R 一样来进行估计,即可得到式(6).

令 $T\to\infty$,我们就得到 Perron 公式.

定理3 设

$$A(s)=\sum_{n=1}^{\infty} a(n)n^{-s}, \quad \sigma_a<+\infty.$$

那末,对任意的 $s_0=\sigma_0+it_0$, $b>0$, $b+\sigma_0>\sigma_a$, 及 $x\geqslant 1$ 有[1)]

$$\lim_{T\to\infty}\frac{1}{2\pi i}\int_{b-iT}^{b+iT} A(s+s_0)\frac{x^s}{s}ds$$

$$=\begin{cases}\sum\limits_{n\leqslant x} a(n)n^{-s_0}, & x\neq \text{整数},\\ \sum\limits_{n<x} a(n)n^{-s_0}+\frac{1}{2}a(x)x^{-s_0}, & x=\text{整数}.\end{cases} \tag{14}$$

1) 事实上,式(14)和式(1.9)是 Mellin 变换中的一对反转公式(见定理1.2.1). 这里直接给出了一个证明.

实际上有用的是定理 2, 即带余项的 Perron 公式，它是应用复变函数论方法研究数论问题的基础. 在应用中通常取 x 为半奇数，即

$$x=[x]+\frac{1}{2}, \tag{15}$$

这时公式(5)中的最后一个余项不出现.

数论中的许多著名问题都可以归结为求某个算术函数 $a(n)$ 的和函数的渐近公式，即求出和函数

$$A(x,0)=\sum_{n\leqslant x} a(n) \tag{16}$$

的主项，并尽可能好的估计其余项的阶. 例如(a)自然数中的素数分布问题归结为讨论和函数

$$\psi(x)=\sum_{n\leqslant x} \Lambda(n); \tag{17}$$

(b) 算术级数 $l+kq$ $((q,l)=1, 1\leqslant l\leqslant q, k=0, 1, 2, \cdots)$ 中的素数分布问题归结为讨论和函数

$$\psi(x;l,q)=\sum_{\substack{n\leqslant x\\ n\equiv l(q)}} \Lambda(n), \tag{18}$$

利用特征性质有

$$\psi(x;l,q)=\frac{1}{\varphi(q)}\sum_{\chi \bmod q} \bar{\chi}(l)\psi(x,\chi), \tag{19}$$

其中

$$\psi(x,\chi)=\sum_{n\leqslant x} \Lambda(n)\chi(n), \tag{20}$$

χ 是模 q 的特征，这样问题又转化为讨论这 $\varphi(q)$ 个和函数 $\psi(x,\chi)$；(c) Dirichlet 除数问题是讨论和函数

$$D(x)=\sum_{d\leqslant x} d(n); \tag{21}$$

(d) Gauss 圆问题(即圆内整点问题)可归结为讨论和函数

$$C(x)=\sum_{n\leqslant x} r(n), \tag{22}$$

$r(n)$ 的定义见 §3 例 8; (e) 自然数中的无平方因子数分布问题是讨论和函数

$$Q(x)=\sum_{n\leqslant x}\mu^2(n). \tag{23}$$

利用带余项的 Perron 公式 (5) (可假定 x 为半奇数, 并取 $s_0=0$), 这些和函数可分别表为以它们相应的算术函数为系数的 Dirichlet 级数在有限区间上的积分再加上一些余项. 以上所列举的问题 (a), (b), (c), (d), (e) 所对应的 Dirichlet 级数分别由式 (3.24), (3.25), (3.18) ($k=2$), (3.37), (3.34) 所给出.

那末, 为什么有可能利用 Perron 公式 (5) 来求出和函数 (16) 的主项并估计其余项的阶呢? 虽然母函数 $\sum_{n=1}^{\infty}a(n)n^{-s}$ 仅在半平面 $\sigma>\sigma_a$ 内绝对收敛到某一个解析函数 $A(s)$, 但 $A(s)$ 本身往往可以解析开拓到直线 $\sigma=\sigma_a$ 的左边, 当然它会有某些奇点[1], 假定这些奇点都是极点. 这样, 利用 Cauchy 定理可把式 (5) 中的积分移到某一直线 $\sigma=b_1<\sigma_a$ 得

$$\sum_{n\leqslant x}a(n)=S_0(x;b_1,T)+R_1+R_2, \tag{24}$$

其中

$$S_0(x;b_1,T)=\text{函数 } A(s)\frac{x^s}{s} \text{ 在矩形}^{2)}\ b_1\leqslant\sigma\leqslant b, \quad |t|\leqslant T \text{ 中的留数和}, \tag{25}$$

R_1 为式 (5) 中的余项,

$$R_2=\frac{1}{2\pi i}\left(\int_{b-iT}^{b_1-iT}+\int_{b_1-iT}^{b_1+iT}+\int_{b_1+iT}^{b+iT}A(s)\frac{x^s}{s}ds\right). \tag{26}$$

如果对适当选取的所出现的参数 b, b_1, T (均取为 x 的函数),

---

1) 例如幂级数 $\sum_{n=0}^{\infty}z^n$ 仅在 $|z|<1$ 内绝对收敛到 $(1-z)^{-1}$, 但 $(1-z)^{-1}$ 除了 $z=1$ 是它的一阶极点外, 在全平面上解析.

2) 这矩形要取得在其边界上无极点.

可以估计出 R_1，R_2，并证明相对于 $S_0(x;b_1,T)$ 来说，当 $x\to\infty$ 时它们是较低阶的项，那末我们的问题就解决了. 这个方法就是通常所说的解析数论中的**复变积分法**.

为了实现这一方法就要深入地研究母函数 $A(s)$ 的性质：对它进行解析开拓，研究它在极点附近的性状，研究它在一个有限垂直长条内当 $|t|\to\infty$ 时的阶(这是为了估计 R_2 的需要)，以及其它等等. 从上面所列举的数论著名问题可以看出，这些母函数均和 Riemann ζ 函数，Dirichlet L 函数有关，因此，解析数论的一个最重要、最基本的内容就是研究 $\zeta(s)$ 和 $L(s,\chi)$，这将在以后章节仔细讨论. 在本章的最后两节我们先简单地来讨论一下一般 Dirichlet 级数在收敛半平面内的阶和积分均值.

代替式(5)左边(或式(16)右边)的和式，我们可以讨论它们的加权和，并得到类似于 Perron 公式的公式. 在这种公式中的积分有时要比 Perron 公式中的积分易于处理，而各种加权和之间的关系正是 Tauber 型定理所讨论的问题. 下面来讨论几种常见的加权和：设 $x>1$，整数 $k\geqslant 1$，

$$\sum_{n=1}^{\infty} a(n)n^{-s_0}e^{-n/x}, \tag{27}$$

$$\frac{1}{k!}\sum_{n\leqslant x} a(n)n^{-s_0}\left(\log\frac{x}{n}\right)^k, \tag{28}$$

$$\frac{1}{k!}\sum_{n\leqslant x} a(n)n^{-s_0}\left(1-\frac{n}{x}\right)^k. \tag{29}$$

定理 4 设

$$A(s)=\sum_{n=1}^{\infty} a(n)n^{-s}, \qquad \sigma_a<+\infty,$$

则对任意的 $x>0$，$s_0=\sigma_0+it_0$，$b>0$，及 $b+\sigma_0>\sigma_a$ 有

$$\sum_{n=1}^{\infty} a(n)n^{-s_0}e^{-n/x}=\frac{1}{2\pi i}\int_{(b)} A(s+s_0)x^s\Gamma(s)\,ds. \tag{30}$$

证：当 $b>0$ 时我们有（见式（1.2.5））

$$e^{-y}=\frac{1}{2\pi i}\int_{(b)}y^{-s}\Gamma(s)\,ds,\qquad y>0.$$

令 $y=\frac{n}{x}$，两边乘以 $a(n)n^{-s_0}$，并对n求和得

$$\sum_{n=1}^{\infty}a(n)n^{-s_0}e^{-n/x}=\frac{1}{2\pi i}\sum_{n=1}^{\infty}\int_{(b)}a(n)n^{-s-s_0}x^s\Gamma(s)\,ds$$

$$=\frac{1}{2\pi i}\sum_{n=1}^{\infty}\left\{\int_{b-iT}^{b+iT}+\int_{b+iT}^{b+i\infty}+\int_{b-i\infty}^{b-iT}\right\}.\tag{31}$$

其中 T 为任意正数. 当 $b+\sigma_0>\sigma_a$ 时，$\sum_{n=1}^{\infty}a(n)n^{-s-s_0}$ 在直线 $\sigma=b$ 上是绝对一致收敛的，所以上式右边的第一个积分号与求和号可交换，得到

$$\frac{1}{2\pi i}\sum_{n=1}^{\infty}\int_{b-iT}^{b+iT}a(n)n^{-s-s_0}x^s\Gamma(s)\,ds$$

$$=\frac{1}{2\pi i}\int_{b-iT}^{b+iT}A(s+s_0)x^s\Gamma(s)\,ds.\tag{32}$$

而式（31）右边的另外两部份有估计

$$\frac{1}{2\pi i}\sum_{n=1}^{\infty}\left\{\int_{b+iT}^{b+i\infty}+\int_{b-i\infty}^{b-iT}\right\}\ll x^b\sum_{n=1}^{\infty}|a(n)|n^{-b-\sigma_0}$$

$$\left\{\int_{b+iT}^{b+i\infty}|\Gamma(b+it)|\,dt+\int_{b-i\infty}^{b-iT}|\Gamma(b+it)|\,dt\right\}\to 0,\tag{33}$$

$$\text{当 } T\to\infty$$

上式最后一步用到了Γ函数在垂直线上的阶估计（见式(3.3.22)）. 由式（31），(32) 和(33) 就推得式（30）.

利用熟知的复变积分：对 $b>0$ 及正整数 k 有

$$\frac{1}{2\pi i}\int_{(b)}\frac{y^s}{s^{k+1}}ds=\begin{cases}\dfrac{1}{k!}\log^k y, & y\geqslant 1,\\ 0, & 0<y<1,\end{cases} \tag{34}$$

用证明定理 4 的同样的方法可证明（令 $y=x/n$）：

定理 5 在定理4 的符号与条件下，对任意正整数 k 有

$$\frac{1}{k!}\sum_{n\leqslant x}a(n)n^{-s_0}\left(\log\frac{x}{n}\right)^k=\frac{1}{2\pi i}\int_{(b)}A(s+s_0)\frac{x^s}{s^{k+1}}ds. \tag{35}$$

若利用另一熟知的复变积分：对 $b>0$ 及正整数 k 有

$$\frac{1}{2\pi i}\int_{(b)}\frac{y^s}{s(s+1)\cdots(s+k)}ds=\begin{cases}\dfrac{1}{k!}\left(1-\dfrac{1}{y}\right)^k, & y\geqslant 1,\\ 0, & 0<y<1,\end{cases} \tag{36}$$

用证明定理 4 的方法可证明 $\left(令\ y=\dfrac{x}{n}\right)$：

定理 6 在定理4 的符号与条件下，对任意正整数 k 有

$$\frac{1}{k!}\sum_{n\leqslant x}a(n)n^{-s_0}\left(1-\frac{n}{x}\right)^k=$$

$$\frac{1}{2\pi i}\int_{(b)}A(s+s_0)\frac{x^s}{s(s+1)\cdots(s+k)}ds. \tag{37}$$

§6. 在垂直线上的阶

在 §4.4 中已经讨论了一般的有限阶函数的性质，并引进了阶函数 $\mu(\sigma)$. Dirichlet 级数(1.1)在其收敛半平面 $\sigma>\sigma_c$ 内定义了一个解析函数 $A(s)$，本节将证明它是有限阶函数，并讨论其阶函数 $\mu(\sigma)$ 的性质. 我们先来证明

定理 1 设级数(1. 1)的收敛横坐标 $\sigma_c<+\infty$，

$$A(s)=\sum_{n=1}^{\infty} a(n)e^{-\lambda_n s}, \quad \sigma>\sigma_c, \tag{1}$$

那末，(a)若 $\sigma_a<+\infty$，则对任意的 $\alpha>\sigma_a$，当 $\sigma\geqslant\alpha$ 时一致地有

$$|A(s)|\leqslant M(\alpha), \qquad |t|<\infty, \tag{2}$$

其中 $M(\alpha)$ 是依赖于 α 的常数；(b) 若 $\sigma_c<\sigma_a$，则对任意的 $\beta>\sigma_c$，当 $\sigma\geqslant\beta$ 时一致地有

$$A(s)=0(|t|), \qquad |t|\to\infty; \tag{3}$$

(c) 若 $\sigma_c<\sigma_a$，且为常义Dirichlet 级数，则对任意小的正数 ε，当 $\sigma_c+\varepsilon\leqslant\sigma\leqslant\sigma_c+1+\varepsilon$ 时一致地有

$$A(s)\ll(|t|+1)^{1-(\sigma-\sigma_c-\varepsilon)}, \qquad |t|<\infty, \tag{4}$$

其中 $\ll$ 常数依赖于 ε.

证：(a) 是显然的，注意到 λ_n 是非负的，只要取 $M(\alpha)=\sum_{n=1}^{\infty}|a(n)|e^{-\lambda_n\alpha}$ 即可. 现来证(b). 设 $\beta_1=\frac{1}{2}(\beta+\sigma_c)>\sigma_c$.

$$M_1=M_1(\beta_1)=\sup_{1\leqslant k<+\infty}\left|\sum_{n=1}^{k} a(n)e^{-\lambda_n\beta_1}\right|.$$

在式(1.4)中取 $s_0=\beta_1$，$u_1=\lambda_N$，则对任意的 $\sigma\geqslant\beta$ 令 $u_2\to+\infty$ 得到

$$|A(s)-A(\lambda_N,s)|\leqslant M_1 e^{-\lambda_N(\sigma-\beta_1)}+ M_1\frac{(\sigma-\beta_1)+|t|}{\sigma-\beta_1}e^{-\lambda_N(\sigma-\beta_1)}. \tag{5}$$

先固定 N，从上式可得

$$\overline{\lim_{|t|\to\infty}}\frac{|A(s)|}{|t|}\leqslant\frac{M_1}{\sigma-\beta_1}e^{-\lambda_N(\sigma-\beta_1)}\leqslant\frac{2M_1}{\beta-\sigma_c}e^{-\frac{1}{2}\lambda_N(\beta-\sigma_c)}, \quad \sigma\geqslant\beta.$$

再令 $N\to\infty$ 即得所要的结论. 最后来证(c). 在式(5)中取 $\beta=\sigma_c+\varepsilon\left(因此\beta_1=\sigma_c+\frac{\varepsilon}{2}\right)$，注意到 $\lambda_n=\log n$ 可得

$$|A(s)| \leqslant \sum_{n=1}^{N} |a(n)| n^{-\sigma} + 2M_1 N^{-(\sigma-\beta_1)} + \frac{|t|}{\sigma-\beta_1} N^{-(\sigma-\beta_1)},$$

$$\sigma \geqslant \sigma_c + \varepsilon . \tag{6}$$

现取 $N=[\,|t|\,]+1$，注意到 $|a(n)|n^{-\beta_1} \ll 1$，我们有

$$\sum_{n=1}^{N} |a(n)| n^{-\sigma} \ll \sum_{n=1}^{N} n^{-(\sigma-\beta_1)} \ll 1 + \int_1^{|t|+1} \frac{du}{u^{\sigma-\beta_1}}$$

$$\ll (|t|+1)^{1-(\sigma-\beta_1)+\frac{\varepsilon}{2}}, \qquad \sigma \leqslant \beta_1 + \frac{\varepsilon}{2} + 1.$$

由以上两式及 $\beta_1 = \sigma_c + \frac{\varepsilon}{2}$ 即得式(4).

为了进一步确定级数(1)的阶函数 $\mu(\sigma)$ 的值，我们还要证明

定理2 设级数(1)不恒等于零，且它的绝对收敛横坐标 $\sigma_a < +\infty$，那末存在一个正数 B，使对任意固定的 $\sigma \geqslant B$ 有

$$|A(\sigma+it)| \geqslant m(\sigma) > 0, \qquad |t| < \infty, \tag{7}$$

其中 $m(\sigma)$ 为依赖于 σ 的正数.

证：由于级数(1)不恒等于零，故由唯一性定理2.1知，必有正整数 k 使得 $a(k) \neq 0$；$a(n)=0, n<k$. 这样，对任意的 $\sigma > \alpha > \sigma_a$ 有

$$\begin{aligned}|A(\sigma+it)| &\geqslant |a(k)| e^{-\lambda_k \sigma} - \sum_{n>k} |a(n)| e^{-\lambda_n \sigma} \\ &\geqslant |a(k)| e^{-\lambda_k \sigma} - e^{-(\sigma-\alpha)\lambda_{k+1}} \sum_{n>k} |a(n)| e^{-\lambda_n \alpha} \\ &= e^{-\lambda_k \sigma} \Big\{ |a(k)| - e^{-\sigma(\lambda_{k+1}-\lambda_k)+\alpha\lambda_k} \\ &\qquad \cdot \sum_{n>k} |a(n)| e^{-\lambda_n \alpha} \Big\},\end{aligned}$$

这里用到了 λ_n 的递增性. 对任意取定的 $\alpha > \sigma_a$，由于 $\lambda_{k+1} > \lambda_k$，所以一定能找到正数 B，使当 $\sigma \geqslant B$ 时有

$$e^{-\sigma(\lambda_{k+1}-\lambda_k)+\alpha\lambda_k} \sum_{n>k} |a(n)| e^{-\lambda_n \alpha} < \frac{1}{2} |a(k)|.$$

现取 $m(\sigma)=\frac{1}{2}|a(k)|e^{-\lambda_k\sigma}$，由以上两式就推得式(7).

最后来证明关于级数(1)的阶函数定理.

定理 3 (a) 级数(1)的阶函数 $\mu(\sigma)$ 是下凸、递减函数，且 $\mu(\sigma)\leqslant 1$，$\sigma>\sigma_c$；(b) 当 $\sigma_a<+\infty$ 时，$\mu(\sigma)=0$，$\sigma>\sigma_a$；(c) 当级数(1)为常义 Dirichlet 级数时，$\mu(\sigma)\leqslant 1-(\sigma-\sigma_c)$，$\sigma_c<\sigma\leqslant\sigma_c+1$.

证：由阶函数的定义(见定义 4.4.2)、定理 4.4.2 及定理 1 (b)就立即推出结论(a)中的下凸性及 $\mu(\sigma)\leqslant 1,\sigma>\sigma_c$. 现来证明递减性. 由下凸函数的性质知:

$$\begin{aligned}\mu(\sigma)&\leqslant \mu(\sigma_1)\frac{\sigma_2-\sigma}{\sigma_2-\sigma_1}+\mu(\sigma_2)\frac{\sigma-\sigma_1}{\sigma_2-\sigma_1},\\&\leqslant\mu(\sigma_1)\frac{\sigma_2-\sigma}{\sigma_2-\sigma_1}+\frac{\sigma-\sigma_1}{\sigma_2-\sigma_1},\qquad \sigma_c<\sigma_1\leqslant\sigma\leqslant\sigma_2,\end{aligned}$$

这里用到了性质 $\mu(\sigma)\leqslant 1$. 令 $\sigma_2\to\infty$ 由上式就证明了递减性.

由定理 1(a)推出 $\mu(\sigma)\leqslant 0,\sigma>\sigma_a$. 但由定理2 知不可能有 $\mu(\sigma)<0,\sigma>\sigma_a$，这就证明了(b).

结论(c)是定理 1(c)的直接推论.

应该指出定理 3 的(a)和(c)中的阶函数 $\mu(\sigma)$ 的估计式仅当 $\sigma_c<\sigma_a$ 时才有意义.

§7. 积分均值公式

定理 1 设级数(1.1)当 $\operatorname{Re}s=\alpha$ 时绝对收敛，级数

$$B(s)=\sum_{n=1}^{\infty}b(n)e^{-\lambda_n s}$$

当 $\operatorname{Re}s=\beta$ 时绝对收敛. 那末

$$\lim_{T\to\infty}\frac{1}{2T}\int_{-T}^{T}A(\alpha+it)B(\beta-it)dt=\sum_{n=1}^{\infty}a(n)b(n)e^{-(\alpha+\beta)\lambda_n}.\tag{1}$$

特别的

$$\lim_{T\to\infty}\frac{1}{2T}\int_{-T}^{T}|A(\alpha+it)|^2\,dt=\sum_{n=1}^{\infty}|a(n)|^2 e^{-2\alpha\lambda_n}. \tag{2}$$

证：由绝对收敛级数的乘法得

$$A(\alpha+it)B(\beta-it)=\sum_{n=1}^{\infty}\sum_{m=1}^{\infty}a(n)b(m)e^{-(\alpha\lambda_n+\beta\lambda_m)-it(\lambda_n-\lambda_m)},$$

其中右边的二重级数绝对收敛，且对t一致收敛．故由逐项积分得

$$\frac{1}{2T}\int_{-T}^{T}A(\alpha+it)B(\beta-it)\,dt=\sum_{n=1}^{\infty}a(n)b(n)e^{-(\alpha+\beta)\lambda_n}$$
$$+\sum_{\substack{n=1\\ n\neq m}}^{\infty}\sum_{m=1}^{\infty}a(n)b(m)e^{-(\alpha\lambda_n+\beta\lambda_m)}\frac{\sin T(\lambda_n-\lambda_m)}{T(\lambda_n-\lambda_m)}.$$

由于$|\sin x|\leqslant|x|$，令$T\to\infty$由上式即得式(1).

取$B(s)=\overline{A(\bar{s})}$，$\beta=\alpha$，由式(1)即推出式(2).

应该指出：定理 2.2 是这里的特殊情形，这只要取$B(s)=e^{-\lambda_k s}$，$\beta=-\alpha$即可看出.

习　　题

1. 在引理 1.1 的条件下，对任意的$u_0<u_1$有

$$A(u_2,s)-A(u_1,s)=(A(u_2,s_0)-A(u_0,s_0))e^{-u_2(s-s_0)}$$
$$-(A(u_1,s_0)-A(u_0,s_0))e^{-u_1(s-s_0)}$$
$$+(s-s_0)\int_{u_1}^{u_2}(A(u,s_0)-A(u_0,s_0))e^{-u(s-s_0)}\,du.$$

2. 若级数(1.1)在点s_0收敛，则对任意固定的正数H_1，H_2，该级数在由式(1.5)确定的区域$\mathscr{D}(s_0)$上一致收敛.

3. 证明以下等式成立：

(a) $\displaystyle\sum_{n=1}^{\infty}n^{-s}=s\int_1^{\infty}[x]\,x^{-s-1}dx$，　　$\operatorname{Re}s>1$.

(b) $\sum_{n=1}^{\infty} \mu(n)n^{-s} = s\int_1^{\infty} M(x)x^{-s-1}\,dx$,　　　　　$\operatorname{Re} s>1$,

其中 $M(x)=\sum_{n\leqslant x}\mu(n)$.

(c) $\sum_{n=1}^{\infty} \Lambda(n)n^{-s}=s\int_1^{\infty} \psi(x)x^{-s-1}\,dx$, $\operatorname{Re} s>1$,

其中 $\psi(x)=\sum_{n\leqslant x}\Lambda(n)$.

(d) $\sum_{n=1}^{\infty} \chi(n)n^{-s}=s\int_1^{\infty}\left(\sum_{n\leqslant x}\chi(n)\right)x^{-s-1}\,dx$, $\operatorname{Re} s>1$,

这里 χ 是 Dirichlet 特征. 当 χ 不是主特征时,等式当 $\operatorname{Re} s>0$ 时也成立.

(e) $\sum_{n=1}^{\infty} \Lambda(n)\chi(n)n^{-s}=s\int_1^{\infty}\psi(x,\chi)x^{-s-1}\,dx$, $\operatorname{Re} s>1$,

其中 $\psi(x,\chi)=\sum_{n\leqslant x}\Lambda(n)\chi(n)$.

(f) $\sum_{n=1}^{\infty} d_k(n)n^{-s}=s\int_1^{\infty}\left(\sum_{n\leqslant x}d_k(n)\right)x^{-s-1}\,dx$, $\operatorname{Re} s>1$,

其中 $d_k(n)$ 由式 (3.19) 给出. (不要用 §3 的结果, 直接证明).

(g) $\sum_{n=1}^{\infty} \varphi(n)n^{-s}=s\int_1^{\infty}\left(\sum_{n\leqslant x}\varphi(n)\right)x^{-s-1}\,dx$, $\operatorname{Re} s>2$.

(h) 利用定理 1.2.1 写出以上公式的反转公式. (注意: 以上公式中的积分下限均可改为零).

4. 设 $\alpha\geqslant 0$. 如果 $A(u,\alpha)\ll 1$, 则有 $A(u,0)\ll e^{\alpha u}$.

5. 若级数 (1.1) 的 σ_c 满足 $0\leqslant\sigma_c<\infty$, 那么当 $\sigma>\sigma_c$ 时, 式 (1.8) ($s_0=0$) 成立.

6. 设级数 $\sum_{n=1}^{\infty} a(n)$ 收敛, λ_n 满足定义 1.1 的条件, 以及记 $B(u)=\sum_{\lambda_n>u} a(n)$.

证明: (a) 若对某一 $\alpha\leqslant 0$ 有 $B(u)\ll e^{\alpha u}$, 则当 $\sigma>\alpha$ 时级数 (1.1) 收敛;

(b) 若对某 $-\alpha\leqslant 0$ 有 $A(u,\alpha)\ll 1$, 则 $B(u)\ll e^{\alpha u}$.

7. (a) 若级数 $\sum_{n=1}^{\infty} a(n)$ 发散, 则级数 (1.1) 的收敛横坐标

$\sigma_c=\overline{\lim_{n\to\infty}}\lambda_n^{-1}\log\cdot\left|\sum_{k=1}^{n}a(k)\right|$. (利用定理 1.2 和第 4 题).

(b) 若级数 $\sum_{n=1}^{\infty} a(n)$ 收敛，则级数 (1.1) 的收敛横坐标

$$\sigma_c=\overline{\lim_{n\to\infty}}\lambda_n^{-1}\cdot\log\left|\sum_{k=n}^{\infty}a(k)\right|.$$ （利用第6题）.

8. (a) 当级数 $\sum_{n=1}^{\infty}|a(n)|$ 发散时，级数 (1.1) 的绝对收敛横坐标 $\sigma_a=\overline{\lim_{n\to\infty}}\lambda_n^{-1}\log\sum_{k=1}^{n}|a(k)|$. (b) 当级数 $\sum_{n=1}^{\infty}|a(n)|$ 收敛时，

$$\sigma_a=\overline{\lim_{n\to\infty}}\lambda_n^{-1}\cdot\log\sum_{k=n}^{\infty}|a(k)|.$$

9. (a) 对任意固定的实数 $t\neq0$，$\sum_{n\leqslant x}n^{-1-it}$ 对 x 一致有界；(b) 对所有实数 t，级数 $\sum_{n=1}^{\infty}n^{-1-it}$ 发散.

10. 若当 $x\to\infty$ 时 $\sum_{n\leqslant x}a(n)\sim x$，则当实数 $s\to1_+$ 时 $\sum_{n=1}^{\infty}a(n)n^{-s}\sim(s-1)^{-1}$. 一般的设 k 为正整数，若 $\sum_{n\leqslant x}a(n)\sim x\log^k x$，则当实数 $s\to1_+$ 时，$\sum_{n=1}^{\infty}a(n)n^{-s}\sim k!(s-1)^{-k}$.

11. (a) 写出Dirichlet积分 (1.19) 的收敛横坐标，绝对收敛横坐标的定义，并证明相应于定理1.2, 1.3, 1.4的结论.

(b) 证明定理1.8

12. 设 q 为正整数，$\mathrm{Re}\,s>1$. 证明:

(a) $\zeta(s)=q^{-s}\sum_{h=1}^{q}\zeta(s,h/q)$.

(b) $L(s,\chi)=q^{-s}\sum_{h=1}^{q}\chi(h)\zeta(s,h/q)$，$\chi \bmod q$.

(c) $\zeta(s,r/q)=q^{s}(\varphi(q))^{-1}\sum_{\chi \bmod q}\overline{\chi}(r)L(s,\chi)$，$(q,r)=1$.

13. 设 q 为正整数，$\mathrm{Re}\,s>1$. 证明:

(a) $F(s,r/q)=q^{-s}\sum_{h=1}^{q}e(rh/q)\zeta(s,h/q)$，$r$ 是整数.

(b) $\zeta(s,l/q)=q^{s-1}\sum_{h=1}^{q}e(-lh/q)F(s,h/q)$，$1\leqslant l\leqslant q$，$l$ 是整数.

14. 设 χ 是模 q 的特征，Gauss 和 $G(h,\chi)-\sum_{r=1}^{q}\chi(r)e(rh/q)$.

证明当 Re$s>1$ 时有 (a) $L(s,\chi)=q^{-1}\sum_{h=1}^{q}\overline{G(h,\overline{\chi})}F(s,h/q)$.

(b) 若 χ 是原特征，则 $L(s,\chi)=(G(1,\overline{\chi}))^{-1}\sum_{h=1}^{q}\overline{\chi}(h)F(s,h/q)$.

(c) $F(s,r/q)=q^{-s}\sum_{d\mid q}d^{s}(\varphi(d))^{-1}\sum_{\chi \bmod d}G(r,\overline{\chi})L(s,\chi)$，$r$ 是整数.

15. 证明当 Re $s>1$ 时，$\sum_{n=1}^{\infty}(-1)^{n-1}n^{-s}=(1-2^{1-s})\sum_{n=1}^{\infty}n^{-s}$. 由此证明当实数 $s\to 1_{+}$ 时 $\zeta(s)\sim(s-1)^{-1}$，以及一般的有 $\zeta^{(k)}(s)\sim(-1)^{k}\cdot(s-1)^{-k-1}$, k 是正整数. (和第 10 题相比较).

16. 若当 Re $s>\alpha$ 时有 $\sum_{n=1}^{\infty}a(n)e^{-\lambda_n s}=\sum_{n=1}^{\infty}b(n)e^{-\mu_n s}$，那么，$a(n)=b(n)$，$\lambda_n=\mu_n$，$n=1,2,\cdots$.

17. 设级数 (1.1) 的 $\sigma_c<+\infty$，$Re\, s_0>\sigma_c$. 如果在任意一个由式 (1.5) 确定的区域 $\mathscr{D}(s_0)$ 上有无穷多个点使该级数取零值，则 $a(n)=0$，$n=1,2,\cdots$.

18. 设级数 (1.1) 的 $\sigma_a<+\infty$. 如果该级数在无穷多个点上取零值，则 $a(n)=0,n=1,2,\cdots$.

19. 若级数 (1.1) 的 $\sigma_a<+\infty$，则必有实数 α，使当 Re $s\geqslant\alpha$ 时，该级数不取零值.

20. 定理 2.2 中的式 (2.1) 改为

$$a(k)=\lim_{T\to\infty}\frac{1}{T}\int_{T_1}^{T_2}A(\alpha+it)e^{\lambda_k(\alpha+it)}dt,\ k=1,2,\cdots,$$

也成立，其中 $T=T_2-T_1$ 依任何方式趋于无穷. 类似的改变对定理 7.1 也成立.

21. 设 $A(s)=\sum_{n=1}^{\infty}a(n)e^{-\lambda_n s}$，$\sigma_a<+\infty$. 若 $A(s)$ 不恒等于常数，则对任意的 $\sigma>\sigma_\alpha$，$\lim_{T\to\infty}A(\sigma+it)$ 一定不存在.

22. 证明对于任意实数 α，级数 $\sum_{n=2}^{\infty}a(n)\lambda_n^{\alpha}e^{-\lambda_n s}$ 有相同的 σ_c 和 σ_a，这里 λ_n 满足定义 1.1 的条件.

23. 设 k 为正整数. 算术函数 $t_k(n)=1$，当 n 为 k 次方数；$t_k(n)=0$，其它. 证明: (a) $\sum_{n=1}^{\infty}t_k(n)n^{-s}=\zeta(ks)$; (b) $\left\{\sum_{n=1}^{\infty}t_k(n)n^{-s}\right\}\left\{\sum_{n=1}^{\infty}q_k(n)n^{-s}\right\}$

$=\zeta(s)$，这里 $q_k(n)$ 为由式(3.33)的第二个等式所定义的算术函数; (c) 由此推出式(3.32)，及式(3.33)的第一个等式.

24. 利用恒等式: 当 Re $s>1$ 时

$$-\frac{\zeta'}{\zeta}(s)-\zeta(s)-2\gamma=\frac{1}{\zeta(s)}\{-\zeta'(s)-\zeta^2(s)-2\gamma\zeta(s)\},$$

证明: 当 $n\geqslant 2$ 时有

$$\Lambda(n)-1=\sum_{lm=n}\mu(l)b(m),$$

这里 $b(m)=\log m-d(m)-2\gamma$.

25. 设 $u>1, v>1, F(s)=\sum_{n\leqslant u}\Lambda(n)n^{-s}, M(s)=\sum_{n\leqslant v}\mu(n)n^{-s}$.

(a) 利用恒等式: 当 Re $s>1$ 时

$$-\frac{\zeta'}{\zeta}(s)=F(s)-M(s)\zeta'(s)-F(s)M(s)\zeta(s)$$
$$-(\zeta(s)M(s)-1)\left(-\frac{\zeta'}{\zeta}(s)-F(s)\right),$$

证明: $\Lambda(n)=a_1(n)+a_2(n)+a_3(n)+a_4(n)$，其中

$$a_1(n)=\begin{cases}\Lambda(n), & n\leqslant u,\\ 0, & n>u,\end{cases}\quad a_2(n)=\sum_{\substack{md\mid n\\ m\leqslant u,\, d\leqslant v}}\Lambda(m)\mu(d),$$

$$a_3(n)=\sum_{\substack{hd=n\\ d\leqslant v}}\mu(d)\log h,\quad a_4(n)=-\sum_{\substack{mk=n\\ m>u,\, k>v}}\Lambda(m)\left(\sum_{\substack{d\mid k\\ d\leqslant v}}\mu(d)\right)$$

(b) 利用恒等式: 当 Re $s>1$ 时

$$\zeta^{-1}(s)=2G(s)-M^2(s)\zeta(s)-(\zeta(s)M(s)-1)(\zeta^{-1}(s)-M(s)),$$

证明: $\mu(n)=b_1(n)+b_2(n)+b_3(n)$，其中

$$b_1(n)=\begin{cases}2\mu(n), & n\leqslant \mu\\ 0, & n>\mu,\end{cases}\quad b_2(n)=-\sum_{\substack{md\mid n\\ m\leqslant u,\, d\leqslant u}}\mu(m)\mu(d),$$

$$b_3(n)=\sum_{\substack{mk=n\\ m>u,\, k>u}}\mu(m)\left(\sum_{\substack{d\mid k\\ d\leqslant u}}\mu(d)\right).$$

26. (a) 利用恒等式: 当 Re $s>2$ 时

$$\sum_{n=2}^{\infty}\Lambda(n)(\log n)^{-1}n^{-s}=\log(1+(\zeta(s)-1))$$

证明：$\frac{\Lambda(n)}{\log n}=\sum_{j=1}^{\infty}\frac{(-1)^{j-1}}{j}\sum_{\substack{n_1\cdots n_j=n\\ n_1,\cdots,n_j\geqslant 2}}1$.　(参看第 38 题).

(b) 设 J 是正整数，$v\geqslant 2$，$M(s)$ 同上题，再设 $2v^J\geqslant n$，证明：

$$\Lambda(n)=\sum_{j=1}^{J}(-1)^j\binom{J}{j}\sum_{m_1\cdots m_j<v}\mu(m_1)\cdots\mu(m_j)\sum_{m_1\cdots m_jn_1\cdots n_j}\log n_1 .$$

(设 $F(s)=(1-\zeta(s)M(s))^J\zeta'(s)/\zeta(s)$. 用两种方法来计算 $F(s)$).

27. 设 f 是算术函数，$f(1)\neq 0$，g 是 f 的 Dirichlet 逆，即 $f*g=I$. 再设 $\sum_{n=1}^{\infty}f(n)n^{-s}$ 和 $\sum_{n=1}^{\infty}g(n)n^{-s}$ 均在半平面 $\sigma>\alpha$ 内绝对收敛. 证明

$$F(s)=\sum_{n=1}^{\infty}f(n)n^{-s}=\exp(H(s))\ ,\ \sigma>\alpha,$$

其中

$$H(s)=\log f(1)+\sum_{n=2}^{\infty}h(n)(\log n)^{-1}n^{-s};$$

$$h(n)=\sum_{lm=n}g(l)f(m)\log m,\ n\geqslant 2,$$

$\log z$ 取 $\log 1=0$ 的一支. 我们记 $H(s)=\log F(s)$.

28. 设 f 是完全积性的算术函数. $F(s)=\sum_{n=1}^{\infty}f(n)n^{-s}$，$\sigma_a<+\infty$. 利用 Euler 乘积可以取定一支

$$\log F(s)=-\sum_p\log(1-f(p)p^{-s})=\sum_p\sum_m m^{-1}f^m(p)p^{-ms},\ \mathrm{Re}\ s>\sigma_a .$$

证明这一定义和上题是一致的. 因此，我们可以先证明式(3.17)，再推出式(3.16).

29. 证明当 $\mathrm{Re}\ s>1$ 时有 $\log\zeta(s)=s\int_2^{\infty}\pi(x)x^{-1}(x^s-1)^{-1}dx$.

30. 证明当 $\mathrm{Re}\ s>1$ 时有 $\sum_p p^{-s}=\sum_{n=1}^{\infty}\mu(n)n^{-1}\log\zeta(ns)$.

31. 设 $\Omega(n)$ 是 n 的所有素因子的个数，$\Omega(1)=0$. 证明

(a) $\sum_{n=1}^{\infty}\Omega(n)n^{-s}=\zeta(s)\sum_p(p^s-1)^{-1}$，$\mathrm{Re}\,s>1$；

(b) 当l是素数幂时 $\sum_{nm=l}\mu(n)\Omega(m)=1$，而在其它情形则等于零.

32. 利用这样两种途径：(1) 已知Dirichlet级数表达式，求它所确定的函数；(2)已知函数求它的Dirichlet 级数表达式来证明以下的等式，并确定等式成立的范围：

(a) $\sum_{n=1}^{\infty}\sigma_a(n)n^{-s}=\zeta(s)\zeta(s-a)$， a为复数.

(b) $\sum_{n=1}^{\infty}d(n^2)n^{-s}=\zeta^3(s)\zeta^{-1}(2s)$.

(c) $\sum_{n=1}^{\infty}d^2(n)n^{-s}=\zeta^4(s)\zeta^{-1}(2s)$.

(d) $\sum_{n=1}^{\infty}2^{\omega(n)}n^{-s}=\zeta^2(s)\zeta^{-1}(2s)$.

(e) 设 $k(1)=1$，$k(n)=m_1\cdots m_r$，$n=p_1^{m_1}\cdots p_r^{m_r}$. $\sum_{n=1}^{\infty}k(n)n^{-s}=\zeta(s)\zeta(2s)\zeta(3s)\zeta^{-1}(6s)$.

(f) $\sum_{n=1}^{\infty}3^{\omega(n)}k(n)n^{-s}=\zeta^3(s)\zeta^{-1}(3s)$.

(g) 设 $\lambda_a(n)=\sum_{d|n}d^a\lambda(d)$，$a$复数.

$$\sum_{n=1}^{\infty}\lambda_a(n)n^{-s}=\zeta(s)\zeta(2s-2a)\zeta^{-1}(s-a).$$

(h) 设$a(n)$是n的最大奇除数. $\sum_{n=1}^{\infty}a(n)n^{-s}=(1-2^{1-s})(1-2^{-s})^{-1}\cdot\zeta(s-1)$.

(i) 设$a(1)=1$；$a(n)=1$，当$n=p_1^{\alpha_1}\cdots p_r^{\alpha_r}$，$\alpha_j\geqslant 2\ (1\leqslant j\leqslant r)$；$a(n)=0$，其它情形. $\sum_{n=1}^{\infty}a(n)n^{-s}=\zeta(2s)\zeta(3s)\zeta^{-1}(6s)$.

33. (a) 设 $\sum_{n=1}^{\infty}c(n)n^{-s}=\left(\sum_{n=1}^{\infty}a(n)n^{-s}\right)\left(\sum_{n=1}^{\infty}b(n)n^{-s}\right)$. 那末，对任一完全积性函数$f(n)$有 $\sum_{n=1}^{\infty}c(n)f(n)n^{-s}=\left(\sum_{n=1}^{\infty}a(n)f(n)n^{-s}\right)\left(\sum_{n=1}^{\infty}b(n)f(n)n^{-s}\right)$.（假定所有这些级数在均某一半平面 Re $s>\alpha$ 内绝对收敛）.

(b) 利用这一方法求以下 Dirichlet 级数$\sum\limits_{n=1}^{\infty} c(n)f(n)n^{-s}$所确定的函数：取$\sum\limits_{n=1}^{\infty} c(n)n^{-s}$为§3和§4(包括所举的例)，以及第32题中出现的级数，$f(n)$分别取$\chi(n)$，$\lambda(n)$，$\chi(n)\lambda(n)$，$\chi(n)$为模q的特征.

34. (a)从第32,33题所得的结果可导出哪些有趣的算术函数的卷积公式.

(b) 设k是正整数，$\Lambda_k(n)=\sum\limits_{d/n}\mu(d)(\log n/d)^k$. 利用恒等式

$(\zeta^{(k)}(s)/\zeta(s))'=\zeta^{(k+1)}(s)/\zeta(s)-(\zeta^{(k)}(s)/\zeta(s))(\zeta'(s)/\zeta(s))$

证明：$\Lambda_{k+1}(n)=\Lambda_k(n)\log n+\sum\limits_{d/n}\Lambda_k(n)\Lambda_1(n/d)$. 进而推出当$n$有多于$k$个不同的素因子时$\Lambda_k(n)=0$.

35. 设f是积性函数. 若无穷乘积$\prod\limits_p(1+|f(p)|p^{-\sigma}+|f(p^2)|p^{-2\sigma}+\dots)$当$\sigma=\alpha$时收敛，则$\sum\limits_{n=1}^{\infty} f(n)n^{-s}$当$s=\sigma$时绝对收敛.

36. 证明：当$\operatorname{Re} s_j>1\quad(1\leqslant j\leqslant r)$时有

$$\frac{\zeta(s_1)\cdots\zeta(s_r)}{\zeta(s_1+\cdots+s_r)}=\sum_{\substack{m_1=1\\(m_1,\cdots,m_r)=1}}^{\infty}\cdots\sum_{m_r=1}^{\infty} m_1^{-s_1}\cdots m_r^{-s_r}.$$

37. 证明：当$\operatorname{Re} s>\max\{1,1+\operatorname{Re} a,1+\operatorname{Re} b,1+\operatorname{Re}(a+b)\}$时有

$$\sum_{n=1}^{\infty}\sigma_a(n)\sigma_b(n)n^{-s}=\zeta(s)\zeta(s-a)\zeta(s-b)\zeta(s-a-b)\zeta^{-1}(2s-a-b).$$

38. 设$f_k(n)$是n表为k个大于1的因数的乘积的表法个数. 证明：当$\operatorname{Re} s>1$时$\sum\limits_{n=2}^{\infty} f_k(n)n^{-s}=(\zeta(s)-1)^k$.

39. 设$f(n)$是n表为大于1的因数的乘积的表法个数，并设$f(1)=1$. 证明：存在正数α使当$\operatorname{Re} s>\alpha$时，$\sum\limits_{n=1}^{\infty} f(n)n^{-s}=(2-\zeta(s))^{-1}$.

40. 设f是完全积性的，且对每个素数p有$f(p)=f^2(p)$. 再设$F(s)=\sum\limits_{n=1}^{\infty} f(n)n^{-s}$, $\sigma_a<+\infty$. 证明：当$\operatorname{Re} s>\sigma_a$时，$F(s)\neq 0$，且

$$\sum_{n=1}^{\infty} f(n)\lambda(n)n^{-s}=F(2s)F^{-1}(s).$$

41. 设f满足上题的条件，再设$F(s)=\sum\limits_{n=1}^{\infty}\mu(n)f(n)n^{-s}$, $\sigma_a<+\infty$. 证明：

当 Re $s>\sigma_a$ 时，$F(s)\neq 0,\sum_{n=1}^{\infty}\mu^2(n)f(n)n^{-s}=F(2s)F^{-1}(s)$，以及对任一素数 p 有

$$(1+f(p)p^{-s})F(s)=(1-f(p)p^{-s})\sum_{n=1}^{\infty}\mu(n)\mu((p,n))f(n)n^{-s}.$$

42．设 $h(n)$ 是积性的，且对每个素数 p 有 $h(p^k)=(k!)^{-1}h^k(p)$．再设 $\sum_{n=1}^{\infty}h(n)n^{-s}$，$\sigma_a<+\infty$．证明：当 Re $s>\sigma_a$ 时有

$$\exp\left(\sum_p h(p)p^{-s}\right)=\sum_{n=1}^{\infty}h(n)n^{-s}.$$

（具有这样性质的 $h(n)$ 有时称为指数积性函数）．

43．设 K 是正整数，a 是复数．证明：当 Re $s>\max\{1,1+\text{Re } a\}$ 时有

$$\sum_{n=1}^{\infty}\sigma_a(Kn)n^{-s}=\zeta(s)\zeta(s-a)\prod_{p^l\|k}(1-p^a)^{-1}(1-p^{a-s}-p^{(l+1)a}+p^{l+1-s}).$$

44．设 Ramanujan 和 $C_k(n)=\sum_{h=1}^{k}{}'e(hn/k)$．证明：当 Re $s>1$ 时有

(a) $\sum_{k=1}^{\infty}C_k(n)k^{-s}=\sigma_{1-s}(n)\zeta^{-1}(s)$．

(b) $\sum_{h=1}^{\infty}C_k(n)n^{-s}=\left(\sum_{ld=k}\mu(l)d^{1-s}\right)\zeta(s)$．

(c) $\sum_{h=1}^{\infty}C_k(n)d(n)n^{-s}$

$$=\zeta^2(s)k^{1-s}\prod_{p^l\|k}\left\{1-p^{-1}+l(1-p^{-s})(1-p^{s-1})\right\}.$$

(d) $\sum_{h=1}^{\infty}C_k(qn)n^{-s}=\zeta(s)\sum_{ld=k}d^{1-s}\mu(l)(q,d)^s$．

（利用 $C_k(n)=\sum_{d|(n,k)}\mu(k/d)d$）．

45．证明当 Re $s>1$ 时有 $\sum_{n=1}^{\infty}\Omega(n)n^{-s}=\zeta(s)\sum_{n=1}^{\infty}n^{-1}\varphi(n)\log\zeta(ns)$，（参看第 31 题）．

46．设 b,T_1,T_2 是正数，$T=\min(T_1,T_2)$．证明：

$$\frac{1}{2\pi i}\int_{b-iT_1}^{b+iT_2}\frac{a^s}{s}ds=\begin{cases}1+O(a^b(T\log a)^{-1}), & a>1,\\ O(a^b(T|\log a|)^{-1}). & 0<a<1.\end{cases}$$

47. 设 x 为半奇数，$T>1$，$b+\sigma_0>1$，$b>0$．证明：

(a)
$$\sum_{n\leqslant x}\frac{\Lambda(n)}{n^{s_0}}=\frac{1}{2\pi i}\int_{b-iT}^{b+iT}\left(-\frac{\zeta'}{\zeta}(s_0+s)\right)\frac{x^s}{s}ds+O\left(\frac{x^b}{T(b+\sigma_0-1)}+\frac{x^{1-\sigma_0}\log^2 x}{T}\right),$$

进而分别写出取 $\sigma_0=0,\ b=1+(\log x)^{-1}$；及 $\sigma_0=1,\ b=(\log x)^{-1}$ 时的情形．

(b)
$$\sum_{n\leqslant x}\frac{\mu(n)}{n^{s_0}}=\frac{1}{2\pi i}\int_{b-iT}^{b+iT}\left(\frac{1}{\zeta(s_0+s)}\right)\frac{x^s}{s}ds+O\left(\frac{x^b}{T(b+\sigma_0-1)}+\frac{x^{1-\sigma_0}\log x}{T}\right),$$

进而分别写出取 $\sigma_0=0,\ b=1+(\log x)^{-1}$；及 $\sigma_0=1,\ b=(\log x)^{-1}$ 时的情形．

(c)
$$\sum_{h\leqslant x}\frac{\Lambda(n)}{n\log n}=\frac{1}{2\pi i}\int_{b-iT}^{b+iT}(\log\zeta(s+1))\frac{x^s}{s}ds+O\left(\frac{x^b}{Tb}+\frac{\log x}{T}\right).$$

(d)
$$\sum_{n\leqslant x}\frac{d_k(n)}{n^{s_0}}=\frac{1}{2\pi i}\int_{b-iT}^{b+iT}(\zeta(s_0+s))^k\frac{x^s}{s}ds+O\left(\frac{x^b}{T(b+\sigma_0-1)^k}+\frac{x^{1-\sigma_0+\varepsilon}}{T}\right),$$

ε 为任意正数．

(e)
$$\sum_{h\leqslant x}\frac{\mu^2(n)}{n^{s_0}}=\frac{1}{2\pi i}\int_{b-iT}^{b+iT}\left(\frac{\zeta(s_0+s)}{\zeta(2(s_0+s))}\right)\frac{x^s}{s}ds+O\left(\frac{x^b}{T(b+\sigma_0-1)}+\frac{x^{1-\sigma_0}\log x}{T}\right).$$

(f)
$$\sum_{n\leqslant x}\Lambda(n)\chi(n)=\frac{1}{2\pi i}\int_{b-iT}^{b+iT}\left(-\frac{L'}{L}(s,\chi)\right)\frac{x^s}{s}ds+O\left(\frac{x^b}{T(b-1)}+\frac{x\log^2 x}{T}\right).$$

(g) $\sum\limits_{h\leqslant x} r(n)=\frac{1}{2\pi i}\int_{b-iT}^{b+iT}(4\zeta(s)L(s))\frac{x^s}{s}ds$

$$+O\left(\frac{x^b}{T(b-1)^2}+\frac{x^{1+\varepsilon}}{T}\right),$$

ε为任意正数.(参看§3例8).

(h) 利用第33题中所得到的结果，写出相应的Perron公式(5.5).

48. 指出定理5.2中的情形(a)可改为x不等于使$a(n)\neq 0$的整数，及N可取为离x最近且使$a(N)\neq 0$的整数(有两个时取较小的一个)；情形(b)改为x等于使$a(n)\neq 0$的整数N. 定理5.3也可作相应的改变.

49. 证明：当x不等于使$a(n)\neq 0$的整数时，式(5.14)的左边可写为

$(2\pi i)^{-1}\int_{(b)}A(s+s_0)x^s s^{-1}ds$，即这广义积分存在.

50. 利用定理6.1(b)证明广义Dirichlet级数的Perron公式：在定理6.1的条件下，对$b>\max(0,\sigma_c)$我们有：

(a) 当$\lambda_k<\lambda<\lambda_{k+1}$时，$\sum\limits_{n=1}^{k}a(n)=\frac{1}{2\pi i}\int_{(b)}A(s)\frac{e^{\lambda s}}{s}ds$.

(b) 当$\lambda=\lambda_k$时，$\sum\limits_{n=1}^{k-1}a(n)+\frac{1}{2}a(k)=\lim\limits_{T\to\infty}\frac{1}{2\pi i}\int_{b-iT}^{b+iT}A(s)\frac{e^{\lambda s}}{s}ds$.

此外，如何把定理5.4，5.5，5.6作相应的推广.

51. 设$F_0(x)=\sum\limits_{n\leqslant x}a(n)$，$F_k(x)=\int_1^x F_{k-1}(y)y^{-1}dy$，$k=1,2,\cdots$，证明：

(a) $F_k(x)=(k!)^{-1}\sum\limits_{n\leqslant x}a(n)(\log x/n)^k$，$k=1,2,\cdots$.

(b) 若$a(n)\geqslant 0$，那末，对任意正整数k，当$x\to\infty$时$F_{k-1}(x)\sim x$的充要条件是$F_k(x)\sim x$.

52. 设$G_0(x)=\sum\limits_{n\leqslant x}b(n)$，$x^kG_k(x)=\int_1^x y^{k-1}G_{k-1}(y)dy$，$k=1,2,\cdots$，证明：

(a) $G_k(x)=(k!)^{-1}\sum\limits_{n\leqslant x}b(n)(1-n/x)^k$，$k=1,2,\cdots$.

(b) 若$b(n)\geqslant 0$，那末，对任意正整数k，当$x\to\infty$时$G_{k-1}(x)\sim(k!)^{-1}x$的充要条件是$G_k(x)\sim((k+1)!)^{-1}x$.

53. 利用积分: 对实数 a 及正数 x , y , 有

$$\int_{(a)} y^{-s} e^{xs^2} ds = i\sqrt{\frac{\pi}{x}}\, e^{-(\log y)^2/(4x)},$$

证明: 在定理 5.4的条件下有

$$\sum_{n=1}^{\infty} \frac{a(n)}{n^{s_0}}\, e^{-(\log n)^2/(4x)} = -i\sqrt{\frac{x}{\pi}} \int_{(b)} A(s+s_0) e^{xs^2} ds .$$

对广义 Dirichlet 级数应有怎样相应的结果.

54. 设 $A(s)=\sum\limits_{n=1}^{\infty} a(n)n^{-s}$, $\sigma_0<+\infty$, $\sigma_c<\sigma_a$, 且对 x 一致地有 $\sum\limits_{n\leqslant x} a(n)n^{-\sigma_c} \ll 1$. 证明: 定理 6.1 的结论(c)可改为: 对任意正数 ε , 当 $\sigma\geqslant\sigma_c+\varepsilon$ 时,

$$A(s) \ll \begin{cases} \min\left(1+\sigma-\sigma_c-1\right)^{-1}, \log(|t|+2)), & \sigma\geqslant\sigma_c+1, \\ (|t|+1)^{1-(\sigma-\sigma_c)}\left((1-(\sigma-\sigma_c))^{-1}+1\right), & \sigma_c+\varepsilon\leqslant\sigma<\sigma_c+1, \end{cases}$$

其中 $\ll$ 常数依赖于 ε .

55. 证明以下的均值公式:

(a) $\lim\limits_{T\to\infty} (2T)^{-1} \int_{-T}^{T} |\zeta(\sigma+it)|^2 dt = \zeta(2\sigma)$, $\sigma>1$.

(b) $\lim\limits_{T\to\infty} (2T)^{-1} \int_{-T}^{T} |\zeta(\sigma+it)|^4 dt = \zeta^4(2\sigma)/\zeta(4\sigma)$, $\sigma>1$.

(c) $\lim\limits_{T\to\infty} (2T)^{-1} \int_{-T}^{T} |\zeta(\sigma+it)|^{2k} dt = \sum\limits_{n=1}^{\infty} d_k^2(n) n^{-2\sigma}$, $\sigma>1$.

(d) $\lim\limits_{T\to\infty} (2T)^{-1} \int_{-T}^{T} \zeta^{(k)}(\alpha+it)\zeta^{(l)}(\beta-it)\, dt = \zeta^{(k+l)}(\alpha+\beta)$, $a>1$, $\beta>1$.

(e) $\lim\limits_{T\to\infty} (2T)^{-1} \int_{-T}^{T} \zeta^{-1}(\alpha+it)\zeta^{-1}(\beta-it) dt = \zeta(\alpha+\beta)/\zeta(2\alpha+2\beta)$, $\alpha>1$, $\beta>1$.

(f) 设 $f(s)=\zeta(2s)/\zeta(s)$,

$$\lim_{T\to\infty} (2T)^{-1} \int_{-T}^{T} f(\alpha+it) f(\beta-it)\, dt = \zeta(\alpha+\beta),\ \alpha>1, \beta>1.$$

(g) 设 $F(s,\theta)$是§1 例 3 给出的函数,

$$\lim_{T\to\infty}(2T)^{-1}\int_{-T}^{T}F(\alpha+it,\theta)F(\beta-it,-\theta)dt=\zeta(\alpha+\beta),$$

$\alpha>1,\beta>1$.

(h) $$\lim_{T\to\infty}(2T)^{-1}\int_{-T}^{T}L(\alpha+it,\chi_1)L(\beta-it,\chi_2)dt=L(\alpha+\beta_1,\chi_1\chi_2),$$

$\alpha>1,\beta>1$.

(i) $$\lim_{T\to\infty}(2T)^{-1}\int_{-T}^{T}|L(\sigma+it,\chi)|^2dt=\zeta(2\sigma)\prod_{p\mid q}(1-p^{-2\sigma}),\ \sigma>1,$$

$\chi \bmod q$.

56. 设 $F(s)=\sum_{n=1}^{\infty}f(n)n^{-s}$, $G(s)=\sum_{n=1}^{\infty}g(n)n^{-s}$, 当$\sigma=\alpha$时两级数都绝对收敛, 且$|f(n)|\leqslant g(n)$, 证明: 对 $T>0$有

$$\int_{-T}^{T}|F(\alpha+it)|^2dt\leqslant 2\int_{-2T}^{2T}|G(\alpha+it)|^2dt.$$

$\Bigg($利用$\int_{-T}^{T}|F(\alpha+it)|^2dt\leqslant 2\int_{-2T}^{2T}\left(1-\frac{|t|}{2T}\right)|F(\alpha+it)|^2dt$,及对任意的$y>0$有$\int_{-2T}^{2T}\left(1-\frac{|t|}{2T}\right)y^{it}dt\geqslant 0\Bigg)$.

第七章　$\zeta(s)$的函数方程与基本性质

本章将用三种方法来证明定义在半平面 $\sigma>1$ 上的函数 $\zeta(s)$（式(6.1.11)）可以解析开拓到全平面，并满足某种函数方程（式(1.13)，(1.17)）. 为以后便于把这些方法应用于 $L(s,\chi)$，下面的一些结果将对 $\zeta(s,a)$（式(6.1.12)）来证明. 此外还要讨论 $\zeta(s)$ 的一些基本性质. 本章内容参看 [32, II]，[17, 第一章]，[18, 第三章].

§1. 函数方程（一）（Euler－MacLaurin 求和法）

定理 1　设 $0<a\leqslant 1$，$\zeta(s,a)$ 由式(6.1.12)给出. (a) 对 $x\geqslant 0$，$\sigma>1$ 及任意正整数 l 有[1]

$$\zeta(s,a)=\sum_{0\leqslant n\leqslant x}\frac{1}{(n+a)^s}-\frac{(x+a)^{1-s}}{1-s}+\frac{b_1(x)}{(x+a)^s}$$
$$+\sum_{j=2}^{l}s(s+1)\cdots(s+j-2)\frac{b_j(x)}{(x+a)^{s+j-1}}$$
$$-s(s+1)\cdots(s+l-1)\cdot\int_x^{\infty}\frac{b_l(u)}{(u+a)^{s+l}}\,du,\quad(1)$$

其中右边的积分当 $\sigma>-l$ 时解析，$b_j(x)$ 由式(2.2.2)，(2.2.5)及(2.2.6)给出；(b) $\zeta(s,a)$ 可解析开拓到整个复平面，除 $s=1$ 外处处解析，$s=1$ 为其一阶极点，留数为 1.

证：当 $\sigma>1$ 时在式(2.2.3)中取 $f(u)=(u+a)^{-s}$，$u_1=x$，$u_2\to+\infty$，得到

$$\sum_{n>x}\frac{1}{(n+a)^s}=-\frac{(x+a)^{1-s}}{1-s}+\frac{b_1(x)}{(x+a)^s}$$

1) 当 $l=1$ 时式(1)右边的第二个和式 $\sum\limits_{j=2}^{l}\cdots$ 不出现.

$$-s\int_x^{\infty}\frac{b_1(u)}{(u+a)^{s+1}}du,$$

由此知式(1)当 $l=1$ 时成立. 利用式(2.2.5), 对式(1)($l=1$)中的积分作 $l-1$ 次分部积分就推出式(1)对任意的 $l>1$ 也成立.

由于对任意 $l\geqslant 1$, 积分 $\int_A^B b_e(u)du$ 一致有界(式(2.2.6)), 所以, 式(1)右边的积分当 $\sigma>-l$ 时是 s 的解析函数. 因此, 由式(1)就把 $\zeta(s,a)$ 解析开拓到半平面 $\sigma>-l$. 由于 l 的任意性就把 $\zeta(s,a)$ 开拓到了整个复平面. 由项 $-(x+a)^{1-s}(1-s)^{-1}$ 可知, $s=1$ 是它唯一的一阶极点, 留数为 1.

由式(1)易得(取 $x=0$)

$$\zeta(0,a)=1/2-a,\ \zeta(0)=-1/2. \tag{2}$$

在定理 1 中取 $a=1$ 就得到

定理 2 (a) 对 $x\geqslant 1,\sigma>1$, 及任意正整数 l 有

$$\zeta(s)=\sum_{n\leqslant x}\frac{1}{n^s}-\frac{x^{1-s}}{1-s}+\frac{b_1(x)}{x^s}+\sum_{j=2}^{l}s(s+1)\cdots(s+j-2)\cdot\frac{b_j(x)}{x^{s+j-1}}-s(s+1)\cdots(s+l-1)\int_x^{\infty}\frac{b_l(u)}{u^{s+l}}du, \tag{3}$$

其中右边的积分当 $\sigma>-l$ 时解析; (b) $\zeta(s)$ 可以解析开拓到整个复平面, 除 $s=1$ 外处处解析, $s=1$ 为其一阶极点, 留数为 1.

以上所证明的关系式是很重要的,以后要经常用到.虽然利用这些关系式可把 $\zeta(s,a)$ 解析开拓到全平面, 但不能推出函数方程. 为此, 我们要证明

定理 3 对任意正整数 l, 当 $-l<\sigma<-l+1$ 时有

$$\zeta(s,a)=-s(s+1)\cdots(s+l-1)\int_{-a}^{\infty}b_l(u)(u+a)^{-s-l}du. \tag{4}$$

证: 在式(1)中取 $x=0$, 当 $\sigma>-l$ 时有

$$\zeta(s,a)=-\frac{a^{1-s}}{1-s}+\frac{a^{-s}}{2}+\sum_{j=2}^{l}s(s+1)\cdots(s+j-2)b_j(0)$$

$$\cdot a^{-s-j+1}-s(s+1)\cdots(s+l-1)\int_0^{\infty}b_l(u)(u+a)^{-s-l}du.$$

当 $\sigma<-l+1$ 时，容易用分部积分直接验证:

$$-s(s+1)\cdots(s+l-1)\int_{-a}^{0}b_l(u)(u+a)^{-s-l}du=-\frac{a^{1-s}}{1-s}$$

$$+\frac{a^{-s}}{2}+\sum_{j=2}^{l}s(s+1)\cdots(s+j-2)b_j(0)a^{-s-j+1}.$$

以上两式合起来即得式(4).

这里要指出的是，定理 3 中仅要求把 $\zeta(s,a)$ 解析开拓到 $\sigma>-l$，并没有要求把它开拓到全平面. 下面我们要利用式(4)($l=2$)及 $b_2(u)$ 的 Fourier 级数展式来把 $\zeta(s,a)$ 及 $F(s,a)$ 解析开拓到全平面，并同时推出关于它们的 Hurwitz 公式(式(5)). 而 $\zeta(s)$ 的函数方程仅是这个公式的一个特殊情形.

定理4(Hurwitz 公式)　设 $0<a\leqslant 1$. $\zeta(s,a)$ 和 $F(s,a)$ 均可解析开拓到全平面; $\zeta(s,a)$ 及 $F(s,1)$ 除了 $s=1$ 外处处解析，$s=1$ 是一阶极点，留数为 1; 当 $0<a<1$ 时，$F(s,a)$ 是整函数; 此外，有

$$\zeta(1-s,a)=\frac{\Gamma(s)}{(2\pi)^s}\left\{e^{-\pi si/2}F(s,a)+e^{\pi si/2}F(s,-a)\right\}. \quad (5)$$

证: 在式(1)中取 $l=2$，就把 $\zeta(s,a)$ 解析开拓到半平面 $\sigma>-2$. 利用 $b_2(u)$ 的 Fourier 级数展式(2.2.10)，由式(4)($l=2$)得: 当 $-2<\sigma<-1$ 时有

$$\zeta(s,a)=-s(s+1)\int_{-a}^{\infty}\frac{1}{(u+a)^{s+2}}\sum_{n=1}^{\infty}\frac{2\cos 2n\pi u}{(2n\pi)^2}du$$

$$=-s(s+1)\sum_{n=1}^{\infty}\frac{2}{(2n\pi)^2}\int_0^{\infty}\frac{\cos 2n\pi(u-a)}{u^{s+2}}du, \quad (6)$$

最后一步作了变量替换，并交换了积分号与求和号. 为了验证这种交换的合理性，只要注意到当 $-2<\sigma<-1$ 时，对 n 一致地有

$$\left|\int_0^{\varepsilon}\frac{\cos 2n\pi(u-a)}{u^{s+2}}du\right|\leqslant\int_0^{\varepsilon}\frac{du}{u^{\sigma+2}}=\frac{\varepsilon^{-\sigma-1}}{-\sigma-1}\to 0,\quad \varepsilon\to 0,$$

及

$$\left|\int_A^{\infty}\frac{\cos 2n\pi(u-a)}{u^{s+2}}du\right|\leqslant\frac{1}{2n\pi}\left(\frac{1}{A^{\sigma+2}}+\frac{|s+2|}{\sigma+2}\frac{1}{A^{\sigma+2}}\right)$$

$$\to 0,\quad A\to\infty.$$

由式(6)及积分(见 [2, §3.127]，并利用解析开拓)

$$\int_0^{\infty}\frac{\cos y}{y^{1+w}}dy=\Gamma(-w)\cos\frac{\pi w}{2},\ -1<\mathrm{Re}\ w<0,\qquad(7)$$

$$\int_0^{\infty}\frac{\sin y}{y^{1+w}}dy=-\Gamma(-w)\sin\frac{\pi w}{2},\ -1<\mathrm{Re}\ w<0,\qquad(8)$$

得到：当 $-2<\sigma<-1$ 时

$$\begin{aligned}\zeta(s,a)&=-2s(s+1)\Gamma(-1-s)\\&\quad\cdot\sum_{n=1}^{\infty}\frac{1}{(2n\pi)^{1-s}}\cos\left(2n\pi a+\frac{\pi}{2}(1+s)\right)\\&=-\frac{s(s+1)}{(2\pi)^{1-s}}\Gamma(-1-s)\\&\quad\left\{e^{\pi i(1+s)/2}F(1-s,a)+e^{-\pi i(1+s)/2}F(1-s,-a)\right\}\\&=\frac{\Gamma(1-s)}{(2\pi)^{1-s}}\left\{e^{-\pi i(1-s)/2}F(1-s,a)\right.\\&\quad\left.+e^{\pi i(1-s)/2}F(1-s,-a)\right\}.\qquad(9)\end{aligned}$$

最后一步用到了 $\Gamma(1+w)=w\Gamma(w)$.

式(9)的右边当$\sigma<0$时解析，因而就把$\zeta(s,a)$开拓到了全平面(注意：我们一开始已把$\zeta(s,a)$解析开拓到了$\sigma>-2$).进而，由此及式(1)($l=2$)知$\zeta(s,a)$仅在$s=1$有一个一阶极点，留数为1.

为了开拓$F(s,a)$，分两种情形来讨论. (a) $a=1$. 这时$F(s,1)=\zeta(s,1)$，由前已证；(b) $0<a<1$. 在式(9)中以$1-a$代a得

$$\zeta(s,1-a)=\frac{\Gamma(1-s)}{(2\pi)^{1-s}}\left\{e^{-\frac{\pi i}{2}(1-s)}F(1-s,-a)+e^{\frac{\pi i}{2}(1-s)}F(1-s,a)\right\}. \tag{10}$$

利用$\Gamma(s)\Gamma(1-s)=\pi(\sin s\pi)^{-1}$，从式(9)和式(10)可解出

$$F(1-s,a)=\frac{\Gamma(s)}{(2\pi)^{s}}\left\{e^{\frac{\pi i}{2}s}\zeta(s,a)+e^{-\frac{\pi i}{2}s}\zeta(s,1-a)\right\} \tag{11}$$

或以$1-s$代s得

$$F(s,a)=\frac{\Gamma(1-s)}{(2\pi)^{1-s}}\left\{e^{\frac{\pi i}{2}(1-s)}\zeta(1-s,a)+e^{-\frac{\pi i}{2}(1-s)}\zeta(1-s,1-a)\right\}. \tag{12}$$

上式右边在半平面$\sigma<\dfrac{1}{2}$中，当$s\neq 0$时显然是解析的；而当$s=0$时，右边括号中的两个函数的极点恰好抵消，所以亦解析. 再由于当$0<a<1$时，由定义知$F(s,a)$是半平面$\sigma>0$上的解析函数，因此$F(s,a)$就被开拓到了全平面，且是一个整函数.

最后，在式(9)中以$1-s$代s就证明了式(5).

特别取$a=1$，由定理4可得到

定理5 (a) $\zeta(s)$可解析开拓到整个复平面，$s=1$是它的唯一的一个一阶极点，留数为1；(b) 满足函数方程

$$\zeta(1-s)=2(2\pi)^{-s}\Gamma(s)\cos\frac{\pi s}{2}\zeta(s). \tag{13}$$

(c) 在半平面 $\sigma<0$ 中 $\zeta(s)$ 以且仅以 $s=-2,-4,\cdots$ 为其一阶零点，这些零点称为 $\zeta(s)$ 的**显然零点**. (d) $\zeta(s)$ 可能有的其它的零点均为复零点，称为**非显然零点**，位在临界长条 $0\leqslant\sigma\leqslant 1$ 中，它们对实轴及直线 $\sigma=1/2$ 对称.

证：(a)和(b)是定理4(取 $a=1$)的直接推论. 由于当 $\sigma<0$ 时(i) $\zeta(1-s)$ 解析且不取零值；(ii) $\Gamma(s)\cos\frac{\pi s}{2}$ 以且仅以 $s=-2,-4,-6,\cdots$ 为其一阶极点，因此从式(13)就推得(c). 最后来证明(d)设 ρ 为 $\zeta(s)$ 的非显然零点. 由(c)及 $\sigma>1$ 时 $\zeta(s)\neq 0$，就推得 $0\leqslant \operatorname{Re}\rho\leqslant 1$. 由 $\zeta(0)=-1/2$ (见式(2))及

$$(1-2^{1-s})\zeta(s)=1-2^{-s}+3^{-s}-4^{-s}+\cdots>0,\ s>0, \qquad (14)$$

就推出 $\operatorname{Im}\rho\neq 0$, 即 ρ 为复数. 由 $\zeta(\overline{s})=\overline{\zeta(s)}$[1] 推出 $\overline{\rho}$ 亦为零点，即零点对实轴对称. 进而由式(13)可知(注意到 $0\leqslant\operatorname{Re}\overline{\rho}\leqslant 1$, $\overline{\rho}\neq 0$) $1-\overline{\rho}$ 亦为零点，即零点对直线 $\sigma=1/2$ 对称. 这就证明了(d).

在函数方程(13)中，$\zeta(s)$ 和 $\zeta(1-s)$ 的地位是不对称的，利用 Γ 函数的性质可得到对称形式的函数方程. 为此设

$$\xi(s)=\frac{1}{2}s(s-1)\pi^{-s/2}\Gamma\left(\frac{s}{2}\right)\zeta(s). \qquad (15)$$

由定理5(a), (c)知 $\Gamma\left(\frac{s}{2}\right)\zeta(s)$ 仅以 $s=0$ 及 $s=1$ 为其一阶极点，所以 $\xi(s)$ 是整函数. 由式(3.2.15), (3.2.13), 及(3.2.11)可得

$$\begin{aligned}\Gamma(s)&=2^{s-1}\pi^{-\frac{1}{2}}\Gamma\left(\frac{s}{2}\right)\Gamma\left(\frac{1+s}{2}\right)\\&=2^{s-1}\pi^{\frac{1}{2}}\Gamma\left(\frac{s}{2}\right)\left(\cos\frac{s\pi}{2}\Gamma\left(\frac{1-s}{2}\right)\right)^{-1}. \qquad (16)\end{aligned}$$

由此及式(13), (15)就推出对称形式的函数方程

1) 当 $\sigma>1$ 时由 $\zeta(s)$ 的定义(见式(6.1.11))知这等式成立，由解析开拓知它在全平面成立.

$$\xi(1-s)=\xi(s). \tag{17}$$

由式(15)及(17)容易看出$\xi(s)$以且仅以$\xi(s)$的非显然零点为其零点. 综合以上讨论得到

定理 6 由式(15)给出的$\xi(s)$是整函数;满足函数方程(17);它的零点和$\zeta(s)$的非显然零点相同.

此外，若令

$$\Xi(w)=\xi\left(\frac{1}{2}+iw\right). \tag{18}$$

则由式(17)可知$\Xi(w)$是偶函数，即 .

$$\Xi(w)=\Xi(-w). \tag{19}$$

最后，设

$$A(s)=\frac{1}{2}(2\pi)^{s}\sec\frac{\pi s}{2}(\Gamma(s))^{-1}, \tag{20}$$

由式(13)知函数方程可写为

$$\zeta(s)=A(s)\zeta(1-s). \tag{21}$$

令$s=\frac{1}{2}+it$及以$1-s$代s，从上式可分别推出:

$$\left|A\left(\frac{1}{2}+it\right)\right|\equiv 1 \text{ 及 } A(s)A(1-s)\equiv 1. \tag{22}$$

进而，由第二式可推得

$$A(s)=2(2\pi)^{s-1}\cos\frac{\pi(1-s)}{2}\Gamma(1-s). \tag{23}$$

此外，由式(3.3.17)容易推出：在任意固定的长条$\alpha\leqslant\sigma\leqslant\beta$中，当$|t|\to\infty$时，一致地有

$$A(s)=\left|\frac{t}{2\pi}\right|^{\frac{1}{2}-\sigma}\exp\left\{-i\left(t\log\left|\frac{t}{2\pi e}\right|-\frac{\lambda\pi}{4}\right)\right\}\cdot\left(1+O\left(\frac{1}{|t|}\right)\right) \tag{24}$$

及

$$|A(s)| = \left|\frac{t}{2\pi}\right|^{\frac{1}{2}-\sigma}\left(1+O\left(\frac{1}{|t|}\right)\right), \qquad (25)$$

其中 λ 和式(3.3.17)中的相同.

§2. 函数方程(二)(复变积分方法)

本节将利用复变积分方法先把 $\zeta(s,a)$ 开拓到全平面，进而证明 Hurwitz 公式(定理 1.4). 这样，同上节一样就证明了定理 1.5 和 1.6.

先来证明两个引理.

引理 1 设$0<a\leqslant 1$,则当 $\sigma>1$ 时

$$\zeta(s,a) = \frac{1}{\Gamma(s)}\int_0^{\infty}\frac{e^{-au}}{1-e^{-u}}u^{s-1}du. \qquad (1)$$

证: 先设 s 为实数. 由式(3.2.8)知

$$\Gamma(s)(n+a)^{-s} = \int_0^{\infty}u^{s-1}e^{-(n+a)u}du, s>0. \qquad (2)$$

两边对 n 求和得

$$\Gamma(s)\zeta(s,a) = \sum_{n=0}^{\infty}\int_0^{\infty}u^{s-1}e^{-(n+a)u}du, s>1. \qquad (3)$$

对于任意正数 $c<d$, 正项级数

$$\sum_{n=0}^{\infty}u^{s-1}e^{-(n+a)u} = u^{s-1}\frac{e^{-au}}{1-e^{-u}}$$

在区间 $[c,d]$ 上对 u 一致收敛，所以式(3)右边的求和号与积分号可以交换，这就证明了当 $s>1$ 时式(1)成立. 下面来证明在半平面 $\sigma>1$ 内式(1)右边的积分是 s 的解析函数. 这样，由解析开拓就证明了引理.

对任意正数 $1<A<B$，当$A\leqslant\sigma\leqslant B$时

$$\int_0^{\infty}\left|\frac{e^{-au}}{1-e^{-u}}u^{s-1}\right|du \leqslant \int_0^1\frac{u^{A-1}}{e^u-1}e^{(1-a)u}du + \int_1^{\infty}\frac{e^{-au}}{1-e^{-u}}$$

$$\cdot u^{B-1}du \leqslant e^{1-a}(A-1)^{-1} + 2\int_1^{\infty} u^{B-1}e^{-au}du, \qquad (4)$$

所以式(1)中的积分在长条 $A \leqslant \sigma \leqslant B$ 上对 s 一致收敛，因此它是这长条内的解析函数，进而由 A, B 的任意性就证明了所要的结论.

引理 2 设 $0<\delta<\frac{1}{2}$，围道 $C(\delta)=C=C_1+C_2+C_3$，其中 $C_1: re^{-i\pi}$，r 从 $+\infty$ 到 δ；$C_2: \delta e^{i\theta}$，θ 从 $-\pi$ 到 $+\pi$；$C_3: re^{i\pi}$，r 从 δ 到 $+\infty$. 再设 $0<a\leqslant 1$. 那末围道积分

$$I(s,a) = \frac{1}{2\pi i}\int_C \frac{e^{az}}{1-e^z} z^{s-1}dz \qquad (5)$$

是 s 的整函数.

证：由计算可得

$$I(s,a) = \frac{\sin \pi s}{\pi}\left\{\int_\delta^1 \frac{e^{-ar}}{1-e^{-r}} r^{s-1}dr + \int_1^{\infty} \frac{e^{-ar}}{1-e^{-r}} r^{s-1}dr\right\} + \frac{1}{2\pi i}\int_{C_2} \frac{e^{az}}{1-e^z} z^{s-1}dz. \qquad (6)$$

其中第一，三两个积分显然是 s 的整函数，类似于式(4)易证第二个积分亦是整函数. 这就证明了所要的结果. 此外，由 Cauchy 定理知 $I(s,a)$ 和参数 $\delta\ (0<\delta<1/2)$ 无关.

现在，我们来利用 $I(s,a)$ 分别把 $\zeta(s,a)$ 和 $F(s,a)$ 解析开拓到全平面，并建立它们之间的关系式.

定理 3 设 $0<a\leqslant 1$. 我们有

$$\zeta(s,a) = \Gamma(1-s)I(s,a), \quad \sigma>1. \qquad (7)$$

因此，$\zeta(s,a)$ 可以解析开拓到全平面，$s=1$ 为其唯一的一阶极点，留数为 1.

证：先设 s 为大于 1 的实数. 这时有

$$\left|\int_{C_2} \frac{e^{az}}{1-e^z} z^{s-1}dz\right| \leqslant 2\pi e^{a\delta}\frac{\delta^s}{1-e^{\delta}} \to 0, \text{ 当 } \delta \to 0.$$

在式(6)中令 $\delta \to 0$ (注意：$I(s,a)$ 和 δ 无关)，由此及式(1)，式(3.2.11)就证明了式(7)当实数 $s>1$ 时成立，进而由解析开拓就证明了式(7).

这样，通过式(7)由定理 3 就把 $\zeta(s,a)$ 开拓到了全平面. 由于在半平面 $\sigma<3/2$ 上，$\Gamma(1-s)\,I(s,a)$ 仅有一阶极点 $s=1$，留数为

$$-I(1,a)=\frac{-1}{2\pi i}\int_C \frac{e^{az}}{1-e^z}\,dz=\frac{-1}{2\pi i}\int_{C_2}\frac{e^{az}}{1-e^z}\,dz=1. \quad (8)$$

这就证明了其余的结论.

为了讨论 $F(s,a)$ 再要证明一个引理.

引理 4 设 $0<\delta<1/2$, $D(\delta)$ 表在 z 平面上挖去所有以 $2n\pi i\,(n=0,\pm 1,\pm 2,\cdots)$ 为圆心半径为 δ 的开圆后所成的区域. 再设 $0<a\leqslant 1$. 那末，函数 $g(z)=e^{az}(1-e^z)^{-1}$ 在区域 $D(\delta)$ 上有界(依赖于 δ).

证：设 $z=x+iy$. 由最大模原理知，在区域 $|x|\leqslant 1, |y|\leqslant\pi$, $|z|\geqslant\delta$ 上，$|g(z)|\leqslant M(\delta)$，$M(\delta)$ 为依赖于 δ 的某一正常数. 再由于 $|g(z+2n\pi i)|=|g(z)|$，所以

$$|g(z)|\leqslant M(\delta), \quad |x|\leqslant 1 .$$

而当 $|x|>1$ 时 $|g(z)|\leqslant e(e-1)^{-1}$，这就证明了引理.

定理 5 设 $0<a\leqslant 1$. 我们有

$$F(1-s,1)=(2\pi)^{1-s}\left(2\cos\frac{\pi(1-s)}{2}\right)^{-1} I(s,1),\ \sigma<0; \quad (9)$$

及当 $0<a<1$ 时

$$F(1-s,a)=\frac{(2\pi)^{1-s}}{2\sin\pi s}\left\{e^{\frac{\pi i}{2}s}I(s,a)+e^{-\frac{\pi i}{2}s}I(s,1-a)\right\},\ \sigma<0. \quad (10)$$

因此，$F(s,a)$ 可解析开拓到全平面，$F(s,1)$ 有唯一的一阶极点，留数为 1; $F(s,a)\,(0<a<1)$ 是整函数.

证：设 N 为正整数，$0<\delta<1/2$. 围道 $R(N,\delta)=R=R_1+R_2+R_3+R_4$，其中 $R_1:(2N+1)\pi e^{i\theta}$，$\theta$ 从 $-\pi$ 到 π；$R_2: re^{i\pi}$，r 从 $(2N+1)\pi$ 到 δ；$R_3:\delta e^{i\theta}$，θ 从 π 到 $-\pi$；$R_4: re^{-i\pi}$，r 从 δ 到 $(2N+1)\pi$. 我们考虑积分

$$I(s;a,N)=\frac{1}{2\pi i}\int_R \frac{e^{az}}{1-e^z}z^{s-1}dz. \tag{11}$$

当 s 为小于零的实数时，由引理 4 知

$$\left|\frac{1}{2\pi i}\int_{R_1}\frac{e^{az}}{1-e^z}z^{s-1}dz\right|\leqslant (M(\delta)+3)\,((2N+1)\pi)^s, \tag{12}$$

因而对固定的 δ,

$$\lim_{N\to\infty} I(s;a,N)=-I(s,a),\quad s<0. \tag{13}$$

另一方面由留数定理可得

$$I(s;a,N)=\sum_{\substack{n=-N\\ n\neq 0}}^{N}\operatorname*{Res}_{z=2n\pi i}\left(\frac{z^{s-1}e^{az}}{1-e^z}\right)=\sum_{\substack{n=-N\\ n\neq 0}}^{N}\frac{-e^{2n\pi ai}}{(2n\pi i)^{1-s}}$$

$$=\sum_{n=1}^{N}\frac{-1}{(2n\pi)^{1-s}}\left\{e^{-\pi i(1-s)/2}e^{2n\pi ai}+e^{\pi i(1-s)/2}e^{-2n\pi ai}\right\}. \tag{14}$$

由以上两式及解析开拓就推出

$$I(s,a)=(2\pi)^{s-1}\left\{e^{-\pi i(1-s)/2}F(1-s,a)+\right.$$

$$\left. e^{\pi i(1-s)/2}\cdot F(1-s,-a)\right\},\quad \sigma<0. \tag{15}$$

当 $a=1$ 时，由此就推得式(9). 当 $0<a<1$ 时，在式(15)中以 $1-a$ 代 a，然后由这两式可解出 $F(1-s,a)$，就得到式(10).

最后，注意到式(8)及

$$I(n,a)=0,\ n=2,3,4,\cdots, \tag{16}$$

$$I(0,a)=\frac{1}{2}-a, \tag{17}$$

由式(9)和(10)就立即可得到其它的结论.

这样，定理1.4中除式(1.5)外的所有结论都已由定理3和定理5所分别证明. 而从式(7)及(15)(注意：由于解析开拓它们是在全平面上成立)立即推出式(1.5)(以 $1-s$ 代 s). 这就完全证明了定理1.4.

§3. 函数方程(三)(Poisson求和法)

本节将利用Poisson求和公式(见§2.3)来直接证明 $\zeta(s)$ 的对称形式的函数方程(1.17). 要用这种求和公式来直接证明Hurwitz公式看来是不可能的，但是可以先证明Lipschitz定理(定理3)，并由此推出Hurwitz公式，这个证明较复杂. 我们将只证Lipschitz定理，由它推导Hurwitz公式将编排在习题12.

先证明一个关于函数

$$\theta(x,a)=\sum_{n=-\infty}^{\infty} e^{-(n+a)^2\pi x}, \quad x>0, \tag{1}$$

的变换公式，其中 a 为实数.

引理1 设 $\theta(x,a)$ 由式(1)给出，我们有

$$\theta\left(\frac{1}{x},a\right)=\sqrt{x}\sum_{n=-\infty}^{\infty} e^{-\pi x n^2+2\pi n a i}. \tag{2}$$

特别当 $a=0$ 时有

$$\theta\left(\frac{1}{x}\right)=\sqrt{x}\,\theta(x), \tag{3}$$

其中

$$\theta(x)=\theta(x,0). \tag{4}$$

证：在定理2.3.2中取 $f(u)=\exp\left(-\frac{\pi}{x}(u+a)^2\right)$，它满足定理的条件. 作变量替换 $u+a=xy$ 得

$$g(v)=\int_{-\infty}^{\infty}\exp\left(-\frac{\pi}{x}(u+a)^2\right)e^{-2\pi i v u}du$$

$$=x e^{-\pi x v^2+2\pi v a i}\int_{-\infty}^{\infty} e^{-\pi x(y+iv)^2}dy$$

$$= \sqrt{x}\, e^{-\pi x v^2 + 2\pi v a i},$$

最后一步用到熟知的结果（利用 Cauchy 积分定理）

$$\int_{-\infty}^{\infty} e^{-\pi x (y+iv)^2} dy = \int_{-\infty}^{\infty} e^{-\pi x y^2} dy,$$

及式(3.2.14). 这样，由式(2.3.8)就证明了引理.

定理 2 设

$$\xi(s) = \frac{1}{2} s(s-1)\pi^{-s/2}\Gamma\left(\frac{s}{2}\right)\zeta(s), \quad \sigma > 1. \tag{5}$$

$\xi(s)$ 可解析开拓为一个整函数，且满足函数方程(1.17). 它的零点均在临界长条 $0 \leqslant \sigma \leqslant 1$ 上，且对实轴和直线 $\sigma = 1/2$ 对称.

应该指出，这里并没有先开拓 $\zeta(s)$，而是在半平面 $\sigma > 1$ 上先定义函数 $\xi(s)$，然后对 $\xi(s)$ 解析开拓，直接证明它具有上述性质. 这和定理 1.6 是不同的.

证：先设 s 为实数. 由式(3.2.8)可得

$$\pi^{-s/2}\Gamma\left(\frac{s}{2}\right) n^{-s} = \int_0^{\infty} e^{-n^2 \pi x} x^{s/2-1} dx, \quad s > 0.$$

两边对 n 求和，当 $s > 1$ 时有

$$\pi^{-s/2}\Gamma\left(\frac{s}{2}\right)\zeta(s) = \sum_{n=1}^{\infty} \int_0^{\infty} e^{-n^2 \pi x} x^{s/2-1} dx$$

$$= \int_0^{\infty} x^{s/2-1} \sum_{n=1}^{\infty} e^{-n^2 \pi x} dx = \frac{1}{2} \int_0^{\infty} x^{s/2-1} (\theta(x) - 1) dx$$

$$= \frac{1}{2} \int_1^{\infty} y^{-s/2-1} \left(\theta\left(\frac{1}{y}\right) - 1\right) dy + \frac{1}{2} \int_1^{\infty} x^{s/2-1} (\theta(x) - 1)\, dx,$$

这里求和号与积分号的可交换完全同引理 2.1 一样证明. 由此及式(3)得到

$$\xi(s) = \frac{1}{2} - \frac{1}{4} s(1-s)$$

$$\int_1^{\infty} \left(x^{s/2-1} + x^{(1-s)/2-1}\right)(\theta(x) - 1)\, dx, \quad s > 1.$$

上式右边显然是 s 的整函数，且以 $1-s$ 代 s 时不变，这就证明了 $\xi(s)$ 可开拓为整函数且满足函数方程(1.17)．其余结论的证明是显然的．

反过来，由定理2可以推出定理1.5，及 $\xi(s)$ 的零点和 $\zeta(s)$ 的非显然零点相同．这里就不证明了．

还有其它许多方法可以用来推出 $\zeta(s)$ 的函数方程，这些我们将按排在习题中．

可以证明 $\zeta(s)$ 实质上是唯一的具有函数方程(1.13)（即(1.17)）的函数(见 [32，§2.13])．

最后我们来证明 Lipschitz 定理，它本身在数论中亦是很有用的(例如，见定理35.3.3)

定理3(Lipschitz)． 设 $0<a\leqslant 1$，则当 $\operatorname{Re} s>1$，$\operatorname{Re} z>0$ 时有

$$\sum_{n=-\infty}^{\infty}\frac{e^{2\pi nai}}{(z+ni)^{s}}=\frac{(2\pi)^{s}}{\Gamma(s)}\sum_{k=0}^{\infty}\frac{e^{-2\pi z(k+a)}}{(k+a)^{1-s}}\ ,\tag{6}$$

$(z+ni)^{s}$ 的取值同式(3.2.17)．

证：由于对固定的 z，$\operatorname{Re} z>0$，当 $\operatorname{Re} s>1$ 时两边是 s 的解析函数，同样对固定的 s，$\operatorname{Re} s>1$，当 $\operatorname{Re} z>0$ 时两边是 z 的解析函数，所以由解析开拓知可假定 s, z 均为实数，$s>1$，$z>0$．

在定理2.3.3中取 $f(u)=(z+ui)^{-s}e^{2\pi aui}$，它满足定理的条件，且

$$g(v)=\int_{-\infty}^{\infty}\frac{e^{-2\pi iu(v-a)}}{(z+ui)^{s}}\,du=-i\int_{(z)}e^{-2\pi(v-a)(w-z)}\frac{dw}{w^{s}}\ .$$

当 $v-a\geqslant 0$ 时，设 $U>z$，考虑围道 $C=C_1+C_2$，其中 C_1 为圆弧：$|w|=U$，$\operatorname{Re} w\geqslant z$，$C_2$ 为线段：$\operatorname{Re} w=z$，$|\operatorname{Im} w|\leqslant\sqrt{U^2-z^2}$．由留数定理知，

$$\int_{C}e^{-2\pi(v-a)(w-z)}w^{-s}dw=0\ ,$$

而由 $s>1$ 可得

$$\lim_{U\to\infty}\int_{C_1}e^{-2\pi(v-a)(w-z)}w^{-s}dw=0\ .$$

因而得

$$g(v)=0\ ,\quad \text{当} v\geqslant a\ . \tag{7}$$

当 $v-a<0$ 时，设$0<\varepsilon<z<U$，考虑围道$B=B_1+B_2+B_3+B_4+B_5+B_6$，其中 $B_1:\operatorname{Re}w=z$，$|\operatorname{Im}w|\leqslant\sqrt{U^2-z^2}$；$B_2:|w|=U,\operatorname{Re}w\leqslant z,0<\arg w\leqslant\pi$；$B_3:w=\rho e^{i\pi}$，$U\geqslant\rho\geqslant\varepsilon$；$B_4:w=\varepsilon e^{i\varphi},\pi\geqslant\varphi\geqslant-\pi$；$B_5=\rho e^{-i\pi},\varepsilon\leqslant\rho\leqslant U$; $B_6:|w|=U$, $\operatorname{Re}w\leqslant z,-\pi\leqslant\arg w<0$. 由留数定理知

$$\int_B e^{-2\pi(v-a)(w-z)}w^{-s}dw=0\ ,$$

而由 $s>1$ 可得

$$\lim_{U\to\infty}\int_{B_k}e^{-2\pi(v-a)(w-z)}w^{-s}dw=0,k=2,6.$$

由以上两式及式(3.2.16)可得

$$g(v)=\frac{(2\pi)^s}{\Gamma(s)}(a-v)^{s-1}e^{-2\pi z(a-v)},\ \text{当} v<a. \tag{8}$$

由式(7)，(8)及定理2.3.3即得式(6).

§4. 在 s=1 附近的性质

前面已经证明$\zeta(s)$仅在$s=1$有一个一阶极点. 本节将给出$\zeta(s)$在$s=1$的 Laurent 级数.

定理1 我们有

$$\zeta(s)=\frac{1}{s-1}+\sum_{n=0}^{\infty}(-1)^n\frac{\gamma_n}{n!}(s-1)^n\ , \tag{1}$$

其中

$$\gamma_0=\lim_{N\to\infty}\left\{\sum_{k=1}^{N}\frac{1}{k}-\log N\right\}\ ; \tag{2}$$

$$\gamma_n=\lim_{N\to\infty}\left\{\sum_{k=1}^{N}\frac{(\log k)^n}{k}-\frac{(\log N)^{n+1}}{n+1}\right\},n=1,2,\cdots, \tag{3}$$

γ_0 即 Euler 常数（见式(2.2.17)），它们统称为 **Stieltjes 常数.**

证：在式(1.3)中取 $l=1, x=1$ 得：当 $\sigma>-1$ 时

$$\zeta(s)=\frac{1}{s-1}+\frac{1}{2}-s\int_1^{\infty} b_1(u)u^{-s-1}du .$$

为了求出函数 $s\int_1^{\infty} b_1(u)u^{-s-1}du$ 在点 $s=1$ 的幂级数展开式，我们来求它在 $s=1$ 时各阶导数的值. 容易验证在点 $s=1$ 附近对 $\int_1^{\infty} b_1(u)u^{-s-1}du$ 可以在积分号下逐次求导，因而在 $s=1$ 附近有

$$\left(s\int_1^{\infty} b_1(u)u^{-s-1}du\right)^{(n)}=(-1)^n s\int_1^{\infty} b_1(u)u^{-s-1}\log^n u du$$

$$+\ (-1)^{n-1} n\int_1^{\infty} b_1(u)u^{-s-1}\log^{n-1} u du,\ n=1,2,\cdots,$$

因而有

$$\left(s\int_1^{\infty} b_1(u)u^{-s-1}du\right)_{s=1}^{(n)}=(-1)^{n-1}\int_1^{\infty} b_1(u)\left(\frac{\log^n u}{u}\right)' du,$$

$$n=1,2,\cdots. \tag{4}$$

由此及式(3)就得到

$$\gamma_0=\frac{1}{2}-\int_1^{\infty} b_1(u)u^{-2}du$$

$$=\frac{1}{2}-\lim_{n\to\infty}\int_1^{N} b_1(u)u^{-2}du, \tag{5}$$

$$\gamma_n=\int_1^{\infty} b_1(u)\left(\frac{\log^n u}{u}\right)' du$$

$$=\lim_{N\to\infty}\int_1^{N} b_1(u)\left(\frac{\log^n u}{u}\right)' du,\ n=1,2,\cdots, \tag{6}$$

其中取 N 为正整数变量. 对以上两式极限号后的积分分别应用式(2.2.3)即得式(2).

此外, 由于 $\zeta(s)-(s-1)^{-1}$ 是整函数, 所以式(1)右边的幂级数的收敛半径为 $+\infty$.

由定理 1 立即可推出

推论 2 当 $s\to 1$ 时有

$$\zeta^{(k)}(s)=\frac{(-1)^k k!}{(s-1)^{k+1}}+(-1)^k\gamma_k+O(|s-1|),$$
$$k=0,1,2,\cdots, \tag{7}$$

及

$$\frac{\zeta'}{\zeta}(s)=\frac{-1}{(s-1)}+\gamma+O(|s-1|). \tag{8}$$

对于 $\zeta(s,a)$ 可得到类似的结果, 见习题 14.

§5. 最简单的阶估计

定理 1 我们有

$$\frac{\sigma-1}{\sigma}<|\zeta(s)|<\frac{\sigma}{\sigma-1}, \sigma>1. \tag{1}$$

$$\left|\zeta^{(k)}(s)\right|\ll\frac{\sigma}{(\sigma-1)^{k+1}}, \sigma>1, \tag{2}$$

其中≪常数和 k 有关.

证: 当 $\sigma>1$ 时

$$|\zeta(s)|\leqslant\sum_{n=1}^{\infty}\frac{1}{n^\sigma}<1+\int_1^\infty\frac{du}{u^\sigma}=\frac{\sigma}{\sigma-1}.$$

同样由式(6.3.22)得

$$\left|\zeta^{-1}(s)\right|\leqslant\sum_{n=1}^{\infty}\frac{1}{n^\sigma}<\frac{\sigma}{\sigma-1}, \sigma>1.$$

这就证明了式(1). 当 $k\geqslant 1, \sigma>1$ 时由定理 6.3.1(a)知

$$\left|\zeta^{(k)}(s)\right|=\left|\sum_{n=2}^{\infty}\frac{\log^k n}{n^s}\right|\leqslant\sum_{n=2}^{\infty}\frac{\log^k n}{n^\sigma}.$$

由于函数$u^{-\sigma}\log^k u$当$1\leqslant u<e^{k/\sigma}$递增，当$u>e^{k/\sigma}$时递减，所以，

$$|\zeta^{(k)}(s)|<\int_2^{[e^{k/\sigma}]}\frac{\log^k u}{u^\sigma}du+2\frac{(\log e^{k/\sigma})^k}{(e^{k/\sigma})^\sigma}$$

$$+\int_{[e^{k/\sigma}]+1}^{\infty}\frac{\log^k u}{u^\sigma}du,$$

当$[e^{k/\sigma}]=1$时右边第一个积分不出现. 进而有

$$|\zeta^{(k)}(s)|<2\left(\frac{k}{e\sigma}\right)^k+\int_1^\infty\frac{\log^k u}{u^\sigma}du$$

$$=2\left(\frac{k}{e\sigma}\right)^k+\frac{k!}{(\sigma-1)^{k+1}}.$$

这就证明了式(2).

定理2 设整数$k\geqslant 0$, $|t|\geqslant 2$. 我们有

$$\zeta^{(k)}(s)\ll\begin{cases}\min\left(\dfrac{\sigma}{(\sigma-1)^{k+1}},(\log|t|)^{k+1}\right),\sigma\geqslant 1,\\ \left(|t|^{1-\sigma}+\dfrac{|t|^{1-\sigma}-1}{1-\sigma}\right)\log^k|t|,\ \dfrac{1}{2}\leqslant\sigma<1.\end{cases}\tag{3}$$

其中$\ll$常数仅和k有关.

证：当$\sigma>-1$, $x\geqslant 1$时，由式(1.3)($l=1$)得到

$$\zeta(s)-\frac{1}{s-1}=h_1(s)+h_2(s)+h_3(s)+h_4(s),\tag{4}$$

这里

$$h_1(s)=\sum_{n\leqslant x}\frac{1}{n^s},$$

$$h_2(s)=\frac{x^{1-s}-1}{s-1}=-\int_1^x u^{-s}ds,$$

$$h_3(s)=b_1(x)x^{-s},$$

$$h_4(s) = -s\int_x^{\infty} b_1(u)u^{-s-1}du.$$

当 $1 \leqslant \sigma \leqslant 2$ 时，取 $x=|t|$，对整数 $k \geqslant 0$ 易得

$$h_1^{(k)}(s) = (-1)^k \sum_{n \leqslant x} \frac{\log^k n}{n^s} \ll (\log|t|)^{k+1},$$

$$h_2^{(k)}(s) = (-1)^{k+1}\int_1^x u^{-s}\log^k u du \ll (\log|t|)^{k+1},$$

$$h_3^{(k)}(s) = (-1)^k b_1(x)x^{-s}\log^k x \ll |t|^{-1}(\log|t|)^k,$$

$$h_4^{(k)}(s) = (-1)^{k+1}s\int_x^{\infty} \frac{b_1(u)\log^k u}{u^{s+1}}du$$

$$+(-1)^k k\int_x^{\infty}\frac{b_1(u)(\log u)^{k-1}}{u^{s-1}}du$$

$$\ll |t|\int_{|t|}^{\infty} u^{-2}\log^k u du + k\int_{|t|}^{\infty} u^{-2}(\log u)^{k-1}du$$

$$\ll (\log|t|)^k.$$

由以上四式及式(4)就证明了：对整数 $k \geqslant 0$ 有

$$\zeta^{(k)}(s) \ll (\log|t|)^{k+1}, 1 \leqslant \sigma \leqslant 2.$$

由此及定理1就证明了式(3)的第一式. 类似的，当 $\frac{1}{2} \leqslant \sigma < 1$ 时，亦取 $x=|t|$，对整数 $k \geqslant 0$ 有

$$h_1^{(k)}(s) \ll \frac{|t|^{1-\sigma}-1}{1-\sigma}(\log|t|)^k,$$

$$h_2^{(k)}(s) \ll \frac{|t|^{1-\sigma}-1}{1-\sigma}(\log|t|)^k,$$

$$h_3^{(k)}(s) \ll |t|^{-\sigma}(\log|t|)^k,$$

$$h_4^{(k)}(s) \ll |t|^{1-\sigma}(\log|t|)^k.$$

由式(4)及以上各式即得式(3)的第二式.

由定理2立即得到在直线 $\sigma=1$ 附近的估计:

定理3 设整数 $k\geqslant 0$. 对任意正数 A, 在区域

$$\sigma\geqslant 1-A(\log|t|)^{-1},\ |t|\geqslant 2 \tag{5}$$

上有

$$\zeta^{(k)}(s)\ll(\log|t|)^{k+1}, \tag{6}$$

其中 $\ll$ 常数和 A,k 有关.

利用函数方程(1.21)及式(1.25), 从定理2($k=0$)立即推出

$$\zeta(\sigma+it)\ll|t|^{1/2-\sigma}\log|t|,\ \sigma\leqslant 0,\ |t|\geqslant 2. \tag{7}$$

利用定理4.4.1,从估计 $\zeta(1+it)\ll\log|t|$ 及 $\zeta(it)\ll|t|^{1/2}\log|t|$ 出发, 就可改进 $\zeta(s)$ 在 $0\leqslant\sigma\leqslant 1$ 中的估计.

定理4 设 $|t|\geqslant 2$. 我们有

$$\zeta(\sigma+it)\ll|t|^{(1-\sigma)/2}\log|t|,\ 0\leqslant\sigma\leqslant 1, \tag{8}$$

$\ll$ 常数和 σ 无关.

证: 考虑函数: $0\leqslant\sigma\leqslant 1,\ t\geqslant 2$,

$$f(s)=\zeta(s)(s-1)(s+2)^{-(3-\sigma)/2}(\log(s+2))^{-1}.$$

由估计(3)的第一式($k=0$)及估计(7)($\sigma=0$)知, $f(s)$ 在区域 $0\leqslant\sigma\leqslant 1,t\geqslant 2$ 的边界上有界. 注意到由定理2($k=0$), 函数方程(1.21)及式(1.25)知 $\zeta(s)$ 在任一有限长条中是有限阶函数(见定义4.4.1), 所以 $f(s)$ 满足定理4.4.1的条件, 且 $k_1=k_2=0$. 因此

$$f(s)\ll 1;\ 0\leqslant\sigma\leqslant 1,\ t\geqslant 2.$$

由此就推出所要的结果.

关于 $\zeta(s)$ 在临界长条 $0\leqslant\sigma\leqslant 1$ 中的阶的估计, 将在第二十四章中用指数和方法作进一步讨论.

关于 $\zeta(s)$ 的阶函数 $\mu(\sigma)$(见定义4.4.2), 由定理6.6.3, 函数方程(1.21), $\zeta(s)$ 在任一长条上是有限阶函数, 以及定理

4.4.2[1]立即推出

$$\mu(\sigma)=0\ ,\sigma\geqslant 1, \tag{9}$$

$$\mu(\sigma)\leqslant(1-\sigma)/2\ ,0<\sigma<1 \tag{10}$$

$$\mu(\sigma)=1/2-\sigma\ ,\sigma\leqslant 0\ . \tag{11}$$

关于 $\mu(\sigma)$ 在 $0<\sigma<1$ 中的确切的值至今还一点不知道，Lindelöf 提出了下面的猜想.

$$\mu(\sigma)=0\ ,1/2\leqslant\sigma<1\ . \tag{12}$$

由此及函数方程(1.21)，式(1.25)就可推出

$$\mu(\sigma)=1/2-\sigma\ ,0<\sigma<1/2\ . \tag{13}$$

式(12)就是通常所说的 Lindëlof 猜想，至今未被证明.

习　　题

1. 证明 (a) 当 $\operatorname{Re} s>1$ 时有

$$\zeta(s)=1+(s-1)^{-1}-s\sum_{n=1}^{\infty}\int_0^1 u(n+u)^{-s-1}du,$$

一般地，对任意非负整数 q 有

$$1=(s-1)(\zeta(s)-1)+\frac{(s-1)s}{2!}(\zeta(s+1)-1)+\cdots$$
$$+\frac{(s-1)s\cdots(s+q-1)}{(q+1)!}(\zeta(s+q)-1)+\frac{(s-1)s\cdots(s+q)}{(q+1)!}$$
$$\cdot\sum_{n=1}^{\infty}\int_0^1 u^{q+1}(n+u)^{-s-q-1}du.$$

由此证明 $\zeta(s)$ 可解析开拓到 $\operatorname{Re} s>-q$.

(b) 对任意的 s 有 $1=\sum\limits_{q=0}^{\infty}((q+1)!)^{-1}(s-1)s\cdots(s+q-1)(\zeta(s+q)-1)$. (设 $0<\lambda=(1+\lambda)^{-1}$. 把区间 $[0,1]$ 分为 $[0,\lambda]$, $[\lambda,1]$ 两段来估

1) 这里实际上可直接用定理4.

计积分$\int_0^1 u^{q+1}(1+u)^{-s-q-1}du$，这里$|s|\leqslant R$，$R$为任意正数，$q$充分大)

2．上题的(b)还可用下面的方法证明．(a) 对$n\geqslant 2$有

$$\frac{1}{(n-1)^{s-1}}-\frac{1}{n^s}=\frac{1}{n^{s-1}}\sum_{q=1}^{\infty}\frac{(s-1)\cdots(s+q-2)}{q!}\frac{1}{n^q}.$$

(b) 当$\mathrm{Re}\, s>1$时，$1=\sum_{n=2}^{\infty}\sum_{q=1}^{\infty}\frac{(s-1)\cdots(s+q-2)}{q!}\frac{1}{n^{s+q-1}}$.

(c) 当$\mathrm{Re}\, s>1$时，$1=\sum_{q=1}^{\infty}\frac{(s-1)\cdots(s+q-2)}{q!}(\zeta(s+q-1)-1)$，进而证明：$\zeta(s)$可解析开拓到全平面，且有上式成立．

3．证明：(a) 对$n\geqslant 1$有

$$\frac{1}{(2n-1)^s}-\frac{1}{(2n)^s}=\frac{1}{(2n)^s}\sum_{q=1}^{\infty}\frac{s\cdots(s+q-1)}{q!}\frac{1}{(2n)^q}.$$

(b) 当$\mathrm{Re}\, s>1$时有

$$(1-2^{1-s})\zeta(s)=\sum_{n=1}^{\infty}\sum_{q=1}^{\infty}\frac{s\cdots(s+q-1)}{q!}\frac{1}{(2n)^{s+q}}.$$

(c) $\zeta(s)$可解析开拓到全平面，且有

$$(1-2^{1-s})\zeta(s)=\sum_{q=1}^{\infty}\frac{s\cdots(s+q-1)}{q!}\frac{\zeta(s+q)}{2^{s+q}}.$$

4．证明(a) 当$\mathrm{Re}\, s>-1$时，对正整数k有

$$\zeta^{(k)}(s)=(-1)^k k!(s-1)^{-k-1}+(-1)^k\int_1^{\infty}b_1(u)\frac{d}{du}\left(u^{-s}\log^k u\right)du.$$

(b) 当$-1<\mathrm{Re}\, s<0$时有

$$\zeta^{(k)}(s,a)=(-1)^k\int_{-a}^{\infty}b_1(u)\frac{d}{du}\left((u+a)^{-s}\log^k(u+a)\right)du.$$

(c) 当$0<\mathrm{Re}\, s<1$时有

$$\zeta(s,a)=-s\int_{-a}^{\infty}(b_1(u)+a-1/2)(u+a)^{-s-1}du,$$

由此推出：当$0<\sigma<1$时$\zeta(\sigma)<0$．

5. (a) 利用定理1.1证明$\zeta(s,a)$在任一有限长条$\alpha\leqslant\sigma\leqslant\beta$上是有限阶函数，即存在常数$c=c(\alpha,\beta)$使得

$$\zeta(s,a)\ll|t|^c,\quad \alpha\leqslant\sigma\leqslant\beta,\quad |t|\to\infty.$$

(b) 证明当$\sigma\geqslant 1/2$时，$|\zeta(s)|\ll|t|,|t|\geqslant 1$．

6．证明(a) 当$\sigma\geqslant 4$时，$\zeta'(s)\neq 0$；(b) 当$\sigma\geqslant 5$时，$\zeta''(s)\neq 0$；(c) 当$\sigma\geqslant 7k/4+2$时，$\zeta^{(k)}(s)\neq 0$，$k\geqslant 3$.（当$\sigma\geqslant k/(\log 2)$时，$|\zeta^{(k)}(s)|>2^{-\sigma}(\log 2)^k-\int_2^{\infty}x^{-\sigma}\log^k x\,dx$）.

7．证明对正整数l有

(a) $\zeta(-l+1,a)=-l^{-1}\left\{a^l-\dfrac{l}{2}a^{l-1}+\sum\limits_{j=2}^{l}(-1)^j\dbinom{l}{j}j!b_j(0)a^{l-j}\right\}$.

(b) $\zeta(-l+1,a)=-(l-1)!\,b_l(a)$，$l\geqslant 2$．

(c) $\zeta(-2l)=0$．

8．用下述方法来解析开拓$\zeta(s)$并推出函数方程:

(a) $\sum\limits_{n=1}^{\infty}(-1)^{n-1}n^{-s}=(1-2^{1-s})\zeta(s)$，$\sigma>1$．

(b) 设$f(x)=(-1)^m\pi/4$，$m\pi<x<(m+1)\pi$；$f(m\pi)=0$，$m=0,\pm 1,\pm 2,\cdots$．求$f(x)$的 Fourier 级数展开式，并证明当$0<S<1$时

$$(4s)^{-1}\pi^{s+1}\left\{1+\sum_{m=1}^{\infty}(-1)^m((m+1)^s-m^s)\right\}$$
$$=\Gamma(s)\sin(\pi s/2)(1-2^{-s-1})\zeta(s+1).$$

(c) 证明上式左边的级数是半平面$\sigma<1$内的解析函数。由此及(a)，把函数$(1-2^{1-s})\zeta(s)$解析开拓到半平面$\sigma>-1$。

(d) 证明当$0<s<1$时，$\zeta(-s)=-2(2\pi)^{-(s+1)}\Gamma(1+s)\sin(\pi s/2)\cdot\zeta(s+1)$

9A．设$B_n(w)$是由下面的幂级数展开式确定:

$$\Phi(z,w)=\frac{ze^{wz}}{e^z-1}=\sum_{n=0}^{\infty}\frac{B_n(w)}{n!}z^n,\ |z|<2\pi,$$

并记$B_n=B_n(0)$．证明:

(a) $B_0(w)\equiv 1$，$B_n(w)$是一n次多项式

$$B_n(w)=\sum_{k=0}^{n}\binom{n}{k}B_k w^{n-k},\ n=1,2,\cdots.$$

所以，$B_n(w)$称为 Bernoulli 多项式，B_n称为 Bernoulli 数.（利用$\Phi(z,w)=\Phi(z,0)e^{wz}$）.

(b) $B_n(w+1)-B_n(w)=nw^{n-1}$，$n=1,2,\cdots$．因而，$B_1(1)=B_1+1$，

$B_n(1)=B_n$, $n\geqslant 2$.

(c) $B_0=1$, $B_1=-1/2$, $B_n=\sum\limits_{k=0}^{n}\binom{n}{k}B_k$, $n\geqslant 2$.

(d) 具体求出 B_n 及 $B_n(w)$, $0\leqslant n\leqslant 11$.

(e) $B_n'(w)=nB_{n-1}(w)$, $n=1,2,\cdots$.

(f) $\int_0^1 B_n(w)dw=0$, $n=1,2,\cdots$.

(g) 设 $b_n(x)$ 是由式(2.2.2), (2.2.5)及(2.2.6)定义的函数. $b_n(x)=(n!)^{-1}B_n(x-[x])$, $n=1,2,\cdots$.

9B. 设 $0<a\leqslant 1$. 证明;

(a) $\zeta(-n,a)=-(n+1)^{-1}B_{n+1}(a)$, $n=0,1,2,\cdots$.

(b) 当 $n\geqslant 1, 0<x<1$ 时有

$$(n!)^{-1}B_n(x)=-(2\pi i)^{-n}\sum_{k=-\infty}^{\infty}{}' k^{-n}e(kx),$$

其中“ ′ ”表 $k\neq 0$. 当 $n\geqslant 2$ 时上式对 $x=0,1$ 也成立. 此外 $B_{2m+1}=0$, $m=1,2,\cdots$.

(c) $\zeta(0)=-1/2$, $\zeta(-2k)=0$, $k=1,2,\cdots$, 以及 $\zeta(-2k+1)=-B_{2k}/(2k)$, $k=1,2,\cdots$.

(d) $\zeta(2k)=(-1)^{k+1}(2(2k)!)^{-1}(2\pi)^{2k}B_{2k}$, $k=1,2,\cdots$.

(e) $(-1)^{k+1}B_{2k}\sim 2(2k)!(2\pi)^{-2k}$, $k\to\infty$.

(f) $(-1)^{k+1}b_{2k}(0)\sim 2(2\pi)^{-2k}$. $k\to\infty$.

10. 设 $L(s)=\sum\limits_{n=1}^{\infty}(-1)^{n-1}(2n-1)^{-s}$, $\sigma>0$. 证明: $L(s)$ 可解析开拓为整函数, 并满足函数方程

$$L(1-s)=2^s\pi^{-s}\sin(\pi s/2)\Gamma(s)L(s).$$

11. 按下列步骤, 证明级数 $\sum\limits_{n=1}^{\infty}(-1)^{n-1}n^{-s}$ 在整个 s 平面上 Abel 可求和到整函数 $(1-2^{1-s})\zeta(s)$:

(a) 当 $0<x<1$ 时

$$\sum_{n=1}^{\infty}(-1)^{n-1}n^{-s}x^n=(\Gamma(s))^{-1}\int_0^{\infty}u^{s-1}\frac{xe^{-u}}{1+xe^{-u}}du.$$

(b) 设围道 C 是由引理2.2给出. 证明围道积分

$$\frac{1}{2\pi i}\int_C z^{s-1}\frac{xe^z}{1+xe^z}dz \text{ 是 } s \text{ 的整函数.}$$

(c) 利用定理 2.3 的证明方法.

12. 按下面的方法，从定理 3.3 来推出定理 1.4:

(a) 设 $0<a\leqslant 1$, $\mathrm{Re}\,z>0$, $\mathrm{Re}\,s>1$, 及

$$G(s,z,a)=\sum_{n=-\infty}^{\infty}{}'(z+ni)^s e(an),$$

其中"′"表 $n\neq 0$. 证明当 $\mathrm{Re}\,z>0$ 时, $G(s,z,a)$ 可以解析开拓为 s 的整函数.

(b) 当 $\mathrm{Re}\,s>1$ 时, $G(s,z,a)$ 在区域 $|z|\leqslant 1/2$ 上是 z 的解析函数, 且 $G(s,o,a)=e^{-\pi is/2}F(s,a)+e^{\pi is/2}F(s,-a)$, $G(s,o,a)$ 在 $\mathrm{Re}\,s>1$ 中解析.

(c) 对固定的 s, $\mathrm{Re}\,s>1$, 在 $z=0$ 有展开式

$$G(s,z,a)=G(s,o,a)+\sum_{n=1}^{\infty}(-1)^n(n!)^{-1}s\cdots(s-n+1)G(s+n,o,a)z^n.$$

(d) $G(s,o,a)$ 可解析开拓到整个 s 平面, 且有

$$\lim_{z\to 0}G(s,z,a)=G(s,o,a).$$

(e) 当 $\mathrm{Re}\,s<1$ 时有 $G(s,o,a)=(\Gamma(s))^{-1}(2\pi)^s\zeta(1-s,a)$, 由此把 $\zeta(s,a)$ 解析开拓到整个 s 平面.

(f) 当 $0<a<1$ 时, 利用(b)把 $F(s,a)$ 解析开拓到整个 s 平面.

(g) 证明定理 1.4 的其余结论.

13. 证明当 $0<\sigma<1$ 时, $\Gamma(s)\zeta(s,a)=\int_0^{\infty}\left(\frac{e^{-au}}{1-e^{-u}}-\frac{1}{u}\right)u^{s-1}du$.

14. 证明下面的极限存在

$$\gamma_n(a)=\lim_{N\to\infty}\left\{\sum_{k=0}^{N}\frac{\log^n(k+a)}{k+a}-\frac{\log^{n+1}(N+a)}{n+1}\right\},\ n=0,1,2,\cdots.$$

进而推出

$$\zeta(s,a)=(s-1)^{-1}+\sum_{n=0}^{\infty}(-1)^n\frac{\gamma_n(a)}{n!}(s-1)^n.$$

$\left(\text{利用 } \gamma_n(a)=\int_0^{\infty}b_1(u)\frac{d}{du}\left(\frac{\log^n(u+a)}{u+a}\right)du\text{, 仿照定理 4.1 证明}\right)$.

15. 证明: $\sum_{n=0}^{\infty}\gamma_n(a)/n!=-a+3/2$.

16. 证明: 当 $0<a<1$ 时, $\gamma_0(a)-\gamma_0(1-a)=\pi\,\mathrm{ctg}\,a\pi$.

17. 证明：当$0<a\leqslant 1$时，$\gamma_0(a)=-\Gamma'(a)/\Gamma(a)$.（利用式(3.2.18)).

18. 证明：$\zeta'(0,a)=-(\log 2\pi)/2+\log\Gamma(a)$,特别有$\zeta'(0)=-(\log 2\pi)/2$.（利用式(3.3.1)($m=1$)).

19. 证明：当$0<a<1$时，$F(0,a)=(-1+i\,\mathrm{ctg}\,a\pi)/2$.

20. 证明：当$0<a<1$时，$F(1,a)=(1/2-a)\pi i-\log 2-\log(\sin a\pi)$. 如何利用这结果来证明第19题.

21. 利用函数方程及式(4.8)证明：$\zeta'(0)=-(\log 2\pi)/2$.

22. 证明 Dirichlet 级数$\sum\limits_{n=1}^{\infty}(-1)^{n-1}n^{-s}$在直线$\mathrm{Re}\,s=1$上有无穷多个零点.

23. 证明函数$\zeta(s,1/2)$在直线$\mathrm{Re}\,s=0$上有无穷多个零点.

24. 设$(r,q)=1,0<r\leqslant q$. 证明:

(a) $$\zeta(1-s,r/q)=2\Gamma(s)(2\pi)^{-s}q^{-s}\sum_{h=1}^{q}\cos(\pi s/2-2\pi rh/q)\,\zeta(s,h/q).$$

(b) $$F(1-s,r/q)=2\Gamma(s)(2\pi)^{-s}q^{-(1-s)}\sum_{h=1}^{q}\cos(\pi s/2-2\pi rh/q)\cdot F(s,h/q).$$

25. (a) 利用式(1.4)($l=3$)及$b_3(u)$的 Fourier 级数展开式来证明定理 1.4.

(b) 利用式(1.4)($l=1$)及$b_1(u)$的 Fourier 级数展开式来证明定理 1.4.（$b_1(u)$的 Fourier 级数是有界收敛).

26. 证明$\gamma_0(a)=\int_0^{\infty}\left\{e^{-ax}(1-e^{-x})^{-1}-e^{-x}x^{-1}\right\}dx$. 由此及第17题推出$-\Gamma'(a)/\Gamma(a)$的积分表示式.

27. 设$\varphi(s,z)=\sum\limits_{n=1}^{\infty}z^n n^{-s}$, $s=\sigma+it$. 证明:

(a) 当$|z|<1$时，对所有的s收敛，且当$\sigma\geqslant -A$（A为任给正数)时绝对一致收敛；当$|z|=1,z\neq 1$时，对$\sigma>0$收敛，$\sigma>1$绝对收敛；当$z=1$时，对$\sigma>1$绝对收敛.

(b) 设C是引理2.2中给出的围道，$I(s,z)=(2\pi i)^{-1}\int_C' w^{s-1}ze^{w}(1-ze^{w})^{-1}dw$，再设$\mathscr{R}$是$z$平面中去掉直线$\mathrm{Im}\,z=0$, $1\leqslant\mathrm{Re}\,z<+\infty$后的开区域. 证明：对每一个$z\in\mathscr{R}$，$I(s,z)$是$s$的整函数；对每个$s$, $I(s,z)$在$\mathscr{R}$中是z的解析函数.

(c) 当$|z|<1,\sigma>1$时，$\varphi(s,z)=\Gamma(1-s)I(s,z)$. $I(0,z)=z(1-z)^{-1}$.

由此把 $\varphi(s,z)$ 解析开拓到整个 s 平面和 $z\in\mathscr{R}$，且有 $I(n,z)=0$，$n=1, 2,\cdots$.

(d) 当 $z\in\mathscr{R}$ 时，对任意的 s 有 $\varphi(s-1,z)=z\dfrac{\partial}{\partial z}\varphi(s,z)$.

(e) 设实数 $a\neq$ 整数，利用以上结果证明：$F(1,a)=-\log(1-e^{2\pi i a})$，$F(0,a)=(-1+i\operatorname{ctg}\pi a)/2$，$F(s-1,a)=(2\pi i)^{-1}\dfrac{\partial}{\partial a}F(s,a)$，以及 $F(-n,a)=(2\pi i)^{-n}\dfrac{d^n}{da^n}\left(\dfrac{i}{2}\operatorname{ctg}\pi a\right)$，$n=1,2,\cdots$.

(f) 求出 $F(-1,a)$，$F(-2,a)$，$F(-3,a)$，$F(-4,a)$.

(g) $F(-n,a)=i^{n+1}2^{-n-1}\sum\limits_{k=0}^{n+1}a_{n,k}(\operatorname{ctg}\pi a)^k$，$n=1,2,\cdots$，其中系数满足：$a_{0,0}=0$，$a_{0,1}=1$，$a_{n,0}=a_{n-1,1}$，$n\geqslant 1$；$a_{n,k}=(k-1)\,a_{n-1,k-1}+(k+1)a_{n-1,k+1}$，$1\leqslant k\leqslant n$；以及 $a_{n,n+1}=n!$.

28. 利用以下办法来证明 $\zeta(s)$ 有无穷多个复零点.

(a) 当 s 为实数时 $\zeta(s)$ 是实数；对任意的 t，$\xi(1/2+it)$ 是实数；$\xi(0)=\xi(1)=1/2$；进而证明当 s 为实数时 $\xi(s)>0$.

(b) 设 $f(s)=e(-(2s-1)/16)\pi^{-s/2}\Gamma(s/2)\zeta(s)$. 那末，$f(1/2+it)$ 是实数；当 $-1/4\leqslant\sigma\leqslant 5/4$，$t\geqslant 1$ 时，$f(s)\ll t^{1/8}$（利用定理 4.4.1）；以及当 $T\geqslant 2$ 时，$\displaystyle\int_T^{2T}f(1/2+it)\,dt\ll T^{5/8}$.（考虑以 $1/2+iT$，$5/4+iT$，$5/4+i2T$，$1/2+i2T$ 为顶点的矩形围道，利用复变函数的 Cauchy 积分定理，在 $5/4+iT$ 到 $5/4+i2T$ 上的积分利用式 (3.3.22) 来估计）.

(c) 设 $T\geqslant 2$，则 $\displaystyle\int_T^{2T}\zeta(1/2+iT)\,dt=T+O(T^{1/2})$（利用 Cauchy 积分定理及 $\zeta(s)$ 的阶估计）.

(d) 设 $T\geqslant 2$. 当 $T\leqslant t\leqslant 2T$ 时有 $|\zeta(1/2+it)|\ll T^{1/4}|f(1/2+it)|$.

(e) 若 $\zeta(s)$ 只有有限个复零点，则对充分大的 T 有 $\displaystyle\int_T^{2T}\zeta(1/2+it)\cdot dt\ll T^{7/8}$.（利用 (b) 及 (d)）.

(f) $\zeta(s)$ 有无穷多个复零点.

29. 用以下办法来证明 $\zeta(s)$ 有无穷多个复零点.

(a) 当 $\sigma\geqslant 2$ 时，$1/4<|\zeta(s)|<7/4$，$\operatorname{Re}\{\zeta(s)\}>1/4$.

(b) 按 §8.5 的规定定义 $\log\zeta(s)$. 设 T 是充分大的正数，C_1，C_2，C_3，

C_4是以$3+iT$为圆心分别以1, 4, 5, 6为半径的圆周. 若$\zeta(s)$在圆周C_4上及其内部时不为零, 则当s在圆周C_4上及其内部时有$\mathrm{Re}\{\log\zeta(s)\}\ll\log T$; 进而设$M_1$, M_2, M_3分别是$\log\zeta(s)$在圆周C_1, C_2, C_3上的最大模, 则有$M_3\ll\log T$及$M_2\ll(\log T)^{\beta}$, $\beta<1$. (利用定理4.2.2及定理4.3.1).

(c) 若$\zeta(s)$只有有限个复零点, 则对充分大的T有$\zeta(-1-iT)\ll T^{\varepsilon}$, ε为任意小的正数.

(d) 存在正常数A, 使得$|\zeta(-1+iT)|\geqslant AT^{3/2}$. (利用函数方程). 由此及(c)推出$\zeta(s)$有无穷多个复零点.

(e) $\zeta(s)$的相邻的复零点的纵坐标之差有界.

30. 用以下办法证明$\zeta(s)$在长条$0\leqslant\sigma\leqslant1$中有无穷多个零点. 以下的$x\geqslant1$.

(a) 设$F(x)=\sum\limits_{n\leqslant x}\Lambda(n)(1-n/x)$. 那末有$F(x)=x(1-x^{-1})^2/2-R(x)$,

$$R(x)=\frac{1}{2\pi i}\int_{(2)}\frac{x^s}{s(s+1)}\left\{\frac{\zeta'}{\zeta}(s)+\frac{1}{s-1}\right\}ds.$$

(b) 证明: $(x+1)F(x+1)-xF(x)=\psi(x)+\Lambda([x]+1)(x-[x])$.

(c) 设$\psi(x)=x+r(x)$. 证明$r(x)=-1/2-\Lambda([x]+1)(x-[x])-I(x)$,

$$I(x)=\frac{1}{2\pi i}\int_{(2)}\frac{(x+1)^{s+1}-x^{s+1}}{s(s+1)}\left\{\frac{\zeta'}{\zeta}(s)+\frac{1}{s-1}\right\}ds.$$

(d) 设θ是$\zeta(s)$零点的实部的上确界. 证明: 当$\zeta(s)$无非显然零点时$\theta=-2$; 当$\zeta(s)$有非显然零点时$1/2\leqslant\theta\leqslant1$.

(e) 当$\theta=-2$时取$\theta_1=-1/2$; $1/2\leqslant\theta\leqslant1$时取$\theta_1=\theta+\varepsilon<2$, ε为一正数. 证明: 当$\theta_1\leqslant\sigma\leqslant2$时存在常数$c_1$, 使得$\left|\frac{\zeta'}{\zeta}(s)+\frac{1}{s-1}\right|\leqslant c_1(\theta_1-\theta)^{-2}\log(|t|+2)$. (在$\mathrm{Re}\,s>\theta$中可取定$\log\{(s-1)\zeta(s)\}$的一个分支, 并应用定理4.2.2).

(f) 设$A(\theta)=\begin{cases}0, & \text{当}1/2\leqslant\theta\leqslant1;\\ \zeta'(0)/\zeta(0)-1, & \text{当}\theta=-2,\end{cases}$

证明:

$$I(x)=A(\theta)+\frac{1}{2\pi i}\int_{(\theta_1)}\frac{(x+1)^{s+1}-x^{s+1}}{s(s+1)}\left\{\frac{\zeta'}{\zeta}(s)+\frac{1}{s-1}\right\}ds.$$

(g) 证明: $|(x+1)^{s+1}-x^{s+1}|<4|s+1|x^{\sigma}$; 以及

$$|(x+1)^{s+1}+x^{s+1}|<9x^{\sigma+1}.$$

(h) $I(x)=A(\theta)+O(x^{\theta_1}(\theta_1-\theta)^{-2}\log^2 x)$. (利用(e), (f), (g)).

(i) 证明：当 $\theta_1=-1/2$ 时就要有

$r(x)=1/2-\zeta''(0)/\zeta(0)-\Lambda([x]+1)(x-[x])+O(x^{-1/2}\log^2 x)$,

并指出这是不可能的. 因此 $\zeta(s)$ 在长条 $0\leqslant\sigma\leqslant1$ 中有零点; 当

$$\theta_1=\theta+\varepsilon \text{时}, r(x)=O(x^{\theta}\log^4 x).$$

(j) 假定 $\zeta(s)$ 在长条 $0\leqslant\sigma\leqslant1$ 中只有有限个零点(按重数计): $\rho_k=\beta_k+i\gamma_k$, $k=1,2,\cdots,N$. 那末有

$$r(x)=\frac{1}{2}-\frac{\zeta'}{\zeta}(o)-\Lambda([x]+1)(x-[x])$$

$$-\sum_{k=1}^{N}\frac{(x+1)^{\rho_k+1}-x^{\rho_k+1}}{\rho_k(\rho_k+1)}+O(x^{-1/2}\log^2 x).$$

(把(c)中的积分直线移至 $\operatorname{Re}s=-1/2$, 并注意到(e)中的估计当 $-1/2\leqslant\sigma\leqslant2$, $|t|>4+\max\limits_k(|\gamma_k|)$ 时仍然成立).

(k) 设整数 $m>2$. 证明

$$\Lambda(m)=1+\sum_{k=1}^{N}\int_m^{m+1}\int_{u-1}^{u}v^{\rho_k-1}\,dv\,du+O(m^{-1/2}\log^2 m).$$

由此推出 $\zeta(s)$ 在长条 $0\leqslant\sigma\leqslant1$ 中有无限多个零点.

31. 证明 Lindelöf 猜想(5.12)等价于 $\mu(1/2)=0$.

32. 设 $0\leqslant\sigma_1\leqslant3/2$. 证明当 $\sigma_1\leqslant\sigma_0\leqslant3/2$, $|t_0|\geqslant10$ 时, 对 σ_0 一致地有

$$\zeta(\sigma_0+it_0)\ll1+\max_{|v|\leqslant\log^2|t|}|\zeta(\sigma_1+it+iv)|.$$

(不妨设 t 是正的. 在以 $\sigma_1+it\pm i\log^2 t$, $3+it\pm i\log^2 t$ 为顶点矩形区域上, 考虑函数 $f(s)=\zeta(s)\Gamma(s-s_0+2)$, $s_0=\sigma_0+it_0$. 利用最大模原理, 和式(3.3.22)估计各边上的值).

33. 用以下的方法来推导 $\zeta(s)$ 的函数方程.

(a) 证明 $f(x)=(e^{x\sqrt{2\pi}}-1)^{-1}-(x\sqrt{2\pi})^{-1}$ 的正弦 Fourier 变换

是它自己，即$f(x)=\sqrt{\dfrac{2}{\pi}}\int_0^\infty f(y)\sin xy\,dy$.

(b) 当$0<\sigma<1$时，

$$\Gamma(s)\zeta(s)=(2\pi)^{s/2}\sqrt{2/\pi}\int_0^\infty u^{s-1}du\int_0^\infty f(y)\sin uy\,dy.$$

(c) 证明(b)中的积分号可以交换．然后计算．

34．用以下方法推导$\zeta(s)$的函数方程．

(a) 当$-1<\sigma<0$时，

$$\Gamma(s)\zeta(s)=\int_0^\infty\left\{(e^u-1)^{-1}-u^{-1}+1/2\right\}u^{s-1}du.$$

(b) 当$u\neq 0$时，$(e^u-1)^{-1}-u^{-1}+1/2=2u\sum_{n=1}^\infty(4n^2\pi^2+u^2)^{-1}$．(利用$\int_0^\infty e^{-ux}(x-[x])\,dx=\int_0^\infty e^{-ux}\left\{1/2-\sum_{n=1}^\infty(n\pi)^{-1}\sin 2\pi nx\right\}dx$．两边分别计算)．

(c) 当$-1<\sigma<0$时，$\Gamma(s)\zeta(s)=2\sum_{n=1}^\infty\int_0^\infty u^s\sum_{n=1}^\infty(4\pi^2n^2+u^2)^{-1}du$．再计算右边．

35．用以下方法推导$\zeta(s)$的函数方程．

(a) 设$-1<c<0$．当$\sigma>1$时有

$$\zeta(s)=\frac{e^{i\pi s}}{2\pi i}\int_{(c)}\left\{\frac{\Gamma'}{\Gamma}(1+z)-\log z\right\}z^{-s}dz,$$

并由此把$\zeta(s)$解析开拓到$\sigma>0$．

(b) 当$0<\sigma<1$时$\zeta(s)=-\dfrac{\sin\pi s}{\pi}\displaystyle\int_0^\infty\left\{\frac{\Gamma'}{\Gamma}(1+x)-\log x\right\}x^{-s}dx$.

(c) 利用公式$\dfrac{\Gamma'}{\Gamma}(x)=\log x-\dfrac{1}{2x}-2\displaystyle\int_0^\infty\frac{u\,dv}{(e^{2\pi u}-1)(u^2+x^2)}$ 1)

证明：$\dfrac{\Gamma'}{\Gamma}(1+x)-\log x=-2\displaystyle\int_0^\infty\frac{u}{u^2+x^2}\left\{\frac{1}{e^{2\pi u}-1}-\frac{1}{2\pi u}\right\}du$.

(d) 由(b)及(c)通过交换积分号来推出函数方程．

---

1) 例如，可参看王竹溪、郭敦仁，特殊函数论，p.173，式(3)．

36. 用以下方法推导 $\zeta(s)$ 的对称形式的函数方程.

(a) 设 L 是过点 πi，和实轴的夹角为 $\pi/4$，从第三象限到第一象限的直线. 证明对所有的 a 下述积分收敛：

$$\Phi(a,L)=\int_L \exp\left(aw+iw^2/(4\pi)\right)(e^w-1)^{-1}dw .$$

(b) $\Phi(a+1,L)-\Phi(a,L)=2\pi\exp\{i\pi(a^2+1/4)\}$.

(c) 设 L' 是过点 $-\pi i$，方向和 L 平行的直线.

证明：

$$\Phi(a,L')-\Phi(a,L)=2\pi i;\ \Phi(a,L')=-e^{-2\pi i a}\Phi(a+1,L).$$

(d) $\Phi(a,L)=2\pi(\cos\pi a)^{-1}\cos\left(\pi(a^2/2-a-1/8)\right)\exp\{i\pi(a^2/2-5/8)\}$.

特别有

$$\Phi(iz/(2\pi)+1/2,L)=2\pi i(e^z-1)^{-1}\left\{1-\exp\left(-iz^2/(4\pi)+z/2\right)\right\}.$$

(e) 设 R 是直线 $z=re^{i\theta}$；$\theta=-\pi/4$，$0\leqslant r<+\infty$. 证明当 $\operatorname{Re}s>1$ 时，

$$\frac{1}{2\pi i}\int_L \frac{\exp\left(iw^2/(4\pi)+w/2\right)}{e^w-1}dw\int_R e^{izw/(2\pi)}z^{s-1}dz$$

$$=\Gamma(s)\zeta(s)-\int_R \frac{\exp\left(-iz^2/(4\pi)+z/2\right)}{e^z-1}z^{s-1}dz .$$

(f) 证明 $\displaystyle\int_R e^{izw/(2\pi)}z^{s-1}dz=e^{i\pi s/2}(w/2\pi)^{-s}\Gamma(s)$.

(g) 证明

$$\int_R \frac{\exp\left(-iz^2/(4\pi)+z/2\right)}{e^z-1}z^{s-1}dz=(1+e^{-i\pi s})^{-1}\cdot\int_{L_1}\frac{\exp\left(-iz^2/(4\pi)+z/2\right)}{e^z-1}dz,$$

这里 L_1 是过点 $-\pi i$，和实轴夹角为 $-\pi/4$，从第二象限到第四象限的直线.（即是 L 对实轴的反射）.

(h) 由 (e), (f), (g) 推出

$$\pi^{-s/2}\Gamma(s/2)\zeta(s)=e^{i\pi(s-1)/2}2^{s-1}\pi^{s/2-1}\Gamma(s/2)\cdot\int_L\frac{\exp\left(iw^2/(4\pi)+w/2\right)}{e^w-1}w^{-s}dw$$

$$+e^{i\pi s/2}2^{-s}\pi^{-(s+1)/2}\Gamma((1-s)/2)$$

$$\cdot\int_{L_1}\frac{\exp(-iz^2/(4\pi)+z/2)}{e^z-1}z^{s-1}dz.$$

由此即可把$\zeta(s)$解析开拓并得到对称形式的函数方程. 这就是著名的Riemann－Siegel公式.

37. 设$F(x)$定义在$[0,+\infty)$上，在任意有限区间上有界，且当$x\to+\infty$时，$F(x)=O(x^{-\alpha})$，$\alpha>1$为一常数. 证明

(a) 当$1<\sigma<\alpha$时，$\int_0^\infty x^{s-1}\sum_{n=1}^\infty F(nx)dx=\zeta(s)\int_0^\infty y^{s-1}F(y)dy$.

(b) 若$F'(x)$连续，在任意有限区间上有界，且当$x\to+\infty$时，$F'(x)=O(x^{-\beta})$，$\beta>1$为一常数. 那末当$x\to 0$时

$$\sum_{n=1}^\infty F(nx)=x^{-1}\int_0^\infty F(y)dy+O(1).$$

因而，可把$\int_0^\infty x^{s-1}\sum_{n=1}^\infty F(nx)dx$解析开拓到$\alpha>\sigma>0$, $s=1$为其一阶极点，即有

$$\int_0^\infty x^{s-1}\sum_{n=1}^\infty F(nx)dx=\int_0^1 x^{s-1}\left\{\sum_{n=1}^\infty F(nx)-x^{-1}\int_0^\infty F(y)dy\right\}dx$$

$$+(s-1)^{-1}\int_0^\infty F(y)dy+\int_1^\infty x^{s-1}\sum_{n=1}^\infty F(nx)dx.$$

(c) 在以上条件下，$\zeta(s)\int_0^\infty y^{s-1}F(y)dy$可解析开拓到$\alpha>\sigma>0$, 且当$0<\sigma<1$时有

$$\zeta(s)\int_0^\infty y^{s-1}F(y)dy=\int_0^\infty x^{s-1}\left\{\sum_{n=1}^\infty F(nx)-x^{-1}\int_0^\infty F(y)dy\right\}dx.$$

38. 第37题概括了前面推导$\zeta(s)$的函数方程的一般原则，只要取$F(x)$为不同的函数，就可得到讨论过的各种情形. 指出: (a) 取$F(x)=e^{-x}$得到第33题的情形. (b) 取$F(x)=e^{-\pi x^2}$得到定理3.2的情形. (c) 取$F(x)=(1+x^2)^{-1}$实质上可得到第34题的情形. (d) 取$F(x)=x^{-1}\sin\pi x$得到第25题(b)的情形(取$a=1$). (注意$x^{-1}\sin\pi x$不满足上题条件，但结论仍对). (e) 取$F(x)=(1+x)^{-2}$得到第35题的情

形. $\left(利用 \sum_{n=1}^{\infty}(1+nx)^{-2}=x^{-2}\left\{\frac{d^2}{dy^2}\log\Gamma(1+y)\right\}\Big|_{y=x^{-1}}\right)$

39. 利用 Mellin 变换的反转公式(定理 1.2.1)证明:

(a) $(e^x-1)^{-1}=(2\pi i)^{-1}\int_{(a)}\Gamma(s)\zeta(s)\,x^{-s}ds$, $a>1$.

(b) $\sum_{n=1}^{\infty}e^{-n^2\pi x}=(2\pi i)^{-1}\int_{(a)}\pi^{-s}\Gamma(s)\zeta(2s)\,x^{-s}ds$, $a>1/2$.

(c) $\frac{\Gamma'}{\Gamma}(1+x)-\log x=\frac{i}{2}\int_{(a)}\frac{\zeta(1-s)}{\sin\pi s}x^{-s}ds$, $0<a<1$.

(d) 由(c)推出: 当 $0<a<1$ 时有

$$\log\Gamma(1+x)-x\log x+x=\frac{i}{2}\int_{(a)}\frac{\zeta(s)}{s\sin\pi s}x^{s}ds.$$

40. 证明(a) 当 $\operatorname{Re}w>2$ 时有

$$\int_0^{\infty}x^{w-1}(e^x-1)^{-2}dx=\Gamma(w)\{\zeta(w-1)-\zeta(w)\}.$$

(b) 当 $1<c<\operatorname{Re}w-1$ 时有

$$(2\pi i)^{-1}\int_{(c)}\Gamma(s)\Gamma(w-s)\zeta(s)\zeta(w-s)\,ds=\Gamma(w)\{\zeta(w-1)-\zeta(w)\}.$$

41. 证明(a) 设 $L(w)=\sum_{n=1}^{\infty}(-1)^{n-1}(2n-1)^{-w}$. 当 $\operatorname{Re}w>1$ 时有

$$\int_0^{\infty}\left\{\sum_{m=1}^{\infty}\sum_{n=1}^{\infty}e^{-(m^2+n^2)x}\right\}x^{w-1}dx=\Gamma(w)\{\zeta(w)L(w)-\zeta(2w)\}.$$

(b) 当 $1/2<c<\operatorname{Re}w-1/2$ 时有

$$\frac{1}{2\pi i}\int_{(c)}\Gamma(s)\Gamma(w-s)\zeta(2s)\zeta(2w-2s)\,ds=\Gamma(w)\{\zeta(w)L(w)-\zeta(2w)\}.$$

第八章　$\zeta'(s)/\zeta(s)$的零点展开式

本章将首先证明由式(7.1.15)定义的$\xi(s)$是一阶整函数.因而由有穷阶整函数理论(见第五章)就可得到$\xi(s)$和$\zeta(s)$的无穷乘积表示，进而就推出$\xi'(s)/\xi(s)$和$\zeta'(s)/\zeta(s)$的零点展开式[1]. 后一展开式是十分重要的，由它可以得到$\zeta(s)$的非零区域(见第十章)、$\zeta(s)$的零点个数的渐近公式(见第九章). 本章仅将由它来证明有关$\zeta(s)$非显然零点的几个基本性质，进而对$\dfrac{\zeta'}{\zeta}(s)$的展开式作进一步的简化. 此外，还将对$\log\zeta(s)$作一简单讨论. 本章内容可参看[32, II], [7, 第12章], [17, 第一章]及[18, 第三章].

§1. $\xi(s)$和$\zeta(s)$的无穷乘积

定理1　$\xi(s)$是一阶整函数，$\xi(0)=1/2$，有无穷多个零点ρ[2]:

$$\rho=\beta+i\gamma, \qquad 0\leqslant\beta\leqslant 1, \tag{1}$$

级数$\sum\limits_{\rho}|\rho|^{-1}$发散，而对任意小的正数$\varepsilon$，级数$\sum\limits_{\rho}|\rho|^{-1-\varepsilon}$收敛，即零点序列的收敛指数为1，以及

$$\xi(s)=e^{A+Bs}\prod_{\rho}\left(1-\frac{s}{\rho}\right)e^{s/\rho}, \tag{2}$$

其中$\sum\limits_{\rho}$，$\prod\limits_{\rho}$分别表对全体零点ρ求和与求积，$A=-\log 2$，以及B为一常数.

证：由函数方程(7.1.17)知只要估计$\xi(s)$在半平面$\sigma\geqslant 1/2$上的阶. 由式(3.3.13)(取$m=1$)得

---

1) 按$\xi(s)$和$\zeta(s)$的零点来展开.

2) 这些零点按模的递增次序排列，且k重零点出现k次.

$$\Gamma(s/2) \ll \exp(c, |s| \log|s|), \quad \sigma \geqslant 2. \tag{3}$$

在式(7.1.3)中取 $l=1$, $x=1$ 得

$$(s-1)\zeta(s) \ll |s|^2, \quad \sigma \geqslant 1/2. \tag{4}$$

利用以上两式, 由式(7.1.15)及(7.1.17)推出: 对任意正数 ε_1, 在全平面上有

$$\xi(s) \ll \exp(|s|^{1+\varepsilon_1}). \tag{5}$$

再注意到当 s 沿实轴无于 $+\infty$ 时,

$$\Gamma(s/2) \sim \exp(s(\log s)/2),$$

所以 $\xi(s)$ 是一阶整函数且式(5)中的 ε_1 不能去掉. 此外, 由式(7.1.2)及(7.1.15)可得

$$\xi(0) = 1/2. \tag{6}$$

这样, 由推论5.1.4, 定理5.2.2的附注, 及定理5.3.1就证明了定理的全部结论.

由定理1及定理7.1.6就推出

定理2 $\zeta(s)$ 有无穷多个非显然零点 ρ, 它们也由式(1)给出, 且有

$$\zeta(s) = (s-1)^{-1} e^{A+Ds} \prod_{n=1}^{\infty} \left(1 + \frac{s}{2n}\right) e^{-s/2n} \prod_{\rho} \left(1 - \frac{s}{\rho}\right) e^{s/\rho}, \tag{7}$$

其中

$$D = B + \gamma/2 + (\log\pi)/2. \tag{8}$$

式(7)由式(7.1.15), 式(3.2.1)及式(2)就可推出.

§2. $\xi'(s)/\xi(s)$ 和 $\xi'(s)/\xi(s)$ 的零点展开式

定理1. 当 s 不是 $\xi(s)$ 的零点 ρ 时有

$$\frac{\xi'}{\xi}(s) = B + \sum_{\rho} \left(\frac{1}{s-\rho} + \frac{1}{\rho}\right), \tag{1}$$

右边级数在任一不包含零点 ρ 的有限闭区域上一致收敛.

证: 由于 $\xi(0) \neq 0$, 所以由式(1.2), 对适当小的正数 δ, 在 $|s| \leqslant \delta$ 中可取定一支

$$\log \xi(s)=A+Bs+\sum_{\rho}\left\{\log\left(1-\frac{s}{\rho}\right)+\frac{s}{\rho}\right\}, \tag{2}$$

其中取定$\log 1=0$. 两边对s求导，由于ρ的收敛指数为1，所以右边级数可逐项求导，推得式(1)当$|s|<\delta$时成立. 同样由于ρ的收敛指数为1，故式(1)右边的级数在任一不包含ρ的有限闭区域上一致收敛，因而由解析开拓知式(1)对所有的$s\neq\rho$成立.

定理2 当$s\neq\rho, s\neq-1$及$s\neq-2n\,(n=1,2,\cdots)$时有

$$\frac{\zeta'}{\zeta}(s)=\frac{-1}{s-1}+B+\frac{\gamma}{2}+\frac{1}{2}\log\pi$$
$$+\sum_{\rho}\left(\frac{1}{s-\rho}+\frac{1}{\rho}\right)+\sum_{n=1}^{\infty}\left(\frac{1}{s+2n}-\frac{1}{2n}\right), \tag{3}$$

其中右边的两个级数分别在任一不包含$\zeta(s)$的非显然零点ρ和显然零点$-2n\,(n=1,2,\cdots)$的有限闭域上一致收敛.

证：对式(7.1.15)取对数导数，并利用式(1)得

$$\frac{\zeta'}{\zeta}(s)=\frac{-1}{s-1}+\frac{1}{2}\log\pi+\frac{\xi'}{\xi}(s)$$
$$-\frac{1}{2}\frac{\Gamma'}{\Gamma}\left(1+\frac{s}{2}\right), \tag{4}$$

$$\frac{\zeta'}{\zeta}(s)=\frac{-1}{s-1}+B+\frac{1}{2}\log\pi+\sum_{\rho}\left(\frac{1}{s-\rho}+\frac{1}{\rho}\right)$$
$$-\frac{1}{2}\frac{\Gamma'}{\Gamma}\left(1+\frac{s}{2}\right). \tag{5}$$

由此及式(3.2.18)就证明了定理，关于一致收敛性是显然的.

现设

$$\lambda_1(s)=\min_{n\geqslant 1}|s+2n|, \tag{6}$$

那末，由式(5)，式(3.2.21)及式(3.2.22)得到

$$\frac{\zeta'}{\zeta}(s)=\frac{1}{s-1}+\sum_{\rho}\left(\frac{1}{s-\rho}+\frac{1}{\rho}\right)$$

$$+O\left(\frac{1}{\lambda_1(s)}+\log(|s|+2)\right). \tag{7}$$

下面我们来定出常数 B.

定理 3 我们有

$$B=-1-\frac{\gamma}{2}+\frac{1}{2}\log(4\pi)=-0.023095\cdots. \tag{8}$$

证：由式(1)知

$$B=\frac{\xi'}{\xi}(0). \tag{9}$$

由函数方程(7.1.17)知

$$\frac{\xi'}{\xi}(s)=-\frac{\xi'}{\xi}(1-s), \tag{10}$$

所以

$$B=-\frac{\xi'}{\xi}(1). \tag{11}$$

由此及式(4)推出

$$B=\frac{1}{2}\log\pi-\frac{1}{2}\frac{\Gamma'}{\Gamma}\left(\frac{3}{2}\right)$$
$$-\lim_{s\to1}\left(\frac{\zeta'}{\zeta}(s)+\frac{1}{s-1}\right). \tag{12}$$

注意到式(7.4.8)，及由式(3.2.18)可得

$$-\frac{1}{2}\frac{\Gamma'}{\Gamma}\left(\frac{3}{2}\right)=\frac{\gamma}{2}+\log2-1,$$

从式(12)即得式(8).

此外，由式(11)及(1)得到

$$B=-\frac{1}{2}\sum_\rho\left(\frac{1}{1-\rho}+\frac{1}{\rho}\right). \tag{13}$$

由于零点对实轴对称，由上式知 B 为实数. 进而，由 ρ 的收敛指数为1及 $0\leqslant\beta\leqslant1$ 推出

$$B=-\frac{1}{2}\sum_\rho\operatorname{Re}\frac{1}{1-\rho}-\frac{1}{2}\sum_\rho\operatorname{Re}\frac{1}{\rho}.$$

由于 ρ 和 $1-\rho$ 同为零点，故由上式得

$$B=-\sum_{\rho}\operatorname{Re}\frac{1}{\rho}\ . \tag{14}$$

§3. 非显然零点的简单性质

前面已经证明，$\zeta(s)$ 的非显然零点 $\rho=\beta+i\gamma$ 具有以下性质：(i) $\zeta(s)$ 确有无穷多个非显然零点；(ii) $\operatorname{Im}\rho\neq 0$，即全为复零点；(iii) $0\leqslant\beta\leqslant 1$；(iv) 对实轴及直线 $\sigma=\frac{1}{2}$ 对称，对点 $\frac{1}{2}$ 对称，即

$$\rho,\bar{\rho}\ ,1-\bar{\rho}\ ,1-\rho$$

同为零点：(v) $\sum|\rho|^{-1}$ 发散，而 $\sum|\rho|^{-1-\varepsilon}$ 收敛，ε 为任意正数. 下面我们要从式(2.7)来推出有关非显然零点的几个简单性质，这些性质初步刻划了它们的平均分布状态.

定理 1 对任意实数 T 有

$$\sum_{\rho}\frac{1}{1+(T-\gamma)^2}\ll\log(|T|+2). \tag{1}$$

证：对式(2.7)取实部得

$$\operatorname{Re}\frac{\zeta'}{\zeta}(s)=-\operatorname{Re}\frac{1}{s-1}+\sum_{\rho}\operatorname{Re}\frac{1}{s-\rho}+O\left(\frac{1}{\lambda_1(s)}+\log(|s|+2)\right). \tag{2}$$

在上式中取 $s=2+iT$ 可得

$$\sum_{\rho}\frac{2-\beta}{(2-\beta)^2+(T-\gamma)^2}\ll\log(|T|+2).$$

由 $0\leqslant\beta\leqslant 1$ 可得

$$\frac{2-\beta}{(2-\beta)^2+(T-\gamma)^2}\geqslant\frac{1}{4}\ \frac{1}{1+(T-\gamma)^2}\ .$$

从以上两式即得所要的结论.

由于非显然零点对实轴对称且不为实数，所以在讨论零点个数时，可假定 $T\geqslant 0$，以 $N(T)$ 表在矩形 $0\leqslant\sigma\leqslant 1, 0\leqslant t\leqslant T$ 中的

$\zeta(s)$ 的零点个数，而在矩形 $0\leqslant\sigma\leqslant 1, |t|\leqslant T$ 中的零点个数为 $2N(T)$.

推论 2 对 $T\geqslant 0$ 有

$$N(T+1)-N(T)\ll\log(T+2);\tag{3}$$

及对 $T\geqslant 2$ 有

$$N(T)\ll T\log T.\tag{4}$$

证：由[1)]

$$N(T+1)-N(T)=\sum_{T<\gamma\leqslant T+1}1\leqslant 2\sum_{T<\gamma\leqslant T+1}\frac{1}{1+(T-\gamma)^2},$$

及式(1)即得式(3). 从式(3)及

$$N(T)\leqslant N([T]+1)=\sum_{l=0}^{[T]}\{N(l+1)-N(l)\}$$

就推出式(4).

推论 3 对任意实数 T 有

$$\sum_{|\gamma-T|\geqslant 1}\frac{1}{(T-\gamma)^2}\ll\log(|T|+2).\tag{5}$$

证：上式左边小于

$$2\sum_{\rho}\frac{1}{1+(T-\gamma)^2},$$

由式(1)即证.

推论 4 存在正常数 c，使对任意实数 T，一定可找到 T'，$T\leqslant T'\leqslant T+1$，使 $\zeta(s)$ 在区域

$$|t-T'|\leqslant c(\log(|T|+2))^{-1}\tag{6}$$

中没有零点[2)].

证：设 $\zeta(s)$ 在区域 $T\leqslant t\leqslant T+1$ 中所有的零点的不同的虚部为 $t_1, t_2, \cdots, t_n$:

---

1) $\sum\limits_{T<\gamma\leqslant T+1}$ 表对虚部满足条件 $T<\gamma\leqslant T+1$ 的零点求和. 下面的求和号有类似的意义.

2) 包括显然零点.

$$T=t_0\leqslant t_1<t_2<\cdots<t_n\leqslant t_{n+1}=T+1.$$

由式(3)知 $n+1\leqslant A\log(|T|+2)$，$A$为某一正常数，因而有

$$1=\sum_{j=0}^{n}(t_{j+1}-t_j)\leqslant A\log(|T|+2)\max_{0\leqslant j\leqslant n}(t_{j+1}-t_j).$$

故必有 j_0 使

$$t_{j_0+1}-t_{j_0}\geqslant\frac{1}{A}(\log(|T|+2))^{-1}.$$

这样，取 $T'=\frac{1}{2}(t_{j_0}+t_{j_0+1})$，$c=\frac{1}{4A}$ 即满足推论的要求.

§4. 零点展开式的简化

利用§3所证明的零点的性质，可把 $\frac{\zeta'}{\zeta}(s)$ 的零点展开式(2.7)作进一步简化.

定理1 当$s\neq\rho$，且 $s\neq-2n\ (n=1,2,\cdots)$时有

$$\frac{\zeta'}{\zeta}(s)=\frac{-1}{s-1}+\sum_{|\gamma-t|\leqslant1}\frac{1}{s-\rho}$$
$$+O\left(\frac{1}{\lambda_1(s)}+\log(|s|+2)\right),\qquad(1)$$

其中 $\lambda_1(s)$ 由式(2.6)给出.

证：先证明式(1)当$|\sigma-1/2|>3/2$时成立. 由于$0\leqslant\operatorname{Re}\rho\leqslant1$，从式(3.3)可得

$$\sum_{|\gamma-t|\leqslant1}\left|\frac{1}{s-\rho}\right|\leqslant\frac{1}{3}\sum_{|\gamma-t|\leqslant1}1\ll\log(|t|+2),$$
$$|\sigma-1/2|>3/2.\qquad(2)$$

由此及

$$\frac{\zeta'}{\zeta}(s)\ll1,\ \sigma>2$$

就推出式(1)当$\sigma>2$时成立，当$\sigma<-1$时，由函数方程(7.1.13)得

$$\frac{\zeta'}{\zeta}(s)=\log2\pi+\frac{\pi}{2}\operatorname{ctg}\frac{\pi s}{2}-\frac{\Gamma'}{\Gamma}(1-s)-\frac{\zeta'}{\zeta}(1-s).\qquad(3)$$

由式(3.2.21)可得

$$\frac{\Gamma'}{\Gamma}(1-s) \ll \log(|s|+2), \quad \sigma<-1.$$

当 $s\neq -2n$ $(n=1, 2, \cdots)$ 时容易证明

$$\operatorname{ctg}\frac{\pi s}{2} \ll \frac{1}{\lambda_1(s)}, \quad \sigma<-1.$$

由以上三式及

$$\frac{\zeta'}{\zeta}(1-s) \ll 1, \qquad \sigma<-1,$$

就证明了式(1)当 $\sigma<-1$ 时亦成立.

下面来证明当 $|\sigma-1/2|\leqslant 3/2$ 时式(1)成立，取 $s_0=2+it$，由式(2.7)可得

$$\frac{\zeta'}{\zeta}(s)-\frac{\zeta'}{\zeta}(s_0)=\frac{-1}{s-1}+\sum_{\rho}\left(\frac{1}{s-\rho}-\frac{1}{s_0-\rho}\right) + O\left(\frac{1}{\lambda_1(s)}+\log(|s|+2)\right). \tag{4}$$

由 $\operatorname{Re}\rho\leqslant 1$ 及式(3.3)得到

$$\sum_{|\gamma-t|\leqslant 1}\frac{1}{s_0-\rho} \ll \log(|t|+2).$$

由式(3.5)及 $|\sigma-1/2|\leqslant 3/2$ 可得

$$\sum_{|\gamma-t|>1}\left(\frac{1}{s-\rho}-\frac{1}{s_0-\rho}\right) \ll \sum_{|\gamma-t|>1}\frac{1}{|t-\gamma|^2} \ll \log(|t|+2).$$

由以上三式就证明了式(1)当 $|\sigma-1/2|\leqslant 3/2$ 时成立.

对式(1)取实部得到

$$\operatorname{Re}\frac{\zeta'}{\zeta}(s)=-\operatorname{Re}\frac{1}{s-1}+\sum_{|\gamma-t|\leqslant 1}\operatorname{Re}\frac{1}{s-\rho} + O\left(\frac{1}{\lambda_1(s)}+\log(|s|+2)\right), \tag{5}$$

这也是对式(3.2)的简化.

推论 2 对任意实数T，一定可以找到T'，$T\leqslant T'\leqslant T+1$，使对任意的$\sigma$有

$$\frac{\zeta'}{\zeta}(\sigma+iT')\ll\log^2(|\sigma+iT'|+2).\qquad(6)$$

证：只要选取T'，满足推论3.4的要求，由式(1)及(3.3)就立即推出式(6)成立.

推论 3 若$\zeta(s)$在区域

$$\sigma\geqslant1-\eta(|t|)\qquad(7)$$

中无零点，这里$\eta(t)$当$t\geqslant0$时是连续可微的递减函数，且满足条件(i) $0<\eta(t)<\frac{1}{2}$，(ii) $\eta'(t)\to0$，$t\to\infty$. 那末对任意给定实数α, $0<\alpha<1$, 在区域

$$\sigma\geqslant1-\alpha\eta(|t|),\qquad |t|\geqslant2\qquad(8)$$

中有估计

$$\frac{\zeta'}{\zeta}(s)\ll\eta^{-1}(|t|)\log|t|,\qquad(9)$$

其中$\ll$常数和α有关.

证：显然只要对$t\geqslant2$来证. 当$s=\sigma+it$属于区域(8)时，对$\zeta(s)$的任一零点ρ总有

$$\begin{aligned}|s-\rho|&\geqslant\eta(t+(1-\alpha)\eta(t))-\alpha\eta(t)\\&=(1-\alpha)\eta(t)(1+\eta'(t^*)),\qquad t<t^*<t+(1-\alpha)\eta(t)\\&>\frac{1}{2}(1-\alpha)\eta(t),\qquad t\geqslant t_0,\end{aligned}\qquad(10)$$

这里用到了微分中值定理和条件(ii). 由此及式(3.3)，从式(1)就得到所要的结论.

§5. $\log\zeta(s)$

前面已经证明：$\zeta(s)$除了在负实轴上有无穷多个显然零点外，还在临界长条$0\leqslant\sigma\leqslant1$中有无穷多个复零点. 此外，在$s=1$它还有一个极点. 因此，$\log\zeta(s)$是一个多值函数. 在本书中我们总以下述方式来取定它的一个单值分支. 设t_1, t_2, $\cdots$是$\zeta(s)$所有的在上半平面上的非显然零点的不同的虚部，$\sigma_n(n=1,2,\cdots)$是以t_n为虚部的$\zeta(s)$

的所有非显然零点的最大实部. 在整个复平面上去掉下述无限条半直线:

$$\sigma \leqslant \sigma_n, \quad t=t_n \qquad n=1,2,\cdots,$$

$$\sigma \leqslant \sigma_n, \quad t=-t_n, \qquad n=1,2,\cdots,$$

以及

$$\sigma \leqslant 1, \qquad t=0 .$$

定义 $\log \zeta(s)$ 是这样的单值分支: $\sigma \geqslant 2$ 时

$$\log \zeta(s)=\log|\zeta(s)|+i \arg \zeta(s), \tag{1}$$

$$-\frac{\pi}{2}<\arg \zeta(s)<\frac{\pi}{2}\ ^{1)} .$$

当 $\sigma<2, s=\sigma+it$ 不属于上述那些半直线时, $\log\zeta(s)$ 定义为由式(1)所确定的函数沿直线 $2+it$ 到 $\sigma+it$ 的解析开拓. 当 $s=\sigma+it$ 属于上述那些半直线, 但既非零点又非极点时, 定义

$$\log \zeta(\sigma+it)=\lim_{\Delta t \rightarrow 0+} \log \zeta(\sigma+i(t+\Delta t)) . \tag{2}$$

对于这样取定的 $\log \zeta(s)$ 的单值分支, 由定理 4.1 可得到它的相应的渐近公式.

定理 1 对于 $-3/2 \leqslant \sigma \leqslant 5/2$, 当 s 不是零点且不等于 1 时, 一致地有

$$\log \zeta(s)=-\log(s-1)+\sum_{|\gamma-t| \leqslant 1} \log(s-\rho) + O(\log(|t|+2)), \tag{3}$$

其中 $-\pi<\operatorname{Im}\{\log(s-1)\} \leqslant \pi, -\pi<\operatorname{Im}\{\log(s-\rho)\} \leqslant \pi$.

证: 当 $s=\sigma+it$, t 不是零点纵坐标时, 对式(4.1)沿直线从s 到 $2+it$ 积分就得到(注意 $-1 \leqslant \sigma \leqslant 2$):

$$\log\zeta(s)-\log\zeta(2+it)=-\log(s-1)+\sum_{|\gamma-t| \leqslant 1}\{\log(s-\rho) - \log(2+it-\rho)\}+O(\log(|t|+2)),$$

由此及式(3.3)即得所要结论. 当 t 为零点纵坐标时, 由连续性及式(2)推出.

---

1) 容易证明 $\operatorname{Re}\{\zeta(s)\}>\frac{1}{4}$, 当 $\sigma \geqslant 2$ 时.

类似的可以讨论 $\log\xi(s)$，因为由式(7.1.15)可得

$$\log\xi(s)=\log(s-1)-\frac{s}{2}\log\pi+\log\Gamma\left(\frac{s}{2}+1\right)+\log\zeta(s). \quad (4)$$

最后，当 $s=\sigma+it$ 是 $\xi(s)$ 的零点或极点时，我们定义幅角

$$\arg\xi(\sigma+it)=\lim_{\Delta t\to 0+}\arg\xi(\sigma+i(t+\Delta t)). \quad (5)$$

对 $\zeta(s)$ 可同样确定.

习　题

1. 证明 $\zeta(s)$ 在区域 $|t|\leqslant 6$ 中无显然零点. (利用式(2.8)和(2.14)).
2. 利用定理 4.1.1 式 (4.1.6)的形式直接证明式(3.3). (设 $T\geqslant 3$, 以 C_r 表以 $2+iT$ 为心, 以 r 为半径的圆, 以 $n(r)$ 表圆 C_r 内及其上的零点个数. 在圆 C_r 上应用式(4.1.6), 并注意到 $N(T+1)-N(T)\leqslant n(\sqrt{5}\,)$).
3. 证明式(3.3)和定理 3.1 是等价的.
4. 证明：(a) $\sum\limits_{|\gamma|\geqslant T}^{2}\gamma^{-1}\ll T\log T, T\geqslant 2$.

   (b) $\sum\limits_{|\gamma|\leqslant T}|\gamma|^{-1}\ll\log^2 T, T\geqslant 2$.
5. 存在一个正常数 A, 使对任意实数 $T\geqslant 2$ 有

   (a) 一定存在一个 t', $T\leqslant t'\leqslant T+1$, 使得
   $$\sum_{|\gamma-t'|\leqslant 1}\log|\gamma-t'|>-(A\log T)/2;$$
   (b) 对(a)中的 t' 有 $|\zeta(\sigma+it')|>T^{-A}$, $-1\leqslant\sigma\leqslant 2$.

   (c) 对任意正常数 $H>1$, 除了一个测度不超过 H^{-1} 的集合外, 在区间 $T\leqslant t\leqslant T+1$ 上总有 $|\zeta(\sigma+it)|>T^{-AH}$, $-1\leqslant\sigma\leqslant 2$.(利用式(3.3)和式(5.3)).
6. 设 x 为半奇数.

   (a) 利用留数定理证明：当 $\sigma>1$ 时,
   $$\zeta(s)=\sum_{n<x}n^{-s}-(2i)^{-1}\int_{(x)}z^{-s}\operatorname{ctg}\pi z\,dz.$$
   (b) 当 $\sigma>1$ 时有　　$\zeta(s)=\sum\limits_{n<x}n^{-s}+(s-1)^{-1}x^{1-s}$

$$-(2i)^{-1}\int_{x-i\infty}^{x}(\operatorname{ctg}\pi z-i)z^{-s}dz-(2i)^{-1}\int_{x}^{x+i\infty}(\operatorname{ctg}\pi z+i)z^{-s}dz.$$

(c) 当 $x>|t|/2\pi$ 时 $\left|\zeta(s)-\sum_{n<x}n^{-s}\right|\leqslant|s-1|^{-1}x^{1-\sigma}+2(2\pi-|t|/x)^{-1}x^{-\sigma}$.

(这是用复变方法证明$\zeta(s)$的最简单的渐近公式(23.1.4)).

(d) 把以上的结果推广到$\zeta(s,a)$.

7. 证明: (a) 当 $1/2\leqslant\sigma\leqslant2$ 时, $\zeta(\sigma+12i)$的实部恒为正, $\zeta(\sigma+6\pi i)$的实部也恒为正. (利用第5题(c), 取 $x=9/2$) (b) $|\arg\zeta(1/2+12i)|<\pi/2$.

8. 设$\theta(t)=\operatorname{Im}\{\log\Gamma(1/4+it/2)\}+(t\log\pi)/2$, $Z(t)=e^{i\theta(t)}\zeta(1/2+it)$. 证明: 当 t 为实数时, $Z(t)$是实数, 与$\xi(1/2+it)$异号, 且两者有相同的零点.

9. 证明 : (a)$N(T)=(1/\pi)\theta(t)+1+(1/\pi)\zeta(1/2+iT)$, $\theta(t)$ 同上题, (b) $N(12)=0$, 即$\zeta(s)$在区域$|t|\leqslant12$ 中无非显然零点(利用(a), 式(3.3.13)($m=1$)及习题3.8).

10. 设$t_2>t_1>0$, 如果(i) 当 t 在区间 $[t_1,t_2]$ 上变化时$\theta(t)$(同第7题)的值不在任一 π 的倍数的附近, (ii) $\operatorname{Im}\zeta(1/2+it)$ 当 t 从 t_1 变到 t_2 时改变符号, 那末, $\zeta(1/2+it)$在区间(t_1,t_2)中必有一零点. 利用这办法. 通过对$\zeta(1/2+it)$及 $\theta(t)$的近似计算, 可以确定 $\zeta(s)$在直线 $\sigma=1/2$ 上的零点[1].

11. 设 $\theta(t)$由第7题给出. 利用式(3.3.13)($m=3$)证明:

$|\theta(t)-\{(t/2)(\log t/2\pi-1)-\pi/8+(48t)^{-1}+(5760t^3)^{-1}\}|<2t^{-5}$.

12. 设 $\theta(t)$, $Z(t)$由第7题给出, x是半奇数. 证明

(a) 当 $t>0$ 时, $\left|Z(t)-\sum_{n<x}n^{-1/2}\cos(t\log n-\theta(t))\right|\leqslant t^{-1}x^{1/2}+2(2\pi x-t)^{-1}\cdot x^{1/2}$. (利用第5题(c)).

(b) $Z(6\pi)>0$, 由此推出$\zeta(1/2+it)$在 $0<t<6\pi$ 中至少有一个零点. (利用(a), 取 $x=9/2$, $t=6\pi$).

13. 证明$\zeta(s)$ 在区域 $0<t<6\pi$ 中仅有一个零点, 且一定在直线 $\sigma=1/2$上. (利用第6题(a), 第8题). 如何指出这零点一定是一阶的.

1) 关于这方面的内容可参看 [32, XV], [8, 第6, 7章].

第九章　$\zeta(s)$的非显然零点的个数

在§8.3 中已经讨论了$\zeta(s)$在矩形区域$0\leqslant\sigma\leqslant 1, 0\leqslant t\leqslant T$中的零点(即非显然零点)的个数$N(T)$的最初步的性质(见推论 8.3.2). 本章要给出$N(T)$的一个渐近公式. 本章内容可参看[32, IX],[7,第15章]及[17,第一章].

§1. 基本关系式

定理1 设$T\geqslant 2$,且T不是$\zeta(s)$的零点的纵坐标, 则

$$N(T)=\frac{T}{2\pi}\log\frac{T}{2\pi}-\frac{T}{2\pi}+\frac{7}{8}+S(T)+O\left(\frac{1}{T}\right), \quad (1)$$

其中

$$S(T)=\frac{1}{\pi}\arg\zeta\left(\frac{1}{2}+iT\right), \quad (2)$$

其中幅角$\arg\zeta(s)$按§8.5来确定.

证: 设R是以$2, 2+iT, -1+iT, -1$为顶点的矩形. 由于T不是零点的纵坐标, 所以在矩形R的四边上没有零点. 由于整函数$\xi(s)$的零点和$\zeta(s)$的非显然零点相同,因而由幅角原理知

$$2\pi N(T)=\Delta_R\arg\xi(s), \quad (3)$$

其中$\Delta_R\arg\xi(s)$表示幅角$\arg\xi(s)$从2开始按正向绕矩形R一周的改变量, $\arg\xi(s)$同$\arg\zeta(s)$类似地确定. 由于$\xi(s)$当s为实数时取实值且不等于零, 所以当s从-1变到2时$\xi((s)$的幅角不变. 再因为

$$\xi(\sigma+it)=\xi(1-\sigma-it)=\overline{\xi(1-\sigma+it)},$$

所以当s从$1/2+iT$变到$-1+iT$再变到-1时$\xi(s)$的幅度改变量等于s从2变到$2+iT$再变到$1/2+iT$的改变量. 因此就有

$$\pi N(T)=\Delta_L\arg\xi(s), \tag{4}$$

其中 L 为从 2 到 $2+iT$ 再到 $\frac{1}{2}+iT$ 的折线.

由式(8.5.4)知

$$\Delta_L\arg\xi(s)=\Delta_L\arg(s-1)+\Delta_L\arg\pi^{-\frac{s}{2}}+\Delta_L\arg\Gamma\left(\frac{s}{2}+1\right)$$
$$+\Delta_L\arg\zeta(s). \tag{5}$$

显然

$$\Delta_L\arg(s-1)=\arg\left(iT-\frac{1}{2}\right)=\frac{\pi}{2}+O\left(\frac{1}{T}\right),$$

$$\Delta_L\arg\pi^{-\frac{s}{2}}=\Delta_L\left(-\frac{t}{2}\log\pi\right)=-\frac{T}{2}\log\pi.$$

此外，由 Stirling 公式(式(3.3.17))得

$$\Delta_L\arg\Gamma\left(\frac{s}{2}+1\right)=\frac{T}{2}\log\frac{T}{2}-\frac{T}{2}+\frac{3}{8}\pi+O\left(\frac{1}{T}\right).$$

由以上四式，从式(3)就推出式(1).

我们将分别用两种方法来证明

$$S(T)=O(\log T),$$

从而得到$N(T)$的渐近公式(见§2, §3).

§2. 渐近公式(一)

定理 1 设$T\geqslant 2$, 我们有

$$N(T)=\frac{T}{2\pi}\log\frac{T}{2\pi}-\frac{T}{2\pi}+O(\log T). \tag{1}$$

证: 先假定T不是$\zeta(s)$的零点的纵坐标. 由式(8.5.3)得

$$\pi S(T)=\operatorname{Im}\left\{\log\zeta\left(\frac{1}{2}+iT\right)\right\}$$
$$=-\arg\left(-\frac{1}{2}+iT\right)+\sum_{|\gamma-T|\leqslant 1}\arg\left(\frac{1}{2}+iT-\rho\right)$$
$$+O(\log T).$$

由式(8.3.3)及

$$\left|\arg\left(-\frac{1}{2}+iT\right)\right|\leqslant\pi,\ \left|\arg\left(\frac{1}{2}+iT-\rho\right)\right|\leqslant\pi,$$

再从上式即得

$$S(T)=O(\log T).\tag{2}$$

由此及式(1.1)就证明了式(1)当 T 不是零点的纵坐标时成立. 当 T 是零点纵坐标时，总有 $h, 0<h<1$, 使得 $T+h$ 不是零点纵坐标，且 $N(T)=N(T+h)$，由此就推得式(1)亦成立.

由定理 1 容易证明下面的推论.

推论 2 设 $\zeta(s)$ 所有虚部大于零的零点是

$$\rho_n=\beta_n+i\gamma_n\quad,n=1,2,\cdots,\tag{3}$$

$$0<\gamma_1\leqslant\gamma_2\leqslant\cdots\leqslant\gamma_n\leqslant\cdots.$$

我们有

$$|\rho_n|\sim\gamma_n\sim\frac{2\pi n}{\log n}\quad,n\to\infty.\tag{4}$$

从推论 2 并不能推出

$$\gamma_{n+1}-\gamma_n\to 0,\qquad n\to\infty.\tag{5}$$

Littlewood 证明了式(5)(见[32, 定理 9.11, 9.12]).

推论 3 存在正常数 H_0, T_0 和 C, 使当 $T\geqslant T_0$, $H\geqslant H_0$ 时有

$$N(T+H)-N(T)\geqslant CH\log T.\tag{6}$$

事实上，Titchmarsh 证明了更强的结果(见[32, 定理 9.1 4])：对任意给定的正数 H, 一定存在正数 $C=C(H)$, $T_0=T_0(H)$, 使当 $T\geqslant T_0$ 时有

$$N(T+H)-N(T)\geqslant C\log T.\tag{7}$$

由此可见式(8.3.3)实质上是最佳估计.

从式(6)当然可以推出(另一证明见习题 7.29(e))

$$\gamma_{n+1}-\gamma_n=O(1).\tag{8}$$

最后，我们顺便指出：关于 $\zeta^{(k)}(s)$ 在区域 $0<t\leqslant T$ 中的零点

个数 $N_k(T)$ 有类似的渐近公式. 基于数值计算R.Spira 猜想[1]: 对 $k\geqslant 1$ 有

$$N(T)=N_k(T)+\left[\frac{T\log 2}{2\pi}\right]\pm 1. \tag{9}$$

B.C.Berndt[2] 证明了: 对 $k\geqslant 1$ 有

$$N_k(T)=\frac{T}{2\pi}\log\frac{T}{2\pi}-\left(\frac{1+\log 2}{2\pi}\right)T+O(\log T), \tag{10}$$

即

$$N(T)=N_k(T)+\frac{T\log 2}{2\pi}+O(\log T). \tag{11}$$

此外, 和 $\zeta(s)$ 不同的是 $\zeta^{(k)}(s)$ $(k\geqslant 1)$ 在半平面 $\sigma<0$ 和 $\sigma>1$ 中都可能有复零点. 但 Spira 证明了: 存在 α_k 使得在半平面 $\sigma\geqslant\alpha_k$ 中 $\zeta^{(k)}(s)$ 没有零点; 存在 β_k 使得在半平面 $\sigma\leqslant\beta_k$ 中 $\zeta^{(k)}(s)$ 没有复零点. 且在每个区间 $(-1-2n,1-2n)$ $(1-2n\leqslant\beta_k)$ 中恰有一个实零点[3]. 对 $\zeta'(s)$, Levinson 和 Montgomery[4] 证明了: 在每个区间 $(-2n,-2n+2)$ $(n\geqslant 2)$ 中 $\zeta'(s)$ 恰有一个实零点. 且在半平面 $\sigma\leqslant 0$ 中无其它零点; 并证明了 Riemann 猜想(见§12.2)等价于 $\zeta'(s)$ 在半平面 $\sigma<1/2$ 中没有复零点.

有趣的是 $\xi^{(m)}(s)$ 和 $\xi(s)$ 也有类似的结果. 容易证明[5]: $\xi^{(m)}(s)$ 的所有零点均在长条 $0<\sigma<1$ 中; 若以 $N^{(m)}(T)$ 表 $\xi^{(m)}(s)$ 在 $0<\sigma<1$. $0<t<T$ 中的零点个数, 则对任意正整数 m 有

$$N^{(m)}(T)=N(T)+O_m(\log T).$$

§3. 渐近公式(二)

上节是由式(8.5.3)来推得 $N(T)$ 的渐近公式的, 而这需要用到有穷阶整函数理论. 事实上可以用函数论方法来直接证明式

---

1) *J. London Math. Soc.*, **40**(1965), 677-682.

2) *J. London Math. Soc.*, (2), **2**(1970), 577-580.

3) *Proc. Amer. Math. Soc.*, **26**(1970), 246-247.

4) *Acta Math.*, **133**(1974), 49-67.

5) *Conrey, J. Number Theory.* **16**(1983), 49-74.

(2.2)，从而得到 $N(T)$ 的渐近公式. 为此先来证明下面的引理([31, §9.4 的引理]).

引理 1 设 $0\leqslant\alpha<\beta<2$，除 $s=1$ 外，$f(s)$ 是半平面 $\sigma\geqslant\alpha$ 上的解析函数，且当 s 取实数时 $f(s)$ 取实值. 再设

$$|\mathrm{Re}\{f(2+it)\}|\geqslant m>0,\quad -\infty<t<+\infty, \tag{1}$$

及

$$|f(\sigma'+it')|\leqslant M(\sigma,t),\quad \sigma'\geqslant\sigma,\ |t'-t|\leqslant 2. \tag{2}$$

那末，当 $T>2$，且 T 不是 $f(s)$ 的零点的纵坐标，$\sigma\geqslant\beta$ 时，有

$$|\arg f(\sigma+iT)|\leqslant\pi\left(\log\frac{2-\alpha}{2-\beta}\right)^{-1}\cdot\left(\log M(\alpha,T)+\log\frac{1}{m}\right)+\frac{3}{2}\pi, \tag{3}$$

这里取 $-\pi<\arg f(2)\leqslant\pi$[1)]，$\arg f(\sigma+iT)$ 由 2 变到 $2+iT$，再到 $\sigma+iT$ 来确定.

证：设在线段 $2+iT$ 到 $\beta+iT$ 上 $\mathrm{Re} f(s)$ 有 q 个零点 $a_j+iT(1\leqslant j\leqslant q)$：

$$2>a_1>a_2>\cdots>a_q\geqslant a_{q+1}=\beta.$$

由式(1)知

$$|\arg f(a_1+iT)-\arg f(2)|\leqslant\frac{\pi}{2}.$$

此外，显有

$$|\arg f(a_{j+1}+iT)-\arg f(a_1+iT)|\leqslant\pi,\ j=1,\cdots q.$$

因而有

$$|\arg f(\sigma+iT)|\leqslant\left(q+\frac{3}{2}\right)\pi,\ \beta\leqslant\sigma\leqslant 2. \tag{4}$$

由于 $\overline{f(s)}=f(\overline{s})$，所以亦有

$$|\arg f(\sigma-iT)|\leqslant(q+3/2)\pi,\ \beta\leqslant\sigma\leqslant 2. \tag{5}$$

1) 事实上，$f(2)$ 为实数 $\neq 0$，所以 $\arg f(2)=0$ 或 π.

下面来估计q. 考虑函数

$$g(w)=\frac{1}{2}\ \{f(w+iT)+f(w-iT)\}.$$

设 $w=u+iv$. 显有 $g(u)=\mathrm{Re}f(u+iT)$, 所以$a_j(1\leqslant j\leqslant q)$是$g(w)$在线段$v=0,\beta\leqslant u\leqslant 2$上的零点. 以$n(r)$表$g(w)$在$|w-2|\leqslant r$上的零点个数. 显有

$$q\leqslant n(2-\beta),$$

及

$$\int_0^{2-\alpha}\frac{n(r)}{r}\,dr\geqslant\int_{2-\beta}^{2-\alpha}\frac{n(r)}{r}\,dr\geqslant n(2-\beta)\log\frac{2-\alpha}{2-\beta}.$$

另一方面由式(4.1.6)可得

$$\int_0^{2-\alpha}\frac{n(r)}{r}dr=\frac{1}{2\pi}\int_0^{2\pi}\log|g(2+(2-\alpha)e^{i\theta})|\,d\theta-\log|g(2)|.$$

由以上四式及式(1), (2) 即得

$$q\leqslant\left(\log\frac{2-\alpha}{2-\beta}\right)^{-1}\left(\log M(\alpha,T)+\log\frac{1}{m}\right).$$

由此及式(4)就证明了引理

定理 2.1 的证明: 在引理 1 中取 $f(s)=\zeta(s)$, $\alpha=0$, $\beta=\frac{1}{2}$. 由熟知估计:

$$\zeta(s)\ll|t|^c,\ \sigma\geqslant 0,\ |t|\geqslant 2,$$

c为某一正常数, 立即由式(3)可推出估计式(2.2). 因而就证明了定理 2.1.

从定理 2.1 显然可以推出估计式(8.3.3). 由于本节所给出的定理 2.1 的证明中, 没有用到估计式(8.3.3)及任何与它有关的结果, 所以这就给出了式(8.3.3)的一个新证明(另一个证明见习题 8.2), 因而也就证明了定理 8.3.1(见习题 8.3).

利用函数论方法还可以由式(8.3.3)来直接证明定理 8.4.1. 为此先要证明下面的引理.

引理 2 设在圆$|z-z_0|\leqslant r$上$f(Z)$解析，$f(z_0)\neq 0$，且满足

$$\left|\frac{f(z)}{f(z_0)}\right|\leqslant M.$$

我们有

$$\left|\frac{f'(z)}{f(z)}-\sum_{\rho}\frac{1}{z-\rho}\right|<\frac{16}{r}\log M,\ |z-z_0|\leqslant\frac{r}{4}. \qquad (6)$$

其中$\sum\limits_{\rho}$是对圆$|z-z_0|\leqslant\frac{r}{2}$上的$f(z)$的所有零点(按重数计)求和. 当$z=z_0$时，系数 16 可改为 4.

证：设$g(z)=f(z)\prod\limits_{\rho}(z-\rho)^{-1}$，其中乘积$\prod\limits_{\rho}$是展布在圆$|z-z_0|\leqslant\frac{r}{2}$上的$f(z)$的所有零点(按重数计)上. 所以$g(z)$在$|z-z_0|\leqslant r$上解析，在$|z-z_0|\leqslant\frac{r}{2}$上无零点. 在$|z-z_0|=r$上显有

$$\left|\frac{g(z)}{g(z_0)}\right|=\left|\frac{f(z)}{f(z_0)}\prod_{\rho}\frac{z_0-\rho}{z-\rho}\right|\leqslant\left|\frac{f(z)}{f(z_0)}\right|\leqslant M.$$

由最大模原理知，上式在$|z-z_0|\leqslant r$上亦成立.

现取一支

$$\begin{cases} h(z)=\log\dfrac{g(z)}{g(z_0)}, & |z-z_0|\leqslant\dfrac{r}{2}. \\ h(z_0)=0. \end{cases}$$

由定理 4.2.2 的式(4.2.4)(取$n=1$，并以$\frac{r}{2}$，$\frac{r}{4}$分别代R, r)得

$$|h'(z)|\leqslant\frac{16}{r}\log M,\ |z-z_0|\leqslant\frac{r}{4}.$$

这就证明了式(6)，当$z=z_0$时，可用定理 4.2.1 的式(4.2.1)代替式(4.2.4)，即得所要的结果.

定理 8.4.1 的证明：由定理 8.4.1 的原来的证明中可看出，只要证明当$-1\leqslant\sigma\leqslant 2$，$t\geqslant 24$时有

$$\frac{\zeta'}{\zeta}(s) = \sum_{|t-r|\leqslant 1} \frac{1}{s-\rho} + O(\log t). \tag{7}$$

在引理 2 中取 $f(s)=\zeta(s)$, $s_0=2+iT(T\geqslant 24)$, $r=12$,这时可取 $M=T^A$, A 为某一常数. 我们得到

$$\frac{\zeta'}{\zeta}(s) = \sum_{|\rho-s_0|\leqslant 6} \frac{1}{s-\rho} + O(\log T), \quad |s-s_0|\leqslant 3.$$

特别的, 当 $s=\sigma+iT$, $-1\leqslant\sigma\leqslant 2$ 时上式成立, 以 t 代 T 就得到

$$\frac{\zeta'}{\zeta}(s) = \sum_{|\rho-s_0|\leqslant 6} \frac{1}{s-\rho} + O(\log t), \quad -1\leqslant\sigma\leqslant 2,$$

这里$s_0=2+it$. 由此及式(8.3.3)即得式(7).

这样一来, 渐近公式(2.1)及第八章的§3. §4. §5 中的所有结果, 我们都可以用有穷阶整函数理论或直接用函数论方法分别来给出它们的证明.

§4. $S(T)$ 的性质

由定理 1.1 看到, 对$N(T)$ 的讨论可归结为对$S(T)$ 的讨论. 关于 $S(T)$ 我们证明了估计式(2.2), 这一结果首先是由 von Mangoldt (1895, 1905) 所证明的见(§2), 后来 Racklund(1914, 1918) 给出了另一证明(见 §3). 估计式(2.2) 至今没有被改进. $S(T)$的变化是十分复杂的. 下面将证明

定理 1 设$T\geqslant 2$,

$$S_1(T) = \int_0^T S(t)\,dt, \tag{1}$$

则有

$$S_1(T) = O(\log T). \tag{2}$$

首先来证明一个引理[1)](Littlewood).

引理2 设$f(s)$是矩形 R : $\alpha\leqslant\sigma\leqslant\beta$, $T_1\leqslant t\leqslant T_2$ 内的半纯函数, 在矩形的边界 C 上解析且不为零. 再设 $v(x)$ 是矩形 R_x:

1) 这引理是定理4.1.1 在矩形区域的推广.

$x \leqslant \sigma \leqslant \beta, T_1 \leqslant t \leqslant T_2$ 上的零点个数与极点个数之差. 我们有

$$\int_{\alpha}^{\beta} v(x) dx = \frac{-1}{2\pi i} \int_C F(s) ds, \tag{3}$$

其中 $F(s)$ 为 $\log f(s)$ 的确定的一支.

证: 首先我们取 $F(s)$ 为这样的一支: 由于 $f(s)$ 在 R 上只能有有限个零点和极点, 所以零点和极点的纵坐标只能取有限个值, 设为

$$T_1 < t_1 < t_2 < \cdots < t_n < T_2 .$$

再设 $\alpha < \sigma_j < \beta$ $(j=1, 2, \cdots n)$, $\sigma_j + it_j$ 是 $f(s)$ 的零点或极点, 但在线段

$$\sigma + it_j, \sigma_j < \sigma \leqslant \beta, \quad j=1, 2, \cdots, n$$

上 $f(s)$ 既无零点也无极点. 把矩形 R 用这样 n 条线段 l_j 切开:

$$l_j: \alpha \leqslant \sigma \leqslant \sigma_j, t=t_j, \quad j=1, 2, \cdots, n.$$

这样, $f(s)$ 在 $R-(l_1+l_2+\cdots+l_n)$ 上解析且不等于零, 因而就可取定一支 $\log f(s)$ 为 $F(s)$.

设 C_x 为矩形区域 R_x 的边界. 当 $f(s)$ 在 $\sigma=x$ 上没有零点和极点时, 由幅角原理知

$$\begin{aligned} v(x) &= \frac{1}{2\pi i} \int_{C_x} \frac{f'(s)}{f(s)} ds \\ &= \frac{-1}{2\pi} \int_{T_1}^{T_2} \frac{f'(x+it)}{f(x+it)} dt + \frac{1}{2\pi i} \{F(x+iT_2) \\ &\quad - F(x+iT_1)\}, \end{aligned} \tag{4}$$

这里用到了所取定的一支 $F(s)$. 由于 $f'(s)/f(s)$ 在区域 R 上只有一阶极点, 所以二重积分

$$\iint_R \frac{f'(x+it)}{f(x+it)} dxdt$$

存在. 因而对式(4)两边积分得(交换积分号)[1)]

$$\int_{\alpha}^{\beta} v(x)\,dx = \frac{-1}{2\pi} \int_{T_1}^{T_2} dt \int_{\alpha}^{\beta} \frac{f'(x+it)}{f(x+it)}\,dx$$

$$+ \frac{1}{2\pi i} \int_{\alpha}^{\beta} \{F(x+iT_2) - F(x+iT_1)\}dx\,,$$

当$t \neq t_j$时

$$\int_{\alpha}^{\beta} \frac{f'(x+it)}{f(x+it)}\,dx = F(\beta+it) - F(\alpha+it)$$

由以上两式就证明了式(3).

注意到式(3)左边为实数，两边取实部得

$$\int_{\alpha}^{\beta} v(x)\,dx = \frac{1}{2\pi} \int_{T_1}^{T_2} \log|f(\alpha+it)|dt - \frac{1}{2\pi} \int_{T_1}^{T_2} \log|f(\beta+it)|dt$$

$$+ \frac{1}{2\pi} \int_{\alpha}^{\beta} \arg f(\sigma+iT_2)\,d\sigma - \frac{1}{2\pi} \int_{\alpha}^{\beta} \arg f(\sigma+iT_1)\,d\sigma\,; \quad (5)$$

两边取虚部得

$$\frac{1}{2\pi} \int_{\alpha}^{\beta} \log|f(\sigma+iT_1)|\,d\sigma - \frac{1}{2\pi} \int_{T_1}^{T_2} \arg f(\beta+it)\,dt$$

$$- \frac{1}{2\pi} \int_{\alpha}^{\beta} \log|f(\sigma+iT_2)|d\sigma + \frac{1}{2\pi} \int_{T_1}^{T_2} \arg f(\alpha+it)\,dt = 0\,, \quad (6)$$

由此引理很容易推出定理 1.

定理 1 的证明： 在引理 1 中取$f(s)=\zeta(s)$，$\alpha=\frac{1}{2}$，$\beta>2$，$T_1=0$, $T_2=T$. 由式(6)可得

$$\frac{1}{\pi} \int_0^T \arg \zeta\left(\frac{1}{2}+it\right)dt = \frac{1}{\pi} \int_0^T \arg \zeta\,(\beta+it)\,dt$$

---

1) 下面的被积函数可以在有限个点上无定义.

$$+\frac{1}{\pi}\int_{1/2}^{\beta}\log|\zeta(\sigma+iT)|d\sigma-\frac{1}{\pi}\int_{1/2}^{\beta}\log|\zeta(\sigma)|d\sigma.$$

对所取定的一支 $\log\zeta(s)$，我们有

$$\log\zeta(s)\ll 2^{-\sigma},\quad \sigma\geqslant 2,$$

因此当 $\beta\to\infty$ 时，

$$\frac{1}{\pi}\int_{0}^{T}\arg\zeta(\beta+iT)\,dt=0,$$

$$\frac{1}{\pi}\int_{1/2}^{\beta}\log|\zeta(\sigma)|d\sigma\ll 1,$$

$$\frac{1}{\pi}\int_{1/2}^{\beta}\log|\zeta(\sigma+iT)|d\sigma=\frac{1}{\pi}\int_{1/2}^{2}\log|\zeta(\sigma+iT)|d\sigma+O(1).$$

由以上各式得

$$S_1(T)=\frac{1}{\pi}\int_{1/2}^{2}\log|\zeta(\sigma+iT)|d\sigma+O(1). \tag{7}$$

由定理 8.5.1 得(取 $s=\sigma+iT$)

$$\int^{2}\log|\zeta(\sigma+iT)|d\sigma=\sum_{|\gamma-T|\leqslant 1}\int_{1/2}^{2}\log|s-\rho|d\sigma+O(\log T),$$

容易证明

$$\int_{1/2}^{2}\log|s-\rho|d\sigma\ll 1,\qquad |T-\gamma|\ll 1.$$

因而由式(8.3.3)及以上三式即得式(2).

这样，对 $S(T)$ 及其积分 $S_1(T)$ 我们得到了同样的估计式，这表明 $S(T)$ 的变化是很不规则的. Titchmarsh (见[32, 定理 9.10] 证明了 $S(T)$ 无穷多次改变正负号. 此外，从定理 1 可看出式(1.1)中的常数 7/8 起着本质的作用，不能忽略.

习　　题

1. 证明推论 2.2.
2. 证明推论 2.3.
3. 设 $T\geqslant 2$. 证明 (a) $\sum\limits_{\gamma\geqslant T}\gamma^{-2}=(2\pi T)^{-1}\log T+O(T^{-1})$.

   (b) $\sum\limits_{\gamma\leqslant T}\gamma^{-1}=(4\pi)^{-1}\log^2 T+O(\log T)$.
4. 证明$\zeta(s)$的非显然零点的收敛指数为1.更精确地说,级数 $\sum\limits_{\rho}|\rho|^{-1}(\log|\rho|)^{-\alpha}$ 当$\alpha>2$时收敛；当$\alpha\leqslant 2$时发散.
5. 设$S(t)$由定理 1.1 给出，$T\geqslant 2$. 证明:

$$\int_0^T t^{-1}S(t)\,dt=A+O(T^{-1}\log T).$$

   A是某一常数，进而把这结果推广到积分 $\int_0^T t^{-\alpha}S(t)\,dt, 0<\alpha<1$.
6. 设$S(t)$由定量 1.1 给出、按下面的步骤证明$S(t)$无穷多次改变其正负号: 设γ_n(由推论 2.2 给出)是$\zeta(s)$的零点的这样的虚部，满足 $\gamma_{n+1}>\gamma_n$.再设$l(t)$是定义在区间$[\gamma_n,\gamma_{n+1}]$上的线性函数, 使得$l(\gamma_n)=S(\gamma_n)$, $l(\gamma_{h+1})=S(\gamma_{n+1}-0)$.再设$L(t)=(t\ \ 2\pi)\{\log(t/2\pi)-1\}+7\ \ 8$. 证明: (a) 当$\gamma_n\leqslant t<\gamma_{n+1}$时, $l(t)-S(t)=-\{L(\gamma_{n+1})-L(\gamma_n)\}.(\gamma_{n+1}-\gamma_n)^{-1}(t-\gamma_n)+\{L(t)-L(\gamma_n)\}+O(\gamma_n^{-1}$. (b) 当 $\gamma_n\leqslant t<\gamma_{n+1}$时，$l(t)-S(t)\simeq O(\gamma_n^{-1})$.

   (c) $\int_{\gamma_n}^{\gamma_{n+1}}S(t)\,dt=(1/2)(\gamma_{n+1}-\gamma_n)\{s(\gamma_n)-S(\gamma_{n+1}-0)\}+O(\gamma_n^{-1}(\gamma_{n+1}-\gamma_n))$.

   (d) 如果当 $t\geqslant t_0$ 时, 总有 $S(t)\geqslant 0$, 那么必有n_0使当 $n\geqslant n_0$时 $S(\gamma_n)\geqslant 3/4$, 以及$\int_{\gamma_n}^{\gamma_{n+1}}S(t)\,dt\geqslant(\gamma_{n+1}-\gamma_n)/4$. 指出这是不可能的. (e) 可以同样证明不可能总有$S(t)\leqslant 0$.
7. 证明对任意正整数m有$\arg\zeta^{(m)}(1/2+it)\ll\log t, t\geqslant 2$, 其中 $\ll$ 常数和m有关.
8. 设$H(s)=\pi^{-s/2}\Gamma(s/2)$. 对足够大的$|t|$,证明: (a)$\zeta(s)=0$的充要条件

是$H(s)\zeta'(s)+H(1-s)\zeta'(1-s)=0$；(b) 在直线$\mathrm{Re}\,s=1/2$上，$\zeta'(s)$的零点一定也是$\zeta(s)$的零点：(c) 在直线 $\mathrm{Re}\ s=1/2$上.如果$\arg H(s)\zeta'(s)\equiv\pi/2\ (\mathrm{mod}\,\pi)$，那末必有$\zeta(s)=0$.(利用习题3.12).

9. 设$H(s)=\pi^{-s/2}\Gamma(s/2)$，$l(s)=H'(s)/H(s)+H'(1-s)/H(1-s)$. 再设$a\leqslant\sigma\leqslant b$，($a,b$是任意实数)$|t|$ 充分大 $G(s)=\zeta(s)+\zeta'(s)/l(s)$. 证明：$H(1-s)\zeta'(1-s)=-H(s)l(s)G(s)$，且$\zeta'(1-s)$和$G(s)$在所设的区域中有相同的零点.

10. 设$N_0(x)$表$\zeta(1/2+it)$在$0<t<x$内的零点个数(按重数计). 再设T是足够大的正数，$0<U\leqslant T$，以及$\zeta(1/2+iT)\neq0$，$\zeta(1/2+i(T+U))\neq0$. 证明：$N_0(T+U)-N_0(T)\geqslant\frac{1}{\pi}\arg H\left(\frac{1}{2}+it\right)\Big|_T^{T+U}-\frac{1}{\pi}\arg G\left(\frac{1}{2}+it\right)\Big|_T^{T+U}+M_0+O(1)$，其中$G(s)$同上题，$M_0$表$G(1/2+it)$在$T<t<T+U$内的零点个数(按重数计).

11. 在上题的符号、条件下，设R是以$1/2+iT$，$3+iT$，$3+i(T+U)$，$1/2+i(T+U)$为顶点的正向矩形，且对所取的$T,U,G(s)$在矩形R的$\sigma\neq1/2$的三边上无零点. 再设M_1是$G(s)$在R内的零点个数. 证明$\pi^{-1}\arg G(1/2+it)|_R=M_0+2M_1$.

12. 在上两题的条件，符号下证明：

$$\frac{1}{\pi}\arg G(\sigma+iT)\Big|_{1/2}^{3}+\frac{1}{\pi}\arg G(3+it)\Big|_T^{T+U}+\frac{1}{\pi}\arg G(\sigma+i(T+U))\Big|_3^{1/2}\leqslant\log T.$$

(利用引理3.1). 进而推出

$$N_0(T+U)-N_0(T)\geqslant\frac{1}{\pi}\arg H\left(\frac{1}{2}+it\right)\Big|_T^{T+U}-2M_1+O(\log T)$$

$$=(U/2\pi)\log T/2\pi-2M_1+O(\log T+T^{-1}U^2).$$

13. 在前三题的条件、符号下，设$0<a<1/2$，$1/2-a\ll(\log T/2\pi)^{-1}$，再设$\psi(s)$为任一整函数，以及$Q(s)=\psi(s)G(s)$，满足

$$\int_\alpha^3\arg Q(\sigma+i(T+U))d\sigma=O(\log T),$$

$$\int_\alpha^3\arg Q(\sigma+iT)d\sigma=O(\log T),$$

$$\int_T^{T+U} \log|Q(3+it)|dt = O(U\log^{-1}T).$$

那末，当取 $a=1/2-c(\log T/2\pi)^{-1}$（$c$ 为一正常数）时，有

$$2(M_0+M_1) \leqslant \frac{UL}{2\pi c}\log\left\{\frac{1}{U}\int_T^{T+U}|Q(a+it)|^2 dt\right\}.$$

14. 设 $\xi(s)$ 由式(7.1.15)给出．证明：(a)对任意正整数 m，$\xi^{(m)}(s)$ 也是一阶整函数，且其零点均在长条 $0<\sigma<1$ 内；(b)以 $N^{(m)}(T)$ 表 $\xi^{(m)}(s)$ 在 $0<t<T$ 内的零点(按重数计)，则有 $N^{(m)}(T)=(T/2\pi)\log(T/2\pi)-T/2\pi+O(\log T)$，其中 O 常数和 m 有关(利用习题 3.12，及 § 3 的方法)．

第十章　$\zeta(s)$的非零区域

本章的内容是讨论$\zeta(s)$的没有零点的区域的范围，以及在相应区域内$1/\zeta(s)$和$\zeta'(s)/\zeta(s)$的阶估计．本章内容可参看[32, III, §5.17 及§6.14], [16], [17] 及 [18].

§1. $\zeta(1+it)\neq 0$

1896年，J. Hadamard 和 C. J. de la Vallée Poussin 同时独立证明了在直线$\sigma=1$上$\zeta(s)\neq 0$，并由此推出了素数定理$\pi(x)\sim x(\log x)^{-1}$. 直到A. Selberg 和 P. Erdös 在1949年给出素数定理的初等证明之前，$\zeta(s)$的这一性质一直是证明各种形式的素数定理的必要条件[1].

Hadamard 的论证方法是这样的：当$\sigma>1$时有

$$\log\zeta(s)=\sum_p\sum_{m=1}^{\infty}\frac{1}{mp^{ms}}=\sum_p\frac{1}{p^s}+f(s), \tag{1}$$

其中$f(s)$在半平面$\sigma>\frac{1}{2}$内解析．因为$\zeta(s)$在$s=1$有一个一阶极点，留数为1, 所以，当$\sigma\to 1+0$时

$$\sum_p\frac{1}{p^\sigma}\sim\log\frac{1}{\sigma-1}. \tag{2}$$

假设$1+it_0$是$\zeta(s)$的d阶$(d\geqslant 1)$零点(当然$t_0\neq 0$)，设$\sigma>1$. 当$\sigma\to 1+0$时，由式(1)得

$$\sum_p\frac{\cos(t_0\log p)}{p^\sigma}=\log|\zeta(\sigma+it_0)|-\mathrm{Re}f(\sigma+it_0)\sim d\log(\sigma-1). \tag{3}$$

比较式(2)和式(3)可知$d=1$，而且，在某种意义上，对绝大多数值p, $\cos(t_0\log p)$应该接近于-1. 因而，对绝大多数值p, $\cos(2t_0\log p)$应该接近于1, 且当$\sigma\to 1+0$时

---

1) 关于这方面的内容可参看[27].

$$\log|\zeta(\sigma+2it_0)| \sim \sum_p \frac{\cos(2t_0\log p)}{p^\sigma} \sim \sum_p \frac{1}{p^\sigma} \sim \log\frac{1}{\sigma-1}. \tag{4}$$

上式显然表明$1+2it_0$应是$\zeta(s)$的极点，而这是不可能的. 这就证明了$\zeta(1+it_0)\neq 0$. 这一论证的严格化安排在习题2.

和 Hadamard 的论证类似，de la Vallée Poussin 的证明亦依赖于$\zeta(\sigma+it)$和$\zeta(\sigma+2it)$之间的某种关系. 这里将给出Mertens的改进了的证明，他的证明的基础是不等式

$$3+4\cos\theta+\cos 2\theta = 2(1+\cos\theta)^2 \geqslant 0. \tag{5}$$

引理 1 当$\sigma>1$时，对任意实数t有

$$|\zeta(\sigma)|^3|\zeta(\sigma+it)|^4|\zeta(\sigma+2it)|\geqslant 1. \tag{6}$$

证: 由式(1)的第一个等式可得

$$3\log|\zeta(\sigma)|+4\log|\zeta(\sigma+it)|+\log|\zeta(\sigma+2it)|$$

$$=\sum_p\sum_{m=1}^{\infty}\frac{1}{mp^{m\sigma}}\{3+4\cos(mt\log p)+\cos(2mt\log p)\}\geqslant 0,$$

最后一步用到了式(5). 这就证明了式(6).

定理 2 对任意实数t,必有

$$\zeta(1+it)\neq 0. \tag{7}$$

证: 用反证法. 若$\zeta(1+it_0)=0$, 显有$t_0\neq 0$. 在式(6)的左边取$t=t_0$. 由于$\zeta^3(\sigma)$在$\sigma=1$是三阶极点，$\zeta^4(\sigma+it_0)$在$\sigma=1$至少是四阶零点， 以及由$t_0\neq 0$知$\zeta(s)$在$1+2it_0$解析, 所以，当令$\sigma\to 1+0$时，式(6)左边应趋于零，这和式(6)矛盾. 因此就证明了定理.

事实上，由不等式(6)可以证明

定理 3 存在正常数c_1,使得在区域

$$\sigma\geqslant 1-c_1\log^{-9}(|t|+2) \tag{8}$$

中$\zeta(s)$没有零点，以及在此区域中，且$|t|\geqslant 2$时有

$$\frac{1}{\zeta(s)} \ll \log^7|t|, \tag{9}$$

$$\frac{\zeta'}{\zeta}(s) \ll \log^9|t| \tag{10}$$

由于下节将证明更强的结果，定理 3 的证明将安排在习题 6. 但应该指出的是这一估计的证明是初等的，而利用这一估计就可证明不带余项的素数定理 $\psi(x)\sim x$，这些也将安排在习题中.

§2. 非零区域（一）（整体方法）

1899 年 de la Vallée Poussin 利用 $-\frac{\zeta'}{\zeta}(s)$ 的零点展开式（见式(8.2.7)），得到了关于 $\zeta(s)$ 的非零区域的较好的结果，从而证明了具有更好的余项估计的素数定理（见定理 11.3.2）.

定理 1 存在正常数 c_1 使得 $\zeta(s)$ 在区域

$$\sigma \geqslant 1 - c_1 \log^{-1}(|t|+2) \tag{1}$$

中没有零点.

证：首先，类似于式(1.6)，由式(1.5)及

$$-\operatorname{Re}\frac{\zeta'}{\zeta}(s) = \sum_{n=1}^{\infty}\frac{\Lambda(n)}{n^{\sigma}}\cos(t\log n), \qquad \sigma > 1,$$

可推得

$$3\left\{-\frac{\zeta'}{\zeta}(\sigma)\right\} + 4\left\{-\operatorname{Re}\frac{\zeta'}{\zeta}(\sigma+it)\right\} + \left\{-\operatorname{Re}\frac{\zeta'}{\zeta}(\sigma+2it)\right\} \geqslant 0, \sigma > 1. \tag{2}$$

其次对 $-\frac{\zeta'}{\zeta}(s)$ 的零点展开式(8.2.7)取实部得到

$$-\operatorname{Re}\frac{\zeta'}{\zeta}(s) = \frac{\sigma-1}{|s-1|^2} - \sum_{\rho}\frac{\sigma-\beta}{|s-\rho|^2} + O\left(\frac{1}{\lambda_1(s)} + \log(|s|+2)\right). \tag{3}$$

由于 $\beta \leqslant 1$，所以当 $1<\sigma\leqslant 10$ 时有

$$-\operatorname{Re}\frac{\zeta'}{\zeta}(\sigma+it) \leqslant \frac{\sigma-1}{|s-1|^2} - \sum_{\rho}{}'\frac{\sigma-\beta}{|s-\rho|^2} + O(\log(|t|+2)). \tag{4}$$

其中$\sum_{\rho}{}'$表示对任意多个非显然零点求和（也可一个也不取）. 由于 $s=1$ 是极点，所以必有正常数c_2，使在区域 $|t|\leqslant c_2$，$\sigma\geqslant 1-c_2$ 中$\zeta(s)$无零点. 因而只要讨论这样的非显然零点，它的虚部γ满足

$$|\gamma|\geqslant c_2. \tag{5}$$

现设$\rho_0=\beta_0+i\gamma_0$是一个这样的非显然零点. 在式(4)的$\sum_{\rho}{}'$中仅取一项$\rho=\rho_0$，注意到式(5)，可得

$$-\mathrm{Re}\frac{\zeta'}{\zeta}(\sigma+i\gamma_0)\leqslant\frac{-1}{\sigma-\beta_0}+O(\log(|\gamma_0|+2)),\ 1<\sigma\leqslant 10. \tag{6}$$

在式(4)的$\sum_{\rho}{}'$中一项也不取，注意到式(5)可得

$$-\mathrm{Re}\frac{\zeta'}{\zeta}(\sigma+2i\gamma_0)\leqslant O(\log(|\gamma_0|+2)),\ 1<\sigma\leqslant 10. \tag{7}$$

此外，在式(4)的$\sum_{\rho}{}'$中一项也不取可得

$$-\mathrm{Re}\frac{\zeta'}{\zeta}(\sigma)\leqslant\frac{1}{\sigma-1}+O(1),\qquad 1<\sigma\leqslant 10. \tag{8}$$

在式(2)中取$t=\gamma_0$，从式(6)，(7)，(8)可推出存在正常数c_3使得:

$$\frac{3}{\sigma-1}-\frac{4}{\sigma-\beta_0}+c_3\log(|\gamma_0|+2)>0,\ 1<\sigma\leqslant 10. \tag{9}$$

即

$$\frac{1-\beta_0}{4}>\frac{\sigma-1}{3}\left(1+\frac{c_3}{3}(\sigma-1)\log(|\gamma_0|+2)\right)^{-1}-\frac{\sigma-1}{4},$$

$$1<\sigma\leqslant 10. \tag{10}$$

取

$$\sigma=1+(3c_3\log(|\gamma_0|+2))^{-1},$$

由式(10)即得

$$\beta_0<1-(15c_3\log(|\gamma_0|+2))^{-1}.$$

取 $c_1=(15c_3)^{-1}$ 就证明了定理.

附注. 定理1的证明用到了 $\zeta'(s)/\zeta(s)$ 的零点展开式, 这是由有穷阶整函数理论推出的. 但是, 容易看出, 利用定理 8.4.1 (即简化的零点展开式) 同样可以证明本定理. 而定理 8.4.1 可以不用有穷阶整函数理论而直接用函数论方法来证明(见第九章 §3 的后半部份). 但在下一节中我们将直接用函数论方法来证明更一般形式的确定非零区域的定理.

从定理 1 及推论 8.4.3 立即得到

定理 2 对任意给定的 $0<\alpha<1$, 在区域

$$\sigma \geqslant 1-\alpha c_1 \log^{-1}|t|,\ |t| \geqslant 2, \tag{11}$$

中有

$$\frac{\zeta'}{\zeta}(s) \ll \log^2|t|. \tag{12}$$

特别地

$$\frac{\zeta'}{\zeta}(1+it) \ll \log^2|t|,\ |t| \geqslant 2. \tag{13}$$

§3. 非零区域(二)(局部方法)

本节将介绍 E. Landau 的确定 $\zeta(s)$ 的非零区域的方法. 他直接利用一般的复变函数论方法, 证明了: 如果 $\zeta(s)$ 在某一区域中满足某种阶的估计, 那末就可得到一个相应的非零区域.

定理1 设定义在 $t\geqslant 0$ 上的函数 $\varphi(t)$ 和 $\theta(t)$ 分别是正的非减函数和正的非增函数, 且满足

$$0<\theta(t)\leqslant 1,\ t\geqslant 0, \tag{1}$$

$$\lim_{t\to+\infty}\varphi(t)=+\infty, \tag{2}$$

以及

$$(\theta(t))^{-1} \ll e^{\varphi(t)},\quad t\geqslant 0. \tag{3}$$

再设在区域

$$1-\theta(t)\leqslant\sigma\leqslant 2,\ t\geqslant 2 \tag{4}$$

中有估计

$$\zeta(s) \ll e^{\varphi(t)}. \tag{5}$$

那末存在正常数 c_1 使得 $\zeta(s)$ 在区域

$$\sigma \geqslant 1 - c_1 \frac{\theta(2|t|+1)}{\varphi(2|t|+1)} \tag{6}$$

中没有零点.

证: 由于 $\zeta(s)$ 的零点对实轴对称，所以只要证明 $\zeta(s)$ 在区域

$$\sigma \geqslant 1 - c_1 \frac{\theta(2t+1)}{\varphi(2t+1)}, \quad t \geqslant 0$$

中没有零点. 再因为 $s=1$ 是极点，所以和定理 2.1 一样，只要证明 $\zeta(s)$ 在区域

$$\sigma \geqslant 1 - c_1 \frac{\theta(2t+1)}{\varphi(2t+1)}, \quad t \geqslant c_2 \tag{7}$$

中没有零点，其中 c_2 为某一正常数 1).

首先，由条件(3)知，必有正常数 c_3，使当 $t \geqslant c_2$ 时有

$$\frac{1}{\theta(2t+1)} \leqslant \frac{1}{3} e^{c_3 \varphi(2t+1)}. \tag{8}$$

显然，c_3 取得更大时上式当然也成立.

其次，当 c_1 变小时区域(7)亦变小，故不妨假定

$$c_1 \leqslant \varphi(2c_2+1)/30 . \tag{9}$$

现设 $\rho_0 = \beta_0 + i\gamma_0$ 是 $\zeta(s)$ 的一个零点，$\gamma_0 \geqslant c_2$. 当 $\beta_0 < 1 - \frac{1}{30}\theta(2\gamma_0+1)$ 时，由式(9)及 $\varphi(t)$ 的非减性知 ρ_0 一定不在区域(7)中. 因此，可假定

$$\beta_0 \geqslant 1 - \frac{1}{30}\theta(2\gamma_0+1). \tag{10}$$

由条件(8)知，可取实数 σ_0（待定）满足

$$1 + e^{-2c_3\varphi(2\gamma_0+1)} \leqslant \sigma \leqslant 1 + \frac{1}{3}\theta(2\gamma_0+1). \tag{11}$$

1) 不妨假定 $\theta(0) \leqslant c_2/2$. 不然以 $c_2\theta(t)/2$ 代 $\theta(t)$ 即可.

再取 $r=\theta(2\gamma_0+1)$.

先对函数 $\zeta(s)$ 在圆 $R_1: |s-(\sigma_0+i\gamma_0)|\leqslant r$ 上应用引理9.3.2. 注意到 $\theta(t)\leqslant c_2/2$，因此只要 c_3 取得足够大，由式(7.5.1)及条件(5)，(11)可得

$$\left|\frac{\zeta(s)}{\zeta(\sigma_0+i\gamma_0)}\right|<\frac{\sigma_0}{\sigma_0-1}|\zeta(s)|\leqslant e^{3c_3\varphi(2\gamma_0+1)},\quad s\in R_1. \tag{12}$$

此外，由式(11)的右半不等式，式(10)可得

$$|\rho_0-(\sigma_0+i\gamma_0)|=\sigma_0-\beta_0\leqslant\frac{11}{30}\theta(2\gamma_0+1)<\frac{r}{2}.$$

因此由式(9.3.6)得

$$-\mathrm{Re}\frac{\zeta'}{\zeta}(\sigma_0+i\gamma_0)\leqslant 12c_3\frac{\varphi(2\gamma_0+1)}{\theta(2\gamma_0+1)}-\sum_{\rho}\mathrm{Re}\frac{1}{(\sigma_0+i\gamma_0)-\rho}. \tag{13}$$

其中 $\sum_{\rho}$ 表对 $\zeta(s)$ 在圆 $|s-(\sigma_0+i\gamma_0)|\leqslant\frac{r}{2}$ 中的零点求和. 注意到 $\mathrm{Re}\rho<1<\sigma_0$，由上式可得（在 $\sum_{\rho}$ 中仅取一项 $\rho=\rho_0$）

$$-\mathrm{Re}\frac{\zeta'}{\zeta}(\sigma_0+i\gamma_0)\leqslant 12c_3\frac{\varphi(2\gamma_0+1)}{\theta(2\gamma_0+1)}-\frac{1}{\sigma_0-\beta_0}. \tag{14}$$

同样对 $\zeta(s)$ 在圆 $R_2: |s-(\sigma_0+2i\gamma_0)|\leqslant r$ 上应用引理9.3.2，可得（在 $\sum_{\rho}$ 中一项也不取）

$$\begin{aligned}-\mathrm{Re}\frac{\zeta'}{\zeta}(\sigma_0+2i\gamma_0)&\leqslant 12c_3\frac{\varphi(2\gamma_0+1)}{\theta(2\gamma_0+1)}-\sum_{\rho}\mathrm{Re}\frac{1}{(\sigma_0+2i\gamma_0)-\rho}\\&\leqslant 12c_3\frac{\varphi(2\gamma_0+1)}{\theta(2\gamma_0+1)}.\end{aligned} \tag{15}$$

此外，由式(7.4.8)可得

$$-\frac{\zeta'}{\zeta}(\sigma_0)=\frac{1}{\sigma_0-1}+O(1). \tag{16}$$

这样，只要 c_3 取得足够大，由式(2.2)，(14)，(15)及(16)可得

$$\frac{3}{\sigma_0-1}-\frac{4}{\sigma_0-\beta_0}+25c_3\frac{\varphi(2\gamma_0+1)}{\theta(2\gamma_0+1)}>0,$$

即

$$\frac{1-\beta_0}{4}>\frac{\sigma_0-1}{3}\left\{1+\frac{25}{3}c_3(\sigma_0-1)\frac{\varphi(2\gamma_0+1)}{\theta(2\gamma_0+1)}\right\}^{-1}-\frac{\sigma_0-1}{4}.$$

取[1)]

$$\sigma_0=1+\frac{1}{75c_3}\frac{\theta(2\gamma_0+1)}{\varphi(2\gamma_0+1)},$$

由上式即得

$$\beta_0<1-\frac{1}{375c_3}\frac{\theta(2\gamma_0+1)}{\varphi(2\gamma_0+1)}.$$

取

$$c_1=\min\left(\frac{1}{375c_3},\ \frac{1}{30}\varphi(2c_2+1)\right),$$

就证明了 $\zeta(s)$ 在区域 (7) 中无零点，也就证明了定理.

由最简单的估计：当 $\sigma\geqslant 1/2, |t|\geqslant 2$ 时有 $\zeta(s)\ll|t|$ 知,可在定理 1 中取

$$\theta(t)\equiv 1/2,\quad \varphi(t)=\log(t+2). \tag{17}$$

由此就推出了定理 2.1, 这给出了定理 2.1 的另一证明.

如果利用由定理 24.1.6 推得的估计：在区域 (24.1.40) 中有估计 (24.1.41) 成立，那末，就可在定理 1 中取

$$\begin{cases}\theta(t)=c_4(\log t)^{-2/3}(\log\log t)^{2/3},\\ \varphi(t)=(c_5+1)\log\log t,\end{cases} \tag{18}$$

并由此得到 $\zeta(s)$ 的最好的非零区域：

定理 2 存在正常数 c_6，使得在区域

$$\sigma\geqslant 1-c_6(\log^2(|t|+4)\log\log(|t|+4))^{-1/3} \tag{19}$$

中，$\zeta(s)$ 没有零点.

---

1) 只要 c_3 取得足够大，由条件知这样取的 σ_0 一定满足式 (11).

通常把 de la Vallée Poussin 的方法称为“整体”函数论方法，Landau 的方法称为“局部”函数论方法. Landau 方法依赖于 $\zeta(s)$ 在直线 $\sigma=1$ 附近的阶估计. 目前的最好结果就是定理 24.1.6，并由此得到了定理 2.

下面直接用 Landau 方法来给出 $\zeta'(s)/\zeta(s)$ 和 $1/\zeta(s)$ 的阶估计. 为此，先来证明

引理 3 设 $f(z)$ 在 $|z-z_0|\leqslant r$ 上解析，$f(z_0)\neq 0$，以及满足

$$|f(z)/f(z_0)|\leqslant M,\ |z-z_0|\leqslant r, \tag{20}$$

$$|f'(z_0)/f(z_0)|\leqslant M_1. \tag{21}$$

再设 $0<r'\leqslant r/4$，$f(z)$ 在区域: $|z-z_0|\leqslant r/2$、$\mathrm{Re}(z-z_0)\geqslant -r'$ 上无零点. 那末，对任意的 $0<\alpha<1$ 有

$$f'(z)/f(z)\ll r^{-1}\log M+M_1,\ |z-z_0|\leqslant\alpha r', \tag{22}$$

其中 $\ll$ 常数和 α 有关.

证: 由式 (9.3.6) 及所给的条件可得:

$$-\mathrm{Re}(f'(z)/f(z))\leqslant 16r^{-1}\log M,\ |z-z_0|\leqslant r'. \tag{23}$$

对函数 $-f'(z)/f(z)$ 应用定理 4.2.2(取 $R=r'$, $r=\alpha r'$)，由式 (23),(21) 及式 (4.2.3) 即得所要结论.

定理 4 在定理1 的条件下，在区域[1)]

$$\sigma\geqslant 1-\frac{c_1}{4}\frac{\theta(2|t|+3)}{\varphi(2|t|+3)},\quad |t|\geqslant 2 \tag{24}$$

中有估计

$$\frac{\zeta'}{\zeta}(s)\ll\frac{\varphi(2|t|+3)}{\theta(2|t|+3)}, \tag{25}$$

$$\frac{1}{\zeta(s)}\ll\frac{\varphi(2|t|+3)}{\theta(2|t|+1)}. \tag{26}$$

特别地，

---

1) 由证明可看出，下式中的 1/4 可用任一小于 1 的正数代替.

$$\frac{\zeta'}{\zeta}(1+it) \ll \frac{\varphi(2|t|+3)}{\theta(2|t|+3)}, \quad |t| \geqslant 2, \tag{27}$$

$$\frac{1}{\zeta(1+it)} \ll \frac{\varphi(2|t|+3)}{\theta(2|t|+3)}, \quad |t| \geqslant 2. \tag{28}$$

证: 不妨设 $t_0 \geqslant 2$. 现来应用引理 3 (把 z 改为 s). 取 $s_0 = 1+(c_1/2)\theta(2t_0+3)(\varphi(2t_0+3))^{-1}+it_0$, $r=\theta(2t_0+3)$. 由条件容易推出: 在 $|s-s_0| \leqslant r$ 上有

$$\frac{\zeta(s)}{\zeta(s_0)} \ll \frac{e^{\varphi(t)}}{\sigma_0-1} \ll e^{c_7\varphi(2t_0+3)}.$$

此外,

$$\frac{\zeta'}{\zeta}(s_0) \ll \frac{\varphi(2t_0+3)}{\theta(2t_0+3)},$$

所以在引理 2 中可取 $M=e^{c_7\varphi(2t_0+3)}$. 现取 $r'=(3c_1/2)\theta(2t_0+3)(\varphi(2t_0+3))^{-1}$. 只要假定 t_0 适当大就有 $r' \leqslant r/4$, 且由定理1知引理 2 的其它条件亦满足. 因此得到: 当 $|s-s_0| \leqslant r'/2$ 时有

$$\frac{\zeta'}{\zeta}(s) \ll \frac{\varphi(2t_0+3)}{\theta(2t_0+3)}.$$

特别地, 当 $t=t_0$, $\sigma \geqslant 1-(c_1/4)\theta(2t_0+3)(\varphi(2t_0+3))^{-1}$ 时上式成立[1]. 把 t_0 改为 t, 这就得到了式(25).

对任意固定的 $t \geqslant 2$, 当

$$1-\frac{c_1}{4}\frac{\theta(2t+3)}{\varphi(2t+3)} \leqslant \sigma \leqslant 1+\frac{\theta(2t+3)}{\varphi(2t+3)} = a \tag{29}$$

时, 由式(25)可推出

$$\log\frac{1}{|\zeta(s)|} = -\operatorname{Re}\log\zeta(s) = -\operatorname{Re}\log\zeta(a+it)$$

$$+\int_\sigma^a \operatorname{Re}\frac{\zeta'}{\zeta}(u+it)\,du$$

1) 当 $\sigma>1+(5c_1/4)\theta(2t_0+3)(\varphi(2t_0+3))^{-1}$ 时上式显然成立.

$$\leqslant \log\zeta(a) + \int_\sigma^a O\left(\frac{\varphi(2t+3)}{\theta(2t+3)}\right) du$$

$$< \log\frac{a}{a-1} + O(1).$$

这就证明了式(26)当 σ 满足条件(29)时成立，而当 $\sigma > a$ 时式(26)显然成立.

由于 $\theta(t)$，$\varphi(t)$ 可取由式(17)或(18)所给出的函数，所以由定理 4 就可得到相应的结果.

定理 5 存在正常数 c_8 和 c_9，使得 (a) 在区域

$$\sigma \geqslant 1 - c_8(\log|t|)^{-1}, \ |t| \geqslant 2 \tag{30}$$

中有估计

$$\frac{\zeta'}{\zeta}(s) \ll \log|t|, \quad \frac{1}{\zeta(s)} \ll \log|t|; \tag{31}$$

(b) 在区域

$$\sigma \geqslant 1 - c_9(\log^2|t|\log\log|t|)^{-1/3}, \ |t| \geqslant 10 \tag{32}$$

中有估计

$$\frac{\zeta'}{\zeta}(s) \ll (\log^2|t|\log\log|t|)^{1/3}, \tag{33}$$

$$\frac{1}{\zeta(s)} \ll (\log^2|t|\log\log|t|)^{1/3}. \tag{34}$$

这些结果比定理 2.2 要好，而且还得到了 $\zeta^{-1}(s)$ 的估计.

像推论 8.4.3 一样，我们也可以利用 Landau 的局部方法，直接从非零区域来推出 $\zeta'(s)/\zeta(s)$ 和 $\zeta^{-1}(s)$ 在相应区域中的阶估计.

附注. 关于 $\zeta(s)$ 非零区域还可以用其它方法来讨论. 可参看 [24, 第十一章] 及 [25, §4.1]. Motohashi 的证明是利用 Selberg 筛法，具有初等的特征.

习　　题

1．证明$\zeta(s)$的复零点均在长条$0<\sigma<1$内.

2．按下面的步骤来实现Hadamard关于$\zeta(1+it)\neq0$的证明:

(a) 设$\sigma>1$，$S=\sum_p p^{-\sigma}$，$P=\sum_p p^{-\sigma}\cos(t_0\log p)$，$Q=\sum_p p^{-\sigma}\cos(2t_0\log p)$. 如果$1+it_0$是$\zeta(s)$的零点，那末对任给的正数$\varepsilon$，必有正数$\delta$，使当$0<\sigma-1\leqslant\delta$时，$P<-(1-\varepsilon)S$.

(b) 设$0<\alpha<\pi/4$, $S'=\sum_p{}' p^{-\sigma}$，这里$\sum_p{}'$表对满足以下条件的p求和:
$(2k+1)\pi-\alpha\leqslant t_0\log p\leqslant(2k+1)\pi+\alpha$, $k=0,\pm1,\pm2,\cdots$. 再设$S=S'+S''$，及$\lambda=S'/S$. 那末当$0<\sigma-1\leqslant\delta$时，有$(1-\lambda)(1-\cos\alpha)<\varepsilon$（考虑把$P$表为类似的两部份$P'+P''$）.

(c) $Q\geqslant S(\lambda\cos2\alpha-1+\lambda)$，由此推出$\sigma\to1$时$Q\to+\infty$.（考虑把$Q$表为类似的两部份$Q'+Q''$）.

3．设$\sigma>1$, S,P,Q的定义如上题. 证明(a) $P^2\leqslant S(S+Q)/2$; (b) 若$\zeta(1+it_0)=0$那末$\zeta(1+i\,2t_0)$是极点（利用(a)）. 由此也证明了$\zeta(1+it)\neq0$.

4．证明当$\sigma>1$时，$\zeta^5(\sigma)|\zeta(\sigma+it)|^8|\zeta(\sigma+2it)|^4|\zeta(\sigma+3it)|\geqslant1$. 由此推出$\zeta(1+it)\neq0$.

5．设实数$a\neq0$. 证明:

(a) 当$\sigma>1$时有
$$\zeta^{-1}(2s)\zeta^2(s)\zeta(s+ia)\zeta(s-ia)=\sum_{n=1}^{\infty}n^{-s}|\sigma_{ia}(n)|^2.$$

(b) 设σ_c是上式中级数的收敛横坐标. 那末，若$1+ai$是$\zeta(s)$的零点，则$\sigma_c<1$.（利用习题6.1 1）.

(c) 证明σ_c不可能小于1，由此推出$\zeta(1+it)\neq0$.

6．按下列步骤来证明定理1.3. 设$t\geqslant2$. 证明:

(a) 当$\sigma>1$时，$|\zeta(\sigma+it)|\geqslant c_1(\sigma-1)^{3/4}(\log t)^{-1/4}$，$c_1$为一正常数.

(b) $|\zeta(1+it)|\geqslant c_2\log^{-7}t$，$c_2$为一正常数

(c) 存在正常数c_3，使当$\sigma\geqslant1-c_3\log^{-9}t$时有$\zeta^{-1}(s)\ll\log^7t$. 进而推

出在这区域中有$\zeta'(s)/\zeta(s)\ll\log^9 t$，以及$\log\zeta(s)\ll\log^9 t$.

以下的第7—14题是为了定出定理2.1中的非零区域的常数c_1[1]. 这些题中的符号，未加说明者有相同的意义.

7. 证明：当$0\leqslant\sigma\leqslant 2, t\geqslant T>0$时有

$$\frac{1}{2}\log t+A_1\leqslant\frac{1}{2}\operatorname{Re}\frac{\Gamma'}{\Gamma}\left(1+\frac{s}{2}\right)\leqslant\frac{1}{2}\log t+A_2,$$

其中

$$A_1=-\frac{1}{2}\log 2-\left(\frac{\pi}{4}+\frac{2}{T}\right)\frac{1}{T},\ A_2=-\frac{1}{2}\log 2+\left(\frac{\pi}{4}+\frac{4}{T}\right)\frac{1}{T}.$$

8. 设$u\geqslant 0, 0\leqslant\alpha\leqslant 1/2, \sigma>1$，及$\tau=(1+\sqrt{1+4\sigma^2})/2$. 再设$G(\sigma)=(\sigma-\alpha)((\sigma-\alpha)^2+u)+(\sigma-1+\alpha)((\sigma-1+\alpha)^2+u)$. 证明：$G(\sigma)\geqslant G(\tau)/\sqrt{5}$.（考虑$F(\alpha,u)=((\sigma-\alpha)^2+u)G(\sigma)$. 证明：当$\sigma-\alpha\leqslant\tau-1+\alpha$时，$F(\alpha,u)\leqslant 2\tau-1$；当$\sigma-\alpha>\tau-1+\alpha$时$F(\alpha,u)\leqslant\max\{2\tau-1,(\sigma-\alpha)^2((\tau-\alpha)^{-1}+(\tau-1+\alpha)^{-1})\}$. 由此推出总有$F(\alpha,u)\leqslant 2\tau-1<\sqrt{5}(2\sigma-1)$.）

9. 当$u=0$时，上题可改进为$\sqrt{5}(\sigma-\alpha)^{-1}\geqslant(\tau-\alpha)^{-1}+(\tau-1+\alpha)^{-1}$.

10. 设$1<\sigma<5/4$，$t\geqslant T\geqslant 12$. $s=\sigma+it$，$s_1=\tau+it$. 再设$f(s)=-\operatorname{Re}\zeta'(s)/\zeta(s), c=1/\sqrt{5}$. 证明：$f(s)-cf(s_1)\leqslant 2^{-1}(1-c)\log t+A_3$，其中$A_3=(1-c)(\gamma/2+1-(3/2)\log 2-\log\pi)+T^{-1}(\pi/4+4/T)+cT^{-1}(\pi/4+2/T)$，$\gamma$是Euler常数. 此外，若$\zeta(s)$有一个零点$\beta+it_0$，$\beta>1/2$，则$f(s)-cf(s_1)\leqslant 2^{-1}(1-c)\log t+A_3-(\sigma-\beta)^{-1}$.（利用式(8.2.7)）.

11. 证明：(a) 当$1<\sigma\leqslant 2(\pi-1)$时，$f(\sigma)<(\sigma-1)^{-1}-(2(\sigma+2))^{-1}$.（利用式(8.2.5)及(3.3.9)($m=1$)）.

(b) 当$\sigma\geqslant 4$时，$f(\sigma)<(\sigma-1)^{-1}$.（利用式(6.3.24)）.

12. 设$n\geqslant 2$，以P_n表满足以下条件的全体三角多项式$p_n(\varphi)=a_0+a_1\cos\varphi+\cdots+a_n\cos n\varphi$所组成的集合：对任意的$\varphi$，$p_n(\varphi)\geqslant 0, a_k\geqslant 0$ $(0\leqslant k\leqslant n)$，及$a_0<a_1$. 再设$V(p_n)=(a_1+\cdots+a_n)(\sqrt{a_1}-\sqrt{a_0})^{-2}$，$V=\lim\limits_{n\to\infty}\inf\limits_{p_n\in P_n}V(p_n)$，$R_0=2^{-1}(1-c)V$，$c=1/\sqrt{5}$. 按以下步骤来证明：对任给的$\varepsilon>0$，必有$T=T(\varepsilon)$，使得$\zeta(s)$在区域：$\sigma\geqslant 1-(R\log t)^{-1}$，$t\geqslant T$中没有零点，其中$R=R_0+\varepsilon$.

---

1) 见С.Б.Стечкин, Мат.Заметки, **8**(1970), 419—429.

(a) 取定一个多项式 $p_n(\varphi)\in P_n$ 使得 $V(p_n)\leqslant V+\varepsilon$. 考虑函数 $S(t)=\sum_{k=0}^{n}a_k\{f(\sigma+ikt)-cf(\tau+ikt)\}$, 这里 $1<\sigma\leqslant 5/4$. 如果 $\beta+it$ $(\beta>1/2)$ 是 $\zeta(s)$ 的零点, 那末, $0\leqslant S(t)\leqslant a_0(\sigma-1)^{-1}-a_1(\sigma-\beta)^{-1}+2^{-1}(1-c)\sum_{k=1}^{n}a_k\log t+a_0(\sigma^{-1}(\sigma-1)-cf(\tau))+A_5$, $A_5\doteq A_3\sum_{k=1}^{n}a_k+2^{-1}(1-c)\sum_{k=1}^{n}a_k\log k$. (利用第 10, 11 题).

(b) 证明: 当 $1<\sigma\leqslant 5/4$ 时有 $a_1(\sigma-\beta)^{-1}\leqslant a_0(\sigma-1)+K$, $K=2^{-1}(1-c)\sum_{k=1}^{n}a_k\log t+A_5$. (利用 $f(2)>0.569$).

(c) 证明: 当 $t\geqslant T(\varepsilon)$ 时, $\beta\leqslant 1-(\sqrt{a_1}-\sqrt{a_0})^2K^{-1}=1-\{2^{-1}(1-c)V(p_n)\log t+A_5(\sqrt{a_1}-\sqrt{a_0})^{-2}\}^{-1}$, 进而推出所要的结论.

13. 在上题中取 $n=4$, $p_4(\varphi)=(0.28+\cos\varphi)^2(0.91+\cos\varphi)^2$. 由计算证明: (a) $a_0=1.40277\cdots$, $a_1=2.39142\cdots$, $a_2=1.46285$, $a_3=0.595$, $a_4=0.125$; (b) $34.8<V(p_4)<34.9$, 以及 $2^{-1}(1-c)V(p_4)<9.65$; (c) 当 $T\geqslant 12$ 时, $A_5<0$.

14. 证明在区域: $\sigma\geqslant 1-(9.65\log t)^{-1}$, $t\geqslant 12$ 中 $\zeta(s)$ 没有零点[1].

---

1) Rosser 和 Schoenfeld (Math. Comp., 29 (1975), 243—270) 证明了在区域 $\sigma\geqslant 1-(12\log(t/17))^{-1}$, $t\geqslant 21$ 中 $\zeta(s)$ 没有零点.

第十一章　素数定理

§1. 问题的提出和进展

设 x 为正数，研究不超过 x 的素数个数 $\pi(x)$ 是数论的一个中心问题. 1800 年左右，A. M. Legendre 根据数值计算提出[1)]：对于大的 x, $\pi(x)$ 近似等于

$$x(\log x - B)^{-1}, \tag{1}$$

其中 $B=1.08366$. 1849 年 12 月 24 日，Gauss 在给 Encke 的一封信中说[2)]：在 1792 —— 1793 年间，他通过考察以一千个相邻整数为一段中的素数个数，认为对于大的 x，素数的"平均分布密度"应是 $(\log x)^{-1}$，因而 $\pi(x)$ 应近似等于

$$\int_2^x (\log u)^{-1} du. \tag{2}$$

为了方便起见，通常以所谓对数积分

$$\mathrm{Li}\, x = \lim_{\eta \to 0}\left(\int_0^{1-\eta} + \int_{1+\eta}^x\right)\frac{du}{\log u}, \tag{3}$$

来代替积分(2)，两者仅差一常数

$$\mathrm{Li}\, 2 = 1.04\cdots .$$

简单说来，他们和其他人的工作是想找到一个熟悉而简单的函数 $f(x)$，使得

$$\pi(x)/f(x) \to 1,\ x \to \infty. \tag{4}$$

进一步还可考虑它们之间的误差

$$r(x) = \pi(x) - f(x). \tag{5}$$

注意到

1) Théorie des Nombres, 3rd ed., Paris, 1830.

2) Werke, Bd. 2, 2. Aufl., 444 – 447, Göttingen, 1876.

$$(x/\log x)/\mathrm{Li}\,x \to 1, \quad x\to\infty, \tag{6}$$

Legendre 和 Gauss 都认为应取 $f(x)=x/\log x$，即应有

$$\pi(x)/(x/\log x)\to 1, \qquad x\to\infty. \tag{7}$$

这就是现在熟知的素数定理. 如果要进一步考虑误差，以后将会看到 Gauss 的猜测是惊人的精确，就是说取 $f(x)=\mathrm{Li}\,x$ 要比取 $f(x)=x/\log x$ 所得的误差更小. 通常把估计出余项

$$r_1(x)=\pi(x)-\mathrm{Li}\,x \tag{8}$$

或

$$r_1'(x)=\pi(x)-x/\log x \tag{9}$$

的结果称为带余项的素数定理. 本章不讨论形如式(9)的余项估计，这方面的内容可参看 [27].

1850 年左右，Чебышев 为了研究素数定理，引进了两个极其重要的函数

$$\theta(x)=\sum_{p\leqslant x}\log p, \tag{10}$$

及

$$\psi(x)=\sum_{n\leqslant x}\Lambda(n). \tag{11}$$

利用定理 2.1.1 容易证明

$$\theta(x)=\pi(x)\log x-\int_2^x \pi(u)u^{-1}du, \tag{12}$$

及

$$\pi(x)=\theta(x)(\log x)^{-1}+\int_2^x \theta(u)(u\log^2 u)^{-1}du. \tag{13}$$

此外，容易看出:

$$\psi(x)=\sum_{m\geqslant 1}\sum_{p^m\leqslant x}\log p=\theta(x)+\theta(x^{1/2})+\theta(x^{1/3})+\cdots, \tag{14}$$

因而有

$$\theta(x^{1/2})\leqslant\psi(x)-\theta(x)\leqslant\sum_{p\leqslant x^{1/2}}\log p\,[\log x/\log p]$$
$$\leqslant\pi(x^{1/2})\log x. \tag{15}$$

Чебышев 虽然没有证明素数定理，但证明了著名的不等式

$$c_1 x(\log x)^{-1} \leqslant \pi(x) \leqslant c_2 x(\log x)^{-1},\ x \geqslant 2\ . \tag{16}$$

其中c_1，c_2是两个很接近于1的正常数. 这是继 Euclid 证明素数有无穷多个之后，在理论上所得到的关于$\pi(x)$的第一个重要成果. 他还指出：Gauss 的近似公式(2)要比 Legendre 的近似公式(1)精确，并且证明了式(7)左边的极限如果存在，那末一定是 1. 从式(15)，(16)可推出：

$$c_3 x^{1/2} \leqslant \psi(x) - \theta(x) \leqslant c_4 x^{1/2}, \tag{17}$$

其中c_3，c_4是两个正常数，从式(12)，(13)，(17)知，素数定理(7)等价于命题：

$$\theta(x) \sim x\ , \tag{18}$$

或

$$\psi(x) \sim x\ . \tag{19}$$

而余项$r_1(x)$的估计可相应地转化为估计余项

$$r_2(x) = \theta(x) - x\ , \tag{20}$$

或

$$r_3(x) = \psi(x) - x\ . \tag{21}$$

1859 年，Riemann 在其题为“论不超过一个给定值的素数个数”的著名文献中第一次系统而又深刻地(虽然他的论证许多是不严格和不充分的)研究了作为复变数s的ζ函数

$$\zeta(s) = \sum_{n=1} \frac{1}{n^s}\ , \qquad \sigma > 1\ ;$$

建立了$\pi(s)$和$\zeta(s)$的复零点之间的一个关系式(见式(12.1.10)，(12.1.11)). 他的分析表明素数定理与ζ函数的复零点的分布有着密切的关系，为研究素数定理指明了方向.关于 Riemann 的这一历史性的工作将在下一章作详细的介绍.

正是沿着 Riemann 所指出的方向，Hadamard (1892—1893) 发表了两篇极为重要的整函数论文，严格证明了 Riemann 在其文章中提出的关于ζ函数的几个重要结论(见下一章)，在此基础

上，Hadamard[1]和 de la Vallée Poussin[2]在 1896 年几乎同时独立证明了素数定理. 进而，在 1899 年 de la Vallée Poussin 证明了更强的带余项的素数定理[3]:

$$r_j(x) \ll x \exp\left(-c\sqrt{\log x}\right),\ j=1,2,3, \tag{22}$$

c 为正常数[4]. 目前最好的结果是 A. Walfisz[5] 利用 И.М. Виноградов 估计 Weyl 指数和的方法得到的，他证明了

$$r_j(x) \ll x \exp\{-c(\log x)^{\frac{3}{5}}(\log\log x)^{-\frac{1}{5}}\},\ j=1,2,3. \tag{23}$$

本章将证明式(22)(见定理 3.1)和式(23)(见定理 3.2)

关于 A. Selberg 和 P. Erdös 的素数定理的初等证明及其意义，以及其它有关初等证明的内容参看 [27].

§2. $\psi(x)$ 的表示式

设

$$\psi_0(x)=\frac{1}{2}\{\psi(x+0)+\psi(x-0)\}=\begin{cases}\psi(x), & x\neq p^k,\\ \psi(x)-\Lambda(x)/2, & x=p^k.\end{cases} \tag{1}$$

由 Perron 公式(定理 6.5.2)立即推出:

定理 1 设$x\geqslant 2$, $T>0$ 我们有

$$\psi_0(x)=\frac{1}{2\pi i}\int_{b-iT}^{b+iT}-\frac{\zeta'}{\zeta}(s)\frac{x^s}{s}ds+R_1(x,T), \tag{2}$$

其中 $b=1+(\log x)^{-1}$，以及当x 不是素数幂时

$$R_1(x,T)\ll xT^{-1}\log x+x\log x\min(1,T^{-1}\log x)+\log x \cdot \min(1,x(T\hat{x})^{-1}), \tag{3}$$

---

1)，2)，3) 分别见 [14, 参考资料: 125, 126, 130].

4) 这里和以后的 c 可表不同正常数.

5) Weylsche Exponentialsummen in der Neueren Zahlentheorie, VEB Deutscher Verlag, 1963.

这里 $\hat{x}$ 表示 x 到最近素数幂的距离，而当 x 是素数幂时，上式右边的最后一项不出现．

证：在定理 6.5.2 中取 $a(n)=\Lambda(n)$，$s_0=0$. $A(s)=-\zeta'(s)/\zeta(s)$，$\sigma_a=1$. 故可取 $H(u)=\log u$，及由(7.4.8)知可取 $B(u)=c(u-1)^{-1}$（c 为一常数）. 注意到 $\Lambda(n)$ 仅在 n 等于素数幂时才不等于零，当取 $b=1+(\log x)^{-1}$ 时，由式(6.5.5)及式(6.5.6)即得所要结果[1)]

定理2 设 $x\geqslant 2$, $T\geqslant 2$. 我们有

$$\psi_0(x)=x-\sum_{|\gamma|\leqslant T}\frac{x^{\rho}}{\rho}-\frac{\zeta'}{\zeta}(0)-\frac{1}{2}\log\left(1-\frac{1}{x^2}\right)$$
$$+R_2(x,T),\tag{4}$$

其中

$$R_2(x,T)\ll\frac{x\log^2(xT)}{T}+\log x\ \min\left(1,\frac{x}{T\hat{x}}\right),\tag{5}$$

当 x 为素数幂时，上式右边的第二项不出现．特别的，令 $T\to\infty$ 得

$$\psi_0(x)=x-\sum_{\rho}\frac{x^{\rho}}{\rho}-\frac{\zeta'}{\zeta}(0)-\frac{1}{2}\log\left(1-\frac{1}{x^2}\right).\tag{6}$$

证：先假定 $T\geqslant 2$ 满足条件

$$\frac{\zeta'}{\zeta}(\sigma+iT)\ll\log^2(|\sigma+iT|).\tag{7}$$

设 U 是足够大的奇数．利用留数定理，从式(2)可得（仍取 $b=1+(\log x)^{-1}$）：

$$\psi_0(x)=x-\sum_{|\gamma|\leqslant T}\frac{x^{\rho}}{\rho}-\frac{\zeta'}{\zeta}(0)+\sum_{1\leqslant n<\frac{U}{2}}\frac{x^{-2n}}{2n}$$
$$+\frac{1}{2\pi i}\left(\int_{b-iT}^{-U-iT}+\int_{-U-iT}^{-U+iT}+\int_{-U+iT}^{b+iT}\right)-\frac{\zeta'}{\zeta}(s)$$

1）从定理6.5.2 的证明容易看出，为什么这里可用 $\hat{x}$ 代替 $\|x\|$.（参看习题 5.48）.

$$\cdot \frac{x^s}{s} ds + R_1(x, T),$$

其中 $x, -\frac{x^\rho}{\rho}, -\frac{\zeta'}{\zeta}(0), \frac{x^{-2n}}{2n}$ 分别为函数 $-\frac{\zeta'}{\zeta}(s)\frac{x^s}{s}$ 在极点 $s=1$，$s=\rho$ ($\zeta(s)$ 的非显然零点)，$s=0$，及 $s=-2n$ ($\zeta(s)$ 的显然零点) 处的留数. 由定理 8.4.1 及式(8.3.3)得

$$\int_{-U-iT}^{-U+iT} -\frac{\zeta'}{\zeta}(s)\frac{x^s}{s} ds \ll \frac{x^{-U}}{U} T\log(U+T),$$

由条件(7)得

$$\int_{-U+iT}^{b+iT} -\frac{\zeta'}{\zeta}(s)\frac{x^s}{s} ds \ll \int_{-\infty}^{b} \frac{\log^2|\sigma+iT|}{|\sigma+iT|} x^\sigma d\sigma$$

$$\ll \frac{\log^2 T}{T} \int_{-\infty}^{b} x^\sigma d\sigma \ll \frac{x\log^2 T}{T\log x},$$

这里用到 $\log^2 y/y$ 当 y 充分大时为减函数. 同样可得

$$\int_{b-iT}^{-U-iT} -\frac{\zeta'}{\zeta}(s)\frac{x^s}{s} ds \ll \frac{x\log^2 T}{T\log x}.$$

令 $U\to+\infty$，由以上四式可推出：当条件(7)成立时有

$$\psi_0(x) = x - \sum_{|\gamma|\leqslant T} \frac{x^\rho}{\rho} - \frac{\zeta'}{\zeta}(0) - \frac{1}{2}\log\left(1-\frac{1}{x^2}\right) + O\left(\frac{x\log^2 T}{T\log x}\right) + R_1(x,T). \tag{8}$$

显然，这时式(4)成立.

当 $T\geqslant 2$ 不满足条件(7)时，由推论 8.4.2 知可找到一个 T'，$T\leqslant T'\leqslant T+1$，使其满足条件(7)，因而有

$$\psi_0(x) = x - \sum_{|\gamma|<T'} \frac{x^\rho}{\rho} - \frac{\zeta'}{\zeta}(0) - \frac{1}{2}\log\left(1-\frac{1}{x^2}\right) + O\left(\frac{x\log^2 T'}{T'\log x}\right) + R_1(x,T').$$

由式(8.3.3)及 Re $\rho<1$ 知

$$\sum_{T<|\gamma|<T'}\frac{x^{\rho}}{\rho}\ll\frac{x\log T}{T}.$$

由以上两式不难看出，这时式(4)亦成立.

利用定理 1 或定理 2, 从关于 ζ 函数的非零区域的结果，就立刻得到具有相应余项估计的素数定理. 在这一点上这两个定理的作用是一样的. 但是，定理 2 是利用所谓 ζ 函数的零点密度定理来研究各种类型的素数分布的基础, 例如小区间中的素数分布、相邻素数之差等问题. 这些我们将在第三十章中讨论.

最近, Wolke[1] 通过改进 Perron 公式, 利用定理 10.3.2 证明了: 设 $4\leqslant T\leqslant x/2$, 那末一定存在 $T/2\leqslant\tau\leqslant T$, 使得

$$\psi_0(x)=x-\sum_{|\gamma|\leqslant\tau}\frac{x^{\rho}}{\rho}+O\left(\frac{x}{T}\,\frac{\log x}{\log(x/T)}\right).\tag{9}$$

由此，可以很容易地证明在 Riemann 假设下关于相邻素数的结果(见推论 12.3.12, 及习题 12.4)

§3. 素数定理

首先来证明 Ingham 定理(见 [16,定理 22])的一个特殊情形.

定理 1 设$0\leqslant\lambda\leqslant 1$. 如果 $\zeta(s)$ 在区域

$$\sigma\geqslant 1-c_1(\log(|t|+2))^{-\lambda}\tag{1}$$

上无零点，则存在正常数 c_2, 使当$x\geqslant 2$ 时有

$$r_j(x)\ll x\exp\{-c_2(\log x)^{1/(1+\lambda)}\},\quad j=1,2,3,\tag{2}$$

其中 $r_j(x)$ 由式(1.8), (1.20)和(1.21)给出.

下面将分别用定理 2.1 和定理 2.2 来给出两个证明.

第一个证明: 设 $T\geqslant 2$. 取 $b=1+(\log x)^{-1}$, $a=1-c_3(\log(T+2))^{-\lambda}$, $0<c_3<c_1$. 考虑以$b\pm iT$, $a\pm iT$ 为顶点的正向矩形围道，由定理 2.1 及留数定理可得

---

1) 见定理 6.5.2 的注 1).

$$\psi(x)=x+\frac{1}{2\pi i}\left(\int_{b-iT}^{a-iT}+\int_{a-iT}^{a+iT}+\int_{a+iT}^{b+iT}\right)-\frac{\zeta'}{\zeta}(s)$$
$$\cdot\frac{x^s}{s}ds+O\left(\frac{x\log^2 x}{T}+\log x\right).$$
只要c_3取得足够小，由推论 8.4.3 及
$$-\frac{\zeta'}{\zeta}(s)=\frac{1}{s-1}+O(1)$$
可得
$$\int_{a-iT}^{a+iT}-\frac{\zeta'}{\zeta}(s)\frac{x^s}{s}ds\ll x^a(\log T)^{2+\lambda}$$
$$\ll x\exp\left\{-c_4\frac{\log x}{(\log T)^\lambda}\right\}(\log T)^{2+\lambda}.$$
再由推论 8.4.3 可得
$$\int_{b\pm iT}^{a\pm iT}-\frac{\zeta'}{\zeta}(s)\frac{x^s}{s}ds\ll\frac{x^b(\log T)^{1+\lambda}}{T}\ll\frac{x(\log T)^{1+\lambda}}{T}.$$
取 $\log T=(\log x)^{1/(1+\lambda)}$，由以上各式即得式(2)当$j=3$时成立. 由此及式(1.16)推出式(2)当$j=2$成立，进而由式(1.14)知
$$\pi(x)=\frac{x}{\log x}+\int_2^x\frac{u}{u\log^2 u}du+\frac{r_2(x)}{\log x}$$
$$+\int_2^x\cdot\frac{r_2(u)}{u\log^2 u}du. \tag{3}$$
由于式(2)当$j=2$时成立，故有
$$\int_2^x\frac{r_2(u)}{u\log^2 u}du=\int_2^{\sqrt{x}}+\int_{\sqrt{x}}^x\ll\sqrt{x}+x\exp\{c_5(\log x)^{1/(1+\lambda)}\}, \tag{4}$$
这就证明了式(2)当$j=1$时也成立.

第二个证明：设$T\geqslant 2$，由$\zeta(s)$零点的对称性及条件(1)知：若零点$\rho=\beta+i\gamma$的虚部满足$|\gamma|\leqslant T$，则
$$c_1(\log(T+2)^{-\lambda}<\beta<1-c_1(\log(T+2))^{-\lambda}. \tag{5}$$

所以

$$\sum_{|\gamma|\leqslant T}\frac{x^{\rho}}{\rho}\ll x\exp\{-c_6\log x(\log T)^{-\lambda}\}\sum_{|\gamma|\leqslant T}\frac{1}{|\rho|}. \tag{6}$$

由式(8.3.3)可得

$$\sum_{|\gamma|\leqslant T}\frac{1}{|\rho|}\leqslant\sum_{|\gamma|\leqslant 2}\frac{1}{|\rho|}+\sum_{2\leqslant j\leqslant T}\sum_{j<|\gamma|\leqslant j+1}\frac{1}{|\rho|} \tag{7}$$

$$\ll 1+\sum_{2\leqslant j\leqslant T}\frac{1}{j}\log j\ll\log^2 T.$$

由式(6)和(7)从定理 2.2 推得

$$\psi(x)-x\ll x\exp\{-c_6\log x(\log T)^{-\lambda}\}\log^2 T+\frac{x\log^2(xT)}{T}$$
$$+\log x. \tag{8}$$

取 $\log T=(\log x)^{1/(1+\lambda)}$，由上式即证明了式(2)对 $j=3$ 成立．以下证明和第一个证明相同．

这两个证明的不同之处在于：第一个证明需要 $\frac{\zeta'}{\zeta}(s)$ 在 $\sigma=1$ 附近的阶估计，而第二个证明则需要第八章中的有关结果．不管怎样，在前面讨论时就已经指出，所有这些需要的知识都可以用 de la Vallée Poussin 的"整体"方法或者 Landau 的"局部"方法来得到．而 Landau 方法的优越性则是在直接确定非零区域本身．

由定理 1 及定理 10.2.1 立即推出

定理 2 对 $x\geqslant 2$ 有

$$r_j(x)\ll x\exp(-c_3\sqrt{\log x}),\ j=1,2,3. \tag{9}$$

我们已经看到在 $\zeta(s)$ 的非零区域与素数定理的余项之间有着密切的联系．有趣的是 P. Turán[1]利用他的幂和方法证明了定理 1 的逆定理亦成立．关于这方面的进一步的结果可参看 J. Pintz 的文章[2]

1) *Acta Math*. Acad. Sci. Hung., **1**(1950), 155—166.

2) *Acta Arith*., **37** (1980), 209—220.

下面我们利用目前最好的非零区域(10.3.19)来证明目前最好的素数定理的余项估计.

定理 3 存在正常数c_4,使对 $x\geqslant 10$ 有

$$r_j(x) \ll x\exp\{-c_4(\log x)^{3/5}(\log\log x)^{-1/5}\},\ j=1,2,3. \tag{10}$$

证: 不妨设 x 是充分大正数, 在定理 2.2 中取

$$T=\exp\{(\log x)^{3/5}(\log\log x)^{-1/5}\}. \tag{11}$$

当 $|\gamma|\leqslant T$ 时, 由定理 10.3.2 知, 零点 $\rho=\beta+i\gamma$ 的实部

$$\beta<1-c_5(\log T)^{-2/3}(\log\log T)^{-1/3}. \tag{12}$$

所以, 从定理 2.2 及式(7)得

$$\begin{aligned}\psi(x)-x &\ll x\log^2 T\exp\{-c_5\log x(\log T)^{-2/3}(\log\log T)^{-1/3}\}\\ &\ll x\exp\{-c_6(\log x)^{3/5}(\log\log x)^{-1/5}\}.\end{aligned}$$

这就证明了式(10)对 $j=3$ 成立. 进而由式(1.16)及(1.14)可推出式(10)对 $j=1,2$ 成立.

§ 4. Ω 定理

上一节我们讨论了素数定理余项的绝对值的上界估计, 这种估计同 $\zeta(s)$ 的零点分布有密切关系, 习题 11 — 14 也是讨论这种有趣的关系, 这些习题表明: 由于$\zeta(s)$在半平面 $\mathrm{Re}\,s\geqslant 1/2$ 中必有无穷多个零点, 所以对任意的 $\alpha<1/2$ 不可能有

$$\psi(x)-x\ll x^{\alpha}$$

成立. 关于余项 $\psi(x)-x$ 变化的状态还可证明更为精确的结果. 这里证明两个最简单的定理, 它们是 E. Schmidt(1903) 证明的. 首先引进几个符号: 设 $f(x)$ $g(x)$ 是两个实值函数, 且 $g(x)>0\,(x\geqslant a)$. 如果

$$\varlimsup_{x\to\infty}\frac{f(x)}{g(x)}>0 \tag{1}$$

则记

$$f(x)=\Omega_+(g(x))\ ; \tag{2}$$

如果

$$\varliminf_{x\to\infty}\frac{f(x)}{g(x)}<0\,, \tag{3}$$

则记

$$f(x)=\Omega_{-}(g(x))\;; \tag{4}$$

如果

$$\varlimsup_{x\to\infty}\frac{|f(x)|}{g(x)}>0\,, \tag{5}$$

则记

$$f(x)=\Omega(g(x))\;; \tag{6}$$

如果式(1)，式(3)同时成立，则记

$$f(x)=\Omega_{\pm}(g(x))\;. \tag{7}$$

容易看出，式(6)成立的充要条件是$f(x)=o(g(x))$不成立，所以符号 Ω 是符号 o 的否定．其它符号也有类似的意义．证明形如式(2),(4),(6),(7)的结论，通常称为 Ω 定理．

为了讨论素数定理余项的 Ω 定理，可以利用 $r_3(x)=\psi(x)-x$，但用 $r_1(x)$ 和 $r_2(x)$ 并不方便，相应于 $r_1(x)$ 要用

$$r_4(x)=J(x)-\mathrm{Li}\,x \tag{8}$$

来代替，这里（用 Riemann 的符号）

$$J(x)=\sum_{n\leqslant x}^{\infty}\Lambda(n)(\log n)^{-1}\,. \tag{9}$$

先来证明一个最简单的结果．

定理 1 设α_1是$\zeta(s)$的零点实部的上确界．那末，对任意的$\varepsilon>0$有

$$r_3(x)=\Omega_{\pm}(x^{\alpha_1-\varepsilon})\,, \tag{10}$$

$$r_4(x)=\Omega_{\pm}(x^{\alpha_1-\varepsilon})\,. \tag{11}$$

证：两式的证明是相同的，式(10)更为容易些[1)]，这里只来证明式(11)．容易证明对实数 $s>1$ 有

1) 式(10)和式(11)不能互相推出．需要各自独立证明．

$$s\int_1^{\infty} J(x)x^{-s-1}dx=\log\zeta(s), \tag{12}$$

及

$$s\int_e^{\infty} x^{-s-1}\mathrm{Li}x\,dx=-\log(s-1)+g(s), \tag{13}$$

这里 $g(s)=e^{-s}\mathrm{Li}e+\int_{s-1}^{1} y^{-1}(e^{-y}-1)dy+\int_1^{\infty} y^{-1}e^{-y}dy$ 是整函数. 设 $0<\lambda<\alpha_1$,

$$c(x)=\begin{cases} x^{-1}(J(x)-x^{\lambda}), & 1\leqslant x\leqslant e, \\ x^{-1}(J(x)-\mathrm{Li}\,x-x^{\lambda}), & x\geqslant e. \end{cases} \tag{14}$$

由以上三式得: 当 $s>1$ 时有

$$\int_1^{\infty} c(x)x^{-s}ds=s^{-1}\log\{(s-1)\zeta(s)\}-(s-\lambda)^{-1}-s^{-1}g(s)$$
$$=f(s). \tag{15}$$

式(15)左边是一个 Dirichlet 积分(见式(6.1.19)). 设 σ_0 是它的收敛横坐标, 这积分在半平面 $\mathrm{Re}\,s>\sigma_0$ 内确定了 $f(s)$(它是 s 平面上的多值函数, 见§8.5)一个单值正则分支, 由式(15)知, 在半平面 $\mathrm{Re}\,s>\sigma_0$ 内不能有 $\zeta(s)$ 的零点, 所以 $\alpha_1\leqslant\sigma_0$. 另一方面 $(s-1)\zeta(s)$ 在实半轴 $s\geqslant 0$ 上无零点和极点, 所以 $f(s)$ 在半直线 $s>\lambda$ 上无奇点, 由此及 $\sigma_0\geqslant\alpha_1>\lambda$ 知, σ_0 不是 $f(s)$ 的奇点. 因此, 由定理 6.1.8 知, 对充分大的 x, $c(x)$ 不可能不变号, 即当 $x\to\infty$ 时 $c(x)$ 无穷多次变号, 这就证明了式(11).

下面来证明稍进一步的结果.

定理 2 设 α_1 同定理 1. 如果 $\zeta(s)$ 在直线 $\mathrm{Re}\,s=\alpha_1$ 有零点, 那末

$$r_3(x)=\Omega_{\pm}(x^{\alpha_1}), \tag{16}$$

$$r_4(x)=\Omega_{\pm}(x^{\alpha_1}/\log x). \tag{17}$$

证：我们来证明式(16)．式(17)的证明是类似的，留给读者．设 b 是一待定正常数．

$$c(x)=x^{-1}(\psi(x)-x+bx^{\alpha_1})=x^{-1}(r_3(x)+bx^{\alpha_1})\ . \tag{18}$$

当 $s>1$ 时有

$$\begin{aligned}\int_1^{\infty} x^{-s}c(x)dx&=-\frac{1}{s}\frac{\zeta'}{\zeta}(s)-\frac{1}{s-1}+\frac{b}{s-\alpha_1}\\&=f(s),\end{aligned} \tag{19}$$

显见 $f(s)$ 可解析开拓到半平面 $\mathrm{Re}\ s>\alpha_1$(见式(7.4.8))且 α_1 是它的极点．如果当 $x\geqslant x_0$ 时恒有 $c(x)\geqslant 0$，那末，式(19)左边的 Dirichlet 积分的收敛横坐标，由定理 6.1.8 知应等于 α_1，所以式(19)当 $\mathrm{Re}\ s>\alpha_1$ 时成立．这样一来，对 $\sigma>\alpha_1$ 有

$$\begin{aligned}|f(\sigma+it)|&\leqslant\int_1^{x_0}x^{-\sigma}|c(x)|dx+\int_{x_0}^{\infty}x^{-\sigma}c(x)dx\\&=\int_1^{x_0}x^{-\sigma}\{|c(x)|-c(x)\}dx+f(\sigma)\ .\\&\leqslant\int_1^{x_0}x^{-\alpha_1}\{|c(x)|-c(x)\}dx+f(\sigma)=A+f(\sigma),\end{aligned} \tag{20}$$

A 是和 σ,t 无关的常数．设 $\alpha_1+i\gamma_1$ 是 $\zeta(s)$ 的 m 重零点，这里 γ_1 是所有在直线 $\mathrm{Re}\,s=\alpha_1$ 上的 $\zeta(s)$ 的零点的最小的正的虚部．现在式(20)中取 $t=\gamma_1$，再两边乘以 $(\sigma-\alpha_1)$，并令 $\sigma\to\alpha_1+0$，注意到式(19)即得

$$m|\alpha_1+i\gamma_1|^{-1}\leqslant b\ . \tag{21}$$

但这里的正常数 b 是可以任意选取的，如果事先取 $0<b<m|\alpha_1+i\gamma_1|^{-1}$，那末式(21)就不可能成立．这也就是说对所取的 b，不存在正数 x_0(不管它多大)，使得当 $x\geqslant x_0$ 时总有 $c(x)\geqslant 0$ 成立；因此对任给的正数 x_0，必有 $x\geqslant x_0$，使得 $c(x)<0$．这就证明了 $r_3(x)=\Omega_-(x^{\alpha_1})$．类似地，考虑 $c(x)=x^{-1}(-\psi(x)+x+bx^{\alpha_1})$，即可证明 $r_3(x)=\Omega_+(x^{\alpha_1})$．

本章内容可参看：[14]，[16]，[17]，Pintz 的六篇文章. *Acta Arith.*，36(1979)，27－51；37(1980)，209－220；*Math. Hungar.*，12(1977)，345－369；13(1978)，29－42；15(1980)，215－223；225－230，以及Лаврик 的介绍性文章：Труды. Инст. Стеклов，163(1984)，118－142.

习　　题

1. 证明Чебышев 不等式(1.16)和以下两个不等式均等价：(a) $c_1x \leqslant \theta(x) \leqslant c_2 x, x \geqslant 2$；(b) $c_1 x \leqslant \psi(x) \leqslant c_2 x, x \geqslant 2$. 这里 c_1，c_2 可表不同正常数.

2. 证明式(1.12)，(1.13)及式(1.17).

3. 证明：$\theta(x) = \sum\limits_{n=1}^{\infty} \mu(n) \psi(x^{1/n})$.

4. 设 $J(x) = \sum\limits_{2 \leqslant n \leqslant x} \Lambda(n)(\log n)^{-1}$. 证明：(a) $J(x) = \sum\limits_{n=1}^{\infty} n^{-1} \pi(x^{1/n})$；(b) $\pi(x) = \sum\limits_{n=1}^{\infty} n^{-1} \mu(n) J(x^{1/n})$.

5. 设 $J_0(x) = (1/2)(J(x+0) + J(x-0))$，$J(x)$同上题. 证明：(a)当$\sigma > 1$时有，$\log\zeta(s) = s\int_0^{\infty} J_0(x) x^{-s-1} dx$；(b)当 $a > 1$，$x > 1$ 时有，$J_0(x) = (2\pi i)^{-1}\int_{(a)} s^{-1} x^s \log\zeta(s) ds = -(2\pi i \log x)^{-1}\int_{(a)} x^s \frac{d}{ds}(s^{-1}\log\zeta(s)) ds$.

6. 尽可能严格地证明关系式：当 $x > 1$ 时有

$$J_0(x) = \mathrm{Li}\, x - \sum_{\rho} \mathrm{Li}(x^{\rho}) - \log 2 + \int_x^{\infty} t^{-1}(t^2-1)^{-1}\log^{-1} t\, dt.$$

7. 若素数定理 $\psi(x) \sim x$ 成立，则$\zeta(1+it) \neq 0$.（用反证法，利用关系式 $-\zeta'(s)/\zeta(s) - (s-1)^{-1} = s\int_1^{\infty}(\psi(x) - x)x^{-s-1}dx, \sigma > 1$）.

8. 按以下途径证明素数定理$\psi(x) \sim x$.

(a) 设$\psi_1(x) = x^{-1}\int_1^x \psi(t) dt$，$x \geqslant 1$. 对$c > 1$有

$$\psi_1(x)-\frac{x}{2}\left(1-\frac{1}{x}\right)^2=\frac{1}{2\pi i}\int_{(c)}-\left(\frac{\zeta'}{\zeta}(s)+\frac{1}{s-1}\right)\frac{x^s}{s(s+1)}\,ds .$$

(b) 证明上式当 $c=1$ 时也成立，（利用 Cauchy 积分定理，及定理 10.1.3——即习题 10.6[1]）.

(c) 由 Riemann－Lebegue 定理证明 $\psi_1(x)\sim x/2$，$x\to\infty$.

(d) 证明 Tauber 型定理：设 $A(x)$ 是区间 $(1,+\infty)$ 上的递增函数，L，b 是两正数. 若.

$$A_1(x)=x^{-1}\int_1^x A(u)du\sim Lx^{b-1},x\to+\infty ,$$

则 $A(x)\sim bLx^{b-1}$，$x\to+\infty$.

9. 设 $\Phi(x)=\int_1^x u^{-1}\psi(u)du$，$x\geqslant 1$. 证明：当 $c>1$ 时有 $\Phi(x)=\frac{1}{2\pi i}\cdot\int_{(c)}-\frac{\zeta'}{\zeta}(s)\frac{x^s}{s^2}ds$. 利用第 8 题的方法证明 $\Phi(x)\sim x$，$\psi(x)\sim x$.

10. 按以下途径来证明素数定理 $\pi(x)\sim x\log^{-1}x$.

(a) 当 $\sigma>1$ 时有 $\log\zeta(s)=s\int_2^\infty x^{-1}(x^s-1)^{-1}\pi(x)dx$.

(b) 设 $\omega(s)=\int_2^\infty x^{-s-1}(x^s-1)^{-1}\pi(x)dx$ 证明它是半平面 $\sigma>1/2$ 内的解析函数 .

(c) 设 $\varphi(s)=-s^{-1}\zeta'(s)/\zeta(s)+s^{-2}\log\zeta(s)+\omega'(s)$. 证明：当 $\sigma>1$ 时有 $\varphi(s)=\int_2^\infty x^{-s-1}\pi(x)\log x dx$. 进而证明：除去 $s=1$ 的一个邻域外，在半平面 $\sigma\geqslant 1$ 上有界(利用定理 10.1.3).

(d) 设 $g(x)=\int_0^x u^{-1}\pi(u)\log u du$，$h(x)=\int_0^x u^{-1}g(u)du$. 证明：$s^{-2}\varphi(s)=\int_0^\infty h(x)x^{-s-1}dx$，$\sigma>1$. 进而证明：$h(x)=(2\pi i)^{-1}\int_{(c)}s^{-2}x^s\varphi(s)ds$，$c>1$.

---

1) 这里仅需要 $\sigma\geqslant 1$ 时的估计 .

(e) 设 $f(s)=\varphi(s)-(s-1)^{-1}$. 证明: 在区域 $\sigma\geqslant 1, |s-1|\geqslant 1$ 上 $f(s)$ 有界, 而当 $\sigma\geqslant 1$, $s\to 1$ 时, $f(s)\ll\log(1/(\sigma-1))$. 进而推出:

$$h(x)=x-\log x-1+(x/2\pi)\int_{-\infty}^{\infty} f(1+it)(1+it)^{-2}x^{it}dt.$$

(f) 类似第 8 题的方法证明: $h(x)\sim x$, $g(x)\sim x$, 以及 $\pi(x)\sim x\log^{-1}x$.

11. 若 $\zeta(s)$ 在区域 $\mathrm{Re}\,s>\alpha$ $(\alpha\geqslant 1/2)$ 中无零点, 则 $\psi(x)=x+O(x^{\alpha}\log^2 x)$.

12. 设 $0<\lambda<1$. 如果 $\psi(x)=x+O(x^{\lambda})$, 那末, (a) 除了 $s=1$ 是一阶极点外, $-\zeta'(s)/\zeta(s)$ 在半平面 $\sigma>\lambda$ 内解析(利用关系式 $-\zeta'(s)/\zeta(s)-\zeta(s)=\sum\limits_{n=1}^{\infty}(\Lambda(n)-1)n^{-s}$, $\sigma>1$); (b) 一定有 $\lambda\geqslant 1/2$.

13. 设 α_1 是 $\zeta(s)$ 的零点实部的上确界. 证明: $\psi(x)=x+O(x^{\alpha_1}\log^2 x)$. (利用定理 2.2)

14. 设 λ_1 是使 $\psi(x)=x+O(x^{\lambda})$ 成立的 λ 的下确界, α_1 同上题. 证明: $\lambda_1=\alpha_1$, 且有 $\psi(x)=x+O(x^{\lambda_1}\log^2 x)$[1].

15. 设 $\psi_1(x)$ 由第 8 题给出. 证明: (a) 当 $x\geqslant 1$ 时有

$$x\psi_1(x)=\frac{1}{2}x^2-\sum_{\rho}\frac{x^{\rho+1}}{\rho(\rho+1)}-x\frac{\zeta'}{\zeta}(0)+\frac{\zeta'}{\zeta}(-1)-\sum_{m=1}^{\infty}\frac{x^{1-2m}}{2m(2m-1)}.$$

(不要利用式(11.2.6), 而要从 $\psi_1(x)$ 的定义出发, 利用证明式(11.2.6)的方法来直接证明); (b) 对 $\psi_1(x)$ 证明类似于定理 2.1 的结果(同样不能用定理 2.1).

16. 证明: 在定理 3.1 的条件下有 $\psi_1(x)=x/2+O(x\cdot\exp(-c(\log x)^{-1/(1+\lambda)}))$, 并由此来推出定理 3.1. (不能利用定理 2.1 和 2.2. 利用证明定理 3.1 的方法及上题的结果. 还要利用关系式 $x\psi_1(x)-(x-\delta x)\psi_1(x-\delta x)\leqslant\delta x\psi(x)\leqslant(x+\delta x)\psi_1(x+\delta x)-x\psi_1(x)$, 选取适当的正数 δ)

17. 设 $\Phi(x)$ 由第 9 题给出. 对 $\Phi(x)$ 证明类似于第 15, 16 题的结果.

18. 如何利用第 15 题或 17 题来证明第 13 题.

19. 设 $\mathrm{Re}\,s=1$. 证明: (a) 当 $s\neq 1$ 时,

$$\sum_{n\leqslant x}\Lambda(n)n^{-s}=-\zeta'(s)/\zeta(s)+(1-s)^{-1}x^{1-s}+o(1),\ x\to+\infty,$$

---

1) Grosswald (*C.R.Acad.Sci*. Paris, 260(1965), 3813——3816) 证明了: 当 $\lambda_1>1/2$ 时因子 $\log^2 x$ 可以去掉.

由此推出，当 $s\neq 1$ 时级数 $\sum_{n=1}^{\infty}\Lambda(n)n^{-s}$ 不收敛，但部分和有界；(b) 当 $s=1$ 时，$\sum_{n\leqslant x}n^{-1}\Lambda(n)=\log x-\gamma+o(1)$，$x\to\infty$，其中 γ 为 Euler 常数. 进而推出，当 $x\to+\infty$ 时，

$$\sum_{p\leqslant x}p^{-1}\log p=\log x-\gamma+\sum_{p}p^{-1}(p-1)^{-1}\log p+o(1).$$

(c) 根据 ζ 函数的不同的非零区域，尽可能好的估计余项 $o(1)$.

20. 设 $M(x)=\sum_{n\leqslant x}\mu(n)$. 证明: (a) 在定理 3.1 的条件下，$M(x)\ll x\cdot\exp(-c(\log x)^{-1/(1+\lambda)})$. c 为正常数; (b) 对 $M(x)$ 有相应于定理 3.3 的结果成立.

21. 设定理 3.1 的条件成立. 证明: (a) $\sum_{n\leqslant x}\mu(n)n^{-1-it}=\zeta^{-1}(1+it)+O((|t|+1)\exp(-c(\log x)^{-1/(1+\lambda)}))$，其中 O 常数和 t 无关；(b) $\sum_{n\leqslant x}\mu(n)n^{-1}\log n=-1+O(\exp(-c(\log x)^{-1/(1+\lambda)}))$.

22. 设 $L(x)=\sum_{n\leqslant x}\lambda(n)$，$\lambda(n)$ 是 Liouville 函数. (a) 对 $L(x)$ 证明相应于第 20 题的结果; (b) 在定理 3.1 的条件下，有 $\sum_{n\leqslant x}\lambda(n)n^{-1-it}=\zeta(2+it)/\zeta(1+it)+O(\exp(-c(\log x)^{-1/(1+\lambda)}))$.

23. 设 $L_j(x)=\sum_{n\leqslant x}^{(j)}\lambda(n)$，$j=0.1$，$\sum_{n\leqslant x}^{(j)}$ 表对满足条件 $\lambda(n)=(-1)^j$ 的 n 求和. 证明:在定理 3.1 的条件下有 $L_j(x)=x/2+O(x\exp(-c(\log x)^{-1/(1+\lambda)}))$，$j=0.1$.

24. 设 α_1 同第 13 题. 证明: (a) $\int_0^x(\psi(y)-y)dy=O(x^{\alpha_1+1})$.(分别用定理 2.2，及第 15 题来证)；(b) $\int_1^x(y^{-1}\psi(y)-1)dy=O(x^{\alpha_1})$. (分别用定理 2.2，及第 17 题来证).

25. 若 $\zeta(s)$ 零点实部的上确界 $\alpha=1/2$，即 Riemann 假设成立，那末，当 $0\leqslant\theta\leqslant 1$ 时有

(a) $I(\psi)=\int_x^{2x}\{\psi(y+\theta y)-\psi(y)-\theta y\}^2dy\ll\theta x^2\min\{\log^2 x,$

$\log^2(2+\theta^{-1})\}$. (利用$I(\psi)\leqslant\int_1^2 du\int_{ux/2}^{2ux}\{\psi(y+\theta y)-\psi(y)-\theta y\}^2 dy$);

(b) $I(\theta)=\int_x^{2x}\{\theta(y+\theta y)-\theta(y)-\theta y\}dy\ll\theta x^2\log^2 x$. (对(b)也可得到和(a)一样的估计，但证明复杂.)

26. 设$x\geqslant 2$. 如果 Riemann 假设成立，那末存在正常数c，使在区间$[x, x+c\log^2 x]$中必有一个偶数可表为两个奇素数之和，这种数称为 Goldbach 数. 证明途径如下：设x是充分大正数，$2\leqslant h\leqslant x/10$. 若$[x, x+h]$中没有 Goldbach 数，则

(a) 对任一$y\leqslant x$，区间$[y, y+h/2]$及$[x-y, x-y+h/2]$中不能同时有奇素数.

(b) 在$[x/2+kh/2, x/2+(k+1)h/2]$，$-xh^{-1}/2\leqslant k\leqslant xh^{-1}/2$，这一组区间中至少有$[xh^{-1}/3]$个区间不包含奇素数.

(c) $\int_{x/4}^{x}\{\theta(y+\theta y)-\theta(y)-\theta y\}^2 dy>>xh^2$，这里$\theta=x^{-1}h/4$.

由此及25题(b)推出所要结论.

27. 证明：$\psi(x)=x+\Omega(x^{1/2})$，即存在正数$A$，使得对任意大的正数$x$，一定有$|\psi(x)-x|\geqslant Ax^{1/2}$成立. 证明(按以下途径进行)：

(a) 设c为某一正常数，$f(s)=-(s\zeta(s))^{-1}\zeta'(s)-(s-1)^{-1}+c(s-1/2)^{-1}$，以及$m(x)=x^{-1}(\psi(x)-x+cx^{1/2})$. 如果结论不成立，则当$\sigma>1/2$时有$f(s)=\int_1^{\infty}m(y)y^{-s}dy$.

(b) 如果结论不成立，且当$x\geqslant x_0(c)$时$m(x)\geqslant 0$，那末当$\sigma>1/2$时，$|f(\sigma+it)|\leqslant K+f(\sigma)$，其中$K$是一和$\sigma$无关的常数.

(c) 设$\rho_1=1/2+i\tau_1$，$\tau_1>0$是$\zeta(s)$在直线$\mathrm{Re}s=1/2$上的第一个零点(由习题8.8知$\tau_1>12$). 证明：若取(a)中的$c<|\rho_1|^{-1}$，那末，结论(b)不能成立. 由此推出，如果$\psi(x)=x+\Omega(x^{1/2})$不成立，当取$c<|\rho_1|^{-1}$时，一定有任意大的正数$x$，使得$m(x)<0$

(d) 类似考虑 $n(x)=x^{-1}(-\psi(x)+x+cx^{1/2})$. 证明如果 $\psi(x)=x+\Omega(x^{1/2})$ 不成立，当取正数 $c<|\rho_1|^{-1}$ 时，一定有任意大的正数 x 使得 $n(x)<0$ 成立. 由(c)和(d)推出所要结论.

28. 按以下途径证明: $\int_1^x(\psi(y)-y)^2dy>>x^2$.

(a) 设 $\rho_0=\beta_0+i\tau_0$. $\beta_0\geqslant 1/2$ 是 $\zeta(s)$ 的一个一阶零点. $h(s)=(s-1-\rho_0)^{-1}(s+1)^{-4}(s-2)\zeta(s-1)$. 再设对实数 u, $w(u)=(2\pi i)^{-1}\int_{(3)}e^{us}h(s)\,ds$. 证明: 当 $u\leqslant 0$ 时 $w(u)=0$; 当 $u\geqslant 0$ 时, $w(u)<<1$.

(b) 设 $H(s)=-\zeta'(s)/(s\zeta(s))-1/(s-1)$, $R(x)=\psi(x)-x$. 证明: $H(s)=\int_1^\infty R(y)y^{-s-1}$, $\sigma>1$.

(c) 对 $x\geqslant 2$ 有 $(2\pi i)\int_{(3)}h(s)H(s-1)e^{s\log x}ds=\int_1^\infty R(y)\cdot w(\log(x/y))dy$.

(d) (c) 中等式左边等于 $-\zeta'(\rho_0)(1-\rho_0^{-1})(\rho_0+2)^{-4}\cdot x^{1+\rho_0}+O(x^{5/4})$.

(e) 存在正常数 c_1, c_2 使得

$$\int_1^x|\psi(y)-y|dy>c_1|\rho_0|^{-4}|\zeta'(\rho_0)|x^{1+\beta_0}-c_2x^{5/4}.$$

(f) 证明: $\int_1^x|\psi(y)-y|dy>>x^{3/2}$.

29. 设 $M(x)=\sum_{n\leqslant x}\mu(n)$, 证明: 存在绝对正常数 c, 使得 $M(x)<<x\exp(-c(\log x)^{3/5}(\log\log x)^{-1/5})$. (利用 Perron 公式及定理 10.3.5 (b))

30. 设 $\lambda(n)$ 是 Liouville 函数, 证明: 存在绝对正常数 c, 使得 $\sum_{n\leqslant x}\lambda(n)<<x\exp(-c(\log x)^{3/5}(\log\log x)^{-1/5})$. (证法同上题)

31. 设 k 是正整数, $\Lambda_k(n)=\sum_{d|n}\mu(d)(\log n/d)^k$, $\psi_k(x)=\sum_{n\leqslant x}\Lambda_k(x)$.

证明：存在一个正常数 c_k 及一个 $k-1$ 次多项式 $P_{k-1}(x)$，使得 $\psi_k(x)=xP_{k-1}(\log x)+O(x\exp\{-c_k(\log x)^{3/5}\cdot(\log\log x)^{-1/5}\}$. (利用 $\mathrm{Re}\,s>1$ 时，$\zeta^{(k)}(s)/\zeta(s)=(-1)^k\sum_{n=1}^{\infty}\Lambda_k(n)n^{-s}$，及第 29 题的提示).

32. 设 q 是给定的正整数，求以下和式的渐近公式，并尽可能好地估计其余项.(a) $\sum_{n\leqslant x,(n,q)=1}\mu^2(n)$；(b) $\sum_{n\leqslant x,(n,q)=1}\mu^2(n)/n$；(c) $\sum_{x\geqslant n\in\mathscr{D}}\lambda(d)$，这里 $\lambda(d)=(-1)^{\Omega(d)}$，正整数集合 $\mathscr{D}=\{d:d=1$ 或 $p\mid d\Longrightarrow p\mid q\}$.

33. 证明式(4.10).

34. 证明式(4.17).

35. 证明 $r_1(x)=\sqrt{x}(\log x)^{-1}\{-1+r_4(x)x^{-1/2}(\log x)+o(1)\}$，这里 $r_1(x)$，$r_4(x)$ 分别由式(1.8)和式(4.8)给出.

36. 证明：$\psi(x)-x=\Omega_{\pm}(x^{1/2})$.

37. 设 $\psi_1(x)$ 由第 8 题给出. 证明：$\psi_1(x)-x/2=\Omega_{\pm}(x^{1/2})$.

38. 如果 Riemann 假设成立，则 $\psi_1(x)-x/2\ll x^{1/2}$.

第十二章　Riemann 的贡献

§1．划时代的论文

Bernhard Riemann 于1859年发表了一篇题为“Über die Anzahl der Primzahlen unter einer gegebenen Grösse（论不大于一个给定值的素数的个数）”的论文[1)]，这是他唯一公开发表的数论文章．然而，正是这篇不长的论文开创了解析数论的一个新时期，也大大推动了单复变函数论的发展．数论中解析方法的应用可以追溯到 Euler．后来，Dirichlet 应用解析方法解决了两个著名数论问题：首项与公差互素的算术数列中有无限多个素数，及二次型的类数公式，则为解析数论奠定了基础[2)]．而解析数论之能够作为数论中的一个重要分支，可以认为是从 Riemann 的这一光辉工作开始的．

Riemann 以著名的 Euler 恒等式：对实数 $s>1$ 有

$$\prod_p (1-p^{-s})^{-1}=\sum_{n=1}^{\infty} n^{-s} \tag{1}$$

作为研究的出发点，因为这一恒等式是数论中最重要的定理——算术基本定理的解析等价形式，通过它把我们了解很少的素数 p 和非常熟悉的自然数 n 以十分明确的形式联系起来了，素数的性质应该可以通过函数 $\sum\limits_{n=1}^{\infty} n^{-s}$ 来研究．然而，和 Euler 的一个重大差别是：Riemann 把 s 看作为**复变数**，他引入了复变数 $s=\sigma+it$ 的函数

$$\zeta(s)=\sum_{n=1}^{\infty} n^{-s}, \qquad \sigma>1. \tag{2}$$

---

1) Ges．Math．Werke und Wissenschaftlicher Nachlass，2．Aufl．，145—155，1892．英译文见［8，299—305］．

2) 参看引言．

现在就称它为 **Riemann ζ 函数**.

Riemann 对ζ函数作了十分深刻的研究. 首先, 他用两种方法(即§7.2, §7.3 中的两种方法, 当然他仅讨论了 $\zeta(s)$ 而不是 $\zeta(s,a)$) 把 $\zeta(s)$ 解析开拓到全平面, 证明$\zeta(s)$满足函数方程(7.1.13). 他还证明了: $s=1$ 是 $\zeta(s)$ 的一阶极点; 除 $s=1$ 外 $\zeta(s)$ 处处解析; $s=-2,-4,\cdots,-2n,\cdots$ 是 $\zeta(s)$ 的一阶零点; 当 $0\leqslant s\leqslant 1$ 时 $\zeta(s)\neq 0$; 以及 $\zeta(s)$ 可能有的其他零点一定是位于长条 $0\leqslant\sigma\leqslant 1$ 中的复零点. 这些就是他所证明了的结论(见定理7.1.5). 重要的不仅在于此, 而更在于他进一步展开了自己提出的新方法, 不严格地证明了一些极其重要的结果, 并提出了一个具有深远影响的天才猜测(见(V)). 它们就是:

(I) $\zeta(s)$ 在带状区域 $0\leqslant\sigma\leqslant 1$ 中有无穷多个零点, 这种零点称为非显然零点.

(II) 以 $N(T)$ 表 $\zeta(s)$ 在矩形 $0\leqslant\sigma\leqslant 1, 0<t<T$ 中的零点个数, 那末有

$$N(T)\approx(T/2\pi)\log(T/2\pi)-T/2\pi. \tag{3}$$

(III) 以 ρ 表 $\xi(s)$ 的非显然零点, $\sum\limits_{\rho}$ 表对所有非显然零点求和. 那末, 级数 $\sum\limits_{\rho}|\rho|^{-2}$ 收敛, $\sum\limits_{\rho}|\rho|^{-1}$ 发散.

(IV) 引进了整函数 $\xi(s)$[1] (见式(7.1.15)), 并推出应有无穷乘积展开式(8.1.2)成立.

(V) 他猜测 $\xi(s)$ 的全部复零点(即非显然零点), 也就是 $\xi(s)$ 的全部零点(见定理 7.1.6)都在直线 $\sigma=1/2$ 上.

(VI) 引进了函数

$$J(x)=\sum_{2\leqslant n\leqslant x}\Lambda(n)/\log n, \tag{4}$$

$$J_0(x)=(J(x+0)+J(x-0))/2. \tag{5}$$

设$\pi_0(x)=(\pi(x+0)+\pi(x-0))/2$, 显有

1) 事实上他讨论的是由式(7.1.18)给出的 $\Xi(w)=\xi(1/2+iw)$.

$$J(x)=\pi(x)+\pi(x^{1/2})/2+\pi(x^{1/3})/3+\cdots, \tag{6}$$

$$J_0(x)=\pi_0(x)+\pi_0(x^{1/2})/2+\pi_0(x^{1/3})/3+\cdots. \tag{7}$$

进而，由 Möbius 反转公式得

$$\pi(x)=\sum_{n=1}^{\infty}\mu(n)n^{-1}J(x^{1/n}), \tag{8}$$

$$\pi_0(x)=\sum_{n=1}^{\infty}\mu(x)n^{-1}J_0(x^{1/n}). \tag{9}$$

Riemann 利用他所得到的 ζ 函数的性质，推出了[1]：

$$J_0(x)=\mathrm{Li}\,x-\sum_{\rho}\mathrm{Li}(x^{\rho})+\int_x^{\infty}\frac{du}{u(u^2-1)\log u}+\log\xi(0), \tag{10}$$

其中 $\mathrm{Li}(x^{\rho})=\mathrm{Li}(e^{\rho\log x})$,

$$\mathrm{Li}(e^{w})=\int_{-\infty+vi}^{u+vi}\frac{e^{z}}{z}dz,\ w=u+vi,\ v\neq0.$$

式(10)就是Riemann在这篇文章中得到的主要公式，通常称为 Riemann 素数公式. 他的论证当然是不严格的，而且事实上假定了 $\mathrm{Re}\rho\neq0$, 及 $\mathrm{Re}\rho\neq1$.

由式(9)和(10)，Riemann 认为 $\pi(x)$的更好的渐近式是

$$\sum_{n=1}^{\infty}\mu(n)n^{-1}\mathrm{Li}(x^{1/n}). \tag{11}$$

他的研究清楚地表明了 $\pi(x)$和 $\zeta(s)$的复零点的分布有密切联系，更为重要的是他第一次提出了用复变函数论来研究数论问题的崭新的思想和方法，为以后的研究指明了方向.

在数学中，一个深刻而又没有成熟的思想和方法要为人们所接受和得到实现，往往是需要很长时间的. 大约过了三十年之后，Riemann 的这些重要结果才开始被严格地加以证明. 首先，

---

1) 他的原文中公式(11)有一点错误，即搞混了函数 Ξ 和 ξ，把 $\xi(0)$写成了 $\Xi(0)$. 由式(8.1.4)知 $\xi(0)=1/2$.

Hadamard[1]在1892—1893年发表了两篇极为重要的关于整函数的论文，严格地证明了结论(I)，(III)和(IV)，这就是第八章§1的内容. 随后，他[2]和de la Vallée Poussin[3]于1896年几乎同时独立证明了 $\mathrm{Re}\rho\neq 1$，并推出了素数定理——式(11.1.7)，这就是第十章§1和第十一章部份习题的内容；进而de la Vallée Poussin[4]又得到了 $\zeta(s)$ 的较好的非零区域和带余项估计的素数定理，这就是定理10.2.1和定理11.3.2. 另外两个结论(II)和(VI)是由von Mangoldt[5]所证明的. 他在1894年证明了Riemann素数公式(10)，他是利用定理11.2.1及习题11、15来推出式(10)的(见[8，第三章])；在1905年证明了式(3)，这是§9.1—§9.3所讨论的内容. Riemann的这些结论后来又给出了一些新的证明，其中有一些已在相应章节中作了讨论，有的则安排在习题中. 这些新的证明最重要的就是在§10.3中讨论的Landau方法，即不同于Hadamard的“整体”函数论方法(即从整函数角度来讨论)的所谓“局部”函数论方法.

由上所述，可以清楚地看出解析数论的中心问题——素数定理是如何严格地按照Riemann文章所提出的思想、方法和结论而取得进展的. 从此，解析数论沿着Riemann所指明的方向在二十世纪取得了迅速的发展. 在本书以后的章节中将讨论其它一些著名问题.

但是，Riemann所提出的猜想(V)，虽然吸引了无数著名数学家的强烈兴趣，至今仍未获得证明，这就是著名的Riemann猜想，我们将在下节作一简单的介绍.

关于Riemann的文章可参看[14]和[8]. [8]是一本专门介绍Riemann的文章，及后来在这方面进展的极好的书.

§2. Riemann猜想

我们并不清楚Riemann是基于什么理由作出这样的猜想：$\zeta(s)$ 的全部复零点都在直线 $\sigma=1/2$ 上. 在文章中他讨论的

---

1)，2)，3)，4)，5) 分别见[14，参考资料：124,125,126,130,127].

是函数 $\Xi(w)=\xi(1/2+iw)$，这是一个偶函数. 猜想相当于说: $\Xi(w)$的全部零点都是实的. 他说: 他发现 $\Xi(w)$有许多实零点，看起来十分象是所有的零点都是实的. 他接着说: 当然对此应该要有一个严格的证明，而他自己在作了一些徒劳尝试后放弃了去寻找这样一个证明，因为这对他在这篇文章中所要研究的直接对象不是必要的. 后来，在一些没有发表的 Riemann 的手稿中，发现他对 ζ 函数的性质有更多的了解，但没有找到猜想的证明. 这些手稿保存在 Göttingen 大学图书馆里. 在 Riemann 手稿中的一个极其重要的发现是 Siegel[1]于1932 年所找到的关于 $\zeta(s)$的一个有十分重要应用的著名公式，这就是通常所说的 Riemann - Siegel 公式(见习题 7.36).

在直接企图去证明这猜想方面，至今取得的主要结果是这样的: 设 $N_0(T)$是 $\zeta(s)$在直线 $\sigma=1/2,0<t\leqslant T$ 上的零点个数，$N(T)$是在矩形 $0\leqslant\sigma\leqslant 1,0<t\leqslant T$ 中的零点个数. Riemann 猜想就是

$$N(T)=N_0(T),\qquad T>0. \tag{1}$$

Hardy 首先在 1914 年证明了 $\zeta(s)$在直线 $\sigma=1/2$ 上有无穷多个零点，即

$$\lim_{T\to\infty} N_0(T)=\infty. \tag{2}$$

1921 年，Hardy 和 Littlewood 证明了: 存在正常数 A_1 使得

$$N_0(T)>A_1T. \tag{3}$$

1942 年 A . Selberg 取得了重大进展，证明了存在正常数 A_2 使得

$$N_0(T)>A_2N(T). \tag{4}$$

1956 年闵嗣鹤定出常数

$$A_2>1/60000. \tag{5}$$

1974 年 N. Levinson[2]作出了重大的改进，证明了

$$A_2>1/3. \tag{6}$$

后来又稍有改进，和对证明的简化. 关于 $\zeta(s)$的各阶导数也有类似结果.

---

1) 见 [8, Ref . S4].

2) *Advance Math*., **13**(1974), 383-436.

另一方面，大量的数值计算都支持猜想是正确的. 从 1903 年 J.P. Gram 计算了 $\zeta(s)$ 开头的 15 个零点起，到 1983 年为止，Brent，Lune[1]等人证明了:

$$N(T)=N_0(T),\ 0<T\leqslant T_0=156762525.502, \tag{7}$$

$$N(T_0)=N_0(T_0)=400000000, \tag{8}$$

而且这些零点都是一阶零点.

人们从 Riemann 猜想出发，证明了许多有趣的推论，它们互不矛盾，远优于被证明的无条件结果. 更为重要的是个别的推论后来被无条件地证明了. 这样，从 Riemann 猜想所得到的结果也就为这一问题的研究指出了方向，这也正是 Riemann 猜想的重要价值. 此外，还得到了猜想的许多等价命题. 这些，我们将在下节作一简单介绍.

Riemann 猜想已经提出 127 年了. 它是这样强烈地吸引着数学家，据说 Hilbert 曾说过：如果我一千年后复活，我的第一个问题就是“ Riemann 猜想解决了没有? ”. Hardy 也说过：他一生的最大憾事就是没有能证明 Riemann 猜想. 在 1948 年证明了有限域上的代数函数域上的 ζ 函数的 Riemann 猜想[2]的 A. Weil 曾经希望在猜想提出一百年的时候——即1959 年能够证明它，但是后来他也表示：就是再过一百年，这也不见得是可能的. 然而数学家对这一猜想的难度并非一开始就有足够认识的、Hilbert 曾经有过一次谈话，谈到了三个著名的数学问题：Riemann 猜想、Fermat 大定理及超越数论中的 α^β 猜想. 他认为：由于对整函数已作了深入的研究，Riemann 猜想可望在二十年的时间内解决；同样，对代数数论也已作了如此之多的研究，Fermat 大定理不久也可以被解决；但他接着预言：α^β 猜想是永远超出数学家的能力. 但事情的发展和他的预料恰恰完全相反，α^β 猜想早在 1934 年由 А. О. Гельфонд 和 T. Schneider 各自

---

1) *Math. Comp.*, **39** (1982), 681—689; **41** (1983), 759—767.

2) 后来数学家讨论了各种各样的 ζ 函数，并把相应的猜想都叫作 Riemann 猜想. 这方面的内容可参看《数学百科辞典》380—403 页.

独立解决[1]；Fermat 大定理自 E.E.Kummer 以来取得了一系列进展，特别是 G.Faltings[2] 在1983 年取得了重大的突破．可是，唯有 Riemann 猜想虽从各方面对它进行了探讨，但对猜想本身实质上并没有取得任何进展．当然，由于对它的深入研究，大大推动了许多数学分支的发展，可能这正是一个重要的猜想——无论它是正确的，还是错误，还是仍然没有被解决——的真正价值．

§3．Riemann 猜想的推论及等价命题

我们以 RH 表 Riemann 猜想．在 Titchmarsh 的书 [32, 第十四章] 中对本节所讨论的问题有详细的研究．这里只是简单地谈一谈，如果 RH 成立，那末前几章所证明的一些结果可改进到什么程度．此外，再讨论几个与 RH 等价的命题．所有这些都不给出证明，有的指出证明的方法，有的则把证明安排在习题中．至今在这方面仍不断有新的进展．

推论 1 若RH 成立，则除 $s=1$ 外，$\log\zeta(s)$ 在半平面 $\sigma>1/2$ 内正则，$s=1$ 是它的对数支点．

$\log\zeta(s)$ 的定义见 §8.5, $S=1$ 是它的支点，它是多值的，可按 §8 .5 来确定它的单值分支．这是 RH 的显然推论，也是大多数其他推论的基础．

推论 2 若RH 成立，则对任意的 $\varepsilon>0$，当 $1/2<\sigma_0\leqslant\sigma\leqslant 1$ 时，一致地有

$$\log\zeta(\sigma+it)\ll(\log|t|)^{2-2\sigma+\varepsilon},\ |t|\geqslant 2, \tag{1}$$

其中 $\ll$ 常数仅和ε，σ_0 有关．

这就是 [32, 定理 14.2]，证明要用到定理 4.4.2 及 4.3.1．见习题 1．由推论 2 可得

推论 3 若RH 成立，则对任意的 $\varepsilon>0$，当 $1/2<\sigma_0\leqslant\sigma\leqslant 1$ 时，一致地有

1）参看 [12, 第十七章 §8]．

2）Inven．Math．, **73** (1983), 349—366.

$$\zeta(s) \ll |t|^{\varepsilon}, \qquad |t| \geqslant 2, \tag{2}$$

$$1/\zeta(s) \ll |t|^{\varepsilon}, \qquad |t| \geqslant 2, \tag{3}$$

其中 $\ll$ 常数和 ε, σ_0 有关.

这是 [32, 式 (14.2.5), (14.2.6)]. 对任何 $1/2 < \sigma_0 \leqslant 1$, 取 ε_0 使 $\lambda_0 = 2 - 2\sigma_0 + \varepsilon_0 < 1$. 由式 (1) 知, 当 $\sigma_0 \leqslant \sigma \leqslant 1, |t| \leqslant 2$ 时,

$$\log|\zeta(s)| \leqslant |\log\zeta(s)| \leqslant A(\log|t|)^{\lambda_0}.$$

由 $\lambda_0 < 1$ 知, 当 $\sigma_0 \leqslant \sigma \leqslant 1, |t| \geqslant t_0(\varepsilon, \lambda_0)$ 时有

$$\log|\zeta(s)| \leqslant \varepsilon \log|t|,$$

这就证明了式 (2). 类似可证式 (3).

由式 (2) 及阶函数 $\mu(\sigma)$ (见定义 4.4.2) 的连续性知

推论 4 若RH 成立, 则 Lindelöf 猜想 (式 (7.5.11)) 成立.

关于 $\zeta(s)$ 在 $\sigma = 1$ 上的阶估计可改进为(见 [32, 定理 14.8]):

推论 5 若RH 成立, 则对充分大的 $|t|$ 有

$$|\log\zeta(1+it)| \leqslant \log\log\log|t| + A. \tag{4}$$

特别的

$$\zeta(1+it) \ll \log\log|t|, \tag{5}$$

$$1/\zeta(1+it) \ll \log\log|t|. \tag{6}$$

关于函数 $S(T)$ (式 (9.1.2)) 及 $S_1(T)$ (式 (9.4.2)) 的估计可改进为 (见 [32, 定理 14.13]):

推论 6 若RH 成立, 则有

$$S(t) \ll \log|t|(\log\log|t|)^{-1}, \tag{7}$$

$$S_1(t) \ll \log|t|(\log\log|t|)^{-2}. \tag{8}$$

关于 $\zeta'(s)/\zeta(s)$ 的渐近公式 (8.4.1) 可改进为 (见 [32, 式 (14.15.2)]):

推论 7 若RH 成立, 则有

$$\frac{\zeta'}{\zeta}(s) = \sum_{|\gamma - t| < (\log\log|t|)^{-1}} (s-\rho)^{-1} + O(\log|t|). \tag{9}$$

$\log\zeta(s)$的渐近公式(8.5.3)可改进为(见[32,定理14.15]):

推论8 若RH成立，则当$1/2\leqslant\sigma\leqslant 2$时有

$$\log\zeta(s)=\sum_{|\gamma-t|<(\log\log|t|)^{-1}}\log(s-\rho)+O\left(\frac{\log|t|\log\log\log|t|}{\log\log|t|}\right). \quad (10)$$

从$\psi(x)$的表示式(11.2.4)推出：当$T\geqslant x^{1/2}\log x$时,

$$\psi(x)-x+\sum_{|\gamma|\leqslant T}\frac{x^{\rho}}{\rho}\ll x^{1/2}\log x. \quad (11)$$

Goldston[1)]把这改进为

推论9 若RH成立，则当$T\geqslant x^{1/2}(\log x)^{-1}$时式(11)成立.

关于素数定理本身，von Koch (见[14,式(76)])证明了

推论10 若RH成立，则

$$\psi(x)=x+O(x^{1/2}\log^2 x). \quad (12)$$

取$T=x$,由式(11)及(11.3.7)就推出式(12). 事实上式(12)和RH是等价的(见习题11.11—11.14). 更精确地说，可以证明

等价命题11 α_1是$\zeta(s)$的零点实部的上确界的充要条件是，使下式成立的λ的下确界等于α_1:

$$\psi(x)=x+O(x^{\lambda}). \quad (13)$$

此外，这时必有

$$\psi(x)=x+O(x^{\alpha_1}\log^2 x). \quad (14)$$

Grosswald[2)]证明了当$\alpha_1>1/2$时，式(14)中的$\log^2 x$可去掉.

关于相邻素数之差，Cramér证明了(见[14,21,1]):

推论12 若RH成立，设p_n是第n个素数，我们有

$$p_{n+1}-p_n\ll p_n^{1/2}\log p_n. \quad (15)$$

---

1) *Acta Arith.*, **40** (1982), 263—271.

2) *C. R. Acad. Sc.* Paris, **260** (1965), 3813—3816.

它的证明安排在习题 4.

在习题 11.21 中证明了：当 $\sigma=1$ 时

$$\sum_{n=1}^{\infty}\mu(n)n^{-s}=1/\zeta(s).$$

而当 RH 成立时，上式当 $\sigma>1/2$ 也成立. 事实上可证明([32, 定理 14.25(A)及(B)])：

等价命题 13 RH 成立的充要条件是级数 $\sum_{n=1}^{\infty}\mu(n)n^{-s}$ 当 $\sigma>1/2$ 时收敛.

充分性是显然的. 必要性可由 Perron 公式(定理 6.5.2)及式(3)推出.

最后，来谈谈 RH 和

$$M(x)=\sum_{n\leqslant x}\mu(n) \tag{16}$$

的估计之间的关系. 类似于等价命题 13 易证（见 [32, 定理 14.25(c)])：

等价命题 14 RH 成立的充要条件是对任意正数 ε 有

$$M(x)\ll x^{1/2+\varepsilon}. \tag{17}$$

我们对 $M(x)$ 的性质了解得很少，它和 $\psi(x)-x$ 有相似之处，但并不相同. 猜测 $M(x)\ll x^{1/2}$, Mertens 甚至猜测 $|M(x)|<x^{1/2}$, $x>1$. 但最近，已被 Odlyzko 和 Riele[1)]证明 Mertens 的猜测是错误，他们证明了

$$-1.009<\liminf_{x\to\infty} M(x)x^{-1/2},\ \limsup_{x\to\infty} M(x)x^{-1/2}>1.06. \tag{18}$$

他们猜测

$$\limsup_{x\to\infty}|M(x)|x^{-1/2}=\infty. \tag{19}$$

关于这方面的讨论和资料可参看他们的文章.

1) *J. reine angew. Math.*, **357** (1985), 138—160.

习　　题

1．按以下步骤证明推论 3.2．(a) 设 $0<\delta<1/2$、$s_0=2+it$．对函数 $\log\zeta(s)$ 应用定理 4.2.2，证明在圆 $|s-s_0|\leqslant 3/2-\delta$ 上有 $\log\zeta(s)\ll\delta^{-1}\log|t|$，$|t|\geqslant 2$，这里 $\ll$ 常数和 δ 无关．(b) 设 $1<\sigma_1\leqslant|t|$，C_1, C_2, C_3 是以 σ_1+it 为心分别以 $r_1=\sigma_1-1-\eta$，$r_2=\sigma_1-\sigma$，$r_3=\sigma_1-1/2-\delta$ 为半径的圆周，这里 σ_1, η, δ 是待定正数，且使 $r_3>r_2>r_1$．在此三圆上对 $\log\zeta(s)$ 应用定理 4.3.1，利用 (a) 证明 $\log\zeta(s)\ll\eta^{a-1}\delta^{-a}(\log|t|)^{2-2\sigma+h}$，这里 $h\ll\delta+\eta+\sigma_1^{-1}$，$\ll$ 常数均和 δ, η, t 无关．(c) 适当选取 δ, η, σ_1，证明对充分大的 $|t|$，当 $1/2+(\log\log|t|)^{-1}\leqslant\sigma\leqslant 1$ 时，有 $\log\zeta(s)\ll(\log\log|t|)(\log|t|)^{2-2\sigma}$．其中 $\ll$ 常数是绝对常数．(d) 证明推论 3.2．

2．若 RH 成立，则对任意实数 T（$|T|$ 充分大），一定可找到一个 t，$T\leqslant t\leqslant T+1$ 使得 (a) 当 $1/2\leqslant\sigma\leqslant 1$ 时，$\log\zeta(\sigma+it)\ll\log|t|\cdot\log\log\log|t|(\log\log|t|)^{-1}$；(b) 当 $1/2\leqslant\sigma<1$ 时，$|\zeta(\sigma+it)|\geqslant\exp\{-A\log|t|\log\log\log|t|(\log\log|t|)^{-1}\}$，其中 A 为正常数；(c) $\zeta'(\sigma+it)/\zeta(\sigma+it)\ll\log|t|$．(利用推论 7 和 8)．

3．按以下步骤证明推论 3.9．

(a) 设 m, s 为复数，$|s|\leqslant 1/2$，$|ms|\leqslant 2$．证明

$$|(1+s)^m-1-ms|\leqslant 2.6|m|(|m|+1)|s|^2.$$

（设 $|s|=r$，$|m|=\lambda$，当 $r\lambda=0$ 时显然成立．当 $r\lambda\neq 0$ 时，证明：$R=|(1+s)^m-1-ms|\cdot|m(|m|+1)s^2|^{-1}\leqslant((1-r)^{-\lambda}-1-r\lambda)\cdot(\lambda(\lambda+1)r^2)^{-1}$，由此推出 $R\leqslant 2.6$．这里对数取主值）．

(b) 设 $\psi_1(x)$ 由习题 11.8 给出，利用习题 11.15 证明：当 $1\leqslant h=h(x)\leqslant x/2$ 时有

$$(\pm h)^{-1}\{(x\pm h)\psi_1(x\pm h)-x\psi_1(x)\}$$

$$=x\pm h/2-\sum_\rho\frac{(x\pm h)^{\rho+1}-x^{\rho+1}}{(\pm h)\rho(\rho+1)}+K(x,h),$$

这里 $|K(x,h)|<3$.

(c) 证明 $\sum_{T\leqslant\gamma}\gamma^{-2}=(\log T)/(2\pi T)+O(1/T)$.（利用定理 9.2.1 证. 这就是习题 9.3(a)）

(d) 若 RH 成立，A 是充分大正常数，则当 $y>A$ 时有

$$\left|\sum_{|\gamma|\geqslant y}\frac{(x\pm h)^{\rho+1}-x^{\rho}}{(\pm h)\rho(\rho+1)}\right|<\frac{x^{3/2}\log y}{hy}.$$

进而，有 $|\theta_1|<1$, 使得

$$\frac{(x\pm h)\psi_1(x\pm h)-x\psi_1(x)}{(\pm h)}=x\pm\frac{h}{2}-\sum_{|\gamma|<y}\frac{x^{\rho}}{\rho}$$
$$-\sum_{|\gamma|<y}\frac{(x\pm h)^{\rho+1}-x^{\rho}\mp h(\rho+1)x^{\rho}}{(\pm h)\rho(\rho+1)}$$
$$+\theta_1\frac{x^{3/2}\log y}{hy}.$$

(e) 当 RH 成立，$y>A$, $x\geqslant 3$, $1\leqslant h=h(x)\leqslant x/2$, $y\leqslant x/h$ 时，有 $|\theta_1|<1$, $|\theta_2|<1$, 使得

$$\frac{(x\pm h)\psi_1(x\pm h)-x\psi_1(x)}{\pm h}=x\pm\frac{h}{2}-\sum_{|\gamma|<y}\frac{x^{\rho}}{\rho}+\theta_1\frac{x^{3/2}\log y}{hy}$$
$$+\theta_2\frac{hy\log y}{x^{1/2}}.$$

(利用 (d), (a), 取 $s=\pm h/x$, $m=\rho+1$. 利用习题 8.8(b), 以及对充分大的 A, 当 $T>A$ 时, $N(T)<(T\log T)/2\pi$).

(f) 在 (e) 的条件下有

$$\left|\psi(x)-x+\sum_{|\gamma|<y}\frac{x^{\rho}}{\rho}\right|<\frac{h}{2}+\frac{x^{3/2}\log y}{hy}+\frac{hy\log y}{x^{1/2}}.$$

(g) 若 RH 成立，则当 $x\geqslant 3$, $y>A$ (A 充分大的正常数) 时有

$$\left|\psi(x)-x+\sum_{|\gamma|<y}\frac{x^{\rho}}{\rho}\right|<\frac{x}{2y}+2x^{1/2}\log y.$$

由此证明推论 3.9.

4. 按以下步骤证明推论 3.12[1)]

1）Wolke 最近给出的证明见定理 6.5.2 的注中所引的文章.

(a) 设 $1\leqslant h\leqslant x/5$. 若 RH 成立，则有

$$\psi(x+h)-\psi(x)=h-\sum_{|\gamma|<x^{1/2}(\log x)^{-1}}\frac{(x+h)^{\rho}-x^{\rho}}{\rho}+3.2\theta_3 x^{1/2}\log x.,$$

这里 $|\theta_3|<1$. 进而证明：x 充分大时，有 $|\theta_4|<1$, 使得

$$\psi(x+h)-\psi(x)=h+\theta_4 h/2\pi+3.2\theta_3 x^{1/2}\log x.$$

(b) 证明式 (3.15) 并定出尽可能好的 $\ll$ 常数.

5. 设函数 $h=h(x)$ 满足条件: $h(x)$ 递增，$h(x)\leqslant x$，及 $h(x)(x^{1/2}\log x)^{-1}\to\infty$，当 $x\to\infty$. 那末，当 RH 成立时有

$$\psi(x+h)-\psi(x)\sim h,$$
$$\pi(x+h)-\pi(x)\sim h/\log x.$$

按以下步骤证: (a) 设函数 $g(x)\geqslant 1$, $g(x)\ll\log x$, 及当 $x\to\infty$ 时, $g(x)\to+\infty$. 证明当 RH 成立时

$$\psi(x+h)-\psi(x)=h+O(h/g(x))+O(x^{1/2}\log x\log g(x))$$
$$+O(x^{1/2}\log x)$$

(在习题 3 (g) 中取 $y=x^{1/2}/\log x$, $y_1=y/g(x)$，及设

$$\sum_{|\gamma|<y}\frac{x^{\rho}}{\rho}=\sum_{|\gamma|<y_1}+\sum_{y_1\leqslant|\gamma|<y}=\sum\nolimits_1+\sum\nolimits_2.$$

用习题 4 (a) 中的方法估计 $\sum_1$，利用习题9 .3 (b) 估计 $\sum_2$).

(b) 取 $g(x)$ 使 $h(x)\geqslant x^{1/2}g(x)\log x$. 由 (a) 来证所要结论.

6. 若 RH 成立，则有 $\int_1^x x^{-2}(\psi(x)-x)^2dx\ll\log x$.

7. 若有估计式 $f(x)=\int_1^x y^{-2}(M(y))^2dy\ll\log x$ 成立，其中 $M(y)$ 由式 (3.16) 给出，则有 (a) RH 成立，(b) $\zeta(s)$ 的零点都是一阶的.

8. 证明 $M(x)=\Omega(x^{1/2})$，即存在正数 A，使得对任给的正数 C，必有 $x_0\geqslant C$ 使得 $|M(x_0)|>Ax_0^{1/2}$. (若 RH 不成立，则由等价命题 14 推出. 若 RH 成立，则有 $(\zeta(s))^{-1}=s\int_1^{\infty}M(x)x^{-s-1}dx$, $\sigma>1/2$, 由此用反证法证明: 若对任意小的正数 δ, 有 $|M(x)|\leqslant M_0$ $(1\leqslant x\leqslant x_0)$; $|M(x)|\leqslant\delta x^{1/2}$ $(x\geqslant x_0)$，我们在上式中取 $s=\rho+h$, $\rho=1/2+i\gamma$ 是 $\zeta(s)$ 的零点，h 是任意小正数，先证 ρ 一定是一阶零点，然而令 $h\to 0$ 指出我们的假定不能成立).

第十三章　Dirichlet 特征

设$q>2$, $(a,q)=1$. Dirichlet 在1837 年证明了在算术数列$a+nq(n=0,1,2\cdots)$中存在无穷多个素数这一著名的结果. 为了证明这个结果，他引进了一类极其重要的算术函数$\chi(n)$——现在称为 Dirichlet 特征或简称为特征，利用它能够从给定的整数序列中把属于上述算术数列的子序列挑选出来. 在研究算术数列中的素数定理，和其它有关算术数列的数论问题时，Dirichlet 特征是一个必不可少的重要工具. 本章专门讨论 Dirichlet 特征的基本性质.

Dirichlet 原来所给出的特征的定义是构造性的. 这种定义看来有点不自然，但它给出了特征的十分明确、简单的结构，而且由此容易推出它的重要的数论性质，这些对于我们的应用来说是必不可少. 另一方面，模q的简化系构成一个有限 Abel 乘法群，而 Dirichlet 特征可以看作是后来发展起来的有限 Abel 群的特征标的特殊情形. 有限 Abel 群的特征标的定义是比较自然的，但作这种一般性的讨论在这里并没有好处. 因此我们先把 Dirichlet 特征实质上定义为由模q的简化系所构成的 Abel 乘法群上的特征标，再立即由这定义来推出 Dirichlet 特征的明确的表达式(即本质上是 Dirichlet 原来的定义)，然后进一步研究它的性质.

有关本章内容可参看 [12], [18], [7].

§1. 定义与基本性质

定义 1　设$q\geqslant 1$. 一个不恒为零的算术函数$\chi(n)$如果满足条件 (i) 当 $(n,q)>1$ 时$\chi(n)=0$; (ii) 周期性：对任意整数n, 有$\chi(n+q)=\chi(n)$; (iii) 完全可乘性：对任意整数m, n, 有$\chi(mn)=\chi(m)\chi(n)$, 那末，$\chi(n)$就称为是**模 q 的 Dirichlet 特征**或**模 q 的剩余特征**，简称为**模 q 的特征**.

我们用符号 $\chi(n;q)$，$\chi(n) \bmod q$, $\chi \bmod q$ 等来表示这个特征是属于模 q 的.

由定义立即推出：对任一模 q 的特征 χ 有

$$\chi(1)=1,\ \chi(-1)=\pm 1, \tag{1}$$

$$|\chi(n)|=1,\ \text{当}\ (n,q)=1. \tag{2}$$

由于当 $(n,q)=1$ 时，$n^{\varphi(q)}\equiv 1 \pmod q$，所以由式(1)及定义 1 中的条件 (ii) 和 (iii)得

$$1=\chi(n^{\varphi(q)})=(\chi(n))^{\varphi(q)},\quad (n,q)=1. \tag{3}$$

这就证明了式 (2).

定义 2 模q 的特征 χ 称为**模 q 的主特征**，如果当 $(n,q)=1$ 时，恒有 $\chi(n)=1$，主特征记为 χ^0；其余所有的特征称为**非主特征**. 只取实值的特征称为**实特征**，其它的称为**复特征**.

容易看出，若 χ 是模 q 的特征，则$\overline{\chi}$ 亦是模 q 的特征，这里定义

$$\overline{\chi}(n)=\overline{\chi(n)}. \tag{4}$$

$\overline{\chi}$ 称为是 χ 的**共轭特征**.

此外，从定义 1 可直接推出两个简单性质.

设 χ_1 是模 q_1 的特征，χ_2 是模q_2 的特征，则 $\chi_1\chi_2$ 是模$[q_1,q_2]$ 的特征. 特别地，两个模 q 的特征的乘积亦是模 q 的特征.

设 χ 是模 q 的特征. 若 $q\,|\,q'>0$，且 q 和 q' 有相同的素因子，则 χ 亦可看作是模 q'的特征.

下面我们来给出模q 的特征的表达式. 当 $q=1,2$ 时，只有一个主特征，即

$$\chi(n;1)=1,\qquad \text{对任意整数}\ n. \tag{5}$$

$$\chi(n;2)=\begin{cases}1, & 2\nmid n,\\ 0, & 2\,|\,n.\end{cases} \tag{6}$$

所以可假定 $q>2$. 先讨论 $q=p^{\alpha}$,p 为奇素数，$\alpha\geqslant 1$；再讨论 $q=2^{\alpha}$，$\alpha\geqslant 2$；最后讨论一般情形.

模 $q=p^\alpha$ 的特征的表达式 素数 $p>2,\alpha\geqslant 1$. 设 g 是模 p 的一个正原根,且对所有的 $\alpha\geqslant 1$,它亦是 p^α 的原根. 由初等数论知这样的 g 是存在的, 为确定起见不妨设 g 是这种原根中最小的. 当 $p\nmid n$ 时,以 $\nu(n)$ 表 n 对模 p^α (以 g 为底)的指标, 即

$$g^{\nu(n)}\equiv n\,(\bmod p^\alpha), \tag{7}$$

$\nu(n)$ 是模 $\varphi(p^\alpha)$ 唯一确定的, 且当 n 过模 p^α 的简化系时, $\nu(n)$ 过模 $\varphi(p^\alpha)$ 的完全系. 设 χ 是模 p^α 的一个特征, 由可乘性与周期性知,

$$\chi(n;p^\alpha)=\{\chi(g;p^\alpha)\}^{\nu(n)},\qquad p\nmid n. \tag{8}$$

这表明一个特征由 $\chi(g;p^\alpha)$ 的取值所唯一确定. 再由式(3) 知, 一定有

$$\chi(g;p^\alpha)=e\left(\frac{m}{\varphi(p^\alpha)}\right). \tag{9}$$

因此, $\chi(g;p^\alpha)$ 取且仅取 $\varphi(p^\alpha)$ 个不同的值, 它们可由 m 取 $0,1,2,\cdots,\varphi(p^\alpha)-1$ 来给出. 反过来, 由指标的性质知, 只要由式(9) 给定了 $\chi(g;p^\alpha)$ 的值, 那末由式(8) 就相应给出了模 p^α 的一个特征. 这样, 就证明了

定理 1 设素数 $p>2,\alpha\geqslant 1$. 那末有且仅有 $\varphi(p^\alpha)$ 个两两不同的模 p^α 的 Dirichlet 特征, 它们由下面的表达式给出:

$$\chi(n;p^\alpha)=\chi(n;p^\alpha,m)=\begin{cases}e\left(\dfrac{m\nu(n)}{\varphi(p^\alpha)}\right), & p\nmid n,\\[2ex] 0, & p\mid n,\end{cases} \tag{10}$$

这里 $m=0,1,2,\cdots,\varphi(p^\alpha)-1$, $\nu(n)$ 由式(7) 给出.

模 $q=2^\alpha\ (\alpha\geqslant 2)$ 的特征的表达式 对于 $\alpha=2$, 模 4 有原根 3, 且当 $2\nmid n$ 时, n 对模 4 的指标

$$\nu(n)\equiv\frac{n-1}{2}\ (\bmod 2). \tag{11}$$

因此同上面一样可推出: 模 4 有两个特征, 它们是

$$\chi(n;4,0)=\begin{cases}1, & 2\nmid n,\\ 0, & 2\mid n;\end{cases} \tag{12}$$

及

$$\chi(n;4,1)=\begin{cases}(-1)^{\frac{n-1}{2}}, & 2\nmid n,\\ 0, & 2\mid n.\end{cases} \tag{13}$$

下面来讨论 $\alpha\geqslant 3$ 的情形.

模 $2^\alpha(\alpha\geqslant 3)$ 不存在原根，但对任一奇数 n，有指标组 $\nu_{-1}=\nu_{-1}(n)$，$\nu_0=\nu_0(n)$ 使得

$$n\equiv(-1)^{\nu_{-1}(n)}5^{\nu_0(n)}\pmod{2^\alpha}. \tag{14}$$

这里 ν_{-1} 和 ν_0 分别是模 2 和模 $2^{\alpha-2}$ 唯一确定的，且当 n 过 2^α 的简化系时，ν_{-1} 和 ν_0 分别过模 2 和模 $2^{\alpha-2}$ 的完全系，并有

$$\nu_{-1}(n)\equiv\frac{n-1}{2}\pmod 2. \tag{15}$$

设 χ 是模 2^α 的一个特征. 由可乘性与周期性知，

$$\begin{aligned}\chi(n;2^\alpha)&=\chi\left((-1)^{\nu_{-1}(n)}5^{\nu_0(n)};\ 2^\alpha\right)\\&=\{\chi(-1;2^\alpha)\}^{\nu_{-1}(n)}\{\chi(5;2^\alpha)\}^{\nu_0(n)},\quad 2\nmid n.\end{aligned} \tag{16}$$

这表明一个模 $2^\alpha(\alpha\geqslant 3)$ 的特征 $\chi(n;2^\alpha)$ 由 $\chi(-1;2^\alpha)$ 及 $\chi(5;2^\alpha)$ 的取值所唯一确定. 由式(1)知，$\chi(-1;2^\alpha)$ 仅可能取 ±1 两个值，而由

$$5^{2^{\alpha-2}}\equiv 1\pmod{2^\alpha} \tag{17}$$

知一定有

$$\chi(5;2^\alpha)=e\left(\frac{m_0}{2^{\alpha-2}}\right). \tag{18}$$

因此 $\chi(5;2^\alpha)$ 取且仅取 $2^{\alpha-2}$ 个不同的值，它们可由 m_0 取 $0,1,2,\cdots,2^{\alpha-2}-1$ 来给出. 反过来，由指标组的性质知，只要给定了 $\chi(-1;2^\alpha)$ 和 $\chi(5;2^\alpha)$ 的值，那末由式(16)就相应给出了模 2^α 的一个特征. 这样，就证明了

定理 2 设$\alpha\geqslant 3$. 那末有且仅有 $2^{\alpha-1}$ 个两两不同的模 2^α 的 Dirichlet 特征，它们由下面的表达式给出:

$$\chi(n,2^\alpha)=\chi(n;2^\alpha,m_{-1},m_0)$$

$$=\begin{cases}(-1)^{m_{-1}v_{-1}(n)}e(2^{2-\alpha}m_0v_0(n)), & 2\nmid n,\\ 0, & 2\mid n,\end{cases}\tag{19}$$

这里 $v_{-1}(n)$，$v_0(n)$ 由式 (14) 和 (15) 给出，$0\leqslant m_{-1}\leqslant 1$. $0\leqslant m_0<2^{\alpha-2}$.

由定理 1 和 2 容易证明

定理 3 设p 为奇素数，模 p^α $(\alpha\geqslant 1)$ 的特征 $\chi(n;p^\alpha,m)$ 是实特征的充要条件是 $m=0$ 或 $m=\frac{1}{2}\varphi(p^\alpha)$. 当 $m=0$ 时是主特征；模 2, 模 4 的特征均为实特征，模 2^α $(\alpha\geqslant 3)$ 的特征 $\chi(n;2^\alpha,m_{-1},m_0)$ 是实特征的充要条件是 $m_0=0$ 或 $2^{\alpha-3}$，当 $m_{-1}=m_0=0$ 时是主特征.

此外，由特征定义容易看出，对任一素数 $p\geqslant 2$ 有

$$\chi^0(n;p^\alpha)=\chi^0(n;p),\qquad \alpha\geqslant 1.\tag{20}$$

利用熟知的结果: 对正整数 K 有

$$\frac{1}{K}\sum_{l=0}^{K-1}e\left(\frac{al}{K}\right)=\begin{cases}1, & a\equiv 0\ (\mathrm{mod}\ K),\\ 0, & a\not\equiv 0\ (\mathrm{mod}\ K),\end{cases}\tag{21}$$

由指标的性质和定理 1, 2 及式 (5), (6), (12), (13) 立即推出特征最重要的基本性质——正交性，即

定理 4 设素数$p\geqslant 2$. $q=p^\alpha$, $\alpha\geqslant 0$. 我们有

$$\frac{1}{\varphi(q)}\sum_{\chi\bmod q}\chi(n)=\begin{cases}1, & n\equiv 1\ (\mathrm{mod}\ q),\\ 0, & n\not\equiv 1\ (\mathrm{mod}\ q),\end{cases}\tag{22}$$

这里的求和号表对模 q 的所有 $\varphi(q)$ 个特征求和；以及

$$\frac{1}{\varphi(q)}\sum_{n=1}^{q}\chi(n)=\begin{cases}1, & \chi=\chi^0,\\ 0, & \chi\neq\chi^0.\end{cases}\tag{23}$$

式 (22) 可写成更一般的形式：设 $(a,q)=1$，则有

$$\frac{1}{\varphi(q)}\sum_{\chi \bmod q}\overline{\chi}(a)\chi(n)=\begin{cases}1, & n\equiv a \pmod{q},\\ 0, & n\not\equiv a \pmod{q}.\end{cases} \tag{24}$$

一般的模 q 的特征的表达式

定理 5 设 $q=2^{\alpha_0}p_1^{\alpha_1}\cdots p_r^{\alpha_r}$，$p_1,\cdots,p_r$ 是不同的奇素数. 模 q 的特征 $\chi(n;q)$ 一定可以唯一地表为

$$\chi(n;q)=\chi(n;2^{\alpha_0})\chi(n;p_1^{\alpha_1})\cdots\chi(n;p_r^{\alpha_r}); \tag{25}$$

模 q 共有 $\varphi(q)$ 个两两不同的特征，它们可由式(25)右边的各项分别取遍模 2^{α_0}，模 $p_1^{\alpha_1}\cdots$，模 $p_r^{\alpha_r}$ 的全部特征来得到.

证：设 $\chi(n;q)$ 是模 q 的特征. 不难验证由以下方法定义了一个模 2^{α_0} 的特征：

$$\chi(n;2^{\alpha_0})=\begin{cases}\chi(n_0;q), & (n,2^{\alpha_0})=1,\\ 0, & (n,2^{\alpha_0})>1,\end{cases} \tag{26}$$

其中 n_0 满足同余方程组

$$n_0\equiv n \pmod{2^{\alpha_0}},\qquad n_0\equiv 1 \pmod{p_l^{\alpha_l}},\ l=1,\cdots,r. \tag{27}$$

类似的可定义模 $p_j^{\alpha_j}$ $(1\leqslant j\leqslant r)$ 的特征

$$\chi(n;p_j^{\alpha_j})=\begin{cases}\chi(n_j;q), & (n,p_j^{\alpha_j})=1,\\ 0, & (n,p_j^{\alpha_j})>1,\end{cases} \tag{28}$$

其中 n_j 满足同余方程组

$$n_j\equiv n \pmod{p_j^{\alpha_j}},\ n_j\equiv 1 \pmod{p_l^{\alpha_l}},\ 0\leqslant l\leqslant r,\ l\neq j, \tag{29}$$

这里 $p_0=2$. 容易证明，这样定义的特征 $\chi(n;2^{\alpha_0}),\chi(n;p_1^{\alpha_1}),\cdots,\chi(n;p_r^{\alpha_r})$ 满足式 (25). 下面来证表达式 (25) 的唯一性. 假如还有表达式

$$\chi(n;q)=\chi'(n;2^{\alpha_0})\chi'(n;p_1^{\alpha_1})\cdots\chi'(n;p_r^{\alpha_r}). \tag{30}$$

当 $\alpha_0=0$ 时显有 $\chi(n,2^{\alpha_0})\equiv\chi'(n,2^{\alpha_0})$. 当 $\alpha_0\geqslant 1$ 时，我们来证明，当 $2\nmid n$ 时必有 $\chi(n;2^{\alpha_0})=\chi'(n;2^{\alpha_0})$. 取 n_0 为同余方程

组(27)的一个解，其中的 n 即为这里的 n.这样由式(25)和(30)可分别得到

$$\begin{aligned}\chi(n_0;q)&=\chi(n_0;2^{\alpha_0})\chi(n_0;p_1^{\alpha_1})\cdots\chi(n_0;p_r^{\alpha_r})\\&=\chi(n_0;2^{\alpha_0})=\chi(n;2^{\alpha_0}),\end{aligned}$$

$$\begin{aligned}\chi(n_0;q)&=\chi'(n_0;2^{\alpha})\chi'(n_0;p_i^{\alpha_1})\cdots\chi'(n_0;p_r^{\alpha_r})\\&=\chi'(n_0;2^{\alpha_0})=\chi'(n;2^{\alpha_0}).\end{aligned}$$

这就证明了所要的结果. 类似的利用同余方程组(29)可证明，当 $p_j\nmid n$ 时必有 $\chi(n;p_j^{\alpha_j})=\chi'(n;p_j^{\alpha_j})$. 因此表达式(25)是唯一的.

显见当 $\chi(n;2^{\alpha_0})$, $\chi(n;p_1^{\alpha_1})$, …, $\chi(n;p_r^{\alpha_r})$ 分别为模 2^{α_0}, $p_1^{\alpha_1},\cdots,p_r^{\alpha_r}$ 的任一特征时，它们的乘积是模 q 的特征. 由此及上面所证的唯一性，从定理 1 及定理 2(当 $\alpha_0\leqslant 2$ 时直接验证)就推出了定理的后一结论.

推论 6 $\chi(n;q)$ 是主特征的充要条件是它的表达式(25)右边的各个特征均为主特征；它是实特征的充要条件是它的表达式右边的各个特征均为实特征[1)].

充分性是显然的. 必要性可从定理 5 中证明表达式(25)的存在性中推出.

对于任意模 q 定理 4 亦成立.

定理 7 对于任意模 $q\geqslant 1$, 式(22), (23)及(24)仍然成立.

证：设 $q=2^{\alpha_0}p_1^{\alpha_1}\cdots q_r^{\alpha_r}$. 由定理 5 知

$$\frac{1}{\varphi(q)}\sum_{\chi\bmod q}\chi(n;q)=\left\{\frac{1}{\varphi(2^{\alpha_0})}\sum_{\chi\bmod 2^{\alpha_0}}\chi(n;2^{\alpha_0})\right\}\cdot$$

$$\left\{\frac{1}{\varphi(p_1^{\alpha_1})}\sum_{\chi\bmod p_1^{\alpha_1}}\chi(n;p_1^{\alpha_1})\right\}\cdots\left\{\frac{1}{\varphi(p_r^{\alpha_r})}\sum_{\chi\bmod p_r^{\alpha_r}}\chi(n;p_r^{\alpha_r})\right\}. \tag{31}$$

注意到 $n\equiv 1\pmod q$ 成立的充要条件是

1) 实特征和 Kronecker 符号的关系见[12,第十二章§3].

$n\equiv 1\ (\bmod 2^{\alpha_0})$，　$n\equiv 1\ (\bmod p_j^{\alpha_j})$，$j=1,\cdots,r$同时成立，由式（31）及定理4的式（22）（即对$q=p^\alpha$的情形）就推出式（22）对任意模$q$成立，因而式（24）对任意模$q$也成立.

设$q=2^{\alpha_0}q_0$，$q=p_j^{\alpha_j}q_j$，$1\leqslant j\leqslant r$；$q_0q_0'\equiv 1\ (\bmod 2^{\alpha_0})$，$q_j'q_j\equiv 1\ (\bmod p_j^{\alpha_j})$，$1\leqslant j\leqslant r$；以及

$$n=q_0'q_0n_0+q_1'q_1n_1+\cdots+q_r'q_rn_r. \tag{32}$$

这样，当$n_0,n_1,\cdots,n_r$分别遍历模$2^{\alpha_0},p_1^{\alpha_1},\cdots,p_r^{\alpha_r}$的完全（或简化）剩余系时，$n$遍历模$q$的完全（或简化）剩余系. 由此及式（25）可得

$$\frac{1}{\varphi(q)}\sum_{n=1}^{q}\chi(n;q)=\left\{\frac{1}{\varphi(2^{\alpha_0})}\sum_{n_0=1}^{2^{\alpha_0}}\chi(n_0;2^{\alpha_0})\right\}\cdot$$

$$\left\{\frac{1}{\varphi(p_1^{\alpha_1})}\sum_{n_1=1}^{p_1^{\alpha_1}}\chi(n_1;p_1^{\alpha_1})\right\}\cdots\left\{\frac{1}{\varphi(p_r^{\alpha_r})}\sum_{n_r=1}^{p_r^{\alpha_r}}\chi(n_r,p_r^{\alpha_r})\right\}. \tag{33}$$

由于$\chi(n,q)$是主特征的充要条件是$\chi(n;2^{\alpha_0})$，$\chi(n;p_1^{\alpha_1})$，$\cdots$ $\chi(n;p_r^{\alpha_r})$都是主特征，因此由上式及定理4的式（23）（即对$q=p^\alpha$的情形）就推出式（23）对任意模q成立.

§2. 原特征

原特征在特征理论中占有重要地位，因为许多重要性质在原特征的情形有十分简单的形式，而且对于非原特征的情形一般说来可以归结为原特征的情形来讨论. 首先来给出它的定义.

定义1　设$q\geqslant 1$. 如果存在正整数$q'<q$, 使对任意的n_1,n_2：$(n_1,q)=(n_2,q)=1$，$n_1\equiv n_2\ (\bmod q')$，必有

$$\chi(n_1;q)=\chi(n_2;q), \tag{1}$$

那末，$\chi(n;q)$就称为**模 q 的非原特征**. 不然，就称为**原特征**.

容易看出，非原特征的条件等价于：存在$1\leqslant q'<q$, 使对任意的n：$(n,q)=1$，$n\equiv 1\ (\bmod q')$，必有

$$\chi(n;q)=1. \tag{1'}$$

这表明原特征是这样的特征：它在条件 $(n,q)=1$ 之下，不存在比 q 更小的周期.

由定义立即可看出：模 1 的唯一一个特征—— 主特征 $\chi(n;1)\equiv 1$ 是原特征；而当 $q\geqslant 2$ 时，模 q 的主特征一定不是原特征，因为只要 $(n_1,q)=(n_2,q)=1$，就有 $\chi(n_1;q)=\chi(n_2;q)=1$. 即可取 $q'=1$. 所以模 2 没有原特征.

若 $\chi(n;q)$ 为非原特征，那末一定存在一个满足定义要求的最小的 q'，记作 q^*. 利用带余数除法容易证明必有

$$q^*|q. \tag{2}$$

首先我们来讨论模 $q=p^\alpha$ 时，一个特征是原特征的充要条件.

定理 1 若 $q=p^\alpha$，素数 $p>2$，$\alpha\geqslant 1$，那末 $\chi(n;p^\alpha,m)$ 为原特征的充要条件是 $(m,p)=1$；模 2 没有原特征；模 4 的非主特征 $\chi(n;4,1)$（见式（1.13））是原特征；模 2^α $(\alpha\geqslant 3)$ 的特征 $\chi(n;2^\alpha,m_{-1},m_0)$ 是原特征的充要条件是 $(m_0,2)=1$.

证：由定理 1.1 知，当 $p\nmid n$ 时

$$\chi(n;p^\alpha,m)=e\left(\frac{mv(n)}{\varphi(p^\alpha)}\right),\ 0\leqslant m<\varphi(p^\alpha). \tag{3}$$

先证必要性. 用反证法，若 $(m,p)>1$，则有

$$m=m'p^\beta,\ 1\leqslant\beta<\alpha,\ (m',p)=1.$$

以 $v'(n)$ 表 n 对模 $p^{\alpha-\beta}$ 的指标（以同一个原根 g 为底）. 这样，对任意的 $p\nmid n$，$n\equiv n_1\pmod{p^{\alpha-\beta}}$，由指标性质知

$$v(n)\equiv v'(n)\equiv v'(n_1)\equiv v(n_1)\pmod{\varphi(p^{\alpha-\beta})}.\ \text{因而}$$

$$\chi(n;p^\alpha,m)=e\left(\frac{m'v(n)}{\varphi(p^{\alpha-\beta})}\right)=e\left(\frac{m'v(n_1)}{\varphi(p^{\alpha-\beta})}\right)=\chi(n_1,p^\alpha,m).$$

这和假设 χ 为原特征矛盾. 下证充分性. 亦用反证法. 若 $\chi(n;p^\alpha,m)$ 不是原特征. 因 $(m,p)=1$ 所以它一定不是主特征. 所以由式 (2) 定义的 q^* 满足

$$1 < q^* \mid p^{\alpha}\text{[1]}, \qquad q^* < p^{\alpha}.$$

显见，当 $\alpha=1$ 时这样的 q^* 是不存在的. 也就是说，当 $\alpha=1$ 时，只要 $(m,p)=1, 0<m<p-1, \chi(n;p,m)$ 一定是原特征，所以只要讨论 $\alpha\geqslant 2$ 的情形. 这时有

$$q^*=p^{\lambda},\ 0<\lambda<\alpha. \tag{4}$$

设 $n_0=1+p^{\lambda}$. 显有 $n_0\not\equiv 1 \pmod{p^{\alpha}}$. 由指标性质知

$$v(n_0)\equiv 0 \pmod{\varphi(p^{\lambda})},\ v(n_0)\not\equiv 0 \pmod{\varphi(p^{\alpha})},$$

所以，由此及 $(m,p)=1$ 知

$$\chi(n_0;p^{\alpha},m)\neq 1=\chi(1;p^{\alpha},m).$$

这和式 (4) 及 n_0 的取法矛盾. 因此 $\chi(n;p^{\alpha},m)$ 当 $(m,p)=1$ 时一定是原特征.

下面来证明模 $q=2^{\alpha}(\alpha\geqslant 1)$ 的情形. 模 2 和模 4 的情形可直接验证结论成立. 因此可设 $\alpha\geqslant 3$. 当 $2\nmid n$ 时,

$$\chi(n;2^{\alpha},m_{-1},m_0)=(-1)^{m_{-1}v_{-1}(n)}e\left(\frac{m_0v_0(n)}{2^{\alpha-2}}\right),$$

$$0\leqslant m_{-1}<2,\ 0\leqslant m_0<2^{\alpha-2}.$$

先证必要性. 用反证法. 若 $(m_0,2)>1$. 这有两种可能. 一是 $m_0=0$, 这时因 χ 是原特征一定不是主特征，所以 $m_{-1}=1$, 因而

$$\chi(n;2^{\alpha},m_{-1},m_0)=(-1)^{v_{-1}(n)}=\chi(n;4,-1).$$

但 $\alpha\geqslant 3$, 这和 $\chi(n;2^{\alpha},m_{-1},m_0)$ 是原特征矛盾. 另一情形是 $m_0>0$. 这时可设

$$m_0=m_0'2^{\beta},\ 1\leqslant\beta<\alpha-2,\ (m_0',2)=1.$$

因而得

$$\chi(n;2^{\alpha},m_{-1},m_0)=(-1)^{m_{-1}v_{-1}(n)}e\left(\frac{m_0'v_0(n)}{2^{\alpha-\beta-2}}\right),\ 2\nmid n.$$

以 $v_{-1}'(n)$, $v_0'(n)$ 表 n 对模 $2^{\alpha-\beta}$ 的指标组. 当 $2\nmid n$, $n\equiv n_1 \pmod{2^{\alpha-\beta}}$ 时，由指标组性质知

1) 若 $q^*=1$, 那末这个非原特征一定是主特征.

$$v_{-1}(n)\equiv v'_{-1}(n)\equiv v'_{-1}(n_1)\equiv v_{-1}(n_1)\pmod 2,$$
$$v_0(n)\equiv v'_0(n)\equiv v'_0(n_1)\equiv v_0(n_1)\pmod{2^{\alpha-\beta-2}}.$$
由以上三式即得
$$\chi(n;2^\alpha,m_{-1},m_0)=\chi(n_1;2^\alpha,m_{-1},m_0),$$
这亦和 $\chi(n;2^\alpha,m_{-1},m_0)$ 是原特征矛盾. 这就证明了必要性. 再来证明充分性. 若 $\chi(n;2^\alpha,m_{-1},m_0)$ 不是原特征, 由于 $(m_0,2)=1$, 它一定不是主特征. 所以由式 (2) 定义的 q^* 为
$$q^*=2^\lambda,\quad 2\leqslant\lambda<\alpha. \tag{5}$$
设 $n_0=1+2^\lambda$. 显有 $n_0\not\equiv 1\pmod{2^\alpha}$. 由指标组的性质知
$$v_{-1}(n_0)\equiv 0\pmod 2,\quad v_0(n_0)\not\equiv 0\pmod{2^{\alpha-2}}.$$
所以
$$\chi(n_0;2^\alpha,m_{-1},m_0)=e\left(\frac{m_0v_0(n_0)}{2^{\alpha-2}}\right)\neq 1=\chi(1;2^\alpha,m_{-1},m_0).$$
这和式 (5) 及 n_0 的取法矛盾. 这就证明了充分性. 至此定理 1 全部证毕.

由定理 1 立即可得到

推论2 设素数 $p\geqslant 2$, $q=p^\alpha$, $\alpha\geqslant 1$. 那末, (a) 对模 p^α 的每一个非主特征, 必存在唯一的模 $q^*=p^\lambda$, $1\leqslant\lambda\leqslant\alpha$, 及模 q^* 的唯一的原特征与它恒等. (b) 对每一个模 $p^\lambda(0\leqslant\lambda\leqslant\alpha)$ 的特征, 必有唯一的一个模 p^α 的特征与它恒等.

证: 先证 p 为奇素数的情形. 模 p^α 的非主特征为 $\chi(n;p^\alpha,m)$, $0<m<\varphi(p^\alpha)$. 设
$$m=p^em',\qquad (p,m')=1.$$
那末易证 $0\leqslant e<\alpha$, 及
$$\chi(n;p^\alpha,m)=\chi(n;p^{\alpha-e},m').$$
由定理 1 知, $\chi(n;p^{\alpha-e},m')$ 是模 $p^{\alpha-e}$ 的原特征, 取 $q^*=p^{\alpha-e}$ 就证明 (a) 的存在性, 唯一性由原特征的定义推出. 此外, 从
$$\chi(n;p^\lambda,m)=\chi(n;p^\alpha,mp^{\alpha-\lambda})$$
就证明了 (b).

下面来证 $q=2^\alpha$ 的情形. 先证 (a). 这时一定有 $\alpha\geqslant 3$. 设 $\chi(n;2^\alpha,m_{-1},m_0)$, $0\leqslant m_{-1}<2$, $0\leqslant m_0<2^{\alpha-2}$, 是非主特征. 若 $m_0=0$, 则 $m_{-1}=1$, 因而

$$\chi(n;2^\alpha,1,0)=\chi(n;4,1).$$

即和模 4 的原特征恒等. 若 $m_0>0$, 则必可表为

$$m_0=2^e m_0',\quad 2\nmid m',\ 0\leqslant e<\alpha-2.$$

这样就有

$$\chi(n;2^\alpha,m_{-1},m_0)=\chi(n;2^{\alpha-e},m_{-1},m_0').$$

由定理 1 知 $\chi(n;2^{\alpha-e},m_{-1},m_0')$ 是原特征. 这样, 对 $q=2^\alpha$ 的情形证明了结论 (a) 中的存在性. 唯一性同样由原特征的定义推出. 同样, 从

$$\chi(n;2^\lambda,m_{-1},m_0)=\chi(n;2^\alpha,m_{-1},m_0 2^{\alpha-\lambda})$$

就推出(b).

从推论 2 的 (a) 可以看出, 对模 p^α 的非主特征来说, 如果它的最小周期等于 p^α, 那末它就是原特征; 如果它的最小周期小于 p^α, 那末它就是非原特征 (这时最小周期一定是 p^λ, $0<\lambda<\alpha$). 而且, 反过来也对. 因此在有些书上就用最小周期等于还是小于模本身, 来定义模 p^α 的非主特征是原特征还是非原特征. 但必须指出这一点对模 p 的主特征不适用, 对任意模的非主特征亦不适用.

由定理 1 和定理 1.3 可立即推得

定理 3 设 $q=p^\alpha$. 那末当且仅当模 q 等于 4, 8 及奇素数 p 时才有实原特征存在. 模 4 的实原特征 $\chi(n;4,1)$ 由式 (1.13) 给出; 模 8 的实原特征是

$$\chi(n;8,0,1)=\begin{cases}0, & 2\mid n,\\ (-1)^{(n^2-1)/8}, & 2\nmid n,\end{cases}\tag{6}$$

及

$$\chi(n;8,1,1)=\chi(n;4,1)\chi(n;8,0,1);\tag{7}$$

模 p（p 奇素数）的实原特征是

$$\chi\left(n;p\ ,\ \frac{p-1}{2}\right)=\left(\frac{n}{p}\right), \tag{8}$$

这里 $\left(\frac{n}{p}\right)$ 是 Legendre 符号.

证：我们只要证明式（6）和式（8）. 容易直接验证，当 $2\nmid n$ 时，n 对模 8 的指标组中的

$$v_0(n)\equiv\frac{n^2-1}{8}\ (\bmod\ 2). \tag{9}$$

由此及 $\chi(n;8,0,1)=(-1)^{v_0(n)}$ 就得到了式（6）. 由定义知，当 p 为奇素数，$p\nmid n$ 时

$$\chi\left(n;p,\ \frac{p-1}{2}\right)=(-1)^{v(n)},$$

$v(n)$ 是 n 对模 p 的指标. 由于 $2\mid v(n)$ 的充要条件是 n 是模 p 的平方剩余，由此及 Legendre 符号的定义就证明了式(8).

此外，当 $2\nmid n, n>1$ 时，显有

$$\chi(n;4,1)=\left(\frac{-1}{n}\right)=\left(\frac{-4}{n}\right), \tag{10}$$

$$\chi(n;8,0,1)=\left(\frac{2}{n}\right)=\left(\frac{8}{n}\right), \tag{11}$$

$$\chi(n;8,1,1)=\left(\frac{-1}{n}\right)\left(\frac{2}{n}\right)=\left(\frac{-2}{n}\right)=\left(\frac{-8}{n}\right), \tag{12}$$

其中 $\left(\frac{m}{n}\right)$ 是 Jacobi 符号. 因此这三个实原特征可以看作是 Jacobi 符号 $\left(\frac{-1}{n}\right)$, $\left(\frac{2}{n}\right)$ 及 $\left(\frac{-2}{n}\right)$ 在全体整数集合上的开拓.

由上可见，模 p^α 的实原特征的结构是十分简单的，但它有特

殊的重要性.

下面我们来讨论任意模的原特征.

定理4 任意模 q 的特征 $\chi(n;q)$ 是原特征的充要条件是它的表达式 (1.25) 的右边各项分别是模 $2^{\alpha_0}, p_1^{\alpha_1}, \cdots, p_r^{\alpha_r}$ 的原特征.

证: 先证充分性. 用反证法. 若 $\chi(n;q)$ 不是原特征, 则一定存在一个由式 (2) 确定的 q^*, $q^*<q$, $q^*|q$, 使对任意的 $(n,q)=(n',q)=1$, $n\equiv n'(\bmod q^*)$ 有

$$\chi(n;q)=\chi(n';q). \tag{13}$$

设 $q^*=2^{\beta_0}p_1^{\beta_1}\cdots p_r^{\beta_r}$, 一定有 $\beta_j\leqslant\alpha_j$, $0\leqslant j\leqslant r$, 且其中至少有一个是严格的 < 号成立. 不妨设 $\beta_0<\alpha_0$. 利用式 (1.32). 取 $n_1=\cdots=n_r=1$, 当 $(n_0,2)=(n_0',2)=1$, $n_0\equiv n_0'(\bmod 2^{\beta_0})$ 时, 必有

$$(\bar{n},q)=(\bar{n}',q)=1,\quad \bar{n}\equiv\bar{n}'(\bmod q^*),$$

这里 $\bar{n}=q_0'q_0n_0+q_1'q_1+\cdots+q_r'q_r$, $\bar{n}'=q_0'q_0n_0'+q_1'q_1+\cdots+q_r'q_r$. 因此, 由式 (1.25) 及 (13) 得

$$\chi(n_0;2^{\alpha_0})=\chi(\bar{n};q)=\chi(\bar{n}';q)=\chi(\bar{n}';2^{\alpha_0}),$$

这和 $\chi(n;2^{\alpha_0})$ 是原特征矛盾. 必要性可反过来类似地证明.

由定理3和4立即推出

推论5 模 $q=2^{\alpha_0}p_1^{\alpha_1}\cdots p_r^{\alpha_r}$ 有实原特征的充要条件是 q 为 2^{α_0} 或 $2^{\alpha_0}p_1\cdots p_r$ 的形式, 其中 α_0 可取值 0, 2, 3, $p_j(1\leqslant j\leqslant r)$ 为奇素数.

利用式 (8), (10), (11), (12) 及表达式 (1.25) 就可得到模 $2^{\alpha_0}p_1\cdots p_r$ 的实原特征的表达式[1)].

由推论2和定理4可得到

推论6 对每一个模 q 的特征 $\chi(n;q)$, 一定存在唯一的模 q^*, $q^*|q$, 及模 q^* 的唯一的原特征 $\chi^*(n;q)$, 使当 $(n,q)=1$ 时必有

---

1) 因此, 实原特征可以很方便地用 Kronecker 符号(见[12,第十二章§3])来表示.

$$\chi(n;q)=\chi^*(n;q^*). \tag{14}$$

反过来，对任意的模q^*, $q^*|q$,及每一个模 q^*的原特征$\chi^*(n;q^*)$，一定存在模 q 的唯一的特征 $\chi(n;q)$，使当 $(n,q)=1$ 时，必有式 (14)成立. 事实上，

$$\chi(n;q)=\chi^*(n;q^*)\chi^0(n;q). \tag{15}$$

证: 设 $q=2^{\alpha_0}p_1^{\alpha_1}\cdots p_r^{\alpha_r}$. $\chi(n;q)$有表达式 (1.25). 由推论 2 知，当 $\chi(n;p_j^{\alpha_j})$ $(0\leqslant j\leqslant r$, 取$p_0=2)$是非主特征时，必有唯一的原特征$\chi^*(n;p_j^{\lambda_j})$, $1\leqslant\lambda_j\leqslant\alpha_j$,使

$$\chi(n;p_j^{\alpha_j})=\chi^*(n;p_j^{\lambda_j});$$

当 $\chi(n;p_j^{\alpha_j})$是主特征时，取 $\lambda_j=0$ 有

$$\chi^0(n;p_j^{\alpha_j})=\chi^*(n;p^{\lambda_j})=\chi(n,1)=1,(n,p_j)=1.$$

根据以上规定取 $q^*=p_0^{\lambda_0}p_1^{\lambda_1}\cdots p_j^{\lambda_j}$,及

$$\chi^*(n;q^*)=\chi^*(n;p_0^{\lambda_0})\chi^*(n;p_1^{\lambda_1})\cdots\chi^*(n;p_r^{\lambda_r}).$$

显然 $\chi^*(n;q^*)$是模q^*的原特征，且有式 (14) 成立. 由原特征的定义立即可推出模q^*的唯一性，进而推出$\chi^*(n;q^*)$的唯一性. 这就证明了推论的第一部分. 第二部份的证明是显然的.

我们把 $\chi^*(n;q^*)$ 称为是对应于 $\chi(n;q)$ 的原特征，而把$\chi(n;q)$称为是由原特征 $\chi^*(n;q^*)$ 导出的特征. 我们把这种一一对应关系记作

$$\chi \bmod q \Leftrightarrow \chi^* \bmod q^*, \text{或 } \chi \Leftrightarrow \chi^*. \tag{16}$$

特别是对所有模 q 的主特征有

$$\chi^0 \bmod q \Leftrightarrow \chi \bmod 1. \tag{17}$$

§3. Gauss 和

任意一个周期为 q 的算术函数 $f(n)$ 有有限 Fourier 展式

$$f(n)=\sum_{l=1}^{q}a_l e\left(\frac{-nl}{q}\right), \tag{1}$$

其中

$$a_l=\frac{1}{q}\sum_{m=1}^{q}f(m)\,e\left(\frac{lm}{q}\right),\quad l=1,2,\cdots,q. \tag{2}$$

当 $f(n)$ 为模 q 的特征 χ 时，我们把

$$G(l,\chi)=\sum_{n=1}^{q}\chi(n)\,e\left(\frac{ln}{q}\right) \tag{3}$$

称为（关于特征 χ 的）Gauss 和，l 可取任意整数.

Gauss 和有以下简单性质：

$$G(l_1,\chi)=G(l_2,\chi),\quad 当 l_1\equiv l_2 \pmod q. \tag{4}$$

$$G(-l,\chi)=\chi(-1)\,G(l,\chi). \tag{5}$$

$$G(l,\overline{\chi})=\chi(-1)\overline{G(l,\chi)}. \tag{6}$$

$$G(0,\chi)=\begin{cases}\varphi(q), & \chi=\chi^0,\\ 0, & \chi\neq\chi^0.\end{cases} \tag{7}$$

当 $l=1$ 时，记

$$\tau(\chi)=G(1,\chi)=\sum_{n=1}^{q}\chi(n)\,e\left(\frac{n}{q}\right). \tag{8}$$

显然有

$$G(l,\chi)=\overline{\chi}(l)\tau(\chi),\qquad (l,q)=1. \tag{9}$$

当 $\chi=\chi^0$ 时，记

$$C_q(l)=G(l,\chi^0)=\sum_{n=1}^{q}{}'\,e\left(\frac{ln}{q}\right), \tag{10}$$

其中 $\sum_{n=1}^{q}{}'$ 表对和 q 互素的 n 求和，这就是熟知的 Ramanujan 和.

定理 1 设 χ_1 是模 q_1 的特征，χ_2 是模 q_2 的特征，$(q_1,q_2)=1$. 再设 $\chi=\chi_1\chi_2$，把它看作是模 $q=q_1q_2$ 的特征. 那末有

$$G(l;\chi)=\chi_1(q_2)\,\chi_2(q_1)\,G(l;\chi_1)\,G(l;\chi_2). \tag{11}$$

证：设 $n=q_2n_1+q_1n_2$，有

$$
\begin{aligned}
G(l;\chi) &= \sum_{n=1}^{q}\chi(n)e\left(\frac{nl}{q}\right)\\
&= \sum_{n_1=1}^{q_1}\sum_{n_2=1}^{q_2}\chi(q_2n_1+q_1n_2)\times e\left(\frac{(q_2n_1+q_1n_2)l}{q}\right)\\
&= \chi_1(q_2)\chi_2(q_1)\sum_{n_1=1}^{q_1}\chi_1(n_1)e\left(\frac{n_1l}{q_1}\right)\sum_{n_2=1}^{q_2}\chi_2(n_2)e\left(\frac{n_2l}{q_2}\right).
\end{aligned}
$$

由此即得式（11）.

特别地，取 χ_1, χ_2 均为主特征，得到

推论 2 $C_q(l)$是 q 的可乘函数，且有

$$
C_q(l)=\frac{\varphi(q)}{\varphi(q\wedge(l,q))}\mu(q\wedge(l,q)). \tag{12}
$$

证：由定理 1 即得可乘性. 当$q=p^\lambda, \lambda\geqslant 1$时有

$$
C_{p^\lambda}(l)=\sum_{n=1}^{p^\lambda}e\left(\frac{ln}{p^\lambda}\right)-\sum_{n=1}^{p^{\lambda-1}}e\left(\frac{ln}{p^{\lambda-1}}\right)=\begin{cases} p^\lambda-p^{\lambda-1}, & p^\lambda \mid l, \\ -p^{\lambda-1}, & p^{\lambda-1}\parallel l, \\ 0, & p^{\lambda-1}\nmid l. \end{cases}
$$

因此，总有

$$
C_{p^\lambda}(l)=\frac{\varphi(p^\lambda)}{\varphi(p^\lambda\wedge(l,p^\lambda))}\mu(p^\lambda/(l,p^\lambda)).
$$

由此及可乘性即得式（12）.

特别地，当 $(l,q)=1$ 时有

$$
C_q(l)=C_q(1)=\tau(\chi^0)=\mu(q). \tag{13}
$$

定理 3 设$\chi \bmod q \quad\Leftrightarrow\quad \chi^* \bmod q^*$,则有

$$
\tau(\chi)=\chi^*(q/q^*)\mu(q/q^*)\tau(\chi^*). \tag{14}
$$

证：设 q_1 是和 q^*有相同素因子（不计重数）的 q 的最大除数. 再设 $q=q_1q_2$. 显有 $(q_1, q_2)=1$. 令 $\chi(n;q_1)=\chi^*(n;q^*)\chi^0(n;q_1)$，就有

$$
\chi(n;q)=\chi(n;q_1)\chi^0(n;q_2). \tag{15}
$$

由定理 1 (取 $l=1$) 及式 (13) 得

$$\tau(\chi(n;q))=\chi(q_2;q_1)\tau(\chi(n;q_1))\mu(q_2).$$

设 $m=m_1q^*+m_2$, 得

$$\tau(\chi(n;q_1))=\sum_{m=1}^{q_1}\chi(m;q_1)e\left(\frac{m}{q_1}\right)=\sum_{m=1}^{q_1}\chi^*(m;q^*)e\left(\frac{m}{q_1}\right)$$

$$=\sum_{m_1=0}^{q_1/q^*-1}e\left(\frac{q^*m_1}{q_1}\right)\sum_{m_2=1}^{q^*}\chi^*(m_2;q^*)e\left(\frac{m_2}{q_1}\right)$$

$$=\begin{cases}\tau(\chi^*(n;q^*)), & q_1=q^*,\\ 0, & q_1\neq q^*.\end{cases}$$

由以上两式即得式 (14).

定理 4 设 χ 是模 q 的原特征, 则当 $(l,q)>1$ 时有

$$G(l;\chi)=0. \tag{16}$$

证: 设 $\lambda=(l,q)$, $l=\lambda l'$, $q=\lambda q'$. 再设 $n=q'n_1+n_2$, 有

$$G(l;\chi)=\sum_{n=1}^{q}\chi(n)e\left(\frac{ln}{q}\right)=\sum_{n_2=1}^{q'}S(n_2)e\left(\frac{l'n_2}{q'}\right),$$

其中

$$S(n_2)=\sum_{n_1=0}^{\lambda-1}\chi(q'n_1+n_2).$$

容易看出: 当 $n_2\equiv n_2'\pmod{q'}$ 时, 有

$$S(n_2)=S(n_2').$$

由定义 2.1 知, 一定存在整数 m, $(m,q)=1$, $m\equiv 1\pmod{q'}$, 使得 $\chi(m)\neq 1$. 由此及上式得

$$\chi(m)S(n_2)=\sum_{n_1=0}^{\lambda-1}\chi(q'mn_1+mn_2)=\sum_{n_1=0}^{\lambda-1}\chi(q'mn_1+n_2)$$

$$=\sum_{n_1=0}^{\lambda-1}\chi(q'n_1+n_2)=S(n_2),$$

最后一步用到了：当n_1遍历模λ的完全剩余系时，mn_1亦遍历模λ的完全剩余系，以及$q=\lambda q'$. 这就证明了$S(n_2)$恒为零，由此就推出式（16）.

由定理4及式（9）立即推出

推论5 对原特征χ恒有

$$G(l;\chi)=\overline{\chi}(l)\tau(\chi) \tag{17}$$

成立.

有趣的是推论5的逆命题亦成立. 这一点以及当$(l,q)>1$，χ为非原特征时，关于$G(l;\chi)$的讨论将放在习题中.

定理6 设χ为模q的原特征，那末

$$|\tau(\chi)|=\sqrt{q}\ . \tag{18}$$

证：由式（17）得

$$\sum_{l=1}^{q}|G(l;\chi)|^2=|\tau(\chi)|^2\sum_{l=1}^{q}|\overline{\chi}(l)|^2=\varphi(q)|\tau(\chi)|^2.$$

另一方面，

$$\sum_{l=1}^{q}|G(l;\chi)|^2=\sum_{l=1}^{q}\left|\sum_{n=1}^{q}\chi(n)e\left(\frac{ln}{q}\right)\right|^2$$

$$=\sum_{n_1=1}^{q}\sum_{n_2=1}^{q}\chi(n_1)\overline{\chi}(n_2)\sum_{l=1}^{q}e\left(\frac{l(n_1-n_2)}{q}\right)=q\varphi(q).$$

由以上两式即得式（18）.

由式（14）和（18）立即推出：对任意的$\chi \bmod q$，有

$$|\tau(\chi)|\leqslant\sqrt{q}\ , \tag{19}$$

且等号仅在χ是模q的原特征时成立.

§4. 简单的特征和估计

在解析数论中，各种类型的特征和估计是十分重要的. 本节将证明两个最基本的结果.

定理1 设χ是模q的非主特征，那末对任意的整数M及正整数N有

$$\left|\sum_{n=M+1}^{M+N}\chi(n)\right| < 2\sqrt{q}\,\log q\,. \qquad (1)$$

证：先讨论 χ 是原特征的情形. 由式(3.17)和(3.18)可得

$$\left|\sum_{n=M+1}^{M+N}\chi(n)\right| = \left|\sum_{n=M+1}^{M+N}\frac{1}{\tau(\overline{\chi})}\sum_{h=1}^{q}\overline{\chi}(h)e\left(\frac{nh}{q}\right)\right|$$

$$= \frac{1}{\sqrt{q}}\left|\sum_{h=1}^{q}\overline{\chi}(h)\sum_{n=M+1}^{M+N}e\left(\frac{nh}{q}\right)\right|$$

$$\leqslant \frac{1}{\sqrt{q}}\sum_{h=1}^{q}{}'\left|\sum_{n=M+1}^{M+N}e\left(\frac{nh}{q}\right)\right|$$

$$\leqslant \frac{1}{\sqrt{q}}\sum_{h=1}^{q}{}'\left(\sin\frac{\pi h}{q}\right)^{-1} \leqslant \frac{1}{\sqrt{q}}\sum_{h=1}^{q-1}\left(\sin\frac{\pi h}{q}\right)^{-1}.$$

由此及 $2x/\pi\leqslant \sin x\ (|x|\leqslant \pi/2)$ 得到：当 q 为奇数时

$$\left|\sum_{n=M+1}^{M+N}\chi(n)\right| \leqslant \frac{2}{\sqrt{q}}\sum_{h=1}^{(q-1)/2}\left(\sin\frac{\pi h}{q}\right)^{-1} \leqslant \sqrt{q}\sum_{h=1}^{(q-1)/2}\frac{1}{h}\,;$$

当 q 为偶数时，

$$\left|\sum_{n=M+1}^{M+N}\chi(n)\right| \leqslant \frac{1}{\sqrt{q}}\sum_{h=1}^{(q-1)/2}\left(\sin\frac{\pi h}{q}\right)^{-1} + \frac{1}{\sqrt{q}}$$

$$\leqslant \sqrt{q}\sum_{h=1}^{(q-1)/2}\frac{1}{h} + \frac{1}{\sqrt{q}}\,.$$

利用不等式

$$h^{-1} < \log(2h+1) - \log(2h-1),\quad h\geqslant 1,$$

可得

$$\sum_{h=1}^{(q-1)/2}\frac{1}{h} < \log q,\quad 2\nmid q\geqslant 3;$$

$$\sum_{h=1}^{(q-1)/2}\frac{1}{h} < \log(q-1) < \log q - \frac{1}{q},\quad 2\mid q\geqslant 3.$$

综合以上讨论，就证明了：当 χ 是模 $q\ (q\geqslant 3)$ 的原特征时，有

$$\left|\sum_{n=M+1}^{M+N}\chi(n)\right|<\sqrt{q}\log q. \tag{2}$$

下面来讨论 χ 是非主、非原特征的情形. 设

$$\chi \bmod q \Longleftrightarrow \chi^* \bmod q^*.$$

因 χ 是非主特征，所以 $q^*\geqslant 3$. 由式 (3.15) 知

$$\chi(n;q)=\chi^*(n;q^*)\chi^0(n;q_2).$$

由此及式(2)得

$$\left|\sum_{n=M+1}^{M+N}\chi(n;q)\right|=\left|\sum_{\substack{n=M+1\\(n,q_2)=1}}^{M+N}\chi^*(n;q^*)\right|$$

$$=\left|\sum_{n=M+1}^{M+N}\chi^*(n;q^*)\sum_{d\mid(n;q_2)}\mu(d)\right|$$

$$=\left|\sum_{d\mid q_2}\mu(d)\chi^*(d;q^*)\sum_{\frac{M+1}{d}\leqslant m\leqslant\frac{M+N}{d}}\chi^*(m;q^*)\right| \tag{3}$$

$$<\sqrt{q^*}\log q^*\sum_{d\mid q_2}|\mu(d)|\leqslant 2^{\omega(q_2)}\sqrt{q^*}\log q^*.$$

当 $\omega(q_2)\leqslant 1$ 时，由上式就推出所要的结论；当 $\omega(q_2)\geqslant 2$ 时，显有

$$q_2\geqslant 2\cdot 3\cdot 5^{\omega(q_2)-2}\geqslant 6\cdot 2^{2\omega(q_2)-4},$$

$$2^{\omega(q_2)}\leqslant\sqrt{8q_2/3},$$

由此及式(3) 亦推出所要的结论.

定理 2 设 $q\geqslant 1$, a_n 是复数. 对任意整数 M, 及 $N\geqslant 1$ 有

$$\sum_{\chi \bmod q}\left|\sum_{n=M+1}^{M+N}a_n\chi(n)\right|^2=\varphi(q)\sum_{h=1}^{q}{}'\left|\sum_{\substack{n=M+1\\n\equiv h\ (\bmod q)}}^{M+N}a_n\right|^2$$

$$\leqslant\varphi(q)\left(1+\left[\frac{N-1}{q}\right]\right)\sum_{\substack{n=M+1\\(n,q)=1}}^{M+N}|a_n|^2, \tag{4}$$

证：式 (4) 左边等于

$$\sum_{\chi \bmod q}\left(\sum_{k=1}^{q}\sum_{m\equiv k \pmod q} a_m\chi(m)\right)\left(\sum_{l=1}^{q}\sum_{h\equiv l\pmod q}\overline{a}_n\overline{\chi}(n)\right)$$

$$=\sum_{k=1}^{q}\sum_{m\equiv k\pmod q} a_m\sum_{l=1}^{q}\sum_{n\equiv l\pmod q}\overline{a}_n\sum_{\chi\bmod q}\chi(m)\overline{\chi}(n),$$

由此及定理 1.7 的式 (1.24) 就推出式 (4) 中的等号成立. 进而利用 Cauchy 不等式，可得

$$\varphi(q)\sum_{h=1}^{q}{}'\left|\sum_{\substack{n=M+1\\ n\equiv h\pmod q}}^{M+N} a_n\right|^2$$

$$\leqslant \varphi(q)\sum_{h=1}^{q}{}'\left(\sum_{\substack{n=M+1\\ n\equiv h\pmod q}}^{M+N} 1\right)\left(\sum_{\substack{n=M+1\\ n\equiv h\pmod q}}^{M+N}|a_n|^2\right),$$

由此及

$$\sum_{\substack{n=M+1\\ n\equiv h\pmod q}}^{M+N} 1\leqslant 1+\left[\frac{N-1}{q}\right] \tag{5}$$

就证明了式 (4) 中的不等号成立.

定理 1 是由 Pólya 和 И. М. Виноградов 在1918 年独立证明的，当 $N<2\sqrt{q}\log q$ 时仅能推出显然估计，Burgess[1] 作了改进，他的方法是很复杂的. 当模为素数幂的情形，特征和估计可转化为指数和估计而得到较好的结果. 此外, Montgomery 和 Vaughan[2] 证明了：如果广义 Riemann 猜想（见 §14.2 末）成立，则对模 q 的非主特征 χ 有

$$\sum_{n=M+1}^{M+N}\chi(n)\ll\sqrt{q}\log\log q. \tag{6}$$

在另一方面，设 χ 为非主特征，

1) Proc. London Math. Soc., (3), **13** (1963), 524—536, 最近又稍有改进.

2) *Invent. Math.*, **43** (1977), 69—82.

$$M(\chi) = \max_N \left|\sum_{n\leqslant N} \chi(n)\right|, \quad n\leqslant N. \tag{7}$$

Schur (1918) 证明了：对所有模 q 的原特征 χ 有

$$M(\chi) > \frac{1}{2\pi}\sqrt{q}.$$

Paley (1932) 证明了：存在无穷多个模 q 的原特征 χ，使得

$$M(\chi) > \frac{1}{7}\sqrt{q}\log\log q.$$

Montgomery 和 Vaughan[1)](1979) 还证明了：对任意实数 $k>0$，有

$$\sum_{\chi\neq\chi^0} (M(\chi))^{2k} \ll \varphi(q) q^k,$$

这里求和号是对所有模 q 的非主特征求和，$\ll$ 常数和 k 有关. 这表明对大多数 $\chi\neq\chi^0$ 有 $M(\chi)\ll\sqrt{q}$.

还有许多其它形式的特征和估计，这是一个十分重要但又极其困难的课题，至今没有得到多少结果[2)].

习　　题

1．直接由定义写出模 $q=3,4,5,6,7,8,9$ 的全部特征，并利用定义指出其中的实特征、原特征.
2．写出定理 1.4 的证明.
3．证明：模 q 的全部特征构成一个乘法群，它和模 $\varphi(q)$ 的完全剩余系组成的加法群同构.
4．模 q 的特征也可以用以下方法来定义：
   (a) 模 1 的特征是 $\chi(n;1)\equiv 1$；
   (b) 模 p^α ($p>2$ 素数，$\alpha\geqslant 1$) 的特征 $\chi(n;p^\alpha)$ 由式 (1.10) 定义；
   (c) 模 2^α ($\alpha\geqslant 1$) 的特征 $\chi(n;2^\alpha)$ 由式 (1.6)，(1.12)，(1.13) 及 (1.19) 定义；

1) *Can. J. Math*., **31** (1979), 476—487.

2) Heath-Brown, *Quart. J. Math*. Oxford (2), **31** (1980), 157—167.

(d) 任意模 q 的特征 $\chi(n;q)$ 由式 (1.25) 定义.

证明: 由这样的定义出发可推出 §1 中关于特征的所有性质; 这一定义和定义 1.1 是等价的.

5. (a) 设 $f(q)$ 是模 q 的原特征的个数. 证明: $f(q)$ 是积性函数; $\sum_{d|q} f(d)=\varphi(q)$; $f(1)=1, f(p)=p-2$, 以及 $f(p^\alpha)=(p-1)^2 p^{\alpha-2}, \alpha\geqslant 2$.

(b) χ_1, χ_2 是不同的原特征, 则 $\chi_1\overline{\chi}_2$ 一定不是主特征.

6. 证明非原特征的以下几种定义是等价的. 设 $q\geqslant 1, \chi(n;q)$ 是模 q 的特征, 它称为是模 q 的非原特征, 如果

(a) 存在正整数 $q'<q$, 使对任意的 $n_1\equiv n_2 \pmod{q'}$, $(n_1,q)=(n_2,q)=1$, 一定有 $\chi(n_1,q)=\chi(n_2;q)$; 或

(b) 存在正整数 $q'<q$, 使对任意的 $n\equiv 1 \pmod{q'}$, $(n,q)=1$, 一定有 $\chi(n;q)=1$; 或

(c) 存在正整数 $d<q$, $d|q$, 使对任意的 $n_1\equiv n_2 \pmod d$, $(n_1,q)=(n_2,q)=1$, 一定有 $\chi(n_1;q)=\chi(n_2;q)$; 或

(d) 存在正整数 $d<q$, $d|q$, 使对任意的 $n\equiv 1 \pmod d$, $(n,q)=1$ 一定有 $\chi(n;q)=1$.

7. 设 q 是正整数. 算术函数 $f(n)$ 称为是以 q 为周期的周期函数, 如果对任意整数 n, 有 $f(n+q)=f(n)$. 证明:

(a) 以 q 为周期的算术函数 $f(n)$ 一定有一个最小的正周期 q_0, 满足 $q_0|q$.

(b) 如果以 q 为周期的算术函数 $f(n)$ 是完全积性函数, 且不恒等于零, 那末它一定是模 q_0 (它的最小正周期) 的Dirichlet 特征.

8. 设 $\mu(q)\neq 0$. 证明 $\chi(n;q)$ 的最小正周期就是 q.

9. $\chi(n;q)$ 的最小正周期等于它的表达式 (1.25) 右端各个特征的最小正周期的乘积.

10. 证明: (a) 模 p^α (p 素数, $\alpha\geqslant 1$) 的主特征等于模 p 的主特征; (b) 模 p^α (素数 $p>2$, $\alpha\geqslant 1$) 的实的非主特征等于模 p 的实的非主特征, 即 Legendre 符号 $\left(\frac{n}{p}\right)$; (c) 设 $2\nmid q>1$. Jacobi 符号 $\left(\frac{n}{q}\right)$ 是模 q 的实特征; 设 q_0 是 q 的所有不同素因子的乘积, 则 q_0 是 $\left(\frac{n}{q}\right)$ 的最小正周期; 求 $\left(\frac{n}{q}\right)$ 所对应的原特征, 并找出使得 $\left(\frac{n}{q}\right)$ 是原特征的充要条件.

11. 设 $q=2^{\alpha_0}p_1^{\alpha_1}\cdots p_r^{\alpha_r}$，$p_j$ 是不同的奇素数，$\chi(n;q)$ 是实特征. 证明：(a) 当 $\alpha_0=0$，$\alpha_j\geqslant 1$ $(1\leqslant j\leqslant r)$ 时，一定有 $\beta_j=1$ 或 2 $(1\leqslant j\leqslant r)$，使得

$\chi(n;q)=\left(\frac{n}{p_1}\right)^{\beta_1}\left(\frac{n}{p_2}\right)^{\beta_r}\cdots\left(\frac{n}{p_r}\right)^{\beta_r}$；(b) 当 $\alpha_j\geqslant 1$ $(0\leqslant j\leqslant r)$ 时，一定有 $\beta_j=1$ 或 2 $(-1\leqslant j\leqslant r)$，使得

$$\chi(n;q)=\left(\frac{-4}{n}\right)^{\beta_{-1}}\left(\frac{8}{n}\right)^{\beta_0}\left(\frac{n}{p_1}\right)^{\beta_1}\cdots\left(\frac{n}{p_r}\right)^{\beta_r},\quad 2\nmid n>1.$$

12. 设 χ 是模 q 的非主特征，$x\geqslant 2$. 证明：

(a) $$\sum_{n\leqslant x}n^{-1}\chi(n)=\sum_{n=1}^{\infty}n^{-1}\chi(n)+O(x^{-1}),$$

$$\sum_{n\leqslant x}n^{-1}\chi(n)\log n=\sum_{n=1}^{\infty}n^{-1}\chi(n)\log n+O(x^{-1}\log x),$$

$$\sum_{n\leqslant x}n^{-1/2}\chi(n)=\sum_{n=1}^{\infty}n^{-1/2}\chi(n)+O(x^{-1/2});$$

(b) 再设 χ 是实特征，$a(n)=\sum_{d\mid n}\chi(d)$. 那末，$a(n)\geqslant 0$，且当 n 是完全平方时 $a(n)\geqslant 1$.

(c) 再设 χ 是实特征，$A(x)=\sum_{n\leqslant x}a(n)n^{-1/2}$ ($a(n)$ 同 (b)). 那末，当 $x\to\infty$ 时，$A(x)\to\infty$.

(d) 在 (c) 的条件与符号下，$A(x)=2\sqrt{x}\,L(1,\chi)+O(1)$，这里 $L(1,\chi)=\sum_{n=1}^{\infty}n^{-1}\chi(n)$. 进而证明 $L(1,\chi)\neq 0$. (对 $A(x)$ 用双曲型求和法).

13. 设 $q\geqslant 3$，$(l,q)=1$，及 $x\geqslant 2$. 证明：

(a) 对任意算术函数 $f(n)$ 有

$$\sum_{\substack{n\leqslant x\\ n\equiv l\,(\mathrm{mod}\,q)}}f(n)=\frac{1}{\varphi(q)}\sum_{\chi\bmod q}\overline{\chi}(l)\sum_{n\leqslant x}\chi(n)f(n).$$

(b) 当 $\chi\neq\chi^0$ 时有

$$\sum_{p\leqslant x}p^{-1}\chi(p)\log p=\left(\sum_{n=1}^{\infty}n^{-1}\chi(n)\log n\right)\left(\sum_{n\leqslant x}n^{-1}\mu(n)\chi(n)\right)+O(1).$$

(c) 对 $\chi\neq\chi^0$, $G(x)=x\sum\limits_{n\leqslant x}n^{-1}\chi(n)$, 及 $L(1,\chi)=\sum\limits_{n=1}^{\infty}n^{-1}\chi(n)$

有 $\sum\limits_{n\leqslant x}\mu(n)\chi(n)G(x/n)=x$ 及 $L(1,\chi)\sum\limits_{n\leqslant x}n^{-1}\mu(n)\chi(n)=O(1)$.

(d) 对 $\chi\neq\chi^0$, 如果 $L(1,\chi)=0$, 则有

$$\left(\sum_{n=1}^{\infty}n^{-1}\chi(n)\log n\right)\left(\sum_{n\leqslant x}n^{-1}\mu(n)\chi(n)\right)=-\log x+O(1).$$

$\Bigg($考虑 $F(x)=\sum\limits_{n\leqslant x}\chi(n)(x/n)\log(x/n)$, 证明

$\sum\limits_{n\leqslant x}\mu(n)\chi(n)F(x/n)=x\log x\Bigg)$.

(e) 设 $N(q)$是使 $L(1,\chi)=0$ 的复特征 $\chi \bmod q$ 的个数. 那末

$$\sum_{\substack{p\leqslant x\\ p\equiv 1\pmod q}}\frac{\log p}{p}=\frac{1-N(q)}{\varphi(q)}\log x+O(1),$$

由此推出, 当 χ 是复特征时 $L(1,\chi)\neq 0$.

(f) $\sum\limits_{\substack{p\leqslant x\\ p\equiv l\pmod q}}\dfrac{\log p}{p}=\dfrac{1}{\varphi(q)}\log x+O(1)$, 这里 O 常数和 q 有关.

这就是关于算术级数的 Dirichlet 素数定理.

14. 设 $q\geqslant 3$, $(l,q)=1$, 及 $x\geqslant 2$. 证明存在与 q,l 有关的常数 $A(l,q)$, 使得

$$\sum_{\substack{p\leqslant x\\ p\equiv l\pmod q}}\frac{1}{p}=\frac{1}{\varphi(q)}\log\log x+A(l,q)+O(\log^{-1}x).$$

15. 设 x 是模 q 的非主特征, $x>1$. 证明:

(a) 对 $\sigma\geqslant 1$ 一致地有 $\sum\limits_{p\leqslant x}\chi(p)p^{-\sigma}\log p=O(1)$.

(b) 对 $\sigma\geqslant 1$, 级数 $\sum\limits_{p}p^{-\sigma}\chi(p)$一致收敛.

(c) $\sum\limits_{n=1}^{\infty}n^{-1}\chi(n)=\prod\limits_{p}(1-p^{-1}\chi(p))^{-1}$.

16. 设 q 是奇素数, $G(l)=\sum\limits_{n=1}^{q}\left(\dfrac{n}{q}\right)e\left(\dfrac{ln}{q}\right)$, 其中 $\left(\dfrac{n}{q}\right)$是 Legendre 符号. 证明: (a) 当 $(l,q)=1$ 时, $G(l)=\left(\dfrac{l}{q}\right)G(1)$; (b) $G^2(1)=$

$(-1)^{(q-1)/2}q$；(c) $G(1)=S(q)$，这里 $S(q)$ 由习题 2.17 给出．进而推出，当 $q\equiv 1\pmod 4$；$G(1)=\sqrt{q}$，当 $q\equiv 3\pmod 4$．$G(1)=i\sqrt{q}$．

17．设 q 是奇素数．模 q 的实的非主特征就是 $\left(\frac{n}{q}\right)$．按下面的途径来直接证明 $L(1)=\sum_{n=1}^{\infty}n^{-1}\left(\frac{n}{q}\right)\neq 0$.

(a) $L(1)=-G^{-1}\sum_{m=1}^{q-1}\left(\frac{m}{q}\right)\left\{\log\left(2\sin\frac{\pi m}{q}\right)+i\left(\frac{\pi m}{q}-\frac{\pi}{2}\right)\right.$；

其中 $G=G(1)$ 由上题给出．

(b) 当 $q\equiv 3\pmod 4$ 时，$L(1)=-\pi q^{-3/2}\sum_{m=1}^{q-1}m\left(\frac{m}{q}\right)\neq 0$.（指出其中的和式总是奇数）．

(c) 当 $q\equiv 1\pmod 4$ 时，

$$L(1)=-q^{1/2}\sum_{m=1}^{q-1}\left(\frac{m}{q}\right)\log\left(2\sin\frac{\pi m}{q}\right)=q^{1/2}\log Q.$$

(d) 以 $\prod_{m(R)}$ 和 $\prod_{m(N)}$ 分别表对模 q 在 $1\leqslant m\leqslant q-1$ 中的二次剩余和二次非剩余求积．那末，(c)中的

$$Q=\left(\prod_{m(N)}\sin(\pi m/q)\right)\left(\prod_{m(R)}\sin(\pi m/q)\right)^{-1}.$$

(e) 存在整系数多项式 $Y(x)$ 和 $Z(x)$ 满足 1)

$$\prod_{m(R)}(x-e(m/q))=(1/2)(Y(x)-q^{1/2}Z(x)),$$

$$\prod_{m(N)}(x-e(m/q))=(1/2)(Y(x)+q^{1/2}Z(x)),$$

进而推出 $Z(1)\neq 0$.

(d) 记 $Y=Y(1)$，$Z=Z(1)$，则有 $Q=(Y+q^{1/2}Z)(Y-q^{1/2}Z)^{-1}$．进而推出 $Q\neq 1$ 及 $L(1)\neq 0$.

18．在上题的条件和符号下，设 $q\equiv 3\pmod 4$．证明:

(a) $\sum_{m=1}^{q-1}m\left(\frac{m}{q}\right)$ 是负的奇数．

---

1) 见［7,第三章］.

(b) $L(1)=\pi q^{-1/2}\left(2-\left(\frac{2}{q}\right)\right)^{-1}\sum_{m<q/2}\left(\frac{m}{q}\right)$.（当 $s\geqslant 1$ 时总有

$$\sum_{n=1}^{\infty} n^{-s}\left(\frac{n}{q}\right)=\left(1-2^{-s}\left(\frac{2}{q}\right)\right)^{-1}\sum_{2\nmid n=1}^{\infty} n^{-s}\left(\frac{n}{q}\right),$$ 以及

$$\operatorname{Im}\left\{\sum_{2\nmid n=1}^{\infty} n^{-1} e(mn/q)\right\}=\begin{cases}\pi/4, & \text{当 } 0<m<q/2;\\ -\pi/4, & \text{当 } q/2<m<q.\end{cases}$$

(c) 在 $0<m<q/2$ 中，模 q 的二次剩余的个数比二次非剩余的个数要多.

19．证明：(a) $C_q(l)=\sum_{d\mid(q,l)}\mu(q/d)d$；(b) 用 (a)证明推论 3.2．

20．直接利用模 p^{α} 的原特征性质，先对模 p^{α} 的原特征证明定理 3.4，然后推出一般情形.

21．设 $\chi \bmod q \Leftrightarrow \chi^* \bmod q^*$. 再设 $q_1\geqslant 1$ 和 q^* 的素因子相同（不记重数，$q^*=1$ 时取 $q_1=1$），且满足 $q=q_1q_2$，$(q_1,q_2)=1$. 记 $l'=l/(l,g)$，$q'=q/(l,q)$. 如果 $(l,q)>1$，那末，当 $q^*=q_1/(l,q_1)$ 时，

$$G(l;\chi)=\chi^*(l')\chi^*(q'/q^*)\mu(q'/q^*)\varphi(q)\varphi^{-1}(q')\tau(\chi^*);$$

当 $q^*\neq q_1/(l,q_1)$ 时，$G(l,\chi)=0$.

22．(a) 设 $d\mid q$．证明模 q 的任一简化剩余系一定可以分解为 $\varphi(q)/\varphi(d)$ 个两两不相交的模 d 的简化剩余系.

(b) 若总有 $G(l,\chi)=\overline{\chi}(l)\tau(\chi)$ 成立，则 χ 必为原特征.（设 $\chi \bmod q \Leftrightarrow \chi^* \bmod q^*$，取 $l=q/q^*$）.

23．设 p 是奇素数．以 N_p 表模 p 的正的最小二次非剩余．以 $N(x)$ 和 $R(x)$ 分别表不超过 x 的模 p 的正的二次非剩余和二次剩余的个数，证明：

(a) $N_p<\sqrt{p}\log p$；(b) $N(x)=x/2+\theta_1\sqrt{p}\log p$，$R(x)=x/2+\theta_2\sqrt{p}\log p$，这里 $|\theta_i|\leqslant 1$；(c) 设 $N_p>y$，取 $x=\sqrt{p}\log^2 p$，那末 $N(x)\leqslant\sum_{y<q\leqslant x}\left[\frac{x}{q}\right]$，$q$ 是素变数；(d) 对充分大的 p，$N_p<p^{1/(2\sqrt{e})}\log^2 p$.

24．设 p 是奇素数，$g(p)$ 是模 p 的最小正原根．证明

$$\sum_{q\mid p-1}\mu(q)\varphi^{-1}(q)\sum_{\chi \bmod q}\sum_{n=1}^{g(p)-1}\chi(n)=0,$$

25. 证明: $\sum_{\chi \bmod q} G(r;x)\overline{G(h;x)}=\varphi(q)C_q(r-h)$.

26. 设 $q\geqslant 3$, $\chi \bmod q$ 是原特征. 再设 $y>0$, $F(y)=\sum_{0<n\leqslant qy}\chi(n)$, 并把 $F(y)$ 开拓为 $(-\infty,\infty)$ 上的周期为 1 的周期函数. 再设 $F^*(y)=(F(y-0)+F(y+0))/2$. 证明

(a) $A(\chi)=\int_0^1 F(y)dy=q^{-1}\sum_{h=1}^{q}F(h/q)$.

(b) $$F^*(y)=\begin{cases}A(\chi)+\pi^{-1}\tau(\chi)\sum_{n=1}^{\infty}n^{-1}\overline{\chi}(n)\sin 2\pi ny, & \chi(-1)=1,\\ A(\chi)-(\pi i)^{-1}\tau(\chi)\sum_{n=1}^{\infty}n^{-1}\overline{\chi}(n)\cos 2\pi ny, & \chi(-1)=-1.\end{cases}$$

或 $$F^*(y)=A(\chi)-\tau(\chi)\sum_{0<|n|<\infty}(2\pi in)^{-1}\overline{\chi}(n)e(-ny)$$
$$=A(\chi)-\tau(\chi)\sum_{0<|n|\leqslant H}(2\pi in)^{-1}\overline{\chi}(n)e(-ny)+O(qH^{-1}\log q),$$
其中 $H\geqslant 1$.

(c) $\max_N\left|\sum_{n=1}^{N}\chi(n)\right|>(\pi\sqrt{2})^{-1}\sqrt{q}$. (利用Parseval 公式).

(d) 当 $\chi(-1)=-1$ 时, $A(\chi)=(\pi i)^{-1}\tau(\chi)L(1,\overline{\chi})$; 当 $\chi(-1)=1$ 时, $A(\chi)=0$.

(e) $\sum_{n\leqslant x}(x-n)\chi(n)\ll\sqrt{q}\min(q,x)$. 进而指出这估计对非原特征也成立.

27. 设 χ 是模 q 的非主特征. 证明:
$$\lim_{A\to+\infty}\frac{1}{A}\sum_{\substack{1\leqslant d\leqslant A\\(d,q)=1}}\sum_{n\mid d}\chi(n)=\frac{\varphi(q)}{q}L(1,\chi).$$

28. 在定理 4.2 的条件下, 证明:
$$\sum_{\chi \bmod q}\left|\sum_{n=M+1}^{M+N}a_n\chi^*(n)\right|^2\leqslant q\left(1+\left[\frac{N-1}{q}\right]\right)\sum_{n=M+1}^{M+N}|a_n|^2.$$

按以下途径来证明: (a) 设 $\Delta_{m,n}=\sum_{\chi \bmod q}\chi^*(m)\overline{\chi^*}(n)$, $q=q_{m,n}\cdot q'_{m,n}$, $p\mid q'_{m,n}\Rightarrow p\mid[m,n]$, $(q_{m,n},mn)=1$. 那末,
$$\Delta_{m,n}=\begin{cases}\varphi(q_{m,n}), & n\equiv m\ (\bmod q_{m,n}),\\ 0, & n\not\equiv m\ (\bmod q_{m,n}).\end{cases}$$

(b) 设 $L\leqslant q$, 证明: $\sum_{n=1}^{L}\Delta_{m,n}\leqslant q$. (c) 利用定理 4.2 的论证.

第十四章 $L(s,\chi)$ 的函数方程与基本性质

Dirichlet L 函数（定义见式(6.1.14)）是 Dirichlet 在研究算术数列中的素数分布问题时首先引进的. 它的性质与作用同 Riemann ζ 函数相类似，但不同的是关于对应于实特征的 L 函数的实零点的分布的研究有着特殊的困难，而正是这一点具有十分重要的意义. 本章及后两章将讨论和 ζ 函数相类似的性质，内容与方法和第七、八、九章是平行的. 以后说到 L 函数总是指 Dirichlet L 函数. 有关本章内容可参看: [7], [18], [28].

§1. 定义与最简单的性质

本节内容在第六章及其习题中基本上都有了，为了应用方便，在这里简单地集中提一下，它们的证明是很容易的，留给读者自己去进行.

定义 1 设$q\geqslant 1$, χ 是模 q 的特征. 复变函数

$$L(s,\chi)=\sum_{n=1}^{\infty}\chi(n)n^{-s} \tag{1}$$

称为**对应于特征 χ 的 Dirichlet L 函数**.

当 $\chi=\chi^0$ 时，$\sigma_a=\sigma_c=1$; 当 $\chi\neq\chi^0$ 时，$\sigma_a=1, \sigma_c=0$ (见 §6.1 例4). 它有无穷乘积展式

$$L(s,\chi)=\prod_p(1-\chi(p)p^{-s})^{-1}, \sigma>1. \tag{2}$$

若 $\chi \bmod q \Leftrightarrow \chi^* \bmod q^*$, 则有[1)]

$$L(s,\chi)=L(s,\chi^*)\prod_{p\mid q}(1-\chi^*(p)p^{-s}), \sigma>1; \tag{3}$$

特别有

$$L(s,\chi^0)=\zeta(s)\prod_{p\mid q}(1-p^{-s}), \sigma>1, \tag{4}$$

---

1) 下面作了解析开拓后，等式(3)—(10)在全平面都成立.

(以上见式(6.4.6)，(6.4.8)，(6.4.9))．此外，还有

$$L^{-1}(s,\chi)=\sum_{n=1}^{\infty}\mu(n)\chi(n)n^{-s},\sigma>1,\tag{5}$$

$$-\frac{L'}{L}(s,\chi)=\sum_{n=1}^{\infty}\Lambda(n)\chi(n)n^{-s},\sigma>1,\tag{6}$$

(以上见式(6.3.23)，(6.3.25))．

L 函数与 Hurwitz ζ 函数(见式(6.1.12))之间有如下的关系(见习题 6.12)：

$$L(s,\chi)=q^{-s}\sum_{h=1}^{q}\chi(h)\zeta\left(s,\frac{h}{q}\right),\ \sigma>1,\tag{7}$$

$$\zeta\left(s,\frac{r}{q}\right)=\frac{q^{s}}{\varphi(q)}\sum_{\chi \bmod q}\overline{\chi}(r)L(s,\chi),\sigma>1,(q,r)=1.\tag{8}$$

L 函数与周期 ζ 函数(见式(6.1.13))之间有如下的关系(见习题 6.14)：

$$L(s,\chi)=q^{-1}\sum_{h=1}^{q}\overline{G(h;\overline{\chi})}\,F\left(s;\frac{h}{q}\right),\ \sigma>1;\tag{9}$$

当 χ 为原特征时有

$$L(s,\chi)-\frac{1}{\tau(\overline{\chi})}\sum_{h=1}^{q}\overline{\chi}(h)F\left(s,\frac{h}{q}\right),\ \sigma>1,\tag{10}$$

其中 $G(h;\chi)$，$\tau(\chi)$ 为 Gauss 和.

由定理 7.1.1 和式(4)可推出：$L(s,\chi^0)$ 可解析开拓到全平面，$s=1$ 是唯一的一阶极点，留数是 $q^{-1}\varphi(q)$．当 $\chi\neq\chi^0$ 时，由式(7)及定理 7.1.1 知，$L(s,\chi)$ 在 $s=1$ 处的留数是

$$\sum_{h=1}^{q}\chi(h)=0,$$

所以 $L(s,\chi)$ 可以解析开拓为整函数. 但是和 $\zeta(s)$ 一样，利用定理 7.1.1 不能推出 $L(s,\chi)$ 的函数方程.

§2. 函数方程

定理 1 设$q\geqslant 3$，χ 是模 q 的原特征. 那末有函数方程

$$L(1-s,\chi)=(2\pi)^{-s}q^{s-1}\tau(x)\Gamma(s)\cdot\left\{e^{-i\pi s/2}+\chi(-1)e^{i\pi s/2}\right\}L(s,\overline{\chi}) \quad (1)$$

成立.

这里给出两个证明，一是利用 Hurwitz 公式(定理7.1.4)，一是利用 θ 函数的变换公式(引理7.3.1).

第一个证明：当 $1\leqslant l\leqslant q$，$\sigma>1$ 时，

$$\begin{aligned}\zeta(s,l/q)&=q^s\sum_{n=0}^{\infty}(nq+e)^{-s}=q^s\sum_{\substack{m=1\\ m\equiv l\,(\mathrm{mod}\,q)}}^{\infty}m^{-s}\\&=q^{s-1}\sum_{m=1}^{\infty}m^{-s}\sum_{h=1}^{q}e((m-l)h/q)\\&=q^{s-1}\sum_{h=1}^{q}e(-lh/q)F(s,h/q).\end{aligned} \quad (2)$$

由此及式(7.1.11)($a=\dfrac{l}{q}$)，当$1\leqslant l<q$时有

$$\begin{aligned}F\left(1-s,\frac{l}{q}\right)&=\frac{\Gamma(s)}{(2\pi)^s}\left\{e^{\frac{i\pi s}{2}}\zeta\left(s,\frac{l}{q}\right)+e^{-\frac{i\pi s}{2}}\zeta\left(s,\frac{(q-l)}{q}\right)\right\}\\&=\frac{\Gamma(s)}{(2\pi)^s}q^{s-1}\left\{e^{\frac{i\pi s}{2}}\sum_{h=1}^{q}e\left(-\frac{lh}{q}\right)F\left(s,\frac{h}{q}\right)\right.\\&\quad\left.+e^{-\frac{i\pi s}{2}}\sum_{h=1}^{q}e\left(\frac{lh}{q}\right)F\left(s,\frac{h}{q}\right)\right\}\\&=\frac{\Gamma(s)}{(2\pi)^s}q^{s-1}\sum_{h=1}^{q}\left\{e^{\frac{i\pi s}{2}}e\left(-\frac{lh}{q}\right)\right.\\&\quad\left.+e^{-\frac{i\pi s}{2}}e\left(\frac{lh}{q}\right)\right\}F\left(s,\frac{h}{q}\right).\end{aligned} \quad (3)$$

由于在 §7.1 已经作了解析开拓，所以式(2)，(3)在全平面成立. 由式(1.10)(以 $1-s$代 s)及式 (3)得

$$L(1-s,\chi)=\frac{1}{\tau(\overline{\chi})}\sum_{l=1}^{q}\overline{\chi}(l)F\left(1-s,\frac{l}{q}\right)$$

$$=\frac{\Gamma(s)q^{s-1}}{(2\pi)^s\tau(\overline{\chi})}\sum_{h=1}^{q}F\left(s,\frac{h}{q}\right)\left\{e^{\frac{i\pi s}{2}}G(-h;\overline{\chi})\right.$$

$$\left.+e^{-\frac{ips}{2}}G(h,\overline{\chi})\right\}$$

$$=\frac{\Gamma(s)q^{s-1}}{(2\pi)^s\tau(\overline{\chi})}\left\{e^{-\frac{i\pi s}{2}}+\chi(-1)e^{\frac{i\pi s}{2}}\right\}$$

$$\times\sum_{h=1}^{q}G(h.\overline{\chi})F\left(s,\frac{h}{q}\right),$$

对原特征有$G(h,\overline{\chi})=\chi(h)\tau(\overline{\chi})$，因而由上式及式(1.10)即得式(1).

下面来推导 L 函数的对称形式的函数方程. 设

$$\delta=\delta(\chi)=\frac{1}{2}(1-\chi(-1)), \tag{4}$$

$$\xi(s,\chi)=\left(\frac{q}{\pi}\right)^{\frac{1}{2}(s+\delta)}\Gamma\left(\frac{s+\delta}{2}\right)L(s,\chi). \tag{5}$$

那末，函数方程(1)可写为以下对称形式的函数方程

$$\xi(1-s,\chi)=\frac{i^{\delta}\sqrt{q}}{\tau(\overline{\chi})}\xi(s,\overline{\chi}). \tag{6}$$

分两种情形来证明式(6). 当$\chi(-1)=1$时，$\delta=0$，式(1)为

$$L(1-s,\chi)=2(2\pi)^{-s}q^{s-1}\tau(\chi)\Gamma(s)\cos\frac{\pi s}{2}L(s,\overline{\chi}). \tag{7}$$

利用式(7.1.16)，及式(13.3.18)即

$$q=\chi(-1)\tau(\chi)\tau(\overline{\chi}), \tag{8}$$

从式(5)及(7)就推出式(6). 当$\chi(-1)=-1$时，$\delta=1$，式(1)为

$$L(1-s,\chi)=-2i(2\pi)^{-s}q^{s-1}\tau(\chi)\Gamma(s)\sin\frac{\pi s}{2}L(s,\overline{\chi}). \tag{9}$$

类似于式(7.1.16)，利用式(3.2.15)及(3.2.11)可得

$$\Gamma(s)=2^{s-1}\pi^{-\frac{1}{2}}\Gamma\left(\frac{1+s}{2}\right)\Gamma\left(\frac{s}{2}\right)$$

$$=2^{s-1}\pi^{-\frac{1}{2}}\Gamma\left(\frac{1+s}{2}\right)\left(\sin\frac{\pi s}{2}\Gamma\left(1-\frac{s}{2}\right)\right)^{-1}. \tag{10}$$

由式(5)，(8)，(9)及(10)推出这时式(6)也成立.

由式(6)可知 $\xi(s,\chi)$ 是整函数.

若把函数方程写为如下形式:

$$L(s,\chi)=A(s,\chi)L(1-s,\overline{\chi}). \tag{11}$$

那末，由式(1)及式(6)可分别推出

$$A(s,\chi)=(2\pi)^{s-1}q^{-s}\tau(\chi)\Gamma(1-s)$$

$$\cdot\left\{e^{-i\pi(1-s)/2}+\chi(-1)e^{i\pi(1-s)/2}\right\}, \tag{12}$$

及

$$A(s,\chi)=\frac{\tau(\chi)}{i^{\delta}\sqrt{q}}\left(\frac{q}{\pi}\right)^{\frac{1}{2}-s}\Gamma\left(\frac{1-s+\delta}{2}\right)$$

$$\cdot\left(\Gamma\left(\frac{s+\delta}{2}\right)\right)^{-1}. \tag{13}$$

类似于式(7.1.22)有

$$\left|A\left(\frac{1}{2}+it,\chi\right)\right|\equiv 1 \text{ 及 } A(s,\chi)A(1-s,\overline{\chi})\equiv 1. \tag{14}$$

此外，类似于式(7.1.24)及(7.1.25)由式(3.3.17)可推出：在任意固定长条 $\alpha\leqslant\sigma\leqslant\beta$ 中，当 $|t|\to\infty$ 时，一致地有

$$A(s,\chi)=\frac{\tau(\chi)}{i^{\delta}\sqrt{q}}\left|\frac{qt}{2\pi}\right|^{\frac{1}{2}-\sigma}\exp\left\{-i\left(t\log\left|\frac{qt}{2\pi e}\right|\right.\right.$$

$$\left.\left.-\lambda\left(\frac{\pi}{4}-\frac{\delta\pi}{2}\right)\right)\right\}\left(1+O\left(\frac{1}{|t|}\right)\right), \tag{15}$$

及

$$|A(s,\chi)|=\left|\frac{qt}{2\pi}\right|^{\frac{1}{2}-\sigma}\left(1+O\left(\frac{1}{|t|}\right)\right), \qquad (16)$$

其中 O 常数和 q 无关，λ 和式(3.3.17)中的相同.

定理 1 的第二个证明是直接证明对称形式的函数方程(6).

第二个证明：先证明一个引理.

引理 2 设χ为模 q 的原特征，$x>0$. 再设

$$\theta(x;\chi)=\sum_{n=-\infty}^{\infty}\chi(n)\exp\left(-\frac{\pi xn^2}{q}\right), \text{当}\chi(-1)=1, \qquad (17)$$

$$\theta_1(x;\chi)=\sum_{n=-\infty}^{\infty}n\chi(n)\exp\left(-\frac{\pi xn^2}{q}\right), \text{当}\chi(-1)=-1. \qquad (18)$$

那末

$$\theta\left(\frac{1}{x};\chi\right)=\tau(\chi)\left(\frac{x}{q}\right)^{\frac{1}{2}}\theta(x;\overline{\chi}), \qquad (19)$$

$$\theta_1\left(\frac{1}{x};\chi\right)=-i\tau(\chi)x\left(\frac{x}{q}\right)^{\frac{1}{2}}\theta_1(x;\overline{\chi}). \qquad (20)$$

证：由引理 7.3.1 可得

$$\theta\left(\frac{1}{x};\chi\right)=\sum_{m=1}^{q}\chi(m)\theta\left(\frac{q}{x},\frac{m}{q}\right)$$

$$=\left(\frac{x}{q}\right)^{\frac{1}{2}}\sum_{n=-\infty}^{\infty}G(n;\chi)\exp\left(-\frac{\pi xn^2}{q}\right)$$

由此及式(13.3.17)就推出式(19). 为证式(20)，先对式(7.3.2)的两边对 a 求导得

$$\sum_{n=-\infty}^{\infty}(n+a)\exp\left(-\frac{\pi(n+a)^2}{x}\right)=-ix^{\frac{3}{2}}\sum_{n=-\infty}^{\infty}ne^{-\pi xn^2+2\pi ian}.$$

由此及式(13.3.17)得到

$$\theta_1\left(\frac{1}{x};\chi\right)=q\sum_{m=1}^{q}\chi(m)\sum_{l=-\infty}^{\infty}\left(l+\frac{m}{q}\right)\exp\left(-\pi\frac{q}{x}\left(l+\frac{m}{q}\right)^2\right)$$

$$= -ix\left(\frac{x}{q}\right)^{\frac{1}{2}}\sum_{l=-\infty}^{\infty}G(l;\chi)l\exp\left(-\frac{\pi x l^2}{q}\right)$$

$$= -i\tau(\overline{\chi})x\left(\frac{x}{q}\right)^{\frac{1}{2}}\theta_1(x;\overline{\chi}).$$

这就证明了式(20). 下面分两种情形来证明式(6).

(a) 当 $\chi(-1)=1$ 时，利用

$$\left(\frac{q}{\pi}\right)^{\frac{s}{2}}\Gamma\left(\frac{s}{2}\right)n^{-s}=\int_0^{\infty}x^{\frac{s}{2}-1}e^{-\pi x n^2/q}dx, \tag{21}$$

得: 当 $\sigma>1$ 时有

$$\xi(s,\chi)=\int_0^{\infty}x^{\frac{s}{2}-1}\sum_{n=1}^{\infty}\chi(n)e^{-\pi x n^2/q}dx=\frac{1}{2}\int_0^{\infty}x^{\frac{s}{2}-1}\theta(x;\chi)\,dx$$

$$=\frac{1}{2}\int_0^1 x^{\frac{s}{2}-1}\theta(x;\chi)dx+\frac{1}{2}\int_1^{\infty}x^{\frac{s}{2}-1}\theta(x;\chi)\,dx.$$

在最后一式的第一个积分中作变量替换 $x=\dfrac{1}{y}$，并利用式(19)，得

$$\xi(s,\chi)=\frac{\tau(\chi)}{2\sqrt{q}}\int_1^{\infty}x^{\frac{1-s}{2}-1}\theta(x;\overline{\chi})dx$$

$$+\frac{1}{2}\int_1^{\infty}x^{\frac{s}{2}-1}\theta(x;\chi)dx \tag{22}$$

(积分变量 y 仍写为 x).

由式(16)直接可看出 $\xi(s,\chi)$ 是可开拓为 s 的整函数. 由此及式(8)就证明了式(6)当 $\chi(-1)=1$ 时成立.

(b) 当 $\chi(-1)=-1$ 时，由式(21)得: 当 $\sigma>1$ 时有

$$\xi(s,\chi)=\frac{1}{2}\int_0^{\infty}x^{\frac{s}{2}-\frac{1}{2}}\theta_1(x;\chi)dx$$

$$=\frac{1}{2}\int_0^1 x^{\frac{s}{2}-\frac{1}{2}}\theta_1(x;\chi)dx+\frac{1}{2}\int_1^{\infty}x^{\frac{s}{2}-\frac{1}{2}}\theta_1(x;\chi)dx$$

$$= \frac{-i\tau(\chi)}{2\sqrt{q}} \int_1^{\infty} x^{-\frac{s}{2}} \theta_1(x;\overline{\chi})\,dx + \frac{1}{2}\int_1^{\infty} x^{-\frac{1-s}{2}} \theta_1(x;\chi)\,dx.$$

最后一步同前作了变量替换并利用了式(20). 由上式可看出, 这时 $\xi(s,\chi)$ 亦可开拓为 s 的整函数. 由此及式(8)就推出式(6)当 $\chi(-1)=-1$ 时也成立.

应该指出, 这个证明同时得到了 $L(s,\chi)$ 的解析开拓和对称形式的函数方程.

对任意一个模 q 的特征 χ, 如果有函数方程(1)成立, 可以证明 χ 一定是原特征 (见习题4).

由函数方程(1), $\Gamma(s)$ 没有零点, 且仅以 $s=0,-1,-2,-3,\cdots$ 为其一阶极点, 以及下面将证明的 $L(1,\chi)\neq 0$ (定理4), 立即推出:

定理3 设 $q\geqslant 3$, χ 是模 q 的原特征, δ 由式(4)给出. 那末, (a) $s=-(2k+\delta)$ $(k=0,1,2,\cdots)$ 是 $L(s,\chi)$ 的一阶零点(称为显然零点); (b) $L(s,\chi)$ 可能有的其它零点(称为非显然零点)和 $\xi(s,\chi)$ 的全部零点相同, 都位在临界长条 $0\leqslant \mathrm{Re}\, s\leqslant 1$ 中, 且关于直线 $\mathrm{Re}\, s=\frac{1}{2}$ 对称(即 ρ 和 $1-\overline{\rho}$ 同为零点).

当 χ 为非原特征时, $\chi \bmod q \Longleftrightarrow \chi^* \bmod q^*$. 那末, 由式(1.3)知 $L(s,\chi)$ 仅在虚轴上比 $L(s,\chi^*)$ 多出一些零点. 这些零点也看作是显然零点. 这样, $L(s,\chi)$ 和 $L(s,\chi^*)$ 的非显然零点是相同. 当 $\chi=\chi^0$ 时, $L(s,\chi^*)$ 即是 $\zeta(s)$.

定理4 $L(1,\chi)\neq 0$.

证: 当 $\chi=\chi^0$ 时, 1 为 $L(s,\chi^0)$ 的极点, 定理当然成立. 现设 $\chi\neq\chi^0$. 分 χ 为复特征和实特征两种情形来证.

(a) $\chi \bmod q$ 为复特征. 当 $\sigma>1$ 时, 对式(1.2)取对数, 得:

$$\log L(s,\chi) = -\sum_p \log\left(1-\frac{\chi(p)}{p^s}\right) = \sum_p \sum_{m=1}^{\infty} \frac{\chi^m(p)}{m p^{ms}} \tag{23}$$

$$= \sum_p \frac{\chi(p)}{p^s} + O(1).$$

由此得：当 $\sigma>1$ 时有（利用定理 13.1.7 的式(13.1.22)）

$$\begin{aligned}\sum_{p\equiv 1\,(\bmod q)}\frac{1}{p^s}&=\frac{1}{\varphi(q)}\sum_{\chi \bmod q}\sum_p\frac{\chi(p)}{p^s}\\&=\frac{1}{\varphi(q)}\sum_{\chi}\log L(s,\chi)+O(1).\\&=\frac{1}{\varphi(q)}\log\prod_{\chi \bmod q}L(s,\chi)+O(1).\end{aligned}\tag{24}$$

如果 $L(1,\chi)=0$，则 $L(1,\overline{\chi})=0$，所以 $\prod\limits_{\chi \bmod q}L(s,\chi)$ 在点 $s=1$ 解析且亦等于零．这样，在式(24)中取 $s=\sigma>1$，当 $\sigma\longrightarrow 1+$ 时就得出矛盾．

(b) $\chi \bmod q$ 为实特征．设

$$\psi(s)=L(s,\chi^0)L(s,\chi)L^{-1}(2s,\chi^0).\tag{25}$$

若 $L(1,\chi)=0$，则 $\psi(s)$ 在 $s=1$ 解析．所以 $\psi(s)$ 在半平面 $\mathrm{Re}\ s>\frac{1}{2}$ 上解析，且

$$\psi(s)\longrightarrow 0,\quad s\longrightarrow\frac{1}{2},\tag{26}$$

现把 $\psi(s)$ 在点 $s=2$ 展为幂级数，其收敛半径为 $\frac{3}{2}$．当 $\sigma>1$ 时，

$$\begin{aligned}\psi(s)&=\prod_p(1-\chi^0(p)p^{-s})^{-1}(1-\chi(p)p^{-s})^{-1}(1-\chi^0(p)p^{-2s})\\&=\prod_p{}'(1+p^{-s})(1-p^{-s})^{-1}=\sum_{n=1}^{\infty}a_nn^{-s},\end{aligned}$$

其中 $\prod\limits_p{}'$ 表对所有使 $\chi(p)=1$ 的 p 求积．显见有 $a_1=1$，$a_n\geqslant 0$．由

$$\psi^{(m)}(2)=(-1)^m\sum_{n=1}^{\infty}a_nn^{-2}(\log n)^{-m}.$$

得到 $\psi(s)$ 在 $s=2$ 的展开式为

$$\begin{aligned}\psi(s)&=\sum_{m=0}^{\infty}\frac{\psi^{(m)}(2)}{m!}(s-2)^m=\sum_{m=0}^{\infty}\frac{(2-s)^m}{m!}\sum_{n=1}^{\infty}a_nn^{-2}(\log n)^{-m}\\&=\psi(2)+\sum_{m=1}^{\infty}\frac{(2-s)^m}{m!}\sum_{n=1}^{\infty}a_nn^{-2}(\log n)^{-m},\ |s-2|<\frac{3}{2}.\end{aligned}$$

因此有

$$\psi(s) \geqslant \psi(2) > 1, \quad \frac{1}{2} < s \leqslant 2 .$$

这和式(26)矛盾. 这就证明了当 χ 为实特征时亦有 $L(1, \chi) \neq 0$.

Hecke 猜想　当 χ 为实特征时

$$L(s, \chi) \neq 0, 0 < s < 1 . \tag{27}$$

这一猜想至今未被证明.

更进一步, 相应于 $\zeta(s)$ 的 Riemann 猜想提出了:

广义 Riemann 猜想(GRH)　对于任意的 $\chi \bmod q$, $L(s, \chi)$ 的非显然零点全部在直线 $\sigma = 1/2$ 上. 和 Riemann 猜想一样, 由此可推出许多有意义的推论, 为进一步研究指出了方向, 有一些后来被无条件地证明了. 这些这里不作专门介绍了, 有的在适当的地方加以指出.

§3. 最简单的阶估计

和定理 7.5.1 一样, 容易证明

定理 1　对任意的 $\chi \bmod q$ 有

$$\frac{\sigma - 1}{\sigma} < |L(s, \chi)| < \frac{\sigma}{\sigma - 1}, \quad \sigma > 1 . \tag{1}$$

$$|L^{(k)}(s, \chi)| \ll \frac{\sigma}{(\sigma - 1)^{k+1}}, \sigma > 1, k \geqslant 0 . \tag{2}$$

其中 $\ll$ 常数和 k 有关.

设

$$S(u, \chi) = \sum_{n \leqslant u} \chi(n) . \tag{3}$$

那末, 当 $\chi \neq \chi^0$ 时有

$$L(s, \chi) = s \int_1^{\infty} S(u, \chi) u^{-s-1} du, \sigma > 0 . \tag{4}$$

利用最简单的估计

$$|S(u, \chi)| < q, \chi \neq \chi^0,$$

由式(4)可得: 当 $\chi \neq \chi^0$ 时, 有

$$L(s, \chi) \ll q(|t| + 2), \qquad \sigma \geqslant 1/2 . \tag{5}$$

如用估计式(13.4.1)可得：当 $\chi \neq \chi^0$ 时有

$$L(s,\chi) \ll (|t|+2)\sqrt{q}\log q, \quad \sigma \geqslant 1/2. \tag{6}$$

利用式(2.11)及(2.16)，相应于估计式(6)可得：当 χ 是模 $q(\geqslant 3)$ 的原特征时有

$$L(s,\chi) \ll (2\pi)^{\sigma-1/2}(|t|+2)^{3/2-\sigma}q^{1-\sigma}\log q, \quad \sigma \leqslant 1/2, \tag{7}$$

这里 $\ll$ 常数是绝对的.

由式(6)，(7)及(1.3)知：对任意特征 χ，$L(s,\chi)$ 在任一垂直带形长条中是有限阶函数(见定义4.4.1).

类似于定理7.5.2容易证明：

定理 2 设整数 $k \geqslant 0$，χ 是模 q 的非主特征. 我们有

$$L^{(k)}(s,\chi) \ll \min(\sigma(\sigma-1)^{-k-1}, \log^{k+1}(q(|t|+2))), \quad \sigma \geqslant 1. \tag{8}$$

$$\begin{aligned} L^{(k)}(s,\chi) \ll & \{((|t|+2)\sqrt{q}\log q)^{1-\sigma}+(1-\sigma)^{-1} \\ & \cdot(((|t|+2)\sqrt{q}\log q)^{1-\sigma}-1)\} \\ & \cdot\log^k(q(|t|+2)), \quad 1/2 \leqslant \sigma < 1, \end{aligned} \tag{9}$$

其中 $\ll$ 常数和 k 有关.

要证该定理，只要利用关系式：对 $x \geqslant 2$ 及 $\sigma > 0$ 有

$$L(s,\chi) = \sum_{n \leqslant x} n^{-s}\chi(n) - S(x,\chi)x^{-s} + s\int_x^{\infty} S(u,\chi)u^{-s-1}du, \tag{10}$$

及

$$\begin{aligned} L^{(k)}(s,\chi) = & (-1)^k\sum_{n \leqslant x} n^{-s}\chi(n)\log^k n - (-1)^k S(x,\chi)x^{-s} \\ & \cdot\log^k x + (-1)^k s\int_x^{\infty} S(u,\chi)u^{-s-1}\log^k u\, du \\ & + (-1)^{k-1}k\int_x^{\infty} S(u,\chi)u^{-s-1}\log^{k-1}u\, du, \\ & \sigma > 0. \end{aligned} \tag{11}$$

取 $x=(|t|+2)\sqrt{q}\ \log q$, 类似于定理 7.5.2 的论证(这里少一项, 更简单)就可推出式 (8)和(9).

由定理 2 立即推出

定理 3 在定理2 的条件下, 对任意正数 A, 在区域

$$\sigma \geqslant 1-A(\log(q(|t|+2)))^{-1} \tag{12}$$

中有估计 $$L^{(k)}(s,\chi) \ll \log^{k+1}(q(|t|+2)), \tag{13}$$

其中 $\ll$ 常数和 A, k 有关.

当 χ 为模 $q(\geqslant 3)$ 的原特征时, 由式(8), (2.11) 及(2.16)可得

$$L(s,\chi) \ll (2\pi)^{\sigma-1/2}(q(|t|+2))^{1/2-\sigma}\log(q(|t|+2)). \tag{14}$$

$$\sigma \leqslant 0$$

利用定理 4.4.1 (注意到该定理的附注 2), 从估计 $L(1+it,\chi) \ll \log(q(|t|+2))$, $L(it,\chi) \ll (q(|t|+2))^{1/2}\log(q(|t|+2))$ 出发, 就可改进 $L(s,\chi)$ 在 $0\leqslant\sigma\leqslant 1$ 中的估计.

定理 4 设 χ 为模 $q(\geqslant 3)$的原特征. 当 $0\leqslant\sigma\leqslant 1$ 时有

$$L(\sigma+it,\chi) \ll (q(|t|+2))^{(1-\sigma)/2}\log(q(|t|+2)). \tag{15}$$

证: 证明和定理 7.5.4 相同, 这里要考虑函数

$$f(s,q)=L(s,\chi)(q(s+2))^{-(1-\sigma)/2}(\log(q(s+2)))^{-1},$$
$$0\leqslant\sigma\leqslant 1.$$

具体证明留给读者.

特别的, 我们有

$$L(1/2+it,\chi) \ll (q(|t|+2))^{1/4}\log(q(|t|+2)). \tag{16}$$

在定理24.2.2, 我们将改进这估计, 把对数因子去掉.

关于 $L(s,\chi)$ 的阶函数 $\mu(\sigma)$ (见定义 4.4.2), 可得到和 $\zeta(s)$完全相同的结果(见 §7.5 结尾), 但要注意到定理 4.4.1 的附注 2. 由定理 6.6.3, 函数方程(2.11), 式(2.16), $L(s,\chi)$ 是有限阶函数(见式(6), (7)), 以及定理 4.4.2[1)]立即推出:

---

1) 实际上这里直接可用定理 4.

定理5 设 χ 是模 $q(\geqslant 3)$ 的原特征，$L(s,\chi)$ 的阶函数 $\mu(\sigma)$，即 $\mu(\sigma)$ 是使

$$L(\sigma+it,\chi) \ll (q(|t|+2))^{\mu}$$

成立的 μ 的下确界，是下凸函数，满足

$$\mu(\sigma)=0,\ \sigma\geqslant 1,\qquad \mu(\sigma)=1/2-\sigma,\ \sigma\leqslant 0, \tag{17}$$

$$\mu(\sigma)\leqslant(1-\sigma)/2,\qquad 0<\sigma<1. \tag{18}$$

关于 $\mu(\sigma)$ 在 $0<\sigma<1$ 中的确切值，同 ζ 函数一样，至今也是一点不知道. 也有类似的 Lindelöf 猜想:

$$\mu(\sigma)=0,\ 1/2\leqslant\sigma<1. \tag{19}$$

习　　题

1. 设 $q\geqslant 2$, $\chi \bmod q$. 证明: 当 $\chi(-1)=1$ 时，$L(0,\chi)=0$；当 $\chi(-1)=-1$ 时，$L(0,\chi)=-q^{-1}\sum_{r=1}^{q} r\chi(r)$.
2. 设 $q\geqslant 3$, $\chi \bmod q$ 是原特征. 若 $\chi(-1)=-1$，则
$$L(1,\chi)=-i\pi(q\tau(\overline{\chi}))^{-1}\sum_{r=1}^{q} r\overline{\chi}(r).$$
3. 设 $A(\chi)$ 由习题 13.25 给出. 证明: $A(\chi)=L(0,\chi)$. 进而给出上题的另一证法.
4. 设 χ 是模 q 的特征. 如果 $L(s,\chi)$ 满足函数方程 (2.1)，那末 χ 一定是原特征. 证明按以下途径进行:

   (a) 证明习题 13.21.

   (b) 设 $F(s,\theta)$ 是周期 ζ 函数(见式(6.1.13))，设 $L^*(s,\chi)=\sum_{r=1}^{q-1}\chi(r)F(s,r/q)$. 证明: 对所有的 s, $L^*(s,\chi)=\tau(\chi)L(s,\overline{\chi})$ 成立的充要条件是 χ 是原特征.

   (c) 利用 Hurwitz 公式(定理 7.1.4)证明:
   $L(1-s,\chi)=(\tau(\chi))^{-1}A(1-s,\chi)L^*(s,\overline{\chi})$，其中 $A(s,\chi)$ 见式 (2.12).

5. 详细写出定理 3.1 — 3.5 的证明.

6. 设整数 $k\geqslant 0$. $0<\sigma<1$, χ 是模 q 的非主特征:
证明: (a) $L^{(k)}(s,\chi)\ll(|t|+2)^{1-\sigma}q^{(1-\sigma)/2}(\log q)^{1-\sigma}(\log q(|t|+2))^k$,
这里$\ll$ 常数和 σ, k 有关; (b) 当 χ 是原特征时, 设 $\rho=\min(\sigma,1-\sigma)$,
$L(s,\chi)\ll q^{(1-\sigma)/2}((|t|+2)\log q)^{\rho}$, $\ll$ 常数和 σ 有关.

7. 设 N, q, m 是正整数, $m\leqslant q/2$, 以及 $1/2\leqslant\sigma\leqslant 2$. 证明:

$$\sum_{n=N}^{\infty}e\left(\pm\frac{mn}{q}\right)n^{-s}=\left(\frac{q}{m}\right)^{1-s}\int_{mN/q}^{\infty}e(\pm u)u^{-s}du+O((|t|+2)N^{-\sigma}).$$

8. 利用上题证明: 当 χ 是模 $q\geqslant 3$ 的原特征, $1/2\leqslant\sigma\leqslant 2$ 时,

$$\sum_{n=N}^{\infty}\frac{\chi(n)}{n^s}=\frac{1}{\tau(\overline{\chi})}\sum_{0<|m|\leqslant q/2}\overline{\chi}(m)\left(\frac{q}{|m|}\right)^{1-s}\int_{|m|N/q}^{\infty}e(\pm u)u^{-s}du$$
$$+O(\sqrt{q}(|t|+2)N^{-\sigma}),$$

其中 $\pm$ 号的取法同 m 的正负号.

第十五章　$L'(s,\chi)/L(s,\chi)$ 的零点展开式

本章的内容和方法与第八章完全类似. 在证明中只要把相应的 $L(s,\chi)$ 的结果去代替用到的 $\zeta(s)$ 的结果, 就可得到所要的结论. 这里所用的符号和第八章类似. 本章内容可参看 [7], [18], [28].

§1. $\xi(s,\chi)$ 和 $L(s,\chi)$ 的无穷乘积

定理 1　设 χ 是模 $q\,(q\geqslant 3)$ 的原特征. 那末 $\xi(s,\chi)$ 是一阶整函数; 有无穷多个零点[1])

$$\rho=\rho_\chi=\beta_\chi+i\gamma_\chi=\beta+i\gamma,\quad 0\leqslant\beta\leqslant 1; \tag{1}$$

级数 $\sum\limits_{\rho}|\rho|^{-1}$ 发散, 而对任意正数 ε, $\sum\limits_{\rho}|\rho|^{-1-\varepsilon}$ 收敛, 即零点序列的收敛指数为 1; 以及

$$\xi(s,\chi)=e^{A+Bs}\prod_{\rho}\left(1-\frac{s}{\rho}\right)e^{s/\rho}, \tag{2}$$

其中 $A=A(\chi)$, $B=B(\chi)$ 为依赖于 χ 的常数,

$$e^{A(\chi)}=\xi(0,\chi)=\left(\frac{i\sqrt{q}}{\pi}\right)^{\delta}\frac{q}{\tau(\overline{\chi})}L(1,\overline{\chi}), \tag{3}$$

这里 δ 由式 (14.2.4) 给出.

证明和定理 8.1.1 完全一样, 只要用式 (14.3.5) 代替式 (8.1.4). 式 (3) 可由式 (14.2.6), (14.2.5) 推出.

由定理 1. 式 (14.2.5) 及 (3.2.1) 得

定理 2　设 χ 是模 $q\,(q\geqslant 3)$ 的原特征. 那末, $L(s,\chi)$ 有无穷多个非显然零点, 它们由式 (1) 给出, 且有

---

1) 这些零点 (按重数计) 按模的递增次序排列. $\sum\limits_{\rho}$ 表对所有这些零点求和.

$$L(s,\chi)=\left(\frac{s+\delta}{2}\right)e^{C+Ds}\prod_{n=1}^{\infty}\left(1+\frac{s+\delta}{2n}\right)$$

$$\cdot e^{-\frac{s+\delta}{2n}}\prod_{\rho}\left(1-\frac{s}{\rho}\right)e^{s/\rho}. \tag{4}$$

其中

$$C=C(\chi)=A(\chi)+\frac{\delta}{2}\gamma+\frac{\delta}{2}\log\frac{\pi}{q}, \tag{5}$$

$$D=D(\chi)=B(\chi)+\frac{1}{2}\gamma+\frac{1}{2}\log\frac{\pi}{q}. \tag{6}$$

§2. $L'(s,\chi)/L(s,\chi)$的零点展开式

定理 1 设 χ 为模 $q\geqslant 3$ 的原特征. 那末, 当 $s\neq\rho_\chi$, $s\neq-(2n+\delta)$, $n=0,1,2,\cdots$, 时有

$$\frac{\xi'}{\xi}(s,\chi)=B+\sum_{\rho}\left(\frac{1}{s-\rho}+\frac{1}{\rho}\right). \tag{1}$$

$$\frac{L'}{L}(s,\chi)=B+\frac{1}{2}\log\frac{\pi}{q}-\frac{1}{2}\frac{\Gamma'}{\Gamma}\left(\frac{s+\delta}{2}\right)$$

$$+\sum_{\rho}\left(\frac{1}{s-\rho}+\frac{1}{\rho}\right)$$

$$=D+\frac{1}{s+\delta}+\sum_{n=1}^{\infty}\left(\frac{1}{s+\delta+2n}-\frac{1}{2n}\right)$$

$$+\sum_{\rho}\left(\frac{1}{s-\rho}+\frac{1}{\rho}\right). \tag{2}$$

证明和定理 8.2.1, 8.2.2 完全一样.

由式(2)和(3.2.22)可得: 当 $s\neq\rho_\chi$, $s\neq-(2n+\delta)$, $n=0,1,2,\cdots$ 时,

$$\frac{L'}{L}(s,\chi)=B+\sum_{\rho}\left(\frac{1}{s-\rho}+\frac{1}{\rho}\right)$$

$$+O\left(\left(\lambda\left(\frac{s+\delta}{2}\right)\right)^{-1}+\log\left(q\left(|s|+2\right)\right)\right), \tag{3}$$

其中 $\lambda(s)$ 由式(3.2.21)给出.

下面我们来讨论常数 $A(\chi)$ 和 $B(\chi)$.

定理 2 我们有

$$e^{A(\bar{\chi})}=e^{\overline{A(\chi)}}, \tag{4}$$

$$B(\bar{\chi})=\overline{B(\chi)}, \tag{5}$$

$$\operatorname{Re}B(\chi)=-\sum_{\rho}\operatorname{Re}\frac{1}{\rho}<0. \tag{6}$$

证：由 $\xi(s,\bar{\chi})=\overline{\xi(\bar{s},\chi)}$ 可得

$$e^{A(\bar{\chi})+B(\bar{\chi})s}\prod_{\rho_{\bar{\chi}}}\left(1-\frac{s}{\rho}\right)e^{s/\rho}=\xi(s,\bar{\chi})=\overline{\xi(\bar{s},\chi)}$$

$$=e^{\overline{A(\chi)}+\overline{B(\chi)}s}\prod_{\rho_{\chi}}\left(1-\frac{s}{\bar{\rho}}\right)e^{s/\bar{\rho}}. \tag{7}$$

上式中取 $s=0$ 即得式(4). 注意到若 ρ 是 $\xi(s,\chi)$ 的零点，则 $\bar{\rho}$ 是 $\xi(s,\bar{\chi})$ 的零点，因此

$$\prod_{\rho_{\chi}}\left(1-\frac{s}{\bar{\rho}}\right)e^{s/\bar{\rho}}=\prod_{\rho_{\bar{\chi}}}\left(1-\frac{s}{\rho}\right)e^{s/\rho}.$$

由此及式(7)，式(4)就证明了式(5).

由式(1)及式(14.2.6)可得

$$B(\bar{\chi})=\frac{\xi'}{\xi}(0,\bar{\chi})=-\frac{\xi'}{\xi}(1,\chi). \tag{8}$$

由此及式(1)，式(5)得(注意到零点的收敛指数为 1, 且 $0\leqslant\beta\leqslant1$)

$$\operatorname{Re}B(\chi)=-\frac{1}{2}\sum_{\rho_{\chi}}\operatorname{Re}\frac{1}{1-\rho}-\frac{1}{2}\sum_{\rho_{\chi}}\operatorname{Re}\frac{1}{\rho}$$

$$=-\frac{1}{2}\sum_{\rho_{\chi}}\operatorname{Re}\frac{1}{1-\bar{\rho}}-\frac{1}{2}\sum_{\rho_{\chi}}\operatorname{Re}\frac{1}{\rho}. \tag{9}$$

由于 ρ 和 $1-\overline{\rho}$ 同为 $\xi(s,\chi)$ 的零点，由上式即得等式(6). $\operatorname{Re} B(\chi)<0$ 是由 $\operatorname{Re}\rho\geqslant 0$，零点的对称性，和一定存在非显然零点推出.

利用式(6)，由式(2)和式(3)分别可推出：

$$-\operatorname{Re}\frac{L'}{L}(s,\chi)=\frac{1}{2}\log\frac{q}{\pi}+\frac{1}{2}\operatorname{Re}\frac{\Gamma'}{\Gamma}\left(\frac{s+\delta}{2}\right)-\sum_{\rho}\operatorname{Re}\frac{1}{s-\rho}, \tag{10}$$

及

$$-\operatorname{Re}\frac{L'}{L}(s,\chi)=-\sum_{\rho}\operatorname{Re}\frac{1}{s-\rho}+O\left(\left(\lambda\left(\frac{s+\delta}{2}\right)\right)^{-1}+\log(q(|s|+2))\right). \tag{11}$$

§3. 非显然零点的简单性质

以下总假定 χ 是模 $q\,(q\geqslant 3)$ 的原特征.

定理 1 对任意原特征 χ 和实数 T，有

$$\sum_{\rho}\frac{1}{1+(\gamma-T)^2}\ll\log(q(|T|+2)), \tag{1}$$

其中 $\rho=\beta+i\gamma$ 过 $L(s,\chi)$ 的全体非显然零点.

证：在式(2.11)中取 $s=2+iT$，得到

$$\sum_{\rho}\frac{2-\beta}{(2-\beta)^2+(T-\gamma)^2}\ll\log(q(|T|+2))$$

由此及 $0\leqslant\beta\leqslant 1$ 就推出式(1).

推论 2 (a) 在区域 $T\leqslant\operatorname{Im}s\leqslant T+1$ 中，$L(s,\chi)$ 的非显然零点个数 $\ll\log(q(|T|+2))$；(b) 设 $T\geqslant 2$，以 $N(T,\chi)$ 表 $L(s,\chi)$ 在区域 $0\leqslant\sigma\leqslant 1,|t|\leqslant T$ 中的零点个数，则

$$N(T,\chi)\ll T\log(qT). \tag{2}$$

证明同推论 8.3.2.

推论 3 对任意实数 T，有

$$\sum_{|\gamma-T|\geqslant 1}\frac{1}{(\gamma-T)^2}\ll\log(q(|T|+2)). \qquad (3)$$

证明同推论 8.3.3.

利用以上证明的性质，可对式(2.3)作进一步简化.

定理 4 设$s=\sigma+it$，则有

$$\frac{L'}{L}(s,\chi)=\sum_{|\gamma-t|\leqslant 1}\frac{1}{s-\rho}+O\left(\left(\lambda\left(\frac{s+\delta}{2}\right)\right)^{-1}+\log(q(|s|+2))\right). \qquad (4)$$

证明和定理 8.4.1 相同，只要分别用推论 2，推论 3，式(2.3)，式(14.2.1)来代替推论 8.3.2，推论 8.3.3，式(8.2.7)，式(7.1.13).

进一步可以证明

推论 5 存在正常数c，使对任意的实数 T，一定可找到 T' 满足 $T\leqslant T'\leqslant T+1$，使得 (a) $L(s,\chi)$在区域

$$|\mathrm{Im}\, s-T'|\leqslant c(\log(q(|T|+2)))^{-1} \qquad (5)$$

中无零点[1]；(b)

$$\frac{L'}{L}(\sigma+iT')\ll\log^2(q(|\sigma+iT'|+2)). \qquad (6)$$

(a)的证明和推论 8.3.4 相同，只要利用推论 2 的(a)代替式(8.3.3). (b)的证明和推论 8.4.2 相同，只要分别用式(5)，式(4)，及推论 2 的(a)来代替推论 8.3.4，式(8.4.1)，及式(8.3.3).

附注：由推论 5 知可找到一串正数 $T_n\to\infty$，使得所有的 $\pm T_n$ 具有 T'的性质.

§4. log $L(s,\chi)$

本节仍假定 χ 是模 $q(q\geqslant 3)$ 的原特征. 和 §8.5 完全一样，可以定义 $\log L(s,\chi)$，$\log\xi(s,\chi)$ 的一个单值分支. 注意到式

1) 包括显然零点.

(3.4)可写为

$$\frac{L'}{L}(s,\chi)=\frac{1}{s+\delta}+\sum_{|\gamma-t|\leqslant 1}\frac{1}{s-\rho}$$

$$+O\left(\left(\lambda\left(\frac{s+\delta}{2}+1\right)\right)^{-1}+\log(q(|s|+2))\right),\quad(1)$$

利用推论 3.2(a)，相应于定理 8.5.1 可得到

定理 1 对于 $-\frac{3}{2}\leqslant\sigma\leqslant\frac{5}{2}$，当 s 不是 $L(s,\chi)$ 的零点时，一致地有

$$\log L(s,\chi)=\log(s+\delta)+\sum_{|\gamma-t|\leqslant 1}\log(s-\rho)$$

$$+O(\log q(|t|+2)),\quad(2)$$

其中 $-\pi<\operatorname{Im}\{\log(s+\delta)\}\leqslant\pi$，$-\pi<\operatorname{Im}\{\log(s-\rho)\}\leqslant\pi$.

此外，从式(14.2.5)可得

$$\log\xi(s,\chi)=\frac{1}{2}(s,\delta)\log\frac{q}{\pi}$$

$$+\log\Gamma\left(\frac{s+\delta}{2}\right)+\log L(s,\chi).\quad(3)$$

习　　题

1. 设 χ 是模 $q(\geqslant 3)$ 的原特征，证明：

(a) $B(\chi)=\frac{1}{2}\log\frac{q}{\pi}-\sum_{\rho}\left(\frac{1}{2-\rho}+\frac{1}{\rho}\right)+O(1)$.

(b) $B(\chi)=-\sum_{|\operatorname{Im}\rho|<1}\frac{1}{\rho}+O(\log q)$.

2. 证明：定理3.1 和推论 3.2(a)等价.

3. 写出推论 3.2 和 3.3 的证明.

4. 写出定理 3.4 的证明.

5. 写出推论 3.5 及其附注的证明.

6. 利用定理 4.1.1 直接证明推论 3.2(a). (参看习题 8.2).

7. 证明定理 4.1.

第十六章　$L(s,\chi)$的非显然零点的个数

本章内容和第九章的§1, §2, §3相当, 证明方法亦相同. 以下总假定χ是模q的原特征, $q\geqslant 3$. 本章内容可参看[7].

§1. 基本关系式

定理1　设$T\geqslant 2$, 且$\pm T$不是$L(s,\chi)$的零点的纵坐标, $N(T,\chi)$在推论15.3.2中定义. 那末

$$N(T,\chi)=\frac{T}{\pi}\log\frac{qT}{2\pi}-\frac{T}{\pi}-\frac{1}{4}+S(T,\chi)+O\left(\frac{1}{T}\right), \tag{1}$$

其中

$$\pi S(T,\chi)=\arg L\left(\frac{1}{2}+iT,\chi\right)-\arg L\left(\frac{1}{2}-iT,\chi\right). \tag{2}$$

其中幅角$\arg L(s,\chi)$按§15.4来确定.

证: 设R是以$\frac{5}{2}\pm iT$, $-\frac{3}{2}\pm iT$为顶点的正向矩形. 由于$\pm T$不是$L(s,\chi)$的零点的纵坐标, 整函数$\xi(s,\chi)$的零点和$L(s,\chi)$的非显然零点相同, 所以根据幅角原理得

$$2\pi(N(T,\chi)+1)=\Delta_R\arg\xi(s,\chi). \tag{3}$$

由函数方程(14.2.6)知

$$\xi(\sigma+it,\chi)=\frac{i^{\delta}\sqrt{q}}{\tau(\chi)}\overline{\xi(1-\sigma+it,\chi)},$$

所以, 当s在矩形R上, 从$\frac{1}{2}-iT$变到$\frac{5}{2}-iT$, 再变到$\frac{5}{2}+iT$, 再变到$\frac{1}{2}+iT$时$\xi(s,\chi)$的幅角改变量等于从$\frac{1}{2}+iT$变到$-\frac{3}{2}+iT$, 再变到$-\frac{3}{2}-iT$, 再变到$-\frac{1}{2}-iT$时的幅角改变量. 因此式(3)可写为

$$\pi(N(T,\chi)+1)=\Delta_L\arg\xi(s,\chi), \tag{4}$$

其中 L 表从 $\frac{1}{2}-iT$ 到 $\frac{5}{2}-iT$, 再到 $\frac{5}{2}+iT$, 再到 $\frac{1}{2}+iT$ 的折线. 由上式及式(14.2.5)得

$$\pi(N(T,\chi)+1)=\Delta_L\arg\left(\frac{q}{\pi}\right)^{\frac{1}{2}(s+\delta)}+\Delta_L\arg\Gamma\left(\frac{s+\delta}{2}\right)$$
$$+\Delta_L\arg L(s,\chi). \tag{5}$$

$$\Delta_L\arg\left(\frac{q}{\pi}\right)^{\frac{1}{2}(s+\delta)}=T\log\frac{q}{\pi}.$$

由 Stirling 公式(3.3.17)得:

$$\Delta_L\arg\Gamma\left(\frac{s+\delta}{2}\right)=T\log\frac{T}{2}-T+\frac{3}{4}\pi+O\left(\frac{1}{T}\right).$$

由以上三式即得式(1).

§2. 渐近公式

定理1 设 $T\geqslant 2$, 则有

$$N(T,\chi)=\frac{T}{\pi}\log\frac{qT}{2\pi}-\frac{T}{\pi}+O(\log qT). \tag{1}$$

证: 证明和定理9.2.1相同. 当 T 不是 $L(s,\chi)$ 的零点的纵坐标时, 由式(15.4.2)得

$$\pi S(T,\chi)=\operatorname{Im}\left\{\log L\left(\frac{1}{2}+iT,\chi\right)\right\}-\operatorname{Im}\left\{\log L\left(\frac{1}{2}-iT,\chi\right)\right\}$$
$$=\sum_{\substack{\rho\\|\gamma-T|\leqslant 1}}\operatorname{Im}\left\{\log\left(\frac{1}{2}+iT-\rho\right)\right\}$$
$$-\sum_{\substack{\rho\\|\gamma+T|\leqslant 1}}\operatorname{Im}\left\{\log\left(\frac{1}{2}-iT-\rho\right)\right\}+O(\log qT).$$

由此及推论15.3.2(a)(注意到定理15.4.1中对虚部的约定)即

得

$$S(T,\chi)=O(\log qT). \tag{2}$$

由上式及式(1.1)就证明了所要的结论，当 T 是零点纵坐标时，可同定理 9.2.1 一样证明.

由定理 1 容易推出

推论 2 存在正常数 H_0, T_0, c，使当 $T\geqslant T_0$，$H\geqslant H_0$ 时有

$$N(T+H,\chi)-N(T,\chi)\geqslant cH\log qT. \tag{3}$$

§3. 一点说明

定理 2.1 和第十五章的所有结果都是用有穷阶整函数理论来证明的. 正如 §9.3 所说明的：定理 9.2.1 和定理 8.4.1 都可以不用有穷阶整函数理论，而直接用局部的函数论方法来证明一样，这里的定理 2.1 和定理 15.3.4 亦可以不用有穷阶整函数理论，而直接用局部的函数论方法来证明. 因而，定理 2.1 和第十五章 §3，§4 的全部结果都可以分别用这两种方法来给出它们的证明. 用局部函数论方法来证明这些结果的具体步骤和 §9.3 中证明相应于 $\zeta(s)$ 的这些结果完全一样，只要注意到用 $L(s,\chi)$ 的相应的阶估计来代替 $\zeta(s)$ 的阶估计. 这里不再一一证明了. 部分内容将安排在习题中.

习　　题

1. 利用引理 9.3.1 及 §14.3 中关于 $L(s,\chi)$ 的阶估计，直接证明式(2.2)，进而推出定理 2.1.
2. 利用定理 2.1 证明推论 15.3.2(a).
3. 利用引理 9.3.2 及 §14.3 中关于 $L(s,\chi)$ 的阶估计，证明定理 15.3.4.
4. 把习题 9.3，9.4 推广到 L 函数.

第十七章　$L(s,\chi)$的非零区域

我们很容易象证明 $\zeta(1+it)\neq 0$ 一样，证明

$$L(1+it,\chi)\neq 0$$

(当然，这里要用到 $L(1,\chi)\neq 0$).对固定的模 q 来说，有关 $\zeta(s)$ 的非零区域的结果也容易平行地推广到所有的 $L(s,\chi)$，这里 χ 都是这固定的模 q 的特征. 但这时出现在这些结果中的常数，显然是和 q 有关的. 而在应用中重要的是要求这些结果和 q 有明确的关系，出现的常数是和 q 无关的. 正是这一点出现了不同于 $\zeta(s)$ 的特殊困难：对应于实特征的 L 函数的非零区域(具体的说是它的实零点)得不到相应的结果. 这种不同明显地反映在由此推出的算术数列中的素数定理的余项估计中.

本章将讨论这种和 $\zeta(s)$ 不同的非零区域问题. 除了对实零点的讨论外，本章所用的方法和第十章是相同的. 定出非零区域中的常数有许多重要的应用，但要定出尽可能好的常数是不容易的，需要很高的技巧，我们在定理 1.6 中将证明一个这样的结果，它将在讨论算术级数中的最小素数问题中用到(见第三十四章). 在 §2, §3 分别证明两个关于实零点的上界的定理——Page定理和 Siegel 定理，这是本章的主要内容，本章内容可参看 [7], [18], [23], [28].

本章所说的零点都是指非显然零点.

§1. 非零区域(一)

定理 1　存在绝对正常数 c_1，使得对任意的 $q\geqslant 1$, (a) 当 $\chi \bmod q$ 为复特征时，在区域

$$\sigma \geqslant 1-c_1(\log(q(|t|+2)))^{-1} \tag{1}$$

中 $L(s,\chi)\neq 0$; (b) 当 $\chi \bmod q$ 为实特征时，在区域(1)中 $L(s,\chi)$ 无复零点，且至多可能在这区域中有一个一阶实零点 $\widetilde{\beta}$.

证：由式(14.1.3)和定理10.2.1知，我们只要讨论 $q\geqslant 3$，χ 是模 q 的原特征的情形．设 $s=\sigma+it$，$\chi(n)=e^{i\theta(n)}$，$(n,q)=1$，我们有

$$-\frac{L'}{L}(s,\chi)=\sum_{n=1}^{\infty}{}'\Lambda(n)n^{-\sigma}\exp(-it\log n+i\theta(n)),\quad \sigma>1, \tag{2}$$

其中“′”表对和 q 互素的 n 求和．由此及式(10.1.5)得：当 $\sigma>1$ 时有

$$-3\frac{L'}{L}(\sigma;\chi^0)-4\mathrm{Re}\frac{L'}{L}(\sigma+it,\chi)-\mathrm{Re}\frac{L'}{L}(\sigma+2it,\chi^2)>0, \tag{3}$$

其中 χ^0 是模 q 的主特征．由定理15.3.4知，当 $1<\sigma<10$ 时，对模 q 的原特征有

$$-\mathrm{Re}\frac{L'}{L}(s,\chi)\leqslant-\sum_{\substack{\rho\\|\gamma-t|\leqslant 1}}\mathrm{Re}\frac{1}{s-\rho}+O(\log(q(|t|+2))). \tag{4}$$

设 $\rho_0=\beta_0+i\gamma_0$ 是 $L(s,\chi)$ 的一个非显然零点．分两种情形来讨论．

(a) χ 是复特征．这时 χ^2 不是主特征，设

$$\chi^2 \bmod q \quad\Leftrightarrow\quad \chi^* \bmod q^*,$$

由于 χ^2 不是主特征，所以 $q^*\geqslant 3$．由式(14.1.3)可得

$$\begin{aligned}\frac{L'}{L}(s,\chi^2)&=\frac{L'}{L}(s,\chi^*)+\sum_{p|q}\frac{\chi^*(p)\log p}{p^s-\chi^*(p)}\\&=\frac{L'}{L}(s,\chi^*)+O(\log q),\quad \sigma\geqslant\frac{1}{2}.\end{aligned} \tag{5}$$

由此及式(4)(右边和式中一项也不取)得：当 $1<\sigma<10$ 时，

$$-\mathrm{Re}\frac{L'}{L}(\sigma+2it,\chi^2)\leqslant O(\log(q(|t|+2))), \tag{6}$$

再由式(4)中仅取一项 $\rho=\rho_0$ 得：当 $1<\sigma<10$ 时，

$$-\operatorname{Re}\frac{L'}{L}(\sigma+it,\chi)\leqslant-\frac{1}{\sigma-\beta_0}+O(\log(q(|t|+2))), \quad (7)$$

此外，由式(7.4.8)得：当$1<\sigma<10$时，

$$-\frac{L'}{L}(\sigma,\chi^0)<-\frac{\zeta'}{\zeta}(\sigma)=\frac{1}{\sigma-1}+O(1), \quad (8)$$

取$t=\gamma_0$综合式(3)，(6)，(7)，(8)得到：存在正常数c_2，使得：当$1<\sigma<10$时，

$$\frac{3}{\sigma-1}-\frac{4}{\sigma-\beta_0}+c_2\log(q(|\gamma_0|+2))>0, \quad (9)$$

取$\sigma=1+(3c_2\log(q(|\gamma_0|+2)))^{-1}$，即得

$$\beta_0<1-(15c_2\log(q(|\gamma_0|+2)))^{-1}. \quad (10)$$

所以，只要$c_1\leqslant\frac{1}{15c_2}$，结论(a)就成立.

(b) χ是实特征. 这时χ^2是主特征. 由式(5)及式(8.4.1)可得

$$-\operatorname{Re}\frac{L'}{L}(\sigma+2it,\chi^2)=-\operatorname{Re}\frac{\zeta'}{\zeta}(\sigma+2it)+O(\log q)$$

$$\leqslant\operatorname{Re}\frac{1}{(\sigma-1)+2it}+O(\log(q(|t|+2))), \quad 1<\sigma<10. \quad (11)$$

这样由式(3)，(4)，(8)，(11)得

$$\frac{3}{\sigma-1}-4\sum_{\substack{\rho\\|\gamma-t|\leqslant1}}\frac{\sigma-\beta}{(\sigma-\beta)^2+(t-\gamma)^2}+\frac{\sigma-1}{(\sigma-1)^2+4t^2}$$

$$+c_3\log(q(|t|+2))>0, \quad 1<\sigma<10. \quad (12)$$

对复零点$\rho_0=\beta_0+i\gamma_0$再分两种情形：

(1) $|\gamma_0|>\lambda/\log 2q$，$\lambda$为一待定正常数. 这时在式(12)中取$t=\gamma_0$，其中的和式仅取一项$\rho=\rho_0$，得：当$1<\sigma<10$时，

$$\frac{3}{\sigma-1}-\frac{4}{\sigma-\beta_0}+\left(c_3+\frac{1}{2\lambda}\right)\log(q(|\gamma_0|+1))>0, \quad (13)$$

同样取 $\sigma=1+\frac{2\lambda}{3(2\lambda c_3+1)}(\log(q(|\gamma_0|+1)))^{-1}$ 即得

$$\beta_0<1-\frac{2\lambda}{15(2\lambda c_3+1)}(\log(q(|\gamma_0|+2)))^{-1}. \tag{14}$$

(2) $0<|\gamma_0|\leqslant\lambda/\log 2q$. 由于 χ 是实特征，所以 $\beta_0\pm i\gamma_0$ 都是 $L(s,\chi)$ 的零点. 在式(12)中取 $t=0$，其中的和式取 $\rho=\rho_0$ 和 $\overline{\rho_0}$ 两项，得到：当 $1<\sigma<10$ 时，

$$\frac{1}{\sigma-1}-\frac{2(\sigma-\beta_0)}{(\sigma-\beta_0)^2+\gamma_0^2}+\frac{c_3}{4}\log 2q>0, \tag{15}$$

现取 $\lambda=\frac{2}{5c_3}$（可取 $c_3>1$），$\sigma=1+2\lambda/\log 2q$, 由上式得

$$\beta_0<1-\frac{4}{15c_3}(\log 2q)^{-1}. \tag{16}$$

综合式(14)，(16)适当选取 c_1，就证明了定理中的(b)关于在区域(1)中无复零点的结论. 剩下还要证明如果在区域(1)中有实零点的话，那末只能有一个一阶零点.

如果有一个至少是二阶的实零点 β_0，$\beta_0<1$. 在式(12)的和式中 $\rho=\beta_0$ 的项至少有两项，取 $t=0$，得到

$$\frac{1}{\sigma-1}-\frac{2}{\sigma-\beta_0}+\frac{c_3}{4}\log(2q)>0. \tag{17}$$

取 $\sigma=1+\frac{2}{c_3}(\log 2q)^{-1}$ 得

$$\beta_0<1-\frac{1}{3c_3}(\log 2q)^{-1}. \tag{18}$$

如果有两个一阶实零点 β_1、β_2, $\beta_1<\beta_2<1$. 在式(12)的和式中取 $\rho=\beta_1$，β_2 两项，及 $t=0$, 得到

$$\frac{1}{\sigma-1}-\frac{2}{\sigma-\beta_1}+\frac{c_3}{4}\log 2q>0.$$

取 $\sigma=1+\frac{2}{c_3}(\log 2q)^{-1}$ 亦得

$$\beta_1<1-\frac{1}{3c_3}(\log 2q)^{-1}. \tag{19}$$

由式(18)和(19)知，只要选取 c_1 适当小，我们所要证明的结论就成立.

定理 1 表明 L 函数的非零区域和 ζ 函数的非零区域基本上是一样的，所不同的是对应于实原特征(或其导出的特征) χ 的 $L(s,\chi)$ 可能有非常接近于 1 的实零点. 下面的讨论表明这种 $L(s,\chi)$ 如果存在的话，也是十分稀少的.

定理 2 存在绝对正常数 c_5，使对任意的两个不同的实原特征 $\chi_1 \bmod q_1$，$\chi_2 \bmod q_2$，如果 $L(s,\chi_1)$，$L(s,\chi_2)$ 分别有实零点 β_1，β_2，则必有

$$\beta=\min(\beta_1,\beta_2)<1-c_5(\log q_1q_2)^{-1}. \tag{20}$$

证：如果 q_1，q_2 有一个等于 1，则结论显然成立. 所以，可假定 $q_1\geqslant 3$，$q_2\geqslant 3$. 设 $\chi=\chi_1\chi_2$，把它看作是模 q_1q_2 的特征. 先证明 χ 一定不是主特征. 若不然，由 χ_1，χ_2 都是实特征就推出

$$\chi_1(n)=\chi_2(n), \quad (n,q_1q_2)=1.$$

因而

$$\chi'(n;q_1q_2)=\chi^0(n,q_1q_2)\chi_1(n)=\chi^0(n;q_1q_2)\chi_2(n),$$

这表明 $\chi_1(n)$ 和 $\chi_2(n)$ 都是对应于 $\chi'(n;q_1q_2)$ 的原特征，由推论 13.2.6 知，χ_1 和 χ_2 是相同的，这和假设矛盾.

当 $\sigma>1$ 时有

$$-\frac{\zeta'}{\zeta}(\sigma)-\frac{L'}{L}(\sigma;\chi_1)-\frac{L'}{L}(\sigma;\chi_2)-\frac{L'}{L}(\sigma;\chi_1\chi_2)$$
$$=\sum_{n=1}^{\infty}\Lambda(n)(1+\chi_1(n))(1+\chi_2(n))n^{-\sigma}>0. \tag{21}$$

由式(4)可得：当 $1<\sigma<10$ 时，

$$-\frac{L'}{L}(\sigma,\chi_i)\leqslant\frac{-1}{\sigma-\beta_i}+O(\log q_i), \quad i=1,2.$$

由式(5)(把其中的 χ^2 看作这里的 χ)及式(4)得

$$-\frac{L'}{L}(\sigma,\chi_1\chi_2)\leqslant O(\log q_1q_2), \quad 1<\sigma<10.$$

由以上三式及式(8)的第二式得(取 $c_6>1$)：当 $1<\sigma<10$ 时，

$$\frac{1}{\sigma-1}-\frac{1}{\sigma-\beta_1}-\frac{1}{\sigma-\beta_2}+c_6\log q_1q_2>0, \tag{22}$$

$$\frac{1}{\sigma-1}-\frac{2}{\sigma-\beta}+c_6\log q_1q_2>0. \tag{23}$$

取 $\sigma=1+(2c_6\log q_1q_2)^{-1}$ 得

$$\beta<1-(12c_6\log q_1q_2)^{-1}.$$

所以取 $c_5=\frac{1}{12c_6}$ 就证明了定理.

推论 3 存在绝对正常数 c_7, 使对任意固定的 $q\geqslant 3$, 在模 q 的所有特征中仅可能有一个实特征 $\widetilde{\chi}$, 使 $L(s,\widetilde{\chi})$ 有一个一阶实零点 $\widetilde{\beta}$ 满足

$$\widetilde{\beta}\geqslant 1-c_7(\log q)^{-1}. \tag{24}$$

这时 q 称为(对应于常数 c_7 的)**例外模**, $\widetilde{\chi}$, $L(s,\widetilde{\chi})$ 和 $\widetilde{\beta}$[1)] 分别称为模 q (对应于常数 c_7) 的**例外特征**、**例外函数**和**例外零点**.

证: 不妨限定 $c_7<c_1/2$. 这样, 仅可能对应于模 q 的实的非主特征的 L 函数才有一个满足条件(24)的一阶实零点. 假定有模 q 的两个不同的实的非主特征 χ_1,χ_2, 使 $L(s,\chi_1)$, $L(s,\chi_2)$ 分别有实零点 β_1,β_2. 设

$$\chi_1^*\bmod q_1^* \iff \chi_1\bmod q,$$

$$\chi_2^*\bmod q_2^* \iff \chi_2\bmod q.$$

这样, χ_1^*,χ_2^* 是两个不同的实原特征, 且 β_i 是 $L(s;\chi_i^*)$ 的零点 $(i=1,2)$. 由定理 2 知

$$\min(\beta_1,\beta_2)<1-c_5(\log q_1^*q_2^*)^{-1}<1-\frac{c_5}{2}(\log q)^{-1}.$$

因此, 只要取 $c_7\leqslant\min(c_1/2, c_5/2)$ 推论就成立.

推论 4 存在绝对正常数 c_8, 使对任意固定的实数 $x\geqslant 3$, 在所有的模不超过 x 的实原特征中, 仅可能有一个 $\widetilde{\chi}\bmod\widetilde{q}$, 使得

1) 这时 $1-\widetilde{\beta}$ 也是 $L(s,\widetilde{\chi})$ 的零点, 有时 $1-\widetilde{\beta}$ 也称为模 q 的例外零点.

$L(s,\widetilde{\chi})$ 有一个一阶实零点 $\widetilde{\beta}$ 满足

$$\widetilde{\beta} \geqslant 1-c_8(\log x)^{-1}. \tag{25}$$

此外，如果有实特征 $\chi \bmod q$, $q \leqslant x$, 使得 $L(s,\chi)$ 有实零点 $\beta \geqslant 1-c_8(\log x)^{-1}$, 那末必有

$$\chi \bmod q \iff \widetilde{\chi} \bmod \widetilde{q}. \tag{26}$$

$\widetilde{q}$, $\widetilde{\chi}$, $L(s,\widetilde{\chi})$ 和 $\widetilde{\beta}$ 分别称为 x **阶的**(对应于常数 c_8 的)**例外模、例外特征、例外函数和例外零点**[1].

证：设 $q_1 \leqslant x$, $q_2 \leqslant x$, $\chi_1 \bmod q_1$, $\chi_2 \bmod q_2$ 是两个不同的实原特征. 如果 β_i 是 $L(s,\chi_i)$ $(i=1,2)$ 的实零点，则由定理2 知

$$\min(\beta_1,\beta_2) < 1-c_5(\log q_1 q_2)^{-1} \leqslant 1-\frac{c_5}{2}(\log x)^{-1}.$$

因而，只要取 $c_8 \leqslant \min c_1/2$, $c_5/2$, 由此及定理 1 就证明了推论的第一部分.

现证第二部分. 设 $\chi^* \bmod q^* \Longleftrightarrow \chi \bmod q$. 显然 β 是 $L(s,\chi^*)$ 的零点. 由已经证明的第一部分知必有 $\chi^*=\widetilde{\chi}$.

推论 5 存在绝对正常数 c_9, 使对任意的实原特征序列 $\chi_i \bmod q_i$, $q_i < q_{i+1}$, $i=1,2,\cdots$, 如果 $L(s,\chi_i)$ 有实零点 β_i 满足

$$\beta_i \geqslant 1-c_9(\log q_i)^{-1},\ i=1,2,\cdots, \tag{27}$$

那末必有

$$q_{i+1} > q_i^2. \tag{28}$$

证：由定理 2 知

$$\min(\beta_i,\beta_{i+1}) < 1-c_5(\log q_i q_{i+1})^{-1}.$$

如果这样的 c_9 存在，那末由此及 $q_i < q_{i+1}$ 得

$$1-c_9(\log q_i)^{-1} < 1-c_5(\log q_i q_{i+1})^{-1},$$

即必有

$$q_{i+1} > q_i^{c_5/c_9-1}.$$

---

1) 有时把 $1-\widetilde{\beta}$ 也称为 x 阶的例外零点.

因此，只要取$c_9 \leqslant c_5/3$ 就证明了推论.

附注：在推论 5 中只要取正数 $c_9 \leqslant \dfrac{c_5}{k+1}$，就有

$$q_{i+1} > q_i^k. \tag{29}$$

要定出以上结果中的常数 $c_1, c_2, \cdots$ 并不困难，但要得到尽可能好的数值就需要较高的技巧. 作为一个例子，我们来证明[1]

定理 6 存在正整数q_0，使当 $q \geqslant q_0$时，定理 1 和推论 3 中的常数可取为

$$c_1 > 1/15, \qquad c_7 > 1/11. \tag{30}$$

先证明一个引理.

引理 7 设$\chi \neq \chi^0 \bmod q$, $\rho_1, \rho_2, \cdots, \rho_m$ 是 $L(s,\chi)$ 的任意 m 个零点，满足 $\mathrm{Re}\,\rho_j \geqslant \dfrac{1}{2}$，$1 \leqslant j \leqslant m$. 那末，当 $\sigma > 1$ 时有

$$\begin{aligned} -\mathrm{Re}\,\frac{L'}{L}(s,\chi) &\leqslant \alpha \log(q(|t|+2)) \\ &\quad - \sum_{j=1}^{m} \mathrm{Re}\,\frac{1}{s-\rho_j} + O(m + \log\log q), \end{aligned} \tag{31}$$

其中

$$\alpha = \frac{1}{10}(5 - \sqrt{5}) = 0.27639\cdots. \tag{32}$$

此外，对主特征$\chi^0 \bmod q$，当 $\sigma > 1$ 时有

$$\begin{aligned} -\mathrm{Re}\,\frac{L'}{L}(s,\chi^0) \leqslant \mathrm{Re}\,\frac{1}{s-1} + O\Bigg(&\log\log(q+2) \\ &+ \frac{\log(|t|+3)}{\log\log(|t|+3)}\Bigg). \end{aligned} \tag{33}$$

证：当 $\sigma > 10$ 时引理显然成立，故可设$1 < \sigma \leqslant 10$. 首先假定 χ 是模 q 的原特征，$q \geqslant 3$. 由式(3.3.25)(取 $m=1$) 知，当 $\dfrac{1}{2} \leqslant \sigma \leqslant 10$ 时有

1) 目前最好的结果见 K.S. McCurley, *J. Number Theory*, **19** (1984), 7–32.

$$\frac{\Gamma'}{\Gamma}\left(\frac{s+\delta}{2}\right)=\log(|t|+2)+O(1), \tag{34}$$

这里 $\delta=0$ 或 1. 由此及式(15.2.10)推出：当 $1<\sigma\leqslant 10$ 时有

$$\begin{aligned}-\operatorname{Re}\frac{L'}{L}(s,\chi)= & \frac{1}{2}\log(q(|t|+2)) \\ & -\sum_{\rho}\operatorname{Re}\frac{1}{s-\rho}+O(1).\end{aligned} \tag{35}$$

由于 ρ 和 $1-\bar{\rho}$ 同为 $L(s,\chi)$ 的非显然零点，故有

$$\sum_{\rho}\operatorname{Re}\frac{1}{s-\rho}=\frac{1}{2}\sum_{\substack{\rho \\ \beta=\frac{1}{2}}}f(s,\rho)+\sum_{\substack{\rho \\ \beta>\frac{1}{2}}}f(s,\rho), \tag{36}$$

这里 $\rho=\beta+i\gamma$, 以及

$$f(s,\rho)=\operatorname{Re}\frac{1}{s-\rho}+\operatorname{Re}\frac{1}{s-(1-\bar{\rho})}. \tag{37}$$

取 $s_1=\sigma_1+it$,

$$\sigma_1=\frac{1}{2}\left(1+\sqrt{1+4\sigma^2}\right)>\sigma+\frac{1}{2}. \tag{38}$$

当 $\sigma>1$ 时，$\sigma_1>3/2$. 下面来证：当 $\frac{1}{2}\leqslant\beta<1, \sigma>1$ 时有

$$f(s,\rho)\geqslant\frac{1}{\sqrt{5}}f(s_1,\rho), \tag{39}$$

即

$$\begin{aligned}&\frac{\sigma-\beta}{(\sigma-\beta)^2+(t-r)^2}+\frac{\sigma-1+\beta}{(\sigma-1+\beta)^2+(t-r)^2}\geqslant\frac{1}{\sqrt{5}} \\ &\times\left\{\frac{\sigma_1-\beta}{(\sigma_1-\beta)^2+(t-r)^2}+\frac{\sigma_1-1+\beta}{(\sigma_1-1+\beta)^2+(t-r)^2}\right\}.\end{aligned} \tag{40}$$

由于 $\sigma-1+\beta\geqslant\sigma-\beta$, 所以上式左边

$$\geqslant\frac{2\sigma-1}{(\sigma-1+\beta)^2+(t-r)^2}.$$

因此，为了证明式(40)只要证明：当 $\sigma>1$, $\frac{1}{2}\leqslant\beta<1, y\geqslant 0$ 时有

$$F(\beta, y) = (\sigma_1 - \beta) \frac{(\sigma - 1 + \beta)^2 + y}{(\sigma_1 - \beta)^2 + y} + (\sigma_1 - 1 + \beta)$$

$$\times \frac{(\sigma - 1 + \beta)^2 + y}{(\sigma_1 - 1 + \beta)^2 + y} \leqslant \sqrt{5}\,(2\sigma - 1). \qquad (41)$$

我们分两种情形来证明式(41). 当 $\sigma - 1 + \beta \leqslant \sigma_1 - \beta$ 时, 容易验证

$$\frac{\partial F}{\partial y} > 0, \qquad y \geqslant 0,$$

因而得(利用式(38))

$$F(\beta, y) < 2\sigma_1 - 1 = \sqrt{1 + 4\sigma^2} < \sqrt{5}\,(2\sigma - 1), \quad y \geqslant 0.$$

所以式(41)成立. 当 $\sigma - 1 + \beta > \sigma_1 - \beta$ 时, 容易算出

$$\frac{\partial F}{\partial y} = B(y) \left\{ \frac{(\sigma_1 - 1 + \beta)((\sigma_1 - 1 + \beta)^2 - (\sigma - 1 + \beta)^2)}{(\sigma_1 - \beta)((\sigma - 1 + \beta)^2 - (\sigma_1 - \beta)^2)} \right.$$

$$\left. - \frac{((\sigma_1 - 1 + \beta)^2 + y)^2}{((\sigma_1 - \beta)^2 + y)^2} \right\},$$

这里 $B(y) > 0\,(y \geqslant 0)$. 容易看出, 上式花括号中的表达式当 $y \geqslant 0$ 时是增函数, 所以, 当 $y \geqslant 0$ 时, $\partial F / \partial y$ 要么不变号, 要么从小于零变到大于零. 因而当 $y \geqslant 0$ 时有

$$F(\beta, y) \leqslant \max(F(\beta, 0),\ F(\beta, \infty))$$

$$= \max\left(\frac{(\sigma - 1 + \beta)^2}{\sigma_1 - \beta} + \frac{(\sigma - 1 + \beta)^2}{\sigma_1 - 1 + \beta},\ 2\sigma_1 - 1 \right).$$

不难验证, 当 $\frac{1}{2} \leqslant \beta \leqslant 1$ 时, $F(\beta, 0)$ 是递增的. 由此及式(38)就推得

$$F(\beta, 0) \leqslant F(1, 0) = \sigma^2 (2\sigma_1 - 1)(\sigma_1^2 - \sigma_1)^{-1} = 2\sigma_1 - 1.$$

由以上两式知, 这时式(41)也成立.

由式(35), (36)及(39)可推出

$$-\operatorname{Re} \frac{L'}{L}(s, \chi) + \frac{1}{\sqrt{5}} \operatorname{Re} \frac{L'}{L}(s_1, \chi) = \alpha \log(q(|t| + 2))$$

$$
-\frac{1}{2}\sum_{\substack{\rho\\ \beta=1/2}}\left(f(s,\rho)-\frac{1}{\sqrt{5}}f(s_1,\rho)\right)
$$

$$
-\sum_{\substack{\rho\\ \beta>1/2}}\left(f(s,\rho)-\frac{1}{\sqrt{5}}f(s_1,\rho)\right)+O(1)
$$

$$
\leqslant \alpha\log(q(|t|+2))-\frac{1}{2}\sum_{\substack{\rho\\ \beta=1/2}}{}'-\sum_{\substack{\rho\\ \beta>1/2}}{}'+O(1), \qquad (42)
$$

其中“ ′ ”表示对那些等于 $\rho_j(j=1,2,\cdots,m)$ 的那些 ρ 求和. 注意到

$$
\frac{L'}{L}(s_1,\chi)\ll 1,\ f(s_1,\rho)\ll 1,
$$

$$
f(s,\rho)\ll 1,\ \text{当}\ \beta=1/2\ \text{时},
$$

以及

$$
f(s,\rho)=\mathrm{Re}\frac{1}{s-\rho}+O(1).
$$

从式(42)立即推出：当 $1<\sigma\leqslant 10$ 时，对模 $q\geqslant 3$ 的原特征 χ 有

$$
-\mathrm{Re}\frac{L'}{L}(s,\chi)\leqslant \alpha\log(q(|t|+2))-\sum_{j=1}^{m}\mathrm{Re}\frac{1}{s-\rho_j}+O(m). \qquad (43)
$$

这就证明了式(31)对模 $q\geqslant 3$ 的原特征 χ 成立. 由此及

$$
-\frac{L'}{L}(s,\chi)=-\frac{L'}{L}(s,\chi^*)+O(\log\log q),\ \sigma>1, \qquad (44)
$$

就证明了式(31)，这里 $\chi\Longleftrightarrow\chi^*$.

由式(44)及式(7.4.8)知，当 $|s-1|\leqslant c$（c 为某一正数）时，

$$
-\frac{L'}{L}(s,\chi^0)=-\frac{\zeta'}{\zeta}(s)+O(\log\log(q+2))
$$

$$
=\frac{1}{s-1}+O(\log\log(q+2)),
$$

再由定理 24.1.4 及定理 10.3.4 知，当 $\sigma\geqslant 1$，$|s-1|>c$ 时

$$\frac{\zeta'}{\zeta}(s) \ll \frac{\log(|t|+3)}{\log\log(|t|+3)}.$$

由以上两式就推出式(33).

定理 6 的证明: 分 χ 是复特征和实特征两情形来证明. 当 χ 是复特征时, $\chi^2 \neq \chi^0$, 且当 $\sigma > 1$ 时有

$$\begin{aligned} 0 &\leqslant \sum_{n=1}^{\infty} \frac{\chi^0(n)\,\Lambda(n)}{n^\sigma} \left\{1+\sqrt{2}\ \mathrm{Re}\left(\frac{\chi(n)}{n^{it}}\right)\right\}^2 \\ &= -2\mathrm{Re}\,\frac{L'}{L}(\sigma, \chi^0) - \sqrt{8}\ \mathrm{Re}\,\frac{L'}{L}(\sigma+it, \chi) \\ &\quad - \mathrm{Re}\,\frac{L'}{L}(\sigma+2it, \chi^2). \end{aligned} \tag{45}$$

设 $\rho=\beta+ir\left(\beta \geqslant \frac{1}{2}\right)$是 $L(s,\chi)$ 的零点. 在上式中取 $t=r$, 并对相应于 χ^0 的一项用式(33), 相应于 χ 的一项用式(31)(取 $m=1$, $\rho_1=\rho$), 以及相应于χ^2 的一项用式(31)(取 $m=0$), 我们就得到: 对 $\sigma>1$ 有

$$\begin{aligned} \frac{2}{\sigma-1} - \frac{\sqrt{8}}{\sigma-\beta} &+ \alpha\,(\sqrt{8}+1+o(1)) \\ &\cdot \log(q(|\gamma|+2)) \geqslant 0, \end{aligned} \tag{46}$$

其中当 $q \to \infty$ 时, 对 γ 一致地有

$$o(1) \longrightarrow 0. \tag{47}$$

现取

$$\sigma = 1 + \frac{2(2^{1/4}-1)}{(\sqrt{8}+1)\alpha}(\log(q(|\gamma|+2)))^{-1}, \tag{48}$$

由式(46)得到

$$\beta \leqslant 1 - \frac{2(2^{1/4}-1)+o(1)}{(\sqrt{8}+1)\alpha}(\log(q|\gamma|+2)))^{-1}. \tag{49}$$

由计算知

$$c_{10} = \frac{2(2^{1/4}-1)}{(\sqrt{8}+1)\alpha} = (14.7789\cdots)^{-1}.$$

当 χ 为实特征时，$\chi^2=\chi^0$. 若 $\rho=\beta+i\gamma\,(\beta\geqslant 1/2)$ 是 $L(s,\chi)$ 的复零点（即 $\gamma\neq 0$），则 $\overline{\rho}$ 亦是 $L(s,\chi)$ 的零点. 再分两种情形来讨论. (i) $|\gamma|\geqslant (2\log(q(|\gamma|+2)))^{-1}$. 在式(45)中取 $t=\gamma$，类似地对相应于 χ^0 的一项用式(33)，相应于 χ 的一项用式(31)，以及相应于 $\chi^2=\chi^0$ 的一项也用式(33)，就得到：当 $\sigma>1$ 时有

$$\frac{2}{\sigma-1}-\frac{\sqrt{8}}{\sigma-\beta}+\sqrt{8}\,\alpha\,(1+o(1))\log(q(|\gamma|+2)) + \frac{\sigma-1}{(\sigma-1)^2+4\gamma^2}\geqslant 0, \tag{50}$$

由式(52)知，当 q 充分大时有

$$\frac{8(1+\lambda)}{4(1+\lambda)^2+1}\leqslant 1+\alpha+o(1)<\frac{4}{3},$$

即

$$2(1+\lambda)+\frac{1}{2(1+\lambda)}>3.$$

由此推出

$$\lambda>\frac{1}{4}(\sqrt{5}-1)>c_{10},$$

所以式(49)也成立.

综合以上讨论，我们证明了：当 q 充分大时，可取到 $c_1>1/15$, 使得 (a) χ 为复特征时，$L(s,\chi)$ 在区域(1)中无零点; (b) χ 为实特征时，$L(s,\chi)$ 在区域(1)中无复零点.

下面来证明：可取到 $c_7>1/11$, 使对任意固定的充分大的模 q, 仅可能有一个实特征 $\widetilde{\chi}\bmod q$, 使得 $L(s,\widetilde{\chi})$ 在区域(24)中至多有一个一阶实零点 $\widetilde{\beta}$. 设 χ_1,χ_2 是模 q 的实特征，这里 $o(1)$ 仍满足式(47). 仍取 σ 为由式(48)给出的值，这时有

$$\frac{\sigma-1}{(\sigma-1)^2+4\gamma^2}\leqslant\frac{c_{10}}{\log(q(|\gamma|+2))}\left\{\left(\frac{c_{10}}{\log(q(|\gamma|+2))}\right)^2 + \left(\frac{1}{\log(q(|\gamma|+2))}\right)^2\right\}^{-1}<\alpha\log(q(|\gamma|+2)).$$

由以上两式推出，这时式(46)也成立，所以式(49)也成立．(ii) $0<|\gamma|<(2\log(q(|\gamma|+2)))^{-1}$．这时，我们利用

$$-\frac{L'}{L}(\sigma,\chi^0)-\frac{L'}{L}(\sigma,\chi)\geqslant 0. \qquad (51)$$

对第一项利用式(33)(取 $s=\sigma$)，对第二项利用式(31)(取 $s=\sigma$, $m=2$, $\rho_1=\rho$, $\rho_2=\overline{\rho}$)得到

$$\frac{1}{\sigma-1}-\frac{2(\sigma-\beta)}{(\sigma-\beta)^2+\gamma^2}+\alpha(1+o(1))\log(q(|\gamma|+2))\geqslant 0, \qquad (52)$$

其中 $o(1)$ 满足式(47)．现取

$$\sigma=1+(\log(q(|\gamma|+2)))^{-1},$$

并设

$$\beta=1-\lambda(\log(q(|\gamma|+2)))^{-1}.$$

$$\beta_j=1-\lambda_j(\log q)^{-1}, \quad j=1,2, \qquad (53)$$

分别是 $L(s,x_j)$，$j=1,2$, 的实零点，为 $\chi_1=\chi_2$ 时，$\beta_1\neq\beta_2$．显见，当 $\sigma>1$ 时有

$$0\leqslant\sum_{n=1}^{\infty}\frac{\Lambda(n)}{n^\sigma}(\chi^0(n)+\chi_1(n))(\chi^0(n)+\chi_2(n)) \qquad (54)$$

$$=-\frac{L'}{L}(\sigma,\chi^0)-\frac{L'}{L}(\sigma,\chi_1)-\frac{L'}{L}(\sigma,\chi_2)$$

$$-\frac{L'}{L}(\sigma,\chi_1\chi_2).$$

当 $\chi_1\neq\chi_2$ 时，利用式(33)和(31)，从上式可得：当 $\sigma>1$ 时，

$$\frac{1}{\sigma-1}-\frac{1}{\sigma-\beta_1}-\frac{1}{\sigma-\beta_2}+(3\alpha+o(1))\log q\geqslant 0, \qquad (55)$$

其中 $o(1)\to 0$, 当 $q\to\infty$．当 $\chi_1=\chi_2$ 时，利用式(33)和(31)(取 $m=2$) 从式(54)可推出：当 $\sigma>1$ 时

$$\frac{1}{\sigma-1}-\frac{1}{\sigma-\beta_1}-\frac{1}{\sigma-\beta_2}+(\alpha+o(1))\log q\geqslant 0, \qquad (56)$$

其中 $o(1)\to 0$, 当 $q\to\infty$.

现取 $\sigma=1+(\log q)^{-1}$，并设 $\lambda=\max(\lambda_1,\lambda_2)$．从以上两式均可推出

$$1-\frac{2}{1+\lambda}+3\alpha+o(1)\geqslant 1-\frac{1}{1+\lambda_1}-\frac{1}{1+\lambda_2}$$
$$+3\alpha+o(1)\geqslant 0,$$

即当 q 充分大时有

$$\lambda>\frac{2}{1+3\alpha}-1+o(1)>\frac{1}{11}.$$

这就证明了所要的结论．至此就完全证明了定理．

§2. Page 定理

在上一节讨论了各种例外实零点可能存在的情况，本节将给出这种实零点的一个可以计算的上界．这种结果首先是由 A. Page[1)] 证明的，他证明了：存在绝对正常数 c，使得对任意的实特征 $\chi \bmod q$，$q\geqslant 3$，当

$$\sigma\geqslant 1-c\left(\sqrt{q}\log^2 q\right)^{-1} \tag{1}$$

时，$L(\sigma,\chi)\neq 0$．这一结果的证明并不复杂，但要用到一些分圆域的知识(见习题 2)．我们将给出一个稍弱的可用纯分析方法来证明的结果．

先证明一个引理．它表明上述问题可转化为讨论 $L(1,\chi)$ 的下界估计．

引理 1 设 χ 是模 q 的实原特征，$q\geqslant 3$，再设函数 $f(q)$ 满足

$$0<f(q)\leqslant c_{11}\log q,\qquad q\geqslant 3, \tag{2}$$

那末，存在正常数 c_{12}，使若估计

$$L(1,\chi)\geqslant f(q) \tag{3}$$

成立，则当

$$\sigma\geqslant 1-c_{12}f(q)(\log q)^{-2} \tag{4}$$

时，$L(\sigma,\chi)\neq 0$.

证：由推论 14.3.3($k=1$)知，当 $\sigma\geqslant 1-(\log q)^{-1}$ 时，

---

1) *Proc. London Math. Soc.* (2), **39** (1935), 116–142.

$$
\begin{aligned}
|L(\sigma,\chi)| &= |L(1,\chi) - \int_\sigma^1 L'(u,\chi)\,du| \\
&> L(1,\chi) - c_{13}(1-\sigma)\log^2 q \\
&\geqslant f(q) - c_{13}(1-\sigma)\log^2 q.
\end{aligned}
$$

由条件(2)知，只要 c_{12} 充分小，满足条件(4)的 σ 一定满足 $\sigma \geqslant 1-(\log q)^{-1}$. 因此，只要 c_{12} 足够小，当 σ 满足条件(4)时就有

$$|L(\sigma,\chi)| > (1 - c_{12}c_{13})f(q) > 0.$$

这就证明了引理.

定理 2 存在绝对正常数 c_{14}，使对任意的实原特征 $\chi \bmod q$, $q \geqslant 3$, 必有

$$L(1,\chi) \geqslant c_{14}(\sqrt{q}\ \log^2 q)^{-1}. \tag{5}$$

证：设 $u>1$，显有

$$\lim_{u\to 1+}\sum_{n=1}^{\infty}\frac{\chi(n)}{1+u+\cdots+u^{n-1}} = \sum_{n=1}^{\infty}\frac{\chi(n)}{n} = L(1,\chi). \tag{6}$$

令 $t=u^{-1}<1$, 有

$$
\begin{aligned}
\sum_{n=1}^{\infty}\frac{\chi(n)}{1+u+\cdots+u^{n-1}} &= \frac{1-t}{t}\sum_{n=1}^{\infty}\chi(n)\frac{t^n}{1-t^n} \\
&= \frac{1-t}{t}\sum_{n=1}^{\infty}\chi(n)\sum_{r=1}^{\infty}t^{rn} = \frac{1-t}{t}\sum_{m=1}^{\infty}\left(\sum_{n\mid m}\chi(n)\right)t^m \\
&= \frac{1-t}{t}H(t).
\end{aligned} \tag{7}
$$

因为 χ 是实原特征，所以总有

$$\sum_{n\mid m}\chi(n) \geqslant 0,$$

且当 $m=k^2$ 时,

$$\sum_{n\mid m}\chi(n) \geqslant 1.$$

因此当 $\frac{9}{10} \leqslant t < 1$ 时,

$$H(t) > \sum_{k=1}^{\infty} t^{k^2} > \int_1^{\infty} t^{y^2} dy > -1 + \int_0^{\infty} t^{y^2} dy$$

$$= -1 + \frac{\sqrt{\pi}}{2}\left(\log \frac{1}{t}\right)^{-\frac{1}{2}}$$

$$> -1 + \frac{\sqrt{\pi}}{2}\left(\frac{t}{1-t}\right)^{\frac{1}{2}} \tag{8}$$

$$> \frac{1}{2}\left(\frac{1}{1-t}\right)^{\frac{1}{2}},$$

这里用到了

$$\log \frac{1}{t} = \int_t^1 \frac{dy}{y} < \frac{1-t}{t}, \qquad 0<t<1.$$

下面来估计差 $G(t) = H(t) - \frac{t}{1-t} L(1,\chi)$. 我们有

$$G(t) = \frac{t}{1-t} \sum_{n=1}^{\infty} \chi(n)\left(\frac{t^{n-1}}{1+t+\cdots+t^{n-1}} - \frac{1}{n}\right)$$

$$= \frac{t}{1-t} \sum_{n=1}^{\infty} \chi(n)\left(\frac{t^{n-1}}{1+t+\cdots+t^{n-1}} - \frac{t^{n-1}}{n}\right)$$

$$+ \frac{t}{1-t} \sum_{n=1}^{\infty} \frac{\chi(n)}{n} (t^{n-1} - 1)$$

$$= \frac{t}{1-t} F(t) + tK(t). \tag{9}$$

下面分别来估计$F(t)$和 $K(t)$. 设 $S(n) = \sum_{l=1}^{n} \chi(n)$, $S(0) = 0$. 由式(13.4.2)知 $|S(n)| < \sqrt{q} \log q$. 因而当 $0<t<1$ 时, 由 Abel 求和得

$$|F(t)| < \sqrt{q} \log q \sum_{n=1}^{\infty} \left|\frac{t^{n-1}}{1+t+\cdots+t^{n-1}} - \frac{t^n}{1+t+\cdots+t^n} - \frac{t^{n-1}}{n} + \frac{t^n}{n+1}\right|$$

$$\leqslant \sqrt{q}\ \log q \sum_{n=1}^{\infty}\left(\frac{t^{n-1}}{1+n+\cdots+t^{n-1}}-\frac{t^{n}}{1+t+\cdots+t^{n}}\right.$$

$$\left.-\frac{t^{n-1}}{n}+\frac{t^{n-1}}{n+1}\right)+\sqrt{q}\ \log q \sum_{n=1}^{\infty}\left(\frac{t^{n-1}}{n+1}-\frac{t^{n}}{n+1}\right)$$

$$=2\sqrt{q}\ \log q\left(\sum_{n=1}^{\infty}\frac{t^{n-1}}{n+1}-\sum_{n=1}^{\infty}\frac{t^{n}}{n+1}\right)$$

$$=\frac{2(1-t)}{t^{2}}\left(\log\frac{1}{1-t}-t\right)\sqrt{q}\ \log q. \tag{10}$$

再设 $Q(n)=\sum_{l=n}^{\infty}\chi(l)\,l^{-1}$，由式(13.4.2)得 $|Q(n)|<\frac{1}{n}\sqrt{q}\log q$. 因而当 $0<t<1$ 时

$$|K(t)|=\left|\sum_{n=2}^{\infty}\frac{\chi(n)}{n}(1+t+\cdots+t^{n-2})\right|=\left|Q(2)+\sum_{n=2}^{\infty}Q(n+1)t^{n-1}\right|$$

$$<\sqrt{q}\ \log q\sum_{n=1}^{\infty}\frac{t^{n-1}}{n+1}=\frac{1}{t^{2}}\left(\log\frac{1}{1-t}-t\right)\sqrt{q}\log q\,, \tag{11}$$

由式(9)，(10)，(11)得:

$$|G(t)|<\frac{3}{t}\left(\log\frac{1}{1-t}-t\right)\sqrt{q}\ \log q,\quad 0<t<1. \tag{12}$$

因而当 $\frac{9}{10}<t<1$ 时，由式(8)和(12)得到

$$\frac{t}{1-t}L(1,\chi)=H(t)-G(t)$$

$$>\frac{1}{2\sqrt{1-t}}-4\sqrt{q}\ \log q\log\frac{1}{1-t}.$$

$$L(1,\chi)>\frac{1}{2}\sqrt{1-t}-4\sqrt{q}\ \log q\left((1-t)\log\frac{1}{1-t}\right). \tag{13}$$

当 $q\geqslant 400\log^{4}q$ 时，取 $t=1-\frac{1}{400}(q\log^{4}q)^{-1}$，由上式得

$$L(1,\chi)>\frac{1}{40}(\sqrt{q}\ \log^{2}q)^{-1}-\frac{1}{50}(\sqrt{q}\ \log^{2}q)^{-1},$$

由此及$L(1,\chi)\neq 0$ 就证明了所要的结论.

由引理 1 和定理 2 立即推出

定理 3 存在绝对正常数c_{15}，使对任意的实特征 $\chi \bmod q$, $q\geqslant 3$, 当

$$\sigma\geqslant 1-c_{15}(\sqrt{q}\ \log^4 q)^{-1} \tag{14}$$

时，$L(\sigma,\chi)\neq 0$.

由定理 3 可得到关于 x 阶的例外模 $\widetilde{q}$ 的下界估计.

定理 4 存在绝对正常数c_{16}，使得有

$$\widetilde{q}\geqslant c_{16}\log^2 x(\log\log x)^{-8} \tag{15}$$

成立，这里$\widetilde{q}$是 x 阶的例外模.

证：由式(1.25)及式(14)知

$$1-c_8(\log x)^{-1}\leqslant\widetilde{\beta}<1-c_{15}(\sqrt{\widetilde{q}}\ \log^4\widetilde{q})^{-1},$$

即

$$\sqrt{\widetilde{q}}\ \log^4\widetilde{q}>\frac{c_{15}}{c_8}\log x.$$

由此利用反证法即可得到所要的结论.

由 Page 定理所得到的实零点的上界(1)(或(14))是很弱的，其优点在于式(1)(或(14))中的常数可以具体计算出来，是至今最好的结果. §1 中的讨论表明：例外零点、例外函数如果存在的话，那也是极稀少的；例外模也是很大的(见定理 4)，分布十分疏散的. 因此，结合这些性质，Page 定理对许多应用(例如三素数定理)来说已经是足够了，而且由它证明的结果中的常数都是可以具体计算的.

§ 3. Siegel 定理

Siegel[1)]改进了 Page 的结果，他证明了：

定理 1 对任给的正数ε，存在正常数 $c(\varepsilon)$，使对任一实原特征 $\chi \bmod q\,(q\geqslant 3)$有

1) *Acta Arith*., **1** (1936), 83－86 .

$$L(1,\chi) > c(\varepsilon) q^{-\varepsilon}. \tag{1}$$

由此及引理 2.1 立即推出

定理 2 对任给的正数ε，存在正常数 $c'(\varepsilon)$，使对任一实特征 $\chi \bmod q\,(q \geqslant 3)$，当

$$\sigma \geqslant 1 - c'(\varepsilon) q^{-\varepsilon} \tag{2}$$

时 $L(\sigma, \chi) \neq 0$.

Siegel 的结果明显的优于 Page 的结果，它的应用也更为广泛，推得的结果也更强. 但，它的缺点是这里的常数 $c(\varepsilon)$，$c'(\varepsilon)$ 都是到今无法具体计算出来的， 因而由它推出的结果中的常数也是不能具体计算出来的. 我们把这种常数称为**非实效的**.

先来证明一个引理

引理 3 设 $\chi_1 \bmod q_1$，$\chi_2 \bmod q_2$ 是两个不同的实原特征，$q_1 \geqslant 3$，$q_2 \geqslant 3$. 再设

$$F(s) = \zeta(s) L(s, \chi_1) L(s, \chi_2) L(s, \chi_1 \chi_2). \tag{3}$$

$$\lambda = L(1, \chi_1) L(1, \chi_2) L(1, \chi_1 \chi_2). \tag{4}$$

那末，当 $\frac{7}{8} \leqslant \sigma < 1$ 时，有绝对正常数 c_{17} 使得

$$F(\sigma) > \frac{1}{2} - \frac{c_{17}\lambda}{1-\sigma} (q_1 q_2)^{8(1-\sigma)}. \tag{5}$$

证：在定理 1.2 中已经证明 $\chi_1 \chi_2$ 一定不是主特征，所以 $F(s)$ 除了 $s=1$ 外解析，$s=1$ 是它的一阶极点，留数为 $\lambda > 0$. 因而

$$g(s) = F(s) - \frac{\lambda}{s-1}$$

是整函数. 由

$$\log F(s) = \sum_p \sum_{m=1}^{\infty} \frac{1}{mp^{ms}} (1+\chi_1^m(p))(1+\chi_2^m(p)), \quad \sigma > 1,$$

推出

$$F(s) = \sum_{n=1}^{\infty} a_n n^{-s}, \qquad \sigma > 1, \tag{6}$$

$$a_1 = 1, \quad a_n \geqslant 0. \tag{7}$$

在点 $s=2$ 把 $F(s)$ 展为幂级数

$$F(s)=\sum_{m=0}^{\infty} c_m(s-2)^m=\sum_{m=0}^{\infty} b_m(2-s)^m, \quad |s-2|<1. \tag{8}$$

由式(6)和(7)可得

$$\begin{cases} b_m=(-1)^m(m!)^{-1}F^{(m)}(2)=\sum_{n=1}^{\infty} a_n n^{-2}\log^m n>0, \ m\geqslant 1, \\ b_0=F(2)=\sum_{n=1}^{\infty} a_n n^{-2}>1. \end{cases} \tag{9}$$

由于 $g(s)$ 是整函数，因而得到：在整个 s 平面内有

$$g(s)=\sum_{m=0}^{\infty}(b_m-\lambda)(2-s)^m. \tag{10}$$

由式(14.3.5)知：对任意的模 q 的特征 $\chi\neq\chi^0$，当 $|s-2|\leqslant\frac{3}{2}$ 时，

$$L(s,\chi)\ll q.$$

因此在圆周 $\Gamma:|s-2|=\frac{3}{2}$ 上有

$$|g(s)|\leqslant c_{18}q_1^2q_2^2.$$

由此及 Cauchy 积分定理得

$$|b_m-\lambda|=\frac{1}{2\pi}\left|\int_{\Gamma}\frac{g(s)}{(s-2)^{m+1}}ds\right|\leqslant c_{18}q_1^2q_2^2\left(\frac{2}{3}\right)^m. \tag{11}$$

设 M 为一待定正整数. 当 $\frac{7}{8}\leqslant\sigma<1$ 时，由式(9)，(10)，(11)得

$$\begin{aligned} F(\sigma)-\frac{\lambda}{\sigma-1}&=\sum_{m=0}^{M-1} b_m(2-\sigma)^m-\lambda\sum_{m=0}^{M-1}(2-\sigma)^m \\ &\quad+\sum_{m=M}^{\infty}(b_m-\lambda)(2-\sigma)^m \\ &>1-\lambda\frac{(2-\sigma)^M-1}{1-\sigma}+O\left(q_1^2q_2^2\sum_{m=M}^{\infty}\left(\frac{2}{3}(2-\sigma)\right)^m\right). \end{aligned}$$

由于这时有 $\frac{2}{3}(2-\sigma) < \frac{3}{4} < e^{-\frac{1}{4}}$，因而当 $\frac{7}{8} \leqslant \sigma < 1$ 时有

$$F(\sigma) > 1 - \lambda \frac{(2-\sigma)^M}{1-\sigma} - c_{19} q_1^2 q_2^2 e^{-M/4}, \tag{12}$$

这里取正常数 $c_{19} \geqslant 1$.

现取正整数 M 满足

$$\frac{1}{2} e^{-1/4} \leqslant c_{19} q_1^2 q_2^2 e^{-M/4} < \frac{1}{2}. \tag{13}$$

利用左半不等式可得

$$(2-\sigma)^M \leqslant e^{(1-\sigma)M} \leqslant c_{20} (q_1 q_2)^{8(1-\sigma)}.$$

利用式(13)的右半不等式，由此及式(12)就证明了式(5).

定理 1 的证明：首先证明：对任给的 $\varepsilon > 0$，一定存在实原特征 $\chi_1 \bmod q_1$，$q_1 = q_1(\varepsilon) \geqslant 3$，及实数 β_1，$1 - \frac{\varepsilon}{16} \leqslant \beta_1 = \beta_1(\varepsilon) < 1$，使对任意和 χ_1 不同的实原特征 $\chi_2 \bmod q_2$，$q_2 \geqslant 3$，一定有

$$F(\beta_1) \leqslant 0. \tag{14}$$

如果存在实原特征 $\chi_1 \bmod q_1$，$q_1 \geqslant 3$，使 $L(s, \chi_1)$ 在区间 $\left[1 - \frac{\varepsilon}{16}, 1\right]$ 中有零点 β_1（为确定起见可取这种零点中的最小的）. 那末，对这样取定的 $\chi_1 \bmod q_1$ 和 β_1，以及任意的实原特征 $\chi_2 \bmod q_2$，$q_2 \geqslant 3$，就总有 $F(\beta_1) = 0$；如果不存在实原特征 $\chi_1 \bmod q_1$，使 $L(s, \chi_1)$ 在区间 $\left[1 - \frac{\varepsilon}{16}, 1\right]$ 中有零点. 那末就取 $q_1 = 3$，χ_1 为模 3 的原特征，$\beta_1 = 1 - \frac{\varepsilon}{16}$. 这样，对任意和 χ_1 不同的实原特征 $\chi_2 \bmod q_2$，$q_2 \geqslant 3$，必有（为什么？）

$$L(\sigma, \chi_1) L(\sigma, \chi_2) L(\sigma, \chi_1 \chi_2) > 0, \quad 1 - \frac{\varepsilon}{16} \leqslant \sigma.$$

因而有 $F(\beta_1) < 0$. 这就证明了式(14).

由式(14) $\left(\text{取 } \varepsilon \text{ 使 } \frac{7}{8} < 1 - \frac{\varepsilon}{16}\right)$ 及引理 3 知：

$$\lambda > \frac{1}{2c_{17}} (1-\beta_1)(q_1 q_2)^{-8(1-\beta_1)}. \tag{15}$$

另一方面，由式(14.3.8)($k=0$)知:

$$\lambda \leqslant c_{21}(\log q_1)(\log q_1 q_2) L(1,\chi_2). \tag{16}$$

因而，由以上两式推出：对任意实原特征 $\chi_2 \bmod q_2$，$q_2 > q_1$，必有(注意到 $1-\beta_1 \leqslant \dfrac{\varepsilon}{16}$，以及 β_1, q_1 是依赖于 ε 的常数)

$$\begin{aligned} L(1,\chi_2) &> c_{22}\left((1-\beta_1) q_1^{-8(1-\beta_1)} \log^{-1} q_1\right)\left(q_2^{\varepsilon/2} \log q_2\right)^{-1} \\ &> c_{23}^{(\varepsilon)} q_2^{-\varepsilon}. \end{aligned}$$

这就证明了所要的结论.

Siegel 定理还有其它证明，参看习题4.

§4. 非零区域(二)

在§10.3 已经指出，对于 ζ 函数可以用局部的函数论方法来证明：如果$\zeta(s)$在某一区域中满足某种阶估计，那末就可得到一个相应的非零区域. 对于 L 函数可以得到相应于定理 1.1 的完全同样类型的结果. 证明方法是定理 1.1 和定理 10.3.1 的证明方法的直接结合. 详细推导留给读者.

定理 1 设 $\varphi(q,t)$ 及 $1/\theta(q,t)$ 都是每个变量 $q \geqslant 1, t \geqslant 0$ 的正的非减函数，并满足条件

$$\theta(q,t) \leqslant 1, \qquad \lim_{t \to +\infty} \varphi(q,t) = +\infty, \tag{1}$$

$$(\theta(q,t))^{-1} \ll e^{\varphi(q,t)}. \tag{2}$$

再设在区域

$$1-\theta(q,|t|) \leqslant \sigma \leqslant 2, \qquad |t| \geqslant E(q) \tag{3}$$

中有估计

$$L(s,\chi) \ll e^{\varphi(q,|t|)}, \tag{4}$$

其中 χ 是模 $q(q \geqslant 1)$ 的原特征，$E(q)=0$，当 $q>1$，及 $E(1)=2$. 那末，存在正常数 c_{24} 使得 (a) 当 χ 为复特征时，在区域

$$\sigma \geqslant 1 - c_{24}\left(\frac{\varphi(q,2|t|+1)}{\theta(q,2|t|+1)} + \log(2q)\right)^{-1} \tag{5}$$

中 $L(s,\chi)$ 无零点；(b) 当 χ 为实特征时，在区域(5) 中 $L(s,\chi)$ 无复零点，且至多可能在这区域中有一个一阶实零点 $\widetilde{\beta}$ [1].

由定理 24.2.1 的式(24.2.10)知(注意到$L(s,\chi)$的显然估计)，这里可取

$$\theta(q,t)=c_{25}(\log(|t|+10))^{-2/3}(\log\log(|t|+10))^{2/3},$$

$$\varphi(q,t)=c_{26}\{\log\log(|t|+10)+\log q(\log(|t|+10))^{-2/3}\cdot(\log\log(|t|+10))^{2/3}\}.$$

因而得到

定理 2 存在正常数c_{27}，使得(a) 当 $\chi \bmod q$ 为复特征时，$L(s,\chi)$在下述区域中无零点：

$$\sigma \geqslant 1-c_{27}((\log(|t|+10))^{2/3}(\log\log(|t|+10))^{1/3}+\log q)^{-1}. \tag{6}$$

(b) 当 $\chi \bmod q$ 为实特征时，在区域(6) 中 $L(s,\chi)$ 无复零点.

习 题

1. χ 是模 $q(\geqslant 3)$ 的原特征，$B(\chi)$ 由式(15.1.2) 给出. 证明：$B(\chi)=-\widetilde{E}(1-\widetilde{\beta})+O(\log^2 q)$，这里的 $\widetilde{\beta}$ 见推论1.3，当 $\chi=\widetilde{\chi}$ ($\widetilde{\chi}$ 见推论1.3) 时，$\widetilde{E}=1$；当 $\chi\neq\widetilde{\chi}$ 时，$\widetilde{E}=0$.
2. 按以下途径证明式(2.1). 设 χ 是模 $q(\geqslant 3)$的实原特征.

   (a) 证明：$\tau(\chi)L(1,\chi)=-\sum_{n=1}^{q}{}'\chi(n)\log(1-e(n/q))$. 进而推出，若 $\chi(-1)=-1$，则有 $\tau(\chi)L(1,\chi)=-i\pi q^{-1}\sum_{n=1}^{q}n\chi(n)$.

   (b) 设 $S=\sum_{n=1}^{q}n\chi(n)$，$\chi(-1)=-1$. 那末，当$(r,q)=1$时有$(1-r\chi(r))S\equiv 0\pmod q$.

---

1) 关于实零点的结论是多余的，有用的是当 $|t|$ 相对于 q 很大时，这改进了定理 1.1. 当模为素数幂的情形，非零区域也可得到改进，见习题 22.23。

(c) 设 $q=2^{\alpha_0}q_1$，$2\nmid q_1$. 如果 r 满足同余方程组

$$r\equiv 3\ (\bmod 2^{\alpha_0}),\quad r\equiv 2\ (\bmod q_1),$$

那末 $((1-r\chi(r)),\ q)\mid 12$

(d) 若 $\chi(-1)=-1$，则 $|S|\geqslant q/12$. 由此证明：

$$L(1,\chi)\geqslant(\pi/12)q^{-1/2}.$$

(e) 若 $\chi(-1)=1$，则 $\tau(\chi)L(1,\chi)=-\log\alpha$，其中 $\alpha=\prod_{n=1}^{q-1}(1-e(n/q))^{\chi(n)}$

$$=\prod_{n=1}^{(q-1)/2}(4\sin^2(\pi n/q))^{\chi(n)},\quad 1\neq\alpha>0.$$

(f) 设 n，n' 是正整数，$nn'\equiv 1\ (\bmod q)$，$\varphi_1(x)=\sum_{j=0}^{n'-1}x^{jn}$，

$\varphi_2(x)=\sum_{j=0}^{n-1}x^j$，以及

$$g_1(x)=\prod_{\substack{1\leqslant n\leqslant q\\ \chi(n)=1}}\varphi_2(x)\prod_{\substack{1\leqslant n\leqslant q\\ \chi(n)=-1}}\varphi_1(x),\quad g_2(x)=\prod_{\substack{1\leqslant n\leqslant q\\ \chi(n)=1}}\varphi_1(x)\prod_{\substack{1\leqslant n\leqslant q\\ \chi(n)=-1}}\varphi_2(x).$$

证明：当 $(r,q)=1$ 时有 $g(e(r/g))=\alpha+\alpha^{-1}$，这里 α 由(e)中给出，$g(x)=g_1(x)+g_2(x)$.

(g) 证明：$f(x)=\sideset{}{'}\prod_{\gamma=1}^{q}(x-e(r/q))$ 是 $\varphi(q)$ 次整系数多项式.（用归纳法证）.

(h) 设 $g(x)=k(x)f(x)+h(x)$，f，g 由上两小题给出，证明：$h(x)$ 恒等于常数 $\alpha+\alpha^{-1}$. 进而推出 $\alpha+\alpha^{-1}$ 是一个不小于 3 的正整数.

(i) 当 $\chi(-1)=1$ 时有 $L(1,\chi)\geqslant q^{-1/2}\log((3+\sqrt{5})/2)$.

3. 写出定理 2.4 的证明.

4. 按以下途径证明 Siegel 定理(定理 3.1). 在引理 3.3 的条件和符号下，证明：

(a) 对任给 $\varepsilon>0$，一定存在 $\chi_1 \bmod q_1$，和 $1-\varepsilon<\beta_1<1$，使对任意的 $\chi_2\neq\chi_1$ 有 $F(\beta_1)\leqslant 0$.

(b) 设 $x\geqslant 2$. 证明

$$\frac{1}{2\pi i}\int_{(2)}\frac{F(s+\beta_1)x^s}{s(s+1)\cdots(s+4)}ds=\frac{1}{4!}\sum_{n\leqslant x}\frac{a_n}{n^{\beta_1}}\left(1-\frac{n}{x}\right)^4\geqslant\frac{1}{4!}\left(1-\frac{1}{x}\right)^4,$$

其中 a_n 由式(3.6)给出.

(c) 如果假定 $L(1,\chi)\gg q^{-1/2}$成立(χ是模$q(\geqslant 3)$的实原特征)，证明：当取$x\gg(q_1q_2)^{2+\varepsilon}$时，有$\lambda(1-\beta_1)^{-1}x^{1-\beta_1}\gg 1$.由此推出定理3.1.

(d) 如果不假定 $L(1,\chi)\gg q^{-1/2}$成立.(χ同(c)). 证明：当取$x^{\beta_1}\gg(1-\beta_1)^{-1}(q_1q_2)^{1+\varepsilon}$时，也有$\lambda(1-\beta_1)^{-1}x^{1-\beta_1}\gg 1$.由此也可推出定理3.1.(本题的证明是 Goldfeld (*Proc.Nat.Acad.Sci.*USA, **71** (1974),1055)提出的.Chowla (*Ann.Math.*, **51**(1950), 120－122)还给出了另一证明).

5. 写出定理4.1的证明.

第十八章　算术数列中的素数定理

由于引进了Dirichlet特征和L函数，使我们有可能来研究算术数列中的素数分布，并且所用的方法与研究自然数列中的素数分布的方法完全相同．但是，从第十七章已经看到，目前关于L函数的非零区域所得到的结果与ζ函数的非零区域所得到的结果在某些方面有实质上的不同．正是这种不同给算术数列中的素数定理的研究带来了困难，对余项得不到关于公差是一致的估计．这些，就是本章要讨论的内容．本章内容可参看 [7], [18], [23], [28].

§1. $\psi(x,\chi)$的表示式

设$q\geqslant 3$, $(l, q)=1$, $1\leqslant l<q$. 在算术数列$l+dq$($d=0, 1, 2, \cdots$)中不超过x的素数个数记为

$$\pi(x;q,l)=\sum_{\substack{p\leqslant x\\ p\equiv l(\bmod q)}} 1. \tag{1}$$

同$\pi(x)$一样，对它的研究可转化为对

$$\theta(x;q,l)=\sum_{\substack{p\leqslant x\\ p\equiv l(\bmod q)}} \log p, \tag{2}$$

及

$$\psi(x;q,l)=\sum_{\substack{n\leqslant x\\ n\equiv l(\bmod q)}} \Lambda(n) \tag{3}$$

的研究．容易证明它们之间有如下的关系式成立(参看式(11.1.13)，(11.1.14)及(11.1.16)的证明)：

$$\pi(x;q,l)=\frac{\theta(x;q,l)}{\log x}+\int_2^x \frac{\theta(u;q,l)}{u\log^2 u}du, \tag{4}$$

$$\theta(x;q,l)=\pi(x;q,l)\log x-\int_2^x \frac{\pi(u;q,l)}{u}du, \tag{5}$$

$$\psi(x;q,l)=\theta(x;q,l)+O(x^{\frac{1}{2}}).\tag{6}$$

下面来研究 $\psi(x;q,l)$，通过以上的关系式就可得到 $\theta(x;q,l)$ 和 $\pi(x;q,l)$ 的相应的结果.

设 $q\geqslant 3$. 由定理 13.1.7 得到

$$\begin{aligned}\psi(x;q,l)&=\sum_{n\leqslant x}\Lambda(n)\frac{1}{\varphi(q)}\sum_{\chi \bmod q}\overline{\chi}(l)\chi(n)\\&=\frac{1}{\varphi(q)}\sum_{\chi \bmod q}\overline{\chi}(l)\,\psi(x,\chi),\end{aligned}\tag{7}$$

其中

$$\psi(x,\chi)=\sum_{n\leqslant x}\Lambda(n)\chi(n).\tag{8}$$

设 $\chi \bmod q\Longleftrightarrow\chi^* \bmod q^*$，我们有

$$\begin{aligned}\psi(x,\chi)-\psi(x,\chi^*)&=-\sum_{\substack{n\leqslant x\\(n,q)>1}}\Lambda(n)\chi^*(n)\ll\sum_{p\mid q}\sum_{p^m\leqslant x}\log p\\&\leqslant\log x\sum_{p\mid q}1\ll\log x\log q.\end{aligned}\tag{9}$$

因此，由式(7)和(9)得

$$\begin{aligned}\psi(x;q,l)=&\frac{1}{\varphi(q)}\psi(x)+\frac{1}{\varphi(q)}\sum_{\substack{\chi \bmod q\\ \chi\neq\chi^*}}\overline{\chi^*}(l)\,\psi(x,\chi^*)\\&+O(\log x\log q).\end{aligned}\tag{10}$$

$\psi(x)$ 已在第十一章中作了讨论，可以期望主项是 $\psi(x)/\varphi(q)$. 因此，对 $\psi(x;q,l)$ 的研究就归结为对 $\psi(x,\chi^*)$ $(\chi\neq\chi^0)$ 的研究，需要证明它们都是次要项. 为此设

$$\begin{aligned}\psi_0(x,\chi)&=\frac{1}{2}\{\psi(x+0,\chi)+\psi(x-0,\chi)\}\\&=\begin{cases}\psi(x,\chi), & x\neq p^m,\\ \psi(x,\chi)-\dfrac{1}{2}\Lambda(x)\chi(x), & x=p^m.\end{cases}\end{aligned}\tag{11}$$

类似于定理 11.2.1 和定理 11.2.2 我们来证明

定理1 设χ是模q的特征，$x\geqslant 2, T\geqslant 2$. 那末有

$$\psi_0(x,\chi)=\frac{1}{2\pi i}\int_{b-iT}^{b+iT}-\frac{L'}{L}(s,\chi)\frac{x^s}{s}ds+R_1(x,T), \quad (12)$$

其中b和$R_1(x,T)$与定理11.2.1中的相同.

证明和定理11.2.1一样. 只要在定理6.5.2中取$a(n)=\Lambda(n)\chi(n)$，这时$A(s)=-\frac{L'}{L}(s,\chi)$，其它完全相同.

定理2 设$q\geqslant 3$, χ为模q的原特征. 再设$x\geqslant 2, T\geqslant 2$. 那末有

$$\psi_0(x,\chi)=-\sum_{|\operatorname{Im}\rho|\leqslant T}\frac{x^\rho}{\rho}-b(\chi)-(1-\delta)\log x-\frac{1}{2}\log\frac{1-x^{-2}}{(1-x^{-1})^{2\delta}}+R_2(x,T,q), \quad (13)$$

其中和式为对$L(s,\chi)$的非显然零点ρ求和，δ由式(14.2.4)给出.

$$b(x)^{1)}=\begin{cases}B(\chi)+\frac{1}{2}\log\frac{\pi}{q}+\frac{\gamma}{2}, & \chi(-1)=1;\\ B(\chi)+\frac{1}{2}\log\frac{\pi}{q}+\frac{\gamma}{2}+\log 2, & \chi(-1)=-1,\end{cases} \quad (14)$$

以及

$$R_2(x,T,q)\ll\frac{x\log^2(xqT)}{T}+(\log x)\min\left(1,\frac{x}{T\hat{x}}\right), \quad (15)$$

且当x为素数幂时上式右边第二项不出现. 特别的，令$T\to\infty$得

$$\psi_0(x,\chi)=-\sum_\rho\frac{x^\rho}{\rho}-b(\chi)-(1-\delta)\log x-\frac{1}{2}\log\frac{1-x^{-2}}{(1-x^{-1})^{2\delta}}. \quad (16)$$

证: 证明方法与定理11.2.2一样. 不同的只是要用定理1，定理15.3.4, 推论15.3.2(a)，推论15.3.5分别代替定理11.2.1，定理8.4.1, 式(8.3.3)，推论8.4.2, 此外，凡是出现$\log|\sigma+iT|$，

---

1) 事实上$b(\chi)=D(\chi)+\log(1+\delta)$，$D(\chi)$由式(15.1.6)给出.

$\log T$, $\log T'$的地方分别用 $\log(q|\sigma+iT|)$, $\log(qT)$, $\log(qT)$ 代替, 函数 $-\dfrac{\zeta'}{\zeta}$ 代之以 $-\dfrac{L'}{L}$. 这样, 定理 11.2.2 的论证在这里全部成立. 需要注意的是: 在运用留数定理时, 函数 $-\dfrac{L'}{L}(s,\chi)\dfrac{x^s}{s}$ 在 $s=1$ 解析, 当 $\chi(-1)=-1$ 时, $s=0$ 是它的一阶极点, 当 $\chi(-1)=1$ 时是二阶极点. 这样就得到

$$\psi_0(x,\chi)=-\sum_{|\operatorname{Im}\rho|\leqslant T}\frac{x^\rho}{\rho}+\operatorname*{Res}_{s=0}\left(-\frac{L'}{L}(s,\chi)\frac{x^s}{s}\right)+\sum_{n=1}^{\infty}\frac{x^{-(2n-\delta)}}{(2n-\delta)}+R_2(x,T,q). \tag{17}$$

下面来计算上式中的留数. 当 $\chi(-1)=-1$ 时, 由式(15.2.2)得

$$\operatorname*{Res}_{s=0}\left(-\frac{L'}{L}(s,\chi)\frac{x^s}{s}\right)=-\frac{L'}{L}(0,\chi)=-b(\chi),\quad \chi(-1)=-1. \tag{18}$$

当 $\chi(-1)=1$ 时, 由式(15.2.2)得

$$-\frac{L'}{L}(s,\chi)=\frac{-1}{s}-b(\chi)+f(s),$$

其中 $f(s)$ 在 $s=0$ 解析, $f(0)=0$. 此外 .

$$\frac{x^s}{s}=\frac{1}{s}+\log x+g(s),$$

其中 $g(s)$ 在 $s=0$ 解析, $g(0)=0$. 由以上两式得

$$\operatorname*{Res}_{s=0}\left(-\frac{L'}{L}(s,\chi)\frac{x^s}{s}\right)=-b(\chi)-\log x,\quad \chi(-1)=1. \tag{19}$$

再注意到

$$\sum_{n=1}^{\infty}\frac{x^{-(2n-\delta)}}{(2n-\delta)}=-\frac{1}{2}\log\frac{1-x^{-2}}{(1-x^{-1})^{2\delta}}, \tag{20}$$

由式(17)—(20)就证明了所要的结论.

定理 2 与定理 11.2.2 的一个明显的不同是式(13)和(16)中

出现了项 $b(\chi)$. 利用§15.3中得到的零点性质，可证明

定理3 在定理2的条件下，我们有

$$b(\chi)=-\sum_{|\operatorname{Im}\rho|<1}\frac{1}{\rho}+O(\log q).\tag{21}$$

证：取 $s=2$，由式(15.2.2)及式(14)得

$$b(\chi)=-\sum_{\rho}\left(\frac{1}{2-\rho}+\frac{1}{\rho}\right)+O(1).$$

由推论15.3.3知

$$\sum_{|\operatorname{Im}\rho|\geq 1}\left(\frac{1}{2-\rho}+\frac{1}{\rho}\right)\ll\sum_{|\operatorname{Im}\rho|\geq 1}\frac{1}{|\rho|^2}\ll\log q.$$

由推论15.3.2知

$$\sum_{|\operatorname{Im}\rho|<1}\frac{1}{2-\rho}\ll\log q.$$

由以上三式即得式(21).

由式(11)，(13)和(21)可得：当 $x\geq 2$，$T\geq 2$，及 χ 为模 $q(q\geq 3)$ 的原特征时，有

$$\psi(x,\chi)=-\sum_{|\operatorname{Im}\rho|\leq T}\frac{x^{\rho}}{\rho}+\sum_{|\operatorname{Im}\rho|<1}\frac{1}{\rho}+R_3(x,T,q),\tag{22}$$

其中

$$R_3(x,T,q)\ll\frac{x\log^2(xqT)}{T}+\log(xq).\tag{23}$$

由推论17.1.3知，对任意固定的模 q，在所有的 $L(s,\chi)$ $(\chi\bmod q)$中仅可能有一个模 q 的例外函数 $L(s,\widetilde{\chi})$，它有一个例外实零点 $\widetilde{\beta}$. 因此，对固定的 q，设

$$\chi^*\bmod q^*\ \Leftrightarrow\ \chi\bmod q,\qquad \chi\neq\chi^0,\tag{24}$$

由于 $L(s,\chi^*)$ 和 $L(s,\chi)$ 有相同的非显然零点，所以由式(22)可推出

定理4 设 $x\geq 2$，$T\geq 2$. 那末对任意固定的模 $q\geq 3$，对所有由式(24)给出的 χ^* 有

$$\psi(x,\chi^*) = -\widetilde{E}\frac{x^{\widetilde{\beta}}}{\widetilde{\beta}} - \sum_{|\operatorname{Im}\rho|\leqslant T}{}' \frac{x^\rho}{\rho} + R_4(x,T,q). \tag{25}$$

其中

$$\widetilde{E} = \begin{cases} 1, & \chi = \widetilde{\chi}, \\ 0, & \chi \neq \widetilde{\chi}, \end{cases} \tag{26}$$

$\widetilde{\chi}$ 是模 q 的例外特征，“ $'$ ”表对除可能存在的模 q 的例外零点 $\widetilde{\beta}$，$1-\widetilde{\beta}$ 外的所有非显然零点求和，以及[1)]

$$R_4(x;T,q) \ll xT^{-1}\log^2(xqT) + \log^2 q + \widetilde{E}x^{1/4} + \log x. \tag{27}$$

证：只要推论 17.1.3 中的常数 c_7 取得适当小，总可假定 $\widetilde{\beta} \geqslant \frac{7}{8}$．由定理 17.1.1，零点的对称性及推论 15.3.2 可得

$$\begin{aligned}\sum_{|\operatorname{Im}\rho|<1} \frac{1}{\rho} &= \frac{\widetilde{E}}{1-\widetilde{\beta}} + \frac{\widetilde{E}}{\widetilde{\beta}} + \sum_{|\operatorname{Im}\rho|<1}{}' \frac{1}{\rho} \\ &= \frac{\widetilde{E}}{1-\widetilde{\beta}} + O(\log^2 q).\end{aligned}$$

此外，由微分中值定理得

$$\frac{x^{1-\widetilde{\beta}}}{1-\widetilde{\beta}} - \frac{1}{1-\widetilde{\beta}} = x^\lambda \log x, \qquad 0 < \lambda < 1-\widetilde{\beta} \leqslant \frac{1}{8}.$$

由以上两式及式(22)即得所要结论.

由式(25)和(9)就推得：当 $x \geqslant 2$, $T \geqslant 2$ 时，对模 q 的任一非主特征 χ 有

$$\psi(x,\chi) = -\widetilde{E}\frac{x^{\widetilde{\beta}}}{\widetilde{\beta}} - \sum_{|\operatorname{Im}\rho|\leqslant T}{}' \frac{x^\rho}{\rho} + R_5(x,T,q), \tag{28}$$

其中

$$R_5(x,T,q) = \frac{x\log^2(xqT)}{T} + \log x\log q + \log^2 q + \widetilde{E}x^{\frac{1}{4}}. \tag{29}$$

有一个包括主特征在内的 $\psi(x,\chi)$ 的公式是方便的. 这只要注意到式(9)，从定理 11.2.2，式(22)及(28)就可得到

---

1) 由证明可以看出，下式中的指数 1/4 可取为任意小的正数．

定理 5 设$x\geqslant 2, T\geqslant 2$. 那末对模 q 的任一特征 χ 有

$$\psi(x,\chi)=E_0x-\sum_{|\mathrm{Im}\rho|\leqslant T}\frac{x^\rho}{\rho}+\sum_{|\mathrm{Im}\rho|<1}\frac{1}{\rho}+R_6(x,T,q), \quad (30)$$

及

$$\psi(x,\chi)=E_0x-\widetilde{E}\frac{x^{\widetilde{\beta}}}{\widetilde{\beta}}-\sum_{|\mathrm{Im}\rho|\leqslant T}{}'\frac{x^\rho}{\rho}+R_7(x,T,q), \quad (31)$$

其中

$$E_0=\begin{cases}1, & \chi=\chi^0,\\ 0, & \chi\neq\chi^0,\end{cases} \quad (32)$$

$$R_6(x,T,q)\ll\frac{x\log^2(xqT)}{T}+\log(xq)+\log x\log q, \quad (33)$$

$$R_7(x,T,q)\ll\frac{x\log^2(xqT)}{T}+\log^2(xq)+\widetilde{E}x^{\frac{1}{4}}, \quad (34)$$

$\widetilde{E}$,“ ′ ”及 $\widetilde{\beta}$ 的意义同定理4 .

利用定理 1 或式(25)(或式(28)), 从关于 L 函数的非零区域的结果就立刻可得到具有相应余项估计的算术数列中的素数定理. 式(22)更是利用 L 函数零点密度定理来研究各种类型的算术数列中的素数分布的基础.

§2. 算术数列中的素数定理

定理 1 设$q\geqslant 3, 2\leqslant T\leqslant x$. 那末, 对每一个由式(1.24)给出的 χ^*有

$$\psi(x,\chi^*)=-\widetilde{E}\frac{x^{\widetilde{\beta}}}{\widetilde{\beta}}+R_8(x,q,T), \quad (1)$$

其中

$$R_8(x,q,T)\ll\frac{x\log^2(qx)}{T}+\widetilde{E}x^{\frac{1}{4}}+x\log^2(qx)\exp\left(-c\frac{\log x}{\log(qT)}\right), \quad (2)$$

$\widetilde{E}$, $\widetilde{\beta}$ 定义同上节, c 为一绝对正常数[1)].

1) 以下 c 可表不同的绝对正常数 .

证：由定理 17.1.1 知，当 $\rho \neq \widetilde{\beta}, |\mathrm{Im}\rho| \leqslant T$ 时，

$$\mathrm{Re}\,\rho < 1 - c/\log(qT).$$

因而有

$$\sum_{|\mathrm{Im}\rho| \leqslant T}{}' \frac{x^{\rho}}{\rho} \ll x \exp\left(-c\frac{\log x}{\log(qT)}\right) \sum_{|\mathrm{Im}\rho| \leqslant T}{}' \frac{1}{|\rho|}. \tag{3}$$

进而，由非显然零点的对称性及推论15.3.2 得

$$\begin{aligned}\sum_{|\mathrm{Im}\rho| \leqslant T}{}' \frac{1}{|\rho|} &\ll \sum_{|\mathrm{Im}\rho| \leqslant 1}{}' \frac{1}{|\rho|} + \sum_{0 \leqslant j \leqslant 2\log T} \sum_{2^j < |\mathrm{Im}\rho| \leqslant 2^{j+1}} \frac{1}{|\rho|} \\ &\ll \log^2 q + \sum_{0 \leqslant j \leqslant 2\log T} \frac{1}{2^j} 2^{j+1} \log(qT) \\ &\ll \log^2(qT) \ll \log^2(qx).\end{aligned} \tag{4}$$

由以上两式、式(1.25)及$T \leqslant x$ 就推出所要结论.

定理 2 设$3 \leqslant q < x, (l, q) = 1, 1 \leqslant l < q$. 那末，存在绝对正常数 c, 使得

$$\psi(x;q,l) = \frac{x}{\varphi(q)} - \widetilde{E}(q)\widetilde{\chi}(l)\frac{x^{\widetilde{\beta}}}{\varphi(q)\widetilde{\beta}} + O(xe^{-c\sqrt{\log x}}), \tag{5}$$

其中

$$\widetilde{E}(q) = \begin{cases} 1, & \text{存在模 } q \text{ 的例外特征 } \widetilde{\chi}; \\ 0, & \text{不存在模 } q \text{ 的例外特征}, \end{cases} \tag{6}$$

$\widetilde{\beta}$ 表可能存在的模 q 的例外零点.

证：定理当$q > e^{\sqrt{\log x}}$ 时显然成立，故可设 $q \leqslant e^{\sqrt{\log x}}$. 由式(1.10)，式(1)及推论 17.1.3 得

$$\begin{aligned}\psi(x;q,l) = \frac{x}{\varphi(q)} - \widetilde{E}(q)\widetilde{\chi}(l)\frac{x^{\widetilde{\beta}}}{\varphi(q)\widetilde{\beta}} + \frac{x\log^2 x}{T} + \widetilde{E}(q)x^{\frac{1}{4}} \\ + x\log^2 x \exp\left(-c\frac{\log x}{\log qT}\right).\end{aligned} \tag{7}$$

取 $T = e^{\sqrt{\log x}}$，由此即得式(5).

由式(5)及式(1.6)立即推出:

$$\theta(x;q,l)=\frac{x}{\varphi(q)}-\widetilde{E}(q)\widetilde{\chi}(l)\frac{x^{\widetilde{\beta}}}{\varphi(q)\widetilde{\beta}}+O(xe^{-c\sqrt{\log x}}). \tag{8}$$

以$R(x)$记上式中的误差项，利用分部积分由上式得

$$\frac{\theta(x;q,l)}{\log x}+\int_2^x\frac{\theta(u;q,l)}{u\log^2u}du=\frac{\mathrm{Li}\,x}{\varphi(q)}$$

$$-E(q)\frac{\widetilde{\chi}(l)}{\varphi(q)}\int_2^x\frac{u^{\widetilde{\beta}-1}}{\log u}du+O(xe^{-c\sqrt{\log x}})+O\left(\int_2^x\frac{e^{-c\sqrt{\log u}}}{\log^2u}du\right).$$

容易证明

$$\int_2^x\frac{e^{-c\sqrt{\log u}}}{\log^2u}du\ll xe^{-c\sqrt{\log x}},$$

由以上两式及式(1.5)就得到

$$\pi(x;q,l)=\frac{\mathrm{Li}\,x}{\varphi(q)}-\widetilde{E}(q)\frac{\widetilde{\chi}(i)}{\varphi(q)}\int_2^x\frac{u^{\widetilde{\beta}-1}}{\log u}du+O(xe^{-c\sqrt{\log x}}). \tag{9}$$

式(5)，(8)，(9)就是算术数列中的素数定理的三个等价的一般形式. 这和素数定理的主要差别就是多出了由于可能存在模q的例外零点$\widetilde{\beta}$而引起的项. 关于例外零点$\widetilde{\beta}$的性质我们所知道的就是§17.2中证明的Page定理，§17.3中证明的Siegel定理，以及§17.1中所证明的表明存在例外零点的模q是十分稀少的一些结论. 利用这些结果可进一步化简以上所得的结果，以及在应用中强化以上所得结果的作用.

推论3 设正数$\varepsilon<\frac{1}{2}$. 那末当$q\leqslant(\log x)^{2-\varepsilon}$时

$$\psi(x;q,l)=\frac{x}{\varphi(q)}+O(x\exp(-c(\log x)^{\frac{\varepsilon}{3}})), \tag{10}$$

$$\pi(x;q,l)=\frac{\mathrm{Li}\,x}{\varphi(q)}+O(x\exp(-c(\log x)^{\frac{\varepsilon}{3}})). \tag{11}$$

证：由Page定理(定理17.2.3)知，这时有

$$\widetilde{\beta}\leqslant1-c/\sqrt{q}\log^4q\leqslant1-c(\log x)^{-1+\frac{\varepsilon}{3}}$$

由此及式(5)和(9)就分别得到式(10)和(11).

推论 4 对任意正数$A>1$，当 $q\leqslant(\log x)^{A}$ 时有

$$\psi(x;q,l)=\frac{x}{\varphi(q)}+O(xe^{-c\sqrt{\log x}}),\tag{12}$$

$$\pi(x;q,l)=\frac{\operatorname{Li}x}{\varphi(q)}+O(xe^{-c\sqrt{\log x}}),\tag{13}$$

其中 c 是依赖于 A 的正常数.

证: 在 Siegel 定理 (定理 17.3.2) 中取 $\varepsilon=\frac{1}{2A}$ ，得到

$$\widetilde{\beta}\leqslant 1-c(A)q^{-\frac{1}{2A}}\leqslant 1-c(A)(\log x)^{-\frac{1}{2}}.$$

由此及式 (5) 和(9) 就分别推出式 (12) 和(13).

由于 Siegel 定理中的常数是非实效的，所以这里的常数 c 亦是非实效的. 推论 4 通常称为 Siegel－Walfisz 定理.

推论 5 设$3\leqslant y\leqslant x$. $\widetilde{q}$ 表可能存在的 y 阶例外模. 那末对所有的 $q\leqslant y$，仅除去可能存在的 y 阶例外模 $\widetilde{q}$ 的倍数 q 外，必有

$$\psi(x;q,l)=\frac{x}{\varphi(q)}+O(x\exp(-c\sqrt{\log x}))+O\left(x\exp\left(-c\frac{\log x}{\log y}\right)\right),\tag{14}$$

$$\pi(x;q,l)=\frac{\operatorname{Li}x}{\varphi(q)}+O(x\exp(-c\sqrt{\log x}))+O\left(x\exp\left(-c\frac{\log x}{\log y}\right)\right).\tag{15}$$

证: 由推论 17.1.4(取 $x=y$) 知，当 $q\leqslant y$， $\widetilde{q}\nmid q$ 时，$L(s,\chi)$ ($\chi \bmod q$) 的实零点一定小于 $1-c(\log y)^{-1}$. 由此及式 (5) 和(9) 就分别推出式 (14) 和(15).

此外，由定理 17.2.4 知，若这里的 $\widetilde{q}$ 存在的话，必有

$$\widetilde{q}\geqslant c\log^{2}y(\log\log y)^{-8}.\tag{16}$$

最后，应该指出的是从定理 17.4.2 所给出的 L 函数的非零

区域的结果，可得到同上面这些定理与推论相应的结论，我们就不一一写出来了.

习　　题

第1－4题是为了给出 Hooley 关于 Барбан 均值定理的十分漂亮的证明[1)](参看定理29.1.6).

1. 利用定理6.5.6及复变积分法证明；当 $\xi\geqslant 1$ 时有

(a) $$\sum_{l\leqslant\xi}\left(1-\frac{l}{\xi}\right)\frac{1}{\varphi(l)}=\frac{\zeta(2)\zeta(3)}{\xi(6)}\log\xi+c_1\frac{\log\xi}{\xi}+\frac{c_2}{\xi}+O(\xi^{-5/4});$$

(b) $$\sum_{l\leqslant\xi}\frac{1}{\varphi(l)}=\frac{\zeta(2)\zeta(3)}{\zeta(6)}\log\xi+c_3+O\left(\frac{\log\xi}{\xi}\right),$$

其中 c_1，c_2．c_3 是正常数.

2. 设 $E_1(x;k,a)=\theta(x;k,a)-x/\varphi(k)$，$1\leqslant Q_1\leqslant Q_2\leqslant x$，$G(x;Q_1,Q_2)=\sum\limits_{Q_1<k\leqslant Q_2}\sum\limits_{a=1}^{k}{}'E_1^2(x;k,a)$，$H(x;Q_1,Q_2)=\sum\limits_{Q_1<k\leqslant Q_2}\sum\limits_{a=1}^{k}{}'\theta^2(x;k,a)$. 证明：对任意正数 A 有

(a) $$G(x;Q_1,Q_2)=H(x;Q_1,Q_2)-x^2\sum_{Q_1<k\leqslant Q_2}\frac{1}{\varphi(k)}+O\left(\frac{x^2}{\log^A x}\right);$$

(b) $$H(x;Q_1,Q_2)=(Q_2-Q_1)(x\log x-x)+J(x;Q_1,Q_2)+O(x^2/\log^A x).$$

其中 $$J(x;Q_1,Q_2)=\sum_{Q_1<k\leqslant Q_2}\sum_{\substack{\rho'\leqslant x,\ \rho\leqslant x\\ p\neq p',\ p\equiv p'(k)}}\log\rho\log\rho'.$$

3. 设 $J(x;Q)=J(x;Q,x)$，A 任意正数. 证明当 $x\geqslant Q\geqslant x(\log x)^{-A-1}$ 时，

$$J(x;Q)=x^2\sum_{l<x/Q}\left(1-\frac{lQ}{x}\right)^2\frac{1}{\varphi(l)}+O\left(\frac{x^2}{\log^A x}\right).$$

4. 对任意正数 A 有

1) *J. Reine Angew. Math.*, **274/275** (1975), 206－223

(a) $\sum_{k\leqslant x}\sum_{a=1}^{k}{}' E_1^2(x;k,a)=x^2\log x+D_1x^2+O(x^2/\log^A x)$，其中 D_1 为一正常数；而当 $1\leqslant Q\leqslant x$ 时有

(b) $\sum_{k\leqslant Q}\sum_{a=1}^{k}{}' E_1^2(x;k,a)=Qx\log Q+D_2Qx+O(Q^{5/4}x^{3/4}+x^2/\log^A x)$.

5. 如果广义 Riemann 猜想成立(即 $L(s,\chi)$ 的所有复零点均在直线 $\sigma=1/2$ 上)，则有 $\sum_{a=1}^{k}{}' E_1^2(x;k,a)\ll x\log^4 x$, 这里 $E_1(x;k,a)$同第 2 题.

6. 设 m 是正整数，$Q(m)$是表 $m=p+s$ 的表法个数，其中 p 是素数，$p<m$，$\mu(s)\neq 0$. 证明:

$$Q(m)\sim\frac{m}{\log m}\prod_{p\nmid m}\left(1-\frac{1}{p^2-p}\right).$$

7. 证明：对任意的非主特征 χ，有

$$L(1+it,\chi)=\prod_p\left(1-\frac{\chi(p)}{p^{1+it}}\right)^{-1}.$$

第十九章　线性素变数三角和估计

在用圆法研究 Goldbach 猜想(见第二十章 §1)时,就需要讨论如下的线性素变数三角和(或指数和):

$$S(\alpha,x)=\sum_{p\leqslant x}e(\alpha p),\tag{A}$$

其中 α 为一实数, $x\geqslant 2$, p 取素数;或讨论等价的加权线性素变数三角和:

$$S^{(1)}(\alpha,x)=\sum_{p\leqslant x}\log p\,e(\alpha p);\tag{B}$$

$$S^{(2)}(\alpha,x)=\sum_{n\leqslant x}\Lambda(n)e(\alpha n)\tag{C}$$

(参看推论 1.9 及定理 2.2). 1937 年,И.М.Виноградов首先创造了估计这种三角和的方法,得到了非显然估计(见 §1),从而证明了三素数定理(见 §20.2, §20.3). 他的方法实质上是一种筛法,原来的形式是比较复杂的. 最近 R.C.Vaughan[1)]给出了Виноградов方法的一个新的形式,十分简单且便于应用(见 §2). Ю.В.Линник首先用分析方法(L 函数的零点密度估计方法,见 §30.2)给出了这种三角和的非显然估计,后来一些数学家对此作了简化,但仍要用到高深的 L 函数理论,这一证明方法将在 §3 介绍. 在 §4 中我们将给出估计这种三角和的一个简单的分析方法[2)]. 此外,在 §5 中我们给出了当 α 接近于一个分母 q 较小的既约分数时,这种三角和的一个非显然估计.

本章内容可参看 [34],[35],[7],[18],[23],[24],[26],[28].

同样的,还可讨论非线性素变数三角和(见 [34],[35]),习题 20 就是估计这样的三角和. 这种三角和估计在 Waring-Goldbach 问题中有重要应用.

---

1) *C.R.Acad.Sci.Paris, Ser.A*, **285**(1977), 981—983; *Acta Arith.*, **37**(1980), 111—115.

2) 数学学报, **20**(1977), 206—211.

§1. Виноградов 方法

本节将用Виноградов方法证明

定理1 设$x\geqslant 2$，实数α可表为

$$\alpha=\frac{h}{q}+\frac{\theta}{q^2}\ ,\ (q\ ,h)=1,\ q\geqslant 1,|\theta|\leqslant 1. \tag{1}$$

那末有

$$S(\alpha,x)\ll x\log^2x(x^{-1/2}q^{1/2}+q^{-1/2}+H^{-1}), \tag{2}$$

其中$H=\exp\left(\frac{1}{2}\sqrt{\log x}\right)$.

为了证明定理1,先证明几个引理.

引理2 设$x\geqslant 1$,α为实数,我们有

$$\left|\sum_{n\leqslant x}e(\alpha n)\right|\leqslant\min\left(x,\frac{1}{2\|\alpha\|}\right). \tag{3}$$

证：无妨一般可假定$0\leqslant\alpha<1$. 当$0<\alpha<1$时

$$\left|\sum_{n\leqslant x}e(\alpha n)\right|=\left|\frac{e(([x]+1)\alpha)-e(\alpha)}{e(\alpha)-1}\right|$$

$$\leqslant\frac{1}{\sin\pi\alpha}=\frac{1}{\sin\pi\|\alpha\|}. \tag{4}$$

由此及

$$\frac{2}{\pi}\leqslant\frac{\sin y}{y}\leqslant 1\ ,\ 0\leqslant y\leqslant\frac{\pi}{2}\ , \tag{5}$$

得到

$$\left|\sum_{n\leqslant x}e(\alpha n)\right|\leqslant\frac{1}{2\|\alpha\|}\quad ,\quad 0<\alpha<1\ . \tag{6}$$

由上式及显然估计

$$\left|\sum_{n\leqslant x}e(\alpha n)\right|\leqslant[x]$$

就证明了引理.

定义1 设$0<\delta\leqslant\frac{1}{2}$,实数组$y_0,y_1,\cdots,y_N$称为是$\delta$**佳位组**

(mod 1),如果它满足条件

$$\|y_{n_1}-y_{n_2}\|\geqslant\delta,\quad 0\leqslant n_1\neq n_2\leqslant N. \tag{7}$$

引理 3 设$0<\delta\leqslant\frac{1}{2}$,$N\geqslant 1$, $y_0,y_1,\cdots,y_N$ 是一 δ 佳位组 (mod 1).再设

$$\|y_0\|=\min_{0\leqslant n\leqslant N}(\|y_n\|). \tag{8}$$

那末有

$$\sum_{n=1}^{N}\frac{1}{\|y_n\|}\ll\delta^{-1}\log(N+1). \tag{9}$$

证: 由于 $\|1\pm y\|=\|y\|$,所以可假定 $|y_n|\leqslant\frac{1}{2}$,$0\leqslant n\leqslant N$.这样就有 $\|y_n\|=|y_n|$. 现把这组数重新按大小次序排列如下:取 $y_0'=y_0$ 及

$$-\frac{1}{2}\leqslant y'_{-N_1}\leqslant y'_{-N_1+1}\leqslant\cdots\leqslant y'_{-1}\leqslant y_0'\leqslant y_1'\leqslant\cdots\leqslant y'_{N_2}\leqslant\frac{1}{2}, \tag{10}$$

这里 $N_1+N_2=N$. 由条件(8)和(7)可推出

$$-\frac{1}{2}\leqslant y_n'\leqslant\left(n+\frac{1}{2}\right)\delta,\qquad -N_1\leqslant n\leqslant -1,$$

$$\frac{1}{2}\geqslant y_n'\geqslant\left(n-\frac{1}{2}\right)\delta,\qquad 1\leqslant n\leqslant N_2.$$

这样就有

$$\sum_{n=1}^{N}\frac{1}{\|y_n\|}=\sum_{n=-N_1}^{-1}\frac{1}{|y_n'|}+\sum_{n=1}^{N_2}\frac{1}{|y_n'|}$$

$$\leqslant\delta^{-1}\sum_{n=-N_1}^{-1}\frac{1}{|n|-\frac{1}{2}}+\delta^{-1}\sum_{n=1}^{N_2}\frac{1}{n-\frac{1}{2}},$$

这就证明了式(9).

由式(10)容易看出,对于任一 δ 佳位组(mod 1)一定有

$$N\leqslant\delta^{-1}. \tag{11}$$

因而,在引理 3 的条件下一定有

$$\sum_{n=1}^{N}\frac{1}{\|y_n\|}\ll\delta^{-1}\log\delta^{-1}. \tag{12}$$

引理 4 设实数α由式(1)给出. 那末,对任意实数 $x>0$,实数 β,整数 N_0 及 $N\geqslant 1$ 有

$$\sum_{n=N_0+1}^{N_0+N}\min\left(x,\frac{1}{\|\alpha n+\beta\|}\right)\ll\left(\frac{N}{q}+1\right)(x+q\log q). \tag{13}$$

证: 当 $1\leqslant q\leqslant 3$ 时,式(13)显然成立,故可假定 $q\geqslant 4$. 此外,不难看出式(13)等价于证明:对任意实数 β_1 有

$$\sum_{1\leqslant n\leqslant q/2}\min\left(x,\frac{1}{\|\alpha n+\beta_1\|}\right)\ll x+q\log q. \tag{14}$$

设 $y_n=\alpha n+\beta_1$, $1\leqslant n\leqslant[q/2]$. 当 $n_1\neq n_2$ 时,由式(1)知

$$\begin{aligned}\|y_{n_1}-y_{n_2}\|=\|(n_1-n_2)\alpha\|&=\left\|(n_1-n_2)\frac{h}{q}+(n_1-n_2)\frac{\theta}{q^2}\right\|\\&\geqslant\left\|(n_1-n_2)\frac{h}{q}\right\|-\left\|(n_1-n_2)\frac{\theta}{q^2}\right\|\geqslant\frac{1}{q}-\frac{1}{2q}\\&=\frac{1}{2q},\end{aligned}$$

这里用到了条件 $|n_1-n_2|<q/2$ 及不等式

$$\|x-y\|\geqslant\|x\|-\|y\|. \tag{15}$$

因此,实数组 $y_n\,(1\leqslant n\leqslant[q/2])$ 是 $(2q)^{-1}$ 佳位组(mod 1). 这样,对数组 y_n 重新适当排列后,由式(12)就推出式(14).

从引理 4 立即得到

引理 5 设实数α由式(1)给出,我们有

$$\sum_{1\leqslant n\leqslant q/2}\frac{1}{\|\alpha n\|}\ll q\log q. \tag{16}$$

证: 不妨设 $q\geqslant 2$. 当 $1\leqslant n\leqslant q/2$ 时,由式(1)及(15)知

$$\|\alpha n\|\geqslant\left\|\frac{h}{q}n\right\|-\left\|\frac{\theta}{q^2}n\right\|\geqslant\frac{1}{2q}.$$

因而

$$\sum_{1\leqslant n\leqslant q/2}\frac{1}{\|\alpha n\|}\leqslant\sum_{1\leqslant n\leqslant q/2}\min\left(2q,\frac{1}{\|\alpha n\|}\right),$$

由此及式(14)就证明了式(16).

引理 6 设实数α由式(1)给出. 那末对任意正数x及$N\geqslant 2$,有

$$\sum_{1\leqslant n\leqslant N}\min\left(\frac{x}{n},\frac{1}{\|\alpha n\|}\right)\ll q\log q+\frac{x}{q}\log N+N\log q. \quad (17)$$

证: 当$N\leqslant\frac{q}{2}$时,由引理5知上式成立. 故可假定$N>\frac{q}{2}$. 必有正整数k_0,使得

$$\left(k_0-\frac{1}{2}\right)q<N\leqslant\left(k_0+\frac{1}{2}\right)q.$$

由引理5,引理4可得

$$\begin{aligned}\sum_{1\leqslant n\leqslant N}\min\left(\frac{x}{n},\frac{1}{\|\alpha n\|}\right)\leqslant&\sum_{1\leqslant n\leqslant q/2}\frac{1}{\|\alpha n\|}\\&+\sum_{k=1}^{k_0}\sum_{(k-\frac{1}{2})q<n\leqslant(k+\frac{1}{2})q}\min\left(\frac{x}{n},\frac{1}{\|\alpha n\|}\right)\\&\ll q\log q+\sum_{k=1}^{k_0}\left(\frac{x}{qk}+q\log q\right)\\&\ll q\log q+\frac{x}{q}\log(k_0+1)+k_0q\log q\end{aligned}$$

这就证明了式(17).

设$a(n),b(n)$是两个算术函数,$x\geqslant 2$.再设$1\leqslant U\leqslant x$, $U<U'\leqslant 2U$. 估计如下形式的二重三角和:

$$I=\sum_{U<n\leqslant U'}a(n)\sum_{1\leqslant mn\leqslant x}b(m)e(\alpha mn), \quad (18)$$

是 Виноградов 方法中的一个主要环节. 由Cauchy不等式与引理2, 立即可以得到

$$|I|^2 \leqslant \sum_{U<n\leqslant U'} |a(n)|^2 \sum_{U<n\leqslant U'} \sum_{m_1\leqslant x/n} \sum_{m_2\leqslant x/n} b(m_1)\overline{b(m_2)}e(\alpha n(m_1-m_2))$$

$$= \sum_{U<n\leqslant U'} |a(n)|^2 \sum_{m_1\leqslant x/U} \sum_{m_2\leqslant x/U} b(m_1)\overline{b(m_2)} \sum_{U<n\leqslant b} e(\alpha n(m_1-m_2)) \quad (19)$$

$$\ll \sum_{U<n\leqslant U'} |a(n)|^2 \sum_{m_1\leqslant x/U} \sum_{m_2\leqslant x/U} |b(m_1)b(m_2)| \min\left(U, \frac{1}{\|(m_1-m_2)\alpha\|}\right),$$

其中 $b=\min(U', x/m_1, x/m_2)$. 当$a(n)$, $b(n)$ 满足一定条件, α 由式(1)给出时,可从上式估计出 I 的上界. 本节仅需要以下的特殊情形.

引理 7 设I 由式(18)给出,实数 α 由式(1)给出. 那末,当 $a(n)\ll 1$, $b(n)\ll 1$ 时,有

$$I \ll x\left(\frac{1}{q}+\frac{U}{x}+\frac{1}{U}\log q+\frac{q}{x}\log q\right)^{\frac{1}{2}}. \quad (20)$$

证: 由式(19)及引理 4 立刻得到

$$I^2 \ll U\frac{x}{U}\left(\frac{x}{Uq}+1\right)(U+q\log q),$$

这就证明了式(20).

引理8 设实数α 由式(1)给出, $x\geqslant 2$. 再设$H=\exp\left(\frac{1}{2}\sqrt{\log x}\right)$, $P=\prod_{p\leqslant H^2} p$. 那末有

$$\sum_{\substack{1\leqslant n\leqslant x\\(n,P)=1}} e(\alpha n) \ll x\log x\left(\frac{q}{x}+\frac{1}{q}+\frac{1}{H}\right). \quad (21)$$

证: 当 $q\geqslant x$ 时引理显然成立. 故可设 $q<x$. 利用 Möbius 函数, 由引理2 可得

$$\sum_{\substack{1\leqslant n\leqslant x\\(n,P)=1}} e(\alpha n) = \sum_{1\leqslant n\leqslant x} e(\alpha n) \sum_{k|(n,P)} \mu(k)$$

$$= \sum_{k|P} \mu(k) \sum_{1\leqslant m\leqslant x/k} e(\alpha km) = \sum_{\substack{k|P\\k\leqslant xH^{-2}}} + \sum_{\substack{k|P\\xH^{-2}<k\leqslant x}}$$

$$\ll \sum_{k \leqslant xH^{-2}} \min\left(\frac{x}{k}, \frac{1}{\|\alpha k\|}\right) + \sum_{\substack{xH^{-2} < k \leqslant x \\ k|P}} \frac{x}{k} = \sum\nolimits_1 + \sum\nolimits_2 . \qquad (22)$$

由引理6得

$$\sum\nolimits_1 \ll q\log q + \frac{x}{q}\log x + \frac{x}{H^2}\log q .$$

下面来估计$\sum_2$. 由$k|P$知k为不同的素因子的乘积,且这些素因子都不大于H^2. 所以由$k > xH^{-2}$可推出

$$H^{2\omega(k)} > xH^{-2},$$

$$\omega(k) \geqslant \frac{\log x}{2\log H} - 1 = \sqrt{\log x} - 1 ,$$

再由$\mu(k) \neq 0$知$d(k) = 2^{\omega(k)}$,所以有

$$\sum\nolimits_2 \ll x 2^{-\sqrt{\log x}} \sum_{k \leqslant x} \frac{d(k)}{k} \ll \frac{x}{H},$$

这里用到了熟知的估计

$$\sum_{k \leqslant x} \frac{d(k)}{k} \ll \log^2 x .$$

综合以上估计就证明了式(19).

定理1的证明: 当$q > x$时式(2)显然成立. 故可假定$q \leqslant x$. 设$P = \prod_{p \leqslant H^2} p$. 显有

$$\sum_{\substack{1 \leqslant n \leqslant x \\ (n,P)=1}} e(\alpha n) = \sum_{\substack{1 \leqslant n \leqslant x \\ (n,P)=1,\ \mu(n) \neq 0}} e(\alpha n) + O\left(\sum_{p > H^2} \sum_{\substack{n \leqslant x \\ p^2 | n}} 1\right)$$

$$= \sum_{p \leqslant x} e(\alpha p) + \sum_{k=2}^{K} T_k + O(xH^{-2}), \qquad (23)$$

其中

$$T_k = \sum_{\substack{1 \leqslant n \leqslant x \\ (n,P)=1,\ \mu(n) \neq 0 \\ \omega(n) = k}} e(\alpha n) .$$

由于上式中的n的素因子$> H^2$, 所以一定有

$$K<\sqrt{\log x}\,. \tag{24}$$

为估计T_k，考虑和式

$$T_k'=\sum_{H^2<p\leqslant xH^{-2(k-1)}}\ \sum_{\substack{1\leqslant mp\leqslant x\\ (m,P)=1,\ \mu(mp)\neq 0\\ \omega(m)=k-1}} e(\alpha pm),\ 2\leqslant k\leqslant K.$$

显见，当$2\leqslant k\leqslant K$时，T_k中的每一项恰好在T_k'中出现k次，而T_k'中的项均在T_k中出现，所以有

$$T_k=\frac{1}{k}T_k',\qquad 2\leqslant k\leqslant K. \tag{25}$$

当$2\leqslant k\leqslant K, H^2<U\leqslant xH^{-2(k-1)}, U<U'\leqslant 2U$时，由引理7可得：

$$\sum_{U<P\leqslant U'}\ \sum_{\substack{1\leqslant mp\leqslant x\\ (m,P)=1,\ \mu(mp)\neq 0\\ \omega(m)=k-1}} e(\alpha pm)\ll x(\log x)^{\frac{1}{2}}\left(\frac{1}{q}+\frac{q}{x}+\frac{1}{H^2}\right)^{\frac{1}{2}},$$

所以，

$$T_k'\ll x(\log x)^{\frac{3}{2}}\left(\frac{1}{q}+\frac{q}{x}+\frac{1}{H^2}\right)^{\frac{1}{2}}$$

由此及式(25)，(24)得

$$\sum_{k=2}^{K}T_k\ll x(\log x)^{\frac{3}{2}}\log\log x\,(x^{-\frac{1}{2}}q^{\frac{1}{2}}+q^{-\frac{1}{2}}+H^{-1}). \tag{26}$$

这样，从式(21)，(23)及上式就证明了所要的结论.

从定理1立即可得到以下推论.

推论9 在定理1的条件和符号下，我们有

$$S^{(1)}(\alpha,x)=\sum_{p\leqslant x}\log p\, e(\alpha p)\ll x\log^3 x\,(x^{-\frac{1}{2}}q^{\frac{1}{2}}+q^{-\frac{1}{2}}+H^{-1}), \tag{27}$$

及

$$S^{(2)}(\alpha,x)=\sum_{n\leqslant x}\Lambda(n)e(\alpha n)\ll x\log^3 x\,(x^{-\frac{1}{2}}q^{\frac{1}{2}}+q^{-\frac{1}{2}}+H^{-1}). \tag{28}$$

证：由定理2.1.1可得

$$S^{(1)}(\alpha,x)=\log x\,S(\alpha,x)-\int_1^x\frac{S(\alpha,y)}{y}\,dy, \tag{29}$$

由此及式(2)即得式(27). 利用关系式

$$S^{(2)}(\alpha,x)=S^{(1)}(\alpha,x)+O(x^{\frac{1}{2}}), \tag{30}$$

从式(27)就推出式(28).

应该指出,定理1和推论9仅当

$$(\log x)^6<q<x(\log x)^{-6} \tag{31}$$

时才可能得到非显然估计.

§2. Vaughan 方法

Vaughan 方法最初的形式是基于下述恒等式.

引理 1 设$f(m,n)$是两个变数的算术函数. 再设 $x>u\geqslant 1$. 那末有

$$\sum_{u<n\leqslant x} f(1,n)=\sum_{d\leqslant u}\sum_{u<n\leqslant x/d}\sum_{r\leqslant x/nd}\mu(d)f(dr,n)$$

$$-\sum_{u<n\leqslant x}\sum_{u<m\leqslant x/n}\left(\sum_{d\leqslant u,d|m}\mu(d)\right)f(m,n). \tag{1}$$

证: 利用 Möbius 函数得

$$\sum_{u<n\leqslant x} f(1,n)=\sum_{\substack{u<mn\leqslant x\\ u<n}} f(m,n)\sum_{d|m}\mu(d)$$

$$=\sum_{\substack{u<mn\leqslant x\\ u<n}} f(m,n)\sum_{\substack{d|m\\ d\leqslant u}}\mu(d)+\sum_{\substack{u<mn\leqslant x\\ u<n}} f(m,n)\sum_{\substack{d|m\\ d>u}}\mu(d)$$

$$=I_1+I_2\ .$$

设 $m=dr$, 得到

$$I_1=\sum_{d\leqslant u}\sum_{u<n\leqslant x/d}\sum_{r\leqslant x/nd}\mu(d)f(dr,n).$$

在 I_2 中显有 $m>u\geqslant 1$, 利用显然等式

$$\sum_{d|m,d>u}\mu(d)=-\sum_{d|m,d\leqslant u}\mu(d),\quad m>1, \tag{2}$$

得到

$$I_2=-\sum_{u<n\leqslant x}\sum_{u<m\leqslant x/n}\sum_{d\leqslant u,d|m}\mu(d)f(m,n).$$

综合以上结果就证明了式(1).

定理2 在定理1.1的条件下,我们有

$$S^{(2)}(\alpha,x)\ll x(\log x)^{\frac{7}{2}}(x^{-\frac{1}{2}}q^{\frac{1}{2}}+q^{-\frac{1}{2}}+x^{-\frac{1}{5}}),\tag{3}$$

$$S^{(1)}(\alpha,x)\ll x(\log x)^{\frac{7}{2}}(x^{-\frac{1}{2}}q^{\frac{1}{2}}+q^{-\frac{1}{2}}+x^{-\frac{1}{5}}),\tag{4}$$

$$S(\alpha,x)\ll x(\log x)^{\frac{5}{2}}(x^{-\frac{1}{2}}q^{\frac{1}{2}}+q^{-\frac{1}{2}}+x^{-\frac{1}{5}}).\tag{5}$$

证:不妨设 $q\leqslant x$.我们先来证明式(3).在引理1中取 $f(m,n)=\Lambda(n)e(\alpha mn)$,$u(1\leqslant u<x)$ 为一待定参数,得到

$$S^{(2)}(\alpha,x)=\sum_{u<n\leqslant x}\Lambda(n)e(\alpha n)+O(u)\tag{6}$$

$$=T_1-T_2+O(u),$$

其中

$$T_1=\sum_{d\leqslant u}\sum_{u<n\leqslant x/d}\sum_{r\leqslant x/nd}\mu(d)\Lambda(n)e(\alpha drn),$$

$$T_2=\sum_{u<n\leqslant x}\sum_{u<m\leqslant x/n}\sum_{d\leqslant u,d|m}\mu(d)\Lambda(n)e(\alpha mn).$$

先估计 T_1.令 $rn=l$,利用等式

$$\sum_{n|l}\Lambda(n)=\log l,\tag{7}$$

得到

$$T_1=\sum_{d\leqslant u}\mu(d)\sum_{l\leqslant x/d}e(\alpha dl)\sum_{n>u,n|l}\Lambda(n)=T_{11}-T_{12},\tag{8}$$

其中

$$T_{11}=\sum_{d\leqslant u}\mu(d)\sum_{l\leqslant x/d}e(\alpha dl)\log l,$$

$$T_{12}=\sum_{d\leqslant u}\mu(d)\sum_{l\leqslant x/d}e(\alpha dl)\sum_{n\leqslant u,n|l}\Lambda(n).$$

应用引理1.2,引理1.6,得到(令 $l=nr$)

$$T_{12}\ll\sum_{d\leqslant u}\sum_{n\leqslant u}\Lambda(n)\left|\sum_{r\leqslant x/dn}e(\alpha dnr)\right|$$

$$\ll \sum_{d\leqslant u}\sum_{n\leqslant u}\Lambda(n)\min\left(\frac{x}{dn},\frac{1}{\|\alpha dn\|}\right) \tag{9}$$

$$\leqslant \sum_{m\leqslant u^2}\min\left(\frac{x}{m},\frac{1}{\|\alpha m\|}\right)\sum_{n|m}\Lambda(n)$$

$$\ll x\log^2 x(qx^{-1}+q^{-1}+u^2x^{-1}),$$

最后一步还用到了式(7). 根据对数函数的单调性,由引理 1.2及引理1.6可得

$$T_{11}\ll \sum_{d\leqslant u}\left|\sum_{l\leqslant x/d}e(\alpha dl)\log l\right|\ll \log x\sum_{d\leqslant u}\min\left(\frac{x}{d},\frac{1}{\|\alpha d\|}\right)$$

$$\ll x\log^2 x(qx^{-1}+q^{-1}+ux^{-1}). \tag{10}$$

其次来估计 T_2. 设$M<M'\leqslant 2M, u<M\leqslant x/u$. 再设

$$a(m)=\sum_{d|m,d\leqslant u}\mu(d),\quad b(n)=\begin{cases}\Lambda(n), & 当\ n>u;\\ 0, & 当\ n\leqslant u,\end{cases}$$

考虑和

$$S(M)=\sum_{M<m\leqslant M'}a(m)\sum_{n\leqslant x/m}b(n)e(\alpha mn).$$

这就是式(1.18)给出的二重三角和. 利用熟知的估计

$$\sum_{m\leqslant y}|a(m)|^2\leqslant \sum_{m\leqslant y}d^2(m)\ll y\log^3 y,$$

$$\sum_{n\leqslant y}b(n)\leqslant \sum_{n\leqslant y}\Lambda(n)\ll y,$$

从式(1.19)及引理 1.4得到

$$|S(M)|^2\ll M\log^4 x\sum_{n_1\leqslant x/M}b(n_1)\sum_{n_2\leqslant x/M}\min\left(M,\frac{1}{\|\alpha(n_1-n_2)\|}\right)$$

$$\ll x^2\log^5 x(qx^{-1}+q^{-1}+u^{-1}),\quad u<M\leqslant x/u.$$

由此推出

$$T_2=\sum_{u<m\leqslant x/u}\sum_{u<n\leqslant x/m}\sum_{\substack{d\leqslant u\\ d\mid m}}\mu(d)\Lambda(n)e(\alpha mn)$$

$$\ll \log x\max_{u<M\leqslant x/u}|S(M)|\ll x(\log x)^{\frac{7}{2}}\left(q^{\frac{1}{2}}x^{-\frac{1}{2}}+q^{-\frac{1}{2}}+u^{-\frac{1}{2}}\right). \tag{11}$$

最后,取$u=x^{2/5}$,由式(6),(8),(9),(10),(11)就证明了式(3). 式(4)可从式(3)及(1.28)立即推出. 利用定理 2.1.1 可得

$$S(\alpha,x)=\frac{S^{(1)}(\alpha,x)}{\log x}+\int_2^x\frac{S^{(1)}(\alpha,y)}{y\log^2 y}dy, \tag{12}$$

由此及式(4)就推得式(5).

推论 3 设$1\leqslant Q\leqslant x^{\frac{2}{5}}, Q\leqslant q\leqslant xQ^{-1}$. 那末在定理 2 的条件下有

$$S^{(2)}(\alpha,x)\ll xQ^{-\frac{1}{2}}(\log x)^{\frac{7}{2}}, \tag{13}$$

$$S^{(1)}(\alpha,x)\ll xQ^{-\frac{1}{2}}(\log x)^{\frac{7}{2}}, \tag{14}$$

$$S(\alpha,x)\ll xQ^{-\frac{1}{2}}(\log x)^{\frac{5}{2}}. \tag{15}$$

显见,定理 2 及推论 3 仅当

$$(\log x)^7<q<x(\log x)^{-7} \tag{16}$$

时才能得到非显然估计.

Vaughan 所给出的 Виноградов 方法的这一简单且便于应用的新的算术形式,有十分明确的解析背景. 这种方法适用于估计素变数和

$$S=\sum_{n\leqslant x}\Lambda(n)f(n), \tag{17}$$

其中$f(n)$为某种算术函数. 在定理 2 中是取$f(n)=e(\alpha n)$. 从式(6)和式(8)可以看出 Vaughan 方法的实质是把和式 S 分拆为四部份:

$$S=S_1+S_2+S_3+S_4, \tag{18}$$

$$S_j = \sum_{n \leqslant x} b_j(n) f(n),$$

然后分别估计这四个和式. 这实际上也就是要相应地的把算术函数$\Lambda(n)$表为

$$\Lambda(n) = b_1(n) + b_2(n) + b_3(n) + b_4(n), \quad n \leqslant x. \tag{19}$$

从引理 1 很难看出为什么在定理 2 的证明中要对 $\Lambda(n)$ 作所做的上述形式的分解. 下面我们来解释这一点(以下的阐述应在读过本章 §4 后再看).

在本章 §4 中我们将用复变积分法来估计素变数三角和. 这一方法的关键是恒等式(4.18). 这个恒等式的实质是为了移动积分线路而把函数$-\frac{L'}{L}(s,\chi)$先作熟知的分拆——即式(4.18)的第一式,并进而用有限 Dirichlet 多项式 f_1 逼近$-\frac{L'}{L}(s,\chi)$ —— 即式(4.18)的第二式. Dirichlet 级数的这种变形相应地就给出了它们的系数之间的一个关系式,而这种关系式恰好就是式(19)所给出的 $\Lambda(n)$ 的分拆. 下面我们具体地来说明这一点. 为此只要取$L(s,\chi)=\zeta(s)$. 式(4.18)变为

$$-\frac{\zeta'}{\zeta} = f_1 - \zeta f_1 M - \zeta' M + \left(-\frac{\zeta'}{\zeta} - f_1\right)(1 - \zeta M), \tag{20}$$

这里(为了更一般起见,这里 M 和f_1 的项数取得不一样)

$$M = M(s) = \sum_{n \leqslant v} \mu(n) n^{-s}, \tag{21}$$

$$f_1 = f_1(s) = \sum_{n \leqslant u} \Lambda(n) n^{-s}. \tag{22}$$

比较式(20)两边 Dirichlet 级数的系数,容易得到式(19),其中

$$b_1(n) = \begin{cases} \Lambda(n), & n \leqslant u, \\ 0, & n > u, \end{cases} \tag{23}$$

$$b_2(n) = -\sum_{\substack{dm \mid n \\ d \leqslant v,\, m \leqslant u}} \mu(d) \Lambda(m), \tag{24}$$

$$b_3(n)=\sum_{\substack{rd=n\\ d\leqslant v}}\mu(d)\log r\ ,\tag{25}$$

$$b_4(n)=-\sum_{\substack{rm=n\\ m>u,r>v}}\Lambda(m)\left(\sum_{\substack{d|r\\ d\leqslant v}}\mu(d)\right).\tag{26}$$

若取 $f(n)=e(\alpha n)$，这时 $S=S^{(2)}(n,\alpha)$．那末由式(23)—(26)给出的这些 $b_j(n)$ 所确定的 $S^{(2)}(n,\alpha)$ 的分拆式(18)就是由式(6)和式(7)所给出的同一个分拆式(取 $u=v$)．不难验证，这时有 $S_2=-T_{12}$，$S_3=T_{11}$，$S_4=-T_2$，而 $S_1=O(u)$．

如上所作的分析，清楚地表明了：Vaughan 方法实质上就是 §4 中的复变积分法的一个算术等价形式.

Vaughan 方法已被成功地用于估计 $f(n)=e(F(n))$，其中 $F(n)$ 为一多项式的情形(见习题 20)；以及给出了 Bombieri—Виноградов 均值定理的一个漂亮的初等证明(见 §31.3)．

§3. 零点密度方法

利用 L 函数零点密度估计的结果(我们将在第三十章定理 2.1 中证明)，可以证明以下结论：

定理 1 在定理1.1 的条件下，我们有

$$S^{(2)}(\alpha,x)\ll x\log^{12}x\,(x^{-\frac{1}{2}}q^{\frac{1}{2}}+x^{-\frac{1}{5}}q^{\frac{1}{10}}+x^{-\frac{1}{10}}q^{-\frac{1}{10}}+q^{-\frac{1}{2}}),\tag{1}$$

$$S^{(1)}(\alpha,x)\ll x\log^{12}x\,(x^{-\frac{1}{2}}q^{\frac{1}{2}}+x^{-\frac{1}{5}}q^{\frac{1}{10}}+x^{-\frac{1}{10}}q^{-\frac{1}{10}}+q^{-\frac{1}{2}}),\tag{2}$$

$$S(\alpha,x)\ll x\log^{11}x\,(x^{-\frac{1}{2}}q^{\frac{1}{2}}+x^{-\frac{1}{5}}q^{\frac{1}{10}}+x^{-\frac{1}{10}}q^{-\frac{1}{10}}+q^{-\frac{1}{2}}).\tag{3}$$

由式(1.28)及(2.12)知，从估计式(1)立即可推出式(2)和式(3)．这里将先估计 $S^{(2)}(\frac{h}{q},x)$，$(h,q)=1$，并由此推出估计式(1)．为此，先证明几个引理.

引理 2 设 $x\geqslant 2$，$q\geqslant 1$，$(q,h)=1$．我们有

$$S^{(2)}\left(\frac{h}{q},x\right)=\frac{1}{\varphi(q)}\sum_{\chi\bmod q}\chi(h)\tau(\overline{\chi})\psi(x,\chi)+O(\log x\log q).\tag{4}$$

证：我们有

$$S^{(2)}\left(\frac{h}{q},x\right)=\sum_{\substack{n\leqslant x\\(n,q)=1}}\Lambda(n)\,e\left(\frac{h}{q}n\right)+O(\log x\log q)$$

$$=\sum_{l=1}^{q}{}'e\left(\frac{h}{q}l\right)\sum_{\substack{n\leqslant x\\n\equiv l(\bmod q)}}\Lambda(n)+O(\log x\log q),$$

由此从式(18.1.3)及(18.1.7)推出

$$S^{(2)}\left(\frac{h}{q},x\right)=\frac{1}{\varphi(q)}\sum_{\chi\bmod q}\left(\sum_{l=1}^{q}{}'e\left(\frac{h}{q}l\right)\bar{\chi}(l)\right)\psi(x,\chi)$$

$$+O(\log x\log q).$$

由此及式(13.3.9)就证明了所要的结论.

引理3 设$x\geqslant 4,1\leqslant q\leqslant x$.我们有

$$\sum_{\chi\bmod q}|\psi(x,\chi)|\ll(x+x^{\frac{4}{5}}q^{\frac{3}{5}}+x^{\frac{1}{2}}q)\log^{11}x. \tag{5}$$

证：在式(18.1.31)中取 $T=x^{\frac{1}{2}}$. 利用定理17.1.1及推论15.3.2可得

$$\sum_{|\mathrm{Im}\rho|\leqslant 1}{}'\frac{1}{|\rho|}\ll\log^2(2q)\ll\log^2 x,$$

所以有

$$\psi(x,\chi)\ll E_0x+\sum_{\substack{|\gamma|\leqslant x^{\frac{1}{2}}\\\beta\geqslant\frac{1}{2}}}\frac{x^{\beta}}{1+|\gamma|}+x^{\frac{1}{2}}\log^2 x, \tag{6}$$

这里$\rho=\beta+i\gamma$. 因而得到

$$\sum_{\chi\bmod q}|\psi(x,\chi)|\ll x+\sum_{\chi\bmod q}\sum_{\substack{|\gamma|\leqslant x^{1/2}\\\beta\geqslant\frac{1}{2}}}\frac{x^{\beta}}{1+|\gamma|}+qx^{\frac{1}{2}}\log^2 x. \tag{7}$$

设$B>2,\frac{1}{2}\leqslant\alpha<1,N(\alpha,B,\chi)$表$L(S,\chi)$在区域：$\alpha\leqslant\sigma\leqslant 1,|t|\leqslant B$中的零点个数，以及

$$N(\alpha,B,q)=\sum_{\chi \bmod q} N(\alpha,B,\chi).$$

由定理 30.2.1 知

$$N(\alpha,B,q) \ll \begin{cases} (qB)^{(5-4\alpha)/3}\log^9(qB), & \frac{1}{2} \leqslant \alpha \leqslant \frac{4}{5}, \\ (qB)^{3(1-\alpha)}\log^9(qB), & \frac{4}{5} \leqslant \alpha < 1. \end{cases} \tag{8}$$

因而有

$$\begin{aligned} \sum_{\chi \bmod q} \sum_{|\gamma| \leqslant x^{1/2},\, \beta \geqslant \frac{1}{2}} \frac{x^\beta}{1+|\gamma|} &\ll \sum_{\chi \bmod q} \sum_{|\gamma| \leqslant 2,\, \beta \geqslant \frac{1}{2}} x^\beta \\ &\quad + \sum_{2 \leqslant 2^j \leqslant x^{1/2}} \frac{1}{2^j} \sum_{\chi \bmod q} \sum_{\substack{2^j < |\gamma| \leqslant 2^{j+1} \\ \beta \geqslant \frac{1}{2}}} x^\beta \\ &\ll \sum_{2 \leqslant 2^j \leqslant 2x^{1/2}} \frac{1}{2^j} \sum_{\chi \bmod q} \sum_{\substack{|\gamma| \leqslant 2^j \\ \beta \geqslant 1/2}} x^\beta . \end{aligned} \tag{9}$$

由 Abel 求和公式(2.1.2)及 $N(1,B,q)=0$ 得

$$\sum_{\chi \bmod q} \sum_{|\gamma| \leqslant 2^j,\, \beta \geqslant 1/2} x^\beta = x^{\frac{1}{2}} N\left(\frac{1}{2},2^j,q\right) + \log x \int_{1/2}^{1} x^\alpha N(\alpha,2^j,q)\,d\alpha ,$$

由此及式(8),式(15.3.2)得

$$\begin{aligned} \sum_{\chi \bmod q} \sum_{|\gamma| \leqslant 2^j,\, \beta \geqslant 1/2} x^\beta &\ll x^{\frac{1}{2}}(q2^j)\log x + \log^{10} x \int_{1/2}^{4/5} x^\alpha (q2^j)^{(5-4\alpha)/3} d\alpha \\ &\quad + \log^{10} x \int_{\frac{4}{5}}^{1} x^\alpha (q2^j)^{3(1-\alpha)} d\alpha \\ &\ll \left(x^{\frac{1}{2}} q2^j + x^{\frac{4}{5}} (q2^j)^{\frac{3}{5}} + x\right) \log^{10} x , \end{aligned}$$

由此及式(9),式(7)就证明式(5).

引理 4 设$x \geqslant 4$, $q \geqslant 1$, $(q,h)=1$. 我们有

$$S^{(2)}\left(\frac{h}{q},x\right)\ll x\log^{12}x\left(x^{-\frac{1}{2}}q^{\frac{1}{2}}+x^{-\frac{1}{5}}q^{\frac{1}{10}}+q^{-\frac{1}{2}}\right). \tag{10}$$

证：当 $q\geqslant x$ 或 $q\leqslant 4$ 时，式(10)显然成立. 故可假定 $4<q<x$. 利用 $|\tau(\bar{\chi})|\leqslant\sqrt{q}$，$\varphi(q)\gg q\log^{-1}q$，由式(4)，(5)得到

$$\begin{aligned}S^{(2)}\left(\frac{h}{q},x\right)&\ll\frac{\log q}{\sqrt{q}}\sum_{\chi\bmod q}|\psi(x,\chi)|+\log^2x\\&\ll\frac{\log q}{\sqrt{q}}\left(x+x^{\frac{4}{5}}q^{\frac{3}{5}}+x^{\frac{1}{2}}q\right)\log^{11}x,\end{aligned}$$

这就证明了式(10).

为了从式(10)推出式(1)，需要下述的 Dirichlet 的著名结果：

引理 5 设 x 是一实数. 对任给的正数 $y\geqslant 1$，一定存在一对整数 h，q 满足

$$1\leqslant q\leqslant y,\qquad (q,h)=1,$$

使得

$$|qx-h|<\frac{1}{y}.$$

证：显见以下 $[y]+2$ 个数

$$1,\qquad kx-[kx],\qquad k=0,1,\cdots,[y],$$

均位在区间 $[0,1]$ 上，所以一定有两个数，它们之差不超过 $([y]+1)^{-1}$. 如果这两个数是

$$k_1x-[k_1x],\qquad k_2x-[k_2x],\qquad 0\leqslant k_1<k_2\leqslant[y],$$

我们就取

$$q=\frac{q'}{(q',h')},\qquad h=\frac{h'}{(q',h')},$$

其中 $q'=k_2-k_1$，$h'=[k_2x]-[k_1x]$；不然这两个数一定是

$$1,\quad kx-[kx],\qquad 0<k\leqslant[y],$$

这时就取

$$q=\frac{q''}{(q'',h'')},\qquad h=\frac{h''}{(q'',h'')},$$

其中 $q''=k, h''=[kx]+1$．容易验证,不管是哪种情形出现,所取的q ,h 均满足引理的要求.

定理 1 的证明: 前已说明,只要证明式(1)．设 $\alpha=\dfrac{h}{q}+z$．由 Abel 求和公式(2.1.2)得

$$S^{(2)}(\alpha,x)=S^{(2)}\left(\frac{h}{q},x\right)e(zx)-2\pi iz\int_1^x S^{(2)}\left(\frac{h}{q},u\right)e(zu)\,du, \quad (11)$$

由此及式(10)推出

$$S^{(2)}(\alpha,x)\ll(1+|z|x)\,x\log^{12}x\left(x^{-\frac{1}{2}}q^{\frac{1}{2}}+x^{-\frac{1}{5}}q^{\frac{1}{10}}+q^{-\frac{1}{2}}\right). \quad (12)$$

若 $|z|x\leqslant 2$，则由上式就证明了式(1)．不然就有 $\dfrac{2}{x}<|z|\leqslant\dfrac{1}{q^2}$，因而有 $q<\dfrac{x}{2q}$．由引理 5 知,存在整数 h',q' 满足

$$(q',h')=1, \qquad 1\leqslant q'\leqslant\frac{x}{q}, \quad (13)$$

便有

$$\left|\alpha-\frac{h'}{q'}\right|\leqslant\frac{q}{xq'}. \quad (14)$$

设 $\alpha=\dfrac{h'}{q'}+z'$.容易看出,一定有

$$|z'|<\frac{1}{2qq'}, \qquad \frac{h'}{q'}\neq\frac{h}{q}.$$

因而有

$$\frac{1}{qq'}\leqslant\left|\frac{h}{q}-\frac{h'}{q'}\right|\leqslant|z|+|z'|<\frac{1}{q^2}+\frac{1}{2qq'}.$$

由上式及式(13),(14)立即得到

$$\frac{q}{2}<q'<\frac{x}{q} \quad (15)$$

及

$$|z'|x<2. \quad (16)$$

这样，由式(10)及(15)可得

$$S^{(2)}\left(\frac{h'}{q'},x\right) \ll x\log^{12}x(x^{-\frac{1}{2}}q'^{\frac{1}{2}}+x^{-\frac{1}{5}}q'^{\frac{1}{10}}+q'^{-\frac{1}{2}})$$
$$\ll x\log^{12}x(x^{-\frac{1}{10}}q^{-\frac{1}{10}}+q^{-\frac{1}{2}}). \tag{17}$$

在式(11)中取 $\alpha=\frac{h'}{q'}+z'$，相应地以 $\frac{h'}{q'}$，z'代替 $\frac{h}{q}$，z，利用式(17)，(16)就得到

$$S^{(2)}(\alpha,x) \ll (1+|z'|x)x\log^{12}x(x^{-\frac{1}{10}}q^{-\frac{1}{10}}+q^{-\frac{1}{2}})$$
$$\ll x\log^{12}x(x^{-\frac{1}{10}}q^{-\frac{1}{10}}+q^{-\frac{1}{2}}), \tag{18}$$

所以式(1)也成立.

推论 6 设$1\leqslant Q\leqslant x^{\frac{1}{4}}$，$Q\leqslant q\leqslant xQ^{-1}$.那末在定理 1 的条件下有

$$S^{(2)}(\alpha,x) \ll xQ^{-\frac{1}{2}}\log^{12}x, \tag{19}$$

$$S^{(1)}(\alpha,x) \ll xQ^{-\frac{1}{2}}\log^{12}x, \tag{20}$$

$$S(\alpha,x) \ll xQ^{-\frac{1}{2}}\log^{11}x. \tag{21}$$

显然,定理 1 和推论 6 仅当

$$(\log x)^{24}<q<x(\log x)^{-24} \tag{22}$$

时才能得到非显然估计.

§4. 复变积分法

我们先来估计和式

$$S^{(3)}(\alpha,x)=\sum_{n\leqslant x}\Lambda(n)e(\alpha n)\log\frac{x}{n}. \tag{1}$$

同证明引理 3.2 完全一样,容易证明

引理 1 设$x\geqslant 2$，$q\geqslant 1$，$(q,h)=1$.我们有

$$S^{(3)}\left(\frac{h}{q},x\right)=\frac{1}{\varphi(q)}\sum_{\chi \bmod q}\tau(\bar{\chi})\chi(h)\psi_1(x,\chi)+O(\log^2 x\log q), \tag{2}$$

其中

$$\psi_1(x,\chi)=\sum_{n\leqslant x}\Lambda(n)\chi(n)\log\frac{x}{n}. \tag{3}$$

代替引理 3.3,我们要证明

引理 2 设$x\geqslant 2,1\leqslant q\leqslant x$.我们有

$$\sum_{\substack{\chi \bmod q\\ \chi\neq\chi^0}}|\psi_1(x,\chi)|\ll x\log^9 x+x^{\frac{3}{4}}q^{\frac{3}{4}}\log^{\frac{11}{2}}x. \tag{4}$$

为了证明式(4),先要证明

引理 3 设$s=\frac{1}{2}+it, q\geqslant 3$.我们有

$$\sum_{\substack{\chi \bmod q\\ \chi\neq\chi^0}}|L(s,\chi)|^2\ll\varphi(q)|s|\log^2(q|s|), \tag{5}$$

$$\sum_{\substack{\chi \bmod q\\ \chi\neq\chi^0}}|L'(s,\chi)|^2\ll\varphi(q)|s|\log^4(q|s|). \tag{6}$$

证:取$H=q|s|$,并设

$$G(x)=\sum_{H<n\leqslant x}\chi(n). \tag{7}$$

对$\chi\neq\chi^0$有

$$L(s,\chi)=\sum_{n\leqslant H}\chi(n)n^{-s}+\sum_{n>H}\chi(n)n^{-s}, \tag{8}$$

由定理 2.1.1 及定理 13.4.1 得:对$\chi\neq\chi^0$,

$$\sum_{n>H}\chi(n)n^{-s}=s\int_H^{\infty}\chi^{-s-1}G(x)\varphi x\ll|s|^{\frac{1}{2}}\log q. \tag{9}$$

因而对$\chi\neq\chi^0$有

$$L^2(s,\chi)\ll\left|\sum_{n\leqslant H}\chi(n)n^{-s}\right|^2+|s|\log^2 q. \tag{10}$$

进而利用定理 13.4.2 可得

$$\sum_{\substack{\chi \bmod q\\ \chi\neq\chi^0}} |L(s,\chi)|^2 \ll \sum_{\chi \bmod q} \left|\sum_{n\leqslant H}\chi(n)n^{-s}\right|^2 + \varphi(q)|s|\log^2 q \quad (11)$$

$$\ll \varphi(q)|s|\sum_{n\leqslant H}\frac{1}{n} + \varphi(q)|s|\log^2 q$$

$$\ll \varphi(q)|s|\log^2(q|s|),$$

这就证明了式(5). 下面来证式(6). 对 $\chi\neq\chi^0$ 有

$$L'(s,\chi) = -\sum_{n\leqslant H}\chi(n)n^{-s}\log n - \sum_{n>H}\chi(n)n^{-s}\log n. \quad (12)$$

类似于式(9),对 $\chi\neq\chi^0$ 有

$$\sum_{n>H}\chi(n)n^{-s}\log n = \int_H^\infty (sx^{-s-1}\log x - x^{-s-1})G(x)\,dx$$

$$\ll |s|^{\frac{1}{2}}\log^2(q|s|).$$

因此,对$\chi\neq\chi^0$ 有

$$(L'(s,\chi))^2 \ll \left|\sum_{n\leqslant H}\chi(n)n^{-s}\log n\right| + |s|\log^4(q|s|).$$

和证明式(11)完全一样,由此即可推出式(6).

引理 2 的证明: 利用定理 6.5.5(取 $a(n)=\Lambda(n)\chi(n)$, $s_0=0$, $k=1$)得到:对 $a>1$ 有

$$\psi_1(x,\chi) = \frac{1}{2\pi i}\int_{(a)} -\frac{L'}{L}(s,\chi)\frac{x^s}{s^2}\,ds. \quad (13)$$

现取 $a=1+(\log x)^{-1}$, $A=x^{\frac{1}{4}}q^{\frac{1}{4}}\log^{\frac{3}{2}}x$, $B=[6\log^2 x]$. 设

$$M = M_A(s,\chi) = \sum_{n\leqslant A}\mu(n)\chi(n)n^{-s}, \quad (14)$$

$$f_1 = f_1(s,\chi) = \sum_{n\leqslant A}\Lambda(n)\chi(n)n^{-s}, \quad (15)$$

$$f_2 = f_2(s,\chi) = \sum_{A<n\leqslant 2^B A}\Lambda(n)\chi(n)n^{-s}. \quad (16)$$

容易证明:当 Re $s=a$ 时有

$$-\frac{L'}{L}=-\frac{L'}{L}(s,\chi)=f_1+f_2+O(x^{-4}). \tag{17}$$

从恒等式

$$\begin{aligned}-\frac{L'}{L}&=-\frac{L'}{L}(1-LM)-L'M\\&=f_1(1-LM)+\left(-\frac{L'}{L}-f_1\right)(1-LM)-L'M,\end{aligned} \tag{18}$$

及式(17)立即推出:当 $\operatorname{Re}s=a$ 时有

$$-\frac{L'}{L}=f_1(1-LM)+f_2(1-LM)-L'M+O(x^{-3}). \tag{19}$$

把上式代入式(13)得到:

$$\begin{aligned}\psi_1(x,\chi)=&\frac{1}{2\pi i}\int_{(a)}(f_1-f_1LM-L'M)\frac{x^s}{s^2}ds\\&+\frac{1}{2\pi i}\int_{(a)}f_2(1-LM)\frac{x^s}{s^2}ds+O(x^{-1}).\end{aligned} \tag{20}$$

当 $\chi\neq\chi^0$ 时,把上式第一个积分移至直线 $\operatorname{Re}s=\frac{1}{2}$,得到:

$$\begin{aligned}\psi_1(x,\chi)=&\frac{1}{2\pi i}\int_{(\frac{1}{2})}(f_1-f_1LM-L'M)\frac{x^s}{s^2}ds\\&+\frac{1}{2\pi i}\int_{(a)}f_2(1-LM)\frac{x^s}{s^2}ds+O(x^{-1})\\&\ll x^{1/2}\int_{(1/2)}(|f_1|+|f_1LM|+|L'M|)\frac{|ds|}{|s|^2}\\&+x\int_{(a)}|f_2(1-LM)|\frac{|ds|}{|s|^2}+O(x^{-1}).\end{aligned} \tag{21}$$

上式对模 q 的所有非主特征求和,并利用 Cauchy 不等式得到:

$$\sum_{\substack{\chi \bmod q \\ \chi\neq\chi^0}} |\psi_1(x,\chi)| \ll x^{1/2} q^{1/2} \sup_{\sigma=1/2} \Big(\sum_{\substack{\chi \bmod q \\ \chi\neq\chi^0}} |f_1|^2 \Big)^{1/2}$$

$$+ x^{1/2} \sup_{\sigma=1/2} \left\{ \Big(\sum_{\substack{\chi \bmod q \\ \chi\neq\chi^0}} |f_1|^4 \Big)^{1/4} \Big(\sum_{\substack{\chi \bmod q \\ \chi\neq\chi^0}} |M|^4 \Big)^{1/4} \right\} \int_{(1/2)} \Big(\sum_{\substack{\chi \bmod q \\ \chi\neq\chi^0}} |L^2| \Big)^{1/2} \frac{|ds|}{|s|^2}$$

$$+ x^{1/2} \sup_{\sigma=1/2} \Big(\sum_{\substack{\chi \bmod q \\ \chi\neq\chi^0}} |M|^2 \Big)^{1/2} \int_{(1/2)} \Big(\sum_{\substack{\chi \bmod q \\ \chi\neq\chi^0}} |L'|^2 \Big)^{1/2} \frac{|ds|}{|s|^2}$$

$$+ x \sup_{\sigma=a} \left\{ \Big(\sum_{\substack{\chi \bmod q \\ \chi\neq\chi^0}} |f_2|^2 \Big)^{1/2} \Big(\sum_{\substack{\chi \bmod q \\ \chi\neq\chi^0}} |1-LM|^2 \Big)^{1/2} \right\} + qx^{-1}. \quad (22)$$

我们利用定理 13.4.2 及引理 3 来估计上式各项.由定理 13.4.2 得

$$\sum_{\chi \bmod q} \left| f_1\Big(\frac{1}{2}+it,\chi\Big) \right|^2 \ll (q+A) \sum_{n\leqslant A} \frac{\Lambda^2(n)}{n} \ll (q+A)\log^3 x, \quad (23)$$

$$\sum_{\chi \bmod q} \left| M\Big(\frac{1}{2}+it,\chi\Big) \right|^2 \ll (q+A) \sum_{n\leqslant A} \frac{1}{n} \ll (q+A)\log x. \quad (24)$$

注意到

$$f_1^2(s,\chi) = \sum_{n\leqslant A^2} a(n)\chi(n)n^{-s}, \quad |a(n)| \leqslant d(n)\log n,$$

$$M^2(s,\chi) = \sum_{n\leqslant A^2} b(n)\chi(n)n^{-s}, \quad |b(n)| \leqslant d(n),$$

由定理 13.4.2 得

$$\sum_{\chi \bmod q} \left| f_1\Big(\frac{1}{2}+it,\chi\Big) \right|^4 \ll (q+A^2) \sum_{n\leqslant A^2} \frac{d^2(n)\log^2 n}{n} \ll (q+A^2)\log^b x, \quad (25)$$

$$\sum_{\chi \bmod q} \left| M\Big(\frac{1}{2}+it,\chi\Big) \right|^4 \ll (q+A^2) \sum_{n\leqslant A^2} \frac{d^2(n)}{n} \ll (q+A^2)\log^4 x, \quad (26)$$

这里用到了熟知的估计

$$\sum_{n\leqslant y}\frac{d^k(n)}{n}\ll(\log y)^{2^k}. \tag{27}$$

再利用 Cauchy不等式和定理13.4.2 可得

$$\begin{aligned}\sum_{\chi\bmod q}|f_2(a+it,\chi)|^2&=\sum_{\chi\bmod q}\left|\sum_{j=0}^{B-1}\sum_{2^jA<n\leqslant 2^{j+1}A}\Lambda(n)\chi(n)n^{-a-it}\right|^2\\&\leqslant B\sum_{j=0}^{B-1}\sum_{\chi\bmod q}\left|\sum_{2^jA<n\leqslant 2^{j+1}A}\Lambda(n)\chi(n)n^{-a-it}\right|^2\\&\ll B\sum_{j=0}^{B-1}(q+2^jA)\sum_{2^jA<n\leqslant 2^{j+1}A}\frac{\Lambda^2(n)}{n^2}\\&\ll(qA^{-1}+\log^2x)\log^6x.\end{aligned} \tag{28}$$

注意到

$$\begin{aligned}1-LM(a+it,\chi)&=-\sum_{n>A}c(n)\chi(n)n^{-a-it}\\&=\sum_{A<n\leqslant 2^BA}c(n)\chi(n)n^{-a-it}+O(x^{-1}),\end{aligned} \tag{29}$$

其中 $c(n)=\sum_{A\geqslant d|n}\mu(d)\ll d(n)$. 同证明估计式(28)完全一样，可得到

$$\begin{aligned}\sum_{\chi\bmod q}|1-LM(a+it,\chi)|^2&\ll B\sum_{j=0}^{B-1}(q+2^jA)\sum_{2^jA<n\leqslant 2^{j+1}A}\frac{d^2(n)}{n^2}\\&\ll(qA^{-1}+\log^2x)\log^8x,\end{aligned} \tag{30}$$

这里用到了熟知的估计

$$\sum_{n\leqslant y}d^k(n)\ll y(\log y)^{2^k-1}. \tag{31}$$

最后来估计式(22)中的两个积分. 由式(5)得

$$\int_{\left(\frac{1}{2}\right)}\Bigg(\sum_{\substack{\chi\bmod q\\ \chi\neq\chi^0}}|L|^2\Bigg)^{1/2}\frac{|ds|}{|s|^2}\ll\sqrt{q}\,\log q. \tag{32}$$

由式(6)得

$$\int_{(\frac{1}{2})}\left(\sum_{\substack{\chi \bmod q\\ \chi\neq\chi^0}}|L'|^2\right)^{1/2}\frac{|ds|}{|s|^2} \ll \sqrt{q}\ \log^2 q. \tag{33}$$

把以上所得的估计式(23),(24),(25),(26),(28),(30),(32)及(33)代入式(22),并注意到 $A=x^{\frac{1}{4}}q^{\frac{1}{4}}\log^{\frac{3}{2}}x$ 及 $A^2\geqslant q$,就立即得到式(4).

利用 $|\tau(\overline{\chi})|\leqslant\sqrt{q}$, $\varphi(q)\gg q^{-1}\log(2q)$,及 $\psi_1(x,\chi^0)\ll x\log x$,由引理1,引理2直接推得

引理5 设 $x\geqslant 2, 1\leqslant q\leqslant x, (q,h)=1$.我们有

$$S^{(3)}(h/q,x)\ll x(q^{-\frac{1}{2}}\log^{10}x+x^{-\frac{1}{4}}q^{\frac{1}{4}}\log^{\frac{13}{2}}x). \tag{34}$$

此外,当 $1\leqslant Q^{\frac{1}{2}}\leqslant q\leqslant xQ^{-1}$ 时,

$$S^{(3)}(h/q,x)\ll xQ^{-\frac{1}{4}}\log^{10}x. \tag{35}$$

下面我们要从 $S^{(3)}(h/q,x)$ 的估计式来导出 $S^{(2)}(h/q,x)$ 的估计式.

引理6 设 $x\geqslant 2, 1\leqslant q\leqslant x, (q,h)=1$.我们有

$$S^{(2)}\left(\frac{h}{q},x\right)\ll x(q^{-\frac{1}{4}}\log^{\frac{11}{2}}x+x^{-\frac{1}{8}}q^{\frac{1}{8}}\log^{\frac{13}{2}}x). \tag{36}$$

证: 设 λ 是一个待定参数,满足条件

$$0<\lambda<1, \qquad \lambda x\geqslant 1. \tag{37}$$

我们有

$$S^{(3)}\left(\frac{h}{q},x+\lambda x\right)-S^{(3)}\left(\frac{h}{q},x\right)=\log(1+\lambda)S^{(2)}\left(\frac{h}{q},x\right)$$
$$+\sum_{x<n\leqslant(1+\lambda)x}\Lambda(n)e\left(\frac{h}{q}n\right)\log\left(\frac{x+\lambda x}{n}\right),$$

由此及式(34)得到

$$\log(1+\lambda)S^{(2)}\left(\frac{h}{q},x\right)\ll x(q^{-\frac{1}{2}}\log^{10}x+x^{-\frac{1}{4}}q^{\frac{1}{4}}\log^{\frac{13}{2}}x)$$
$$+\lambda x\log(1+\lambda)\log x.$$

利用不等式

$$\lambda\geqslant\log(1+\lambda)\geqslant\frac{\lambda}{2},\qquad 0\leqslant\lambda\leqslant 1,$$

就得到

$$S^{(2)}(h/q,x)\ll\lambda^{-1}x(q^{-\frac{1}{2}}\log^{10}x+x^{-\frac{1}{4}}q^{\frac{1}{4}}\log^{\frac{13}{2}}x)+\lambda x\log x.\quad(38)$$

取 $\lambda=(q^{-\frac{1}{2}}\log^{9}x+x^{-\frac{1}{4}}q^{\frac{1}{4}}\log^{\frac{11}{2}}x)^{\frac{1}{2}}$. 当 $\log^{20}x\leqslant q\leqslant x\log^{-26}x$, $x\geqslant 9$ 时,λ 满足条件(37). 因而从式(38)就推出式(36). 而当这些条件不满足时,式(36)显然成立.

同从引理 3.4 证明定理 3.1 的论证完全一样,从引理 6 就可推出我们所要的结果(证略).

定理 7 在定理1.1 的条件下,我们有

$$S^{(2)}(\alpha,x)\ll x\log^{\frac{13}{2}}x(q^{-\frac{1}{8}}+x^{-\frac{1}{8}}q^{\frac{1}{8}}),\qquad(39)$$

$$S^{(1)}(\alpha,x)\ll x\log^{\frac{13}{2}}x(q^{-\frac{1}{8}}+x^{-\frac{1}{8}}q^{\frac{1}{8}}),\qquad(40)$$

$$S(\alpha,x)\ll x\log^{\frac{11}{2}}x(q^{-\frac{1}{8}}+x^{-\frac{1}{8}}q^{\frac{1}{8}}).\qquad(41)$$

此外,若 $1\leqslant Q\leqslant q\leqslant xQ^{-1}$,则

$$S^{(2)}(\alpha,x)\ll xQ^{-\frac{1}{8}}\log^{\frac{13}{2}}x,\qquad(42)$$

$$S^{(1)}(\alpha,x)\ll xQ^{-\frac{1}{8}}\log^{\frac{13}{2}}x,\qquad(43)$$

$$S(\alpha,x)\ll xQ^{-\frac{1}{8}}\log^{\frac{11}{2}}x.\qquad(44)$$

显见, 定理 7 仅当

$$(\log x)^{52}<q<x(\log x)^{-52}\qquad(45)$$

时才能得到非显然估计.

§5. 小 q 情形的估计

以上四节所得到的线性素变数三角和估计,仅当 q 较大时才是非显然估计. 具体地说,定理 1.1 (及推论1.9),定理 2.2 ,定理3.1

以及定理 4.7 分别仅当 $\log^6 x<q<x\log^{-6}x$, $\log^7 x<q<x\log^{-7}x$, $\log^{24}x<q<x\log^{-24}x$, 以及 $\log^{52}x<q<x\log^{-52}x$ 时,才能得到非显然估计. 为了定出三素数定理中的常数(见§20.3),就需要对更小的 q 有一个非显然估计,本节就是要证明一个这样的结果. 证明的方法和前面的根本不同,它实际上是算术数列中的素数定理(定理18.2.2)的一个简单应用,为方便起见放在这里讨论.

定理 1 设 $x\geqslant 2$, $q\geqslant 1$, $(q,h)=1$, 实数 $\alpha=h/q+z$. 那末,一定存在一个正常数 λ_0, 使当 $q\leqslant e^{\lambda_0\sqrt{\log x}}$, $|z|\leqslant x^{-1}e^{\lambda_0\sqrt{\log x}}$ 时,有

$$S(\alpha,x)\ll\frac{x\log\log(10q)}{\sqrt{q}\log x}\min\left(1,\frac{1}{x|z|}\right),\tag{1}$$

$$S^{(1)}(\alpha,x)\ll\frac{x\log\log(10q)}{\sqrt{q}}\min\left(1,\frac{1}{x|z|}\right),\tag{2}$$

$$S^{(2)}(\alpha,x)\ll\frac{x\log\log(10q)}{\sqrt{q}}\min\left(1,\frac{1}{x|z|}\right).\tag{3}$$

证: 先来证明式(1). 我们有

$$S(\alpha,x)=\sum_{\substack{2<p\leqslant x\\(p,q)=1}}e(\alpha p)+O(\omega(q))\tag{4}$$

$$=\sum_{l=1}^{q}{}'e\left(\frac{h}{q}l\right)\sum_{\substack{2<p\leqslant x\\p\equiv l(\mathrm{mod}\,q)}}e(zp)+O(\log q).$$

由式(2.1.5)及(18.2.9)得:当 $(l,q)=1$ 时有

$$\sum_{\substack{2<p\leqslant x\\p\equiv l\,(\mathrm{mod}\,q)}}e(zp)=\frac{1}{\varphi(q)}\int_2^x\frac{e(zu)}{\log u}du-\widetilde{E}(q)\frac{\widetilde{\chi}(l)}{\varphi(q)}\int_2^x\frac{u^{\widetilde{\beta}-1}e(zu)}{\log u}du$$
$$+O(xe^{-c\sqrt{\log x}})+O(|z|x^2e^{-c\sqrt{\log x}}).\tag{5}$$

利用式(13.3.9)及(13.3.13),从以上两式得

$$S(\alpha,x)=\frac{\mu(q)}{\varphi(q)}\int_2^x\frac{e(zu)}{\log u}du-\frac{\widetilde{E}(q)}{\varphi(q)}\widetilde{\chi}(h)\tau(\widetilde{x})\int_2^x\frac{u^{\widetilde{\beta}-1}}{\log u}e(zu)\,du$$

$$+O\left(qxe^{-c\sqrt{\log x}}\right)+O\left(q|z|x^2e^{-c\sqrt{\log x}}\right). \tag{6}$$

利用第二积分中值定理及熟知的估计:对任意的 $y, Y>0$ 有

$$\left|\int_y^{y+Y}e(zu)du\right|\leqslant Y\min\left(1,\frac{1}{Y|z|}\right), \tag{7}$$

可得

$$\int_2^x\frac{e(zu)}{\log u}du=\int_{\sqrt{x}}^x\frac{e(zu)}{\log u}du+O(\sqrt{x})$$

$$\ll\frac{x}{\log x}\min\left(1,\frac{1}{x|z|}\right)+\sqrt{x}, \tag{8}$$

及

$$\int_2^x\frac{u^{\widetilde{\beta}-1}}{\log u}e(zu)\ll\frac{x}{\log x}\min\left(1,\frac{1}{x|z|}\right)+\sqrt{x}. \tag{9}$$

由式(6),(8),(9),$|\tau(\widetilde{x})|\leqslant\sqrt{q}$ 及 $\varphi(q)\gg q(\log\log 10q)^{-1}$ 推出

$$S(\alpha,x)\ll\frac{x\log\log(10q)}{\sqrt{q}}\min\left(1,\frac{1}{x|z|}\right)+\sqrt{x}$$

$$+qxe^{-c\sqrt{\log x}}+q|z|x^2e^{-c\sqrt{\log x}}. \tag{10}$$

容易看出,只要取 $\lambda_0\leqslant\frac{2}{7}c$ 从上式就可推出式(1).

式(3)可用同样的方法来证明,只要注意到用式(18.2.5)来代替式(18.2.9)(请详细写出这一证明)从(3)立即得到式(2).

习　　题

1. 设 α 由式(1.1)给出, $x>0$, β_1, 是任意实数. 证明:

$$\sum_{n=1}^{q}\min(x,\|\alpha n+\beta_1\|^{-1})\leqslant\sum_{n\leqslant q/2}\min(x,\|q^{-1}m+q^{-1}\lambda_m\|^{-1}),$$

其中 $|\lambda_m|<2$. 由此证明引理 1.4.

2. 设 k 是正整数, 在上题条件下证明:

$$\sum_{n=1}^{q}\min(x,\|\alpha kn+\beta_1\|^{-1})\ll kx+q\log q.$$

进而推出在引理 1.4 的条件下有

$$\sum_{n=N_0+1}^{N_0+N}\min(x,\|\alpha kn+\beta\|^{-1})\ll(q^{-1}N+1)(kx+q\log q).$$

直接由引理 1.4 可得到怎样的估计?

3. 设 k 是正整数. 在引理 1.6 的条件下有

$$\sum_{n\leqslant N}\min(n^{-1}x,\|\alpha kn\|^{-1})\ll q\log q+N\log q+q^{-1}k^2x+q^{-1}kx\log N.$$

直接由引理1.6 可得到怎样的估计?

4. 设 α 由式(1.1)给出, k 是正整数, $x\geqslant 2$, $1\leqslant U\leqslant x$, 以及 $U<U'\leqslant 2U$. 证明:

$$I(k)=\sum_{U<n\leqslant U'}\sum_{1\leqslant mn\leqslant x}e(\alpha kmn)\ll x(x^{-1}q\log q+q^{-1}k^2\log x+U^{-1}\log q),$$

$$I(k)\ll x(x^{-1}q\log q+q^{-1}k+x^{-1}kU+U^{-1}\log q),$$

$$I(k)\ll x(x^{-1}q\log q+q^{-1}k+x^{-1}U\log q+kU^{-1})$$

都成立.

5. 设 $\lambda\geqslant 1$. 证明在引理 1.4 的条件下有

$$\sum_{n=N_0+1}^{N_0+N}\min(x^{\lambda},\|\alpha n+\beta\|^{-\lambda})\ll(q^{-1}N+1)\{x^{\lambda}+q^{\lambda}\min((\lambda-1)^{-1},\log q)\}.$$

6. 设 k 是正整数. 证明在引理 1.7 的条件下有

$$\sum_{U<n\leqslant U'}\alpha(n)\sum_{1\leqslant mn\leqslant x}b(m)e(\alpha kmn)\ll x(q^{-1}k+x^{-1}kU+U^{-1}\log q+x^{-1}q\log q)^{1/2}.$$

7. 如果把引理 1.7 中的条件 $\alpha(n)\ll 1$，$b(n)\ll 1$ 改为

$\sum_{n\leqslant y}|\alpha(n)|^2\leqslant A(y)$，$\sum_{n\leqslant y}|b(n)|^2\leqslant B(y)$，其中 $A(y)$，$B(y)$ 是两个给定的函数,那末对由式(1.18)给出的 I 可得到怎样的估计；对上题中的和式可得到怎样的估计.

8. 设 $x\geqslant 2, x^{1/2}\leqslant A\leqslant x, q\leqslant x$. 证明在引理 1.7 的条件下有

$$\sum_{U<n\leqslant U'} a(n)\sum_{x-A<mn\leqslant x} b(m)e(\alpha mn)\ll A(\log x)(q^{-1}+A^{-2}xq+A^{-1}U^{-1}x+A^{-1}U)^{1/2}.$$

(先讨论1) $A\leqslant U$;2) $U<A$，$AU\leqslant x$ 这两种情况，然后讨论 $A\geqslant\max(U, U^{-1}x)$ 的情形).

9. 在引理1.8 的条件下,证明:当 $xH^{-1/2}\leqslant A\leqslant x$ 时有

$$\sum_{\substack{x-A<n\leqslant x\\(n,P)=1}} e(\alpha n)\ll A(\log x)(A^{-1}q+q^{-1}+H^{-1/2}).$$

10. 在定理1.1 的条件下,证明:当 $xH^{-1/2}\leqslant A\leqslant x$ 时有

$$\sum_{x-A<p\leqslant x} e(\alpha p)\ll A(\log x)^3(A^{-2}xq+q^{-1}+H^{-1})^{1/2}.$$

11. 定理 1.1 的结果可改进为：

$$S(\alpha,x)\ll x(\log x)(\log\log x)(x^{-1/2}(q\log q)^{1/2}+q^{-1/2}+H^{-1}(\log q)^{1/2}).$$

进一步还可把 $\log x$ 改进为 $(\log x)^{3/4}$.

以下 12— 20 题是一组题，介绍估计指数和的 Weyl 方法。

12. 定义(关于变量 x 的)前差分算子:

$$\Delta(f(x);\ y_1)=f(x+y_1)-f(x),$$
$$\Delta(f(x);y_1,\cdots,y_j)=\Delta(\Delta(f(x);y_1,\cdots,y_{j-1});y_j).$$

证明:(a) 算子 Δ 对 f 是线性的, 即对任意常数 a_1, a_2, 及函数 $f_1(x), f_2(x)$ 有

$$\Delta(a_1f_1(x)+a_2f_2(x);y_1,\cdots,y_j)=a_1\Delta(f_1(x);y_1,\cdots,y_j)+a_2\Delta(f_2(x);y_1,\cdots,y_j).$$

(b) 对 $y_1,\cdots,y_j$ 是对称的, 即对 $1,2,\cdots,j$ 的任一置换 $i_1,i_2,\cdots,i_j$ 有

$$\Delta(f(x);y_{i_1},\cdots y_{i_j})=\Delta(f(x);y_1,\cdots,y_j).$$

(c) $\Delta(f(x);y_1,\cdots,y_j)$

$$=(-1)^j\left\{f(x)+\sum_{l=1}^{j}(-1)^l\sum_{1\leqslant i_1<\cdots<i_l\leqslant j} f(x+y_{i_1}+\cdots+y_{i_l})\right\}.$$

(d) 对常数 a，有 $\Delta(a;y_1)=0$.

(e) 对正整数 k，有 $\Delta(x^k;y_1)=\sum_{l_1=1}^{k}\binom{k}{l_1}x^{k-l_1}y_1^{l_1}$.

(f) 设 k 是正整数，$1\leqslant j\leqslant k$. 我们有

$$\Delta(x^k;y_1,\cdots,y_j)=\sum_{\{k,j\}}(l_0!\,l_1!\cdots l_j!)^{-1}k!\,x^{l_0}y_1^{l_1}\cdots y_j^{l_j},$$

其中 $\{k,j\}$ 表对满足 $l_0+l_1+\cdots+l_j=k$, $l_0\geqslant0$, $l_1\geqslant1$, $\cdots$, $l_j\geqslant1$ 的变数 $l_0,l_1,\cdots,l_j$ 求和；进而有

$$\Delta(x^k;y_1,\cdots,y_j)=y_1\cdots y_jP_j(x;y_1,\cdots,y_j),$$

其中 P_j 是 x 的 $k-j$ 次多项式，首项系数是 $k!/(k-j)!$；当 $k>j$ 时，P_j 中的 x 的 $k-j-1$ 次项的系数是 $(k!/2(k-j-1)!)(y_1+\cdots+y_j)$；$P_j$ 对 $y_1,\cdots,y_j$ 对称；P_j 对全部变数 $x,y_1,\cdots,y_j$ 是 $k-j$ 次齐次多项式.

13. (Weyl 不等式) 设 $f(x)$ 是实值函数，N 是正整数，$I=\sum_{n=1}^{N}e(f(n))$. 算子 Δ 的定义见上题. 证明:

(a) $|I|^2=N+2\mathrm{Re}\sum_{y_1=1}^{N-1}\sum_{h=1}^{N-y_1}e(\Delta(f(n);y_1))$.

(b)
$$|I|^{2L}\leqslant2^{2L-1}N^{2L-1}+2^{2L-1}N^{2L-l-1}\sum_{\{N,l\}}\left|\sum_{n=1}^{N-y_1-\cdots-y_l}e(\Delta(f(n);y_1,\cdots,y_l))\right|,$$

其中 l 是正整数，$L=2^{l-1}$，$\{N,l\}$ 表对满足条件 $y_1+\cdots+y_l\leqslant N-1$, $y_1\geqslant1,\cdots,y_l\geqslant1$ 的变数 $y_1,\cdots,y_l$ 求和.

(c) 设 $f(x)=\alpha x^k+\cdots$ 是 $k\geqslant2$ 次实系数多项式，$K=2^{k-1}$，则有

$$|I|^K\leqslant2^{K-1}N^{K-1}+2^{K-1}N^{K-k}\sum_{\{N,k-1\}}\left|\sum_{h=1}^{N-y_1-\cdots-y_{k-1}}e(\alpha k!\,y_1\cdots y_{k-1}n)\right|$$

$$\leqslant2^{K-1}N^{K-1}+2^{K-1}N^{K-k}\sum_{y=1}^{Y}g_{k-1}(y)\min(N,\|\alpha y\|^{-1}),$$

其中 $Y=k!((N-1)/(k-1))^{k-1}\leqslant2N^{k-1}$，$g_{k-1}(y)$ 表 $y=y_1\cdots y_{k-1}k!$ 满足条件 $\{N,k-1\}$ 的解数。

(d) 当 $k!\mid y$ 时，$g_{k-1}(y)\leqslant d_{k-1}(y/k!)$；$k!\nmid y$ 时，$g_{k-1}(y)=0$.

(e) 设 α 由式 (1.1) 给出，$k=2$，则在 (c) 的条件下有

$$I\ll x(q^{-1}+x^{-1}\log q+x^{-2}q\log q)^{1/2}.$$

(f) 设 α 由式 (1.1) 给出, $k\geqslant 3$, 则在 (c) 的条件下, 对任给的 $\varepsilon>0$ 有

$$I\ll N^{1+\varepsilon}(q^{-1}+N^{-1}\log q+N^{-k}q\log q)^{1/K},$$

其中 $\ll$ 常数仅和 ε 有关。

(g) 设 $k\geqslant 3$, 在 (c) 的条件和符号下有

$$|I|^{2K}\ll 2^{2K-2}N^{2K-2}+2^{2K-2}N^{2K-k-1}(k\log N)^{K/2}\sum_{y=1}^{Y}\min(N^2,\|\alpha y\|^{-2});$$

进而, 当 α 由式 (1.1) 给出时有

$$I\ll N(k\log N)^{1/4}(q^{-1}+N^{-2}q+N^{-k-1}q^2)^{1/2K}.$$

14. 设 $a(n)$ 是任意的算术函数, $b(m)\equiv 1$, 或 $\equiv \log m$. 再设 $S=\sum_{n=1}^{N}\sum_{\substack{m=1\\ mn\leqslant P}}^{M}a(n)b(m)e(f(mn))$, M,N,P 为正整数, $f(n)$ 是任一实值函数. 那末, 对任意正整数 R 有

$$|S|^R\ll\left(\sum_{n=1}^{N}|a(n)|^{R/(R-1)}\right)^{R-1}(b(M))^R\sum_{n=1}^{N}\max_{U\leqslant M}\left|\sum_{m\leqslant U}e(f(mn))\right|^R.$$

进而若 $f(n)$ 满足上题 (c) 的条件, 则在上题 (c) 的符号下有

$$|S|^K\ll\left(\sum_{n=1}^{N}|a(n)|^{K/(K-1)}\right)^{K-1}(b(M))^K\sum_{n=1}^{N}M^{K-k}\sum_{y=1}^{Y}\min(M,\|\alpha yn^k\|).$$

15. 定义算子: $\nabla(f(x);y_1)=f(x)f(x+y_1)$, $\nabla(f(x);y_1,\cdots,y_j)=\nabla(\nabla(f(x);y_1,\cdots,y_{j-1});y_j)$, $j\geqslant 2$. 证明:

(a) $\nabla(f^{\lambda}(x);y_1,\cdots,y_j)=\{\nabla(f(x);y_1,\cdots,y_j)\}^{\lambda}$, λ 任意常数.

(b) 设 $i_1,\cdots,i_j$ 是 $1,\cdots,j$ 的任意一个排列, 则有 $\nabla(f(x);y_{i_1},\cdots,y_{i_j})=\nabla(f(x);y_1,\cdots,y_j)$, 即对 $y_1,\cdots,y_j$ 是对称的.

(c) $\nabla(f(x);y_1,\cdots,y_j)=\nabla(f(x);y_1,\cdots,y_{j-1})\nabla(f(x+y_j);y_1,\cdots,y_{j-1})$. 特别地, 当 $f(x)\equiv a$ 常数时, $\nabla(a;y_1,\cdots,y_j)=a^{2J}$; 当 $y_1=\cdots=y_j=0$ 时, $\nabla(f(x);0,\cdots,0)=(f(x))^{2J}$, $J=2^{j-1}$.

(d) $\nabla(f(x);y_1,\cdots,y_j)=f(x)\prod_{1\leqslant i_1\leqslant j}f(x+y_{i_1})\cdot\prod_{1\leqslant i_1<i_2\leqslant j}f(x+y_{i_1}+y_{i_2})\cdot\cdots\cdot f(x+y_1+\cdots+y_j)$.

16. 设 $b(m)$ 是一算术函数, l 是正整数, $L=2^{l-1}$. 若 $\sum_{m=1}^{M}|b(m)|^{2L}\leqslant M$, 那末,

(a) $\sum_{m=1}^{M}|b(m)|^{2J}\leqslant M$, $j=0,1,\cdots,l-1$, $J=2^{j-1}$;

(b) $\sum_{m=1}^{M}|b(m)|^{\lambda}\leqslant 2M$, $0\leqslant\lambda\leqslant 2L$;

(c) $I(j)=\sum_{\{M,j\}}\sum_{m=1}^{M-y_1-\cdots-y_j}\nabla(b^2(m);y_1,\cdots,y_j)\leqslant M^{j+1}$, $j=1,\cdots,l-1$,

其中求和条件$\{M,j\}$同第13题(b).

17. 设$f(n)$是实值函数.$a(n)$,$b(m)$是算术函数,$S=S(N,M)=\sum_{n=1}^{N}\sum_{\substack{m=1\\Q<mn\leqslant P}}^{M}a(n)b(m)e(f(mn))$,$Q,P$是任意正数.再设$\sum_{n=1}^{N}|a(n)|^2=A^2N$, $\sum_{m=1}^{M}|b(m)|^{2L}=B^{2L}M$,这里$L=2^{l-1}$,$l$是正整数.那末,当$1\leqslant j\leqslant l-1$时有

$$|S/AB|^{2J}\leqslant 2^{2J+J/2-1}N^{2J}M^{2J-1}+2^{2J-1}N^{2J-1}M^{2J-j-1}$$
$$\cdot\left|\sum_{n=1}^{N}\sum_{\{M,j\}}\sum_{m=1}^{M-y_1-\cdots-y_j}{}'\nabla(B^{-1}b(m);y_1,\cdots,y_j)e(\Delta(f(mn);y_1,\cdots,y_j))\right|,$$

其中求和条件$\{M,j\}$同上题,求和条件“ $'$”表$Q<n(m+y_1+\cdots+y_j)\leqslant P$,以及$J=2^{j-1}$.

18. 在第13题(c)和上题的条件和符号下,我们有

$$|S/AB|\ll NM\{M^{-k}+(NM)^{-k}\sum_{\{N,k-1\}}\sum_{m=1}^{M-y_1-\cdots-y_{k-1}}\sum_{y=1}^{2N^{k-1}}g_{k-1}(y).$$
$$\cdot\min(N,\|\alpha k!y_1\cdots y_{k-1}(m+y_1+\cdots+y_{k-1})y\|^{-1})\}^{1/K^2}.$$

19. 设$Z=2(k!)M^kN^{k-1}$. 在上题条件下,(a)对任意的$\varepsilon>0$有

$$|S/AB|\ll(NM)\{M^{-K}+(NM)^{-k+\varepsilon}\sum_{z=1}^{Z}\min(N;\|\alpha z\|^{-1})\}^{1/K^2},$$

$\ll$常数和ε有关;

(b) $|S/AB|\ll(NM)\{M^{-k}+(NM)^{-k}(\log Z)^{K^2}\sum_{z=1}^{Z}\min(N^2;\|\alpha z\|^{-2})\}^{1/2K^2}$.

20. 设α由式(1.1)给出,则在第13题(c)的条件下,(a)对任意的$\varepsilon>0$有

$$T=\sum_{n\leqslant x}\Lambda(n)e(f(n))\ll x^{1+\varepsilon}(q^{-1}+x^{-1/2}+x^{-k}q)^{1/K^2},$$

$\ll$常数和ε有关;

(b) $T=\sum\limits_{n\leqslant x}\Lambda(n)e(f(n))\ll x(\log x)^{c}(q^{-1}+x^{-1/2}+x^{-k}q)^{1/2K^{2}}$，其中 c 是一常数．(利用式(2.17)—(2.19)(这里以 $e(f(n))$ 代式(2.17)中的 $f(n)$)，及式(2.23)—(2.26)，把和式 T 分为四部份，S_1, S_2, S_3, S_4，取 $u=v=x^{1/3}$.和式 S_2, S_3, S_4 均可分为 $\ll \log x$ 个下述形式的二重三角和：$N<N'\leqslant 2N, N<x^{1/2}$，

$$H(N)=\sum_{N<n\leqslant N'}a(n)\sum_{\substack{m\leqslant x/N\\ Q<m\ n\leqslant x}}b(m)e(f(mn)),$$

这里 $|\alpha(n)|\leqslant\max(\log n, d(n))$，$|b(m)|\leqslant\log m$，以及当 $N\leqslant x^{1/3}$ 时可取 $b(m)\equiv 1$ 或 $\log m$．然后，当 $N^{K}\geqslant\min(x^{1/2}, q, q^{-1}x^{k})$ 时用第 19 题估计 $H(N)$；不然用第 14 题估计 $H(N)$)．

21. 在定理 5.1 的条件下，证明：一定存在正常数 λ_0，使当 $q\leqslant e^{\lambda_0\sqrt{\log x}}$，$|z|\leqslant x^{-1}e^{\lambda_0\sqrt{\log x}}$ 及 $xe^{-\lambda_0\sqrt{\log x}}\leqslant A\leqslant x$ 时有

$$\sum_{x-A<n\leqslant x}\Lambda(n)e(\alpha n)\ll q^{-1/2}A(\log\log 10q)\min(1, A^{-1}|z|^{-1});$$

$$\sum_{x-A<n\leqslant x}(\log p)e(\alpha p)\ll q^{-1/2}A(\log\log 10q)\min(1, A^{-1}|z|^{-1});$$

$$\sum_{x-A<n\leqslant x}e(\alpha p)\ll q^{-1/2}A(\log\log 10q)(\log x)^{-1}\min(1, A^{-1}|z|^{-1}).$$

22. 当模 q 的例外零点不存在时，定理 5.1 及上题能得到怎样的结果．

第二十章 Goldbach 猜想

1742 年 Goldbach 在和 Euler 的几次通信中，提出了这样两个推测：

（A） 每个不小于 6 的偶数是两个奇素数之和；

（B） 每个不小于 9 的奇数是三个奇素数之和.

这就是至今仍未解决的著名的Goldbach猜想. 目前所得到的最好结果是:

（I） 1937 年，И.М.Виноградов 利用圆法和他创造的线性素变数三角和估计方法，证明了：存在正常数 c_1，使得每个大于 c_1 的奇数是三个奇素数之和. 这就基本上解决了猜想（B）[1]. 这一结果通常称为 Goldbach－Виноградов 定理或三素数定理. 因而，现在说到 Goldbach 猜想，总是指猜想(A).

（II） 1966 年，陈景润利用筛法证明了：存在一个正常数 c_2，使得每个大于 c_2 的偶数都是一个素数和一个不超过两个素数的乘积之和. 这一结果通常称为陈景润定理.

关于研究 Goldbach 猜想的详细历史、主要方法和结果，请参看 [14]，[26]，[33]，[35]，[36] 等.

本章的主要目的是证明三素数定理. 我们将给出两个证明：一个是非实效的，即不能具体定出其中的常数 c_1（见 § 2）；另一个是实效的，即可以具体定出常数 c_1，但证明要复杂些（见 § 3）. 此外，利用 Виноградов 证明三素数定理的思想，立即可以推出：几乎所有的偶数都是两个奇素数之和. 这表明对几乎所有的偶数猜想（A）是正确的. 这是 § 4 的内容. 在前一章我们已经详细地研究了线性素变数三角和估计方法，在 § 1 中我们将讨论 Goldbach 问题中的圆法.

---

1) 已经证明，可取 $c_1 = \exp(e^{16.038})$，这是一个比 10 的 400 万次方还要大的数目！目前尚无法验证所有小于 c_1 的奇数都是三个奇素数之和. 最近，王天泽和陈景润进一步把 16.038 改进为 11.503（中国科学，待发表）.

§1. Goldbach 问题中的圆法

在 1920 年前后，Hardy，Ramanujan 和 Littlewood 提出和系统地发展了近代解析数论的一个十分强有力的新的分析方法，在许多著名问题：如整数分拆（见第三十六章），平方和问题[1]，Waring 问题（见第二十六章），以及本章讨论的 Goldbach 问题上，得到了重要的结果（有些是条件结果）．这一方法通常称为 Hardy－Littlewood－Ramanujan 圆法，后来在某些问题（包括 Goldbach 问题和 Waring 问题）中，Виноградов 用有限三角和来代替他们方法中原来用的母函数（无穷幂级数），对圆法作了重大改进，使得三角和（即指数和）估计方法（见第十九，二十，二十一章）在解析数论中得到了更为广泛和有成果的应用．下面来讨论圆法是如何应用于 Goldbach 问题的．

设 N 是正整数，以 $D(N)$，$T(N)$ 分别表素变数不定方程

$$N=p_1+p_2,\quad p_1\geqslant 3,\ p_2\geqslant 3; \tag{1}$$

$$N=p_1+p_2+p_3,\quad p_1\geqslant 3,\ p_2\geqslant 3,\ p_3\geqslant 3, \tag{2}$$

的解数．容易看出

$$D(N)=\int_0^1 S^2(\alpha,N)\,e(-\alpha N)\,d\alpha, \tag{3}$$

$$T(N)=\int_0^1 S^3(\alpha,N)\,e(-\alpha N)\,d\alpha, \tag{4}$$

其中

$$S(\alpha,x)=\sum_{2<p\leqslant x} e(\alpha p). \tag{5}$$

这样，猜想(A)和(B)就分别是要证明：

$$D(N)>0,\qquad 2\mid N\geqslant 6; \tag{6}$$

1) 见 E. Grosswald, Representations of Integers as Sums of Squares, Ch.12, Springer－Verlag, 1985.

$$T(N) > 0, \qquad 2 \nmid N \geqslant 9. \tag{7}$$

这样，Goldbach 猜想就转化为讨论式(3)和式(4)中的积分了. 由于被积函数都以 1 为周期，因此积分区间可取为任一长度为 1 的区间. 简单说来，圆法的思想是认为：对充分大的 N，当 α 和分母"较小"的既约分数"较近"时，三角和 $S(\alpha,N)$ 就取"较大"的值，而当 α 和分母"较大"的既约分数"较近"时，三角和 $S(\alpha,N)$ 就取"较小"的值；因而式(3)和(4)中的积分的主要部份应该是在那些以分母"较小"的既约分数为中心的一些"小区间"上，这里的"小"，"大"，"近"的具体含义(当然是和 N 有关的)将在下面作进一步的具体解释. 因此，实现圆法的第一步就是要具体地确定这些"小区间"，这就是通常所说的 Farey 分割，即利用 Farey 分数来构造这些"小区间". 在 Goldbach 问题中的 Farey 分割是这样的：设 Q,τ 是两个正数(和 N 有关)，满足

$$1 \leqslant Q < \frac{\tau}{2}, \tag{8}$$

考虑 Q 阶 Farey 数列，即 $[0,1)$ 区间中的所有分母不超过 Q 的既约分数：

$$\frac{h}{q}, \qquad (h,q)=1,\ 0 \leqslant h < q \leqslant Q; \tag{9}$$

以及相应于它们的一组小区间

$$I(q,h) = \left[\frac{h}{q} - \frac{1}{\tau}, \frac{h}{q} + \frac{1}{\tau}\right]^{1)}, (h,q)=1, 0 \leqslant h < q \leqslant Q, \tag{10}$$

这些小区间都在区间 $\left[-\frac{1}{\tau}, 1-\frac{1}{\tau}\right]$ 中. 再设

1) 有时候可取小区间为 $[h/q - 1/q\tau, h/q + 1/q\tau]$，这时当条件(8)满足时这组小区间就两两不相交.

$$E_1 = \bigcup_{1 \leqslant q \leqslant Q} \bigcup_{\substack{0 \leqslant h < q \\ (h,q)=1}} I(q, h) \tag{11}$$

及

$$E_2 = \left[-\frac{1}{\tau}, 1 - \frac{1}{\tau} \right] - E_1 . \tag{12}$$

对式(9)中任意两个不同的分数 h_1/q_1，h_2/q_2 有

$$\left| \frac{h_1}{q_1} - \frac{h_2}{q_2} \right| \geqslant \frac{1}{q_1 q_2} \geqslant \frac{1}{Q^2} , \tag{13}$$

所以，当

$$2Q^2 < \tau \tag{14}$$

时，式(10)给出的这组小区间是两两不相交的. 这样，当条件(14)成立时，就把区间 $\left[-\frac{1}{\tau}, 1-\frac{1}{\tau} \right]$ 分成了 E_1 和 E_2 两部份，E_1 就是我们所要确定的那些“小区间”. 通常把 E_1 秒为**基本区间或优弧**，把 E_2 称为**余区间或劣弧**. $[0,1]$[1] 区间的这种分割方法就称为 **Farey 分割**. 显然，这种分割是和 Q，τ 的取法有关的. 在这种分割下前面所说的“较小”，“较大”，“较近”就有如下的含意. 当点 $\alpha \in E_1$ 时，它就和一个分母 $\leqslant Q$（这就是“较小”的含意）的既约分数相距 $\leqslant \frac{1}{\tau}$（这就是“较近”的含意）. 而下面的引理将证明：当 $\alpha \in E_2$ 时，它就和一个分母 $> Q$（这就是“较大”的含意）的既约分数“较近”.

引理 1 对任一 $\alpha \in E_2$，一定存在两个正整数 q，h，满足

1) 由于被积函数的周期为 1，所以点 0 和 1，区间 $[0,1]$ 和 $\left[-\frac{1}{\tau}, 1-\frac{1}{\tau} \right]$ 是可看作相同的，这样就可使得以下的讨论简单些.

条件

$$(h, q) = 1, \quad Q < q \leqslant \tau, \tag{15}$$

使得

$$\left|\alpha - \frac{h}{q}\right| < \frac{1}{q\tau}. \tag{16}$$

证：在引理 19.3.5 中取 $x = \alpha$, $y = \tau$，则必有整数 q, h 满足 $(h, q) = 1$，$1 \leqslant q \leqslant \tau$，使得

$$\left|\alpha - \frac{h}{q}\right| < \frac{1}{q\tau}.$$

当 $\alpha \in E_2$ 时，$\alpha > \frac{1}{\tau}$，所以 h 必为正整数. 若 $q \leqslant Q$，则由上式及 E_1 的定义知 $\alpha \in E_1$，这和假设矛盾. 故必有 $q > Q$，这就证明了所要的结论.

当条件(14)成立时，相应于所作的分割有

$$D(N) = \int_{-\frac{1}{\tau}}^{1-\frac{1}{\tau}} S^2(\alpha, N)\, e(-\alpha N)\, d\alpha = D_1(N) + D_2(N), \tag{17}$$

其中

$$D_i(N) = \int_{E_i} S^2(\alpha, N)\, e(-\alpha N)\, d\alpha, \ i = 1, 2; \tag{18}$$

以及

$$T(N) = \int_{-\frac{1}{\tau}}^{1-\frac{1}{\tau}} S^3(\alpha, N)\, e(-\alpha N)\, d\alpha = T_1(N) + T_2(N), \tag{19}$$

其中

$$T_i(N) = \int_{E_i} S^3(\alpha, N)\, e(-\alpha N)\, d\alpha, \ i = 1, 2. \tag{20}$$

对于适当选取的和 N 有关的Q、τ，利用算术数列中的素数定理(见§18.2)，很容易得到 $D_1(N)$ 和 $T_1(N)$ 的渐近公式(见§4 和 §2，§3)．这样，实现圆法的关键就是要去证明：当 $N \to \infty$ 时[1]，相对于 $D_1(N)$ (N 为偶数) 和 $T_1(N)$ (N 为奇数) 来说 $D_2(N)$ 和 $T_2(N)$ 分别是可以忽略的误差项；也就是要去证明：当 $\alpha \in E_2$ 时，$|S(\alpha, N)|$ 取"足够小"的值. Виноградов 利用他所得到的三角和 $S(\alpha, N)$ 的估计（见§19.1)，成功地证明了对于 $T_1(N)$ (N 为奇数) 来说 $T_2(N)$ 是可以忽略的误差项. 但他的估计对 $D_2(N)$ 来说得不到所期望的结果.

应该指出，利用圆法仅能证明充分大的奇数N可表为三个奇素数之和，而不能证明每个不小于 9 的奇数可表为三个奇素数之和. 但另一方面，它不仅证明了这种表法存在，而且还能得到这种表法个数的渐近公式，这是其它方法所不能得到的. 应用圆法所解决的数论问题都有这样的特点.

§ 2. 三素数定理(非实效方法)

设 λ_1, λ_2 是两个待定正常数，N 为充分大的整数，取

$$Q = \log^{\lambda_1} N, \quad \tau = N \log^{-\lambda_2} N. \tag{1}$$

当 N 足够大时，条件(1.14) 显然成立，这样，由式(1.11) 和(1.12) 就确定了基本区间 E_1 和余区间 E_2.

首先，利用 Siegel－Walfisz 定理(推论 18.2.4) 来计算基本区间E_1 上的积分$T_1(N)$.

1）这时 Farey 分割，即集合 E_1、E_2，也在变化.

引理 1 设 $\alpha = \frac{h}{q} + z \in I(q,h) \subset E_1$，则有

$$S(\alpha, N) = \frac{\mu(q)}{\varphi(q)} \sum_{n=2}^{N} \frac{e(zn)}{\log n} + O\left(N e^{-c_3\sqrt{\log N}}\right). \quad (2)$$

证：由式(2.1.5) 及推论 18.2.4 可得：当$(l,q)=1$时，

$$\sum_{\substack{z<p\leqslant N \\ p\equiv l(\bmod q)}} e(zp) = \frac{1}{\varphi(q)} \int_2^N \frac{e(zu)}{\log u}\, du + O\left(N e^{-c_4\sqrt{\log N}}\right), \quad (3)$$

这里用到了 $|z| \leqslant \tau^{-1}$. 由此及式(19.5.4) 得

$$S(\alpha, N) = \frac{\mu(q)}{\varphi(q)} \int_z^N \frac{e(zu)}{\log u}\, du + O\left(N e^{-c_5\sqrt{\log N}}\right). \quad (4)$$

再利用式(2.1.5) 可得

$$\sum_{n=2}^{N} \frac{e(zn)}{\log n} - \int_z^N \frac{e(zu)}{\log u}\, du \ll 1 + \int_z^N \left(\frac{|z|}{\log u} + \frac{1}{u\log^2 u}\right) du \ll 1 + \frac{N|z|}{\log N}. \quad (5)$$

由以上两式及 $|z| \leqslant \tau^{-1} = N^{-1}\log^{\lambda_2} N$，即得式(2).

引理 2 设整数 $N \geqslant 2$，$C_q(l)$ 是由式(13.3.10) 给出的 Ramanujan 和. 那末级数

$$\mathscr{G}_3(N) = \sum_{q=1}^{\infty} \frac{\mu(q)}{\varphi^3(q)} C_q(-N) \quad (6)$$

绝对收敛，且有

$$\mathscr{G}_3(N) = \prod_{p\mid N}\left(1 - \frac{1}{(p-1)^2}\right) \prod_{p\nmid N}\left(1 + \frac{1}{(p-1)^3}\right), \quad (7)$$

及

$$\sum_{q \leqslant Q} \frac{\mu(q)}{\varphi^3(q)} C_q(-N) = \mathscr{G}_3(N) + O(Q^{-1}(\log\log Q)^2). \tag{8}$$

证：由于 $\varphi(q) \gg q(\log\log q)^{-1}$，故有

$$\left| \frac{\mu(q)}{\varphi^3(q)} C_q(-N) \right| \leqslant \frac{1}{\varphi^2(q)} \leqslant q^{-2}(\log\log q)^2.$$

由上式就证明了级数(6)绝对收敛，且有式(8)成立. 由于 $\mu(q)\varphi^{-3}(q)C_q(-N)$ 是 q 的可乘函数，所以

$$\mathscr{G}_3(N) = \prod_p \left(1 - \frac{C_p(-N)}{(p-1)^3}\right).$$

由此及

$$C_p(-N) = \begin{cases} p-1, & p \mid N, \\ -1, & p \nmid N, \end{cases} \tag{9}$$

就证明了式(7).

$\mathscr{G}_3(N)$ 通常称为三素数定理中的奇异级数. 由式(7)容易看出

$$\mathscr{G}_3(N) = 0, \quad 2 \mid N. \tag{10}$$

当 $2 \nmid N$ 时，

$$\mathscr{G}_3(N) > \prod_{p \mid N}\left(1 - \frac{1}{(p-1)^2}\right) > \prod_{n \geqslant 3}\left(1 - \frac{1}{(n-1)^2}\right) = \frac{1}{2}. \tag{11}$$

引理 3 当 $\lambda_1 \geqslant 2, \lambda_2 \geqslant \frac{1}{2}$ 时，有

$$T_1(N)=\frac{1}{2}\mathscr{G}_3(N)\frac{N^2}{\log^3 N}+O\left(\frac{N^2}{\log^4 N}\right). \quad (12)$$

证：当$\alpha=\frac{h}{q}+z\in I(q,h)\subset E_1$时，由引理 1 知，

$$S^3(\alpha,N)=\frac{\mu(q)}{\varphi^3(q)}\left(\sum_{n=2}^{N}\frac{e(zn)}{\log n}\right)^3$$

$$+O(N^3e^{-C_6\sqrt{\log N}}).$$

因此

$$T_1(N)=\sum_{q\leqslant Q}\sum_{h=0}^{q-1}{}'\int_{\frac{h}{q}-\frac{1}{\tau}}^{\frac{h}{q}+\frac{1}{\tau}}S^3(\alpha,N)e(-\alpha N)\,d\alpha$$

$$=\left(\sum_{q\leqslant Q}\frac{\mu(q)}{\varphi^3(q)}C_q(-N)\right)$$

$$\cdot\int_{-\frac{1}{\tau}}^{\frac{1}{\tau}}\left(\sum_{n=2}^{N}\frac{e(zn)}{\log n}\right)^3e(-zN)\,dz$$

$$+O(N^2e^{-C_7\sqrt{\log N}}). \quad (13)$$

利用估计(19.1.3)可推出：当$\|z\|\leqslant N^{-\frac{1}{2}}$时，

$$\sum_{n=2}^{N}\frac{e(zn)}{\log n}\ll\frac{N}{\log N}\min\left(1,\frac{1}{\|z\|N}\right), \quad (14)$$

此外，有

$$\left|\sum_{n=2}^{N}\frac{e(zn)}{\log n}-\sum_{n=2}^{N}\frac{e(zn)}{\log N}\right|\leqslant\sum_{n=2}^{N}\left(\frac{1}{\log n}-\frac{1}{\log N}\right)$$

$$= \int_2^N \frac{du}{\log u} - \frac{N}{\log N} + O(1) \ll \frac{N}{\log^2 N}. \tag{15}$$

从以上两式得到

$$\int_{-\frac{1}{\tau}}^{\frac{1}{\tau}} \left\{ \left(\sum_{n=2}^{N} \frac{e(zn)}{\log n} \right)^3 - \left(\sum_{n=2}^{N} \frac{e(zn)}{\log N} \right)^3 \right\} e(-zN)\, dz$$

$$\ll \frac{N^3}{\log^4 N} \int_{-\frac{1}{\tau}}^{\frac{1}{\tau}} \min\left(1, \frac{1}{N^2 z^2}\right) dz \ll \frac{N^2}{\log^4 N}.$$

由此从式(13) 推出

$$T_1(N) = \frac{1}{\log^3 N} \left(\sum_{q \leqslant Q} \frac{\mu(q)}{\varphi^3(q)} C_q(-N) \right)$$

$$\cdot \int_{-\frac{1}{\tau}}^{\frac{1}{\tau}} \left(\sum_{n=2}^{N} e(zn) \right)^3 e(-zn)\, dz + O\left(\frac{N^2}{\log^4 N} \right). \tag{16}$$

利用估计式(19.1.3) 易得

$$\int_{\frac{1}{\tau}}^{\frac{1}{2}} \left(\sum_{n=2}^{N} e(zn) \right)^3 e(-zN)\, dz \ll \int_{\frac{1}{\tau}}^{\frac{1}{2}} \frac{dz}{z^3} \ll \tau^2$$

$$= N^2 \log^{-2\lambda_2} N,$$

$$\int_{-\frac{1}{2}}^{-\frac{1}{\tau}} \left(\sum_{n=2}^{N} e(zn) \right)^3 e(-zN)\, dz \ll \tau^2 = N^2 \log^{-2\lambda_2} N.$$

利用以上两式及级数(6) 的收敛性，当 $\lambda_2 \geqslant \frac{1}{2}$ 时，由式(16) 可得到

$$T_1(N) = \frac{1}{\log^3 N}\left(\sum_{q\leqslant Q}\frac{\mu(q)}{\varphi^3(q)}C_q(-N)\right)J + O\left(\frac{N^2}{\log^4 N}\right), \tag{17}$$

其中

$$J = \int_{-\frac{1}{2}}^{\frac{1}{2}}\left(\sum_{n=2}^{N} e(zn)\right)^3 e(-zN)\,dz = \sum_{\substack{n_1+n_2+n_3=N\\ 2\leqslant n_1, n_2, n_3\leqslant N}} 1 = \frac{N^2}{2} + O(N). \tag{18}$$

当 $\lambda_1 \geqslant 2$ 时，由以上两式及引理 2 就证明了所要的结果.

式(11) 就是我们所需要的在基本区间上的积分 $T_1(N)$ 的渐近公式. 下面我们来估计余区间上的积分 $T_2(N)$.

引理 4 当 $\lambda_1 \geqslant 10$, $\lambda_2 \geqslant 10$ 时，有

$$T_2(N) \ll N^2\log^{-4} N. \tag{19}$$

证： 由引理 1.1 知，当 $\alpha\in E_2$ 时，

$$\alpha = \frac{h}{q} + z, \ (q, h) = 1, \ Q < q \leqslant \tau, \ |z| \leqslant \frac{1}{q^2}. \tag{20}$$

因此，由定理 19.1.1 及 $\log^{10} N \leqslant Q < q \leqslant \tau \leqslant N\log^{-10} N$ 得到

$$S(\alpha, N) \ll N\log^{-3} N, \ \alpha\in E_2. \tag{21}$$

进而有

$$|T_2(N)| \leqslant \int_{E_2} |S(\alpha,N)|^3 d\alpha \ll N\log^{-3} N\int_0^1 |S(\alpha, N)|^2 d\alpha. \tag{22}$$

由此及

$$\int_0^1 |S(\alpha, N)|^2 d\alpha = \sum_{2<p_1\leqslant N} \sum_{2<p_2\leqslant N} \int_0^1 e(\alpha(p_1-p_2))\, d\alpha$$

$$= \pi(N) - 1 \tag{23}$$

就证明式 (19) .

如果我们用定理 19.2.2 , 或定理 19.3.1 , 或定理 19.4.7 来估计当 $\alpha\in E_2$ 时的三角和 $S(\alpha, N)$, 那末引理 4 中的 λ_1 和 λ_2 就应该分别满足 : $\lambda_1\geqslant 11$, 或 28 , 或 56 ; $\lambda_2\geqslant 11$, 或 28 , 或 56 .

由式 (1.19) ,引理 3 和 4 就证明了三素数定理 :

定理 5 设 N 是奇数, $T(N)$ 是 N 表为三个奇素数之和的表法个数. 那末我们有渐近公式

$$T(N) = \frac{1}{2} \mathscr{G}_3(N) \frac{N^2}{\log^3 N} + O\left(\frac{N^2}{\log^4 N}\right), \tag{24}$$

其中 $\mathscr{G}_3(N)$ 由式 (6) 给出, 且

$$\mathscr{G}_3(N) > \frac{1}{2}, \quad 2\nmid N.$$

推论 6 存在一个正常数 c_1 , 使得每个大于 c_1 的奇数是三个奇素数之和.

应该指出的是, 由于在引理 1 中用了 Siegel－Walfisz 定理 (推论 18.2.4) , 所以式 (2) 中的大 O 常数是非实效的, 因而引理 3 , 定理 5 中的大 O 常数, 以及推论 6 中的常数 c_1 都是非实效的.

§3. 三素数定理 (实效方法)

设 $\lambda_1 = 3$, λ_2 是待定正常数. 取

$$Q = \log^3 N, \quad \tau = N\log^{-\lambda_2} N. \tag{1}$$

当 N 足够大时，条件(1.14) 显然满足．因此，由式(1.11) 和(1.12) 就确定了基本区间 E_1 和余区间 E_2．

首先，利用 Page定理(推论 18.2.5) 来计算基本区间 E_1 上的积分 $T_1(N)$．

引理 1 当$\lambda_2 \geqslant \frac{1}{2}$ 时，有

$$T_1(N) = \frac{1}{2} \mathscr{G}_3(N) \frac{N^2}{\log^3 N} + O\left(\frac{N^2}{(\log N)^{3.4}}\right), \tag{2}$$

这里的大 O 常数是实效的，即是可计算的绝对常数.

证：在推论18.2.5 中取

$$y = \exp\left(\log N(\log\log N)^{-2}\right), \quad \sqrt{N} \leqslant x \leqslant N.$$

当 N 足够大时必有 $\log^3 N < y < \sqrt{N}$．此外，对所取的 y，当 y 阶例外模 $\tilde{q}$ 存在时，必有

$$\tilde{q} \gg \log^2 N(\log\log N)^{-12}. \tag{3}$$

这样，当 $1 \leqslant q \leqslant y, \tilde{q} \nmid q, (q, l) = 1$ 时，由推论 18.2.5 得

$$\pi(x; q, l) = \frac{\mathrm{Li}\, x}{\varphi(q)} + O(x\exp(-c_8(\log\log x)^2));$$

由此及式(2.1.5) 可推出，当 $|z| \leqslant \tau^{-1}$ 时，

$$\sum_{\substack{z<p\leqslant N \\ p\equiv l(\mathrm{mod}\, q)}} e(zp) = \sum_{\substack{\sqrt{N}<p\leqslant N \\ p\equiv l(\mathrm{mod}\, q)}} e(zp) + O(\sqrt{N})$$

$$= \frac{1}{\varphi(q)} \int_2^N \frac{e(zu)}{\log u} du +$$

$$O(N\exp(-c_9(\log\log N)^2)).$$

和证明引理 2.1 一样，由此及式(19.5.4) 容易得到，当 $\alpha=\frac{h}{q}+z\in E_1$，$\widetilde{q}\nmid q$，$q\leqslant\log^3 N$ 时有

$$S(\alpha,N)=\frac{\mu(q)}{\varphi(q)}\sum_{n=2}^{N}\frac{e(zn)}{\log n}+O(N\exp(-c_{10}(\log\lg N)^2)).$$

同式(2.17) 的推导完全一样，由上式可推得

$$\sum_{\substack{q\leqslant\log^3 N\\ \widetilde{q}\nmid q}}\sum_{h=0}^{q-1}{}'\int_{\frac{h}{q}-\frac{1}{\tau}}^{\frac{h}{q}+\frac{1}{\tau}}S^3(\alpha,N)e(-\alpha N)d\alpha$$

$$=\frac{N^2}{2\log^3 N}\left(\sum_{\substack{q\leqslant\log^3 N\\ \widetilde{q}\nmid q}}\frac{\mu(q)}{\varphi^3(q)}C_q(-N)\right)+O\left(\frac{N^2}{\log^4 N}\right),\tag{4}$$

这里还用到了式(2.18) 和级数(2.6) 的绝对收敛性. 在 $\widetilde{q}\mid q$ 的那些基本区间 $I(q,h)$ 上的积分用估计式(19.5.1) 可得到

$$\sum_{\substack{q\leqslant\log^3 N\\ \widetilde{q}\mid q}}\sum_{h=0}^{q-1}{}'\int_{\frac{h}{q}-\frac{1}{\tau}}^{\frac{h}{q}+\frac{1}{\tau}}S^3(\alpha,N)e(-\alpha N)d\alpha\tag{5}$$

$$\ll\sum_{\substack{q\leqslant\log^3 N\\ \widetilde{q}\mid q}}\varphi(q)\frac{N^3(\log\log q)^3}{q\sqrt{q}\,\log^3 N}\int_{-\frac{1}{\tau}}^{\frac{1}{\tau}}\min\left(1,\frac{1}{N^3|z|^3}\right)dz$$

$$\ll\frac{N^2(\log\lg\lg N)^3}{\log^3 N}\sum_{\substack{q\leqslant\log^3 N\\ \widetilde{q}\mid q}}\frac{1}{\sqrt{q}}\ll\frac{N^2}{\log^{3.4}N},$$

这里还用到了式(3). 在另一方面，由式(3) 易得

$$\sum_{\substack{q \leqslant \log^3 N \\ \tilde{q} \mid q}} \frac{\mu(q)}{\varphi^3(q)} C_q(-N) \ll \sum_{\substack{q \leqslant \log^3 N \\ \tilde{q} \mid q}} \frac{1}{\varphi^2(q)} \ll \log^{-3} N. \tag{6}$$

由式(4)，(5)，(6) 和引理 2.2 就证明了式(2)．由于这里应用了 Page 定理，所以这里的大 O 常数是可以计算的．

下面我们来估计余区间 E_2 上的积分 $T_2(N)$．

引理 2 当$\lambda_2 \geqslant 10$ 时有

$$T_2(N) \ll N^2(\log N)^{-3.4}. \tag{7}$$

证：由引理 1.1 知，当 $\alpha \in E_2$ 时，有

$$\alpha = \frac{h}{q} + z,\ (q, h) = 1,$$

$$\log^3 N < q \leqslant N \log^{-10} N, |z| \leqslant \frac{1}{q^2}, \tag{8}$$

当 $\alpha \in E_2, \log^{10} N < q \leqslant N \log^{-10} N$ 时，由定理 19.1.1 知，

$$S(\alpha, N) \ll N \log^{-3} N. \tag{9}$$

当 $\alpha \in E_2, \log^3 N < q \leqslant \log^{10} N$ 时，由定理 19.5.1 得

$$S(\alpha, N) \ll N(\log N)^{-2.4}. \tag{10}$$

因而有

$$|T_2(N)| \leqslant \int_{E_2} |S^3(\alpha, N)| d\alpha$$

$$\ll N(\log N)^{-2.4} \int_0^1 |S^2(\alpha, N)| d\alpha,$$

由此及式(2.23) 就证明了式(19)．

由式(1.19)，引理 1 和 2 就证明了以下形式的三素数定理．

定理 3 设 N 是奇数，我们有渐近公式

$$T(N) = \frac{1}{2}\mathscr{G}_3(N)\frac{N^2}{\log^3 N} + O\left(\frac{N^2}{(\log N)^{3.4}}\right), \quad (11)$$

其中的大 O 常数是可以计算的，$\mathscr{G}_3(N)$ 由式(6) 给出，且对奇数 N 有 $\mathscr{G}_3(N) > \frac{1}{2}$.

推论 4 存在一个可计算的常数 c_1'，使得每个大于 c_1' 的奇数是三个奇素数之和 .

§4. Goldbach 数

本节将证明以下定理 .

定理 1 几乎所有的偶数都是两个奇素数之和 .

通常把可以表为两个奇素数之和的偶数称为 **Goldbach 数**. 设 $x > 6$, 把不大于 x 且不能表为两个奇素数之和的偶数组成的集合及其个数记作 $E(x)$，通常称它为 **Goldbach 数的例外集合** . 这样，猜想(A) 就是要证明

$$E(x) = 2, \quad x > 6, \quad (1)$$

而定理 1 就是要证明：当 $x \to \infty$ 时

$$E(x) = o(x). \quad (2)$$

我们实际上要证明一个更强的结果 .

定理 2 对任给的正数 A , 一定有

$$E(x) \ll x\log^{-A} x, \quad (3)$$

其中 $\ll$ 常数和 A 有关 .

目前最好的结果是由 Montgomery 和 Vaughan 证明的：存在一个可计算的正常数 δ，使得

$$E(x) \ll x^{1-\delta}. \quad (4)$$

陈景润和潘承洞[1)]具体定出了这里的常数 δ 的值 .

1) 中国科学，(A)，1983 , 第 4 期，327 — 342 . 最近，δ 的值又不断被改进 .

为了证明式(3)，代替式(1.1)所定义的 $D(n)$ 我们来考虑 $D(n,x)$：n 表为不超过 x 的两个奇素数之和的表法个数．显有

$$\begin{aligned} &D(n,x)=0, \quad 当\ n\leqslant 4\ 或\ n>2x; \\ &D(n,x)=D(n), \quad 当\ n\leqslant x; \end{aligned} \tag{5}$$

以及

$$D(n,x)=\int_0^1 S^2(\alpha,x)\,e(-\alpha n)\,d\alpha, \tag{6}$$

其中 $S(\alpha,x)$ 由式(1.5)给出．

对于由式(1.8)，(1.11)和(1.12)给出的 Farey 分割，有

$$D(n,x)=D_1(n,x)+D_2(n,x), \tag{7}$$

其中

$$\begin{aligned} D_i(n,x)&=\int_{E_i} S^2(\alpha,x)e(-\alpha n)d\alpha \\ &=\int_{-\frac{1}{\tau}}^{1-\frac{1}{\tau}} S_i^2(\alpha,x)e(-\alpha n)d\alpha,\ i=1,2, \end{aligned} \tag{8}$$

$S_i(\alpha,x)\ (i=1,2)$ 是 α 的以1为周期的周期函数，当

$\alpha\in\left[-\frac{1}{\tau},\ 1-\frac{1}{\tau}\right]$ 时，

$$S_i(\alpha,x)=\begin{cases} S(\alpha,x), & \alpha\in E_i, \\ 0, & \alpha\overline{\in} E_i, \end{cases} \quad i=1,2. \tag{9}$$

这样，$D_i(n,x)\ (-\infty<n<\infty)$ 可以看作是周期函数 $S_i^2(\alpha,x)$（变量是 α）的 Fourier 系数．因而由 Fourier 级数理论中的 Parseval 定理推出

$$\sum_{n=-\infty}^{\infty}|D_1(n,x)|^2=\int_{-\frac{1}{\tau}}^{1-\frac{1}{\tau}}|S_1(\alpha,x)|^4d\alpha$$

$$=\int_{E_1}|S(\alpha,x)|^4d\alpha, \tag{10}$$

$$\sum_{n=-\infty}^{\infty}|D_2(n,x)|^2=\int_{-\frac{1}{\tau}}^{1-\frac{1}{\tau}}|S_2(\alpha,x)|^4d\alpha$$

$$=\int_{E_2}|S(\alpha,x)|^4d\alpha, \tag{11}$$

设 λ 是待定正常数，现取

$$Q=\log^{\lambda}x,\quad \tau=x\log^{-\lambda}x. \tag{12}$$

利用第十九章的线性素变数三角和估计，立刻推出

引理 3 当Q,τ 由式(12) 给出时，有

$$\sum_{n=-\infty}^{\infty}|D_2(n,x)|^2\ll x^3Q^{-1}\log^3x. \tag{13}$$

进而，若设 $M(x)$ 是全体整数 n 中满足

$$|D_2(n,x)|>xQ^{-\frac{1}{3}} \tag{14}$$

的 n 的个数，则

$$M(x)\ll xQ^{-\frac{1}{3}}\log^3x. \tag{15}$$

证：由引理 1.1 及定理 19.1.1 可推出

$$S(\alpha,x)\ll xQ^{-\frac{1}{2}}\log^2x,\quad \alpha\in E_2, \tag{16}$$

由此及式(11) 可得

$$\sum_{n=-\infty}^{\infty}|D_2(n,x)|^2$$

$$\ll x^2Q^{-1}\log^4x\int_0^1|S(\alpha,x)|^2d\alpha,$$

由此及式(2.23)就证明了式(13)．进而由式(13)及 $M(x)$ 的定义可得

$$M(x)x^2Q^{-\frac{2}{3}} \ll x^3Q^{-1}\log^3 x,$$

这就得到了式(15)．

这引理给出了 $D_2(n,x)$ 的一个(对 n 的)平均估计．式(14)，(15)表明：取“大值”的 $|D_2(n,x)|$ 是比较少的．如果证明中用定理 19.2.2，或定理 19.3.1 或定理 19.4.7 来代替定理 19.1.1 时，引理的表述要作相应改变，但对式(3)的证明不起影响．请读者自已作这样的改变．

下面要用计算 $T_1(N)$ 的类似的方法来计算 $D_1(n,x)$ $\left(\frac{x}{2}<n\leqslant x\right)$ 的渐近公式．

引理 4 设整数 $n\geqslant 4$．我们有

$$\sum_{q\leqslant Q}\left|\frac{\mu^2(q)}{\varphi^2(q)}C_q(-n)\right| \ll \log\log n, \tag{17}$$

其中 $C_q(l)$ 是由式(13.3.10)给出的 Ramanujan 和．

证：由推论 13.3.2 可得

$$\begin{aligned}\sum_{q\leqslant Q}\left|\frac{\mu^2(q)}{\varphi^2(q)}C_q(-n)\right| &= \sum_{q\leqslant Q}\frac{\mu^2(q)}{\varphi^2(q)}\varphi((n,q))\\ &= \sum_{d\mid n}\varphi(d)\sum_{\substack{q\leqslant Q\\(n,q)=d}}\frac{\mu^2(q)}{\varphi^2(q)} = \sum_{d\mid n}\frac{\mu^2(d)}{\varphi(d)}\sum_{\substack{v\leqslant Q/d\\(v,n/d)=1}}\frac{\mu^2(v)}{\varphi^2(v)}\\ &\ll \sum_{d\mid n}\frac{\mu^2(d)}{\varphi(d)} = \frac{n}{\varphi(n)},\end{aligned} \tag{18}$$

由此及熟知不等式

$$\frac{n}{\varphi(n)} \ll \log\log n \tag{19}$$

即得式(17).

引理 5 设整数 $n \geqslant 4$. 我们有

$$\sum_{q>Q}\left|\frac{\mu^2(q)}{\varphi^2(q)}C_q(-n)\right| \ll d(n)Q^{-1}(\log\log Q)^2\log\log n, \tag{20}$$

其中 $d(n)$ 是除数函数.

证: 和引理 4 证明一样, 由推论 13.3.2 和式(19)得到

$$\sum_{q>Q}\left|\frac{\mu^2(q)}{\varphi^2(q)}C_q(-n)\right| = \sum_{d\mid n}\frac{\mu^2(d)}{\varphi(d)}\sum_{\substack{v>Q/d\\(v,n/d)=1}}\frac{\mu^2(v)}{\varphi^2(v)}$$

$$\ll Q^{-1}(\log\log Q)^2\sum_{d\mid n}\frac{\mu^2(d)d}{\varphi(d)}$$

$$\ll Q^{-1}(\log\log Q)^2 2^{\omega(n)}\log\log n,$$

由此及 $2^{\omega(n)} \leqslant d(n)$ 就证明了式(20).

引理 6 设整数 $n \geqslant 4$. 那末, 级数

$$\mathscr{G}_2(n) = \sum_{q=1}^{\infty}\frac{\mu^2(q)}{\varphi^2(q)}C_q(-n) \tag{21}$$

绝对收敛, 且

$$\mathscr{G}_2(n) = \frac{n}{\varphi(n)}\prod_{p\nmid n}\left(1-\frac{1}{(p-1)^2}\right). \tag{22}$$

证: 由引理 4 或 5 均可推出级数绝对收敛. 由此及式(2.9)就得到式(22).

容易看出

$$\mathscr{G}_2(n) = 0 \qquad 2\nmid n, \tag{23}$$

$$\frac{n}{\varphi(n)} > \mathscr{G}_2(n) > \frac{n}{\varphi(n)}\prod_{m\geqslant 3}\left(1-\frac{1}{(m-1)^2}\right)$$

$$= \frac{1}{2}\frac{n}{\varphi(n)} \geqslant 1, \quad 2\mid n. \tag{24}$$

通常 $\mathscr{G}_2(n)$ 称为是关于偶数的 Goldbach 猜想中的奇异级数.

引理 7 设 Q、τ 由式(12)给出，$\lambda \geqslant 3$. 那末，当 $\frac{1}{2}x<n\leqslant x$ 时有

$$D_1(n,x)=\frac{n}{\log^2 n}\left(\sum_{q\leqslant Q}\frac{\mu^2(q)}{\varphi^2(q)}C_q(-n)\right)+O\left(\frac{x(\log\log x)^2}{\log^3 x}\right). \tag{25}$$

证：证明和式(2.17)相类似. 由式(2.1)得

$$D_1(n,x)=\left(\sum_{q\leqslant Q}\frac{\mu^2(q)}{\varphi^2(q)}C_q(-n)\right)\int_{-\frac{1}{\tau}}^{\frac{1}{\tau}}\left(\sum_{m=2}^{[x]}\frac{e(zm)}{\log m}\right)^2 \cdot e(-zn)\,dz+O\left(xe^{-C_{11}\sqrt{\log x}}\right). \tag{26}$$

再由式(2.14)和(2.15)得

$$\int_{-\frac{1}{\tau}}^{\frac{1}{\tau}}\left\{\left(\sum_{m=2}^{[x]}\frac{e(zm)}{\log m}\right)^2-\left(\sum_{m=2}^{[x]}\frac{e(zm)}{\log[x]}\right)^2\right\}e(-zn)\,dz$$

$$\ll\frac{x^2}{\log^3 x}\int_{-\frac{1}{\tau}}^{\frac{1}{\tau}}\min\left(1,\frac{1}{x|z|}\right)dz$$

$$\ll\frac{x}{\log^3 x}\left\{1+\int_{\frac{1}{x}}^{\frac{1}{\tau}}\frac{dz}{z}\right\}\ll\frac{x\log\lg x}{\log^3 x}, \tag{27}$$

最后一步用到了 $\tau=x\log^{-\lambda}x$. 由以上两式及引理 4 推出

$$D_1(n,x)=\left(\sum_{q\leqslant Q}\frac{\mu^2(q)}{\varphi^2(q)}C_q(-n)\right)\int_{-\frac{1}{\tau}}^{\frac{1}{\tau}}\left(\sum_{m=2}^{[x]}\frac{e(zm)}{\log[x]}\right)^2$$

$$\cdot e(-zn)\,dz+O\left(\frac{x(\log\log x)^2}{\log^3 x}\right). \qquad (28)$$

利用 $\lambda \geqslant 3$, $\frac{x}{2} < n \leqslant x$,

$$\int_{\frac{1}{\tau}}^{\frac{1}{2}}\left(\sum_{m=2}^{[x]} e(zm)\right)^2 e(-zn) \ll \int_{\frac{1}{\tau}}^{\frac{1}{2}} \frac{dz}{z^2} \ll \tau \ll \frac{x}{\log^3 x},$$

$$\int_{-\frac{1}{2}}^{-\frac{1}{\tau}}\left(\sum_{m=2}^{[x]} e(zm)\right)^2 e(-zn) \ll \frac{x}{\log^3 x},$$

$$\int_{-\frac{1}{2}}^{\frac{1}{2}}\left(\sum_{m=2}^{[x]} e(zm)\right)^2 e(-zn)\,dz = \sum_{\substack{n=m_1+m_2\\ 2\leqslant m_1, m_2\leqslant [x]}} 1 = n+O(1)$$

以及引理 4，从式(28) 就证明了式(25)．

定理 2 的证明：取 $\lambda = 3A+9$，Q、τ 由式(12) 给出. 由引理 5 和 7 得到：当 $\frac{x}{2} < n \leqslant x$ 时，

$$D_1(n,x) = \mathscr{G}_2(n)\frac{n}{\log^2 n} + O\left(\frac{x}{\log^2 x} d(n) Q^{-1} \cdot (\log\log x)^3\right) + O\left(\frac{x(\log\log x)^2}{\log^3 x}\right), \qquad (29)$$

由熟知估计式

$$\sum_{n\leqslant x} d(n) \ll x\log x$$

知，在不超过 x 的正整数 n 中，使 $d(n) > Q\log^{-1} x$ 的 n 的个数 $\ll xQ^{-1}\log^2 x$. 因此，对满足 $\frac{x}{2} < n \leqslant x$ 的偶数 n 中，除了 $\ll xQ^{-1}\log^2 x$ 个例外值外有

$$D_1(n,x)=\mathscr{G}_2(n)\frac{n}{\log^2 n}+O\left(\frac{x(\log\log x)^3}{\log^3 x}\right). \quad (30)$$

对所取的 λ 和 Q，由此及引理 3，式(7)，式(24) 推出：在满足 $\frac{x}{2}<n\leqslant x$ 的偶数 n 中，除了

$$\ll xQ^{-\frac{1}{3}}\log^3 x=x\log^{-A}x \quad (31)$$

个例外值外，有

$$D(n,x)=\mathscr{G}_2(n)\frac{n}{\log^2 n}+O\left(\frac{x(\log\log x)^3}{\log^3 x}\right). \quad (32)$$

这就证明了：对充分大的 x 有

$$E(x)-E\left(\frac{x}{2}\right)\ll x\log^{-A}x. \quad (33)$$

为了证明式(3)，设 K 是正整数使得 $2^K<\sqrt{x}\leqslant 2^{K+1}$. 由式(33) 得

$$E\left(\frac{x}{2^{k-1}}\right)-E\left(\frac{x}{2^k}\right)\ll\frac{x}{2^{k-1}}\log^{-A}x,\ k=1,\cdots,K+1, \quad (34)$$

由此就立即推出式(3).

顺便指出，式(32) 表明：在 $\frac{x}{2}<n\leqslant x$ 中，除了那些例外值外，偶数 n 表为两个奇素数之和的表法个数应是

$$D(n)=D(n,n)\sim\mathscr{G}_2(n)\frac{n}{\log^2 n}. \quad (35)$$

所以，如果关于偶数的 Goldbach 猜想成立，且表法个数有渐近公式的话，那末一定就是式(35).

习　　题

1. 把 §1 中的小区间 $I(q,h)$ 取为 $\left[\frac{h}{q}-\frac{1}{q\tau},\frac{h}{q}+\frac{1}{q\tau}\right]$. 证明：当条件(1.8)成立时，基本区间 E_1(见(1.11))中的所有小区间两两不相交. 试利用这样的 Farey 分割来证明定理 2.5.

2. 证明 $D_i(N)$(式(1.18))，$T_i(N)$(式(1.20))，及 $D_i(n,x)$(式(4.8))都是实数.

3. 设 N 是正整数，$T^{(2)}(N)=\sum\limits_{n_1+n_2+n_3=N}\Lambda(n_1)\Lambda(n_2)\Lambda(n_3)$. 证明：

(a)
$$T^{(2)}(N)=\int_0^1(S^{(2)}(\alpha,N))^3e(-\alpha N)d\alpha,$$

其中 $S^{(2)}(\alpha,x)$ 由式(19.C)给出. (b) 对奇数 N 有 $T^{(2)}(N)=(1/2)\mathscr{G}_3(N)N^2+O(N^2/\log N)$，其中 $\mathscr{G}_3(N)$ 由式(2.6)给出.

4. 设 N 是正整数，$T^{(1)}(N)=\sum\limits_{p_1+p_2+p_3=N}\log p_1\log p_2\log p_3$. 证明对奇数 N 有 $T^{(1)}(N)=(1/2)\mathscr{G}_3(N)N^2+O(N^2/\log N)$，其中 $\mathscr{G}_3(N)$ 由式(2.6)给出.

5. 证明：(a) $T^{(2)}(N)=T^{(1)}(N)+O(N^{3/2}\log^4 N)$. (b) $T(N)=T^{(1)}(N)(\log N)^{-3}(1+O(\log\log N/\log N))+O(N^2/(\log N)^A)$，其中 A 为任一大于 4 的常数，$T^{(1)}(N)$，$T^{(2)}(N)$ 由上两题给出，$T(N)$ 是方程式(1.2)的解数.

6. 证明：定理 2.5 中的余项 $O(N^2\log^{-4}N)$ 可用 $O(N^2\log^{-A}N)$ 来代替，A 为任一大于 4 的正数.

7. 设 k 为给定的正整数，证明：每个充分大的自然数 N，必可表为 $N=p_1+p_2+n^k$，p_1,p_2 为素数，n 为自然数.

8. 设 $f(N)$ 是素变数不定方程：$p_1+p_2=p_3+p_4$，$p_i\leqslant N$，$1\leqslant i\leqslant 4$，的解数. 证明：
$$f(N)=(2/3)\prod_p(1+(p-1)^{-3})N^3(\log N)^{-4}+O(N^3(\log N)^{-5}).$$
进而把这结果推广到 $p_1+\cdots+p_m=p_{m+1}+\cdots+p_{2m}$，$p_i\leqslant N$，$1\leqslant i\leqslant 2m$，的情形.

9. 设 $m>3$，$f(N)$ 是素变数不定方程 $p_1+\cdots+p_m=N$ 的解数，证明：

$$f(N)=\frac{1}{(m-1)!}\prod_{p\mid N}\left(1+\frac{(-1)^m}{(p-1)^{m-1}}\right)\prod_{p\nmid N}\cdot\left(1+\frac{(-1)^{m+1}}{(p-1)^{m-1}}\right)\frac{N^{m-1}}{(\log N)^m}+O\left(\frac{N^{m-1}}{(\log N)^{m+1}}\right).$$

10. 设 a、b、c 是正整数 $(a,b,c)=1$，$f(N)$ 是素变数不定方程 $ap_1+bp_2+cp_3=N$ 的解数. 证明：

$$f(N)=\frac{1}{2abc}\left\{\sum_{q=1}^{\infty}C_q(a)\,C_q(b)\,C_q(c)\,(\varphi(q))^{-3}\cdot C_q(-N)\right\}\frac{N^2}{(\log N)^3}+O\left(\frac{N^2}{\log^4 N}\right),$$

其 $C_q(m)$ 是 Ramanujan 和（式(13.3.10)）. 并讨论在什么条件下上式中的级数有正的下界.

11. 设 a_1,a_2,a_3,a_4 是固定的非零整数，a_1,a_2,a_3 符号不全相同. $f(N)$ 是素变数不定方程 $a_1p_1+a_2p_2+a_3p_3+a_4=0$，$p_i\leqslant N$，$i=1,2,3$，的解数. 证明：

$$f(N)=\mathscr{G}J(N)(\log N)^{-3}+O(N^2(\log N)^{-4}),$$

其中 $J(N)$ 是不定方程 $a_1n_1+a_2n_2+a_3n_3+a_4=0$，$i\leqslant m_i\leqslant N$，$i=1,2,3$，的解数，$\mathscr{G}=\sum\limits_{q=1}^{\infty}(\varphi(q))^{-3}C_q(a_1)C_q(a_2)C_q(a_3)\cdot C_q(a_4)$，$C_q(m)$ 是 Ramanujan 和（式(13.3.10)）. 进而证明：(a) 当 $(a_1,a_2,a_3)\mid a_4$ 时，$J(N)\gg N^2$；(b) 当 $(a_2,a_3,a_4)=(a_1,a_3,a_4)=(a_1,a_2,a_4)=(a_1,a_2,a_3)$，及 $a_1+a_2+a_3+a_4\equiv 0\pmod{2a}$ $(a=(a_1,a_2,a_3,a_4))$ 时，$\mathscr{G}$ 有正的下界，不然，$\mathscr{G}=0$.

12. 设 $(a,b,c)=(a_1,b_1,c_1)=1$，$ab_1-a_1b\neq 0$. 证明：存在无穷多对整数 x，y，使得 $ax+by+c$ 和 $a_1x+b_1y+c_1$ 都是素数.

13. 式(4.20)右边改为 $n\log\log n(\varphi(n)\log Q)^{-1}$ 仍然成立.

14. 设 ε 为适当小的正数，N 充分大的正整数，$A=N\exp(-\varepsilon\sqrt{\log N})$. 再设 $T(N,A)$ 表素变数不定方程：

$$N=p_1+p_2+p_3,\quad N/3-A<p_i\leqslant N/3+A,\ i=1,2,3,$$

的解数.证明:$T(N,A)=3\mathscr{G}_3(N)A^2(\log N)^{-3}+O(A^2(\log N)^{-4})$,其中$\mathscr{G}_3(N)$由式(2.6)给出.这表明每个充分大的奇数可表为三个几乎相等的奇素数之和.(利用圆法和习题19.10.在确定Farey分割时,Q,τ和N,A有关).

第二十一章　Weyl 指数和估计(一)
(van der Corput 方法)

设 $b-a\geqslant 1$，$f(x)$，$g(x)$ 是定义在区间 $[a,b]$ 上的实函数，具有足够多次导数. 本章要讨论指数和

$$\sum_{a<n\leqslant b} e(f(n)),\tag{A}$$

$$\sum_{a<n\leqslant b} g(n)e(f(n))\tag{B}$$

的上界估计. H.Weyl 首先在其关于一致分布的开创性工作中，给出了这种指数和的非显然上界估计. 这种指数和通常称为 Weyl 指数和. 后来 van der Corput 和И.М.Виноградов提出了两种新方法来估计 Weyl 和，优于Weyl 的方法[1]. 关于这方面的历史资料可参看 [14, §7－ §10]. 本章将讨论 van der Corput 方法，Виноградов方法在下一章讨论. 在实际应用中 $g(x)$ 是单调函数，且 $a<b\leqslant 2a$，所以由分部求和知我们只要讨论指数和(A).

van der Corput 方法的核心思想是把指数和(A)化为指数积分和(见定理 1.5)，即化为指数积分

$$\int_a^b e^{i(f(x)-\nu x)}dx=\int_a^b e^{iF(x)}dx.\tag{C}$$

的和式(对 ν 求和)。他发现由 $|F''(x)|\geqslant r>0$ (注意: $F''(x)=f''(x)$，r 和 ν 是无关的)，可得指数积分(C)的一个好的上界估计(见引理 2.1)，这正是他的方法比 Weyl 方法好的原因. 这样，当

1) 最近，结合这些方法的思想，Bombieri 和 Iwaniec 提出了一个从估计指数和的均值来得到单个指数和估计的新方法，并成功地应用于估计 $\zeta(1/2+it)$ 的阶.

$f''(x)$ 满足一定条件时,由此就得到指数和(A)的一个上界估计(见定理 2.3).当 $f''(x)$ 不满足所要求的条件时,可以通过两个途径把这一指数和化为另外的指数和(见定理3.1及 5.2),反复应用这两个办法(可结合应用),直至最后得到的一组指数和中的函数(即新的 $f(x)$)的二阶导数满足定理 2.3 的条件,估计出它们的上界,这样就得到了原来的指数和的上界估计,这些就是 §4, §6 讨论的内容.

这一方法已被推广到多维情形.本章内容可参看: [17], [23], [32].

§1. 基本关系式

引理1 设 $f'(x)$ 在闭区间 $[a,b]$ 上连续,则有

$$\sum_{a<n\leqslant b} e(f(n)) = \int_a^b e(f(x))dx - b_1(x)e(f(x))\Big|_a^b$$

$$-\sum_{\nu=1}^{\infty}\frac{1}{\nu}\int_a^b f'(x)\{e(f(x)+\nu x)-e(f(x)-\nu x)\}dx, \quad (1)$$

其中 $b_1(x)$ 由式(2.2.2)给出.

证:由 Euler- MacLaurin 求和公式(2.2.8)($l=1$)得

$$\sum_{a<n\leqslant b} e(f(n)) = \int_a^b e(f(x))dx + \int_a^b b_1(x)2\pi i f'(x)e(f(x))dx$$

$$-b_1(x)e(f(x))\Big|_a^b,$$

由式(2.2.4)知 $b_1(x)$ 的 Fourier 级数可写为

$$\frac{-1}{2\pi i}\sum_{\nu=1}^{\infty}\frac{1}{\nu}(e(\nu x)-e(-\nu x)), \quad (2)$$

它对所有的 x 是有界收敛,且在任一不包含整数的闭区间上一致

收敛到 $b_1(x)$. 所以前式右边第二个积分中的 $b_1(x)$ 可用它的 Fourier 级数代入并逐项积分，这就得到了式(1).

完全一样可证明

引理 2 设 $f'(x)$ 和 $g'(x)$ 均在闭区间 $[a,b]$ 上连续，则有

$$\sum_{a<n\leqslant b} g(n)e(f(n)) = \int_a^b g(x)e(f(x))\,dx - b_1(x)g(x)e(f(x))\Big|_a^b$$

$$-\sum_{v=1}^{\infty} \frac{1}{v}\int_a^b \left(g(x)f'(x) + \frac{g'(x)}{2\pi i}\right)$$

$$\times\{e(f(x)+vx) - e(f(x)-vx)\}dx. \quad (3)$$

为了把式(1)和式(3)中那些可以作为次要项的积分估计出来，需要下面的引理.

引理 3 设在区间 $[a,b]$ 上函数 $G(x)/F'(x)$ 单调，且满足 $F'(x)/G(x)\geqslant m>0$ (或 $-F'(x)/G(x)\geqslant m>0$). 那末有

$$\left|\int_a^b G(x)e^{iF(x)}dx\right| \leqslant \frac{4}{m}.$$

证：先假定 $G(x)/F'(x)$ 是正的递减的. 由积分第二中值定理可得:

$$\int_a^b G(x)\cos F(x)\,dx = \int_a^b \frac{G(x)}{F'(x)}F'(x)\cos F(x)\,dx$$

$$= \frac{G(a)}{F'(a)}\int_a^c F'(x)\cos F(x)\,dx$$

$$= \frac{G(a)}{F'(a)}(\cos F(c) - \cos F(a)),\quad a\leqslant c\leqslant b.$$

因而

$$\left|\int_a^b G(x)\cos F(x)\,dx\right| \leqslant \frac{2}{m}\ . \tag{4}$$

同样可证

$$\left|\int_a^b G(x)\sin F(x)\,dx\right| \leqslant \frac{2}{m}\ .$$

以上两式合起来即得所要结论. 对其它情形可类似证明.

类似于引理 3 容易证明

引理 4 设在区间$[a,b]$上, $H(x)$ 单调, $|H(x)|\leqslant M$. 那末在引理 3 的条件下有

$$\left|\int_a^b H(x)\,G(x)\,e^{iF(x)}dx\right| \leqslant 8Mm^{-1}. \tag{5}$$

证: 先假定 $G(x)\,/F'(x)$ 是正的递减函数. 由积分第二中值定理可得

$$\int_a^b H(x)\,G(x)\cos F(x)\,dx = H(a)\int_a^c G(x)\cos F(x)\,dx$$

$$+\,H(b)\int_c^b G(x)\cos F(x)\,dx\,.$$

由此及引理 3 的式 (4) 可得

$$\left|\int_a^b H(x)\,G(x)\cos F(x)\,dx\right| \leqslant 4Mm^{-1}\,.$$

同样可证

$$\left|\int_a^b H(x)\,G(x)\sin F(x)dx\right| \leqslant \frac{4M}{m}\ .$$

以上两式合起来即得所要结论. 对其它情形可类似证明.

下面来证明基本关系式 .

定理 5 设 $f'(x)$ 在区间 $[a,b]$ 上单调连续，$f'(a)=\beta, f'(b)=\alpha$. 再设 η 为一实数，$0<\eta<1$. 那末，当 $f'(x)$ 递减时有

$$\sum_{a<n\leqslant b} e(f(n)) = \sum_{\alpha-\eta<v<\beta+\eta} \int_a^b e(f(x)-vx)\,dx + O\left(\frac{1}{\eta} + \log(\beta-\alpha+2)\right); \qquad (6)$$

当 $f'(x)$ 递增时有

$$\sum_{a<n\leqslant b} e(f(n)) = \sum_{\beta-\eta<v<\alpha+\eta} \int_a^b e(f(x)-vx)\,dx + O\left(\frac{1}{\eta} + \log(\alpha-\beta+2)\right). \qquad (7)$$

证：先证式(6). 对给定的 η 必有唯一的整数 k,使得 $\eta\leqslant\alpha+k<\eta+1$. 令 $f_1(x)=f(x)+kx$, $\alpha_1=\alpha+k$, $\beta_1=\beta+k$. 这样，式(6)就等价于要证明

$$\sum_{a<n\leqslant b} e(f_1(n)) = \sum_{1\leqslant v<\beta_1+\eta} \int_a^b e(f_1(x)-vx)\,dx + O\left(\frac{1}{\eta} + \log(\beta_1-\alpha_1+2)\right). \qquad (8)$$

由引理 1 知

$$\sum_{a<n\leqslant b} e(f_1(n)) = \int_a^b e(f_1(x))\,dx - \sum_{v=1}^{\infty}\frac{1}{v}\int_a^b f_1'(x)\{e(f_1(x)+vx) - e(f_1(x)-vx)\}dx + O(1). \qquad (9)$$

由于函数 $f_1'(x)$ 也是递减的，且

$$\eta \leqslant f_1'(b)=\alpha_1<\eta+1, \quad \alpha_1 \leqslant f_1'(x) \leqslant \beta_1=f_1'(a), \tag{10}$$

因此，当 $v \geqslant 1$ 时函数

$$\frac{f_1'(x)}{f_1'(x)+v}=1-\frac{v}{f_1'(x)+v}$$

在区间 $[a,b]$ 上是正的递减的，且

$$0<\frac{\alpha_1}{\alpha_1+v} \leqslant \frac{f_1'(x)}{f_1'(x)+v} \leqslant \frac{\beta_1}{\beta_1+v}, \quad a \leqslant x \leqslant b.$$

这样，由引理3(取 $G(x)=f_1'(x)$，$F(x)=2\pi(f_1(x)+vx)$)可得

$$\left|\int_a^b f_1'(x)\,e(f_1(x)+vx)\,dx\right| \leqslant \frac{4\beta_1}{2\pi(\beta_1+v)}, \quad v \geqslant 1.$$

进而有

$$\left|\sum_{v=1}^{\infty}\frac{1}{v}\int_a^b f_1'(x)\,e(f_1(x)+vx)\,dx\right| \leqslant \frac{4}{2\pi}\sum_{v=1}^{\infty}\frac{\beta_1}{v(v+\beta_1)}$$

$$\leqslant \frac{4\beta_1}{2\pi(1+\beta_1)}+\frac{4}{2\pi}\log(1+\beta_1) \ll \log(\beta_1-\alpha_1+2). \tag{11}$$

当 $v \geqslant \beta_1+\eta$ 时，由 $f_1'(x)$ 递减及式(10)知，函数

$$\frac{f_1'(x)}{f_1'(x)-v}=1+\frac{v}{f_1'(x)-v}$$

是负的递增的，且

$$\frac{\beta_1}{\beta_1-v} \leqslant \frac{f_1'(x)}{f_1'(x)-v} \leqslant \frac{\alpha_1}{\alpha_1-v}<0.$$

故由引理3(取 $G(x)=f_1'(x)$，$F(x)=2\pi(f_1(x)-vx)$)得

$$\left|\int_a^b f_1'(x)e(f_1(x)-vx)\,dx\right| \leqslant \frac{4\beta_1}{2\pi(v-\beta_1)}, \quad v\geqslant\beta_1+\eta.$$

进而有

$$\left|\sum_{v\geqslant\beta_1+\eta}\frac{1}{v}\int_a^b f_1'(x)e(f_1(x)-vx)\,dx\right| \leqslant \frac{4}{2\pi}\sum_{v\geqslant\beta_1+\eta}\frac{\beta_1}{v(v-\beta_1)}$$

$$\leqslant \frac{4}{2\pi}\frac{\beta_1}{\eta(\beta_1+\eta)}+\frac{4}{2\pi}\log\frac{\beta_1+\eta}{\eta} \ll \frac{1}{\eta}+\log(\beta_1-\alpha_1+2). \tag{12}$$

此外，由式(10)及引理 3(取 $G(x)\equiv 1$, $F(x)=2\pi f_1(x)$)可得

$$\int_a^b e(f_1(x))\,dx \ll \frac{1}{\eta}.$$

由上式及式(9)，(11)，(12)就证明了

$$\sum_{a\leqslant n<b} e(f_1(n)) = \sum_{1\leqslant v<\beta_1+\eta}\frac{1}{v}\int_a^b f_1'(x)e(f_1(x)-vx)\,dx$$

$$+O\left(\frac{1}{\eta}+\log(\beta_1-\alpha_1+2)\right).$$

由此及

$$\frac{1}{v}\int_a^b f_1'(x)e(f_1(x)-vx)\,dx=\int_a^b e(f_1(x)-vx)\,dx+O\left(\frac{1}{v}\right)$$

就得到了式(8)，因而就证明了式(6).

当 $f'(x)$ 递增时，可考虑函数 $f_2(x)=-f(x)$. 对 $f_2(x)$ 有式(6)成立，然后取共轭并以 $-v$ 代 v 即得式(7).

用同样的方法可以证明

定理 6 设$g(x)$, $g'(x)$均在区间 $[a,b]$ 上单调连续，且$|g(x)|\leqslant h_0$,$|g'(x)|\leqslant h_1$.那末在定理 5 的条件下，当$f'(x)$递减时有

$$\sum_{a<n\leqslant b} g(n)e(f(n)) = \sum_{\alpha-\eta<\eta<\beta+\eta}\int_a^b g(x)e(f(x)-vx)\,dx + O\left(\frac{h_0+h_1}{\eta}+h_0\log(\beta-\alpha+2)\right); \quad (13)$$

当$f'(x)$递增时有

$$\sum_{a<n\leqslant b} g(n)e(f(n)) = \sum_{\beta-\eta<v<\alpha+\eta}\int_a^b g(x)e(f(x)-vx)\,dx + O\left(\frac{h_0+h_1}{\eta}+h_0\log(\alpha-\beta+2)\right). \quad (14)$$

证明时要注意的是，凡是定理 5 的证明中用引理 1 和 3 的地方要分别用引理 2 和 4 来代替.

作为定理 5 和定理 6 的有用的特例，我们来证明

定理 7 设在区间$[a,b]$上有$|f'(x)|\leqslant\theta<1$. 那末，

(a) 在定理 5的条件下，有

$$\sum_{a<n\leqslant b} e(f(n)) = \int_a^b e(f(x))\,dx + O\left(\frac{1}{1-\theta}\right); \quad (15)$$

(b) 在定理 6 的条件下有

$$\sum_{a<n\leqslant b} g(n)e(f(n)) = \int_a^b g(x)e(f(x))\,dx + O\left(\frac{h_0+h_1}{1-\theta}\right). \quad (16)$$

证：我们来证式(15). 式(16)可同样证明. 现取$\eta=\frac{1}{2}(1-\theta)$.

当$f'(x)$为递减时，由于

$$\alpha-\eta\geqslant-\theta-\frac{1}{2}(1-\theta)>-1,\ \beta+\eta\leqslant\theta+\frac{1}{2}(1-\theta)<1,$$

所以在式(6)中，右边的和式至多有一项 $v=0$. 如果这一项出现，那末式(15)就已经证明；如果这一项不出现，那末必是以下两种情形之一：(1) $\alpha-\eta>0$， 即 $f'(x)\geqslant\alpha>\eta=\frac{1}{2}(1-\theta)$；(2) $\beta+\eta<0$，即 $f'(x)\leqslant\beta<-\eta=-\frac{1}{2}(1-\theta)$. 无论何种情形出现，由引理3(取 $G(x)\equiv 1$)均得

$$\int_a^b e(f(x))dx\ll\frac{1}{1-\theta},$$

因此，由式(6)知式(15)亦成立. 当 $f'(x)$ 为递增时可同样证明(或考虑 $-f'(x)$，然后取共轭即得).

§2. 基本估计式

由引理 1.3(取 $G(x)\equiv 1$)知，当 $F'(x)$ 单调，且 $|F'(x)|\geqslant m>0\ (a\leqslant x\leqslant b)$ 时，指数积分(C)有估计

$$\int_a^b e^{iF(x)}dx\ll\min\left((b-a),\ \frac{1}{m}\right). \tag{1}$$

这也表明了一般的指数积分(C)的主要部分是在以 $F'(x)=0$ 的那些点 x_v 为中心的小区间上. 在式(1.6)和(1.7)的右边出现的正是这种指数积分. 为了估计这种指数积分，van der Corput 证明了下面的基本引理，这是他估计 Weyl 指数和(A)的方法的基础.

引理 1. 设在区间 $[a,b]$ 上 $F''(x)$ 连续，且 $|F''(x)|\geqslant r>0$. 那末有

$$\int_a^b e^{iF(x)}dx \ll \min(b-a, r^{-1/2}). \tag{2}$$

证：不妨假定 $F''(x) \geqslant r > 0$，因为若不然，可考虑 $-F(x)$. 这时 $F'(x)$ 是严格递增的，在区间 $[a, b]$ 上至多有一个点 c，使 $F'(c) = 0$. 分两种情形来讨论：

(I) 有零点 c 的情形. 设 δ 为待定正常数，

$$\int_a^b e^{iF(x)}dx = \int_a^{c-\delta} + \int_{c-\delta}^{c+\delta} + \int_{c+\delta}^{b} .$$

由于

$$F'(x) = -\int_x^c F''(u)\,du \leqslant -r(c-x) \leqslant -r\delta < 0,\ a \leqslant x \leqslant c-\delta,$$

$$F'(x) = \int_c^x F''(x)\,dx \geqslant r\delta > 0,\ c+\delta \leqslant x \leqslant b,$$

故由引理 1.3 得

$$\int_a^{c-\delta} e^{iF(x)}dx \ll \frac{1}{r\delta},\quad \int_{c+\delta}^{b} e^{iF(x)}dx \ll \frac{1}{r\delta}.$$

因而有

$$\int_a^b e^{iF(x)}dx \ll \frac{1}{r\delta} + \delta,$$

取 $\delta = r^{-1/2}$，由此即得式 (2)（注意：当 $c - r^{-1/2} < a$ 或 $c + r^{-1/2} > b$ 时，结果显然也成立）.

(II) 没有零点 c 的情形. 设 δ 为待定正常数. 当 $F''(x) > 0$ 时有

$$F'(x)=F'(a)+\int_a^x F''(u)\,du>r\delta>0,\ a+\delta\leqslant x\leqslant b,$$

故由引理1.3得

$$\int_a^b e^{iF(x)}dx=\int_a^{a+\delta} e^{iF(x)}\,dx+\int_{a+\delta}^b e^{iF(x)}dx \ll \delta+\frac{1}{r\delta}.$$

当$F'(x)<0$时有

$$F'(x)=F'(b)-\int_x^b F''(u)\,du<-r\delta<0,\ a\leqslant x\leqslant b-\delta,$$

故由引理1.3得

$$\int_a^b e^{iF(x)}dx=\int_a^{b-\delta} e^{iF(x)}dx+\int_{b-\delta}^b e^{iF(x)}dx\ll\frac{1}{r\delta}+\delta.$$

这样，不论出现那一种情形，取 $\delta=r^{-1/2}$ 即得式(2).（注意：当 $a+r^{-1/2}>b$ 或 $b-r^{-1/2}<a$ 时，式(2)显然也成立）.

类似地，利用引理 1.4 容易证明

引理 2 设在区间$[a,b]$上 $H(x)$单调，且$|H(x)|\leqslant M$，则在引理 1 的条件下有

$$\int_a^b H(x)e^{iF(x)}dx\ll\min\left(M(b-a),\ Mr^{-\frac{1}{2}}\right). \tag{3}$$

由定理1.5 和引理1 就可得到关于 Weyl 指数和(A)的基本估计式.

定理 3 设$b-a\geqslant 1$. 在区间 $[a,b]$ 上$f''(x)$连续，且满足

$$0<\lambda_2\leqslant|f''(x)|\leqslant h\lambda_2, \tag{4}$$

那末有

$$\sum_{a<n\leq b} e(f(n)) \ll h(b-a)\lambda_2^{\frac{1}{2}} + \lambda_2^{-\frac{1}{2}}, \tag{5}$$

其中 ≪ 常数是绝对正常数.

证：当 $\lambda_2 \geq 1$ 时，式(5)是显然估计. 所以可假定 $\lambda_2 < 1$. 显然 $f'(x)$ 满足定理 1.5 的条件. 在定理 1.5 中取 $\eta = \frac{1}{2}$，由于 $2\pi(f(x)-vx)=F(x)$ 满足引理 1 的条件，所以用引理 1 估计式(1.6)(或(1.7))的右边的积分后，就得到

$$\sum_{a<n\leq b} e(f(n)) \ll (|\alpha-\beta|+1)\lambda_2^{-\frac{1}{2}} + \log(|\alpha-\beta|+2)$$
$$\ll (|\alpha-\beta|+1)\lambda_2^{-\frac{1}{2}}.$$

由此及

$$|\alpha-\beta| = |f'(b)-f'(a)| = \left|\int_a^b f''(x)\,dx\right| \leq h\lambda_2(b-a),$$

即得式(5).

§3. 基本不等式

定理 1 设 l 是正整数，$l \leq b-a$，则有

$$\left|\sum_{a<n\leq b} e(f(n))\right| \leq 2\frac{(b-a)}{\sqrt{l}} + 2\sqrt{\frac{b-a}{l}}$$
$$\cdot\left\{\sum_{r=1}^{l-1}\left|\sum_{a<n\leq b-r} e(f(n+r)-f(n))\right|\right\}^{\frac{1}{2}}. \tag{1}$$

证：为简单起见，约定

$$e(f(n)) = 0,\quad 当\ n \leq a\ 或\ n > b. \tag{2}$$

在这约定下 $e(-f(n))$ 表示复数取共轭，而不是倒数. 这样就有

$$l\sum_{a<n\leq b} e(f(n)) = l\sum_{n=-\infty}^{\infty} e(f(n)) = \sum_{m=1}^{l}\sum_{n=-\infty}^{\infty} e(f(m+n))$$

$$= \sum_{m=1}^{l} \sum_{q-m<n\leqslant b-m} e(f(m+n))$$

$$= \sum_{a-l<n\leqslant b-1} \sum_{m=1}^{l} e(f(m+n)).$$

利用 Cauchy 不等式得

$$l^2\left|\sum_{a<n\leqslant b} e(f(n))\right|^2 \leqslant (b-a+l)\left\{\sum_{a-l<n\leqslant b-1}\left|\sum_{m=1}^{l} e(f(m+n))\right|^2\right\}.$$

由于

$$\left|\sum_{m=1}^{l} e(f(m+n))\right|^2 = \sum_{m=1}^{l}\sum_{m'=1}^{l} e(f(m+n)-f(m'+n))$$

$$= l + 2\mathrm{Re}\sum_{m=2}^{l}\sum_{m'=1}^{m-1} e(f(m+n)-f(m'+n)),$$

所以有

$$l^2\left|\sum_{a<n\leqslant b} e(f(n))\right|^2 \leqslant l(b-a+l)^2 + 2(b-a+l)$$

$$\cdot \mathrm{Re}\left\{\sum_{a-l<n\leqslant b-1}\sum_{m=2}^{l}\sum_{m'=1}^{m-1} e(f(m+n)-f(m'+n))\right\},$$

利用约定(2)，得到

$$\sum_{a-l<n\leqslant b-1}\sum_{m=2}^{l}\sum_{m''=1}^{m-1} e(f(m+n)-f(m'+n))$$

$$= \sum_{m=2}^{l}\sum_{m'=1}^{m-1}\sum_{n=-\infty}^{\infty} e(f(m+n)-f(m'+n))$$

$$= \sum_{m=2}^{l}\sum_{m'=1}^{m-1}\sum_{n'=-\infty}^{\infty} e(f(m-m'+n')-f(n'))$$

$$= \sum_{m=2}^{l}\sum_{r=1}^{m-1}\sum_{n'=-\infty}^{\infty} e(f(n'+r)-f(n'))$$

$$=\sum_{r=1}^{l-1}\sum_{m=r+1}^{l}\sum_{n'=-\infty}^{\infty}e(f(n'+r)-f(n'))$$

$$=\sum_{r=1}^{l-1}(l-r)\sum_{a<n'\leqslant b-r}e(f(n'+r)-f(n')),$$

由以上两式推得

$$l\left|\sum_{a<n\leqslant b}e(f(n))\right|^2\leqslant(b-a+l)\left\{(b-a+l)\right.$$

$$\left.+2\,\mathrm{Re}\left(\sum_{r=1}^{l-1}\left(1-\frac{r}{l}\right)\sum_{a<n'\leqslant b-r}e(f(n'+r)-f(n'))\right)\right\},\tag{3}$$

由此就证明了式 (1).

这一基本不等式的意义在于把估计指数和

$$\sum_{a<n\leqslant b}e(f(n))$$

转化为估计指数和

$$\sum_{c<n\leqslant d}e(J(n)),$$

其中

$$J(x)=f(x+r)-f(x),$$

r 为参数. 由微分中值定理知, 对 $f(x)$ 的 k 次导数所加的条件, 相当于对 $J(x)$ 的 $k-1$ 次导数所加的条件. 这样, 连续运用这一基本不等式, 就可转化为对 $J(x)$ 的二次导数满足一定条件时的相应的指数和的估计. 而对这种指数和定理 2、3 已经直接给出了一个估计式. 这就是 van der Corput 估计 Weyl 指数和(A)的方法的思想.

这一基本不等式是属于 Weyl 的, 它是由式(3)推出的. 而式(3)右边实际上是要估计一个二重指数和, 这就导致对二重与多重指数和的研究, 这是极其复杂的, 这里不加讨论. 除所说的文献外, 还可参看 Kolesnik, *Acta Arith.*, 45(1985), 115—143.

§4. Weyl和估计

定理1 设整数$k\geqslant 2$, $K=2^{k-1}$. 再设$b-a\geqslant 1$, 在区间$[a,b]$上，$f(x)$有k次连续导数，且满足

$$0<\lambda_k\leqslant |f^{(k)}(x)|\leqslant h\lambda_k\ , \tag{1}$$

那末，存在绝对正常数A, 使得

$$\left|\sum_{a<n\leqslant b} e(f(n))\right|\leqslant A\left(h^{\frac{2}{K}}(b-a)\lambda_k^{\frac{1}{2(K-1)}}\right.$$

$$\left.+(b-a)^{1-\frac{2}{K}}\lambda_k^{\frac{1}{2(K-1)}}\right). \tag{2}$$

证：不妨假定$A\geqslant 2$. 当

$$\lambda_k\leqslant (b-a)^{4(1/K-1)}\quad 或\quad \lambda_k\geqslant 1$$

时，结论显然成立，成以，可假定

$$(b-a)^{4(1/K-1)}<\lambda_k<1\ .$$

用归纳法来证. 当$k=2$时，由定理2、3知结论成立. 假定结论对$k-1(\geqslant 2)$成立，现来证明结论对k亦成立. 设l为待定正整数，$l\leqslant b-a$. 对整数r, $1\leqslant r\leqslant l-1$, 设

$$J(x)=f(x+r)-f(x),\quad a<x\leqslant b-r\ . \tag{3}$$

由条件(1)及微分中值定理知:

$$0<r\lambda_k\leqslant |J^{(k-1)}(x)|\leqslant h(r\lambda_k),\quad a<x\leqslant b-r. \tag{4}$$

这样，对函数$J(x)$，$a\leqslant x\leqslant b-r$, 由归纳假设知

$$\left|\sum_{a<n\leqslant b-r} e(J(n))\right|\leqslant A\left(h^{\frac{4}{K}}(b-a-r)(r\lambda_k)^{\frac{1}{K-2}}\right.$$

$$\left.+(b-a-r)^{1-\frac{4}{K}}(r\lambda_k)^{\frac{-1}{K-2}}\right). \tag{5}$$

注意到式(3)，由式(5)及式(3.1)得到:(注意：$k\geqslant 3$)

$$\left|\sum_{a<n\leqslant b}e(f(n))\right|\leqslant 2\frac{b-a}{\sqrt{l}}+2\sqrt{\frac{b-a}{l}}\sqrt{A}$$

$$\cdot\left\{\sum_{r=1}^{l-1}\left(h^{\frac{4}{K}}(b-a)(r\lambda_k)^{\frac{1}{K-2}}+(b-a)^{1-\frac{4}{K}}(r\lambda_k)^{\frac{-1}{K-2}}\right)\right\}^{\frac{1}{2}}. \tag{6}$$

由于 $k\geqslant 3, K\geqslant 4$, 所以

$$\sum_{r=1}^{l-1} r^{\frac{-1}{K-2}}<\int_0^l u^{\frac{-1}{K-2}}du\leqslant 2l^{1-\frac{1}{K-2}},$$

$$\sum_{r=1}^{l-1} r^{\frac{1}{K-2}}<l^{1+\frac{1}{K-2}}.$$

由此上三式得

$$\left|\sum_{a<n\leqslant b}e(f(n))\right|\leqslant 2\frac{b-a}{\sqrt{l}}+2\sqrt{A}(b-a)h^{\frac{2}{K}}(l\lambda_k)^{\frac{1}{2(K-2)}}$$

$$+2\sqrt{2A}(b-a)^{1-\frac{2}{K}}(l\lambda_k)^{\frac{-1}{2(K-2)}}. \tag{7}$$

取

$$l=[\lambda_k^{-\frac{1}{K-1}}], \tag{8}$$

由假定 $k\geqslant 3, (b-a)^{4(1/K-1)}<\lambda_k<1$ 知, $1\leqslant l\leqslant(b-a)^{\frac{4}{K}}\leqslant(b-a)$, 满足定理 3.1 的条件. 因而, 由式(7)及

$$\frac{1}{2}\lambda_k^{-\frac{1}{K-1}}<l\leqslant\lambda_k^{-\frac{1}{k-1}}$$

推得

$$\left|\sum_{a<n\leqslant b}e(f(n))\right|\leqslant 2\sqrt{2}(b-a)\lambda_k^{\frac{1}{2(K-1)}}+2\sqrt{A}h^{\frac{2}{K}}(b-a)$$

$$\times\lambda_k^{\frac{1}{2(K-1)}}+4\sqrt{A}(b-a)^{1-\frac{2}{K}}\lambda_k^{\frac{-1}{2(K-1)}}. \tag{9}$$

取 $A=20$, 就由此推出式(2)对 k 亦成立. 证毕.

作为一个具体应用, 下面利用定理 1 来估计所谓 ζ 和

$$\sum_{a \quad n\leqslant b} n^{it} \quad . \tag{10}$$

定理 2 设$1\leqslant a<b\leqslant 2a$, $|t|\geqslant 2$, 整数$k\geqslant 2$, 以及$K=2^{k-1}$. 我们有

$$\sum_{a<n\leqslant b} n^{it} \ll a^{1-\frac{k}{2K-2}} |t|^{\frac{1}{2K-2}} + a^{1-\frac{2}{K}+\frac{k}{2k-2}} |t|^{-\frac{1}{2K-2}} . \tag{11}$$

证: 在定理 1 中取$f(x)=\dfrac{t}{2\pi}\log x$, 则有

$$\lambda_k=\frac{(k-1)!\,|t|}{2\pi(2a)^k} \leqslant |f^{(k)}(x)| \leqslant 2^k\lambda_k, \; a\leqslant x\leqslant 2a . \tag{12}$$

由此及式(2)就推出所要的结果.

我们来对估计式(11)作进一步讨论. 容易看出, 为使估计式(11)是有效估计(不计$\ll$常数), 需要满足条件[1)]

$$|t|^{\frac{1}{k}} \leqslant a \leqslant |t|^{\frac{1}{k-4+4K^{-1}}} . \tag{13}$$

在应用中$|t|$和a是固定的, 问题是要去确定k, 使所得的估计(11)是最佳的. 为此, 设 $l\geqslant 2$, $L=2^{l-1}$, 及

$$t_l=|t|^{\frac{1}{l-2+2L^{-1}}} . \tag{14}$$

由直接验算可以证明(留给读者): 当

$$t_{l+1}\leqslant a\leqslant t_l \tag{15}$$

时, 在定理 2 中取$k=l$, 所得到的估计式(11)为最好.

此外, 容易看出, 当$a\leqslant t_k$时估计式(11)右边的第二项比第一项小, 可以弃去; 而当$a\geqslant t_k$时可弃去第一项.

和定理 2 完全一样可以证明

定理 3 设$0\leqslant\theta\leqslant 1$. 那末在定理 2 的条件下有

$$\sum_{a<n\leqslant b} (n+\theta)^{it} \ll a^{1-\frac{k}{2K-2}} |t|^{\frac{1}{2K-2}} + a^{1-\frac{2}{K}+\frac{k}{2K-2}} |t|^{-\frac{1}{2K-2}} . \tag{16}$$

§5. 反转公式

在更强的条件下, 代替引理 2.1 的上界估计, 我们可以得到

---

1) 当$k=2$时, 条件(13)变为$|t|^{\frac{1}{2}}\leqslant a<\infty$.

指数积分(C)的渐近公式(见引理1). 因而，代替定理2、3就也可以得到Weyl指数和(A)的渐近公式(见定理2)，它的主项也是一个Weyl指数和，所以通常称它为Weyl指数和的反转公式.

引理1 设在区间 $[a,b]$ 上 $F(x)$ 四次连续可微，且存在正数 λ_2, λ_3，使得当 $a\leqslant x\leqslant b$ 时，有

$$0<\lambda_2\leqslant |F''(x)|\leqslant h\lambda_2, \tag{1}$$

$$F^{3}(x)\ll\lambda_3, \tag{2}$$

$$F^{(4)}(x)\ll\lambda_2^{-1}\lambda_3^2=\lambda_4. \tag{3}$$

再设存在 $a\leqslant c\leqslant b$ 使得 $F'(c)=0$. 那末有

$$\begin{aligned}\int_a^b e^{iF(x)}dx=&\sqrt{2\pi}\ e^{i\left(\pm\frac{\pi}{4}+F(0)\right)}|F''(c)|^{-\frac{1}{2}}\\&+O(\lambda_2^{-1}\lambda_3^{\frac{1}{3}})+O(\min(\lambda_3^{-\frac{1}{3}},\lambda_2^{-\frac{1}{2}},h|F'(a)|^{-1}))\\&+O(\min(\lambda_3^{-\frac{1}{3}},\lambda_2^{-\frac{1}{2}},h|F'(b)|^{-1})),\end{aligned} \tag{4}$$

其中当 $F''(x)>0$ 时取“+”号，当 $F''(x)<0$ 时取“−”号.

证: 无妨一般，可假定 $F''(x)<0$. 这时 $F'(x)$ 是递减的，c 是 $F'(x)$ 的唯一的零点. 先讨论 $a<c<b$ 的情形. 设 δ 是一待定正数，满足

$$0<\delta\leqslant\min(c-a,b-c).$$

我们有

$$\int_a^b e^{iF(x)}dx=\int_a^{c-\delta}e^{iF(x)}dx+\int_{c-\delta}^{c+\delta}e^{iF(x)}dx+\int_{c+\delta}^{b}e^{iF(x)}dx. \tag{5}$$

由引理 1.3 知

$$\int_{c+\delta}^{b} e^{iF(x)}dx \ll |F'(c+\delta)|^{-1} = \left|\int_{c}^{c+\delta} F''(x)\,dx\right|^{-1} \leqslant (\delta\lambda_2)^{-1}. \tag{6}$$

同样可得

$$\int_{a}^{c-\delta} e^{iF(x)}dx \ll (\delta\lambda_2)^{-1}. \tag{7}$$

下面来讨论式(5)右边第二个积分. 由 $F'(c)=0$ 及 Taylor 公式知, 存在 $\theta,|\theta|\leqslant 1$, 使得当 $|y|\leqslant\delta$ 时有

$$F(y+c) = F(c) + \frac{1}{2}y^2F''(c) + \frac{1}{6}y^3F^{(3)}(c) + \frac{1}{24}y^4F^{(4)}(c+\theta y).$$

由此及条件(3), 得到

$$\int_{c-\delta}^{c+\delta} e^{iF(x)}dx = \int_{-\delta}^{\delta} \exp\left\{i\left(F(c) + \frac{y^2}{2}F''(c) + \frac{y^3}{6}F'''(c) + O(\lambda_4 y^4)\right)\right\}dy$$

$$= e^{iF(c)}\int_{-\delta}^{\delta} \exp\left\{i\left(\frac{y^2}{2}F''(c) + \frac{y^3}{6}F'''(c)\right)\right\}dy + O(\delta^5\lambda_4). \tag{8}$$

现来计算上式右边的积分. 利用 e^x 的幂级数展开得到: 该积分等于

$$\int_{-\delta}^{\delta}\exp\left(\frac{iy^2}{2}F''(c)\right)\sum_{n=0}^{\infty}\frac{1}{n!}\left(\frac{iy^3}{6}F'''(c)\right)^n dy \tag{9}$$

$$=2\int_0^{\delta}\exp\left(\frac{iy^2}{2}F''(c)\right)\left\{1+\sum_{m=1}^{\infty}\frac{1}{(2m)!}\left(\frac{iy^3}{6}F'''(c)\right)^{2m}\right\}dy.$$

由引理 2.1 知，对任意正数 A，有

$$\int_0^{\delta}\exp\left(\frac{iy^2}{2}F''(c)\right)dy=\int_0^{A}\exp\left(\frac{iy^2}{2}F''(c)\right)dy+O((\delta\lambda_2)^{-1}), \tag{10}$$

其中 O 常数和 A 无关. 由此及熟知积分

$$\int_0^{\infty}\exp\left(\frac{iF''(c)}{2}y^2\right)dy=\frac{\sqrt{2}}{\sqrt{|F''(c)|}}\int_0^{\infty}\exp(-iu^2)\,du$$

$$=\frac{\sqrt{2\pi}}{2\sqrt{|F''(c)|}}e^{-\frac{\pi}{4}i}, \tag{11}$$

即得

$$\int_0^{\delta}\exp\left(\frac{iy^2}{2}F''(c)\right)dy=\frac{\sqrt{2\pi}}{2\sqrt{|F''(c)|}}e^{-\frac{\pi}{4}i}+O((\delta\lambda_2)^{-1}). \tag{12}$$

为了估计式(9)右边其它各项积分，令 $y^2=v$，并应用引理 1、4 得到

$$\int_0^{\delta}\exp\left(\frac{iy^2}{2}F''(c)\right)\sum_{m=1}^{\infty}\frac{1}{(2m)!}\left(\frac{iy^3}{6}F'''(c)\right)^{2m}dy$$

$$=\frac{1}{2}\sum_{m=1}^{\infty}\frac{1}{(2m)!}\left(\frac{iF'''(c)}{6}\right)^{2m}\int_0^{\delta^2}\exp\left(\frac{iF''(c)}{2}v\right)v^{3m-\frac{1}{2}}dv$$

$$\ll\sum_{m=1}^{\infty}\frac{1}{(2m)!}\left|\frac{F'''(c)}{6}\right|^{2m}\frac{\delta^{6m-1}}{|F''(c)|}$$

$$\ll (\delta\lambda_2)^{-1}\sum_{m=1}^{\infty}\frac{1}{(2m)!}\left|\frac{F'''(c)}{6}\delta^3\right|^{2m} \tag{13}$$

$$\ll (\delta\lambda_2)^{-1}\exp(\delta^3|F'''(c)|) \ll (\delta\lambda_2)^{-1}\exp(c\delta^3\lambda_3).$$

其中 c 为一正常数. 综合以上结果得到

$$\int_a^b e^{iF(x)}dx=\sqrt{\frac{2\pi}{|F''(c)|}}\,e^{-\frac{\pi}{4}i+F(c)i}+O((\delta\lambda_2)^{-1})+O(\delta^5\lambda_4)$$

$$+O((\delta\lambda_2)^{-1}\exp(c\delta^3\lambda_3)). \tag{14}$$

现取

$$\delta=\lambda_3^{-\frac{1}{3}}. \tag{15}$$

当条件

$$\lambda_3^{-\frac{1}{3}}\leqslant\min(c-a,b-c) \tag{16}$$

成立时, 由式(14)就推出式(4)成立(且没有最后两个大 O 项).

如果条件(16)不成立. 那末不等式

$$a\leqslant c<a+\lambda_3^{-\frac{1}{3}} \tag{17}$$

及

$$b-\lambda_3^{-\frac{1}{3}}<c\leqslant b \tag{18}$$

至少有一个成立[1]. 对可能出现的各种情形的讨论是相同的. 先假定式(18)成立而式(17)不成立, 则

$$a\leqslant c-\delta,\quad b<c+\delta, \tag{19}$$

这里 δ 仍取 $\lambda_3^{-\frac{1}{3}}$. 这样就有

$$\int_a^b e^{iF(x)}dx=\int_a^{c-\delta}e^{iF(x)}dx+\int_{c-\delta}^b e^{iF(x)}dx. \tag{20}$$

1) 这时包括了 $c=a$ 或 $c=b$ 的情形.

和式(8)的推导一样，可得到

$$\int_{c-\delta}^{b} e^{iF(x)}dx = e^{iF(c)}\int_{-\delta}^{b-c}\exp\left\{i\left(\frac{y^2}{2}F''(c)+\frac{y^3}{6}F'''(c)\right)\right\}dy$$

$$+\ O(\delta^5\lambda_4)$$

$$= e^{iF(c)}\int_{-\delta}^{\delta}\exp\left\{i\left(\frac{y^2}{2}F''(c)+\frac{y^3}{6}F'''(c)\right)\right\}dy$$

$$+I+O(\delta^5\lambda_4), \tag{21}$$

其中

$$I = -e^{iF(c)}\int_{b-c}^{\delta}\exp\left\{i\left(\frac{y^2}{2}F''(c)+\frac{y^3}{6}F'''(c)\right)\right\}dy.$$

$$= -e^{iF(c)}\int_{b-c}^{\delta}\exp\left(\frac{iy^2}{2}F''(c)\right)dy$$

$$-e^{iF(c)}\sum_{n=1}^{\infty}\frac{1}{n!}\left(\frac{iF'''(c)}{6}\right)^n\int_{b-c}^{\delta}\exp\left(\frac{iy^2}{2}F''(c)\right)y^{3n}dy. \tag{22}$$

由引理 1.3 可得

$$\int_{b-c}^{\delta}\exp\left(\frac{iy^2}{2}F''(c)\right)dy \ll |F''(c)|^{-1}(b-c)^{-1}$$

$$\ll \lambda_2^{-1}(b-c)^{-1} = \lambda_2^{-1}\left|\frac{F'(b)-F'(c)}{b-c}\right||F'(b)|^{-1}$$

$$\ll h|F'(b)|^{-1}.$$

而由引理 2.1 可得

$$\int_{b-c}^{\delta}\exp\left(\frac{iy^2}{2}F''(c)\right)dy \ll \lambda_2^{-\frac{1}{2}},$$

因而有

$$\int_{b-c}^{\delta} \exp\left(\frac{iy^2}{2} F''(c)\right) dy \ll \min\left(\delta, \lambda_2^{-\frac{1}{2}}, h|F'(b)|^{-1}\right). \quad (23)$$

再由引理 1.3 可得：对 $n \geqslant 1$，一致地有

$$\int_{b-c}^{\delta} \exp\left(\frac{iy^2}{2} F''(c)\right) y^{3n} dy \ll \delta^{3n-1} \lambda_2^{-1}. \quad (24)$$

从式(22)，(23)及(24)得

$$I \ll \min\left(\delta, \lambda_2^{-\frac{1}{2}}, h|F'(b)|^{-1}\right) + \sum_{n=1}^{\infty} (\delta\lambda_2)^{-1} \frac{1}{n!} \left|\frac{\delta^3 F'''(c)}{6}\right|^n$$

$$\ll \min(\delta, \lambda_2^{-\frac{1}{2}}, h|F'(b)|^{-1}) + (\delta\lambda_2)^{-1} \exp(c\delta^3\lambda_3). \quad (25)$$

综合式(20)，(7)，(21)，(25)及上面对式(21)右边第一个积分的讨论，就推出式(4)也成立(且第二个大 O 项不出现)。

同样可证式(17)成立而式(18)不成立时，式(4)也成立(这时式(4)中的第三个大 O 项不出现)；以及式(17)，(18)都不成立时，式(4)也成立. 引理证毕.

有了引理 1 就可以证明下面的反转公式.

定理 2 设在区间$[a, b]$上，$F(x) = 2\pi f(x)$满足引理 1 的条件，且$f'(x)$是递减的. 再设$f'(a) = \beta, f'(b) = \alpha$，以及对满足条件$\alpha < v \leqslant \beta$的整变数 v 定义$f'(x_v) = v$. 那末，我们有

$$\sum_{a<n\leqslant b} e(f(n)) = e\left(-\frac{1}{8}\right) \sum_{\alpha<v\leqslant\beta} |f'(x_v)|^{-\frac{1}{2}} e(f(x_v) - vx_v)$$

$$+ O(\lambda_2^{-\frac{1}{2}}) + O(h(b-a)\lambda_3^{\frac{1}{3}}) + O(h\log(h(b-a)\lambda_2 + 2)). \quad (26)$$

证：由定理 1.5 的式(6)$\left(\text{取 } \eta = \frac{1}{2}\right)$得到

$$\sum_{a<n\leqslant b} e(f(n)) = \sum_{\alpha-\frac{1}{2}<v<\beta+\frac{1}{2}} \int_a^b e(f(x) - vx) dx$$

$$+O(\log(\beta-\alpha+2))$$

$$=\sum_{\alpha+1<v\leqslant\beta-1}\int_a^b e(f(x)-vx)\,dx$$

$$+O(\lambda_2^{-\frac{1}{2}})+O(\log(\beta-\alpha+2)), \tag{27}$$

最后一步用到了引理2.1. 由引理1知

$$\sum_{\alpha+1<v<\beta-1}\int_a^b e(f(x)-vx)\,dx$$

$$=e\left(-\frac{1}{8}\right)\sum_{\alpha+1<v<\beta-1}|f''(x_v)|^{-\frac{1}{2}}e(f(x_v)-vx_v)$$

$$+O\left(\sum_{\alpha+1<v<v-1}\lambda_2^{-1}\lambda_3^{\frac{1}{3}}\right)$$

$$+O\left(h\sum_{\alpha+1<v<\beta-1}((v-\alpha)^{-1}+(\beta-v)^{-1})\right)$$

$$=e\left(-\frac{1}{8}\right)\sum_{\alpha<v\leqslant\beta}|f''(x_v)|^{-\frac{1}{2}}e(f(x_v)-vx_v)+O(\lambda_2^{-\frac{1}{2}})$$

$$+O((\beta-\alpha)\lambda_2^{-1}\lambda_3^{\frac{1}{3}})+O(h\log(\beta-\alpha+2)). \tag{28}$$

注意到 $\beta-\alpha=f'(a)-f'(b)\leqslant h\lambda_2(b-a)$, 从式(27)及(28)就推出式(26).

对于 $f'(x)$ 是递增的情形，不难得到相应的结果:

$$\sum_{a<n\leqslant b}e(f(n))=e\left(\frac{1}{8}\right)\sum_{\beta<v\leqslant\alpha}\left|f''(x_v)\right|^{-1/2}e(f(x_v)-vx_v)$$

$$+O(\lambda_2^{-1/2})+O(h(b-a)\lambda_3^{1/3})$$

$$+O(h\log((b-a)\lambda_2+2)). \tag{29}$$

§6. 指数对理论[1)]

利用定理 3.1 或定理 5.2, 都可以把一个给定的指数和的上界估计转化为另一个指数和的上界估计. 定理 3.1 不需要对 $f(x)$ 加上任何条件, 是普遍适用的. 定理 5.2 虽然对 $f(x)$ 加上了很强的条件, 但在许多重要应用中, 这些条件都是满足的. 现在的问题是如何具体结合这两者来得到一个尽可能好的上界估计, 这就是本节要讨论的内容.

在本节中, 讨论这样的指数和

$$S=\sum_{a<n\leqslant a+d} e(f(n)), \qquad 1<d\leqslant a, \tag{1}$$

其中 $f(x)$ 至少在区间 $[a, 2a]$ 上 5 次连续可微, 并满足条件[2)]

$$\lambda_1 a^{1-j} \ll |f^{(j)}(x)| \ll \lambda_1 a^{1-j}, \quad j=1,2,3,4, \tag{2}$$

$$\lambda_1 > \frac{1}{2}. \tag{3}$$

如果存在一对非负实数 (κ, λ):

$$0\leqslant \kappa \leqslant \frac{1}{2} \leqslant \lambda \leqslant 1, \tag{4}$$

使得有估计式

$$S \ll \lambda_1^{\kappa} a^{\lambda} \tag{5}$$

成立, 那末, (κ, λ) 就称为是一个**指数对**. 这里的 $\ll$ 常数是仅和条件(2) 中的 $\ll$ 常数有关.

容易证明以下的结论

引理 1 (a) (0, 1) 是指数对; (b) 指数对构成一个凸集合; (c) (1/2, 1/2) 是指数对.

证: (a) 是显然的. 现来证(b). 设 (κ, λ), (κ', λ') 是两个指数对, 那末对任意的 $0\leqslant t\leqslant 1$, 有

$$S=S^t S^{1-t} \ll (\lambda_1^{\kappa} a^{\lambda})^t (\lambda_1^{\kappa'} a^{\lambda'})^{1-t}$$

---

1) 本节内容主要取材于 [17, § 2,3]. 最近进展见 Kolesnik, *Acta Arith*, 45 (1985), 115— 143.

2) 对 $j=4$ 仅要求上界估计成立.

$$= \lambda_1^{\kappa t+k'(1-t)} a^{\lambda t+\lambda'(1-t)} \tag{6}$$

所以，对任意的 $0 \leqslant t \leqslant 1$，

$$(\kappa t+\kappa'(1-t), \lambda t+\lambda'(1-t)) \tag{7}$$

也是指数对，这就证明了(b).

当条件(2)(对 $j \leqslant 2$)和(3)满足时，由定理 2.3 推出：

$$S \ll a(\lambda_1 a^{-1})^{\frac{1}{2}} + (\lambda_1 a^{-1})^{-\frac{1}{2}} \ll \lambda_1^{\frac{1}{2}} a^{\frac{1}{2}}, \tag{8}$$

这就证明了(c).

由引理 1 立即看出，由指数对(0,1)及(1/2,1/2)出发，反复利用式(7)所得到的所有数对都是指数对. 我们把由这样构成的所有数对组成的集合记作$\mathscr{C}_1$.

下面的引理是从一个给定的指数对出发，利用定理 3.1 来得到新的指数对.

引理 2 若(κ, λ)是指数对，那末[1]，

$$(\kappa', \lambda') = \left(\kappa(2\kappa+2)^{-1}, \frac{1}{2} + \lambda(2\kappa+2)^{-1}\right) \tag{9}$$

也是指数对.

证：首先由假定(4)可看出

$$0 \leqslant \kappa' \leqslant \frac{1}{2} \leqslant \lambda' \leqslant 1.$$

设 l 是待定正整数. 由定理 3.1 可得[2]

$$S^2 \ll a^2 l^{-1} + a l^{-1} \sum_{r=1}^{l-1} \left| \sum_{a<n \leqslant a+d-r} e(f(n+r)-f(n)) \right| + l^2. \tag{10}$$

对固定的 r，设

$$g_r(n) = g(n) = f(n+r) - f(n). \tag{11}$$

我们有

$$g^{(j)}(x) = r f^{(j+1)}(x+\theta r), \quad j \geqslant 0, |\theta| \leqslant 1.$$

所以由条件(2)知，当 $a \leqslant x \leqslant a+d-r$, $1 < d \leqslant a$ 时有

1) 这里，条件(2)仅要对 $1 \leqslant j \leqslant 3$ 成立.

2) 当 $l \leqslant d$ 时，由定理 3.1 知式(10)成立，当 $l > d$ 时，由于加了 l^2 一项，式(10)显然成立.

$$r\lambda_1 a^{-j} \ll g^{(j)}(x) \ll r\lambda_1 a^{-j}, \qquad j \geqslant 0. \tag{12}$$

如果$\lambda_1 \leqslant a^{\frac{1}{2}}$,由(1/2,1/2)是指数对及$\lambda \geqslant \frac{1}{2}$ 可得

$$\begin{aligned} S &\ll \lambda_1^{\frac{1}{2}} a^{\frac{1}{2}} = \lambda_1^{\frac{1}{2}} a^{\frac{1}{2}+\frac{\lambda}{2\kappa+2}} a^{-\frac{\lambda}{2\kappa+2}} \\ &\ll \lambda_1^{\frac{1}{2}} \lambda_1^{-\frac{\lambda}{\kappa+1}} a^{\lambda'} \ll \lambda_1^{\kappa'} a^{\lambda'}, \end{aligned} \tag{13}$$

所以引理成立. 因此可假定 $\lambda_1 > a^{\frac{1}{2}}$. 设$c$ 是某一正常数. 当 $r < ca\lambda_1^{-1}$ 时,由式(12)($j=2$)及定理 2.3(因$\lambda_1 > a^{\frac{1}{2}}$,所以式(2.5)右边的第一项可不要)知

$$\begin{aligned} a l^{-1} \sum_{r < ca\lambda_1^{-1}} \left| \sum_{a < n \leqslant a+d-r} g_r(n) \right| &\ll a l^{-1} \sum_{r < ca\lambda_1^{-1}} (r\lambda_1 a^{-2})^{-\frac{1}{2}} \\ &\ll a^2 l^{-1} \lambda_1^{-\frac{1}{2}} \sum_{r < ca\lambda_1^{-1}} r^{-\frac{1}{2}} \ll a^2 l^{-1}, \end{aligned}$$

这里≪常数和c有关,并用到了$\lambda_1 > a^{\frac{1}{2}}$. 对其余的 r 利用(κ, λ)是指数对及式(12)得到[1)]

$$\begin{aligned} a l^{-1} \sum_{ca\lambda_1^{-1} \leqslant r \leqslant l-1} \left| \sum_{a < n \leqslant a+d-r} g_r(n) \right| &\ll a l^{-1} \sum_{r \leqslant l-1} (r\lambda_1 a^{-1})^{\kappa} a^{\lambda} \\ &\ll \lambda_1^{\kappa} a^{1-\kappa+\lambda} l^{\kappa}. \end{aligned}$$

把以上两式代入式(10)得到

$$S^2 \ll a^2 l^{-1} + \lambda_1^{\kappa} a^{1-\chi+\lambda} l^{\kappa} + l^2. \tag{14}$$

现取

$$l = [a^{1-\frac{\lambda}{\kappa+1}} \lambda_1^{-\frac{\kappa}{\kappa+1}}]. \tag{15}$$

如果这样取的l满足 $l \geqslant 1$,那末就得到

$$S^2 \ll \lambda_1^{\frac{\kappa}{\kappa+1}} a^{1+\frac{\lambda}{\kappa+1}} + \lambda_1^{-\frac{2\kappa}{\kappa+1}} a^{2-\frac{2\lambda}{\kappa+1}}. \tag{16}$$

再注意到由式(4)可得

1) 式(2)中的λ_1,a 在这里应取为 $c^{-1}r\lambda_1 a^{-1}$ 和 a,由这里对r的限制知,$c^{-1}r\lambda_1 a^{-1} \geqslant 1$,所以条件(3)满足.

$$1+\frac{\lambda}{\kappa+1}\geqslant 2-\frac{2\lambda}{\kappa+1},$$

由此及 $\lambda_1>\frac{1}{2}$ 知，式(16)右边第二项可略去，即有

$$S^2\ll\lambda_1^{\frac{\kappa}{\kappa+1}}a^{1+\frac{\lambda}{\kappa+1}},\tag{17}$$

这就证明了所要的结果. 如果这样取的 $l=0$，那末一定有

$$0<a^{1-\frac{\lambda}{\kappa+1}}\lambda_1^{-\frac{\lambda}{\kappa+1}}<1,$$

即

$$\lambda_1^{\frac{\kappa}{\kappa+1}}a^{1+\frac{\lambda}{\kappa+1}}>a^2.$$

所以式(17)显然成立. 引理证毕.

我们把由指数对集合$\mathscr{C}_1$出发，反复利用凸性(即式(7))及引理2所得到的所有指数对组成的集合记作$\mathscr{C}_2$. 我们来证明：当$(\kappa,\lambda)\in\mathscr{C}_2$时，一定有

$$\kappa+2\lambda\geqslant\frac{3}{2}.\tag{18}$$

因为具有性质(18)的两个指数对经过凸性(即式(7))构成的新的指数对显然仍保持式(18)成立，所以属于$\mathscr{C}_1$，及由$\mathscr{C}_1$中的指数对经凸性而得的指数对都有式(18)成立；而对由引理2得到的指数对(κ',λ')，我们有

$$\begin{aligned}\kappa'+2\lambda'&=\frac{\kappa}{2\kappa+2}+2\left(\frac{1}{2}+\frac{\lambda}{2\kappa+2}\right)\\&=1+\frac{\kappa+2\lambda}{2\kappa+2}\geqslant 1+\frac{\kappa+1}{2\kappa+2}=\frac{3}{2},\end{aligned}$$

所以式(19)成立，这里仅用到了条件(4)中的 $\lambda\geqslant\frac{1}{2}$.

下面我们利用定理5.2来构造新的指数对.

引理3 设(κ,λ)是指数对，且满足条件(18). 那末

$$(\kappa',\lambda')=\left(\lambda-\frac{1}{2},\kappa+\frac{1}{2}\right)\tag{19}$$

也是指数对.

证：由式(4)知，条件 $0\leqslant\kappa'\leqslant\frac{1}{2}\leqslant\lambda'\leqslant 1$ 显然满足. 我们不妨假定 $f''(x)<0$. 在定理 5.2 中取 $b=a+d, \lambda_2=\lambda_1 a^{-1}$, $\lambda_3=\lambda_1 a^{-2}$. 由条件(2)（对 $j\leqslant 3$, 及 $j=4$ 时的上界）知，引理 5.1 中的条件(5.1)—(5.3)满足，所以由式(5.26)得到

$$S=e\left(-\frac{1}{8}\right)\sum_{\alpha<v\leqslant\beta}|f''(x_v)|^{-\frac{1}{2}}e(f(x_v)-vx_v)$$

$$+O(\lambda_1^{-\frac{1}{2}}a^{\frac{1}{2}})+O(\log(\lambda_1+2))+O(\lambda_1^{\frac{1}{3}}a^{\frac{1}{3}}). \quad (20)$$

下面来估计上式右边的和式，记为 S_1. 设

$$g(v)=f(x_v)-vx_v, \quad (21)$$

则

$$S_1=\sum_{\alpha<v\leqslant\beta}|f''(x_v)|^{-\frac{1}{2}}e(g(v)). \quad (22)$$

设 $x=h(y)$ 是函数 $y=f'(x)$ 的反函数，这样就有

$$g(y)=f(h(y))-yh(y), \quad \alpha\leqslant y\leqslant\beta. \quad (23)$$

我们来计算 $g(y)$ 的各阶导数.

$$g'(y)=f'(h(y))h'(y)-h(y)-yh'(y)=-h(y),$$

$$g''(y)=-h'(y)=-\frac{dx}{dy}=-\left[\left(\frac{dy}{dx}\right)^{-1}\right]\Bigg|_{x=h(y)}$$

$$=-(f''(h(y)))^{-1}.$$

由此知

$$g''(y)f''(h(y))=g''(y)f''(-g'(y))=-1.$$

进而有

$$g'''(y)f''(h(y))+g''(y)f'''(h(y))(f''(h(y)))^{-1}=0,$$

$$g'''(y)=f'''(h(y))(f''(h(y)))^{-3}.$$

由$a\leqslant h(y)\leqslant 2a$及条件(2)（对$1\leqslant j\leqslant 3$），从上面讨论知

$$a\lambda_1^{1-j}\ll|g^{(j)}(y)|\ll a\lambda_1^{1-j},\quad j=1,2,3. \tag{24}$$

利用 Leibniz 微分公式可相继求出$g(y)$的各阶导数. 利用条件(2)对$j=4$时的上界估计，可得

$$g^{(4)}(y)\ll a\lambda_1^{-3}. \tag{25}$$

利用分部求和，(κ,λ)是指数对，以及条件(2)，式(24)，(25)，我们就得到

$$S_1\ll\lambda_1^{-\frac{1}{2}}a^{\frac{1}{2}}a^{\kappa}\lambda_1^{\lambda}=\lambda_1^{\lambda-\frac{1}{2}}a^{\kappa+\frac{1}{2}}. \tag{26}$$

由此及式(20)就推出(注意条件(3))

$$S\ll\lambda_1^{\kappa'}a^{\lambda'}+\lambda_1^{\frac{1}{3}}a^{\frac{1}{3}}. \tag{27}$$

注意到$\lambda'\geqslant\frac{1}{2}$，如果$\kappa'\geqslant\frac{1}{3}$，从上式就推出结论成立. 如果$\kappa'<\frac{1}{3}$，那末，

(i) 当

$$a\geqslant\lambda_1^{(1-3\kappa')(3\lambda'-1)^{-1}}$$

时，有

$$a^{\frac{1}{3}}\lambda_1^{\frac{1}{3}}=\lambda_1^{\kappa'}a^{\frac{1}{3}}\lambda_1^{\frac{1}{3}-\kappa'}\ll\lambda_1^{\kappa'}a^{\lambda'};$$

(ii) 当

$$a<\lambda_1^{(1-3\kappa')(3\lambda'-1)^{-1}}$$

时，利用条件$2\kappa'+\lambda'\geqslant 1$得到

$$\begin{aligned}S\ll a=a^{\lambda'}a^{1-\lambda'}&<a^{\lambda'}\lambda_1^{(1-3\kappa')(1-\lambda')(3\lambda'-1)^{-1}}\\&\leqslant\lambda_1^{\kappa'}a^{\lambda'},\end{aligned}$$

所以结论也都成立. 引理证毕.

综合以上引理就得到

定理 4 设$\mathscr{A}$、$\mathscr{B}$、$\mathscr{E}_t$ $(0\leqslant t\leqslant 1)$是如下的关于实数对的变换

$$\mathscr{A}((\kappa,\lambda))=\left(\kappa(2\kappa+2)^{-1},\ \frac{1}{2}+\lambda(2\kappa+2)^{-1}\right),\qquad(28)$$

$$\mathscr{B}((\kappa,\lambda))=\left(\lambda-\frac{1}{2},\ \kappa+\frac{1}{2}\right),\qquad(29)$$

$$\mathscr{E}_t((\kappa,\lambda),(\kappa',\lambda'))=(\kappa t+\kappa'(1-t),\ \lambda t+\lambda'(1-t)).\qquad(30)$$

再设$\mathscr{E}$是由这样的实数对(κ,λ)组成的集合：$(0,1)\in\mathscr{E}$，由$(0,1)$经过有限次变换(28)，(29)，和(30)所得到的所有实数对. 这样，当条件(2)，(3)成立时，$\mathscr{E}$中的每一个实数对(κ,λ)都是指数对，即满足条件(4)且有式(5)成立.

指数对理论从 van der Corput 和 E. Phillips 开始研究，至今已有 60 多年,但除了集合$\mathscr{E}$外,还未找到其它的指数对. 一些常用的指数对是

$$\mathscr{B}((0,1))=\left(\frac{1}{2},\frac{1}{2}\right),$$

$$\mathscr{A}\left(\left(\frac{1}{2},\frac{1}{2}\right)\right)=\left(\frac{1}{6},\frac{2}{3}\right),$$

$$\mathscr{B}\mathscr{A}\left(\left(\frac{1}{6},\frac{2}{3}\right)\right)=\left(\frac{2}{7},\frac{4}{7}\right),$$

$$\mathscr{B}\mathscr{A}\left(\left(\frac{2}{7},\frac{4}{7}\right)\right)=\left(\frac{4}{18},\frac{11}{18}\right),$$

$$\mathscr{B}\mathscr{A}^2\left(\left(\frac{1}{6},\frac{2}{3}\right)\right)=\left(\frac{11}{30},\frac{16}{30}\right),$$

$$\mathscr{R}\mathscr{A}^2\left(\left(\frac{2}{7},\frac{4}{7}\right)\right)=\left(\frac{13}{40},\frac{22}{40}\right),$$

$$\mathscr{R}\mathscr{A}\mathscr{R}\left(\left(\frac{11}{30},\frac{16}{30}\right)\right)=\left(\frac{13}{31},\frac{16}{31}\right),$$

$$\mathscr{D}_{\frac{12}{33}}\left(\left(\frac{1}{2},\frac{1}{2}\right),\left(\frac{2}{7},\frac{4}{7}\right)\right)=\left(\frac{4}{11},\frac{6}{11}\right),$$

$$\mathscr{D}_{\frac{1}{4}}\left(\left(\frac{1}{6},\frac{2}{3}\right),\left(\frac{4}{18},\frac{11}{18}\right)\right)=\left(\frac{5}{24},\frac{15}{24}\right),$$

$$\mathscr{D}\mathscr{A}^3\left(\left(\frac{13}{40},\frac{22}{40}\right)\right)=\left(\frac{97}{251},\frac{132}{251}\right).$$

在实际应用中，常常由于情形复杂而看不清如何用一种最优的方法 —— 即使某个函数 $F(k,\lambda)$ 取极小 —— 去选取指数对、对一般的 F, 这一问题至今未解决，但对于 $F(x,y)=x+y$, R. A. Rankin 解决了这一问题. 他证明了：若设 $\alpha=0.3290213568\cdots$, 则对任意小的正数 ε,

$$(k,\lambda)=\left(\frac{1}{2}\alpha+\varepsilon,\ \frac{1}{2}+\frac{1}{2}\alpha+\varepsilon\right)$$

是所有 $(k,\lambda)\in\mathscr{E}$ 中使 $k+\lambda$ 为最小的(在精确到 ε 的意义下)指数对. 上面列出的十对指数对恰好依次接近这一指数对.

习　　题

1. 利用定理 2.3.1 直接证明式(1.15)，(1.16).
2. 如何利用定理 2.3.1 证明定理 1.5 和 1.6.
3. 设 $1\leqslant a<a'\leqslant 2a$, $x>0$. 证明:

$$\sum_{a<n\leqslant a'} e(xn^{-1}) \ll (x/a)^{1/2}+a^2x^{-1}.$$

4. 设$b>a$均为整数，直接利用

$$\left|\sum_{a<n\leqslant b}e(f(n))\right|^2=b-a+2\mathrm{Re}\sum_{r=1}^{b-a-1}\sum_{a<n\leqslant b-r}e(f(n+r)-f(n)),$$

证明: (a) 若$0<\lambda_3\leqslant f^{(3)}(x)\leqslant h\lambda_3$, $a\leqslant x\leqslant b$，则有

$$\left|\sum_{a<n\leqslant b}e(f(n))\right|\ll (b-a)^{1/2}+h^{1/2}\lambda_3^{1/4}(b-a)^{5/4}+\lambda_3^{-1/4}(b-a)^{1/4}.$$

(b) 比较(a)和定理4.1 ($k=3$)所得的结果，指出在何种情形下结果(a)好，何种情形下结果(a)差.

(c) 利用(a)推出一个类似于定理4.1的一般估计.

5. 当式(4.15)成立时，在定理4.2中k必须满足什么条件时，估计式(4.11)才是非显然估计，进而证明，取$k=l$时这估计是最优的.

6. 写出定理4.3的证明.

7. 设$1\leqslant a<b\leqslant 2a$, $r>0$. 证明:

$$\int_a^b \exp\left(ix\log\frac{x}{re}\right)dx=\sqrt{2\pi r}\ e^{i(\pi/4-r)}$$
$$+O(1+A(\sqrt{A}+|A-r|)^{-1}+B(\sqrt{B}+|B-r|)^{-1}).$$

如果直接用引理5.1能得到怎样的结果，并比较之.

8. 当$f'(x)$递增时，定理5.2应作如何改变.

9. 设$F(x)$是区间$[a,b]$上的三次连续可微函数，满足条件(5.1)，(5.2)，且有$a\leqslant c\leqslant b$使$F'(c)=0$. 证明:

$$\int_a^b e^{iF(x)}dx=\sqrt{2\pi}\ |F''(c)|^{-1/2}e^{i(\pm\pi/4+F(c))}+O(\lambda_2^{-4/5}\lambda_3^{1/5})$$
$$+O(\min((\lambda_2\lambda_3)^{-1/5},\lambda_2^{-1/2},h|F'(a)|^{-1})$$
$$+O(\min((\lambda_2\lambda_3)^{-1/5},\lambda_2^{-1/2},h|F'(b)|^{-1})),$$

其中$F''(x)>0$时取“+”号，$F(x)<0$时取“－”号，由此推出相应于定理5.2的结果.

10. 证明: (a) $\sum\limits_{a<n\leqslant 2a}n^{it}\ll a^{1/2}|t|^{1/6}$; (b) $\sum\limits_{a<n\leqslant 2a}n^{it}\ll a^{1/2}|t|^{1/6-1/492}$ (利用定理3.1取$l=[a^{36/41}|t|^{-11/41}]$，定理5.2，最后用定理4.1).

第二十二章 Weyl 指数和估计(二)
(Виноградов 方法)

1934 年 И.М.Виноградов 提出了估计 Weyl 和 (21.A) 的一种新方法，华罗庚指出他的方法的关键在于估计形如式(1.1)的指数和均值，从指数和的均值估计来得到单个指数和估计. 这种均值估计(见定理 1.4)通常称为 Виноградов－华均值定理. 这一方法被成功地应用于Waring问题(第二十六章)和 ζ 函数非零区域(第十章)，得到了这方面至今最好的结果. 有关这方面的历史资料和知识可参看 [14], [17], [18,第一、二版], [23], [33], [34], [35], 以及 Карацуба 的介绍性文章 Метод Тригонометрических Сумм И. М. Виноградов(Труды Матем Инст. Стеклов, **163** (1984), 97—103). 这一方法已被推广到多维情形.[1)]

§1. 指数和的均值估计

设 k, n, P 是正整数，指数和的均值

$$J_k^{(n)}(P)=\int_0^1\cdots\int_0^1\left|\sum_{1\leqslant x\leqslant P}e(\alpha_n x^n+\cdots+\alpha_1 x)\right|^{2k}d\alpha_1\cdots d\alpha_n. \quad (1)$$

均值 $J_k^{(n)}(P)$ 有明显的算术意义. 一般说来，设 $\lambda_1, \cdots \lambda_n$ 是整数，不难看出积分

$$J_k^{(n)}(P;\lambda_1,\cdots,\lambda_n)=\int_0^1\cdots\int_0^1\left|\sum_{1\leqslant x\leqslant P}e(\alpha_n x^n+\cdots+\alpha_1 x)\right|^{2k}$$

$$\cdot e(-(\alpha_n\lambda_n+\cdots+\alpha_1\lambda_1))\,d\alpha_1\cdots d\alpha_n \quad (2)$$

---

1) 参看 Архилов, Карацуба, Чубраиков, Теория Кратных Тригонометрических Сумм, Наука, 1987.

的值就等于下述不定方程组的解数：

$$\begin{cases} \sum_{r=1}^{k} (x_r^l - y_r^l) = \lambda_l, \quad l=1,\cdots,n, \\ 1 \leqslant x_r \leqslant P,\ 1 \leqslant y_r \leqslant P,\ r=1,\cdots,k. \end{cases} \tag{3}$$

特别地有

$$J_k^{(n)}(P) = J_k^{(n)}(P;0,\cdots,0). \tag{4}$$

利用积分和不定方程的简单性质，立即可以推出积分(2)，即不定方程组(3)的解 数有以下性质：

(a) $J_k^{(n)}(P;\lambda_1,\cdots,\lambda_n) \geqslant 0$，$J_k^{(n)}(P) \geqslant P^k$. 前者由不定方程组的解数必为非负推出，后者因为满足 $1 \leqslant x_r = y_r \leqslant P$ 的 x_r, y_r 一定是方程组(3) ($\lambda_1 = \cdots = \lambda_n = 0$) 的解.

(b) $J_k^{(n)}(P;\lambda_1,\cdots,\lambda_n)$ 是 P 的递增函数. 这是因为变数的取值范围扩大，不定方程组的解数必不减少.

(c) $J_k^{(n)}(P;\lambda_1,\cdots,\lambda_n) \leqslant J_k^{(n)}(P)$. 这可由对积分(2)中的被积函数取绝对值推出.

(d) $J_k^{(n)}(P;\lambda_1,\cdots,\lambda_n) > 0$，即不定方程组(3)有解的必要条件是 $|\lambda_l| \leqslant k(P^l - 1)$，$l=1,\cdots,n$. 这由不定方程组(3)的变数的取值范围推出.

(e) $\sum_{\lambda_1,\cdots\lambda_n} J_k^{(n)}(P;\lambda_1,\cdots,\lambda_n) = P^{2k}$, 这里求和号表示对 $\lambda_1, \cdots, \lambda_n$ 所有的取值求和(由性质(d)知这是一个有限和). 这是因为对不同的两组值 $(\lambda_1,\cdots,\lambda_n)$，$(\lambda_1',\cdots,\lambda_n')$，分别对应于它们的任意两组解 $(x_1,\cdots,x_k;y_1,\cdots,y_k)$，$(x_1',\cdots,x_k';y_1',\cdots,y_k')$ 一定不相同，所以该和式就等于变数 $x_1,\cdots,x_k;y_1,\cdots,y_k$ 取所有可能取的值而得到的数组 $(x_1,\cdots,x_k;y_1,\cdots,y_k)$ 的个数，即 P^{2k}.

(f) $J_k^{(n)}(P) > (2k)^{-n} P^{2k - \frac{1}{2}(n^2+n)}$. 由性质(e),(d),(c)可得

$$P^{2k}=\sum_{\substack{|\lambda_l|\leqslant k(p^l-1)\\ l=1,\cdots,n}} J_k^{(n)}(P;\lambda_1,\cdots,\lambda_n)<J_k^{(n)}(P)\prod_{l=1}^{n}(2kP^l)$$

$$=(2k)^n P^{\frac{1}{2}n(n+1)}J_k^{(n)}(P),$$

这就推出所要的结论.

(g) 设 A 为整数.那末不定方程组(3) $(\lambda_1=\cdots=\lambda_n=0)$ 的解数等于不定方程组

$$\begin{cases}\sum_{r=1}^{k}(\widetilde{x}_r^l-\widetilde{y}_r^l)=0,\ l=1,\cdots,n,\\ 1+A\leqslant\widetilde{x}_r\leqslant P+A,1+A\leqslant\widetilde{y}_r\leqslant P+A,r=1\cdots,k\end{cases}\tag{5}$$

的解数. 这只要作变数替换 $\widetilde{x}_r=x_r+A$, $\widetilde{y}_r=y_r+A$, $r=1,\cdots,k$,即可看出. 由此立即推出: 对任意整数 A 有

$$J_k^{(n)}(P)=\int_0^1\cdots\int_0^1\Big|\sum_{1+A\leqslant x\leqslant P+A}e(\alpha_n x^n+\cdots+\alpha_1 x)\Big|^{2k}d\alpha_1\cdots d\alpha_n.\tag{6}$$

我们将按照以下的途径来估计均值 $J_k^{(n)}(P)$ 的上界. 设素数 $p>n\geqslant 2$, $k\geqslant n$. 以 $J_{k,1}^{(n)}(P,p)$ 表示不定方程组(3) $(\lambda_1=\cdots=\lambda_n=0)$ 的所有这样的解的个数: $x_1,\cdots,x_k$ 中至少有 n 个数对模 p 两两不同余, $y_1,\cdots,y_k$ 中也至少有 n 个数对模 p 两两不同余. 进而设

$$J_k^{(n)}(P)=J_{k,1}^{(n)}(P,p)+J_{k,2}^{(n)}(P,p).\tag{7}$$

显然, $J_{k,2}^{(n)}(P,p)$ 是不定方程组(3) $(\lambda_1=\cdots=\lambda_n=0)$ 的所有这样的解的个数: 在数组 $x_1,\cdots,x_k$ 和 $y_1,\cdots,y_k$ 中, 至少有一个数组,其中至多有 $n-1$ 个数对模 p 两两不同余.然后分别估计 $J_{k,1}^{(n)}(P,p)$ 和 $J_{k,2}^{(n)}(P,p)$,把它们都归结为估计 $J_{k-n}^{(n)}([P/p]+1)$. 这样, 由式(7)就得到了均值 $J_k^{(n)}(P)$ 的一个递推估计式,由此就得到均值 $J_k^{(n)}(P)$ 的上界估计.

为了估计 $J_{k,1}^{(n)}(P,p)$, 我们先证明下述引理.

引理 1 设 n,m 是正整数，素数 $p>n$，以及 $h_1,\cdots,h_n,A$ 为整数．再设 T 是同余方程组

$$\sum_{r=1}^{n} x_r^l \equiv h_l (\bmod p^l), \quad l=1,2,\cdots,n, \tag{8}$$

满足条件

$$x_r \not\equiv x_{r'} (\bmod p), \qquad r\neq r', \tag{9}$$

$$1+A\leqslant x_r\leqslant mp^n+A, \quad r=1,\cdots,n, \tag{10}$$

的解数，那末

$$T\leqslant n!\, m^n p^{\frac{1}{2}n(n-1)}. \tag{11}$$

证：首先证明，可以假定 $A=0$．容易看出，通过同余关系

$$y_r \equiv x_r (\bmod m p^n), \quad r=1,\cdots,n,$$

可使得在满足条件(9)和(10)的数组$(x_1,\cdots,x_n)$与满足条件

$$y_r \not\equiv y_{r'} (\bmod p), \quad r\neq r',$$

$$1\leqslant y_r\leqslant m p^n, \qquad r=1,\cdots,n$$

的数组$(y_1,\cdots,y_n)$之间建立了一个一一对应关系．同时，若$(x_1,\cdots,x_n)$满足方程组(8)，那末它所对应的$(y_1,\cdots,y_n)$也满足方程组(8)，且反过来也对．这就证明了可假定 $A=0$．

其次，满足式(10)$(A=0)$的每一 x_r 可唯一地表为

$$x_r=z_r+l_r p^n, \tag{12}$$

$$1\leqslant z_r\leqslant p^n, \quad 0\leqslant l_r\leqslant m-1. \tag{13}$$

这样一来，若 $x_1,\cdots,x_n$ 满足式(8)和式(9)，那末，它所对应的 $z_1,\cdots,z_n$ 也满足式(8)和式(9)．而且，若 $z_1,\cdots,z_n$ 满足式(8)和式(9)，那末，对任意的满足条件(13)的 l_r，由式(12)所确定的相应的数组 $x_1,\cdots,x_n$ 都满足式(8)，(9)和式(10)$(A=0)$，且这种数组 $x_1,\cdots,x_n$ 共有 m^n 个．因此，若设 V 是满足式(8)，(9)和式(10)$(A=0,m=1)$的解数，则有

$$T=m^n V. \tag{14}$$

下面来估计 V. 以 $\vec{g}$ 表整数组 $(g_1,\cdots,g_n)$，以 $Q(\vec{g})$ 表示满足下述同余方程组的解数：

$$\sum_{r=1}^{n} z_r^l \equiv g_l \pmod{p^n}, \qquad l=1,\cdots,n, \tag{15}$$

$$z_r \not\equiv z_{r'} \pmod{p}, \qquad r\neq r', \tag{16}$$

$$1\leqslant z_r\leqslant p^n, \qquad r=1,\cdots,n. \tag{17}$$

容易看出，

$$V=\sum_{\vec{g}} Q(\vec{g}), \tag{18}$$

这里求和号是表示对所有满足下述条件的数组 $\vec{g}$ 求和：

$$g_l\equiv h_l \pmod{p^l}, \qquad l=1,\cdots,n, \tag{19}$$

$$1\leqslant g_l\leqslant p^n, \qquad l=1,\cdots,n. \tag{20}$$

对每一个固定的 l，满足式(19) 和(20) 的 g_l 的个数显然是 p^{n-l}. 所以满足式(19) 和(20) 的整数组 $\vec{g}$ 的解数为

$$p^{n-1}\cdot p^{n-2}\cdot\cdots\cdot p^1\cdot 1=p^{\frac{1}{2}n(n-1)}. \tag{21}$$

因此有

$$V\leqslant p^{\frac{1}{2}n(n-1)}\max Q(\vec{g}). \tag{22}$$

这样，对 V 的估计就归结为估计 $Q(\vec{g})$. 我们来证明：对任意的 $\vec{g}$ 必有

$$Q(\vec{g})\leqslant n!. \tag{23}$$

若同余方程组(15)，(16)，(17) 无解，则式(23) 当然成立. 若有解，设 $z_1^0,\cdots,z_n^0$ 是其一组解，并令

$$F(u)=\prod_{r=1}^{n}(u-z_r^0). \tag{24}$$

再设 $z_1,\cdots,z_n$ 是满足同余方程组(15)，(16)，(17) 的任意一组解. 注意到 $p>n$，由多项式的根与系数的关系，以及初等对称多项式的性质，可推出

$$\prod_{r=1}^{n}(u-z_r)\equiv F(u)\ (\bmod p^n), \tag{25}$$

因此，对任一 $z_s(1\leqslant s\leqslant n)$，必有

$$F(z_s)=\prod_{r=1}^{n}(z_s-z_r^0)\equiv 0\ (\bmod p^n).$$

由条件(16)知，一定有且仅有一个 $r=r(s)$，使得

$$z_r^0\equiv z_s(\bmod p^n).$$

由此及条件(17)知 $z_r^0=z_s$. 这就证明了同余方程组(15)，(16)，(17)的任一解必是 $z_1^0,\cdots,z_n^0$ 的一个重新排列，且反过来也对. 由条件(16)知，这种排列数为 $n!$，即 $Q(\vec{g})=n!$.所以式(23)也成立. 由式(14)，(22)和(23)就证明了式(11).

现在来估计 $J_{k,1}^{(n)}(P,p)$.

引理 2 设素数 $p>n\geqslant 2$，$k>n$.再设 m 是使 $mp^n\geqslant P$成立的最小整数.那末有

$$J_{k,1}^{(n)}(P,p)\leqslant (C_k^n)^2 n!m^n p^{2k+\frac{1}{2}(n^2-5n)} P^n J_{k-n}^{(n)}\left(\left[\frac{P}{p}\right]+1\right). \tag{26}$$

证：对不定方程组(3)作整数变量替换

$$\begin{cases} x_r=u_r+pw_r,\ 1\leqslant u_r\leqslant p,\ 1\leqslant u_r+pw_r\leqslant P,\ r=1,\cdots,k, \\ y_r=v_r+pz_r,\ 1\leqslant v_r\leqslant p,\ 1\leqslant v_r+pz_r\leqslant P,\ r=1,\cdots,k, \end{cases} \tag{27}$$

在所讨论的变量变化范围内，这种变换是一一对应. 这样，不定方程组(3)$(\lambda_1=\cdots=\lambda_n=0)$的解数 $J_k^{(n)}(P)$就等于下述不定方程组（有 $4k$ 个变量）的解数：

$$\begin{cases} \sum_{r=1}^{k}\{(u_r+pw_r)^l-(v_r+pz_r)^l\}=0,\ l=1,\cdots,n, \\ 1\leqslant u_r\leqslant p,\quad 1\leqslant u_r+pw_r\leqslant P,\ r=1,\cdots,k, \\ 1\leqslant v_r\leqslant p,\quad 1\leqslant v_r+pz_r\leqslant P,\ r=1,\cdots,k. \end{cases} \tag{28}$$

由 $J_{k,1}^{(n)}(P,p)$ 的定义知，它就等于方程组(28)的所有这样的解的个数：$u_1,\cdots,u_k$ 及 $v_1,\cdots,v_k$ 中都至少有 n 个不相等的数．以 T_1 记方程组(28)的所有这样的解的个数：$u_1,\cdots,u_n$ 两两不等，$v_1,\cdots,v_n$ 也两两不等．容易看出

$$J_{k,1}^{(n)}(P,p)\leqslant (C_k^n)^2 T_1. \tag{29}$$

对固定的 $u,1\leqslant u\leqslant p$，设

$$S(u)=\sum_{1\leqslant u+pw\leqslant P} e(\alpha_n(u+pw)^n+\cdots+\alpha_1(u+pw)). \tag{30}$$

那末就有

$$T_1=\int_0^1\cdots\int_0^1 \Big|\sum_{\substack{u_1=1\\ u_r\neq u_s}}^p\cdots\sum_{\substack{u_n=1\\ r\neq s}}^p S(u_1)\cdots S(u_n)\Big|^2 \cdot\Big|\sum_{u=1}^p S(u)\Big|^{2k-2n} d\alpha_1\cdots d\alpha_n. \tag{31}$$

由 Hölder 不等式得

$$T_1\leqslant p^{2k-2n-1}\sum_{u=1}^p\int_0^1\cdots\int_0^1\Big|\sum_{\substack{u_1=1\\ u_r\neq u_s,}}^p\cdots\sum_{\substack{u_n=1\\ r\neq s}}^p S(u_1)\cdots S(u_n)\Big|^2|S(u)|^{2k-2n}d\alpha_1\cdots d\alpha_n. \tag{32}$$

上式右边的多重积分(以 u 为参数,$1\leqslant u\leqslant p$)是下述不定方程组(以 u 为参数，$1\leqslant u\leqslant p$)的解数：

$$\begin{cases}\displaystyle\sum_{r=1}^n\{(u_r+pw_r)^l-(v_r+pz_r)^l\}+\sum_{r=n+1}^k\{(u+pw_r)^l\\ \qquad -(u+pz_r)^l\}=0,\ l=1,\cdots,n,\\ 1\leqslant u_r\leqslant p,\ 1\leqslant u_r+pw_r\leqslant P,\ u_r\text{ 两两不等},r=1,\cdots,n,\\ 1\leqslant v_r\leqslant p,\ 1\leqslant v_r+pz_r\leqslant P,\ v_r\text{ 两两不等},r=1,\cdots,n,\\ 1\leqslant u+pw_r\leqslant P,\ 1\leqslant u+pz_r\leqslant P,\ r=n+1,\cdots,k.\end{cases} \tag{33}$$

利用二项展开，容易直接验证方程组(33)和下述方程组有相同

的解：

$$\begin{cases}\sum_{r=1}^{n}\{(u_r-u+pw_r)^l-(v_r-u+pz_r)^l\} \\ \quad +\sum_{r=n+1}^{k}p^l(w_r^l-z_r^l)=0,\ l=1,\cdots,n, \\ u_r,w_r,v_r,z_r \text{满足的条件同方程组(33)}.\end{cases} \tag{33'}$$

容易看出，方程组(33′)(即(33))的 $4n$ 个变数 $u_r, w_r, v_r, z_r, r=1,\cdots,n$，必须满足同余方程组

$$\begin{cases}\sum_{r=1}^{n}\{(u_r-u+pw_r)^l-(v_r-u+pz_r)^l\} \\ \quad \equiv 0\ (\mathrm{mod}\ p^l),\ l=1,\cdots,n, \\ u_r,w_r,v_r,z_r,r=1,\cdots,n, \text{满足的条件同方程组(33)}.\end{cases} \tag{34}$$

对任意固定的 $v_r, z_r, 1\leqslant r\leqslant n$，令 $h_l=\sum_{r=1}^{n}(v_r-u+pz_r)^l$，$l=1,\cdots,n$. 容易证明：同余方程组

$$\begin{cases}\sum_{r=1}^{n}(u_r-u+pw_r)^l\equiv h_l(\mathrm{mod}\ p^l),\quad l=1,\cdots,n, \\ 1\leqslant u_r\leqslant p, u_r \text{两两不等},\ 1\leqslant u_r+pw_r\leqslant P,\ r=1,\cdots,n\end{cases} \tag{35}$$

的解数等于同余方程组

$$\begin{cases}\sum_{r=1}^{n}t_r^l\equiv h_l(\mathrm{mod}\ p^l),\ l=1,\cdots,n. \\ -u+1\leqslant t_r\leqslant -u+P, t_r \text{对模} p \text{两两不同余},\ r=1,\cdots,n\end{cases} \tag{36}$$

的解数(只要建立对应关系 $t_r=u_r-u+pw_r, r=1,\cdots,n$，即可看出). 由引理 1 知同余方程组(36)的解数 $\leqslant n!m^n p^{\frac{1}{2}n(n-1)}$. 由于当 v_r, z_r 满足方程组(34)的条件时数组 $h_1,\cdots,h_n$ 的个数不超过 P^n. 因此同余方程组(34)的解数 $\leqslant n!m^n p^{\frac{1}{2}n(n-1)}P^n$.

设 $u_r, w_r, v_r, z_r, 1\leqslant r\leqslant n$，是方程组(34)的一组解，令 $\lambda_l=-p^{-l}\sum_{r=1}^{n}\{(u_r-u+pw_r)^l-(v_r-u+pz_r)^l\}$. 如果这 $4n$

个数是方程组(33′)的某些解的一部份，那末这些解的其余变数应满足方程组

$$\begin{cases}\sum_{r=n+1}^{k}(w_r^l-z_r^l)=\lambda_l,\ l=1,\cdots,n, \\ 0\leqslant w_r\leqslant p^{-1}(P-u),0\leqslant z_r\leqslant p^{-1}(P-u),r=n+1,\cdots,k.\end{cases}\tag{37}$$

由性质(c)和(g)知，方程组(37)的解数 $\leqslant J_{k-n}^{(n)}([P/p]+1)$. 综合以上讨论得到，方程组(33′)，即方程组(33)的解数——式(32)右边的重积分的值

$$\leqslant n!m^n p^{\frac{1}{2}n(n-1)}P^n J_{k-n}^{(n)}\left(\left[\frac{P}{p}\right]+1\right).$$

由此及式(32)，(29)就推出式(26).

再来估计 $J_{k,2}^{(n)}(P,p)$.

引理3 设素数 $p>n\geqslant 2$，$k\geqslant n$. 那末有

$$J_{k,2}^{(n)}(P,p)<\frac{2n^k}{(n-1)!}p^{k+n-1}J_k^{(n)}\left(\left[\frac{P}{p}\right]+1\right),\tag{38}$$

证：以 $\sum^*$ 表示对满足如下条件的变数 $u_1,\cdots,u_k,v_1,\cdots,v_k$ 求和：$1\leqslant u_r\leqslant p$，$1\leqslant v_r\leqslant p$，$r=1,\cdots,k$，且 $u_1,\cdots,u_k$ 中至多有 $n-1$ 个取不同的值. 这样，由式(7)所确定的 $J_{k,2}^{(n)}(P,p)$ 的意义，以及 $u_1,\cdots,u_k$ 和 $v_1,\cdots,v_k$ 的对称性，容易看出

$$J_{k,2}^{(n)}(P,p)\leqslant 2\int_0^1\cdots\int_0^1\sum{}^* S(u_1)\cdots S(u_k)\cdot\overline{S}(v_1)\cdots\overline{S}(v_k)\,d\alpha_1\cdots d\alpha_n,$$

其中 $S(u)$ 由式(30)给出. 利用 Hölder 不等式得到

$$J_{k,2}^{(n)}(P,p)\leqslant 2\sum{}^*\left(\int_0^1\cdots\int_0^1|S(u_1)|^{2k}d\alpha_1\cdots d\alpha_n\right)^{\frac{1}{2k}}\cdots\left(\int_0^1\cdots\int_0^1|S(v_k)|^{2k}d\alpha_1\cdots d\alpha_n\right)^{\frac{1}{2k}}\tag{39}$$

$$\leqslant 2\left(\sum{}^{*}1\right)\max_{1\leqslant u\leqslant p}\int_0^1\cdots\int_0^1|S(u)|^{2k}d\alpha_1\cdots d\alpha_n .$$

容易证明：

$$\sum{}^{*}1<C_p^{n-1}(n-1)^k p^k<\frac{n^k}{(n-1)!}p^{k+n-1} . \qquad (40)$$

式(39)中最后一个积分等于下述同余方程组的解数:

$$\begin{cases}\sum_{r=1}^{k}\{(u+pw_r)^l-(u+pz_r)^l\}=0 , \ l=1 ,\cdots,n , \\ 1\leqslant u+pw_r\leqslant P , \ 1\leqslant u+pz_r\leqslant P, \ r=1 ,\cdots,k ,\end{cases} \qquad (41)$$

其中 $u(1\leqslant u\leqslant p)$ 为参数. 显然，方程组(41)可化为

$$\begin{cases}\sum_{r=1}^{k}(w_r^l-z_r^l)=0 , \ l=1 ,\cdots,n , \\ 0\leqslant w_r\leqslant p^{-1}(P-u) ,0\leqslant z_r\leqslant p^{-1}(P-u) ,r=1 ,\cdots,k .\end{cases} \qquad (42)$$

而它的解数不超过 $J_k^{(n)}([P/p]+1)$. 由此及式(40),(39)就证明了所要的结果.

有了引理 2 和 3,就可以来证明本节的主要结果，它通常称为 Виноградов — **华均值定理**.

定理 4 设整数 $n\geqslant 2 , \tau\geqslant 0 , k\geqslant n^2+n\tau , P\geqslant 1$. 那末有

$$J_k^{(n)}(P)\leqslant(3n)^{2k\tau}P^{2k-\frac{1}{2}(n^2+n)+\delta\tau} , \qquad (43)$$

其中

$$\delta=\delta_\tau=\frac{1}{2}(n^2+n)\left(1-\frac{1}{n}\right)^\tau . \qquad (44)$$

证：对 τ 用归纳法证. 先假定 $P\geqslant(2n)^{2n(1-\frac{1}{n})^{-\tau}}$. 当 $\tau=0$ 时，不等式(43)显然成立. 假设 $\tau=d\geqslant 0$ 时不等式(43)成立，现来证明对 $\tau=d+1$ 也成立.

由于 $P\geqslant(2n)^{2n}$，所以一定有素数 p，满足

$$2n^2\leqslant\frac{1}{2}P^{\frac{1}{n}}\leqslant p\leqslant P^{\frac{1}{n}}. \tag{45}$$

设 $P_1=[p^{-1}P]+1$，显有

$$P^{1-\frac{1}{n}}<P_1<3P^{1-\frac{1}{n}}. \tag{46}$$

应用引理 2，由于 $m\leqslant[p^{-n}P]+1<2p^{-n}P$，得到

$$J_{k,1}^{(n)}(P,p)\leqslant\frac{2^n}{n!}k^{2n}p^{2(k-n)-\frac{1}{2}(n^2+n)}P^{2n}J_{k-n}^{(n)}(P_1). \tag{47}$$

不难验证，当 n,k,P 满足 $\tau=d+1$ 时的条件时，$n,k-n,P_1$ 满足 $\tau=d$ 时的条件. 故由归纳假设得

$$J_{k-n}^{(n)}(P_1)\leqslant(3n)^{2(k-n)d}P_1^{2(k-n)-\frac{1}{2}(n^2+n)+\delta_d}. \tag{48}$$

进而利用 $P_1<3P^{1-1/n}$ 及 $p\leqslant P^{1/n}$，由以上两式推得

$$J_{k,1}^{(n)}(P,p)\leqslant\frac{2^n}{n!}k^{2n}(3n)^{2(k-n)d}3^{2(k-n)}P^{2k-\frac{1}{2}(n^2+n)+\delta_{d+1}}. \tag{49}$$

利用 $2\leqslant n\leqslant p^{\frac{1}{2}}$，$k\geqslant n^2+n$（因 $d+1\geqslant1$），以及 $J_k^{(n)}(P_1)\leqslant P_1^{2n}J_{k-n}^{(n)}(P_1)$，从引理 3 推得

$$\begin{aligned}J_{k,2}^{(n)}(P,p)&<\frac{2n^{2n}}{(n-1)!}n^{k-2n}p^{k+n-1}J_k^{(n)}(P_1)\\&<\frac{n^{2n}}{n!}p^{\frac{3}{2}k}P_1^{2n}J_{k-n}^{(n)}(P_1)\\&<\frac{n^{2n}}{n!}P^{2k-\frac{1}{2}(n^2+n)}P_1^{2n}J_{k-n}^{(n)}(P_1).\end{aligned}$$

进而，由此及式(48)（即归纳假设）就得到

$$J_{k,2}^{(n)}(P,p)<\frac{n^{2n}}{n!}3^{2k}(3n)^{2(k-n)d}P^{2k-\frac{1}{2}(n^2+n)+\delta_{d+1}}. \tag{50}$$

这样，由式(7)，(49)和(50)就推出(注意 $k>n\geqslant z$)：

$$J_k^n(P)<3^{2k}k^{2n}(3n)^{2(k-n)d}P^{2k-\frac{1}{2}(n^2+n)+\delta_{d+1}}$$

$$<(3n)^{2k(d+1)}P^{2k-\frac{1}{2}(n^2+n)+\delta_{d+1}}, \tag{51}$$

这就证明了不等式(43)当 $\tau=d+1$ 时也成立．所以在条件 $P\geqslant(2n)^{2n(1-\frac{1}{n})^{-\tau}}$ 下定理成立．

下面来证当 $P<(2n)^{2n(1-\frac{1}{n})^{-\tau}}$ 时定理也成立．仍对 τ 用归纳法．当 $\tau=0$ 时不等式(43)显然成立．设当 $\tau=d\geqslant0$ 时不等式(43)成立．现来证明对 $\tau=d+1$ 也成立．分(a) $P\geqslant(2n)^{2n(1-\frac{1}{n})^{-d}}$，和(b) $P<(2n)^{2n(1-\frac{1}{n})^{-d}}$ 两种情形来讨论．

当情形(a)成立时，用前面已证明的结论来估计 $J_{k-n}^{(n)}(P)$ ($\tau=d$ 的情形)，由不等式

$$J_k^{(n)}(P)\leqslant P^{2n}J_{k-n}^{(n)}(P) \tag{52}$$

可得

$$J_k^{(n)}(P)\leqslant P^{2n}(3n)^{2(k-n)d}P^{2(k-n)-\frac{1}{2}(n^2+n)+\delta_d} \tag{53}$$

$$<(3n)^{2k(d+1)}P^{2k-\frac{1}{2}(n^2+n)+\delta_{d+1}},$$

这就证明了这时式(43)当 $\tau=d+1$ 时成立，最后一步用到了 $k\geqslant n^2+n$(因 $d+1\geqslant1$)及

$$P^{\delta_d-\delta_{d+1}}=P^{\frac{1}{2}(n+1)(1-\frac{1}{n})^d}<\left((2n)^{2n(1-\frac{1}{n})^{-d-1}}\right)^{\frac{1}{2}(n+1)(1-\frac{1}{n})^d}$$

$$\leqslant(2n)^{2k},$$

当情形(b)成立时，则由不等式(52)及用归纳假设估计 $J_{k-n}^{(n)}(P)$，同样得到式(53)．所以这时式(43)当 $\tau=d+1$ 时也成立．因此当 $P<(2n)^{2n(1-\frac{1}{n})^{-\tau}}$ 时定理也成立．至此定理全部证毕．

§2. Weyl 和估计 (a)

在习题 19.13 中，我们用 Weyl 方法估计和式

$$S(\alpha_{n+1})=\sum_{1\leqslant x\leqslant P}e(f(x)),\tag{1}$$

其中 $f(x)$ 是实系数多项式

$$f(x)=\alpha_{n+1}x^{n+1}+\cdots+\alpha_1 x,\quad n\geqslant 2.\tag{2}$$

现在要用 Виноградов 方法来估计，当 n 大时这里所得的结果好.

引理 1 设 k,Y 为任意正整数，$Y<P$. 再设

$$\alpha_{n+1}=\frac{a}{q}+\frac{\theta}{q^2},\quad q>1,(a,q)=1,|\theta|\leqslant 1.\tag{3}$$

那么有

$$S(\alpha_{n+1})\ll\left\{n(2k)^nP^{2k+n(n+1)/2}\left(\frac{1}{q}+\frac{1}{Y}+\frac{q\log q}{YP^n}\right)\cdot J_k^{(n)}(P)\right\}^{\frac{1}{4k}}+Y,\tag{4}$$

其中 $\ll$ 常数是绝对常数.

证：显有

$$S(\alpha_{n+1})=Y^{-1}\sum_{y=1}^{Y}\sum_{x=1-y}^{P-y}e(f(x+y))=W+O(Y),\tag{5}$$

其中

$$W=Y^{-1}\sum_{y=1}^{Y}\sum_{x=1}^{P}e(f(x+y)).\tag{6}$$

把 $f(x+y)$ 写为

$$f(x+y)=\alpha_{n+1}x^{n+1}+g_n(y)x^n+\cdots+g_1(y)x+g_0(y),\tag{7}$$

其中

$$g_n(y)=(n+1)\alpha_{n+1}y+\alpha_n.\tag{8}$$

这样，利用 Hölder 不等式得

$$|W|^{2k}\leqslant Y^{-1}\sum_{y=1}^{Y}\Big|\sum_{x=1}^{P} e(\alpha_{n+1}x^{n+1}+g_n(y)x^n+\cdots+g_1(y)x)\Big|^{2k}$$

$$=Y^{-1}\sum_{y=1}^{Y}\sum_{\lambda_1,\cdots,\lambda_{n+1}} J_k^{(n+1)}(P;\lambda_1,\cdots,\lambda_{n+1})$$

$$\cdot e(\alpha_{n+1}\lambda_{n+1}+g_n(y)\lambda_n+\cdots+g_1(y)\lambda_1),$$

其中第二个求和号是对 $\lambda_1,\cdots,\lambda_{n+1}$ 所有可能取的值求和．由此及

$$\sum_{\lambda_{n+1}} J_k^{(n+1)}(P;\lambda_1,\cdots,\lambda_{n+1})=J_k^{(n)}(P;\lambda_1,\cdots,\lambda_n), \quad (9)$$

并利用 Cauchy 不等式得到

$$|W|^{2k}\leqslant Y^{-1}\sum_{\lambda_1,\cdots,\lambda_n} J_k^{(n)}(P;\lambda_1,\cdots,\lambda_n)$$

$$\cdot\Big|\sum_{y=1}^{Y} e(g_n(y)\lambda_n+\cdots+g_1(y)\lambda_1)\Big|$$

$$\leqslant Y^{-1}\Big(\sum_{\lambda_1,\cdots,\lambda_n}(J_k^{(n)}(P;\lambda_1,\cdots,\lambda_n))^2\Big)^{1/2}$$

$$\cdot\Big(\sum_{\lambda_1,\cdots,\lambda_n}\Big|\sum_{y=1}^{Y} e(g_n(y)\lambda_n+\cdots+g_1(y)\lambda_1)\Big|^2\Big)^{1/2}$$

$$\leqslant Y^{-1}P^k(J_k^{(n)}(P))^{1/2}$$

$$\cdot\Big(\sum_{\lambda_1,\cdots,\lambda_n}\Big|\sum_{y=1}^{Y} e(g_n(y)\lambda_n+\cdots+g_1(y)\lambda_1)\Big|^2\Big)^{1/2}, \quad (10)$$

最后一步用到了§1 的性质(c)和(e)．

下面利用 §1 的性质及线性指数和估计的结果来估计式(10)中的最后一个和式．由 §1 性质(d)知

$$|\lambda_l|<kP^l,\ l=1,\cdots,n. \quad (11)$$

利用式(8)和式(3)，由此及估计式(20.1.3),(20.1.13)得

$$\sum_{\lambda_1,\cdots,\lambda_n} \left| \sum_{y=1}^{Y} e(g_n(y)\lambda_n+\cdots+g_1(y)\lambda_1)\right|^2$$

$$=\sum_{y=1}^{Y}\sum_{y'=1}^{Y}\sum_{\lambda_1,\cdots,\lambda_n} e((g_n(y)-g_n(y'))\lambda_n$$

$$+\cdots+(g_1(y)-g_1(y'))\lambda_1)$$

$$\leqslant\sum_{y=1}^{Y}\sum_{y'=1}^{Y}\left|\sum_{\lambda_n} e((n+1)\alpha_{n+1}(y-y')\lambda_n)\right| \sum_{\lambda_1,\cdots,\lambda_{n-1}} 1$$

$$\leqslant(2k)^{n-1} P^{\frac{1}{2}n(n-1)}$$

$$\cdot\sum_{y=1}^{Y}\sum_{y'=1}^{Y} \min\left(2kp^n, \frac{1}{\|(n+1)\alpha_{n+1}(y-y')\|}\right)$$

$$\leqslant(2k)^{n-1} p^{\frac{1}{2}n(n-1)}$$

$$\cdot\sum_{y'=1}^{Y}\sum_{y''=1}^{(n+1)Y}\min\left(2kp^n, \frac{1}{\|\alpha_{n+1}y''-(n+1)\alpha_{n+1}y'\|}\right)$$

$$\ll(2k)^{n-1}P^{\frac{1}{2}n(n-1)}\sum_{y'=1}^{Y}\left(\frac{(n+1)Y}{q}+1\right)$$

$$\cdot(2kp^n+q\log q)$$

$$\ll n(2k)^n P^{\frac{1}{2}n(n+1)}Y^2\left(\frac{1}{q}+\frac{1}{Y}+\frac{q\log q}{YP^n}+\frac{\log q}{P^n}\right)$$

$$\ll n(2k)^n P^{\frac{1}{2}n(n+1)}Y^2\left(\frac{1}{q}+\frac{1}{Y}+\frac{q\log q}{YP^n}\right), \quad (12)$$

最后一步用到了当 $q<Y$ 时有

$$\frac{\log q}{P^n}<\frac{\log Y}{Y^2}\ll\frac{1}{Y}.$$

由式(5),(10)及(12)即得式(4).

由引理 1 及定理 1.4 立即得到

定理 2 设整数 $\tau \geqslant 0, k \geqslant n^2 + n\tau$. 那末在引理 1 的条件下有

$$S(\alpha_{n+1}) \ll (3n)^{\frac{\tau}{2}} P\left\{P^{\delta_\tau}\left(\frac{1}{q}+\frac{1}{Y}+\frac{q\log q}{YP^n}\right)\right\}^{\frac{1}{4k}} + Y, \tag{13}$$

其中 $\ll$ 常数是绝对常数, δ_τ 由式(1.44)给出.

证: 把估计式(1.43)代入式(4),并注意到这时有

$$(n(2k)^n)^{\frac{1}{4k}} \ll 1,$$

即得式(13).

进而得到

定理 3 设 $n \geqslant 2$, α_{n+1} 由式(3)给出.那末当 $P^{\frac{1}{4}} \leqslant q \leqslant P^{n+1-\frac{1}{4}}$ 时, 有

$$S(\alpha_{n+1}) \ll (3n)^{3n\log n} P^{1-(400n^2\log n)^{-1}}, \tag{14}$$

其中 $\ll$ 常数是绝对常数.

证: 取 $\tau = [4n\log n]+1, k = n^2 + n\tau$, 及 $Y = [P^{1-1/(40n^2)}]$. 这时有

$$\delta_\tau = \frac{1}{2}(n^2+n)\left(1-\frac{1}{n}\right)^\tau < \frac{1}{2}(n^2+n)\left(1-\frac{1}{n}\right)^{4n\log n}$$

$$\leqslant \frac{1}{2}(n^2+n)n^{-4} \leqslant \frac{3}{16}, \quad n \geqslant 2.$$

$$\frac{1}{q}+\frac{1}{Y}+\frac{q\log q}{YP^n} \ll nP^{-\frac{1}{4}+1/(40n^2)}\log P$$

$$\ll nP^{-\frac{19}{80}}, \quad n \geqslant 2.$$

注意到 $k \leqslant 5n^2\log n$, 把以上两式及所取的值代入式(13)即得所要的结果.

从以上的证明可以看出估计 Weyl 和的 Виноградов 方法的基本想法:(a) 首先利用某种方法，把所要估计的 Weyl 和归结为估计有两个变数的指数和

$$\sum_x \sum_y e(F(x,y)), \tag{15}$$

其中 $F(x,y)$ 是 x,y 的二元多项式:(b) 然后利用 Hölder 不等式，把指数和(15)的估计转化为估计均值 $J_k^{(n)}(P)$ 及某种线性指数和；(c) 最后利用 Виноградов的均值定理和他的估计线性指数和的方法，得到所要的 Weyl 和的估计. 这一方法在应用中可以有不同的形式,下一节将用这一方法来估计所谓的 ζ 和:

$$\sum n^{it},$$

从形式上看,证明和本节有所不同，但方法是一样的.

本节的结果将在第二十六章 Waring 问题中用到.

§3. Weyl 和估计 (b)

设 $1 \leqslant N < N' \leqslant 2N$. 本节估计 Weyl 和

$$S(N) = \sum_{N<n\leqslant N'} n^{it} = \sum_{N<n\leqslant N'} e\left(\frac{t \log n}{2\pi}\right). \tag{1}$$

通常它也称为 ζ 和. 下面将证明

定理 1 存在绝对正常数 c_1, c_2, 使当 $1 \leqslant N \leqslant t$ 时有

$$|S(N)| \leqslant c_1 N \exp\left(-c_2 \frac{\log^3 N}{\log^2 t}\right). \tag{2}$$

先证明几个引理.

引理 2 设 $100 \leqslant N \leqslant t$, $0<d<1$. 再设

$$a = [N^{d/2}] \tag{3}$$

$$r = \left[\frac{\log t}{(1-d)\log N}\right] + 1, \tag{4}$$

那末有

$$|S(N)| \leqslant a^{-2} \sum_{n<n \leqslant N'} |W_1(n,a)| + O(N^d), \tag{5}$$

其中

$$W_1(n,a) = \sum_{x=1}^{a} \sum_{y=1}^{a} e(\alpha_r x^r y^r + \cdots + \alpha_1 xy), \tag{6}$$

$$\alpha_m = \frac{(-1)^{m-1} t}{2\pi m n^m}, \quad m = 1, 2, \cdots, r. \tag{7}$$

证：对任意整数 x, y，有

$$S(N) = \sum_{N-xy<n \leqslant N'-xy} e\left(\frac{t \log(n+xy)}{2\pi}\right)$$

$$= \sum_{N<n \leqslant N'} e\left(\frac{t \log(n+xy)}{2\pi}\right) + O(|xy|).$$

进而有

$$a^2 S(N) = \sum_{x=1}^{a} \sum_{y=1}^{a} \sum_{N<n \leqslant N'} e\left(\frac{t \log(n+xy)}{2\pi}\right) + O(a^4),$$

$$|S(N)| \leqslant a^{-2} \sum_{N<n \leqslant N'} \left| \sum_{x=1}^{a} \sum_{y=1}^{a} e\left(\frac{t}{2\pi} \log\left(1+\frac{xy}{n}\right)\right) \right| + O(a^2)$$

$$= a^{-2} \sum_{N<n \leqslant N'} |W(n,a)| + O(N^d), \tag{8}$$

其中

$$W(n,a) = \sum_{x=1}^{a} \sum_{y=1}^{a} e\left(\frac{t}{2\pi} \log\left(1+\frac{xy}{n}\right)\right). \tag{9}$$

由于当 $1 \leqslant x, y \leqslant a = [N^{d/2}]$，$n > N$，及 r 由式(4)给出时，

$$\frac{xy}{n} < a^2 N^{-1} \leqslant N^{d-1} < 1,$$

$$t\left(\frac{xy}{n}\right)^{r+1} < t N^{-(1-d)(r+1)} = \exp\left\{-(1-d)\right.$$

$$\cdot\left(r+1-\frac{\log t}{(1-d)\log N}\right)\log N\Bigg\}<N^{d-1},$$

因而由 Taylor 公式得到

$$t\log\left(1+\frac{xy}{n}\right)=tF_r\left(\frac{xy}{n}\right)+O(N^{d-1}),\tag{10}$$

$$e\left(\frac{t}{2\pi}\log\left(1+\frac{xy}{n}\right)\right)=e\left(\frac{t}{2\pi}F_r\left(\frac{xy}{n}\right)\right)+O(N^{d-1}).\tag{11}$$

其中

$$F_r(z)=z-\frac{1}{2}z^2+\cdots+\frac{(-1)^{r-1}}{r}z^r.\tag{12}$$

这样，从式 (9) 和 (11) 得到

$$W(n,a)=W_1(n,a)+O(a^2N^{d-1}),\tag{13}$$

由此及式 (8) 就推出所要的结果.

下面来估计二元多项式指数和 $W_1(n,a)$.

引理 3 在引理2 的条件和符号下，对正整数 k 有

$$|W_1(n,a)|^{4k^2}\leqslant a^{8k^2-4k}(J_k^{(r)}(a))^2$$
$$\cdot\prod_{m=1}^{r}\sum_{|\mu_m|<ka^m}\left|\sum_{|\lambda_m|<ka^m}e(\alpha_m\mu_m\lambda_m)\right|.\tag{14}$$

证: 对式 (6) 连续两次利用 Hölder 不等式，可得

$$|W_1(n,a)|^{2k}\leqslant a^{2k-1}\sum_{x=1}^{a}\left|\sum_{y=1}^{a}e(\alpha_rx^ry^r+\cdots+\alpha_1xy)\right|^{2k}$$
$$=a^{2k-1}\sum_{\lambda_1,\cdots,\lambda_r}J_k^{(r)}(a;\lambda_1,\cdots,\lambda_r)$$
$$\cdot\sum_{x=1}^{a}e(\alpha_r\lambda_rx^r+\cdots+\alpha_1\lambda_1x),$$

$$|W_1(n,a)^{4k^2}| \leqslant a^{4k^2-2k}\{\sum_{\lambda_1,\cdots,\lambda_r}(J_k^{(r)}(a;\lambda_1,\cdots,\lambda_r))^{\frac{2k}{2k-1}}\}^{2k-1}$$

$$\cdot\sum_{\substack{\lambda_1,\cdots,\lambda_r\\|\lambda_m|<ka^m}}\left|\sum_{x=1}^{a}e(\alpha_r\lambda_r x^r+\cdots+\alpha_1\lambda_1 x)\right|^{2k}$$

$$\leqslant a^{8k^2-4k}J_k^{(r)}(a)$$

$$\cdot\sum_{\substack{\lambda_1,\cdots,\lambda_r\\|\lambda_m|<ka^m}}\left|\sum_{x=1}^{a}e(\alpha_r\lambda_r x^r+\cdots+\alpha_1\lambda_1 x)\right|^{2k}, \quad (15)$$

这里用到了§1 的性质(c)，(d) 及(e) .进而再利用这些性质可得

$$|W_1(n,a)|^{4k^2}=a^{8k^2-4k}J_k^{(r)}(a)\sum_{\substack{\lambda_1,\cdots,\lambda_r\\|\lambda_m|<ka^m}}\sum_{\mu_1,\cdots,\mu_r}J_k^{(r)}(a;\mu_1,$$

$$\cdots,\mu_r)e(\alpha_r\lambda_r\mu_r+\cdots+\alpha_1\lambda_1\mu_1)$$

$$\leqslant a^{8k^2-4k}(J_k^{(r)}(a))^2$$

$$\sum_{\substack{\mu_1,\cdots,\mu_r\\|\mu_m|<ka^m}}\left|\sum_{\substack{\lambda_1,\cdots,\lambda_r\\|\lambda_m|<ka^m}}e(\alpha_r\mu_r\lambda_r+\cdots+\alpha_1\mu_1\lambda_1)\right|, (16)$$

这就证明了式(14) .

这样，$W_1(n,a)$ 的估计就转化为估计式(14)右边由线性指数和构成的乘积 .

引理 4 在引理2 和 3 的条件与符号下，若取 $d=\frac{10}{11}$ ，则当 $k^2\geqslant r$ 时有

$$\prod_{m=1}^{r}\sum_{|\mu_m|<ka^m}\left|\sum_{|\lambda_m|<ka^m}e(\alpha_m\mu_m\lambda_m)\right|$$

$$\leqslant c_3^r 8^{r^2}(2k)^{2r}a^{r^2+r}\exp\left(-\frac{4}{5}\frac{\log^2 t}{\log N}\right), \quad (17)$$

其中 c_3 为一绝对正常数.

证：由线性指数和估计式(20.1.3)得

$$\left|\sum_{|\lambda_m|<ka^m} e(\alpha_m\mu_m\lambda_m)\right|\leqslant \min\left(2ka^m, \frac{1}{2\|\alpha_m\mu_m\|}\right).$$

如果 α_m 可表为

$$\alpha_m=\frac{a_m}{q_m}+\frac{\theta_m}{q_m^2}, \quad q_m\geqslant 3, (q_m, a_m)=1, |\theta_m|\leqslant 1, \tag{18}$$

则由估计式(19.1.15)得到：对 $1\leqslant m\leqslant r$ 有

$$\sum_{|\mu_m|<ka^m}\left|\sum_{|\lambda_m|<ka^m} e(\alpha_m\mu_m\lambda_m)\right|$$

$$\ll (2ka^m)^2\min\left(1, \left(\frac{1}{q_m}+\frac{1}{2ka^m}+\frac{q_m}{(2ka^m)^2}\right)\log q_m\right). \tag{19}$$

为使上式左边能得到一个比显然估计 $(2ka^m)^2$ 要好的估计，q_m 必须取得尽可能大，但又要比 $(2ka^m)^2$ 的阶要小. 因此，需要进一步讨论由式(7)定义的这些 α_m 的表示式(18).

设 $m=rh$，由式(4)得

$$t^{\frac{h}{1-d}}<N^m=N^{hr}<t^{h\left(\frac{1}{1-d}+1\right)}, \quad 1\leqslant m\leqslant r. \tag{20}$$

所以由式(7)知，当 $1\leqslant m\leqslant r$ 时，

$$2\pi m t^{\frac{h}{1-d}-1}<\frac{1}{|\alpha_m|}<2^{m+1}\pi m t^{h\left(\frac{1}{1-d}+1\right)-1}. \tag{21}$$

因此，当 $h\geqslant 1-d$，即 $m\geqslant (1-d)r$ 时有

$$|\alpha_m|<\frac{1}{6}. \tag{22}$$

现取 $q_m=[|\alpha_m|^{-1}]$，$a_m=(-1)^{m-1}$，那末当 $(1-d)r\leqslant m\leqslant r$ 时，

$$\alpha_m=\frac{(-1)^{m-1}}{q_m}+\frac{\theta_m}{q_m^2}, \quad q_m\geqslant 6, \quad |\theta_m|\leqslant 1. \tag{23}$$

由式(3),(20),(21)知，当$(1-d)r\leqslant m\leqslant r$时，

$$\left\{\begin{array}{l} q_m>\dfrac{1}{2|\alpha_m|}>\pi m t^{\frac{h}{1-d}-1}, \\ 2ka^m>2^{1-m}kN^{\frac{md}{2}}>2^{1-m}kt^{\frac{h}{2}\frac{d}{1-d}}, \\ \dfrac{(2ka^m)^2}{q_m}>\dfrac{2k^2}{\pi m 8^m}N^{-(1-d)m}t>\dfrac{2k^2}{\pi m 8^m}t^{1-h(2-d)}. \end{array}\right. \tag{24}$$

由此可知，为使式(19)得到的是非显然估计(先不计系数),只要 $1-d<h<(2-d)^{-1}$，即

$$(1-d)r<m<(2-d)^{-1}r. \tag{25}$$

显见，只要 d 适当接近于 1，m 的这个取值区间是非空的．现取 $d=\dfrac{10}{11}$．那末当 $k^2\geqslant r$，

$$\frac{2}{11}r=2(1-d)r\leqslant m\leqslant\frac{1}{2}(2-d)^{-1}r=\frac{11}{24}r \tag{26}$$

时，由式(19)和(24)可得

$$\begin{aligned} &\sum_{|\mu_m|<ka^m}\left|\sum_{|\lambda_m|<ka^m}e(\alpha_m\lambda_m\mu_m)\right| \\ &\ll 8^m(2ka^m)^2t^{-\frac{1}{2}}\log q_m \\ &\ll 8^m(2ka^m)^2t^{-\frac{1}{2}}\log t \\ &\leqslant c_4 8^m(2ka^m)^2t^{-\frac{2}{5}}, \end{aligned} \tag{27}$$

这里 c_4 为一正常数，并用到了

$$\log q_m\leqslant\log\frac{1}{|\alpha_m|}\ll\log t,\quad 1\leqslant m\leqslant r, \tag{28}$$

从式(19)和(27)就推出：当 $d=\dfrac{10}{11}$，$k^2>r$ 时，式(17)的左边

$$\leqslant\prod_{m=1}^{r}c_5(2ka^m)^2\prod_{\frac{2}{11}r\leqslant m\leqslant\frac{11}{24}r}8^m t^{-\frac{2}{5}}$$

$$\leqslant c_5^r 8^{r^2}(2k)^{2r} a^{r^2+r}\exp\left(-\frac{4}{5}\ \frac{\log^2 t}{\log N}\right),$$

最后一步用到了式(4).这就证明了所要的结论.

定理 1 的证明：不妨设 $100\leqslant N$. 在引理 2 的条件和符号下，取$d=\frac{10}{11}$,$\tau=6r$, $k=r^2+r\tau=7r^2$. 由式(14),(17)及 定理1.4 得

$$|W_1(n,a)|^{4k^2}\leqslant c_3^r 8^{r^2}(3r)^{4k\tau}(2k)^{2r}\dot{a}^{8k^2}a^{2\delta_\tau}$$

$$\cdot\exp\left(-\frac{4}{5}\ \frac{\log^2 t}{\log N}\right),$$

其中 $2\delta_\tau=(r^2+r)\left(1-\frac{1}{r}\right)^\tau$. 由 $\dot{a}\leqslant N^{\frac{5}{11}}$，$r\leqslant 12\frac{\log t}{\log N}$，我们有

$$a^{2\delta_\tau}\leqslant\exp\left(71\left(1-\frac{1}{r}\right)^\tau\frac{\log^2 t}{\log N}\right)\leqslant\exp\left(\frac{1}{5}\ \frac{\log^2 t}{\log N}\right),$$

这里用到了 $\tau=6r$ 及

$$71\left(1-\frac{1}{r}\right)^\tau=71e^{-6}<\frac{1}{5}.$$

由以上两式即得

$$|W_1(n,a)|\leqslant c_6 a^2\exp\left(-\frac{3}{20k^2}\ \frac{\log^2 t}{\log N}\right)$$

$$\leqslant c_6 a^2\exp\left(-\frac{3}{980\cdot 12^4}\ \frac{\log^3 N}{\log^2 t}\right), \quad (29)$$

由此及式(5)就证明了定理 1.

推论 5 设 $1\leqslant N\leqslant t$，则有绝对正常数 c_7，c_8 使

$$\left|\sum_{n=1}^N n^{it}\right|\leqslant c_7 N\exp\left(-c_8\frac{\log^3 N}{\log^2 t}\right). \quad (30)$$

证：取整数 k，满足 $2^{-(k+1)}N<\sqrt{N}\leqslant 2^{-k}N$.
由定理 1 得

$$\sum_{n=1}^{N} n^{it}=\sum_{n\leqslant 2^{-k}N} n^{it}+\sum_{j=0}^{k-1}\ \sum_{2^{-(j+1)}N<n\leqslant 2^{-j}N} n^{it}$$

$$\ll\sqrt{N}+\sum_{j=0}^{k-1}\frac{N}{2^{j+1}}\exp\left(-c_2\frac{\log^3\sqrt{N}}{\log^2 t}\right),$$

由此即得所要结论.

和定理1及推论 5 的证明完全相同，可以证明

定理 6 设 $1\leqslant N\leqslant t$，$0\leqslant\theta<1$ 存在绝对常数 c_9，c_{10}，c_{11}，及 c_{12}，使得

$$\left|\sum_{N<n\leqslant N'}(n+\theta)^{it}\right|\leqslant c_9 N\exp\left(-c_{10}\frac{\log^3 N}{\log^2 t}\right),\ N<N'\leqslant 2N,\tag{31}$$

及

$$\left|\sum_{n=1}^{N}(n+\theta)^{it}\right|\leqslant c_{11}N\exp\left(-c_{12}\frac{\log^3 N}{\log^2 t}\right).\tag{32}$$

证明定理 6 只需将定理1和推论5的证明中的 n（不包括求和指标）以 $n+\theta$ 代替，其它均一样.

习　　题

1. 设 k，n，P 是正整数，λ 是整数，再设

$$I_k^{(n)}(P;\lambda)=\int_0^1\left|\sum_{x\leqslant P}e(\alpha x^n)\right|^{2k}e(-\lambda\alpha)\,d\alpha.$$

证明：(a) $I_k^{(n)}(P;\lambda)=\sum\limits_{\lambda_1,\cdots,\lambda_{n-1}}J_k^{(n)}(P;\lambda_1,\cdots,\lambda_{n-1},\lambda)$，

这里 $J_k^{(n)}(\cdots)$ 的定义见式(1.2)，求和号表对所有可能的 $\lambda_1,\cdots,\lambda_{n-1}$ 求和.

(b) $I_k^{(n)}(P;O)\geqslant\max((2k)^{-1}P^{2k-n},P^k)$.

(c) 对整数 $s\geqslant 2$，有 $\displaystyle\int_0^1\left|\sum_{x\leqslant P}e(\alpha x^n)\right|^s d\alpha$

$$\geqslant\max(2[(s+1)/2]^{-1}P^{s-n},P^{s/2}).$$

(d) $I_k^{(n)}(P,O) \ll P^{n(n-1)/2} J_k^{(n)}(P)$.

2. 设 $h_1,\cdots,h_n$ 是正整数，$R_k(P;h_1,\cdots,h_n)$是不定方程组

$$\begin{cases} x_1^l+\cdots+x_k^l=h_l, & l=1,2,\cdots,n, \\ 0\leqslant x_j\leqslant P, & j=1,2,\cdots,k \end{cases}$$

的解数 .证明 :对任意整数 $\lambda_1,\cdots,\lambda_n$,有

$$J_k^{(n)}(P;\lambda_1,\cdots,\lambda_n)=\sum_{h_1,\cdots,h_n} R_k(P;h_1,\cdots,h_n) \cdot R_k(P;h_1+\lambda_1,\cdots,h_n+\lambda_n),$$

这里求和号表对所有可能的 $h_1,\cdots,h_n$ 求和 .

3. 当 $p=n$ 时，引理 1.1 还成立吗？

4.[1] 设素数 $p>n\geqslant 2,k\geqslant n$. 以 $J_{k,3}^{(n)}(P,p)$ 表不定方程组(1.3)($\lambda_1=\cdots=\lambda_n=0$)的所有这样的解的个数:在 $x_1,\cdots,x_k$ 及 $y_1,\cdots,y_k$ 这两组数中，都至多有 $n-1$ 个数对模 p 两两不同余. 证明: $J_k^{(n)}(P)\leqslant 2J_{k,1}^{(n)}(P,p)+2J_{k,3}^{(n)}(P,p)$，其中 $J_{k,1}^{(n)}(P,p)$ 的定义见式(1.7).

5. 设 B 是一个有限集合，$B_1,\cdots,B_s$ 是它的子集，以 $|\mathscr{A}|$ 表集合 $\mathscr{A}$ 的元素个数. 如果存在 $\lambda>0$ 使得 $|B_r|\geqslant\lambda|B|,r=1,\cdots,s$,那末，对任意正整数 $t<\lambda s$,必可取出 t 个子集 $B_{r_1},\cdots,B_{r_t}$,使得

$$|B_{r_1}\cap B_{r_2}\cap\cdots\cap B_{r_t}|\geqslant(\lambda-t/s)(t!(s-t)!/s!)|B|.$$

6. 设 n,l,P 是正整数 .证明: 存在常数 $c(n,l)$,使得

$$J_{ln}^{(n)}(P)\leqslant C(n,l)P^{2ln-(n^2+n)/2+\eta_l},$$

其中 $\eta_l=(1/2)n^2(1-n^{-1})^l$.证明按以下途径进行:

(a) 当 $P\leqslant n^n$ 时结论显然成立，当 $P>n^n$ 时对 l 用归纳法 .证明结论对 $l=1$ 成立 .

(b) 假设结论对 $l-1$ ($l\geqslant 2$) 成立，那末对任一满足 $P^{1/n}\leqslant p\leqslant 2^{5n}P^{1/n}$ 的素数 p ,必有

$$J_{ln}^{(n)}(P)\leqslant 2J_{ln,3}^{(n)}(P,p)+c_1(n,l)P^{2ln-(n^2+n)/2+\eta_l},$$

1) 第 A— 7 题给出了定理 1.4 的另一证明 .

其中 $c_1(n,l)$ 是和 n,l 有关的正常数，$J_{k,3}^{(n)}(\cdots)$ 定义见第4题．

(c)如果存在素数 p，$P^{1/n}\leqslant p\leqslant 2^{5n}P^{1/n}$，使得 $J_{ln,3}^{(n)}(P,p)\leqslant(1/4)J_{ln}^{(n)}(P)$，那末结论对 l 成立．

(d)如果对所有满足条件 $P^{1/n}\leqslant p\leqslant 2^{5n}P^{1/n}$ 的素数 p，均有 $J_{ln,3}^{(n)}(P,p)>(1/4)J_{ln}^{(n)}(P)$，那末必有正常数 $c_2(n,l)$（和 n,l 有关），使得 $J_{ln}^{(n)}(P)\leqslant c_2(n,l)P^{2n-2}$，进而推出结论对 l 也成立．(利用第5题，取 B 是由不定方程组(1.3)($\lambda_1=\cdots=\lambda_n=0$)的解组成的集合，并注意到至少有 $5n$ 个素数 p 满足 $P^{1/n}\leqslant p\leqslant 2^{5n}P^{1/n}$)．

7. 定出第6题中的常数 $c(n,l)$．并把第6题的结果与定理1.4作比较．

8. 设 $n\geqslant 2$，$P\geqslant(2n)^{2n(1-1/n)^{-\tau}}$，整数 $\tau>0$．选取 θ，满足 $(2n)^{-2n}<\theta\leqslant 1$，且使当 $v=1,2,\cdots,\tau$ 时，一定存在满足以下条件的素数 p_v：$(1+\theta)^{-1}P_{v-1}^{1/n}\leqslant p_v\leqslant P_{v-1}^{1/n}$，这里 $P_0=P$，$P_v=[p_v^{-1}P_{v-1}]+1$．证明：

(a) $J_{k,1}^{(n)}(P_0,p_1)\leqslant 2k^{2n}p_1^{2k-n(n+1)/2}P_1^{2n}J_{k-n}^{(n)}(P_1)$，

(b) $J_{k,2}^{(n)}(P_0,p_1)\leqslant n^{2n}p_1^{2k-n(n+1)/2}P_1^{2n}J_{k-n}^{(n)}(P_1)$．

(c) $J_k^{(n)}(P)\leqslant J_k^{(n)}(P_0)\leqslant 3k^{2n}p_1^{2k-n(n+1)/2}P_1^{2n}J_{k-n}^{(n)}(P_1)$．

(d) $J_k^{(n)}(P)\leqslant(3k^{2n})^{\tau}(p_1\cdots p_\tau)^{2k-n(n+1)/2}P_\tau^{2k}$．

(e) $J_k^{(n)}(P)\leqslant(1+2\theta)^{2k(n+\tau)}(3k^{2n})^{\tau}P^{2k-n(n+1)/2+\delta_\tau}$．

这里的符号同式(1.7)及定理1.4．比较(e)和定理1.4所得的结果．

9. 设 $P>2$，$S(\alpha_{n+1})$ 由式(2.1)给出，正整数组成的集合 $\mathscr{Y}\subset[1,P]$，$|\mathscr{Y}|$ 表其元素个数．证明：

(a) 对任意正整数 $y\in\mathscr{Y}$，有
$$S(\alpha_{n+1})=\int_0^1\sum_{x=1}^{2P}e(f(x-y)+x\beta)\cdot\sum_{z=1+y}^{P+y}e(-z\beta)d\beta.$$

(b) $$S(\alpha_{n+1})\ll|\mathscr{Y}|^{-1}\log P\max_{0\leqslant\beta\leqslant 1}\sum_{y\in\mathscr{Y}}\Big|\sum_{x=1}^{2P}e(f(x-y)+x\beta)\Big|.$$

(c) 若 α_{n+1} 满足条件(2.3)，则对任意正整数 k 有
$$S(\alpha_{n+1})\ll\{n(2k)^n(2p)^{2k+n(n+1)/2}(q^{-1}+P^{-1}+P^{-n-1}q\log q)\cdot J_k^{(n)}(P)\}^{1/4k}\log P.$$

(d) 利用 (c) 和定理 1.4，定理 2.2 及 2.3 可相应地改为怎样的结果.

(e) 利用 (c) 和第 7 题，定理 2.2 及 2.3 可相应地改为怎样的结果.

以下习题 10— 18 是为了改进 $S(\alpha_{n+1})$ 的估计.

10. 设 $\delta_j>0\ (j=1,\cdots,l)$，$\Gamma$ 是 l 维欧氏空间的一个非空点集，满足这样的条件：对每一点 $\gamma=(\gamma_1,\cdots,\gamma_l)\in\Gamma$ 决定一个开集 $R(\gamma)=\{\beta=(\beta_1,\cdots,\beta_l):\|\beta_j-\gamma_j\|<\delta_j,0\leqslant\beta_j<1,1\leqslant j\leqslant l\}$，所有的开集 $R(r),\gamma\in\Gamma$，是两两不相交的. 再设 $N_j\ (1\leqslant j\leqslant l)$ 是给定的正整数 $\mathscr{N}$ 是所有 l 维整点 $m=(m_1,\cdots,m_l)$，$1\leqslant m_j\leqslant N_j$，所组成的集合. 再设 $a(m)$ 是任意复数，$\widetilde{S}(\beta)=\sum\limits_{m\in\mathscr{N}}a(m)e(m\cdot\beta)$，其中 $m\cdot\beta=m_1\beta_1+\cdots+m_l\beta_l$. 证明：

$$\sum_{\gamma\in\Gamma}|\widetilde{S}(\gamma)|^2\ll\Big\{\prod_{j=1}^{l}(N_j+\delta_j^{-1})\Big\}\sum_{m\in\mathscr{N}}|a(m)|^2.$$

(这是多维大筛法不等式，利用 §28.3 方法证，见习题 28.8).

11. 设 $\gamma_j(y)=\sum\limits_{h=j}^{n+1}\alpha_hC_h^j(-y)^{h-j}$，$(1\leqslant j\leqslant n)$. 证明:

$$\alpha_{n+1}(x-y)^{n+1}+\cdots+\alpha_1(x-y)$$

$$=\gamma_n(y)x^n+\cdots+\gamma_1(y)x+\alpha_{n+1}x^{n+1}+\sum_{j=1}^{n+1}\alpha_j(-y)^j$$

12. 设 $m_1,\cdots,m_n$ 是正整数，t 为一实参数，以及

$$a(m_1,\cdots,m_n)=\sum_{x_1,\cdots,x_k}{}'\ e((x_1^{n+1}+\cdots+x_k^{n+1})\alpha_{n+1}+(x_1+\cdots+x_k)t),$$

这里“′”表示对满足方程组

$$x_1^h+\cdots+x_k^h=m_h,\quad 1\leqslant h\leqslant n,\quad 1\leqslant x_j\leqslant 2P$$

的所有解 $x_1,\cdots,x_k$ 求和. 那末在第 9 题的条件下有：

$$\Big\{|\mathscr{Y}|^{-1}\sum_{y\in\mathscr{Y}}\Big|\sum_{x=1}^{2P}e(f(x-y)+xt)\Big|\Big\}^{2k}$$

$$\leqslant|\mathscr{Y}|^{-1}\sum_{y\in\mathscr{Y}}\Big|\sum_{m_1,\cdots,m_n}a(m_1,\cdots,m_n)$$

$$\cdot e(m_n\gamma_n(y)+\cdots+m_1\gamma_1(y))\Big|^2,$$

这里是对所有可能的 $m_1,\cdots,m_n$ 求和，$\gamma_j(y)$ 由上题给出. 此外，还有

$$\sum_{m_1,\cdots,m_n}|a(m_1,\cdots,m_n)|^2\leqslant J_k^{(n)}(2P).$$

13. 设 $\alpha_{n+1},\cdots,\alpha_1$ 是给定的实数，$\gamma_j(y)$ 由第11题给出．再设 x,y 是整数，满足 $1\leqslant x,y\leqslant P$，以及 $\beta_h=\alpha_{h+1}(h+1)(y-x)$，$1\leqslant h\leqslant n$，

$$\begin{cases} a_{hj}=\dfrac{(n+1)!}{h+1}C_{h+1}^{j}\dfrac{(-x)^{h+1-j}-(-y)^{h+1-j}}{y-x}, & 1\leqslant j\leqslant h\leqslant n, \\ a_{hj}=0, & 1\leqslant h<j<n. \end{cases}$$

以 $\mathbf{A}$ 表下三角形矩阵 (a_{hj})．证明:

(a) $\mu=\beta\mathbf{A}$，其中 $\mu=(k!(\gamma_1(x)-\gamma_1(y)),\cdots,k!(\gamma_n(x)-\gamma_n(y)))$，$\beta=(\beta_1,\cdots,\beta_n)$ 是行向量．

(b) 设 $\mathbf{I}$ 是 n 阶单位矩阵，$\mathbf{J}=(n+1)!\mathbf{I}$，以及 $\mathbf{B}=\mathbf{A}-\mathbf{J}$．那末，对任意正整数 $v\leqslant n$，设 $\mathbf{B}^v=(b_{hj}^{(v)})$，则有 $b_{hj}^{(v)}\ll P^{h-j}$，$h\geqslant j+v$；$b_{hj}^{(v)}=0$，$h<j+v$．特别地，$\mathbf{B}^n$ 是零矩阵．

(c) 设 $\mathbf{D}=\mathbf{J}^{n-1}-\mathbf{J}^{n-2}\mathbf{B}+\cdots+(-1)^{n-1}\mathbf{B}^{n-1}$，证明: $\mathbf{AD}=((n+1)!)^n\mathbf{I}$，因而 $\mu\mathbf{D}=((n+1)!)^n\beta$．

(d) 当 $2\leqslant j\leqslant n+1$ 时有

$$\|((n+1)!)^n j\alpha_j(x-y)\|\ll\sum_{h=j-1}^{n}\|\gamma_h(x)-\gamma_h(y)\|P^{h-j+1}.$$

14. 设 L,R 是正整数 $L>R$．整变数 x,y 取值于 $1\leqslant x,y\leqslant L$．再设函数 $\varphi(x,y)$ 仅取值0,1，满足 $\varphi(x,y)=\varphi(y,x)$，$\varphi(x,x)=0$．如果对每一个 x，至多有 R 个 y 使 $\varphi(x,y)=0$，那末，一定有正整数集合 $\mathscr{U}\subset[1,L]$，当 $R\mid L$ 时，$|\mathscr{U}|\geqslant L/R$；当 $R\nmid L$ 时，$|\mathscr{U}|\geqslant[L/R]+1$，使得当 $x\in\mathscr{U}$，$y\in\mathscr{U}$，$x\neq y$ 时一定有 $\varphi(x,y)=1$．

15. 设 $\alpha_{n+1},\cdots,\alpha_1$ 是给定的实数．如果存在一个 j，$2\leqslant j\leqslant n+1$，使得有 $(a,q)=1$，$1\leqslant q\leqslant P^j$ 满足 $|\alpha_j-a/q|\leqslant q^{-2}$，那末一定存在一个整数集合 $\mathscr{Y}\subset[1,L]$，这里 $L=\min(q,P)$，使得

(a) $|\mathscr{Y}|\geqslant L/R$，这里 $R=(((n+1)!)^{n+1}Lq^{-1}+1)(2qP^{1-j}+2((n+1)!)^{n+1}Lq^{-1}+1)$．

(b) 对任意的 $x\in\mathscr{Y}$，$y\in\mathscr{Y}$，$x\neq y$ 有

$$\|((n+1)!)^n j\alpha_j(x-y)\|>P^{1-j}.$$

(c) 存在一个 h，$j-1\leqslant h\leqslant n$，使对任意的 $x\in\mathscr{Y}$，$y\in\mathscr{Y}$，$x\neq y$，有 $\|\gamma_h(x)-\gamma_h(y)\|\gg P^{-h}$，$\gamma_h(y)$ 由第11题给出．

16. 设 $S(\alpha_{n+1})=S(\alpha_{n+1},\alpha_n,\cdots,\alpha_1)$ 由式(2.1)给出.利用第9题(b),第10,11,12,15题,证明:如果存在 j,a,q 满足 $2\leqslant j\leqslant n+1$, $|\alpha_j-a/q|\leqslant q^{-2}$, $(a,q)=1$, $1\leqslant q\leqslant P^j$,那末,

$$S(\alpha_{n+1},\cdots,\alpha_1)\ll\{P^{n(n+1)/2}(qP^{-j}+P^{-1}+q^{-1})J_k^{(n)}(2P)\}^{1/2k}\log P.$$

17. 利用上题及关于 $J_k^{(n)}(P)$ 的各种估计来推出 $S(\alpha_{n+1},\cdots,\alpha_1)$ 的相应的估计.特别地,利用第6题结果证明:在上题的条件下有

$$S(\alpha_{n+1},\cdots,\alpha_1)\ll P\{P\eta_l(qP^{-j}+P^{-1}+q^{-1})\}^{1/(2nl)}\log P,$$

其中 η_l 由第6题给出.进而当 $P\ll q\ll P^{j-1}$ 时,

$$S(\alpha_{n+1},\cdots,\alpha_1)\ll P^{1-\sigma}\log P.$$

这里 $\sigma=\max\limits_{l}\{(2nl)^{-1}(1-\eta_l)\}$.

18. (a) 设 σ 同上题,证明当 $n\to\infty$ 时,$4\sigma n^2\log n\to 1$.

(b) 证明当 $n\geqslant 11$ 时,第17题所得的估计比习题19、13(即 Weyl 方法)所得的结果好.

19. 设 c_0 是给定的正数,正数 λ 满足 $1<\lambda<3/2$, $m\neq 0$,及 $P\geqslant 1$.再设 $f(x)=\exp(c_0(\log x)^{\lambda})$, $S=\sum\limits_{x=1}^{P}e(mf(x))$. 证明:如果 $0<|m|<\exp((\log P)^{3-2\lambda-\varepsilon_0})$,这里 $0<\varepsilon_0<3-2\lambda$,那末,存在正数 c_1,c_2 使得

$$|S|\leqslant c_1P\exp(-c_2(\log P)^{3-2\lambda}).$$

20. 设 $1\leqslant a<a'\leqslant 2a$, $S(a)=\sum\limits_{a<n\leqslant a'}n^{it}$.比较用定理21.4.2和定理3.1去估计 $S(a)$ 所得的结果,指出对固定的(充分大的) $|t|$,当 a 相对于 $|t|$ 较大时用定理21.4.2估计好,当 a 相对于 $|t|$ 较小时用定理3.1估计好.并明确指出"较大","较小"的含意.(利用习题21.5).

21. 设 $p\geqslant 3$ 是给定的素数,$k=p^n$.再设 $l\leqslant n-1$, $n+l-1>lm\geqslant n-l$.证明:存在 $(a_j,p)=1$, $1\leqslant j\leqslant m$ 使得

$$\frac{1}{p-1}\operatorname{ind}(1+p^lu)\equiv a_1p^lu+\frac{1}{2}(p^lu)^2+\cdots+\frac{1}{m}a_m(p^lu)^m\pmod{p^{n-1}},$$

其中 ind a 表 a 对模 k 的指标（以某一原根为底），相约后可能出现的 $1/v$ 表整数 v_1：满足 $v_1 v \equiv 1 \pmod{p^{n-1}}$.

22. 设 $p \geqslant 3$ 是给定的素数，$k=p^n$，χ 是任一模 k 的非主特征．再设实数 r 满足 $1 \leqslant r \leqslant n/2$，$N^r=k$．证明：

$$\left|\sum_{m \leqslant N} \chi(m)\right| \leqslant c_1 N^{1-c/r^2}.$$

（利用上题把特征和化为指数和，然后利用定理 3.1 的证法.）

23. 在上题的条件下，证明在区域：

$$|\mathrm{Im}\, s| < \exp\{c_2(\log\log k)^2\}, \quad \mathrm{Re}\, s > 1-c_3(\log k)^{-2/3}(\log\log k)^{-2}$$

中 $L(s,\chi) \neq 0$（利用 §10.3 的方法及 §24.2 的方法）.

第二十三章　$\zeta(s)$与$L(s,\chi)$的渐近公式

$\zeta(s)$和$L(s,\chi)$在临界长条$0\leqslant \mathrm{Re}\ s\leqslant 1$中的性质是十分重要的，为了研究它们在这一长条中的性质，就需要它们有一个易于进行研究的表达形式——这就是它们的各种各样的渐近公式，这是$\zeta(s)$与$L(s,\chi)$理论中的一个极其重要的基本问题．虽已对此作了不少研究，但离期望的结果相差甚远．本章只讨论这方面的一些最基本的结果，和研究这一问题的基本方法．本章的结果将在第二十四，二十五，二十九章中用到．有关这方面内容可参看 [14]，[17]，[18]，[32].

一方面是为讨论$L(s,\chi)$的渐近公式的需要，一方面由于对$\zeta(s)$和$\zeta(s,a)$的渐近公式的讨论是相同的，所以以下讨论$\zeta(s,a)$的渐近公式.

§1. $\zeta(s,a)$的渐近公式(一)

首先来证明最简单的渐近公式.

定理 1　设$C>1$，$B_1\geqslant 2\pi$[1)]，$s=\sigma+it$，以及

$$t^*=\max(B_1,|t|). \tag{1}$$

再设实数x满足

$$2\pi x\geqslant Ct^*. \tag{2}$$

那末，当$\sigma\geqslant 0$时有

$$\zeta(s,a)=\sum_{0\leqslant n\leqslant x-a}\frac{1}{(n+a)^s}-\frac{x^{1-s}}{1-s}+O\left(\frac{x^{-\sigma}}{1-C^{-1}}\right), \tag{3}$$

其中O常数是绝对的．特别地，取$a=1$得

$$\zeta(s)=\sum_{1\leqslant n\leqslant x}\frac{1}{n^s}-\frac{x^{1-s}}{1-s}+O\left(\frac{x^{-\sigma}}{1-C^{-1}}\right). \tag{4}$$

---

1) 引进B_1仅为了以后应用方便，一般可取$B_1=2\pi$.

证：设 N 为充分大的整数．由定理 7.1.1知：当 $\sigma>-1$ 时，

$$\zeta(s,a)=\sum_{0\leqslant n\leqslant N}\frac{1}{(n+a)^s}-\frac{(N+a)^{1-s}}{1-s}+\frac{b_1(N)}{(N+a)^s}$$

$$+\frac{sb_2(N)}{(N+a)^{s+1}}-s(s+1)\int_N^{\infty}\frac{b_2(u)}{(u+a)^{s+2}}\,ds. \tag{5}$$

现取 $g(u)=(u+a)^{-\sigma}$，$f(u)=-(2\pi)^{-1}t\log(u+a)$．由条件(2)知

$$|f'(u)|=\frac{|t|}{2\pi(u+a)}<\frac{1}{C}，u>x-a.$$

所以由式(21.1.16)得：

$$\sum_{x-a<n\leqslant N}\frac{1}{(n+a)^s}=\int_{x-a}^{N}\frac{du}{(u+a)^s}+O\left(\frac{x^{-\sigma}}{1-C^{-1}}\right)$$

$$=\frac{(N+a)^{1-s}}{1-s}-\frac{x^{1-s}}{1-s}+O\left(\frac{x^{-\sigma}}{1-C^{-1}}\right). \tag{6}$$

令 $N\to\infty$，由式(5)，(6)就推出式(3)．

应该指出的是，渐近公式(3)及(4)中的和式的项数不能少于 $|t|$ 的阶，所以仍是相当多的，这在应用中产生很大的缺陷．下面我们要利用定理 21.1.6 来得到一个包含较少项数的渐近公式．

定理 2 设 B_1，t^* 由定理 1 给出，$s=\sigma+it$．再设实数 x，y 满足

$$2\pi xy=t^*,\ x\geqslant\sqrt{B_1/2\pi}\ ,\ y\geqslant\sqrt{B_1/2\pi}\ . \tag{7}$$

那末，当 $0<\sigma_1\leqslant\sigma\leqslant\sigma_2<1$，$t\geqslant 0$ 时，

$$\zeta(s,a)=\sum_{0\leqslant n\leqslant x-a}\frac{1}{(n+a)^s}+A(s)\sum_{1\leqslant\nu\leqslant y}\frac{e(-a\nu)}{\nu^{1-s}}$$

$$+O\left(x^{-\sigma}\log(y+2)+y^{\sigma-1}(|t|+2)^{\frac{1}{2}-\sigma}\right), \tag{8}$$

其中 $A(s)$ 由式(7.1.20)给出，O 常数和 σ_1，σ_2，B_1 有关；当 $t\leqslant 0$ 时，上式中的 $e(-a\nu)$ 以 $e(a\nu)$ 来代替．特别地，取 $a=1$ 得到

$$\zeta(s)=\sum_{n\leqslant x}\frac{1}{n^s}+A(s)\sum_{\nu\leqslant y}\frac{1}{\nu^{1-s}}+O\left(x^{-\sigma}\log(y+2)+y^{\sigma-1}(|t|+2)^{\frac{1}{2}-\sigma}\right). \tag{9}$$

证：先假定 $t\geqslant B_1$. 在定理 21.1.6 中取 $g(u)=(u+a)^{-\sigma}$, $f(u)=-(2\pi)^{-1}t\log(u+a)$. 当 $u+a>0$ 时, $f'(u)$ 是递增函数，因此由式(21.1.14)得：对任意的 $N>x-a$, 有

$$\sum_{x-a<n\leqslant N}\frac{1}{(n+a)^s}=\sum_{-a-\eta<\nu<-\beta+\eta}\int_{x-a}^{N}\frac{e(\nu u)}{(u+a)^s}du+O\left(\frac{x^{-\sigma}}{\eta}+x^{-\sigma}\log(y+2)\right),$$

其中 $\alpha=-t(2\pi(N+a))^{-1}$, $\beta=-t(2\pi x)^{-1}=-y$. 现取 $\eta=\frac{1}{2}$, 及 N 充分大使得 $-\alpha<\frac{1}{2}$. 这时上式变为

$$\sum_{x-a<n\leqslant N}\frac{1}{(n+a)^s}=\int_{x-a}^{N}\frac{du}{(u+a)^s}+\sum_{1\leqslant\nu\leqslant y+\frac{1}{2}}\int_{x-a}^{N}\frac{e(\nu u)}{(u+a)^s}du+O(x^{-\sigma}\log(y+2)),$$

当 $0<\sigma<1$[1], $\nu\geqslant1$ 时

$$\int_{-a}^{\infty}\frac{e(\nu u)}{(u+a)^s}du=e(-a\nu)\int_{0}^{\infty}\frac{e(\nu u)}{u^s}du=\left(\frac{i}{2\pi}\right)^{1-s}\Gamma(1-s)\frac{e(-a\nu)}{\nu^{1-s}}, \tag{10}$$

这里 $i=e^{\frac{i\pi}{2}}$. 此外,

$$\int_{x-a}^{N}\frac{du}{(u+a)^s}=\frac{(N+a)^{1-s}}{1-s}+O(t^{-1}x^{1-\sigma}).$$

令 $N\to\infty$, 由以上三式及式(5)得到：当 $0<\sigma<1$, $t\geqslant B_1$ 时

1) 这条件是为了计算式(10)中的积分.

$$\zeta(s,a)=\sum_{0\leqslant n\leqslant x-a}\frac{1}{(n+a)^s}+\left(\frac{i}{2\pi}\right)^{1-s}\Gamma(1-s)\sum_{1\leqslant v\leqslant y+\frac{1}{2}}\frac{e(-av)}{v^{1-s}} \tag{11}$$

$$-\sum_{1\leqslant v\leqslant y+\frac{1}{2}}e(-av)\int_0^x\frac{e(vu)}{u^s}du+O(x^{-\sigma}\log(y+2)).$$

由式(7.1.23)可得

$$A(s)=\left(\frac{i}{2\pi}\right)^{1-s}\Gamma(1-s)(1+O(e^{-\pi t})),\ t\geqslant 0. \tag{12}$$

再注意到式(7.1.24)，当 $t\geqslant B_1$ 时我们有

$$\left(\frac{i}{2\pi}\right)^{1-s}\Gamma(1-s)\sum_{1\leqslant v\leqslant y+\frac{1}{2}}\frac{e(-av)}{v^{1-s}}=A(s)\sum_{1\leqslant v\leqslant y}\frac{e(-av)}{v^{1-s}}$$

$$+O(t^{\frac{1}{2}-\sigma}y^{\sigma-1}). \tag{13}$$

当$\sigma<1, t\geqslant B_1$ 时

$$\int_0^x\frac{e(vu)}{u^s}du=-\frac{2\pi iv}{1-s}\int_0^x u^{1-\sigma}e\left(vu-\frac{t}{2\pi}\log u\right)du+O(t^{-1}x^{1-\sigma}). \tag{14}$$

对 $1\leqslant v\leqslant y-\frac{1}{2}$，当 $0<u\leqslant x$ 时有(注意到 $2\pi xy=t$)

$$\frac{d}{du}\left(vu-\frac{t}{2\pi}\log u\right)=v-\frac{t}{2\pi u}\leqslant v-y\leqslant-\frac{1}{2}.$$

因此，由引理 21.1.4 得：当 $1\leqslant v\leqslant y-\frac{1}{2}$，$\sigma\leqslant 1, t\geqslant B_1$ 时有

$$\int_0^x u^{1-\sigma}e\left(vu-\frac{t}{2\pi}\log u\right)du\ll\frac{x^{1-\sigma}}{y-v}.$$

由此及式(14)得到：当 $\sigma<1, t\geqslant B_1$ 时有

$$\sum_{1\leqslant v\leqslant y-\frac{1}{2}}e(-av)\int_0^x\frac{e(vu)}{u^s}du\ll t^{-1}yx^{1-\sigma}+t^{-1}x^{1-\sigma}\sum_{1\leqslant v\leqslant y-\frac{1}{2}}\frac{v}{y-v}$$

$$\ll x^{-\sigma}\log(y+2). \tag{15}$$

最后来估计对应于 $y-\frac{1}{2}<v\leqslant y+\frac{1}{2}$ 的这项积分

$$\int_0^x \frac{e(\nu u)}{u^s}\, du .$$

由于

$$\left|\frac{d^2}{du^2}\left(\nu u-\frac{t}{2\pi}\log u\right)\right|=\frac{t}{2\pi u^2}>\frac{t}{2\pi x^2}, \quad 0<u\leqslant x.$$

因此，由式(14)和引理 21.2.1 得到：当 $y=\frac{1}{2}<\nu\leqslant y+\frac{1}{2}$，$\sigma<1$，$t\geqslant B_1$ 时有

$$\int_0^x \frac{e(\nu u)}{u^s}\, du \ll t^{-1}x^{1-\sigma}+yt^{-1}x^{1-\sigma}xt^{-\frac{1}{2}} \ll y^{\sigma-1}t^{\frac{1}{2}-\sigma} . \quad (16)$$

综合以上式(11)，(13)，(15)及(16)即得式(8).

对 $t\leqslant -B_1$ 的情形，可讨论$\zeta(\overline{s},a)$，然后取共轭即得. 对 $|t|<B_1$ 的情形，可直接由定理 1 推出.

式(8)通常称为 **Hurwitz 渐近公式**，式(9)称为 **$\zeta(s)$ 的渐近函数方程**. 若取 $x=y=(t^*/2\pi)^{\frac{1}{2}}$，那末这两个渐近公式中的和式的项数的阶都是$|t|^{\frac{1}{2}}$，显然比渐近公式(2)和(3)中应取的项数的阶要小多了.

注意到式(7.1.24)，从式(8)和(9)可推出：

$$\zeta\left(\frac{1}{2}+it, a\right)-a^{-\frac{1}{2}-it} \ll (|t|+2)^{\frac{1}{4}}, \quad (17)$$

$$\zeta\left(\frac{1}{2}+it\right) \ll (|t|+2)^{\frac{1}{4}}. \quad (18)$$

最后，我们指出为了消除式(8)对 $t\geqslant 0$ 和 $t\leqslant 0$ 的形式上的不对称性，可统一写为：当 $0<\sigma<1$ 时对所有 t 有

$$\zeta(s,a)=\sum_{0\leqslant n\leqslant x-a}\frac{1}{(n+a)^s}+\frac{\Gamma(1-s)}{(2\pi)^{1-s}}\left\{e^{-\frac{\pi i}{2}(1-s)}\sum_{1\leqslant \nu\leqslant y}\frac{e(a\nu)}{\nu^{1-s}}\right.$$

$$+e^{\frac{\pi i}{2}(1-s)}\sum_{1\leqslant v\leqslant y}\frac{e(-av)}{v^{1-s}}\Bigg\}+O\Big(x^{-\sigma}\log(y+2)$$

$$+y^{\sigma-1}(|t|+2)^{\frac{1}{2}-\sigma}\Big). \tag{19}$$

这是很容易证明的. 因为当 $t>0$ 时右边花括号中的第一个和式可并入误差项中，而当 $t<0$ 时第二个和式可并入误差项. 此外,还要利用式(12)及 $t<0$ 时它的相应的公式.

§2. $L(s,\chi)$的渐近公式

设 $q\geqslant 1$, $\chi\bmod q$. 如果利用关系式

$$L(s,\chi)=q^{-s}\sum_{h=1}^{q}\chi(h)\zeta\left(s,\frac{h}{q}\right) \tag{1}$$

及

$$\sum_{n\leqslant x}\chi(n)n^{-s}=q^{-s}\sum_{h=1}^{q}\chi(h)\sum_{0\leqslant k\leqslant x/q-h/q}\left(k+\frac{h}{q}\right)^{-s}, \tag{2}$$

那末从定理1.1 和定理 1.2 立即可推得 $L(s,\chi)$ 的相应的渐近公式.

定理 1 设$C>1$, $s=\sigma+it$, B_1 和 t *由定理 1.1 给出，以及 x 满足

$$2\pi x\geqslant Cqt^*. \tag{3}$$

那末，对任意特征 $\chi\bmod q$, 当 $\sigma\geqslant 0$ 时有

$$L(s,\chi)=\sum_{n\leqslant x}\frac{\chi(n)}{n^s}-E_0\frac{\Phi(q)}{q}\frac{x^{1-s}}{1-s}+O\left(\frac{\varphi(q)x^{-\sigma}}{1-C^{-1}}\right), \tag{4}$$

其中$E_0=1$, 当 $\chi=\chi^0$时; $E_0=0$, 其它情形.

证: 设 $x_1=xq^{-1}$, 由式(1.3)得

$$\zeta\left(s,\frac{h}{q}\right)=\sum_{0\leqslant n\leqslant x_1-h/q}\left(n+\frac{h}{q}\right)^{-s}-\frac{x_1^{1-s}}{1-s}+O\left(\frac{x_1^{-\sigma}}{1-C^{-1}}\right). \tag{5}$$

利用定理13.1.7, 由式(1), (2), (5)就推得式(4).

定理 2 设 B_1, t *由 定 理 1.1 给 出，$s=\sigma+it$, $0<\sigma_1\leqslant\sigma$

$\leqslant\sigma_2<1$. 再设 $x\geqslant q\sqrt{B_1/2\pi}$ ，$y\geqslant\sqrt{B_1/2\pi}$ ，且满足

$$2\pi xy=qt^*. \tag{6}$$

那末，对任意特征 $\chi \bmod q$，当$t\geqslant 0$ 时有

$$L(s,\chi)=\sum_{n\leqslant x}\frac{\chi(n)}{n^s}+q^{-s}A(s)\sum_{\nu\leqslant y}\frac{G(-\nu,\chi)}{\nu^{1-s}}$$
$$+O\left(qx^{-\sigma}\log(y+2)+q^{1-\sigma}y^{\sigma-1}(|t|+2)^{1/2-\sigma}\right), \tag{7}$$

其中 $G(l,\chi)$ 由式(13.3.3)给出；当 $t\leqslant 0$ 时，上式中的 $G(-\nu,\chi)$ 改为$G(\nu,\chi)$，其中 O 常数和 σ_1,σ_2,B_1 有关.

证明的方法和定理 1 完全一样，只要用定理 1.2 代替定理 1.1. 当 χ 为原特征时，利用

$$G(-\nu,\chi)=\chi(-1)\tau(\chi)\overline{\chi}(\nu) \tag{8}$$

可把式(7)作进一步简化. 如果我们用式(1.19)就可得到形式上统一的结果：当 $0<\sigma<1$ 时，对所有 t 有

$$L(s,\chi)=\sum_{n\leqslant x}\frac{\chi(n)}{n^s}+q^{-s}\frac{\Gamma(1-s)}{(2\pi)^{1-s}}\left\{e^{-\frac{\pi i}{2}(1-s)}\sum_{\nu\leqslant y}\frac{G(\nu,\chi)}{\nu^{1-s}}\right.$$
$$\left.+e^{\frac{\pi i}{2}(1-s)}\sum_{\nu\leqslant y}\frac{G(-\nu,\chi)}{\nu^{1-s}}\right\}+O\left(qx^{-\sigma}\log(y+2)\right.$$
$$\left.+q^{1-\sigma}y^{\sigma-1}(|t|+2)^{\frac{1}{2}-\sigma}\right). \tag{9}$$

由式(9)和式(8)就得到：若 χ 为原特征，则当 $0<\sigma<1$ 时，对所有的 t 有

$$L(s,\chi)=\sum_{n\leqslant x}\frac{\chi(n)}{n^s}+A(s,\chi)\sum_{\nu\leqslant y}\frac{\overline{\chi}(\nu)}{\nu^{1-s}}+O\left(qx^{-\sigma}\log(y+2)\right.$$
$$\left.+q^{1-\sigma}y^{\sigma-1}(|t|+2)^{1/2-\sigma}\right), \tag{10}$$

其中$A(s,\chi)$由式(14.2.12)给出. 这通常称为 **L 函数的渐近函数方程**.

最近Rane[1]证明了：当 χ 为原特征时，式(10)中的大 O 项中

1) *Math. Ann.* **264** (1983), 137–145.

的模 q 的方次可以减少 1/2. 他证明了

定理 3 设$q\geqslant 3$. 在定理 2 的条件下, 当 χ 是模q 的原特征时, 对所有的 t 有

$$L(s,\chi)=\sum_{n\leqslant x}\frac{\chi(n)}{n^s}+A(s,\chi)\sum_{v\leqslant y}\frac{\overline{\chi}(v)}{v^{1-s}}$$

$$+O\left(q^{\frac{1}{2}}x^{-\sigma}\log q(y+2)+y^{\sigma-1}(q(|t|+2))^{\frac{1}{2}-\sigma}\right),\quad(11)$$

其中 O 常数和 σ_1, σ_2, B_1 有关.

他的证明方法不是直接利用已经得到的$\zeta(s,a)$ 的渐近公式(1.8)(或(1.19)). 而是从关系式(1)及(2)出发, 象证明 $\zeta(s,a)$ 的渐近公式一样, 直接把 van der Corput 的指数和估计方法与特征和估计相结合, 通过对余项作精确的估计而得到的. 原则上和定理 1.2 的证明一样, 并不困难. 下面来证明定理 3.

定理 3 的证明: 先假定$t\geqslant B_1$, 设 $x_1=xq^{-1}$, N 为充分大的整数, 由式(7.1.1)($l=1$)及式(2.2.8)($l=1$)可得: 当 $\sigma>0$ 时,

$$\zeta(s,a)=\sum_{0\leqslant k\leqslant x_1-a}(k+a)^{-s}-s\int_{x_1}^{N}\frac{b_1(u-a)}{u^{s+1}}du+b_1(x_1-a)x_1^{-s}$$

$$-\frac{x_1^{1-s}}{1-s}+O\left(\frac{tN^{-\sigma}}{\sigma}\right).\quad(12)$$

由此及式(21.1.2)得

$$\zeta(s,a)=\sum_{0\leqslant k\leqslant x_1-a}(k+a)^{-s}+\frac{1}{2\pi i}\sum_{v=1}^{\infty}\frac{1}{v}\int_{x_1}^{N}\frac{s}{u^{s+1}}\{e(v(u-a))$$

$$-e(-v(u-a))\}du+b_1(x_1-a)x_1^{-s}-\frac{x_1^{1-s}}{1-s}+O\left(\frac{tN^{-\sigma}}{\sigma}\right).$$

(13)

由此及式(1), (2), (8)得到: 当 $\sigma>0$ 时,

$$L(s,\chi)=\sum_{n\leqslant x}\frac{\chi(n)}{n^s}+\frac{q^{-s}\tau(\chi)}{2\pi i}\sum_{\nu=1}^{\infty}\frac{\overline{\chi}(\nu)}{\nu}\int_{x_1}^{N}\frac{s}{u^{s+1}}$$

$$\cdot\{e(\nu u)\chi(-1)-e(-\nu u)\}du+x^{-s}\sum_{h=1}^{q}\chi(h)$$

$$\cdot\ b_1\left(x_1-\frac{h}{q}\right)+O\left(\frac{tN^{-\sigma}q^{1-\sigma}}{\sigma}\right),\qquad(14)$$

这里还用到了 χ 是非主特征及定理 13.1.7. 下面来估计上式右边的第二和第三个和式.

用估计式(21.1.9)右边的积分的办法来估计第二个和式. 由引理 21.1.3 得: 当 $\sigma\geqslant 0$ 时

$$\int_{x_1}^{N}\frac{e(-\nu u)}{u^{s+1}}du\ll\frac{x_1^{-1-\sigma}}{\nu+y},\quad \nu\geqslant 1.$$

由此及 $|\tau(\chi)|=q^{\frac{1}{2}}$, 利用式(20.1.11)的右半边可得: 当 $\sigma\geqslant 0$ 时,

$$\frac{sq^{-s}\tau(\chi)}{2\pi i}\sum_{\nu=1}^{\infty}\frac{\overline{\chi}(\nu)}{\nu}\int_{x_1}^{N}\frac{e(-\nu u)}{u^{s+1}}du\ll q^{\frac{1}{2}-\sigma}t\sum_{\nu=1}^{\infty}\frac{x_1^{-1-\sigma}}{\nu(\nu+y)}$$

$$\ll q^{\frac{1}{2}}x^{-\sigma}\sum_{\nu=1}^{\infty}\frac{y}{\nu(\nu+y)}\ll q^{\frac{1}{2}}x^{-\sigma}\log(y+2).\qquad(15)$$

同样由引理 21.1.3 得: 当 $\sigma\geqslant 0$ 时,

$$\int_{x_1}^{N}\frac{e(\nu u)}{u^{s+1}}du\ll\frac{x_1^{-1-\sigma}}{\nu-y},\quad \nu>y+\frac{1}{2}.$$

由此及 $|\tau(\chi)|=q^{\frac{1}{2}}$, 利用式(21.1.12)的右半边可得: 当 $\sigma\geqslant 0$ 时,

$$\frac{sq^{-s}\tau(\chi)}{2\pi i}\sum_{\nu>y+\frac{1}{2}}\frac{\overline{\chi}(\nu)}{\nu}\int_{x_1}^{N}\frac{e(\nu u)}{u^{s+1}}du\ll q^{\frac{1}{2}}x^{-\sigma}\sum_{\nu>y+\frac{1}{2}}\frac{y}{\nu(\nu-y)}$$

$$\ll q^{\frac{1}{2}}x^{-\sigma}\log(y+2).\qquad(16)$$

这样, 由以上两式得到[1]: 当 $\sigma\geqslant 0$ 时,

$$\frac{q^{-s}\tau(\chi)}{2\pi i}\sum_{\nu=1}^{\infty}\frac{\overline{\chi}(\nu)}{\nu}\int_{x_1}^{N}\frac{s}{u^{s+1}}\{\chi(-1)e(\nu u)-e(-\nu u)\}du$$

1) 下式中我们保留了相应于 $e(-\nu u)$ 的一些项, 这对推导式(11)是方便的, 这些项实际上可放在大 O 项中.

$$= \frac{q^{-s}\tau(\chi)}{2\pi i} \sum_{v \leqslant y+\frac{1}{2}} \frac{\overline{\chi}(v)}{v} \int_{x_1}^{N} \frac{s}{u^{s+1}} \{ \chi(-1)e(vu) - e(-vu) \} du$$

$$+ O(q^{\frac{1}{2}} x^{-\sigma} \log(y+2)) \tag{17}$$

$$= q^{-s}\tau(\chi) \sum_{v \leqslant y+\frac{1}{2}} \overline{\chi}(v) \int_{x_1}^{N} \{ \chi(-1)e(vu) + e(-vu) \} \frac{ds}{u^s}$$

$$+ O(q^{\frac{1}{2}} x^{-\sigma} \log(y+2)),$$

最后一步用到了分部积分.

令 $N \to \infty$, 由式(14), (17)及(1.10)可得: 当 $0<\sigma<1$ 时

$$L(s,\chi) = \sum_{n \leqslant x} \frac{\chi(n)}{n^s} + A(s,\chi) \sum_{v \leqslant y} \frac{\overline{\chi}(v)}{v^{1-s}} + x^{-s} \sum_{h=1}^{q} \chi(h) b_1\left(x_1 - \frac{h}{q}\right)$$

$$- q^{-s}\tau(\chi) \sum_{v \leqslant y+\frac{1}{2}} \overline{\chi}(v) \int_{0}^{x_1} \{ \chi(-1)e(vu) + e(-vu) \} \frac{ds}{u^s}$$

$$+ O(q^{\frac{1}{2}} x^{-\sigma} \log(y+2)), \tag{18}$$

这里把右边第二个和式中 $y<v\leqslant y+1/2$ 这一项放入误差项. 类似于估计式(1.15), (1.16)可得[1)]

$$- q^{-s}\tau(\chi) \sum_{v \leqslant y+\frac{1}{2}} \overline{\chi}(v) \int_{0}^{x_1} \{ \chi(-1)e(vu) + e(-vu) \} \frac{ds}{u^s}$$

$$\ll q^{\frac{1}{2}} x^{-\sigma} \log(y+2) + y^{\sigma-1}(qt)^{\frac{1}{2}-\sigma}. \tag{19}$$

最后, 我们来估计式(18)(即式(14))右边的第三个和式. 设 $x_1 = [x_1] + \{x_1\}$. 必有 $1 \leqslant h_0 \leqslant q$ 使

1)对所有相应于 $e(-vu)$项的积分之和, 同样地可和式(1.15)一样估计.

$$\frac{h_0-1}{q} \leqslant \{x_1\} < \frac{h_0}{q}. \tag{20}$$

这样就有

$$\left[x_1 - \frac{h}{q}\right] = \begin{cases} [x_1], & 1 \leqslant h < h_0, \\ [x_1]-1, & h_0 \leqslant h < q. \end{cases} \tag{21}$$

进而有

$$\left(x_1 - \frac{h}{q}\right) - \left[x_1 - \frac{h}{q}\right] = \begin{cases} \{x_1\} - \dfrac{h}{q}, & 1 \leqslant h < h_0, \\ 1 + \{x_1\} - \dfrac{h}{q}, & h_0 \leqslant h < q. \end{cases} \tag{22}$$

因为 χ 是非主特征，故由定理 13.1.7 及定理 13.4.1 得

$$\sum_{h=1}^{q} \chi(h) b_1\left(x_1 - \frac{h}{q}\right) = \sum_{h \geqslant h_0} \chi(h) - \frac{1}{q}\sum_{h=1}^{q} h\chi(h) \ll q^{\frac{1}{2}} \log q. \tag{23}$$

综合式(18)，(19)，(23) 就证明了式 (11) 当 $t \geqslant B_1$ 时成立. 当 $t \leqslant -B_1$ 时，可由取共轭推出. 当 $|t| \leqslant B_1$ 时，可同样证明，只要注意到在估计时以 B_1 代替 t.

§3. $\zeta(s,a)$ 的渐近公式(二)

利用第七章的复变方法，通过估计复积分可以改进定理 1.2，使得式(1.8)(或式(1.19))对 $0 \leqslant \sigma \leqslant 1$ 一致成立，且在大 O 项中不出现因子 $\log(y+2)$.

定理 1 设 $B_2 \geqslant 8\pi$

$$t^* = \max(B_2, |t|), \tag{1}$$

以及 x, y 满足

$$2\pi xy = t^*, \qquad y \geqslant x \geqslant \sqrt{B_2/2\pi} \geqslant 2. \tag{2}$$

那末，当 $0 \leqslant \sigma \leqslant 1, s \neq 1$ 时，一致地有

$$\zeta(s,a) = \sum_{0 < n \leqslant x-a} \frac{1}{(n+a)^s} + (2\pi)^{s-1}\Gamma(1-s)\left\{e^{\frac{\pi i}{2}(1-s)} \sum_{1 \leqslant v \leqslant y} \frac{e(-va)}{v^{1-s}} + e^{-\frac{\pi i}{2}(1-s)} \sum_{1 \leqslant v \leqslant y} \frac{e(va)}{v^{1-s}}\right\} + O\left(e^{\frac{\pi}{2}|t|} |\Gamma(1-s)| y^{\sigma - \frac{1}{2}} x^{-\frac{1}{2}}\right). \tag{3}$$

证：显然，只要讨论 $t\geqslant 0$ 的情形．类似于引理 7.2.1 易证：当 $\sigma>1$ 时

$$\zeta(s,a)=\sum_{0\leqslant n\leqslant x-a}\frac{1}{(n+a)^s}+\frac{1}{\Gamma(s)}\int_0^{\infty}\frac{e^{-(m+a)u}}{e^u-1}u^{s-1}du,\quad(4)$$

其中
$$m=[x-a]\geqslant 1.\quad(5)$$

再设 G 是如下的正向围道： $0<\delta<\frac{1}{2}$ ， $G=G(\delta)=G_1+G_2+G_3$ ，

G_1： $re^{i\theta}$， $\theta=0$， $\delta\leqslant r<+\infty$，

G_2： $re^{i\theta}$， $0\leqslant\theta\leqslant 2\pi$， $r=\delta$

G_3： $re^{i\theta}$， $\theta=2\pi$， $\delta\leqslant r<+\infty$.

类似于引理 7.2.2 及定理 7.2.3，易得[1)]

$$\zeta(s,a)=\sum_{0\leqslant n\leqslant x-a}\frac{1}{(n+a)^s}+\frac{e^{-\pi is}\Gamma(1-s)}{2\pi i}\int_G\frac{e^{-(m+a)w}}{e^w-1}w^{s-1}dw,\quad(6)$$

上式右边的积分可解析开拓到整个 s 平面，$s=1$ 为一阶极点，留数为 1，上式在整个 s 平面成立．

再设 c 为一正常数，$0<c\leqslant\frac{1}{2}$，
$$\eta=2\pi y,\qquad k=[y]\geqslant 2,\quad(7)$$

以及 $H=H(c)=H_1+H_2+H_3+H_4$ 是如下正向围道：

H_1： $u+iv$， $c\eta\leqslant u<+\infty$， $v=\eta(1+c)$，

H_2： 连结 $c\eta+i(1+c)\eta$ 和 $-c\eta+i(1-c)\eta$ 两点的直线，

H_3： $u+iv$， $u=-c\eta$， $-(2k+1)\pi\leqslant v\leqslant(1-c)\eta$，

H_4： $u+iv$， $-c\eta\leqslant u<+\infty$， $v=-(2k+1)\pi$，

而其中的 H_2，当它和圆 $|w-2k\pi i|=\pi/2$ 相交时，改为

$H_2^{(1)}$：由原直线段 H_2 上满足 $|w-2k\pi i|\geqslant\pi/2$ 的两直线段及圆 $|w-2k\pi i|=\pi/2$ 上的这样一段弧组成：它使得 $w=2k\pi i$ 在 H 的内部；

---

1) 那里的积分围道 C 是这里的围道 G 旋转 $-\pi$ 角而成．两者是同样的．

当它和圆 $|w-2(k+1)\pi i|=\pi/2$ 相交时，改为

$H_2^{(2)}$: 由原直线段 H_2 上满足 $|w-2(k+1)\pi i|\geqslant\pi/2$ 的两直线段及圆 $|w-2(k+1)\pi i|=\pi/2$ 上的这样一段弧组成：它使得 $w=2(k+1)\pi i$ 在 H 的外部.

在围道 G 和 H 所围成的区域中，函数(w 是变量)

$$\frac{e^{-(m+a)w}}{e^w-1}w^{s-1}$$

有极点

$$\pm 2j\pi i,\qquad 1\leqslant j\leqslant k,$$

它们都是一阶极点，留数为

$$e(\mp ja)(\pm 2j\pi i)^{s-1},\qquad 1\leqslant j\leqslant k.$$

由确定围道 G 的幅角的取法知，这里

$$i=e^{\frac{\pi}{2}i},\qquad\qquad -i=e^{\frac{3\pi}{2}i}. \tag{8}$$

利用留数定理，从式(6)推出：

$$\zeta(s,a)=\sum_{0\leqslant n\leqslant x-a}\frac{1}{(n+a)^s}+\frac{e^{-\pi is}\Gamma(1-s)}{2\pi i}\int_H\frac{e^{-(m+a)w}}{e^w-1}w^{s-1}dw$$

$$+(2\pi)^{s-1}\Gamma(1-s)\left\{e^{\frac{\pi i}{2}(1-s)}\sum_{1\leqslant v\leqslant y}\frac{e(-va)}{v^{1-s}}+e^{-\frac{\pi i}{2}(1-s)}\sum_{1\leqslant v\leqslant y}\frac{e(va)}{v^{1-s}}\right\}, \tag{9}$$

上式在全平面($s\neq 1$)上成立. 下面来估算右边的复积分. 以下假定 $s=\sigma+it$,

$$0\leqslant\sigma\leqslant 1, \tag{10}$$

以及在围道 H 上设 $w=u+iv=\rho e^{i\Phi}, 0<\varphi<2\pi$. 这时

$$|w^{s-1}|=\rho^{\sigma-1}e^{-t\varphi}. \tag{11}$$

在直线 H_4 上的积分的估计　当 $w\in H_4$ 时,

$$\varphi\geqslant\frac{5}{4}\pi,\ \rho\geqslant(2k+1)\pi\geqslant\frac{2k+1}{2k+2}\eta\geqslant\frac{5}{6}\eta,$$

这里用到了式(7)，以及 $|e^w-1|=|e^u+1|\geqslant 1$. 因此，当 $\sigma\leqslant 1$ 时

$$\int_{H_4}\frac{e^{-(m+a)w}}{e^w-1}w^{s-1}dw\ll\eta^{\sigma-1}e^{-\frac{5}{4}\pi t}\int_{-c\eta}^{\infty}e^{-(m+a)u}du$$

$$= \frac{\eta^{\sigma-1}}{(m+a)} e^{-\frac{5}{4}\pi t + c(m+a)\eta} \leqslant \frac{\eta^{\sigma-1}}{m+a} e^{-\frac{5}{4}\pi t + c x \eta}$$

$$\ll \eta^{\sigma-1} e^{-\left(\frac{5\pi}{4}-c\right)t}. \tag{12}$$

在直线 H_3 上的积分的估计　当 $w \in H_3$ 时,

$$\rho \geqslant c\eta, \quad \varphi \geqslant \frac{\pi}{2} + \operatorname{arctg}\frac{c}{1-c}.$$

由于

$$\operatorname{arctg}\alpha > \frac{\alpha}{1+\alpha}, \qquad \text{当 } \alpha > 0,$$

所以，有正数 $A_1 = A_1(c) > 0$, 使当 $w \in H_3$ 时有

$$\varphi \geqslant \frac{\pi}{2} + C + A_1(c), \qquad c > 0.$$

此外，当 $w \in H_3$ 时

$$|e^w - 1| \geqslant 1 - e^{-c\eta} \geqslant \min\left(\frac{1}{2}, \frac{1}{2}c\eta\right) \geqslant c, \quad 0 < c \leqslant \frac{1}{2}. \tag{13}$$

因此，当 $\sigma \leqslant 1$ 时有

$$\int_{H_3} \frac{e^{-(m+a)w}}{e^w - 1} w^{s-1} dw \ll \frac{1}{c} \eta^{\sigma} e^{-t\left(\frac{\pi}{2}+c+A_1\right)+c(m+a)\eta}$$

$$\ll \frac{1}{c} \eta^{\sigma} e^{-t\left(\frac{\pi}{2}+c+A_1\right)+ct^*} \ll \frac{1}{c} \eta^{\sigma} e^{-t\left(\frac{\pi}{2}+A_1\right)}. \tag{14}$$

在直线 H_1 上的积分的估计　当 $w \in H_1$ 时, $u \geqslant c\eta$, 故由式(13)知,

$$|e^w - 1| \geqslant e^u - 1 \geqslant e^u(1 - e^{-c\eta}) \geqslant ce^u, \qquad 0 < c \leqslant \frac{1}{2}.$$

注意到 $m + a + 1 > x = t^* \eta^{-1}$, 我们有: 当 $w \in H_1, \sigma \leqslant 1$ 时,

$$\left|\frac{e^{-(m+a)w}}{e^w - 1} w^{s-1}\right| \leqslant \frac{1}{c} (u^2 + (1+c)^2\eta^2)^{\frac{\sigma-1}{2}}$$

$$\exp\left(-t \operatorname{arctg}\frac{(1+c)\eta}{u} - ut^*\eta^{-1}\right)$$

$$\leqslant \frac{1}{c}(u^2+(1+c)^2\eta^2)^{\frac{\sigma-1}{2}}$$

$$\times \exp\left(-t\left(\operatorname{arctg}\frac{(1+c)\eta}{u}+\frac{u}{\eta}\right)\right).$$

由于(利用取主值时 $\operatorname{arctg} b \leqslant b, b \geqslant 0$)

$$\operatorname{arctg}\frac{(1+c)\eta}{u}+\frac{u}{\eta}=\frac{\pi}{2}-\operatorname{arctg}\frac{u}{(1+c)\eta}+\frac{u}{\eta}$$

$$\geqslant \frac{\pi}{2}-\frac{u}{(1+c)\eta}+\frac{u}{\eta}\geqslant \frac{\pi}{2}+\frac{c^2}{1+c},\quad u\geqslant c\eta,$$

所以，记 $A_2=A_2(c)=c^2/(1+c)$，当 $\sigma\leqslant 1$ 时有

$$\left|\int_{H_1}\frac{e^{-(m+a)w}}{e^w-1}w^{s-1}dw\right|\leqslant\left|\int_{c\eta\leqslant u\leqslant \pi\eta}\right|+\left|\int_{u\geqslant\pi\eta}\right| \tag{15}$$

$$\ll_c \eta^{\sigma-1}\int_{c\eta}^{\pi\eta}e^{-t\left(\frac{\pi}{2}+A_2\right)}du+\eta^{\sigma-1}\int_{\pi\eta}^{\infty}e^{-t^*u/\eta}du$$

$$\ll_c \eta^\sigma e^{-t\left(\frac{\pi}{2}+A_2\right)}+(t^*)^{-1}\eta^\sigma e^{-\pi t^*}$$

$$\ll_c \eta^\sigma e^{-t\left(\frac{\pi}{2}+A_2\right)}.$$

在直线 H_2(或 $H_2^{(1)}, H_2^{(2)}$)上的积分的估计　这是证明中最困难的一部分，也是误差项的主要部分. 现在取定[1)]

$$c=(2\sqrt{2})^{-1}. \tag{16}$$

我们要把 w^{s-1} 在点 $w=i\eta$ 展开. 当 w 在 H_2(或 $H_2^{(1)}, H_2^{(2)}$ 的直线部分)上时,

$$w=i\eta+\lambda e^{\frac{\pi i}{4}}=e^{\frac{\pi i}{2}}\eta\left(1+\frac{\lambda}{\eta}e^{-\frac{\pi i}{4}}\right),\ |\lambda|\leqslant\sqrt{2}\,c\eta=\eta/2,$$

所以(以下对数取主值)

1) 对这样取定的 c，直线 H_3 不会和圆 $|w-(2k+1)\pi i|\leqslant\pi/2$ 或 $|w-2k\pi i|\leqslant\pi/2$ 相交.

$$w^{s-1}=\exp((s-1)\log w)$$

$$=e^{\frac{\pi i}{2}(s-1)}\eta^{s-1}\exp\left\{(s-1)\log\left(1+\frac{\lambda}{\eta}e^{-\frac{\pi i}{4}}\right)\right\}. \tag{17}$$

设 L 是连结原点到 z 的直线，我们有

$$\log(1+z)=\int_L\frac{dw}{1+w}=\int_L(1-w)\,dw+\int_L\frac{w^2}{1+w}\,dw$$

$$=w-\frac{1}{2}w^2+\int_L\frac{w^2}{1+w}\,dw.$$

当 $z=|z|e^{-\frac{\pi i}{4}}$, $|z|\leqslant\sqrt{2}/2$ 时

$$\left|\int_L\frac{w^2}{1+w}\,dw\right|\leqslant\int_0^{|z|}\frac{r^2}{1-\sqrt{2}\,r+r^2}\,dr$$

$$\leqslant\int_0^{|z|}r^2(1+2r)\,dr=\frac{|z|^3}{3}+\frac{|z|^4}{2},$$

这里用到了

$$\frac{1}{1-\sqrt{2}\,r+r^2}\leqslant 1+2r,\qquad 0\leqslant r\leqslant\sqrt{2}/2.$$

所以，当 $|\lambda|\leqslant\frac{1}{2}\eta$ 时，

$$\log\left(1+\frac{\lambda}{\eta}e^{-\frac{\pi i}{4}}\right)=\frac{\lambda}{\eta}e^{-\frac{\pi i}{4}}-\frac{1}{2}\left(\frac{\lambda}{\eta}\right)^2e^{-\frac{\pi i}{2}}+R_1. \tag{18}$$

其中

$$|R_1|\leqslant\frac{1}{3}\left|\frac{\lambda}{\eta}\right|^3+\frac{1}{2}\left|\frac{\lambda}{\eta}\right|^4\leqslant\frac{7}{24}\left(\frac{\lambda}{\eta}\right)^2. \tag{19}$$

由式(17)，(18)及(19)就推出：当 $0\leqslant\sigma\leqslant 1$ 及 w 在 H_2(或 $H_2^{(1)}$, $H_2^{(2)}$ 的直线部分)上时，

$$|w^{s-1}|\ll\eta^{\sigma-1}e^{-\frac{1}{2}\pi t}\exp\left\{\frac{\sqrt{2}}{2}\frac{\lambda}{\eta}t-\frac{1}{2}\left(\frac{\lambda}{\eta}\right)^2t+\frac{7}{24}\left(\frac{\lambda}{\eta}\right)^2t\right\}$$

$$\ll \eta^{\sigma-1}e^{-\frac{1}{2}\pi t}\exp\left\{\frac{\sqrt{2}}{2}\ \frac{\lambda}{\eta}t^* - \frac{5}{24}\left(\frac{\lambda}{\eta}\right)^2 t^*\right\}$$

$$=\eta^{\sigma-1}e^{-\frac{1}{2}\pi t}\exp\left\{\frac{\sqrt{2}}{2}\lambda x - \frac{5}{24}\left(\frac{\lambda}{\eta}\right)^2 t^*\right\}. \qquad (20)$$

此外，当 w 在 H_2(或 $H_2^{(1)}, H_2^{(2)}$ 的直线部分)上时有

$$|e^{-(m+a)w}| = e^{-(m+a)\sqrt{2}\lambda/2} < \begin{cases} e^{-(x-1)\sqrt{2}\lambda/2}, & \lambda \geqslant 0, \\ e^{-x\sqrt{2}\lambda/2}, & \lambda < 0, \end{cases}$$

$$|e^w| = e^{\sqrt{2}\lambda/2},$$

以及

$$|1-e^{-w}| \ll 1; \quad \lambda \geqslant 0, \qquad |e^w - 1| \ll 1, \quad \lambda < 0.$$

因此，当 $0 \leqslant \sigma \leqslant 1$, w 在 H_2(或 $H_2^{(1)}, H_2^{(2)}$ 的直线部分)上时有

$$\frac{e^{-(m+a)w}}{e^w - 1} w^{s-1} \ll \eta^{\sigma-1}e^{-\frac{1}{2}\pi t}\exp\left(-\frac{5}{24}\left(\frac{\lambda}{\eta}\right)^2 t^*\right).$$

所以，当 $0 \leqslant \sigma \leqslant 1$ 时，

$$\int_{H_2} \frac{e^{-(m+a)w}}{e^w - 1} w^{s-1}dw \ll \eta^{\sigma-1}e^{-\frac{1}{2}\pi t}\int_{-\eta/2}^{\eta/2}\exp\left(-\frac{5}{24}\frac{\lambda^2}{\eta^2}t^*\right)d\lambda$$

$$\ll \eta^{\sigma}e^{-\frac{1}{2}\pi t}(t^*)^{-\frac{1}{2}}, \qquad (21)$$

以及

$$\int_{H_2^{(j)}\text{的直线部分}} \frac{e^{-(m+a)w}}{e^w - 1} w^{s-1}dw \ll \eta^{\sigma}e^{\frac{1}{2}\pi t}(t^*)^{-\frac{1}{2}}, j=1,2. \qquad (22)$$

最后，我们来估计可能出现的$H^{(j)}(j_2=1,2)$的圆弧部分上的积分. 下面讨论 $H_2^{(1)}$ 的情形，对 $H_2^{(2)}$ 的讨论是完全一样的. 当 w 在 $H_2^{(1)}$ 的圆弧部分上时，

$$w = 2k\pi i + \frac{\pi}{2}e^{i\theta} = 2k\pi e^{\frac{\pi i}{2}}\left(1 + \frac{1}{4k}e^{i\left(\theta - \frac{\pi}{2}\right)}\right),$$

$$\log w = \frac{\pi}{2} i + \log(2k\pi) + \frac{1}{4k} e^{i\left(\theta - \frac{\pi}{2}\right)} + O\left(\frac{1}{k^2}\right).$$

由于 $0 \leqslant \sigma \leqslant 1, x \leqslant y$, 所以

$$\frac{s}{k^2} \ll \frac{t^*}{y^2} \ll \frac{x}{y} \leqslant 1.$$

因此,

$$w^{s-1} = \exp\left\{-\frac{1}{2}\pi t + (s-1)\log(2k\pi) + \frac{t}{4k} e^{i\theta} + O(1)\right\}$$

$$\ll (2k\pi)^{\sigma-1} e^{-\frac{1}{2}\pi t}\left|\exp\left(\frac{t}{4k} e^{i\theta}\right)\right|.$$

此外，在这部分圆弧上

$$|e^{-(m+a)w}| = \left|\exp\left(-\frac{1}{2}\pi(m+a)e^{i\theta}\right)\right|.$$

由于 $x \leqslant y$, 所以

$$\begin{aligned}(m+a)\pi - \frac{t}{2k} &= (m+a)\pi - \frac{t^*}{2k} + O(1) \\ &= \frac{1}{2k}\{2(y+O(1))(x+O(1))\pi - t^*\} + O(1) \\ &= O(1).\end{aligned}$$

因而，当 $0 \leqslant \sigma \leqslant 1, x \leqslant y$ 时，在这部分圆弧上有

$$w^{s-1}e^{-(m+a)w} \ll e^{-\frac{\pi t}{2}}(2k\pi)^{\sigma-1} \ll e^{-\frac{\pi t}{2}}\eta^{\sigma-1}.$$

由此及 w 在这部分圆弧上有 $(e^w - 1)^{-1} \ll 1$, 就推出

$$\int_{H_2^{(1)}\text{的圆弧部分}} \frac{e^{-(m+a)w}}{e^w - 1} w^{s-1} dw \ll e^{-\frac{\pi t}{2}}\eta^{\sigma-1}. \tag{23}$$

同样可证

$$\int_{H_2^{(2)}\text{的圆弧部分}} \frac{e^{-(m+a)w}}{e^w - 1} w^{s-1} dw \ll e^{-\frac{\pi t}{2}}\eta^{\sigma-1}. \tag{24}$$

综合以上所得的估计(12), (14), (15), (21), (22), (23) 及(24), 从式(9) 就推出所要的结果. (注意到 $y \geqslant x$ 及 $t^* = 2\pi xy$).

利用Γ函数的估计式(3.3.22)，从定理1可推出

推论2 设ε为给定正常数，那末在定理1的条件下，当$|s-1|\geqslant\varepsilon$时，式(3)中的大$O$项

$$e^{\frac{\pi|t|}{2}}|\Gamma(1-s)|y^{\sigma-\frac{1}{2}}x^{-\frac{1}{2}}\ll_{\varepsilon}(t^*)^{\frac{1}{2}-\sigma}y^{\sigma-\frac{1}{2}}x^{-\frac{1}{2}}\ll x^{-\sigma}. \tag{25}$$

当$a=1$，即$\zeta(s,a)=\zeta(s)$时，可把限制$x\leqslant y$去掉．这就是下面的

推论3 设B_2,t^*同定理1，

$$2\pi xy=t^*,\qquad x\geqslant\sqrt{B_2/2\pi},\qquad y\geqslant\sqrt{B_2/2\pi}.$$

那末，当$0\leqslant\sigma\leqslant1,s\neq1$时一致地有

$$\zeta(s)=\sum_{n\leqslant x}\frac{1}{n^s}+A(s)\sum_{v\leqslant y}\frac{1}{v^{1-s}}+O(e^{\frac{\pi}{2}|t|}|\Gamma(1-s)|y^{\sigma-\frac{1}{2}}x^{-\frac{1}{2}})$$
$$+O\left(e^{\frac{\pi}{2}|t|}\left|\sec\frac{\pi s}{2}\right|y^{-\frac{1}{2}}x^{\frac{1}{2}-\sigma}\right). \tag{26}$$

此外，若还满足$|s-1|\geqslant\varepsilon>0$，则上式中的大$O$项

$$\ll_{\varepsilon}x^{-\sigma}+(t^*)^{\frac{1}{2}-\sigma}y^{\sigma-1}. \tag{27}$$

证：若$y\geqslant x$，则由式(3)及(7.1.23)推出式(26)(没有第二个大O项)成立．若$y<x$，则由此推出

$$\zeta(1-s)=\sum_{y\leqslant s}\frac{1}{n^{1-s}}+A(1-s)\sum_{v\leqslant x}\frac{1}{v^s}+O(e^{\frac{\pi}{2}|t|}|\Gamma(s)|x^{\frac{1}{2}-\sigma}y^{-\frac{1}{2}}),$$

上式两边乘以$A(s)$，由式(7.1.21)，(7.1.22)及(7.1.20)得

$$\zeta(s)=\sum_{v\leqslant x}\frac{1}{v^s}+A(s)\sum_{n\leqslant y}\frac{1}{n^{1-s}}+\left(e^{\frac{\pi}{2}|t|}\left|\sec\frac{\pi s}{2}\right|y^{-\frac{1}{2}}x^{\frac{1}{2}-\sigma}\right),$$

这就证明了式(26)成立．由式(26)，(25)及$t^*=2\pi xy$就推出式(27)．

附注1：本节的结果容易推广到$|\sigma|\leqslant k$的情形，k是任意给定的正数>1．当然，这时的O常数和k有关．

附注2：由定理1可推出相应于定理2.2的$L(s,\chi)$的渐近函数方程．

§4. $\zeta(s,a)$的渐近公式（三）

在定理3.1的证明中已经指出，式(3.3)中的误差项所以有这样大，是由在 H_2(或$H_2^{(1)},H_2^{(2)}$)上的积分引起的．如果对这一积分作精确的计算，就可得到比式(3.3)更好的渐近公式[1].为了简单起见，这里仅讨论 $\sigma=\frac{1}{2}$ 并取 $x=y$ 的情形.

定理1 设B_3是一个充分大的正常数，$s=\frac{1}{2}+it$，以及

$$t^*=\max(B_3,|t|),\quad t^*=2\pi x^2.$$

那末，我们有

$$\zeta\left(\frac{1}{2}+it,a\right)=\sum_{0\leqslant n\leqslant x-a}\frac{1}{(n+a)^s}+(2\pi)^{s-1}\Gamma(1-s)$$

$$\cdot\left\{e^{\frac{\pi i}{2}(1-s)}\sum_{1\leqslant\nu\leqslant x}\frac{e(-\nu a)}{\nu^{1-s}}+e^{-\frac{\pi i}{2}(1-s)}\sum_{1\leqslant\nu\leqslant x}\frac{e(\nu a)}{\nu^{1-s}}\right\}$$

$$+e^{if(t,a)}g(2x-2q+b-a)\left(\frac{2\pi}{t^*}\right)^{\frac{1}{4}}+O\left((t^*)^{-\frac{3}{4}}\right),\qquad(1)$$

其中

$$g(c)=\cos\left(\pi\left(\frac{1}{2}c^2-c-\frac{1}{8}\right)\right)(\cos\pi c)^{-1},\qquad(2)$$

$$q=[x],\qquad m=[x-a],\qquad b=q-m,\qquad(3)$$

$$f(t,a)=\frac{t}{2}\log\frac{2\pi}{|t|}+\frac{t}{2}-\frac{7\pi}{8}-\pi q^2+2\pi x(b-a)$$

$$+\frac{\pi}{2}(b-a)^2.\qquad(4)$$

先来证明几个引理.

---

1) 参看[32，§4．16]，及 *J. London Math. Soc.* (2), **21** (1980), 203－215.

引理 2 设$s=\sigma+it$，t^*同定理 1，以及

$$h(z)=\exp\left\{(s-1)\log\left(1+\frac{z}{\sqrt{t^*}}\right)-iz\sqrt{t^*}+\frac{i}{2}z^2\right\}. \quad (5)$$

那末，$h(z)$在$|z|<\sqrt{t^*}$内解析，其幂级数展开式(7)的系数满足估计式(8)，以及

$$h(z)\ll\exp\left\{\frac{5}{6}|z|^3(t^*)^{-\frac{1}{2}}\right\}, \quad |z|\leqslant\frac{3}{5}\sqrt{t^*}. \quad (6)$$

证：$h(z)$在$|z|<\sqrt{t^*}$内解析是显然的. 设

$$h(z)=\sum_{n=0}^{\infty}a_nz^n, \quad |z|<\sqrt{t^*}. \quad (7)$$

由式(5)可得

$$\frac{dh}{dz}=\frac{(\sigma-1)+i(t-t^*)+iz^2}{z+\sqrt{t^*}}h(z).$$

由此及$dh/dz=\sum_{n=1}^{\infty}na_nz^{n-1}$得到

$$(z+\sqrt{t^*})\sum_{n=1}^{\infty}na_nz^{n-1}=(\sigma-1+i(t-t^*)+iz^2)\sum_{n=0}^{\infty}a_nz^n.$$

比较两边系数就得到a_n的递推公式：

$$a_0=1, \quad \sqrt{t^*}a_1=(\sigma-1+i(t-t^*))$$

$$2\sqrt{t^*}a_2=(\sigma-2+i(t-t^*))a_1$$

$$(n+1)\sqrt{t^*}a_{n+1}=(\sigma-n-1+i(t-t^*))a_n+ia_{n-2}, \quad n\geqslant 2.$$

我们来证明

$$a_n\ll(t^*)^{-n/2+[n/3]}, \qquad n=0,1,2,\cdots, \quad (8)$$

其中$\ll$常数和σ，n有关. 当$n=0,1,2$时估计式显然成立. 假设估计式(8)对$\leqslant n(n\geqslant 2)$都成立. 由此及递推公式即得

$$a_{n+1}\ll(t^*)^{-\frac{1}{2}}\{(t^*)^{-\frac{1}{2}n+[\frac{1}{3}n]}+(t^*)^{-\frac{1}{2}(n-2)+[\frac{1}{3}(n-2)]}\}$$

$$=(t^*)^{-\frac{1}{2}(n+1)+[\frac{1}{3}n]}+(t^*)^{-\frac{1}{2}(n+1)+[\frac{1}{3}(n+1)]}$$

$$\ll (t^*)^{-\frac{1}{2}(n+1)+[\frac{1}{3}(n+1)]}.$$

故由归纳法就证明了估计式(8).

当$|z|\leqslant \frac{3}{5}\sqrt{t^*}$时,

$$\log h(z)=(s-1)\sum_{n=1}^{\infty}\frac{(-1)^{n-1}}{n}\left(\frac{z}{\sqrt{t^*}}\right)^n - iz\sqrt{t^*}+\frac{i}{2}z^2$$

$$=(\sigma-1)\sum_{n=1}^{\infty}\frac{(-1)^{n-1}}{n}\left(\frac{z}{\sqrt{t^*}}\right)^n+i\left\{\frac{z}{\sqrt{t^*}}(t-t^*)\right.$$

$$\left.-\frac{z^2}{2t^*}(t-t^*)+\frac{tz^2}{t^*}\sum_{n=1}^{\infty}\frac{(-1)^{n+1}}{n+2}\left(\frac{z}{\sqrt{t^*}}\right)^n\right\},$$

进而有

$$|\log h(z)|\leqslant O(1)+\frac{1}{3}\frac{|z|^3}{\sqrt{t^*}}\sum_{n=0}^{\infty}\left(\frac{3}{5}\right)^n=O(1)+\frac{5}{6}\frac{|z|^3}{\sqrt{t^*}}.$$

这就证明了式(6).

设N为正整数,

$$h(z)=\sum_{n=0}^{N-1}a_n z^n+r_N(z). \tag{9}$$

下面来估计$r_N(z)$.

引理3 设$|z|\leqslant \frac{4}{7}\sqrt{t^*}$, $A_1=\frac{20}{21}\left(\frac{2}{5}\right)^{\frac{1}{3}}$. 那末, 当[1)]

$$N\leqslant \frac{27}{50}t^*, \tag{10}$$

$$|z|\leqslant A_1(N\sqrt{t^*})^{\frac{1}{3}} \tag{11}$$

1) 只要B_1充分大, N就可取足够大的整数。

时,

$$r_N(z) \ll |z|^N \left(\frac{2N\sqrt{t*}}{5e} \right)^{-\frac{1}{3}N} \tag{12}$$

证: 设 $|z| < \rho < \sqrt{t*}$,Γ 是以原点为心半径为 ρ 的圆. 由于对任意正整数 N 有

$$\frac{z^N}{w^N(w-z)} = \frac{1}{w-z} - \frac{1}{w} - \frac{z}{w^2} - \cdots - \frac{z^{N-1}}{w^N},$$

所以利用复变函数的 Cauchy 公式知

$$r_N(z) = \frac{z^N}{2\pi i} \int_\Gamma \frac{h(w)}{w^N(w-z)}\, dw. \tag{13}$$

这样，当

$$\frac{21}{20}|z| \leqslant \rho \leqslant \frac{3}{5}\sqrt{t*} \tag{14}$$

时，由式(13)及引理 2 推得

$$r_N(z) \ll |z|^N \rho^{-N} \exp\left\{ \frac{5}{6} \frac{\rho^3}{\sqrt{t*}} \right\}. \tag{15}$$

容易验证，函数

$$f(y) = y^{-N} \exp\left\{ \frac{5}{6} \frac{y^3}{\sqrt{t*}} \right\}$$

当 $y = (2N\sqrt{t*}/5)^{1/3}$ 时取极小值 $(2N\sqrt{t*}/5e)^{-N/3}$. 如果 ρ 可取 $(2N\sqrt{t*}/5)^{1/3}$, 那末，由此及式(15)就推出引理的结论; 而由式(14)知这只要条件

$$\frac{21}{20}|z| \leqslant \left(\frac{2}{5} N\sqrt{t*} \right)^{\frac{1}{3}} \leqslant \frac{3}{5}\sqrt{t*} \tag{16}$$

满足即可，而条件(16)就是引理的条件(11). 证毕.

容易看出，取 $\rho = 21|z|/20$, 由式(15)就推出

$$r_N(z) \ll \left(\frac{20}{21} \right)^N \exp\left\{ \frac{7}{8} \left(\frac{21}{20} \right)^2 \frac{|z|^3}{\sqrt{t*}} \right\}, |z| \leqslant \frac{4}{7}\sqrt{t*}; \tag{17}$$

特别地有

$$r_N(z) \ll \exp\left(\frac{14}{29}|z|^2\right), \quad |z| \leqslant \frac{1}{2}\sqrt{t^*}. \tag{18}$$

定理 1 的证明：显然可假定 $t \geqslant 0$，从定理 3.1 中对各个积分的估计可以看出，为了证明式(1)，只要精确的计算积分

$$I_2 = \int_{H_2} \frac{e^{-(m+a)w}}{e^w - 1} w^{s-1} dw, \tag{19}$$

这里为简单起见，把积分线路为 $H_2^{(1)}, H_2^{(2)}$ 的情形也写为H_2. 注意到现在有 $\eta = 2\pi y = 2\pi x$，由式(3.17)得到

$$w^{s-1} = (e^{\frac{\pi i}{2}}\eta)^{s-1}\exp\left\{\frac{\eta}{2\pi}(w - i\eta) + \frac{i}{4\pi}(w - i\eta)^2\right\}h\left(\frac{w - i\eta}{i\sqrt{2\pi}}\right). \tag{20}$$

设N为待定正整数，由上式及式(9)得到

$$\begin{aligned} I_2 = & \int_{H_2} \frac{(e^{\frac{\pi i}{2}}\eta)^{s-1}}{e^w - 1} \exp\left\{\frac{\eta}{2\pi}(w - i\eta) + \frac{i}{4\pi}(w - i\eta)^2 \right. \\ & \left. -(m+a)w\right\}\sum_{n=0}^{N-1} a_n\left(\frac{w - i\eta}{i\sqrt{2\pi}}\right)^n dw + \int_{H_2}\frac{(e^{\frac{\pi i}{2}}\eta)^{s-1}}{e^w - 1} \\ & \cdot \exp\left\{\frac{\eta}{2\pi}(w - i\eta) + \frac{i}{4\pi}(w - i\eta)^2 - (m+a)w\right\} \\ & \cdot r_N\left(\frac{w - i\eta}{i\sqrt{2\pi}}\right)dw \\ = & I_{21} + I_{22}. \end{aligned} \tag{21}$$

这里 I_{21} 是主项，要把它计算出来，我们先来估计 I_{22}. 仍取 $c = (2\sqrt{2})^{-1}$，并把 I_{22} 分为两部分

$$I_{22} = \int_{H_2\text{ 的直线部分}} + \int_{H_2\text{ 的圆弧部分}} = I_{221} + I_{222}, \tag{22}$$

在 H_2 的直线部分上表

$$w=i\eta+\lambda e^{\frac{i\pi}{4}}, \qquad |\lambda|\leqslant \frac{\eta}{2}, \tag{23}$$

所以

$$\left|\frac{w-i\eta}{i\sqrt{2\pi}}\right|\leqslant \frac{|\lambda|}{\sqrt{2\pi}}\leqslant \frac{1}{2}\sqrt{t^*}. \tag{24}$$

在 H_2 的圆弧部分上表

$$w=2q\pi i+\frac{\pi}{2}e^{i\theta}\text{或}2(q+1)\pi i+\frac{\pi}{2}e^{i\theta}, \tag{25}$$

所以

$$\left|\frac{w-i\eta}{i\sqrt{2\pi}}\right|\leqslant\left|\frac{2q\pi-\eta}{\sqrt{2\pi}}\right|+\frac{\sqrt{\pi}}{2\sqrt{2}}\leqslant\sqrt{2\pi}+\frac{\pi}{2\sqrt{2}}=\frac{5}{4}\sqrt{2\pi}, \tag{26}$$

或

$$\left|\frac{w-i\eta}{i\sqrt{2\pi}}\right|\leqslant\left|\frac{2(q+1)\pi-\eta}{\sqrt{2\pi}}\right|+\frac{\sqrt{\pi}}{2\sqrt{2}}\leqslant\frac{5}{4}\sqrt{2\pi}. \tag{26'}$$

在 H_2 的直线部分上，由式(23)得

$$\begin{aligned}&\frac{\eta}{2\pi}(w-i\eta)+\frac{i}{4\pi}(w-i\eta)^2-(m+a)w\\&=-(m+a)i\eta-\frac{\lambda^2}{4\pi}+\lambda(x-m-a)e^{\frac{\pi i}{4}}.\end{aligned} \tag{27}$$

因而

$$\begin{aligned}&\left|\frac{1}{e^w-1}\exp\left\{\frac{\eta}{2\pi}(w-i\eta)+\frac{i}{4\pi}(w-i\eta)^2-(m+a)w\right\}\right|\\&\leqslant\begin{cases}|1-e^{-w}|^{-1}\exp\left\{-\dfrac{\lambda^2}{4\pi}+\dfrac{\sqrt{2}}{2}\lambda(x-1-m-a)\right\}\ll e^{-\lambda^2/(4\pi)}\\ \qquad\qquad\lambda\geqslant 0,\\ |e^w-1|\exp\left\{-\dfrac{\lambda^2}{4\pi}+\dfrac{\sqrt{2}}{2}\lambda(x-m-a)\right\}\ll e^{-\lambda^2/(4\pi)}\\ \qquad\qquad\lambda<0.\end{cases}\end{aligned} \tag{28}$$

在 H_2 的圆弧部分上，由式(25)得(这里仅讨论第一种情形，另一完全相同)：

$$\begin{aligned}&\frac{\eta}{2\pi}(w-i\eta)+\frac{i}{4\pi}(w-i\eta)^2-(m+a)w\\&=\frac{i\eta}{2\pi}(2q\pi-\eta)-i2q\pi(m+a)+O(1),\end{aligned}\tag{29}$$

因而

$$\frac{1}{e^w-1}\exp\left\{\frac{\eta}{2\pi}(w-i\eta)+\frac{i}{4\pi}(w-i\eta)^2-(m+a)w\right\}\ll 1.\tag{30}$$

由式(28)，(18)，及引理 3 知，当 $N\leqslant 27t^*/50$ 时，

$$\begin{aligned}I_{221}&\ll\eta^{\sigma-1}e^{-\frac{\pi t}{2}}\int_{-\eta/2}^{\eta/2}e^{-\lambda^2/(4\pi)}\left|r_N\left(\frac{\lambda e^{\frac{\pi i}{4}}}{i\sqrt{2\pi}}\right)\right|d\lambda\\&\ll\eta^{\sigma-1}e^{-\frac{\pi t}{2}}\left\{\int_0^{\sqrt{2\pi}A_1(N\sqrt{t^*})^{1/3}}e^{-\lambda^2/(4\pi)}\left(\frac{\lambda}{\sqrt{2\pi}}\right)^N\right.\\&\quad\cdot\left.\left(\frac{2N\sqrt{t^*}}{5e}\right)^{-N/3}d\lambda+\int_{\sqrt{2\pi}A_1(N\sqrt{t^*})^{1/3}}^{\eta/2}e^{-\lambda^2/400}d\lambda\right\}\\&\leqslant\eta^{\sigma-1}e^{-\frac{\pi t}{2}}\left\{2^{N/2}\left(\frac{2N\sqrt{t^*}}{5e}\right)^{-\frac{N}{3}}\Gamma\left(\frac{N}{2}+\frac{1}{2}\right)\right.\\&\quad\left.+e^{-A_2(N\sqrt{t^*})^{2/3}}\right\},\end{aligned}\tag{31}$$

其中 A_2 为某一正常数. 利用 Stirling 公式(定理 3.3.2，取 $m=1$)得到

$$I_{221}\ll\eta^{\sigma-1}e^{-\frac{\pi t}{2}}\left\{\left(\frac{A_3t^*}{N}\right)^{-N/6}+e^{-A_2(N\sqrt{t^*})^{2/3}}\right\},\tag{32}$$

其中 A_3 为某一正常数．因而，一定存在充分小的正数 $A_4\leqslant 27/50$，使当

$$N \leqslant A_4 t^{*}\text{[1]} \tag{33}$$

时有

$$I_{221} \ll \eta^{\sigma-1} e^{-\frac{\pi t}{2}} \left(\frac{A_3 t^*}{N} \right)^{-\frac{N}{6}}. \tag{34}$$

由式(26)，(30)及引理3知，当取 B_3 充分大时，在条件(10)下，必有

$$\begin{aligned} I_{222} &\ll \eta^{\sigma-1} e^{-\frac{\pi t}{2}} \left(\frac{5}{4}\sqrt{2\pi} \right)^{N} \left(\frac{2N\sqrt{t^*}}{5e} \right)^{-N/3} \\ &\ll \eta^{\sigma-1} e^{-\frac{\pi t}{2}} (A_5 N^2 t^*)^{-\frac{N}{6}}, \end{aligned} \tag{35}$$

因此，当条件(33)成立时，由以上两式及式(22)推出

$$I_{22} \ll \eta^{\sigma-1} e^{-\frac{\pi t}{2}} \left(\frac{A_6 t^*}{N} \right)^{-N/6}, \tag{36}$$

其中 A_6 为某一正常数.

下面来计算 I_{21}. 由留数定理知积分线路 H_2 可用这样的积分线路 H_2' 来代替：(1) $x \neq$ 整数，即 $e^{i\eta} \neq 1$ 时，H_2' 总取为连结 $c\eta + i(1+c)\eta$ 和 $-c\eta + i(1-c)\eta$ 的直线段即原来的 H_2（不是 $H_2^{(1)}$ 或 $H_2^{(2)}$）；(2) $x=$ 整数，即 $e^{i\eta}=1$ 时，H_2' 取为原来的 $H_2^{(1)}$. 再以 H_2'' 表 H_2' 两端向无穷延伸所成的积分线路. 为计算 I_{21} 就要计算

$$\begin{aligned} I_{21n} &= \int_{H_2'} \frac{(e^{\frac{\pi i}{2}}\eta)^{s-1}}{e^w - 1} \exp\left\{ \frac{\eta}{2\pi}(w - i\eta) + \frac{i}{4\pi}(w - i\eta)^2 \right. \\ &\qquad \left. -(m+a)w \right\} \left(\frac{w - i\eta}{i\sqrt{2}\pi} \right)^n dw \\ &= \int_{H_2''} - \int_{H_2'' - H_2'} = I_{21n}^{(1)} - I_{21n}^{(2)}, \qquad 0 \leqslant n \leqslant N-1. \end{aligned} \tag{37}$$

我们有

---

1) 不管 A_4 如何小，只要 B_3 充分大，总可使 N 取适当大的正整数。

$$I_{21n}^{(2)} \ll \eta^{\sigma-1} e^{-\frac{\pi t}{2}} \int_{\eta/2}^{\infty} \frac{\left(\frac{\lambda}{\sqrt{2\pi}}\right)^n}{e^{\lambda/\sqrt{2}}-1} \exp\left\{\frac{\eta\lambda}{2\sqrt{2}\ \pi} - \frac{\lambda^2}{4\pi} - \frac{\lambda}{\sqrt{2}}(m+a)\right\} d\lambda$$

$$+ \eta^{\sigma-1} e^{-\frac{\pi t}{2}} \int_{-\infty}^{-\eta/2} \frac{\left(\frac{-\lambda}{\sqrt{2\pi}}\right)^n}{1-e^{\lambda/\sqrt{2}}} \exp\left\{\frac{\eta\lambda}{2\sqrt{2}\ \pi} - \frac{\lambda^2}{4\pi} - \frac{\lambda}{\sqrt{2}}(m+a)\right\} d\lambda . \qquad (38)$$

由于$m+a+1 \geqslant x = \eta/2\pi, \eta = \sqrt{2\pi t^*}$, 所以当 B_3 足够大时，上式右边第一个积分

$$\ll \eta^{\sigma-1} e^{-\frac{\pi t}{2}} \int_{\eta/2}^{\infty} \left(\frac{\lambda}{\sqrt{2\pi}}\right)^n e^{-\lambda^2/(4\pi)} d\lambda .$$

容易验证，当 $\lambda > 2\sqrt{n\pi}$ 时，$\left(\frac{\lambda}{\sqrt{2\pi}}\right)^n e^{-\lambda^2/(4\pi)}$是递减的．显然，只要取式(33)中的 $A_4 \leqslant 1/8$, 条件 $\eta/2 > 2\sqrt{n\pi}$ $(0 \leqslant n \leqslant N-1)$一定满足，所以式(38)右边第一个积分

$$\ll \eta^{\sigma-1} e^{-\frac{\pi t}{2}} e^{-t^*/(16\pi)} \left(\frac{\sqrt{t^*}}{2}\right)^n, \qquad 0 \leqslant n \leqslant N-1.$$

类似地，对式(38)右边第二个积分可得到同样的估计，所以

$$I_{21n}^{(2)} \ll \eta^{\sigma-1} e^{-\frac{\pi t}{2}} e^{-t^*/(16\pi)} \left(\frac{\sqrt{t^*}}{2}\right)^n, \quad 0 \leqslant n \leqslant N-1. \qquad (39)$$

由引理 3 知

$$a_n = r_n(1) - r_{n+1}(1) \ll \left(\frac{2n\sqrt{t^*}}{5e}\right)^{-\frac{n}{3}}, \quad 0 < n < N. \qquad (40)$$

故由式(38)，(39)及(40)推得

$$I_{21}^{(2)}=\sum_{n=0}^{N-1}a_n I_{21n}^{(2)}\ll\eta^{\sigma-1}e^{-\frac{\pi t^*}{2}-\frac{t^*}{16\pi}}\left(1+\sum_{n=1}^{N-1}\left(\frac{5et^*}{16n}\right)^{\frac{n}{3}}\right). \tag{41}$$

容易验证$(t^*/n)^{n/3}$当$n\leqslant t^*/e$时是递增的．由于$A_4\leqslant 1/8$,所以$N\leqslant t^*/8$,因而$N\leqslant t^*/8$当然满足．所以

$$1+\sum_{n=1}^{N-1}\left(\frac{5et^*}{16n}\right)^{\frac{n}{3}}\ll A_4t^*\left(\frac{5e}{16}\right)^{A_4t^*/3}\left(\frac{1}{A_4}\right)^{A_4t^*/3}$$

$$\ll\exp\left\{\frac{1}{3}\left(A_4\log\frac{1}{A_4}\right)t^*\right\}. \tag{42}$$

所以只要

$$A_4\leqslant e^{-5}\ , \tag{43}$$

从式(41)和(42)就得到

$$I_{21}^{(2)}\ll\eta^{\sigma-1}e^{-\frac{\pi t^*}{2}-\frac{t^*}{48\pi}}. \tag{44}$$

因此当条件(33)，(43)成立时．

$$I_{21}=\sum_{n=0}^{N-1}a_nI_{21n}^{(1)}+O(\eta^{\sigma-1}e^{-\frac{\pi t^*}{2}-\frac{t^*}{48\pi}})\ . \tag{45}$$

设L是由H_2''往下沿虚轴平移$2q\pi$所成的积分线路，且方向和H_2''相反．这样，

$$I_{21n}^{(1)}=\frac{-(e^{\frac{\pi i}{2}}\eta)^{s-1}}{(i\sqrt{2\pi})^n}\int_L\exp\left\{\frac{i}{4\pi}(w+2q\pi i-i\eta)^2\right.$$
$$\left.+\frac{\eta}{2\pi}(w+2q\pi i-i\eta)-(m+a)(w+2q\pi i)\right\}$$
$$\cdot\frac{(w+2q\pi i-i\eta)^n}{e^w-1}dw$$
$$=\frac{-(e^{\frac{\pi i}{2}}\eta)^{s-1}}{(i\sqrt{2\pi})^n}J_{21n}^{(1)}\ . \tag{46}$$

现考虑含参数ξ的积分

$$J(\xi)=\int_L \exp\left\{\frac{i}{4\pi}(w+2q\pi i-i\eta)^2+\frac{\eta}{2\pi}(w+2q\pi i-i\eta)\right.$$
$$\left.-(m+a)(w+2q\pi i)+\xi(w+2q\pi i-i\eta)\right\}\frac{dw}{e^w-1}. \quad (47)$$

显然，$J_{21n}^{(1)}$就是$J(\xi)$的幂级数展式中ξ^n的系数乘以$n!$. 下面来计算$J(\xi)$. 提出常数因子，经整理后得到

$$J(\xi)=\exp\left\{i(2q\pi-\eta)\left(\frac{3\eta}{4\pi}-\frac{q}{2}+\xi\right)-i2q\pi(m+a)\right\}$$
$$\cdot\int_L \exp\left\{\frac{i}{4\pi}w^2+w\left(\frac{\eta}{\pi}-(q+m+a)+\xi\right)\right\}$$
$$\cdot\frac{dw}{e^w-1}. \quad (48)$$

由习题 7.36, 或 [32, §2.10] 知：对任意实数c,

$$\int_L \frac{\exp\left(\frac{i}{4\pi}w^2+cw\right)}{e^w-1}dw=2\pi\exp\left\{i\pi\left(\frac{c^2}{2}-\frac{5}{8}\right)\right\}g(c). \quad (49)$$

因而

$$J(\xi)=2\pi Gg(2x-2q+b-a+\xi)\exp\left\{\frac{\pi i}{2}\xi^2+\pi i\xi(b-a)\right\}, \quad (50)$$

其中

$$G=\exp\left\{-\frac{it^*}{2}-\frac{i5\pi}{8}+i2\pi x(b-a)+i\frac{\pi}{2}(b-a)^2-i\pi q^2\right\}. \quad (51)$$

容易算出$J(\xi)$的幂级数展式中ξ^n的系数为

$$2\pi G\sum_{\lambda}\sum_{\mu}\sum_{\substack{\nu\\ \lambda+2\mu+\nu=n}}(\lambda!\,2^\mu\mu!\,\nu!)^{-1}g^{(\lambda)}(2x-2q+b-a)$$
$$\cdot(\pi i)^{\mu+\nu}(g-m-a)^\nu. \quad (52)$$

现取$N=3$. 显然这些系数($0\leqslant n\leqslant 2$)是有界的，而当$n=1,2$时，由式(8)知$a_n\ll (t^*)^{-n/2}$, $n=1,2$. 故由式(19)，(21)，(36)，(45)，(46)及(52)得到：

$$I_2=-2\pi G(e^{\frac{\pi i}{2}}\eta)^{s-1}\{g(2x-2q+b-a)+O((t^*)^{-\frac{1}{2}})\}. \tag{53}$$

当$\sigma=\dfrac{1}{2}$时，由此及式(3.3.17)得

$$\frac{e^{-\pi is}\Gamma(1-s)}{2\pi i}I_2=e^{if(t,a)}g(2x-2q+b-a)\left(\frac{2\pi}{t^*}\right)^{\frac{1}{4}}+O((t^*)^{-\frac{3}{4}}). \tag{54}$$

由此及式(3.9)，(3.12)，(3.14)，(3.15)就证明了定理.

§5. 另一种类型的渐近公式

为了证明前几节中的渐近公式，需要用到较复杂的指数和估计方法(见第二十一章)，或较复杂的复变函数论方法，这些结果在证明$\zeta(s)$或$L(s,\chi)$的积分均值定理(渐近公式，见第二十五章)时是有用的. 但是，在有些问题中仅需要它们的积分均值的上界估计，为了证明这种上界估计仅要用到证明很简单的另一种类型的渐近公式. 这种渐近公式之一是由Ramachandra[1)]给出的，它适用于相当广泛的一类具有某种形式的函数方程的函数，实际上是Mellin变换的一个简单应用.

定理1 设整参数$k\geqslant 1$, $F(s,k)$, $G(s,k)$当$k>1$时是s的全纯函数，当$k=1$时它们均为至多在$s=1$有一个极点的半纯函数. 再设在任一垂直长条$\sigma_1\leqslant\sigma\leqslant\sigma_2$中，当$|s|\to\infty$时一致地满足

$$F(s,k)\ll (k|s|)^{c_1}, \tag{1}$$

其中c_1及$\ll$常数仅和σ_1,σ_2有关；以及

$$F(s,k)=\sum_{n=1}^{\infty}a(n,k)n^{-s},\qquad \sigma>1, \tag{2}$$

1) Ann. Scuola Norm. Sup. Pisa Cl. Sci., 4(1974), 81–97.

$$G(s,k)=\sum_{n=1}^{\infty} b(n,k)n^{-s}, \qquad \sigma>1,\text{ 及 } b(n,k)\ll n^{\varepsilon}, \tag{3}$$

其中 ε 为一任意小正数，以及 $\ll$ 常数和 k 无关. 如果函数

$$\psi(s,k)=F(s,k)/G(1-s,k)$$

当 $|\sigma|\leqslant 49/50$ 时解析，且一致地有

$$\psi(s,k)\ll(k(|s|+2))^{c_2}, \quad |\sigma|\leqslant 49/50, \tag{4}$$

其中 c_2 为一常数，$\ll$ 常数和 k 无关，那末，当 $|\sigma-1/2|\leqslant 0.01$，$|t|\geqslant T\geqslant 2$[1]，及 $2\leqslant x\leqslant(kT)^A$（$A$ 为任意正数）时有

$$\begin{aligned} F(s,k)=&\sum_{n=1}^{\infty} a(n,k)n^{-s}e^{-n/x}+\psi(s,k)\sum_{n\leqslant x} b(n,k)n^{s-1} \\ &-\frac{1}{2\pi i}\int_{(-3/4)}\psi(s+w,k)\Big(\sum_{n>x} b(n,k)n^{w+s-1}\Big)\Gamma(w)x^w dw \\ &-\frac{1}{2\pi i}\int_{(1/4)}\psi(s+w,k)\left(\sum_{n\leqslant x} b(n,k)n^{w+s-1}\right)\Gamma(w)x^w dw \\ &+O(E_1T^{-10}), \end{aligned} \tag{5}$$

这里 O 常数和 k 无关，及

$$E_1=\begin{cases}1, & s=1\text{ 是 }F(s,1)\text{的极点}, \\ 0, & s=1\text{ 不是 }F(s,1)\text{ 的极点，或 }k>1.\end{cases}$$

证：由定理 6.5.4 知，当 $|\sigma-1/2|\leqslant 0.01$ 时有

$$\sum_{n=1}^{\infty} a(n,k)n^{-s}e^{-n/x}=\frac{1}{2\pi i}\int_{(2)}F(s+w,k)\Gamma(w)x^w dw=I \tag{6}$$

另一方面，由式(3.3.22)及条件(1)知，上式中的积分直线可移到 $\mathrm{Re}\,w=-3/4$，得到

1）由证明可看出，当不存在极点时，可改为 $|t|\geqslant 0$.

$$I=\frac{1}{2\pi i}\int_{(-3/4)}F(s+w,k)\Gamma(w)x^{w}dw+F(s,k)+O(E_1T^{-10}),\tag{7}$$

其中$F(s,k)$是极点 $w=0$ 处的留数，而大O项是由$F(s+w,1)$所可能有的极点 $w=1-s$ 处的留数所产生的，这一估计是由式(3.3.22)，条件$|t|\geqslant T$，及条件(1)（注意$F(s,1)$的各阶导数也满足条件(1)）所得到的.

当$|\sigma-1/2|\leqslant 0.01$，$\mathrm{Re}\,w=-3/4$时，

$$-0.26\leqslant \mathrm{Re}\,(s+w)\leqslant -0.24,$$

$$\mathrm{Re}(1-s-w)\geqslant 31/25>1,$$

故有

$$\begin{aligned}F(s+w,k)&=\psi(s+w,k)G(1-s-w,k)\\&=\psi(s+w,k)\sum_{n\leqslant x}b(n,k)n^{w+s-1}\\&\quad+\psi(s+w,k)\sum_{n>x}b(n,k)n^{w+s-1}.\end{aligned}\tag{8}$$

由式(7)和(8)即得

$$\begin{aligned}I=F(s,k)&+\frac{1}{2\pi i}\int_{(-3/4)}\psi(s+w,k)\left(\sum_{n\leqslant x}b(n,k)n^{w+s-1}\right)\Gamma(w)x^{w}dw\\&+\frac{1}{2\pi i}\int_{(-3/4)}\psi(s+w,k)\left(\sum_{n<x}b(n,k)n^{w+s-1}\right)\Gamma(w)x^{w}dw\\&+O(E_1T^{-10}).\end{aligned}\tag{9}$$

由条件(4)及式(3.3.22)知，上式右边的第一个积分线路可移至$\mathrm{Re}w=\frac{1}{4}$，移过唯一一个一阶极点$w=0$，留数为$\psi(s)\sum_{n\leqslant x}b(n,k)n^{s-1}$，由此及式(9)和式(6)就证明了所要的结果.

应该指出的是这里之所以仅在 $|\sigma-1/2|\leqslant 0.01$ 的范围内讨论，是因为以后仅需要讨论在直线 $\frac{1}{2}+it$ 上的积分均值. 只要条件作相应的改变，我们可以得到更一般的结论. 当 $\chi \bmod k$ 为原特征时，$L^m(s,\chi)$ ($k=1$, 即 $\zeta^m(s)$) 就满足定理的条件，我们就得到了 $L^m(s,\chi)$ 的渐近公式.

习　　题

1. 设 w 是复参数，$|\arg w|<\pi/2$. 证明:

$$\Gamma(s/2)\zeta(s)=\sum_{n=1}^{\infty}n^{-s}\Gamma(s/2,\pi wn^2)+\pi^{s-1/2}\sum_{n=1}^{\infty}n^{s-1}\Gamma((1-s)/2,\pi w^{-1}n^2)$$
$$-\pi^{1/2}(1-s)^{-1}(\pi w)^{(s-1)/2}-s^{-1}(\pi w)^{s/2},$$

其中不完全 Γ 函数: $|\arg\tau|<\pi/2$,

$$\Gamma(z,\tau)=\int_{\tau}^{\infty}e^{-\eta}\eta^{z-1}d\eta,$$

积分线路是: $\arg\eta=\arg\tau$, $|\tau|\leqslant|\eta|<+\infty$. (考虑函数 $f(z)=\pi^{-z/2}w^{1/2-z}\cdot(s-z)^{-1}\Gamma(z/2)\zeta(z)$ 沿直线 $\mathrm{Re}\,z=c>\max(1,\mathrm{Re}\,s)$ 的积分.)

2. 利用上题证明式 (7.1.17) 及式 (7.3.3).
3. 利用第 1 题证明推论 3.3 当 $-k\leqq\sigma\leqslant k$ ($k>0$ 的正数) 时一致成立.
4. 利用式 (7.1.17) 给出第 1 题的一个直接证明.
5. 如何把第 1 题的结果推广到 $\zeta(s,a)$，并进而得到相应的一些结果.
6. 由定理 3.1 推出 L 函数的相应的渐近函数方程.
7. 设 χ 是模 q ($q\geqslant 3$) 的原特征，$\delta=(1-\chi(-1))/2$. 证明: 在第 1 题的条件和符号下有:

$$\Gamma\left(\frac{s+\delta}{2}\right)L(s,\chi)=\sum_{n=1}^{\infty}\frac{\chi(n)}{n^s}\Gamma\left(\frac{s+\delta}{2},\frac{\pi wn^2}{q}\right)+i^{\delta}\frac{\sqrt{q}}{\tau(\chi)}\left(\frac{q}{\pi}\right)^{1/2-s}$$
$$\cdot\sum_{n=1}^{\infty}\frac{\overline{\chi}(n)}{n^{1-s}}\Gamma\left(\frac{1-s+\delta}{2},\frac{\pi n^2}{qw}\right),$$

由此推出 L 函数的函数方程及上题中的 L 函数的渐近函数方程.

8. 设 χ 是模 q 的特征. 由定理 2.3 可推出怎样的 $L(1/2+it,\chi)$ 的阶估计.

9. 具体写出当 $F(s,k)=\zeta(s)$, $\zeta^2(s)$, $\zeta^4(s)$, $\zeta^k(s)$, $L(s,\chi)$, $L^2(s,\chi)$, $L^4(s,\chi)$, $L^k(s,\chi)$时, 定理 5.1 的条件和结论, χ 是模 q 的原特征.

10. 设 $k\geqslant 1$ 是固定整数, $T\geqslant 2$, $h=\log^2 T$. $s=\sigma+it$, $0\leqslant\sigma\leqslant 1$, $h^2\leqslant t\leqslant T$, $1\ll Y\ll T^c$, 以及 $M\geqslant(3T)^k Y^{-1}$.再设 $0<\alpha<1$, $\alpha\neq\sigma$; $\delta_\alpha=1$,若 $\alpha>\sigma$; $\delta_\alpha=0$, 其它情形. 证明: 对 σ 及 t 一致地有

$$\zeta^k(s)=\sum_{n\leqslant 2Y}d_k(n)e^{-(n/Y)^h}n^{-s}+\delta_\alpha A^k(s)\sum_{n\leqslant M}d_k(n)n^{s-1}$$

$$-\frac{1}{2\pi i}\int_L A^k(s+w)\sum_{n\leqslant M}d_k'(n)n^{w+s-1}y^w\Gamma\left(1+\frac{w}{h}\right)\frac{dw}{w}+O(1),$$

其中 L 表直线 $\mathrm{Re}(\sigma+w)=\alpha$, $|\mathrm{Im}\,w|\leqslant h^2$.(类似定理 5.1 的证明方法). 试把这结论推广到 $L^k(s,\chi)$. χ 原特征.

11. 试把定理 4.1 推广到 $\zeta(s,a)$, $0\leqslant\sigma\leqslant 1$ 的情形.

第二十四章　$\zeta(s)$与$L(s,\chi)$的阶估计

本章讨论$\zeta(s)$与$L(s,\chi)$在临界长条$0\leqslant \mathrm{Re}s\leqslant 1$中当$|t|\to\infty$时的阶的上界估计．特别重要的是在直线$\sigma=1$附近，及直线$\sigma=1/2$上的阶估计．在第二十三章已经得到了它们的渐近公式，但直接从这些公式得到的估计是很弱的．本章将利用估计指数和的van der Corput方法(第二十一章)及Виноградов方法(第二十二章)来估计出现在这些渐近公式中的有限和，得到更好的阶估计．在$\sigma=1$附近Виноградов方法可以得到较好的结果(见定理1.6, 2.1)，而在$\sigma=1/2$及其它情形则van der Corput方法能得到较好的结果．这就是研究这一问题的基本方法．应该指出的是，对$L(s,\chi)$的阶估计由于同特征和估计有关，至今还没有得到对q和$|t|$一致的象$\zeta(s)$一样好的估计．本章内容可参看[17], [28], [32], 以及下面提到的有关文献．

§1. $\zeta(s,a)$的阶估计

在这一节中，我们要利用van der Corput方法(第二十一章)来估计$\zeta(s,a)$的最简单的渐近公式(23.1.3)中的和式，从而得到$\zeta(s,a)$在临界长条$0\leqslant\sigma\leqslant 1$中的阶估计．由于$\zeta(s,a)-a^{-s}$和$\zeta(s)$的估计是完全一样的，所以下面只讨论$\zeta(s)$，而相同的估计式对$\zeta(s,a)-a^{-s}$也成立．

定理1[1)] 设t^*由式(23.1.1)(取$B_1=2\pi$)给出．对所有的t有

$$\zeta(1/2+it)\ll(t^*)^{1/6}\log t^*. \tag{1}$$

证：不妨设$t\geqslant 2\pi$．由式(23.1.4)(取$x=t, c=2\pi$)得

1) 利用§21.5的方法就可以把式(1)中的指数1/6减小．由于这一问题和除数问题的处理在方法上是相同的，所以我们将在第二十七章对除数问题证明相应的较好的结果，而把这作为习题6．

$$\zeta(1/2+it)=\sum_{1\leqslant n\leqslant t} n^{-1/2-it}+O(t^{-1/2}) \tag{2}$$

$$=\sum_{1\leqslant n\leqslant t^{2/3}} n^{-1/2-it}+\sum_{t^{2/3}<n\leqslant t} n^{-1/2-it}+O(t^{-1/2}).$$

当 $a<b\leqslant 2a\leqslant t^{2/3}$ 时，由定理 21.4.2(取 $k=3$) 及分部求和可得

$$\sum_{a<n\leqslant b} n^{-1/2-it}\ll a^{-1/2}a^{1-1/2}t^{1/6}=t^{1/6}, \tag{3}$$

进而有

$$\sum_{1\leqslant n\leqslant t^{2/3}} n^{-1/2-it}=\sum_{0\leqslant j\ll \log t}\ \sum_{2^{-j-1}t^{2/3}<n\leqslant 2^{-j}t^{2/3}} n^{-1/2-it} \tag{4}$$

$$\ll t^{1/6}\log t.$$

当 $t^{2/3}<a<b\leqslant 2a$ 时，由定理 21.4.2(取 $k=2$) 及分部求和可得

$$\sum_{a<n\leqslant b} n^{-1/2-it}\ll a^{-1/2}t^{1/2}, \tag{5}$$

进而有

$$\sum_{t^{2/3}<n\leqslant t} n^{-1/2-it}=\sum_{0\leqslant j\ll \log t}\ \sum_{2^{j}t^{2/3}<n\leqslant \min(2^{j+1}t^{2/3},\,t)} n^{-1/2-it} \tag{6}$$

$$\ll \sum_{0\leqslant j\ll \log t}(2^{j}t^{2/3})^{-1/2}t^{1/2}\ll t^{1/6}.$$

由式(2)，(4)，(6)就推出所要的结果.

定理 2 设 $l\geqslant 3, L=2^{l-1}$,

$$\sigma_l=1-l(2L-2)^{-1}. \tag{7}$$

那末对所有的 t 一致地有

$$\zeta(\sigma_l+it)\ll (t^*)^{1/(2L-2)}\log t^*+(t^*)^{1-\sigma_l}(1-\sigma_l+|t|)^{-1}, \tag{8}$$

其中 t^* 同定理 1，$\ll$ 常数是绝对正常数. 特别地，当 $|\sigma_l+it-1|\geqslant c_1$($c_1$ 为一正常数) 时有

$$\zeta(\sigma_l+it)\ll (t^*)^{1/(2L-2)}\log t^*. \tag{8}$$

证: 容易看出, 当 $l\geqslant 3$ 时, $1/2\leqslant\sigma_l<1$, 及当 $l\to\infty$ 时, $\sigma_l\to 1$. 而 $l=3$ 时这就是定理 1. 由式(23.1.4)(取 $x=t^*, C=2\pi$) 可看出, 我们只要证明

$$\sum_{1\leqslant n\leqslant t^*} n^{-\sigma_l-it}\ll(t^*)^{1/(2L-2)}\log t^*. \tag{9}$$

因此, 不妨设 $t\geqslant 2\pi$. 设 t_l 由式(21.4.14)给出. 利用定理 21.4.2(取 $k=l$), 类似于式(5)可得

$$\begin{aligned}\sum_{1\leqslant n\leqslant t_l} n^{-\sigma_l-it} &= \sum_{0\leqslant j\ll\log t}\ \sum_{2^{-j-1}t_l<n\leqslant 2^{-j}t_l} n^{-\sigma_l-it}\\ &\ll \sum_{0\leqslant j\ll\log t}(2^{-j-1}t_l)^{-\sigma_l}(2^{-j-1}t_l)^{\sigma_l}t^{1/(2L-2)}\\ &\ll t^{1/(2L-2)}\log t,\end{aligned} \tag{10}$$

当

$$t_l\leqslant a<b\leqslant 2a\leqslant t \tag{11}$$

时, 必有唯一的 $2\leqslant m\leqslant l-1$, 使得

$$t_{m+1}\leqslant a<t_m,$$

由定理 21.4.2(取 $k=m$) 得到

$$\begin{aligned}\sum_{a<n\leqslant b} n^{-\sigma_l-it} &\ll (t_{m+1})^{-\sigma_l+\sigma_m}t^{1/(2M-2)}\\ &= t^{(\sigma_m-\sigma_l)(m-1+M^{-1})^{-1}+(2M-2)^{-1}}.\end{aligned} \tag{12}$$

下面来证明: 当 $2\leqslant m\leqslant l$ 时有

$$(\sigma_m-\sigma_l)(m-1+M^{-1})^{-1}+(2M-2)^{-1}\ll(2L-2)^{-1}. \tag{13}$$

容易验证上式等价于: 当 $2\leqslant m\leqslant l$ 时有

$$\frac{1}{2L-2}\left(1-\frac{lM}{mM-M+1}\right)\geqslant\frac{1}{2M-2}\left(1-\frac{mM}{mM-M+1}\right),$$

即

$$L-M\geqslant(l-m)M,$$

即

$$2^{l-m}-1\geqslant l-m.$$

而这当 $l\geqslant m$ 时显然成立(等号仅当 $m=l-1,l$ 时成立). 这就证明了式(13). 因此, 当式(11)成立时必有

$$\sum_{a<n\leqslant b} n^{-\sigma_l-it} \ll t^{1/(2L-2)}. \tag{14}$$

由此即得

$$\sum_{t_l<n\leqslant t} n^{-\sigma_l-it} \ll t^{1/(2L-2)}\log t \ , \tag{15}$$

从式(10), (15)就推出式(9). 定理证毕.

从证明容易看出, 定理 2 对 $l=2$ 也成立. 注意到 $\sigma_2=0$, 所以有

$$\zeta(it) \ll (t^*)^{1/2}\log t^*. \tag{16}$$

从定理 2 的证明还可以看出有下面结论成立:

定理 3 在定理2 的符号和条件下, 当 $\sigma\geqslant\sigma_l$ 时, 对所有的 t 一致地有

$$\zeta(\sigma+it) \ll (t^*)^{1/(2L-2)}\log t^* + (t^*)^{1-\sigma}(|1-\sigma|+|t|)^{-1}, \tag{17}$$

其中 $\ll$ 常数是绝对正常数.

证: 由式(22.1.4)知, 只要证明:

$$\sum_{1\leqslant n\leqslant t^*} n^{-\sigma-it} \ll (t^*)^{1/(2L-2)}\log t^* , \tag{18}$$

即式(9)中用 σ 代 σ_l 时估计仍然成立. 容易看出用 σ 代 σ_l 时式(10)成立; 以及用 σ 代 σ_l 时不等式(13)显然成立, 所以式(14)用 σ 代 σ_l 后也成立(先在式(12)中用 σ 代 σ_l). 这就证明了式(18)成立.

下面来给出在 $\sigma=1$ 附近的估计.

定理 4 在区域

$$\sigma\geqslant 1-(\log\log|t|)^2(\log|t|)^{-1}, \quad |t|\geqslant 10 \tag{19}$$

中, 有估计

$$\zeta(\sigma+it) \ll (\log|t|)^5 \tag{20}$$

成立.

证: 不妨设 $t\geqslant 10$. 由定理 3 知, 对任意整数 $l\geqslant 3$, 当

$$\sigma\geqslant\sigma_l, \qquad t\geqslant 10 \tag{21}$$

时,

$$\zeta(\sigma+it) \ll t^{1/(2L-2)}\log t . \tag{22}$$

设 t_0 是足够大的正数，对 $t \geqslant t_0$ 我们取

$$l=\left[\frac{1}{\log 2}\log\left(\frac{\log t}{\log\log t}\right)\right] \geqslant \log\log t \geqslant 3, \tag{23}$$

这时必有 $L \geqslant 4$ 及

$$\frac{1}{4}\frac{\log t}{\log\log t} \leqslant L=2^{l-1} \leqslant \frac{1}{2}\frac{\log t}{\log\log t}. \tag{24}$$

由以上两式得

$$\frac{L}{2L-2} > \frac{l}{2L} \geqslant \frac{(\log\log t)^2}{\log t},$$

因此，当 $t \geqslant t_0$ 且式(19)成立时，必有 $\sigma > \sigma_l$. 所以，由式(22)，(24)推出

$$\zeta(\sigma+it) \ll t^{1/L}\log t \ll t^{4\log\log t/\log t}\log t = \log^5 t.$$

这就证明了所要的结果.

利用这结果可改进$\zeta(s)$的非零区域(见定理 10.3.1)，这是用van der Corput 方法所得到，下面将用Виноградов 方法来改进这一结果. 在此之前，我们仍用 van der Corput 方法来得到一个在某些方面改进了定理4 的结果.

定理 5 对任意正数c_1，在区域

$$\sigma \geqslant 1-c_1(\log\log|t|)(\log|t|)^{-1}, \quad |t| \geqslant 10 \tag{25}$$

中有估计

$$\zeta(\sigma+it) \ll (\log|t|)(\log\log|t|)^{-1} \tag{26}$$

成立，其中 $\ll$ 常数和 c_1 有关.

证：不妨设 $\sigma \geqslant 2$，以及 t 是充分大的正数使得$1-c_1(\log\log t)\cdot(\log t)^{-1} > 1/2$. 设 r 是待定正整数，t_r 由式(21.4.14)给出. 对任意的

$$t_r \leqslant a < b \leqslant 2a \leqslant t, \tag{27}$$

必有唯一的 m，$2 \leqslant m \leqslant r-1$，使得

$$t_{m+1} \leqslant a < t_m \leqslant t, \tag{28}$$

利用定理 21.4.2(取 $k=m$)及分部求和得到

$$\sum_{a<n\leqslant b} n^{-\sigma-it} \ll a^{1-\sigma-m/(2M-2)} t^{1/(2M-2)}$$

$$\ll t^{1-\sigma} t_{m+1}^{-m/(2M-2)} t^{1/(2M-2)} \tag{29}$$

$$\ll (\log t)^{c_1} t^{-1/(2Mm)} \ll (\log t)^{c_1} t^{-1/Rr},$$

这里 $R=2^{r-1}$. 现取 $r=[\log\log t]$, 当 t 充分大时必有

$$rR \leqslant (\log\log t)\, 2^{\log\log t} \leqslant (\log t)^{\theta}, \quad 0<\theta<1, \tag{30}$$

θ 为某一常数. 利用以上结果就得到

$$\sum_{t_r<n\leqslant t} n^{-\sigma-it} = \sum_{0\leqslant j\ll \log t} \sum_{\max(t_r, 2^{-j-1}t)<n\leqslant 2^{-j}t} n^{-\sigma-it} \tag{31}$$

$$\ll (\log t)^{1+c_1} t^{-1/Rr} \ll (\log t)^{c_1} e^{-(\log t)^{1-\theta}} \ll 1.$$

此外, 我们有(利用式(21.4.14))

$$\sum_{n\leqslant t_r} n^{-\sigma-it} \ll \sum_{n\leqslant t_r} n^{1-\sigma} n^{-1} \tag{32}$$

$$\ll t_r^{1-\sigma} \log t_r \ll (\log t)(\log\log t)^{-1}.$$

由以上两式及式(23.1.4)就证明了定理.

对满足式(27)和(28)的 a, b, 当 m 大时, 对于指数和 $\sum_{a<n\leqslant b} n^{-it}$, 用Виноградов方法可得到比 van der Corput方法更好的估计(见习题22.20). 这里取 $r=[\log\log t]$ 是很大的, 所以相当一部分 m 是比较大的, 因而, 在 $\sigma=1$ 附近可用 Виноградов 方法来得到更好的估计.

定理6 存在绝对正常数 c_2, 使在区域

$$1/2\leqslant\sigma, \qquad |t|\geqslant 2 \tag{33}$$

中有估计

$$\zeta(\sigma+it) \ll |t|^{c_2 f(\sigma)} (\log|t|)^{2/3}, \tag{34}$$

其中 $f(\sigma)=(\max(0, 1-\sigma))^{3/2}$; $\ll$ 常数是绝对的.

证: 不妨假定 $1/2\leqslant\sigma\leqslant 2$, 及 t 是充分大的正数. 取 $\log N=(\log t)^{2/3}$. 我们有

$$\sum_{1\leqslant n\leqslant N} n^{-\sigma-it}\leqslant \sum_{1\leqslant n\leqslant N} n^{1-\sigma} n^{-1}\leqslant N^{\max(0,1-\sigma)}\log N$$

$$\ll \exp\{\max(0,1-\sigma)(\log t)^{2/3}\}(\log t)^{2/3},$$

容易看出，当$(1-\sigma)(\log t)^{2/3}\leqslant 1$时，上式$\ll(\log t)^{2/3}$；而当$(1-\sigma)(\log t)^{2/3}>1$时，有$(1-\sigma)(\log t)^{2/3}<(1-\sigma)^{3/2}\cdot\log t=f(\sigma)\log t$．所以无论何种情形都有

$$\sum_{1\leqslant n\leqslant N} n^{-\sigma-it}\ll \exp\{f(\sigma)\log t\}(\log t)^{2/3}. \tag{35}$$

另一方面，由推论 22.3.5 可得[1)]

$$\sum_{N<n\leqslant t} n^{-\sigma-it}=\int_N^t y^{-\sigma} d\left(\sum_{N<n\leqslant y} n^{-it}\right)\ll t^{1-\sigma-c_8}+\int_N^t y^{-\sigma}\exp\left(-c_8\frac{\log^3 y}{\log^2 t}\right)dy$$

$$=t^{1-\sigma-c_8}+\int_{\log N}^{\log t}\exp\left\{(1-\sigma)v-c_8\frac{v^3}{\log^2 t}\right\}dv$$

$$\leqslant t^{1-\sigma-c_8}+\left\{\max_{\log N\leqslant v\leqslant\log t}\exp\left((1-\sigma)v-\frac{c_8 v^3}{2\log^2 t}\right)\right\}$$

$$\cdot\int_{\log N}^{\log t}\exp\left(-\frac{v^3}{2\log^2 t}\right)dv$$

$$\ll t^{1-\sigma-c_8}+\{\max\exp(\cdots)\}(\log t)^{2/3}. \tag{36}$$

当$1-\sigma\geqslant c_8$时，只要常数c_2取得适当大，由定理 7.5.2(取$k=1$)知估计式(34)成立．当$\sigma\geqslant 1$时，由以上两式及式(23.1.4)知式(34)也成立．所以，只要考虑$1-c_8<\sigma<1$的情形．设$g(v)=(1-\sigma)v-2^{-1}c_8v^3(\log t)^{-2}$．由$g'(v)=(1-\sigma)-(3/2)\cdot c_8v^2(\log t)^{-2}$知，当$v=v_0=(2(1-\sigma)/(3c_8))^{1/2}\log t$时，$g'(v_0)=0$，且$g(v_0)$是最大值．由此及上式得：当$1-c_8<\sigma<1$时

1) c_8 是推论 22.3.5 中的常数．

$$\sum_{N<n\leqslant t} n^{-\sigma-it} \ll \exp\left\{\frac{2}{3}\left(\frac{2}{3c_8}\right)^{1/2}(1-\sigma)^{3/2}\log t\right\}(\log t)^{2/3}. \tag{37}$$

由式(35)，(37)及式(23.1.4)就证明了这时定理也成立.

由定理容易看出：对任意正数 c_3，在区域

$$\sigma \geqslant 1 - c_3(\log|t|)^{-2/3}, \qquad |t| \geqslant 2 \tag{38}$$

中有估计

$$\zeta(\sigma+it) \ll (\log|t|)^{2/3}, \tag{39}$$

其中$\ll$ 常数仅和 c_3 有关. 以及对任意正数 c_4，在区域

$$\sigma \geqslant 1 - c_4(\log|t|)^{-2/3}(\log\log|t|)^{2/3}, \quad |t| \geqslant 10, \tag{40}$$

中有估计

$$\zeta(\sigma+it) \ll (\log|t|)^{c_5+2/3}, \tag{41}$$

其中 $c_5 = c_2(c_4)^{3/2}$ 有关的正常数，$\ll$ 常数是绝对的.

注意到定理 21.4.3 及定理22.3.6，并利用渐近公式(23.1.3)，容易看出：当用 $\zeta(s,a) - a^s(0<a\leqslant 1)$代替 $\zeta(s)$时以上结论全部成立. 即

定理 7 当用$\zeta(s,a) - a^s$ 代替 $\zeta(s)$时定理 1 — 定理 6 的全部结论以及估计式(39)和(41)都成立.

读者容易写出这些结论的具体形式和证明.

目前关于 $\zeta(1/2+it)$ 的阶估计的最好结果是 Bombieri 和 Iwaniec[1)]利用他们所证明的指数和的某种均值定理[2)]而得到的：对任意的 $\varepsilon>0$ 有

$$\zeta(1/2+it) \ll |t|^{9/56+\varepsilon}. \tag{42}$$

在此之前较好的结果都是用十分复杂的多维 van der Corput 方法得到的. Kolesnik[3)]证明了式(42)中的 $9/56+\varepsilon$ 要用较大的数 139/858 来代替.

---

1) On the order of $\zeta(1/2+it)$，待发表.

2) Some Mean－Value Theorems for Exponential Sums，待发表.

3) *Acta Arith*，**45**(1985)，115－143.

§2. $L(s,\chi)$ 的阶估计

式(14.1.7)可写为

$$L(s,\chi)=\sum_{h=1}^{q}\chi(h)h^{-s}+q^{-s}\sum_{h=1}^{q}\chi(h)\left\{\zeta\left(s,\frac{h}{q}\right)-\left(\frac{h}{q}\right)^{-s}\right\} \quad (1)$$

因而

$$|L(s,\chi)|\leqslant\sum_{h=1}^{q}{}' h^{-\sigma}+q^{-\sigma}\sum_{h=1}^{q}{}'\left|\zeta\left(s,\frac{h}{q}\right)-\left(\frac{h}{q}\right)^{s}\right|. \quad (2)$$

由此及定理 1.7 就可立即推出相应于定理 1.1—1.6 的 $L(s,\chi)$ 的阶估计. 以下所用的符号同上节

定理 1 设$q\geqslant 1$, $\chi \bmod q$. 那末,

$$L(1/2+it,\chi)\ll q^{1/2}(t^*)^{1/6}\log t^*; \quad (3)$$

在定理 1.2 的条件下有

$$L(\sigma_l+it,\chi)\ll q^{1-\sigma_l}|t|^{1/(2L-2)}\log|t|+\sum_{h=1}^{q}h^{-\sigma_l},\ |t|\geqslant 2, \quad (4)$$

其中 $\ll$ 常数是绝对正常数; 在定理 1.3 的条件下, 当 $\sigma\geqslant\sigma_l$ 时有

$$L(\sigma+it,\chi)\ll q^{1-\sigma}|t|^{1/(2L-2)}\log|t|+\sum_{h=1}^{q}h^{-\sigma},\ |t|\geqslant 2, \quad (5)$$

其中 $\ll$ 常数是绝对正常数; 在定理 1.4 的条件下有

$$L(\sigma+it,\chi)\ll(\log|t|)^{5}\exp\{\log q(\log|t|)^{-1}(\log\log|t|)^{2}\},$$
$$|t|\geqslant 10; \quad (6)$$

在定理 5 的条件下有

$$L(\sigma+it,\chi)\ll\frac{\log|t|}{\log\log|t|}\exp\left\{\frac{c_1\log q\log\log\log|t|}{\log|t|}\right\},$$
$$|t|\geqslant 10, \quad (7)$$

其中 $\ll$ 常数和 c_1 有关; 在定理 6 条件下有

$$L(\sigma+it,\chi)\ll q^{1-\sigma}|t|^{c_2 f(\sigma)}(\log|t|)^{2/3}+\sum_{h=1}^{q}h^{-\sigma},\ |t|\geqslant 2, \quad (8)$$

其中$\ll$ 常数是绝对的; 在条件(1.38)下有

$$L(\sigma+it,\chi)\ll(\log|t|)^{2/3}\exp\{c_3\log q(\log|t|)^{-2/3}\},\ |t|\geqslant 2, \quad (9)$$

其中≪常数和 c_3 有关；以及在条件(1.40)下有

$$L(\sigma+it,\chi) \ll (\log|t|)^{c_5+2/3}\exp\{c_4\log q\,(\log|t|)^{-2/3}(\log\log|t|)^{2/3}\}$$

$$|t|\geqslant 10. \tag{10}$$

其中≪ 常数和 c_4 有关.

上面所得到的估计，对 t 取得了较好的结果，但对 q 的方次却增大了. 这是因为我们是从式(1)(或式(2))出发，对 q 事实上是用了显然估计. 把估计(3)，(4)和习题 14.6 相比较，就可看出用现有的方法来估计时，关于 q 和 t 的结果相互制约着. 为了要同时改进 q 和 t 的方次，情形就变得相当复杂，当 $\sigma=\frac{1}{2}$ 时即使是单独要求 q 的方次 $<\frac{1}{4}$ 也是很困难的. 应该指出的是，在这方面 Burgess 首先证明了：对任意 $\varepsilon>0$ 有

$$L\left(\frac{1}{2}+it,\chi\right) \ll q^{3/16+\varepsilon}(|t|+1).$$

直到最近Heath－Brown[1)]才在这方面得到了一些进一步的结果，特别是证明了：对任意 $\varepsilon>0$ 有

$$L\left(\frac{1}{2}+it,\chi\right) \ll (q(|t|+1))^{3/16+\varepsilon}.$$

这些证明是很复杂的. 下面来证明 Heath－Brown 的一个结果(引理 3)，由此，他利用推广了的 Burgess 方法和 van der Corput 方法证明了式(8)和其它结论. 由这一结果能十分容易地推出

定理 2 对任意的 $\chi \bmod q$ 有

$$L\left(\frac{1}{2}+it,\chi\right) \ll (q(|t|+1))^{1/4}. \tag{11}$$

先来证明

引理 3 设 $q>1$，$\chi \bmod q$ 是原特征，$T=|t|+1$. 再设 N 是正

1) Quart. J. Math. Oxford (2), **31** (1980), 157－167.

整数,

$$M(N)=\max_{m\leqslant N}\left|\sum_{N<n\leqslant M+N}\chi(n)n^{-it}\right|. \tag{12}$$

我们有

$$L\left(\frac{1}{2}+it,\chi\right)\ll 1+\sum_{k=0}^{\infty}M(2^k)(2^k)^{-1/2}$$

$$\cdot\exp\left\{\frac{-1}{9}\log^2\left(1+2^k(qT)^{-1/2}\right)\right\}. \tag{13}$$

证: 不妨假定 $t\geqslant 0$, 并记 $s=1/2+it$. 设 $\xi(s,\chi)$ 由式(14.2.5)给出, 考虑积分

$$I(s,\chi)=\frac{1}{2\pi i}\int_{(1)}\xi(s+w,\chi)\exp\left(w^2-\frac{i\pi w}{4}\right)\frac{dw}{w}. \tag{14}$$

把积分直线移到 $\mathrm{Re}\,w=-1$, 移过一阶极点 $w=0$, 留数为 $\xi(s,\chi)$, 再利用函数方程(14.2.6)就得到

$$I(s,\chi)=\xi(s,\chi)-i^{-\delta}q^{-1/2}\tau(\chi)\overline{I(s,x)}. \tag{15}$$

因而

$$|\xi(s,\chi)|\leqslant 2|I(s,\chi)|. \tag{16}$$

进而利用式(14.2.5)得到

$$|L(s,\chi)|\leqslant\pi^{-1}\left|\sum_{n=1}^{\infty}\chi(n)n^{-s}J(n\pi^{1/2}q^{-1/2})\right|, \tag{17}$$

其中

$$J(x)=\int_{(1)}x^{-w}f(w)\exp\left(w^2-\frac{i\pi w}{4}\right)\frac{dw}{w},\ x>0, \tag{18}$$

及

$$f(w)=\Gamma\left(\frac{w+s+\delta}{2}\right)\Gamma^{-1}\left(\frac{s+\delta}{2}\right). \tag{19}$$

下面来估计 $J(x)$. 设 $w=u+iv$. 由 Stirling 公式(3.3.17)知, 当 $\mathrm{Re}\,w=-1/4$ 时

$$f(w)\ll\exp\left\{\frac{\pi}{4}(t-|t+v|)-\frac{1}{8}\log T+O(\log(|v|+2))\right\}. \tag{20}$$

因此，把式(18)中的积分移到 Re $w=-1/4$(过极点0，留数为 $2\pi i$)就得到

$$J(x)\ll 1+(xT^{-1/2})^{1/4}\int_{-\infty}^{\infty}\exp\left\{-v^2+\frac{\pi}{4}(t+v-|t+v|)\right.$$

$$\left.\cdot(2+|v|)^{A_1}\right\}dv, \tag{21}$$

其中 A_1 为某一正常数. 由此及 $t+v\leqslant|t+v|$, 故得

$$J(x)\ll 1+(xT^{-1/2})^{1/4}. \tag{22}$$

进而估计 $J'(x)$. 对式(18)求导可得(容易验证这样做是可以的):

$$J'(x)=-x^{-1}\int_{(1)}x^{-w}f(w)\exp\left(w^2-\frac{i\pi w}{4}\right)dw. \tag{23}$$

当 Re $w=0$ 时，由 Stirling 公式(3.3.17)知

$$f(w)\ll\exp\left\{\frac{\pi}{4}(t-|t+v|)+O(\log(|v|+2))\right\}. \tag{24}$$

所以，把式(23)中的积分移到 Re $w=0$(不移过极点)，用类似方法可得

$$J'(x)\ll x^{-1}. \tag{25}$$

当 x 相对于 T 较大时，我们可改进估计式(22)和(25). 设 $k\geqslant 1$, $L=L_1+L_2+L_3$ 是如下的积分线路: L_1: $u=0$, $-\infty<v\leqslant -k$; L_2: $|w|=k$, $u\geqslant 0$; L_3: $u=0$, $k\leqslant v<\infty$. 显然有

$$J(x)=\int_L x^{-w}f(w)\exp\left(w^2-\frac{i\pi w}{4}\right)\frac{dw}{w}=\int_{L_1}+\int_{L_2}+\int_{L_3}. \tag{26}$$

由式(24)知，在 L_1, L_3 上有

$$x^{-w}f(w)\exp\left(w^2-\frac{i\pi w}{4}\right)\ll e^{-v^2/2},$$

所以，

$$\int_{L_1}+\int_{L_3}\ll\int_k^{\infty}e^{-v^2/2}dv=\int_0^{\infty}e^{-(y+k)^2/2}dy \tag{27}$$

$$\ll e^{-k^2/2}.$$

在半圆 L_2 上，由 Stirling 公式(定理 3.3.1)得

$$\begin{aligned}&\operatorname{Re}\{-w\log x+\log f(w)+w^2-i\pi w/4\}\\&=-t\log(xT^{-1/2})+\frac{\pi}{4}(t+v-|t+v|)+u^2-v^2\\&\quad+O(u\log(k+2))\\&\leqslant 2u^2-u\log(xT^{-1/2})-k^2+A_2k\log(k+2),\end{aligned} \tag{28}$$

A_2 为一正常数. 如果

$$x\geqslant A_3T^{1/2}. \tag{29}$$

那末，当 A_3 足够大时，可取 $k=\frac{1}{2}\log(xT^{-1/2})\geqslant 1$，且使

$$\begin{aligned}&\operatorname{Re}\{-w\log x+\log f(w)+w^2-i\pi w/4\}\\&\leqslant 2u^2-2uk-k^2+A_2k\log(k+2)\\&\leqslant -k^2+A_2k\log(k+2)\leqslant -k^2/2.\end{aligned} \tag{30}$$

综合以上估计，对充分大的 A_3，当式(29)满足时，

$$J(x)\ll e^{-k^2/2}=\exp\left\{\frac{-1}{8}(\log(xT^{-1/2}))^2\right\}. \tag{31}$$

在同样的条件下，类似地可证

$$J'(x)\ll x^{-1}\exp\left\{-\frac{1}{8}(\log(xT^{-1/2}))^2\right\}. \tag{32}$$

不难看出，事实上估计式(31)和(32)对 $x>0$ 都成立，这时 $\ll$ 常数和 A_3 有关，且把 $xT^{-1/2}$ 改为 $1+xT^{-1/2}$.

设 $g(y)=y^{-1/2}J(\pi^{1/2}q^{-1/2}y)$. 把式(17)写为

$$|L(s,\chi)|\leqslant\sum_{k=0}^{\infty}\left(\sum_{2^{k-1}<n\leqslant 2^k}\chi(n)n^{-it}g(n)\right). \tag{33}$$

由分部求和可得

$$\sum_{2^{k-1}<n\leqslant 2^k}\chi(n)n^{-it}g(n)=\int_{2^{k-1}}^{2^k}g(y)d\left(\sum_{2^{k-1}<n\leqslant y}\chi(n)n^{-it}\right)$$

$$=\left(\sum_{2^{k-1}<n\leqslant 2^k}\chi(n)n^{-it}\right)g(2^k)-\int_{2^{k-1}}^{2^k}\left(\sum_{2^{k-1}<n\leqslant y}\chi(n)n^{-it}\right)g'(y)\,dy.$$

由以上对 $J(x)$，$J'(x)$ 的估计可得

$$g(2^k)\ll(2^{k-1})^{-1/2}\exp\left\{-\frac{1}{9}(\log(1+2^{k-1}(qT)^{-1/2}))^2\right\}$$

及当 $2^{k-1}<x\leqslant 2^k$ 时有

$$g(x)\ll(2^{k-1})^{-3/2}\exp\left\{-\frac{1}{9}(\log(1+2^{k-1}(qT)^{-1/2}))^2\right\},$$

由以上 四式就推出式(13).

定理 2 的证明: 当 $q=1$ 时，这就是式(23.1.18). 先假定 $q\geqslant 3$, $\chi \bmod q$ 是原特征. 设整数 k_0 满足

$$2^{k_0}\leqslant(qT)^{1/2}<2^{k_0+1}.$$

由引理 3 知

$$L\left(\frac{1}{2}+it,\chi\right)\ll 1+\sum_{k\leqslant k_0}2^{k/2}+\sum_{k>k_0}2^{k/2}\exp\left\{-\frac{1}{9}(\log(1+2^k(qT)^{-1/2}))^2\right\}$$

$$\ll 1+(qT)^{1/4}+\sum_{k=0}^{\infty}2^{k/2}\exp\left\{-\frac{1}{9}(\log 2^k)^2\right\}$$

$$\ll(qT)^{1/4},$$

所以定理成立. 当 $\chi \bmod q\,(q\geqslant 2)$ 为非原特征时, 设 $\chi \bmod q \Longleftrightarrow \chi^* \bmod q^*, q^*/q$. 那末, 由式(14.1.3)及已证的结论得

$$L\left(\frac{1}{2}+it,\chi\right)=L\left(\frac{1}{2}+it,\chi^*\right)\prod_{p\nmid q^*, p/q}(1-\chi^*(p)p^{-1/2-it})$$

$$\ll (q^*T)^{1/4}\prod_{p\nmid q^*p/q}(1+p^{-1/2})\ll (qT)^{1/4}.$$

定理证毕.

如果把 Heath－Brown 的方法和 Bombieri－Iwaniec 的方法(见§1 结束)结合起来, 应该可能得到好的结果.

习　　题

1. 利用定理 4.4.1 及其附注, 从定理 1.2 及定理 2.1 的式 (4) 推出 $\zeta(s)$ 及 $L(s,\chi)$ 在长条 $\sigma_l\leqslant\sigma\leqslant\sigma_{l+1}$ 中的阶估计.
2. 写出定理 1.7 的全部结论的表述和证明.
3. 写出定理 2.1 的证明.
4. 证明: 对任给 $\varepsilon>0$, 存在 $c=c(\varepsilon)>0$, 使当 $\sigma\geqslant 1-c(\log|t|)^{-2/3}(\log\log|t|)^{2/3}$, $|t|\geqslant 10$ 时有 (a) $\zeta(\sigma+it)\ll(\log|t|)^{2/3+\varepsilon}$; (b) 对任意正整数 k, $\zeta^{(k)}(\sigma+it)\ll(\log|t|)^{2(k+1)/3+\varepsilon}$, $\ll$ 常数和 k 有关(利用 Cauchy 积分定理).
5. 相应于§1 中的结果, 试求 $\zeta(s)$, $\zeta(s,a)-a^s$ 在长条 $0\leqslant\sigma<1/2$ 中的估计. (对 $\zeta(s,a)$ 要用渐近函数方程).
6. 证明: $\zeta(1/2+it)\ll|t|^{1/6-1/492}$ (利用习题 21.10 (b)).

第二十五章　$\zeta(s)$与$L(s,\chi)$的积分均值定理

在ζ函数与L函数理论中，对积分均值

$$I(k,T)=\int_0^T\left|\zeta\left(\frac{1}{2}+it\right)\right|^{2k}dt,\tag{A}$$

$$I(k,T;q)=\frac{1}{\varphi(q)}\sum_{\chi\bmod q}\int_0^T\left|L\left(\frac{1}{2}+it,\chi\right)\right|^{2k}dt\tag{B}$$

(k正整数)的研究占有十分重要的地位，它们在解析数论的许多著名问题中有极重要的应用．当$k=1$时，$I(k,T)$和$I(k,T;q)$都已经得到了渐近公式，这是§1—§3所讨论的内容．当$k=2$时对$I(k,T)$也得到了渐近公式，这将在§4讨论．但对$I(k,T;q)$仅得到了所希望的上界估计[1)](见§29.3)，而没有渐近公式．猜测对$k\geqslant 1$, $I(k,T)$ $I(k,T;q)$都应有渐近公式，但事实上，当$k\geqslant 3$时，我们还不能证明[2)]：对任意正数ε有

$$I(k,T)\ll T^{1+\varepsilon},\qquad k\geqslant 3,\tag{C}$$

$$I(k,T;q)\ll T^{1+\varepsilon},\qquad k\geqslant 3.\tag{D}$$

Heath－Brown[3)] 证明了

$$I(6,T)\ll T^2(\log T)^{17},$$

T. Meurman[4)] 推广了Heath－Brown 的结果，证明了

$$I(6,T;q)\ll(q^3/\varphi(q))\ T^{2+\varepsilon},$$

---

1) 最近有一些进展，见Rane, *Proc. Indian Acad Sci. Math. Sci.* **90** (1981), 273—286. 王炜改进了 Rane 的结果(将发表).

2) 从 Lindelöf 猜想可推出估计(C)和(D)成立.

3) *Quart. J. Math. Oxford* (2), **29** (1978), 443—462; *J. London Math. Soc.* (2), 24 (1981), 65—78.

4) *Ann. Acad. Sci. Fenn. Ser. A, Math. Disser.*, **52** (**1984**).

ε为任意正数.

$\zeta(s,a)$的二次积分均值定理的证明和$\zeta(s)$的是完全一样的,且从前者可推出$L(s,\chi)$的二次积分均值定理. 所以在§1和§2中我们讨论$\zeta(s,a)$的二次积分均值定理.

关于积分均值(A)和(B)及其种种变形和推广已作了广泛深入的研究,有关内容可参看:[15],[17],[24],[26],[32].

§1. $\zeta(s,a)$的二次积分均值定理(一)

对$0<a\leqslant 1$,由§2.2的例1(取$m=1$)及

$$\sum_{0\leqslant n\leqslant w}\frac{1}{(n+a)}-\sum_{0\leqslant n\leqslant w}\frac{1}{(n+1)}$$

$$=a^{-1}-1+(1-a)\sum_{1\leqslant n\leqslant w}\frac{1}{(n+1)(n+a)}$$

$$=a^{-1}-1+(1-a)\sum_{n=1}^{\infty}\frac{1}{(n+1)(n+a)}+O(w^{-1})$$

$$=c(a)+O(w^{-1}),\qquad w\geqslant 1. \tag{1}$$

立即推出

$$\sum_{0\leqslant n\leqslant w}\frac{1}{(n+a)}=\log w+\gamma+c(a)+O(w^{-1}),\quad w\geqslant 1. \tag{2}$$

首先,我们利用$\zeta(s,a)$最简单的渐近公式(23.1.3)来证明

定理1 设$T\geqslant 0$. 我们有

$$\int_0^T\left|\zeta\left(\frac{1}{2}+it,a\right)\right|^2dt=T\log T^*+(\gamma+c(a))T$$

$$+O(T\sqrt{\log T^*}+a^{-1/2}T). \tag{3}$$

其中,对任意实数u,记

$$u^*=\max(|u|,B), \tag{4}$$

$B\geqslant 3$为任一给定的常数,以及O常数仅和B有关.

证:在渐近公式(23.1.3)中取$x=T^*$,$C=2$,得到

$$\zeta\left(\frac{1}{2}+it,a\right)=\sum_{0\leqslant n\leqslant T^*-a}(n+a)^{-1/2-it}+O((T^*)^{1/2}(1+t)^{-1}),$$

$$0\leqslant t\leqslant T. \tag{5}$$

当 $T\leqslant B$ 时，

$$\zeta\left(\frac{1}{2}+it,a\right)=a^{-1/2-it}+O(1),\qquad 0\leqslant t\leqslant T,$$

故有

$$\int_0^T\left|\zeta\left(\frac{1}{2}+it,a\right)\right|^2dt=Ta^{-1}+O(Ta^{-1/2}),\qquad T\leqslant B. \tag{6}$$

由此及 $c(a)$ 的定义 (1) 知式 (3) 当 $T\leqslant B$ 时成立.

当 $T>B$ 时，$T=T^*$. 由式(5)推出(利用 Cauchy 不等式)

$$\int_0^T\left|\zeta\left(\frac{1}{2}+it,a\right)\right|^2=I+O(T+I^{1/2}T^{1/2}), \tag{7}$$

其中

$$\begin{aligned}I&=\int_0^T\left|\sum_{0\leqslant n\leqslant T-a}(n+a)^{-1/2-it}\right|^2dt\\&=\sum_{0\leqslant n\leqslant T-a}\ \sum_{0\leqslant m\leqslant T-a}(n+a)^{-1/2}(m+a)^{-1/2}\int_0^T\left(\frac{m+a}{n+a}\right)^{it}dt \qquad (8)\\&=T\sum_{0\leqslant n\leqslant T-a}(n+a)^{-1}+\sum_{0\leqslant n\neq m\leqslant T-a}(n+a)^{-1/2}(m+a)^{-1/2}\\&\quad\cdot\left(i\log\frac{m+a}{n+a}\right)^{-1}\left\{\left(\frac{m+a}{n+a}\right)^{iT}-1\right\}\\&=I_1+I_2.\end{aligned}$$

由式(2)知

$$I_1=T\log T+(\gamma+c(a))T+O(1). \tag{9}$$

此外，容易看出

$$I_2=-i\sum_{0\leqslant n\neq m\leqslant T-a}(n+a)^{-1/2}(m+a)^{-1/2}\left(\frac{m+a}{n+a}\right)^{iT}\left(\log\frac{m+a}{n+a}\right)^{-1}$$

$$\ll a^{-1/2}\sum_{1\leqslant n\leqslant T-a}(n+a)^{-1/2}+\left|\sum_{1\leqslant n\neq m\leqslant T-a}(n+a)^{-1/2}(m+a)^{-1/2}\right.$$

$$\left.\cdot\left(\frac{m+a}{n+a}\right)^{iT}\left(\log\frac{m+a}{n+a}\right)^{-1}\right|$$

$$\ll a^{-1/2}T^{1/2}+I_3. \tag{10}$$

其中 I_3 利用 Hilbert 加权不等式(定理 28.4.4)可得

$$I_3\ll\sum_{1\leqslant n\leqslant T-a}\frac{n+1+a}{n+a}\ll T. \tag{11}$$

综合式(8)—(11)即得

$$I=T\log T+(\gamma+c(a))T+O(T+a^{-1/2}T). \tag{12}$$

注意到式(1)，由此及式(7)推出定理当 $T>B$ 时也成立.

应该指出的是，定理 1 的证明看起来是很简单的，但为了得到估计式(11)，我们利用了将在第二十八章中证明的 Hilbert 加权不等式，这一结果的证明是很困难的. 利用经典方法(见下面引理 2)仅能得到

$$I_3\ll T\log T. \tag{13}$$

这样，利用最简单的渐近公式(23.1.3)就不能证明定理 1，而需要利用渐近公式(23.1.8)才能由式(13)推出定理 1(证明是完全一样的，见习题 6). 这种经典估计方法是简单又易于应用的，下面来讨论这一方法.

引理 2 设 $T\geqslant 2$, $0\leqslant\sigma\leqslant 2$. 再设 b_n 为复数，$|b_n|\leqslant n^{-\sigma}$. 那末对任意正数 A 有

$$\sum_{1\leqslant m<n\leqslant T}b_m\overline{b}_n\left(\log\frac{n}{m}\right)^{-1}$$

$$\ll \begin{cases} T^{2-2\sigma}(1-\sigma)^{-1}\log T, & 0\leqslant\sigma\leqslant 1-A(\log T)^{-1}, \\ \log^2 T, & 1-A(\log T)^{-1}<\sigma<1, \end{cases} \qquad (14)$$

其中 $\ll$ 常数仅和 A 有关. 此外还有

$$\sum_{1\leqslant m<n\leqslant T} b_m \overline{b_n}\left(\log\frac{n}{m}\right)^{-1} \ll \min(\log^2 T, (\sigma-1)^2)\ , 1\leqslant\sigma\leqslant 2. \qquad (15)$$

证: 以 $F(T,\sigma)$ 记式(14), (15)左边的二重和. 把它分为两部份:

$$F(T,\sigma)=\sum_{m\leqslant n/2}+\sum_{n/2<m<n}=\sum\nolimits_1+\sum\nolimits_2. \qquad (16)$$

当 $0\leqslant\sigma<1$ 时,

$$\sum\nolimits_1 \ll \sum_{1<n\leqslant T} n^{-\sigma}\sum_{1\leqslant m\leqslant n/2} m^{-\sigma} \ll \left(\sum_{1<n\leqslant T} n^{-\sigma}\right)^2 \qquad (17)$$

$$\leqslant \left(\int_1^T x^{-\sigma}d\sigma\right)^2=(T^{1-\sigma}-1)^2(1-\sigma)^{-2}.$$

令 $m=n-r$, 利用 $-\log(1-x)\geqslant x\quad(0\leqslant x<1)$ 可得

$$\sum\nolimits_2=\sum_{2<n\leqslant T} n^{-\sigma}\sum_{1\leqslant r<n/2}(n-r)^{-\sigma}\left(-\log\left(1-\frac{r}{n}\right)\right)^{-1}$$

$$\ll\sum_{2<n\leqslant T} n^{-2\sigma+1}\sum_{1\leqslant r<n/2} r^{-1}\ll\sum_{2<n\leqslant T} n^{-2\sigma+1}\log n$$

$$\ll(\log T)\int_1^{T+1} x^{-2\sigma+1}dx\ll\frac{(T+1)^{2-2\sigma}-1}{1-\sigma}\log T\ , \qquad (18)$$

由以上两式及微分中值定理就推得式(14).

当 $\sigma\geqslant 1$ 时,

$$F(T,\sigma)\leqslant\sum_{1\leqslant m<n\leqslant T}(mn)^{-1}\left(\log\frac{n}{m}\right)^{-1}\ll\log^2 T, \qquad (19)$$

最后一步可从式(17)及(18)的证明中推出. 当 $\sigma>1$ 时, 同样可证

$$\sum{}_1 \ll \left(\sum_{n>1} n^{-\sigma}\right)\left(1+\sum_{m>1} m^{-\sigma}\right) \tag{20}$$

$$\leqslant \left(\int_1^{\infty} x^{-\sigma}dx\right)\left(1+\int_1^{\infty} x^{-\sigma}d\sigma\right)=\sigma(\sigma-1)^{-2},$$

$$\sum{}_2 \ll \sum_{2<n\leqslant T} n^{-2\sigma+1}\log n<\int_1^{\infty} x^{-2\sigma+1}\log x\,dx=\frac{1}{4}(\sigma-1)^2. \tag{21}$$

由以上三式就证明了式(15).

利用渐近公式(23.1.8)(或(23.3.3))可以证明比定理 1 要好的结果, 由于我们将在§2 中利用更精确的渐近公式(23.4.1)来推出更好的结果, 所以这些将放在习题中(见习题 7). 这些结果都是基于 $\zeta(s,a)$ 的渐近公式得到的. 下面我们对于 $\zeta(s)$, 利用它的函数方程, 用复变方法来证明它的二次积分均值定理, 且得到比定理 1 更好的余项估计. 先证明一个引理.

引理 3 设 $A(s)$ 由式(7.1.20)给出, $c\geqslant 1$, $T\geqslant 2$. 那末有

$$\frac{1}{2\pi i}\int_{c-iT}^{c+iT}\frac{A(1-s)}{n^s}\,ds$$

$$=\begin{cases} 2+O\left(n^{-c}T^{c-1/2}(1+(\log T/2n\pi)^{-1})\right), & 1\leqslant n<T/2\pi, \\ O\left(n^{-c}T^{c-1/2}(1+|\log T/2n\pi|^{-1})\right), & n>T/2\pi, \end{cases} \tag{22}$$

其中 O 常数和 c 有关.

证: 先证第一式. 设 m 是正整数, $T_1=2eT$, 以及 L 是以 $c\pm iT_1$, $-(2m+1)\pm iT_1$ 为顶点的正向矩形围道. 由式(7.1.23)和(7.1.20)知

$$A(1-s)=2^{1-s}\pi^{-s}\Gamma(s)\cos\pi s/2=2^{-s}\pi^{1-s}(\Gamma(1-s)\sin\pi s/2)^{-1}, \tag{23}$$

以 $s=-2j(j=0,1,2,\cdots)$ 为一阶极点，留数为 $(-1)^j 2^{1+2j}\cdot\pi^{2j}/(2j)!$. 所以，当 $m\to\infty$ 时

$$\frac{1}{2\pi i}\int_L \frac{A(1-s)}{n^s}\,ds=\sum_{j=0}^{m}(-1)^j\frac{2(2\pi n)^{2j}}{(2j)!}\to 2\cos 2\pi n=2. \tag{24}$$

由式(3.3.13)知，当 $\mathrm{Re}\,s=-(2m+1)$，$m\geqslant 1$ 时有

$$\Gamma(1-s)=-s\Gamma(-s)=\sqrt{2\pi}\,(-s)^{-s+1/2}e^{s}(1+O(|s|^{-1})), \tag{25}$$

这里 O 常数和 m 无关，及 $-\pi/2<\arg(-s)<\pi/2$. 由上式及式(23)就推出在直线 $\mathrm{Re}\,s=-(2m+1)$，$(m\geqslant 1)$ 上有

$$A(1-s)\ll(2\pi)^{2m+3/2}e^{2m+1}(2m+1)^{-(2m+3/2)}e^{\pi|t|/2}, \tag{26}$$

$\ll$ 常数和 m 无关. 因此，对固定的 T_1 和 n 有

$$\int_{-(2m+1)-iT_1}^{-(2m+1)+iT_1}\frac{A(1-s)}{n^s}\,ds\ll T_1(2\pi/(2m+1))^{1/2}\cdot(2\pi en/(2m+1))^{2m+1}e^{\pi T_1/2}. \tag{27}$$

令 $m\to\infty$，由上式及式(24)就得到

$$\frac{1}{2\pi i}\int_{c-iT_1}^{c+iT_1}\frac{A(1-s)}{n^s}\,ds=2+\frac{1}{2\pi i}\int_{-\infty+iT_1}^{c+iT_1}\frac{A(1-s)}{n^s}\,ds+\frac{1}{2\pi i}\int_{c-iT_1}^{-\infty-iT_1}\frac{A(1-s)}{n^s}\,ds. \tag{28}$$

下面来估计上式右边的两个积分. 在直线 $\mathrm{Im}\,s=\pm T_1$，$-\infty<\sigma\leqslant c$ 上式(25)也成立. 在此两直线上有

$$\begin{cases}(-s)^{s-1/2}=e^{(s-1/2)\log|s|}e^{i(s-1/2)\arg(-s)},\\ |\arg(-s)|\leqslant\pi/2,\quad -\infty<\sigma\leqslant 0,\\ \arg(-s)=\pm\pi/2+O_c(T_1^{-1}),\ 0\leqslant\sigma\leqslant c,\ \mathrm{Im}\,s=\mp T_1\cdot.\end{cases} \tag{29}$$

所以，在此两直线上总有

$$\exp\{i(s-1/2)\arg(-s)\}\ll_c e^{\pi T_1/2}. \tag{30}$$

注意到在此两直线上 $\sin^{-1}(\pi s/2)\ll e^{-\pi T_1/2}$, 从式(23)，(25)，(29)，(30)就推出在此两直线上

$$A(1-s)\ll(2\pi)^{1/2-\sigma}e^{-\sigma}|s|^{\sigma-1/2}, \tag{31}$$

因而

$$\int_{-\infty\pm iT_1}^{c\pm iT_1}\frac{A(1-s)}{n^s}ds\ll\int_{-\infty}^{c}\left(\frac{2\pi}{|\sigma+iT_1|}\right)^{1/2-\sigma}(en)^{-\sigma}d\sigma \tag{32}$$

$$\ll n^{-1/2}\int_{-\infty}^{c}\left(\frac{T_1}{2\pi en}\right)^{\sigma-1/2}d\sigma=T^{c-1/2}n^{-c}(\log T/n\pi)^{-1},$$

最后一步用到了条件 $T_1=2eT>4\pi en$. 为了证明所要的结果，还要来估计积分

$$\int_{c\pm iT}^{c\pm iT_1}\frac{A(1-s)}{n^s}ds\ .$$

由式(3.3.17)知，当 $\sigma=c$, $T\leqslant t\leqslant T_1$ 时,

$$A(1-s)n^{-s}=n^{-c}(2\pi/t)^{1/2-c}e^{iF(t)}(1+O(|t|^{-1})), \tag{33}$$

其中

$$F(t)=-\pi/4+t\log(t/(2\pi en)). \tag{34}$$

所以，利用引理 21.1.3 就得到

$$\int_{c+iT}^{c+iT_1}\frac{A(1-s)}{n^s}ds=i\,n^{-c}\int_T^{T_1}\left(\frac{2\pi}{t}\right)^{1/2-c}e^{iF(t)}dt+O\left(\frac{T^{c-1/2}}{n^c}\right)$$

$$\ll T^{c-1/2}n^{-c}\left(1+\left(\log\frac{T}{2n\pi}\right)^{-1}\right). \tag{35}$$

同样可得

$$\int_{c-iT_1}^{c-iT}\frac{A(1-s)}{n^s}ds \ll T^{c-1/2}n^{-c}\left(1+\left(\log\frac{T}{2n\pi}\right)^{-1}\right). \quad (36)$$

由式(28),(32),(35)及(36)就证明式(22)的第一式. 式(22)的第二式的证明是十分简单的, 同式(35)的证明相同. 利用式(33)及引理21.1,3得到(注意条件 $T<2\pi n$)

$$\int_{c+io}^{c+iT}\frac{A(1-s)}{n^s}ds=\int_{c+i}^{c+iT}\frac{A(1-s)}{n^s}ds+O(n^{-c})$$

$$=-in^{-c}\int_1^T\left(\frac{2\pi}{t}\right)^{1/2-c}e^{iF(t)}dt+O(T^{c-1/2}n^{-c})$$

$$\ll T^{c-1/2}n^{-c}\left\{1+\left|\log\frac{T}{2n\pi}\right|^{-1}\right\}, \quad (37)$$

这就证明了所要的结论.

定理 4 设 $T\geqslant 2$. 对任给的 $\varepsilon>0$ 有

$$\int_0^T\left|\zeta\left(\frac{1}{2}+it\right)\right|^2dt=T\log T+(2\gamma-1-\log 2\pi)T+O(T^{1/2+\varepsilon}). \quad (38)$$

证: 由函数方程(7.1.21)可得

$$\int_{-T}^{T}\left|\zeta\left(\frac{1}{2}+it\right)\right|^2dt=\int_{-T}^{T}A\left(\frac{1}{2}-it\right)\zeta^2\left(\frac{1}{2}+it\right)dt \quad (39)$$

$$=-i\int_{1/2-iT}^{1/2+iT}A(1-s)\zeta^2(s)ds.$$

由估计(7.5.10)(这结果用不到 $\zeta(s)$ 的渐近公式)

$$\zeta\left(\frac{1}{2}+it\right)\ll(|t|+1)^{1/4+\varepsilon} \quad (40)$$

可以看出，这里可假定 $T/2\pi$ 为半奇数. 设 L 是以 $1/2\pm iT$，$(1+\varepsilon)\pm iT$ 为顶点的正向矩形围道. 由留数定理知

$$\frac{1}{2\pi i}\int_L A(1-s)\zeta^2(s)\,ds=\operatorname*{Res}_{s=1} A(1-s)\zeta^2(s)=O(1). \tag{41}$$

设 $c=1+\varepsilon$. 我们有

$$\int_0^T\left|\zeta\left(\frac{1}{2}+it\right)\right|^2dt=\frac{1}{2i}\left(\int_{1/2-iT}^{c-iT}+\int_{c-iT}^{c+iT}+\int_{c+iT}^{1/2+iT}\right)\cdot A(1-s)\zeta^2(s)\,ds+O(1). \tag{42}$$

由估计式(31)及(7.5.7)，(7.5.8)可推出

$$\int_{1/2\pm iT}^{c\pm iT}A(1-s)\zeta^2(s)\,ds\ll T^{1/2+\varepsilon}. \tag{43}$$

而由引理 3 可得

$$\frac{1}{2i}\int_{c-iT}^{c+iT}A(1-s)\zeta^2(s)\,ds=\frac{1}{2i}\int_{c-iT}^{c+iT}A(1-s)\sum_{n=1}^{\infty}\frac{d(n)}{n^s}\,ds \tag{44}$$

$$=2\pi\sum_{n<T/2\pi}d(n)+O\left(T^{c-1/2}\sum_{n=1}^{\infty}\frac{d(n)}{n^c}\left(1+\left|\log\frac{T}{2\pi n}\right|^{-1}\right)\right).$$

熟知

$$\sum_{n\leqslant y}d(n)=y\log y+(2\gamma-1)y+O(y^{1/2}), \tag{45}$$

$$\sum_{n=1}^{\infty}d(n)n^{-c}\ll 1. \tag{46}$$

此外，

$$\sum_{n=1}^{\infty}\frac{d(n)}{n^c}\left|\log\frac{T}{2n\pi}\right|^{-1}=\sum_{n\leqslant T/4\pi}+\sum_{T/4\pi<n\leqslant T/\pi}+\sum_{n>T/\pi} \tag{47}$$

$$\ll T^{-c+\varepsilon}\sum_{T/4\pi<n\leqslant T/\pi}\left|\log\frac{T}{2\pi n}\right|^{-1}+O(1)$$

$$\ll T^{1-c+\varepsilon/2}\sum_{T/4\pi<n\leqslant T/\pi}\left|n-\frac{T}{2\pi}\right|^{-1}+O(1)\ll 1,$$

这里用到了

$$\log\frac{a}{b}=\int_b^a\frac{du}{u}>\frac{a-b}{a},\qquad a>b. \tag{48}$$

从式(42)，(44)，(45)，(46)，(47)就证明了式(38).

§2. $\zeta(s,a)$ 的二次积分均值定理(二)

本节要利用更精确的渐近公式(23.4.1)来改进定理 1.1，并进而在下一节推出 $L(s,\chi)$ 的二次积分均值定理.

定理 1[1] 在定理1.1 的条件和符号下，我们有

$$\int_0^T\left|\zeta\left(\frac{1}{2}+it,a\right)\right|^2dt=T\log T^*+(c(a)+2\gamma-1-\log 2\pi)T$$

$$+O(T^{1/2}\min(1,T^{1/2})(a^{-1/2}+\log T^*)). \tag{1}$$

证：当 $T\leqslant B$ 时，由定理 1.1 知式(1)成立，故可假定 $T>B$. 由式(23.4.1)(取 $B=B_3$) 及式(3.3.17)知

$$\zeta(1/2+it,a)=I_1+I_2+I_3+I_4,\qquad 0\leqslant t\leqslant T. \tag{2}$$

其中(以下符号同定理 23.4.1)

$$I_1=\sum_{0\leqslant n\leqslant x-a}(n+a)^{-1/2-it}, \tag{3}$$

$$I_2=\exp\{i(t\log 2\pi/t+t-\pi/4)\}\sum_{1\leqslant n\leqslant x}e(-na)n^{-1/2+it}, \tag{4}$$

$$I_3=e^{if(t,a)}g(2x-2[x]+b-a)(2\pi/t^*)^{1/4}, \tag{5}$$

$$I_4=O((t^*)^{-3/4}). \tag{6}$$

因而有

---

1) Rane, *J. London Math. Soc.* (2), **21**(1980), 203—215.

$$\int_0^T \left|\zeta\left(\frac{1}{2}+it, a\right)\right|^2 dt = \int_0^T |I_1|^2 dt + \int_0^T |I_2|^2 dt + 2\mathrm{Re}\int_0^T \overline{I}_1 I_2 dt$$

$$+ 2\mathrm{Re}\int_0^T \overline{I}_1 I_3 dt + 2\mathrm{Re}\int_0^T \overline{I}_2 I_3 dt + \int_0^T |I_3|^2 dt$$

$$+ 2\mathrm{Re}\int_0^T (I_1+I_2+I_3)\overline{I}_4 dt + \int_0^T |I_4|^2 dt. \tag{7}$$

下面分别估计这些积分，前两个积分为主项，其余均为余项．设 $M=\sqrt{T/2\pi}-a$,

$$T_1 = \min_{t\geqslant 0}\{t \mid t *\geqslant \max(2\pi(n+a)^2, 2\pi(m+a)^2)\}. \tag{8}$$

由式(3)及交换积分号与求和号得

$$\int_0^T |I_1|^2 dt = \sum_{0\leqslant m, n\leqslant M} (m+a)^{-1/2}(n+a)^{-1/2}\int_{T_1}^T \left(\frac{m+a}{n+a}\right)^{it} dt$$

$$= \sum_{0\leqslant n\leqslant M} (n+a)^{-1}(T-T_1)^{1)} + \sum_{0\leqslant m\neq n\leqslant M} (m+a)^{-1/2}(n+a)^{-1/2}$$

$$\cdot \left(i\log\frac{m+a}{n+a}\right)^{-1}\left\{\left(\frac{m+a}{n+a}\right)^{iT_1} - \left(\frac{m+a}{n+a}\right)^{iT_1}\right\}$$

$$= \sum{}_1 + \sum{}_2 .$$

由式(1.2)及(8)得

$$\sum{}_1 = \frac{T}{2}\log\frac{T}{2\pi} + (\gamma + c(a))T - 2\pi \sum_{\sqrt{B/2\pi}-a<n\leqslant M} (n+a)$$

$$+ O(T^{1/2})$$

$$= \frac{T}{2}\log\frac{T}{2\pi} + \left(\gamma + c(a) - \frac{1}{2}\right)T + O(T^{1/2}).$$

---

1) 这里的 T_1 是 $m=n$ 时的值．

分出 $n=0$ 或 $m=0$ 的项，利用引理 1.2 可得

$$\sum_2 \ll a^{-1/2}\sum_{1\leqslant n\leqslant M}(n+a)^{-1/2}+\sum_{1\leqslant m<n\leqslant M}(m+a)^{-1/2}(n+a)^{-1/2}$$

$$\cdot\left(\log\frac{n+a}{m+a}\right)^{-1}$$

$$\ll a^{-1/2}T^{1/4}+\sum_{1\leqslant m<n\leqslant M}(m+1)^{-1/2}(n+1)^{-1/2}\left(\log\frac{n+1}{m+1}\right)^{-1}$$

$$\ll a^{-1/2}T^{1/4}+T^{1/2}\log T\ ,$$

由以上三式得

$$\int_0^T|I_1|^2dt=\frac{T}{2}\log\frac{T}{2\pi}+\left(c(a)+\gamma-\frac{1}{2}\right)T$$

$$+O\left(a^{-1/2}T^{1/4}+T^{1/2}\log T\right). \tag{9}$$

完全一样可证(相当于 $a=1$ 的情形)，由式(4)得

$$\int_0^T|I_2|^2dt=\frac{T}{2}\log\frac{T}{2\pi}+\left(\gamma-\frac{1}{2}\right)T+O(T^{1/2}\log T). \tag{10}$$

设 $Q=M+a=\sqrt{T/2\pi}$ ，

$$T_2=\min_{t\geqslant 0}\ \{t\,|\,t\ *\geqslant\max(2\pi(m+a)^2,2\pi n^2)\}. \tag{11}$$

由式(3)，(4)，以及交换积分号与求和号得到

$$\int_0^T\bar{I}_1I_2dt=\sum_{0\leqslant m\leqslant M}\ \sum_{1\leqslant n\leqslant Q}(m+a)^{-1/2}n^{-1/2}e(-na)\int_{T_2}^Te^{iF(t;m,n)}dt, \tag{12}$$

其中

$$F(t)=F(t;m,n)=-t\log\frac{t}{2\pi}+t-\frac{\pi}{4}+t\log(n(m+a)). \tag{13}$$

显有

$$F'(t)=-\log t/(2\pi n(m+a)),\quad F''(t)=-t^{-1}. \tag{14}$$

把式(12)右边和式分为两部份:

$$\int_0^T \overline{I}_1 I_2\,dt = \sum_{0\leqslant m\leqslant\sqrt{B/2\pi}-a}\ \sum_{1\leqslant n\leqslant\sqrt{B/2\pi}} + \sum_{\substack{0\leqslant m\leqslant M\\ T_2>B}}\ \sum_{1\leqslant n\leqslant Q}$$

$$=\sum_3+\sum_4. \tag{15}$$

由引理 21.2.1 及式(14)的第二式可得

$$\sum_3 \ll a^{-1/2}T^{1/2}. \tag{16}$$

把$\sum_4$再分为两部份

$$\sum_4=\sum\sum_{|m-n|\geqslant 2}+\sum\sum_{|m-n|\leqslant 1}=\sum_5+\sum_6. \tag{17}$$

由引理 21.1.3 及 式(14)的第一式(这时$T_2=\max(2\pi(m+a)^2, 2\pi n^2)$)得到

$$\sum_5 \ll \sum_{\substack{0\leqslant m\leqslant M\\ |m-n|\geqslant 2}}\ \sum_{1\leqslant n\leqslant Q}(m+a)^{-1/2}n^{-1/2}\left(\log\frac{\max((m+a)^2,n^2)}{(m+a)n}\right)^{-1}. \tag{18}$$

当$|m-n|\geqslant 2$时有

$$\log\frac{\max((m+a)^2,n^2)}{(m+a)n}$$

$$=\begin{cases}\log(m+a)/n>(m-n)/(m+n+a) & m+a>n,\\ \log n/(m+a)>(m-n)/2(m+n+a), & m+a<n,\end{cases}$$

所以

$$\sum_5 \ll \sum_{\substack{0\leqslant m\leqslant M\\ |m-n|\geqslant 2}}\ \sum_{1\leqslant n\leqslant Q}(m+a)^{-1/2}n^{-1/2}\frac{m+n+a}{|m-n|}$$

$$\ll a^{-1/2}\sum_{2\leqslant n\leqslant Q}n^{-1/2}+\sum_{1\leqslant m<n\leqslant Q}(mn)^{-1/2}n/(n-m) \tag{19}$$

$$\ll a^{-1/2}T^{1/4}+T^{1/4}\sum_{1\leqslant m<Q}m^{-1/2}\sum_{1\leqslant r\leqslant Q-m}r^{-1}$$

$$\ll a^{-1/2}T^{1/4}+T^{1/2}\log T.$$

再利用引理 21.2.1 及式(14)的第二式，得

$$\sum_6 \ll T^{1/2} \sum_{\substack{0\leqslant m\leqslant M \\ |m-n|\leqslant 1}} \sum_{1\leqslant n\leqslant Q} (m+d)^{-1/2} n^{-1/2}$$

$$\ll T^{1/2}(a^{-1/2}+\log T). \tag{20}$$

综合式(15)，(16)，(17)，(19)和(20)即得

$$\int_0^T \overline{I_1} I_2 dt \ll T^{1/2}(a^{-1/2}+\log T). \tag{21}$$

容易看出，由式(5)，式(6)可得

$$\int_0^T |I_3|^2 dt \ll T^{1/2}, \tag{22}$$

$$\int_0^T |I_4|^2 dt \ll 1. \tag{23}$$

由此及式(9)，式(10)，利用 Cauchy 不等式可推出

$$\int_0^T I_j \overline{I_4} dt \ll T^{1/2}(\log T)^{1/2} + a^{-1/2} T^{1/2}, \quad j=1,2,3. \tag{24}$$

最后来估计式(7)右边的第四、第五个积分，这是比较麻烦的. 设

$$T_3 = \min_{t\geqslant 0} \{ t \mid t^* \geqslant 2\pi(n+a)^2 \}. \tag{25}$$

由式(3)，式(5)，及交换积分号与求和号可得

$$\int_0^T \overline{I_1} I_3 dt = \int_0^T (2\pi/t^*)^{1/4} e^{if(t,a)} g(2x-2[x]+b-a) \cdot \sum_{0\leqslant n\leqslant x-a} (n+a)^{-1/2+it} dt$$

$$= \sum_{0\leqslant n\leqslant m} (n+a)^{-1/2} \int_{T_3}^T (2\pi/t^*)^{1/4} g(2x-2[x]+b-a) \cdot e^{i(f(t,a)+t\log(n+a))} dt$$

$$= \sum_{0\leqslant n\leqslant\sqrt{B/2\pi}-a} + \sum_{\sqrt{B/2\pi}-a<n\leqslant M}$$

$$= \sum\nolimits_7 + \sum\nolimits_8 . \tag{26}$$

容易看出，

$$\sum\nolimits_7 = \sum_{0\leqslant n\leqslant\sqrt{B/2\pi}-a} (n+a)^{-1/2}\int_B^T (2\pi/t)^{1/4} g(2x-2[x]+b-a)$$
$$\cdot e^{i(f(t,a)+t\log(n+a))}dt + O(a^{-1/2}), \tag{27}$$

$$\sum\nolimits_8 = \sum_{\sqrt{B/2\pi}-a<n\leqslant M} (n+a)^{-1/2}\int_{2\pi(n+a)^2}^T (2\pi/t)^{1/4}$$
$$\cdot g(2x-2[x]+b-a)e^{i(f(t,a)+t\log(n+a))}dt . \tag{28}$$

估计以上两式中的积分的方法是把积分区间分为这样一些小区间，在这些小区间上 $[x]=[\sqrt{t/2\pi}]$ 及 $b=[x]-[x-a]$ 均为常数. 容易看出，这些小区间是有下面的形式:

$$\begin{cases} J_0(q): & 2\pi q^2 \leqslant t < 2\pi(q+a)^2, \\ J_1(q): & 2\pi(q+a)^2 \leqslant t < 2\pi(q+1)^2. \end{cases} \tag{29}$$

在 $J_0(q)$ 上，$[x]=q$，$b=1$; 在 $J_1(q)$ 上，$[x]=q$, $b=0$. 这些小区间的长度 $\ll q$. 我们把区间 $[B,T]$ 和 $[2\pi(n+a)^2, T]$ 都分解为这样的一些小区间之和[1]. 这样就有

$$\sum\nolimits_7 \ll \sum_{0\leqslant n\leqslant\sqrt{B/2\pi}-a} (n+a)^{-1/2} \sum_{[\sqrt{B/2\pi}]\leqslant q\leqslant Q} \left\{\left|\int_{J_0(q)}\right| + \left|\int_{J_1(q)}\right|\right\} + a^{-1/2}, \tag{30}$$

$$\sum\nolimits_8 \ll \sum_{\sqrt{B/2\pi}-a<n\leqslant M} (n+a)^{-1/2} \sum_{n\leqslant q\leqslant Q} \left\{\left|\int_{J_0(q)}\right| + \left|\int_{J_1(q)}\right|\right\}. \tag{31}$$

容易看出有显然估计(以下 q 均在式(30)，(31)中指出的范围内)

1) 这时，最左边的小区间的左端点和最右边的小区间的右端点可能和原区间的左、右端点不同，在这种情形，我们规定这两个端点取为原区间的相应的端点. 这不影响下面的估计.

$$\int_{J_l(q)} \ll (q+1)^{1/2}, \qquad l=0,1. \tag{32}$$

下面来进一步估计这种积分. 为此设

$$h(t)=h(t;n,a)=f(t,a)+t\log(n+a),$$

$$k(t)=k(t,a)=(2\pi/t)^{1/4}g(2x-2[x]+b-a),$$

当 $q\geqslant n+3$ 时, 在每个小区间 $J_l(q)$ $(l=0,1)$ 内有

$$h'(t)=\frac{1}{2}\log(2\pi(n+a)^2/t)+\frac{1}{2}(b-a)(2\pi/t)^{1/2},$$

由此及式(29)(注意注(1))知

$$|h'(t)|\geqslant\log(q/(n+a))-1/(2q)\geqslant\log(q/(n+1))-1/(2q)$$

$$\geqslant\frac{3}{4}\log(q/(n+1)). \tag{33}$$

此外, 由式(29)知在每个小区间 $J_l(q)$ $(l=1,2)$ 内有

$$h''(t)\ll t^{-1}\ll q^{-2},\quad k'(t)\ll t^{-1/4}\ll q^{-1/2},$$

$$k''(t)\ll t^{-3/4}\ll q^{-3/2}. \tag{34}$$

因此, 当 $q\geqslant n+3$ 时, 利用分部积分, 由式(33), (34)得到

$$\int_{J_l(q)} k(t)e^{ih(t)}dt\ll\max_{t\in J_l(q)}\left|\frac{k(t)}{h'(t)}\right|+q\max_{t\in J_l(q)}\left|\frac{d}{dt}\left(\frac{k(t)}{h'(t)}\right)\right|$$

$$\ll q^{-1/2}(\log q/(n+1))^{-1},\qquad l=0,1. \tag{35}$$

利用估计(32)和(35)就得到(取 $\sqrt{B/2\pi}\geqslant 3$)

$$\sum_7\ll a^{-1/2}+a^{-1/2}\sum_{[\sqrt{B/2\pi}]\leqslant q\leqslant Q}q^{-1/2}+\sum_{1\leqslant n\leqslant\sqrt{B/2\pi}-a}(n+a)^{-1/2}$$

$$\cdot\left((n+1)^{1/2}+\sum_{n+3\leqslant q\leqslant Q}q^{-1/2}\right)$$

$$\ll a^{-1/2}T^{1/4}. \tag{36}$$

$$\sum_8 \ll \sum_{\sqrt{B/2\pi}-a<n\le M}(n+a)^{-1/2}\Bigg((n+3)^{1/2}+\sum_{n+3\le q\le Q}q^{-1/2}$$

$$\cdot(\log q/(n+1))^{-1}\Bigg)$$

$$\ll T^{1/2}+\sum_{\sqrt{B/2\pi}-a<n\le M}\ \sum_{n+3\le q\le Q}(nq)^{-1/2}(\log q/n)^{-1}$$

$$\ll T^{1/2}\log T. \tag{37}$$

最后一步用到了引理 1.2, 由式(26), (36)及(37)就得到

$$\int_0^T \overline{I}_1 I_3\,dt \ll a^{-1/2}T^{1/4}+T^{1/2}\log T. \tag{38}$$

用完全一样的方法可证

$$\int_0^T \overline{I}_2 I_3\,dt \ll T^{1/2}\log T. \tag{39}$$

综合式(7), (9), (10), (21), (22), (23), (24), (38)及(39)就证明了式(1).

最近,Heath-Brown[1]讨论了定理1($a=1$)中的余项的积分均值.

§3. $L(s,\chi)$的二次积分均值定理

利用熟知的恒等式

$$\sum_{\chi \bmod q}|L(s,\chi)|^2=\varphi(q)q^{-2\sigma}\sum_{h=1}^{q}{}'\left|\zeta\left(s,\frac{h}{q}\right)\right|^2,\quad \sigma=\mathrm{Re}\,s, \tag{1}$$

从定理 2.1 就可证明

定理 1[2] 设 $T\geqslant 0$, $q\geqslant 1$, T^*由式(1.4)给出. 我们有

---

1) *Mathematika*, **25** (1978), 177-184.

2) Rane, *J. London Math. Soc.* (2), **21** (1980), 203-215.

$$\frac{1}{\varphi(q)}\sum_{\chi \bmod q}\int_0^T\left|L\left(\frac{1}{2}+it,\chi\right)\right|^2dt$$

$$=\frac{\varphi(q)}{q}\left\{T\log T^*+\left(2\gamma-1+\log\frac{q}{2\pi}+\sum_{p|q}\frac{\log p}{p-1}\right)T\right\}$$

$$+O(\varphi(q)q^{-1}T^{1/2}\min(1,T^{1/2})\log T^*). \tag{2}$$

证：由式(2.1)及(1)得

$$\frac{1}{\varphi(q)}\sum_{\chi \bmod q}\int_0^T\left|L\left(\frac{1}{2}+it,\chi\right)\right|^2dt$$

$$=\varphi(q)q^{-1}\{T\log T^*+(2\gamma-1-\log(2\pi))T\}$$

$$+Tq^{-1}\sum_{h=1}^{q}{}'c(h/q)+O(\varphi(q)q^{-1}T^{1/2}\min(1,T^{1/2})\log T^*)$$

$$+O\left(T^{1/2}\min(1,T^{1/2})q^{-1}\sum_{h=1}^{q}{}'(q/h)^{1/2}\right). \tag{3}$$

对任意正数 $w\geqslant 1$ 有

$$\sum_{\substack{1\leqslant h\leqslant w\\(h,q)=1}}\frac{1}{h}=\sum_{d|q}\mu(d)\sum_{\substack{1\leqslant h\leqslant w\\d|h}}h^{-1}=\sum_{d|q}\frac{\mu(d)}{d}\sum_{1\leqslant l\leqslant wd^{-1}}l^{-1}$$

$$=\sum_{d|q}\frac{\mu(d)}{d}\left(\log\frac{w}{d}+\gamma+O\left(\frac{d}{w}\right)\right)$$

$$=\frac{\varphi(q)}{q}(\log w+\gamma)-\sum_{d|q}\frac{\mu(d)}{d}\log d+O\left(\frac{d(q)}{w}\right). \tag{4}$$

$$\sum_{d|q}\frac{\mu(d)}{d}\log d=\sum_{d|q}\frac{\mu(d)}{d}\sum_{n|d}\Lambda(n)$$

$$=\sum_{n|q}\frac{\mu(n)\Lambda(n)}{n}\sum_{nf|q,(f,n)=1}\frac{\mu(f)}{f}$$

$$= -\sum_{p|q} \frac{\log p}{p} \sum_{pf|q,\ (f,p)=1} \frac{\mu(f)}{f}$$

$$= -\frac{\varphi(q)}{q} \sum_{p|q} \frac{\log p}{p-1}. \tag{5}$$

由以上两式就得到

$$\sum_{\substack{1\leqslant h\leqslant w\\(h,q)=1}} \frac{1}{h} = \frac{\varphi(q)}{q}\left(\log w+\gamma+\sum_{p|q}\frac{\log p}{p-1}\right)+O\left(\frac{d(q)}{w}\right). \tag{6}$$

由此及式(1.1)推出：对整数 $w\geqslant 3$ 有

$$q^{-1}\sum_{h=1}^{q}{}' c(hq^{-1}) = \sum_{h=1}^{q}{}' \sum_{n=0}^{w-1}(qn+h)^{-1} - q^{-1}\varphi(q)(\log w+\gamma)$$

$$+O(q^{-1}\varphi(q)w^{-1})$$

$$= \sum_{\substack{1\leqslant m\leqslant qw\\(m,q)=1}} \frac{1}{m} - \frac{\varphi(q)}{q}(\log w+\gamma) + O\left(\frac{\varphi(q)}{qw}\right)$$

$$= \frac{\varphi(q)}{q}\left(\log q+\sum_{p|q}\frac{\log p}{p-1}\right)$$

$$+O\left(\frac{\varphi(q)}{qw}+\frac{d(q)}{qw}\right). \tag{7}$$

令 $w\to\infty$ 即得

$$\frac{1}{q}\sum_{h=1}^{q}{}' c\left(\frac{h}{q}\right) = \frac{\varphi(q)}{q}\left(\log q+\sum_{p|q}\frac{\log p}{p-1}\right). \tag{8}$$

此外，我们还有

$$\sum_{h=1}^{q}{}' h^{-1/2} = \sum_{d|q}\mu(d)\, d^{-1/2}\sum_{l=1}^{q/d} l^{-1/2} = q^{-1/2}\varphi(q) + O\left(\frac{d(q)}{q^{1/2}}\right). \tag{9}$$

由式(3)，(8)及(9)就证明了定理.

§4. $\zeta(s)$的四次积分均值定理

本节将利用定理 23.5.1 和定理 28.4.7 来证明$\zeta(1/2+it)$的四次积分均值定理. 这个证明是由 K. Ramachandra[1] 给出的

定理 1[2] 设 $T\geqslant 2$. 我们有

$$\int_0^T\left|\zeta\left(\frac{1}{2}+it\right)\right|^4 dt=\frac{1}{2\pi^2}T\log^4 T+O(T\log^3 T).\quad(1)$$

为证定理 1 需要以下两个引理.

引理 2 设 $x\geqslant 2$, r 为正整数. 那末, 当 $\lambda<1$ 时有

$$\sum_{n\leqslant x} d^r(n)\,n^{-\lambda}\ll x^{1-\lambda}(\log x)^{2^r-1};\quad(2)$$

当 $\lambda>1$ 时有

$$\sum_{n>x} d^r(n)\,n^{-\lambda}\ll x^{1-\lambda}(\log x)^{2^r-1},\quad(3)$$

这里的 $\ll$ 常数均和 λ, r 有关.

利用文献 [12] 的第六章 §5 定理3 的式(2) 及 Abel 求和公式(2.1.2)就可推出式(2) 和(3).

引理 3 设 $x\geqslant 3$. 我们有

$$\sum_{n\leqslant x} d^2(n)n^{-1}=(4\pi^2)^{-1}\log^4 x+O(\log^3 x).\quad(4)$$

证: 利用熟知的关系式

$$\sum_{n=1}^{\infty} d^2(n)n^{-s}=\zeta^4(s)\zeta^{-1}(2s),\quad \sigma>1,\quad(5)$$

由定理 6.5.2 知, 对 $c>0$, $T\geqslant 2$ 及半奇数 x 有

$$\sum_{n\leqslant x} d^2(n)n^{-1}=\frac{1}{2\pi i}\int_{c-iT}^{c+iT}\frac{\zeta^4(1+w)}{\zeta(2+2w)}\,\frac{x^w}{w}\,dw+O\left(\frac{x^c}{Tc^4}\right)$$

---

1) *J. London Math. Soc.* (2), **10** (1975), 482—486.

2) 最近 Heath – Brown (*Proc. London Math. Soc.* (3), **38** (1979), 385 – 422) 证明了更好的渐近公式.

$$+O\left(\frac{H(2x)\log x}{T}\right), \tag{6}$$

其中 $H(x)$ 由文献 [11] 的定理 317 知可取

$$H(x)=\exp\left(\frac{\log x}{\log\log x}\right). \tag{7}$$

容易计算留数

$$\begin{aligned}\operatorname*{Res}_{w=0}\left(\frac{\zeta^4(1+w)}{\zeta(2+2w)}\frac{x^w}{w}\right)&=\frac{1}{4\pi^2}\log^4 x+a_3\log^3 x\\&\quad+a_2\log^2 x+a_1\log x+a_0\\&=\frac{1}{4\pi^2}\log^4 x+O(\log^3 x),\end{aligned} \tag{8}$$

其中 a_j 为一些常数. 因而由留数定理知，对 $0<\delta\leqslant 1/4$ 有

$$\begin{aligned}\frac{1}{2\pi i}\int_{c-iT}^{c+iT}\frac{\zeta^4(1+w)}{\zeta(2+2w)}\frac{x^w}{w}dw&=\frac{1}{4\pi^2}\log^4 x+O(\log^3 x)\\&\quad+\frac{1}{2\pi i}\left(\int_{c-iT}^{-\delta-iT}+\int_{-\delta-iT}^{-\delta+iT}+\int_{-\delta+iT}^{c+iT}\right).\end{aligned} \tag{9}$$

对充分大的 T, 取(A 为一常数)

$$\delta=A(\log T)^{-1},\quad A\geqslant 4. \tag{10}$$

由定理 7.5.3 知

$$\begin{aligned}\int_{-\delta-iT}^{-\delta+iT}\frac{\zeta^4(1+w)}{\zeta(2+2w)}\frac{x^w}{w}dw&\ll x^{-\delta}\log^4 T\int_{-T}^{T}\frac{dv}{\sqrt{\delta^2+v^2}}\\&\ll x^{-\delta}\log^5 T,\end{aligned} \tag{11}$$

$$\int_{-\delta\pm iT}^{c\pm iT}\frac{\zeta^4(1+w)}{\zeta(2+2w)}\frac{x^w}{w}dw\ll\frac{x^c\log^4 T}{T}. \tag{12}$$

现取 $c=(\log x)^{-1}$, $T=\exp(2\log x(\log\log x)^{-1})$, 注意到这时有

$$x^{-\delta}\log^5 T=(\log x)^{-A/2}(2\log x)^5(\log\log x)^{-5},$$

由此及式(6)—(12)就可推出所要的结论.

定理1的证明：由定理23.5.1(取$F(s,k)=\zeta^2(s)$及$x=T$)知，当

$$|\sigma-1/2|\leqslant 0.01,\quad 2\leqslant T\leqslant t\leqslant 2T \tag{13}$$

时有

$$\begin{aligned}\zeta^2(s)=&\sum_{n=1}^{\infty}d(n)n^{-s}e^{-n/T}+A^2(s)\sum_{n\leqslant T}d(n)n^{s-1}\\&-\frac{1}{2\pi i}\int_{(-3/4)}A^2(s+w)\sum_{n>T}d(n)n^{s+w-1}\Gamma(w)T^w dw\\&-\frac{1}{2\pi i}\int_{(1/4)}A^2(s+w)\sum_{x\leqslant T}d(n)n^{s+w-1}\Gamma(w)T^w dw\\&+O(T^{-10}),\end{aligned} \tag{14}$$

其中$A(s)$由式(7.1.20)给出. 进一步可把它改写为

$$\zeta^2(s)(A(s))^{-1}=J_1(s)+J_2(s)+\cdots+J_7(s), \tag{15}$$

其中

$$J_1(s)=(A(s))^{-1}\sum_{n\leqslant T}d(n)n^{-s}, \tag{16}$$

$$J_2(s)=A(s)\sum_{n\leqslant T}d(n)n^{s-1}, \tag{17}$$

$$J_3(s)=(A(s))^{-1}\sum_{n\leqslant T}d(n)n^{-s}(e^{-n/T}-1), \tag{18}$$

$$J_4(s)=(A(s))^{-1}\sum_{n>T}d(n)n^{-s}e^{-n/T}, \tag{19}$$

$$\begin{aligned}J_5(s)=&-(2\pi iA(s))^{-1}\int_{(-3/4)}A^2(s+w)\sum_{n>T}d(n)n^{s+w-1}\\&\cdot\Gamma(w)T^w dw,\end{aligned} \tag{20}$$

$$J_6(s) = -(2\pi i A(s))^{-1} \int_{(1/4)}^{(-3/4)} A^2(s+w) \sum_{n\leqslant T} d(n)\, n^{s+w-1}$$

$$\cdot\ \Gamma(w)\, T^w\, dw, \tag{21}$$

$$J_7(s) = O(T^{-10}). \tag{22}$$

由于$|A(1/2+it)|=1$（见式(7.1.22)），所以

$$\int_T^{2T} \left|\zeta\left(\frac{1}{2}+it\right)\right|^4 dt = \int_T^{2T} (J_1+J_2)^2\, dt$$

$$+ O\left(\left|\int_T^{2T} (J_1+J_2) \sum_{k=3}^{6} J_k\, dt\right|\right)$$

$$+ O\left(\int_T^{2T} \sum_{k=3}^{6} |J_k|^2 dt\right) + O(1), \tag{23}$$

这里 $J_k = J_k(1/2+it)$，$1\leqslant k\leqslant 6$．容易看出 $J_1=\overline{J_2}$，所以，J_1+J_2 是实数．下面分别来估算这些积分．

当 $|\sigma-1/2|\leqslant 0.01$ 时，

$$\int_T^{2T} |J_3(s)|^2 dt = \int_T^{2T} |A(\sigma+it)|^{-2} \left|\sum_{n\leqslant T} \frac{d(n)}{n^{\sigma+it}} (e^{-n/T}-1)\right|^2 dt$$

$$\ll T^{2\sigma-1} \int_T^{2T} \left|\sum_{n\leqslant T} d(n)\, n^{-\sigma-it} (e^{-n/T}-1)\right|^2 dt$$

$$\ll T^{2\sigma} \sum_{n\leqslant T} d^2(n)\, n^{-2\sigma} (e^{-n/T}-1)^2$$

$$\ll T^{2\sigma-2} \sum_{n\leqslant T} n^{2-2\sigma} d^2(n) \ll T \log^3 T, \tag{24}$$

这里先后用到了式(7.1.25)，式(29.2.10)(取 $q=1$)

$$|e^{-x}-1| \leqslant x, \qquad 0\leqslant x\leqslant 1,$$

以及引理 2．同样可证，当$|\sigma-1/2|\leqslant 0.01$ 时有

$$\int_T^{2T}|J_4(s)|^2dt \ll T^{2\sigma}\sum_{n>T}d^2(n)n^{-2\sigma}e^{-2n/T} \ll T\log^3T, \tag{25}$$

最后一步用到了(在式(2)中取 $\lambda=0$, $r=2$)

$$\sum_{n\leqslant x}d^2(n) \ll x\log^3x$$

及求和公式(2.1.2).

当 $|\sigma-1/2|\leqslant 0.01$, $T\leqslant t\leqslant 2T$ 时, 利用 Cauchy 不等式, 式(7.1.25)及(3.3.22)可得

$$\begin{aligned}|J_5(s)|^2 &\leqslant T^{2\sigma-5/2}\int_{(-3/4)}|A(s+w)|^4|\Gamma(w)| \\ &\quad\cdot|\sum_{n>T}d(n)n^{w+s-1}|^2dv \\ &\ll T^{2\sigma-5/2}\int_{-3/4-iT/2}^{-3/4+iT/2}+O(T^{-10}).\end{aligned} \tag{26}$$

由上式, 式(7.1.25), 式(29.2.10)(取 $q=1$), 以及引理 2 可推出: 当 $|\sigma-1/2|\leqslant 0.01$ 时有

$$\begin{aligned}\int_T^{2T}|J_5(s)|^2dt &\ll T^{5/2-2\sigma}\int_{-3/4-iT/2}^{-3/4+iT/2}|\Gamma(w)|dv \\ &\quad\cdot\int_T^{2T}|\sum_{n>T}d(n)n^{w+s-1}|^2dt+O(T^{-9}) \\ &\ll T^{5/2-2\sigma}\sum_{n>T}(T+n)d^2(n)n^{2\sigma-7/2}+O(T^{-9}) \\ &\ll T\log^3T.\end{aligned} \tag{27}$$

类似可证, 当 $|\sigma-1/2|\leqslant 0.01$ 时有

$$\int_T^{2T}|J_6(s)|^2dt \ll T\log^3T. \tag{28}$$

下面来估算含有 J_1, J_2 的积分. 由式(7.1.25)及引理 2 知, 当 $|\sigma-1/2|\leqslant 0.01$, $T\leqslant t\leqslant 2T$ 时有

$$|J_1(s)| \ll T^{\sigma-1/2}\sum_{n\leqslant T} d(n)n^{-\sigma} \ll T^{1/2}\log T, \tag{29}$$

$$|J_2(s)| \ll T^{1/2-\sigma}\sum_{n\leqslant T} d(n)\, n^{\sigma-1} \ll T^{1/2}\log T, \tag{30}$$

$$|J_3(s)| \ll T^{\sigma-1/2}\sum_{n\leqslant T} d(n)n^{-\sigma} \ll T^{1/2}\log T, \tag{31}$$

$$|J_4(s)| \ll T^{\sigma-1/2}\sum_{n>T} d(n)n^{-\sigma}\ e^{-n/T} \ll T^{1/2}\log T, \tag{32}$$

最后一式还用到了求和公式(2.1.2). 再由式(7.1.25), 式(3.3.22)及引理2可得: 当$|\sigma-1/2|\leqslant 0.01$, $T\leqslant t\leqslant 2T$时,

$$\begin{aligned}|J_5(s)| &\ll T^{\sigma-5/4}\int_{-3/4-iT/2}^{-3/4+iT/2} |A^2(s+w)||\Gamma(w)|\\ &\quad\cdot \Big|\sum_{n>T} d(n)\ n^{s+w-1}\Big|dv+O(T^{-10})\\ &\ll T^{5/4-\sigma}\sum_{n>T} d(n)\, n^{\sigma-7/4} \ll T^{1/2}\log T,\end{aligned} \tag{33}$$

以及

$$\begin{aligned}|J_6(s)| &\ll T^{\sigma-1/4}\int_{1/4-iT/2}^{1/4+iT/2} |A^2(s+w)||\Gamma(w)|\\ &\quad\cdot \Big|\sum_{n\leqslant T} d(n)\ n^{s+w-1}\Big|dv+O(T^{-10})\\ &\ll T^{1/4-\sigma}\sum_{n\leqslant T} d(n)\ n^{\sigma-3/4}+O(T^{-10}) \ll T^{1/2}\log T.\end{aligned} \tag{34}$$

由式(7.1.25), 式(29.2.10)(取$q=1$), 及引理2可得: 当$1/2-10^{-2}\leqslant\sigma\leqslant 1/2-10^{-8}$时,

$$\begin{aligned}\int_T^{2T}|J_1(s)|^2dt &\ll T^{2\sigma-1}\Big(T\sum_{n\leqslant T} d^2(n)n^{-2\sigma}+\sum_{n\leqslant T} d^2(n)n^{1-2\sigma}\Big)\\ &\ll T\log^3 T;\end{aligned} \tag{35}$$

同样可证，当 $1/2+10^{-8}\leqslant\sigma\leqslant 1/2+10^{-2}$ 时有

$$\int_T^{2T}|J_2(s)|^2\,dt\ll T\log^3 T. \tag{36}$$

利用式(29)—(36)，由复变函数的 Cauchy 定理可以证明

$$\int_T^{2T}J_k^2\,dt\ll T\log^3 T,\quad k=1,2. \tag{37}$$

$$\int_T^{2T}J_kJ_l\,dt\ll T\log^3 T,\quad k=1,2,\quad l=3,4,5,6. \tag{38}$$

这两类估计的证明方法是一样的. 设 $\sigma_1=1/2-10^{-8}$. 我们有

$$i\int_T^{2T}J_1^2\,dt=\int_{1/2+iT}^{1/2+i2T}J_1^2(s)\,ds=\int_{\sigma_1+iT}^{\sigma_1+i2T}J_1^2(s)\,ds+\int_{1/2+iT}^{\sigma_1+iT}J_1^2(s)\,ds$$
$$+\int_{\sigma_1+i2T}^{1/2+i2T}J_1^2(s)\,ds\ll T\log^3 T, \tag{39}$$

最后一步用到了式(35)及(29). 同样的，设 $\sigma_2=1/2+10^{-8}$，利用式(36)及(30)可得

$$i\int_T^{2T}J_2^2\,dt=\int_{1/2+iT}^{1/2+i2T}J_2^2(s)\,ds=\int_{\sigma_2+iT}^{\sigma_2+2iT}J_2^2(s)\,ds$$
$$+\int_{1/2+iT}^{\sigma_2+iT}J_2^2(s)\,ds+\int_{\sigma_2+2iT}^{1/2+i2T}J_2^2(s)\,ds$$
$$\ll T\log^3 T. \tag{40}$$

以上两式就证明了式(37). 用类似办法可估计式(38)中的各个积分：凡是含 J_1 的按估计式(39)的方法讨论，凡是含 J_2 的则按估计式(40)的方法讨论，并分别应用式(29)—(36)中的相应的估计式.

最后，我们来求主项. 由定理 28.4.7(取 $x_r=\log r$，$u_r=d(r)r^{-1/2}$)及引理 3 可得

$$\int_T^{2T} J_1 J_2\, dt = \int_T^{2T} |J_1|^2\, dt = \int_T^{2T} \left|\sum_{n\leqslant T} d(n)\, n^{-1/2-it}\right|^2 dt$$

$$= T\sum_{n\leqslant T} d^2(n) n^{-1} + O\left(\sum_{n\leqslant T} d^2(n)\right)$$

$$= (2\pi)^{-2}\, T\log^4 T + O(T\log^3 T). \tag{41}$$

综合式(23)，(24)，(25)，(27)，(28)，(37)，(38)及(41)，就推得

$$\int_T^{2T} |\zeta(1/2+it)|^4\, dt = (2\pi^2)^{-1}\, T\log^4 T + O(T\log^3 T). \tag{42}$$

设 $2^{K+1}\leqslant T\leqslant 2^{K+2}$． 我们有

$$\int_0^T \left|\zeta\left(\frac{1}{2}+it\right)\right|^4 dt = \int_0^{2^{-K}T} \left|\zeta\left(\frac{1}{2}+it\right)\right|^4 dt$$

$$+ \sum_{k=0}^{K-1} \int_{2^{-k-1}T}^{2^{-k}T} \left|\zeta\left(\frac{1}{2}+it\right)\right|^4 dt$$

$$= O(1) + (2\pi^2)^{-1} \sum_{k=0}^{K-1} 2^{-k-1} T\log^4(2^{-k-1}T)$$

$$+ O\left(\sum_{k=0}^{K-1} 2^{-k-1} T\log^3(2^{-k-1}T)\right)$$

$$= (2\pi^2)^{-1}\, T\log^4 T + O(T\log^3 T).$$

这就完全证明了定理 1.

应该指出，在解析数论中经常应用的是四次积分均值估计

$$\int_0^T \left|\zeta\left(\frac{1}{2}+it\right)\right|^4 dt \ll T\log^4 T. \tag{43}$$

它的证明要比定理 1 简单得多，这将在§29.3 中证明，并同时给出 L 函数的四次均值估计.

习　　题

1. 利用定理 28.4.4 可把引理 1.2 改进为怎样的估计式.
2. 利用渐近公式(23.1.4)及引理 1.2 证明：(a)　存在正常数 A，当 $1/2\leqslant\sigma\leqslant 2$，$T\geqslant 2$ 时有

$$\int_1^T|\zeta(\sigma+it)|^2dt\leqslant AT\min((\sigma-1/2)^{-1},\ \log T).$$

(b)　对任意的 $\sigma_0>1/2$，当 $\sigma_0\leqslant\sigma\leqslant 2$ 时一致地有

$$\int_1^T|\zeta(\sigma+it)|^2dt\sim T\zeta(2\sigma),$$

求出这渐近公式的误差项. 把这些结论推广到 $\zeta(s,a)$上.

3. 设 $k\geqslant 1$ 是固定整数，$\sigma>1$ 是给定的实数. 证明：对任给 $\varepsilon>0$ 有：

$$\int_0^T|\zeta(\sigma+it)|^{2k}dt=T\sum_{n=1}^{\infty}d_k^2(n)n^{-2\sigma}+O(1+T^{2-\sigma+\varepsilon}),$$

这里 $d_1(n)\equiv 1$，$d_k(n)=\sum\limits_{l\mid n}d_{k-1}(l)$.

4. 利用渐近公式(23.1.9)证明：(a) 存在正常数 A，使得当 $1/2\leqslant\sigma\leqslant 2$，$T\geqslant 2$ 时有

$$\int_1^T|\zeta(\sigma+it)|^4dt\leqslant AT\min((\sigma-1/2)^{-4},\ \log^4T);$$

(b)　对任意的 $\sigma_0>1/2$，当 $\sigma_0\leqslant\sigma\leqslant 2$ 时一致地有

$$\int_1^T|\zeta(\sigma+it)|^4dt\sim T\zeta^4(2\sigma)\zeta^{-1}(4\sigma),$$

求出这渐近公式的误差项.

5. 设整数 $k\geqslant 3$. 利用式 (23.1.9)证明：(a)　当 $1-k^{-1}\leqslant\sigma\leqslant 2$ 时有

$\int_1^T |\zeta(\sigma+it)|^{2k} dt \ll T\min((\sigma-k^{-1})^{k^2},\ (\log T)^{k^2})$；（b）当 $\sigma>1-k^{-1}$ 时有 $\int_1^T |\zeta(\sigma+it)|^{2k} dt \sim T\sum_{n=1}^{\infty} d_k^2(n)\, n^{-2\sigma}$.

6. 利用式(23.1.9)及引理 1.2 证明: $\int_0^T |\zeta(1/2+it)|^2 dt \sim T\log T$. 进而求出这渐近公式的误差项(在式(23.1.9)中适当选取 x, y). 把相应的结论推广到 $\zeta(s, a)$.
7. 利用定理 1.1 的证明方法, 把上题中的主项进一步改进为 $T\log T+(2\gamma-1-\log 2\pi)T$, 并求出误差项(在式(23.1.9)中适当选取 x, y). 把相应的结论推广到 $\zeta(s, a)$.
8. 把定理 1.4 中的误差项改进为 $T^{1/2}\log^c T$, 并定出 c 的值.
9. 试把定理 2.1 推广到 $\zeta(\sigma+it, a)$, $|\sigma-1/2|\leqslant 1/10$. 进而相应地推广定理 3.1.

第二十六章　Waring 问题

1770 年，E. Waring 在他的 Meditationes Algebraicae 一书中，首先提出了这样的问题：每个自然数 N 一定至多是四个平方数之和；九个立方数之和；十九个四次方数之和，等等. 他并没有给出这些结果的证明，但这表明他相信：对任给正整数 $k\geqslant 2$，一定存在 $m=m(k)$ 使得不定方程

$$x_1^k+\cdots+x_m^k=N,\ x_j\geqslant 0,\ j=1,\cdots,m, \tag{A}$$

对每个自然数 N 必有解. 这就是著名的 Waring 问题.

Hilbert(1909)首先用很复杂的方法证明了对所有的 $k\geqslant 2$，$m=m(k)$ 的存在性. 后来，Ю. В. Линник(1943)利用 Шнирельман 密率和华罗庚的著名不等式(见习题 9)给出了这结果的另一证明，华罗庚(1956)又进一步简化了这一证明. 但是用这些方法得到的 $m(k)$ 的值都是很大的. 因此，很自然的要进一步问：为使不定方程(A)对所有自然数 N 可解的最小的 $m=m(k)$ 应为多少？把这一最小值记作 $g(k)$. 容易证明 $\left(\text{考虑 } N=2^k\left[\left(\frac{3}{2}\right)^k\right]-1\right)$

$$g(k)\geqslant 2^k+\left[\left(\frac{3}{2}\right)^k\right]-2. \tag{B}$$

猜测对所有的 $k\geqslant 2$ 有

$$g(k)=2^k+\left[\left(\frac{3}{2}\right)^k\right]-2. \tag{C}$$

关于 $g(k)$ 的研究基本上已解决了. 具体结果如下：$g(2)=4$，这

就是著名的四平方和定理，这一结论很早就为一些数学家提出，并由 Lagrange 在1770 年就证明了；$g(3)=9$，这是A . Wieferich 于1909 年证明的，而 L . E . Dickson (1939) 证明：除了 23 和 239 外，每个自然数至多是8 个立方数之和；陈景润(1964) 证明了 $g(5)=37$；当 $k\geqslant 6$，且条件

$$2^k\left\{\left(\frac{3}{2}\right)^k\right\}+\left[\left(\frac{3}{2}\right)^k\right]\leqslant 2^k \tag{D}$$

成立时，那末式(C) 成立(L . E . Dickson , S . S . Pillai , R . K . Rubugunday 等，1936— 1944)．猜测条件(D) 对所有 $k\geqslant 1$ 均成立．R . M . Stemmler(1964) 已验证，当 $6\leqslant k\leqslant 200000$ 时条件(D) 成立，而 K . Mahler (1957) 证明了对充分大的 $k\geqslant k_0$ 式(D) 必成立(但 Mahler 的方法不能具体定出 k_0)； $g(4)$ 的精确值还没有定出，最好的结果是 $19\leqslant g(4)\leqslant 21$ (Balasubramanian , 1979)．而 Thomas (1974) 已证明当 $N<10^{310}$ 或 $N>10^{1409}$ 时，一定可表为不超过十九个四次方数之和[1)].

Hardy 和 Littlewood (1919 — 1928) 首先提出用圆法来研究 Waring 问题．利用圆法不仅可讨论不定方程(A) 对充分大的 N 的可解性，而且当 m 适当大时还能得到解数的渐近公式．后来，И.М.Виноградов(1928) 对他们的方法作了重大的改进．这样，比讨论 $g(k)$ 更有意义的是讨论这样的问题：为使不定方程(A) 对充分大的 N 可解，最小的 $m=m(k)$ 应为多少？把这一最小值记作 $G(k)$．容易证明(见 [12，第十八章§2])：

$$G(k)\geqslant\begin{cases}4k, & k=2^l\geqslant 4;\\ k+1, & \text{其它}.\end{cases} \tag{E}$$

Hardy 和 Littlewood 猜测，当$k\geqslant 2$ 时有

1) 最近，已定出 $g(4)=19$ (见 C . R . *Acad . Sci . Paris , Ser . I* **303** (1986)，85 — 88；161 — 163.)

$$\begin{cases} G(k)=4k, & k=2^l\geqslant 4; \\ G(k)\leqslant 2k+1, & \text{其它}. \end{cases} \tag{F}$$

关于 $G(k)$ 目前仍然知道得很少. 华罗庚(1938)和 Виноградов (1947) 分别证明了当

$$m\geqslant 2^k+1, \tag{G}$$

(见习题 5—11), 及

$$m\geqslant 2k^2(2\log k+\log\log k+2.5), \quad k>10, \tag{H}$$

时, 不定方程(A)对充分大的 N 可解, 且可得到解数的渐近公式(参见定理 7.1, 习题 32). 由此立即得到

$$G(k)\leqslant\begin{cases} 2^k+1, & k\leqslant 10, \\ 2k^2(2\log k+\log\log k+2.5), & k>10. \end{cases} \tag{I}$$

如果不需要得到解数的渐近公式, Виноградов (1947, 1959) 证明了

$$G(k)<\begin{cases} 3k\log k+11k, \\ 2k\log k+4k\log\log k+2k\log\log\log k \\ \qquad +13k^{1)}, \quad k\geqslant 170000. \end{cases} \tag{J}$$

对于小的 k 有如下结果: $G(4)=16$ (Davenport, 1939), $G(3)\geqslant 7$[2] (Линник, 1942), 最近, Vaughan[3] 和 Thanigasalam[4] 证明了 $G(5)\leqslant 21$, $G(6)\leqslant 31$, $G(7)\leqslant 45$, $G(8)\leqslant 62$, $G(9)\leqslant 82$, 以及其它一些结果.

---

1) 最近 Карацуба (ИАН *СССР Сер. Мат*. **49** (1985), 935—947) 改进了这一结果.

2) McCurley, *J. Number Theory*, **19** (1984), 176—183.

3) *Proc. London Math. Soc.* (**3**), 52 (1986), 445—463; *Mathematika* 33 (1986), 6—22; J. *London Math. Soc*. (**2**), 33 (1986), 227—236.

4) 在 *Acta Arith.* 46 (1986) 上有三篇文章.

Vaughan[1] 还证明了：对$k=3$，当 $m=8$ 时不定方程 (A) 的解数有渐近公式.

本章是用圆法来研究 Waring 问题，主要证明两个定理：(a)存在正常数c_1，当$m\geqslant c_1k^2\log k$ 时，方程(A) 对充分大的 N 可解，且解数有渐近公式(定理7.1)；(b) 存在正常数 c_2，使得$G(k)\leqslant c_2k\log k$，但这时不能得到解数的渐近公式(定理8.1). 本章不讨论 $g(k)$. 关于 Waring 问题的进展及有关文献可参看：[14]，[33]，[34]，[35]，及 Ellison 的介绍性文章(*Math. Monthly*, **78**(1971), 10—36).

§1. Waring 问题中的圆法

设 $k\geqslant 2$. 以 $I=I_m^{(k)}(N)$ 表不定方程

$$x_1^k+\cdots+x_m^k=N,\quad x_j\geqslant 0,\ j=1,\cdots,m, \tag{1}$$

的解数. 本章中 N 均表充分大的正整数，并设 $P=N^{\frac{1}{k}}$. 对任意实数 $\tau\neq 0$ 有

$$I=\int_0^1 S^m(\alpha)e(-N\alpha)d\alpha=\int_{-1/\tau}^{1-1/\tau} S^m(\alpha)e(-N\alpha)d\alpha, \tag{2}$$

其中

$$S(\alpha)=\sum_{0\leqslant x\leqslant P} e(\alpha x^k). \tag{3}$$

现设正数 Q，τ 满足

$$1<Q<\tau/2. \tag{4}$$

以 E_1 表以下所有的区间之和[2]：

$$\begin{gathered}[a/q-1/q\tau,\ a/q+1/q\tau],\\ (a,q)=1,\ 0\leqslant a<q,\ 1\leqslant q\leqslant Q.\end{gathered} \tag{5}$$

---

1) *J. Reine Angew. Math.* **365** (1986), 122— 170.

2) 有时也取为 $[a/q-1/\tau, a/q+1/\tau]$，但这时要满足 $\tau>2Q^2$ 时，这些小区间才两两不相交.

显然，这些小区间均在单位区间 $[-1/\tau, 1-1/\tau]$ 中，且由条件(4) 知它们是两两不相交的．再设

$$E_2=[-1/\tau, 1-1/\tau]\setminus E_1. \tag{6}$$

这样一来，我们就确定了单位区间 $\left[-\frac{1}{\tau}, 1-\frac{1}{\tau}\right]$ 的一个 Farey 分割．E_1 称为是基本区间，E_2 称为余区间．相应的 I 就可表为

$$I=\int_{E_1} S^m(\alpha)e(-\alpha N)d\alpha+\int_{E_2} S^m(\alpha)e(-\alpha N)d\alpha=I_1+I_2. \tag{7}$$

在§2 中将证明：当 m 满足一定条件时，对适当选取的 Q 和 τ（与 N 有关），当 $N\to\infty$ 时在基本区间 E_1 上的积分 I_1 可以有一个渐近公式．而在§3，§4，§5 中将进一步研究出现在这渐近公式中的有关各项．

对于每一个属于余区间 E_2 的 α，由 E_1 的定义及 Dirichlet 定理(见引理 19.3.5)知：必有 q, a 满足

$$Q<q\leqslant\tau,\ (a,q)=1, \tag{8}$$

使得

$$\left|\alpha-\frac{a}{q}\right|\leqslant\frac{1}{q\tau}\leqslant\frac{1}{q^2}[1], \tag{9}$$

因此，可以利用 Виноградов 方法来估计 Weyl 和 $S(\alpha)$（见 §22.2），从而得到余区间上的积分 I_2 的一个较好的估计．这是 §6 所要讨论的内容．

利用以上所得到的结果，就可以证明前面所说的关于 Waring 问题的两个定理．这是用圆法来研究 Waring 问题的途径．

§2．基本区间上的积分的渐近公式

为了推导渐近公式，先证明一个引理．

---

1) 见引理 20、1.1．

引理 1 设 $q\geqslant 1,(a,q)=1$，z 为实数．那末，当 $\tau\geqslant 2kP^{k-1},|z|\leqslant(q\tau)^{-1}$ 时，

$$S\left(\frac{a}{q}+z\right)=\frac{1}{q}S(q,a,k)\int_0^P e(zx^k)dx+O(q),\qquad(1)$$

其中

$$S(q,a,k)=S(q,ax^k)=\sum_{l=1}^{q}e\left(\frac{a}{q}l^k\right).\qquad(2)$$

证：显有

$$S\left(\frac{a}{q}+z\right)=\sum_{l=0}^{q-1}e\left(\frac{a}{q}l^k\right)\sum_{\substack{0\leqslant x\leqslant P\\ x\equiv l(\mathrm{mad}\ q)}}e(zx^k)$$

$$=\sum_{l=0}^{q-1}e\left(\frac{a}{q}l^k\right)\sum_{-\frac{l}{q}\leqslant d\leqslant\frac{P-l}{q}}e(z(qd+l)^k).\qquad(3)$$

由条件 $\tau\geqslant 2kP^{k-1}$ 知，当 $-l/q\leqslant y\leqslant(P-l)/q$ 时

$$\left|\frac{d}{dy}(z(qy+l)^k)\right|=|kqz(qy+l)^{k-1}|\leqslant\frac{1}{2},\qquad(4)$$

因而从定理 21.1.7 得到

$$\sum_{-\frac{l}{q}\leqslant d\leqslant\frac{P-l}{q}}e(z(qd+l)^k)=\frac{1}{q}\int_0^P e(zx^k)dx+O(1).\qquad(5)$$

由此及式(3)就推出式(1)．

由引理 21.1.3 容易证明：对任意的 $\lambda\geqslant 1,A\geqslant 1$ 有

$$\int_1^A e(y^\lambda)dy\ll 1.$$

所以对任意实数 z，$U>0$ 有

$$\int_0^U e(zx^\lambda)dx\ll\min(U,|z|^{-\frac{1}{\lambda}}),\qquad(6)$$

因此，渐近公式(1)中的积分有估计

$$\int_0^P e(zx^k)\,dx \ll \min\left(P, |z|^{-\frac{1}{k}}\right) = \mathbb{Z}. \tag{7}$$

由式(2)给出的三角和 $S(q,a,k)$ 称为**完整三角和**(或有理三角和)，它在 Waring 问题的研究中有重要作用．利用最简单的估计指数和的 Weyl 方法，可以证明

$$S(q,a,k) \ll q^{1-\frac{1}{K}+\varepsilon}, \tag{8}$$

其中 $K=2^{1-k}$，ε 为任意正常数，$\ll$ 常数仅和 k,ε 有关(见习题 6)．华罗庚证明了

$$S(q,a,k) \ll q^{1-\frac{1}{k}}, \tag{9}$$

其中 $\ll$ 常数仅和 k 有关．我们将在下一节证明这一结果．利用它就可以推导出下面的基本区间上的积分的渐近公式．

定理 2 当 $m\geqslant 2k+1$，以及

$$Q=cP^{\lambda}(0<\lambda\leqslant 1-k^{-1}),\quad NQ^{-1}\geqslant\tau\geqslant 2kP^{k-1} \tag{10}$$

时[1)]，由式(1.7)给出的积分 I_1 有渐近公式

$$I_1 = N^{\frac{m}{k}-1}J(k,m)\mathscr{S}(N) + O\left(N^{\frac{m}{k}-1-\frac{\lambda}{k^2}}\right), \tag{11}$$

其中

$$J(k,m) = \int_{-\infty}^{\infty}\left(\int_0^1 e(yu^k)\,du\right)^m e(-y)\,dy, \tag{12}$$

$$\mathscr{S}(N) = \sum_{q=1}^{\infty}\sideset{}{'}\sum_{a=0}^{q-1}\left(\frac{1}{q}S(q,a,k)\right)^m e\left(-\frac{a}{q}N\right), \tag{13}$$

它们分别称为 Waring 问题中的**奇异积分**和**奇异级数**．

证：先来证明奇异积分和奇异级数的收敛性．对任意正数 B_1，由式(6)知，当 $m\geqslant k+1$ 时

$$\int_{B_1}^{\infty}\left|\int_0^1 e(yu^k)\,du\right|^m dy \ll \int_{B_1}^{\infty}\min\left(1, y^{-\frac{m}{k}}\right)dy$$

1) 当 N 充分大时，条件(1.4)显然满足，而 c 是某一正常数．

$$\ll \min\left(1, B_1^{-\frac{m}{k}+1}\right),\tag{14}$$

所以，奇异积分 $J(k,m)$ 当 $m\geqslant k+1$ 时绝对收敛.

由估计式(9)可推出，当 $m\geqslant 2k+1$ 时，对任意正数 B_2 有

$$\sum_{q>B_2}\sum_{a=0}^{q-1}{}' \left|\frac{1}{q}S(q,a,k)\right|^m \ll \sum_{q>B_2} q^{-\frac{m}{k}+1} \ll B_2^{-\frac{m}{k}+2},\tag{15}$$

所以，奇异级数 $\mathscr{S}(N)$ 当 $m\geqslant 2k+1$ 时绝对收敛.

由引理1，式(7)，(9)和(10)推出：当 $q\geqslant 1$，$(a,q)=1$ 及 $|z|\leqslant (q\tau)^{-1}$ 时有

$$S^m\left(\frac{a}{q}+z\right)=\left(\frac{1}{q}S(q,a,k)\right)^m\left(\int_0^P e(zx^k)dx\right)^m + O\left(\mathbb{Z}^{m-1}q^{1-\frac{m-1}{k}}+q^m\right),\tag{16}$$

其中 O 常数和 k,m 有关(下同). 进而有

$$\int_{-1/q\tau}^{1/q\tau} S^m\left(\frac{a}{q}+z\right)e\left(-\left(\frac{a}{q}+z\right)N\right)dz$$

$$=\left(\frac{1}{q}S(q,a,k)\right)^m e\left(-\frac{a}{q}N\right)\int_{-1/q\tau}^{1/q\tau}\left(\int_0^P e(zx^k)dx\right)^m \cdot e(-Nz)dz+O\left(q^{1-\frac{m-1}{k}}\int_{-1/p\tau}^{1/q\tau}\mathbb{Z}^{m-1}dz+q^{m-1}\tau^{-1}\right).\tag{17}$$

作变量替换 $y=Nz$，$x=Pu$，由式(14)知：当 $m\geqslant k+1$ 时

$$\int_{1/q\tau}^{\infty}\left|\int_0^P e(zx^k)dx\right|^m dz=P^{m-k}\int_{N/q\tau}^{\infty}\left|\int_0^1 e(yu^k)du\right|^m dy \ll P^{m-k}\min\left(1,\left(\frac{N}{q\tau}\right)^{-\frac{m}{k}+1}\right);\tag{18}$$

类似可得，当 $m\geqslant k+1$ 时

$$\int_{-\infty}^{-1/q\tau}\left|\int_0^P e(zx^k)dx\right|^m dz \ll P^{m-k}\min\left(1,\left(\frac{N}{q\tau}\right)^{-\frac{m}{k}+1}\right).\tag{19}$$

以上两式也证明了奇异积分(12)当 $m\geqslant k+1$ 时收敛．再由式(7)知，

$$\int_{-1/q\tau}^{1/q\tau}\mathbb{Z}^{m-1}dz \ll \int_0^{P^{-k}}P^{m-1}dz+\int_{P^{-k}}^1 z^{-\frac{m-1}{k}}dz$$

$$\ll \begin{cases}\log N, & m=k+1;\\ P^{m-k-1}, & m\geqslant k+2.\end{cases}\tag{20}$$

由以上四式及式(9)推出：当 $m\geqslant k+1$ 及条件(10)成立时[1)]

$$\int_{-1/q\tau}^{1/q\tau}S^m\left(\frac{a}{q}+z\right)e\left(-\left(\frac{a}{q}+Z\right)N\right)dz$$

$$=P^{m-k}J(k,m)\left(\frac{1}{q}S(q,a,k)\right)^m e\left(-\frac{a}{q}N\right)$$

$$+O\left(q^{-1}P^{m-k}\left(\frac{N}{\tau}\right)^{-\frac{m}{k}+1}+q^{1-\frac{m-1}{k}}P^{m-k-1}\log N+q^{m-1}\tau^{-1}\right);\tag{21}$$

进而，当 $m\geqslant 2k+1$ 时有

$$I_1=P^{m-k}J(k,m)\sum_{q\leqslant Q}\sum_{a=0}^{q-1}{}'\left(\frac{1}{q}S(q,a,k)\right)^m e\left(-\frac{a}{q}N\right)$$

$$+O\left(P^{m-k}Q\left(\frac{N}{\tau}\right)^{-\frac{m}{k}+1}+P^{m-k-1}Q+Q^{m+1}\tau^{-1}\right).\tag{22}$$

---

1) $m>k+1$ 时，下式中的 $\log N$ 可去掉．

利用式(15)及条件(10)，由此就得到所要的渐近公式(11).

以下三节将分别讨论完整三角和 $S(q,a,k)$，奇异级数 $\mathscr{S}(N)$ 及奇异积分 $J(k,m)$.

关于基本区间上的积分 I_1，华罗庚[1]进一步证明了以下的最佳可能结果：

定理 3 设 $P=N^{\frac{1}{k}}$,

$$Q=\frac{1}{2k}P, \quad \tau=2kP^{k-1}. \tag{23}$$

那末存在正数 $\delta>0$，使当 $m\geqslant\max(5,k+1)$时，

$$I_1=N^{\frac{m}{k}-1}J(k,m)\mathscr{S}(N)+O(N^{\frac{m}{k}-1-\delta}). \tag{24}$$

为了证明这一结果，就需要利用著名的估计式(3.18)(这里不能证明)来改进引理1并对$\mathscr{S}(N)$的收敛性作进一步的研究，这些我们将安排在习题 16—21.

§3. 完整三角和估计

本节将证明估计式(2.9)，即

定理 1 设整数 $k\geqslant2$，$q\geqslant1$，$(a,q)=1$. 再设 $S(q,a,k)$ 由式(2.2)给出. 那末，存在仅和 k 有关的正常数 $c_3(k)$使得

$$|S(q,a,k)|\leqslant c_3(k)q^{1-\frac{1}{k}}. \tag{1}$$

我们把定理的证明分为几个引理.

引理 2 在定理 1 的条件下，当 $k=2$ 时有

$$|S(q,a,2)|\leqslant\sqrt{2q}. \tag{2}$$

证：我们有

$$\begin{aligned}|S(q,a,2)|^2&=\sum_{l=1}^{q}\sum_{m=1}^{q}e\left(\frac{a}{q}(l^2-m^2)\right)\\&=\sum_{m=1}^{q}\sum_{n=1}^{q}e\left(\frac{a}{q}n(2m+n)\right)\end{aligned}$$

---

1) 科学记录新辑，**1**(1957)，3，15—16.

$$=q\sum_{\substack{n=1\\ q|2n}}^{q} e\left(\frac{a}{q}n^2\right)=\begin{cases} q, & 2\nmid q,\\ (1+(-1)^{q/2})q, & 2\mid q.\end{cases}$$

这就证明了式(2)，即定理1 当 $k=2$ 时成立．

引理3 设 $q=q_1q_2$，$(q_1,q_2)=1$，$a=a_1q_2+a_2q_1$，那末，

$$S(q,a,k)=S(q_1,a_1,k)S(q_2,a_2,k). \tag{3}$$

证：我们有

$$S(q,a,k)=\sum_{l_1=1}^{q_1}\sum_{l_2=1}^{q_2} e\left(\frac{a_1q_2+a_2q_1}{q_1q_2}(l_1q_2+l_2q_1)^k\right)$$

$$=\sum_{l_1=1}^{q_1} e\left(\frac{a_1}{q_1}(q_2l_1)^k\right)\sum_{l_2=1}^{q_2} e\left(\frac{a_2}{q_2}(q_1l_2)^k\right).$$

这就证明了式(3)．

由引理2和3知，只要讨论 $S(p^\alpha,a,k)$，$k\geqslant 3$．

引理4 设 $\alpha>k\geqslant 3$，$\alpha\equiv\beta\ (k)$，$1\leqslant\beta\leqslant k$．那末，当 $(a,p)=1$ 时有

$$p^{-\alpha(1-\frac{1}{k})}S(p^\alpha,a,k)=p^{-\beta(1-\frac{1}{k})}S(p^\beta,a,k). \tag{4}$$

证：设 $p^\tau\| k$　$k=p^\tau k_1$．先来证明

$$(m+p^{\alpha-\tau-1}n)^k\equiv m^k+kp^{\alpha-\tau-1}m^{k-1}n \pmod{p^\alpha}. \tag{5}$$

由二项式定理得

$$\begin{aligned}(m+p^{\alpha-\tau-1}n)^k=&m^k+kp^{\alpha-\tau-1}m^{k-1}n\\ &+\frac{k(k-1)}{2}p^{2\alpha-2\tau-2}m^{k-2}n^2\\ &+p^{3\alpha-3\tau-3}\left(\binom{k}{3}m^{k-3}n^3+\cdots\right),\end{aligned}$$

当 $\tau\leqslant 1$ 时，则有 $\alpha\geqslant 4\geqslant 2\tau+2$，所以上式从第三项开始都可被 p^{α} 整除．当 $\tau\geqslant 2$ 时，$\alpha\geqslant k+1\geqslant 2^{\tau}+1\geqslant 2\tau+1$，所以上式从第三项开始也都可被 p^{α} 整除．这就证明了式(5)．因此(注意到 $k\geqslant 3$ 时必有 $k\geqslant\tau+2$)，

$$S(p^{\alpha},a,k)=\sum_{n=0}^{p^{\tau+1}-1}\sum_{m=1}^{p^{\alpha-\tau-1}}e\left(\frac{a}{p^{\alpha}}(m+p^{\alpha-\tau-1}n)^{k}\right)$$

$$=\sum_{m=1}^{p^{\alpha-\tau-1}}e\left(\frac{a}{p^{\alpha}}m^{k}\right)\sum_{n=0}^{p^{\tau+1}-1}e\left(\frac{ak_1}{p}nm^{k-1}\right)$$

$$=p^{\tau+1}\sum_{\substack{m=1\\ p|m}}^{p^{\alpha-\tau-1}}e\left(\frac{a}{p^{\alpha}}m^{k}\right)=p^{k-1}S(p^{\alpha-k},a,k),$$

设 $\alpha=\beta+dk$，继续用上式 $d-1$ 次，可得

$$S(p^{\alpha},a,k)=p^{(k-1)d}S(p^{\alpha-dk},a,k)$$

$$=p^{(1-\frac{1}{k})(\alpha-\beta)}S(p^{\beta},a,k).$$

这就证明了式(4)．

引理5 设 $k\geqslant 3$，$1\leqslant\alpha\leqslant k$，及 $(a,p)=1$，则有

$$p^{-\alpha(1-\frac{1}{k})}|S(p^{\alpha},a,k)|\leqslant\begin{cases}k, & p\leqslant k^{6}\\ 1, & p>k^{6}.\end{cases}\tag{6}$$

证：当 $p|k$ 时，由显然估计及 $\alpha\leqslant k$ 可得

$$|S(p^{\alpha},a,k)|\leqslant p^{\alpha}\leqslant kp^{\alpha(1-\frac{1}{k})},\tag{7}$$

所以结论成立．下面来讨论 $p\nmid k$ 的情形．

若 $1<\alpha\leqslant k$，设 $l=m+p^{\alpha-1}n$ 得

$$S(p^{\alpha},a,k)=\sum_{l=1}^{p^{\alpha}}e\left(\frac{a}{p^{\alpha}}l^{k}\right)$$

$$=\sum_{m=1}^{p^{\alpha-1}}\sum_{n=0}^{p-1} e\left(\frac{a}{p^{\alpha}}(m+p^{\alpha-1}n)^{k}\right)$$

$$=\sum_{m=1}^{p^{\alpha-1}} e\left(\frac{a}{p^{\alpha}}m^{k}\right)\sum_{n=0}^{p-1} e\left(\frac{ak}{p}m^{k-1}n\right)$$

$$=p\sum_{\substack{m=1\\ p\mid m}}^{p^{\alpha-1}} e\left(\frac{a}{p^{\alpha}}m^{k}\right)=p^{\alpha-1}\leqslant p^{\alpha(1-\frac{1}{k})},\qquad (8)$$

最后两步用到了 $k\geqslant\alpha$. 所以这时结论也成立.

若 $\alpha=1$, 则有

$$|S(p,a,k)|^{2}=\left|\frac{1}{p-1}\sum_{m=1}^{p-1}\sum_{l=1}^{p} e\left(\frac{a}{p}m^{k}l^{k}\right)\right|^{2}$$

$$\leqslant\frac{1}{p-1}\sum_{m=1}^{p-1}\left|\sum_{l=1}^{p} e\left(\frac{a}{p}m^{k}l^{k}\right)\right|^{2}$$

$$=\frac{1}{p-1}\sum_{d=1}^{p-1}\rho_{1}(d)\left|\sum_{l=1}^{p} e\left(\frac{ad}{p}l^{k}\right)\right|^{2},\qquad (9)$$

这里用到了 Cauchy 不等式, 以及 $\rho_1(d)$ 表同余方程

$$x^{k}\equiv d\pmod p \qquad (10)$$

的解数. 显有

$$\begin{cases}\rho_{1}(d)\leqslant k, & p\nmid d,\\ \rho_{1}(d)=1, & p\mid d.\end{cases}\qquad (11)$$

由式(9) 和(11)得

$$|S(p,a,k)|^{2}\leqslant\frac{k}{p-1}\left\{\sum_{d=1}^{p}\left|\sum_{l=1}^{p} e\left(\frac{ad}{p}l^{k}\right)\right|^{2}-p^{2}\right\}$$

$$=\frac{k}{p-1}\{p\rho_{2}(k)-p^{2}\},\qquad (12)$$

其中 $\rho_2(k)$ 是同余方程

$$x^{k}\equiv y^{k}\pmod p,\quad 1\leqslant x,y\leqslant p$$

的解数. 由式(11)知

$$\rho_2(k)\leqslant 1+k(p-1). \tag{13}$$

从式(12)和(13)推得：当 $k\geqslant 3$ 时

$$|S(p,a,k)|\leqslant\sqrt{k(k-1)p}<k\sqrt{p}\leqslant kp^{-\frac{1}{6}}p^{1-\frac{1}{k}}, \tag{14}$$

所以当 $p\nmid k$，$\alpha=1$ 时结论也成立．综合式(7)，(8)，(14)就证明了引理．

定理 1 的证明：由引理 4 和 5 知，当 $k\geqslant 3$，$\alpha\geqslant 1$ 时，式(6)总成立．设 q 的标准分解式为 $p_1^{\alpha_1}\cdots p_s^{\alpha_s}$，利用引理 3 就得到

$$\begin{aligned}q^{-(1-\frac{1}{k})}|S(q,a,k)| &= p_1^{-\alpha_1(1-\frac{1}{k})}|S(p_1^{\alpha_1},a,k)|\cdots\\ &\quad p_s^{-\alpha_s(1-\frac{1}{k})}|S(p_s^{\alpha_s},a,k)|\\ &\leqslant\prod_{p\leqslant k^6}k\leqslant k^{k^6}.\end{aligned}$$

取 $c_1(k)=k^{k^6}$ 就证明了定理当 $k\geqslant 3$ 时成立．再注意到引理 2 就完全证明了定理．

一般的，完整三角和是指

$$S(q,P(x))=\sum_{l=1}^{q}e\left(\frac{p(l)}{q}\right), \tag{15}$$

其中 $P(x)=a_kx^k+\cdots+a_1x$ 是整系数多项式，且 $(a_k,\cdots,a_1,q)=1$．本节讨论了 $P(x)=ax^k$ 的情形，定理 1 是由 Gauss 证明的．关于一般情形，当 $q=p$ 时，L．J．Mordell 证明了：

$$|S(p,P(x))|\leqslant c_4(k)p^{1-\frac{1}{k}}. \tag{16}$$

华罗庚证明了：对任意 $q\geqslant 1$ 有[1)]

$$|S(q,P(x))|\leqslant c_5(k)q^{1-\frac{1}{k}}, \tag{17}$$

这一结果的证明将安排在第 38—48 题．一般说来，式(17)中的指数 $1-\dfrac{1}{k}$ 是最优的，但当 $q=p$ 时，利用 A．Weil 关于有限域上的代数函数域上的 ζ 函数的重要结果，L． Carlitz

1) 华原来的结果是式(17)中的指数为 $1-1/k+\varepsilon$，ε 为任意小正数，但利用下面的估计式(18)，很容易把 ε 去掉．

和 S.Uchiyama 证明了：

$$|S(p,P(x))|\leqslant(k-1)\sqrt{p}\ . \tag{18}$$

§4. 奇异级数

在定理 2.2 中已经证明：由式(2.9)即定理 3.1 推出，当 $m\geqslant 2k+1$ 时奇异级数 $\mathscr{S}(N)$(式(2.12))绝对收敛．本节要证明

定理 1 当 $m\geqslant 4k$ 时，存在正数 $c_6=c_6(k,m)>0$，使得对所有自然数 N，有

$$\mathscr{S}(N)\geqslant c_6. \tag{1}$$

先来证明几个引理．设

$$\Phi(q)=\Phi(q,N)=\sum_{a=0}^{q-1}{}'\left(\frac{1}{q}S(q,a,k)\right)^m e\left(-\frac{a}{q}N\right). \tag{2}$$

容易看出，$\Phi(q)$ 是实数，且由估计式(3.1)得

$$|\Phi(q)|\leqslant(c_3(k))^m q^{1-\frac{m}{k}}\ . \tag{3}$$

引理 2 $\Phi(q)$是可乘函数．当 $m\geqslant 2k+1$ 时，

$$\mathscr{S}(N)=\sum_{q=1}^{\infty}\Phi(q)=\prod_p(1+\Phi(p)+\Phi(p^2)+\cdots)\ . \tag{4}$$

证：设 $q=q_1q_2$，$(q_1,q_2)=1$．由引理 3.3 知

$$\Phi(q_1q_2)=\sum_{a_1=0}^{q_1-1}{}'\sum_{a_2=0}^{q_2-1}{}'\left\{\frac{1}{q_1q_2}S(q_1q_2,a_1q_2+a_2q_1,k)\right\}$$

$$\cdot e\left(-\frac{(a_1q_2+a_2q_1)}{q_1q_2}N\right)=\Phi(q_1)\Phi(q_2)\ .$$

这就证明了 $\Phi(q)$是可乘函数．由于在定理 2.2 中已经证明：当 $m\geqslant 2k+1$ 时级数$\mathscr{S}(N)$绝对收敛，由此就证明了引理的另一结论．

引理 3 设 $T_m^{(k)}(q,N)=T_m(q)$ 表同余方程

$$x_1^k+\cdots+x_m^k\equiv N(\bmod q) \tag{5}$$

的解数．那末当 $q=p^n$，p 素数时，我们有

$$1+\sum_{r=1}^{n}\Phi(p^r)=p^{-n(m-1)}T_m(p^n).\tag{6}$$

证：由式(2)得

$$\Phi(p^r)=p^{-rm}\sum_{a=0}^{p^r-1}\left(\sum_{l=1}^{p^r}e\left(\frac{a}{p^r}l^k\right)\right)^m e\left(-\frac{a}{p^r}N\right)-p^{-(r-1)m}$$
$$\cdot\sum_{b=0}^{p^{r-1}-1}\left(\sum_{l=1}^{p^{r-1}}e\left(\frac{b}{p^{r-1}}l^k\right)\right)^m e\left(-\frac{b}{p^{r-1}}N\right),r\geqslant 1.\tag{7}$$

注意到

$$\sum_{a=0}^{p^r-1}\left(\sum_{l=1}^{p^r}e\left(\frac{a}{p^r}l^k\right)\right)^m e\left(-\frac{a}{p^r}N\right)=T_m(p^r),\ r\geqslant 0.\tag{8}$$

及 $T_m(1)=1$，由式(7)就推出式(6)．

下面来讨论 $T_m(p^n)$．设 $2\leqslant k=p^\tau k_1$，$(k_1,p)=1$．再令

$$\gamma=\begin{cases}\tau+1, & p>2\ \text{或}\ p=2,\tau=0;\\ \tau+2, & p=2,\tau>0.\end{cases}\tag{9}$$

显见当 $k\geqslant 3$ 时必有

$$k\geqslant\gamma.\tag{10}$$

引理 4[1)] 以 $T_m^*(p^n)$ 表同余方程(5)满足条件 $(x_1,p)=1$ 的解数．那末对任意的 N，当

$$m\geqslant\begin{cases}4k, & p=2;\\ 2k, & p>2\end{cases}\tag{11}$$

时，必有 $T_m^*(p^\gamma)>0$，其中 γ 由式(9)给出．

证：显然可假定 $0<N\leqslant p^\gamma$．(a) $p=2$ 的情形．这时 $0<N\leqslant 2^\gamma\leqslant 4k$，故取 $x_1=\cdots=x_N=1$，$x_{N+1}=\cdots=x_m=0$ 即为所要求的一解．(b) $p>2$ 的情形．首先指出，所要证的结果可从下面的结论推出：对任意的 $(N,p)=1$，当 $m\geqslant 2k-1$ 时，同余方程

$$x_1^k+\cdots+x_m^k\equiv N(\operatorname{mod}p^\gamma)\tag{12}$$

1）这里证明的结果不是最好的．结果的改进和其它证明方法见习题 24．

必有解．这是因为当$(N,p)=1$时，同余方程(12)的解必满足$(x_1,\cdots,x_m,p)=1$，故可设$(x_1,p)=1$；此外，当 $p|N$ 时，$(N-1,p)=1$．下面来证这一结论．设 g 为模 p^γ 的原根，

$$N\equiv g^a(\bmod p^\gamma)\ ,\ N'\equiv g^b(\bmod p^\gamma)\ . \tag{13}$$

容易证明：当

$$a\equiv b(\bmod k) \tag{14}$$

时，同余方程(12)和同余方程

$$x_1^k+\cdots+x_m^k\equiv N'(\bmod p^\gamma) \tag{15}$$

等价．这样一来，只要证明对所有如下的 N：

$$0<N<p^\gamma,\ N\equiv g^a(\bmod p^\gamma)\ ,\ a=0,1,\cdots,k-1\ , \tag{16}$$

当 $m\geqslant 2k-1$ 时，同余方程(12)必有解．对给定的$a(0\leqslant a\leqslant k-1)$．以 m_a 表使得同余方程(12)当 $N\equiv g^a(\bmod p^\gamma)$ 时有解的最小正整数 m．在 $m_0,m_1,\cdots,m_{k-1}$ 中可能有相同的值，以 $m_0',m_1',\cdots,m_{h-1}'$ 表其中所有不同的值，显有 $h\leqslant k$．这样，就相应地把所有满足 $0<N<p^\gamma,(N,p)=1$ 的 N 分为 h 个两两不相交的集合：$\mathscr{N}_0,\mathscr{N}_1,\cdots,\mathscr{N}_{h-1}$，使对每一$N\in\mathscr{N}_i$，同余方程(12)当 $m=m_i'$ 时有解，而当 $m<m_i'$ 时无解．以 N_i 表集合$\mathscr{N}_i$ 中的最小正整数，可以假定这些 N_i 以递增次序排列(不然的话可适当调整次序)：

$$N_0<N_1<\cdots<N_{h-1}. \tag{17}$$

我们来证明：对这样排列的 m_i' 有

$$m_i'\leqslant 2i+1\ ,\qquad i=0,1,\cdots,h-1\ . \tag{18}$$

显然有 $N_0=m_0'=1$，所以上式当 $i=0$ 时成立．设 $0<l\leqslant h$．假设不等式(18)对 $0\leqslant i<l$ 都成立．由式(17)及 $N_0=1$ 知，在 N_l-1,N_l-2 这两个数中必有一个是和 p 互素的正整数，设为 N'．N'必属于某一集合$\mathscr{N}_j$．因为 $N_l>N'\geqslant N_j$，故由式(17)知 $j<l$．因而，由 $N_l\leqslant N'+2$ 及归纳假设知

$$m_l' \leqslant m_j' + 2 \leqslant (2j+1) + 2 \leqslant 2l+1$$

即式(18)对 $i=l$ 亦成立.这就证明了式(18)对 $0 \leqslant i \leqslant h-1$ 都成立. 由式(18)及 $h \leqslant k$ 就得到

$$m_i' \leqslant 2k-1, \quad 0 \leqslant i \leqslant h-1. \tag{19}$$

这就证明了所要的结论.

引理 5 设 γ 由式(9)给出, $n \geqslant \gamma$, 及 $(a, p)=1$. 那末, 同余方程

$$x^k \equiv a \pmod{p^n} \tag{20}$$

和同余方程

$$x^k \equiv a \pmod{p^\gamma} \tag{21}$$

等价, 即两者同时有解或无解, 且有解时解数相同.

证: 分 $p>2$ 和 $p=2$ 两种情形来讨论.

(a) $p>2$ 的情形. 设 g 是所有模 $p^\alpha(\alpha \geqslant 1)$ 的原根, $\operatorname{ind}_{p^\alpha} a$ 表以 g 为底的 a 对模 p^α 的指标. 由二项同余方程理论知, 同余方程(20)有解的充要条件是

$$(k, \varphi(p^n)) \mid \operatorname{ind}_{p^n} a,$$

有解时有 $(k, \varphi(p^n))$ 个解(这里只要求 $n \geqslant 1$). 当 $n \geqslant \gamma$ 时有

$$\begin{aligned}(k, \varphi(p^n)) &= (p^\tau k_1, p^{n-1}(p-1)) = (p^{\gamma-1} k_1, p^{n-1}(p-1)) \\ &= p^{\gamma-1}(k_1, p-1).\end{aligned}$$

所以, 当 $n \geqslant \gamma$ 时, $(k, \varphi(p^n))$ 和 n 无关且可整除 $\varphi(p^\gamma)$. 由此及

$$\operatorname{ind}_{p^n} a \equiv \operatorname{ind}_{p^\gamma} a \pmod{\varphi(p^\gamma)}, \quad n \geqslant \gamma,$$

就证明了所要的结论.

(b) $p=2$ 的情形. 当 $2 \nmid k$ 时, $\gamma=1$. 对任意的 $n \geqslant 1$, 同余方程(20) $(p=2)$ 和同余方程

$$k x^{k-1} \equiv 0 \pmod{2}$$

无公共解. 故由高次同余方程理论知, 对任意的 $n \geqslant 1$, 方程

(20) ($p=2$) 的解数和

$$x^k \equiv a \equiv 1 \pmod 2$$

相同，这就证明了所要的结论．而上式显然只有唯一解 $x=1$．当 $2\mid k$ 时，$\gamma=\tau+2\geqslant 3$．这时方程(20) ($p=2$，$n\geqslant\gamma\geqslant 3$) 若有解，$a$ 一定是模 2^n 的平方剩余，因而必有

$$a\equiv 5^\lambda \pmod{2^n}, \quad 0\leqslant\lambda<2^{n-2}.$$

我们可用与情形(a)的完全类似的论证来证明这时引理也成立(这里的5相当于原根 g，而 $\varphi(p^n)$ 要用 2^{n-2} 来代替)．

引理6 设 $k\geqslant 2$，γ 由式(9)给出，$n\geqslant\gamma$．那末，当 m 满足式(11)时有

$$T_m^*(p^n)\geqslant(p^{(n-\gamma)})^{m-1}. \qquad (22)$$

证：由引理4知，当 m 满足式(11)时，对任意的 N，同余方程(12)必有满足条件 $(\widetilde{x}_1, p)=1$ 的解 $\widetilde{x}_1, \widetilde{x}_2, \cdots, \widetilde{x}_m$．这样，对任意的 $y_2,\cdots,y_m$，变量 x_1 的同余方程

$$x_1^k\equiv N-(\widetilde{x}_2+p^\gamma y_2)^k-\cdots-(\widetilde{x}_m+p^\gamma y_m)^k \pmod{p^\gamma}$$

有解 $x_1=\widetilde{x}_1$．由 $(\widetilde{x}_1,p)=1$ 知，上式右端的数必和 p 互素．故由引理5知，对任意的 $n\geqslant\gamma$，变量 x_1 的同余方程

$$x_1^k\equiv N-(\widetilde{x}_2+p^\gamma y_2)^k-\cdots-(\widetilde{x}_m+p^\gamma y_m)^k \pmod{p^n}$$

亦有解．因而，由 $y_2,\cdots,y_m$ 的任意性知，同余方程(5)对模 p^n 至少有 $(p^{(n-\gamma)})^{m-1}$ 个解，且这些解均满足 $(x_1,p)=1$．这就证明了所要的结果．

定理1的证明：首先由引理6及式(6)立即推出：在引理6的条件下，对所有素数 p，有

$$1+\sum_{r=1}^{\infty}\Phi(p^r)\geqslant p^{-\gamma(m-1)}>0. \qquad (23)$$

其次，由估计式(3)知，当 $p\geqslant 2(c_3(k))^m=c_7$，$m\geqslant 4k$ 时，

$$1+\sum_{r=1}^{\infty}\Phi(p^r)>1-\sum_{r=1}^{\infty}\frac{c_7}{2}p^{-3r}>1-\frac{1}{p^2}, \qquad (24)$$

由以上两式及式(4)就得到：

$$\mathscr{S}(N)>\prod_{p<c_7}p^{-\gamma(m-1)}\prod_{p\geqslant c_7}\left(1-\frac{1}{p^2}\right)>\frac{1}{\zeta(2)}\prod_{p<c_7}p^{-\gamma(m-1)},$$

这就证明了定理.

§5 奇异积分

本节要来计算由式(2.11)给出的奇异积分 $J(k,m)$.

定理1 当 $m\geqslant k+1$ 时

$$J(k,m)=\left(\Gamma\left(1+\frac{1}{k}\right)\right)^m\left(\Gamma\left(\frac{m}{k}\right)\right)^{-1}. \tag{1}$$

证：考虑更一般的以 t 为参数的积分

$$g(t)=\int_{-\infty}^{\infty}\left(\int_0^1 e(yu^k)du\right)^m e(-ty)dy,\quad 0\leqslant t\leqslant 1. \tag{2}$$

由估计式(2.6)知，当 $m\geqslant k+1$ 时积分 $g(t)$ 绝对收敛，且对 t 是一致的. 因而当 $0<c\leqslant 1$ 时，

$$F(c)=\int_0^c g(t)dt=\int_{-\infty}^{\infty}\left(\int_0^1 e(yu^k)du\right)^m\left\{\frac{1-e(-cy)}{2\pi iy}\right\}dy$$

$$=\int_{-\infty}^{\infty}\left\{\int_0^1\cdots\int_0^1 e(y(u_1^k+\cdots+u_m^k))du_1\cdots du_m\right\}\frac{1-e(-cy)}{2\pi iy}dy.$$

再由估计式(2.6)推出：当 $k\geqslant 1$ 时最后对 y 的积分是绝对收敛的，所以由 Fubini 定理知可交换积分号，令 $\lambda=u_1^k+\cdots+u_m^k$，就得到

$$F(c)=\frac{1}{\pi}\int_0^1\cdots\int_0^1 du_1\cdots du_m\int_0^{\infty}\left\{\frac{\sin 2\pi\lambda y}{y}-\frac{\sin 2\pi(\lambda-c)y}{y}\right\}dy.$$

利用熟知积分

$$\int_0^\infty \frac{\sin \alpha y}{y}\, dy = \begin{cases} \frac{\pi}{2}, & \alpha > 0, \\ 0, & \alpha = 0, \\ -\frac{\pi}{2}, & \alpha < 0, \end{cases}$$

得到

$$F(c) = \underset{0 \leqslant \lambda \leqslant c}{\int_0^1 \cdots \int_0^1} du_1 \cdots du_m$$

$$= k^{-m} c^{\frac{m}{k}} \underset{0 \leqslant v_1 + \cdots + v_m \leqslant 1}{\int_0^1 \cdots \int_0^1} (v_1 \cdots v_m)^{\frac{1}{k} - 1} dv_1 \cdots dv_m,$$

最后一步作了变量替换 $u_j = c^{1/k} v_j^{1/k}$，$1 \leqslant j \leqslant m$．上式最后一个积分就是著名的 Dirichlet 积分[1)]，它等于 $\Gamma^m\left(\frac{1}{k}\right)\Gamma^{-1}\left(\frac{m}{k}+1\right)$．因而，

$$F(c) = \frac{k}{m} c^{\frac{m}{k}} \Gamma^m\left(1 + \frac{1}{k}\right)\Gamma^{-1}\left(\frac{m}{k}\right),$$

$$g(c) = c^{\frac{m}{k} - 1} \Gamma^m\left(1 + \frac{1}{k}\right)\Gamma^{-1}\left(\frac{m}{k}\right),$$

取 $c = 1$ 即得式(1)．

§6. 余区间上的积分的估计

定理 1 若在式(2.10)中取 $\frac{1}{4} \leqslant \lambda \leqslant 1 - \frac{1}{k}$，那末存在绝对正常数 c_8, c_9 使当 $k \geqslant 3$，$m \geqslant c_8 k^2 \log k$ 时，由式(1.7)给出的余区间上的积分

$$I_2 = \int_{E_2} S^m(\alpha) e(-\alpha N)\, d\alpha \ll N^{\frac{m}{k} - 1 - \frac{c_9}{k \log k}}, \tag{1}$$

1) 见［9，650，例 4］，［18，第二章定理 7］．

其中 $\ll$ 常数仅和 k,m 有关.

证：当 $\alpha\in E_2$ 时，必有满足条件(1.8)的 a,q，使式(1.9)成立，再注意到 Q,τ 满足的条件，所以利用定理 22.2.3(这里的 k 相当于定理中的 $n+1$)可得：当 $k\geqslant 3$ 时

$$S(\alpha)\ll P^{1-(400k^2\log k)^{-1}},\quad \alpha\in E_2,\tag{2}$$

其中 $\ll$ 常数和 k 有关. 当 $m_1<\frac{1}{2}m$ 时，由此得

$$I_2\ll P^{(m-2m_1)(1-(400k^2\log k)^{-1})}\int_0^1|S(\alpha)|^{2m_1}d\alpha$$

$$=P^{(m-2m_1)(1-(400k^2\log k)^{-1})}\sum_{\lambda_1,\cdots,\lambda_{k-1}}J_{m_1}^{(k)}(P;\lambda_1,\cdots,\lambda_{k-1},0).\tag{3}$$

这里用到了§22.1 中讨论的积分(22.1.2)的性质，进而由这些性质可推出

$$I_2\ll P^{(m-2m_1)(1-(400k^2\log k)^{-1})}(2m_1)^{k-1}P^{\frac{1}{2}k(k-1)}J_{m_1}^{(k)}(P),\tag{4}$$

应用定理 22.1.4，取 $\tau=[4k\log k]+1$ [1)]，$m_1=k^2+k\tau$，(注意这里的 k,m_1 相当于该定理中的 n,k)，当 $m>2m_1$ 时有

$$I_2\ll P^{(m-2m_1)(1-(400k^2\log k)^{-1})}P^{2m_1-k+\delta},\tag{5}$$

其中 $\ll$ 常数和 k,m 有关，

$$\delta=\frac{k^2+k}{2}\left(1-\frac{1}{k}\right)^{\tau}<\frac{1}{k^2}.\tag{6}$$

因而当 $m\geqslant 2m_1+400k^2$ 时就得到 $(P=N^{\frac{1}{k}})$

$$I_2\ll N^{\frac{m}{k}-1-\frac{1}{k\log k}+\frac{1}{k^3}}.\tag{7}$$

这就证明了所要的结果.

§7. 解数的渐近公式

综合以上各节的结果，立即得到

---

1) 注意，这个 τ 是定理 22.1.4 中的，不是本章中确定 Farey 分割的 τ.

定理 1 存在绝对正常数 c_1，c_{10}，使当 $k\geqslant 3$，$m\geqslant c_1 k^2\log k$ 时，不定方程(1.1)的解数 I 有渐近公式

$$I=N^{\frac{m}{k}-1}\mathscr{S}(N)\,J(k,m)+O\left(N^{\frac{m}{k}-1-\frac{c_{10}}{k^2}}\right), \qquad (1)$$

其中 $\mathscr{S}(N)$ 和 $J(k,m)$ 见式(2.12)和(2.11).

证：这是式(1.7)，定理 2.2，定理 6.1 的直接推论.

推论 2 $G(k)\leqslant c_1 k^2\log k$，$k\geqslant 3$.

证：这从定理1，定理 4.1，定理 5.1 立即推出.

附注 **1.** 容易看出，以上 $k\geqslant 3$ 的假定均可改为 $k\geqslant 2$.

附注 **2.** 不定方程(1.1)中变数限制为 $x_j\geqslant 1$ 时，所有的证明仍成立.

§8. $G(k)$ 的上界估计的改进

通过以上几节的讨论，我们得到了不定方程(1.1)的解数的渐近公式(见定理 7.1)，但这时要求变量的个数 m 有 $k^2\log k$ 那样大的阶. 由这样直接得到的 $G(k)$ 的上界估计也就要有同样大的阶. 但是，为了得到 $G(k)$ 的上界估计，只要证明方程(1.1)当 m 适当大时一定有解，而并不要求得到它的解数的渐近公式. 从§2—§5 的讨论可看出，为了使得在基本区间上的积分 I_1 的渐近公式中的主项大于余项，仅要求 $m\geqslant 4k$. 只是在§6中为了证明在余区间上的积分 I_2 相对于 I_1 来说是可以忽略的次要项时，才要求 m 有 $k^2\log k$ 的阶. 从§6 的讨论可以看出，这要求主要是由于估计式(6.3)中的积分

$$\int_0^1 |S(\alpha)|^{2m_1}\,d\alpha \qquad (1)$$

引起的. 而这积分实际上是不定方程

$$\begin{cases} u_1^k+\cdots+u_{m_1}^k=v_1^k+\cdots+v_{m_1}^k, \\ 0\leqslant u_j,\ v_j\leqslant P,\ j=1,\cdots,m_1, \end{cases} \qquad (2)$$

的解数，由于变数 u_j，v_j 的取值范围一开始没有加以限制，所

以只能用 §6 估计均值 $J_{m_1}^{(k)}(P)$ 的办法来估计积分(1)，即方程(2)的解数．

另一方面，我们可以来讨论不定方程(1.1)满足下述限制条件的可解性．设 $m=m_0+2m_1, P_j<P_j'(1\leqslant j\leqslant m_1)$ 是满足适当条件的两串正数．考虑不定方程

$$\begin{cases} x_1^k+\cdots+x_{m_0}^k+(u_1^k+\cdots+u_{m_1}^k)+(v_1^k+\cdots+v_{m_1}^k)=N, \\ x_j\geqslant 0\,(1\leqslant j\leqslant m_0), \quad P_j<u_j, v_j\leqslant P_j'(1\leqslant j\leqslant m_1). \end{cases} \tag{3}$$

设它的解数为 $I^*(N)$，显有

$$I^*(N)=\int_0^1 S^{m_0}(\alpha)T_1^2(\alpha)\cdots T_{m_1}^2(\alpha)e(-N\alpha)d\alpha, \tag{4}$$

其中

$$T_j(\alpha)=\sum_{P_j<u\leqslant P_j'}e(\alpha u^k), \quad 1\leqslant j\leqslant m_1. \tag{5}$$

设 E_1, E_2 是由式(2.1)所取定的 Q, τ 所确定的单位区间的 Farey 分割，就有

$$I^*(N)=\int_{E_1}+\int_{E_2}=I_1^*(N)+I_2^*(N). \tag{6}$$

这样一来，

$$I_1^*(N)=\sum_{P_1<u_1, v_1\leqslant P_1'}\cdots\sum_{P_{m_1}<u_{m_1}, v_{m_1}\leqslant P_{m_1}'}\int_{E_1}S^{m_0}(\alpha)$$
$$\cdot e(-\alpha(N-u_1^k-\cdots-u_{m_1}^k-v_1^k-\cdots-v_{m_1}^k))d\alpha, \tag{7}$$

而

$$|I_2^*(N)|\leqslant \max_{\alpha\in E_2}|S^{m_0}(\alpha)|\int_0^1|T_1^2(\alpha)|\cdots|T_{m_1}(\alpha)|^2d\alpha. \tag{8}$$

上式中的积分是下述不定方程的解数：

$$\begin{cases} u_1^k+\cdots+u_{m_1}^k=v_1^k+\cdots+v_{m_1}^k, \\ P_j<u_j, v_j\leqslant P_j', \; j=1,\cdots,m_1. \end{cases} \tag{9}$$

如果我们能选取到这样的 $P_j, P_j'(1\leqslant j\leqslant m_1)$ 使得：(a) 当 $P_j<u_j$，$v_j\leqslant P_j'(1\leqslant j\leqslant m_1)$ 时，总有

$$c_{11}N\leqslant N-u_1^k-\cdots-u_{m_1}^k-v_1^k-\cdots-v_{m_1}^k\leqslant c_{12}N, \tag{10}$$

其中 c_{11}, c_{12} 是两个(可依赖于 k 的)正常数．这样，当 $m_0\geqslant 4k$ 时，就可和 §2—§5 讨论 $I_1(N)$ 一样来计算出式(7)中的积分的渐近公式(这里的 $m_0, N-u_1^k-\cdots-u_{m_1}^k-v_1^k-\cdots-v_{m_1}^k$ 相当于 $I_1(N)$ 中的 m 和 N)，进而求出 $I_1^*(N)$ 的下界估计；(b) 不定方程(9)的解数很少，甚至只有显然解，从而结合估计 Weyl 和 $S^{m_0}(\alpha)$ $(\alpha\in E_2)$ 得到 $|I_2^*(N)|$ 的一个较好的上界估计；(c) 使当 m_1 适当大时 $I_2^*(N)$ 相对于 $I_1^*(N)$ 来说是可以忽略的次要项．这样，当 $m=m_0+2m_1$ 时方程(3)有解，因而就得到了 $G(k)$ 的上界估计．这一方法是 Hardy－Littlewood 提出来的．如果上面的 m_1 的阶比 $k^2\log k$ 要低，那末这就改进了 $G(k)$ 的估计．

现取

$$\begin{cases} P_1=\dfrac{1}{4}P=\dfrac{1}{4}N^{\frac{1}{k}}, \quad P_j=\dfrac{1}{2}P_{j-1}^{1-\frac{1}{k}}, j=2,\cdots,m_1 \\ P_j'=2P_j, \quad j=1,\cdots,m_1. \end{cases} \tag{11}$$

显有

$$P_j=a_j(k)N^{\frac{1}{k}(1-\frac{1}{k})^{j-1}}, \quad 1\leqslant j\leqslant m_1, \tag{12}$$

$$P_1\cdots P_{m_1}=A(k,m_1)N^{1-(1-\frac{1}{k})^{m_1}}, \tag{13}$$

其中 $a_j(k)$，$A(k,m_1)$ 为一些正常数．注意到

$$P_{j+1}<\frac{1}{2}P_j<\frac{1}{2^j}P_1, \quad j=1,\cdots,m_1-1, \tag{14}$$

当 $P_j<u_j$，$v_j\leqslant P_j'(1\leqslant j\leqslant m)$ 时，

$$\begin{aligned} 2^{1-2k}N=2P_1^k&<u_1^k+\cdots+u_{m_1}^k+v_1^k+\cdots+v_{m_1}^k \\ &<2^{k+1}P_1^k(1+2^{-k}+\cdots+2^{-k(m_1-1)})<2^{k+2}P_1^k=2^{2-k}N. \end{aligned} \tag{15}$$

所以，当 $k\geqslant 3$ 时条件(10)即要求(a)满足．

对于这样选定的 $P_j, P_j'(1\leqslant j\leqslant m_1)$，不定方程(9)仅有显然解．这因为当 $P_j<u_j$，$v_j\leqslant P_j'$ 时，由式(14)得

$$\begin{aligned}|u_1^k-v_1^k|&=|u_1-v_1|(u_1^{k-1}+u_1^{k-2}v_1+\cdots+u_1v_1^{k-2}+v_1^{k-1})\\&\geqslant k|u_1-v_1|P_1^{k-1},\end{aligned}\tag{16}$$

及

$$|u_2^k+\cdots+u_{m_1}^k-v_2^k-\cdots-v_{m_1}^k|\leqslant(2P_2)^k=P_1^{k-1},\tag{17}$$

所以，方程(9)不可能有 $u_1\neq v_1$ 的解．类似可证 $u_j=v_j$；$2\leqslant j\leqslant m_1$(即假定 $u_1=v_1,\cdots,u_{j-1}=v_{j-1}$，同样可推出 $u_j=v_j$)．这就证明了所取的 P_j, P_j' 满足要求(b)．

现在来证明本节的主要结果．

定理 1 $G(k)\leqslant 16k\log k+4k+2$．

证：先来估计 $I_1^*(N)$ 的下界．设 P_j, P_j' 由式(11)给出，

$$N_1=N-u_1^k-\cdots-u_{m_1}^k-v_1^k-\cdots-v_{m_1}^k.\tag{18}$$

由式(15)知，当 $P_j<u_j$，$v_j\leqslant P_j'(1\leqslant j\leqslant m_1)$，$k\geqslant 3$ 时，

$$\frac{1}{2}N<N_1<N,\tag{19}$$

所以，当 $m_0\geqslant 4k$ 时，利用§2—§5所得的结果可得：

$$\begin{aligned}\int_{E_1}S^{m_0}(\alpha)e(-N_1\alpha)d\alpha&=J(k,m_0)\mathscr{S}(N_1)N_1^{\frac{m_0}{k}-1}\\&\quad+O(N_1^{\frac{m_0}{k}-1-\frac{1}{4k^2}}).\end{aligned}\tag{20}$$

由此及式(7)，式(18)，式(4.1)得到

$$\begin{aligned}I_1^*(N)&\geqslant c_6(k,m_0)J(k,m_6)(P_1\cdots P_{m_1})^2\left(\frac{1}{2}N\right)^{\frac{m_0}{k}-1}\\&\quad+O((P_1\cdots P_{m_1})^2N^{\frac{m_0}{k}-1-\frac{1}{4k^2}})\\&\geqslant c_{13}(k,m_0,m_1)N^{1+\frac{m_0}{k}-2(1-\frac{1}{k})m_1}\\&\quad+O(N^{1+\frac{m_0}{k}-2(1-\frac{1}{k})m_1-\frac{1}{4k^2}}),\end{aligned}\tag{21}$$

其中 $c_{13}(k, m_0, m_1)$ 是和 k, m_0, m_1 有关的正常数，O 常数亦仅和 k, m_0, m_1 有关，最后一步用到了式(13)．

下面来估计 $I_2^*(N)$ 的上界．由于对所取的 p_j, p_j'，不定方程(9)仅有显然解，故由式(13)知

$$\int_0^1 |T_1^2(\alpha)|\cdots|T_{m_1}^2(\alpha)|\,d\alpha \ll N^{1-(1-\frac{1}{k})^{m_1}}. \tag{22}$$

其中 $\ll$ 常数和 k, m_1 有关. 利用估计式(6.2)，由此及式(8)得

$$I_2^*(N) \ll N^{1+\frac{m_0}{k}-\frac{m_0}{400k^3\log k}-(1-\frac{1}{k})^{m_1}}. \tag{23}$$

其中 $\ll$ 常数和 k, m_0, m_1 有关．现取

$$m_0 = 4k, \quad m_1 = [8k\log k] + 1. \tag{24}$$

这时有

$$\left(1-\frac{1}{k}\right)^{m_1} < k^{-8} < (200k^2\log k)^{-1}, \quad k \geqslant 3. \tag{25}$$

因而

$$I_2^*(N) \ll N^{5-3(1-\frac{1}{k})^{m_1}}, \quad k \geqslant 3. \tag{26}$$

而这时由式(21)得，对充分大的 N 有

$$I_1^*(N) \geqslant c_{14}(k) N^{5-2(1-\frac{1}{k})^{m_1}}, \quad k \geqslant 3, \tag{27}$$

其中 $c_{14}(k)$ 为一正常数．由式(4)，(26)，(27)就推出：当

$$m = m_0 + 2m_1 \leqslant 16k\log k + 4k + 2 \tag{28}$$

时，对充分大的 N 有

$$I^*(N) > 0, \tag{29}$$

即不定方程(3)有解．这就证明了所要的结论.

习　　题

1．设 N 是正整数．求不定方程 $x_1 + \cdots + x_m = N$，$x_1 \geqslant 0, \cdots, x_m \geqslant 0$ 的解数．

2．设 $k\geqslant 2$．证明：$G(k)\geqslant k+1$．(考虑所有不大于 N 且可表为 $x_1^k+\cdots+x_k^k$，$x_1\geqslant 0,\cdots,x_k\geqslant 0$，的正整数的个数)．

3．设 $k=2^l\geqslant 4$．证明：$G(k)\geqslant 4k$．(对 $k=4$ 考虑 $15\cdot 16^n$；对 $k>4$ 考虑 $4k\cdot q$，$2\nmid q$)．

4．设 p 是素数，$(a,p)=1$．证明：$|S(p,a,k)|\leqslant(\delta-1)\sqrt{p}$，其中 $\delta=(k,p-1)$．(设 $\chi \bmod p$，$\tau(\chi)=\sum_{y=1}^{p}\chi(y)e(y/p)$，证明 $S(p,a,k)=\sum_{\chi \bmod p}'\overline{\chi}(a)\tau(x)$，“，”表对所有这样的非主特征 χ 求和：χ^k 是模 p 的主特征)．

习题 5—11 是为了证明 $G(k)\leqslant 2^k+1$，它要比证明 $G(k)\leqslant c_1k^2\log k$(推论 7.2)简单得多，而且对小的 k 仍是这结果好，下面的符号未加说明者均和本章正文相同．

5．设 λ 是一适当小的正数．取 $Q=P^{\lambda}$，$\tau=P^{k-\lambda}$．以 E_1 表基本区间：$[aq^{-1}-\tau^{-1},aq^{-1}+\tau^{-1}]$，$0\leqslant a<q$，$(a,q)=1$，$1\leqslant q\leqslant Q$；以及余区间 $E_2=[-\tau^{-1},1-\tau^{-1}]\setminus E_1$．证明当 N 充分大时

$$I=\int_0^1 S^m(\alpha)\ e(-\alpha N)d\alpha=\int_{E_1}+\int_{E_2}.$$

6．利用估计指数和的 Weyl 方法(见第十九章习题 13)证明：当 $k\geqslant 2$ 时估计式(2.8)成立．

7．证明当 $m\geqslant 2^k+1$ 时，奇异级数$\mathscr{S}(N)$(见式(2.13))绝对收敛，且有正的下界．(类似§4的讨论)．

8．设 $1\leqslant q\leqslant Q$，$(a,q)=1$，$|z-aq^{-1}|\leqslant\tau^{-1}$，以及 Q，τ 满足第5题要求．证明：

$$S(a/q+z)=q^{-1}S(q,a,k)\int_0^P e(zx^k)+O(Q^2).$$

(不要利用定理21．1.7，直接利用 Euler－MacLaurin 求和法(§2.2)来证)．

9．利用归纳法按以下途径来证明华罗庚不等式：对任给正数 ε，当 $1\leqslant l\leqslant k$ 时有

$$\int_0^1|S(\alpha)|^{2l}d\alpha\ll P^{2^l-l+\varepsilon}.$$

(a) 设 n 是整数，b_n 是不定方程

$x_1^k+\cdots+x_L^k=n+y_1^k+\cdots+y_L^k$，$0\leqslant x_j, y_j\leqslant P$，的解数，$L=2^{l-1}$. 证明:

$|S(\alpha)|^{2L}=\sum\limits_n b_n e(-\alpha n)$，$S(0)=[p]+1$，$b_0=\int_0^1 |S(\alpha)|^{2L}d\alpha$.

(b) 利用 Weyl 方法（见习题 19.13）证明:

$$S^{2L}(\alpha)\ll(2P)^{2L-l-1}\sum_n c_n e(n\alpha),$$

其中 $c_0\leqslant P^l$，$c_n\ll P^{\varepsilon}(n\neq 0)$，$\varepsilon$ 为任意正数.

(c) 证明 $\int_0^1|S(\alpha)|^{4L}d\alpha\ll(2P)^{2L-l-1}\sum\limits_n c_n b_n$.

10. 设 $m>2^k$. 证明：对适当取定的正数 λ 和由此在第 5 题中确定的余区间 E_2，有

$$\int_{E_2}|S(\alpha)|^m d\alpha\ll N^{m/k-1-\delta},$$

其中 δ 为一正数.（利用第 9 题及第 19.13 题）.

11. 证明: 当 $m>2^k$，$k\geqslant 2$ 时，

$$I=N^{m/k-1}\mathscr{S}(N)J(k,m)+O(N^{m/k-1-\delta}).$$

（利用前面第 5—10 题及 §5 中有关奇异积分的结果最近，*Vaughan*证明了这结果当 $k\geqslant 3$，$m=2^k$ 时成立，见第 627 页注 3)，第 628 页注 1)）.

12. 如果对任意正数 $\varepsilon>0$ 有

$$\int_0^1|S(\alpha)|^{2l}d\alpha\ll p^{\varepsilon}\min(p^l, p^{2l-k})$$

成立，那末当 $m\geqslant 2k+1$ 时，第 11 题的结果成立.

13. 证明：每个充分大的自然数可表为一个平方数和七个立方数之和.

14. 设R是不定方程 $x_1^2+y_1^4+y_2^4=x_2^2+y_3^4+y_4^4$，$0\leqslant x_1, x_2\leqslant N^{1/2}$，$0\leqslant y_1,\cdots, y_4\leqslant N^{1/4}$ 的解数. 证明：$R\ll N^{1+\varepsilon}$，ε 为任意正数.

15. 试求正整数表为两个平方数，四个四次方数，与一个 k 次方数之和的表法个数的渐近公式.

以下的习题 16—21 是为了证明定理 2、3.

16．利用估计式(3.18)证明：对任意的 $\varepsilon>0$，当 $(q,a)=1$ 时有

$$S(q,ax^k+bx)=\sum_{l=1}^{q} e\left(\frac{al^k+bl}{q}\right) \ll (q,b)q^{1/2+\varepsilon}, \qquad [1]$$

这里 $\ll$ 常数和 ε, k 有关．证明按以下途径证明：

(a) 式 [1] 可归结为证明：对素数 p，$(a,p)=1$，有

$$S(p^l,ax^k+bx) \ll (p^l,b)\,p^{l/2}. \qquad [2]$$

当 $l=1$ 时，由式(3.18)推出式 [2] 成立．下面用归纳法来证明式 [2] 当 $l>1$ 时亦成立．

(b) 当以下三个条件有一个成立时，估计式 [2]（$l>1$）必成立：(1) $b=0$；(2) $b\neq 0$，$p^\theta \| b$，$\theta\geqslant l/2$；(3) $p^\tau \| k$，$\tau \geqslant l/2$．

由(b)知以下总假定下述条件成立：

$$b\neq 0,\ \tau<l/2,\ \theta<l/2,\ l>1 \qquad [3]$$

(c) 设 $d=[(l+1)/2]$．证明：当 $2|l$ 或 $p|k(k-1)/2$ 时，必有 $|S(p^l,ax^k+bx)|\leqslant Ap^d$，其中 A 是同余方程

$$aky^{k-1}+b\equiv 0\ (\bmod p^d), \qquad 1\leqslant y\leqslant p^{l-d}$$

的解数．进而通过估计解数 A 来证明式 [2] 成立．(考虑这同余方程有解的必要条件)．

(d) 当 $2\nmid l$ 且 $p\nmid k(k-1)/2$ 时有

$$S(p^l,ax^k+bx)=p^{d-1}\sum_{u=1}^{p^{l-d}}{}^{*} e\left(\frac{au^k+bu}{p^l}\right) \cdot \sum_{v=1}^{p} e\left(\frac{k(k-1)}{2p}u^{k-2}v^2+\frac{tv}{p}\right),$$

其中 $t=(kau^{k-1}+b)p^{1-d}$，“*”表对满足 $p^{d-1}|kau^{k-1}+b$ 的 u 求和．再以 S_1 表上式右边所有满足 $p|u^{k-2}$ 的项所组成的和，S_2 表其余部份．

(e) 证明 $S_1\ll p^dA_1$，其中 A_1 是同余方程

$$kay^{k-1}+b\equiv 0\ (\bmod p^d),\ p|y,\ 1\leqslant y\leqslant p^{l-d}$$

的解数．通过估计解数 A_1 来证明 $S_1\ll p^{l/2}(p^l,b)$．

(f) 证明 $S_2\ll p^{d-1/2}A_2$，其中 A_2 是同余方程

$$kay^{k-1}+b\equiv 0\ (\mathrm{mod}\ p^{d-1}),\ p\nmid y^{k-2},\ 1\leqslant y\leqslant p^{l-d}$$

的解数．通过估计解数 A 证明 $S \ll p^{l/2}(p^l, b)$．

(g) 综合(d)—(f)证明：当 $2\nmid l$ 且 $p\nmid k(k-1)/2$ 时，式[2]也成立．

(h) 证明本题的结论．

17. 利用上题证明：在引理 2.1 的条件下，式(2.1)可改进为

$$S\left(\frac{a}{q}+z\right)=\frac{1}{q}S(q,a,k)\int_0^P e(zx^k)dx+O(q^{1/2+\varepsilon}),\ \varepsilon \text{ 为任意正数}.$$

证明按以下途径进行．

(a) 设 $F(b,z)=\sum\limits_{x\leqslant P}e(zx^k-q^{-1}bx)$：证明

$$S\left(\frac{a}{q}+z\right)=\frac{1}{q}\sum_{b=1}^{q}S(q,ax^k+bx)F(b,z).$$

(b) 利用定理 21.1.5 证明：当 $|z|\leqslant(2qkP^{k-1})^{-1}$ 时，

$$F(b,z)\ll\|q^{-1}b\|^{-1},\quad 1\leqslant b\leqslant q-1,$$

$$F(q,z)=\int_0^P e(zx^k)dx+O(1).$$

利用(a)，(b)就可推出所要结论．此外还可证明

(c) 对任意实数 z，有

$$S\left(\frac{a}{q}+z\right)=\frac{1}{q}S(q,a,k)\int_0^P e(zx^k)dx+O(q^{1/2+\varepsilon}(1+N|z|)).$$

其中大 O 项还可进一步用 $q^{1/2+\varepsilon}(1+N|z|)^{1/2}$ 来代替．

18. 证明：(i) 当 $m\geqslant 4$ 时 $\mathscr{S}(N)$ 绝对收敛，且 $\mathscr{S}(N)\geqslant 0$；(ii) 当 $m\geqslant \max(5,k+2)$ 时，存在和 N 无关的常数 $c(k,m)$ 使 $\mathscr{S}(N)\leqslant c(k,m)$；(iii) 当 $\max(4,k)\leqslant m<\max(5,k+2)$ 时，$\mathscr{S}(N)\ll N^{\varepsilon}$，$\ll$ 常数和 ε,k 有关．证明按以下途径进行，

(a) 先证明第 4 题．

(b) 设 γ 由式(4.9)给出．当 $\gamma<l\leqslant k$ 时，

$$S(p^l,a,k)=p^{l-1},\quad (a,p)=1.$$

(c) 设 $\Phi(q,N)$ 由式(4.2)给出，$\alpha=uk+v$，$1\leqslant v\leqslant k$．

证明：

$$\Phi(p^{\alpha},N)\ll\begin{cases}p^{-m(u+1/2)}(p^{1/2}(p^{\alpha-1},N)+(p^{\alpha},N)), & v=1,\\ p^{-m(u+1)}\ (p^{\alpha},N), & v\neq 1.\end{cases}$$

此外，当 $\beta=\alpha-\max(k,\gamma)>0$ 且 $p^{\beta}\nmid N$ 时，有 $\Phi(p^{\alpha},N)=0$．(分 $p>k$ 和 $p\leqslant k$ 两种情形讨论．对 $p>k$ 的情形，当 $v\neq 1$ 时利用引理 3.4；当 $v=1$ 时利用 (a))．

(d) 若设 $p^{\theta}\| N$，则结论 (c) 可改写为

$$\Phi(p^{\alpha},N)=0,\quad \alpha>\theta+\max(k,\gamma),$$

$$\Phi(p^{\alpha},N)\ll p^{\omega},\quad \alpha\leqslant\theta+\max(k,\gamma),$$

其中 ω 满足

$$\omega+um-\min(\alpha,\theta)=\begin{cases}-m/2, & \alpha\leqslant\theta,\ v=1;\\ -(m-1)/2, & \alpha>\theta,\ v=1;\\ -m, & v\neq 1.\end{cases}$$

(e) 证明本题结论．

19．当 $m\geqslant\max(4,k+1)$ 时，对任意正数 B，有

$$\sum_{q\leqslant B}q^{1/k}|\Phi(q,N)|\ll(NB)^{\varepsilon},$$

ε 为任意正数．(利用上题的 (d))．

20．设 $\Phi_h^*(q)=\sum_{a=1}^{q}{}'|q^{-1}S(q,a,k)|^h$，当 $h\geqslant k+1$ 时，$\lambda=0$；当 $h=k$ 时，$\lambda=k^{-1}$．证明：当 $h\geqslant\max(4,k)$ 时，有

$$\sum_{q\leqslant B}q^{-\lambda}\Phi_h^*(q)\ll B^{\varepsilon},$$

其中 B,ε 为任意正数．(证明 $\Phi_h^*(q)$ 是 q 的积性函数．利用证明第 18 题 (c) 的同样的方法和记号证明：

$$\Phi_h^*(p^{\alpha})\ll\begin{cases}p^{-(u+1/2)h+\alpha}, & v=1;\\ p^{-(u+1)h+\alpha}, & v\neq 1.)\end{cases}$$

21．利用第 17—20 题的结论证明定理 2.3．

22．如果估计式 $\int_0^1\left|\sum_{x\leqslant P}e(\alpha x^3)\right|^b d\alpha\ll P^{7/2-\delta}$ 成立，δ 为一正数，那末 $G(3)\leqslant 8$，且表法个数有渐近公式 (参看习题11)．

习题23—31 是为了改进定理4.1,即关于$\mathscr{S}(N)$ 有正的下界的结果．以下符号未加说明者同§4．

23．设 q 是正整数．证明 $\sum_{d|q}\Phi(d)=q^{1-m}T_m(q)$．进而推出 $T_m(q)$ 是 q 的积性函数．

24．设 a,b 由式(4.13)给出．证明：当 $a\equiv b(\bmod (k,\varphi(p^\gamma)))$ 时，同余方程(4.12)和(4.15)是等价的．由此推出引理4.4当 $m\geqslant 2(k,\varphi(p^\gamma))$, $p>2$ 时成立．此外，证明：当(i) $m\geqslant 2, p=2, 2\nmid k$；(ii) $m\geqslant 5, k=p=2$；(iii) $m\geqslant 2^\gamma, k>p=2, \tau>0$时，引理4.4也都成立．

25．(a) 当条件 (i) $p>2$；(ii) $t=1$；(iii) $2\nmid k$ 中有一个成立时，所有的整数 $x^k, p\nmid x$，恰好属于 $\varphi(p^t)/(k,\varphi(p^t))$ 个模 p^t 的剩余类；(b) 当 $t\geqslant 2, p=2, 2|k$ 时，所有的整数 $x^k, 2\nmid x$，恰好属于 $2^{t-2}/(k,2^{t-2})$ 个模 2^t 的剩余类．

26．设 q 是正整数．$\mathscr{A}$ 是由模 q 的 r 个不同的剩余类组成的集合，$\mathscr{B}$ 是由模 q 的 s 个不同的剩余类组成的集合．再以 $\mathscr{A}+\mathscr{B}$ 表由所有形如 $a+b(a\in\mathscr{A}, b\in\mathscr{B})$ 的数构成的模 q 的不同的剩余类组成的集合，其个数为 t．如果 $0\in\mathscr{B}$，且 $\mathscr{B}$ 中的其它剩余类都是模 q 的互素剩余类，那末必有 $t\geqslant\min(q, r+s-1)$．(可以假定 $r<q, s\leqslant q-(r-1)$．对 s 用归纳法)．

27．利用以上两题证明：当 $m\geqslant p(p-1)^{-1}(k,\varphi(p^\gamma))$, $p>2$时，引理4.4成立．

28．利用第24或27题，可以证明当 m 满足怎样的条件时引理4.6成立．

29．如果 $m\geqslant\max(4,k+1)$，及 $T_m^*(p^\gamma)>0$ 对所有素数 p 均成立，那末，$\mathscr{S}(N)\gg 1$．证明按以下途径进行．

(a) 指出所要的结论可从下面的结论推出：存在正常数 c，当 $p>k$ 时有 $\sum_{\alpha=1}^{\infty}\Phi(p^\alpha)\geqslant -cp^{-3/2}$．因而，以下恒假定 $p>k$．

(b) 当 $\alpha=uk+v, 2\leqslant v\leqslant k$ 时有

$$p^{(u+1)m-1}\Phi(p^\alpha)=\begin{cases}1-p^{-1}, & p^\alpha\| N;\\ -p^{-1}, & p^{\alpha-1}\| N;\\ 0, & p^{\alpha-1}\nmid N.\end{cases}$$

进而推出 $\sum_{\alpha\not\equiv 1(\bmod k)}\Phi(p^\alpha)\geqslant -p^\lambda\geqslant -p^{-2}$，其中 $\lambda=[\theta/k](k-m)$

$+1-m$，$p^{\theta}\| N$.（类似第 18 题(c)）.

(c) 当 $\alpha\equiv 1 \pmod k$ 时，若 $p^{\alpha-1}\nmid N$，则 $\Phi(p^{\alpha})=0$；若 $p^{\alpha-1}| N$，则 $p^{-(k-m)[\alpha/k]}\Phi(p^{\alpha})$

$$= p^{-m}\sum_{\chi_1 \bmod p}{}' \cdots \sum_{\chi_m \bmod p}{}' \tau(\chi_1)\cdots\tau(\chi_m) \cdot \sum_{a=1}^{p-1}\bar{\chi}_1(a)\cdots\bar{\chi}_m(a)e(-aN/p^{\alpha}),$$

这里符号的意义同第 4 题．进而证明：$\sum\limits_{\alpha\equiv 1 \pmod k}\Phi(p^{\alpha}) = \sum\limits_{\alpha\equiv 1 \pmod k}{}'\Phi(p^{\alpha})+O(p^{-3/2})$，其中“，”表示 α 要满足条件 $p^{\alpha}| N$.

(d) 利用 (c) 证明：当 $m\geqslant 5$ 时有 $\sum\limits_{\alpha\equiv 1 \pmod k}{}'\Phi(p^{\alpha})\ll p^{-3/2}$.

(e) 当 $m=4$，$p^{\alpha}| N$，$\alpha\equiv 1 \pmod k$ 时，恒有 $\Phi(p^{\alpha})\geqslant 0$.

(f) 综合以上所得，证明本题的结论．

30．当 (i) $k=2$，$m\geqslant 5$；(ii) $2<k=2^{\tau}$，$m\geqslant 4k$；(iii) k 为其它情形，$m\geqslant 3k/2$ 时，总有 $\mathscr{S}(N)\gg 1$.（利用第 24，27，28，29 题）.

31．设 $m_0=m_0(k)$ 由下表给出．证明当 $m\geqslant m_0$ 时总有 $\mathscr{S}(N)\gg 1$.

k	3	4	5	6	7	8	9	10	11	12	13	14	15	16
m_0	4	16	5	9	4	32	13	12	11	16	6	4	15	64

32．设 $k\geqslant 2$，$\sigma=\max\limits_{l\geqslant 1}\{(2(k-1)l)^{-1}(1-(k-2)^{l}(k-1)^{2-l/2})\}$，

$\sigma_0=\max(\sigma,2^{1-k})$. 再设 m_0 是大于 $\underset{h\geqslant 0}{\mathrm{mix}}\{k^2(2\sigma_0)^{-1}(1-k^{-1})^{h}+2kh\}$

的最小整数．证明：(a) 当 $m\geqslant m_0$ 时，不定方程(1.1)的解数 $I\sim N^{m/k-1}\mathscr{S}(N)J(k,m)$；(b) 当 $k\to\infty$ 时，$m_0\sim 4k^2\log k$；(c) 当 $k\geqslant 11$ 时，$m_0<2^k+1$.（利用习题 22.17，22.18，19.13，定理 2.3，及第 30 题）

33．设 m_0 由上题给出，$S(\alpha)$ 由式(1.3)给出．证明：当 $2m\geqslant m_0$ 时有

$$\sum_{Q<q\leqslant R} q^{-1}\sum_{a=1}^{q}{}'|S(a/q)|^{2m}\ll(P^kQ^{-1}+R)P^{2m-k}.$$

（利用习题 22.10）.

34．设素数 $p\geqslant 3$．$k_1,\cdots,k_m$ 是给定的正整数．再设 $Q_m(N)$ 是同余方程 $x_1^{k_1}+\cdots+x_m^{k_m}\equiv N(\bmod p)$ 的解数．证明：当 $p\nmid N$ 时，$Q_m(N)=p^{m-1}+O(p^{(m-1)/2})$．(参看 §4)．

35．设 $p\geqslant 3$ 是给定的素数，$Q=p^{\alpha}$，$P\leqslant Q$，$n=(\log Q)/\log P\leqslant\sqrt{k}$，以及整数 $N\geqslant 1$．证明：同余方程

$$x_1^k+\cdots+x_m^k\equiv N(\bmod Q),\quad 1\leqslant x_1,\cdots,x_m\leqslant P,$$

当 $m\geqslant 30n$ 时可解．此外，存在整数 N_0 使当 $m\leqslant n-1$ 时，这同余方程无解(参看 §8)．

36．设 $k\geqslant 2$．求方程 $p_1+p_2+x^k=N$ 的解数的渐近公式，这里 p_1,p_2 是素数，x 是正整数．(参看本章和第二十章)．

37．设 $k\geqslant 2$．求方程 $p+x^2+y^2+z^k=N$ 的解数的渐近公式，这里 p 是素数，x,y,z 是自然数．(参看本章和第二十章)．

第 38—48 题是为了证明式(3.17)，并定出较好的常数 $c_5(k)$．在证这些题时，必要时可用估计式(3.18)．

38．设 $S(x)=c_kx^k+\cdots+c_1x+c_0$，$(p,c_k,\cdots,c_0)=1$．若 α 是 $S(x)\equiv 0(p)$ 的 $m(m\geqslant 1)$ 重根(即 $S(\alpha)\equiv 0\ (p),\cdots,S^{(m-1)}(\alpha)\equiv 0(p)$，$S^{(m)}(\alpha)\not\equiv 0(p)$)，$p^{\lambda}\| S(px+\alpha)$，那末(a) $1\leqslant\lambda\leqslant m$；(b) 设 $g(x)\equiv p^{-\lambda}S(px+\alpha)\ (p)$，$g(x)$ 的系数均和 p 互素，当 $\lambda=m$ 时，$a(x)$ 的次数 $=\lambda$，当 $\lambda\leqslant m-1$ 时 $g(x)$ 的次数 $\leqslant\lambda-1$．

39．设 $S(x)$ 由上题给出，$(p,c_k,\cdots,c_1)=1$，$p^{\sigma}\| S(px+\alpha)-S(\alpha)$．证明：(a) $1\leqslant\sigma\leqslant k$；(b) 若 $p^t\| S'(x)$，α 是 $p^{-t}S'(x)\equiv o(p)$ 的解，则 $\sigma\geqslant 2$；(c) 若 $p>k$，α 是 $S'(x)\equiv o(p)$ 的 n 重根，$1\leqslant n\leqslant k-1$，则 $2\leqslant\sigma\leqslant n+1$．

40．设正数 $a>1$，整数 $K\geqslant 1$．证明

$$\max_{1\leqslant J\leqslant K}\ \max_{m_j\geqslant 1,1\leqslant j\leqslant J}\ \sum_{m_1+\cdots+m_J\leqslant K} a^{m_j}\leqslant\max(Ka,a^K).$$

41．设 $S(q,P(x))$ 由式(3.15)给出．若 $q=q_1q_2$，$(q_1,q_2)=1$，则 $S(q,P(x))=S(q_1,P_1(x))S(q_2,P_2(X))$，其中 $P_j(x)=a_{kj}x^k+\cdots+a_{1j}x$，$j=1,2$，$a_{i1}=a_iq_2^i$，$a_{i2}=a_iq_1^i$，$1\leqslant i\leqslant k$，且当 $(q,a_k,\cdots,a_1)=1$ 时，必有 $(q_1,a_{k1},\cdots,a_{11})=(q_2,a_{k2},\cdots,a_{12})=1$．

42．设 $\mu(q)\neq 0$，$q\mid\prod\limits_{p\leqslant(k-1)^2}p$，$P(x)$ 同上题．证明：$|S(q,P(x))|\leqslant$

$e^{k(1+o(1))}q^{1-1/k}$，其中 $o(1)\to 0$ 当 $k\to\infty$.

43．设 $l\geqslant 2$，证明：$S(p^l,P(x))=p\sum\limits_{u=1}^{p}{}^{*}e(p^{-l}P(u))$.

$\cdot\sum\limits_{v=1}^{p^{l-2}}e(p^{-l}(P(u+vp)-P(u)))$，其中"$*$"表对同余方程 $f'(u)\equiv 0\,(p)$ 的解求和．进而推出：(a) 当 $f'(u)\equiv 0\,(p)$ 无解时 $S(p^l,P(x))=0$；(b) $|S(p^2,f(x))|\leqslant\min(p^2,(k-1)\ p)$.

44．证明当 $k\geqslant 3$, $p\geqslant(k-1)^{k/(k-2)}$ 时，对 $l\geqslant 1$ 有 $|S(p^l,P(x))|\leqslant c_{p,k}p^{l(1-1/k)}$，其中 $c_{p,k}=\max(1,\min(p^{1/k},(k-1)p^{-1/2+1/k}))$.（利用第 39，40 题估计同余方程 $P'(u)\equiv 0\,(p)$ 的解，用归纳法）

45．设 $l\geqslant 2$，$p>k\geqslant 3$．n 为同余方程 $P'(u)\equiv 0\,(p)$ 的解数（按重数计）．证明 $|S(p^l,P(x))|\leqslant\max(np^{1/k},p^{n/k})p^{-1+2/k}p^{l(1-1/k)}$．（利用第 39，40，43 题）

46．设 $S(x)$ 由第 39 题给出．$k\geqslant 3$，$(p,c_k,\cdots,c_1)=1$，$p^\sigma\,\|\,S(px+\alpha)-S(\alpha)$，$g(x)=p^{-\sigma}(S(\alpha+px)-S(\alpha))$．再设 $p^t\,\|\,S'(x)$，α 是 $p^{-t}S'(x)\equiv 0\,(p)$ 的 $n(\geqslant 1)$ 重根．再设 $p^s\,\|\,g'(x)$，$w(x)=p^{-s}g'(x)$，证明：(a) $2\leqslant\sigma\leqslant\min(t+n+1,k)$；(b) $w(x)\equiv 0\,(p)$ 的解数 $\leqslant n$.

47．设 $k\geqslant 3$，$p\leqslant k$．$P(x)$ 同第 41 题．再设 $p^t\,\|\,P'(x)$，同余方程 $p^{-t}P'(x)\equiv 0\,(p)$ 的解为 $u_1(n_1$ 重$),\cdots,u_J(n_J$ 重)．证明：$|S(p^l,P(x))|\leqslant\max(1,n)\,k^{3/k}p^{l(1-1/k)}$．（分 $l<2(t+1)$，$l\geqslant 2(t+1)$ 两种情形．利用第 43，46 题．用归纳法）．

48．利用第 44，45，47 题证明式(3.17)，并定出 $c_5(3)$，$c_5(4)$，$c_5(6)$，及一般 $c_5(k)$ 的值．

49．设 $v_1(x)=\int_0^{n^{1/k}}e(xy^k)dy$，$v_2(x)=\sum\limits_{h=0}^{n}\frac{\Gamma(h+1/k)}{k\cdot h!}e(xh)$．证明：当 $n\to\infty$ 时有

$$\int_{-\infty}^{\infty}(v_1(x))^m e(-nx)dx\sim J(k,m),$$

$$\int_0^1(v_2(x))^m e(-nx)dx\sim J(k,m),$$

其中 $J(k,m)$ 由定理 5.1 给．此外，利用 Γ 函数性质求 $J(k,m)$ 的渐近公式．

第二十七章 Dirichlet除数问题

§1. 问题与研究方法

除数函数 $d(n)$ 的分布是十分不规则的，当 n 为素数时它等于2，而一个熟知的初等结果(见 [11, 定理317])是

$$\overline{\lim_{n\to\infty}}(\log n)^{-1}(\log\log n)\log d(n)=\log 2. \tag{1}$$

数论中的一个著名问题就是研究除数函数 $d(n)$ 的和:

$$D_2(x)=\sum_{n\leqslant x}d(n),\qquad x\geqslant 1. \tag{2}$$

要求出 $D_2(x)$ 的主项，尽可能好地估计它的余项. 这一问题通常称为 Dirichlet 除数问题，是本章所要讨论的内容. 容易看出，

$$D_2(x)=\sum_{uv\leqslant x}1\ . \tag{3}$$

所以，$D_2(x)$ 表区域: $uv\leqslant x,u\geqslant 1,v\geqslant 1$ 上的整点(坐标均为整数的点，也称为格点)数目. 研究某些特殊区域甚至一般区域中的整点的个数的问题称为整点问题(或格点问题)，是数论中的一个重要研究课题，而除数问题正是一种特殊的整点问题.

研究 Dirichlet除数问题主要有两种途径，而最终都归结为某种指数和估计.

第一种途径是从式(3)出发计算区域中的整点个数，把问题转化为讨论算术函数 $f(n)=x/n$ 的分数部份的平均分布，进而利用 Fourier 级数把问题变为指数和估计. 利用双曲型求和法，由式(3)得

$$\begin{aligned}D_2(x)&=2\sum_{1\leqslant u\leqslant\sqrt{x}}\ \sum_{1\leqslant v\leqslant x/u}1-[\sqrt{x}\ ]^2\\&=2\sum_{1\leqslant u\leqslant\sqrt{x}}\left[\frac{x}{u}\right]-[\sqrt{x}\ ]^2\end{aligned}$$

$$= 2x\sum_{1\leqslant u\leqslant\sqrt{x}}\frac{1}{u} - 2\sum_{1\leqslant u\leqslant\sqrt{x}}\left\{\frac{x}{u}\right\} - [\sqrt{x}]^2. \tag{4}$$

在式(2.2.17)中取 $N=[\sqrt{x}]$, $m=2$, 得到

$$\sum_{1\leqslant u\leqslant\sqrt{x}}\frac{1}{u} = \log[\sqrt{x}] + \gamma + (2[\sqrt{x}])^{-1} + O(x^{-1}). \tag{5}$$

由以上两式可得

$$D_2(x) = x(\log x + 2\gamma - 1) + \Delta_2(x), \tag{6}$$

$$\Delta_2(x) = \sqrt{x} - 2\sum_{1\leqslant u\leqslant\sqrt{x}}\left\{\frac{x}{u}\right\} + O(1). \tag{7}$$

这样，就得到了 Dirichlet (1849) 所证明的结果:

$$\Delta_2(x) \ll x^{1/2}. \tag{8}$$

为了改进 $\Delta_2(x)$ 的上界估计，就需要用 Fourier 级数展开来讨论式(7)中的和式，这就是 §2 的内容.

第二种途径是利用 Perron 公式来表示式(2)中的和式. 在定理 6.5.2 中取 $a(n)=d(n)$, $s_0=0$, $A(s)=\zeta^2(s)$, $\sigma_a=1$, $b>1$, $T\geqslant 1$, x 为半奇数[1]，我们有

$$\sum_{n\leqslant x} d(n) = \frac{1}{2\pi i}\int_{b-iT}^{b+iT}\zeta^2(s)\frac{x^s}{s}ds + O\left(\frac{x^b}{T(b-1)^2} + \frac{x^{1+\varepsilon}}{T}\right). \tag{9}$$

设 $a>0$, 考虑以 $b\pm iT$, $-a\pm iT$ 为顶点的正向围道，由 Cauchy 积分定理及定理 7.4.1 得

$$\frac{1}{2\pi i}\int_{b-iT}^{b+iT}\zeta^2(s)\frac{x^s}{s}ds = x(\log x + 2\gamma - 1) + \zeta^2(0) + \frac{1}{2\pi i}$$

---

1) 这限制是没有影响的，事实上可用 $[x]+1/2$ 代 x .

$$\cdot\left(\int_{b-iT}^{-a-iT}+\int_{-a-iT}^{-a+iT}+\int_{-a+iT}^{b+iT}\right)\zeta^2(s)\ \frac{x^s}{s}\,ds\,, \tag{10}$$

右边前两项分别为在 $s=1,0$ 处的留数.

由于 $\zeta(b+it)\ll(b-1)^{-1},\ \zeta(-a+it)\ll a^{-1}(|t|+1)^{a+1/2}$,故从定理4.4.1 推出: 当 $-a\leqslant\sigma\leqslant b,|t|\geqslant 1$时

$$\zeta(\sigma+it)\ll|t|^{(a+1/2)(b-\sigma)(a+b)^{-1}}, \tag{11}$$

$\ll$ 常数和 a,b 有关, 由式(11)即得

$$\int_{-a\pm iT}^{b\pm iT}\zeta^2(s)\ \frac{x^s}{s}ds\ll T^{2a}\ x^{-a}+\ x^bT^{-1}. \tag{12}$$

由此及式(10), (9)得到: 对任意 $x\geqslant 1, a>0$[1]有

$$\sum_{n\leqslant x}d(n)=x(\log x+2\gamma-1)+\Delta_2(x). \tag{13}$$

$$\Delta_2(x)=\frac{1}{2\pi i}\int_{-a-iT}^{-a+iT}\zeta^2(s)\frac{x^s}{s}ds+O(T^{2a}x^{-a}+x^bT^{-1}+x^{\varepsilon}). \tag{14}$$

进而利用函数方程(7.1.21), 余项 $\Delta_2(x)$ 可表为

$$\Delta_2(x)=\frac{1}{2\pi i}\sum_{n=1}^{\infty}d(n)\int_{-a-iT}^{-a+iT}\frac{A^2(s)}{n^{1-s}}\ \frac{x^s}{S}\ ds$$

$$+\,O(T^{2a}x^{-a}+x^bT^{-1}+x^{\varepsilon}). \tag{15}$$

为了改进 $\Delta_2(x)$ 的估计, 就要进一步研究右边的积分, 利用渐近公式(7.1.24)和指数积分的计算, 式(15)右边也被归为某种指数和估计. 这是 §3 的内容.

Dirichlet 除数问题有各种推广和变形, 我们这里将不予讨论, 个别内容将放在习题中. 本章所讨论的研究 Dirichlet 除数问题的两种方法, 可用于许多其它的积性数论函数的平均分布问题和

1) 不难看出, 式(13), (14)对 $a>-1$ 都成立, 但式(15)必需要 $a>0$.

整点问题，特别是可用于讨论 Gauss 圆内整点问题(见习题4，5,6,7)．设 $x>2$，$A_2(x)$ 表圆 $u^2+v^2\leqslant x$ 上的格点数，

$$R_2(x)=A_2(x)-\pi x. \tag{16}$$

类似于 $\Delta_2(x)$ 就可以讨论 $R_2(x)$ 的估计．这就是圆内整点问题．

已经证明(见习题 10)，估计 $\Delta_2(x)\ll x^{1/4}$, $A_2(x)\ll x^{1/4}$ 不可能成立，猜测对任意 ε 大于零有

$$\Delta_2(x)\ll x^{1/4+\varepsilon},\quad A_2(x)\ll x^{1/4+\varepsilon}, \tag{17}$$

这是两个没有解决的著名问题．

本章内容可参看：[14], [6], [17], [18, 第二版], [23], [32].

§2. 第一种方法

先证明两个引理．

引理 1 设 r 是正整数，$0<\Delta<1/4$, 以及 $\Delta\leqslant\beta-\alpha\leqslant 1-\Delta$. 再设 $\delta=\Delta/(2r)$，$h_0(x)$ 是以 1 为周期的函数，满足

$$h_0(x)=\begin{cases}1 & \alpha<x<\beta,\\ 1/2, & x=\alpha,\beta,\\ 0 & \beta<x<1+\alpha,\end{cases} \tag{1}$$

再设

$$h_j(x)=\frac{1}{2\delta}\int_{-\delta}^{\delta}h_{j-1}(x+t)\,dt,\quad j=1,2\cdots,r. \tag{2}$$

那末，对任意的 $1\leqslant j\leqslant r$, $h_j(x)$ 是以 1 为周期的函数，满足

$$\begin{cases}h_j(x)=1, & \alpha+j\delta\leqslant x\leqslant\beta-j\delta,\\ 0<h_j(x)<1, & |x-\alpha|<j\delta,\ |x-\beta|<j\delta,\\ h_j(x)=0, & \beta+j\delta\leqslant x\leqslant 1+\alpha-j\delta,\end{cases} \tag{3}$$

且有 Fourier 级数展开式

$$\begin{cases}h_j(x)=\beta-\alpha+\sum\limits_{m\neq 0}a_{m,j}e(mx),\\ |a_{m,j}|\leqslant\min\left(\beta-\alpha,\dfrac{1}{\pi|m|},\dfrac{1}{\pi|m|}\left(\dfrac{r}{\pi|m|\Delta}\right)^j\right).\end{cases} \tag{4}$$

证：熟知$h_0(x)$有 Fourier 级数展式

$$\begin{cases} h_0(x)=a_{0,0}+\sum\limits_{m\neq 0} a_{m,0}e(mx), \\ a_{0,0}=\int_0^1 h_0(x)dx=\beta-\alpha, \\ a_{m,0}=\int_0^1 h_0(x)e(-mx)dx=\dfrac{i}{2\pi m}(e(-m\beta)-e(-m\alpha)), \quad m\neq 0. \end{cases} \tag{5}$$

由式(2)及式(5)即得(逐项积分)

$$h_1(x)=\frac{1}{2\delta}\int_{-\delta}^{\delta} h_0(x+t)dt=\beta-\alpha+\sum_{m\neq 0} a_{m,1}e(mx),$$

$$a_{m,1}=i\,\frac{e(-m\beta)-e(-m\alpha)}{2\pi m}\left(\frac{e(m\delta)-e(-m\delta)}{4\pi i m\delta}\right), m\neq 0$$

这就证明了式(4)对$j=1$. 类似的，逐项积分j次就得

$$h_j(x)=\frac{1}{2\delta}\int_{-\delta}^{\delta} h_{j-1}(x+t)dt=\beta-\alpha+\sum_{m\neq 0} a_{m,j}e(mx),$$

$$a_{m,j}=i\,\frac{e(-m\beta)-e(-m\alpha)}{2\pi m}\left(\frac{e(m\delta)-e(-m\delta)}{4\pi i m\delta}\right)^j, m\neq 0.$$

这就证明了式(4)对$j\geqslant 1$都成立. 性质(3)直接由$h_0(x)$的定义及式(2)推出. 我们记$h(x)=h_r(x)$.

引理2 设r是正整数，$0<\Delta<1/8$, $\Delta\leqslant\beta-\alpha\leqslant 1-\Delta$, 以及$h(x)=h_r(x)$是引理1中给定的函数. 再设$\lambda_1, \lambda_2\cdots, \lambda_Q$是一串实数，$0\leqslant\lambda_j<1, 1\leqslant j\leqslant Q$, 以及$H(\alpha,\beta)=\sum\limits_{j=1}^{Q} h(\lambda_j)$. 如果对任意满足条件的$\alpha, \beta$都有

$$H(\alpha,\beta)=(\beta-\alpha)Q+O(R), \tag{6}$$

这里R及大O常数和α,β无关，那末

$$S=\sum_{j=1}^{Q}\lambda_j=Q/2+O(R)+O(\Delta Q).\tag{7}$$

证：先假定 β,α 只满足 $0<\beta-\alpha\leqslant 1$，不妨设 $0\leqslant\alpha<\beta\leqslant 1$. 记 $D(\alpha,\beta)=\sum\limits_{\alpha\leqslant\lambda_j<\beta}1$. 当 $2\Delta<\beta-\alpha\leqslant 1-2\Delta$ 时，显有

$$H(\alpha+\Delta/2,\beta-\Delta/2)\leqslant D(\alpha,\beta)\leqslant H(\alpha-\Delta/2,\beta+\Delta/2),$$

由此及式(6)得

$$D(\alpha,\beta)=(\beta-\alpha)Q+O(R)+O(\Delta Q);\tag{8}$$

当 $0<\beta-\alpha<2\Delta$ 时，

$$D(\alpha,\beta)=D(\alpha,\alpha+1-2\Delta)-D(\beta,\alpha+1-2\Delta),\tag{9}$$

由于 $0<\Delta<1/8$，所以这时有

$$2\Delta<(\alpha+1-2\Delta)-\alpha\leqslant 1-2\Delta,$$

$$2\Delta<(\alpha+1-2\Delta)-\beta\leqslant 1-2\Delta,$$

因此，对式(9)右边两项式(8)都成立，故而这时式(8)也成立. 当 $1-2\Delta<\beta-\alpha<1$，则有

$$D(\alpha,\beta)=D(\alpha,\alpha+1/2)+D(\alpha+1/2,\beta),$$

同样可以推出式(8)也成立. 因而，对任意的 $0<\beta-\alpha\leqslant 1$ 式(8)均成立.

设 $0<u\leqslant 1$，记 $D(u)=D(0,u)$. 由定理 2.1.2.(取 $f(u)=u$，$u_1=0$，$u_2=1$，$b(n)=1$，并以 $D(u)$ 代 $B_\lambda(u)$)及式(8)可得

$$S=\int_0^1 u dD(u)=D(1)-\int_0^1 D(u)du$$

$$=Q-\int_0^1\{Qu+O(R)+O(\Delta Q)\}du$$

$$=Q/2+O(R)+O(\Delta Q).$$

这就证明了式(7).

由引理 2 知，对和式 $\sum\limits_{a<u\leqslant 2a}\left\{\frac{x}{u}\right\}$ 的讨论可转化为讨论和式

$$H(\alpha,\beta)=\sum_{a<u\leqslant 2a}h\left(\left\{\frac{x}{u}\right\}\right)=\sum_{a<u\leqslant 2a}h\left(\frac{x}{u}\right), \qquad (10)$$

最后一步用到了 $h(x)$ 的周期为 1. 进而由式(4)（$j=r$）知(记 $a_m=a_{m,r}$)，

$$H(\alpha,\beta)=(\beta-\alpha)\ [a]+\sum_{m\neq 0}a_m\sum_{a<u\leqslant 2a}e\left(\frac{mx}{u}\right), \qquad (11)$$

其中

$$|a_m|\leqslant\min\left(\beta-\alpha,\frac{1}{\pi|m|},\frac{1}{\pi|m|}\left(\frac{r}{\pi|m|\Delta}\right)^r\right), m\neq 0. \quad (12)$$

应该指出的是决定函数 $h(x)$ 的参数 Δ,r 是可以和 a 有关的. 这样，为了得到渐近公式(6)，就要估计式(11)右边的和式 —— 二重指数和.

利用最简单的 van der Corput 方法(§21.2)就可以证明 Вороной 的结果.

定理 3 $\Delta_2(x)\ll x^{1/3}\log x$.

证：设 x 充分大，正整数 K 满足

$$2^{-K-1}x^{1/2}<x^{1/3}\log x\leqslant 2^{-K}x^{1/2}. \qquad (13)$$

由式(1.7)知(记 $C_k=2^{-k-1}x^{1/2}$)

$$\Delta_2(x)=\sqrt{x}-2\sum_{k=0}^{K}\sum_{C_k<u\leqslant 2C_k}\left\{\frac{x}{u}\right\}+O(x^{1/3}\log x). \qquad (14)$$

现取 $\Delta^{-1}=x^{-1/3}C_k$, $r=3$, $h(x)$ 是由此决定的引理1中的函数，以及 $H(\alpha,\beta)$ 由式(11)给出($a=C_k$). 下面来估计和式

$$I=\sum_{m\neq 0}a_m\sum_{C_k<u\leqslant 2C_k}e\left(\frac{mx}{u}\right)$$

$$=\sum_{1\leqslant|m|\leqslant\Delta^{-1}}a_m\sum_{C_k<u\leqslant 2C_k}+\sum_{|m|>\Delta^{-1}}a_m\sum_{C_k<u\leqslant 2C_k}=I_1+I_2. \quad (15)$$

由定理 21.2.3 (取 $f(u)=mx/u$) 知

$$\sum_{C_k<u\leqslant 2C_k} e\left(\frac{mx}{u}\right) \ll x^{1/2} C_k^{-1/2} m^{1/2}. \tag{16}$$

由此及式(12)得(注意 $r=3, \Delta^{-1}=x^{-1/3}C_k$)

$$I_2 \ll x^{1/2} C_k^{-1/2} \sum_{m>\Delta^{-1}} \frac{m^{1/2}}{\pi m}\left(\frac{r}{\pi m\Delta}\right)^r$$

$$\ll x^{1/2} C_k^{-1/2} \Delta^{-1/2} \ll x^{1/3}.$$

$$I_1 \ll x^{1/2} C_k^{-1/2} \sum_{m\leqslant\Delta^{-1}} m^{1/2} m^{-1} \ll x^{1/2} C_k^{-1/2} \Delta^{-1/2} \ll x^{1/3}.$$

因此，由以上两式，式(15)及(11)得到

$$H(\alpha,\beta)=(\beta-\alpha)[C_k]+O(x^{1/3})=(\beta-\alpha)\,C_k+O(x^{1/3}). \tag{17}$$

由此及引理 2 推出

$$\sum_{C_k<u\leqslant 2C_k} \left\{\frac{x}{u}\right\} = C_k/2 + O(x^{1/3}). \tag{18}$$

把上式代入式(14)，利用式(13)就证明了定理.

进一步利用 van der Corput 方法(第二十一章)可以证明

定理 4 $\Delta_2(x) \ll x^{1/3-1/246}\log^2 x$.

证：设 x 充分大，$\delta<1/3$ 是待定正数，正整数 K 满足

$$2^{-K-1}x^{1/2} < x^{\delta}\log^2 x \leqslant 2^{-K}x^{1/2}. \tag{19}$$

记 $C_k=2^{-k-1}x^{1/2}$，由式(1.7)得

$$\Delta_2(x)=\sqrt{x}-2\sum_{k=0}^{K}\sum_{C_k<u\leqslant 2C_k}\left\{\frac{x}{u}\right\}+O(x^{\delta}\log^2 x). \tag{20}$$

设 $b_1, b_2, \cdots$ 是一些可计算出来的或适当选取的正数，为了简单起见我们不写出它们的值. 取 $\Delta^{-1}=x^{-\delta}C_k(\log x)^{b_1}$，$r=[\log x]$，$h(x)$ 是由此确定的引理 1 中的函数，以及 $H(\alpha,\beta)$ 由式(11)给出 $(a=C_k)$. 由引理 2 知为了计算 $\sum\limits_{C_k<u\leqslant 2C_k}\left\{\frac{x}{u}\right\}$，就要估计和式

$$I=\sum_{m\neq 0}a_m\sum_{C_k<u\leqslant 2C_k}e\left(\frac{mx}{u}\right)\tag{21}$$
$$=\sum_{1\leqslant|m|\leqslant\Delta^{-1}\log x}a_m\sum_{C_k<u\leqslant 2C_k}+\sum_{|m|>\Delta^{-1}\log x}a_m\sum_{C_k<u\leqslant 2C_k}=I_1+I_2\ .$$

由式(12)可得(注意 $r=[\log x]$):

$$I_2\ll C_k\sum_{m>\Delta^{-1}\log x}\frac{1}{m}\left(\frac{\Delta^{-1}r}{\pi m}\right)^r\ll x^{1/2}\frac{1}{r}\left(\frac{\Delta^{-1}r}{\pi\Delta^{-1}\log x}\right)^r\ll 1.\tag{22}$$

下面 分两种情况来估计 I_1.

(A) $x^{\delta}\log^2x<2C_k\leqslant x^{\lambda}$, $\lambda=\min(7\delta/3-1/3,6\delta/7+1/7)$. 这里已要求 $\delta>1/4$. 由定理 21.4.1(取 $f(u)=mx/u,k=3$)知,

$$\sum_{C_k<u\leqslant 2C_k}e\left(\frac{mx}{u}\right)\ll C_k\ (mxC_k^{-4})^{1/6}+C_k^{1/2}(mxC_k^{-4})^{-1/6}\tag{23}$$

由此及式(12)和 Δ 的取值得,

$$\begin{aligned}I_1&\ll\sum_{m\leqslant\Delta^{-1}\log x}m^{-1}\{(mxC_k^2)^{1/6}+(mxC_k^{-7})^{-1/6}\}\\&\ll(x^{1-\delta}C_k^3)^{1/6}(\log x)^{b_2}+(x^{-1}C_k^7)^{1/6}\qquad(24)\\&\ll x^{\delta}\log x,\end{aligned}$$

最后一步用到了对 C_k 的限制, 及适当选取 b_1.

(B) $x^{\lambda}<2C_k\leqslant x^{1/2}$. 利用反转公式—— 定理 21.5.2, 取 $f(u)=-mx/u$, $a=C_k$, $b=2C_k$, 这时 $f'(u)=mx/u^2$,

$$\alpha=mxC_k^{-2}/4,\ \beta=mxC_k^{-2},\ u_v=\sqrt{mx/v}\ ,$$

$$f(u_v)=-\sqrt{mx\,v}\ ,f''(u)=-2mx/u^3,f''(u_v)=-2(mx)^{-1/2}v^{3/2},$$

$$\lambda_2=mxC_k^{-3}/4,\quad\lambda_3=mxC_k^{-4}.$$

由式(21.5.6) (取共轭)得到

$$\sum_{C_k<u\leqslant 2C_k} e\left(\frac{mx}{u}\right)=\frac{1+i}{2}(mx)^{1/4}\sum_{mxC_k^{-2}/4<v\leqslant mxC_k^{-2}} v^{-3/4}$$

$$e(2\sqrt{mxv})+O\left(\left(\frac{C_k^3}{mx}\right)^{1/2}\right).\tag{25}$$

对任意的 $mxC_k^{-2}/4<y\leqslant mxC_k^{-2}$，利用定理21.4.1，取 $f(v)=2\sqrt{mxv}$，$a=mxC_k^{-2/4}$，$b=y$，$k=5$. 这时

$$f^{(5)}(v)=(105/16)(mx)^{1/2}v^{-9/2},\lambda_5=(105/16)(mx)^{-4}C_k^9,$$

由式(21.4.2)得

$$\sum_{mxC_k^{-2}/4<v\leqslant y} e(2\sqrt{mxv})\ll(mx)^{13/15}C_k^{-17/10}+(mx)^{121/120}C_k^{-41/20},\tag{26}$$

因而得到

$$\sum_{C_k<u\leqslant 2C_k} e\left(\frac{mx}{u}\right)\ll(mx)^{11/30}C_k^{-1/5}+(mx)^{61/120}C_k^{-11/20}$$

$$+(mx)^{-1/2}C_k^{3/2}.\tag{27}$$

由此及式(12)推出

$$I_1\ll\sum_{m\leqslant\Delta^{-1}\log x} m^{-1}\{(mx)^{11/30}C_k^{-1/5}+(mx)^{61/120}C_k^{-11/20}+(mx)^{-1/2}C_k^{3/2}\}$$

$$\ll(x^{1-\delta})^{11/30}C_k^{1/6}(\log x)^{b_3}+(x^{1-\delta})^{61/120}C_k^{-1/24}(\log x)^{b_4}+x^{-1/2}C_k^{3/2},$$

对适当选取的 b_1，为使这时有

$$I_1\ll x^{\delta}\log x,\tag{28}$$

就必需满足条件

$$x^{(61-181\delta)/5}\ll C_k\ll x^{(41\delta-11)/5}.$$

由右半边及 C_k 可取到 $x^{1/2}$ 那样大推出，δ 应满足 $(41\delta-11)/5\geqslant 1/2$. 即 $\delta\geqslant 27/82=1/3-1/246$. 现取 $\delta=27/82$，容易验证这时有 $\lambda>(61-181\delta)/5$. 这就证明了当取 $\delta=27/82$ 时，在情形(B)估计式(28)也成立.

综合以上讨论，就证明了，当取 $\delta=27/82$ 时有

$I \ll x^{27/82}\log x$. 由此及式(11)就得到

$$H(\alpha, \beta)=(\beta-\alpha) C_k+O(x^{27/82}\log x),$$

进而由引理 2 得到

$$\sum_{C_k<u\leqslant 2C_k}\left\{\frac{x}{u}\right\}=C_k/2+O(x^{27/82}\log x).$$

把上式代入式(20)并利用式(19)就证明了所要的结果.

§3. 第二种方法

本节将从关系式(1.15)出发，通过估算其中的指数积分求出右边和式的主要部份，得到 $\Delta_2(x)$ 的一个渐近公式(定理1)—— 其主要部份是一个指数和，这样，利用 van der Corput 方法估计指数和就可得到 $\Delta_2(x)$ 的上界估计. 我们将用这样的方法来证明和上节所得到的实质上是同样的结果.

定理 1 设 $x>N$, N 是正整数. 那末，对任给的 $\varepsilon>0$ 有

$$\Delta_2(x)=(\pi\sqrt{2})^{-1}x^{1/4}\sum_{n=1}^{N}d(n)n^{-3/4}\cos(4\pi\sqrt{nx}-\pi/4)$$
$$+O(x^{1/6}N^{1/6+\varepsilon})+O(x^{1/2+\varepsilon}N^{-1/2}), \tag{1}$$

其中 O 常数和 ε 有关.

证：在式(1.15)中取 $b=1+\varepsilon, a=\varepsilon, T^2=4\pi^2x(N+1/2)$，得到

$$\Delta_2(x)=\frac{1}{2\pi i}\sum_{n=1}^{\infty}d(n)\int_{-\varepsilon-iT}^{-\varepsilon+iT}\frac{A^2(s)}{n^{1-s}}\frac{x^s}{s}ds+O(x^{\varepsilon})$$
$$+O(x^{1/2+\varepsilon}N^{-1/2})$$
$$=\frac{1}{2\pi i}\sum_{n\leqslant N}d(n)\int_{-\varepsilon-iT}^{-\varepsilon+iT}\frac{A^2(s)}{n^{1-s}}\frac{x^s}{s}ds$$
$$+\frac{1}{2\pi i}\sum_{n>N}d(n)\int_{-\varepsilon-iT}^{-\varepsilon+iT}\frac{A^2(s)}{n^{1-s}}\frac{x^s}{s}ds$$

$$+O(x^{\varepsilon})+O(x^{1/2+\varepsilon}N^{-1/2})$$

$$=\frac{1}{2\pi i}\sum{}_1+\frac{1}{2\pi i}\sum{}_2+O(x^{\varepsilon})+O(x^{1/2+\varepsilon}N^{-1/2}). \quad (2)$$

先估计$\sum_2$.

$$\sum{}_2=ix^{-\varepsilon}\sum_{n>N}\frac{d(n)}{n^{1+\varepsilon}}\int_{-T}^{T}\frac{A^2(-\varepsilon+it)}{(-\varepsilon+it)}(nx)^{it}dt$$

$$=ix^{-\varepsilon}\sum_{n>N}\frac{d(n)}{n^{1+\varepsilon}}\left\{\int_1^T+\int_{-T}^{-1}+\int_{-1}^{1}\right\}$$

$$=ix^{-\varepsilon}\sum_{n>N}\frac{d(n)}{n^{1+\varepsilon}}\{I_1(n)+I_2(n)+I_3(n)\}. \quad (3)$$

由式(7.1.24)得

$$I_1(n)=(2\pi)^{-1-2\varepsilon}\int_1^T e^{iF(t)}\{t^{2\varepsilon}+O(t^{2\varepsilon-1})\}dt,$$

其中

$$F(t)=2t(-\log t+\log(2\pi)+1)+t\log(nx).$$

$$F'(t)=2\log(2\pi\sqrt{nx}/t). \quad (4)$$

当$1\leqslant t\leqslant T$时，$F'(t)\geqslant\log(n/(N+1/2))$，故由定理21.1.4得：当$n>N$时

$$I_1(n)\ll T^{2\varepsilon}(\log(n/(N+1/2)))^{-1}+T^{2\varepsilon}.$$

由此及$d(n)\ll n^{\varepsilon/2}$得

$$x^{-\varepsilon}\sum_{n>N}\frac{d(n)}{n^{1+\varepsilon}}I_1(n)\ll N^{\varepsilon}\left\{\sum_{n>2N}\frac{1}{n^{1+\varepsilon/2}}+\sum_{N<n\leqslant 2N}\frac{N}{n^{1+\varepsilon/2}(n-N)}\right\}$$

$$\ll N^{\varepsilon}.$$

取共轭即得

$$x^{-\varepsilon}\sum_{n>N}\frac{d(n)}{n^{1+\varepsilon}}I_2(n)\ll N^{\varepsilon}.$$

此外显有$I_3(n)\ll 1$，由此及以上两式，从式(3)得

$$\sum{}_2 \ll N^{\varepsilon}\ . \tag{5}$$

现在来计算$\sum{}_1$，这是主要部份. 注意到 $A(0)=0$, 由 Cauchy 积分定理知

$$\begin{aligned}\int_{-\varepsilon-iT}^{-\varepsilon+iT}\frac{A^2(s)}{n^{1-s}}\ \frac{x^s}{s}\ ds &= \int_{-iT}^{iT}\frac{A^2(s)}{n^{1-s}}\ \frac{x^s}{s}\ ds+\int_{-\varepsilon-iT}^{-iT}\frac{A^2(s)}{n^{1-s}} \\ &\quad\cdot\frac{x^s}{-s}\ ds+\int_{iT}^{-\varepsilon+iT}\frac{A^2(s)}{n^{1-s}}\ \frac{x^s}{s}\ ds \\ &= J_0(n)+J_1(n)+J_2(n)\ .\end{aligned} \tag{6}$$

先计算 $J_0(n)$，以下均有 $n\leqslant N$.

$$\begin{aligned}J_0(n) &= \frac{1}{n}\int_{-T}^{T}A^2(it)t^{-1}(nx)^{it}dt \\ &= \frac{2i}{n}\operatorname{Im}\left\{\int_0^T A^2(it)t^{-1}(nx)^{it}dt\right\},\end{aligned}$$

由此及式(7.1.24)得: 设 $F(t)$ 由式(4)给出,

$$\begin{aligned}J_0(n) &= \frac{i}{\pi n}\operatorname{Re}\left\{\int_1^T e^{iF(t)}dt\right\}+O(\log T) \\ &= \frac{i}{\pi n}\operatorname{Re}\left\{\int_1^{\pi\sqrt{nx}}+\int_{\pi\sqrt{nx}}^{4\pi\sqrt{nx}}+\int_{4\pi\sqrt{nx}}^{T}\right\}+O(\log T) \\ &= \frac{i}{\pi n}\operatorname{Re}\{J_{01}(n)+J_{02}(n)+J_{03}(n)\}+O(\log T).\end{aligned}$$

由引理 21.5.1 得

$$J_{02}(n)=\sqrt{\pi}\ e^{-\pi i/4+4\pi i\sqrt{nx}}(2\pi\sqrt{nx}\ )^{1/2}+O((nx)^{1/6})$$

由引理 21.1.3 得

$$J_{01}(n)\ll 1,\quad J_{03}(n)\ll 1+\log^{-1}((N+1/2)/n).$$

因此.

$$J_0(n)=\sqrt{2}\ ix^{1/4}n^{-3/4}\cos(4\pi\sqrt{nx}-\pi/4)+O(n^{-5/6}x^{1/6})$$

$$+O(n^{-1}\log T)+O(n^{-1}\log^{-1}((N+1/2)/n)).$$

由式(7.1.25)得

$$J_1(n)\ll\frac{1}{n}\int_{-\varepsilon}^{0}\left(\frac{nx}{T^2}\right)^{\sigma}d\sigma\ll\frac{1}{n}\left(\frac{T^2}{nx}\right)^{\varepsilon},$$

$$J_2(n)\ll\frac{1}{n}\left(\frac{T^2}{nx}\right)^{\varepsilon}.$$

由以上三式及式(6)得到

$$\frac{1}{2\pi i}\sum\nolimits_1=(\sqrt{2}\,\pi)^{-1}x^{1/4}\sum_{n\leqslant N}n^{-3/4}d(n)\cos(4\pi\sqrt{nx}-\pi/4)$$
$$+O(x^{1/6}N^{1/6+\varepsilon}).\tag{7}$$

由式(2),(5)及(7)就证明了所要的结果.

取 $N=[x^{1/3}]$,由定理1就推出

定理 2[1]　对任给的 $\varepsilon>0,\Delta_2(x)\ll x^{1/3+\varepsilon}$.

这里与定理2.3不同的是以 x^{ε} 代替原来的 $\log x$. 而这一点是不重要的. 从式(1)容易看出,对 $\Delta_2(x)$ 的估计就是要估计指数和:

$$S(N,x)=\sum_{n=1}^{N}d(n)n^{-3/4}e(2\sqrt{nx})\tag{8}$$
$$=\sum_{1\leqslant uv\leqslant N}(uv)^{-3/4}e(2\sqrt{uvx}),\quad N<x.$$

这是一个两个变数的指数和. 类似于定理2.4,我们要用 van der Corput 方法进一步地来估计式(8)(这实际上就是定理2.4证明中的情形(B)),证明下面相应的结果:

定理 3　对任给的 $\varepsilon>0,\Delta_2(x)\ll x^{1/3-1/246+\varepsilon}$.

证:利用定理21.4.1(取 $k=5$),类似于式(2.26)可得

$$\sum_{a<v\leqslant 2a}e(2\sqrt{uxv})\ll(ux)^{1/60}a^{17/20}+(ux)^{-1/60}a^{41/40}.$$

1) 为证这结果并不需要定理1这样的渐近公式,直接估计式(2)右边每个积分的上界即可.

进而有

$$\sum_{v\leqslant V} e(2\sqrt{uxv}) = \sum_r \sum_{2^{-r-1}V<v\leqslant 2^{-r}V} e(2\sqrt{uxv})$$

$$\ll (ux)^{1/60}V^{17/20} + (ux)^{-1/60}V^{41/40}.$$

由此得到

$$I(y) = \sum_{n\leqslant y} d(n)e(2\sqrt{nx}) = \sum_{1\leqslant uv\leqslant y} e(2\sqrt{uvx})$$

$$= 2\sum_{u\leqslant\sqrt{y}}\sum_{v\leqslant y/u} e(2\sqrt{uvx}) - \sum_{u\leqslant\sqrt{y}}\sum_{v\leqslant\sqrt{y}} e(2\sqrt{uvx})$$

$$\leqslant \sum_{u\leqslant\sqrt{y}}\{(ux)^{1/60}(y/u)^{17/20} + (ux)^{-1/60}(y/u)^{41/40}\}$$

$$+\sum_{u\leqslant\sqrt{y}}\{(ux)^{1/60}y^{17/40} + (ux)^{-1/60}y^{41/80}\}$$

$$\leqslant x^{1/60}y^{14/15} + x^{-1/60}y^{41/40}.$$

进而有

$$S(N,x) = \int_1^N y^{-3/4}dI(y) + O(1)$$

$$\leqslant x^{1/60}N^{14/15-3/4} + x^{-1/60}N^{41/40-3/4}.$$

由此及式(1)得到

$$\Delta_2(x) \ll N^{11/60}x^{4/15} + N^{11/40}x^{7/30} + x^{1/6}N^{1/6+\varepsilon} + x^{1/2+\varepsilon}N^{-1/2}.$$

取 $N=[x^{14/41}]$，由上式即得所要结果.

附注 1. 目前关于 $\Delta_2(x)$ 上界估计的最好结果（见[17, 定理13.1]）是

$$\Delta_2(x) \ll x^{35/108}\log^2 x,$$

关于圆内整点问题也得到了同样结果(见 [17, 定理 13.11])

$$R_2(x) \ll x^{35/108+\varepsilon},$$

ε 为任意小正数，$R_2(x)$ 见式(1.16). Kolesnik 指出他得到的上述关于除数问题的结果还可改进为

$$\Delta_2(x) \ll x^{139/429+\varepsilon}.$$

整点问题的关键在于估计某种形式的 Weyl 指数和，而这种指数和同估计 $\zeta(1/2+it)$ 的阶中出现的指数和是相似的，所以对

$\zeta(1/2+it)$的阶估的改进，必然导致整点问题的结果的改进，也就是由证明估计：

$$\zeta(1/2+it) \ll |t|^{\lambda+\varepsilon}$$

的方法，应该可以得到估计

$$\Delta_2(x) \ll x^{2\lambda+\varepsilon}, \quad R_2(x) \ll x^{2\lambda+\varepsilon},$$

ε为任意小正数. 最近，Bombieri 和 Iwaniec 已证明$\zeta(1/2+it) \ll |t|^{9/56+\varepsilon}$. 因此对这两个整点问题应该可以有相应的改进[1)].

附注 2. 容易证明：存在正数c，使得有无穷多个x满足$|\Delta_2(x)|>cx^{1/4}$，及无穷多个y满足$|R_2(x)|>cy^{1/4}$. 这种结果称为Ω结果，记作$\Delta_2(x)=\Omega(x^{1/4})$，$R_2(x)=\Omega(x^{1/4})$. (见习题10)，这结果已被改进.

附注 3. 对于$\Delta_2(x)$和$R_2(x)$都有级数表示式. (见 [17, 式(3.1)及(3.36)]). $\Delta_2(x)$的表示式就是著名的 **Вороной** 公式，定理 3.1 实质上就是取这级数的前N项得到的渐近公式. 但这里是直接证明定理 3.1 的,并没有利用**Вороной**公式(因为后者的证明较复杂，要用到 Bessel 函数)，这样可简单些，不过由此在渐近公式(3.1)中多出了项$O(x^{1/6}N^{1/6+\varepsilon})$，但这并不影响除数问题的结果.

习　　题

1. 设$d_2(n)=d(n)$，$d_k(n)=\sum\limits_{l/n} d_{k-1}(l)$，$k\geqslant 3$. 证明：存在$k-1$次多项式$P_k(y)$，使得对$k\geqslant 2$有

$$D_k(x)=\sum_{n\leqslant x} d_k(n)=xP_k(\log x)+\Delta_k(x),$$

其中$\Delta_k(x)\ll x^{1-1/k}(\log x)^{k-2}$. (这是关于一般除数问题最初等的结果. 利用式(1.8)和归纳法来证，并注意关系式:

$$D_k(x)=\sum_{m\leqslant x^{1/k}}\sum_{l\leqslant x/m} d_{k-1}(l)+\sum_{x^{1/k}<m\leqslant x}\sum_{n\leqslant x/m} d_{k-1}(n).\ )$$

---

1) 最近，Iwanice，Mozzochi (*J. Number Theory*, **29**(1988)，60—93)证明了：$\Delta_2(x)\ll x^{7/22+\varepsilon}$，$R_2(x)\ll x^{7/22+\varepsilon}$.

2. 设 $D_k(x)$ 同上题，$b>1, T\geqslant 2, x$ 是半奇数. 证明:

(a) 对任给的 $\varepsilon>0$, 有

$$D_k(x)=\frac{1}{2\pi i}\int_{b-iT}^{b+iT}\zeta^k(s)\frac{x^s}{s}ds+O\left(\frac{x^b}{T(b-1)^k}+\frac{x^{1+\varepsilon}}{T}\right).$$

(b) 存在 $k-1$ 次多项式 $P_k(y)$，使对 $a>0$ 有

$$D_k(x)=xP_k(\log x)+\zeta^k(0)+\frac{1}{2\pi i}\int_{-a-iT}^{-a+iT}\zeta^k(s)\frac{x^s}{s}ds$$

$$+O\left(\frac{x^b}{T(b-1)^k}+\frac{x^{1+\varepsilon}}{T}+\frac{T^{2a}}{x^a}+\frac{x^b}{T}\right).$$

(c) $P_2(y)=y+(2\gamma_0-1)$，$P_3(y)=(1/2)y^2+(3\gamma_0-1)y$

$+(3\gamma_0^2-3\gamma_0+3\gamma_1+1)$，$P_4(y)=(1/6)y^3+(2\gamma_0-1/2)y^2+$

$(6\gamma_0^2-4\gamma_0+4\gamma_1+1)y+(-1+4(\gamma_0-\gamma_1+\gamma_2)-6\gamma_0^2+4\gamma_0^3+12\gamma_0\gamma_1)$,

其中 $\gamma_0, \gamma_1, \gamma_2$ 由定理 7.4.1 给出.

(d) 对任给的 $\varepsilon>0$, 有 $\Delta_k(x)\ll x^{(k-1)/(k+1)+\varepsilon}$ (参看定理 3.1 的注).

3. 用证明定理 3.1 的同样方法推出 $\Delta_k(x)$ 的渐近公式 (相应地取 $T^k=(2\pi)^k\cdot x(N+1/2)$). 特别地,

$$\Delta_3(x)=(\pi\sqrt{3})^{-1}x^{1/3}\sum_{n=1}^{N}d_3(n)n^{-2/3}\cos(6\pi(nx)^{1/3}-\pi/4)$$

$$+O(x^{2/3+\varepsilon}N^{-1/3}).$$

进而，类似于定理 3.3 证明: 对任给 $\varepsilon>0$ 有 $\Delta_3(x)\ll x^{37/75+\varepsilon}$.

4. 设 $x>2$, $A_2(x)$ 表圆 $u^2+v^2\leqslant x$ 上的格点数. 证明: $A_2(x)=\pi x+R_2(x)$,

$$R_2(x)=2\sqrt{2x}-8\sum_{1\leqslant u\leqslant\sqrt{x/2}}\{\sqrt{x-u^2}\}+O(1).$$

由此推出 $R(x)\ll x^{1/2}$.

5. 用证明定理 2.3 的方法，证明上题中的 $R_2(x)\ll x^{1/3}$.

6. 用证明定理2.4 的方法，证明上题中的 $R_2(x)\ll x^{1/3-1/264+\varepsilon}$, ε 为任意正数.

7. 设 $r(n)$ 由 §6.3 的例 8 中给出，$A_2(x)$，$R_2(x)$ 由第 4 题给出． 注意到

$$A_2(x)=\sum_{n\leqslant x} r(n),\text{ 及 }\sum_{n=1}^{\infty} r(n)n^{-s}=4\zeta(s)L(s),\ \sigma>1\text{(见式(6.3.37))},$$

按照 §1 的第二种方法，类似于 §3 来讨论余项 $R_2(x)$的估计．

8. 设 $A>1, 0<b-a\ll A$，定义在区间 $[a,b]$ 上的二次连续可微函数 $f(x)$ 满足：$f(x)>0, 0<f'(x)\ll 1, f''(x)\gg A^{-1}$. 再设 T 是满足条件 $a<x\leqslant b, 0<y\leqslant f(x)$的整点数．证明：

(a) $\sum\limits_{a<x\leqslant b}\{f(x)\}=(b-a)/2+O(A^{2/3})$.

(b) $T=\int_a^b f(x)\,dx+b_1(a)f(a)-b_1(b)f(b)-\dfrac{b-a}{2}+O(A^{2/3})$，其中函数 $b_1(u)$ 由式(2.2.2)给出．

9. 设 $x>2$. $V(x)$表球 $u^2+v^2+w^2\leqslant x$ 上的整点(即三个坐标都是整数的点)数．证明：$V(x)=(4/3)\pi x^{3/2}+O(x^{3/4}\log^2 x)$.

10. 设 $\Delta_2(x)$由式(1.7)给出．按以下途径证明： 存在正常数C_1，使得

$$\int_1^T x^{-3/2}\Delta_2^2(x)\,dx\sim C_1\log T.$$

(a) 设 $1/4<a<1/2$，$e^{-au}\Delta_2(e^u)=\dfrac{1}{2\pi i}\displaystyle\int_{-\infty}^{\infty}\frac{\zeta^2(a+it)}{a+it}e^{iut}dt$.

(b) 当 $1/4<a<1/2$ 时，积分 $I=\displaystyle\int_{-\infty}^{\infty}(a^2+t^2)^{-1}|\zeta(a+it)|^4dt$ 收敛，且当$a\to 1/4$ 时，$I\sim C_2(a-1/4)^{-1}$，C_2为一正常数．(利用 $\zeta(s)$ 的函数方程、习题 25.4 的(b).)

(c) 当 $1/4<a<1/2$ 时，

$$\int_{-\infty}^{\infty}e^{-2au}\Delta_2^2(e^u)\,du=\frac{1}{2\pi}\int_{-\infty}^{\infty}\frac{|\zeta(a+it)|^4}{a^2+t^2}dt,$$

(d) 由下述 Tauber 型定理推出所要的结论：设$f(t)\geqslant 0$，当 $\delta\to 0$ 时 $\int_0^{\infty}f(t)e^{-\delta t}dt\sim\delta^{-1}$，那末，当 $T\to\infty$ 时，$\int_0^T f(t)\,dt\sim T$ [1]. (见[32,135 页]).

---

1) 亦可参看潘承洞，于秀源：阶的估计(山东科学技术出版社，1983)，第九章定理 6.

(e) 存在正数 C_3，使有无穷多个值 x 满足 $|\Delta_2(x)| \geqslant C_3 x^{1/4}$.（这种结果通常称为Ω结果，记作 $\Delta_2(x) = \Omega(x^{1/4})$）.

11. 设 $\Delta_k(x)$ 由第 1 题给出，β_k 是下述 b_k 的下确界：

$\int_0^x \Delta_k^2(y)\, dy \ll x^{1+2b_k}$；$\gamma_k$ 是下述的 $\sigma>0$ 的下确界：$\int_{-\infty}^{\infty} |\zeta(\sigma+it)|^{2k}$

$|\sigma+it|^{-2}dt \ll 1$. 证明 $\beta_k = \gamma_k$，且当 $\sigma > \beta_k$ 时有

$$(2\pi)^{-1}\int_{-\infty}^{\infty} |\zeta(\sigma+it)|^{2k} |\sigma+it|^{-2} dt = \int_0^{\infty} \Delta_k^2(x) x^{-2\sigma-1} dx .$$

12. 在上题的符号下，设 α_k 是下述 a_k 的下确界：$\Delta_k(x) \ll x^{a_k}$. 证明：$\alpha_k \geqslant \beta_k \geqslant (k-1)/(2k)$，$k \geqslant 2$.

第二十八章 大 筛 法

大筛法是近代解析数论的一个重要工具. 它首先是由Ю.В. Линник为了研究模 p 的最小正二次非剩余,在1941年提出来的. 从 1947 年开始, A. Rényi 对大筛法作了重要改进和发展, 用于研究算术数列中的素数的平均分布(见第三十一章), 并进而结合 Brun 筛法证明了: 每一个偶数一定可以表为一个素数和一个不超过 b 个素数的乘积之和. 这一著名的开创性的结果显示了大筛法的强大生命力. 此后, 不少数学工作者对大筛法作了进一步研究, 得到了不少重要应用. 在 1965 年以前, 大筛法总是以它的算术形式出现(见 §5), 和筛法(即小筛法, 见第三十二章)联系在一起,因此它的表述、证明和应用都是比较麻烦和难以理解的, 这也限制了对它的深入研究和广泛应用. 1965 年, K. F. Roth 和 E. Bombieri 先后对大筛法作出了重要贡献; 特别是 Bombieri 的工作开始把大筛法建立在一个更合适更方便的分析形式之上(见式(5.11)及(5.13)), 并得到了十分重要的应用 —— 大筛法型的零点密度定理(见式(30.2.3))及 Bombieri-Виноградов均值定理(见定理 31.1.1). 后来, H. Davenport 和 H. Halberstam 明确地给出了现在作为其定义的大筛法的分析形式(见式(1.3)). 这样, 大筛法就是某种指数和均值估计. 从此, 对大筛法本身从各方面进行了深入研究,并广泛应用于解析数论的著名问题,得到了重要的成果.

本章的前四节是从分析形式来研究大筛法, 证明已得到的各种重要结果; 第 5 节是讨论大筛法的算术形式, 它和筛法的联系, 及其分析形式的导出. 第6节是大筛法算术形式的一个重要应用 —— Brun－Tichmarsh 定理的改进.

H. Montgomery 的文章[1)]已对大筛法作了较全面的介绍性

1) *Bull. Amer. Math. Soc.*, **84** (1978), 547 — 567.

总结，并附有较详尽的文献资料，因此，关于这方面的内容读者可看他的文章，还可以参看 [7], [15], [24], [25], [26], [30], [36].

§1. 大筛法的分析形式

设 $N\geqslant 1, M$ 是整数，a_n 是任意复数，以及

$$S(x)=\sum_{n=M+1}^{M+N} a_n e(nx), \tag{1}$$

$S(x)$通常称为**三 角多项式**，以 1 为周期. 再设 δ 是正数，x_1, $x_2,\cdots,x_R$ 是一组实数，满足条件

$$\|x_r-x_s\|\geqslant\delta,\quad 1\leqslant r\neq s\leqslant R. \tag{2}$$

通常把满足条件(2)的实数组 $x_1,x_2,\cdots,x_R$ 称为 **δ 佳位组 (mod 1)**. 大筛法就是要去建立如下形式的不等式:

$$\sum_{r=1}^{R}|S(x_r)|^2\leqslant\Delta(N,\delta)\sum_{n=M+1}^{M+N}|a_n|^2, \tag{3}$$

这里 $\Delta=\Delta(N,\delta)$ 仅和 N,δ 有关，但和 $M,a_n,\{x_r\}$的具体取值无关；并要求得到尽可能好的值 Δ. 这就是大筛法的分析形式.

由于 $S(x)$以 1 为周期，所以为了估计式(3)左边的和式，可以假定 δ 佳位组满足:

$$\begin{cases}0\leqslant x_1<x_2<\cdots<x_R<1,\\ x_{r+1}-x_r\geqslant\delta,\ 1\leqslant r\leqslant R-1;\ x_1+1-x_R\geqslant\delta.\end{cases} \tag{4}$$

由此可看出必有

$$R\leqslant[\delta^{-1}]. \tag{5}$$

有三种不同的途径来得到形如式(3)的不等式. 一是利用所谓最简单的Соболев 型不等式,这首先是由 P.X. Gallagher 提出的，用这种方法可以证明：可取 $\Delta=\delta^{-1}+N\pi$，这虽不是最优的，但对绝大多数的应用是完全足够了；二是利用泛函分析中的对偶

原理；三是利用内积空间的 Bessel 不等式．后两种方法实质上是一致的，能得到最优值 $\Delta=\delta^{-1}+N-1$．我们将在以下三节讨论前两种方法．第三种方法将按排在习题 17－19 中，而在 §29.3 中讨论 Halasz 方法时对 Bessel 不等式作仔细的讨论．

§2．Gallagher 方法

引理 1 设 $f(x)$ 是区间 $[a,b]$ 上的连续可微函数．那末，当 $a\leqslant x\leqslant b$ 时有

$$f(x)=\frac{1}{b-a}\int_a^b f(u)du+\int_x^b\left(\frac{u-b}{b-a}\right)f'(u)du+\int_a^x\left(\frac{u-a}{b-a}\right)f'(u)du. \quad (1)$$

进而有

$$|f(x)|\leqslant\frac{1}{b-a}\int_a^b|f(u)|du+\int_a^b|f'(u)|du,\quad a\leqslant x\leqslant b; \quad (2)$$

$$\left|f\left(\frac{a+b}{2}\right)\right|\leqslant\frac{1}{b-a}\int_a^b|f(u)|du+\frac{1}{2}\int_a^b|f'(u)|du. \quad (3)$$

证：式(2)和(3)容易从式(1)推出．下面来证式(1)．我们有

$$f(x)=f(u)-\int_x^u f'(t)dt,\quad a\leqslant x,\ u\leqslant b.$$

上式两边对 u 积分得到

$$(b-a)f(x)=\int_a^b f(u)du-\int_a^b\left(\int_x^u f'(t)dt\right)du,\quad a\leqslant x\leqslant b,$$

进而利用分部积分推出

$$(b-a)f(x)=\int_a^b f(u)du-b\int_x^b f'(t)dt-a\int_a^x f'(t)dt$$

$$+\int_a^b u f'(u)du ,$$

这就证明了式(1)

特别地，当取 $f(x)=g^2(x)$，利用 Cauchy 不等式由式(2)和(3)可分别推出：当 $a\leqslant x\leqslant b$ 时有

$$|g(x)|^2\leqslant \frac{1}{b-a}\int_a^b |g(u)|^2 du+2\left(\int_a^b |g(u)|^2 du\right)^{1/2} \cdot\left(\int_a^b |g'(u)|^2 du\right)^{1/2}; \tag{4}$$

以及

$$\left|g\left(\frac{a+b}{2}\right)\right|^2\leqslant \frac{1}{b-a}\int_a^b |g(u)|^2 du+\left(\int_a^b |g(u)|^2 du\right)^{1/2} \cdot\left(\int_a^b |g'(u)|^2 du\right)^{1/2}. \tag{5}$$

应该指出的是，当 $f(x)$，$g(x)$ 是复值函数时，以上结论仍然成立.

定理 2 设 $\delta>0$，$x_1,\cdots,x_R$ 是 δ 佳位组(mod 1). 那末，取 $\Delta(N,\delta)=\delta^{-1}+\pi N$ 时，不等式(1.3)成立.

证：不妨假定条件(1.4)满足. 在引理 1 中取 $f(x)=S^2(x)$，$a=x_r-\delta/2$，$b=x_r+\delta/2$，由式(3)知

$$|S(x_r)|^2\leqslant \delta^{-1}\int_{x_r-\delta/2}^{x_r+\delta/2} |S(u)|^2 du+\int_{x_r-\delta/2}^{x_r+\delta/2} |S(u)S'(u)|du,\ 1\leqslant r\leqslant R.$$

两边对 r 求和，由条件(1.4)及 $S(u)$ 的周期性得

$$\sum_{r=1}^{R}|S(x_r)|^2\leqslant \delta^{-1}\int_0^1 |S(u)|^2 du+\int_0^1 |S(u)S'(u)|du$$

$$\leqslant \delta^{-1}\int_0^1 |S(u)|^2du+\left(\int_0^1|S(u)|^2du\right)^{1/2}\left(\int_0^1|S'(u)|^2du\right)^{1/2}$$

$$=\delta^{-1}\sum_{n=M+1}^{M+N}|a_n|^2+\left(\sum_{n=M+1}^{M+N}|a_n|^2\right)^{1/2}\left(\sum_{n=M+1}^{M+N}|2\pi n a_n|^2\right)^{1/2}, \qquad (6)$$

这里用到了 Cauchy 不等式及

$$\int_0^1|S(u)|^2du=\sum_{n=M+1}^{M+N}|a_n|^2,\ \int_0^1|S'(u)|^2du=\sum_{n=M+1}^{M+N}|2\pi n a_n|^2. \qquad (7)$$

另一方面，对任意整数 K，定义

$$S_K(x)=\sum_{n=M+K+1}^{M+K+N}a_{n-K}e(nx), \qquad (8)$$

则有 $S_K(x)=e(Kx)S(x)$. 对 $S_K(x)$ 应用式(6)得到

$$\sum_{r=1}^{R}|S(x_r)|^2=\sum_{r=1}^{R}|S_K(x_r)|^2$$

$$=\delta^{-1}\sum_{n=M+K+1}^{M+K+N}|a_{n-K}|^2+\left(\sum_{n=M+K+1}^{M+K+N}|a_{n-K}|^2\right)^{1/2}$$

$$\cdot\left(\sum_{n=M+K+1}^{M+K+N}|2\pi n a_{n-K}|^2\right)^{1/2}$$

$$\leqslant\left(\delta^{-1}+\max_{M+K+1\leqslant n\leqslant M+K+N}(|2\pi n|)\right)\sum_{n=M+1}^{M+K}|a_n|^2. \qquad (9)$$

现取

$$K=-M-\left[\frac{N-1}{2}\right]-1, \qquad (10)$$

由式(9)就推出所要的结论.

定理 3 设 $S(x)$ 由式(1.1)给出. (a) 对任意整数 $q\geqslant 1$ 有

$$\sum_{d|q}\sum_{a=1}^{d}{}' \left|S\left(\frac{a}{d}\right)\right|^2 \leqslant (q+\pi N)\sum_{n=M+1}^{M+N}|a_n|^2; \tag{11}$$

(b) 对任意 $Q\geqslant 1$ 有

$$\sum_{q\leqslant Q}\sum_{a=1}^{q}{}' \left|S\left(\frac{a}{q}\right)\right|^2 \leqslant (Q^2+\pi N)\sum_{N=M+1}^{M+N}|a_n|^2 . \tag{12}$$

证：在定理 2 中分别取实数组 $\{x_r\}$ 为

$$a/d,\quad 1\leqslant a\leqslant d,\quad (a,d)=1,\quad d|q, \tag{13}$$

及

$$a/q,\quad 1\leqslant a\leqslant q,\quad (a,q)=1,\quad 1\leqslant q\leqslant Q, \tag{14}$$

容易看出，它们分别是 q^{-1} 佳位组及 Q^{-2} 佳位组，所以由定理 2 就分别推出式(11)及(12)成立.

§3. 对偶原理的应用(一)

首先证明一个引理，它是泛函分析[1)]中的对偶原理的特殊情形.

引理 1 设(C_{nr})是 $N\times R$ 阶复数矩阵. 那末，对同一个常数 D(和这矩阵有关)，以下三个结论是等价的:

(Ⅰ) 对任意复数 a_n 有

$$\sum_r\left|\sum_n C_{nr}a_n\right|^2 \leqslant D\sum_n |a_n|^2 ;$$

(Ⅱ) 对任意复数 a_n, β_r 有

$$\left|\sum_{n,r} C_{nr}a_n\overline{\beta}_r\right|^2 \leqslant D\left(\sum_n |a_n|^2\right)\left(\sum_r |\beta_r|^2\right);$$

(Ⅲ) 对任意复数 β_r 有

$$\sum_n\left|\sum_r C_{nr}\overline{\beta}_r\right|^2 \leqslant D\sum_r |\beta_r|^2$$

1) 本节需要的泛函分析知识可参看[22].

证：先证(Ⅰ)与(Ⅱ)等价．若(Ⅰ)成立，则有

$$\left|\sum_{n,r} C_{nr} a_n \bar{\beta}_r\right|^2 \leqslant \sum_r |\beta_r|^2 \sum_r \left|\sum_n C_{nr} a_n\right|^2$$

$$\leqslant D\left(\sum_n |a_n|^2\right)\left(\sum_r |\beta_r|^2\right),$$

所以(Ⅱ)成立，若(Ⅱ)成立，取$\beta_r=\sum\limits_n C_{nr} a_n$则有

$$\sum_r \left|\sum_n C_{nr}\, a_n\right|^2 = \left|\sum_{n,r} C_{nr} a_n\, \bar{\beta}_r\right|$$

$$\leqslant D^{1/2}\left(\sum_n |a_n|^2\right)^{1/2}\left(\sum_r |\beta_r|^2\right)^{1/2},$$

由此即推出(Ⅰ)成立．同样可证(Ⅱ)与(Ⅲ)等价．

引理1是下述泛函分析中一般对偶原理的一个特例．

对偶原理 设f是线性赋范空间E_1到E_2的有界线性算子，f^*是它的共轭算子，即是相应于f的从E_2的线性泛函(即对偶)空间E_2^*到E_1的线性泛函(即对偶)空间E_1^*的线性算子．那末它们的范数相等：$\|f\|=\|f^*\|$．

如果考虑复欧氏空间的情形，取$E_1=E_N$是N维复欧氏空间，$E_2=E_R$是R维复欧氏空间．熟知，$E_N^*=E_N$，$E_R^*=E_R$．E_N到E_R的任一线性算子可由$N\times R$阶矩阵(C_{nr})给出：即对任一$\vec{a}=(a_1, \cdots, a_N)\in E_N$，

$$f(\vec{a})=\vec{a}(C_{nr})=\left(\sum_n a_n C_{n1}, \cdots, \sum_n a_n C_{nR}\right)=(b_1, \cdots, b_R)$$

$$=\vec{b}\in E_R.$$

E_R上的任一线性泛函φ可由E_R中的一元素$\vec{\beta}=(\beta_1, \cdots, \beta_R)$给出：即对任一$\vec{b}\in E_R$，

$$\varphi(\vec{b})=(\vec{b}, \vec{\beta})=\sum_r b_r \bar{\beta}_r.$$

同样，E_N上的任一线性泛函ψ可由E_N中的一元素$\vec{\alpha}=(\alpha_1, \cdots,$

α_N)给出：即对任一 $\vec{a}\in E_N$，

$$\psi(\vec{a})=(\vec{a},\vec{\alpha})=\sum_n a_n\overline{\alpha}_n .$$

这样，f 的共轭算子 f^* 可由 (C_{nr}) 的共轭转置矩阵 $(\overline{C}_{nr})'$ 给出：即

$$f^*(\vec{\beta})=\vec{\beta}(\overline{C}_{nr})'=\left(\sum_r \beta_r\overline{C}_{1r},\cdots,\sum_r \beta_r\overline{c}_{Nr}\right)$$

$$=(\alpha_1,\cdots,\alpha_N)=\vec{\alpha}\in E_N .$$

上述对偶原理断言：

$$\|f\|=\|f^*\|, \tag{1}$$

在这里的情形下，有

$$\|f(\vec{a})\|=\sum\left|\sum_n C_{nr}a_n\right|^2\leqslant\|f\|\sum_n|a_n|^2 , \tag{2}$$

$$\|f^*(\vec{\beta})\|=\sum_n\left|\sum_r C_{nr}\overline{\beta}_r\right|^2\leqslant\|f^*\|\sum_r|\beta_r|^2 . \tag{3}$$

由以上三式就可推出引理 1 中的(Ⅰ)和(Ⅲ)等价.

由引理 1 立即推出

定理 2 不等式(1.3)同下述不等式等价：对任意复数 β_1，$\cdots,\beta_r$ 有

$$\sum_{n=M+1}^{M+N}|T(n)|^2\leqslant\Delta(N,\delta)\sum_{r=1}^{R}|\beta_r|^2 , \tag{4}$$

其中

$$T(n)=\sum_{r=1}^{R}\beta_r e(nx_r). \tag{5}$$

由于

$$\sum_{n=M+1}^{M+N}|T(n)|^2=\sum_{r=1}^{R}\sum_{s=1}^{R}\beta_r\overline{\beta}_s\sum_n e(n(x_r-x_s))$$

$$=N\sum_{r=1}^{R}|\beta_r|^2+\sum_{r\neq s}u_r\overline{u}_s\sin(\pi N(x_r-x_s)) \tag{6}$$

$$\cdot(\sin\pi(x_r-x_s))^{-1} ,$$

其中 $u_r=\beta_r e(Lx_r)$，$L=M+(N+1)/2$. 如果对任意复数 u_r 有估计

$$\sum_{r\neq s} u_r\bar{u}_s \sin(\pi N(x_r-x_s))(\sin\pi(x_r-x_s))^{-1}\leqslant\Delta_1(\delta)\sum_{r=1}^{R}|u_r|^2, \quad (7)$$

其中 $\Delta_1=\Delta_1(\delta)$ 是仅和 δ 有关的常数，那末，在估计 式(4)及(1.3)中就可取

$$\Delta(N,\delta)=N+\Delta_1(\delta). \quad (8)$$

这样，问题就转化为估计式(7)左边的双线性型.

形如式(7)的不等式可以转化为讨论下述不等式

$$\left|\sum_{r\neq s} u_r\bar{u}_s(x_r-x_s)^{-1}\right|\leqslant\Delta_2(\delta)\sum_r|u_r|^2. \quad (9)$$

这是熟知的 Hilbert 不等式(见习题 10)的推广:

$$\left|\sum_{r\neq s} u_r\bar{u}_s(r-s)^{-1}\right|\leqslant\pi\sum_r|u_r|^2. \quad (10)$$

为了定出不等式(9)中的 $\Delta_2(\delta)$，需要下面线性代数中的熟知结果[1]:

引理 3 设 $\mathbb{A}$ 是 R 阶 Hermite 矩阵(即它的共轭转置等于它本身: $\overline{\mathbb{A}}'=\mathbb{A}$)，$\lambda_1\cdots,\lambda_l$ 是它的特征根，$|\lambda_1|=\max(|\lambda_j|)$. 那末，$\lambda_j$ 都是实数，且存在向量 $\vec{u}=(u_1,\cdots,u_R)'$，满足

$$\|\vec{u}\|=1,\quad \mathbb{A}\vec{u}=\lambda_1\vec{u}, \quad (11)$$

使得

$$|\bar{\vec{u}}'\mathbb{A}\vec{u}|=\max_{\|\vec{x}\|=1}|\bar{\vec{x}}'\mathbb{A}\vec{x}|. \quad (12)$$

定理 4 设 $\delta>0$,

$$x_1<x_2<\cdots<x_R;\quad x_{r+1}-x_r\geqslant\delta,\ 1\leqslant r\leqslant R-1^{2)}. \quad (13)$$

那末，当 $\Delta_2(\delta)=\pi\delta^{-1}$ 时不等式(9)成立:

证: 取 $c_{rs}=-i(x_r-x_s)^{-1},r\neq s$，$c_{rr}=0,\mathbb{A}=(c_{rs})$ 是 一

---

1) 可参看许以超: 代数学引论，§ 11.1，定理 5.

2) 这里不需要是 δ 佳位组(mod1).

Hermite 矩阵．由引理 3 知，只要对满足式(11)和(12)的 $\vec{u}$ 来证明不等式(9)当取$\Delta_2=\pi\delta^{-1}$时成立．

利用 Cauchy 不等式及条件(11)，式(9)左边(记作 I_1)的平方

$$I_1^2 \leqslant \left(\sum_r \left|\sum_{s\neq r} \bar{u}_s (x_r - x_s)^{-1}\right|^2\right) = I_2 \ , \tag{14}$$

容易验证

$$\begin{aligned} I_2 &= \sum_s |u_s|^2 \sum_{r\neq s} (x_r - x_s)^{-2} + \sum_{s\neq t} \bar{u}_s u_t (x_s - x_t)^{-1} \\ &\quad \cdot \sum_{r\neq s, t} \{(x_r - x_s)^{-1} - (x_r - x_t)^{-1}\} \\ &= \sum\nolimits_1 + \sum\nolimits_2 \ . \end{aligned} \tag{15}$$

进而有

$$\begin{aligned} \sum\nolimits_2 &= \sum_{s\neq t} \bar{u}_s u_t (x_s - x_t)^{-1} \sum_{r\neq s} (x_r - x_s)^{-1} - \sum_{s\neq t} \bar{u}_s u_t (x_s - x_t)^{-1} \\ &\quad \cdot \sum_{r\neq t} (x_r - x_t)^{-1} + 2\sum_{s\neq t} \bar{u}_s u_t (x_s - x_t)^{-2} \\ &= \sum\nolimits_3 - \sum\nolimits_4 + 2\sum\nolimits_5 \ . \end{aligned} \tag{16}$$

由于这里的 $\vec{u}$ 满足条件(11)，故有

$$\sum_{r\neq s} u_r (x_r - x_s)^{-1} = i\lambda_1 u_s \ , \quad 1 \leqslant s \leqslant R \ . \tag{17}$$

因而有

$$\sum\nolimits_3 = -i\lambda_1 \sum_s |u_s|^2 \sum_{r\neq s} (x_r - x_s)^{-1},$$

$$\sum\nolimits_4 = -i\lambda_1 \sum_t |u_t|^2 \sum_{r\neq t} (x_r - x_t)^{-1}.$$

所以

$$\sum\nolimits_3 = \sum\nolimits_4 \ .$$

由此及

$$\left|\sum\nolimits_5\right| \leqslant \sum_{s\neq t} (|u_s|^2/2 + |u_t|^2/2)(x_s - x_t)^{-2} = \sum\nolimits_1 ,$$

从式(15)，(16)就推得

$$I_2 \leqslant 3\sum_s |u_s|^2 \sum_{r\neq s} (x_r - x_s)^{-2} .$$

由条件(13)知 $|x_r - x_s| \geqslant |r-s|\delta$，因而有

$$\sum_{r\neq s} (x_r - x_s)^{-2} < 2\delta^{-2}\sum_{n=1}^{\infty} n^{-2} = \pi^2\delta^{-2}/3 .$$

由以上两式及式(14)就证明了定理.

定理 5 设 $\delta>0$，$\{x_r\}$是 δ 佳位组(mod1). 那末，(a) 取 $\Delta_1(\delta)=\delta^{-1}$ 时，不等式(7)成立；(b) 在不等式(4)和(1.3)中可取 $\Delta(N,\delta)=N+\delta^{-1}$.

证：只要证明第一个结论，后者由式(8)即可推出. 先证明对任意复数 u_r 有

$$\left|\sum_{r\neq s} u_r\overline{u}_s(\sin\pi(x_r - x_s))^{-1}\right| \leqslant \delta^{-1}\sum_{r=1}^{R} |u_r|^2. \tag{18}$$

熟知，当 $\alpha \neq$ 整数时，

$$(\sin\pi\alpha)^{-1} = \pi^{-1}\sum_{k=-\infty}^{\infty} (-1)^k(\alpha+k)^{-1},$$

进而得到，当 $\alpha \neq$ 整数时

$$\lim_{K\to\infty}\sum_{k=-K}^{K} (-1)^k(1-|k|/K)(\alpha+k)^{-1} = \pi(\sin\pi\alpha)^{-1} .$$

所以，式(18)等价于证明

$$\lim_{K\to\infty}\left|\sum_{k=-K}^{K} (-1)^k(1-|k|/K)\sum_{r\neq s} u_r\overline{u}_s(x_r - x_s + k)^{-1}\right| \leqslant \pi\delta^{-1}\sum_{r=1}^{R} |u_r|^2 . \tag{19}$$

不妨假定$\{x_r\}$满足条件(1.4). 容易看出实数组

$$x_{rm} = x_r + m ,\quad 1\leqslant r\leqslant R,\ 0\leqslant m\leqslant K , \tag{20}$$

这 $R(K+1)$个数满足定理 4 的条件，因此，对任意复数 u_{rm} 有

$$\sum_{r,s,m,n}{}' u_{rm}\overline{u}_{sn}(x_{rm} - x_{sn})^{-1} \leqslant \pi\delta^{-1}\sum_{r,m} |u_{rm}|^2 , \tag{21}$$

其中，表示数对 $(r,m)\neq(s,n)$. 现取 $u_{rm}=(-1)^m u_r$，注意到

$$\sum_r |u_r|^2 \sum_{m\neq n} (-1)^{m-n}(m-n)^{-1}=0,$$

由式(20)，(21)推出

$$\sum_{r\neq s, m, n} (-1)^{m-n} u_r \overline{u}_s (x_r - x_s + m - n) \leqslant (K+1)\pi\delta^{-1} \sum_r |u_r|^2 \quad (22)$$

令 $m-n=k$ 得

$$\sum_{k=-K}^{K} (-1)^k (K+1-|k|) \sum_{r\neq s} u_r \overline{u}_s (x_r - x_s + k)^{-1}$$
$$\leqslant (K+1)\pi\delta^{-1} \sum_r |u_r|^2, \quad (23)$$

这就证明了式(19)，也就证明了式(18).

注意到对任意实 数 α，有

$$u_r \overline{u}_s \sin\alpha(x_r - x_s) = (2i)^{-1}(u_r e^{i\alpha x_r})\overline{(u_s e^{i\alpha x_s})}$$
$$-(2i)^{-1}(u_r e^{-i\alpha x_r})\overline{(u_s e^{-i\alpha x_s})},$$

由此及式(18)就推出了定理的第一个结论(且 πN 可改为任意实数).

定理 6 在大筛法不等式(1.3)及(4)中，可取 $\Delta(N,\delta) = N+\delta^{-1}-1$.

证：对任意正整数 K 有

$$K\sum_{r=1}^{R} |S(x_r)|^2 = \sum_{k=1}^{K}\sum_{r=1}^{R} |S(x_r+k)|^2$$
$$= \sum_{k=1}^{K}\sum_{r=1}^{R} \left| \sum_{n=MK+K}^{MK+NK} b_n e(nK^{-1}(x_r+k)) \right|^2,$$

其中

$$b_n = \begin{cases} a_m, & n=mk, \\ 0, & \text{其它}. \end{cases}$$

由于

$$\| K^{-1}(x_r+k) - K^{-1}(x_s+l) \| \geqslant K^{-1} \| x_r - x_s + k - l \|$$
$$= K^{-1}\| x_r - x_s \| \geqslant K^{-1}\delta, \ r\neq s,$$

$$\| K^{-1}(x_r+k)-K^{-1}(x_r+l)\| \geqslant \| K^{-1}(k-l)\| \geqslant K^{-1} \geqslant K^{-1}\delta, k\neq l,$$

所以，数组 $K^{-1}(x_r+k)(1\leqslant r\leqslant R, 1\leqslant k\leqslant K)$ 是一个 $K^{-1}\delta$ 佳位组(mod1)，因而由定理 5 的后一结论推得

$$K\sum_{r=1}^{R}|S(x_r)|^2\leqslant(NK-K+1+\delta^{-1}K)\sum|a_n|^2,$$

两边除以 K 后，令 $K\to\infty$ 即得定理.

在一般情形下定理 6 是最佳的(见习题 1).

由定理 5(b)和定理 6 立即推出，不等式(2.11)和(2.12)可分别改进为

$$\sum_{d|q}\sum_{a=1}^{d}{}'\left|S\left(\frac{a}{d}\right)\right|^2\leqslant(q+N)\sum|a_n|^2, \tag{24}$$

$$\sum_{d|q}\sum_{a=1}^{d}{}'\left|S\left(\frac{a}{d}\right)\right|^2\leqslant(q+N-1)\sum|a_n|^2, \tag{25}$$

$$\sum_{q\leqslant Q}\sum_{a=1}^{q}{}'\left|S\left(\frac{a}{q}\right)\right|^2\leqslant(Q^2+N)\sum|a_n|^2, \tag{26}$$

$$\sum_{q\leqslant Q}\sum_{a=1}^{q}{}'\left|S\left(\frac{a}{q}\right)\right|^2\leqslant(Q^2+N-1)\sum|a_n|^2. \tag{27}$$

定理 4 的一个有用的直接推论是

定理 7 设 $T\geqslant 0$. 在定理 4 的条件下，对任意复数 u_r 有

$$\int_0^T\left|\sum_{r=1}^{R}u_r e^{ix_r t}\right|^2 dt=(T+2\pi\theta\delta^{-1})\sum|u_r|^2, \tag{28}$$

其中 $|\theta|\leqslant 1$.

证：式(24)左边的积分等于

$$T\sum_{r=1}^{R}|u_r|^2+\sum_{r\neq s}u_r\overline{u}_s\int_0^T e^{i(x_r-x_s)t}dt$$
$$=T\sum_{r=1}^{R}|u_r|^2+i\sum_{r\neq s}u_r\overline{u}_s(x_r-x_s)^{-1}$$

$$-i\sum_{r\neq s}(u_r e^{ix_rT})\overline{(u_s e^{ix_sT})}(x_r-x_s)^{-1}.$$

对后两项应用定理 4 就推出所要的结论.

定理 4 还可进一步改进,因而也就改进了大筛法不等式(1.3).这是下一节所要讨论的内容.

§4. 对偶原理的应用(二)

定理 3.4 要求实数组 $x_1, x_2, \cdots, x_R$ 之间的间距都大于同一个正数 δ,这样考虑是比较粗糙的. 现在我们假定这实数组满足

$$\begin{cases} x_1 < x_2 < \cdots < x_R, \\ \min\limits_{S\neq r}|x_r - x_s| \geqslant \delta_r > 0, \ 1\leqslant r\leqslant R, \end{cases} \tag{1}$$

希望得到这样的不等式: 存在绝对正常数C,使对任意复数$u_1, u_2, \cdots, u_R$ 有

$$\left|\sum_{r\neq s} u_r\overline{u}_s(x_r - x_s)^{-1}\right| \leqslant C\sum_r \delta_r^{-1}|u_r|^2. \tag{2}$$

由此,显然推出在不等式(3.9)中可取 $\Delta_2(\delta) = C\delta^{-1}$. 这种形式的不等式的证明要比定理 3.4 复杂得多,这里的证明是单墫给出的,它依赖于一个有趣的初等不等式:

引理 1[1)] 设 $1=a_1, a_2, \cdots$ 是一非负无穷数列,$\theta_n = \min(a_n, a_{n+1})$. 我们有

$$\sum_{n=1}^{\infty}\theta_n(a_1+\cdots+a_n)^{-2} \leqslant \sum_{n=1}^{\infty} n^{-2} = \pi^2/6. \tag{3}$$

一般地,若$f(x)$是任一定义在 $x\geqslant 1$ 上的单调递减且趋于零的下凸函数,级数$\sum\limits_{n=1}^{\infty} f(n)$收敛,那末

$$\sum_{n=1}^{\infty}\theta_n f(a_1+\cdots+a_n) \leqslant \sum_{n=1}^{\infty} f(n). \tag{4}$$

---

1) 这个不等式是单墫提出的(科学通报, **29**(1984), 62),这里对证明作了简化,结果作了推广,且证明是初等的.

证：我们来证明不等式(3)．(4)可以同样证明．证明分为两部分．由

$$\sum_{n=1}^{\infty}\theta_n(a_1+\cdots+a_n)^{-2}\leqslant\sum_{n=1}^{\infty}a_n(a_1+\cdots+a_n)^{-2}$$
$$\leqslant 1+\int_1^{\infty}x^{-2}dx=2 \tag{5}$$

知，式(3)左边的级数一定收敛(类似可证式(4)左边级数收敛)．首先证明：如果数列 A: $a_1, a_2, \cdots$ 不是递增的，那末一定存在一个首项为1的递增数列 $\widetilde{A}$: $1=\widetilde{a}_1\leqslant\widetilde{a}_2\leqslant\cdots$, $\widetilde{\theta}_n=\min(\widetilde{a}_n, \widetilde{a}_{n+1})$ 使得

$$\sum_{n=1}^{\infty}\theta_n(a_1+\cdots+a_n)^{-2}<\sum_{n=1}^{\infty}\widetilde{\theta}_n(\widetilde{a}_1+\cdots+\widetilde{a}_n)^{-2}. \tag{6}$$

当数列 A 不是递增时，一定有唯一的 $l\geqslant 2$ 使得

$$1=a_1\leqslant a_2\leqslant\cdots\leqslant a_{l-1},\quad 0\leqslant a_l<a_{l-1}. \tag{7}$$

现取数列 A' 为

$$\begin{cases} a_n'=a_n, \quad n\neq l\ ;\quad a_n=a_{l-1}, n=l, \\ \theta_n'=\min(a_n', a_{n+1}'). \end{cases} \tag{8}$$

注意到 $\theta_n'\geqslant\theta_n$ 及 $a_{l-1}>a_l$ 我们有

$$\begin{aligned}
&\sum_{n=1}^{\infty}\theta_n'(a_1'+\cdots+a_n')^{-2}-\sum_{n=1}^{\infty}\theta_n(a_1+\cdots+a_n)^{-2}\\
&\quad=(a_{l-1}-a_l)(a_1+\cdots+a_{l-1})^{-2}+\sum_{n=l}^{\infty}\{\theta_n'(a_1'+\cdots+a_n')^{-2}\\
&\qquad-\theta_n(a_1+\cdots+a_n)^{-2}\}\\
&\quad\geqslant(a_{l-1}-a_l)(a_1+\cdots+a_{l-1})^{-2}+\sum_{n=l}^{\infty}\theta_n\{(a_1'+\cdots+a_n')^{-2}\\
&\qquad-(a_1+\cdots+a_n)^{-2}\}\\
&\quad\geqslant(a_{l-1}-a_l)(a_1+\cdots+a_{l-1})^{-2}-(a_{l-1}-a_l)\\
&\qquad\cdot\sum_{n=l}^{\infty}2a_n(a_1+\cdots+a_n)^{-3}\\
&\quad\geqslant(a_{l-1}-a_l)(a_1+\cdots+a_{l-1})^{-2}-(a_{l-1}-a_l)\\
&\qquad\cdot\sum_{n=l}^{\infty}\{(a_1+\cdots+a_{n-1})^{-2}-(a_1+\cdots+a_n)^{-2}\}=0,
\end{aligned} \tag{9}$$

稍加分析可看出上面的等号不能全部同时成立，所以总有

$$\sum_{n=1}^{\infty} \theta_n (a_1 + \cdots + a_n)^{-2} < \sum_{n=1}^{\infty} \theta_n' (a_1' + \cdots + a_n')^{-2}. \qquad (10)$$

数列A'当然不一定是递增的，但它的递增的项数比A至少多了一项．如果A'不是递增就继续利用这一办法，最终可得到一个递增数列$\widetilde{A}$．具体地说，$\widetilde{A}$可这样来确定．对给定的数列A一定存在这样唯一的子序列(可以是一个有限数列)

$$a_{l_1} < a_{l_2} < \cdots$$

满足$1 = l_1 < l_2 < \cdots$，及对任意的$i \geqslant 1$有

$$a_n \leqslant a_{l_i} \quad , \qquad l_i \leqslant n < l_{i+1}\text{ }^{1)} \quad ,$$

我们定义$\widetilde{A}$为

$$\widetilde{a}_n = a_{l_i} , \quad l_i \leqslant n < l_{i+1} , \quad i = 1, 2, \cdots, m, \cdots .$$

显然它是递增的．反复利用对上面数列A'证明的不等式(10)，容易推出(设$\widetilde{\theta}_n = \min(\widetilde{a}_n, \widetilde{a}_{n+1})$)

$$\sum_{n=1}^{\infty} \theta_n (a_1 + \cdots + a_n)^{-2} \leqslant \sum_{n=1}^{\infty} \widetilde{\theta}_n (\widetilde{a}_1 + \cdots + \widetilde{a}_n)^{-2}, \qquad (11)$$

当A不是递增数列时，上式中的等号不能成立

所以，我们可假定数列A是递增的．下面来证明这时必有不等式(3)成立．这时

$$1 = a_1 \leqslant a_2 \leqslant \cdots \leqslant a_n \leqslant \cdots , \quad \theta_n = a_n . \qquad (12)$$

设$\lambda_n = a_n - [a_n]$．因为$x(1+x)^{-2}$当$x=1$时取最大值，由此及$a_2 \geqslant 1$得

$$\begin{aligned} F &= \sum_{n=1}^{\infty} \theta_n (a_1 + \cdots + a_n)^{-2} = \sum_{n=1}^{\infty} a_n (a_1 + a_2 + \cdots + a_n)^{-2} \\ &= 1 + \frac{1}{2^2} + \frac{a_3}{(2+a_3)^2} + \frac{a_4}{(2+a_3+a_4)^2} \\ &\quad + \frac{a_5}{(2+a_3+a_4+a_5)^2} + \cdots . \end{aligned} \qquad (13)$$

容易看出

1) 当是有限数列$l_1 < l_2 < \cdots < l_m$时，取$l_{m+1} = +\infty$，$1 \leqslant i \leqslant m$.

$$\frac{a_3}{(2+a_3)^2} \leqslant \frac{1}{3^2}+\frac{1}{4^2}+\cdots+\frac{1}{(2+[a_3]-1)^2}+\frac{1+\lambda_3}{(2+a_3)^2}. \tag{14}$$

此外，对 $x>0$，$0\leqslant\alpha\leqslant 1$ 有[1])

$$\frac{1}{(x+\alpha)^2} \leqslant \frac{1-\alpha}{x^2}+\frac{\alpha}{(x+1)^2}. \tag{15}$$

因而得到(取 $x=2+[a_3],\alpha=\lambda_3$)

$$\frac{1+\lambda_3}{(2+a_3)^2} \leqslant \frac{1}{(2+[a_3])^2}+\frac{\lambda_3}{(2+[a_3]+1)^2}. \tag{16}$$

由式(13)，(14)及(16)就推得

$$F\leqslant \sum_{n=1}^{2+[a_3]}\frac{1}{n^2}+\frac{\lambda_3}{(2+[a_3]+1)^2}+\frac{a_4}{(2+a_3+a_4)^2}$$

$$+\frac{a_5}{(2+a_3+a_4+a_5)^2}+\cdots. \tag{17}$$

对 a_4 来说可能出现两种情形：（Ⅰ）$2+[a_3]+1\leqslant 2+a_3+a_4<2+[a_3]+2$；（Ⅱ）$2+[a_3]+2\leqslant 2+a_3+a_4$.

若情形(Ⅰ)出现，这时必有 $[a_4]=1$[2])，$0\leqslant\lambda_3+\lambda_4<1$. 由式(15)(取 $x=2+[a_3]+1,\alpha=\lambda_3+\lambda_4$)得

$$\frac{a_4}{(2+a_3+a_4)^2} \leqslant (1+\lambda_4)\left\{\frac{1-(\lambda_3+\lambda_4)}{(2+[a_3]+1)^2}+\frac{\lambda_3+\lambda_4}{(2+[a_3]+2)^2}\right\}, \tag{18}$$

因而有

$$\frac{\lambda_3}{(2+[a_3]+1)^2}+\frac{a_4}{(2+a_3+a_4)^2} \leqslant \frac{1}{(2+[a_3]+1)^2}$$

$$+\frac{\lambda_3+\lambda_4}{(2+[a_3]+[a_4]+1)^2}. \tag{19}$$

1）这实际上是凸性不等式，x^{-2} 是下凸函数.

2）这时 $[a_3]=1$.

由此及式(17)得

$$F \leqslant \sum_{1 \leqslant n < N_4} \frac{1}{n^2} + \frac{\lambda_3 + \lambda_4}{(N_4+1)^2} + \frac{a_5}{(2+a_3+a_4+a_5)^2} + \cdots, \quad (20)$$

这里[1)]

$$N_k = [2+a_3+a_4+\cdots+a_k], \quad k \geqslant 3. \quad (21)$$

注意到这里有 $0 \leqslant \lambda_3+\lambda_4 < 1$，所以 $\lambda_3+\lambda_4$ 就相当于式(17)中的 λ_3，而 $2+a_3+a_4+a_5$ 就相当于 $2+a_3+a_4$.这时同样可对 $2+a_3+a_4+a_5$ 分为以上两种情形来讨论：(I)′ $N_4+1 = 2+[a_3]+[a_4]+1 \leqslant 2+a_3+a_4+a_5 < N_4+2$；(II) $N_4+2 \leqslant 2+a_3+a_4+a_5$. 对情形(I′)的讨论和(I)完全一样.

若情形(II)出现，这时有 $2 \leqslant \lambda_3+\lambda_4+[a_4]$. 注意到

$$\frac{\lambda_3}{(2+[a_3]+1)^2} + \frac{a_4}{(2+a_3+a_4)^2} \leqslant \frac{1}{(2+[a_3]+1)^2} + \frac{a_4+\lambda_3-1}{(2+[a_3]+1+a_4+\lambda_3-1)^2},$$

由式(17)得

$$F \leqslant \sum_{1 \leqslant n \leqslant N_3} \frac{1}{n^2} + \frac{1}{(N_3+1)^2} + \frac{a_4'}{(N_3+1+a_4')^2} + \frac{a_5}{(N_3+1+a_4'+a_5)^2} + \frac{a_6}{(N_3+1+a_4'+a_5+a_6)^2} + \cdots, \quad (22)$$

其中

$$1 \leqslant a_4' = a_4+\lambda_3-1 < a_4. \quad (23)$$

我们可以把式(22)中的 N_3+1 看作是式(13)中的 2，a_4' 看作是 a_3，而式(22)中的 $a_5, a_6, \cdots$ 看作是式(13)中的 $a_4, a_5, \cdots$. 继续对式(22)进行对式(13)所作的同样的讨论，类似于式(17)可得(注意 $N_3+1+a_4' = 2+a_3+a_4$)

1) 由于这里 $0 \leqslant \lambda_3+\lambda_4 < 1$，所以这时 $N_4 = 2+[a_3]+[a_4]$

$$F \leqslant \sum_{1\leqslant n\leqslant N_4} \frac{1}{n^2} + \frac{\lambda_4'}{(N_4+1)^2} + \frac{a_5}{(2+a_3+a_4+a_5)^2}$$

$$+ \frac{a_6}{(2+a_3+a_4+a_5+a_6)^2} + \cdots, \tag{24}$$

其中 $a_4'=[a_4']+\lambda_4'$. 对式(24)又可象式(17)一样分为两种情形来讨论.

反复进行以上的讨论，由式(20)和(24)就证明了对任意的 $k\geqslant 3$ 有

$$F \leqslant \sum_{1\leqslant n\leqslant N_k} \frac{1}{n^2} + \frac{1}{(N_k+1)^2} + \frac{a_{k+1}}{(2+a_2+\cdots+a_{k+1})^2} + \cdots$$

$$\leqslant \sum_{1\leqslant n\leqslant N_k} \frac{1}{n^2} + \frac{1}{(N_k+1)^2} + \frac{1}{2+a_2+\cdots+a_k}. \tag{25}$$

注意到 $a_i\geqslant 1$, 令 $k\to\infty$ 就证明了所要的结论.

由证明可以看出式(3)中的等号当且仅当 $a_n=1\,(n=1,2,\cdots)$ 时成立. 容易看出，式(3)是在式(4)中取 $f(x)=x^{-2}$ 的特例. 而式(3)的证明实际上仅用到了式(5)及 x^{-2} 是单调递减趋于零的下凸函数这一性质，所以式(4)可以完全一样地加以证明（$\sum f(n)$ 收敛相当于式(5)）. 特别当取 $f(x)=x^{-\alpha}(\alpha>1)$时，我们有

$$\sum_{n=1}^{\infty} \theta_n (a_1+\cdots+a_n)^{-\alpha} \leqslant \zeta(\alpha). \tag{26}$$

由引理 1 立即推出

引理 2 在条件(1)成立时，我们有

$$\sum_{r>s} \delta_r (x_r-x_s)^{-2} < \pi^2\delta_s^{-1}/6, \quad 1\leqslant s\leqslant R, \tag{27}$$

$$\sum_{r<s} \delta_r (x_r-x_s)^{-2} < \pi^2\delta_s^{-1}/6, \quad 1\leqslant s\leqslant R, \tag{28}$$

$$\sum_{r>s} \delta_r (x_r-x_s)^{-4} < \pi^4\delta_s^{-3}/90, \quad 1\leqslant s\leqslant R, \tag{29}$$

$$\sum_{r<s} \delta_r (x_r-x_s)^{-4} < \pi^4\delta_s^{-3}/90, \quad 1\leqslant s\leqslant R. \tag{30}$$

证：我们来证(27)，其它几个可完全一样证明. 在引理 1 中取：$a_n=(x_{s+n}-x_{s+n-1})(x_{s+1}-x_s)^{-1}$，$1\leqslant n\leqslant R-s$；$a_n=0$，$n>R-s$. 容易看出，

$$\sum_{r>s}\delta_r(x_r-x_s)^{-2}=(x_{s+1}-x_s)^{-1}\sum_{n=1}^{\infty}\theta_n(a_1+\cdots+a_n)^{-2},$$

由此及式(3)就推出式(27). 在证式(29)，(30)时要用式(26)($\alpha=4$).

我们还需要下面的引理.

引理 3　在条件(1)成立时，对 $s\neq t$ 我们有

$$I=\sum_{r\neq s,t}\delta_r(x_r-x_s)^{-2}(x_r-x_t)^{-2}<4(\delta_s^{-1}+\delta_t^{-1})(x_s-x_t)^{-2}.\quad(31)$$

证：不妨设 $t>s$. 由于 $(x-x_s)^{-2}(x-x_t)^{-2}$ 是 x 的下凸函数，所以

$$\delta_r(x_r-x_s)^{-2}(x_r-x_t)^{-2}\leqslant\int_{x_r-\delta_r/2}^{x_r+\delta_r/2}(x-x_s)^{-2}(x-x_t)^{-2}dx$$

由条件(1)推出

$$I\leqslant\left(\int_{-\infty}^{x_s-\delta_s/2}+\int_{x_s+\delta_s/2}^{x_t-\delta_t/2}+\int_{x_t+\delta_t/2}^{+\infty}\right)(x-x_s)^{-2}(x-x_t)^{-2}dx.$$

由于(取 $B_1=(x_t-x_s)^{-2}$，$B_2=-2(x_t-x_s)^{-3}$)

$$(x-x_s)^{-2}(x-x_t)^{-2}=B_1(x-x_s)^{-2}+B_1(x-x_t)^{-2}+B_2(x-x_t)^{-1}-B_2(x-x_s)^{-1},$$

$$\int(x-x_s)^{-2}(x-x_t)^{-2}dx=-B_1(x-x_s)^{-1}-B_1(x-x_t)+B_2\log\left|\frac{x-x_t}{x-x_s}\right|,$$

所以由计算可得

$$I \leqslant 4B_1(\delta_s^{-1}+\delta_t^{-1}),$$

这就证明了式(31).

现在来证明本节的主要结果.

定理 4 当条件(1)成立时，可取 $C<4.452$ 使得不等式(2)成立.

证：证明的途径和定理 3.4 相同. 令 $v_r=\delta_r^{-1/2}u_r$，不等式(2)就变为

$$I=\left|\sum_{r\neq s} v_r\bar{v}_s\delta_r^{1/2}\delta_s^{1/2}(x_r-x_s)^{-1}\right| \leqslant C\sum_{r\neq s}|v_r|^2. \qquad (32)$$

在引理 3.3 中取 $c_{rs}=-i\delta_r^{1/2}\delta_s^{1/2}(x_r-x_s)^{-1}, r\neq s$；$c_{rr}=0$. $\mathbb{A}=(c_{rs})$ 即为 Hermite 矩阵， 所以只要对满足条件(10)和式(11)的 $\vec{v}$ 来证明上式. 类似于定理 4 的论证(注意条件(11))，我们有

$$\begin{aligned}
I^2 &\leqslant \sum_r\left|\sum_{s\neq r}\bar{v}_s\delta_r^{1/2}\delta_s^{1/2}(x_r-x_s)^{-1}\right|^2 \\
&=\sum_s |v_s|^2\delta_s\sum_{r\neq s}\delta_r(x_r-x_s)^{-2}+\sum_{s\neq t}v_t\bar{v}_s\delta_s^{1/2}\delta_t^{1/2}(x_s-x_t)^{-1} \\
&\quad \sum_{r\neq s,t}\{\delta_r(x_r-x_s)^{-1}-\delta_r(x_r-x_t)^{-1}\} \\
&=\sum\nolimits_1+\sum\nolimits_2. \qquad (33)
\end{aligned}$$

进而有

$$\begin{aligned}
\sum\nolimits_2 =& \sum_{s\neq t}v_t\bar{v}_s\delta_s^{1/2}\delta_t^{1/2}(x_s-x_t)^{-1}\sum_{r\neq s}\delta_r(x_r-x_s)^{-1} \\
&+\sum_{s\neq t}v_t\bar{v}_s\delta_s^{1/2}\delta_t^{3/2}(x_s-x_t)^{-2} \\
&-\sum_{s\neq t}v_t\bar{v}_s\delta_s^{1/2}\delta_t^{1/2}(x_s-x_t)^{-1}\sum_{r\neq t}\delta_r(x_r-x_t)^{-1} \\
&+\sum_{s\neq t}v_t\bar{v}_s\delta_s^{3/2}\delta_t^{1/2}(x_s-x_t)^{-2} \\
=& \sum\nolimits_3+\sum\nolimits_4-\sum\nolimits_5+\sum\nolimits_6 . \qquad (34)
\end{aligned}$$

由条件(11)知

$$\sum_{r\neq s} v_r \delta_r^{1/2} \delta_s^{1/2} (x_r - x_s)^{-1} = i\lambda_1 v_s, \quad 1 \leqslant s \leqslant R,$$

由此易得 $\sum_3 = \sum_5$. 因而, 利用Cauchy不等式从式(34)得到(注意条件(11))

$$\left|\sum\nolimits_2\right| \leqslant 2 \sum_{s\neq t} |v_s v_t| \delta_s^{1/2} \delta_t^{3/2} (x_s - x_t)^{-2} = 2\sum\nolimits_7 . \tag{35}$$

下面来估计 $\sum_7$, 利用 Cauchy 不等式及条件(11)得

$$\begin{aligned}
\sum\nolimits_7^2 &\leqslant \sum_s \delta_s \left| \sum_{t\neq s} |v_t| \delta_t^{3/2} (x_s - x_t)^{-2} \right|^2 \\
&= \sum_{t,q} |v_t v_q| \delta_t^{3/2} \delta_q^{3/2} \sum_{s\neq t,q} \delta_s (x_s - x_t)^{-2} (x_s - x_q)^{-2} \\
&= \sum_t |v_t|^2 \delta_t^3 \sum_{s\neq t} \delta_s (x_s - x_t)^{-4} \\
&\quad + \sum_{t\neq q} |v_t v_q| \delta_t^{3/2} \delta_q^{3/2} \sum_{s\neq t,q} \delta_s (x_s - x_t)^{-2} (x_s - x_q)^{-2},
\end{aligned}$$

由此利用式(29),(30),(31)及条件(11)得到

$$\sum\nolimits_7^2 \leqslant \pi^4/45 + 8\sum\nolimits_7,$$

所以

$$\sum\nolimits_7 \leqslant 4 + (16 + \pi^4/45)^{1/2}.$$

综合上式及(33),(34),(35),利用估计式(27),(8)和条件(11)就得到

$$I^2 \leqslant \pi^2/3 + 8 + 2(16 + \pi^4/45)^{1/2} = 19.81386\cdots.$$

这就证明了所要的结论.

猜测 C 可取 π, 但至今还没有证明.

相应于定理3.5(a), 从定理 4 可以推出

定理 5 当条件

$$\min_{s\neq r} \|x_s - x_r\| \geqslant \delta_r, \ 1 \leqslant r \leqslant R \tag{36}$$

成立时，对任意复数 $u_1,\cdots,u_R$ 我们有

$$\left|\sum_{r\neq s}u_r\overline{u}_s(\sin\pi(x_r-x_s))^{-1}\right|\leqslant C\pi^{-1}\sum_r\delta_r^{-1}|u_r|^2\ ,\quad (37)$$

其中 C 同定理 4；进而对任意实数 α 有

$$\left|\sum_{r\neq s}u_r\overline{u}_s(\sin\alpha(x_r-x_s))(\sin\pi(x_r-x_s))^{-1}\right|\leqslant C\pi^{-1}\sum_r\delta_r^{-1}|u_r|^2. \quad (38)$$

证明和定理 3.5(a)的方法完全相同，故略.

相应于定理 3.5(b)，由定理 4 可推出如下的加权大筛法不等式:

定理 6 设 $S(x)$ 由式(1.1)给出. 那末当条件(36)成立时，我们有

$$\sum_r(N+C\pi^{-1}\delta_r^{-1})^{-1}|S(x_r)|^2\leqslant\sum_{n=M+1}^{M+N}|a_n|^2. \quad (39)$$

特别的，对 $q\geqslant 1$ 有

$$\sum_{d|q}(N+C\pi^{-1}q)^{-1}\sum_{a=1}^{d}{}'\left|S\left(\frac{a}{d}\right)\right|^2\leqslant\sum_{n=M+1}^{M+N}|a_n|^2, \quad (40)$$

及对 $Q\geqslant 1$ 有

$$\sum_{q\leqslant Q}(N+C\pi^{-1}qQ)^{-1}\sum_{a=1}^{q}{}'\left|S\left(\frac{a}{q}\right)\right|^2\leqslant\sum_{n=M+1}^{M+N}|a_n|^2, \quad (41)$$

其中 C 同定理 4.

证: 我们来证不等式(39)，其它两个可由它推出，证法同定理 2.3. 式(39)左边等于

$$\sum_r\left|\sum_n a_n((N+C\pi^{-1}\delta_r^{-1})^{-1/2}e(nx_r)\right|^2.$$

由引理 3.1 知不等式(39)等价于要证明

$$\sum_n\left|\sum_r\overline{\beta}_r((N+C\pi^{-1}\delta_r^{-1})^{-1/2}e(nx_r))\right|^2\leqslant\sum_r|\beta_r|^2. \quad (42)$$

设 $\alpha_r=\beta_r(N+C\pi^{-1}\delta_r^{-1})^{-1/2}$，上式即为

$$\sum_n\left|\sum_r\overline{\alpha}_r e(nx_r)\right|^2\leqslant\sum_r(N+C\pi^{-1}\delta_r^{-1})|\alpha_r|^2,\qquad(43)$$

由式(2.6)，(38)知不等式(43)的确成立. 这就证明了式(39).

相应于定理 3.7，从定理 4 可推出

定理 7 设 $T\geqslant 0$. 当条件(1)成立时，对任意复数 $u_1,\cdots,u_R$ 有

$$\int_0^T\left|\sum_{r=1}^R u_r e^{ix_r t}\right|^2 dt=\sum_{r=1}^R(T+2C\theta\delta_r^{-1})|u_r|^2.\qquad(44)$$

证明和定理 3.7 完全相同，只要把用定理 3.4 的地方用定理 4 来代替.

在 §25.4 中，我们已利用定理 7 给出了 $\zeta(1/2+it)$ 的四次积分均值定理的一个简单证明. 而定理 4 本身在 §25.1 中给出了 $\zeta(1/2+it,a)$ 的二次积分均值定理的一个简单证明. 在 §6 中将给出定理 6 的重要的算术应用.

§5. 大筛法的算术形式

从不等式(1.3)的形式本身，很难看出为什么要把估计三角多项式的模平方的离散均值叫作大筛法. 因为，顾名思义大筛法应是筛法(我们将在第三十二章讨论筛法，筛法的定义见 §32.1)的一种，然而，从它的分析形式来看，两者简直一点关系也没有. 下面我们就来简单地讨论一下大筛法的发展历史，形式演变，从而搞清楚为什么叫它大筛法、它的算术背景及算术意义.

在 1941 年，**Линник**首先考虑了这样的问题：设 $\mathscr{A}$ 是由 N 个相邻整数 $M+1,M+2,\cdots,M+N$ 组成的数列；$\mathscr{P}$ 是由 y 个不超过 $N^{1/2}$ 的素数 $p_1,p_2,\cdots,p_y$ 组成；对每一个 $p_i\in\mathscr{P}$，给定 $l(i)=l(p_i)$ 个模 p_i 的不同的剩余类：$h_{i1},h_{i2},h_{il(i)}$，并假定

$$0<l<1\ ,\qquad(1)$$

这里

$$l=\min_{1\leqslant i\leqslant y}(l(p_i)/p_i).$$

在序列 $\mathscr{A}$ 中筛去所有满足下述条件的元素 n:

$$n\equiv h_{ij}(\bmod p_i),\quad 1\leqslant j\leqslant l(i),\ 1\leqslant i\leqslant y,$$

筛剩的子序列记作 $\mathscr{A}'$,设其元素个数为Z.Линник证明了: 不管这 y 个素数如何选取，总有估计

$$Z\ll l^{-2}y^{-1}N. \tag{2}$$

由于对所有的 i 都有 $l(i)\geqslant ep_i$，所以这里的"筛子"是"很大的"，因而他就把自己的方法叫作"大筛法(Болъщое Рещета)".

这一结论还可以用下面的等价形式来表述: 设 $M+1\leqslant n_1<n_2<\cdots<n_Z\leqslant M+N$ 是任意选定的 Z 个整数，$l(p)$为定义在素数集合上的正值函数，设

$$l=\min_{p\leqslant\sqrt{N}}(l(p)/p),$$

那末，在所有的素数 $p\leqslant\sqrt{N}$ 中至多除了

$$\ll l^{-2}Z^{-1}N \tag{3}$$

个例外素数外，对其它的每一个素数 $p\leqslant\sqrt{N}$，整数 $n_1,n_2,\cdots,n_Z$ 一定分落在不少于$p-l(p)$个模 p 的不同的剩余类中.这一结论具有极强的普遍性，因为它表明了，在任意 N 个相邻整数中，不管我们如何随意地选取 Z 个整数，在某种意义上，对于几乎所有的素数 $p\leqslant\sqrt{N}$ (除去少数例外外)来说，这 Z 个整数一定是"均匀地"分布在模 p 的剩余类中. Rényi 注意到了这一点，并把它进一步精确化. 对一个有限素数集合 $\mathscr{P}$，他考虑了下面的和式:

$$\sum_{p\in\mathscr{P}}pD(p), \tag{4}$$

其中

$$D(p)=\sum_{j=0}^{p-1}|Z(p,j)-p^{-1}Z|^2,\ Z(p,j)=\sum_{n\equiv j(\bmod p)}a_n,$$

$$a_n=\begin{cases}1, & n=n_i,\ 1\leqslant i\leqslant Z,\\ 0, & \text{其它}.\end{cases}$$

显然，和式(4)是刻划 $n_1,\cdots,n_Z$ 这 Z 个整数在所有模 $p(\in\mathscr{P})$ 的所有剩余类中的分布状况的一种度量. Rényi 先是利用Линник的方法证明了如下的结论：设 $\mathscr{P}$ 中素数都不超过Q，$|\mathscr{P}|$ 表$\mathscr{P}$中元素的个数，那末当 $Q\leqslant N^{2/3}Z^{-1/6}|\mathscr{P}|^{1/6}$ 时，

$$\sum_{p\in\mathscr{P}}pD(p)\ll Z^{2/3}N^{4/3}|\mathscr{P}|^{1/3}. \tag{5}$$

特别地，若取 $\mathscr{P}$ 为所有 $p\leqslant Q$ 组成的集合，那末当 $Q\leqslant N^{4/5}Z^{-1/5}$ 时，有

$$\sum_{p\leqslant Q}pD(p)\ll Z^{2/3}N^{4/3}Q^{1/3}\ ^{1)}. \tag{6}$$

后来，他又改进为

$$\sum_{p\leqslant Q}pD(p)\ll Z(N+Q^3), \tag{7}$$

特别地，当取 $Q=N^{1/3}$ 时得到

$$\sum_{p\leqslant N^{1/3}}pD(p)\ll ZN. \tag{8}$$

这样，Rényi 就把大筛法归结为对和式(4)的上界估计. 但他的结果在p的取值范围上不如Линник原来的条件宽：他要求 $p\leqslant N^{1/3}$，而Линник只是要求 $p\leqslant N^{1/2}$. 1965 年，Roth 和 Bombieri 先后证明了：

$$\sum_{p\leqslant Q}pD(p)\ll ZN,\quad Q=N^{1/2}(\log N)^{-1/2}, \tag{9}$$

和

$$\sum_{p\leqslant Q}pD(p)\ll ZN,\ Q=N^{1/2}. \tag{10}$$

这就恢复了Линник原来的条件，而且从形式到结果都比Линник原来的要精确. 就大筛法结果本身来说，Bombieri 和 Roth 的贡献实质上是一样的，但Bombieri 注意到了下面的简单重要的关系式：

---

1) 注意：这不是从式(5)推出来的.

$$pD(p)=\sum_{a=1}^{p-1}\left|S\left(\frac{a}{p}\right)\right|^2,\tag{11}$$

其中 $S(x)$由式(1.1)给出. 正是这一关系式导致大筛法有一个便于讨论和应用的分析形式. 我们下面来证明一个比式(11)更一般的关系式

引理1 设 $a_n(M+1\leqslant n\leqslant M+N)$是任意复数, $S(x)$由式(1.1)给出. 再设[1])

$$Z=\sum a_n,\qquad Z(q,j)=\sum_{n\equiv j(\bmod q)}a_n.\tag{12}$$

那末有

$$\sum_{a=1}^{q}{}'\left|S\left(\frac{a}{q}\right)\right|^2=\frac{1}{q}\sum_{j=1}^{q}\left|\sum_{d|q}\frac{\mu(d)}{d}qZ\left(\frac{q}{d},j\right)\right|^2.\tag{13}$$

证: 设 $f(x)$是一实变数的复值函数,

$$F(q)=\sum_{a=1}^{q}f\left(\frac{a}{q}\right),\qquad F^*(q)=\sum_{a=1}^{q}{}'f\left(\frac{a}{q}\right).\tag{14}$$

熟知有

$$F(q)=\sum_{d|q}F^*(d),\tag{15}$$

及

$$F^*(q)=\sum_{d|q}\mu(d)F\left(\frac{q}{d}\right)\tag{16}$$

成立. 现取 $f_j(x)=S(x)e(-jx)$. 容易验证

$$F_j(q)=\sum_{a=1}^{q}S\left(\frac{a}{q}\right)e\left(-j\frac{a}{q}\right)=qZ(q,j),\tag{17}$$

及

$$\sum_{j=1}^{q}|F_j^*(q)|^2=q\sum_{a=1}^{q}{}'\left|S\left(\frac{a}{q}\right)\right|^2.\tag{18}$$

由式(16), (17)及(18)就推得式(13).

1) 为简单起见, n 的求和范围不写出来了.

在式(13)中取 $q=p$ 即得式(11). Bombieri 正是从估计和式

$$\sum_{q\leqslant Q}\sum_{a=1}^{q}{}'\left|S\left(\frac{a}{q}\right)\right|^2 \tag{19}$$

来得到估计式(10)的. 定理 2.3 的式(12)就是估计这一和式的上界. 这样一来,大筛法就从原来的复杂的筛法形式 —— 即算术形式 —— 归结为十分简单的分析形式 —— 估计式(19)的上界,进而就导致一般的分析形式(1.3).

大筛法的算术形式有重要的应用(见 §6)下面的定理是这种应用的基础.

定理 2 设对每个素数 p,给定 $l(p)$ 个模 p 的不同的剩余类,

$$0\leqslant l(p)\leqslant p-1, \tag{20}$$

且 l/p 也表示这一剩余类集合. 再设 a_n 是任意复数 $(M+1\leqslant n\leqslant M+N)$,且满足条件

$$a_n=0,\ \text{对某个}\ p,\ n\ \text{属于}\ l(p)\ \text{中的某一剩余类}. \tag{21}$$

那末,对任意正整数 q 有

$$\mu^2(q)\left(\prod_{p\mid q}\frac{l(p)}{p-l(p)}\right)\left|\sum_{n=M+1}^{M+N}a_n\right|^2\leqslant\sum_{a=1}^{q}{}'\left|S\left(\frac{a}{q}\right)\right|^2. \tag{22}$$

进而,对 $Q\geqslant 1$ 及任意非负算术函数 $f(q)$,有

$$\left\{\sum_{q\leqslant Q}\mu^2(q)f(q)\prod_{p\mid q}\frac{l(p)}{p-l(p)}\right\}\left|\sum_{n=M+1}^{M+N}a_n\right|^2$$

$$\leqslant\sum_{q\leqslant Q}f(q)\sum_{a=1}^{q}{}'\left|S\left(\frac{a}{q}\right)\right|^2. \tag{23}$$

证: 我们来证明式(22). 当 $q=1$ 或 $\mu(q)=0$ 时式(22)显然成立,故可假定 $q>1,\mu(q)\neq 0$. 此外,若有 $p\mid q$ 使 $l(p)=0$,则式(22)也显然成立,因此还可假定当 $p\mid q$ 时 $1\leqslant l(p)\leqslant p-1$.设 $q=p_1p_2\cdots p_r$, $q_j=qp_j^{-1}$, $q_jq_j'\equiv 1\pmod{p_j}$, $1\leqslant j\leqslant r$. 由孙子定理知,当 $h_j(1\leqslant j\leqslant r)$ 分别遍历模 p_j 的完全(简化)剩余系时,

$$h=(q_1q_1')h_1+(q_2q_2')h_2+\cdots+(q_rq_r')h_r \tag{24}$$

就遍历模 q 的完全(简化)剩余系，且有

$$h \equiv h_j \pmod{p_j}, \quad 1 \leqslant j \leqslant r. \tag{25}$$

由条件(21)及

$$\mu(q)=\sum_{a=1}^{q}{}' e\left(\frac{la}{q}\right), \ (l,q)=1,$$

可以推出：对任意的 $n(M+1 \leqslant n \leqslant M+N)$ 及 $h_j \in l(p_j)$ $(1 \leqslant j \leqslant r)$，总有

$$a_n \mu(q)=a_n \sum_{a=1}^{q}{}' e\left(\frac{(n-h)a}{q}\right), \tag{26}$$

其中 h 由式(24)给出. 上式两边对 n 及 $h_j \in l(p_j)$ 求和，得到

$$l(p_1)\cdots l(p_r)\mu(q)\sum_{n=M+1}^{M+N} a_n=\sum_{a=1}^{q}{}'\left(\sum_{n=M+1}^{M+N} a_n e\left(\frac{an}{q}\right)\right)$$

$$\cdot\left(\sum_{h_1 \in l(p_1)} \cdots \sum_{h_r \in l(p_r)} e\left(-\frac{ah}{q}\right)\right). \tag{27}$$

进而，由 Cauchy 不等式得到

$$(l(p_1)\cdots l(p_r)\mu(q))^2\left|\sum_{n=M+1}^{M+N} a_n\right|^2$$

$$\leqslant \sum_{a=1}^{q}{}'\left|S\left(\frac{a}{q}\right)\right|^2 \sum_{a=1}^{q}{}'\left|\sum_{h_1 \in l(p_1)} \cdots \sum_{h_r \in l(p_r)} e\left(\frac{-ah}{q}\right)\right|^2. \tag{28}$$

由式(24)和式(25)可推出(注意$(q_j', p_j)=1$)：

$$\sum_{a=1}^{q}{}'\left|\sum_{h_1 \in l(p_1)} \cdots \sum_{h_r \in l(p_r)} e\left(\frac{-ah}{q}\right)\right|^2$$

$$=\sum_{a=1}^{q}{}'\left|\sum_{h \in l(p_1)} e\left(-\frac{q_1' a h_1}{p_1}\right) \cdots \sum_{h_r \in l(p_r)} e\left(-\frac{q_r' a h_r}{p_r}\right)\right|^2$$

$$= \sum_{a_1=1}^{p_1-1} \cdots \sum_{a_r=1}^{p_r-1} \left| \sum_{h_1 \in l(p_1)} e\left(-\frac{q_1' a_1 h_1}{p_1}\right) \cdots \sum_{h_r \in l(p_r)} e\left(-\frac{q_r' a_r h_r}{p_r}\right) \right|^2$$

$$= \prod_{p|q} \sum_{b=1}^{p-1} \left| \sum_{k \in l(p)} e\left(-\frac{bk}{p}\right) \right|^2 . \tag{29}$$

由于

$$\begin{aligned} \sum_{b=1}^{p-1} \left| \sum_{k \in l(p)} e\left(-\frac{bk}{p}\right) \right|^2 &= \sum_{k \in l(p)} \sum_{k' \in l(p)} \sum_{b=1}^{p-1} e\left(\frac{(k-k')b}{p}\right) \\ &= \sum_{k=k' \in l(p)} (p-1) + \sum_{k \neq k', \in l(p)} (-1) \\ &= (p-1) l(p) - l(p)(l(p)-1) \\ &= l(p)(p-l(p)) , \end{aligned} \tag{30}$$

从以上三式就证明了式(22)成立.

利用估计式(3.26)及(4.41)，在式(23)中分别取$f(q) \equiv 1$及$f(q)=(N+C\pi^{-1}qQ)^{-1}$，就立即得到

定理3 在定理2的条件下，我们有

$$\left\{ \sum_{q \leqslant Q} \mu^2(q) \left(\prod_{p|q} \frac{l(p)}{p-l(p)} \right) \right\} \left| \sum_{n=M+1}^{M+N} a_n \right|^2 \leqslant (Q^2+N) \sum_{n=M+1}^{M+N} |a_n|^2 , \tag{31}$$

及

$$\left\{ \sum_{q \leqslant Q} \mu^2(q)(N+C\pi^{-1}qQ)^{-1} \left(\prod_{p|q} \frac{l(p)}{p-l(p)} \right) \right\} \left| \sum_{n=M+1}^{M+N} a_n \right|^2 \leqslant \sum_{n=M+1}^{M+N} |a_n|^2 . \tag{32}$$

其中常数C同定理4.4. 特别地，如果当n不属于所有的剩余类$\bigcup_p l(p)$时，必有$a_n=1$，并令

$$Z=\sum_{n=M+1}^{M+N} a_n,$$

那末就有

$$Z \leqslant (Q^2+N)(L(Q))^{-1}, \tag{33}$$

$$Z \leqslant (L'(Q))^{-1}, \tag{34}$$

其中

$$L(Q)=\sum_{q\leqslant Q}\mu^2(q)\prod_{p|q}\frac{l(p)}{p-l(p)}, \tag{35}$$

$$L'(Q)=\sum_{q\leqslant Q}\mu^2(q)(N+C\pi^{-1}qQ)^{-1}\prod_{p|q}\frac{l(p)}{p-l(p)}. \tag{36}$$

大筛法估计在小筛法中的应用正是通过式(33)和(34)来实现的.下节中我们将用它来改进在定理32.6.8中用小筛法所得到的关于Brun-Titchmarsh定理的结果. 显然，这种应用的关键是讨论和式 $L(Q)$ 及 $L'(Q)$.

§6. Brun-Titchmarsh 定理的改进

本节要来证明定理 32.6.8(即 Brun-Titchmarsh 定理)中的系数 3 可以改进为 2. 这一结果属于 Montgomery 和 Vaughan[1].

定理1 设$(k,l)=1$，$1\leqslant l\leqslant k<y\leqslant x$.我们有

$$\pi(x;k,l)-\pi(x-y;k,l)<2(\varphi(k))^{-1}y(\log y/k)^{-1}. \tag{1}$$

我们分几个引理来证明.

引理2 设 $z\geqslant 2$，

$$N=[(x-l)/k]-[(x-y-l)/k], \tag{2}$$

那末，在定理1的条件下有

$$\pi(x;k,l)-\pi(x-y;k,l)\leqslant k(\varphi(k))^{-1}N(L_1'(z))^{-1}+\pi(z), \tag{3}$$

其中

$$L_1'(z)=\sum_{q\leqslant z}\mu^2(q)(\varphi(q))^{-1}(1+C\pi^{-1}N^{-1}qz)^{-1}, \tag{4}$$

---

1) *Mathematika*, **20** (1973), 119—134.

C是定理4.4中的常数.

证: 记$\Delta(x,y)=\pi(x;k,l)-\pi(x-y;k,l)$. 容易看出, $\Delta(x,y)$等于集合$\mathscr{A}=\{a=kn+l \mid M+1\leqslant n\leqslant M+N\}$中的素数个数; 其中$M=[(x-y-l)/k]$. 当然, 也就是集合$\mathscr{B}=\{n \mid M+1\leqslant n\leqslant M+N\}$中使$kn+l$为素数的$n$的个数. 以$\mathscr{C}$表$\mathscr{B}$中满足条件: $kn+l>z$, $(kn+l,\prod\limits_{p\leqslant z}p)=1$的$n$所组成的子集. 这样就有

$$\Delta(x,y)\leqslant|\mathscr{C}|+\pi(z). \tag{5}$$

对任一$p\leqslant z$, $p\nmid k$, 及任一$n\in\mathscr{C}$, 一定有$kn+l\not\equiv 0 \pmod p$, 即$n\not\equiv -k'l \pmod p$, 这里$kk'\equiv 1 \pmod p$. 这样, 在定理5.3中, (I) 当$p\leqslant z$, $p\nmid k$时, 取$l(p)$为由一个剩余类$-k'l \bmod p$组成; (II) 其它情形取$l(p)$为空集合, 那末由式(5.34)(取$Q=z$)就得到

$$|\mathscr{C}|\leqslant Z\leqslant\left(\sum_{q\leqslant z,\,(q,k)=1}\mu^2(q)(\varphi(q))^{-1}(N+C\pi^{-1}qz)^{-1}\right)^{-1}. \tag{6}$$

利用$\sum\limits_{r/k}\mu^2(r)/\varphi(r)=k/\varphi(k)$可以得到: 对$u\geqslant 0$, $v\geqslant 1$有

$$\begin{aligned}
&\frac{k}{\varphi(k)}\sum_{q\leqslant v,\,(q,k)=1}(1+uq)^{-1}\mu^2(q)/\varphi(q)\\
&=\sum_{r|d}\sum_{q\leqslant v,\,(q,k)=1}(1+uq)^{-1}\mu^2(qr)/\varphi(qr)\\
&\geqslant\sum_{r|k}\sum_{q\leqslant v,\,(q,k)=1}(1+uqr)^{-1}\mu^2(qr)/\varphi(qr)\\
&\geqslant\sum_{q\leqslant v}(1+uq)^{-1}\mu^2(q)/\varphi(q).
\end{aligned} \tag{7}$$

由式(5), (6), (7)就推出式(4)

引理3 对任意正数x有

$$\begin{aligned}
\sum_{r\leqslant x,\,(r,6)=1}\frac{1}{r}&=\frac{1}{3}\log x+\frac{1}{3}\gamma+\frac{1}{6}\log 12\\
&\quad-\sum_{t|6}\frac{\mu(t)}{x}\left\{\frac{x}{t}\right\}+\frac{3}{2}\theta x^{-2},
\end{aligned} \tag{8}$$

其中 $|\theta|\leqslant 1$ 和 x 有关.

证：我们有

$$\sum_{r\leqslant x,(r,6)=1}\frac{1}{r}=\sum_{t|6}\frac{\mu(t)}{t}\sum_{n\leqslant x/t}\frac{1}{n}.$$

由式(2.2.17)(取 $m=2$)知，对正数 y 有

$$\sum_{n\leqslant y}\frac{1}{n}=\log y+\gamma-\left(y-[y]-\frac{1}{2}\right)y^{-1}+\frac{\theta_1}{8}y^{-2},$$

其中 $|\theta_1|\leqslant 1$. 由以上两式即得式(8).

引理 4 对 $Q\geqslant 1$ 有

$$\sum_{q\leqslant Q}\mu^2(q)/\varphi(q)\geqslant\log Q+\gamma+\frac{1}{6}\log 12$$
$$-A(Q,6)Q^{-1}-\frac{165}{4}Q^{-2}, \qquad (9)$$

其中

$$A(y,k)=\sum_{m|k}m(\varphi(m))^{-1}\sum_{t|k}\mu(t)\{y/mt\}. \qquad (10)$$

证：我们有

$$\sum_{q\leqslant Q}\mu^2(q)/\varphi(q)=\sum_{m|b}\sum_{q\leqslant Q,(q,6)=m}\mu^2(q)/\varphi(q)$$
$$=\sum_{m|6}(\varphi(m))^{-1}\sum_{r\leqslant Q/m,(r,6)=1}\mu^2(r)/\varphi(r),$$

以及

$$\sum_{r\leqslant y,(r,6)=1}\mu^2(r)/\varphi(r)>\sum_{r\leqslant y,(r,6)=1}1/r.$$

利用引理 3(取 $x=Q/m$)，由以上两式就推出所要结论.

引理 5 设 $A(y,k)$ 由式(10)给出. 那末对所有的 y 都有

$$|A(y,6)|\leqslant 3. \qquad (11)$$

证：由 $A(y,k)$ 的定义可以看出它有如下性质：

(a) $A(y+k^2,k)=A(y,k)$;

(b) 当 $\mu(k)\neq 0$ 时,

$$A(y,k)=A([y],k)+\sum_{m|k}m(\varphi(m))^{-1}\sum_{t|k}\mu(t)\{y\}(mt)^{-1}$$

$$=A([y],k)+\{y\}.$$

(c) 当 y 不是整数，$k>1$ 时，

$$A(-y,k)=\sum_{m|k}m(\varphi(m))^{-1}\sum_{t|k}\mu(t)(1-\{y/mt\})=-A(y,k).$$

(d) 若 $p\nmid l$，则

$$A(y,pl)=\sum_{m|l}m(\varphi(m))^{-1}\sum_{t|l}\mu(t)\{y/mt\}+\sum_{n|l}np(\varphi(np))^{-1}$$

$$\sum_{t|l}\mu(t)\{y/npt\}$$

$$+\sum_{m|l}m(\varphi(m))^{-1}\sum_{s|l}\mu(sp)\{y/mps\}$$

$$+\sum_{n|l}np(\varphi(np))^{-1}\sum_{s|l}\mu(sp)\{y/p^2sn\}$$

$$=A(y,l)+(p/(p-1))A(y/p,l)-A(y/p,l)$$

$$-(p/(p-1))A(y/p^2,l)$$

$$=A(y,l)+(1/(p-1)A(y/p,l)-(p/(p-1))$$

$$A(y/p^2,l).$$

由性质(d)可推出，当 $p\nmid l$ 时，对任意的 y 有

$$|A(y,pl)|\leqslant 2p(p-1)^{-1}\max_{|z|\leqslant|y|}|A(z,l)|.$$

利用上面的性质还容易验证 $|A(z,2)|\leqslant 1$. 因此，取 $p=3, l=2$，由上式就推出所要的结论.

引理 6 当 $Q\geqslant 6$ 时有

$$\sum_{q\leqslant Q}\mu^2(q)/\varphi(q)\geqslant \log Q+1.076. \tag{12}$$

证：当 $Q\geqslant 100$ 时，可由式(9)及(11)推出式(12). 当

$6 \leqslant Q < 100$ 时我们直接由数值计算来验证. 为此，设 K 是正整数，

$$B(K) = \sum_{q \leqslant K} \mu^2(q)/\varphi(q) - \log(K+1).$$

如果计算出当 $6 \leqslant K < 100$ 时必有 $B(K) > 1.076$，那末就得到了所要的结果. 由下表列出的 $B(K)$ 的值(精确到小数五位)知，结论成立.

K	$B(K)$	K	$B(K)$	K	$B(K)$	K	$B(K)$
1	0.30685	26	1.27600	51	1.32440	76	1.31313
2	0.90138	27	1.23963	52	1.30535	77	1.31689
3	1.11370	28	1.20454	53	1.30589	78	1.34582
4	0.89056	29	1.20636	54	1.28754	79	1.34606
5	0.95824	30	1.29857	55	1.29452	80	1.33364
6	1.30408	31	1.30015	56	1.27682	81	1.32137
7	1.33722	32	1.26938	57	1.28720	82	1.33425
8	1.21944	33	1.28953	58	1.30582	83	1.33447
9	1.11408	34	1.32304	59	1.30626	84	1.32263
10	1.26877	35	1.33657	60	1.28973	85	1.32656
11	1.28176	36	1.30913	61	1.29014	86	1.33881
12	1.20171	37	1.31024	62	1.30747	87	1.34524
13	1.21094	38	1.33982	63	1.29172	88	1.33394
14	1.30861	39	1.35617	64	1.27622	89	1.33413
15	1.36907	40	1.33148	65	1.28178	90	1.32308
16	1.30845	41	1.33238	66	1.31674	91	1.32604
17	1.31379	42	1.39219	67	1.31708	92	1.31523
18	1.25972	43	1.39301	68	1.30248	93	1.32120
19	1.26398	44	1.37053	69	1.31082	94	1.33236
20	1.21519	45	1.34855	70	1.33830	95	1.33577
21	1.25201	46	1.37250	71	1.33860	96	1.32541
22	1.30756	47	1.37319	72	1.32481	97	1.32557
23	1.31045	48	1.35257	73	1.32509	98	1.31542
24	1.26963	49	1.33237	74	1.33945	99	1.30537
25	1.23041	50	1.31256	75	1.32620	100	1.29542

引理 7 当 $Q\geqslant 100$ 时有

$$\sum_{q\leqslant Q}(1+qQ^{-1})^{-1}\mu^2(q)/\varphi(q)>\log Q+0.373. \qquad (13)$$

证：设 $D(u)=\sum_{q\leqslant u}\mu^2(q)/\varphi(q)$. 利用分部积分和引理 7 有

$$\sum_{6\leqslant q\leqslant Q}(1+qQ^{-1})^{-1}\mu^2(q)/\varphi(q)=\frac{1}{2}D(q)-(1+6Q^{-1})^{-1}D(5)$$

$$+Q\int_6^Q D(u)(Q+u)^{-2}du$$

$$>\frac{1}{2}(\log Q+1.076)-Q(Q+6)^{-1}D(5)$$

$$+Q\int_6^Q(\log u+1.076)(Q+u)^{-2}du.$$

此外

$$Q\int_6^Q(\log u+1.076)(Q+u)^{-2}du=-\frac{1}{2}(\log Q+1.076)+\log(Q+6)$$

$$-\log 12+Q(Q+6)^{-1}(\log 6+1.076).$$

由以上两式推出

$$\sum_{q\leqslant Q}(1+qQ^{-1})^{-1}\frac{\mu^2(q)}{\varphi(q)}>\log(Q+6)-\sum_{q\leqslant 5}\frac{\mu^2(q)}{\varphi(q)}\left(\frac{Q}{Q+q}-\frac{Q}{Q+6}\right)$$

$$+\frac{Q}{Q+6}(\log 6+1.076)-\log 12. \qquad (14)$$

当 $Q\geqslant 100$, $1\leqslant q\leqslant 5$ 时

$$Q/(Q+q)-Q/(Q+6)>(1.05)^{-1}(6-q)/(Q+6),$$

所以

$$\sum_{q\leqslant Q}\frac{\mu^2(q)}{\varphi^2(q)}\left(\frac{Q}{Q+q}-\frac{Q}{Q+6}\right)>(1.05(Q+6))^{-1}(5+4+3/2+1/4)$$

$$> 10.238(Q+6)^{-1}.$$

此外有

$$\log(Q+6) > \log Q + 6/(Q+6).$$

由以上两式及式(14)就推出：当 $Q \geqslant 100$ 时有

$$\sum_{q \leqslant Q} (1+qQ^{-1})^{-1}\mu^2(q)/\varphi(q) > \log Q + 1.076 - \log 2$$

$$+ (16.238 - 6(\log 6 + 1.076))(Q+6)^{-1}$$

$$> \log Q + 1.076 - \log 2 - 0.969(Q+6)^{-1},$$

这就证明了式(13).

引理 8 当 $N \geqslant 15000, z = (C^{-1}\pi N)^{1/2}$ 时，我们有

$$\pi(z) + N(L_1'(z))^{-1} < 2N(\log N)^{-1} - 0.42N(\log N)^{-2}, \qquad (15)$$

其中 $L_1'(z)$ 由式(4)给出.

证：由于 $C < 4.452$，这时 $z > 102$. 由引理 7(取 $Q = z$)推出

$$L_1'(z) > \frac{1}{2}\log N - \frac{1}{2}\log C + \frac{1}{2}\log \pi + 0.373$$

$$> \frac{1}{2}\log N(1 + 0.397\log^{-1}N),$$

所以，由此及 $N \geqslant 15000$ 得

$$N(L_1'(z))^{-1} < 2N\log^{-1}N - 0.794N\log^{-2}N(1+0.397\log^{-1}N)^{-1}$$

$$< 2N\log^{-1}N - 0.76N\log^{-2}N.$$

当 $z > 100$ 时(注意 $C \geqslant \pi$)

$$\pi(z) < \frac{1}{3}z < \frac{1}{3}N^{1/2} < \frac{1}{3}N\log^{-2}N,$$

最后一步用到了：当 $N \geqslant 10000$ 时，$N^{1/2} > \log^2 N$. 由以上两式即得式(15).

当$N\geqslant 15000$时，$0.42\geqslant N\log^{-1}N>655$. 所以在引理 8 条件下，由式(15)可得

$$\pi(z)+N(L_1'(z))^{-1}<(2N-655)\log^{-1}N. \qquad (16)$$

引理 9 当$y\geqslant 16000\,k$时定理 1 成立.

证：这时由式(2)给出的$N\geqslant 15000$，故由式(3)及式(16)得到

$$\pi(x;k,l)-\pi(x-y;k,l)<k(\varphi(k))^{-1}(2N-655)\log^{-1}N.$$

由式(2)知$N-1\leqslant y/k\leqslant N+1$. 当$y/k\geqslant N$时

$$(N-327)\log^{-1}N<N\log^{-1}N<(y/k)(\log y/k)^{-1};$$

当$N-1\leqslant y/k<N$时

$$(N-327)\log^{-1}N<(N-1)\log^{-1}N<(y/k)(\log y/k)^{-1}.$$

由以上三式就证明了所要的结论.

引理 10 当$y\leqslant 20000k$时定理 1 成立.

这可直接用最简单的 Eratosthenes 筛法来证明，只需要一些不太复杂的计算，我们把它的证明安排在习题32.23.

当$k=1$时，由定理 1 推出：当$1<y\leqslant x$时有

$$\pi(x)-\pi(x-y)<2y\log^{-1}y. \qquad (17)$$

已经证明：当整数$N\geqslant 17$时有[1)]

$$\pi(N)>N\log^{-1}N. \qquad (18)$$

因而由以上两式得

$$\pi(M)-\pi(M-N)<2\pi(N),\ M\geqslant N\geqslant 17. \qquad (19)$$

当$1<N<17$时，容易证明(留给读者)上式也成立(分$M-N=1$和$M-N\geqslant 2$两种情形来证). 这样我们就证明了

定理 11 当$M\geqslant N>1$时有

---

1) Illinois, *J. Math.*, **6** (1962), 64—94.

$$\pi(M)-\pi(M-N)<2\pi(N). \tag{20}$$

一个著名的未解决的猜想是

$$\pi(M)-\pi(M-N)\leqslant\pi(N),\ M\geqslant N\geqslant 2. \tag{21}$$

但是，Hensley 和 Richard[1]证明了：不等式(21)和k生素数猜想是不相容的. 一般的看法是后者正确的可能性较大.

习　　题

1. 试举例说明，可取到特殊的a_n，x_r，使得满足式(1.3)的Δ为：(a) $\Delta\geqslant N$；

   (b) $\Delta\geqslant\delta^{-1}-1$.（利用等式 $\int_0^1\sum_{r=1}^{R}|S(\theta_r+\theta)|^2d\theta=R\int_0^1|S(\theta)|^2d\theta$，

   来证(b)，$S(\theta)$由式(1.1)给出，$\theta_r=(r-1)/R$，$r=1,2,\cdots,R$).

2. 设$\delta>0$，$a+\delta/2\leqslant x_1<x_2<\cdots<x_R\leqslant b-\delta/2$，$x_{r+1}-x_r\geqslant\delta$ ($r=1,2,\cdots,R-1$). 再设$f(x)$满足引理2.1的条件. 证明：

$$\sum_{r=1}^{R}|f(x_r)|\leqslant\delta^{-1}\int_a^b|f(u)|du+\frac{1}{2}\int_a^b|f'(u)|du.$$

3. 在上题中去掉条件$x_{r+1}-x_r\geqslant\delta$，并设$\lambda>0$，$N_\lambda(x)=\sum_{|x_r-x|<\lambda}1$.

   证明：(a) $\sum_{r=1}^{R}|f(x_r)|\leqslant\delta^{-1}\int_a^b N_{\delta/2}(u)|f(u)|du$

$$+\frac{1}{2}\int_a^b N_{\delta/2}(u)|f'(u)|du.$$

   (b) $\sum_{r=1}^{R}N_\delta^{-1}(x_r)|f(x_r)|\leqslant\delta^{-1}\int_a^b|f(u)|du+\frac{1}{2}\int_a^b|f'(u)|du.$

   (设$C_\lambda(x)=1$，$|x|<\lambda$；$C_\lambda(x)=0$，$|x|\geqslant\lambda$. 利用关系式

$$N_{\delta/2}(x)=\sum_{r=1}^{R}C_{\delta/2}(x-x_r),\ 及\ \sum_{r=1}^{R}N_\delta^{-1}(x_r)C_{\delta/2}(x-x_r)$$

$$=\sum_{|x_r-x|<\delta/2}1\leqslant 1).$$

---

1) *Proc. Symp. Pure Math.*, **24**(1973), 123–128; *Acta Arith*. **25** (1974), 375–391.

4. 当取$f(x)=g^2(x)$时，第2，3题可得怎样的结果.

5. 设$S(x)$由式(1.1)给出．在第3题的条件和符号下有：

$$\sum_{r=1}^{R} N_{\delta}^{-1}(x_r)|S(x_r)|^2 \leqslant (\pi N+\delta^{-1}) \sum_{n=M+1}^{M+N} |a_n|^2 .$$

6. 设$Q\geqslant 1$，$q_1, q_2, \cdots, q_k$是不超过Q的K个不同的正整数，$S(x)$由式(1.1)给出．证明：

$$\sum_{k=1}^{K} \sum_{a=1}^{q_k}{}' |S(a/q_k)|^2 \leqslant \min(Q^2+\pi N, KQ+KN) \sum_{n=M+1}^{M+N} |a_n|^2 .$$

7. 在上题的条件和符号下，证明：

$$\sum_{k=1}^{K} \sum_{a=1}^{q_k}{}' |S(a/q_k)| \ll \left\{ QK(N+QK) \sum_{n=M+1}^{M+N} |a_n|^2 \right\}^{1/2} .$$

(利用第5题).

8. 按以下步骤证明习题22.10.

(a) 不妨假定$0<\delta_j<1$. 和式$\sum\limits_{\gamma\in\Gamma} |\widetilde{S}(\gamma)|^2$的估计可转化为估计它的对偶形式：$\sum\limits_{m\in\mathscr{N}} |\widetilde{T}(m)|^2$，其中$\widetilde{T}(m)=\sum\limits_{\gamma\in\Gamma} b(\gamma)e(m\cdot\gamma)$.

(b) 以$\mathscr{H}$表所有l维整点$h=(h_1, \cdots, h_l)$，$1\leqslant h_j\leqslant 2N_j$组成的集合．证明：

$$2^{-l}\sum_{m\in\mathscr{N}} |\widetilde{T}(m)|^2 \leqslant \sum_{h\in\mathscr{H}} |\widetilde{T}(h)|^2 \prod_{j=1}^{l} (1-|h_j|(2N_j)^{-1}).$$

进而推出

$$\sum_{m\in\mathscr{N}} |\widetilde{T}(m)|^2 \ll \sum_{\gamma\in\Gamma} |b(\gamma)|^2 \sum_{\gamma'\in\Gamma} \prod_{j=1}^{l} (N_j(1+N_j\|\gamma_j'-\gamma_j\|)^{-2}).$$

(c) 设$0<\delta<1$，$F(t,\delta)=N$，当$\|t\|<\delta$；$F(t,\delta)=N(1+N\|t\|)^{-2}$，当$\|t\|\geqslant\delta$. 再设$I(u,\delta)=\{t:\|t-u\|<\delta, 0\leqslant t<1\}$. 证明：

$$F(u,\delta) \ll \delta^{-1}\int_{I(u,\delta)} F(t,\delta)dt .$$

(d) 证明： $\sum_{m\in\mathscr{M}}|\widetilde{T}(m)|^2\ll\sum_{\gamma\in\Gamma}|b(\gamma)|^2(\delta_1\cdots\delta_l)^{-1}$

$$\prod_{j=1}^{l}\cdot\left\{\int_0^1(F(t-\gamma_j,\delta_j)dt\right\}.$$

9. 设整数 $k_j>1, k_j^{-1}+l_j^{-1}=1(j=1,2)$. (c_{nr})是给定的 $N\times R$ 阶复矩阵. 那末，以下三个结论中的常数 D 是相同的.

(a) 对任意复数 a_n，有 $\left(\sum_r\left|\sum_n c_{nr}a_n\right|^{k_2}\right)^{1/k_2}\leqslant D\left(\sum_n|a_n|^{k_1}\right)^{1/k_1}$

(b) 对任意复数a_n，b_r 有 $\left|\sum_{n,r}c_{nr}a_n\overline{b}_r\right|\leqslant D\left(\sum_n|a_n|^{k_1}\right)^{1/k_1}\left(\sum_r|b_r|^{l_2}\right)^{1/l_2}$.

(c) 对任意复数 b_r，有 $\left(\sum_n\left|\sum_r c_{nr}\overline{b}_r\right|^{l_1}\right)^{1/l_1}\leqslant D\left(\sum_r|b_r|^{l_2}\right)^{1/l_2}$.

10. 用以下三种方法来证明不等式(3.10).

(a) 仿照定理 3.4 的论证，但不用引理 3.3.

(b) 设 $U(\alpha)=\sum_r u_re(r\alpha)$，$K(\alpha)=\sum_{k\neq0}k^{-1}e(k\alpha)$.

证明：$\left|\sum_{r\neq s}u_r\overline{u}_s(r-s)^{-1}\right|=\left|\int_0^1|U(\alpha)|^2K(\alpha)d\alpha\right|$. 进而推出(3.10).

(c) 证明：$2\pi\int_0^1\left(\int_0^y\left|\sum_r u_re(r\alpha)\right|^2d\alpha\right)dy=\pi\sum_r|u_r|^2+i\sum_{r\neq s}u_r\overline{u}_s(r-s)^{-1}$,

及

$$2\pi\int_0^1\left(\int_{-y}^{y}\left|\sum_r u_re(r\alpha)\right|^2d\alpha\right)dy=2\pi\sum_r|u_r|^2.$$

由此推出式(3.10).

11. 设 u_r，v_r $(1\leqslant r\leqslant R)$是任意复数. 证明：

$$\left|\sum_{r\neq s}u_r\overline{v}_s(r-s)^{-1}\right|\leqslant3\pi\left(\sum_r|u_r|^2\right)^{1/2}\left(\sum_r|v_r|^2\right)^{1/2}.$$

(利用上题(c)的方法).

12. 假定式(3.18)成立，推出定理 3.4 成立.

13. 证明：在定理3.5的条件下有 $\left|\sum_{r\neq s} u_r \overline{u}_s \operatorname{ctg}\pi(x_r-x_s)\right| \leqslant \delta^{-1}\sum_r |u_r|^2$.

14. 设 $R\geqslant 2$, $x_r=\log(\alpha+r)$，$1\leqslant r\leqslant R$，$0\leqslant\alpha<1$. 按以下途径证明：存在常数 C，使得

$$\left|\sum_{r\neq s} a_r\overline{b}_s(x_r-x_s)^{-1}\right| \leqslant C\left(\sum_r r|a_r|^2\right)^{1/2}\left(\sum_r r|b_r|^2\right)^{1/2}.$$

(a) 以 E 记左边和式. 证明

$$E=(i/2)\sum_r a_r\overline{b}_r+\sum_{r\neq s} a_r\overline{b}_s\int_0^1 (x_r-x_s)^{-1}e^{i(x_r-x_s)u}du$$

$$-i\int_0^1 du\int_0^u\left(\sum_r a_r e^{ix_rv}\right)\left(\sum_r \overline{b}_r e^{-ix_rv}\right)dv.$$

(b) 以 I_j 表区间 $[2^{j-1}, 2^j)$, $j=1,2,\cdots$. 证明：当 $|j-k|\geqslant 3$ 时，

$$\sum_{\substack{r\in I_j\\ r\neq s}}\sum_{s\in I_k} a_r\overline{b}_s\int_0^1 \frac{e^{i(x_r-x_s)u}}{x_r-x_s}ds \ll \left(\sum_{r\in I_j} r|a_r|^2\right)^{1/2}\left(\sum_{r\in I_k} r|b_r|^2\right)^{1/2}.$$

当 $|j-k|<3$ 时，取 $A=2^{j+800}$，证明：对 r_1，$r_2\in I_j\cup I_k$，$r_1\neq r_2$，有 $|x_{r_1}-x_{r_2}|>2A^{-1}$. 进而利用第11题及

$$\sum_{\substack{r\in I_j\\ r\neq s}}\sum_{s\in I_k}\frac{(a_re^{ix_ru})(\overline{b}_se^{-ix_su})}{(x_r-x_s)}=A\sum_{\substack{r\in I_j\\ r\neq s}}\sum_{s\in I_k}\frac{(a_re^{ix_ru})(\overline{b}_se^{-ix_su})}{[Ax_r]-[Ax_s]}$$

$$+O\left(\left(\sum_{r\in I_j} r|a_r|^2\right)^{1/2}\left(\sum_{r\in I_k} r|b_r|^2\right)^{1/2}\right),$$

(其中 O 常数是绝对的)证明：

$$\sum_{\substack{r\in I_j\\ r\neq s}}\sum_{s\in I_k} a_r\overline{b}_s\int_0^1 \frac{e^{i(x_r-x_s)u}}{x_r-x_s}du \ll \left(\sum_{r\in I_j} r|a_r|^2\right)^{1/2}\left(\sum_{r\in I_k} r|b_r|^2\right)^{1/2}.$$

15. 当 x_r 为由第 14 题给出时，定理 4.7 可利用第 14 题的结论来推出，常数 C 变为另一常数．

16. 把第 11，13 题推广为形如式(4.2)的结果．

习题 17—19 是用 Bessel 不等式来证明大筛法不等式．

17. 设 $\xi, \varphi_1, \cdots, \varphi_R$ 是一内积空间中的元素，$C_1, \cdots, C_R$ 是任意复数．证明：

(a) $$2\mathrm{Re}\left\{\sum_r \overline{C}_r(\xi, \varphi_r)\right\} \leqslant (\xi, \xi) + \sum_r |C_r|^2 \sum_s |(\varphi_r, \varphi_s)|.$$

(b) 适当选取 C_r，则有

$$\sum_{r=1}^{R} |(\xi, \varphi_r)|^2 \left(\sum_{s=1}^{R} |(\varphi_r, \varphi_s)|\right)^{-1} \leqslant (\xi, \xi)$$

18. 考虑平方可求和数列组成的内积空间 L^2：

$$\begin{cases} \beta = (\cdots, \beta_{-n} \cdots, \beta_{-1}, \beta_0, \beta_1, \cdots, \beta_n, \cdots) = (\beta_n), \\ \sum_{n=-\infty}^{\infty} |\beta_n|^2 < +\infty. \end{cases}$$

设 x_r 由式(1.2)给出，$(\beta_n) \in L^2$，$\beta_n \geqslant 0$，及当 $M+1 \leqslant n \leqslant M+N$ 时，$\beta_n > 0$．取 $\xi = (\xi_n)$．其中 $\xi_n = a_n \beta_n^{-1/2}$，当 $M+1 \leqslant n \leqslant M+N$；$\xi_n = 0$，其它情形，以及 $\varphi_r = (\varphi_{rn})(1 \leqslant r \leqslant R)$，其中 $\varphi_{rn} = \beta_n^{1/2} e(-nx_r)$，当 $M+1 \leqslant n \leqslant M+N$；$\varphi_{rn} = 0$，其它情形、再设 $S(x)$ 由式(1.1)给出．证明：

$$\sum_{r=1}^{R} |S(x_r)|^2 \leqslant B \sum_{n=M+1}^{M+N} |a_n|^2 \beta_n^{-1},$$

其中 $B = \max\limits_r \sum\limits_s \left|\sum\limits_{n=-\infty}^{\infty} \beta_n e(n(x_s - x_r))\right|$.

19. 设 K 为待定正整数．在上题中取 $\beta_n = 0$，当 $n \leqslant M+1-K$：$\beta_n = 1 - K^{-1}(M+1-n)$，当 $M+1-K < n \leqslant M+1$；$\beta_n = 1$，当 $M+1 < n \leqslant M+N$；$\beta_n = 1 - K^{-1}(n-M-N)$，当 $M+N < n \leqslant M+N+K$；$\beta_n = 0$，当 $M+N+K < n$．证明

$$\left|\sum_{n=-\infty}^{\infty} \beta_n e(n\alpha)\right| = K^{-1}(\sin \pi\alpha)^{-2} |\sin(\pi K\alpha) \sin(\pi(N+K)\alpha)|.$$

由此推出，对适当选取的 K，当 $\Delta(N, \delta) = N + (2/\sqrt{3})\delta^{-1} + (1/\sqrt{3})$ 时，不等式(1.3)成立．

20. 用对偶原理(§3)来证明第 18 题的结论.

21. 设 $F(z)=\left(\frac{\sin \pi z}{\pi}\right)^2\left\{\sum_{n=0}^{\infty}(z-n)^{-2}-\sum_{n=1}^{\infty}(z+n)^{-2}+2z^{-1}\right\}$.

证明: (1) $F(z)$是整函数; (2) $F(x+iy)\ll e^{2\pi|y|}$;

(3) $F(x)\geqslant \operatorname{sgn} x$; (4) $\int_{-\infty}^{\infty}\{F(x)-\operatorname{sgn} x\}dx=1$, 这里$\operatorname{sgn} x$是符号函数(即$\operatorname{sgn} x=1$, $x>0$; $\operatorname{sgn} 0=0$; $\operatorname{sgn} x=-1$, $x<0$). (利用 $\left(\frac{\sin \pi z}{\pi}\right)^2 \cdot \left(\sum_{-\infty}^{+\infty}(z-n)^{-2}\right)=1$, 及对 $x>0$ 有 $\sum_{n=1}^{\infty}(x+n)^{-2}<x^{-1}<\sum_{n=0}^{\infty}(x+n)^{-2}$.)

22. 设 $d>0$, $F(x)$由上题给出. 令 $G(x)=F(x)/2+F(d-x)/2$. 证明: $G(x)\geqslant 1$, $0\leqslant x\leqslant d$; $G(x)$的 Fourier 变换 $\hat{G}(t)$满足: $\hat{G}(t)=0$, $|t|\geqslant 1$, 及$\hat{G}(0)=d+1$. (利用上题的估计及围道积分).

23. 取 $d=\delta(N-1)$, $b(x)=G(\delta x)$, $G(x)$由上题给出, 在第 18 题中取 $\beta_n=b(n)$. 证明: 当取$\Delta(N,\delta)=N+\delta^{-1}-1$时不等式(1.3)成立.

第二十九章 Dirichlet 多项式的均值估计

本章研究大筛法型的特征和估计与 Dirichlet 多项式的混合型均值估计. 由于特征和与指数和之间有着密切的联系——式(1.3),因此,利用第二十八章得到的大筛法估计就立即推出大筛法型的特征和估计.这是§1 所要讨论的内容.由于广义指数多项式(式(2.7))的模的平方的积分可用其系数和函数(见式(2.8)的下一式)的模平方的积分来估计其上界,因此利用特征和估计(大筛法型的或经典的)就可得到相应的 Dirichlet 多项式的混合型均值估计.这就是§2 的内容.估计离散的 Dirichlet 多项式的均值的另一重要方法—— Halász 方法将在§4 讨论.作为本章内容的两个应用,我们在定理 1.6 证明了Барбан 均值定理,在§3 证明了$\zeta(s)$和 $L(s,\chi)$的四次均值估计.本章内容将在零点密度估计(见第三十,三十三章)中有重要应用.本章内容可参看[15],[24],[26],[30].

§1. 大筛法型的特征和估计

本节主要证明下面的定理.

定理 1 设a_n是任意复数,$M+1\leqslant n\leqslant M+N$.对任意的$Q\geqslant 1$我们有

$$\sum_{rf\leqslant Q,(r,f)=1}\frac{f}{\varphi(rf)}\sum_{\chi \bmod f}{}^{*}\left|\sum_{n=M+1}^{M+N}a_n\chi(n)C_r(n)\right|^2$$

$$\leqslant(Q^2+\pi N)\sum_{n=M+1}^{M+N}|a_n|^2, \tag{1}$$

其中 $C_r(n)$是 Ramanujan 和(见式(13.3.10)).特别地,

$$\sum_{q\leqslant Q}\frac{q}{\varphi(q)}\sum_{\chi \bmod q}{}^{*}\left|\sum_{n=M+1}^{M+N}a_n\chi(n)\right|^2\leqslant(Q^2+\pi N)\sum_{n=M+1}^{M+N}|a_n|^2. \qquad (2)$$

证：设 $G(n,\chi)$ 是由式(13.3.3)定义的 Gauss 和，$S(x)$ 是式(28.1.1)给出的三角多项式.首先建立特征和与指数和的关系.我们有

$$\begin{aligned}&\frac{1}{\varphi(q)}\sum_{\chi \bmod q}\left|\sum_{n=M+1}^{M+N}a_nG(n,\chi)\right|^2\\&=\frac{1}{\varphi(q)}\sum_{\chi \bmod q}\left|\sum_{h=1}^{q}\chi(h)S\left(\frac{h}{q}\right)\right|^2\\&=\frac{1}{\varphi(q)}\sum_{h=1}^{q}\sum_{l=1}^{q}S\left(\frac{h}{q}\right)\overline{S\left(\frac{l}{q}\right)}\sum_{\chi \bmod q}\chi(h)\overline{\chi}(l)\\&=\sum_{h=1}^{q}{}'\left|S\left(\frac{h}{q}\right)\right|^2, \qquad (3)\end{aligned}$$

最后一步用到了定理 13.1.7 的式(13.1.24). 由式(3)及大筛法不等式(28.2.12)[1)]就得到

$$\sum_{q\leqslant Q}\frac{1}{\varphi(q)}\sum_{\chi \bmod q}\left|\sum_{n=M+1}^{M+N}a_nG(n,\chi)\right|^2\leqslant(Q^2+\pi N)\sum_{n=M+1}^{M+N}|a_n|^2. \quad (4)$$

利用 Gauss 和的性质就可由此推出式(1).设

$$\chi \bmod q \iff \chi^{*} \bmod q^{*},\ q=rq^{*}.$$

由推论 13.2.6 知 $\chi_q(n)=\chi^{*}_{q^{*}}(n)\chi^{0}_{q}(n)$，且当$(r,q^{*})=1$ 时有 $\chi_q(n)=\chi^{*}_{q^{*}}(n)\chi^{0}_{r}(n)$. 因此有

1) 由于本章仅需要上界估计,并不需要系数是最好的,所以我们不用 §28.3,§28.4 中的结果,相应于这些结果所得到的系数,不难算出.

$$\frac{1}{\varphi(q)}\left\|\sum_{\chi \bmod q}\left|\sum_{n=M+1}^{M+N} a_n G(n,\chi)\right|^2\right.$$

$$= \frac{1}{\varphi(q)} \sum_{q^* | q} \sum_{\chi \bmod q^*}^{*} \left|\sum_{n=M+1}^{M+N} a_n G(n, \chi\chi_q^0)\right|^2$$

$$\geqslant \frac{1}{\varphi(q)} \sum_{q=q^* r,\,(q^*, r)=1} \sum_{\chi \bmod q^*}^{*} \left|\sum_{n=M+1}^{M+N} a_n G(n, \chi\chi_r^0)\right|^2. \qquad (5)$$

利用定理 13.3.1，推论 13.3.5 及定理 13.3.6 可得：当$(r, q^*)=1$时，

$$G(n, \chi_{q^*}^{*}\chi_r^0) = \chi_{q^*}^{*}(r)\, G(n, \chi_{q^*}^{*})\, G(n, \chi_r^0)$$

$$= \chi_{q^*}^{*}(r)\, \overline{\chi}_{q^*}^{*}(n)\, \tau(\chi_{q^*}^{*})\, C_r(n); \qquad (6)$$

以及$|\tau(\chi_{q^*}^{*})| = \sqrt{q^*}$. 由此及式(5)，式(4)就证明了式(1)（把 q^* 改写为 f）. 在式(1)仅取 $r=1$ 一项就得到式(2).

由于定理证明中用到了大筛法不等式，所以这样的特征和估计就称为是大筛法型的. 这种估计在零点密度估计（见第三十章）和算术级数中素数分布的均值估计（见第三十一章）中均有重要应用.

利用式(3)及不等式(28.2.11)，我们还可以证明

定理 2 设a_n是任意复数，$M+1 \leqslant n \leqslant M+N$. 对任意整数 $q \geqslant 1$ 有

$$\sum_{\chi \bmod q}\left|\sum_{n=M+1}^{M+N} a_n \chi^*(n)\right|^2 \leqslant (q+\pi N) \sum_{n=M+1}^{M+N} |a_n|^2, \qquad (7)$$

其中 χ^* 是相应于 χ 的原特征.[1)]

证：我们有

1) 不等式(7)可以不用由大筛法推出的不等式(28.2.11)，而用更初等方法来证，并得到更好的系数.（见习题 13.27）

$$\sum_{\chi \bmod q}\left|\sum_{n=M+1}^{M+N} a_n\chi^*(n)\right|^2=\sum_{d\mid q}\ \sideset{}{^*}\sum_{\chi \bmod d}\left|\sum_{n=M+1}^{M+N} a_n\chi(n)\right|^2$$

$$=\sum_{d\mid q}\frac{1}{d}\ \sideset{}{^*}\sum_{\chi \bmod d}\left|\sum_{n=M+1}^{M+N} a_n G(n,\chi)\right|^2$$

$$\leqslant \sum_{d\mid q}\frac{\varphi(d)}{d}\sum_{h=1}^{d}{}'\left|S\left(\frac{h}{d}\right)\right|^2, \qquad (8)$$

最后两步分别用到了式(13.3.17),(13.3.18),及式(3),并注意到 χ 和 $\overline{\chi}$ 同为原特征.由式(8)及式(28.2.11)立即推出式(7).

作为式(2)的推论,我们有

定理 3 设$1<D<Q$, a_n 是任意复数,$M+1\leqslant n\leqslant M+N$.我们有

$$\sum_{D<q\leqslant Q}\frac{1}{\varphi(q)}\ \sideset{}{^*}\sum_{\chi \bmod q}\left|\sum_{n=M+1}^{M+N} a_n\chi(n)\right|^2 \ll \left(Q+\frac{N}{D}\right)\sum_{n=M+1}^{M+N}|a_n|^2. \quad (9)$$

证: 存在正整数 K,满足$2^{K-1}D<Q\leqslant 2^K D$.由式(2)可得

$$\sum_{D<q\leqslant Q}\frac{1}{\varphi(q)}\ \sideset{}{^*}\sum_{\chi \bmod q}\left|\sum_{n=M+1}^{M+N} a_n\chi(n)\right|^2$$

$$\leqslant \sum_{k=0}^{K-1}\ \sum_{2^kD<q\leqslant 2^{k+1}D}\frac{1}{\varphi(q)}\ \sideset{}{^*}\sum_{\chi \bmod q}\left|\sum_{n=M+1}^{M+N} a_n\chi(n)\right|^2$$

$$\leqslant \sum_{k=0}^{K-1}(2^kD)^{-1}\left((2^{k+1}D)^2+\pi N\right)\sum_{n=M+1}^{M+N}|a_n|^2$$

$$\leqslant (8Q+\pi ND^{-1})\sum_{n=M+1}^{M+N}|a_n|^2. \qquad (10)$$

这就证明了式(9).

当a_n 满足某种条件时,可以改进估计式(2).

定理 4 设a_n是任意复数,$M+1\leqslant n\leqslant M+N$,满足条件:

$$a_n=0\ , \qquad 当\left(n\ ,\ \prod_{p\leqslant Q} p\right)>1\ 时. \tag{11}$$

那末,对 $Q\geqslant 1$ 有

$$\sum_{q\leqslant Q}\frac{1}{\varphi(q)}\sum_{\chi \bmod q}\left|\tau(\overline{\chi})\sum_{n=M+1}^{M+N}a_n\chi(n)\right|^2\leqslant(Q^2+\pi N)\sum_{n=M+1}^{M+N}|a_n|^2. \tag{12}$$

证: 当 $q\leqslant Q$ 时,由条件(11)及式(13.3.9)知

$$\begin{aligned}&\frac{1}{\varphi(q)}\sum_{\chi \bmod q}\left|\sum_{n=M+1}^{M+N}a_nG(n,\chi)\right|^2\\&=\frac{1}{\varphi(q)}\sum_{\chi \bmod q}\left|\sum_{(n,q)=1}a_nG(n,\chi)\right|^2\\&=\frac{1}{\varphi(q)}\sum_{\chi \bmod q}\left|\tau(\chi)\sum_{(n,q)=1}a_n\overline{\chi}(n)\right|\\&=\frac{1}{\varphi(q)}\sum_{\chi \bmod q}\left|\tau(\overline{\chi})\sum_{n=M+1}^{M+N}a_n\chi(n)\right|^2.\end{aligned}$$

由此及式(4)就推出式(12).

定理 5 在定理4 的条件下,我们有

$$\sum_{q\leqslant Q}\log\frac{Q}{q}\sum_{\chi \bmod q}{}^{*}\left|\sum_{n=M+1}^{M+N}a_n\chi(n)\right|^2\leqslant(Q^2+\pi N)\sum_{n=M+1}^{M+N}|a_n|^2. \tag{13}$$

证: 设$\chi \bmod q\Leftrightarrow\chi^*\bmod q^*$. 当条件(11)成立时,对任意的$\chi \bmod q, q\leqslant Q$ 有

$$\sum_{n=M+1}^{M+N}a_n\chi(n)=\sum_{n=M+1}^{M+N}a_n\chi^*(n)\ .$$

设 $q=rq^*$,由定理 13.3.3 及 13.3.6 知

$$|\tau(\chi)|^2=\begin{cases}\mu^2(r)q^*, & (r,q^*)=1,\\ 0, & (r,q^*)>1.\end{cases}$$

由以上两式得到

$$\sum_{q\leqslant Q}\frac{1}{\varphi(q)}\sum_{\chi \bmod q}\left|\tau(\bar{\chi})\sum_{n=M+1}^{M+N}a_n\chi(n)\right|^2$$

$$=\sum_{q\leqslant Q}\frac{1}{\varphi(q)}\sum_{q=rq^*,(r,q^*)=1}\mu^2(r)q^*\sum_{\chi \bmod q^*}{}^{*}\left|\sum_{n=M+1}^{M+N}a_n\chi(n)\right|^2$$

$$=\sum_{q^*\leqslant Q}\frac{q^*}{\varphi(q^*)}\left(\sum_{r\leqslant Q/q^*,(r,q^*)=1}\frac{\mu^2(r)}{\varphi(r)}\right)\sum_{\chi \bmod q^*}{}^{*}\left|\sum_{n=M+1}^{M+N}a_n\chi(n)\right|^2.$$

由(28.6.7)(取 $u=0$, $v=Q/q^*$, $k=q^*$)得

$$q^*(\varphi(q^*))^{-1}\sum_{r\leqslant Q/q^*,(r,q^*)=1}\mu^2(r)/\varphi(r)$$

$$\geqslant\sum_{r\leqslant Q/q^*}\mu^2(r)/\varphi(r)$$

$$\geqslant\sum_{r\leqslant Q/q^*}r^{-1}>\log([Q/q^*]+1)>\log(Q/q^*).$$

把该式代入上式,由式(12)就推出所要的结论.

作为定理 3 的应用,来证明算术数列中素数平均分布的 Барбан 均值定理.这里证明的是这种均值的上界估计(式(15)),这证明是属于 Gallagher 的.事实上可以得到渐近公式,对此 Montgomery,特别是 Hooley[1)]有一系列研究.

定理 6 设 $x\geqslant 2$, $A>0$.那末

$$x(\log x)^{-A}\leqslant Q\leqslant x \tag{14}$$

时,我们有

$$\sum_{q\leqslant Q}\sum_{a=1}^{q}{}'(\psi(x;q,a)-x/\varphi(q))^2\ll xQ\log x, \tag{15}$$

---

1) *J. Reine Angew. Math.* **274/275**, (1975), 206— 223; *J. London Math. Soc.* (2) **9** (1974/75), 625 — 636; **10** (1975), 249 — 256; **11** (1975), 399 — 407; **13** (1976), 57 — 64; **16** (1977), 1 — 8; *Proc. London Math. Soc.* (3) **33** (1976), 535 — 548.渐近公式的证明见习题 18.1 — 18.4.

其中≪ 常数仅和 A 有关.

证: 由素数定理 $\psi(x)-x \ll x\exp(-c_1\sqrt{\log x})$ 知, 在条件(14)下, 式(15)和下式等价:

$$\sum_{q\leqslant Q}\sum_{a=1}^{q}{}'(\psi(x;q,a)-\psi(x)/\varphi(q))^2 \ll xQ\log x. \tag{16}$$

下面来证明式(16). 由式(18.1.7)和(18.1.9)得

$$\sum_{a=1}^{q}{}'(\psi(x;q,a)-\psi(x)/\varphi(q))^2$$

$$\ll(\varphi(q))^{-2}\sum_{a=1}^{q}{}'\left|\sum_{\chi\neq\chi^0}\overline{\chi}(a)\psi(x,\chi)\right|^2+(\log x\log q)^2/\varphi(q)$$

$$=(\varphi(q))^{-1}\sum_{\chi\neq\chi^0}|\psi(x,\chi)|^2+(\log x\log q)^2/\varphi(q),$$

最后一步用到了定理 13.1.7 的式(13.1.23). 再利用式(18.1.9)得

$$(\varphi(q))^{-1}\sum_{\chi\neq\chi^0}|\psi(x,\chi)|^2$$

$$\ll(\varphi(q))^{-1}\sum_{\chi\neq\chi^0}|\psi(x,\chi^*)|^2+(\log x\log q)^2.$$

$$=(\varphi(q))^{-1}\sum_{1<d\mid q}\ \sum_{\chi \bmod d}{}^{*}|\psi(x,\chi)|^2+(\log x\log q)^2.$$

由以上两式得

$$\sum_{q\leqslant Q}\sum_{a=1}^{q}{}'(\psi(x;q,a)-\psi(x)/\varphi(q))^2$$

$$\leqslant\sum_{q\leqslant Q}(\varphi(q))^{-1}\sum_{1<d\mid q}\ \sum_{\chi \bmod d}{}^{*}|\psi(x,\chi)|^2+Q(\log x\log Q)^2$$

$$=\sum+Q(\log x\log Q)^2. \tag{17}$$

下面来估计 Σ. 取 $Q_1=(\log x)^{A+1}$, 我们有

$$\sum = \sum_{1<d\leqslant Q}\left(\sum_{d\mid q\leqslant Q}(\varphi(q))^{-1}\right)\sum_{\chi \bmod d}{}^{*}|\psi(x,\chi)|^2$$

$$\ll \sum_{1<d\leqslant Q}(\varphi(d))^{-1}(\log 2Q/d)\sum_{\chi \bmod d}{}^{*}|\psi(x,\chi)|^2$$

$$= \sum_{1<d\leqslant Q_1}+\sum_{d>Q_1}=\sum{}_1+\sum{}_2 . \tag{18}$$

这里用到了由引理 33.1.3 推出的

$$\sum_{d\mid q\leqslant Q}(\varphi(q))^{-1}\leqslant(\varphi(d))^{-1}\sum_{l\leqslant Q/d}(\varphi(l))^{-1}$$

$$\ll(\varphi(d))^{-1}\log(2Q/d). \tag{19}$$

由 Siegel－Walfisz 定理(推论 18.2.4)可得

$$\sum{}_1\ll Q_1x^2\exp(-c_2\sqrt{\log x})\log Q\ll Qx\log x . \tag{20}$$

另一方面,对 $Q_1<U<Q$, $U<U'\leqslant 2U$, 由定理 3 得

$$\sum_{U<d\leqslant U'}(\varphi(d))^{-1}(\log 2Q/d)\sum_{\chi \bmod d}{}^{*}|\psi(x,\chi)|^2$$

$$\ll(\log 2Q/U)(U+xU^{-1})\sum_{n\leqslant x}\Lambda^2(n)$$

$$\ll x(U+xU^{-1})\log x\log(2Q/U).$$

由此利用对数分法得到(下面 $2^{K-1}Q_1<Q\leqslant 2^KQ_1$):

$$\sum{}_2\ll\sum_{k=0}^{K-1}x(2^kQ_1+x(2^kQ_1)^{-1})\log x\log(2Q/2^kQ_1)$$

$$\ll x\log x\int_{Q_1}^{2Q}\log(4Q/u)du+x^2\log x\int_{Q_1}^{2Q}u^{-2}\log(4Q/u)du$$

$$\ll Qx\log x+x^2Q_1^{-1}\log^2 x . \tag{21}$$

综合式(17),(18),(20)及(21)就证明了定理.

§2. Dirichlet 多项式的混合型均值估计

设 $M \geqslant 0, N \geqslant 1, \chi \bmod q$，以及 $s=\sigma+it$. 有限和

$$H(s,\chi)=\sum_{n=M+1}^{M+N} a_n \chi(n) n^{-s} \tag{1}$$

称为 Dirichlet 多项式，其中 a_n 为任意复数. 再设 $T \geqslant 2$. 本节主要讨论如下型式的混合型均值估计:

$$\sum_{\chi \bmod q} \int_{-T}^{T} |H(it,\chi)|^2\, dt\ , \tag{2}$$

$$\sum_{\chi \bmod q} \sum_{j=1}^{J(\chi)} |H(it_j(\chi),\chi)|^2\ , \tag{3}$$

$$\sum_{q \leqslant Q} \frac{q}{\varphi(q)} \sum_{\chi \bmod q}{}^{*} \int_{-T}^{T} |H(it,\chi)|^2\, dt\ , \tag{4}$$

以及

$$\sum_{q \leqslant Q} \frac{q}{\varphi(q)} \sum_{\chi \bmod q}{}^{*} \sum_{j=1}^{J(\chi)} |H(it_j(\chi),\chi)|^2\ , \tag{5}$$

其中 $t_j(\chi)$，$|t_j(\chi)| \leqslant T, 1 \leqslant j \leqslant J(\chi)$，是对每一个 χ 给出的满足一定条件的有限实数集合. (2)，(3)是属于经典类型的,(4)，(5)是属于大筛法型的;另一方面,(2)，(4)是属于连续型的，而(3)，(5)则是属于离散型的. 为了估计这些和式除了要利用相应的特征和估计外，还需要利用引理 28.2.1，以及下面也是属于 Gallgher 的引理 1. 此外，为了估计大筛法型的混合型均值(4)及(5)，当然还要用到上一节的结果.

引理1 设$\mathscr{R}$是一可数的实数集合，$c(\alpha)$是任意复数，$\alpha \in \mathscr{R}$，满足条件

$$\sum_{\alpha \in \mathscr{R}} |c(\alpha)| < +\infty\ . \tag{6}$$

再设

$$U(t)=\sum_{\alpha \in \mathscr{R}} c(\alpha) e(\alpha t). \tag{7}$$

那末，对任意的 $T>0$ 有

$$\int_{-T}^{T}|U(t)|^2dt\leqslant\pi^2T^2\int_{-\infty}^{\infty}|C_T(x)|^2dx\ , \tag{8}$$

其中

$$C_T(x)=\sum_{\substack{\alpha\in\mathfrak{R}\\ |x-\alpha|<(4T)^{-1}}}c(\alpha)$$

证：设

$$F_T(x)=\begin{cases}2T, & |x|<(4T)^{-1}\ ,\\ 0\ , & |x|\geqslant(4T)^{-1}\ ,\end{cases}$$

我们有

$$C_T(x)=(2T)^{-1}\sum_{\alpha\in\mathfrak{R}}c(\alpha)F_T(x-\alpha)\ .$$

由条件(6)知

$$\int_{-\infty}^{\infty}|C_T(x)|dx\leqslant(2T)^{-1}\sum_{\alpha\in\mathfrak{R}}|c(\alpha)|\int_{-\infty}^{\infty}F_T(x-\alpha)dx$$

$$\leqslant(2T)^{-1}\sum_{\alpha\in\mathfrak{R}}|c(\alpha)|<+\infty\ , \tag{9}$$

且 $C_T(x)$ 显然在任一有限区间上有界变差，所以它的 Fourier 变换[1]（见式(1.1.7)）

$$\hat{C}_T(y)=\int_{-\infty}^{\infty}C_T(u)e(yu)du$$

$$=(2T)^{-1}\sum_{\alpha\in\mathfrak{R}}c(\alpha)\int_{-\infty}^{\infty}F_T(u-\alpha)e(yu)du\ ^{2)}$$

$$=(2T)^{-1}U(y)\hat{F}_T(y)\ ,$$

其中 $\hat{F}_T$ 是 F_T 的 Fourier 变换，

1) 这里是复值函数，它的 Fourier 变换可分开实，虚部同样定义.

2) 由式(9)知这里积分号与求和号是可以交换的.

$$\hat{F}_T(y)=\int_{-\infty}^{\infty}F_T(u)e(uy)du$$
$$=(2T/\pi y)\sin(\pi y/2T),$$

且由定理 1.1.4 知(取 $g(x)=\overline{C}_T(x)$)

$$\int_{-\infty}^{\infty}|C_T(x)|^2dx=\int_{-\infty}^{\infty}|\hat{C}_T(y)|^2dy$$
$$=(2T)^{-2}\int_{-\infty}^{\infty}|U(y)\hat{F}_T(y)|^2dy$$
$$\geqslant(2T)^{-2}\int_{-T}^{T}|U(y)\hat{F}_T(y)|^2dy,$$

由此及 $|\hat{F}_T(y)|\geqslant 2/\pi$ ，$|y|\leqslant T$,就推出式(8).

引理 1 的意义在于,它把广义指数和 $U(t)$ 的模平方的积分均值转化为它的系数的某种均值来估计.由它和经典的特征和估计(式(13.4.4))、大筛法型的特征和估计(见上节)相结合,就可分别得到型如(2),(4)的均值估计;进而利用引理 28.2.1 就可得出型如(3),(5)的均值估计.

定理 2 设 $T\geqslant 1$, $q\geqslant 1$,以及 $H(s,\chi)$ 由式(1)给出.我们有

$$\sum_{\chi \bmod q}\int_{-T}^{T}|H(it,\chi)|^2dt\ll q^{-1}\varphi(q)\sum_{\substack{n=M+1\\(n,q)=1}}^{M+N}(qT+n)|a_n|^2. \tag{10}$$

证: 在引理 1 中取

$$\mathscr{R}:\alpha=-(2\pi)^{-1}\log n,\qquad n=1,2,\cdots;$$

$$c(\alpha)=\begin{cases}a_n\chi(n), & \alpha=-(2\pi)^{-1}\log n,\ M+1\leqslant n\leqslant M+N,\\ 0, & \text{其它},\end{cases}$$

那末就有

$$H(it,\chi)=\sum_{\alpha\in\mathfrak{A}}c(\alpha)e(\alpha t),\tag{11}$$

$$\int_{-T}^{T}|H(it,\chi)|^2dt\leqslant\pi^2T^2\int_{-\infty}^{\infty}\left|\sum_{\lambda^{-1}<ne^{2\pi x}<\lambda}a_n\chi(n)\right|^2dx,\tag{12}$$

这里 $\lambda=\exp(\pi/2T)$. 上式两边对 $\chi \bmod q$ 求和,应用式(13.4.4)并两次交换积分号与求和号,由上式得到

$$\sum_{\chi \bmod q}\int_{-T}^{T}|H(it,\chi)|^2dt$$

$$\leqslant\pi^2T^2\varphi(q)\int_{-\infty}^{\infty}\left\{\left(1+\frac{\lambda-\lambda^{-1}}{q}e^{-2\pi x}\right)\sum_{\substack{\lambda^{-1}<ne^{2\pi x}<\lambda\\(n,q)=1}}|a_n|^2\right\}dx$$

$$=\frac{\varphi(q)}{q}\pi^2T^2\sum_{\substack{n=M+1\\(n,q)=1}}^{M+N}|a_n|^2\int_{-(2\pi)^{-1}\log n\lambda}^{(2\pi)^{-1}\log\lambda/n}\{q+(\lambda-\lambda^{-1})e^{-2\pi x}\}dx$$

$$=\frac{\varphi(q)}{q}\pi^2T^2\sum_{\substack{n=M+1\\(n,q)=1}}^{M+N}\left\{\frac{q}{2T}+\frac{n}{2\pi}(\lambda-\lambda^{-1})^2\right\}|a_n|^2,\tag{13}$$

由此及 $T(\lambda-\lambda^{-1})\ll1$, $T\geqslant1$,就推出式(10).

结合引理 28.2.1 及定理 2 就得到

定理 3 设 $q\geqslant1$, $T\geqslant1$, $H(s,\chi)$ 由式(1)给出. 再设 $\delta>0$,且对每一 $\chi \bmod q$,给出一个 δ 佳位组 $t_j(\chi)$, $0\leqslant j\leqslant J(\chi)$,即满足条件

$$t_{j+1}(\chi)-t_j(\chi)\geqslant\delta,\quad 0\leqslant j\leqslant J(\chi)-1.\tag{14}$$

此外,还假定

$$|t_j(\chi)|\leqslant T,\qquad 0\leqslant j\leqslant J(\chi).\tag{15}$$

这样,我们有

$$\sum_{\chi \bmod q} \sum_{j=1}^{J(\chi)} |H(it_j(\chi),\chi)|^2$$

$$\ll \frac{\varphi(q)}{q}(1+\delta^{-1}) \sum_{\substack{n=M+1 \\ (n,q)=1}}^{M+N} (qT+n)|a_n|^2 \log^2(2n). \quad (16)$$

证：由式(28.2.2)(取 $f(t)=H^2(it,\chi)$)得

$$|H(it_{j+1}(\chi),\chi)|^2$$

$$\ll \delta^{-1} \int_{t_j(\chi)}^{t_{j+1}(\chi)} |H(it,\chi)|^2 dt + 2\int_{t_j(\chi)}^{t_{j+1}(\chi)} |H(it,\chi)H'(it,\chi)| dt$$

$$\leqslant (1+\delta^{-1}) \int_{t_j(\chi)}^{t_{j+1}(\chi)} |H(it,\chi)|^2 dt + \int_{t_j(\chi)}^{t_{j+1}(\chi)} |H'(it,\chi)|^2 dt.$$

进而有

$$\sum_{j=1}^{J(\chi)} |H(it_j(\chi),\chi)|^2$$

$$\leqslant (1+\delta^{-1}) \int_{-T}^{T} |H(it,\chi)|^2 dt + \int_{-T}^{T} |H'(it,\chi)|^2 dt, \quad (17)$$

$$\sum_{\chi \bmod q} \sum_{j=1}^{J(\chi)} |H(it_j(\chi),\chi)|^2$$

$$\leqslant (1+\delta^{-1}) \sum_{\chi \bmod q} \int_{-T}^{T} |H(it,\chi)|^2 dt + \sum_{\chi \bmod q} \int_{-T}^{T} |H'(it,\chi)|^2 dt, \quad (18)$$

注意到

$$H'(it,\chi) = \sum_{n=M+1}^{M+N} (-ia_n \log n)\chi(n) n^{-it}, \quad (19)$$

应用定理 2 于式(18)右边两和式,就得到所要结论.

附注 1. 当 $q=1$ 时，式(10)变为

$$\int_{-T}^{T}\left|\sum_{n=M+1}^{M+N}a_n n^{-it}\right|^2 dt \ll \sum_{n=M+1}^{M+N}(T+n)|a_n|^2 . \tag{20}$$

把它和定理 28.4.7(取 $x_r=-\log(M+r), R=N$) 比较,可以看出,那里是给出了上式左边积分的渐近公式,而这里是上界估计,但两者的阶是一样的($\delta_r<r^{-1}$).定理 28.4.7 的证明是相当困难的,而式(20)的证明要容易得多.在许多应用中并不需要精确的渐近公式,而仅要上界估计,作为一个应用我们将在下一节中利用定理 2 和 3 来得到 $\zeta(s)$ 和 $L(s,\chi)$ 的四次均值估计.

附注 2. 容易看出,如果式(10)或式(16),当 $N\to+\infty$ 时,右边级数收敛,那末式(10)或式(16)取 $N=+\infty$ 时也成立.这时

$$H(it,\chi)=\sum_{n=M+1}^{\infty}a_n\chi(n)n^{-it} \tag{21}$$

是属于平方可积函数空间 $L_2(-T,T)$.当然,一般可以要求上式右边级数及其导数都是绝对收敛的.

如果在定理 2 的证明中代替式(13.4.4),我们对式(12)用式(1.7),(1.2),(1.13)来作同样的讨论,那末就可以相应地得到型如式(4)的大筛法型的混合型均值估计.这就是下面的定理.

定理 4 设 $T\geqslant 1, Q\geqslant q\geqslant 1, H(s,\chi)$ 由式(1)给出.我们有

$$\sum_{\chi \bmod q}\int_{-T}^{T}|H(it,\chi^*)|^2 dt \ll \sum_{n=M+1}^{M+N}(qT+n)|a_n|^2 , \tag{22}$$

$$\sum_{q\leqslant Q}\frac{q}{\varphi(q)}\sum_{\chi \bmod q}{}^{*}\int_{-T}^{T}|H(it,\chi)|^2 dt \ll \sum_{n=M+1}^{M+N}(Q^2T+n)|a_n|^2 , \tag{23}$$

以及在定理 1.4 的条件下有

$$\sum_{q\leqslant Q}\log\frac{Q}{q}\sum_{\chi \bmod q}{}^{*}\int_{-T}^{T}|H(it,\chi)|^2 dt \leqslant \sum_{n=M+1}^{M+N}(Q^2T+n)|a_n|^2 . \tag{24}$$

证: 以式(23)为例,其它同样证明.由式(12)及(1.2)得

$$\sum_{q\leqslant Q}\frac{q}{\varphi(q)}\sum_{\chi \bmod q}{}^{*}\int_{-T}^{T}|H(it,\chi)|^2dt$$

$$\ll T^2\int_{-\infty}^{\infty}\sum_{q\leqslant Q}\frac{q}{\varphi(q)}\sum_{\chi \bmod q}{}^{*}\left|\sum_{\lambda^{-1}<ne^{2\pi x}<\lambda}a_n\chi(n)\right|^2dx$$

$$\ll T^2\int_{-\infty}^{\infty}(Q^2+(\lambda-\lambda^{-1})e^{-2\pi x})\left(\sum_{\lambda^{-1}<ne^{2\pi x}<\lambda}|a_n|^2\right)dx$$

$$=T^2\sum_{n=M+1}^{M+N}|a_n|^2\int_{-(2\pi)^{-1}\log n\lambda}^{(2\pi)^{-1}\log\lambda/n}(Q^2+(\lambda-\lambda^{-1})e^{-2\pi x})\,dx$$

$$=T^2\sum_{n=M+1}^{M+N}|a_n|^2\left(\frac{Q^2}{2T}+\frac{n}{2\pi}(\lambda-\lambda^{-1})^2\right),$$

由此及 $T(\lambda-\lambda^{-1})\leqslant 1\ (T\geqslant 1)$ 就推出式(23).

结合定理 4 及引理 28.2.1 就相应地得到离散的估计,证明和定理 3 一样,这里就不证了.

定理 5 设$Q\geqslant 1$.在定理 3 的条件下,我们有

$$\sum_{\chi \bmod q}\sum_{j=1}^{J(\chi)}|H(it_j(\chi),\ \chi^{*})|^2$$

$$\ll(1+\delta^{-1})\sum_{n=M+1}^{M+N}(qT+n)|a_n|^2\log^2(2n),\qquad(25)$$

$$\sum_{q\leqslant Q}\frac{q}{\varphi(q)}\sum_{\chi \bmod q}{}^{*}\sum_{j=1}^{J(\chi)}|H(it_j(\chi),\ \chi)|^2$$

$$\ll(1+\delta^{-1})\sum_{n=M+1}^{M+N}(Q^2T+n)|a_n|^2\log^2(2n),\qquad(26)$$

以及还有定理 1.4 的条件成立时有

$$\sum_{q\leqslant Q}\log\frac{Q}{q}\sum_{\chi \bmod q}{}^{*}\sum_{j=1}^{J(\chi)}|H(it_j(\chi),\chi)|^2$$

$$\ll (1 + \delta^{-1}) \sum_{n=M+1}^{M+N} (Q^2 T + n) |a_n|^2 \log^2 (2n) . \qquad (27)$$

上面的附注 2 对定理 4 和 5 也成立.

§3. $\xi(s)$ 与 $L(s,\chi)$ 的四次均值估计

在 §25.4 中,我们证明了 $\xi(1/2 + it)$ 的四次积分均值定理,得到了一个渐近公式.它的证明是很复杂的,而且没有对 L 函数证明相应的结果.然而,在许多解析数论问题中,需要用到的仅是这种均值的上界估计,并不需要渐近公式.这种上界估计的证明要简单得多,并且对 L 函数也有同样的结果.证明的方法和定理 25.4.1 基本一样,但用不到证明很困难的定理 28.4.7,只要用定理 29.2.2 及 29.2.4,而且论证简单得多.

定理 1 设 $T \geqslant 2$.当 $|\sigma - 1/2| \leqslant (200 \log T)^{-1}$ 时,一致地有

$$\int_0^T |\zeta(\sigma + it)|^4 dt \ll T \log^4 T . \qquad (1)$$

证:我们先来证明:当 $|\sigma - 1/2| \leqslant (200 \log T)^{-1}$ 时有

$$\int_T^{2T} |\zeta(\sigma + it)|^4 dt \ll T \log^4 T . \qquad (2)$$

这时条件(25.4.13)满足,故由式(25.4.14)知:

$$\zeta^2(\sigma + it) = h_1(\sigma + it) + \cdots + h_4(\sigma + it) + O(T^{-10}) \qquad (3)$$

这里

$$h_1(s) = \sum_{n=1}^{\infty} d(n) n^{-s} e^{-n/T} , \qquad (4)$$

$$h_2(s) = A^2(s) \sum_{n \leqslant T} d(n) n^{s-1} , \qquad (5)$$

$$h_3(s) = -\frac{1}{2\pi i} \int_{(-3/4)} A^2(s+w) \sum_{n > T} d(n) n^{w+s-1} \Gamma(w) T^w dw, \qquad (6)$$

$$h_4(s) = -\frac{1}{2\pi i} \int_{(1/4)} A^2(s+w) \sum_{n \leqslant T} d(n) n^{w+s-1} \Gamma(w) T^w dw. \qquad (7)$$

因而有

$$\int_T^{2T}|\zeta(\sigma+it)|^4dt\ll\sum_{j=1}^4\int_T^{2T}|h_j(\sigma+it)|^2dt+O(T^{-19}).\qquad(8)$$

下面来估计上式右边的四个积分.

由定理 29.2.2 (取$q=1$,令 $N\to+\infty$)知,当$|\sigma-1/2|\leqslant(200\log T)^{-1}$时,

$$\begin{aligned}&\int_T^{2T}|h_1(\sigma+it)|^2dt\\&\quad\ll\sum_{n=1}^{\infty}(T+n)d^2(n)n^{-2\sigma}e^{-2n/T}\\&\quad=\sum_{n\leqslant T}+\sum_{k=0}^{\infty}\sum_{2^kT<n\leqslant 2^{k+1}T}\\&\quad\ll T\sum_{n\leqslant T}d^2(n)n^{-1}+\sum_{k=0}^{\infty}e^{-2^{k+1}+k}\sum_{n\leqslant 2^{k+1}T}d^2(n)\\&\quad\ll T\log^4 T,\end{aligned}\qquad(9)$$

最后一步用到了熟知估计 $\sum_{n\leqslant T}d^2(n)n^{-1}\ll\log^4T$(证明和引理 25.4.2 相同).

由式(7.1.25)知,当$|\sigma-1/2|\leqslant(200\log T)^{-1}$, $|t|\leqslant 2T$ 时, $A^2(\sigma+it)\ll1$,所以同理可得

$$\int_T^{2T}|h_2(\sigma+it)|^2dt\ll\sum_{n\leqslant T}(T+n)d^2(n)n^{-1}\ll T\log^4 T.\qquad(10)$$

由式(3.3.22)及(7.1.25)知,当$|\sigma-1/2|\leqslant(200\log T)^{-1}$时,由 Cauchy 不等式得到($w=u+iv$)

$$\begin{aligned}&|h_3(\sigma+it)|^2\\&\leqslant\int_{(-3/4)}|\Gamma(w)|dv\int_{(-3/4)}|A(s+w)|^4\left|\sum_{n>T}d(n)n^{w+s-1}\right|^2|\Gamma(w)|T^{-3/2}dv\end{aligned}$$

$$\ll T^{-3/2}\left(\int_{\substack{u=-3/4\\|v|\leqslant T/2}}+\int_{\substack{u=-3/4\\|v|>T/2}}\right)|A(s+w)|^4\left|\sum_{n>T}d(n)n^{w+s-1}\right|^2|\Gamma(w)|dv$$

$$\ll T^{3/2}\int_{\substack{u=-3/4\\|v|\leqslant T/2}}\left|\sum_{n>T}d(n)n^{w+s-1}\right|^2|\Gamma(w)|dv+T^{-10}. \qquad (11)$$

同理可得,当 $|\sigma-1/2|\leqslant(200\log T)^{-1}$ 时,

$$|h_4(\sigma+it)|^2\ll T^{-1/2}\int_{\substack{u=1/4\\|v|\leqslant T/2}}\left|\sum_{n\leqslant T}d(n)n^{w+s-1}\right|^2|\Gamma(w)|dv+T^{-10}. \qquad (12)$$

利用定理 29.2.2(取 $q=1$, $M=[T]$,令 $N\to+\infty$)及引理 25.4.2,从式(11)可得:当 $|\sigma-1/2|\leqslant(200\log T)^{-1}$ 时,

$$\int_T^{2T}|h_3(\sigma+it)|^2dt\ll T^{3/2}\sum_{n>T}(T+n)d^2(n)n^{2\sigma-7/2}\ll T\log^3T. \qquad (13)$$

同理从式(10)可得:当 $|\sigma-1/2|\leqslant(200\log T)^{-1}$ 时,

$$\int_T^{2T}|h_4(\sigma+it)|^2dt\ll T^{-1/2}\sum_{n\leqslant T}(T+n)d^2(n)n^{2\sigma-3/2}\ll T\log^3T. \qquad (14)$$

综合式(9),(10),(13),(14)及式(8)就证明了式(2).

最后,由式(2)来推出式(1).设正整数 M 满足 $2^{M+1}\leqslant T<2^{M+2}$.我们有

$$\int_0^T|\zeta(\sigma+it)|^4dt=\int_0^{T/2^M}+\sum_{m=1}^{M}\int_{T/2^m}^{T/2^{m-1}}. \qquad (15)$$

由此及式(2)知,当 $|\sigma-1/2|\leqslant(200\log T)^{-1}$ 时

$$\int_0^T|\zeta(\sigma+it)|^4dt\ll 1+\sum_{m=1}^{M}(T/2^m)\log^4(T/2^m)\ll T\log^4T.$$

这就证明了定理.

为了得到离散型的估计,我们还需要

定理 2 设 $T \geqslant 2$. 当 $|\sigma - 1/2| \leqslant (400 \log T)^{-1}$ 时,

$$\int_0^T |\zeta'(\sigma + it)|^4 dt \ll T \log^8 T. \tag{16}$$

证: 设 Q 是 w 平面上以 $s = \sigma + it$ 为心, $(400 \log T)^{-1}$ 为半径的圆. 由复变函数的 Cauchy 定理知

$$\zeta'(s) = \frac{1}{2\pi i} \int_Q \frac{\xi(w)}{(w-s)^2} dw \,,$$

利用 Cauchy 不等式得

$$|\zeta'(s)|^4 \ll \left(\int_Q \frac{|dw|}{|w-s|^{8/3}} \right)^{/3} \left(\int_Q |\zeta(w)|^4 |dw| \right)$$

$$\ll \log^5 T \int_{|w| = (400 \log T)^{-1}} |\xi(s+w)|^4 dw.$$

进而有

$$\int_0^T |\zeta'(\sigma + it)|^4 dt \ll \log^5 T \int_{|w| = (400 \log T)^{-1}} \left(\int_0^T |\zeta(s+w)|^4 dt \right) |dw|$$

$$\ll T \log^8 T \,,$$

这就证明了定理, 这里最后一步用到了定理 1, 由于对固定的 $w (|w| = (400 \log T)^{-1})$, 当 $|\sigma - 1/2| \leqslant (400 \log T)^{-1}$ 时一定有 $|\mathrm{Re}(s+w) - 1/2| \leqslant (200 \log T)^{-1}$, 所以定理 1 的条件满足.

把定理 1, 2 和定理 28.2.1 相结合就得到

定理 3 设 $T \geqslant 2, \delta > 0$. 再设 $t_0 < t_1 < \cdots < t_J$, $|t_j| \leqslant T$, $0 \leqslant j \leqslant J$, 是一 δ 佳位组, 即 $t_{j+1} - t_j \geqslant \delta$, $0 \leqslant j \leqslant J-1$. 那末有

$$\sum_{j=1}^J |\zeta(1/2 + it_j)|^4 \ll (\delta^{-1} + \log T) T \log^4 T. \tag{17}$$

证: 在式 (28.2.2) 中取 $f(t) = \zeta^4(1/2 + it)$, $a = t_{j-1}$, $b = t_j$, 并对 $j (1 \leqslant j \leqslant J)$ 求和得到

$$\sum_{j=1}^J |\zeta(1/2 + it_j)|^4$$

$$\ll \delta^{-1}\int_{-T}^{T}|\zeta(1/2+it)|^4 dt+\int_{-T}^{T}|\zeta(1/2+it)|^3|\zeta'(1/2+it)|dt$$

$$\ll \delta^{-1}\int_{-T}^{T}|\zeta(1/2+it)|^4 dt$$

$$+\left(\int_{-T}^{T}|\zeta(1/2+it)|^4 dt\right)^{3/4}\left(\int_{-T}^{T}|\zeta'(1/2+it)|^4 dt\right)^{1/4}$$

$$\ll(\delta^{-1}+\log T)T\log^4 T,$$

最后两步用到了 Cauchy 不等式和定理 1,定理 2,这就证明了定理.

用完全相同的方法可以对L函数证明相应的结果.由于要利用定理 23.5.1,所以要先讨论χ为原特征的情形.

定理4 设$T\geqslant 2$,$q\geqslant 1$.当$|\sigma-1/2|\leqslant(200\log qT)^{-1}$时一致地有

$$\sum_{\chi \bmod q}{}^{*}\int_{0}^{T}|L(\sigma+it,\chi)|^4 dt\ll \varphi(q)T(\log qT)^4; \tag{18}$$

$$\sum_{\chi \bmod q}\int_{0}^{T}|L(\sigma+it,\chi^*)|^4 dt\ll qT(\log qT)^4, \tag{19}$$

其中$\chi \Leftrightarrow \chi^*$.

证: 对任一$\chi \bmod q\neq\chi^0 \bmod q$,在定理 23.5.1 中取$F(s,q)=L^2(s,\chi^*)$,$G(s,q)=L^2(s,\overline{\chi}^*)$[1)],$\psi(s,q)=A^2(s,\chi^*)$,当

$$|\sigma-1/2|\leqslant 0.01,\qquad 2\leqslant x\leqslant qT \tag{20}$$

时有

$$L^2(s,\chi^*)=\sum_{n=1}^{\infty}\chi^*(n)d(n)n^{-s}e^{-n/x}+A^2(s,\chi^*)\sum_{n\leqslant x}\overline{\chi}^*(n)d(n)n^{s-1}$$

1) 把原参数k改为q,由于没有极点所以对所有t式(21)都成立.

$$-\frac{1}{2\pi i}\int_{(-3/4)} A^2(s+w,\chi^*)\Big(\sum_{n>x}\overline{\chi}^*(n)\,d(n)\,n^{w+s-1}\Big)\Gamma(w)\,x^w dw$$

$$-\frac{1}{2\pi i}\int_{(1/4)} A^2(s+w,\chi^*)\Big(\sum_{h\leqslant x}\overline{\chi}^*(n)\,d(n)\,n^{w+s-1}\Big)\Gamma(w)\,x^w dw$$

$$=\sum_{j=1}^{4} h_j(s,\chi^*). \tag{21}$$

当 $q\leqslant 2$,由定理 1 知结论成立, 所以可假定 $q>2$. 设整数 M 满足 $2^{M+1}\leqslant T<2^{M+2}$, 我们有

$$\sum_{\chi \bmod q}{}^{*}\int_0^T |L(\sigma+it,\chi)|^4 dt=\sum_{\chi \bmod q}{}^{*}\int_0^{T/2^M} |L(\sigma+it,\chi)|^4 dt$$

$$+\sum_{m=1}^{M}\sum_{\chi \bmod q}{}^{*}\int_{T/2^m}^{T/2^{m-1}} |L(\sigma+it,\chi)|^4 dt\quad , \tag{22}$$

因而,为了证明式(18)就要去证明: 当 $V\geqslant 2$, $|\sigma-1/2|\leqslant(200\log qV)^{-1}$ 时有

$$\sum_{\chi \bmod q}{}^{*}\int_V^{2V} |L(\sigma+it,\chi)|^4 dt\ll\varphi(q)\,V(\log qV)^4, \tag{23}$$

及

$$\sum_{\chi \bmod q}{}^{*}\int_0^{4} |L(\sigma+it,\chi)|^4 dt\ll\varphi(q)\log^4 q. \tag{24}$$

我们先来看式(23)和(24)的证明. 为证式(23)在式(20)中取 $T=V$, $x=qV$,而为证式(24)则取 $x=q$. 两者的具体证明过程和定理 1 中从式(3)(注意: 这里没有大 O 项)到式(14)的推导完全相同,要注意的仅在于:凡是定理 1 中用式(7.1.25)来估计 $A(s)$ 的地方要改用式(14.2.16)来估计 $A(s,\chi)$,而定理 29.2.2 则用一般 q 时的结论. 这里就不再重复写出来了. 事实上对式(24)的证明还可更简单些, 即在估计对应的 $|h_3(s,\chi)|^2$, $|h_4(s,\chi)|^2$ 时,

不用象式(11),(12)那样把对v的积分分为$|v|<V/2$及$|v|>V/2$两部份. 由式(18)可得

$$\sum_{\chi \bmod q}\int_0^T|L(\sigma+it,\chi^*)|^4dt=\sum_{d|q}\sideset{}{^*}\sum_{\chi \bmod q}\int_0^T|L(\sigma+it,\chi)|^4dt$$

$$\ll\left(\sum_{d|q}\varphi(d)\right)T(\log qT)^4, \qquad (25)$$

这就证明了式(19).

类似于定理 2,用同样方法可证

定理 5 设$T\geqslant 2$, $q\geqslant 1$.那末,当$|\sigma-1/2|\leqslant(400\log qT)^{-1}$时有

$$\sideset{}{^*}\sum_{\chi \bmod q}\int_0^T|L'(\sigma+it,\chi)|^4dt\ll\varphi(q)T(\log qT)^8, \qquad (26)$$

$$\sum_{\chi \bmod q}\int_0^T|L'(\sigma+it,\chi^*)|^4dt\ll qT(\log qT)^8. \qquad (27)$$

把以上两定理和定理 28.2.2 相结合,与定理 3 的证明完全一样可得到

定理 6 设$T\geqslant 2$, $q\geqslant 1$.在定理 29.2.3 关于δ佳位组的条件和符号下,我们有

$$\sideset{}{^*}\sum_{\chi \bmod q}\sum_{j=1}^{J(\chi)}|L(1/2+it_j(\chi),\chi)|^4$$

$$\ll(\delta^{-1}+\log(qT))\varphi(q)T(\log qT)^4, \qquad (28)$$

$$\sum_{\chi \bmod q}\sum_{j=1}^{J(\chi)}|L(1/2+it_j(\chi),\chi^*)|^4$$

$$\ll(\delta^{-1}+\log(qT))qT(\log qT)^4. \qquad (29)$$

当把式(18),(26),及(28)中的$\sideset{}{^*}\sum\limits_{\chi \bmod q}$改为$\sum\limits_{\chi \bmod q}$时,我们可以从这几个估计式推出相应的估计(见习题3).

§4. Halász 方法

本节要利用内积空间的 Bessel 不等式来估计 Dirichlet 多项式的离散的均值.这种方法通常称为 Halász 方法.先讨论一些有关线性内积空间(即 Hilbert 空间)的不等式.

设 $\mathbb{H}$ 是一复数域上的内积空间[1).对任一 $\xi\in\mathbb{H}$ 其范数非负,即有

$$\|\xi\|^2=(\xi,\xi)\geqslant 0. \tag{1}$$

从这一最简单的不等式出发,可推出一些重要而有用的不等式.设 $\varphi_r\in\mathbb{H}$, c_r 是复数, $1\leqslant r\leqslant R$.由式(1)知

$$\begin{aligned}0&\leqslant\left(\xi-\sum_{r=1}^{R}c_r\varphi_r,\xi-\sum_{r=1}^{R}c_r\varphi_r\right)\\&=(\xi,\xi)-2\mathrm{Re}\sum_{r=1}^{R}\overline{c}_r(\xi,\varphi_r)+\sum_{r=1}^{R}\sum_{s=1}^{R}c_r\overline{c}_s(\varphi_r,\varphi_s).\end{aligned}$$

由此推出,

$$\begin{aligned}2\mathrm{Re}\sum_{r=1}^{R}\overline{c}_r(\xi,\varphi_r)&\leqslant(\xi,\xi)+\sum_{r=1}^{R}\sum_{s=1}^{R}c_r\overline{c}_s(\varphi_r,\varphi_s)\\&=\|\xi\|^2+\left\|\sum_{r=1}^{R}c_r\varphi_r\right\|^2.\end{aligned} \tag{2}$$

特别的,取$R=1$, $\varphi_1=\eta\|\eta\|^{-1}$, $c_r=(\xi,\varphi_1)$, 这里 $\eta\in\mathbb{H}$, $\|\eta\|>0$, 就有

$$2\mathrm{Re}\|\eta\|^{-2}|(\xi,\eta)|^2\leqslant\|\xi\|^2+\|\eta\|^{-2}|(\xi,\eta)|^2,$$

即

$$|(\xi,\eta)|\leqslant\|\xi\|\,\|\eta\|. \tag{3}$$

上式当 $\|\eta\|=0$ 或 $\|\xi\|=0$ 时显然成立.这就是 **Bessel 不等式**.反过来, 在式(3)中取 $\eta=\sum\limits_{r=1}^{R}c_r\varphi_r$ 就得到

1) 有关线性内积空间的基本知识可参看[22, 第二章 §4], 这里 $\|\xi\|$ 表范数.

$$\left|\sum_{r=1}^{R}\overline{c}_r(\xi,\varphi_r)\right|\leqslant\|\xi\|\left\|\sum_{r=1}^{R}c_r\varphi_r\right\|. \tag{4}$$

此外,利用不等式 $2|ab|\leqslant|a|^2+|b|^2$,及 $\mathrm{Re}\,z\leqslant|z|$,容易从式(4)推出式(2).所以式(2),(3),(4)是相互等价的.从不等式(2)或(4)出发,取特殊的值 c_r,就得到以下的引理

引理 1 我们有

$$\sum_{r=1}^{R}|(\xi,\varphi_r)|^2\left(\sum_{s=1}^{R}|(\varphi_r,\varphi_s)|\right)^{-1}\leqslant\|\xi\|^2, \tag{5}$$

$$\sum_{r=1}^{R}|(\xi,\varphi_r)|^2\leqslant\|\xi\|^2\max_{1\leqslant r\leqslant R}\left(\sum_{s=1}^{R}|(\varphi_r,\varphi_s)|\right), \tag{6}$$

$$\sum_{r=1}^{R}|(\xi,\varphi_r)|\leqslant\|\xi\|\left(\sum_{r=1}^{R}\sum_{s=1}^{R}|(\varphi_r,\varphi_s)|\right)^{1/2}. \tag{7}$$

证: 利用 $|2c_r\overline{c}_s|\leqslant|c_r|^2+|c_s|^2$,由式(2)可得

$$2\mathrm{Re}\sum_{r=1}^{R}\overline{c}_r(\xi,\varphi_r)\leqslant\|\xi\|^2+\sum_{r=1}^{R}|c_r|^2\sum_{s=1}^{R}|(\varphi_r,\varphi_s)|. \tag{8}$$

现取

$$c_r=(\xi,\varphi_r)\left(\sum_{s=1}^{R}|(\varphi_r,\varphi_s)|\right)^{-1},\qquad 1\leqslant r\leqslant R, \tag{9}$$

从式(8)就推得式(5).式(6)是式(5)的显然推论.在式(8)中取

$$c_r=\|\xi\|\exp(i\arg(\xi,\varphi_r))\left(\sum_{r=1}^{R}\sum_{s=1}^{R}|(\varphi_r,\varphi_s)|\right)^{-1/2},1\leqslant r\leqslant R. \tag{10}$$

就立即得到式(7).

内积空间的这种不等式是如何用于 Dirichlet 多项式的离散型均值估计的呢?为此,考虑 $\mathbb{H}$ 为由平方可和数列组成的内积空间.$b_n(n=1,2,\cdots)$为满足适当条件的非负实数列[1)].取

1) 这些条件保证以下有关收敛性和其它的要求都满足.

$$\begin{cases}\xi=(a_1b_1^{-1/2},a_2b_2^{-1/2},\cdots,a_Nb_N^{-1/2},0,0,\cdots),\\ \varphi=\varphi(s,q,\chi)=(b_1^{1/2},b_2^{1/2}\overline{\chi}(2)2^{-\overline{s}},\cdots,b_n^{1/2}\overline{\chi}(n)n^{-\overline{s}},\cdots).\end{cases}\tag{11}$$

这样 Dirichlet 多项式(1.1)(取 $M=0$)可表为

$$H(s,\chi)=\sum_{n=1}^{N}a_n\chi(n)n^{-s}=(\xi,\varphi(s,q,\chi))=(\xi,\varphi).\tag{12}$$

设

$$B(w,\chi)=\sum_{n=1}^{\infty}b_n\chi(n)n^{-w},\tag{13}$$

显有

$$(\varphi(s,q,\chi),\ \ \varphi(s',q',\chi'))=B(s'+\overline{s},\chi'\overline{\chi}).\tag{14}$$

利用式(12)—(14),从式(6)和(7)就得到

引理 2 设$\mathscr{A}$是由三元组(s,q,χ)组成的一个集合,$b_n(n=1,2,\cdots)$为满足适当条件的非负实数列,$H(s,\chi)$,$B(w,\chi)$分别由式(12),(13)给出.我们有

$$\sum_{(s,q,\chi)\in\mathscr{A}}|H(s,\chi)|^2$$
$$\leqslant\left(\sum_{n=1}^{N}|a_n|^2b_n^{-1}\right)\max_{(s,q,\chi)\in\mathscr{A}}\left(\sum_{(s',q',\chi')\in\mathscr{A}}|B(s'+\overline{s},\chi'\overline{\chi})|\right),\tag{15}$$

及

$$\left(\sum_{(s,q,\chi)\in\mathscr{A}}|H(s,\chi)|\right)^2\leqslant\left(\sum_{n=1}^{N}|a_n|^2b_n^{-1}\right)\sum_{(s,q,\chi)\in\mathscr{A}}\ \sum_{(s',q',\chi')\in\mathscr{A}}|B(s'+\overline{s},\chi'\overline{\chi})|.\tag{16}$$

从引理 2 清楚地看出,形如由式(15),(16)给出的 Dirichlet 多项式的离散型均值估计可归结为选取适当的b_n,并估计关于$B(w,\chi)$的相应的均值.为了实现这种方法,当然要对集合$\mathscr{A}$加上一定的限制条件,但更重要的是具体选取b_n.通常有两种取法:

$$b_n=\begin{cases}(1-n/2N)n^{\sigma_0}, & 1\leqslant n\leqslant 2N,\\ 0, & n>2N,\end{cases}\tag{17}$$

或

$$b_n=e^{-n/x}n^{\sigma_0},\qquad n=1,2,\cdots,\tag{18}$$

这里实数σ_0和集合$\mathscr{A}$有关，$x \geqslant 2$为一参数．相应的

$$B(w,\chi)=\sum_{n=1}^{2N}(1-n/2N)\chi(n)n^{-w+\sigma_0} \tag{19}$$

或

$$B(w,\chi)=\sum_{n=1}^{\infty}e^{-n/x}\chi(n)n^{-w+\sigma_0}. \tag{20}$$

为了在这两种取法下估计式(15)或(16)右边关于$B(w,\chi)$的和式，先来证明几个引理.

引理3 设$s=\sigma+it$，$\sigma>0$，及N为正整数.我们有

$$\sum_{n\leqslant N}(1-n/N)\chi(n)n^{-s}\ll\max_{m\leqslant N}\left|\sum_{n\leqslant m}(1-n/m)\chi(n)n^{-it}\right|. \tag{21}$$

证：设$F(0)=0$，$G(1)=0$及

$$F(n)=\sum_{k=1}^{n}\chi(k)k^{-it},\ G(m)=\sum_{n=1}^{m-1}F(n). \tag{22}$$

我们有

$$\begin{aligned}\sum_{k=1}^{n}\chi(k)k^{-s}&=\sum_{k=1}^{n-1}F(k)(k^{-\sigma}-(k+1)^{-\sigma})+F(n)n^{-\sigma}\\&=\sum_{k=1}^{n-2}G(k+1)\{(k^{-\sigma}-(k+1)^{-\sigma})-((k+1)^{-\sigma}-(k+2)^{-\sigma})\}\\&\quad+G(n)((n-1)^{-\sigma}-n^{-\sigma})+(G(n+1)-G(n))n^{-\sigma}.\end{aligned} \tag{23}$$

上式两边对n求和得

$$\begin{aligned}&\sum_{n=1}^{N-1}\sum_{k=1}^{n}\chi(k)k^{-s}\\&=\sum_{n=3}^{N-1}\sum_{k=1}^{n-2}G(k+1)\{(k^{-\sigma}-(k+1)^{-\sigma})-((k+1)^{-\sigma}-(k+2)^{-\sigma})\}\\&\quad+2\sum_{n=2}^{N-1}G(n)((n-1)^{-\sigma}-n^{-\sigma})+G(N)(N-1)^{-\sigma}.\end{aligned}$$

容易验证

$$\sum_{n\leqslant N}(1-n/N)\chi(n)n^{-s}=N^{-1}\sum_{n=1}^{N-1}\sum_{k=1}^{n}\chi(k)k^{-s}\ ,$$

$$\sum_{n\leqslant m}(1-n/m)\chi(n)n^{-it}=m^{-1}G(m).$$

注意到当 $\sigma\geqslant 0$ 时，$k^{-\sigma}-(k+1)^{-\sigma}\geqslant 0$，$(k^{-\sigma}-(k+1)^{-\sigma})-((k+1)^{-\sigma}-(k+2)^{-\sigma})\geqslant 0$，从以上三式推出

$$\begin{aligned}&\left|\sum_{n\leqslant N}(1-n/N)\chi(n)n^{-s}\right|\\ &\leqslant N^{-1}\max_{m\leqslant N}\left|\sum_{n\leqslant m}(1-n/m)\chi(n)n^{-it}\right|\\ &\cdot\left\{\sum_{n=3}^{N-1}\sum_{k=1}^{n-2}(k+1)[(k^{-\sigma}-(k+1)^{-\sigma})-((k+1)^{-\sigma}-(k+2)^{-\sigma})]\right.\\ &\left.+2\sum_{n=2}^{N-1}n[(n-1)^{-\sigma}-n^{-\sigma}]+N(N-1)^{-\sigma}\right\}.\end{aligned}$$

上式$\{\cdots\}$中的和式等于(以下推导过程正好和式(23)相反)

$$\begin{aligned}&\sum_{n=3}^{N-1}\left\{2(1-2^{-\sigma})+\sum_{k=1}^{n-3}[(k+1)^{-\sigma}-(k+2)^{-\sigma}]\right.\\ &\left.-(n-1)[(n-1)^{-\sigma}-n^{-\sigma}]\right\}+2\sum_{n=2}^{N-1}n[(n-1)^{-\sigma}-n^{-\sigma}]+N(N-1)^{-\sigma}\\ &=(N-1)(1-2^{-\sigma})+\sum_{n=3}^{N-1}\sum_{k=0}^{n-2}[(k+1)^{-\sigma}-(k+2)^{-\sigma}]\\ &\quad+\sum_{n=2}^{N-1}n[(n-1)^{-\sigma}-n^{-\sigma}]+N(N-1)^{-\sigma}\\ &=(N-1)(1-2^{-\sigma})+N(N-1)^{-\sigma}\\ &\quad+\sum_{n=3}^{N-1}(1-n^{-\sigma})+\sum_{n=2}^{N-1}n[(n-1)^{-\sigma}-n^{-\sigma}]\\ &=2(N-1)-(N-2)2^{-\sigma}\leqslant 2(N-1).\end{aligned}$$

由以上两式就证明了式(21).

引理 4 设$q\geqslant 1$, $\chi \bmod q$, $s=\sigma+it$, 以及 $\tau=\max(|t|,8)$. 那末对任意正整数 N 及 $\sigma\geqslant 0$ 有

$$\sum_{n\leqslant N}(1-n/N)\chi(n)n^{-s}\ll(q\tau)^{1/2}\log^2(q\tau)+E_0\varphi(q)q^{-1}N\tau^{-2}, \quad (24)$$

其中 E_0 由式(18.1.32)给出.

证: 由引理 3 知,只要讨论 $\sigma=0$ 的情形. 由定理 6.5.6 ($k=1$) 知

$$\sum_{n\leqslant N}\left(1-\frac{n}{N}\right)\chi(n)n^{-it}=\frac{1}{2\pi i}\int_{(2)}L(w+it,\chi)\frac{N^w}{w(w+1)}dw. \quad (25)$$

现取 $a=-(\log q\tau)^{-1}$. 显见, $-\dfrac{1}{2}<a<0$. 由式(14.1.3)(14.2.11), (14.2.16), 及(14.3.8) ($k=0$) 可知: 当 $\mathrm{Re}\, w\geqslant a$ 时有

$$L(w+it,\chi)\ll(q(|v|+\tau))^{1/2-a}, \quad w=u+iv. \quad (26)$$

因此,式(25)右边积分可移到直线 $\mathrm{Re}\, w=a$, 移过极点 $w=0$ 及 $w=1-it$ (仅当 $\chi=\chi^0$ 时才有), 留数分别为 $L(it,\chi)$ 及 $E_0\varphi(q)q^{-1}N^{1-it}(1-it)^{-1}(2-it)^{-1}$, 所以有

$$\sum_{n\leqslant N}\left(1-\frac{n}{N}\right)\chi(n)n^{-it}=\frac{1}{2\pi i}\int_{(a)}L(w+it,\chi)\frac{N^w}{w(w+1)}dw$$

$$+L(it,\chi)+E_0\frac{\varphi(q)}{q}\frac{N^{1-it}}{(1-it)(2-it)}. \quad (27)$$

类似于式(26)可得

$$L(it,\chi)\ll(q\tau)^{1/2}\log q\tau. \quad (28)$$

下面来估计式(27)中的积分. 设 $\chi \bmod q \Leftrightarrow \chi^* \bmod q^*$, 由式(14.1.3), (14.2.11)及(14.3.8)得

$$L(a+iv+it,\chi)\ll\sqrt{q/q^*}\,(q^*(|v|+|\tau|))^{1/2-a}|L(1-a-iv-it,\chi^*)|$$
$$\ll((q\tau)^{1/2}+(q|v|)^{1/2-a})|L(1-a-iv-it,\chi^*)|.$$

由此及

$$|L(1-a-iv-it,\chi)| \leqslant \zeta(1-a) \ll |a|^{-1} = \log q\tau,$$

$$w^{-1}(1+w)^{-1} \ll \begin{cases} \log q\tau, & |v| \leqslant 2\tau, \\ |v|^{-2}, & |v| > 2\tau, \end{cases} \qquad w = a+iv,$$

得到

$$\int_{(a)} L(w+it,\chi) N^{w} w^{-1}(w+1)^{-1} dw \ll (q\tau)^{1/2} \log^2(q\tau).$$

由上式及式(27),(28)就证明式(24)当 $\sigma=0$ 成立.

当 b_n 由式(18)确定时,可证明类似的结果,这时要利用定理6.5.4(见习题5).

利用引理4,从引理2就可得到下面的离散型的均值估计定理.

定理5 设$Q \geqslant 1$, $T \geqslant 2$, $\delta > 0$,以及 σ_0, t_0 是两个实数. 再设$\mathscr{A} = \{(s,q,\chi)\}$是满足下述条件的三元组集合: (i) $q \leqslant Q$, (ii) χ 均为原特征, (iii), $s=\sigma+it$, $\sigma \geqslant \sigma_0$, $t_0 \leqslant t \leqslant t_0+T$, (iv) 若$(s,q,\chi) \in \mathscr{A}$, $(s',q,\chi) \in \mathscr{A}$, $s \neq s'$, 则 $|t-t'| \geqslant \delta$. 那末,我们有

$$\sum_{(s,q,\chi)\in\mathscr{A}} |H(s,\chi)|^2 \ll \{(1+\delta^{-1})N + RQT^{1/2}\log^2(QT)\} \sum_{n=1}^{N} |a_n|^2 n^{-2\sigma_0}, \tag{29}$$

其中 $H(s,\chi)$ 由式(12)给出,R 是集合 $\mathscr{A}$ 的元素个数.

证: 现取b_n 为由式(17)给出,相应的 $B(w,\chi)$ 由式(19)给出. 当$(s,q,\chi) \in \mathscr{A}$, $(s',q',\chi') \in \mathscr{A}$时,注意到$\sigma+\sigma'-2\sigma_0 \geqslant 0$,及$\overline{\chi}\chi'$是模 $[q,q']$ 的特征, $[q,q'] \leqslant qq' \leqslant Q^2$,所以由引理4得

$$\begin{aligned} B(\overline{s}+s', \overline{\chi}\chi') &= \sum_{n=1}^{2N} (1-n/2N) \overline{\chi}\chi'(n) n^{-(\sigma+\sigma'-2\sigma_0)+i(t-t')} \\ &\ll (qq'(|t-t'|+8))^{1/2} \log^2(qq'(|t-t'|+8)) \\ &\quad + E_0 N(|t-t'|+8)^{-2}. \end{aligned} \tag{30}$$

由于 χ, χ'均为原特征,所以仅当 $\chi=\chi'$时 $\overline{\chi}\chi'$才是模 q 的主特征,因而由上式得(注意由条件(iii)知 $|t-t'| \leqslant T$)

$$\max_{(s,q,\chi)\in\mathscr{A}}\left(\sum_{(s',q',\chi')\in\mathscr{A}}|B(\bar{s}+s',\bar{\chi}\chi')|\right)\ll RQT^{1/2}\log^2(QT)$$

$$+\max_{(s,q,\chi)\in\mathscr{A}}\left(\sum_{(s',q,\chi)\in\mathscr{A}}N(|t-t'|+8)^{-2}\right)$$

$$\ll RQT^{1/2}\log^2(QT)+N(1+\delta^{-1}),\tag{31}$$

最后一步用到了条件(iv). 由此及式(15)就证明了定理.

利用式(16)也可得到相应的结果.但当我们仍用式(31)来估计式(16)右边的二重和时,那末所得的两个结果是一样的.

如果出现在集合$\mathscr{A}$的元素中的q均满足$q|D$, D为一给定正整数. 那末$\bar{\chi}\chi'$是模$[q,q']\leqslant D$的特征. 因而式(30)变为

$$B(\bar{s}+s',\bar{\chi}\chi')\ll(D(|t-t'|+8))^{1/2}\log^2(D(|t-t'|+8))$$

$$+E_0N(|t-t'|+8)^{-2}\quad.\tag{32}$$

因此我们可以得到

定理 6 设D为一给定正整数.在定理5的条件下,若所有出现在集合$\mathscr{A}$中的元素中的q均满足$q|D$, 那末

$$\sum_{(s,q,\chi)\in\mathscr{A}}|H(s,\chi)|^2$$

$$\ll\{(1+\delta^{-1})N+RD^{1/2}T^{1/2}\log^2(DT)\}\sum_{n=1}^{N}|a_n|^2n^{-2\sigma_0}.\tag{33}$$

习　　题

1. 设$\lambda>1/4$, θ为任一正常数,证明:

$$\sum_{d|q}\varphi(d)\prod_{p|q,p\nmid d}(1+\theta p^{-\lambda})\ll q\log q,$$

其中$\ll$常数和θ有关.

2. 证明: (a)在定理3.4的条件下有

$$\sum_{\chi \bmod q}\int_0^T |L(\sigma+it,\chi)|^4 dt \ll qT\log^5 (qT);$$

(b) 在定理 3.5 的条件下有

$$\sum_{\chi \bmod q}\int_0^T |L'(\sigma+it,\chi)|^4 dt \ll qT\log^9 (qT);$$

(c)在定理 3.6 的条件下有

$$\sum_{\chi \bmod q}\sum_{j=1}^{J(\chi)}\left|L\left(\frac{1}{2}+it_j(\chi),\chi\right)\right|^4 \ll (\delta^{-1}+\log qT)qT\log^5 (qT).$$

3. 设 $0\leqslant\sigma_1\leqslant\sigma_0\leqslant 3/2, t\geqslant t_0, t_0$ 是一适当正常数,证明对 σ_0 一致地有

$$\zeta(\sigma_0+it)\ll 1+\max_{|\tau|\leqslant\log^2 t}|\zeta(\sigma_1+it+i\tau)|e^{-|\tau|}$$

(在以 $\sigma_1+it\pm\log^2 t, 3+it\pm i\log^2 t$ 为顶点的矩形上考虑函数 $\zeta(s)\Gamma(s-s_0+2)$,其中 $s_0=\sigma_0+it$,利用最大模原理).

4. 设 $x\geqslant 2$.在引理 4.4 的条件和符号下,有

$$\sum_{n=1}^{\infty}\chi(n)n^{-it}e^{-n/x}\ll (q\tau)^{1/2}\log^2(q\tau)+E_0q^{-1}\varphi(q)x\tau^{1/2}e^{-\pi\tau 1/2}.$$

进而,类似证明:当 it 用 $s=\sigma+it,s\geqslant 0$ 代替时上式也成立.

5. 证明式(4.27)中的积分 $\ll(q\tau)^{1/2}\log q\tau$.(设 $\chi\Leftrightarrow\chi^*$,以 I 表该积分.

$$I\ll(q\tau)^{1/2}(\log q\tau)^{1/2}I_1^{1/2},\ \text{其中}\ I_1=\int_{(a)}(1+|w|^2)^{-1}|L(1-w-it,\chi^*)|^2|dw|.$$

再利用习题 6.56 来估计 I_1).

6. 在 §4 的符号下,证明:

$$\left|\sum_{r=1}^{R}\overline{c}_r(\xi,\varphi_r)\right|\leqslant\|\xi\|\left(\sum_{r=1}^{R}|c_r|^2\right)^{1/2}\left(\max_{1\leqslant r\leqslant R}\sum_{s=1}^{R}|(\varphi_r,\varphi_s)|\right)^{1/2}.$$

7. 在 §4 的符号下,设 A 是正数,$A^2\geqslant 2\|\xi\|^2\max\limits_{s\neq r}|(\varphi_r,\varphi_s)|$.若 $|(\xi,\varphi_r)|\geqslant A$,

$1\leqslant r\leqslant R$,那末,$R\leqslant 2A^{-2}\|\xi\|^2\max\limits_{1\leqslant r\leqslant R}\|\varphi_r\|^2$.

8. 设 q_0 为一给定正整数.在定理 5 的条件下,若所有出现在集合 $\mathscr{A}$ 中的元素中的 q 均满足 $q_0\mid q$,那末式(29)中的 Q 可用 $Qq_0^{-1/2}$ 来代替.

第三十章 零点分布(一)

设 $q\geqslant 1$, χ 是模 q 的特征. 再设 $1/2\leqslant\alpha\leqslant 1$, $T\geqslant 2$. 我们以 $N(\alpha,T,\chi)$ 表 $L(s,\chi)$ 在区域

$$\alpha\leqslant\sigma\leqslant 1, \qquad |t|\leqslant T \tag{A}$$

中的零点个数. 由于 $L(s,\chi)$ 和 $L(s,\chi^*)$ $(\chi\Leftrightarrow\chi^*)$ 的非显然零点相同, 故有

$$N(\alpha,T,\chi)=N(\alpha,T,\chi^*), \qquad \chi\Leftrightarrow\chi^*. \tag{B}$$

我们记

$$N(\alpha,T,q)=\sum_{\chi \bmod q} N(\alpha,T,\chi), \quad N(\alpha,T)=N(\alpha,T,1), \tag{C}$$

以及

$$N^*(\alpha,T,q)=\sum_{\chi \bmod q}{}^{*} N(\alpha,T,\chi). \tag{D}$$

由(B)知

$$N(\alpha,T,q)=\sum_{\chi \bmod q} N(\alpha,T,\chi^*). \tag{C$'$}$$

本章要来讨论如下形式的零点密度估计:

$$N(\alpha,T,q)\ll(qT)^{A_1(\alpha)(1-\alpha)}(\log qT)^{B_1}, \tag{E}$$

及对 $Q\geqslant 3$

$$\sum_{q\leqslant Q} N^*(\alpha,T,q)\ll(Q^2T)^{A_2(\alpha)(1-\alpha)}(\log QT)^{B_2}. \tag{F}$$

在取什么样的 $A_i(\alpha)$ 和 B_i $(i=1,2)$ 时成立. 在本章证明的结果中, 要求 $A_i(\alpha)$ 取尽可能小的值, 而对数方次 B_i 是不重要的, 可取较大的值. 在第三十三章中, 我们将证明 $B_1=B_2=0$ 这种形式的估计. 型如(F)的估计称为大筛法型零点密度估计.

证明本章中的结果主要有两种方法. 一种是基于单复变函数

论的 Littlewood 定理 [32,式(9.9.1)] 即利用幅角的变化来估计零点个数,并要用到凸性定理 [32. §9.15—9.19],[28, 第九章 §1.] 另一种方法本质上是由 Ю.В. Линник[1]提出来的.它基于这样一个事实:对应于每个零点,总有一个 Dirichlet 多项式取"大值".因此,利用第二十九章中讨论的 Dirichlet 多项式的均值估计就可相应得到零点个数的这种估计式.本章就是用这种方法来建立估计式(E)及(F)(B_i 取较大的值).

通常所说的密度猜想是指在估计式(E)和(F)中可取

$$A_1(\alpha)=A_2(\alpha)=2, \qquad 1/2\leqslant\alpha\leqslant 1, \tag{G}$$

B_1, B_2 为适当正常数;或可取

$$A_1(\alpha)=A_2(\alpha)=2+\varepsilon, \qquad 1/2\leqslant\alpha\leqslant 1, \tag{H}$$

而 $B_1=B_2=0$.已经证明当 α 接近于 1 时密度猜想成立.

关于零点密度估计已经得到了各种各样的结果,本章仅讨论一些有代表性的方法和结果,有关内容可参看:[24],[15],[30].零点密度估计在解析数论中有重要应用.第十九章和第三十一章给出了它在线性素变数指数和估计及算术数列中的素数的平均分布中的应用.在 §5 将给出它在小区间中的素数分布中的应用.它的各种应用总是和 $\psi(x,\chi)$ 的零点展开式联系在一起的.

§1. 方法概述

先来指出对应于 $L(s,\chi)$ 在区域(A)中的每一个零点 ρ,必有相应的一个 Dirichlet 多项式取"大值".这一结论的具体含意将在下面逐步解释清楚.

设 x, y 是两个正参数,$s=\sigma+it$,以及

$$M_x(s,\chi)=\sum_{n\leqslant x}\mu(n)\chi(n)n^{-s}. \tag{1}$$

当 $\sigma>1$ 时,

$$L(s,\chi)M_x(s,\chi)=1+\sum_{n>x}a_n\chi(n)n^{-s}, \tag{2}$$

1) *МаТат. Сб.*, **15** (1944), 1—11; 139—178; 347—368, 及 К.А.Родосский, *МаТат. Сб.* **34** (1954), 331—356.

其中

$$a_n=a_n(x)=\sum_{d|n,d\leqslant x}\mu(n),\quad n=1,2,\cdots. \tag{3}$$

由式(6.5.30)及 $a_n=0\ (1<n\leqslant x)$ 可得:当 $c>0$,$c+\sigma>1$ 时有

$$e^{-1/y}+\sum_{n>x}a_n\chi(n)n^{-s}e^{-n/y}$$

$$=\frac{1}{2\pi i}\int_{(c)}L(s+w,\chi)M_x(s+w,\chi)\Gamma(w)y^w dw=I(s,c). \tag{4}$$

由 Γ 函数的阶估计(3.3.22)及 L 函数的最简单的阶估计知,式(4)右边积分可移到任一直线,加上所移过的极点的留数.现假定

$$1/2<\sigma<1. \tag{5}$$

把积分直线移到 $\mathrm{Re}\ w=1/2-\sigma$,由留数定理得到:

$$I(s,c)=L(s,\chi)M_x(s,\chi)$$

$$+E_0q^{-1}\varphi(q)M_x(1,\chi)y^{1-s}\Gamma(1-s)+I(s,1/2-\sigma), \tag{6}$$

其中第一项是极点 $w=0$ 的留数;第二项是当 $\chi=\chi^0$ 时,极点 $w=1-s$ 的留数,$E_0=1$ 当 $\chi=\chi^0$;$E_0=0$,其它情形,当 $s=\rho=\beta+ir$ 是 $L(s,\chi)$ 的零点,$1/2<\beta<1$ 时,由式(4)和(6)推出:

$$e^{-1/y}=-\sum_{n>x}a_n\chi(n)n^{-\rho}e^{-n/y}+E_0q^{-1}\varphi(q)M_x(1,\chi)y^{1-\rho}\Gamma(1-\rho)$$

$$+I(\rho,1/2-\beta). \tag{7}$$

或者可表为:对 $c>0$,$c+\beta>1$ 时有

$$e^{-1/y}=\frac{1}{2\pi i}\int_{(c)}\{1-L(\rho+w,\chi)M_x(\rho+w,\chi)\}\Gamma(w)y^w dw$$

$$+E_0q^{-1}\varphi(q)M_x(1,\chi)y^{1-\rho}\Gamma(1-\rho)+I(\rho,1/2-\beta)$$

$$=\frac{-1}{2\pi i}\int_{(c)}\left\{\sum_{n>x}a_n\chi(n)n^{-\rho-w}\right\}\Gamma(w)y^w dw \tag{8}$$

$$+E_0q^{-1}\varphi(q)M_x(1,\chi)y^{1-\rho}\Gamma(1-\rho)+I(\rho,1/2-\beta),$$

最后一步用到了式(2).式(7)和式(8)就是我们所要的刻划零点特性的基本关系式;它们中的任一个都可作为进一步讨论的出发点.

下面对零点的位置及参数 x, y, c 加上进一步的限制条件,来化简关系式(7)或(8).设 T 是充分大的正数,

$$\mathscr{L}=\log(qT), \tag{9}$$

c_1, c_2 是待定正参数,x, y 满足

$$10\leqslant x\leqslant (qT)^{c_1}, \qquad a\leqslant y\leqslant (qT)^{c_2}, \tag{10}$$

其中 a 为一常数使得

$$e^{-1/a}\geqslant \frac{9}{10}, \tag{11}$$

再假定 $L(s,\chi)$ 的零点 $\rho=\beta+i\gamma$ 满足

$$1/2+\mathscr{L}^{-1}\leqslant \beta<1, \qquad E_0c_3\mathscr{L}\leqslant|\gamma|\leqslant T, \tag{12}$$

其中 c_3 为一待定正参数.

先来讨论式(7).式(7)右边第二项仅当 $E_0=1$,即 $\chi=\chi^0$ 时才出现.这时必有 $|\gamma|\geqslant c_3\mathscr{L}$.由式(3.3.22)知,当 $c_3>c_2\pi^{-1}$ 时

$$\begin{aligned}
&q^{-1}\varphi(q)M_x(1,\chi^0)y^{1-\rho}\Gamma(1-\rho)\\
&\ll(\log x)y^{1-\beta}|\gamma|^{1/2-\beta}e^{-\pi|\gamma|/2}\\
&\ll c_1(qT)^{c_2/2-\pi c_3/2}(\log qT)\to 0,\ T\to\infty.
\end{aligned} \tag{13}$$

为了讨论式(7)右边第三项,任取参数 $c_4>\pi^{-1}(2+c_1)$,正参数 $c_5>1$,及 z 满足

$$c_4\mathscr{L}\leqslant z\leqslant \mathscr{L}^{c_5}. \tag{14}$$

由式(3.3.22)及 $L(1/2+it,\chi)\ll q(|t|+2)$ 可得:在以上条件下

$$\begin{aligned}
&\int_z^{\infty}L\left(1/2+i\gamma+iv,\chi\right)M_x(1/2+i\gamma+iv,\chi)y^{1/2-\beta+iv}\Gamma(1/2-\beta+iv)\,dv\\
&\ll\sqrt{x}\,qT\int_z^{\infty}e^{-\pi v/2}dv\ll(qT)^{1+c_1/2}ze^{-\pi z/2}\to 0,\ T\to\infty.
\end{aligned} \tag{15}$$

类似有

$$\int_{-\infty}^{z} \to 0, \qquad T \to \infty. \tag{16}$$

因此

$$I(\rho, 1/2-\beta)$$
$$= \int_{-z}^{z} L\left(1/2+i\gamma+iv,\chi\right) M_x(1/2+i\gamma+iv,\chi)\, y^{1/2-\beta+iv}\Gamma(1/2-\beta+iv)dv$$
$$+o(1), \tag{17}$$

其中$o(1)\to 0$当 $T\to\infty$.此外,由条件(12)知有正常数c_6使得

$$|\Gamma(1/2-\beta+iv)| \leqslant c_6\mathscr{L}. \tag{18}$$

综合以上讨论,从式(7)可推出:在条件(10),(11),(12),(14),以及出现的参数满足各自的条件,且 $T\geqslant T_0$,(T_0和参数 c_1, c_2, c_3, c_4, c_5有关)时,一定有

$$\left|\sum_{n>x} a_n\chi(n)n^{-\rho}e^{-n/y}\right| + (2\pi)^{-1}c_6\mathscr{L}y^{1/2-\beta}\int_{-z}^{z}|LM_x(1/2+i\gamma+iv,\chi)|dv$$
$$\geqslant 1/2, \tag{19}$$

即

$$\left|\sum_{n>x} a_n\chi(n)n^{-\rho}e^{-n/y}\right| + \mathscr{L}y^{1/2-\beta}\int_{-z}^{z}|LM_x(1/2+i\gamma+iv,\chi)|dv \gg 1, \tag{20}$$

其中$\gg$常数是绝对的.

由上式可知,存在

$$v = v(\gamma), \quad |v| \leqslant z, \tag{21}$$

使得

$$\left|\sum_{n>x} a_n\chi(n)n^{-\rho}e^{-n/y}\right| + \mathscr{L}zy^{1/2-\beta}|LM_x(1/2+i\gamma+iv(\gamma),\chi)| \gg 1. \tag{22}$$

式(22)表明:如果ρ是$L(s,\chi)$满足条件(12)的一个零点,那末,式(22)左边的两个 Dirichlet 多项式[1]必有一个取“大值”—— 即

---

1) 第二项还乘上一个 L 函数,实际上也可化为 Dirichlet 多项式.

大于一个固定的正常数.

如果我们从关系式(8)出发来讨论，那末，取

$$c=1-\beta+\mathscr{L}^{-1}. \tag{23}$$

当 z 满足条件(14)时,类似于式(15)可证:

$$\int_{z}^{\infty}\{1-LM_{x}(\rho+w,\chi)\}\Gamma(w)y^{w}dw\to 0, T\to\infty \tag{24}$$

及

$$\int_{-\infty}^{-z}\to 0, \quad T\to\infty. \tag{25}$$

因而,在条件(10),(11),(12),(14),以及出现的参数满足所说的条件下,当 $T\geqslant T_0$(T_0 和参数 $c_1,\cdots,c_5$ 有关)时,一定有

$$\mathscr{L}y^{1-\beta}\int_{-z}^{z}|1-LM_{x}(1+\mathscr{L}^{-1}+i\gamma+iv,\chi)|dv$$

$$+\mathscr{L}y^{1/2-\beta}\int_{-z}^{z}|LM_{x}(1/2+i\gamma+iv,\chi)|dv\gg 1. \tag{26}$$

同样由此推出,存在

$$v_j=v_j(\gamma), \quad |v_j|\leqslant z, \quad j=1,2, \tag{27}$$

使得

$$\mathscr{L}zy^{1-\beta}|1-LM_{x}(1+\mathscr{L}^{-1}+i\gamma+iv_1(\gamma),\chi)|$$

$$+\mathscr{L}zy^{1/2-\beta}|LM_{x}(1/2+i\gamma+iv_2(\gamma),\chi)|\gg 1. \tag{28}$$

与式(22)一样,这也表明必有 Dirichlet 多项式取“大值”.

式(20),(22),(26),或(28)均可作为进一步讨论的出发点.

由推论 15.3.2(a)知,$L(s.\chi)$ 在区域

$$-2T\leqslant t_0\leqslant \mathrm{Im}\, s\leqslant t_0+2z\leqslant 2T$$

中的非显然零点个数 $\ll z\mathscr{L}\ll\mathscr{L}^{c_5+1}$,这里 z 满足条件(14). 所以不计对数方次 B_i 的大小时,可以把区域(A)按下面的方法分块,通过估计包含零点的小块的个数来估计(A)中的零点的个数,而

这些小块的个数可利用估计 Dirichlet 多项式的均值来估计. 把矩形区域(A)分为 $\leqslant 2[T/3z]+2$ 个高度 $\leqslant 3z$ 的小矩形 Q_m:

$$\begin{cases}\alpha\leqslant\sigma\leqslant 1,\ -T\leqslant t<-[T/3z]3z\ ,\ m=-[t/3z]-1\ ,\\ \alpha\leqslant\sigma\leqslant 1,\ m\cdot 3z\leqslant t<(m+1)3z\ ,-[T/3z]\leqslant m\leqslant[T/3z]-1\ ,\\ \alpha\leqslant\sigma\leqslant 1,\ [T/3z]3z\leqslant t\leqslant T,\quad m=[T/3z].\end{cases}\tag{29}$$

再把这些小矩形一隔一地分为两组,当 $\chi\neq\chi^0$ 时要把矩形 Q_0 和 Q_{-1} 除外,即设

$$D_1(\chi)=\begin{cases}\bigcup\limits_{2\nmid m}Q_m,\quad \chi\neq\chi^0,\\ \bigcup\limits_{2\nmid m\neq -1}Q_m,\quad \chi=\chi^0,\end{cases}\tag{30}$$

及

$$D_2(\chi)=\begin{cases}\bigcup\limits_{2\mid m}Q_m,\quad \chi\neq\chi^0,\\ \bigcup\limits_{2\mid m\neq 0}Q_m,\quad \chi=\chi^0,\end{cases}\tag{31}$$

若以 $R_j(\chi)$ $(j=1$ 或 $2)$ 表小矩形组 $D_j(\chi)$ 中至少有一个 $L(s,\chi)$ 的零点的小矩形的个数,并在每一个这种小矩形中任取一个零点作为代表,这样就得到 $R_j(\chi)$ 个零点

$$\rho_{j,r}=\rho_{j,r}(\chi)=\beta_{j,r}(\chi)+i\gamma_{j,r}(\chi)=\beta_{j,r}+i\gamma_{j,r},1\leqslant r\leqslant R_j(\chi).\tag{32}$$

且满足

$$\alpha\leqslant\beta_{j,r}<1,\ |\gamma_{j,r}|\leqslant T;\ |\gamma_{j,r}-\gamma_{j,r'}|\geqslant 3z\ ,r\neq r',\tag{33}$$

不妨设这一组 $R_j(\chi)$ 个零点按虚部递增次序排列. 当

$$1/2+\mathscr{L}^{-1}\leqslant\alpha<1\tag{34}$$

时,对这每一个零点都有式(20),(22),(26)及(28)成立.

我们用 $N_j(\alpha,T,\chi)$ 表 $L(s,\chi)$ 在 $D_j(\chi)$ 中的零点个数. 由于在每个小矩形中的零点个数 $\ll\mathscr{L}z$,所以有

$$\begin{aligned}N(\alpha,T,\chi)&=N_1(\alpha,T,\chi)+N_2(\alpha,T,\chi)+O(E_0\mathscr{L}z)\\&\ll(E_0+R_1(\chi)+R_2(\chi))\mathscr{L}z\ .\end{aligned}\tag{35}$$

由此及式(C)和(C′)得到

$$N(\alpha,T,q)\ll\left(1+\sum_{\chi \bmod q}R_1(\chi)+\sum_{\chi \bmod q}R_2(\chi)\right)\mathscr{L}z \qquad (36)$$

和

$$N(\alpha,T,q)\ll\left(1+\sum_{\chi \bmod q}R_1(\chi^*)+\sum_{\chi \bmod q}R_2(\chi^*)\right)\mathscr{L}z\ . \qquad (37)$$

因此,为了估计 $N(\alpha,T,q)$ 就转化为估计

$$\sum_{\chi \bmod q}R_j(\chi)\ \text{或}\ \sum_{\chi \bmod q}R_j(\chi^*),\qquad j=1,2. \qquad (38)$$

对 $j=1,2$ 的估计是一样的.而型如(38)的估计,由于有关系式(20),(22),(26)或(28)在一组佳位组(见式(33))上成立,所以可转化为估计经典的混合型 Dirichlet 多项式均值及 L 函数均值的上界.这就是本章所用的估计零点密度的方法.在具体应用中,可根据情况把这些关系式加以灵活地结合运用,这将通过在以下几节中具体的定理证明来说明.

容易看出,利用这种方法所得的零点个数的上界总有一个$\mathscr{L}$的方次,所以在 $\alpha=1$ 附近用这种方法不能得到好的结果.

对于 $\sum_{q\leqslant Q}N^*(\alpha,T,q)$ 可用同样方法来讨论,在同样的符号下,我们有

$$\sum_{q\leqslant Q}N^*(\alpha,T,q)\ll\left(1+\sum_{q\leqslant Q}\ \sideset{}{^*}\sum_{\chi \bmod q}R_1(\chi)+\sum_{q\leqslant Q}\ \sideset{}{^*}\sum_{\chi \bmod q}R_2(\chi)\right)\mathscr{L}z\ , \qquad (39)$$

因而,就转化为估计

$$\sum_{q\leqslant Q}\ \sideset{}{^*}\sum_{\chi \bmod q}R_j(\chi),\qquad j=1,2. \qquad (40)$$

同上面完全一样,这种和式的估计可归结为第二十九章中讨论的大筛法型的混合型 Dirichlet 多项式的均值估计及混合型的 L 函数的均值估计.这时要注意的是:凡是参数条件中出现 qT 的地方

均用 Q^2T 来代替[1)]. 例如, 这时代替式(9), 取

$$\mathscr{L}=\log(Q^2T), \tag{41}$$

条件(10)改为

$$10<x\leqslant(Q^2T)^{c_1}, \qquad a\leqslant y\leqslant(Q^2T)^{c_2}. \tag{42}$$

在本章中我们总取

$$z=c_4\mathscr{L}. \tag{43}$$

§2. 零点密度定理

先来证明一个最简单的结果,它首先是由 Ingham 得到的. 下面所用符号,字母的含意均和 §1 相同.

定理 1 设$1/2\leqslant\alpha\leqslant1$, $T\geqslant2$, $q\geqslant1$. 我们有

$$N(\alpha,T,q)\ll(qT)^{3(1-\alpha)(2-\alpha)^{-1}}(\log qT)^9, \tag{1}$$

特别地

$$N(\alpha,T)\ll T^{3(1-\alpha)(2-\alpha)^{-1}}(\log T)^9. \tag{2}$$

此外, 设 $Q\geqslant3$, 我们有

$$\sum_{q\leqslant Q}N^*(\alpha,T,q)\ll(Q^2T)^{3(1-\alpha)(2-\alpha)^{-1}}(\log QT)^9. \tag{3}$$

证: 先证式(1). 首先假定

$$T\geqslant c_4\log qT=c_4\mathscr{L}=z. \tag{4}$$

由推论 15.3.2(b)知

$$N(1/2,T,q)\ll qT\mathscr{L}, \tag{5}$$

所以只要对

$$1/2+\mathscr{L}^{-1}\leqslant\alpha<1 \tag{6}$$

来证明式(1). 由上节讨论知,我们可以利用式(1.26)来估计 $\sum\limits_{\chi \bmod q}R_j(\chi^*)$. 对 $j=1,2$ 估计是一样的. 下面只讨论 $j=1$ 的情形.

---

1) 事实上,在以上的讨论中, qT 中的 q 以任一大于 q 的数代替,所有的结论和关系式都成立.

并设(1.32)中的零点代表组

$$\rho_{1,r}(\chi^*)=\rho_r(\chi^*)=\rho_r=\beta_r+i\gamma_r,\ 1\leqslant r\leqslant R_1(\chi^*). \qquad (7)$$

利用 Hölder 不等式,由式(1.26)及(1.33)可得[1)]

$$1\ll\left\{\mathscr{L}\,y^{1-\beta_r}\int_{-z}^{z}|1-LM_x(1+\mathscr{L}^{-1}+i\gamma_r+iv,\chi^*)|dv\right\}^2$$

$$+\left\{\mathscr{L}y^{1/2-\beta_r}\int_{-z}^{z}|LM_x(1/2+i\gamma_r+iv,\chi^*)|dv\right\}^{4/3}$$

$$\ll\mathscr{L}^3y^{2-2\alpha}\int_{\gamma_r-z}^{\gamma_r+z}|1-LM_x(1+\mathscr{L}^{-1}+iv,\chi^*)|^2dv$$

$$+\mathscr{L}^{5/3}y^{2/3-4\alpha/3}\int_{\gamma_r-z}^{\gamma_r+z}|LM_x(1/2+iv,\chi^*)|^{4/3}dv. \qquad (8)$$

上式两边对 r 求和，并注意到式(1.33)及(4)得到

$$R_1(\chi^*)\ll\mathscr{L}^3y^{2-2\alpha}\int_{-2T}^{2T}|1-LM_x(1+\mathscr{L}^{-1}+iv,\chi^*)|^2dv$$

$$+\mathscr{L}^{5/3}y^{2/3-4\alpha/3}\int_{-2T}^{2T}|LM_x(1/2+iv,\chi^*)|^{4/3}dv. \qquad (9)$$

对上式右边第二项利用 Hölder 不等式后,两边对 $\chi \bmod q$ 求和,然后再对第二项用 Hölder 不等式,得到:

$$\sum_{\chi \bmod q}R_1(\chi^*)\ll\mathscr{L}^3y^{2-2\alpha}\sum_{\chi \bmod q}\int_{-2T}^{2T}|1-LM_x(1+\mathscr{L}^{-1}+iv,\chi^*)|^2dv$$

---

1) 这里是对所有 $\chi^*\Leftrightarrow\chi$ 来讨论的,$\chi \bmod q$,$\chi^* \bmod d$.讨论每一个 χ^* 时 §1 中的 qT 应取 dT.但容易看出对所有这些 χ^*,统一取 qT 代替 dT 时, §1 的讨论全部成立.所以下面的 $\mathscr{L}$, x, y 均和 §1 同. (参见上节末的注)

$$+\mathscr{L}^{5/3}y^{2/3-4\alpha/3}\left\{\sum_{\chi \bmod q}\int_{-2T}^{2T}|L(1/2+iv,\chi^*)|^4dv\right\}^{1/3}$$

$$\cdot\left\{\sum_{\chi \bmod q}\int_{-2T}^{2T}|M_x(1/2+iv,\chi^*)|^2dv\right\}^{2/3}. \tag{10}$$

利用式(29.2.22)($N=+\infty$),引理 25.4.2,并注意条件(1.10),可得到

$$\sum_{\chi \bmod q}\int_{-2T}^{2T}|1-LM_x(1+\mathscr{L}^{-1}+iv,\chi^*)|^2dv$$

$$=\sum_{\chi \bmod q}\int_{-2T}^{2T}\left|\sum_{n>x}a_n\chi^*(n)n^{-1-\mathscr{L}^{-1}-iv}\right|^2dv$$

$$\ll\sum_{n>x}(qT+n)d^2(n)n^{-2-2\mathscr{L}^{-1}}\ll(qTx^{-1}+1)\mathscr{L}^3. \tag{11}$$

$$\sum_{\chi \bmod q}\int_{-2T}^{2T}|M_x(1/2+iv,\chi^*)|^2dv$$

$$\ll\sum_{n\leqslant x}(qT+n)n^{-1}\ll qT\mathscr{L}+x. \tag{12}$$

而由式(29.3.19)得

$$\sum_{\chi \bmod q}\int_{-2T}^{2T}|L(1/2+iv,\chi^*)|^4dv\ll qT\mathscr{L}^4 \tag{13}$$

现取

$$x=qT, \tag{14}$$

从式(10)—(13)可推出

$$\sum_{\chi \bmod q}R_1(\chi^*)\ll\mathscr{L}^6y^{2-2\alpha}+\mathscr{L}^4qTy^{2/3-4\alpha/3}. \tag{15}$$

取

$$y=(qT)^{3(2-\alpha)^{-1}/2}, \tag{16}$$

即得

$$\sum_{\chi \bmod q}R_1(\chi^*)\ll(qT)^{3(1-\alpha)(2-\alpha)^{-1}}\mathscr{L}^6. \tag{17}$$

同样可证

$$\sum_{\chi \bmod q} R_2(\chi^*) \ll (qT)^{3(1-\alpha)(2-\alpha)^{-1}}\mathscr{L}^6. \tag{18}$$

由以上两式及式(1.37)就推出当式(4)成立时有

$$N(\alpha,T,q) \ll (qT)^{3(1-\alpha)(2-\alpha)^{-1}}\mathscr{L}^8. \tag{19}$$

当 $T < c_4\mathscr{L}$ 时,由上式及 $\alpha \geqslant 1/2$ 可得

$$N(\alpha,T,q) \leqslant N(\alpha,c_4\mathscr{L},q) \ll (q\mathscr{L})^{3(1-\alpha)(2-\alpha)^{-1}}\mathscr{L}^8$$

$$\ll q^{3(1-\alpha)(2-\alpha)^{-1}}\mathscr{L}^9.$$

所以,式(1)也成立. 这就证明了式(1).

式(3)可以完全同样地证明. 当 $T \geqslant c_4\log(Q^2T)$ 时同推导式(10)一样,利用 Hölder 不等式从式(9)可推得(注意下面的 $\mathscr{L}=\log(Q^2T)$):

$$\sum_{q\leqslant Q}\sum_{\chi \bmod q}{}^{*}R_1(\chi) \ll \mathscr{L}^3y^{2-2\alpha}\sum_{q\leqslant Q}\sum_{\chi \bmod q}{}^{*}\int_{-2T}^{2T}|1-LM_x(1+\mathscr{L}^{-1}+iv,\chi)|^2dv$$

$$+\mathscr{L}^{5/3}y^{2/3-4\alpha/3}\left\{\sum_{q\leqslant Q}\sum_{\chi \bmod q}{}^{*}\int_{-2T}^{2T}|L(1/2+iv,\chi)|^4dv\right\}^{1/3}$$

$$\cdot\left\{\sum_{q\leqslant Q}\sum_{\chi \bmod q}{}^{*}\int_{-2T}^{2T}|M_x(1/2+iv,\chi)|^2dv\right\}^{2/3}. \tag{20}$$

由式(29.2.23)($N=+\infty$),引理 25.4.2 及条件(1.42)可得

$$\sum_{q\leqslant Q}\sum_{\chi \bmod q}{}^{*}\int_{-2T}^{2T}|1-LM_x(1+\mathscr{L}^{-1}+iv,\chi)|^2dv$$

$$\ll \sum_{n>x}(Q^2T+n)d^2(n)n^{-2-2\mathscr{L}^{-1}}$$

$$\ll (Q^2Tx^{-1}+1)\mathscr{L}^3, \tag{21}$$

$$\sum_{q \leqslant Q} \sum_{\chi \bmod q}{}^{*} \int_{-2T}^{2T} |M_x(1/2+iv,\chi)|^2 dv$$

$$\ll \sum_{n \leqslant x} (Q^2 T + n) n^{-1} \ll Q^2 T \mathscr{L} + x . \tag{22}$$

此外，由式(29.3.18)可得

$$\sum_{q \leqslant Q} \sum_{\chi \bmod q}{}^{*} \int_{-2T}^{2T} |L(1/2+iv,\chi)|^4 dv \ll Q^2 T \mathscr{L}^4 , \tag{23}$$

现取

$$x = Q^2 T , \qquad y = (Q^2 T)^{3(2-\alpha)^{-1/2}} \tag{24}$$

由以上四式可推出

$$\sum_{q \leqslant Q} \sum_{\chi \bmod q}{}^{*} R_1(\chi) \ll (qT)^{3(1-\alpha)(2-\alpha)^{-1}} \mathscr{L}^6 . \tag{25}$$

对 $R_2(\chi)$ 可得同样的估计.由此从式(1.39)推出:当 $T \geqslant c_4 \mathscr{L}$ 时有

$$\sum_{q \leqslant Q} N^*(\alpha, T, q) \ll (Q^2 T)^{3(1-\alpha)(2-\alpha)^{-1}} \mathscr{L}^8 ,$$

由此可推出当 $T < c_4 \mathscr{L}$ 时

$$\sum_{q \leqslant Q} N^*(\alpha, T, Q) \ll (Q^2)^{3(1-\alpha)(2-\alpha)^{-1}} \mathscr{L}^9 ,$$

因此就证明了式(3).

附注. 为了使得式(1)和(3)的证明统一起见,我们在式(1)的证明中利用了式(1.37),通过估计 $\sum_{\chi \bmod q} R_j(\chi^*)$来证明式(1).事实上,我们可以利用式(1.36),相应地来估计 $\sum_{\chi \bmod q} R_j(\chi)$.这时,证明完全一样,所不同的只是式(29.2.22)要用式(29.2.10)来代替,式(29.3.19)代之以用习题29.3.而最后结果要把 $\mathscr{L}^9$ 改为 $\mathscr{L}^{10}$.

推论 2. 取 $A_1(\alpha)=A_2(\alpha)=3$, $B_1=B_2=9$ 时,估计式(E)和(F)成立.

§3. 零点密度定理的改进

粗略地说,定理 2.1 表明:当 α 接近于 1 时,所估计的总的零点个数仅是 qT(或 Q^2T)的一个很小的方次,因而,平均来说每一个 $L(s,\chi)$ 的零点个数仅是 T 的很小的方次.这样,当 α 接近于 1 时,在从式(1.8)对 r 求和导出式(1.9)中,用在区间 $[-2T,2T]$ 上的积分代替原来在 $[\gamma_r-z\ ,\gamma_r+z\ ]$ 上的各个积分之和就放大了很多.因而,如果用 §29.4 中的 Halász 方法来直接估计相应于式(1.22)或式(1.28)的离散和,那末就有可能改进结果.下面的定理表明当 $\alpha>4/5$ 时情况确是这样.这一结果属于 Montgomery.见 [24, 定理 12.1].下面符号的含意均和 §1, §2 相同.

定理 1 在定理2.1 的条件和符号下,我们有

$$N(\alpha,T,q)\ll(qT)^{2\alpha^{-1}(1-\alpha)}(\log qT)^{13}\ , \tag{1}$$

$$\sum_{q\leqslant Q}N^*(\alpha,T,q)\ll(Q^2T)^{2\alpha^{-1}(1-\alpha)}(\log QT)^{13}\ . \tag{2}$$

证: 先来证式(1).与显然估计(2.5)相比,我们可假定

$$2/3<\alpha<1\ . \tag{3}$$

此外,由定理 2.1 的证明可看出,可以假定式(2.4)成立.利用式(1.2),由式(2.8)可得到

$$R_1=\sum_{\chi \bmod q}R_1(\chi^*)$$

$$\ll\mathscr{L}^3y^{2-2\alpha}\sum_{\chi \bmod q}\sum_{r=1}^{R_1(\chi^*)}\int_{\gamma_r-z}^{\gamma_r+z}\left|\sum_{n>qT}a_n\chi^*(n)n^{-1-\mathscr{L}^{-1}-iv}\right|^2dv$$

$$+\mathscr{L}^3y^{2-2\alpha}\sum_{\chi \bmod q}\sum_{r=1}^{R_1(\chi^*)}\int_{-z}^{z}\left|\sum_{x<n\leqslant qT}a_n\chi^*(n)n^{-1-\mathscr{L}^{-1}-iv-i\gamma_r}\right|^2dv$$

$$+\mathscr{L}^{5/3}y^{2/3-4\alpha/3}\sum_{\chi \bmod q}\sum_{r=1}^{R_1(\chi^*)}\int_{-z}^{z}|LM_x(1/2+iv+i\gamma_r,\chi^*)|^{4/3}dv$$

$$=\mathscr{L}^3y^{2-2\alpha}R_{11}+\mathscr{L}^3y^{2-2\alpha}R_{12}+\mathscr{L}^{5/3}y^{2/3-4\alpha/3}R_{13}. \tag{4}$$

下面来估计 R_{1j}, $j=1,2,3$. 由式(2.11)(取 $x=qT$)可得

$$R_{11}\leqslant\sum_{\chi \bmod q}\int_{-2T}^{2T}\left|\sum_{n>qT}a_n\chi^*(n)n^{-1-\mathscr{L}^{-1}+iv}\right|^2dv\ll\mathscr{L}^3. \tag{5}$$

由定理 29.4.6(取 $D=q$, $\delta=z$)可得

$$R_{12}\ll\mathscr{L}\int_{-z}^{z}\left\{\sum_{0\leqslant j\ll\mathscr{L}}\sum_{\chi \bmod q}\sum_{r=1}^{R_1(\chi^*)}\right.$$

$$\left.\cdot\left|\sum_{2^jx<n\leqslant\min(qT,2^{j+1}x)}a_n\chi^*(n)n^{-1-\mathscr{L}^{-1}-iv-i\gamma_r}\right|^2\right\}dv$$

$$\ll\mathscr{L}^2\left\{\sum_{0\leqslant j\leqslant\mathscr{L}}(2^jx+R_1(qT)^{1/2}\mathscr{L}^2)\sum_{2^jx<n\leqslant 2^{j+1}x}d^2(n)n^{-2-2\mathscr{L}^{-1}}\right\}$$

$$\ll\mathscr{L}^6+\mathscr{L}^7R_1(qT)^{1/2}x^{-1}, \tag{6}$$

最后一步用到了引理 25.4.2. 同样的,利用 Hölder 不等式,由定理 29.4.6(取$D=q$, $\delta=z$)及定理 29.3.6 可得:

$$R_{13}\ll\int_{-z}^{z}dv\left\{\sum_{\chi \bmod q}\sum_{r=1}^{R_1(\chi^*)}|M_x(1/2+iv+i\gamma_r,\chi)|^2\right\}^{2/3}$$

$$\cdot\left\{\sum_{\chi \bmod q}\sum_{r=1}^{R_1(\chi^*)}|L(1/2+iv+i\gamma_r,\chi)|^4\right\}^{1/3}$$

$$\ll\mathscr{L}\{(x+R_1(qT)^{1/2}\mathscr{L}^2)\log x\}^{2/3}\{qT\mathscr{L}^5\}^{1/3}. \tag{7}$$

取

$$x=R_1(qT)^{1/2}\mathscr{L}^2, \tag{8}$$

显然这满足条件（1.10）. 由式(4)—(7)可推出,存在正常数 c_7 使得

$$R_1\ll c_7\mathscr{L}^9 y^{2-2\alpha}+c_7\mathscr{L}^{13/3}y^{2/3-4\alpha/3}R_1^{2/3}(qT)^{2/3}. \tag{9}$$

取[1)]

$$y=c_8\mathscr{L}^{13(4\alpha-2)^{-1}}(qT)^{(2\alpha-1)^{-1}}R_1^{-(4\alpha-2)^{-1}},\ c_8=(8c_7)^{(4\alpha-2)^{-1}}, \tag{10}$$

这显然也满足条件(1.10). 我们就得到

$$R_1\ll(qT)^{2\alpha^{-1}(1-\alpha)}\mathscr{L}^{\alpha^{-1}(5\alpha+4)}. \tag{11}$$

对 $R_2=\sum\limits_{\chi \bmod q}R_2(\chi^*)$ 可得同样的估计. 由此从式(1.37)就证明了式(1)(注意条件(3)).

用完全同样的方法(并参见式(1.3)的证明)可证明式(2),这里要用定理 29.4.5 代替定理 29.4.6,以及在确定参数取值时, qT 用 Q^2T 代替. 详细的证明留给读者.

由定理 2.1 和 3.1 可得到

推论 2 取 $A_1(\alpha)=A_2(\alpha)=5/2$, $B_1=B_2=13$ 时,估计式(E)和(F)成立.

在定理 1 的证明中,如果用 $L(1/2+it,\chi)$ 的阶估计来代替 L 函数的四次均值估计,那末就可以证明: 当 α 接近于 1 时,可取 $A_j(\alpha)<2$, $j=1,2$, 即密度猜想局部成立.

定理 3 如果估计式

$$L(1/2+it,\chi)\ll(q(|t|+2))^{\lambda_1}\log^{\lambda_2}(q(|t|+2)),\ \chi \bmod q, \tag{12}$$

成立,那末,当 $3/4\leqslant\alpha\leqslant1$ 时有

$$N(\alpha,T,q)\ll(qT)^{(1+4\lambda_1)(2\alpha-1)^{-1}(1-\alpha)}(\log qT)^{17+2\lambda_2}, \tag{13}$$

$$\sum_{q\leqslant Q}N^*(\alpha,T,q)\ll(Q^2T)^{(1+4\lambda_1)(2\alpha-1)^{-1}(1-\alpha)}(\log QT)^{17+2\lambda_2}. \tag{14}$$

---

1) 当 R_1 等于零时, 定理显然成立, 所以可假定 $R_1\neq0$.

证: 我们来证式(13). 类似于从式(1.26)经式(2.8)推出式(4), 从式(1.26)(对两项都取平方)可得

$$R_1 \ll \mathscr{L}^3 y^{2-2\alpha} R_{11} + \mathscr{L}^3 y^{2-2\alpha} R_{12}$$

$$+ \mathscr{L}^3 y^{1-2\alpha} \sum_{\chi \bmod q} \sum_{r=1}^{R_1(\chi^*)} \int_{-z+\gamma_r}^{z+\gamma_r} |LM_x(1/2+iv,\chi)|^2 dv. \tag{15}$$

取 x 为由式(8)所给出. 利用式(5), (6)及式(12)可得

$$R_1 \ll \mathscr{L}^9 y^{2-2\alpha}$$

$$+ \mathscr{L}^{3+2\lambda_1} y^{1-2\alpha} (qT)^{2\lambda_1} \sum_{\chi \bmod q} \sum_{r=1}^{R_1(\chi^*)} \int_{-z}^{z} |M_x(1/2+iv+i\gamma_r,\chi)|^2 dv$$

$$\ll \mathscr{L}^9 y^{2-2\alpha} + \mathscr{L}^{6+2\lambda_1} (qT)^{1/2+2\lambda_1} y^{1-2\alpha} R_1, \tag{16}$$

最后一步用到了式(7)中对 $|M_x|^2$ 一项的估计. 所以有正常数 c_9 使

$$R_1 \leqslant c_9 \mathscr{L}^9 y^{2-2\alpha} + c_9 \mathscr{L}^{6+2\lambda_1} (qT)^{1/2+2\lambda_1} y^{1-2\alpha} R_1. \tag{17}$$

取

$$y = (2c_9 \mathscr{L}^{6+2\lambda_2} (qT)^{1/2+2\lambda_1})^{(2\alpha-1)^{-1}}, \tag{18}$$

就得到

$$R_1 \leqslant 2c_9 \mathscr{L}^9 (2c_9 \mathscr{L}^{6+2\lambda_2} (qT)^{1/2+2\lambda_1})^{2(1-\alpha)(2\alpha-1)^{-1}}. \tag{19}$$

对 R_2 可得同样的估计, 由此从式(1.37)就推出式(13). 式(14)的证明留给读者.

由估计式(13), (14)可看出, 只要 $\lambda_1 < 1/4$, 那末当 α 接近于1时, 所得结果就优于密度假设. 由定理 24.1.1 知, 对 ζ 函数可取 $\lambda_1 = 1/6$. 而对 L 函数, Heath-Brown[1)]证明了可取 $\lambda_1 = 3/16 + \varepsilon$, ε 为任意小的正数.

§4. ζ 函数的零点密度定理的进一步改进

在§3中, 我们利用 Halász 方法结合 L 函数的均值估计或阶估计, 对零点密度定理作了不同的局部改进. 由此可以看出 Ha-

1) *Quart. J. Math. Oxford* (2), **31** (1980), 157—167.

lász方法的作用和对α的适用范围.但是,上一节只是该方法的最简单的应用,没有充分利用 Halász方法的潜力.如果利用Halász方法对"大值"作更细致的讨论就可得到更好的结果.但这种讨论是很复杂的.下面我们来证明ζ函数的一个改进的零点密度定理.这个结果是属于 Huxley[1)]的

定理 1 设$1/2\leqslant\alpha\leqslant 1$, $T\geqslant 2$. 我们有

$$N(\alpha,T)\ll T^{12(1-\alpha)/5}\log^{28}T. \tag{1}$$

类似的结果对$N(\alpha,T,q)$和$\sum\limits_{q\leqslant Q}N^*(\alpha,T,q)$也成立[2)](系数 12/5 用 $12/5+\varepsilon$ 代替,T 分别用 qT 和 Q^2T 代替且对数因子可以不要),但证明极其复杂.定理 1 的证明基于下面的引理,这是对应用 Halász 方法估计 Dirichlet 多项式的均值的定理 29.4.5 的最简单的改进.

引理 2 在定理29.4.5 的条件和符号下,设

$$G=\sum_{n=1}^{N}|a_n|^2 n^{-2\sigma_0}, \tag{2}$$

$$V^2\geqslant 4c_{10}Q(\log 4Q)^2G, \tag{3}$$

其中 c_{10} 为式(29.4.29)中的 $\ll$ 常数.那末,若对任意的$(s,q,\chi)\in\mathscr{A}$有

$$|H(s,\chi)|\geqslant V, \tag{4}$$

则有

$$R\ll(1+\delta^{-1})\{V^{-2}NG+V^{-6}NTQ^2G^3(\log QT)^4\}. \tag{5}$$

证: 设 T_0 满足

$$V^2=2c_{10}QT_0^{1/2}(\log QT_0)^2G. \tag{6}$$

由条件(3)知 $T_0\geqslant 4$. 当 $T\leqslant T_0$ 时,由式(29.4.29)推出式(5)成立,事实上这时有

---

1) 见 [15,式(28.19)],或 *Ivent. Math.*, **15**(1972), 164—170.

2) Huxley, *Acta Arith.*, 26(1975), 435—444, 及 Jutila, *Math. Scand.*, **41**(1977), 45—62.

$$R \ll (1+\delta^{-1}) V^{-2} NG. \tag{7}$$

当 $T > T_0$ 时,把区间 $[t_0, t_0+T]$ 分为长度不超过 T_0,个数不超过 T/T_0+1 的小区间 $I_1, I_2, \cdots, I_K$ 之和.以 $\mathscr{A}_k$ 表 $\mathscr{A}$ 中 $\mathrm{Im}\ s \in I_k$ 的 (s, q, χ) 组成的子集,其元素个数记作 R_k.对 $H(s,\chi)$ 及每个集合 $\mathscr{A}_k$ 应用定理 29.4.5 得到

$$\sum_{(s,q,\chi)\in\mathscr{A}_k} |H(s,\chi)|^2$$

$$\leqslant c_{10}\{(1+\delta^{-1})N + \widetilde{R}_k Q T_0^{1/2}(\log QT_0)^2\}G.$$

上式两边对 k 求和,并利用条件(4)得到

$$V^2 R \leqslant c_{10}\{(1+\delta^{-1})N(T/T_0+1) + RQT_0^{1/2}(\log QT_0)^2\}G.$$

由此及式(6)推出

$$R \leqslant c_{10}(1+\delta^{-1}) NV^{-2}(T/T_0+1)G. \tag{8}$$

另一方面,由式(6)及 $T > T_0$ 知 $V^2 \leqslant 2c_{10} QT_0^{1/2} G(\log QT)^2$.由此及式(8)就推出式(5)成立.

定理 1 的证明: 由式(2.2)知,只要对

$$3/4 \leqslant \alpha \leqslant 1^{1)} \tag{9}$$

来证明估计式(1).为此,我们要利用式(1.22).由于这里仅讨论 ζ 函数,所以式(1.22)可改写为:

$$\left|\sum_{n>x} a_n n^{-\rho_r} e^{-n/y}\right| + y^{1/2-\alpha}\log^2 T|\zeta M_x(1/2+i\gamma_r+iv(\gamma)| \geqslant c_{11} > 0\ , \tag{10}$$

其中 $\rho_r = \beta_r + i\gamma_r$ 是 $\zeta(s)$ 的零点, $\beta_r \geqslant \alpha$, $|\gamma_r| \leqslant T$, $v(\gamma r)$ 满足条件(1.21),以及

$$M_x(s) = \sum_{n\leqslant x} \mu(n) n^{-s}.$$

因为总有正常数 A(和 c_{11} 有关)使

1) 这也是至今所知的 Halász 方法适用的范围.

$$\left|\sum_{n>Ay\log T} a_n n^{-\rho_r} e^{-n/y}\right| \geqslant c_{11}/3,$$

所以可把属于(1.32)($j=1$)的零点(这里 $\chi(n)\equiv 1$)ρ_r[1]分为如下两类:

(i) $$\left|\sum_{x<n\leqslant Ay\log T} a_n n^{-\rho_r} e^{-n/y}\right| \geqslant c_{11}/3,$$

当 $x>Ay\log T$ 时这种零点不存在;

(ii) $$y^{1/2-\alpha}\log^2 T\,|\zeta M_x(1/2+i\gamma_r+iv(\gamma_r))|\geqslant c_{11}/3.$$

显然,每一 ρ_r 至少属于其中一类.下面分别来估计这两类零点个数的上界.设这些零点总数为 R_1,$R_1^{(1)}$,$R_1^{(2)}$ 分别为属于第一、第二类的零点数.

(a)对第一类中的每个零点 ρ_r,由(i)知

$$\sum_{j=J_1}^{J_2}\left|\sum_{2^j y<n\leqslant 2^{j+1}y} a_n n^{-\rho_r} e^{-n/y}\right| \geqslant c_{11}/3, \tag{11}$$

其中整数J_1由$2^{J_1}y\leqslant x<2^{J_1+1}y$ 确定,整数J_2由$2^{J_2}y<Ay\log T\leqslant 2^{J_2+1}y$ 确定,而且 $2^{J_1}y$ 以 x 代替,$2^{J_2+1}y$ 用$Ay\log T$ 代替. 容易看出,至少对某个j $(J_1\leqslant j\leqslant J_2)$有

$$\left|\sum_{2^j y<n\leqslant 2^{j+1}y} a_n n^{-\rho_r} e^{-n/y}\right| \geqslant (c_{11}/60)(1+j^2)^{-1}. \tag{12}$$

设 $R_{1j}^{(1)}$ 是第一类零点中使不等式(12)成立的零点数.于是有

$$R_1^{(1)} \leqslant \sum_{j=J_1}^{J_2} R_{1j}^{(1)}. \tag{13}$$

我们用引理 2 来估计每个 $R_{1j}^{(1)}$.在引理2 中取 $Q=1$,$V=(c_{11}/60)(1+j^2)^{-1}$,以及

---

1) 应写为 ρ_{1r},为简单起仍写 ρ_r.

$$G=\sum_{2^j y<n\leqslant 2^{j+1}y}|a_n|^2 n^{-2\beta_r}e^{-2n/y}\ll\exp(-2^j)(2^j y)^{1-2\alpha}\log^3 T, \quad (14)$$

最后一步用到了$\beta_r\geqslant\alpha$及引理 25.4.2.容易看出,只要所取参数 y 满足

$$y\gg T^{\lambda}, \quad (15)$$

λ 为某一正常数,当 T 充分大时条件(3)($Q=1$)必成立(注意 $\alpha\geqslant 3/4$).因此,当条件(15)成立时,由引理 2 推出

$$R_{1j}^{(1)}\ll(1+j^2)^2(2^j y)^{2-2\alpha}\exp(-2^j)\log^3 T$$
$$+(1+j^2)^6(2^j y)^{4-6\alpha}T\exp(-3\cdot 2^j)\log^{13}T, \quad (16)$$

对j求和,注意到$4-6\alpha<0$及恒有 $2^{j+1}y>x$,所以由式(13)得(注意到$|j|\ll\log T$)

$$R_1^{(1)}\leqslant\sum_{j=J_1}^{J_2}R_{1j}^{(1)}\ll y^{2-2\alpha}\log^8 T+x^{4-6\alpha}T\log^{26}T. \quad (17)$$

(b) 现在来估计第二类零点数$R_1^{(2)}$.设 u 是待定参数.由定理 29.3.3 知,使

$$|\zeta(1/2+i\gamma_r+iv(\gamma_r)|\geqslant u \quad (18)$$

成立的第二类零点 ρ_r 的个数

$$R_{11}^{(2)}\ll Tu^{-4}\log^5 T. \quad (19)$$

不满足式(18)的第二类零点 ρ_r 必满足

$$|M_x(1/2+i\gamma_r+iv(\gamma_r))|>(c_{11}/3)u^{-1}y^{\alpha-1/2}\log^{-2}T. \quad (20)$$

因而,由引理 2 知,满足式(20)的第二类零点 ρ_r 的个数

$$R_{12}^{(2)}\ll u^2 xy^{1-2\alpha}\log^5 T+u^6 Txy^{3-6\alpha}\log^{19}T, \quad (21)$$

只要满足条件

$$((c_{11}/3)u^{-1}y^{\alpha-1/2}\log^{-2}T)^2\geqslant 4c_{10}(\log^2 4)\log T, \quad (22)$$

即对某一正常数 c_{12} 有

$$u^2\leqslant c_{12}y^{2\alpha-1}\log^{-5}T. \quad (23)$$

现取（为使 $Tu^{-4}=u^6Txy^{3-6\alpha}$）

$$u=x^{-1/10}y^{3(2\alpha-1)/10}, \tag{24}$$

当 T 充分大时，条件（23）一定成立．所以由式（19），（21），及（24）就得到了第二类零点个数的估计：

$$R_1^{(2)}\ll x^{4/5}y^{-2(2\alpha-1)/5}\log^5T+x^{2/5}y^{-6(2\alpha-1)/5}T\log^{19}T. \tag{25}$$

因此，当条件（15）成立时，由式（17）和（25）得到

$$R_1\ll y^{2-2\alpha}\log^8T+x^{4-6\alpha}T\log^{26}T$$
$$+x^{4/5}y^{-2(2\alpha-1)/5}\log^5T+x^{2/5}y^{-6(2\alpha-1)/5}T\log^{19}T. \tag{26}$$

取 x,y 满足

$$y^{2-2\alpha}=\alpha^{4-6\alpha}T,$$
$$x^{2/5}y^{-6(2a-1)/5}=x^{4-6\alpha},$$

得到

$$\begin{cases}\log x=(1/2)(2\alpha-1)(\alpha^2+\alpha-1)^{-1}\log T,\\ \log y=(1/2)(5\alpha-3)(\alpha^2+\alpha-1)^{-1}\log T\end{cases} \tag{27}$$

（当 $\alpha\geqslant 2/3$ 时，$y\geqslant x$）．对这样取的值，当 $\alpha\geqslant 3/4$ 时条件（15）当然满足．把式（27）代入式（26）即得

$$R_1\ll T^{(5\alpha-3)(1-\alpha)/(\alpha^2+\alpha-1)}\log^{26}T. \tag{28}$$

对 R_2 有同样估计．由此及式（1.37）（$q=1$）得到：当 $\alpha\geqslant 3/4$ 时，

$$N(\alpha,T)\ll T^{(5\alpha-3)(1-\alpha)/(\alpha^2+\alpha-1)}\log^{28}T. \tag{29}$$

由此就可推出所要的结果．

就 $1/2\leqslant\alpha\leqslant 1$ 整体来说系数 $12/5$ 是目前最好的结果．

§5. 小区间中的素数分布

作为 ζ 函数零点密度定理的一个应用，我们来证明有关小区间中的素数分布的一些结果[1)]．

定理1 设 $x\geqslant 10$，$h\geqslant x^{7/12}\exp((\log x)^{2/3}(\log\log x)^{a+1/3})$．$\alpha>3/2$，那末，存在绝对正常数 c_1，使得

1) Heath-Brown（*Can. J. Math*. 34（1982），1365—1377）不用零点密度估计方法，而用推广的 Vaughan 恒等式得到了类似于定理 1 和 2 的结果．

$$\psi(x+h)-\psi(x)=h+O(h\exp(-c_1(\log\log x)^a)) . \quad (1)$$

证：由定理 11.2.2 知，当 $2\leqslant T\leqslant x\log x$ 时，

$$\psi(x+h)-\psi(x)$$
$$=h-\sum_{|\mathrm{Im}\,\rho|\leqslant T}\rho^{-1}((x+h)^\rho-x^\rho)+O(T^{-1}x\log^2 x). \quad (2)$$

利用(设 $\rho=\beta+i\tau$)

$$|\rho^{-1}((x+h)^\rho-x^\rho)|=\left|\int_x^{x+h}y^{\rho-1}dy\right|\leqslant hx^{\beta-1}, \quad (3)$$

及式(8.3.4)得到

$$\sum_{|\tau|\leqslant T}\rho^{-1}((x+h)^\rho-x^\rho)\leqslant hx^{-1}\sum_{|\tau|\leqslant T}x^\beta$$
$$\ll hx^{-1/2}T\log T+hx^{-1}\sum_{|\tau|\leqslant T,1/2\leqslant\beta<1}x^\beta$$
$$=hx^{-1/2}T\log T-hx^{-1}\int_{1/2}^1 x^\sigma dN(\sigma,T)$$
$$\ll hx^{-1/2}T\log T+hx^{-1}\log x\int_{1/2}^1 x^\sigma N(\sigma,T)d\sigma. \quad (4)$$

利用定理 4.1 及定理 10.3.2 (把常数 c_6 改为 c_2) 知：

$$x^{-1}\int_{1/2}^1 x^\sigma N(\sigma,T)d\sigma$$
$$\ll\int_{1/2}^{1-\delta(T)}(T^{12/5}x^{-1})^{1-\sigma}\log^{27}Td\sigma$$
$$\ll\log^{27}x\{(x^{-1}T^{12/5})^{1/2}+(x^{-1}T^{12/5})^{\delta(T)}\}, \quad (5)$$

这里 $\delta(T)=c_2(\log^2(T+4)\log\log(T+4))^{-1/3}$.取

$$T^{12/5}=x\exp(-(\log x)^{2/3}(\log\log x)^{a+1/3}) \quad (6)$$

就得到（c_3 为一正常数）

$$\begin{aligned}&\psi(x+h)-\psi(x)\\&=h+O(h\exp(-c_3(\log\log x)^a)\\&\quad+O\left(x^{7/12}\exp\left(\frac{1}{3}(\log x)^{2/3}(\log\log x)^{a+1/3}\right)\right).\end{aligned}\tag{7}$$

由此就推出所要的结论.

如果我们结合应用各种 ζ 函数的零点密度定理,还可以证明下面的结果.

定理 2 如果有零点密度估计

$$N(\alpha,T)\ll T^{c_4(1-\alpha)}\log^{c_5}T,\qquad 1/2\leqslant\alpha<1,\tag{8}$$

及存在 α_0 使

$$N(\alpha,T)\ll T^{c_6(1-\alpha)}\log^{c_7}T,\qquad 1/2<\alpha_0\leqslant\alpha<1,\tag{9}$$

成立, 这里 $c_4>2$ 及 $c_6<c_4$，那末, 对任意 $A>0$，当 $x\geqslant 10$，$h\geqslant x^{1-1/c_4}\log^{c_8}x$ 时有

$$\psi(x+h)-\psi(x)=h+O(h\log^{-A}x),\tag{10}$$

这里

$$c_8=2+A+c_9/c_4,\quad c_9=(1+A+c_5)(1-\alpha_0)^{-1}.\tag{11}$$

证: 利用估计式(8)和(9),类似于式(5)的第一式得:

$$\begin{aligned}&x^{-1}\int_{1/2}^{1}x^{\sigma}N(\sigma,T)d\sigma\ll\int_{1/2}^{\alpha_0}(x^{-1}T^{c_4})^{1-\sigma}\log^{c_5}Td\sigma\\&+\int_{\alpha_0}^{1-\delta(T)}(x^{-1}T^{c_6})^{1-\sigma}\log^{c_7}Td\sigma\\&\ll\log^{c_5}T\{(x^{-1}T^{c_4})^{1/2}+(x^{-1}T^{c_4})^{1-\alpha_0}\}\\&+\log^{c_7}T\{(x^{-1}T^{c_6})^{1-\alpha_0}+(x^{-1}T^{c_6})^{\delta(T)}\},\end{aligned}\tag{12}$$

取

$$T^{c_4}=x(\log x)^{-c_9},\tag{13}$$

c_9为待定正常数，得到(注意 $c_6 < c_4$)：

$$x^{-1}\int_{1/2}^{1} x^{\sigma} N(\sigma,T)\,d\sigma \ll (\log x)^{c_5-c_9(1-\alpha_0)}, \tag{14}$$

由此及式(4)，式(2)推出

$$\begin{aligned}\psi(x+h)-\psi(x) &= h+O\left(h(\log x)^{c_5-c_9(1-\alpha_0)+1}\right)\\ &\quad + O\left(x^{1-1/c_4}(\log x)^{2+c_9/c_4}\right).\end{aligned} \tag{15}$$

由此就推出所要结论.

由定理 4.1 知可取 $c_4=12/5$，$c_5=27$，而利用定理 3.1 或定理 3.3 就可相应地取得满足定理条件的 α_0. 这些具体计算作为习题留给读者. 由定理 2 立即得到有关相邻素数之差的结果[1)]

定理3 以p_n表第 n 个素数. 那末，在定理 2 的条件下，对任意的 $\varepsilon>0$ 有

$$p_{n+1}-p_n \ll p_n^{1-1/c_4}\log^{c_{10}} p_n, \tag{16}$$

这里

$$c_{10}=2+\varepsilon+c_{11}/c_4, \qquad c_{11}=(1+\varepsilon+c_5)(1-\alpha_0)^{-1}. \tag{17}$$

如果 Riemann 假设成立，估计式(16)可改进为

$$p_{n+1}-p_n \ll p_n^{1/2}\log p_n \tag{18}$$

(见习题 12.4).

用类似的方法可以得到有关小区间中的算术级数中的素数分布的结果，但由于可能存在 Siegel 零点，和关于 L 函数的非零区域的结果较 ζ 函数要弱，所以相应的结果也要弱，这里就不讨论了. 关于素数分布的另外一些结果将安排在习题中.

---

1) 目前最好的结果是由筛法得到的，首先 Iwaniec 和 Jutila (*Arkiv Matematik*, **17** (1979), 167—176) 证明了 $p_{n+1}-p_n \ll p_n^{13/23+\varepsilon}$，后来又稍有改进，Iwaniec 和 Pintz (*Monatshefte Math.* **98** (1984), 115—143) 把 13/23 改进为 23/42. Mozzochi (*J. Number Theory*, **24** (1986), 181—187) 又进一步改进为 11/20−1/384.

习　　题

1. 按 §2 最后的附注中所指出的途径,详细写出定理 2.1 的证明.

2. 设 $\rho=\beta+i\tau$, $0<h\leqslant x$. 利用 $\rho^{-1}((x+h)^{\rho}-x^{\rho})\ll\min(hx^{\beta-1},|\tau|^{-1}x^{\beta})$, 来改进和式 $\sum\limits_{|\tau|\leqslant T}\rho^{-1}((x+h)^{\rho}-x^{\rho})$ 的估计,从而改进定理 5.2 中的常数 c_8,及定理 5.3 中的常数 c_{10}.

3. 在定理 5.2 的条件下,证明:对任意 $A>0$,存在正常数 $c=c(A)$,使得当$1\geqslant\lambda\geqslant x^{-2/c_4}\log^c x$ 时有

$$I(\psi)\doteq\int_x^{2x}\{\psi(y+\lambda y)-\psi(y)-\lambda y\}^2dy\ll\lambda^2x^3\log^{-A}x.$$

尽可能好地定出常数 c,(参看习题11.25).同样可以证明:

$$I(\lambda)=\int_x^{2x}\{\lambda(y+\lambda y)-\lambda(y)-\lambda y\}^2dy\ll\lambda^2x^3\log^{-A}x.$$

4. 在定理5.2 的条件下,一定存在正常数 a 和 b,使当 $x\geqslant2$ 时在区间 $[x,x+f(x)]$ 中一定有一个偶数是两个奇素数之和(这种数称为 Goldbach 数),这里$f(x)=ax^{(1-2/c_1)(1-1/c_1)}\log^b x$.按以下途径证明:

(a)在定理 5.2 的条件下有

$$\theta(x+h)-\theta(x)=h+O(h\log^{-A}x),$$

$$\pi(x+h)-\pi(x)=\int_x^{x+h}(\log t)^{-1}dt+O(h(\log x)^{-A-1}).$$

(b) 设 x 充分大区间 $[x,x+h]$ 中没有 Goldbach 数。以及取 $y=x^{1-1/c_4}(\log x)^{c_8}$($c_8$ 同定理 5.2). 证明:对 $\lambda=hy^{-1}/4$ 有:

$$\int_{y/4}^{2y}\{\theta(t+\theta t)-\theta(t)-\lambda t\}^2dt\gg\lambda^2y^3\log^{-1}y.$$

由此及第 3 题就推出所要结果.

第三十一章　算术数列中素数的平均分布

在定理29.1.6中，利用大筛法型的特征和估计，我们已经证明了 Барбан 首先提出的算术数列中素数定理的误差项的平方均值估计，它的证明是比较容易的. 本章将证明更为重要的另一类型的均值定理 —— 算术数列中素数定理的误差项的绝对值的均值估计. 这种均值定理首先是由 A. Rényi 提出的. 设 $2 \leqslant y \leqslant x$，$D \geqslant 2$

$$E(y;d,l) = \psi(y;d,l) - y/\varphi(d), \tag{A}$$

$$R(D,x) = \sum_{d \leqslant D} \max_{y \leqslant x} \max_{(l,d)=1} |E(y;d,l)|. \tag{B}$$

Rényi 本质上证明了：存在正数 η_0，使对任意固定的正数 A 及正数 $\eta < \eta_0$，有

$$R(x^{\eta}, x) \ll x(\log x)^{-A}. \tag{C}$$

这里 $\ll$ 常数和 η, A 有关. 正是基于这一结果，他证明了著名的命题$\{1, c\}$ —— 即每个大偶数是一个素数和一个不超过 c 个素因子的乘积之和. 但是，他没有定出 η_0 和 c 的数值. Б. Барбан 及潘承洞分别独立证明了可取 $\eta_0 = 1/6$ 及 $\eta_0 = 1/3$. 从 $\eta_0 = 1/3$，潘承洞证明了命题$\{1, 5\}$成立；潘承洞和 Барбан 又独立证明了可取 $\eta_0 = 3/8$ 并推出命题$\{1, 4\}$成立；进而，A. И. Виноградов 和 E. Bombieri 各自独立证明了可取 $\eta_0 = 1/2$（后者的结果略强，见定理 1.1），这是一个极其重要的结果，它的意义在于在一些著名的数论问题中它起到了可以代替 Riemann 假设的作用，由 $\eta_0 = 1/2$ 可推出命题$\{1,3\}$. 最后，陈景润证明了他的著名定理 —— 命题$\{1, 2\}$成立. 潘承洞和丁夏畦指出：陈景润定理的基础在于一类新的均值定理 —— 它是 Bombieri – Виноградов 定理的一个有

价值的推广. 我们还可以讨论小区间的均值定理, 和其它类似的推广. 本章的目的只是要证明 Bombieri–Виноградов 定理, 而不讨论它的推广.

Bombieri 及其之前关于均值定理的各个结果的证明都是利用较复杂的大筛法、L 函数零点分布和零点密度估计方法[1)] 得到的. 随着大筛法的不断改进, P.X.Gallagher 利用复变积分法和大筛法给出了 Bombieri–Виноградов 定理的一个简单证明[2)]. 最近 R.C.Vaughan[3)] 利用他所发现的 И.М.Виноградов 估计素变数指数和方法的一个十分简单且便于应用的新形式(见 § 19.2), 结合大筛法对 Bombieri–Виноградов 定理给出了一个非常漂亮、简单的初等证明. 本章将分别用这三种方法来给出 Bombieri–Виноградов 定理的证明. 这些讨论的途径分别和 § 19.2, §19.3, § 19.4 是相同的.

最近, 由于对 Kloosterman 和的均值估计的研究, 对 Bombieri–Виноградов 均值定理作了某些改进. 这方面的结果可参看 Fouvry 和 Iwaniec 的方章[4)], 以及 Bombieri, Friedlander 和 Iwaniec 合作的两篇方章[5)]. 他们所证明的均值定理的形式不同于(C), 从实质上说要弱, 但可取 $\eta_0 > 1/2$. 这在孪生素数问题中有用, 但还未见用于 Goldbach 问题.

本章内容可参看 [7], [24], [26], [30], [36].

§ 1. 问题的转化

Bombieri 证明了如下的结果:

定理 1 设 $x \geqslant 2$. 对任给的正数 A, 一定存在正数 B. 使

1) Rényi 没有利用零点密度估计方法, 所以他能定出的 η_0 是非常小的.

2) 以上所提到的所有结果的文献资料参看 [26, 第八章].

3) *Acta Arith*. **37** (1980), 111–115.

4) *Acta Arith*., **42** (1983), 197—218; *Acta Math*., **152** (1984), 219—244.

5) Primes in Arithmetic Progressions to Large Moduli; *Acta Math*. **156** (1986), 203—251.

得

$$R(x^{1/2}\log^{-B}x, x) \ll x\log^{-A}x, \tag{1}$$

其中 $R(D, x)$ 由式(B) 给出.

由素数定理 11.3.2 知：存在 $c_1 > 0$ 使得

$$\psi(y) - y \ll y\exp(-c_1\sqrt{\log y}). \tag{2}$$

若设

$$\overline{E}(y; d, l) = \psi(y; d, l) - \psi(y)/\varphi(d), \tag{3}$$

$$\overline{R}(D, x) = \sum_{d\leqslant D}\max_{y\leqslant x}\max_{(l,d)=1}|\overline{E}(y; d, l)|, \tag{4}$$

那末有

$$\overline{R}(D, x) = R(D, x) + O\left(\sum_{d\leqslant D}\varphi^{-1}(d)\max_{y\leqslant x}|\psi(y) - y|\right). \tag{5}$$

由式(2) 可推出(利用引理 33.1.3)

$$\begin{aligned}&\sum_{d\leqslant D}\varphi^{-1}(d)\max_{y\leqslant x}|\psi(y) - y| \\ &\leqslant x^{1/3}\sum_{d\leqslant D}\varphi^{-1}(d) + \sum_{d\leqslant D}\varphi^{-1}(d)\max_{x^{1/3}<y\leqslant x}|\psi(y) - y| \\ &\ll x\log D\exp(-c_2\sqrt{\log x}).\end{aligned} \tag{6}$$

由此及式(5) 推出式(1) 和下式是等价的：

$$\overline{R}(x^{1/2}\log^{-B}x, x) \ll x\log^{-A}x. \tag{7}$$

进而由

$$\psi(y; d, l) = \varphi^{-1}(d)\sum_{\chi \bmod d}\overline{\chi}(l)\psi(y, \chi), \quad (l, d) = 1,$$

及对 $\chi \bmod d$ 有

$$\psi(y, \chi) = \psi(y, \chi^*) + O(\log y\log d), \chi \Leftrightarrow \chi^*,$$

可推出：当 $(l, d) = 1$ 时，

$$\overline{E}(y;d,l)=\varphi^{-1}(d)\sum_{\chi \bmod d,\chi\neq\chi^0}\overline{\chi^*}(l)\psi(y,\chi^*)+O(\log y\log d)$$

$$=\varphi^{-1}(d)\sum_{1<q\mid d}\sum_{\chi \bmod q}{}^{*}\overline{\chi}(l)\psi(y,\chi)+O(\log y\log d).\tag{8}$$

由此推出，

$$\overline{R}(D,x)\leqslant\sum_{d\leqslant D}\varphi^{-1}(d)\sum_{1<q\mid d}\max_{y\leqslant x}\sum_{\chi \bmod q}{}^{*}|\psi(y,\chi)|$$

$$+O(D\log x\log D)$$

$$=\sum_{1<q\leqslant D}\left(\sum_{q\mid d\leqslant D}\varphi^{-1}(d)\right)\max_{y\leqslant x}\sum_{\chi \bmod q}{}^{*}|\psi(y,\chi)|$$

$$+O(D\log x\log D)$$

$$\ll\log D\sum_{1<q\leqslant D}\varphi^{-1}(q)\max_{y\leqslant x}\sum_{\chi \bmod q}{}^{*}|\psi(y,\chi)|$$

$$+O(D\log x\log D),\tag{9}$$

这里用到了式(29.1.19)．这样，定理 1 就转化为估计式(9)右边的和式．定理 1 可由下面的定理 2 推出．

定理 2 设 $x\geqslant 2$．对任给正数 A，一定存在正数 B，使得

$$\sum_{1<q\leqslant D}\varphi^{-1}(q)\max_{y\leqslant x}\sum_{\chi \bmod q}{}^{*}|\psi(y,\chi)|\ll x(\log x)^{-A-1},\tag{10}$$

其中 $D=x^{1/2}\log^{-B}x$．

由 Siegel－Walfisz 定理(即推论 18.2.4)知，对任给的正数 A 及 c_3，取 $D_1=\log^{c_3}x$ 时，类似于式(6)可证

$$\sum_{1<q\leqslant D_1}\varphi^{-1}(q)'\max_{y\leqslant x}\sum_{\chi \bmod q}{}^{*}|\psi(y,\chi)|\ll x(\log x)^{-A-1},\tag{11}$$

因此，定理 2 就等价于

定理 3 设 $x \geqslant 2$. 对任给的正数 A 及 c_3，一定存在仅和 A 有关的正数 B，使得

$$\sum_{D_1 < q \leqslant D} \varphi^{-1}(q) \max_{y \leqslant x} \sum_{\chi \bmod q}{}^{*} |\psi(y, \chi)| \ll x(\log x)^{-A-1}, \quad (12)$$

其中 $D_1 = \log^{c_3} x$，$D = x^{1/2} \log^{-B} x$.

在以下三节中，我们将分别用前面所说的三种方法来证明定理 3. 事实上，我们将证明比式(12)更强的估计式：

$$\sum_{D_1 < q \leqslant D} \varphi^{-1}(q) \sum_{\chi \bmod q}{}^{*} \max_{y \leqslant x} |\psi(y, \chi)| \ll x(\log x)^{-A-1}. \quad (13)$$

在进入证明定理 3 之前，我们先来证明由定理 1 立即得到的一个推论，这推论对处理用筛法讨论命题$\{1, c\}$时出现的余项有用.

推论 4 设 $x \geqslant 2$. 对任给的正数 A，一定存在正数 B_1，使得

$$\sum_{d \leqslant D} \mu^2(d) 3^{\omega(d)} \max_{y \leqslant x} \max_{(l,d)=1} |E(y; d, l)| \ll x \log^{-A} x, \quad (14)$$

及

$$\sum_{d \leqslant D} \mu^2(d) 3^{\omega(d)} \max_{y \leqslant x} \max_{(l,d)=1} |\overline{E}(y; d, l)| \ll x \log^{-A} x, \quad (15)$$

其中 $D = x^{1/2} \log^{-B_1} x$.

证：以 I 记式(14)的左边，$\lambda = A + 17$. 由定理 1 知存在正数 B_1，使得

$$R(x^{1/2} \log^{-B_1} x, x) \ll x(\log x)^{-2A-17}. \quad (16)$$

由此及当 $y \leqslant x, d \leqslant x$ 时有

$$E(y; d, l) \ll d^{-1} x \log x + \varphi^{-1}(d) x \ll d^{-1} x \log x, \quad (17)$$

可得(注意到 $\mu^2(n) 3^{2\omega(n)} \leqslant d^4(n)$)

$$I = \sum_{3^{\omega(d)} \geqslant \log^{\lambda} x} + \sum_{3^{\omega(d)} < \log^{\lambda} x} \ll \log^{-\lambda} x \sum_{3^{\omega(d)} \geqslant \log^{\lambda} x} \mu^2(d)$$

$$\cdot 3^{2\omega(d)} (d^{-1} x \log x) + \log^{\lambda} x R(x^{1/2} \log^{-B_1} x, x)$$

$$\ll x(\log x)^{-\lambda+1} \sum_{n \leqslant x} \frac{d^4(n)}{n} + x \log^{-A} x$$

$$\ll x \log^{-A} x, \qquad (18)$$

这里用到了熟知的估计 $\sum_{n\leqslant x} n^{-1} d^4(n) \ll \log^{16} x$. 这就证明了式(14). 用同样的方法，由式(7)可推出式(15).

容易证明：若 Riemann 猜想成立，则在定理 1 中可取 $B = A + 2$. 这一结论最近已被 F. Dress, H. Iwaniec, 及 G. Tenenbaum 等无条件地证明了(见习题9 的注).

附注. 由熟知关系式知，以上所有结论中的 $E(y;d,l)$ 和 $\overline{E}(y;d,l)$ 分别用 $\pi(y;d,l) - \mathrm{Li}\, y/\varphi(d)$ 和 $\pi(y;d,l) - \pi(y)/\varphi(d)$；或 $\theta(y;d,l) - y/\varphi(d)$ 和 $\theta(y;d;l) - \theta(y)/\varphi(d)$ 代替时仍然成立. 以后在引用时不再一一说明.

§2. 第一个证明(零点密度方法)

先证一个引理.

引理 1 设 $Q \geqslant 1$, $T \geqslant 2$ 及 $x \geqslant 2$. 我们有

$$\sum_{q \leqslant Q} \sideset{}{^*}\sum_{\chi \bmod q} \sum_{\rho_\chi, |\gamma_\chi| \leqslant T} x^{\beta_\chi}$$

$$\ll (x^{1/2} Q^2 T + x(Q^2 T)^{1/3}) \log x (\log QT)^9, \qquad (1)$$

其中 $\sum_{\rho_\chi}$ 表对 $L(s,\chi)$ 的非显然零点 $\rho_\chi = \beta_\chi + i\gamma_\chi$ 求和.

证：记 $\rho_\chi = \rho = \beta + i\gamma$. 由式(30. 2. 3) 容易推出当 $1/3 \leqslant \alpha \leqslant 1$ 时有

$$\Delta(\alpha)=\Delta(\alpha, T, Q)=\sum_{q\leqslant Q} N^*(\alpha, T, q)$$
$$\ll (Q^2 T)^{(5-4\alpha)/3}(\log Q T)^9. \tag{2}$$

由此可得式(1)的左边

$$\ll \sum_{q\leqslant Q}\sum_{\chi \bmod q}{}^{*}\sum_{|\gamma|\leqslant T,\ \beta\geqslant 1/2} x^{\beta} = -\int_{1/2}^{1} x^{\alpha} d\Delta(\alpha)$$

$$= x^{1/2}\Delta(1/2)+\log x\int_{1/2}^{1} x^{\alpha}\Delta(\alpha)d\alpha$$

$$\ll x^{1/2}Q^2 T(\log Q T)+(Q^2 T)^{5/3}\log x(\log Q T)^9$$

$$\int_{1/2}^{1}(x(Q^2 T)^{-4/3})^{\alpha} d\alpha$$

$$\ll (Q^2 T)^{5/3}\log x(\log Q T)^9\{x(Q^2 T)^{-4/3}$$

$$+x^{1/2}(Q^2 T)^{-2/3}\}.$$

这就证明了式(1).

定理 1.3 的第一个证明：在式(18.1.31)中取 $T=x^{1/2}$，当 $y<x, \chi\neq\chi^0$ 时有(见式(19.3.6))

$$\psi(y, \chi)\ll \sum_{|\gamma|\leqslant x^{1/2}}\frac{x^{\beta}}{1+|\gamma|}+x^{1/2}(\log x q)^2. \tag{3}$$

因此，对任意的 Q, Q' 满足

$$D_1\leqslant Q<D \quad 及 \quad Q<Q'\leqslant 2Q, \tag{4}$$

我们有

$$\sum_{Q<q\leqslant Q'}\varphi^{-1}(q)\max_{y\leqslant x}\sum_{\chi \bmod q}{}^{*}|\psi(y, \chi)|$$

$$\leqslant \sum_{Q<q\leqslant Q'}\varphi^{-1}(q)\sum_{\chi \bmod q}{}^{*}\max_{y\leqslant x}|\psi(y, \chi)|$$

$$\ll Qx^{1/2}\log^2 x+Q^{-1}\log x\sum_{Q<q\leqslant Q'}\sum_{\chi \bmod q}{}^{*}\sum_{|\gamma|\leqslant x^{1/2}}\frac{x^{\beta}}{1+|\gamma|}$$

$$\ll Qx^{1/2}\log^2 x+Q^{-1}\log x\sum_{0\leqslant j\leqslant \log x}2^{-j}$$

$$\cdot\sum_{q\leqslant 2Q}\sum_{\chi \bmod q}{}^{*}\sum_{|\gamma|\leqslant 2^j}x^{\beta}$$

$$\ll x^{1/2}Q\log^{12}x+xQ^{-1/3}\log^{11}x\ , \tag{5}$$

最后一步用到了引理 1. 设 $J=(\log D/D_1)/\log 2$. 由此用倍数分段法即得

$$\sum_{D_1<q\leqslant D}\varphi^{-1}(q)\sum_{\chi \bmod q}{}^{*}\max_{y\leqslant x}|\psi(y,\chi)|$$

$$\leqslant\sum_{0\leqslant j<J}\{(2^jD_1)x^{1/2}\log^{12}x+(2^jD_1)^{-1/3}x\log^{11}x\}$$

$$\ll Dx^{1/2}\log^{12}x+D_1^{-1/3}x\log^{11}x. \tag{6}$$

由此看出，只要取

$$B=A+13,\qquad C_3=3A+36, \tag{7}$$

定理 1.3 就成立，也即定理 1.1 和定理 1.2 均成立.

由式(7) 知推论 1.4 中的 B_1 可取为

$$B_1=2A+30\ . \tag{8}$$

§3. 第二个证明(复变积分法)

定理 1.3 的第二个证明：不妨设 y 为半奇数. 在定理18.1.1 中取 $T=x^{10}$, $b=1+(\log x)^{-1}$, 得到

$$\psi(y,\chi)=\frac{1}{2\pi i}\int_{b-iT}^{b+iT}-\frac{L'}{L}(s,\chi)\frac{y^s}{s}ds+O(x^{-3})\ . \tag{1}$$

设 $U \leqslant x$ 是正参数，$J = [6\log^2 x]$. 把式(19.4.14)—(19.4.19)中的参数 A, B, a 分别代之以这里的 U, J, b，利用式(19.4.19)，从式(1)推得

$$\psi(y,\chi) = \frac{1}{2\pi i}\int_{b-iT}^{b+iT} f_2(1-LM)\frac{y^s}{s}ds + \frac{1}{2\pi i}\int_{b-iT}^{b+iT}\{f_1(1-LM)-L'M\}\frac{y^s}{s}ds + O(x^{-1})$$

$$= \frac{1}{2\pi i}\int_{b-iT}^{b+iT} f_2(1-LM)\frac{y^s}{s}ds + \frac{1}{2\pi i}\int_{\frac{1}{2}-iT}^{\frac{1}{2}+iT}\{f_1(1-LM)-L'M\}\frac{y^s}{s}ds + O(x^{-1}), \tag{2}$$

最后一步对右边第二个积分利用了复变函数的 Cauchy 积分定理和被积函数最简单的阶估计. 由式(2)得到

$$\max_{y\leqslant x}|\psi(y,\chi)| \ll x\int_{b-iT}^{b+iT}|f_2(1-LM)|\frac{|ds|}{|s|} + x^{1/2}\int_{\frac{1}{2}-iT}^{\frac{1}{2}+iT}\{|f_1|+|f_1LM|+|L'M|\}\frac{|ds|}{|s|} + x^{-1}. \tag{3}$$

设 Q 和 Q' 满足条件(2.4). 取 $U = QD_1$，从上式得到

$$\sum_{Q<q\leqslant Q'}\frac{1}{\varphi(q)}\sum_{\chi \bmod q}{}^{*}\max_{y\leqslant x}|\psi(y,\chi)|$$

$$\ll x\log x\max_{\mathrm{Re}\, s=b}\left\{\sum_{Q<q\leqslant Q'}\frac{1}{\varphi(q)}\sum_{\chi \bmod q}{}^{*}|f_2(1-LM)|\right\}$$

$$+ x^{1/2}\log x\max_{\mathrm{Re}\, s=1/2}\left\{\sum_{Q<q\leqslant Q'}\frac{1}{\varphi(q)}\sum_{\chi \bmod q}{}^{*}|f_1|\right\}$$

$$+ x^{1/2} \sum_{Q<q\leqslant Q'} \frac{1}{\varphi(q)} \sum_{\chi \bmod q}^{*} \int_{\frac{1}{2}-iT}^{\frac{1}{2}+iT} |f_1 LM| \frac{|ds|}{|s|}$$

$$+ x^{1/2} \sum_{Q<q\leqslant Q'} \frac{1}{\varphi(q)} \sum_{\chi \bmod q}^{*} \int_{\frac{1}{2}-iT}^{\frac{1}{2}+iT} |L'M| \frac{|ds|}{|s|} + Q x^{-1}$$

$$\ll x \log x \max_{\operatorname{Re} s=b} \left\{ \left(\sum_{Q<q\leqslant Q'} \frac{1}{\varphi(q)} \sum_{\chi \bmod q}^{*} |f_2|^2 \right)^{\frac{1}{2}} \right.$$

$$\left. \cdot \left(\sum_{Q<q\leqslant Q'} \frac{1}{\varphi(q)} \sum_{\chi \bmod q}^{*} |1-LM|^2 \right)^{\frac{1}{2}} \right\}$$

$$+ x^{1/2} Q^{1/2} \log x \max_{\operatorname{Re} s=1/2} \left\{ \left(\sum_{Q<q\leqslant Q'} \frac{1}{\varphi(q)} \sum_{\chi \bmod q}^{*} |f_1|^2 \right)^{\frac{1}{2}} \right\}$$

$$+ x^{1/2} (\log x)^{\frac{3}{4}} \max_{\operatorname{Re} s=1/2} \left\{ \left(\sum_{Q<q\leqslant Q'} \frac{1}{\varphi(q)} \sum_{\chi \bmod q}^{*} |f_1|^2 \right)^{\frac{1}{2}} \right.$$

$$\left. \cdot \left(\sum_{Q<q\leqslant Q'} \frac{1}{\varphi(q)} \sum_{\chi \bmod q}^{*} |M|^4 \right)^{\frac{1}{4}} \right\}$$

$$\cdot \left\{ \left(\sum_{Q<q\leqslant Q'} \frac{1}{\varphi(q)} \sum_{\chi \bmod q}^{*} \int_{\frac{1}{2}-iT}^{\frac{1}{2}+iT} \frac{|L|^4}{|s|} ds \right)^{\frac{1}{4}} \right\}$$

$$+ x^{1/2} (\log x)^{1/2} \max_{\operatorname{Re} s=1/2} \left\{ \left(\sum_{Q<q\leqslant Q'} \frac{1}{\varphi(q)} \sum_{\chi \bmod q}^{*} |M|^2 \right)^{\frac{1}{2}} \right\}$$

$$\cdot \left\{ \left(\sum_{Q<q\leqslant Q'} \frac{1}{\varphi(q)} \sum_{\chi \bmod q}^{*} \int_{\frac{1}{2}-iT}^{\frac{1}{2}+iT} \frac{|L'|^2}{|s|} ds \right)^{\frac{1}{2}} \right\}$$

$$+ Q x^{-1}, \tag{4}$$

这里我们分别对各项应用了 Hölder 不等式．下面我们要利用

§29.1 的大筛法型的特征和均值估计及 § 29.3 的 L 函数四次积分均值估计来估计上式中的各项.

[1] 利用 Cauchy 不等式，由式(19.4.16)（$A=U=OD_1$，$B=J=[6\log^2 x]$）知

$$|f_2|^2 \ll \log^2 x \sum_{j=0}^{J-1} \left| \sum_{2^j U<n\leqslant 2^{j+1}U} \Lambda(n)\chi(n)n^{-s} \right|^2 .$$

由式(29.1.9)得

$$\max_{\operatorname{Re} s=b} \sum_{Q<q\leqslant Q'} \frac{1}{\varphi(q)} \sum_{\chi \bmod q}{}^{*} |f_2|^2 \ll \log^2 x \sum_{j=0}^{J-1} \left(Q+\frac{2^j U}{Q} \right) \sum_{2^j U<n\leqslant 2^{j+1}U} \frac{\Lambda(n)}{n^2}$$

$$\ll \log^6 x \sum_{j=0}^{J-1} \left(\frac{Q}{2^j U}+\frac{1}{Q} \right) \ll D_1^{-1} \log^8 x . \tag{5}$$

[2] 利用式(19.4.29)（A, B, a 分别代之以 U, J, b）. 同 [1] 的证明完全一样可得

$$\max_{\operatorname{Re} s=b} \sum_{Q<q\leqslant Q'} \frac{1}{\varphi(q)} \sum_{\chi \bmod q}{}^{*} |1-LM|^2 \ll D_1^{-1} \log^{10} x . \tag{6}$$

[3] 利用式(29.1.9)可得

$$\max_{\operatorname{Re} s=1/2} \sum_{Q<q\leqslant Q'} \frac{1}{\varphi(q)} \sum_{\chi \bmod q}{}^{*} |f_1|^2 \ll \left(Q+\frac{U}{Q} \right) \sum_{n\leqslant U} \frac{\Lambda^2(n)}{n}$$

$$\ll Q\log^2 x . \tag{7}$$

$$\max_{\operatorname{Re} s=1/2} \sum_{Q<q\leqslant Q'} \frac{1}{\varphi(q)} \sum_{\chi \bmod q}{}^{*} |M|^2 \ll \left(Q+\frac{U}{Q} \right) \sum_{n\leqslant U} \frac{1}{n}$$

$$\ll Q\log x . \tag{8}$$

再由于

$$M^2=\sum_{n\leqslant U^2}a(n)\chi(n)n^{-s}, \qquad a(n)\ll d(n),$$

从式(29.1.9)推出

$$\max_{\operatorname{Re}s=1/2}\sum_{Q<q\leqslant Q'}\frac{1}{\varphi(q)}\sum_{\chi \bmod q}{}^{*}|M|^4$$

$$\ll\left(Q+\frac{U^2}{Q}\right)\sum_{n\leqslant U^2}\frac{d^2(n)}{n}\ll QD_1^2\log^4 x. \tag{9}$$

[3] 利用式(29.3.18)(注意 $T=x^{10}$)得到

$$\sum_{Q<q\leqslant Q'}\frac{1}{\varphi(q)}\sum_{\chi \bmod q}{}^{*}\int_{\frac{1}{2}-iT}^{\frac{1}{2}+iT}\frac{|L|^4}{|s|}|ds|$$

$$\ll\sum_{0\leqslant j\leqslant 20\log x}2^{-j}\sum_{Q<q\leqslant Q'}\frac{1}{\varphi(q)}\sum_{\chi \bmod q}{}^{*}\int_{2^j}^{2^{j+1}}\left|L\left(\frac{1}{2}+it,\chi\right)\right|^4 dt$$

$$\ll Q\log^5 x. \tag{10}$$

类似地，利用式(29.3.26)及 Cauchy 不等式可得 1)

$$\sum_{Q<q\leqslant Q'}\frac{1}{\varphi(q)}\sum_{\chi \bmod q}{}^{*}\int_{\frac{1}{2}-iT}^{\frac{1}{2}+iT}\frac{|L'|^2}{|s|}|ds|$$

$$\ll Q^{\frac{1}{2}}(\log x)^{\frac{1}{2}}\left\{\sum_{Q<q\leqslant Q'}\frac{1}{\varphi(q)}\right.$$

$$\left.\cdot\sum_{\chi \bmod q}{}^{*}\int_{\frac{1}{2}-iT}^{\frac{1}{2}+iT}\frac{|L'|^4}{|s|}|ds|\right\}^{\frac{1}{2}}\ll Q(\log x)^{\frac{9}{2}}. \tag{11}$$

把所得的估计式(5)—(11)代入式(4)就得到

$$\sum_{Q<q\leqslant Q'}\frac{1}{\varphi(q)}\sum_{\chi \bmod q}{}^{*}\max_{y\leqslant x}|\psi(y,\chi)|$$

---

1) 事实上，这里只要利用证明十分简单的 L 函数二次积分均值估计.

$$\ll x D_1^{-1} \log^{10} x + x^{\frac{1}{2}} Q D_1^{1/2} \log^4 x. \tag{12}$$

类似于式(2.6)，利用倍数分段法即得

$$\sum_{D_1 < q \leq D} \frac{1}{\varphi(q)} \sum_{\chi \bmod q}^{*} \max_{y \leq x} |\psi(y, \chi)|$$

$$\ll x D_1^{-1} \log^{11} x + x^{\frac{1}{2}} D D_1^{1/2} \log^4 x. \tag{13}$$

由此看出，只要取

$$C_3 = A + 12, \quad B = 3A/2 + 11 \tag{14}$$

定理 1.3 就成立，也即定理 1.1 和定理 1.2 成立，由式(14)知推论 1.4 中可取

$$B_1 = 3A + 73/2. \tag{15}$$

§4. 第三个证明（Vaughan 方法）

以上两个证明都用到了复杂的分析方法 —— 零点密度估计或 L 函数的四次积分均值估计. 本节将利用 § 19.2 中已经讨论过的 Vaughan 方法来给出一个初等的简单证明. 首先，利用 Vaughan 方法证明

引理 1 设 $H \geq 1, x \geq 2$. 我们有

$$\sum_{q \leq H} q \varphi^{-1}(q) \sum_{\chi \bmod q}^{*} \max_{y \leq x} |\psi(y, \chi)|$$

$$\ll (x + x^{5/6} H + x^{1/2} H^2)(\log Hx)^4. \tag{1}$$

由引理 1 立即推出定理 1.3.

定理 1.3 的第三个证明：设 Q, Q' 满足式(2.4). 由式(1)可得

$$\sum_{Q < q \leq Q'} \varphi^{-1}(q) \sum_{\chi \bmod q}^{*} \max_{y \leq x} |\psi(y, \chi)|$$

$$\ll (x Q^{-1} + x^{5/6} + x^{1/2} Q) \log^4 x. \tag{2}$$

类似于式(2.6)，由此推出

$$\sum_{D_1<q\leqslant D}\varphi^{-1}(q)\sum_{\chi \bmod q}{}^{*}\max_{y\leqslant x}|\psi(y,\chi)|$$

$$\ll (xD_1^{-1}+x^{5/6}\log x+x^{1/2}D)\log^4 x. \tag{3}$$

由此看出，取

$$c_3=A+5,\quad B=A+5, \tag{4}$$

由式(3) 就推出定理 1.3，也即定理 1.1 和定理 1.2 成立. 而在推论 1.4 中可取

$$B_1=2A+22. \tag{5}$$

为了证明引理 1，需要下面的双线性特征和的均值估计.

引理 2 设 $a_m(1\leqslant m\leqslant M)$，$b_n(1\leqslant n\leqslant N)$ 是任意复数，$H\geqslant 1$，我们有

$$\sum_{q\leqslant H}q\varphi^{-1}(q)\sum_{\chi \bmod q}{}^{*}\max_{y}\left|\sum_{\substack{m=1\\ mn\leqslant y}}^{M}\sum_{n=1}^{N}a_m b_n\chi(mn)\right|$$

$$\ll\left\{(M+H^2)(N+H^2)\left(\sum_{m=1}^{M}|a_m|^2\right)\left(\sum_{n=1}^{N}|b_n|^2\right)\right\}^{\frac{1}{2}}$$

$$\cdot\log(2MN). \tag{6}$$

证：无妨一般，可假定 $1\leqslant y\leqslant MN$. 设 $\alpha>0$，

$$\delta(u,\alpha)=\begin{cases}1, & |u|<\alpha,\\ 1/2, & |u|=\alpha,\\ 0, & |u|>\alpha.\end{cases} \tag{7}$$

利用熟知积分 $\int_{-\infty}^{\infty}t^{-1}\sin t\,dt=\pi$，从定理 1.1.3 可得

$$\delta(u,\alpha)=\int_{-\infty}^{\infty}e^{iut}(\pi t)^{-1}\sin\alpha t\,dt. \tag{8}$$

进而对 $0 \leqslant u \neq \alpha$ 及任意的 $T \geqslant 1$ 有

$$\delta(u,\alpha) = \int_{-T}^{T} e^{iut}(\pi t)^{-1} \sin \alpha t \, dt + O(T^{-1}|\alpha - u|^{-1}). \tag{9}$$

现取 $\alpha = \log([y] + 1/2)$，由式(8)，(9)，以及

$$|\alpha - \log(mn)|^{-1} \ll [y] \leqslant MN, \quad 1 \leqslant mn \leqslant y \leqslant MN,$$

可推得：对任意的 $T \geqslant 1$ 有

$$\sum_{\substack{m=1 \\ mn \leqslant y}}^{M} \sum_{n=1}^{N} a_m b_n \chi(mn) = \sum_{m=1}^{M} \sum_{n=1}^{N} a_m b_n \chi(mn) \delta(\log mn, \alpha)$$

$$= \int_{-T}^{T} \left\{ \sum_{m=1}^{M} \sum_{n=1}^{N} a_m b_n \chi(mn)(mn)^{it} \right\} \frac{\sin \alpha t}{\pi t} dt$$

$$+ O\left(T^{-1} MN \sum_{m=1}^{M} |a_m| \sum_{n=1}^{N} |b_n| \right). \tag{10}$$

以 I 记式(6) 的左边，由上式得

$$I \ll \left\{ \int_{-T}^{T} \max_{y} \left| \frac{\sin \alpha t}{\pi t} \right| dt \right\} \max_{|t| \leqslant T} \left\{ \sum_{q \leqslant H} \frac{q}{\varphi(q)} \right.$$

$$\left. \cdot \sum_{\chi \bmod q}^{*} \left| \sum_{m=1}^{M} \sum_{n=1}^{N} a_m b_n \chi(mn)(mn)^{it} \right| \right\}$$

$$+ T^{-1} H^2 MN \sum_{m=1}^{M} |a_m| \sum_{n=1}^{N} |b_n|, \tag{11}$$

取 $T = (MN)^{3/2}$，我们有

$$\int_{-T}^{T} \max_{y} \left| \frac{\sin \alpha t}{t} \right| dt$$

$$\ll \int_{-T}^{T} \min(|t|^{-1}, \log(MN+1/2))\,dt \ll \log(2MN),$$

及利用 Cauchy 不等式有

$$T^{-1}H^2MN\sum_{m=1}^{M}|a_m|\sum_{n=1}^{N}|b_n|$$

$$\ll H^2\left(\sum_{m=1}^{M}|a_m|^2\right)^{1/2}\left(\sum_{n=1}^{N}|b_n|^2\right)^{1/2}.$$

利用 Cauchy 不等式，从定理 29.1.2 可得

$$\left\{\sum_{q\leqslant H}\frac{q}{\varphi(q)}\sum_{\chi \bmod q}{}^{*}\left|\sum_{m=1}^{M}\sum_{n=1}^{N}a_m b_n\chi(mn)(mn)^{it}\right|\right\}^2$$

$$\ll \left\{\sum_{q\leqslant H}\frac{q}{\varphi(q)}\sum_{\chi \bmod q}{}^{*}\left|\sum_{m=1}^{M}a_m\chi(m)m^{it}\right|^2\right\}$$

$$\cdot\left\{\sum_{q\leqslant H}\frac{q}{\varphi(q)}\sum_{\chi \bmod q}{}^{*}\left|\sum_{n=1}^{N}b_n\chi(n)n^{it}\right|^2\right\}$$

$$\ll \left\{(M+H^2)\sum_{m=1}^{M}|a_m|^2\right\}\left\{(N+H^2)\sum_{n=1}^{N}|b_n|^2\right\}.$$

把以上三式代入式(11) 就证明了引理.

引理 1 的证明：当 $H^2\geqslant x$ 时，在引理 2 中取 $M=1$，$a_1=1, N=[x]$，$b_n=\Lambda(n)$，由式(6) 就推出式(1) 成立. 所以可假定 $H^2<x$. 利用 § 19.2 的 Vaughan 方法(见式(19.2.18)，(19.2.19)，(19.2.23) —(19.2.26)，在其中取 $f(n)=\chi(n)$，$u=v$)，设参数 u 满足 $1\leqslant u\leqslant x$，我们有

$$\psi(y,\chi)=\sum_{n\leqslant y}\Lambda(n)\chi(n)=O(u)+S_2+S_3+S_4, \quad (12)$$

其中

$$S_2=-\sum_{k\leqslant u^2}\sum_{mk\leqslant y}c_k\chi(km),\ c_k=\sum_{dn=k,\, d\leqslant u,\, n\leqslant u}\mu(d)\Lambda(n), \quad (13)$$

$$S_3=\sum_{d\leqslant u}\sum_{ld\leqslant y}\mu(d)\chi(ld)\log l, \tag{14}$$

$$S_4=\sum_{mn\leqslant y,\ n>u,m>u}\Lambda(n)e_m\chi(mn),\ e_m=\sum_{d\mid m,d\leqslant u}\mu(d). \tag{15}$$

以 T 记式(1) 左边，我们就得到

$$T\leqslant O(uH^2)+T_2+T_3+T_4, \tag{16}$$

这里

$$T_j=\sum_{q\leqslant H}q\varphi^{-1}(q)\sum_{\chi\bmod q}{}^{*}\max_{y\leqslant x}|S_j|,j=2,3,4. \tag{17}$$

先来估计 T_3. 当 $\chi \bmod q$ 不是主特征时，通过交换求和号与积分号，并利用定理 13.4.1 可得

$$\begin{aligned}S_3&=\sum_{d\leqslant u}\mu(d)\chi(d)\sum_{l\leqslant y/d}\int_1^l t^{-1}dt\\&=\int_1^y t^{-1}dt\left\{\sum_{d\leqslant\min(u,yt^{-1})}\mu(d)\chi(d)\sum_{t\leqslant l\leqslant y/d}\chi(l)\right\}\\&\ll u\sqrt{q}\log q\log y.\end{aligned}$$

当 $\chi \bmod q$ 是主特征时，显有

$$S_3\ll y\log^2 y.$$

由以上两式就推出

$$T_3\ll(x+uH^{5/2})\log^2 x. \tag{18}$$

再估计 T_2. 把 S_2 分为两部份：

$$S_2=-\sum_{k\leqslant u}+\sum_{u<k\leqslant u^2}=S_{21}+S_{22}. \tag{19}$$

相应的有(T_{2i} 分别为式(17) 中以 S_{2i} 代 S_2 所得，$i=1,2$)

$$T_2\leqslant T_{21}+T_{22}, \tag{20}$$

T_{21} 的估计和 T_3 相同，当 $\chi \bmod q$ 不是主特征时，由定理13.4.1 及 $|c_k|\leqslant\log k$ 可得

$$S_{21} \ll \sum_{k \leqslant u} \log k \left| \sum_{m \leqslant y/k} \chi(m) \right| \ll u \sqrt{q} \log q \log u .$$

当 $\chi \bmod q$ 为主特征时，

$$S_{21} \ll y \log^2 u .$$

由以上两式得

$$T_{21} \ll (x + uH^{5/2}) \log^2 x . \tag{21}$$

T_{22} 的估计要用引理 2．对 $u \leqslant k < u^2, K < K' \leqslant 2K$，由引理 2 得

$$\sum_{q \leqslant H} q \varphi^{-1}(q) \sum_{\chi \bmod q}{}^{*} \max_{y \leqslant x} \left| \sum_{\substack{K<k \leqslant K' \\ km \leqslant y}} \sum_{1 \leqslant m \leqslant x/K} c_k \chi(k) \chi(m) \right|$$

$$\ll (x + HxK^{-1/2} + Hx^{1/2}K^{1/2} + H^2 x^{1/2}) \log^2 x ,$$

对最内层和 $S_{22} = \sum_{u<k \leqslant u^2}$ 利用倍数分段法，由此可得

$$T_{22} \ll (x + Hxu^{-1/2} + Hx^{1/2}u + H^2 x^{1/2}) \log^3 x . \tag{22}$$

最后来估计 T_4．设 $u \leqslant N < xu^{-1}, N < N' \leqslant 2N$，由引理 2 及 $|e_m| \leqslant d(m)$ 可得

$$\sum_{q \leqslant H} q \varphi^{-1}(q) \sum_{\chi \bmod q}{}^{*} \max_{y \leqslant x} \left| \sum_{\substack{N<n \leqslant N' \\ mn \leqslant y}} \sum_{u<m \leqslant x/N} \Lambda(n) \chi(n) e_m \chi(m) \right|$$

$$\ll (x + HxN^{-1/2} + Hx^{1/2}N^{1/2} + H^2 x^{1/2}) \log^3 x .$$

对 $S_4 = \sum_{u<n \leqslant x/n}$ 利用倍数分段法，由上式可得

$$T_4 \ll (x + Hxu^{-1/2} + H^2 x^{1/2}) \log^4 x . \tag{23}$$

综合以上的估计式 (18)，(21)，(22)，(23)，由式 (16)，(20) 推出

$$\begin{aligned} T \ll & H^2 u + (x + uH^{5/2}) \log^2 x \\ & + (x + Hxu^{-1/2} + Hx^{1/2}u + H^2 x^{1/2}) \log^4 x . \end{aligned} \tag{24}$$

现取

$$u=\begin{cases}x^{1/3}, & 1\leqslant H\leqslant x^{1/3},\\ H^{-1}x^{2/3}, & x^{1/3}<H\leqslant x^{1/2}.\end{cases}\tag{25}$$

由式(24) 就推出当 $H^2\leqslant x$ 时式(1) 也成立.

习　　题

1．在式(B) 中以 $\sum\limits_{y\geqslant n\equiv l(\bmod d)}\mu(n)$ 代替 $E(y;d,l)$，证明定理 1.1 也成立.

2．设 $a>0,(al,d)=1,\psi(y;a,d,l)=\sum\limits_{y\geqslant an\equiv l(\bmod d)}\Lambda(n)$，及 $\overline{E}(y;a,d,l)=\psi(y;a,d,l)-\varphi^{-1}(d)\psi(y/a)$.再设$\alpha>0$. 证明:对任给正数 A，必有 $B=B(A)$，使得

$$\sum_{d\leqslant D}\max_{y\leqslant x}\max_{(l,d)=1}\left|\sum_{a\leqslant x^{1-\alpha},(a,d)=1}\overline{E}(y;a,d,l)\right|\ll x\log^{-A}x,$$

其中 $D=x^{1/2}\log^{-B}x$.当以$E(y;a,d,l)=\psi(y;a,d,l)-\varphi^{-1}(d)a^{-1}y$ 代$\overline{E}(y;a,d,l)$ 时结论也成立.

3．相应地证明上题对 $\pi(y;a,d,l)$ 的结论.

4．相应地证明：以 $\sum\limits_{y\geqslant an\equiv l(\bmod d)}\mu(n)$ 代替 $\overline{E}(y;a,d,l)$ 时第 2 题的结论也成立.

5．设 $g_x(a)$ 是依赖于参数 x 的非负算术函数. 存在和 x 无关的正数 r，使得 $\sum\limits_{a\leqslant u}g_x(a)\ll u\log^r u$. 证明：对任给正数 A，必有 $B=B(A,r)$，使得

$$\sum_{d\leqslant D}\max_{y\leqslant x}\max_{(l,d)=1}\left|\sum_{a\leqslant x^{1-\alpha},(a,d)=1}g_x(a)\overline{E}(y;a,d,l)\right|\ll x\log^{-A}x,$$

这里的符号同第 2 题. 把这结论推广到第 3，4 题的情形，

6．设 $E_x(y)\leqslant x^{1-\alpha}$，$y\leqslant x$.那末，上题中的求和条件$a\leqslant x^{1-\alpha}$若改为$a\leqslant E_x(y)$，则结论也成立.

7. 把推论 1.4 推广到以上各题的情形.

8. 设 $3/5 < \theta \leqslant 1$, $y = x^{\theta}$, $\lambda = \theta - 1/2$. 证明:对任给正数 A,必有正数 $B = B(A)$,使得

$$\sum_{d \leqslant D} \max_{(l,d)=1} \max_{h \leqslant y} \max_{x/2 < z \leqslant x} \left| \psi(z+h; d, l) - \psi(z; d, l) - \frac{h}{\varphi(q)} \right| \ll \frac{y}{\log^{A} x},$$

其中 $D = x^{\lambda} \log^{-B} x$.

9. 证明:若 Riemann 猜想成立,则定理 1 中的 $B = A + 2$[1).

1) 这一结果已被 Dress, Iwaniec 和 Tenenbaum (*J. Reine Angew. Math.*, **340** (1983), 53—58) 无条件地证明了.

第三十二章 筛 法

本章讨论筛法理论的一些基本结果，及它们的若干重要应用．在§1 讨论筛法的基本概念和符号，筛法理论的基本问题，及筛法是如何与数论问题相联系等一些基本知识．§2 — §5 讨论组合筛法,其中§2 是关于一般组合筛法的基本原理,§3是最简单的 Brun 筛法，§4 是 Brun 筛法，§5 是 Rosser 筛法．在§6 讨论 Selberg 上界筛法，这里详细讨论的只是几个特殊情形．

关于本章的内容及筛法的发展可参看 [10],[25],[26],[30],[36],[23] 以及谢盛刚的介绍性文章：线性组合筛法，数学进展，**13**(1984),119 — 144.

§1. 基本知识

本章所讨论的数列 $\mathscr{A}$ 均由整数组成，以 $\mathscr{A}_d$ 表数列 $\mathscr{A}$ 中所有能被 d 整除的数组成的子序列．对有限数列 $\mathscr{A}$ 以 $|\mathscr{A}|$ 表示它的元素个数．本章中以 $\mathscr{P}$ 表示由素数组成的集合(可以是无限的),以 $\overline{\mathscr{P}}$ 表示由所有不属于 $\mathscr{P}$ 的素数组成的集合．此外，对任意的整数数列或集合 $\mathscr{M}$，以 $(d,\mathscr{M})=1$ 表示整数 d 和 $\mathscr{M}$ 中的每个数都互素．

一般说来，筛法是指对一个给定的有限数列 $\mathscr{A}$ 的元素进行如下的筛选：设 $p_1,p_2,\cdots,p_m$ 是 m 个不同的素数；对每一个 $p_j(1\leqslant j\leqslant m)$ 给定 $e(j)<p_j$ 个对模 p_j 互不同余的数 $C_{j,1},\cdots C_{j,e(j)}$. 这样，总共给出了 $e(1)+e(2)+\cdots+e(m)$ 个剩余类：

$$C_{j,i} \bmod p_j\ ,\quad 1\leqslant i\leqslant e(j),\quad 1\leqslant j\leqslant m. \tag{1}$$

$\mathscr{A}$ 中的一个元素 a，如果它属于式(1) 中的某一个剩余类，那末就把它去 掉；不然就留下．把 $\mathscr{A}$ 经过这样挑选后剩下的子序列记作

$\mathscr{A}^*$. 显然, $\mathscr{A}^*$是由 $\mathscr{A}$ 中所有这样的元素所组成: 它不属于由式(1)给出的任何一个剩余类. 这里, 由式(1)给出的一组剩余类好象起了一个"筛子"的作用,凡是属于其中某一个剩余类的数就要被这"筛子"筛去. 所以, 这一挑选过程很自然地被称为筛法.

选取不同的数列和"筛子", 通过以上的筛选过程得到的子序列往往会有许多有趣的性质. 例如:

(a) 设整数 $N\geqslant 9$, $\mathscr{A}=\{a: 2\leqslant a\leqslant N\}$, $p_1=2, p_2, \cdots, p_m$ 为所有不超过 $\sqrt{N}$ 的素数, 以及 $e(j)=1(1\leqslant j\leqslant m)$, $C_{j,1}=0$ $(1\leqslant j\leqslant m)$. 这时, 筛选后得到 的数列 $\mathscr{A}^*$就是不超过 N 且大于 $\sqrt{N}$ 的素数, 其个数为 $\pi(N)-\pi(\sqrt{N})$. 这就是最古老的 Eratosthenes 筛法.

(b) 如果在例(a)中取剩余类集合(即筛子)为: $e(1)=1$, $C_{1,1}=0$; $e(j)=2(2\leqslant j\leqslant m)$, $C_{j,1}=0, c_{j,2}=2$, 那末经过这样的筛选后得到的数列 $\mathscr{A}^*$由 $\mathscr{A}$ 中所有这样的元素 a 组成: a 和 $a-2$ 都是不超过 N 且大于 $\sqrt{N}$ 的素数. 如果能够证明对任意大的 N 均有 $|\mathscr{A}^*|>0$, 那末就证明了孪生素数有无穷多对.

(c) 设 N 是正整数, $\mathscr{A}=\{a: 1\leqslant a\leqslant N\}$, $p_1, \cdots, p_m$ 是 所 有 整除 N 的素数, $e(j)=1$, $C_{j,1}=0(1\leqslant j\leqslant m)$. 这时, $\mathscr{A}^*$就是由不超过 N 且 和 N 互素的正整数所组成的子序列, 其个数即为 $\varphi(N)$. 熟知, 用这种方法可以推出 $\varphi(N)=N\prod_{p\mid N}(1-p^{-1})$.

以上例子表明, **筛法**是可以用来从某个给定的数列中取出具有某种同余性质的子序列的一种算法, 它和数论问题有着很自然的联系. 对具体的数列(如取 $N=10^2, 10^3, 10^4, 10^5$)可很快地确定它有没有具有某种性质的数, 以及有多少. 这种一般形式的原始筛法在数值应用中是十分灵活有效的, 但要在理论上进行讨论却很不方便. 后来, 通过引进筛函数的概念, 使筛法有了一个易于研究的形式.

定义 设 $\mathscr{A}$是一个有限整数数列, $\mathscr{P}$ 是一个素数集合. 再设

$2 \leqslant w \leqslant z$,

$$P(w,z)=\prod_{\substack{w\leqslant p<z\\ p\in\mathscr{P}}} p,\quad P(z)=P(2,z). \tag{2}$$

我们把

$$S(\mathscr{A};\mathscr{P},z)=\sum_{\substack{a\in\mathscr{A}\\ (a,P(z))=1}} 1 \tag{3}$$

称为**筛函数**.

容易看出，如果把前面的"筛子"(1)取为

$$0 \bmod p,\quad p<z, p\in\mathscr{P}, \tag{4}$$

那末，筛函数 $S(\mathscr{A};\mathscr{P},z)$ 就是数列 $\mathscr{A}$ 经"筛子"(4)筛选后所得到的子序列 $\mathscr{A}^*$ 的元素个数,以后,为方便起见，$S(\mathscr{A};\mathscr{P},z)$ 也表示这个子序列 $\mathscr{A}^*$.

筛函数有以下的简单性质:

性质 1 $S(\mathscr{A};\mathscr{P},2)=|\mathscr{A}|$.

性质 2 筛函数是 z 的非负递减函数，即

$$0\leqslant S(\mathscr{A};\mathscr{P},z_2)\leqslant S(\mathscr{A};\mathscr{P},z_1),\quad 2\leqslant z_1\leqslant z_2.$$

性质 3 $$S(\mathscr{A};\mathscr{P},z)=\sum_{a\in\mathscr{A}}\sum_{d\mid(a,p(z))}\mu(d). \tag{5}$$

性质 4 设实数 $u\geqslant 2$. 如果 $\mathscr{A}$ 中的数都是若干个绝对值小于 x 的整数的乘积，那末，子序列 $S(\mathscr{A};\mathscr{P}_1,x^{1/u})$ 中的每一个元素都是若干个这样的数的乘积: 每个数至多是 $u-1$ 个(u 为整数)，或 $[u]$ 个(u 不是整数)不小于 $x^{1/u}$ 的素数的乘积，这里 $\mathscr{P}_1$ 表由全体素数组成的集合.

性质 5 (Бухштаб) 设 $2\leqslant w\leqslant z$, 我们有

$$|\mathscr{A}|=S(\mathscr{A};\mathscr{P},z)+\sum_{p\mid P(z)} S(\mathscr{A}_p;\mathscr{P},p). \tag{6}$$

进而有

$$S(\mathscr{A};\mathscr{P},z)=S(\mathscr{A};\mathscr{P},w)-\sum_{p\mid P(w,z)} S(\mathscr{A}_p;\mathscr{P},p). \tag{7}$$

我们来证明性质5, 这实际上是一个组合恒等式.显见式(7)是

式(6)的直接推论,我们只要来证明式(6).序列$\mathscr{A}$中的元素可分为这样不相交的两部份：一部份是由没有小于z且属于$\mathscr{P}$的素因子的元素组成,其个数即为$S(\mathscr{A};\mathscr{P},z)$；另一部份是由有小于$z$且属于$\mathscr{P}$的素因子的元素组成. 而后一部份元素可进一步按其属于$\mathscr{P}$的最小素因子p来分类. 对每一个素数$p, p\in\mathscr{P}, p<z$，可以确定序列$\mathscr{A}$中的这样一个子序列：它的元素能被p整除但没有小于p且属于$\mathscr{P}$的素因子，这恰好就是子序列$S(\mathscr{A}_p;\mathscr{P},p)$；对不同的$p$,这些子序列是两两不相交的. 显然，后一部份元素恰好是由所有这些子序列$S(\mathscr{A}_p;\mathscr{P},p)$，$p<z, p\in\mathscr{P}$所组成. 这就证明了式(6).

式(6)和(7)通常称为Бухштаб **恒等式**在筛法的理论和应用中具有基本的重要性.

引进筛函数的概念后，许多数论问题就可很方便地用它来表述. 下面举例说明.

设K是一个整数，记$\mathscr{P}_K$为由所有不能整除K的素数组成的集合，这样$\mathscr{P}_1$即为由所有素数组成的集合.

例 1. 设$x\geqslant y>1, \mathscr{A}^{(1)}=\mathscr{A}^{(1)}(x,y)=\{a: x-y<a\leqslant x\}$，当$x-y\geqslant x^{1/2}$时

$$\pi(x)-\pi(x-y)=S(\mathscr{A}^{(1)};\mathscr{P}_1, x^{1/2})+r(x), \tag{8}$$

其中

$$r(x)=\begin{cases}-1, & \text{当 } x^{1/2} \text{ 是素数},\\ 0, & \text{其它}.\end{cases}$$

例 2. 设$k>l\geqslant 0, (k,l)=1, x\geqslant y>k$. 再设$\mathscr{A}^{(2)}=\{a: x-y<a\leqslant x, a\equiv l(\bmod k)\}$. 那末对任意的$z\geqslant 2$有

$$\begin{aligned}S(\mathscr{A}^{(2)};\mathscr{P}_1, x^{1/2})-1&\leqslant\pi(x;k,l)-\pi(x-y;k,l)\\ &\leqslant S(\mathscr{A}^{(2)};\mathscr{P}_1,z)+\pi(z;k,l).\end{aligned} \tag{9}$$

此外，因$(l,k)=1$，故有

$$S(\mathscr{A}^{(2)};\mathscr{P}_1,z)=S(\mathscr{A}^{(2)};\mathscr{P}_k,z). \tag{10}$$

例 3．设 h 为给定的偶数，$x\geqslant|h|>0$，以 $Z(x,h)$ 表这样的正整数 n 的个数：$n\leqslant x$，n，$|n-h|$ 均为素数．再设 $\mathscr{A}^{(3)}=\mathscr{A}^{(3)}(x,h)=\{a: a=n(n-h), 1\leqslant n\leqslant x\}$．那末，对任意的 $z\geqslant 2$ 有

$$S(\mathscr{A}^{(3)};\mathscr{P}_1,2x^{1/2})-2\leqslant Z(x,h)\leqslant S(\mathscr{A}^{(3)};\mathscr{P}_1,z)+\pi(z).\quad(11)$$

显然，$Z(x,2)$ 即为不超过 x 的孪生素数的对数．

例 4．设偶数 $N\geqslant 6$．以 $D(N)$ 表示 N 表为两个素数之和的表法个数[1]．再设 $\mathscr{A}^{(4)}=\mathscr{A}^{(4)}(N)=\{a: a=n(N-n), 1\leqslant n\leqslant N\}$．那末，对任意的 $z\geqslant 2$ 有

$$S(\mathscr{A}^{(4)};\mathscr{P}_1,N^{1/2})-2\leqslant D(N)\leqslant S(\mathscr{A}^{(4)};\mathscr{P}_1,z)+2\pi(z).\quad(12)$$

例 5．设 $x, h, Z(x,h)$ 由例 3 给出，$\mathscr{A}^{(5)}=\mathscr{A}^{(5)}(x,h)=\{a: a=p-h, p\leqslant x\}$．那末，对任意的 $z\geqslant 2$ 有

$$S(\mathscr{A}^{(5)};\mathscr{P}_1,2x^{1/2})-2\leqslant Z(x,h)\leqslant S(\mathscr{A}^{(5)};\mathscr{P}_1,z)+\pi(z).\quad(13)$$

此外，容易看出

$$S(\mathscr{A}^{(5)};\mathscr{P}_1,z)=S(\mathscr{A}^{(5)};\mathscr{P}_h,z)+O(\omega(h)).\quad(14)$$

例 6．设 N，$D(N)$ 由例 4 给出，$\mathscr{A}^{(6)}=\mathscr{A}^{(6)}(N)=\{a: a=N-p, p\leqslant N\}$．那末对任意的 $z\geqslant 2$，有

$$S(\mathscr{A}^{(6)};\mathscr{P}_1,N^{1/2})-1\leqslant D(N)\leqslant S(\mathscr{A}^{(6)};\mathscr{P}_1,z)+\pi(z).\quad(15)$$

同样容易看出

$$S(\mathscr{A}^{(6)};\mathscr{P}_1,z)=S(\mathscr{A}^{(6)};\mathscr{P}_N,z)+O(\omega(N)).\quad(16)$$

以上例子清楚地表明，一些数论问题可转化为寻求筛函数 $S(\mathscr{A},\mathscr{P},z)$ 的上界估计和正的下界估计．简单说来，这就是筛法理论的基本问题．应该指出，在每个例子中考虑的序列并不是一个固定的序列，而是依赖于和所讨论的问题有关的一个或若干个参数．

1）若素数 $p\neq p'$，则 $N=p+p'=p'+p$ 看作是两种不同的表法．

为了讨论筛函数最容易想到的就是交换式(5)中的求和号，得到

$$S(\mathscr{A};\mathscr{P},z)=\sum_{d|p(z)}\mu(d)\sum_{d\mid a\in\mathscr{A}}1=\sum_{d\mid P(z)}\mu(d)\,|\mathscr{A}_d|. \quad (17)$$

这一公式实际上就是 Eratosthenes 筛法. 由此可见，筛函数 $S(\mathscr{A};\mathscr{P},z)$ 的性质和子序列 $\mathscr{A}_d\,(d\mid P(z))$ 的性质密切相关. 对于变化毫无规律的数列当然无法讨论，我们所讨论的数列应当分布均匀，具有以下性质：存在一个和序列 $\mathscr{A}$ 所依赖的参数无关的，定义在 $\mu(d)\neq 0,(d,\overline{\mathscr{P}})=1$ 上的非负积性函数 $\rho(d)$，使得可用 $(\rho(d)/d)\,|\mathscr{A}|$ 来近似代替 $|\mathscr{A}_d|$，且由此产生的误差项

$$r_d=|\mathscr{A}_d|-(\rho(d)/d)\,|\mathscr{A}| \quad (18)$$

本身或在某种平均意义下是"很小"的(具体含意将在以后说明). 这种数列通常称为**积性数列**. 显然，所考虑的情形一定要满足条件

$$\rho(p)<p,\qquad p\in\mathscr{P}. \quad (19)$$

因若有 $\rho(p)=p$，则 $|\mathscr{A}_p|$ 差不多就等于 $|\mathscr{A}|$，这就是说 $\mathscr{A}$ 中差不多所有元素均可被 p 整除，当然这不是筛法所要讨论的问题. 以后总要求 $\rho(d)$ 满足条件(19). 此外，有时候上面的 $|\mathscr{A}|$ 用另一正数 $X=X(\mathscr{A})$(当然它和 $\mathscr{A}$ 依赖于同样的参数)来代替，会使讨论方便些[1]. 这时，我们用 $(\rho(d)/d)X$ 来代替 $|\mathscr{A}_d|$，误差项为

$$r_d=|\mathscr{A}_d|-(\rho(d)/d)X. \quad (20)$$

取 $X=|\mathscr{A}|$ 时即为式(18).

这样，从式(17)得到

$$\begin{aligned}S(\mathscr{A};\mathscr{P},z)&=X\sum_{d|P(z)}\mu(d)\frac{\rho(d)}{d}+R(z)\\&=XW(z)+R(z),\end{aligned} \quad (21)$$

1) 应该指出，X 和 $\rho(d)$ 事实上是由 $\mathscr{A}$ 和 $\mathscr{P}$ 唯一确定的. 取法可能稍有不同，而这种不同只是形式上的.

其中

$$W(z)=\prod_{p\mid P(z)}\left(1-\frac{\rho(p)}{p}\right), \tag{22}$$

$$R(z)=\sum_{d\mid P(z)}\mu(d)r_d . \tag{23}$$

我们希望$Xw(z)$是$S(\mathscr{A};\mathscr{P},z)$的主要项，$R(z)$是可以忽略的次要项(这就是$r_d$是“很小”的含意)．因此，在讨论筛函数时首先是要确定如何选取X和$\rho(d)$,这就是要去求出$|\mathscr{A}_d|$的表达式，通常归结为求同余方程的解数．我们以上面所举的六个例子来说明如何选取X和$\rho(d)$．

在例2中(例1可看作是$k=1$的情形)，由式(10)知，所要讨论的筛函数是$S(\mathscr{A}^{(2)};\mathscr{P}_k,z)$．这时

$$\mathscr{A}_d^{(2)}=\{a=bd,(x-y)/d<b\leqslant x/d,db\equiv l(\bmod k)\}.$$

当$(d,\mathscr{P}_k)=(d,k)=1$时，$|\mathscr{A}_d^{(2)}|$等于同余方程

$$db\equiv l(\bmod k),\ (x-y)/d<b\leqslant x/d$$

的解数：

$$\frac{1}{k}\left(\left[\frac{x}{d}\right]-\left[\frac{x-y}{d}\right]\right)+\theta_1=\frac{1}{d}\,\frac{y}{k}+\theta_2,$$

$$|\theta_1|\leqslant 1-\frac{1}{k},|\theta_2|<1 .$$

所以应取

$$\begin{cases}X=y/k,\\ \rho(d)=1,(d,k)=1,\mu(d)\neq 0;\end{cases} \tag{24}$$

这时相应的有

$$|r_d|<1,\quad (d,k)=1,\quad \mu(d)\neq 0 . \tag{25}$$

在例3中，同余方程$n(n-h)\equiv 0(\bmod d)$的解数$s(d)$是d的积性函数，

$$s(p)=1,\quad p\mid h;\quad s(p)=2,p\nmid h .$$

所以，记 $d_h = d/(d,h)$ 就有

$$s(d) = 2^{\omega(d_h)}, \qquad \mu(d) \neq 0. \tag{26}$$

容易看出: $|\mathscr{A}_d^{(3)}| = (s(d)/d)x + \theta s(d)$, $|\theta| \leqslant 1$.
所以应取

$$\begin{cases} X = x, \\ \rho(d) = s(d) = 2^{\omega(d_h)}, \ \mu(d) \neq 0; \end{cases} \tag{27}$$

这时

$$|r_d| \leqslant \rho(d) = 2^{\omega(d_h)}, \qquad \mu(d) \neq 0. \tag{28}$$

在例 4 中，和例 3 完全一样，应取

$$\begin{cases} X = N, \\ \rho(d) = 2^{\omega(d_N)}, \ \mu(d) \neq 0, \end{cases} \tag{29}$$

这里 $d_N = d/(d,N)$. 这时

$$|r_d| \leqslant \rho(d) = 2^{\omega(d_N)}, \qquad \mu(d) \neq 0. \tag{30}$$

在例 5 中，由式(14)知要讨论的筛函数是 $S(\mathscr{A}^{(5)};\mathscr{P}_h, z)$. 当 $(d, \overline{\mathscr{P}}_h) = (d,h) = 1$ 时，$|\mathscr{A}_d^{(5)}| = \pi(x;d,h)$. 由算术级数中的素数分布理论(见第十八，三十一章)知，最合适的是取

$$\begin{cases} X = \pi(x) \text{或} \operatorname{Li} x, \\ \rho(d) = d/\varphi(d), \ \mu(d) \neq 0, (d,h) = 1. \end{cases} \tag{31}$$

这时相应的有

$$r_d = \pi(x;d,h) - \pi(x)/\varphi(d), \ \mu(d) \neq 0, (d,h) = 1, \tag{32}$$

或

$$r_d = \pi(x;d,h) - \operatorname{Li} x/\varphi(d), \ \mu(d) \neq 0, (d,h) = 1. \tag{33}$$

在例 6 中，由式(16)知要讨论筛函数 $S(\mathscr{A}^{(6)};\mathscr{P}_N, z)$. 和例 5 完全一样，应取

$$\begin{cases} X=\pi(N) \text{ 或 } \operatorname{Li} N, \\ \rho(d)=d/\varphi(d),\ \mu(d)\neq 0,\ (d,N)=1. \end{cases} \tag{34}$$

这时相应的有

$$r_d=\pi(N;d,N)-\pi(N)/\varphi(d),\ \mu(d)\neq 0,\ (d,N)=1, \tag{35}$$

或

$$r_d=\pi(N;d,N)-\operatorname{Li} N/\varphi(d),\ \mu(d)\neq 0,\ (d,N)=1. \tag{36}$$

从所讨论的例子可以看出，我们考虑的数列$\mathscr{A}$分为如下两大类. 设$f(u)$是整值多项式，k,l 是整数，$1\leqslant k<y\leqslant x$. 第一类是

$$\mathscr{A}=\{a=f(n),\ x-y<n\leqslant x.\ n\equiv l(\operatorname{mod} k)\}; \tag{37}$$

第二类是

$$\mathscr{A}=\{a=f(p),\ x-y<p\leqslant x,\ p\equiv l(\operatorname{mod} k)\}. \tag{38}$$

现在我们回到式(21)上来，看一看由这样的 Eratosthenes 筛法对筛函数可得到怎样的结果.

定理 1 设 A_0 是给定的正数，$\pi'(z)$表示属于$\mathscr{P}$ 且小于 z 的素数个数. 那末，在条件

$$|r_d|\leqslant\rho(d),\qquad \mu(d)\neq 0,\ (d,\mathscr{P})=1, \tag{39}$$

$$\rho(p)\leqslant A_0,\qquad p\in\mathscr{P} \tag{40}$$

下，我们有

$$S(\mathscr{A};\mathscr{P},z)=X\,W(z)+\theta(1+A_0)^{\pi'(z)},\ |\theta|\leqslant 1. \tag{41}$$

证: 由式(23)及条件知

$$|R(z)|\leqslant\sum_{d\mid P(z)}|r_d|\leqslant\sum_{d\mid P(z)}A_0^{\omega(d)}=\prod_{p\mid P(z)}(1+A_0)=(1+A_0)^{\pi'(z)},$$

由此及式(21)就证明了定理.

粗略地说，由于当 z 不很大时，$(1+A_0)^{\pi'(z)}$ 就非常大，所以定理1仅在 z 相对于 X 来说是非常小时才能得到有意义的结果. 下面我们用定理 1 来估计 $\pi(x)$ 的上界以说明这一点. 在例 2 中取 $k=1$，$y=x$，由式(9)及式(24)所选取的 $X,\rho(d)$，从定理 1(由式(25)知可取 $A_0=1$)可得

$$\pi(x) \leqslant x \prod_{p<z}(1-p^{-1}) + \theta \cdot 2^{\pi(z)} + \pi(z). \tag{42}$$

利用

$$\prod_{p<z}(1-p^{-1})^{-1} = \prod_{p<z}(1+p^{-1}+p^{-2}+\cdots) > \sum_{n<z} n^{-1}$$

$$> \int_1^{[z]+1} \frac{du}{u} > \log z, \tag{43}$$

及显然估计 $\pi(z)<z$，从式(42)得

$$\pi(x) < x/\log z + 2^z + z. \tag{44}$$

当取 $z \geqslant (\log x)/(\log 2)$ 时，$2^z \geqslant x$，误差项就超过了主要项，因而从上式就不可能得到 $\pi(x)$ 的非显然上界估计．若取 $z=\log x$，从上式就得到

$$\begin{aligned}\pi(x) &< x/(\log\log x) + x^{0.7} + \log x \\ &\leqslant x/(\log\log x).\end{aligned} \tag{45}$$

而这比熟知的初等结果 $\pi(x) \ll x/\log x$ 差很多．这一例子清楚地表明：利用定理 1 (即 Eratosthenes 筛法)，在很强的条件(39)和(40)下，也不能得到有重要理论价值的结果．

从证明可以看出，定理 1 的缺点是误差项 $R(z)$ 中的项数太多，达 $2^{\pi'(z)}$ 项；而这一点是由于我们直接交换式(5)右边的求和号后，从式(17)来讨论筛函数所引起的．

对于任意算术函数 $\eta_1(n)$，$\eta_2(n)$，若满足[1)]

$$\begin{cases}\eta_1(1)=\eta_2(1)=1, \\ \eta_2(n) \leqslant \sum\limits_{d \mid n} \mu(d) = \left[\dfrac{1}{n}\right] \leqslant \eta_1(n),\end{cases} \tag{46}$$

那末，由式(5)可得

$$\sum_{a \in \mathscr{A}} \eta_2((a, p(z))) \leqslant S(\mathscr{A}; \mathscr{P}, z) \leqslant \sum_{a \in \mathscr{A}} \eta_1((a, p(z))). \tag{47}$$

显然，为使不等式(46)对任意的 $\mathscr{A}, \mathscr{P}, z$ 都成立，条件(46)的第

1) 为了得到尽可能好的上、下界估计，当然要求 $\eta_1(n)$，$\eta_2(n)$ 和 $\sum\limits_{d \mid n} \mu(d)$ 的差尽可能地小，因此，我们总要求 $\eta_1(1)=\eta_2(1)=1$．

二式也是必要的. 如果我们能构造出两个适当的函数 η_1 和 η_2，使得上式两端也能象式(21)那样分出主要项和误差项，而且误差项中的项数比原来 $R(z)$ 中的项数大大地减少，那末就有可能改进 Eratosthenes 筛法，使当 z 取相对于 X 为较大的值时，得到 $S(\mathscr{A};\mathscr{P},z)$ 的较好的上、下界估计，从而对某些数论问题得到有理论价值的结果. 这就是至今改进 Eratosthenes 筛法所遵循的原则. 具体的改进有 Brun 和 Rosser 分别提出的两种组合筛法，以及 Selberg 提出的上界筛法. 这些就是本章以下几节所要讨论的内容. 这里还要指出的一点是，为使式(46)成立，算术函数 η_1，η_2 仅要在 $n\mid P(z)$ 上有定义，因此它的选取可以和 z 有关. 这些在以后具体构造函数 η_1,η_2 时可以清楚看出.

从 Бухштаб 恒等式(6)和(7)可看到，我们不仅要考虑单个筛函数，而且需要同时考虑一组有关的筛函数. 这里就有一个如何选取对应于它们的各个 X 和 $\rho(d)$，以使保持一致的问题. 为此，对 $\mu(q)\neq 0,(q,\overline{\mathscr{P}})=1$，设

$$\begin{cases}\mathscr{A}(q)=\mathscr{A}_q,\\ \mathscr{P}(q)=\{p:\ p\in\mathscr{P},\ p\nmid q\}.\end{cases}\tag{48}$$

如果对应于 $\mathscr{A}$ 和 $\mathscr{P}$ 已经选定了 X 和 $\rho(d)$，那末对于 $\mathscr{A}(q)$ 和 $\mathscr{P}(q)$，相应的 $X(q)$ 和 $\rho(d,q)$ 就应取为

$$\begin{cases}X(q)=(\rho(q)/q)X,\\ \rho(d;q)=\rho(d),\ \mu(qd)\neq 0,(qd,\overline{\mathscr{P}})=1.\end{cases}\tag{49}$$

这时

$$r_d(q)=|\mathscr{A}_d(q)|-\frac{\rho(d;q)}{d}X(q)=|\mathscr{A}_{dq}|-\frac{\rho(dq)}{dq}X$$
$$=r_{dq},\qquad \mu(qd)\neq 0,(qd,\overline{\mathscr{P}})=1.\tag{50}$$

在这样的约定下，相应于式(21)，当 $\mu(q)\neq 0,(q,\overline{\mathscr{P}})=1$ 时有

$$S(\mathscr{A}(q),\mathscr{P}(q),z)=(\rho(q)/q)XW(z;q)+R(z,q),\tag{51}$$

其中

$$W(z;q)=\prod_{p|P(z),\ p\nmid q}\left(1-\frac{\rho(p)}{p}\right), \tag{52}$$

$$R(z;q)=\sum_{d|P(z),\ (d,q)=1}\mu(d)r_{dq}. \tag{53}$$

相应于筛函数的性质 5,$W(z)$ 和 $R(z)$ 有相同的关系式.

性质 6 设 $z\geqslant 2$, $W(z)$, $R(z)$ 由式(22), (23) 给出, 我们有

$$W(z)=1-\sum_{p|P(z)}\frac{\rho(p)}{p}W(p), \tag{54}$$

$$\begin{aligned}R(z)&=r_1-\sum_{p|P(z)}R(p;p)\\&=r_1-\sum_{p|P(z)}\sum_{d|P(p)}\mu(d)r_{dp}.\end{aligned} \tag{55}$$

一般的, 当 $2\leqslant w\leqslant z$ 时有

$$W(z)=W(w)-\sum_{p|P(w,z)}\frac{\rho(p)}{p}W(p), \tag{56}$$

$$\begin{aligned}R(z)&=R(w)-\sum_{p|P(w,z)}R(p;p)\\&=R(w)-\sum_{p|P(w,z)}\sum_{d|P(p)}\mu(d)r_{dp}.\end{aligned} \tag{57}$$

证: 我们可以利用式(51), 从式(6)和(7)分别推出所要的关系式. 但下面直接给出另一证明: 对 $d>1$, 以 p 表 d 的最大素因子. 这样, 当 $\mu(d)\neq 0$, $(d,\mathscr{P})=1$ 时, 就有 $d=pe$, $e|P(p)$. 因此,

$$\begin{aligned}W(z)&=\sum_{d|P(z)}\mu(d)\frac{\rho(d)}{d}=1+\sum_{1<d|P(z)}\mu(d)\frac{\rho(d)}{d}\\&=1+\sum_{p|P(z)}\sum_{e|P(p)}\mu(ep)\frac{\rho(ep)}{ep}\end{aligned} \tag{58}$$

$$= 1 - \sum_{p \mid P(z)} \frac{\rho(p)}{p} \sum_{e \mid P(p)} \mu(e) \frac{\rho(e)}{e} ,$$

这就证明了式(54)，进而就推出式(56). 式(55)和(57)可同样证明.

在结束本节时，我们简单地来描述一下所谓加权筛法，这在具体应用中是经常遇到的. 设 $f(a)$ 是一算术函数，定义加权筛函数

$$S_f(\mathscr{A};\mathscr{P},z) = \sum_{\substack{a \in \mathscr{A} \\ (a,\ P(z))=1}} f(a) . \tag{59}$$

加权筛法就是研究加权筛函数 $S_f(\mathscr{A};\mathscr{P},z)$ 的性质及其上、下界估计. 在一些情形下，仍把这问题化为通常的筛函数 $S(\mathscr{A};\mathscr{P}\ z)$ 来研究；而在另一些情形，则如同 $S(\mathscr{A};\mathscr{P},z)$ 一样直接来讨论，只要把前面的 $|\mathscr{A}_d|$ 改为

$$|\mathscr{A}_d(f)| = \sum_{d \mid a \in \mathscr{A}} f(a) , \tag{60}$$

r_d 改为[1)]

$$r_d(f) = |\mathscr{A}_d(f)| - (\rho(d)/d) X(f) , \tag{61}$$

这里 $X(f)$ 是 $|\mathscr{A}_1(f)| = |\mathscr{A}(f)| = \sum_{a \in \mathscr{A}} f(a)$ 的替代值，相当于以 X 代 $|\mathscr{A}|$. 容易发现，这样所进行的讨论和 $S(\mathscr{A};\mathscr{P},z)$ 是完全一样的，差别主要在于余项中的 r_d 要用式(61)中的 $r_d(f)$ 来代替，有时引进适当的权函数 $f(a)$ 会使余项的讨论变得简单. 关于这方面的进一步的详细讨论将安排在习题和 §5 (引理 5.15), §6 (引理 6.13) 中.

本节符号在以下各节经常应用，到时不再一一说明.

§2. 组合筛法的基本原理

在讨论 Brun 组合筛法与Rosser 组合筛法之前，先来谈一谈

---

1) 这里的 $\rho(d)$ 当然可以和原来的不同，但有时是一样的.

一般组合筛法的基本原理. 直接构造 η_i 并不方便，为此，我们把式(1.46)中出现的算术函数 η (表 η_1 或 η_2) 写为如下形式:

$$\eta(n) = \sum_{d|n} \mu(d)\theta(d), \tag{1}$$

即 η 是 $\mu\theta$ 的 Möbius 变换. 我们将通过构造算术函数 θ 来确定 η[1]. 再设

$$S(\mathscr{A},\mathscr{P},z,\eta) = \sum_{a\in\mathscr{A}} \eta((a,P(z))), \tag{2}$$

把它称为相应于算术函数 η 的筛函数[2]； 当 $\theta\equiv 1$ 时， 它就等于 $S(\mathscr{A};\mathscr{P},z)$. 把式(1)代入式(2)得

$$S(\mathscr{A};\mathscr{P},z,\eta) = \sum_{d|P(z)} \mu(d)\theta(d)\,|\mathscr{A}_d|. \tag{3}$$

由此及式(1.20)推出

$$S(\mathscr{A};\mathscr{P},z,\eta) = X\sum_{d|P(z)} \mu(d)\theta(d)\frac{\rho(d)}{d} + \sum_{d|P(z)} \mu(d)\theta(d)r_d. \tag{4}$$

为了得到直接用 η 来表示上式中的主项，由式(1)的 Möbius 反转公式得

$$\begin{aligned}\sum_{d|P(z)} \mu(d)\theta(d)\frac{\rho(d)}{d} &= \sum_{d|P(z)} \frac{\rho(d)}{d} \sum_{t|d} \mu\left(\frac{d}{t}\right)\eta(t)\\ &= \sum_{t|P(z)} \eta(t)\frac{\rho(t)}{t} \sum_{et|P(z)} \mu(e)\frac{\rho(e)}{e}\\ &= W(z)\sum_{t|P(z)} \eta(t)g(t),\end{aligned} \tag{5}$$

最后一步用到了条件(1.19)，以及 $g(1)=1$，

---

1) 上节中对 η_i 的定义域的说明，对 θ_i 同样成立.

2) 这时加权筛函数 $S_f(\mathscr{A};\mathscr{P},z,\eta)=\sum_{a\in\mathscr{A}} f(a)\eta((a,P(z)))$. 注意到式(1.60),(1.61), 以下讨论可同样进行.

$$g(t)=\frac{\rho(t)}{t}\prod_{p\mid t}\left(1-\frac{\rho(p)}{p}\right)^{-1},\mu(t)\neq 0,(t,\overline{\mathscr{P}})=1.\quad(6)$$

由式(4)及(5)就得到

$$S(\mathscr{A};\mathscr{P},z,\eta)=XW(z)\sum_{t\mid P(z)}\eta(t)g(t)+\sum_{d\mid P(z)}\mu(d)\theta(d)r_d.\quad(7)$$

如果我们这样来构造 θ(即 η)；(a) 设 ξ 为一参数，当 $d\geqslant\xi$ 时必有 $\theta(d)=0$；或(b) 设正整数 k 为一参数，当 $\omega(d)\geqslant k$ 时必有 $\theta(d)=0$ [1),那末就可以达到控制余项 $\sum\limits_{d\mid P(z)}\mu(d)\theta(d)r_d$ 中的项数的目的. 由式(1)知为使 $\eta(1)=1$,应有 $\theta(1)=1$. 更重要的是要确定 θ_1,θ_2 满足什么样的条件时，能保证不等式(1.47)(即式(1.46)的第二式)成立. 为此，我们先来证明下面的关系式.

定理 1 设 $\theta(1)=1$. 我们有

$$S(\mathscr{A};\mathscr{P},z,\eta)=S(\mathscr{A},\mathscr{P},z)-\sum_{1<d\mid P(z)}\mu(d)\left\{\theta\left(\frac{d}{p(d)}\right)-\theta(d)\right\}S(\mathscr{A}_d;\mathscr{P},p(d)),\quad(8)$$

其中

$$p(1)=+\infty;\quad p(d)=\min_{p\mid d}(p),\ d>1.\quad(9)$$

证：设 $d>1$,由式(1.6)(以 $\mathscr{A}_d,p(d)$ 代 $\mathscr{A},z$)可得(下面 q 为素数)：

$$|\mathscr{A}_d|=\sum_{q\mid P(p(d))}S(\mathscr{A}_{dq};\mathscr{P},q)+S(\mathscr{A}_d;\mathscr{P},p(d)),\quad(10)$$

把上式代入式(3)得

$$S(\mathscr{A};\mathscr{P},z,\eta)=|\mathscr{A}|+\sum_{1<d\mid P(z)}\mu(d)\theta(d)S(\mathscr{A}_d;\mathscr{P},p(d))+\sum_{1<d\mid P(z)}\sum_{q\mid P(p(d))}\mu(d)\theta(d)S(\mathscr{A}_{dq};\mathscr{P},q).\quad(11)$$

---

1) 以后将看到这两种办法基本上是一样的.

令 $dq=e$，当 $q|P(p(d))$ 时 $p(e)=q$. 所以上式右边第二个和式等于(注意 $\theta(1)=1$)

$$\sum_{e|P(z),\ \omega(e)\geqslant 2}-\mu(e)\theta(e/p(e))S(\mathscr{A}_e;\mathscr{P},p(e))$$

$$=-\sum_{p|P(z)}S(\mathscr{A}_p;\mathscr{P},p)-\sum_{1<e|P(z)}\mu(e)\theta(e/p(e))$$

$$\cdot S(\mathscr{A}_e;\mathscr{P},p(e)).$$

由以上两式及式(1.6)就推出所要的结果.

从式(8)看出，若以下条件成立:

$$\begin{cases}\theta_1(1)=\theta_2(1)=1,\\ (-1)^i\mu(d)\{\theta_i(d/p(d))-\theta_i(d)\}\geqslant 0,\\ d>1,d|P(z),i=1,2,\end{cases}\tag{12}$$

那末式(1.46)一定成立，即

$$S(\mathscr{A};\mathscr{P},z,\eta_2)\leqslant S(\mathscr{A};\mathscr{P},z)\leqslant S(\mathscr{A};\mathscr{P},z,\eta_1),\tag{13}$$

其中 η_i 由 θ_i 通过式(1)给出.

条件(12)是极弱的，因此难于进行讨论. 如果进一步限制 θ_i，使其满足:

$\theta_i(1)=1$；当 $d|P(z)$ 时，$\theta_i(d)$ 仅取值 0 或 1，$i=1,2$；(14)

若 $\theta_i(d)=1,t|d$，则必有 $\theta_i(t)=1,i=1,2$； (15)

设 $1<d|P(z)$. 若 $\theta_i(d/p(d))=1,\mu(d)=(-1)^{i+1}$，

则必有 $\theta_i(d)=1,\ i=1,2$[1]， (16)

那末，容易验证这时条件(12)的第二式一定成立. 因为，由条件(15) 知: 当 $d>1$ 时

1) 这时一定有 $\theta_2(p)=1$，$p|P(z)$.

$$\theta_i(d/p(d)) - \theta_i(d) \geqslant 0, \quad i=1,2, \tag{17}$$

所以，当 $\mu(d)=(-1)^i$ 时式(12)的第二式成立；而当 $\mu(d)=(-1)^{i+1}$ 时，由条件(15)和(16)知，必有

$$\theta_i(d/p(d)) - \theta_i(d) = 0, \quad i=1,2, \tag{18}$$

所以这时式(12)的第二式也成立. 这样，我们就证明了

定理 2 在条件(14)—(16)下，我们有

$$S(\mathscr{A};\mathscr{P},z,\eta_i) = S(\mathscr{A};\mathscr{P},z) +$$

$$(-1)^{i+1} \sum_{1<d\mid P(z)}^{(i)} S(\mathscr{A}_d;\mathscr{P},p(d)), \quad i=1,2, \tag{19}$$

其中"(i)"表示对满足以下的条件的 d 求和:

$$\omega(d) \equiv i \pmod 2, \quad \theta_i(d)=0, \theta_i(d/p(d))=1. \tag{20}$$

进而有

$$S(\mathscr{A};\mathscr{P},z) = X\sum_{d\mid P(z)} \mu(d)\theta_i(d)\frac{\rho(d)}{d}$$

$$+(-1)^i \sum_{1<d\mid P(z)}^{(i)} S(\mathscr{A}_d;\mathscr{P},p(d)) + R_i(z), \quad i=1,2, \tag{21}$$

其中

$$R_i(z) = \sum_{d\mid P(z)} \mu(d)\theta_i(d) r_d, \; i=1,2. \tag{22}$$

这里的式(21)是由式(4)和(19)直接推出.

至今的组合筛法就是构造满足条件(14)—(16)的算术函数 θ_i，进而也就确定了 $\eta_i\,(i=1,2)$. 一方面要求满足条件(20)的 d 一定很大，使得每个 $S(\mathscr{A}_d;\mathscr{P},p(d))$ 都很小，以保证在忽略式(21)右边的第二个和式[1)]，用 $S(\mathscr{A};\mathscr{P},z,\eta_i)$ 来估计 $S(\mathscr{A};\mathscr{P},z)$ 的上、下界时(即利用式(13))，产生的误差不大(见式(19))；另一方面，如前已说过的，要使得有尽可能多的 $d\mid P(z)$，满足 $\theta_i(d)=0$，以保证在估计 $S(\mathscr{A};\mathscr{P},z,\eta_i)$ 时，误差项 $R_i(z)$ 中的项数较少(见式

---

1) 如果把这一和式也考虑进去，对每个 $S(\mathscr{A}_d;\mathscr{P},p(d))$ 也进行估计，当然可期望得到好的结果，但将引起新的困难，情况变得极为复杂.

(4) 及(22)). 这样，就可以期望当 z 相对于 X 较大时，通过式(21)得到 $S(\mathscr{A};\mathscr{P},z)$ 的较好的上、下界估计. 简单说来，这就是组合筛法的基本原理.

最后，我们来给出 $W(z)$ 的相应于关系式(8)及(19)的同样的关系式.

定理 3 设 $\theta(1)=1$, 我们有

$$\sum_{d|P(z)}\mu(d)\theta(d)\frac{\rho(d)}{d}=W(z)-\sum_{1<d|P(z)}\mu(d)\left\{\theta\left(\frac{d}{p(d)}\right)\right.$$

$$\left.-\theta(d)\right\}\frac{\rho(d)}{d}W(p(d)). \qquad (23)$$

进而在条件(14)—(16)下有

$$\sum_{d|P(z)}\mu(d)\theta_i(d)\frac{\rho(d)}{d}=W(z)+(-1)^{i+1}\sum_{1<d|P(z)}^{(i)}\frac{\rho(d)}{d}W(p(d)),$$

$$i=1,2, \qquad (24)$$

其中"(i)"的意义同定理 2.

证: 式(23)的证明和式(8)相同，只要注意到原证明中用式(1.6)的地方，这里要用式(1.54). 设 $d>1$, 由式(1.54)(取 $z=p(d)$)得(q 表素数):

$$1=W(p(d))+\sum_{q|P(p(d))}\frac{\rho(q)}{q}W(q),$$

两边乘以 $\theta(d)\mu(d)\rho(d)/d$ 后求和，并令 $dq=e$ 得(注意 $\theta(1)=1$)

$$\sum_{d|P(z)}\theta(d)\mu(d)\frac{\rho(d)}{d}$$

$$=1+\sum_{1<d|P(z)}\theta(d)\mu(d)\frac{\rho(d)}{d}W(p(d))$$

$$+\sum_{1<d|P(z)}\theta(d)\mu(d)\frac{\rho(d)}{d}\sum_{q|P(p(d))}\frac{\rho(q)}{q}W(q)$$

$$= 1 + \sum_{1<d \mid P(z)} \theta(d)\mu(d) \frac{\rho(d)}{d} W(p(d))$$

$$- \sum_{e \mid P(z),\, \omega(e) \geqslant 2} \mu(e)\theta\left(\frac{e}{p(e)}\right) \frac{\rho(e)}{e} W(p(e))$$

$$= 1 - \sum_{p \mid P(z)} \frac{\rho(p)}{p} W(p) + \sum_{1<d \mid P(z)} \theta(d)\mu(d) \frac{\rho(d)}{d} W(p(d))$$

$$- \sum_{e \mid P(z)} \mu(e)\theta\left(\frac{e}{p(e)}\right) \frac{p(e)}{e} W(p(e)),$$

由此及式(1.54)就推出式(23). 从式(23)及条件(14)—(16)立即得到式(24).

式(23)的另一证明是从式(8)出发，对两边的筛函数用表达式(4)和(1.51)代入，考察两边的主项即得式(23). 用同样的方法，从式(19)可直接推出式(24). 我们希望 $W(z)$ 是式(24)左边和式的主项.

§3. 最简单的 Brun 筛法

设 k 是正整数，$\theta^{(k)}(1)=1$, 当 $d>1$, $\mu(d)\neq 0$ 时

$$\theta^{(k)}(d) = \begin{cases} 1, & \omega(d) < k, \\ 0, & \omega(d) \geqslant k. \end{cases} \tag{1}$$

现取上节中的

$$\theta_i(d) = \theta^{(k)}(d), \quad \mu(d) \neq 0, \quad i \equiv k \pmod 2. \tag{2}$$

这样，当 k 为奇数时定义了 θ_1, 当 k 为偶数时定义了 θ_2. 容易证明这样构造的 θ_i 满足条件(2.14)—(2.16). 前两个条件显然成立. 当 $d>1$, $\theta_i(d/p(d))=1$ 时 $\omega(d/p(d))<k$, 所以 $\omega(d)\leqslant k$; 另一方面，由于 $i\equiv k \pmod 2$, $\mu(d)=(-1)^{i+1}=(-1)^{k-1}$, 因此必有 $\omega(d)\leqslant k-1$, 所以 $\theta(d)=1$. 这就证明了条件(2.16)成立.

通过适当选取参数 k（以后将看到它是和 z 有关的），就可以构造出满足组合筛法要求的算术函数 θ_1 和 θ_2，即 η_1 和 η_2. 这就是 Brun 最初提出的筛法，这种方法仅对使 $\theta_i(d)=1$ 的 d 的素因子个数作了限制，但对 d 的大小没有限制，这是一个弱点，后来 Brun 作了改进，这将在下一节讨论.

对于这里构造的 θ_i，相应的 η_i 有很简单的表达式（而一般是没有的）. 设

$$\eta^{(k)}(n)=\sum_{d\mid n}\mu(d)\theta^{(k)}(d)=\sum_{d\mid n,\,\omega(d)<k}\mu(d). \tag{3}$$

显有 $\eta^{(k)}(1)=1$，当 $n>1$, $\mu(n)\neq 0$ 时，设

$$\omega(n)=h,\quad J=\min(k-1,h),$$

我们有

$$\eta^{(k)}(n)=1+\sum_{l=1}^{J}\sum_{d\mid n,\,\omega(d)=l}\mu(d)=1+\sum_{l=1}^{J}(-1)^l\binom{h}{l}$$

$$=1+\sum_{l=1}^{J}(-1)^l\left\{\binom{h-1}{l-1}+\binom{h-1}{l}\right\}=(-1)^J\binom{h-1}{J}$$

$$=\begin{cases}0, & h<k,\\ (-1)^{k-1}\binom{h-1}{k-1}, & h\geqslant k.\end{cases} \tag{4}$$

因此就得到：$\eta_i(1)=1$；当 $n>1$, $\mu(n)\neq 0$, $\omega(n)=h$ 时

$$\eta_i(n)=\sum_{d\mid n}\mu(d)\theta_i(n)=\begin{cases}0, & h<k,\\ (-1)^{i-1}\binom{h-1}{k-1}, & h\geqslant k,\end{cases}\quad i\equiv k(\mathrm{mod}\,2). \tag{5}$$

由式(5)可直接看出条件(1.46)满足.

从式(2)与式(2.4)，式(5)与(2.7)可分别得到

$$S(\mathscr{A};\mathscr{P},z,\eta_i)=X\sum_{d|P(z),\omega(d)<k}\mu(d)\frac{\rho(d)}{d}+$$

$$\sum_{d|P(z),\ \omega(d)<k}\mu(d)r_d,\ i\equiv k(\bmod 2),\qquad(6)$$

及

$$S(\mathscr{A};\mathscr{P},z,\eta_i)=XW(z)\left\{1+(-1)^{i-1}\sum_{t|P(z),\omega(t)\geqslant k}g(t)\binom{\omega(t)-1}{k-1}\right\}$$

$$+\sum_{d|P(z),\ \omega(d)<k}\mu(d)r_d,\quad i\equiv k(\bmod 2).\qquad(7)$$

由这种最简单的 Brun 筛法也可以得到筛函数 $S(\mathscr{A};\mathscr{P},z)$ 的渐近公式，但这里允许 z 相对于 X 的取值的数量阶要比定理 1.1 高得多.

定理 1 设 A_0，A_1 是两个正数. 如果条件(1.39)，(1.40)及

$$0\leqslant\rho(p)/p<1-A_1^{-1},\ p\in\mathscr{P}\qquad(8)$$

成立，那末，对任意满足

$$0<\lambda e^{1+\lambda}<1\qquad(9)$$

的正数 λ，当 $z\geqslant z_0=z_0(A_0)$ 时有

$$S(\mathscr{A};\mathscr{P},z)=XW(z)\{1+\theta_1(\lambda e^{1+\lambda})^{(A_0A_1\lambda^{-1})(1+\log\log z)}\}$$

$$+\theta_2\exp\{(1+A_0A_1\lambda^{-1}(1+\log\log z))\log z\},\ (10)$$

其中 $|\theta_1|\leqslant 1$，$|\theta_2|\leqslant 1$.

证：为证明式(10)，只要讨论式(7)右边的两个和式，并适当选取正整数 $k\geqslant 2$. 由于 $g(t)$ 是正的积性函数，利用 $\binom{m-1}{n-1}\leqslant\binom{m}{n}$ 可得（$\pi'(z)$ 同定理 1.1）

$$\sum_{t|P(z),\ \omega(t)\geqslant k}g(t)\binom{\omega(t)-1}{k-1}\leqslant\sum_{m=k}^{\pi'(z)}\binom{m}{k}\sum_{t|P(z),\ \omega(t)=m}g(t)$$

$$\leqslant\sum_{m=k}^{\pi'(z)}\binom{m}{k}\frac{1}{m!}\left(\sum_{p|P(z)}g(p)\right)^m$$

$$= \frac{1}{k!}\left(\sum_{p\mid P(z)} g(p)\right)^k \sum_{l=0}^{\pi'(z)-k} \frac{1}{l!}\left(\sum_{p\mid P(z)} g(p)\right)^l$$

$$< \frac{1}{k!}\left(\sum_{p\mid P(z)} g(p)\right)^k \exp\left\{\sum_{p\mid P(z)} g(p)\right\}. \tag{11}$$

由于$\rho(d)$也是非负积性函数，故由条件(1.39)得

$$\left|\sum_{d\mid P(z),\ \omega(d)<k} \mu(d) r_d\right| \leqslant \sum_{d\mid P(z),\ \omega(d)<k} \rho(d) \leqslant \left(1+\sum_{p\mid P(z)} \rho(p)\right)^{k-1}.$$

把以上两式代入式(7)得

$$S(\mathscr{A};\mathscr{P},z,\eta_i) = XW(z)\left\{1+\theta_3\frac{1}{k!}\left(\sum_{p\mid P(z)} g(p)\right)^k\right.$$

$$\left.\cdot\exp\left(\sum_{p\mid P(z)} g(p)\right)\right\} + \theta_4\left(1+\sum_{p\mid P(z)} \rho(p)\right)^{k-1},$$

$$i \equiv k \pmod 2, \tag{12}$$

其中$|\theta_3|\leqslant 1$，$|\theta_4|\leqslant 1$.

显然，对固定的k，$\frac{1}{(k\pm 1)!}\left(\sum_{p\mid P(z)} g(p)\right)^{k\pm 1}$这两数中必有一个比$\frac{1}{k!}\left(\sum_{p\mid P(z)} g(p)\right)^k$小. 不妨设对应于$k+1$的数为小，那末相应于$k$和$k+1$就可确定一对$\eta_1$，$\eta_2$(即$\theta_1$，$\theta_2$)，由这一对$\eta_1$，$\eta_2$，从式(12)及(2.13)得到

$$S(\mathscr{A};\mathscr{P},z) = XW(z)\left\{1+\theta_5\frac{1}{k!}\left(\sum_{p\mid P(z)} g(p)\right)^k\right.$$

$$\left.\cdot\exp\left(\sum_{p\mid P(z)} g(p)\right)\right\} + \theta_5\left(1+\sum_{p\mid P(z)} \rho(p)\right)^k, \tag{13}$$

其中 $|\theta_5|\leqslant 1$, $|\theta_6|\leqslant 1$.

当 z_0 适当大时，利用熟知估计

$$\sum_{p<z}\frac{1}{p}\leqslant \log\log z+1\ ,\quad z\geqslant z_0\,,\tag{14}$$

由式(2.6)，条件(1.40)和(8)可得

$$\sum_{p\mid P(z)}g(p)\leqslant A_0A_1\sum_{p<z}\frac{1}{p}\leqslant A_0A_1(1+\log\log z)\,,\quad z\geqslant z_0\,.\tag{15}$$

由此及不等式

$$(k/e)^k<k\,!\tag{16}$$

得到

$$\frac{1}{k!}\left(\sum_{p\mid P(z)}g(p)\right)^k\exp\left(\sum_{p\mid P(z)}g(p)\right)\leqslant\left\{\frac{eA_0A_1(1+\log\log z)}{k}\right\}^k \cdot e^{A_0A_1(1+\log\log z)},\quad z\geqslant z_0\,.\tag{17}$$

现取

$$k=[\lambda^{-1}A_0A_1(1+\log\log z)]+1,\quad z\geqslant z_0\,,\tag{18}$$

由式(17)及条件(9)得到

$$\frac{1}{k!}\left(\sum_{p\mid P(z)}g(p)\right)^k\exp\left(\sum_{p\mid P(z)}g(p)\right)\leqslant(\lambda e^{1+\lambda})^k \leqslant(\lambda e^{1+\lambda})^{\lambda^{-1}A_0A_1(1+\log\log z)},\quad z\geqslant z_0\,.\tag{19}$$

再注意到由条件(1.39)，及 z_0 适当大(和 A_0 有关)时有

$$1+\sum_{p\mid P(z)}\rho(p)\leqslant 1+A_0\pi'(z)\leqslant z\,,\quad z\geqslant z_0(A_0)\,.\tag{20}$$

综合式(13)，(19)，(20)及(18)就证明了式(10).

不难看出，对任意小的正数 ε，当 X 充分大时，若取

$$\log z\leqslant\frac{\lambda(1-\varepsilon)}{A_0A_1}\,\frac{\log X}{\log\log X}\,,\tag{21}$$

就有

$$\exp\{(1+\lambda^{-1}A_0A_1(1+\log\log z))\log z\}\ll X^{1-\varepsilon}.\tag{22}$$

所以，在条件(21)下，定理1就给出了筛函数 $S(\mathscr{A};\mathscr{P},z)$ 的渐近公式. 从式(21)容易看出，这里 z 所允许取的值已经可以大于 $\log X$ 的任意次方，这比 Eratosthenes 筛法(定理1.1)有了一定的改进；但也容易看出，这里 z 仍不能取 X^{δ}(不管 δ 多么小)那么大.可就是这样的改进,使 Brun 证明了下面的著名定理 —— 这是应用筛法所得到的第一个有重要理论价值的结果.

定理2 由所有孪生素数的倒数组成的级数是收敛的.

证：以 $\mathscr{B}$ 表所有这样的素数组成的集合：对每个 $p\in\mathscr{B}$，$p-2$ 也是素数. 这样，定理就是要证明级数

$$\sum_{p\in\mathscr{B}}\frac{1}{p}=\frac{1}{5}+\frac{1}{7}+\frac{1}{13}+\frac{1}{19}+\cdots \tag{23}$$

收敛.为此,用定理1来估计不超过 x 的孪生素数的对数 $Z(x,2)$ 的上界. 由§1例3的式(1.11)($h=2$)知

$$Z(x,2)\leqslant S(\mathscr{A}^{(3)};\mathscr{P}_1,z)+\pi(z). \tag{24}$$

由式(1.27)，(1.28)知，当取 $A_0=2$, $A_1=3$ 时定理1的条件满足. 再取 $\lambda=1/4$(这时 $\lambda e^{1+\lambda}=0.87258\cdots$)及 $\varepsilon=1/50$, 以及根据式(21)(注意这里 $X=x$)取

$$\log z=\frac{1}{25}\frac{\log x}{\log\log x}. \tag{25}$$

这样，由式(24)，(10)及(22)得(注意 $\rho(2)=1$)

$$\begin{aligned}Z(x,2)&\ll x\prod_{2<p<z}\left(1-\frac{2}{p}\right)+x^{49/50}\\&\ll x(\log\log x)^2(\log x)^{-2},\end{aligned} \tag{26}$$

最后一步用到了由Mertens素数定理及式(25)所推出的

$$\prod_{2<p<z}\left(1-\frac{2}{p}\right)\leqslant\prod_{2<p<z}\left(1-\frac{1}{p}\right)^2\ll(\log z)^{-2}\ll\frac{(\log\log x)^2}{(\log x)^2}. \tag{27}$$

由式(26)即得

$$\sum_{p\in\mathscr{B}}\frac{1}{p}=\int_4^{\infty}\frac{Z(t,2)}{t^2}dt\ll\int_4^{\infty}\frac{(\log\log t)^2}{t(\log t)^2}dt<+\infty.$$

这就证明了定理.

对 $Z(x,h)$ 可得类似于式(26)的估计.

§4. Brun 筛法

在上节中由于仅限制了 d 的素因子的个数，所以 z 的取值受到式(3.21)的限制. 为了扩大 z 的取值范围，Brun 进一步提出了同时限制 d 的大素因子个数的方法来构造 $\theta_i(i=1,2)$. 具体途径如下.

设 Λ 是一给定正数，$z>2$. 再设

$$\log z_l = e^{-l\Lambda}\log z,\quad l=0,1,\cdots,m; \tag{1}$$

其中 m 满足

$$1<z_m\leqslant 2, \tag{2}$$

即

$$\frac{1}{\Lambda}\log\frac{\log z}{\log 2}\leqslant m<\frac{1}{\Lambda}\log\frac{\log z}{\log 2}+1. \tag{3}$$

再设 b 为给定的正整数. 定义集合

$$\mathscr{D}^{(i)}=\{d:\ d\mid P(z),\ \omega(d_l)\leqslant 2b-i-1+2l,\ l=1,\cdots m\},i=1,2, \tag{4}$$

其中

$$d_l=(d,P(z_l,z)), \tag{5}$$

$P(w,z)$ 由式(1.2)给出. 集合 $\mathscr{D}^{(i)}(i=1,2)$ 有以下的性质:

(Ⅰ) $1\in\mathscr{D}^{(i)}$; 若 $d\in\mathscr{D}^{(i)}$, $t\mid d$, 则 $t\in\mathscr{D}^{(i)}$; 对任意的 $p|P(z)$, $p\in\mathscr{D}^{(i)}$.

(Ⅱ) 设 $1<d\mid P(z)$，$\omega(d)\equiv i+1(\bmod 2)$. 若 $d/p(d)\in\mathscr{D}^{(i)}$，则 $d\in\mathscr{D}^{(i)}$.

必有 $l_1(1\leqslant l_1\leqslant m)$ 使得 $z_{l_1}\leqslant p(d)<z_{l_1-1}$. 因此，当 $1\leqslant l<l_1$ 时，$\omega(d_l)=\omega((d/p(d))_l)\leqslant 2b-i-1+2l$; $\omega(d)=\omega(d_{l_1})=\omega((d/p(d))_{l_1})+1\ll 2b-i+2l_1$, 这里用到了 $d/p(d)\in\mathscr{D}^{(i)}$. 由此及 $\omega(d)\equiv i+1\ (\bmod 2)$ 知必有 $\omega(d_{l_1})\leqslant 2b-i-1+2l_1$. 这就证明了 $d\in\mathscr{D}^{(i)}$.

(Ⅲ) 设 $1<d\mid P(z)$，$z_{l_1}\leqslant p(d)<z_{l_1-1}(1\leqslant l_1\leqslant m)$，以及 $d/p(d)\in\mathscr{D}^{(i)}$.那末 $d\notin\mathscr{D}^{(i)}$ 的充分必要条件是

$$\omega(d)=2b-i+2l_1.$$

条件的充分性由 $\omega(d_{l_1})=\omega(d)=2b-i+2l_1$ 立即推出. 在性质(Ⅱ)中已证明，只要 $d/p(d)\in\mathscr{D}^{(i)}$，就有 $\omega(d_l)\leqslant 2b-i-1+2l(1\leqslant l<l_1)$,及 $\omega(d_{l_1})=\omega(d)\leqslant 2b-i+2l_1$，由此就推出必要性.

(Ⅳ) 当 $d\in\mathscr{D}^{(i)}$时，它的大的素因子个数不能太多，即当 d 取大值时仅可能是有许多小的素因子的情形，且总有

$$\log d<(2b-i+1+2(e^{\Lambda}-1)^{-1})\log z. \tag{6}$$

性质的前半部分由定义(4)直接看出. 当 $d\in\mathscr{D}^{(i)}$时，由定义(4)知

$$d<z^{2b-i+1}z_1^2\cdots z_{m-1}^2$$

由此及式(1)即得式(6).

显然，这里构造的集合$\mathscr{D}^{(i)}(i=1,2)$依赖于素数集合$\mathscr{P}$，参数 z,b,Λ. 我们定义 θ_i 为$\mathscr{D}^{(i)}$的特征函数，即

$$\theta_i(d)=\begin{cases}1, & d\in\mathscr{D}^{(i)},\\ & \qquad\qquad i=1,2.\\ 0, & d\notin\mathscr{D}^{(i)},\end{cases} \tag{7}$$

进而由式(2.1)就确定了 $\eta_i(i=1,2)$. 从$\mathscr{D}^{(i)}$的性质(Ⅰ)及(Ⅱ)立即看出对这样构造的 $\theta_i(i=1,2)$ 满足条件(2.14)—(2.16). 从定义(4)可看出，使得 $\theta_i(d)=1$ 的 d 的素因子个数不超过 $2b-i-1+2m$,注意到式(3),这和式(3.18)所确定的k相比较可看出,就控制使$\theta_i(d)=1$的 d 的素因子个数来说，这里和上一节的方法是一样的. 但一个重要的差别是：在这里使$\theta_i(d)=1$的d的取大值的素因子的个数受到了严格的控制,例如,在区间 $[z_1,z)$ 中的素因子个数不能超过 $2b-i+1$,这是一个和 z 无关的常数. 这就使这种 d 本身有一个较小的上界 —— 即性质(Ⅳ)，这样也就使式(2.4)，(2.21)中的误差项的项数大大减少. 此外，性质

(Ⅲ)保证了满足条件(2.20)的 d 一定是大的，因而式(2.19)右边的和式就较小，这就使得利用 $S(\mathscr{A};\mathscr{P},z,\eta_i)$ 去估计 $S(\mathscr{A};\mathscr{P},z)$ 时产生较小的误差. 这些就是对最简单的Brun 筛法所作的改进，从而导致当 z 取 X^{δ} (δ 为一适当 小 正 数)那样大时，可以得到 $S(\mathscr{A};\mathscr{P},z)$ 的有效的上、下界估计. 当然，这里不能得到象定理 1.1 和定理 3.1 那样的渐近公式了. 这一方法通常称为 Brun 筛法.

为了应用方便，把相应于 性 质 (Ⅲ) 的 θ_i 的性质写为引理.

引理 1 设 $1<d\mid P(z)$，$z_{l_1}\leqslant p(d)<z_{l_1-1}$，$(1\leqslant l_1\leqslant m)$. 那末，当 $i=1$ 或 2 时，使得 $\theta_i(d/p(d))=1$，$\theta_i(d)=0$，即

$$\theta_i(d/p(d))-\theta_i(d)=1$$

成立的充要条件是 $d/p(d)\in\mathscr{D}^{(i)}$，$\omega(d)=2b-i+2l_1$.

下面来证明由 Brun 筛法所得到的筛函数 $S(\mathscr{A};\mathscr{P},z)$ 的上、下界估计.

定理 2 设条件(3.8)成立，以及存在正常数 κ 和 A_2 使得

$$\sum_{p\mid P(w,z)}\frac{\rho(p)\log p}{p}\leqslant\kappa\log\frac{z}{w}+A_2,\ 2\leqslant w\leqslant z. \tag{8}$$

再设 λ 满足条件(3.9)，b 是给定的正整数. 那末，对充分大的 $z\geqslant c_1$(和 λ,κ,A_1,A_2 有关)，我们有

$$S(\mathscr{A};\mathscr{P},z)\leqslant(1+\lambda\alpha)XW(z)+R_1(z), \tag{9}$$

及

$$S(\mathscr{A};\mathscr{P},z)\geqslant(1-\alpha)XW(z)+R_2(z), \tag{10}$$

其中 $R_i(z)$ 由式(2.2 2)给出(θ_i 将在证明中给出)，

$$\alpha=2\lambda^{2b}e^{2\lambda}(1-\lambda^2e^{2+2\lambda})^{-1}, \tag{11}$$

此外，若条件(1.39)成立，则对任给的 $\varepsilon>0$ 有

$$R_i(z)\ll z^{\beta+1-i},\ i=1,2, \tag{12}$$

其中

$$\beta=2b+2(1+\varepsilon e^{2\lambda/\kappa})(e^{2\lambda/\kappa}-1)^{-1}. \tag{13}$$

在证明定理之前先证几个引理.

引理 3 若条件(8)成立，则有

$$\sum_{p|P(w,z)} \frac{\rho(p)}{p} \leqslant \kappa \log \frac{\log z}{\log w} + \frac{A_2}{\log w}, 2 \leqslant w \leqslant z, \quad (14)$$

$$\sum_{p|P(w,z)} \frac{\rho(p)}{p\log p} \leqslant \frac{1}{\log w}\left(\kappa + \frac{A_2}{\log w}\right), \ w \geqslant 2, \quad (15)$$

以及

$$\sum_{p|P(z)} \rho(p) \leqslant (\kappa + A_2) \operatorname{li} z + \frac{2A_2}{\log 2}, \ z \geqslant 2. \quad (16)$$

证：用类似于定理 2.1.1 的方法，并利用条件(8)就可得到以上三式. 首先有

$$\sum_{p|P(w,z)} \frac{\rho(p)}{p} = \frac{1}{\log z} \sum_{p|P(w,z)} \frac{\rho(p)\log p}{p} + \int_w^z \left(\sum_{p|P(w,t)} \frac{\rho(p)\log p}{p} \right) \frac{dt}{t\log^2 t}$$

$$\leqslant \frac{1}{\log z}\left(\kappa \log \frac{z}{w} + A_2\right) + \int_w^z \left(\kappa \log \frac{t}{w} + A_2\right) \frac{dt}{t\log^2 t}$$

$$= x \log \frac{\log z}{\log w} + \frac{A_2}{\log w}, \ 2 \leqslant w \leqslant z,$$

这就证明了式(14)，同样的有

$$\sum_{p|P(w,z)} \frac{\rho(p)}{p\log p} = \frac{1}{\log^2 z} \sum_{p|P(w,z)} \frac{\rho(p)\log p}{p} + \int_w^z \left(\sum_{p|P(w,t)} \frac{\rho(p)\log p}{p} \right) \frac{2dt}{t\log^3 t}$$

$$\leqslant \frac{1}{\log^2 z}\left(\kappa \log \frac{z}{w} + A_2\right)$$

$$+ \int_w^z \left(\kappa \log \frac{t}{w} + A_2\right) \frac{2dt}{t\log^3 t}$$

$$= \frac{A_2}{\log^2 w} + \kappa \left(\frac{1}{\log w} - \frac{1}{\log z}\right),$$

$$2 \leqslant w \leqslant z,$$

由此即得式(15)．最后，利用类似的方法及式(14)有

$$\sum_{p|P(z)} \rho(p) = 2\sum_{p|P(z)} \frac{\rho(p)}{p} + \int_2^z \left(\sum_{p|P(t,z)} \frac{\rho(p)}{p}\right)dt$$

$$\leqslant 2\left(\kappa \log \frac{\log z}{\log 2} + \frac{A_2}{\log 2}\right)$$

$$+ \int_2^z \left(\kappa \log \frac{\log z}{\log t} + \frac{A_2}{\log t}\right)dt$$

$$= (\kappa + A_2)\,\mathrm{li}\, z + 2A_2/\log 2, \quad z \geqslant 2$$

这就证明了式(16)．

引理 4 若条件(3.8)及(8)成立，则有

$$\sum_{p|P(w,z)} g(p) \leqslant \kappa \log \frac{\log z}{\log w} + \frac{A_2}{\log w} \cdot \left(1 + A_1\kappa + \frac{A_1A_2}{\log w}\right), \quad 2 \leqslant w \leqslant z, \qquad (17)$$

其中 $g(p)$ 由式(2.6)给出，进而有

$$\frac{W(w)}{W(z)} \leqslant \left(\frac{\log z}{\log w}\right)^{\kappa} \exp\left\{\frac{A_2}{\log w}\left(1 + A_1\kappa + \frac{A_1A_2}{\log w}\right)\right\}, \quad 2 \leqslant w \leqslant z. \qquad (18)$$

证：取 $w=p\in\mathscr{P}$，令 $z\to p$，由条件(8)可得[1)]

$$\rho(p)\log p/p\leqslant A_2\,,\qquad p\in\mathscr{P}. \tag{19}$$

由此及条件(3.8)，从式(2.6)得

$$g(p)\leqslant A_1A_2/\log p\,,\quad p\in\mathscr{P}. \tag{20}$$

进而由式(2.6)得

$$g(p)=\frac{\rho(p)}{p}+\frac{\rho(p)}{p}g(p)\leqslant\frac{\rho(p)}{p}+A_1A_2\frac{\rho(p)}{p\log p}\,,\ p\in\mathscr{P}. \tag{21}$$

由此从式(14)，(15)即得式(17)，进而由

$$\frac{W(w)}{W(z)}=\prod_{p\mid P(w,z)}(1+g(p))\leqslant\exp\left\{\sum_{p\mid P(w,z)}g(p)\right\}$$

就得到式(18).

定理 2 的证明：设参数 Λ 待定，$\theta_i(d)$ 由式(7)给出. 我们来计算

$$T_i=\sum_{d\mid P(z)}\mu(d)\theta_i(d)\frac{\rho(d)}{d}\,,\ i=1,2. \tag{22}$$

利用引理 1 和集合 $\mathscr{D}^{(i)}$ 的定义(4)，由式(2.24)得

$$(-1)^{i+1}\{T_i-W(z)\}=W(z)\sum_{1<d\mid P(z)}^{(i)}\frac{\rho(d)}{d}\frac{W(p(d))}{W(z)}$$

$$=W(z)\sum_{l=1}^{m}\sum_{z_l\leqslant p<z_{l-1}}\frac{\rho(p)}{p}\frac{W(p)}{W(z)}\sum_{\substack{m\in\mathscr{D}^{(i)},\ p<p(m)\\ \omega(m)=2b-i-1-2l}}\frac{\rho(m)}{m}$$

$$\leqslant W(z)\sum_{l=1}^{m}\frac{W(z_l)}{W(z)}\sum_{\substack{d\mid P(z_l,z)\\ \omega(d)=2b-i+2l}}\frac{\rho(d)}{d}$$

---

1) 虽然由 Mertens 素数定理知，条件(8)相当于是：$\rho(p)$的平均值不超过 κ，一般的，这 κ 总比条件(1.40)中的 A_0 要小得多，但对每一个 $\rho(p)$，从条件(8)推不出条件(1.40)，而仅能得到式(20).

$$\leqslant W(z)\sum_{l=1}^{m}\frac{W(z_l)}{W(z)}\frac{1}{(2b-i+2l)!}\left(\sum_{p\mid P(z_l,z)}\frac{\rho(p)}{p}\right)^{2b-i+2l}. \tag{23}$$

当 $1\leqslant l\leqslant m-1$ 时，由式(18)，(1)及(2)可得

$$\frac{W(z_l)}{W(z)}\leqslant\exp\left\{l\Lambda\kappa+\frac{A_3e^{l\Lambda}}{\log z}\right\}=\exp\left\{\frac{A_3}{\log z}\right.$$

$$\left.+l\Lambda\left(\kappa+\frac{A_3}{\log z}\frac{e^{\Lambda l}-1}{\Lambda l}\right)\right\}, \tag{24}$$

其中 $A_3=A_2(1+A_1\kappa+A_1A_2/\log 2)$. 当 $l=m$ 时，同理可得

$$\frac{W(z_m)}{W(z)}=\frac{W(2)}{W(z)}\leqslant\left(\frac{\log z}{\log 2}\right)^{\kappa}\exp\left\{\frac{A_3}{\log 2}\right\}$$

$$\leqslant\exp\left\{m\Lambda\kappa+\frac{A_3e^{m\Lambda}}{\log z}\right\}, \tag{25}$$

所以式(24)当 $l=m$ 时也成立. 当 c_1 充分大，$z\geqslant c_1$ 时，利用式(3)可得：当 $1\leqslant l\leqslant m$ 时有

$$\frac{e^{\Lambda l}-1}{\Lambda l}\leqslant\frac{e^{m\Lambda}}{m\Lambda}<e^{\Lambda}\frac{\log z}{\log 2}\left(\log\frac{\log z}{\log 2}\right)^{-1}.$$

所以只要取 $0<\kappa\Lambda<2\lambda$，当 c_1 充分大，$z\geqslant c_1$ 时就有

$$\frac{W(z_l)}{W(z)}<e^{2l\lambda},\ l=1,2,\cdots,m. \tag{26}$$

注意到

$$\sum_{p\mid P(z_l,z)}\frac{\rho(p)}{p}\leqslant\sum_{p\mid P(z_l,z)}\log\left(1-\frac{\rho(p)}{p}\right)^{-1}=\log\frac{W(z_l)}{W(z)}, \tag{27}$$

由式(23)，(26)及(27)得到[1)]

1）以下估计是很粗糙的，稍作改进就可改进 α 的值.

$$(-1)^{i+1}\{T_i - W(z)\} \leqslant W(z)\sum_{l=1}^{m} \frac{(2l\lambda)^{2b-i+2l}}{(2b-i+2l)!} e^{2l\lambda}$$

$$\leqslant W(z)\sum_{l=1}^{m} \frac{e^{2l\lambda}}{(2l)!} \frac{(2l\lambda)^{2b-i+2l}}{(2l)^{2b-i}} \tag{28}$$

$$\leqslant W(z)\lambda^{2b-i}\sum_{l=1}^{m} \frac{(\lambda e^{\lambda})^{2l}}{(2l)!}(2l)^{2l} \leqslant W(z)2e^{-2}\lambda^{2b-i}\sum_{l=1}^{m}(\lambda e^{1+\lambda})^{2l},$$

最后一步用到了：对整数 $n \geqslant 1$ 有

$$\frac{(ne^{-1})^n}{n!} > \frac{((n+1)!e^{-1})^{n+1}}{(n+1)!}.$$

由式(28)，(2.21)就推出：当条件(3.9)成立时，式(9)及式(10)成立．下面来证明式(12)．由条件(1.39)及式(4)可得：当 $i=1,2$ 时有

$$|R_i(z)| \leqslant \sum_{d \in \mathscr{D}^{(i)}} \rho(d) \leqslant \left(1+\sum_{p \mid P(z)} \rho(p)\right)^{2b-i+1}$$

$$\cdot \prod_{l=1}^{m-1}\left(1+\sum_{p \mid P(z_l)} \rho(p)\right)^2, \tag{29}$$

由此及式(16)知，存在正常 c_2 使得

$$|R_i(z)| \leqslant \left(\frac{c_2 z}{\log z}\right)^{2b-i+1} \prod_{l=1}^{m-1}\left(\frac{c_2 z_l}{\log z_l}\right)^2 . \tag{30}$$

$$\ll z^{2b-i+1+2/(e^{\Lambda}-1)},$$

最后一步用到了：当 z 充分大时由式(1)和(3)推出的

$$\prod_{l=1}^{m-1}\left(\frac{c_2 z_l}{\log z_l}\right) = \left(\prod_{l=1}^{m-1} z^{e^{-l\Lambda}}\right)\left(\prod_{l=1}^{m-1}\frac{c_2 e^{l\Lambda}}{\log z}\right)$$

$$\leqslant z^{1/(e^{\Lambda}-1)}\left(\frac{c_2 e^{m\Lambda/2}}{\log z}\right)^{m-1}$$

$$\leqslant z^{1/(e^{\Lambda}-1)}\left(\frac{c_2^2 e^{\Lambda}}{\log 2\log z}\right)^{(m-1)/2} \ll z^{1/(e^{\Lambda}-1)}.$$

现取 Λ 满足

$$2\lambda=\kappa\Lambda(1+\varepsilon). \tag{31}$$

由此利用不等式 $x\leqslant e^x-1\leqslant xe^x, x\geqslant 0$，得到

$$\frac{e^{2\lambda/\kappa}-1}{e^{\Lambda}-1}=1+\frac{e^{2\lambda/\kappa}-e^{\Lambda}}{e^{\Lambda}-1}=1+e^{2\lambda/\kappa}\left(\frac{1-e^{-\varepsilon\Lambda}}{e^{\Lambda}-1}\right)$$

$$<1+e^{2\lambda/\kappa}\frac{\varepsilon\Lambda}{e^{\Lambda}-1}<1+\varepsilon e^{2\lambda/\kappa},$$

由此及式(30)就推出式(12).

从定理 2 看出上、下界估计式(9)，(10) 中的误差项分别为 $O(z^{\beta})$，$O(z^{\beta-1})$，其中 β 是由式(13)给出的和 z 无关的常数，所以不管满足条件(3.9)的 λ 取得多么小，总可相应地取到 $z=X^{\delta_1}$，X^{δ_2}(δ_1, δ_2为适当小的正数)，使得这两个大 O 项的阶都低于 $XW(z)$.这就是 Brun 筛法所得到的实质性改进. 为实现这种改进所付出的代价是：这里不能象定理1.1 和定理 3.1一样得到渐近公式，而只能得到 $S(\mathscr{A};\mathscr{P},z)$ 的上、下界估计. 还需要特别指出的是，在数论问题的应用中，重要的是要对尽可能大的 δ_2，使得取 $z=X^{\delta_2}$ 时，估计式(10)能给出正的下界估计，这就是要求能选到这样的 λ：

$$0<\lambda e^{1+\lambda}<1,$$

$$1-\alpha>0, \tag{32}$$

$$\delta_2(\beta-1)<1. \tag{33}$$

为了能选到这样的 λ，实际上就是对 δ_2 的取值规定了上界. 这就是 Brun 筛法的限制. 这一点在定理 5 中将清楚地看出. 对上界估计(10)中的系数，为不使其太大也受到类似的限制.

作为定理 2 的应用，我们来证明

定理 5 存在无穷多个自然数 n，使得 n 和 $n-2$ 都是不超

过七个素数的乘积.

证: 设$\mathscr{A}^{(3)}$(取 $h=2$), $\mathscr{P}_1$ 是 §1 例 3 中给出的集合. 利用精确的数值估计[1]: 当 $z\geqslant 64$ 时有

$$\sum_{w\leqslant p<z}\frac{\log p}{p}\leqslant\log\frac{z}{w}+1,\ 2\leqslant w\leqslant z, \tag{34}$$

由式(1.27), (1.28)知, 当取 $X=x$, $A_1=3$, $\kappa=A_2=2$ 时定理 2 的条件全部满足. 由式(10)和(12)知, 当 x 充分大, 取 $z=x^{\delta}$(δ 待定), $b=1$, $\varepsilon=0.005e^{-\lambda}$, λ 满足条件(3.9)(待定), 我们有

$$S(\mathscr{A}^{(3)};\mathscr{P}_1,x^{\delta})\geqslant\frac{x}{2}\prod_{2<p<x^{\delta}}\left(1-\frac{2}{p}\right)\left\{1-\frac{2\lambda^2e^{2\lambda}}{1-\lambda^2e^{2+2\lambda}}\right\}$$

$$+O(x^{\delta(1+2.01/(e^{\lambda}-1))}), \tag{35}$$

我们来证明当取 $\delta=1/8$ 时, 必有满足 $0<\lambda e^{1+\lambda}<1$ 的 λ, 使得

$$1-2\lambda^2e^{2\lambda}(1-\lambda^2e^{2+2\lambda})^{-1}>0\quad 及\quad 1+2.01(e^{\lambda}-1)^{-1}<8. \tag{36}$$

式(36)等价于

$$\lambda e^{\lambda}<(2+e^2)^{-1/2},\quad e^{\lambda}>9.01/7$$

即

$$(9.01/7)\log(9.01/7)<\lambda e^{\lambda}<(2+e^2)^{-1/2}. \tag{37}$$

显然, 满足式(37)的λ一定满足 $0<\lambda e^{1+\lambda}<1$. 由于$\lambda e^{\lambda}$($\lambda>0$)是递增的, 所以只要 λ 满足

$$(9.01/7)\log(9.01/7)<0.3250<\lambda e^{\lambda}<0.3263<(2+e^2)^{-1/2}, \tag{38}$$

λ 就一定满足式(37). 如取 $\lambda=0.253$ 就有

$$0.253e^{0.253}=0.3258344\cdots,$$

即满足式(38). 对所取的 δ 和 λ, 由式(35)得

$$S(\mathscr{A}^{(3)};\mathscr{P}_1,x^{1/8})\gg x\prod_{2<p<x^{1/8}}\left(1-\frac{2}{p}\right)\gg x(\log x)^{-2}, \tag{39}$$

---

1) 见 J.Rosser, L.Schoenfeld, *Illinois J. Math.*, **6**(1962), 64—94 的式(3.21)和(3.23).

由此及§1的筛函数的性质4就证明了所要的结论.

同样可以证明：充分大的偶数可表为两个不超过七个素数的乘积之和. 由于这两个问题的处理方法和结果是一样的，以下我们仅讨论孪生素数问题，而把对Goldbach问题的讨论留给读者.

定理2及前面的定理3.1和定理1.1都是在对 r_d 加上了很强的条件(1.39)来讨论余项 $R(z)$，$R_i(z)(i=1,2)$的. 在一般情形下，特别是集合 $\mathscr{A}$ 由式(1.38)给出时，余项 $R_i(z)$ 的估计会变得十分困难和复杂，有时要用到高深的解析数论知识. 这些将在下面讨论，一部份将安排在习题中.

§5. Rosser筛法

Rosser提出了构造 $\theta_i(i=1,2)$ 的另一种组合筛法. 在§3，§4中已经看到，Brun是通过直接控制 d 的素因子的个数来构造集合 $\mathscr{D}^{(i)}$，定义 θ_i 为其特征函数，而这也间接控制了 d 的大小(见式(4.6)). Rosser则是通过直接控制 d 的大小来构造集合 $\mathscr{D}^{(i)}$. 这两种方法实质上是一致的. 本节的目的不是要利用Rosser的方法来得到类似于定理4.2的上下界估计，而是要利用Rosser筛法来讨论线性的情形(即 $\kappa=1$)，得到线性筛函数的最佳上、下界估计. 从定理4.2可以看出，筛函数的上、下界估计中的主项依赖于积性函数 $\rho(d)$ 所满足的条件(3.8)和(4.8)，当作进一步的讨论时就要对 $\rho(d)$ 加上更强的条件. 为了方便起见，先来写出这些条件(包括原来的条件(3.8)和(4.8))：设 A_1，A_2 是两个正常数，

$$0\leqslant \rho(p)/p\leqslant 1-1/A_1,\quad p\in\mathscr{P}. \tag{1}$$

$$-L\leqslant \sum_{p\mid P(w,z)}\rho(p)\log p/p-\kappa\log(z/w)\leqslant A_2,\ 2\leqslant w\leqslant z, \tag{2}$$

这里 L 为一正数，在应用中 L 可以和 X 有关，但要比 X 的阶低很多(如为 $\log\log X$ 的阶)，以后当 O 常数和 L 有关时将明确写出，其它参数同前. 把条件(2)和Mertens素数公式

$$\sum_{w \leqslant p < z} \log p / p = \log(z/w) + O(1) \tag{3}$$

相比，可以看出条件(2)实际上是说 $\rho(p)$ 的平均值等于 κ. κ 在筛法中是一个十分重要的常数，通常称为**筛法的维数**，$\kappa = 1$ 时就称为是线性的，本节就是要讨论这种情形.

本节将证明的线性筛函数的最佳上、上界估计，最初是 Jurkat 和 Richert 利用 Selberg 筛法得到的(参看[10,定理 8.3]，[26,第七章定理 9])．后来 Iwaniec 利用 Rosser 筛法得到了实质上同样的结果，Motohashi(见 [25, §3.3])简化了他的证明，这一简化证明的途径和 Jurkat－Richert 的证明是完全平行的，我们将采用这一证明.

先来给出 Rosser 所构造的 $\mathscr{D}^{(i)}$ 的定义. 设 $2 < z \leqslant y$, $\beta \geqslant 2$. 定义正整数集合

$$\mathscr{D}^{(i)} = \{d:\ d | P(z);\ 当\ d = p_1 \cdots p_r\ (p_1 > \cdots > p_r)\ 时，对任意的$$

$$l(1 \leqslant 2l - i \leqslant r)\ 满足\ p_{2l-i}^{\beta+1} p_{2l-i-1} \cdots p_1 < y\}, \quad i = 1, 2. \tag{4}$$

容易看出集合 $\mathscr{D}^{(i)}$ 有以下性质:

(Ⅰ) $1 \in \mathscr{D}^{(i)} (i = 1, 2)$，若 $1 < d \in \mathscr{D}^{(i)} (i = 1$ 或 $2)$，当 $\omega(d) \equiv i \pmod 2$ 时 $(p(d))^{\beta} d < y$；当 $\omega(d) \not\equiv i \pmod 2$ 时，$(p(d))^{\beta-1} d < y$，这里 $p(d)$ 是 d 的最小素因子，即 p_r.

(Ⅱ) 若 $d \in \mathscr{D}^{(i)} (i = 1$ 或 $2)$，则对任意的 $d' | d$，$d' \in \mathscr{D}^{(i)}$. 此外，对任意的 $p | P(z)$，必有 $p \in \mathscr{D}^{(2)}$，而 $p \in \mathscr{D}^{(1)}$ 的充要条件是 $p^{\beta+1} < y$.

(Ⅲ) 设 $1 < d | P(z)$，$\omega(d) \not\equiv i \pmod 2 (i = 1$ 或 $2)$. 若 $d / p(d) \in \mathscr{D}^{(i)}$，则必有 $d \in \mathscr{D}^{(i)}$.

这性质和 §4 Brun 筛法中构造的集合的性质(Ⅱ)一样，但这里是由定义直接推出的.

(Ⅳ) 设 $z \leqslant y^{1/2}$. 那末，当 $d \in \mathscr{D}^{(i)} (i = 1$ 或 $2)$ 时，必有

$$\log d < \left(1 - \frac{1}{2} \left(\frac{\beta - 1}{\beta + 1}\right)^{\omega(d)/2}\right) \log y. \tag{5}$$

证：$d=1$ 时显然成立．先来证 $1<d\in\mathscr{D}^{(1)}$ 的情形．设 $d=p_1\cdots p_r$．无论 $r=2k-1$ 或 $2k(k\geqslant 1)$ 总有

$$p_{2k-1}^2<\left(\frac{y}{p_1\cdots p_{2k-2}}\right)^{2/(\beta+1)},$$

$k=1$ 时右边分母为 1．进而有

$$\frac{y}{d}>\left(\frac{y}{p_1\cdots p_{2k-2}}\right)^{(\beta-1)/(\beta+1)}.$$

当 $k>1$ 时，由于 $p_1\cdots p_{2k-2}\in\mathscr{D}^{(1)}$，故也有

$$\frac{y}{p_1\cdots p_{2k-2}}>\left(\frac{y}{p_1\cdots p_{2k-4}}\right)^{(\beta-1)/(\beta+1)}.$$

由以上两式即得：对 $k\geqslant 1$ 有

$$\log d<\left(1-\left(\frac{\beta-1}{\beta+1}\right)^k\right)\log y\leqslant\left(1-\sqrt{\frac{1}{3}}\left(\frac{\beta-1}{\beta+1}\right)^{\omega(d)/2}\right)\log y,\tag{6}$$

最后一步用到了 $k\leqslant(1+\omega(d))/2$ 及 $\beta\geqslant 2$，这就证明了式(5)当 $i=1$ 时成立．再证 $i=2$ 的情形．设 $1<p_1\cdots p_r=d\in\mathscr{D}^{(2)}$．无论 $r=2k$ 或 $2k+1(k\geqslant 1)$ 总有

$$p_{2k}^2<\left(\frac{y}{p_1\cdots p_{2k-1}}\right)^{2/(\beta+1)},$$

进而有

$$\frac{y}{d}>\left(\frac{y}{p_1\cdots p_{2k-1}}\right)^{(\beta-1)/(\beta+1)}.$$

若 $k>1$，由于 $p_1\cdots p_{2k-1}\in\mathscr{D}^{(2)}$，同样有

$$\frac{y}{p_1\cdots p_{2k-1}}>\left(\frac{y}{p_1\cdots p_{2k-3}}\right)^{(\beta-1)/(\beta+1)}.$$

由以上两式得

$$\log d<\log y-\left(\frac{\beta-1}{\beta+1}\right)^k\log\frac{y}{p_1}<\left(1-\frac{1}{2}\left(\frac{\beta-1}{\beta+1}\right)^{\omega(d)/2}\right)\log y,\tag{7}$$

最后一步用到了 $k \leqslant \omega(d)/2$ 及 $p_1 < z \leqslant y^{1/2}$. 上式当 $r=1$ 时显然成立. 这就证明了式(5)对 $i=2$ 也成立 [1].

性质(Ⅳ)表明: 当 $d \in \mathscr{D}^{(i)}(i=1$ 或 $2)$ 取大值, 即接近 y 的值时, 它的素因子个数 $\omega(d)$ 一定很大, 但大的素因子不能多, 所以一定是有很多小的素因子的情形.

比较Rosser 和 Brun 所构造的集合$\mathscr{D}^{(i)}$的性质, 就可看出这两种方法实质上是一致的, 所以 §4 中所作的一般性讨论在这里也适用.

现取

$$\theta_i(d) = \begin{cases} 1, & d \in \mathscr{D}^{(i)}, \\ 0, & d \notin \mathscr{D}^{(i)}, \end{cases} \quad i=1,2. \tag{8}$$

相应的 $\eta_i(i=1,2)$ 由式(2.1)给出. 从$\mathscr{D}^{(i)}$的定义及性质立即看出, 这样定义的 θ_i 满足条件(2.14), (2.15)及(2.16). 当 $d \geqslant y$ 时必有 $\theta_i(d)=0$, 这就控制了式(2.4)中的误差项 —— 即式(2.22) —— 中的项数.

为了应用方便, 把相应于$\mathscr{D}^{(i)}$的性质(Ⅳ)的 θ_i 的性质写为下面的引理.

引理 1 设 $z \leqslant y^{1/4}(i=1$ 或 $2)$. 那末, 当 $\theta_i(d)=1$ 时, 必有式(5)成立.

设

$$u = \log y / \log z. \tag{9}$$

首先证明当 u 很大时可以得到 $S(\mathscr{A};\mathscr{P},z,\eta_i)$ 的渐近公式, 进而也得到了 $S(\mathscr{A};\mathscr{P},z)$ 的渐近公式.

定理 2 设 $\theta_i(i=1,2)$ 由式(8)给出, $2 \leqslant z \leqslant y^{1/4}$. 那末, 当条件(1)及(2)的右半不等式成立时, 有

$$\begin{aligned} S(\mathscr{A};\mathscr{P},z,\eta_i) = X W(z)\{1+O(\exp(-(u/2)\log u))\} \\ + R_i(z), \quad i=1,2. \end{aligned} \tag{10}$$

---

1) 从证明可看出, 条件 $z \leqslant y^{1/2}$ 仅在 $i=2$ 时用到, 当 $i=1$ 时, 只要假定 $z \leqslant y$.

进而有

$$(-1)^i\{S(\mathscr{A};\mathscr{P},z)-XW(z)(1+O(\exp(-(u/2)\log u)))\}$$
$$\geqslant(-1)^iR_i(z),\qquad i=1,2\ , \tag{11}$$

其中 $R_i(z)$ 由式(2.22)给出.

证: 由式(2.4)知, 式(10)就是要证明: 对 $i=1,2$ 有

$$\sum_{d\mid P(z)}\mu(d)\theta_i(d)\rho(d)/d=W(z)\{1+O(\exp(-(u/2)\log u))\}. \tag{12}$$

由此及式(2.21)就推出式(11). 下面来证式(12). 由式(2.24)可得

$$\Delta_i=\sum_{d\mid P(z)}\mu(d)\theta_i(d)\rho(d)/d-W(z)$$
$$=(-1)^{i+1}W(z)\sum_{1<d\mid P(z)}^{(i)}(\rho(d)/d)W(p(d))/W(z),i=1,2, \tag{13}$$

其中"(i)"表对满足条件(2.20)的 d 求和. 这样的 d 可表为

$$1<d=p_1\ \cdots\ p_{2m-i}\ . \tag{14}$$

为使 $\theta_i(d/p(d))=1$, 必须满足

$$p_{2l-i}^{\beta+1}p_{2l-i-1}\cdots p_1<y,\quad 1\leqslant 2l-i\leqslant 2m-i-1\ . \tag{15}$$

而要使 $\theta_i(d)=0$, 必须有

$$y\leqslant p_{2m-i}^{\beta+1}p_{2m-i-1}\cdots p_1=(p(d))^{\beta}d<z^{\beta+2m-i}. \tag{16}$$

因此, 满足条件(2.20)的 d 必有

$$m\geqslant(u+i-\beta)/2=v\ . \tag{17}$$

此外, 由引理1(取 d 为 $d/p(d)$)及式(16)知, 对这样的 d 有

$$\log y-(\beta+1)\log p(d)\leqslant\log(d/p(d))<\left(1-\frac{1}{2}\left(\frac{\beta-1}{\beta+1}\right)^{m-1}\right)\log y,$$

$$\log p(d) > \frac{1}{2(\beta-1)}\left(\frac{\beta-1}{\beta+1}\right)^m \log y = \alpha(m)\log y. \quad (18)$$

由式(13)，(4.18)，(9)，(18)，(17)，(19)，并注意到 $\rho(d)$ 是积性函数及式(4.14)可得

$$\begin{aligned}
\Delta_i &\ll W(z) \sum_{1<d\mid P(z)}^{(i)} \frac{\rho(d)}{d}\left(\frac{\log z}{\log p(d)}\right)^{\kappa} \\
&\ll W(z)\left(\frac{\beta}{u}\right)^{\kappa} \sum_{m\geqslant v}\left(\frac{\beta+1}{\beta-1}\right)^{\kappa m} \sum_{\substack{1<d\mid P(z)\\ \omega(d)=2m-i}}^{(i)} \frac{\rho(d)}{d} \\
&\ll W(z)\left(\frac{\beta}{u}\right)^{\kappa} \sum_{m\geqslant v} \frac{1}{(2m-i)!}\left(\frac{\beta+1}{\beta-1}\right)^{\kappa m} \\
&\quad \cdot \left(\sum_{y^{\alpha(m)}\leqslant p<z} \frac{\rho(p)}{p}\right)^{2m-i} \\
&\ll W(z)\left(\frac{\beta}{u}\right)^{\kappa} \sum_{m\geqslant v} \frac{1}{(2m-i)!}\left(\frac{\beta+1}{\beta-1}\right)^{\kappa m} \\
&\quad \cdot \left\{c_1+\kappa\log\left(\frac{2\beta}{u}\left(\frac{\beta+1}{\beta-1}\right)^m\right)\right\}^{2m-i}, \qquad (19)
\end{aligned}$$

其中 c_1 为一正常数[1)]. 当 u 小于某一充分大的正常数 c_2(待定)时，取

$$\beta = 10\kappa + 11. \qquad (20)$$

从式(19)及(3.16)得

$$\Delta_i \ll W(z) \sum_{m\geqslant v}\left(\frac{e}{2m-i}\right)^{2m-i} e^{m/5}(c_3+m/5)^{2m-i}$$

1) c_1 及以下出现的常数 c_2，…，以及 ≪ 常数都可和条件(1)，(2)中的参数(除 L 外)有关.

$$\ll W(z)\sum_{m\geqslant v}\left(\frac{e^{11/10}(c_3+m/5)}{2m-i}\right)^{2m-i}\ll W(z)\,, \tag{21}$$

所以式(12)成立. 当 $u\geqslant c_2$(待定)时, 取

$$\beta=u/3+1\,. \tag{22}$$

从式(19), (17)及(3.16)得

$$\Delta_i\ll W(z)\sum_{m\geqslant u/3}\left(\frac{2^{\kappa}e}{2m-i}\right)^{2m-i}\left(c_4+\frac{6\,m\kappa}{u}\right)^{2m-i}$$

$$\ll W(z)\sum_{m\geqslant u/3}\left(\frac{c_5 m}{u(2m-i)}\right)^{2m-i}\ll W(z)\sum_{m\geqslant u/3}\left(\frac{c_6}{u}\right)^{2m-i}.$$

现取 $c_2=\max(40,c_6^{10})$ 就推出

$$\Delta_i\ll W(z)\sum_{m\geqslant u/3}u^{2-9m/5}\ll W(z)\,u^{4-3u/5}$$

$$\ll W(z)\,u^{-u/2}. \tag{23}$$

这就证明了, 当 $u\geqslant c_2$ 时式(12)也成立.

注意到在式(1.47)—(1.49)中所作的说明, 从定理 2 立即可推出

定理 3 在定理 2 的条件和符号下,设$(q,\overline{\mathscr{P}})=(q,P(z))=1$. 我们有

$$S(\mathscr{A}_q;\mathscr{P},z,\eta_i)=(\rho(q)/q)XW(z)\{1+O(\exp(-(u/2)\log u))\}$$

$$+R_i(z,q)\,,\qquad i=1,2\,; \tag{24}$$

以及

$$(-1)^i\{S(\mathscr{A}_q;\mathscr{P},z)-(\rho(q)/q)XW(z)(1+O(\exp(-(u/2)\log u)))\}$$

$$\geqslant(-1)^iR_i(z,q)\,,\qquad i=1,2\,, \tag{25}$$

这里

$$R_i(z,q)=\sum_{d|P(z)}\mu(d)\theta_i(d)r_{qd},\quad i=1,2. \tag{26}$$

从式(10)和(11)可以看出，当 u 很大时 $S(\mathscr{A},\mathscr{P};z,\eta_i)$ $(i=1,2)$ 和 $S(\mathscr{A};\mathscr{P},z)$ 的主项都是 $XW(z)$，这也正是式(1.21)所刻划的关系式，但余项不同了. 当 u 较小时，由定理 2 所能得到的上界估计是很粗糙的，而且也无法得到正的下界估计. 然而，定理 2 正是我们作进一步讨论的基础. 从它出发，利用筛函数之间的组合关系式(见下面的引理 4, 这是 Бухштаб恒等式的推广)，进行反复叠代估计，就可得到当 u 较小时的较好的上、下界估计. 这一方法原则上也可用于非线性情形，而在线性情形由此可得到线性筛函数的最佳上、下界估计. 这后者就是本节所要讨论的内容. 先证明几个引理.

引理 4 设 $\theta(1)=1$, $2\leqslant w<z$. 我们有

$$S(\mathscr{A};\mathscr{P},z)=\sum_{d|P(w,z)}\mu(d)\theta(d)S(\mathscr{A}_d,\mathscr{P},w)$$

$$+\sum_{1<d|P(w,z)}\mu(d)(\theta(d/p(d))-\theta(d))S(\mathscr{A}_d;\mathscr{P},p(d)). \tag{27}$$

进而，若 $\theta_i(i=1,2)$ 满足条件(2.14)—(2.16)，则有

$$S(\mathscr{A},\mathscr{P},z)=\sum_{d|P(w,z)}\mu(d)\theta_i(d)S(\mathscr{A}_d\mathscr{P},w)$$

$$+(-1)^i\sum_{1<d|P(w,z)}{}^{i}\, S(\mathscr{A}_d,\mathscr{P},p(d)),\quad i=1,2, \tag{28}$$

这里“(i)”表对满足条件(2.20)的 d 求和.

证：在定理 2.1 中取 $\mathscr{A}$ 为 $\mathscr{B}=\{b:b\in\mathscr{A},(b,P(w))=1\}$，即 $\mathscr{B}=S(\mathscr{A},\mathscr{P},w)$. 注意到当 $1<d|P(z)$ 时，

$$|\mathscr{B}_d|=\begin{cases}0,(d,P(w))>1,\\ S(\mathscr{A}_d,\mathscr{P},w),\quad (d,P(w))=1,\end{cases}$$

$$S(\mathscr{B}_d;\mathscr{P},p(d))=\begin{cases}0, & (d,P(w))>1,\\ S(\mathscr{A}_d;\mathscr{P},p(d)), & (d,P(w))=1.\end{cases}$$

此外，$S(\mathscr{B};\mathscr{P},z)=S(\mathscr{A};\mathscr{P},z)$. 利用这些关系式，由式(2.8)(取$\mathscr{A}=\mathscr{B}$)及式(2.3)(取$\mathscr{A}=\mathscr{B}$)立即推出式(27).由式(27)就推得式(28).

应该指出，在引理4中若取$\theta(1)=1,\theta(d)=0,d>1$. 那末式(27)就是 Бухштаб 恒等式.

相应于引理4，对$W(z)$有下面的关系式.

引理5 在引理4的条件和符号下，我们有

$$W(z)=W(w)\sum_{d|P(w,z)}\mu(d)\theta(d)\rho(d)/d$$

$$+\sum_{1<d|P(w,z)}\mu(d)(\theta(d/p(d))-\theta(d))(\rho(d)/d)W(p(d)).\quad(29)$$

以及

$$W(z)=W(w)\sum_{d|P(w,z)}\mu(d)\theta_i(d)\rho(d)/d$$

$$+(-1)^i\sum_{1<d|P(w,z)}^{(i)}(\rho(d)/d)W(p(d)),\ i=1,2.\quad(30)$$

证：在定理2.3中取$\mathscr{P}'=\{p\in\mathscr{P},p\geqslant w\}$代替原来的$\mathscr{P}$，从式(2.23)就推出式(29). 进而就得到式(30). 引理5也可以看成是从引理4中分出主项而得到的关系式.

从式(28)可以看出，当$i=1$时，从$\mu(d)S(\mathscr{A}_d;\mathscr{P},w)$的上界估计(即当$2|\omega(d)$时，$S(\mathscr{A}_d,\mathscr{P},w)$的上界估计；当$2\nmid\omega(d)$时，$S(\mathscr{A}_d;\mathscr{P},w)$的下界估计)可以得到$S(\mathscr{A};\mathscr{P},z)$的上界估计；而当$i=2$时，从$\mu(d)S(\mathscr{A}_d;\mathscr{P},w)$的下界估计可以得到$S(\mathscr{A};\mathscr{P},z)$的下界估计. 粗略地说，如果取$w$"很小"，$\log y/\log w$"很大"，那末利用定理3的渐近公式，平均起来说可以得到$S(\mathscr{A}_d;\mathscr{P},w)$ $(d|P(w,z))$的"较好"的估计，因而就得到了$S(\mathscr{A},\mathscr{P},z)$的

“较好”的上、下界估计. 这就是从“很小”的初始值 w 出发的一个反复叠代过程. 从引理 4 和定理 2.1 的证明可知, 这种叠代过程的基础就是 Бухштаб 恒等式. 这就是估计筛函数上、下界的基本方法(见第 38 题). 而当 $\kappa=1$ 时用这样的方法能得到最佳可能结果.

为了进行叠代, 就需要有一个 $W(z)$ 的渐近公式, 这就要求 $\rho(d)$ 满足比单边条件(4.8)更强的双边条件(2).

引理 6 当条件(2)成立时, 我们有

$$-\frac{L}{\log w}\leqslant \sum_{p\mid P(w,z)}\frac{\rho(p)}{p}-\kappa\log\frac{\log z}{\log w}\leqslant\frac{A_2}{\log w},2\leqslant w\leqslant z. \tag{31}$$

证明与式(4.14)同, 故略.

引理 7 当条件(1)和(2)成立时, 我们有

$$\left(\frac{\log z}{\log w}\right)^{\kappa}\left(1+O\left(\frac{L}{\log w}\right)\right)\leqslant\frac{W(w)}{W(z)}\leqslant\left(\frac{\log z}{\log w}\right)^{\kappa}\cdot\left(1+O\left(\frac{1}{\log w}\right)\right),2\leqslant w\leqslant z. \tag{32}$$

证: 由条件(1)可得

$$\log\left(1-\frac{\rho(p)}{p}\right)^{-1}=\frac{\rho(p)}{p}+\int_{1-\rho(p)/p}^{1}\frac{1-t}{t}\,dt=\rho(p)/p+O(\rho^2(p)/p^2). \tag{33}$$

利用式(4.19), (4.15), 由上式可得

$$\log\frac{W(w)}{W(z)}=\sum_{p\mid P(w,z)}\log\left(1-\frac{\rho(p)}{p}\right)^{-1}=\sum_{p\mid P(w,z)}\frac{\rho(p)}{p}+O\left(\frac{1}{\log w}\right),$$

由此及式(31)就得所要结果.

引理 7 当条件(1)和(2)成立时，我们有

$$C(\rho)\left(\frac{e^{-\gamma}}{\log z}\right)^{\kappa}\left(1+O\left(\frac{L}{\log z}\right)\right)\leqslant W(z)$$

$$\leqslant C(\rho)\left(\frac{e^{-\gamma}}{\log z}\right)^{\kappa}\left(1+O\left(\frac{1}{\log z}\right)\right),\quad z\geqslant 2. \tag{34}$$

其中 γ 为 Euler 常数，及

$$C(\rho)=\prod_{p}\left(1-\frac{\rho(p)}{p}\right)\left(1-\frac{1}{p}\right)^{-\kappa}, \tag{35}$$

这里定义

$$\rho(p)=0,\quad p\notin\mathscr{P}. \tag{36}$$

证：先来证明式(35)右边的无穷乘积收敛．由 Mertens 定理

$$\prod_{p<v}\left(1-\frac{1}{p}\right)=\frac{e^{-\gamma}}{\log v}\left(1+O\left(\frac{1}{\log v}\right)\right),\ v\geqslant 2, \tag{37}$$

及式(32)可得

$$1+O\left(\frac{L}{\log t}\right)\leqslant\prod_{t\leqslant p<v}\left(1-\frac{\rho(p)}{p}\right)\left(1-\frac{1}{p}\right)^{-\kappa}$$

$$\leqslant 1+O\left(\frac{1}{\log t}\right),\quad 2\leqslant t\leqslant v.$$

这就证明了该无穷乘积收敛．进而有

$$W(z)=\prod_{p<z}\left(1-\frac{\rho(p)}{p}\right)\left(1-\frac{1}{p}\right)^{-\kappa}\prod_{p<z}\left(1-\frac{1}{p}\right)^{\kappa}$$

$$=C(\rho)\prod_{p<z}\left(1-\frac{1}{p}\right)^{\kappa}\prod_{p\geqslant z}\left(1-\frac{\rho(p)}{p}\right)^{-1}\left(1-\frac{1}{p}\right)^{-\kappa},\ z\geqslant 2. \tag{38}$$

由以上三式就证明了引理.

在线性的情形，由反复叠代所得到的筛函数的上、下界估计中的主项和一对满足下述微分差分方程组的连续函数 F 和 f 有密切联系：

$$F(u)=2e^{\gamma}u^{-1},\quad f(u)=0,\quad 1\leqslant u\leqslant 2, \tag{39}$$

$$(uF(u))'=f(u-1),\ (uf(u))'=F(u-1),\ u>2. \tag{40}$$

由函数的连续性，从式(40)可推出

$$uF(u)=u_1F(u_1)+\int_{u_1}^{u}f(t-1)\,dt,\ 2\leqslant u_1\leqslant u, \tag{41}$$

$$uf(u)=u_1f(u_1)+\int_{u_1}^{u}F(t-1)\,dt,\ 2\leqslant u_1\leqslant u. \tag{42}$$

利用以上两式及初值条件(39)就可逐段求出 F 和 f 的表达式. 例如，容易算出

$$F(u)=2e^{\gamma}u^{-1},\quad 2\leqslant u\leqslant 3, \tag{43}$$

$$f(u)=2e^{\gamma}u^{-1}\log(u-1),\quad 2\leqslant u\leqslant 4, \tag{44}$$

$$F(u)=2e^{\gamma}u^{-1}\left(1+\int_{2}^{u-1}t^{-1}\log(t-1)\,dt\right),3\leqslant u\leqslant 5, \tag{45}$$

$$f(u)=2e^{\gamma}u^{-1}\left(\log(u-1)+\int_{3}^{u-1}t^{-1}dt\int_{2}^{t-1}s^{-1}\log(s-1)\,ds\right),\quad 4\leqslant u\leqslant 6. \tag{46}$$

此外，易证 $F(u)$ 是连续可微函数；$f(u)$ 除 $u=2$ 外是连续可微的，在 $u=2$ 有左、右导数存在，

$$f'(2-0)=0,\quad f'(2+0)=e^{\gamma}. \tag{47}$$

关于函数 F 和 f 还可以证明下述结果[1)]：

1) 最近，F.Grupp 和 H.E.Richert (见 *J.Number Theory*, **22** (1986), 208—239; **24** (1986), 154—173) 对 F 和 f 的表示有新的研究.

引理 8 由式(39)和(40)给出的连续函数 F 和 f 具有以下性质:

(a) $F(u)(u\geqslant 1)$是正的减函数，且有
$$F(u)=1+O(e^{-u})\ ; \tag{48}$$
(b) $f(u)(u\geqslant 1)$是非负的增函数，且有
$$f(u)=1+O(e^{-u})\ ; \tag{49}$$
(c) 当 $u\geqslant 1$ 时有
$$F(u)-f(u)>0\,. \tag{50}$$
证：设
$$w(u)=e^{-\gamma}(F(u)+f(u))/2\ ,\ u\geqslant 1\,. \tag{51}$$
$$z(u)=e^{-\gamma}u(F(u)-f(u))/2\ ,\ u\geqslant 1\,. \tag{52}$$
容易验证，这两个是连续函数且满足方程
$$\begin{cases} w(u)=u^{-1}, & 1\leqslant u\leqslant 2\,, \\ (u\,w(u))'=w(u-1), & u>2\,. \end{cases} \tag{53}$$
$$\begin{cases} z(u)=1\,, & 1\leqslant u\leqslant 2\,, \\ (u-1)z'(u)=-z(u-1), & u>2\,. \end{cases} \tag{54}$$
此外，当 $u\neq 2$ 时连续可微，$u=2$ 时
$$\begin{cases} w'(2\pm 0)=\pm 1/4 \\ z'(2\pm 0)=-(1\pm 1)/2\,. \end{cases} \tag{55}$$
先证 $z(u)$ 是正的减函数且有
$$z(u)<1/\Gamma(u)\ll e^{-u},\quad u\geqslant 1\,. \tag{56}$$
由 $z(u)$ 的连续性及方程(54)可得
$$(u-1)z(u)=\int_{u-1}^{u}z(t)\,dt\,,\qquad u\geqslant 2\,. \tag{57}$$

若$z(u)$不一定是正的，则一定有$u_0>2$使得

$$z(u_0)=0\,,\quad z(u)>0\,,\quad 1\leqslant u<u_0\,.$$

由以上两式得到矛盾：

$$0=(u_0-1)z(u_0)=\int_{u_0-1}^{u_0}z(t)\,dt>0\,.$$

所以，$z(u)>0\ (u\geqslant 1)$，由此及方程(54)知$z(u)$是减函数．当$1\leqslant u\leqslant 2$时式(56)显然成立，由递减性从式(57)可得

$$z(u)\leqslant (u-1)^{-1}z(u-1)\,,\qquad u\geqslant 2$$

若式(56)当$1\leqslant n\leqslant u\leqslant n+1$时成立，则当$n+1\leqslant u\leqslant n+2$时，由上式得

$$z(u)\leqslant (u-1)^{-1}/\Gamma(u-1)=1/\Gamma(u)\,.$$

这样，由归纳法就证明了式(56)．用完全同样的方法可以证明：满足方程

$$\begin{cases}H(u)=u^{-2}\,, & 1\leqslant u\leqslant 2\,,\\ uH'(u)=-H(u-1)\,, & u>2\end{cases}\tag{58}$$

的连续函数$H(u)$是正的减函数，且有

$$H(u)\leqslant 1/\Gamma(u+1)\ll e^{-u}\,,\ u\geqslant 1\,.\tag{59}$$

其次证明

$$w(u)=e^{-\gamma}+O(u/\Gamma(u))\,,\ u\geqslant 1.\tag{60}$$

由方程(53)，式(55)知，连续函数$|w'(u)|$满足

$$\begin{cases}|w'(u)|=u^{-2}\,, & 1\leqslant u\leqslant 2\,,\\ |w'(u)|\leqslant \dfrac{1}{u}\displaystyle\int_{u-1}^{u}|w'(t)|dt\,, & u\geqslant 2\,.\end{cases}\tag{61}$$

进而容易验证$h(u)=|w'(u)|-H(u)$是连续函数，满足

$$\begin{cases} h(u) \leqslant 0, & 1 \leqslant u \leqslant 2, \\ h(u) \leqslant \dfrac{1}{u} \displaystyle\int_{u-1}^{u} h(t)\,dt, & u \geqslant 2. \end{cases} \tag{62}$$

容易证明必有 $h(u) \leqslant 0$，$u \geqslant 1$. 这样就得到

$$|w'(u)| \leqslant H(u).$$

由此及式(59)得：$w(+\infty)$存在且有

$$w(u) = w(+\infty) - \int_{u}^{+\infty} w'(u)\,du = w(+\infty) + O(u/\Gamma(u)). \tag{63}$$

最后来定出 $w(+\infty)$. 设

$$y(s) = \int_{1}^{\infty} e^{-su} w(u)\,du, \quad s > 0. \tag{64}$$

右边积分当 $s \geqslant s_0 > 0$ 时绝对一致收敛，且

$$|y(s)| \ll \int_{0}^{\infty} e^{-su}\,du = s^{-1}, \quad s > 0.$$

由方程(53)可得：当 $s > 0$ 时

$$\begin{aligned} y'(s) &= -\int_{1}^{\infty} u e^{-su} w(u)\,du = -\int_{1}^{2} - \int_{2}^{\infty} \\ &= -s^{-1} e^{-s} (1 + y(s)). \end{aligned}$$

解这方程得到

$$y(s) = c \exp\left(-\int_{0}^{s} \frac{e^{-t} - 1}{t}\,dt - \log s\right) - 1, \; s > 0.$$

由于 $y(+\infty) = 0$ 及熟知积分

$$\lim_{s \to \infty} \left(-\int_{0}^{s} \frac{e^{-t} - 1}{t}\,dt - \log s\right) = \gamma,$$

故定出 $c=e^{-\gamma}$ 及

$$\lim_{s\to 0} sy(s)=e^{-\gamma}.$$

另一方面，由式(64)利用分部积分得

$$sy(s)=e^{-s}+\int_1^{\infty} e^{-su}w'(u)\,du.$$

由于 $|w'(u)|\leqslant H(u)\ll e^{-u}$，所以

$$\lim_{s\to 0} sy(s)=1+\int_1^{\infty} w'(u)\,du=w(+\infty).$$

这就定出了 $w(+\infty)=e^{-\gamma}$．由此及式(63)就证明了式(60)．

综合以上所得结果，利用式(51)，(52)就推出式(48)，(49)，(50)成立．剩下还要证明 $F(u)$ 是正的减函数，及 $f(u)$ 是非负的增函数．

先证 $F(u)$ 是减函数．由式(43)知，只要证明当 $u\geqslant 3$ 时一定有 $F'(u)<0$．用反证法．若不然，则有 $u_0>3$ 使得 $F'(u_0)=0$，$F'(u)<0$，$1\leqslant u<u_0$．但由式(50)及(40)知，一定存在 u_1，u_2，满足 $2<u_0-1<u_1<u_0$，$1<u_1-1<u_2<u_1$，使得

$$\begin{aligned}0=u_0F'(u_0)&=f(u_0-1)-F(u_0)<f(u_0-1)-f(u_0)\\&=-f'(u_1)=-u_1^{-1}(F(u_1-1)-f(u_1))\\&<u_1^{-1}(F(u_1)-F(u_1-1))=u_2^{-1}F'(u_2).\end{aligned}$$

但 $u_2<u_0$ 这和假设矛盾．所以一定有 $F'(u)<0$，$u\geqslant 1$．这就证明了 $F(u)\,(u\geqslant 1)$ 是严格递减函数．

同样由式(50)及(40)，利用 $F(u)$ 的严格递减知，当 $u>2$ 时，

$$uf'(u)=F(u-1)-f(u)>F(u-1)-F(u)>0,$$

这就证明了 $f(u)\,(u\geqslant 2)$ 是严格递增的；因而 $f(u)\,(u\geqslant 1)$ 是非负增函数．由此及式(50)就推出 $F(u)>0\,(u\geqslant 1)$．引理全部证毕．

有了以上的准备就可证明本节的主要结果:

定理 9 设 $2\leqslant z\leqslant y^{1/2}$, 条件 (1), (2)($\kappa=1$) 成立, 且 $L\ll\log y(\log\log y)^{-5}$. 那末, 我们有

$$(-1)^i\{S(\mathscr{A};\mathscr{P},z)-XW(z)(\varphi_i(\log y/\log z)+O(\log\log y)^{-3/10})\}$$
$$\geqslant-\sum_{y>d|P(z)}|r_d|,\qquad i=1,2, \tag{65}$$

其中

$$\varphi_r(u)=\begin{cases}F(u), & r\equiv 1(\bmod 2),\\ f(u), & r\equiv 0(\bmod 2).\end{cases} \tag{66}$$

我们把定理 9 的证明分为若干个引理. 下面的引理 10 刻划了由我们的叠代过程(见式(28))所得到的上、下界估计的主项之间的关系.

引理 10 设 $2\leqslant w\leqslant z\leqslant y^{1/2}$, $\beta=2$, θ_i 由式(8)给出. 再设条件(1)及(2)($\kappa=1$)满足. 那末有

$$W(z)\varphi_i\left(\frac{\log y}{\log z}\right)=W(w)\sum_{d|P(w,z)}\mu(d)\theta_i(d)\frac{\rho(d)}{d}$$
$$\cdot\varphi_{i+\omega(d)}\left(\frac{\log(y/d)}{\log w}\right)+O\left(LW(z)\frac{\log^2 z}{\log^3 w}\right),$$
$$i=1,2. \tag{67}$$

证: 先证明对 $i=1,2$ 有

$$W(z)\varphi_i\left(\frac{\log y}{\log z}\right)=W(w)\varphi_i\left(\frac{\log y}{\log w}\right)-\sum_{p_1/P(w,z)}\theta_i(p_1)$$
$$\cdot\frac{\rho(p_1)}{p_1}W(p_1)\varphi_{i+1}\left(\frac{\log(y/p_1)}{\log p_1}\right)$$
$$+O\left(LW(z)\frac{\log z}{\log^2 w}\right). \tag{68}$$

由式(1.55)，$\varphi_r(u)(u\geqslant 1)$及其导数的有界性，式(34)$(\kappa=1)$，及式(40)得到.

$$\sum_{p_1|P(w,z)}\frac{\rho(p_1)}{p_1}W(p_1)\varphi_{i+1}\left(\frac{\log(y/p_1)}{\log p_1}\right)$$

$$=\int_w^z\varphi_{i+1}\left(\frac{\log(y/t)}{\log t}\right)d\left(\sum_{p_1|P(w,t)}\frac{\rho(p_1)}{p_1}W(p_1)\right)$$

$$=-W(z)\int_w^z\varphi_{i+1}\left(\frac{\log(y/t)}{\log t}\right)d\frac{W(t)}{W(z)}$$

$$=-W(z)\int_w^z\varphi_{i+1}\left(\frac{\log y}{\log t}-1\right)d\frac{\log z}{\log t}$$

$$+O\left(LW(z)\frac{\log z}{\log^2 w}\right)^{1)}$$

$$=-W(z)\left\{\varphi_i\left(\frac{\log y}{\log z}\right)-\frac{\log z}{\log w}\varphi_i\left(\frac{\log y}{\log w}\right)\right\}$$

$$+O\left(LW(z)\frac{\log z}{\log^2 w}\right)^{2)}. \tag{69}$$

由上式及式(34)$(\kappa=1)$立即推出

---

1) 当 $i=1$ 时，$\varphi_2(u)=f(u)$，它和它的导数在 $[0,\infty)$ 上一致有界. 所以这时条件 $z\leqslant y^{1/2}$ 改为 $z\leqslant y$ 时本引理也成立.

2) 这一步正是为什么定义 F 和 f 时要它们满足式(40)的理由. 因为假定从定理 2 出发经由这种叠代所得到的筛函数 $S(\mathscr{A};\mathscr{P},z)$ 的上、下界估计中的主项 $XW(z)$ 的系数为 $\varphi_i(\log y/\log z)$ $(i=1,2)$，那末由此可见它们必须满足式(40). 实际上定理 2 中的渐近公式对 F 和 f 的要求是和式(48)，(49)一致的. 可以证明这样的函数 F，f 一定满足初值条件(39).

$$W(z)\varphi_i\left(\frac{\log y}{\log z}\right)=W(w)\varphi_i\left(\frac{\log y}{\log w}\right)-\sum_{p_1\mid P(w,z)}\frac{\rho(p_1)}{p_1}$$

$$\cdot W(p_1)\varphi_{i+1}\left(\frac{\log(y/p_1)}{\log p_1}\right)$$

$$+O\left(LW(z)\frac{\log z}{\log^2 w}\right). \tag{70}$$

注意到当 $p_1\in\mathscr{P}$ 时，恒有 $\theta_2(p_1)=1$；以及 $\theta_1(p_1)=0$ 时必有 $p_1^3\geqslant y$（注意现取 $B=2$），所以 $\log(y/p_1)/\log p_1\leqslant 2$，因而 $\varphi_2(\log(y/p_1)/\log p_1)=0$，故从式(70) 就推出式(68)．简单说来，在式(68)的基础上，当$\theta_i(p_1)=1$时，对每一项 $W(p_1)\varphi_{i+1}(\log(y/p_1)\log p_1)$ 继续进行式(68)(以p_1, y/p_1代z, y)这样的分拆，并不断地这样做下去，最后就可得到式(67).下面用归纳法来给出严格证明.

首先证明对任意正整数 r 及 $i=1,2$ 有

$$W(z)\varphi_i\left(\frac{\log y}{\log z}\right)=W(w)\sum_{d\mid P(w,z)}\mu(d)\theta_i(d)\frac{\rho(d)}{d}$$

$$\cdot\varphi_{i+\omega(d)}\left(\frac{\log(y/d)}{\log w}\right)$$

$$+\sum_{\substack{d\mid P(w,z)\\ \omega(d)=r}}\mu(d)\theta_i(d)\frac{\rho(d)}{d}W(p(d))$$

$$\cdot\varphi_{i+r}\left(\frac{\log(y/d)}{\log p(d)}\right)$$

$$+O\left(\frac{L}{\log^2 w}\left(W(z)\log z\right.\right.$$

$$\left.\left.+\sum_{\substack{kd\mid P(w,z)\\ \omega(d)<r}}\frac{\rho(d)}{d}W(p(d))\log p(d)\right)\right). \tag{71}$$

当 $r=1$ 时上式即是式(68)所以成立. 假设式(71)对 $r=k(\geqslant 1)$ 成立. 对式(71)($r=k$)右边第二个和式中这样的每一项:

$$\theta_i(d)=1, \quad \omega(d)=k, \quad d \mid P(w,z),$$

作式(68)(z, y, i 分别取为 $p(d)$, y/d, $i+r$)这样的分拆,可得[1)]

$$\sum_{\substack{d \mid P(w,z) \\ \omega(d)=k}} \mu(d)\theta_i(d)\frac{p(d)}{d}W(p(d))\varphi_{i+k}\left(\frac{\log(y/d)}{\log p(d)}\right)$$

$$=W(w)\sum_{\substack{d \mid P(w,z) \\ \omega(d)=k}} \mu(d)\theta_i(d)\frac{\rho(d)}{d}\varphi_{i+k}\left(\frac{\log(y/d)}{\log w}\right)$$

$$+\sum_{\substack{d \mid P(w,z) \\ \omega(d)=k}} \mu(d)\theta_i(d)\frac{\rho(d)}{d}\left\{-\sum_{p_1 \mid P(w,p(d))}\theta_i(p_1)\frac{\rho(p_1)}{p_1}\right.$$

$$\left.\cdot W(p_1)\varphi_{i+k+1}\left(\frac{\log(y/dp_1)}{\log p_1}\right)+O\left(LW(p(d))\frac{\log p(d)}{\log^2 w}\right)\right\}$$

$$=W(w)\sum_{\substack{d \mid P(w,z) \\ \omega(d)=k}} \mu(d)\theta_i(d)\frac{\rho(d)}{d}\varphi_{i+k}\left(\frac{\log(y/d)}{\log w}\right)$$

$$+\sum_{\substack{l \mid P(w,z) \\ \omega(l)=k+1}} \mu(l)\theta_i\left(\frac{l}{p(l)}\right)\frac{\rho(l)}{l}W(p(l))\varphi_{i+k+1}\left(\frac{\log(y/l)}{\log p(l)}\right)$$

$$+O\left(\frac{L}{\log^2 w}\sum_{\substack{d \mid P(w,z) \\ \omega(d)=k}}\frac{\rho(d)}{d}W(p(d))\log p(d)\right),$$

这里最后一步我们令 $l=p_1 d$, 并注意到 $\theta_i(d)=1$ 时必有 $\theta_i(p_1)=1$, $(p_1 \mid P(w,p(d)))$. 把上式代入式(71)($r=k$), 可以看出为证式(71)当 $r=k+1$ 也成立, 只要证明: 当 $l \mid P(w,z)$, $\omega(l)=k+1$ 时必有

1) 当 $\theta_i(d)=1, \omega(d)=r$ 时, 若 $r\equiv i \pmod 2$, 则 $(p(d))^2 d<y$, 所以可用式(68); 若 $r\equiv i+1 \pmod 2$, 仅可得 $p(d)d<y$, 但这时 $\varphi_{i+r+1}(u)=f(u)$, 由式(69)的注1)知, 这时也可用式(68).

$$\theta_i(l)\varphi_{i+k+1}\left(\frac{\log(y/l)}{\log p(l)}\right)=\theta_i\left(\frac{l}{p(l)}\right)\varphi_{i+k+1}\left(\frac{\log(y/l)}{\log p(l)}\right).\quad(72)$$

分三种情形来证式(72). (a) 若 $\theta_i(l)=1$, 上式显然成立; (b) 若 $\theta_i(l/p(l))=0$, 式(72)也显然成立. (c) 若 $\theta_i(l)=0$, $\theta_i(l/p(l))=1$, 由性质(Ⅲ)知, $k+1\equiv\omega(l)\equiv i \pmod 2$, 所以 $\varphi_{i+k+1}(u)=f(u)$. 此外, 这时必有 $(p(l))^2 l\geqslant y$, 所以 $f(\log(y/l)/\log p(l))=0$, 因此式(72)也成立.这就证明了式(71)对所有正整数 r 成立.

下面来估计式(71)中的大 O 项. 由式(32)($\kappa=1$)的右半不等式知

$$\sum_{\substack{1<d\mid P(w,z)\\ \omega(d)<r}}\frac{\rho(d)}{d}W(p(d))\log p(d)\ll W(z)\log z\sum_{\substack{1<d\mid P(w,z)\\ \omega(d)<r}}\frac{\rho(d)}{d}$$

$$\ll W(z)\log z\sum_{j=1}^{\infty}\frac{1}{j!}\left(\sum_{p\mid P(w,z)}\frac{\rho(p)}{p}\right)^j\ll W(z)\frac{\log^2 z}{\log w},$$

这里用到了式(31)($\kappa=1$)的右半不等式.取 $r=1+\omega(P(w,z))$, 由上式及式(71)就推出式(67).

为了估计在叠代过程中产生的各个误差项, 还需要以下两个引理.

引理 11 设 $2\leqslant D\leqslant C\leqslant B\leqslant A$. 那末, 当条件(1)和(2)($\kappa=1$)成立时有

$$\sum_{p\mid P(D,C)}\frac{\rho(p)}{p}W(p)\exp\left(-\frac{\log A}{\log p}\right)$$

$$\leqslant W(B)\exp\left(-\frac{\log A}{\log C}\right)\left\{\frac{\log B}{\log A}+O\left(\frac{L\log B}{\log^2 D}\right)\right\}.\quad(73)$$

证: 注意到式(1.54), 式(32)($\kappa=1$), 以及 $\exp(-\log A/\log u)$ 是 u 的增函数,由式(2.1.5)(取 $b(p)=\rho(p)W(p)\cdot/p$, $b(n)=0$, $n\neq$素数; $f(u)=\exp(-\log A/\log u)$)立即推

出所要结论.

利用引理 11 我们来证明

引理 12 设 $2\leqslant u\leqslant v\leqslant x^{1/2}$. 那末当条件(1)和(2)($\kappa=1$)成立时有

$$\sum_{\substack{p_1p_2|P_3(u,v)\\ p_2<p_1,\, p_2p_1<x}}\frac{\rho(p_1p_2)}{p_1p_2}W(p_2)\exp\left(-\frac{\log(x/p_1p_2)}{\log p_2}\right)$$
$$\leqslant\delta W(v)\exp\left(-\frac{\log x}{\log v}\right)\left(1+O\left(\frac{L\log v}{\log^2 u}\right)\right)^2,\qquad(74)$$

其中

$$\delta=(1/3+\log 3)/2=0.71597\cdots.\qquad(75)$$

证: 以 I 表式(74)中的二重和, 应用引理 11(取 $D=u$, $C=\min(p_1,(x/p_1)^{1/3})$, $B=p_1$, $A=x/p_1$)可得

$$I=e\sum_{p_1|P(u,v)}\frac{\rho(p_1)}{p_1}\sum_{p_2|P(u,c)}\frac{\rho(p_2)}{p_2}W(p_2)\exp\left(-\frac{\log(x/p_1)}{\log p_2}\right)$$
$$\leqslant e\sum_{p_1|P(u,v)}\frac{\rho(p_1)}{p_1}W(p_1)\exp\left(-\frac{\log(x/p_1)}{\log C}\right)$$
$$\cdot\left\{\frac{\log p_1}{\log(x/p_1)}+O\left(\frac{L\log p_1}{\log^2 u}\right)\right\}.\qquad(76)$$

分两种情形来讨论. (a) $v\leqslant x^{1/4}$. 这时有

$$I\leqslant\frac{e^2}{3}\left(1+O\left(\frac{L\log v}{\log^2 u}\right)\right)\sum_{p_1|P(u,v)}\frac{\rho(p_1)}{p_1}W(p_1)\exp\left(-\frac{\log x}{\log p_1}\right)$$
$$\leqslant\frac{e^2}{12}W(v)\exp\left(-\frac{\log x}{\log v}\right)\left(1+O\left(\frac{L\log v}{\log^2 u}\right)\right)^2,\qquad(77)$$

最后一步又用了引理 11 (取 $D=u$, $C=B=v$, $A=x$). 由于 $e^2/12<\delta$, 所以这时式(74)成立. (b) $x^{1/4}<v\leqslant x^{1/2}$. 把式(76)右边分为两部份,

$$I \leqslant e \sum_{p_1 \mid P(u, x^{1/4})} + e \sum_{p_1 \mid P(x^{1/4}, u)}$$

$$= I_1 + I_2 \quad ,$$

对 I_1 的估计可用情形(a)的结果，注意到式(32)($\kappa=1$)，我们有

$$I_1 \leqslant \frac{e^{-2}}{3} W(v) \frac{\log v}{\log x} \left(1 + O\left(\frac{L \log v}{\log^2 u}\right)\right)^2.$$

现来估计 I_2. 这时 $C = (x/p_1)^{1/3}$. 我们有

$$I_2 = e^{-2}\left(1 + O\left(\frac{L \log v}{\log^2 u}\right)\right) \sum_{p_1 \mid P(x^{1/4}, v)} \frac{\rho(p_1)}{p_1} W(p_1) \frac{\log p_1}{\log(x/p_1)}$$

和证明引理 11 完全一样，利用式(2.1.5)计算上式右边和式可得

$$I_2 = e^{-2} W(v) \frac{\log v}{\log x} \log \frac{3 \log v}{\log(x/v)} \left(1 + O\left(\frac{L \log v}{\log^2 u}\right)\right)^2.$$

综合以上四式得：当 $x^{1/4} < v \leqslant x^{1/2}$ 时

$$I \leqslant W(v) \exp\left(-\frac{\log x}{\log v}\right) \Delta\left(\frac{\log x}{\log v}\right)\left(1 + O\left(\frac{L \log v}{\log^2 u}\right)\right)^2, \tag{78}$$

其中

$$\Delta(s) = s^{-1} e^{s-2} (1/3 - \log(3/(s-1))).$$

由计算可得

$$\Delta'(s) = -s^2(s-1) e^{s-2}((s-1)^{-1} + (s-1)^{-2} - 3^{-1}$$

$$- \log(3/(s-1)))$$

$$= -s^2(s-1) e^{s-2} \Delta_1(s) \quad ,$$

$$\Delta_1'(s) = s(s-3)(s-1)^{-3} \quad ,$$

所以，

$$\Delta_1(s) \geqslant \Delta_1(3) = 0.01120\cdots > 0, \quad 2 \leqslant s \leqslant 4.$$

因而，当 $2\leqslant s\leqslant 4$ 时，$\Delta'(s)<0$, 故

$$\Delta(s)\leqslant\Delta(2)=\delta,\qquad 2\leqslant s\leqslant 4.$$

由此及式(78)就证明了这时式(74)也成立.

定理 9 的证明：当 $\log z\leqslant(\log y)(\log\log y)^{-2}$ 时，由式(11)，(48)和(49)知定理成立. 故可设 y 充分大及

$$\log z>(\log\log y)^{-2}\log y. \tag{79}$$

设 $2\leqslant w\leqslant z$, $\beta=2$, θ_i 由式(8)给出. 由式(28)及(67)可得

$$\begin{aligned}
&(-1)^i\left\{S(\mathscr{A};\mathscr{P},z)-XW(z)\varphi_i\left(\frac{\log y}{\log z}\right)\right\}\\
&\geqslant(-1)^i\sum_{d\mid P(w,z)}\mu(d)\theta_i(d)\left\{S(\mathscr{A}_d;\mathscr{P},w)-\frac{\rho(d)}{d}XW(w)\right\}\\
&\quad+(-1)^iXW(w)\sum_{d\mid P(w,z)}\mu(d)\theta_i(d)\frac{\rho(d)}{d}\\
&\quad\cdot\left\{1-\varphi_{i+\omega(d)}\left(\frac{\log(y/d)}{\log w}\right)\right\}+O\left(XW(z)\frac{\log^2 z}{\log^3 w}\right)\\
&=\sum\nolimits_{1,i}+\sum\nolimits_{2,i}+O\left(XW(z)\frac{\log^2 z}{\log^3 w}\right),\quad i=1,2.
\end{aligned}\tag{80}$$

先用定理 3 来估计 $\sum_{1,i}$. 我们只讨论 $i=1$ 的情形，$i=2$ 可同样讨论.

$$\begin{aligned}
\sum\nolimits_{1,1}=&-\sum_{\substack{d\mid P(w,z)\\ 2\mid\omega(d)}}\theta_1(d)\left\{S(\mathscr{A}_d;\mathscr{P},w)-\frac{\rho(d)}{d}XW(w)\right\}\\
&+\sum_{\substack{d\mid P(w,z)\\ 2\nmid\omega(d)}}\theta_1(d)\left\{S(\mathscr{A}_d;\mathscr{P},w)-\frac{\rho(d)}{d}XW(w)\right\}.
\end{aligned}$$

当 $d\mid P(w,z)$，$\theta_1(d)=1$，$2\mid w(d)$ 时，由式(25)(取 y,z,q 为 y/d，w,d，及 $i=1$)可得[1)]

$$-\left\{S(\mathscr{A}_d;\mathscr{P},w)-\frac{\rho(d)}{d}XW(w)\right\}\geqslant-\sum_{y/d>d_1,\mid P(w)}|r_{dd_1}|$$

$$+O\left(XW(w)\frac{\rho(d)}{d}\exp\left(-\frac{\log(y/d)}{\log w}\right)\right).$$

当 $d\mid P(w,z)$，$\theta_1(d)=1$，$2\nmid\omega(d)$ 时，同样由式(25)(取 y,z,q 为 $y/d,w,d$，及 $i=2$)可得[2)]

$$\left\{S(\mathscr{A};\mathscr{P},w)-\frac{\rho(d)}{d}XW(w)\right\}\geqslant-\sum_{y/d>d_1,\mid P(w)}|r_{dd_1}|$$

$$+O\left(XW(v)\frac{\rho(d)}{d}\exp\left(-\frac{\log(y/d)}{\log w}\right)\right).$$

由以上三式即得

$$\sum\nolimits_{1,1}\geqslant-\sum_{d\mid P(w,z)}\sum_{y/d>d_1\mid P(w)}|r_{dd_1}|$$

$$+O\left(XW(w)\sum_{d\mid P(w,z)}\theta_1(d)\frac{\rho(d)}{d}\exp\left(-\frac{\log(y/d)}{\log w}\right)\right)$$

$$=-\sum_{y>d\mid P(z)}|r_d|+O\left(XW(w)\sum\nolimits_{3,1}\right). \tag{81}$$

同样可得

$$\sum\nolimits_{1,2}\geqslant-\sum_{y>d\mid P(z)}|r_d|+O\left(WX(w)\sum\nolimits_{3,2}\right). \tag{82}$$

此外，由式(48)，(49)立即推出

$$\sum\nolimits_{2,i}\ll\sum\nolimits_{3,i}\quad,\quad i=1,2. \tag{83}$$

1) 由 $\beta=2$ 及性质(I)知，这时必有 $wd\leqslant p(d)d<y$，现在 $i=1$，所以可用式(25)。

2) 由 $\beta=2$ 及性质(I)知，这时必有 $w^2d\leqslant(p(d))^2d<y$，所以条件满足。

这样，定理的证明就转化为选取适当参数 w, 以及估计 $\sum_{3,i}$.

取

$$\log w=(\log\log y)^{-2}\log y,$$

以及整数 l 满足

$$3^{l}\leqslant(\log\log y)/2<3^{l+1}.$$

把 $\sum_{3,i}$ 分为两部分

$$\sum_{3,i}=\sum_{\omega(d)\leqslant 2l}{}_{3,i}+\sum_{\omega(d)>2l}{}_{3,i}=\sum_{4,i}+\sum_{5,i},\ i=1,2. \tag{84}$$

由引理 1(取 $\beta=2$) 知，当 $\theta_i(d)=1,\omega(d)\leqslant 2l$ 时有

$$\log(y/d)>(1/2)(1/3)^{\omega(d)/2}\log y\geqslant(\log\log y)^{-1}\log y,$$

由此及式(31)($\kappa=1$)，(32)($\kappa=1$)得

$$\begin{aligned}W(w)\sum_{4,i}&\leqslant W(w)(\log y)^{-1}\sum_{d\mid P(w,z)}\frac{\rho(d)}{d}\\&\leqslant W(w)(\log y)^{-1}\exp\left(\sum_{p\mid P(w,z)}\frac{\rho(p)}{p}\right)\\&\leqslant W(w)(\log z)(\log y\log w)^{-1}\\&\ll W(z)(\log y)^{-1}(\log\log y)^{4}.\end{aligned} \tag{85}$$

下面来处理 $\sum_{5,i}$. 由性质 (I) ($\beta=2$) 知，当 $\theta_i(d)=1$ 时总有 $p(d)d<y$，故当 $d\mid P(w,z)$ 时必有 $\log w<\log(y/d)$. 由于 $xe^{-x}(x\geqslant 1)$ 是减函数，所以利用式(32)($\kappa=1$)可得

$$\begin{aligned}W(w)\sum_{5,i}=\sum_{\substack{d\mid P(w,z)\\ \omega(d)>2l}}\theta_i(d)\frac{\rho(d)}{d}W(p(d))\frac{W(w)}{W(p(d))}\\ \cdot\exp\left(-\frac{\log(y/d)}{\log w}\right)\end{aligned}$$

$$\ll \sum_{\substack{d \mid P(w,z) \\ \omega(d)>2l}} \theta_i(d) \frac{\rho(d)}{d} W(p(d)) \frac{\log p(d)}{\log w}$$

$$\cdot \exp\left(-\frac{\log(y/d)}{\log w}\right)$$

$$\ll \sum_{\substack{d \mid P(w,z) \\ \omega(d)>2l}} \theta_i(d) \frac{\rho(d)}{d} W(p(d))$$

$$\cdot \exp\left(-\frac{\log(y/d)}{\log p(d)}\right).$$

当 $\omega(d)=2m+i+1$ 时，由性质(Ⅲ)知，$\theta_i(d)=1$ 的充要条件是 $\theta_i(d/p(d))=1$，因而有

$$\sum_{\substack{d \mid P(w,z) \\ \omega(d)=2m+i+1}} \theta_i(d) \frac{\rho(d)}{d} W(p(d)) \exp\left(-\frac{\log(y/d)}{\log p(d)}\right)$$

$$= \sum_{\substack{k \mid P(w,z) \\ \omega(k)=2m+i}} \theta_i(k) \frac{\rho(k)}{k} \sum_{p \mid P(w,p(k))} \frac{\rho(p)}{p} W(p) \exp\left(-\frac{\log(y/pk)}{\log p}\right)$$

$$\leqslant \frac{e}{2}\left(1+O\left(\frac{L\log z}{\log^2 w}\right)\right) \sum_{\substack{k \mid P(w,z) \\ \omega(k)=2m+i}} \theta_i(k) \frac{\rho(k)}{k} W(p(k))$$

$$\cdot \exp\left(-\frac{\log(y/k)}{\log p(k)}\right),$$

最后一步用到了引理11(取 $D=w$, $C=B=p(k)$, $A=y/k$，并注意到 $\omega(k)=2m+i$ 时，$(p(k))^2 k<y$，以及对 w, z 的取值)．由以上两式推出

$$W(w)\sum_{5,i}\ll\left(1+O\left(\frac{L\log z}{\log^2 w}\right)\right)\sum_{m\geqslant l-1}\sum_{\substack{d\mid P(w,z)\\ \omega(d)=2m+i}}\theta_i(d)$$

$$\cdot\frac{\rho(d)}{d}W(p(d))\exp\left(-\frac{\log(y/d)}{\log p(d)}\right).$$

我们利用引理 12 来估计上式右边的二重和中的内层和. 注意到 θ_i 的定义，令 $d=p_2p_1k$, $p_2<p_1<p(k)$，这一内层和等于

$$\sum_{\substack{k\mid P(w,z)\\ \omega(k)=2m-2+i}}\theta_i(k)\frac{\rho(k)}{k}\sum_{\substack{p_1p_2\mid P(w,p(k))\\ p_2<p_1,p_2^3p_1<y/k}}\frac{\rho(p_1p_2)}{p_1p_2}W(p_2)$$

$$\cdot\exp\left(-\frac{\log(y/kp_1p_2)}{\log p_2}\right)$$

$$\leqslant\delta\left(1+O\left(\frac{L\log z}{\log^2 w}\right)\right)^2\sum_{\substack{k\mid P(w,z)\\ \omega(k)=2m-2+i}}\theta_i(k)\frac{\rho(k)}{k}W(p(k))$$

$$\cdot\exp\left(-\frac{\log(y/k)}{\log p(k)}\right)$$

$$\leqslant\cdots\leqslant\delta^m\left(1+O\left(\frac{L\log z}{\log^2 w}\right)\right)^{2m}\sum_{\substack{k\mid P(w,z)\\ \omega(k)=i}}\theta_i(k)\frac{\rho(k)}{k}W(p(k))$$

$$\cdot\exp\left(-\frac{\log(y/k)}{\log p(k)}\right)$$

$$\ll\delta^m W(z)\left(1+O\left(\frac{L\log z}{\log^2 w}\right)\right)^{2m},$$

这里反复应用了引理 12, 而在最后一步当 $i=2$ 时应用引理 12, 当 $i=1$ 时应用引理 11. 进而，注意到 L 满足的条件及 δ, l, w 的取值，由以上两式即得

$$W(w)\sum_{5,i} \ll W(z)\sum_{m\geqslant l-1}\delta^m\left(1+O\left(\frac{L\log z}{\log^2 w}\right)\right)^{2m}$$

$$\ll W(z)\delta^{l+1} \ll W(z)(\log\log y)^{-3/10}. \qquad (86)$$

综合式(80)—(86)，注意到 w 的取值就证明了定理 9.

为了应用方便，定理 9 可推广为如下的形式:

定理 13 在定理 11 的条件下，对任何的 q：$(q,\overline{\mathscr{P}})=(q, P(z))=1$, 我们有

$$(-1)^i\left\{S(\mathscr{A};\mathscr{P},z)-\frac{\rho(q)}{q}XW(z)\left(\varphi_i\left(\frac{\log y}{\log z}\right)\right.\right.$$

$$\left.\left.+O\left((\log\log y)^{-3/10}\right)\right)\right\}$$

$$\geqslant -\sum_{y>d\mid P(z)}|r_{qd}|, \qquad i=1,2. \qquad (87)$$

下面我们来给出定理 9 在孪生素数问题上的应用.

定理 14 设 h 是给定的偶数，一定存在无穷多个素数 p, 使得 $|p-h|$ 是不超过四个素数的乘积.

证: 我们将证明以下更强的定量结果. 设 b 是正整数，x 是充分大的正数，$0<|h|\leqslant x$. 记

$$T^{(b)}(x,h)=|\{p:\ p\leqslant x,\Omega(|p-h|)\leqslant b\}|. \qquad (88)$$

我们要证明

$$T^{(4)}(x,h)\geqslant 3.24C(h)x(\log x)^{-2}, \qquad (89)$$

其中

$$C(M)=\prod_{p>2}\left(1-\frac{1}{(p-1)^2}\right)\prod_{2<p\mid M}\frac{p-1}{p-2}. \qquad (90)$$

取 $\mathscr{A}^{(5)}$ 是 §1 例 5 中给出的数列，当 $a\in\mathscr{A}^{(5)}$ 时必有 $|a|<2x$, 由式(1.14)知

$$T^{(4)}(x,h)\geqslant S(\mathscr{A}^{(5)};\mathscr{P}_h,2x^{1/5})+O(\omega(h)). \qquad (91)$$

由式(1.31)知，这时 $\rho(p)=p/(p-1)$，$p\nmid h$. 所以条件(1)($A_1=2$)成立. 再由(这里 $\mathscr{P}=\mathscr{P}_h$)

$$\sum_{p\mid P(w,z)}\frac{\rho(p)\log p}{p}=\sum_{\substack{w\leqslant p<z\\ p\nmid h}}\frac{\log p}{p-1}=\sum_{w\leqslant p<z}\frac{\log p}{p}-\sum_{\substack{w\leqslant p<z\\ p\mid h}}\frac{\log p}{p}+O(1)$$

及

$$\sum_{p\mid h}\frac{\log p}{p}\ll 1+\log\log h\ll\log\log x$$

就推出条件(2)对 $\kappa=1$, $L\ll\log\log x$, $A_2\ll 1$ 成立. 所以是线性情形，可以应用定理9.

在定理9中取 $\mathscr{A}=\mathscr{A}^{(5)}$，$\mathscr{P}=\mathscr{P}_h$，$X=\pi(x)$，$y=x^{1/2-\varepsilon}$($\varepsilon$ 为取定的充分小的正数)，$z=2x^{1/5}$. 由式(65)($i=2$)得

$$S(\mathscr{A}^{(5)};\mathscr{P}_h,x^{1/(5-\varepsilon)})\geqslant\pi(x)W(2x^{1/5})f(5/2+5\varepsilon)(1+o(1))-\sum_{\substack{d<x^{1/2-\varepsilon}\\ (d,h)=1}}\mu^2(d)\,|\pi(x;d,h)-\pi(x)/\varphi(d)|;$$

由引理7($\kappa=1$)知

$$W(2x^{1/5})>10e^{-\gamma}(\log x)^{-1}C(h)(1+o(1)).$$

其中 $o(1)\to 0$ 当 $x\to\infty$. 利用定理31.1.1及式(44)，从以上两式就推出

$$S(\mathscr{A}^{(5)};\mathscr{P}_h,2x^{1/5})\geqslant 8(1-2\varepsilon)^{-1}\log(3/2-5\varepsilon)C(h)\cdot x(\log x)^{-2}(1+o(1)).$$

取 $\varepsilon=10^{-4}$，从上式及式(91)就推出式(89)成立.

从定理14的证明可以看出，为了得到这样的结论实际上用不到定理31.1.1这样强的结果. Kuhn首先引进了所谓“加权筛法”，利用这种方法使得某些问题在同样的筛函数估计及同样的余项估计下，可以得到更好的结果. 对这种方法已进行了广泛深入的研究，这里仅讨论最简单的情形. 先来证明一个引理

引理15 设h是偶数，$|h|\leqslant x$，b是正整数. 那末，对任意正数$v>b$，我们有

$$T^{(b)}(x,h)\geqslant S(\mathscr{A}^{(5)};\mathscr{P}_h,2x^{1/v})-(1/2)\Omega_1(v,b)+O(x^{1-1/v}),\tag{92}$$

其中$\mathscr{A}^{(5)}$为§1 例 5 中的数列，$T^{(b)}(x,h)$由式(88)给出，及

$$\Omega_1(v,b)=\sum_{p\mid P_h(2x^{1/v},2x^{1/b})}S(\mathscr{A}_p^{(5)};\mathscr{P}_h,2x^{1/v}),\quad P_h(w,z)=\prod_{\substack{w\leqslant p<z\\ p\in\mathscr{P}_h}}p.\tag{93}$$

证：设

$$\lambda^{(b)}(a)=1,\ \Omega(|a|)\leqslant b;\quad \lambda^{(b)}(a)=0,\quad \Omega(|a|)>b.\tag{94}$$

那末，对任意的$z\geqslant 2$有

$$\begin{aligned}T^{(b)}(x,h)&=\sum_{a\in\mathscr{A}^{(5)}}\lambda^{(b)}(a)\geqslant\sum_{a\in\mathscr{A}^{(5)},(a,P_h(z))=1}\lambda^{(b)}(a)\\&=\sum_{a\in\mathscr{A}^{(5)},(a,hP_h(z))=1}\lambda^{(b)}(a)+O(\omega(h))\\&=\sum_{a\in\mathscr{A}^{(5)},(a,hP_h(z))=1}\mu^2(|a|)\lambda^{(b)}(a)+O(\omega(h))+O(xz^{-1}),\end{aligned}\tag{95}$$

现取$z=2x^{1/v}$，$y=2x^{1/b}$，并设

$$\rho_1(a)=\sum_{p\mid(a,P_h(z,y))}1.\tag{96}$$

显见，

$$\sum_{a\in\mathscr{A}^{(5)},(a,P_h(z))=1}(1-\rho_1(a)/2)=\sum_{a\in\mathscr{A}^{(5)},(a,hP_h(z))=1}\mu^2(|a|)(1-\rho_1(a)/2)+O(xz^{-1}).\tag{97}$$

我们来证明：当$\mu^2(|a|)=1,(a,hP_h(z))=1$时，必有

$$\lambda^{(b)}(a)\geqslant 1-\rho_1(a)/2.\tag{98}$$

这时，$\Omega(|a|)=\omega(|a|)$. 当 $\Omega(|a|)\leqslant b$ 时，$\lambda^{(b)}(a)=1$, 上式显然成立；当 $\Omega(|a|)\geqslant b+1$ 时，注意到 $y=2x^{1/b}$, 这时必有 $\rho_1(a)\geqslant 2$, 所以上式也成立. 由式(95)，(97)，(98)，并注意到 z, y 的取值，就推出

$$T^{(b)}(x,h)\geqslant \sum_{a\in\mathscr{A}^{(5)},\ (a,P_h(2x^{1/v}))=1}(1-\rho_1(a)/2)+O(x^{1-1/v}).\tag{99}$$

容易看出，右边的和式恰好就是式(92)右边的前两项. 这就证明了引理.

筛函数 $S(\mathscr{A}^{(5)};\mathscr{P}_h,2x^{1/v})$ 与式(99)右边的和式的差别就在于这里引进了“权函数”$1-\rho_1(a)/2$, 对每个元素 a 加权 $1-\rho_1(a)/2$ 后进行筛选，这也就是为什么称为加权筛法的原因. 式（91）仅把 $T^{(b)}_{(x,h)}$ 和单个筛函数相联系，所以只得到了较弱的结果. 利用引理 15，即式(99)，就可以证明

定理 16 设 h 是给定的偶数. 一定存在无穷多个素数 p, 使得 $|p-h|$ 是不超过三个素数的乘积.

证：在引理 15 中取 $b=3, v=10$. 我们来证明：对充分大的x，当 $0<|h|\leqslant x$ 时有

$$T^{(3)}(x,h)>2.64C(h)x(\log x)^{-2},\tag{100}$$

这里 $C(h)$ 由式(90)给出. 在定理 9 中取 $\mathscr{A}=\mathscr{A}^{(5)}$, $\mathscr{P}=\mathscr{P}_h$，$X=\pi(x)$, $z=2x^{1/10}$, $y=x^{1/2}\log^{-B}x$ (B 为一适当的正常数)，类似于定理 14，利用定理31.1.1 可得

$$S(\mathscr{A}^{(5)}:\mathscr{P}_h,2x^{1/10})\geqslant 20e^{-\gamma}f(5)(1+o(1))C(h)x(\log\ x)^{-2}\tag{101}$$

由式(46)知

$$5e^{-\gamma}f(5)=2\left(\log 4+\int_3^4 t^{-1}dt\int_2^{t-1}s^{-1}\log(s-1)\,ds\right).\tag{102}$$

下面利用定理 13 和定理 31.1.1 来估计 $\Omega_1(10,3)$ 的上界. 这里特别需要指出的是：对每个$S(\mathscr{A}_p^{(5)};\mathscr{P}_h,2x^{1/v})$应用定理13 来估计上界时，$y$ 的选取要和 p 有关，使得所有筛函数估计产生的总的误差项可用

定理 31.1.1 来估计. 在定理 13 中取 $\mathscr{A}=\mathscr{A}^{(5)}$, $X=\pi(x)$, $q=p|P_h(2x^{1/10}, 2x^{1/3})$, $y=p^{-1}x^{1/2}\log^{-B_1}x$ (B_1 为一适当正常数), 以及 $z=2x^{1/10}$, 得到

$$S(\mathscr{A}_p^{(5)}:\mathscr{P}_h, 2x^{1/10})\leqslant 20\ e^{-\gamma}p^{-1}F(5-10\log p/\log x)$$

$$\cdot(1+o(1))C(h)x(\log x)^{-2}$$

$$+\sum_{p^{-1}x^{1/2}\log^{-B_1}x>d|P_h(2x^{1/10})}|r_{pd}|,$$

这里 $p|P_h(2x^{1/10}, 2x^{1/3})$. 进而有

$$\Omega_1(10,3)\leqslant 20(1+o(1))C(h)x(\log x)^{-2}$$

$$\sum_{p|P_h(2x^{1/10},\ 2x^{1/3})} e^{-\gamma}p^{-1}F(5-10\log p/\log x)$$

$$+\sum_{d<x^{1/2}\log^{-B_1}x,\ (d,h)=1}\mu^2(d)|r_d|. \tag{103}$$

由素数定理(注意条件 $|h|\leqslant x$, 及 $F(u)$ 有界)知, 上式右边第一项中的和式等于(利用式(43)和(45))

$$e^{-\gamma}(1+o(1))\int_{2x^{1/10}}^{2x^{1/3}}\frac{1}{t\log t}F\left(5-10\frac{\log t}{\log x}\right)dt$$

$$=\frac{1}{5}(1+o(1))\left\{2\log 8+2\int_3^4\frac{5\,dt}{t(5-t)}\int_2^{t-1}\frac{\log(s-1)}{s}ds\right\}. \tag{104}$$

由式(92), (101)—(104), 利用定理 31.1.1 即得

$$T^{(3)}(x,h)\geqslant 4(1+o(1))C(h)\frac{x}{\log^2 x}$$

$$\cdot\left\{\log 2\int_3^4\frac{2t-5}{t(5-t)}dt\int_2^{t-1}\frac{\log(s-1)}{s}ds\right\}. \tag{105}$$

最后, 来计算上式中的积分. 利用

$$\log\alpha=\int_1^\alpha\frac{dt}{t}\leqslant\frac{1}{2}(\alpha-1)\left(1+\frac{1}{\alpha}\right)\leqslant\frac{\alpha-1}{2}+\frac{\alpha-1}{\alpha+1},\alpha\geqslant 1,$$

可得

$$\int_3^4 \frac{2t-5}{t(5-t)}\,dt\int_2^{t-1}\frac{\log(s-1)}{s}\,ds$$
$$\leqslant 2\int_3^4 \frac{t-5/2}{t(5-t)}\,dt\int_2^{t-1}\left(\frac{s-2}{2}+\frac{s-2}{s}\right)\frac{ds}{s}$$
$$=11\log 2-6\log 3-1.$$

由此及式(105)得

$$T^{(3)}(x,h)\geqslant 4(1+6\log 3-10\log 2)(1+o(1))C(h)x(\log x)^{-2},$$

这就证明了式(100)[1].

如果在定理14，定理16中取$x=h=N$，N为充分大的偶数，就可得到相应的关于 Goldbach 问题的结果.

陈景润提出了一种新的加权筛法，把定理 16 中的“三”进一步改为“二”. 实现他的方法的主要困难在于产生的总的余项不能直接用定理 31.1.1 来估计. 这一著名定理的证明可参看 [26, 第九章定理 3].

Iwaniec 对 Rosser 筛法作了重大改进,并给出了很好的应用,这方面的知识可参看 [25, 第三章] 及 Iwaniec 的文章(见 Halberstam 和 Hooley 主编的 Recent Progress in Analytic Number Theory, 第一卷, 第 203 — 230 页).

§6. Selberg 上界筛法

A.Selberg 利用求二次型极值的简单方法,直接得到了筛函数的上界估计，进而结合 Бухштаб 恒等式就可得到下界估计. 这种方法的优点是十分便于应用，一般说来，它总是能比 Brun 筛法和 Rosser 筛法得到较好的结果. 在线性情形，利用 Selberg 上界筛法可以证明和定理 5.9 一样的最佳上、下界估计(余项略有不

---

1) 系数 2.64 可进一步改进,见习题 56 及 E.K.–S.Ng 的文章(*J.Number Theory*, **18**(1984), 229— 237).

同)，事实上，这一结果首先是由 Jurkat 和 Richert 利用 Selberg 筛法证明的. 本节不打算全面介绍 Selberg 筛法的理论和应用(可参看 [10], [25], [30]及 *Acta Arith*. 47 (1986)，第 71 — 96 页)，而只讨论最简单的 Selberg 上界筛法和它的几个重要的具体应用.

Selberg 方法的思想是这样的: 设 $\xi \geqslant 2$，λ_d 是任意一组实数，满足条件

$$\lambda_1 = 1; \qquad \lambda_d = 0, \quad d \geqslant \xi. \tag{1}$$

由此及式(1.5)知

$$\begin{aligned} S(\mathscr{A};\mathscr{P},z) &\leqslant \sum_{a\in\mathscr{A}} \Bigg(\sum_{d|(a,P(z))} \lambda_d \Bigg)^2 \\ &= \sum_{d_1|P(z)} \sum_{d_2|P(z)} \lambda_{d_1}\lambda_{d_2} \Bigg(\sum_{[d_1,d_2]|a\in\mathscr{A}} 1 \Bigg) \\ &= X\sum + \widetilde{R}(\xi,z), \end{aligned} \tag{2}$$

其中

$$\sum = \sum_{d_1|P(z)} \sum_{d_2|P(z)} \lambda_{d_1}\lambda_{d_2}\rho([d_1,d_2])\Lambda[d_1,d_2], \tag{3}$$

$$\widetilde{R}(\xi,z) = \sum_{d_1|P(z)} \sum_{d_2|P(z)} \lambda_{d_1}\lambda_{d_2} r_{[d_1,d_2]} = \sum_{d|P(z)} \Bigg(\sum_{[d_1,d_2]=d} \lambda_{d_1}\lambda_{d_2} \Bigg) r_d, \tag{4}$$

r_d 由式(1.20)给出.

由条件(1)知，余项 $\widetilde{R}(\xi,z)$ 的项数不超过 ξ^2，所以通过参数 ξ 的选取可很方便的控制余项的阶；另一方面，主项中的 $\sum$ 是一个二次型，我们可以选择一组满足条件(1)的 λ_d(显见 λ_d 只要求在 $d|P(z)$ 上有定义)，使得这个二次型取最小值. 这样就得到了 $S(\mathscr{A};\mathscr{P},z)$ 的一个上界估计.

我们先来证明两个引理.

引理 1 设 $\rho(p)$ 满足条件[1)]：A_1 是一个正常数，

1) 这条件和条件(5.1)的差别仅在于:这里要求 $\rho(p)\neq 0$.这一点是在推导Selberg上界筛法的过程中所需要的，但最后的结果用不到这一假定.

$$0<\rho(p)/p<1-1/A_1, \qquad p\in\mathscr{P}. \tag{5}$$

那末，对任意的 $\xi\geqslant 2$ 和任意一组满足条件(1)的 λ_d，必有

$$\sum \geqslant (G_1(\xi, z))^{-1}, \tag{6}$$

其中

$$G_k(\xi, z)=\sum_{\xi>l\mid P_{(k)}(z)} g(l), \quad P_{(k)}(z)=\prod_{\substack{z>p\in\mathscr{P}\\ p\nmid k}} p\ , \tag{7}$$

$g(l)$ 是定义在 $\mu(l)\neq 0, (l, \overline{\mathscr{T}})=1$ 上的积性函数:

$$g(1)=1;\quad g(p)=\frac{\rho(p)}{p}\left(1-\frac{\rho(p)}{p}\right)^{-1},\ p\in\mathscr{P}. \tag{8}$$

进而，一定存在一组满足条件(1)的 λ_d 使得式(6)中的等号成立.

证：当 $\mu(d_1)\neq 0, \mu(d_2)\neq 0$ 时，$(d_1, d_2/(d_1, d_2))=((d_1,d_2), d_2/(d_1, d_2))=1$，所以对积性函数 $\rho(d)$，当 $(d_1d_2, \overline{\mathscr{P}})=1$ 时有

$$\rho([d_1, d_2])=\rho(d_1)\rho(d_2/(d_1, d_2))=\rho(d_1)\rho(d_2)/\rho((d_1, d_2)).$$

由式(8)知，当 $(d,\overline{\mathscr{P}})=1, \mu(d)\neq 0$ 时，

$$d/\rho(d)=\prod_{p\mid d}(1+1/g(p))=\sum_{l\mid d} 1/g(l).$$

由以上两式即得：当 $\mu(d_j)\neq 0, (d_j, \overline{\mathscr{P}})=1\ (j=1, 2)$ 时，

$$\rho([d_1, d_2])/[d_1, d_2]=(\rho(d_1)/d_1)(\rho(d_2)/d_2)\sum_{l\mid(d_1, d_2)} 1/g(l). \tag{9}$$

把上式代入式(3)得

$$\sum=\sum_{l\mid P(z)} y_l^2/g(l), \tag{10}$$

其中

$$y_l=\sum_{l\mid d\mid P(z)} \lambda_d\rho(d)/d, \qquad l\mid P(z). \tag{11}$$

由 Möbius 反转公式知

$$\lambda_d=(d/\rho(d))\sum_{d|l|P(z)}\mu(l/d)y_l,\quad d|P(z).\tag{12}$$

这样一来，当给定一组实数 $\lambda_d(d|P(z))$ 满足条件(1)时，由式(11)确定的一组实数 $y_l(l/P(z))$ 就满足条件

$$\sum_{\xi>l|P(z)}\mu(l)y_l=1;\quad y_l=0,\ l\geqslant\xi.\tag{13}$$

反过来，若由条件(13)给出一组实数 $y_l(l|P(z))$，那末由式(12)就确定了一组满足条件(1)的实数 $\lambda_d(d|P(z))$.

因而,对任意一组满足条件(1)的 λ_d,利用 Cauchy 不等式,从式(13),$g(l)>0$（这由定义(8)及条件(5)推出),式(7)及式(10)可得到

$$1=\left(\sum_{\xi>l|P(z)}\mu(l)y_l\right)^2=\left(\sum_{\xi>l|P(z)}\mu(l)\sqrt{g(l)}\cdot y_l/\sqrt{g(l)}\right)^2$$

$$\leqslant\sum_{\xi>l|P(z)}g(l)\sum_{\xi>l|P(z)}y_l^2/g(l)=G_1(\xi,z)\sum,\tag{14}$$

其中等号当且仅当

$$y_l=\mu(l)g(l)/G_1(\xi,z),\qquad \xi>l|P(z),\tag{15}$$

时成立. 由此及前面对 y_l 和 λ_d 之间关系的讨论就证明了引理.

引理 2 使得式(6)中等号成立的实数 λ_d 由下式给出:

$$\lambda_d=\begin{cases}\mu(d)G_d(\xi/d,z)(G_1(\xi,z))^{-1}\prod_{p|d}(1-\rho(p)/p)^{-1}, & \xi>d|P(z),\\ 0, & d\geqslant\xi,\end{cases}\tag{16}$$

且满足

$$|\lambda_d|\leqslant1,\qquad \xi>d|P(z).\tag{17}$$

证: 从上面的讨论知 λ_d 的值只要在 $d|P(z)$ 上有定义，其它不用考虑，因此可假定总有 $d|P(z)$. 由引理 1 的证明知，使式(6)等号成立的 y_l 由式(15)和(13)唯一确定; 进而由式(12)知,使式(6)等号成立的 λ_d 是: $\lambda_d=0$, $d\geqslant\xi$, 及当 $\xi>d|P(z)$ 时

$$\lambda_d = \frac{\mu(d)d}{\rho(d)} (G_1(\xi, z))^{-1} \sum_{\substack{d|l|P(z)\\ l<\xi}} g(l)$$

$$= \frac{\mu(d)dg(d)}{\rho(d)} (G_1(\xi, z))^{-1} \sum_{\xi/d>h|P_{(d)}(z)} g(l),$$

由此及式(7)和式(8)就证明了式(16).

对给定的 $d<\xi, d\,|P(z)$，注意到式(8)及 $g(l)>0$, 我们有

$$G_1(\xi, z) = \sum_{h|d} \sum_{\substack{\xi>l\,|P(z)\\ (l,d)=h}} g(l) = \sum_{h|d} g(h) \sum_{\xi/h>m\,|\,P_{(d)}(z)} g(m)$$

$$\geqslant G_d(\xi/d, z) \sum_{h|d} g(h) = G_d(\xi/d, z) \prod_{p|d} (1-\rho(p)/p)^{-1}. \quad (18)$$

由此及式(16)就推出式(17).

综合引理 1, 引理 2 以及式(2) 就得到最简单的 Selberg 上界筛法.

定理 3 当条件(5)满足时，对任意 $\xi\geqslant 2$ 有

$$S(\mathscr{A}, \mathscr{P}, z) \leqslant X/G_1(\xi, z) + \widetilde{R}(\xi, z), \quad (19)$$

其中 $G_1(\xi, z)$ 由式(7)($k=1$)给出，λ_d 由式(16)给出，以及 $\widetilde{R}(\xi, z)$ 由式(4)给出. 此外，余项满足估计

$$|\widetilde{R}(\xi, z)| \leqslant \sum_{\xi^2>d|P(z)} 3^{\omega(d)} |r_d| . \quad (20)$$

式(20)是这样推出的: 当 $\mu(d)\neq 0$ 时, 方程 $[d_1, d_2]=d$ 的正整数对 d_1, d_2 的解数等于

$$C_s^0 \cdot 2^0 + C_s^1 \cdot 2^1 + \cdots + C_s^s \cdot 2^s = 3^s,$$

其中 $s=\omega(d)$. 由此及式(16), (17)就推出

$$\left| \sum_{[d_1, d_2]=d} \lambda_{d_1} \lambda_{d_2} \right| \leqslant 3^{\omega(d)},$$

进而，由此及式(4)就证明了式(20).

定理 3 表明，筛函数的上界估计可转化为估计 $G_1(\xi, z)$ 的下界和余项 $\widetilde{R}(\xi, z)$ 的上界. 显然，为了讨论 $G_1(\xi, z)$ 并不需要假定 $\rho(p)>0$, 仍可在条件(5.1)下讨论. 若设

$$\sigma_\kappa(u)=2^{-\kappa}e^{-\gamma\kappa}u^\kappa/\Gamma(\kappa+1),\quad 0<u\leqslant 2,$$

$$(u^{-\kappa}\sigma_\kappa(u))'=-\kappa u^{-\kappa-1}\sigma_\kappa(u-2),\ u>2.$$

再设 $\tau=\log\xi/\log z$. 在一般情形下可以证明

定理 4 若条件(5.1)和(5.2)成立, 当 $2\leqslant\xi\leqslant z$ 时有

$$(G_1(\xi,z))^{-1}=W(z)\{1/\sigma_\kappa(2\tau)+O(L\tau^{-\kappa-1}\log^{-1}z)\};\quad (21)$$

当 $2\leqslant z\leqslant\xi$ 时

$$(G_1(\xi,z))^{-1}=W(z)\{1/\sigma_\kappa(2\tau)+O(L\tau^{2\kappa+1}\log^{-1}z)\},\quad (22)$$

其中 O 常数仅和 A_1, A_2, κ 有关. 进而有

$$S(\mathscr{A};\mathscr{P},z)\leqslant XW(z)\{1/\sigma_\kappa(2\tau)+O(L(\tau^{-\kappa-1}+\tau^{2\kappa+1})\log^{-1}z)\}$$

$$+\widetilde{R}(\xi,z),\quad (23)$$

其中 $\widetilde{R}(\xi,z)$ 同定理 3.

当 τ 充分大时有类似于定理 5.2 的渐近公式.

定理 5 当条件(5.1)和(5.2)的右半不等式成立时, 对 $2\leqslant z\leqslant\xi$. 有

$$S(\mathscr{A};\mathscr{P},z)=XW(z)\{1+O(\exp(-(\tau\log\tau)/6))\}$$

$$+\theta\sum_{\xi^2>d\mid P(z)}3^{\omega(d)}|r_d|,\ |\theta|\leqslant 1.\quad (24)$$

定理 4 的 $\xi\leqslant z$ 的情形和定理 5 是 Selberg 上界筛法的两个基本定理, 这里不予证明(定理 4($\xi\leqslant z$ 的情形)及定理 5 的证明安排在习题 69 和 70. 可参看[10,定理 5.2,6.3,7.1] 及[26,第七章定理 6,7]). 在线性情形通过逐步叠代可以证明和定理 5.9 同样的结果[1](见 [10, 定理 8.3] 及 [26, 第七章定理 9]), 在非线性 情形可以由此得到上、下界估计(见 [10,第七章]), 这里也都不作讨论.

这里顺便指出这样一点: 当 $\kappa=1$ 时, 由 Selberg 上界筛法直

1) 最近 D.A. Rawsthorne(*Acta Arith.*, **44**(1984),181— 190)指出:仅利用定理 5 及 Бухштаб 恒等式就可证明和定理 5.9 同样的结果, 这和用 Rosser 筛法的论证就一致了. 原来的证明需要用到定理 4($\xi\leqslant z$ 的情形).

接得到的上界估计(22)和由定理 5.9 得到的上界估计式(65)(取 $i=1, y=\xi^2$)是一样的(余项中的因子 $3^{\omega(d)}$是很小的，所以两个余项实际上是一样的). 由此可见，Selberg 上界筛法是十分强有力的. 在一般情形下，它大多比组合筛法得到更好的上、下界估计.

本节将仅讨论 $\rho(p)=1$ 和 $p/(p-1)$ 这两种重要的特殊情形(都是线性的)，且取 $\xi=z$. 通过具体讨论对应于这两种情形的 $G_1(z, z)$ 来得到式(23)给出的上界估计. 进而利用所得到的估计来证明 Brun – Titchmarsh 定理(定理 8)和估计 $Z(x, h)$ 的上界(定理 10). 最后，在定理 11 将讨论 Brun – Titchmarsh 定理和 L 函数的 Siegel 零点的存在性之间的关系，这一关系的讨论将用到在 §1 结束时所提到的“加权筛法”，这表明 Selberg 上界筛法在应用中是十分方便和广泛的.

先讨论 $\rho(p)=1$ 的情形.

定理 6 若条件 $\rho(p)=1, p\in\mathscr{P}$ 成立，则

$$G_1(z, z)\geqslant\log z\sum_{z>p\in\bar{\mathscr{P}}}\left(1-\frac{1}{p}\right), \tag{25}$$

以及

$$S(\mathscr{A};\mathscr{P}, z)\leqslant\frac{X}{\log z}\prod_{z>p\in\bar{\mathscr{P}}}\left(1-\frac{1}{p}\right)^{-1}+\widetilde{R}(z, z). \tag{26}$$

证：条件(5)显然满足，由式(8)知，$g(1)=1; g(p)=(p-1)^{-1}$, $p\in\mathscr{P}$. 设

$$K=\prod_{z>p\in\bar{\mathscr{P}}}p,$$

我们有

$$G_1(z, z)=\sum_{z>l\mid P(z)}\frac{1}{\varphi(l)}=\sum_{l<z,(l, K)=1}\frac{\mu^2(l)}{\varphi(l)}. \tag{27}$$

由此可得

$$\sum_{d<z}\frac{\mu^2(d)}{\varphi(d)}=\sum_{l\mid K}\sum_{d<z,(d, K)=l}\frac{\mu^2(d)}{\varphi(d)}$$

$$= \sum_{l \mid K} \frac{\mu^2(d)}{\varphi(l)} \sum_{h < z/l, (h, K)=1} \frac{\mu^2(h)}{\varphi(h)}$$

$$\leqslant G_1(z, z) \prod_{p \mid K} \left(1 - \frac{1}{p}\right)^{-1}. \tag{28}$$

另一方面有

$$\sum_{d<z} \frac{\mu^2(d)}{\varphi(d)} = \sum_{d<z} \frac{\mu^2(d)}{d} \prod_{p \mid d} \left(1 - \frac{1}{p}\right)^{-1} > \sum_{n<z} \frac{1}{n} > \log z. \tag{29}$$

由以上两式就推出了式(25)，进而利用式(19)($\xi = z$)就得到式(26)．

定理 6 的一个简单应用是

定理 7 设$\mathscr{A}^{(2)}$是§1 例 2 给出的数列，$\mathscr{P}$是任一满足条件$(\mathscr{P}, k) = 1$的素数集合．那末有

$$S(\mathscr{A}^{(2)}; \mathscr{P}, z) \leqslant \frac{y}{k \log z} \prod_{z > p \in \overline{\mathscr{P}}} \left(1 - \frac{1}{p}\right)^{-1} + \widetilde{R}(z, z), \tag{30}$$

以及

$$|\widetilde{R}(z, z)| < z^2. \tag{31}$$

证：在定理 6 中取$\mathscr{A} = \mathscr{A}^{(2)}$，由式(1.24)知定理 6 的条件成立，且$X = y/k$，因而由式(26)立即推出式(30)．而由式(1.25)，(4)和(17)推出式(31)．

特别的，在定理 7 中取$\mathscr{A}^{(2)} = \{a: 1 \leqslant a \leqslant x\}$(即取$k = 1$，$y = x$)，及$\mathscr{P} = \{p: p \mid M\}$，$M$ 为一给定的正整数，且其素因子$\leqslant x$．那末，对任意的$2 \leqslant z \leqslant x$ 有

$$\Phi_M(x) = \sum_{n \leqslant x, (n, M)=1} 1 \leqslant S(\mathscr{A}^{(2)}; \mathscr{P}, z)$$

$$\leqslant \frac{x}{\log z} \prod_{z > p \nmid M} \left(1 - \frac{1}{p}\right)^{-1} + z^2$$

$$\leqslant \frac{x}{\log z} \prod_{x \geqslant p \nmid M} \left(1 - \frac{1}{p}\right)^{-1} + z^2$$

$$= \frac{\varphi(M)}{M} \frac{x}{\log z} \prod_{p \leqslant x} \left(1 - \frac{1}{p}\right)^{-1} + z^2, \qquad (32)$$

最后一步用到了 M 的素因子 $\leqslant x$. 利用数值估计[1)]

$$\prod_{p \leqslant x} \left(1 - \frac{1}{p}\right)^{-1} \leqslant e^{\gamma} \log x \left(1 + \frac{1}{2\log^2 x}\right), \quad x \geqslant 286 \qquad (33)$$

并取 $z = x^{1/3}$, 就得到当 $x \geqslant 286$ 时有

$$\Phi_M(x) \leqslant \frac{\varphi(M)}{M} x \left\{ \left(\frac{1}{\log z} + \frac{z^2}{x} \right) \prod_{p \leqslant x} \left(1 - \frac{1}{p}\right)^{-1} \right\}$$

$$\leqslant e^{\gamma} \frac{\varphi(M)}{M} x \left\{ \left(1 + \frac{1}{2\log^2 x}\right) \left(3 + \frac{\log x}{x^{1/3}}\right) \right\},$$

上式{ }中的函数当 $x \geqslant e^3$ 时是递减的, 由计算得

$$\Phi_M(x) \leqslant 7 M^{-1} \Phi(M) x; \quad x \geqslant e^6, \qquad (34)$$

这是一个很有用的估计, 只要 M 的素因子 $\leqslant x$ 时就成立. van Lint 和 Richert 进一步改进为

$$\Phi(M) \leqslant 2e^{\gamma} M^{-1} \varphi(M) x (1 + O(\log \log x / \log x)). \qquad (35)$$

Hall[2)]用不同的方法把上式中的系数 2 改进为 1, 这是一个最佳估计(见习题 57).

大家知道, 研究算术数列中的素数分布在解析数论中占有特别重要的地位. 在第十八章中已经指出, 由于 L 函数可能存在例外零点, 所以仅当 $k \leqslant \log^A x$(A 为任一给定正数), $(l, k) = 1$ 时, $\pi(x; k, l)$ 才有对 k, l 一致的渐近公式. 在第三十一章利用大筛法可以得到当 $k \leqslant x^{1/2} \log^{-B} x$($B$ 为某一正数) 时, $\pi(x; k, l)$ 的均值估计. 然而, 当 $k < x$ 时, 对单个的 $\pi(x; k, l)$ 用解析方法至今得不到有价值的结果. Titchmarsh 首先利用 Brun 筛法得到了如下的上界估计: 存在绝对正常数 c 使得

1) 见 J. Rosser, L. Schoenfeld, *Illinois J. Math.*, **6**(1962), 64—94, 式(3.29).

2) *Acta Arith*. **25**(1973/74), 347—351.

$$\pi(x;k,l) < cx(\varphi(k)\log(x/k))^{-1}, k < x. \tag{36}$$

后来许多数学家都致力于改进常数 c 的值，这种类型的结果通常称为 Brun－Titchmarsh 定理. 关于这方面的进一步知识可参看[10，第三章 § 4]. Iwaniec 的文章(见 *J. Math. Soc. Japan*, **34**(1982), 95—122)，及 Fouvry 最近的文章(见 *Acta Arith.*, **43**(1984)，417— 424).

下面利用定理7 来证明

定理 8 设

$$1 \leqslant l \leqslant k < y \leqslant x, \quad (k, l) = 1. \tag{37}$$

我们有

$$\pi(x;k,l) - \pi(x-y;k,l) < 3y(\varphi(k)\log(y/k))^{-1}. \tag{38}$$

特别的当取 $y=x$ 时就推出式(36)中的 $c=3$.

证：以 $\Delta(x,y;k,l)$ 表式(38)左边的差. 设

$$K=k, \quad 2 \mid k; \quad K=2k, \quad 2 \nmid k,$$

以及

$$l_1=l, 2 \mid k \text{ 或 } 2 \nmid kl; \quad l_1=l+k, \quad 2 \nmid k \text{ 且 } 2 \mid l.$$

容易看出

$$\Delta(x,y;k,l) \leqslant \Delta(x,y;K,l_1)+1. \tag{39}$$

令 $t=\sqrt{y/k}>1$.我们分 $t \leqslant e^{2.9}$ 和 $t > e^{2.9}$ 两种情形来证明式(38).

(a) $t \leqslant e^{2.9}$ 的情形. 由于 $\varphi(k)=\varphi(K) \leqslant K/2$，及 $\Delta(x,y;K,l_1) \leqslant y/K+1$，从式(39)可得

$$y^{-1}\varphi(k)\log(y/k)\Delta(x,y;k,l) \leqslant (1+4t^{-2})\log t = f(t). \tag{40}$$

由于 $f'(t)=t^{-3}(t^2+4-8\log t)=t^{-3}F(t)$，$F'(t)=2t-8t^{-1}$，$F''(t)=2+8t^{-2}$，所以，当 $t \geqslant 1$ 时，$F(2)=8-8\log 2>0$ 取极小值，因而当 $t \geqslant 1$ 时 $f'(t)>0$. 由此即得：当 $t \leqslant e^{2.9}$ 时 $f(t) \leqslant f(e^{2.9})=2.9351$，这就证明了式(38) 当 $t \leqslant e^{2.9}$ 时成立.

(b) $t > e^{2.9}$ 的情形. 在定理 7 中取，$\mathscr{P}=\mathscr{P}_K$，

$$\mathscr{A}^{(2)}=\{a:\ x-y<a\leqslant x,\ a\equiv l_1(\bmod\ K)\}.$$

由式(30)可得

$$\begin{aligned}\Delta(x,y;K,l_1)&\leqslant S(\mathscr{A}^{(2)};\mathscr{P}_K,z)+\pi(z;K,l_1)\\&\leqslant\frac{y}{K\log z}\prod_{z>p\mid K}\left(1-\frac{1}{p}\right)^{-1}\\&\quad+\left(\sum_{d<z,(d,K)=1}\mu^2(d)\right)^2+\pi(z;K,l_1)\\&\leqslant y(\varphi(k)\log z)^{-1}+(z^2-5)/4,\ z\geqslant 9,\end{aligned}\tag{41}$$

最后一步用到了当 $z\geqslant 9$ 时必有

$$\sum_{d<z,(d,K)=1}\mu^2(d)\leqslant\sum_{2\nmid d<z}\mu^2(d)\leqslant(z-1)/2,$$

$$\pi(z,K,l_1)\leqslant\sum_{2\nmid d<z}\mu^2(d)-1\leqslant(z-3)/2.$$

这样，由式(39)，(41)推得：当 $z\geqslant 9$ 时有

$$\begin{aligned}&y^{-1}\varphi(k)\log(y/k)\Delta(x,y;k,l)\\&\leqslant\left(\frac{1}{\log z}+\frac{\varphi(k)}{y}\frac{z^2-1}{4}\right)\log\frac{y}{k}\\&<\left(\frac{2}{\log z}+\frac{z^2}{2t^2}\right)\log t.\end{aligned}\tag{42}$$

我们要在条件 $t>e^{2.9}$ 下，取适当的 $z\geqslant 9$ 使上式右端为极小．为此令 $g(u)=2u^{-1}+t^{-2}e^{2u}/2\,(u>0)$．我们有

$$g'(u)=-2u^{-2}+t^{-2}e^{2u},$$

$$g''(u)=4u^{-3}+2t^{-2}e^{2u}>0,\quad u>0.$$

所以当 $ue^u=\sqrt{2}\,t$ 时 $g(u)$ 为极小．记这一值 u 为 $u_0=u_0(t)$．当 $t>e^{2.9}$ 时必有 $u_0e^{u_0}>25.7$, $u_0>2.37$. 因而 $z_0=z_0(t)=e^{u_0}>10.69$，故可在式(42)中取 $z=z_0$．由

$$(2/\log z_0 + z_0^2/2t^2)\log t = (2u_0^{-1}+u_0^{-2})\left(u_0+\log u_0-\frac{1}{2}\log 2\right)$$
$$= g_1(u_0),$$
$$g_1'(u) = u^{-2}(1+u^{-1})(\log(2e)-2\log u),$$
可看出当 $u>\sqrt{2e}$ 时 $g_1(u)$ 是递减的. 由于 $2.37>\sqrt{2e}$，故有
$$g_1(u_0)<g_1(\sqrt{2e}) = 2(1+(2\sqrt{2e})^{-1})^2 = 2.9497,$$
由此就证明了定理当 $t>e^{2.9}$ 时也成立.

Montgomery 后来利用大筛法证明了式(38)中的系数 3 可改进为2(见定理28.6.1). 对系数 2 的任何改进将有重要应用 —— 即 L 函数的例外零点不存在, 这将在定理 11 中证明.

下面来讨论 $\rho(p)=p/(p-1)$ 的情形.

定理 9 若条件 $\rho(p)=p/(p-1)$, $p\in\mathscr{P}$ 成立, 且 $2\notin\mathscr{P}$. 我们有
$$G_1(z,z)\geqslant \log z\left\{1+O\left(\frac{1}{\log z}\right)\right\}\prod_{z>p\in\bar{\mathscr{P}}}\left(1-\frac{1}{p}\right)$$
$$\cdot\prod_{p\in\mathscr{P}}\left(1-\frac{1}{(p-1)^2}\right)^{-1}, \tag{43}$$
以及
$$S(\mathscr{A};\mathscr{P},z)\leqslant\frac{X}{\log z}\left\{1+O\left(\frac{1}{\log z}\right)\right\}\prod_{z>p\in\bar{\mathscr{P}}}\left(1-\frac{1}{p}\right)^{-1}$$
$$\cdot\prod_{p\in\mathscr{P}}\left(1-\frac{1}{(p-1)^2}\right)+\widetilde{R}(z,z), \tag{44}$$
其中 $\widetilde{R}(z,z)$ 由式(4)($\xi=z$) 给出.

证: 由式(19)知只要证明式(43). 因 $2\notin\mathscr{P}$ 故条件(5)满足. 由式(8)知, $g(1)=1$, $g(p)=(p-2)^{-1}$, $p\in\mathscr{P}$. 因此, $g(p)=(1+g(p))/\varphi(p)$, $p\in\mathscr{P}$. 所以有

$$G_1(z,z)=\sum_{z>d|P(z)}\frac{1}{\varphi(d)}\sum_{l|d}g(l)=\sum_{z>l|P(z)}g(l)\sum_{z>d|P(z),\ l|d}\frac{1}{\varphi(d)}$$

$$=\sum_{z>l|P(z)}\frac{g(l)}{\varphi(l)}\sum_{l^{-1}z>m|l^{-1}P(z)}\frac{1}{\varphi(m)}. \tag{45}$$

上式中的内层和就是定理 6 中讨论的 $G_1(z,z)$（见式(27)），类似于式(27)—(28)可得

$$\sum_{l^{-1}z>m|l^{-1}P(z)}\frac{1}{\varphi(m)}$$

$$\geqslant\log\frac{z}{l}\prod_{l^{-1}z>p\in\bar{\mathscr{P}}}\left(1-\frac{1}{p}\right)\prod_{l^{-1}z>p|l}\left(1-\frac{1}{p}\right)$$

$$\geqslant\frac{\varphi(l)}{l}\log\frac{z}{l}\prod_{z>p\in\bar{\mathscr{P}}}\left(1-\frac{1}{p}\right),\quad z>l|P(z),$$

由以上两式得到

$$G_1(z,z)\geqslant\prod_{z>p\in\bar{\mathscr{P}}}\left(1-\frac{1}{p}\right)\sum_{z>l|P(z)}\frac{g(l)}{l}\log\frac{z}{l}.$$

$$\geqslant\prod_{z>p\in\bar{\mathscr{P}}}\left(1-\frac{1}{p}\right)\sum_{(l,\bar{\mathscr{P}})=1}\frac{\mu^2(l)g(l)}{l}\log\frac{z}{l}.$$

我们有（注意 $g(l)$ 是积性函数及其表达式）

$$\sum_{(l,\bar{\mathscr{P}})=1}\frac{\mu^2(l)g(l)}{l}=\prod_{p\in\mathscr{P}}\left(1+\frac{1}{p(p-2)}\right)$$

$$=\prod_{p\in\mathscr{P}}\left(1-\frac{1}{(p-1)^2}\right)^{-1},$$

$$\sum_{(l,\bar{\mathscr{P}})=1}\frac{\mu^2(l)g(l)}{l}\log l=\sum_{(l,\bar{\mathscr{P}})=1}\frac{\mu^2(l)g(l)}{l}\sum_{p|l}\log p$$

$$= \sum_{p \in \mathscr{P}} \frac{\log p}{p(p-2)} \sum_{(m, \bar{\mathscr{P}})=1, p \nmid m} \frac{\mu^2(m) g(m)}{m}$$

$$= \prod_{p \in \mathscr{P}} \left(1 - \frac{1}{(p-1)^2}\right)^{-1} \sum_{p \in \mathscr{P}} \frac{\log p}{(p-1)^2}.$$

由以上三式得

$$G_1(z, z) \geqslant (\log z - c_1) \prod_{z > p \in \bar{\mathscr{P}}} \left(1 - \frac{1}{p}\right)$$

$$\cdot \prod_{p \in \mathscr{P}} \left(1 - \frac{1}{(p-1)^2}\right)^{-1},$$

其中

$$c_1 = \sum_p (p-1)^{-2} \log p. \tag{46}$$

这就证明了式(43).

特别的，当取 $\mathscr{P} = \mathscr{P}_K$, $2 \mid K$ 时，式(44)变为

$$S(\mathscr{A}; \mathscr{P}_K, z) \leqslant 2C(K) \frac{X}{\log z} \left\{1 + O\left(\frac{1}{\log z}\right)\right\} + \widetilde{R}(z, z), \tag{47}$$

其中

$$C(K) = \prod_{2 < p \mid K} \frac{p-1}{p-2} \prod_{p > 2} \left(1 - \frac{1}{(p-1)^2}\right), 2 \mid K. \tag{48}$$

作为应用我们来证明孪生素数对的上界估计.

定理 10　设 h 是偶数，$0 < |h| \leqslant x$. $Z(x, h)$ 由§1 例 3 给出. 我们有

$$Z(x, h) \leqslant 8C(h) \frac{x}{\log^2 x} \left\{1 + O\left(\frac{\log\log x}{\log x}\right)\right\}, \tag{49}$$

其中 $C(h)$ 由式(48)给出，O 常数和 h 无关.

证：取 $\mathscr{A}^{(5)}$ 是§1 例 5 给出的数列，由式(1.13)及(1.14)知，

$$Z(x, h) \leqslant S(\mathscr{A}^{(5)}; \mathscr{P}_h, x^{1/4} \log^{-B} x) + O(x^{1/4}),$$

这里 B 为一待定正常数，对 $\mathscr{A}^{(5)}$，$\mathscr{P}_h$，由式(1.31)知定理 9 的条件满足，故由式(44)，即式(47)得

$$S(\mathscr{A}^{(5)};\mathscr{P}_h, x^{1/4}\log^{-B}x)\leqslant 8C(h)\frac{x}{\log^2 x}\left\{1+O\left(\frac{\log\log x}{\log x}\right)\right\}$$

$$+\sum_{\substack{d<x^{1/2}\log^{-2B}x\\(d,h)=1}}\mu^2(d)3^{\omega(d)}$$

$$\cdot\left|\pi(x;d,h)-\frac{1}{\varphi(d)}\pi(x)\right|,$$

这里用到了式(1.32)及式(20)($\xi=z$)．选取适当正数 B，由推论 31.1.4，从以上两式就推得所要结论．

用完全同样的方法可得到 §1 例中的 $D(N)$ —— 偶数表为两个素数之和的表法个数 —— 的上界估计

$$D(N)\leqslant 8C(N)\frac{N}{\log^2 N}\left\{1+O\left(\frac{\log\log N}{\log N}\right)\right\}. \qquad (50)$$

陈景润[1)]把式(49)和(50)中的系数 8 改进为 7.8342，这是一个突破.他的方法主要是利用形如习题21的组合恒等式(更复杂)及习题 31.2— 31.7 中的 Bombieri 型均值定理．对 $Z(x,h)$ 的估计，当 $h\ll\log^c x$ (c 为任给正数)时，系数可进一步改进为 $68/9+\varepsilon$，$128/17+\varepsilon$，及 $7+\varepsilon$，但没有改进$D(N)$的估计[2)].

作为 Selberg 上界筛法的最后一个应用，我们来证明(参看[25, §4、3])：

定理 11 如果存在两个正常数 $\eta<1$，$\lambda<1$，使当 $3\leqslant k<x^{\lambda}$ 时有

$$\pi(x;k,l)<(2-\eta)x(\varphi(k)\log(x/k))^{-1}, \qquad (51)$$

1) *Sci. Sin.* **21**(1978)，701— 739； 或 *Sci. Sin.* **23**(1980)，1368— 1377. [26，第 9 章，§2].

2) 见第三十一章前言结束时所引的 Fouvry, Iwaniec, Bombieri 等人的文章，以及 Huxley 的文章：*Acta Arith.*, 43(1984)，441— 443.

那末，L 函数不存在模 k 的例外零点，也就是说，一定存在正常数 $c_2=c_2(\eta,\lambda)$，使得模 k 的实特征 χ 所对应的 $L(s,\chi)$ 的实零点 $\beta(>1/2)$ 一定满足

$$\beta<1-c_2(\log k)^{-1}. \tag{52}$$

定理证明的思想是这样的：设 χ 是模 k 的实的非主特征，$1-\beta=\delta$（β 可假定充分接近 1，即 δ 充分小），

$$b(n)=\sum_{d\mid n}\chi(d)d^{-\delta}=\prod_{p^r\| n}(1+\chi(p)p^{-\delta}+\cdots+\chi^r(p)p^{-r\delta}). \tag{53}$$

显见，$b(n)$ 是积性函数，

$$\sum_{n=1}^{\infty}b(n)\ n^{-s}=\zeta(s)L(s+\delta,\chi),\ \mathrm{Re}\,s>1, \tag{54}$$

$$b(n)>0,\quad n\geqslant 1. \tag{55}$$

再设 $4\leqslant\xi^2<x$ 及

$$J(x,\xi)=\sum_{\xi<p\leqslant x}b(p). \tag{56}$$

一方面，当条件(51)成立时，直接可得 $J(x,\xi)$ 的一个下界估计(见引理12)；而另一方面，利用 Selberg 上界筛法(加权形式)可得到 $J(x,\xi)$ 的一个上界估计(见引理 13)．从这两个估计就可推出式(52)．

引理 12 在定理 11 的条件下，设 $c_3=\min(\lambda,\eta/14)$，当 x 充分大，$k<x^{c_3}$ 时，我们有

$$J(x,\xi)>(\eta/3)x/\log x. \tag{57}$$

证：由于 χ 是实的非主特征，故有

$$\begin{aligned}J(x,\xi)&=\sum_{\xi<p\leqslant x}1+\sum_{\xi<p\leqslant x}\chi(p)p^{-\delta}\\&\geqslant\sum_{\xi<p\leqslant x}1-\sum_{x\geqslant p+k}\frac{1-\chi(p)}{2}\\&=(1+o(1))\frac{x}{\log x}-\sum_{1\leqslant l\leqslant k,(l,k)=1}\frac{1-\chi(l)}{2}\pi(x;k,l)\end{aligned}$$

$$> (1+o(1))\frac{x}{\log x}-\left(1-\frac{\eta}{2}\right)x\left(\log\frac{x}{k}\right)^{-1}, k<x^{\lambda},$$

最后一步用到了条件(51)及

$$\sum_{1\leqslant l\leqslant k}\chi(l)=0, \quad \chi\neq\chi^0.$$

当 $k<x^{c_3}$ 时，从前式就得到

$$J(x,\xi)>(1+o(1))\frac{x}{\log x}-\left(1-\frac{\eta}{2}\right)\frac{x}{\log x}\left(1+2\frac{\log k}{\log x}\right)$$

$$>(1+o(1))\frac{x}{\log x}-\left(1-\frac{\eta}{2}\right)\left(1+\frac{\eta}{7}\right)\frac{x}{\log x}$$

$$>\left(\frac{5\eta}{14}+o(1)\right)\frac{x}{\log x},$$

这就证明了式(57).

引理 13 设 $J(x,\xi)$ 由式(56)给出. 当 $k<\xi^{1/10}, \xi<x^{1/8}$时，我们有

$$J(x,\xi)\ll(1-\beta)x\delta x, \tag{58}$$

这里 的 δ 同定理 11，$\ll$ 常数是一绝对正常数.

在证明这引理之前，我们先用它和引理 12 来证明定理 11.

定理 11 的证明：取 $x=k^{c_4}$，$c_4>\max(80,c_3^{-1})$. 由式(57)和(58)就推出

$$1-\beta=\delta\geqslant(\eta/3)(\log x)^{-1}=(\eta/3c_4)(\log k)^{-1},$$

这就证明了所要的结论.

引理 13 的证明：这里的证明方法就是 §1 结束时所说的那种加权筛法. 设实数 λ_d 满足条件(1)，ξ 由这里给出，以及 $P_1(\xi)=\prod_{p<\xi}p$. 由于$b(n)>0$ 故有

$$J(x,\xi)\leqslant\sum_{n\leqslant x,(n,P_1(\xi))=1}b(n)\leqslant\sum_{n\leqslant x}b(n)\left(\sum_{d\mid(n,P_1(\xi))}\lambda_d\right)^2$$

$$=\sum_{d_1<\xi,d_2<\xi}\mu(d_1)\mu(d_2)\lambda_{d_1}\lambda_{d_2}\sum_{[d_1,d_2]\mid n\leqslant x}b(n)=I(x,\xi). \tag{59}$$

下面来计算

$$B_d(x)=\sum_{d\mid n\leqslant x} b(n)\,,\quad \mu(d)\neq 0\,. \tag{60}$$

为此先来计算 $b(dn)$ 的生成函数，这里可暂不要求 $\mu(d)\neq 0$. 设 $d=\prod p^l$. 当 $\mathrm{Re}\, s>1$ 时有(利用式(53)，(54))

$$\begin{aligned}\sum_{n=1}^{\infty}\frac{b(dn)}{n^s}&=\prod_p\{b(p^l)+p^{-s}b(p^{1+l})+p^{-2s}b(p^{2+l})+\cdots\}\\ &=\prod_p(1-\chi(p)p^{-\delta})^{-1}\sum_{m=0}^{\infty}p^{-ms}\{1-(\chi(p)p^{-\delta})^{l+m+1}\}\\ &=\prod_p(1-\chi(p)p^{-\delta})^{-1}\{(1-p^{-s})^{-1}-(\chi(p)p^{-\delta})^{l+1}\\ &\quad\cdot(1-\chi(p)p^{-\delta-s})^{-1}\}\\ &=\zeta(s)L(s+\delta,\chi)\prod_{p\mid d}(1-\chi(p)p^{-\delta})^{-1}\\ &\quad\cdot\{(1-\chi(p)p^{-\delta-s})-(1-p^{-s})(\chi(p)p^{-\delta})^{l+1}\}\\ &=\sum_{n=1}^{\infty}\frac{b(n)}{n^s}\prod_{p\mid d}(1-\chi(p)p^{-\delta})^{-1}\{(1-\chi(p)p^{-\delta-s})\\ &\quad-(1-p^{-s})(\chi(p)p^{-\delta})^{l+1}\}.\end{aligned} \tag{61}$$

若 $\mu(d)\neq 0$，则当 $\mathrm{Re}\ s>1$ 时有

$$\begin{aligned}\sum_{n=1}^{\infty}\frac{b(dn)}{n^s}&=\mu(d)\sum_{n=1}^{\infty}\frac{b(n)}{n^s}\\ &\quad\cdot\prod_{p\mid d}\{-b(p)+(b(p)-1)p^{-s}\}.\end{aligned} \tag{62}$$

再设 $b_1(n)$ 是 $b(n)$ 的 Dirichlet 逆，由式(54)知

$$\sum_{n=1}^{\infty}\frac{b_1(n)}{n^s}=\zeta^{-1}(s)L^{-1}(s+\delta,\chi),\quad \mathrm{Re}\ s>1.$$

所以，$b_1(n)$是积性函数，且

$$b_1(n)=\sum_{j\mid n}\mu(j)\chi(j)j^{-\delta}\mu(n/j),$$

因此有

$$\begin{cases} b_1(1)=1,\quad b_1(p)=-b(p),\quad b_1(p^2)=b(p)-1,\\ b_1(p^\alpha)=0,\quad \alpha\geqslant 3.\end{cases}\tag{63}$$

由此及式(62)得：当$\mu(d)\neq 0$, Re $s>1$时，

$$\sum_{n=1}^{\infty}\frac{b(dn)}{n^s}=\mu(d)\sum_{n=1}^{\infty}\frac{b(n)}{n^s}\prod_{p\mid d}(b_1(p)+b_1(p^2)p^{-s}).$$

因而，当$\mu(d)\neq 0$时

$$b(dn)=\mu(d)\sum_{l\mid(d,n)}b(n/l)b_1(dl),$$

$$\sum_{n\leqslant y}b(dn)=\mu(d)\sum_{y\geqslant l\mid d}b_1(dl)\sum_{m\leqslant y/l}b(m).\tag{64}$$

再计算右边的内层和．我们有

$$\sum_{n\leqslant z}b(n)=\sum_{ml\leqslant z}\chi(m)m^{-\delta}$$

$$=\sum_{m\leqslant\sqrt{z}}\chi(m)m^{-\delta}\ [z/m]+\sum_{\sqrt{z}<m\leqslant z}\chi(m)m^{-\delta}\sum_{u\leqslant z/m}1.$$

$$\sum_{m\leqslant\sqrt{z}}\chi(m)m^{-\delta}[z/m]=z\sum_{m\leqslant\sqrt{z}}\chi(m)m^{-1-\delta}+O\Big(\sum_{m\leqslant\sqrt{z}}m^{-\delta}\Big)$$

$$=zL(1+\delta,\chi)+O(z^{(1-\delta)/2}\sqrt{k}\log k),$$

最后一步用到了定理 13.4.1. 类似可证

$$\sum_{\sqrt{z}<m\leqslant z}\chi(m)m^{-\delta}\sum_{u\leqslant z/m}1=\sum_{u<\sqrt{z}}\sum_{\sqrt{z}<m\leqslant z/u}\chi(m)m^{-\delta}$$

$$\ll z^{(1-\delta)/2}\sqrt{k}\ \log k.$$

由以上三式即得

$$\sum_{n\leqslant z} b(n)=zL(1+\delta,\chi)+O(z^{(1-\delta)/2}\sqrt{k}\ \log k). \qquad (65)$$

由此及式(64)推出：当 $\mu(d)\neq 0$ 时

$$\begin{aligned}\sum_{n\leqslant y} b(dn)&=\mu(d)L(1+\delta,\chi)y\sum_{y\geqslant l|d} l^{-1}b_1(dl)\\&\quad+O\left(\sqrt{k}\ (\log k)y^{(1-\delta)/2}\sum_{y\geqslant l|d}|b_1(dl)|l^{-(1-\delta)/2}\right)\\&=\mu(d)L(1+\delta,\chi)y\sum_{l|d} l^{-1}b_1(dl)\\&\quad+O\Bigg(y^{(1-\delta)/2}(\sqrt{k}\ \log k+L(1+\delta,\chi))\\&\quad\cdot\sum_{l|d}|b_1(dl)|l^{-(1-\delta)/2}\Bigg).\end{aligned}$$

注意到 $b_1(n)$ 是 $b(n)$ 的逆及式(63)，当 $\mu(d)\neq 0$ 时我们有

$$\begin{aligned}\sum_{l|d} l^{-1}b_1(dl)&=\prod_{p|d}(b_1(p)+p^{-1}b_1(p^2))\\&=d\prod_{p|d}(p^{-1}b_1(p)+p^{-2}b_1(p^2))\\&=\mu(d)d\prod_{p|d}(1-F_p^{-1}),\end{aligned}$$

这里

$$F_p=\sum_{m=0}^{\infty} b(p^m)p^{-m}. \qquad (66)$$

从以上三式就得到 $B_d(x)$ 的计算公式：当 $\mu(d)\neq 0$ 时，

$$\begin{aligned}B_d(x)=\sum_{m\leqslant x/d} b(dm)&=xL(1+\delta,\chi)\prod_{p|d}(1-F_p^{-1})\\&\quad+O\Bigg(\left(\frac{x}{d}\right)^{(1-\delta)/2}(\sqrt{k}\ \log k+L(1+\delta,\chi))\\&\quad\cdot\sum_{l|d}|b_1(dl)|l^{-(1-\delta)/2}\Bigg). \qquad (67)\end{aligned}$$

现取 $X=xL(1+\delta,\chi)$，$\rho(p)=p(1-F_p^{-1})$，以及设

$$r_d(x)=B_d(x)-\frac{\rho(d)}{d}X,\quad \mu(d)\neq 0. \tag{68}$$

显然，$r_d(x)$ 即是式(67)中的 O 项. 这样由式(59)给出的 $I(x,\xi)$ 可表为

$$I(x,\xi)=\left\{\sum_{d_1<\xi}\sum_{d_2<\xi}\mu(d_1)\mu(d_2)\lambda_{d_1}\lambda_{d_2}\frac{\rho([d_1,d_2])}{[d_1,d_2]}\right\}X$$

$$+\sum_{d_1<\xi}\sum_{d_2<\xi}\mu(d_1)\mu(d_2)\lambda_{d_1}\lambda_{d_2}r_{[d_1,d_2]}(x), \tag{69}$$

这里的形式和式(2)(取 $\mathscr{P}=\mathscr{P}_1$，$\xi=z$)完全一样，所以可同样地进行讨论. 取 λ_d 为由引理 2 中给出的值就得到

$$I(x,\xi)=X(G_1(\xi,\xi))^{-1}$$

$$+O\left(\sum_{d_1<\xi,\,d_2<\xi}\mu^2(d_1)\mu^2(d_2)\,|r_{[d_1,d_2]}(x)|\right), \tag{70}$$

这里(由式(8)及这里 $\rho(p)$ 的取法推出)

$$G_1(\xi,\xi)=\sum_{l<\xi}\mu^2(l)\prod_{p\mid l}(F_p-1). \tag{71}$$

这样，问题就转化为估计$G_1(\xi,\xi)$的下界，及式(70)中的 O 项的上界. 注意到对任意正数 ε, $b(n)\ll n^{\varepsilon}$, $b_1(n)\ll n^{\varepsilon}$, 由式(67)知

$$\sum_{d_1<\xi}\sum_{d_2<\xi}\mu^2(d_1)\mu^2(d_2)\,|r_{[d_1,d_2]}(x)|\ll x^{(1-\delta)/2}(\sqrt{k}\log k+L(1+\delta,\chi))$$

$$\cdot\sum_{d_1<\xi}\sum_{d_2<\xi}\mu^2(d_1)\mu^2(d_2)[d_1,d_2]^{-(1-\delta)/2+\varepsilon}\sum_{l\mid[d_1,d_2]}l^{-(1-\delta)/2+\varepsilon}$$

$$\ll x^{(1-\delta)/2}(\sqrt{k}\log k+L(1+\delta,\chi))\xi^2. \tag{72}$$

最后来求 $G_1(\xi,\xi)$的下界. 由 $b(n)>0$及式(71)，(66)知

$$G_1(\xi,\xi)=\sum_{l<\xi}\mu^2(l)\prod_{p|l}(p^{-1}b(p)+p^{-2}b(p^2)+\cdots)$$

$$>\sum_{l<\xi}l^{-1}b(l)>\xi^{-2\delta}\sum_{l<\xi}l^{-1+2\delta}b(l). \tag{73}$$

利用双曲型求和法来计算最后一个和式，由式(53)得:

$$\sum_{l<\xi}l^{-1+2\delta}b(l)=\sum_{n<\sqrt{\xi}}\chi(n)n^{-1+\delta}\sum_{m<\xi/n}m^{-1+2\delta}$$

$$+\sum_{m<\sqrt{\xi}}m^{-1+2\delta}\sum_{n<\xi/m}\chi(n)n^{-1+\delta}$$

$$-\left(\sum_{n<\sqrt{\xi}}\chi(n)n^{-1+\delta}\right)\left(\sum_{m<\sqrt{\xi}}m^{-1+2\delta}\right)$$

$$=I_1+I_2+I_3. \tag{74}$$

由最简单的ζ函数的渐近公式(23.1.4)可得

$$\sum_{m<y}m^{-1+2\delta}=(2\delta)^{-1}y^{2\delta}+\zeta(1-2\delta)+O(y^{-1+2\delta}),$$

以及由于$\beta=1-\delta$是零点，所以

$$\sum_{n<y}\chi(n)n^{-1+\delta}=L(1-\delta,\chi)-\sum_{n>y}\chi(n)n^{-1+\delta}$$

$$=-\sum_{n>y}\chi(n)n^{-1+\delta}\ll ky^{-1+\delta}.$$

由以上两式即得

$$I_1=(2\delta)^{-1}\xi^{2\delta}\sum_{n<\sqrt{\xi}}\chi(n)n^{-1-\delta}+\zeta(1-2\delta)\sum_{n<\sqrt{\xi}}\chi(n)n^{-1+\delta}$$

$$+O\left(\xi^{-1+2\delta}\sum_{n<\sqrt{\xi}}n^{-\delta}\right)$$

$$=(2\delta)^{-1}\xi^{2\delta}L(1+\delta,\chi)+O(k\delta^{-1}\xi^{(-1+3\delta)/2})$$

$$I_2\ll k\xi^{-1+\delta}\sum_{m<\sqrt{\xi}}m^{\delta}\ll k\,\xi^{(-1+3\delta)/2},$$

$$I_3 \ll k\delta^{-1}\xi^{(-1+3\delta)/2}.$$

利用以上三式，从式(78)和(79)得到

$$G_1(\xi,\xi) > (2\delta)^{-1}L(1+\delta,\chi) + O(k\delta^{-1}\xi^{-(1+\delta)/2}). \qquad (75)$$

由定理 17.2.3 知

$$\delta^{-1} \ll \sqrt{k}\log^4 k \ll k,$$

以及当 $0<\delta<1$ 时

$$2\delta^{-1} > L(1+\delta,\chi) > \delta/2.$$

所以当 $k<\xi^{1/10}$ 时由以上两式得

$$G_1(\xi,\xi) > (4\delta)^{-1}L(1+\delta,\chi). \qquad (76)$$

由以上三式及式(70)，(72)，就推出：当 $k<\xi^{1/10}$，$\xi<x^{1/8}$ 时有(注意 $X=xL(1+\delta,\chi)$)

$$I(x,\xi) \leqslant 4\delta x + O(k\xi^2 x^{(1-\delta)/2}) \ll \delta x.$$

由此及式(59)就证明了引理.

习　　题

第 1—10 题是要确定积性数列 $\mathscr{A}$ 的 X 和 $\rho(d)$(见 §1)，这组题中的符号含意相同.

1. 设 $f(x)$ 是整系数多项式. 证明：(a) 同余方程 $f(x)\equiv 0\,(\bmod\, d)$ 的解数 $\rho(d;f)$ 是 d 的积性函数；(b) 同余方程 $f(x)\equiv 0(\bmod\, d)$ 满足条件 $(x,d)=1$ 的解数 $\rho_1(d;f)$ 是 d 的积性函数；(c) 同余方程组 $f(x)\equiv 0\,(\bmod\, d)$，$x\equiv l\,(\bmod\, k)$ 对模 $[d,k]$ 的解数 $\rho(d;f,k,l)$ 是定义在 $\mu(d)\neq 0$ 上的 d 的积性函数. (分 $(k,d)=1$, $(k,d)\nmid f(l)$, 及 $\mu(d)\neq 0$, $(k,d)\mid f(l)$ 三种情形讨论)；(d) 以 $\rho_1(d;f,k,l)$ 表(c)中的同余方程组满足条件 $(x,d)=1$ 的解数(对模 $[k,d]$)，$\rho_1(d;f,k,l)$ 是定义在 $\mu(d)\neq 0$ 上的 d 的积性函数(分 $(k,d)\nmid f(l)$, 及 $\mu(d)\neq 0$, $(k,d)\mid f(l)$ 两种情形讨论).
2. 设 $x\geqslant y>1$, $\mathscr{A}=\{a=f(n),\ x-y<n\leqslant x\}$. 如何取 X 和 $\rho(d)$？证明 $|r_d|\leqslant\rho(d;f)$.

3. 设 $a_1b_1\neq 0, (a_1, b_1)=1.\mathscr{A}=\{a=a_1p+b_1, p\leqslant x\}$. 证明: 可取 $X=\pi(x)$, $\rho(d)=d/\varphi(d)$, 当$(d, a_1)=1$; $\rho(d)=0$, 当$(d, a_1)=1$.这时, $r_d=\pi(x;d,c_1)-\pi(x)/\varphi(d)$, 当$(d,a_1)=1$; $r_d=0$, 当$(d,a_1)>1$, 其中 $c_1=a_1'b_1$, $a_1a_1'\equiv -1(\bmod d)$.

4. 设$\mathscr{A}=\{a=f(p), p\leqslant x\}$. 证明: 可取$X=\pi(x)$, $\rho(d)=d\rho_1(d,f)/\varphi(d)$. 这时有$|r_d|\leqslant\rho(d;f)(E(x;d)+1)$, 其中 $E(x;d)=\max\limits_{(l,d)=1}|\pi(x;d,l)-\pi(x)/\varphi(d)|$.

5. 设 $x\geqslant y>k.\mathscr{A}=\{a=f(n), x-y<n\leqslant x, n\equiv l(\bmod k)\}$. 证明: 可取$X=y/k$, 以及对$\mu(d)\neq 0$取

$$\rho(d)=(d,k)\rho(d/(d,k);f), \quad (d,k)\mid f(l);$$

$$\rho(d)=0, \quad (d,k)\nmid f(l).$$

这时有$|r_d|\leqslant\rho(d/(d;k);f)$, 及$r_d=0$, 当$(d,k)\nmid f(l)$.

6. 设$\mathscr{A}=\{a=f(p), p\leqslant x, p\equiv l(\bmod k)\}$, $(l,k)=1$. 证明: 可取 $X=\pi(x)/\varphi(k)$, 以及对$\mu(d)\neq 0$取

$$\rho(d)=\begin{cases}(d/\varphi(d/(d,k)))\rho_1(d/(d,k);f), & (d,k)\mid f(l);\\ 0, & (d,k)\nmid f(l).\end{cases}$$

这时有$r_d=0, (d,k)\nmid f(l)$及$|r_d|\leqslant\rho(d/(d,k);f)(E(x;[d,k])+1)$, $(d,k)\mid f(l)$.

7. 设$f(x)$是不可化的整系数多项式. 证明:

$$\sum_{p\leqslant w}\rho(p;f)p^{-1}\log p=\log w+O(1),$$

其中O常数仅和f有关. 进而, 若$f(x)$是h个不同的不可化多项式的乘积, 那末

$$\sum_{p\leqslant w}\rho(p;f)p^{-1}\log p=h\log w+O(1).$$

(见 T.Nagel, *J.Math.Pures Appl.* **8**, 4(1921), 343—356).

8. 设$(a_i, b_i)=1$, $1\leqslant i\leqslant g$, $f(x)=\prod\limits_{i=1}^{g}(a_ix+b_i)$. 再设 $E=\prod\limits_{i=1}^{g}a_i\prod\limits_{1\leqslant r<s\leqslant g}(a_rb_s-a_sb_r)\neq 0$. 证明: 当$p\nmid E$时, $\rho(p;f)=g$; 当

$p \mid E$ 时，$0 \leqslant \rho(p;f) < g$. 此外，仅当 $p \mid (a_1, \dots, a_g)$ 时才有 $\rho(p;f)=0$. 进而指出，如果在第 2, 4, 5, 6 题中的 $f(x)$ 为这里给出的多项式，那末相应的 X, $\rho(d)$ 应如何选取，以及 $|r_d|$ 应满足怎样的不等式.

9. 在第 2 题中分别取 $f(x)$ 为(a) n^2+c，$-c$ 不是平方数；(b) $x(x^2+c)$，$2 \nmid c$，$c \not\equiv -1 (\mathrm{mod}\ 3)$，及 $-c$ 不是平方数；(c) $x(x^2+x+1)$；(d) $(x^2+1)(x^2+3)$；(e) x^4+1；(f) $(x+2)(x^2+4)$；(g) $(x^2-2x+2)(x^2+2x+2)$ 时，应如何相应地选取 $\rho(d)$.

10. 在第 8 题中分别取 $f(x)$ 为(a) $x(ax+b)$；(b) $(x-2)(x+4)(x+6)$ 时，相应的 $\rho(d)$ 应如何选取.

第 11—20 题是建立数论问题与筛函数之间的各种不同形式的联系.

11. 设 $N \geqslant 2$ 是大偶数，$r \geqslant s$ 是正整数. 再设 $T(N;r,s)$ 表满足如下条件的 n 的个数：$1 \leqslant n \leqslant N$, $\Omega(n) \leqslant s$, $\Omega(N-n) \leqslant r$. 证明：对 $u \geqslant v \geqslant 2$ 有

$$T(N;r,s) \geqslant S(\mathscr{A}^{(4)}(N);\mathscr{A}_1, N^{1/u})$$

$$-\sum_{N^{1/u} \leqslant p < N^{1/v}} S\left(\mathscr{A}^{(3)}\left(\frac{N}{p}, N'\right): \mathscr{A}_1, N^{1/u}\right),$$

其中 $s=-[-v]-1$, $r=-[-u]-1$, $N'p \equiv N\left(\mathrm{mod} \prod_{p'<N^{1/u}} p\right)$，以及 $\mathscr{A}^{(3)}$. $\mathscr{A}^{(4)}$ 分别由 §1 例 3, 例 4 给出. 如何对命题 $\{r,s\}_h$ 推出类似的结果.

12. 设 $u > v \geqslant 2$, 正整数 $m \leqslant u$, $N \geqslant 2$ 是大偶数，以 $H(N;u,v,m)$ 表这样的 n 的个数：$1 \leqslant n \leqslant N$，$\left(n(N-n), \prod_{p<N^{1/u}} p\right)=1$，

$\Omega\left(\left(n(N-n), \prod_{N^{1/u} \leqslant p < N^{1/v}} p\right)\right) \leqslant m$. 证明：

$$H(N;u,v,m) \geqslant S(\mathscr{A}^{(4)}(N);\mathscr{P}, N^{1/u})$$

$$-\frac{2}{m+1}\sum_{\substack{N^{1/u} \leqslant p \leqslant N^{1/v} \\ p \nmid N}} S(\mathscr{A}_p^{(1)}(N);\mathscr{P}, N^{1/u}) + O(N^{1-1/u}).$$

其中 $\mathscr{A}^{(1)}(N)=\mathscr{A}^{(1)}(N,N)$ (见 §1 例 1). 此外证明：(a) 若 $H(N;6,3,2)>2$，则命题 $\{3,3\}$ 成立；(b) 若 $H(N;8,2,3)>2$，则命题 $\{r,s\}$ 成立，$r+s \leqslant 5$；(c) 若 $H(N;8,16/7,2)>2$，则命题 $\{2,3\}$ 成立.

13. 设 $u>v\geqslant 2$, 正整数 $m\leqslant v$, $N\geqslant 2$ 是大偶数，以 $K(N;u,v,m)$ 表这样的 $a\in\mathscr{A}^{(6)}(N)$(见 §1 例 6)的个数: $\left(a,\prod_{p<N^{1/u}}p\right)=1,\Omega\left(\left(a,\prod_{N^{1/u}\leqslant p<N^{1/v}}p\right)\right)\leqslant m$. 证明:（下式中的变数 p 和 N 互素）

$$K(N;u,v,m)\geqslant S(\mathscr{A}^{(6)}(N):\mathscr{P}_N,N^{1/u})$$

$$-\frac{1}{m+1}\sum_{N^{1/u}\leqslant p<N^{1/v}}S(\mathscr{A}_p^{(6)}(N):\mathscr{P}_N,N^{1/u})+O(N^{1-1/u}).$$

此外证明: (a) 若 $K(N;8,4,4)>1$, 则命题$\{1,5\}$成立; (b) 若 $K(N;8,4,2)>1$, 则命题$\{1,4\}$成立; (c) 若 $K(N;6,3,2)>1$, 则命题$\{1,3\}$成立; (d) 设 $\eta=1/3.237$,若 $K(N;5\eta^{-1},20/(5-\eta),1)>1$, 则命题 $\{1,4\}$ 成立; (e) 设 $\eta=1/2.475$, 若 $K(N;5\eta^{-1},15/(5-\eta),1)>1$, 则命题$\{1,3\}$成立; (f) 若 $K(N;u,s,1)>1$, s 是正整数，$s<u$, 则命题$\{1,s\}$成立.

14. 类似于第 12, 13 题，建立命题$\{r,s\}_h$ 的相应的结论.

15. 在第 13 题的符号下，记 $\mathscr{A}^{(6)}=\mathscr{A}^{(6)}(N)$，证明：对 $u>s\geqslant 2$ 有

$$K(N;u,s-1,1)\geqslant S(\mathscr{A}^{(6)};\mathscr{P}_N,N^{1/u})$$

$$-\frac{1}{2}\sum_{N^{1/u}\leqslant p_1<N^{1/s}}S(\mathscr{A}_{p_1}^{(6)}:\mathscr{P}_N,N^{1/u})$$

$$-\frac{1}{2}\sum{}^{(s)}S(\mathscr{A}_{p_1\cdots p_{s-1}}^{(6)};\mathscr{P}_N,p_{s-1})+O(N^{1-1/u}),$$

其中右边第一个和式中的素变数 p_1 和 N 互素，及“(s)”表对 $s-1$ 个素变数 $p_1,\cdots,p_{s-1}$ 求和，它们满足条件:

$$N^{1/u}\leqslant p_1<N^{1/s}\leqslant p_2<\cdots<p_{s-1}<(N/p_1\cdots p_{s-2})^{1/2},(p_1\cdots p_{s-1},N)=1.$$

16. 在上题中取 $s=3$, $u=10$. 并设集合

$$\mathscr{E}=\{e=p_1\cdots p_{s-1},N^{1/10}\leqslant p_1<N^{1/3}\leqslant p_2<(N/p_1)^{1/2},(p_1\cdots p_{s-1},N)=1\},$$

$$\mathscr{L}=\{l=N-ep,e\in\mathscr{E},ep\leqslant N\}.$$

以 Ω_2 表上题中的和式 $\Sigma^{(s)}$，那末当 $z\leqslant N^{13/30}$ 时,

$$\Omega_2 \leqslant S(\mathscr{L}, \mathscr{P}_N, z) + O(N^{2/3}).$$

17. 设 $x>2$，$0<\alpha<1$，整数 $m\geqslant 1$．以 $G(x;\alpha,m)$ 表满足如下条件的整数 n 的个数：$x-x^\alpha<n\leqslant x$，$\Omega(n)\leqslant m$．记 $\mathscr{A}^{(1)}=\mathscr{A}^{(1)}(x,x^\alpha)$（见§1 例1），证明：对任意的 $u>v>1$ 有

$$G(x;\alpha,m)\geqslant S(\mathscr{A}^{(1)};\mathscr{P}_1,x^{1/u})-\frac{1}{m+1}\sum_{x^{1/u}\leqslant p<x^{1/v}}S(\mathscr{A}_p^{(1)};\mathscr{P}_1,x^{1/u})$$
$$+O(x^{1-1/u}+x^{1/v}).$$

18. 在上题的符号下，证明：

$$\frac{18}{7}G(x,1/2,2)\geqslant S(\mathscr{A}^{(1)};\mathscr{P}_1,x^{1/10})-\sum_{x^{1/10}\leqslant p<x^{1/7}}S(\mathscr{A}_p^{(1)};\mathscr{P}_1,p)$$

$$-\frac{9}{7}\sum_{x^{1/7}\leqslant p<x^{9/20}}\left(1-\frac{20}{9}\,\frac{\log p}{\log x}\right)S\left(\mathscr{A}_p^{(1)};\mathscr{P}_1,x^{1/7}\right).$$

19. 在第13题的符号下，设 $\mathscr{A}^{(6)}=\mathscr{A}^{(6)}(N)$，当 $\lambda>3/4$ 时有

$$K(N;8,8/3,3)\geqslant S(\mathscr{A}^{(6)};\mathscr{P}_N,N^{1/8})$$
$$-\lambda\sum_{N^{1/8}\leqslant p<N^{3/8}}\left(1-\frac{8}{3}\,\frac{\log p}{\log x}\right)S(\mathscr{A}_p^{(6)};\mathscr{P}_N,N^{1/8}),$$

其中素变数 p 和 N 互素．

20. 对命题 $\{r,s\}_h$ 建立与上题相应的结果．

21. 设 $\mathscr{A}^{(6)}=\mathscr{A}^{(6)}(N)$（见§1 例6），$u\geqslant v>1$．证明：

$$S(\mathscr{A}^{(6)};\mathscr{P}_N,N^{1/v})=S(\mathscr{A}^{(6)};\mathscr{P}_N,N^{1/u})$$
$$-\frac{1}{2}\sum_{N^{1/u}\leqslant p_1<N^{1/v}}S(\mathscr{A}_{p_1}^{(6)};\mathscr{P}_N,N^{1/u})$$
$$-\frac{1}{2}\sum_{N^{1/u}\leqslant p_1<N^{1/v}}S(\mathscr{A}_{p_1}^{(6)};\mathscr{P}_{Np_1},N^{1/v})$$
$$+\frac{1}{2}\sum_{N^{1/u}\leqslant p_2<p_3<p_1<N^{1/v}}S(\mathscr{A}_{p_1p_2p_3}^{(6)};\mathscr{P}_{Np_2};p_3)$$
$$+O(N^{1-1/u}),$$

其中的素变数均和 N 互素．

22. 第13,15,17,18,19题中所建立的不等式右边的由筛函数所组成的和式,可以写为式(1.58)那样的加权筛函数形式.试具体写出这些加权筛函数.

23. 设$1\leqslant k<y\leqslant x,(k,l)=1$,证明:(a) 对$z\geqslant 2$有

$$\pi(x+y;k,l)-\pi(x;k,l)\leqslant y\varphi^{-1}(k)\prod_{p\leqslant z}\left(1-\frac{1}{p}\right)+2^{\pi(z)}+\pi(z).$$

(b) 当 $1\leqslant v\leqslant 20$ 时,$(1/4+3/2v)\log v<1$;当 $18\leqslant v\leqslant 270$ 时,$(1/6+3/v)\log v<1$;当 $42\leqslant v\leqslant 1000$ 时,$(2/15+11/2v)\log v<1$;当 $700\leqslant v\leqslant 20000$时,$(96/1001+35/v)\log v<1$.(c) 当 $y/k\leqslant 20000$ 时有 $\pi(x+y;k,l)-\pi(x;k,l)<2y(\varphi(k)\log y/k)^{-1}$.

24. 设$\mathscr{P}(t)$由式(1.47)给出,$p(d)$表d的最小素因子.再设$z>2$,素数$q<z$.证明

$$S(\mathscr{A}_q;\mathscr{P},q)=\sum_{d\mid P(z),\ p(d)>q}S(\mathscr{A}_{qd};\mathscr{P}(qd),\ z).$$

25. 设$\mathscr{P}(t)$同上题.证明

$$S(\mathscr{A},\mathscr{P},z,\eta)=S(\mathscr{A},\mathscr{P},z)+\sum_{1<t\mid P(z)}\eta(t)S(\mathscr{A}_t;\mathscr{P}(t);\ z).$$

26. 设$\eta_i(n)(i=1,2)$是定义在$\mu(n)\neq 0$上的两个算术函数,$\eta_i(1)=1(i=1,2)$.如果对任意的$\mathscr{A}$和$\mathscr{P}$,式(1.46)总成立,那末必有$(-1)^{i-1}\eta_i(n)\geqslant 0,n>1,\mu(n)\neq 0,i=1,2$.

27. 设$\eta_i(n)(i=1,2)$由上题给出.证明$(-1)^{i-1}\eta_i(n)\geqslant 0,n>1,\mu(n)\neq 0,(i=1,2)$成立的充要条件是$(-1)^i\sum\limits_{m\mid d}\mu(m)\left(\theta_i\left(\dfrac{m}{p(m)}\right)-\theta_i(m)\right)\geqslant 0,d>1,\mu(d)\neq 0\ (i=1,2)$.

28. 利用定理1.1仅能证明$Z(x,2)\ll x(\log\log x)^{-2}$,由此能证明定理3.2吗?$Z(x,2)$见§1例3.

29. 利用定理 3.1 可证明:$\pi(x)\ll x(\log\log x)(\log x)^{-1}$,$D(N)\ll N(\log\log N)^2(\log N)^{-2}$.$D(N)$见§1例4.

30. 利用定理4.2证明:(a) $\pi(x)\ll x(\log x)^{-1}$;(b) $Z(x;h)\ll x(\log x)^{-2}$;(c) $D(N)\ll N(\log N)^{-2}$.

31. 利用定理4.2证明命题$\{7,7\}_h$及$\{7,7\}$成立.

32. 设$\theta_i(d)(i=1,2)$由式(4.7)给出,$c\geqslant 1$是一正常数.类似于式(4.30)证

明: $\sum\limits_{d|P(z)}\theta_i(d)c^{\omega(d)}\ll z^{2b-i+1+2(e^{\Lambda}-1)^{-1}}, i=1,2$.

33. 如果定理 4.2 中的条件(1.39)改为条件:

$$|r_d|\leqslant A_4A_5^{\omega(d)}(1+d^{-1}X\log X),\ \mu(d)\neq 0,\ (d,\bar{\mathscr{P}})=1,$$

及存在正常数 $a(0<a\leqslant 1)$ 使对任意正数 $A\geqslant 1$, 有正数 B 使得

$$\sum_{d\leqslant D,(d,\bar{\mathscr{P}})=1}\mu^2(d)|r_d|\ll X(\log X)^{-\kappa-A},$$

其中 $D=X^a(\log X)^{-B}$. 那末，对任给 $\varepsilon>0$ 有

$$R_i(z)\ll u^{-\kappa}\log^{-A}X+z^{-au+\beta+1-i}u^{B+1}(\log z)^{B+\kappa+1}, i=1,2,$$

其中 $u=\log X/\log z$, 其它均同定理 4.2. (利用上题).

34. 利用上题及定理 31.1.1 证明命题$\{1,8\}$及$\{1,8\}_h$. (仿照定理 4.5 的证明).

35. 尽可能好的定出式(4.39)及第 30 题中的 $\ll$ 常数.

36. 按照下面的方法来构造 §4 中的 $\theta_i(i=1,2)$: 设正数 $B>1$, $\Lambda>0$, $z>2$. 令 $z_0=z$,

$$\log z_l=B^{-1}e^{-(l-1)\Lambda}\log z,\quad l=1,2,\cdots,m,$$

其中 m 使得 $1<z_m\leqslant 2$. 再设 b 是正整数. 集合 $\mathscr{D}^{(i)}(i=1,2)$ 就按照这里的 $z_0,z_1,\cdots,z_m$ 及 b 由式(4.4)给出，由此定义 $\theta_i(i=1,2)$. 根据这样构造的 Brun 筛法来证明相应于定理 4.2 的结果.

37. 设 $\delta=1/10$, 分别取 $b=1,2,3$ 来计算 $S(\mathscr{A}^{(3)};\mathscr{P}_1,x^{\delta})$ 的上界及下界估计，定出尽可能好的系数. (分别利用定理 4.2, 以及第 36 题得到的结果，这两种办法来做，选择其中出现的参数的最佳值).

38. 设 $\mathscr{A}^{(4)}=\mathscr{A}^{(4)}(N)$ (见 §1 例 4), $f_0(\alpha)$, $F_0(\alpha)$ $(2\leqslant\alpha\leqslant 10)$ 是两个不减的非负函数. 当 N 充分大时有

$$f_0(\alpha)(2e^{-2\gamma}C(N)N\log^{-2}N)<S(\mathscr{A}^{(4)};\mathscr{P},N^{1/\alpha})$$
$$<F_0(\alpha)(2e^{-2\gamma}C(N)N\log^{-2}N),$$

其中 $C(N)$ 由式(5.89)给出. 那末，对 $2\leqslant\beta\leqslant 10$, 由下面确定的 $f_1(\alpha)$, $F_1(\alpha)$ 也使上述不等式成立:

$$f_1(\alpha)=0, \qquad 2\leqslant\alpha\leqslant\alpha_0,$$

$$f_1(\alpha)=f_0(\beta)-2\int_{\alpha-1}^{\beta-1}F_0(t)\frac{t+1}{t^2}\,dt, \alpha_0\leqslant\alpha\leqslant\beta,$$

$$f_1(\alpha)=f_0(\alpha), \qquad \beta\leqslant\alpha\leqslant 10;$$

及

$$F_1(\alpha)=F_0(\beta)-2\int_{\alpha-1}^{\beta-1}f_0(t)\frac{t+1}{t^2}\,dt, 2\leqslant\alpha\leqslant\beta.$$

$$F_1(\alpha)=F_0(\alpha), \qquad \beta\leqslant\alpha\leqslant 10,$$

其中 α_0 和 β, f_0, F_0 有关，是满足 $f_0(\beta)-2\int_{\alpha_0-1}^{\beta-1}F_0(t)\frac{t+1}{t^2}\,dt=0$ 的最大值. (利用 Бухштаб 恒等式).

第 39—48 题是通过估计筛函数的上界(不要求定出好的系数,这里是用 Brun 筛法), 来得到一些数论问题的粗糙的上界估计. 这些习题的基础是第 39 题.

39. 当条件(1.39), (3.8), (4.8)成立时, 证明: 对任意 $A>0$, 存在正数 B (和 A, A_1, A_2, κ 有关), 使得

$$S(\mathscr{A}, \mathscr{P}, z)\leqslant BXW(z), \qquad z\leqslant X^A,$$
$$S(\mathscr{A}, \mathscr{P}, z)\leqslant BXW(x), \qquad z\geqslant X^{1/A}.$$

(利用定理 4.2 及式(4.18)).

40. 设 k 是正整数, l_1, a_1, b_1 是整数, $a_1b_1\neq 0$. 再设 $k<y\leqslant x, (k, l)=1$, 以 T 表示满足以下条件的素数 p 的个数:

$$x-y<p\leqslant x, \quad p\equiv l(\bmod k), \quad a_1p+b_1\text{ 是素数}.$$

证明: 存在绝对正常数 c, 使得

$$T\leqslant c\prod_{p\mid ka_1b_1}\left(1-\frac{1}{p}\right)^{-1}\frac{y}{\varphi(k)(\log y/k)^2}.$$

41. 设整数 $M_1>M_2\geqslant 1, M=M_1-M_2$, 及 $1<y\leqslant x$. 以 T 表示满足以下条件的素数 p 的个数:

$$x-y<p\leqslant x, \qquad |M_1-p|, \qquad |M_2-p|\text{ 均是素数}.$$

证明：存在绝对正常数 c，使得

$$T\leqslant C\prod_{p\mid M}\left(1-\frac{1}{p}\right)^{-1}\prod_{p\mid M_1M_2}\left(1-\frac{1}{p}\right)^{-1}\frac{y}{(\log y)^3}.$$

42. 设 $h_1, h_2, \cdots, h_g$ 是整数，满足 $h_1<h_2<\cdots<h_g$，$h_1h_2\cdots h_g=h\neq 0$. 再设 $H=\prod\limits_{1\leqslant r<s\leqslant g}(h_s-h_r)$，$1<y\leqslant x$，以 T 表示满足以下条件的素数 p 的个数：$x-y<p\leqslant x$，$p+h_i(i=1,2,\cdots,g)$ 均为素数. 证明：存在仅和 g 有关的正常数 $c=c(g)$ 使得

$$T\leqslant C\prod_{p\mid H}\left(1-\frac{1}{p}\right)^{m(p)-g}\prod_{p\mid h}\left(1-\frac{1}{p}\right)^{-1}\frac{y}{(\log y)^{g+1}},$$

其中 $m(p)$ 表 $h_1, h_2, \cdots, h_g$ 中对模 p 不同余的数的个数.

43. 设 $f(x)$ 是第 8 题中的多项式，且满足 $b_1b_2\cdots b_g=b\neq 0$. 再设 $1\leqslant k<y\leqslant x$，$(k,l)=1$. 以 T 表示满足以下条件的素数 p 的个数：

$x-y<p\leqslant x$，$p\equiv l(\bmod k)$，$a_ip+b_i(i=1,\cdots,g)$ 均是素数.

证明：存在仅和 g 有关的正常数 $c=c(g)$ 使得

$$T\leqslant c\prod_{p\mid E,\,p\nmid k}\left(1-\frac{1}{p}\right)^{m(p)-g}\prod_{p\mid kb}\left(1-\frac{1}{p}\right)^{-1}\left(\frac{k}{\varphi(k)}\right)^{g}\frac{y}{k(\log y/k)^{g+1}},$$

其中 $m(p)$ 是同余方程 $(a_1n+b_1)(a_2n+b_2)\cdots(a_gn+b_g)\equiv 0(\bmod p)$ 的解数，E 见第 8 题.

44. 设 $1<y\leqslant x$，$l=1$ 或 3. 以 T 表示满足以下条件的整数 n 的个数：$x-y<n\leqslant x$，n 没有素因子 $p\equiv l(\bmod 4)$. 证明：存在绝对正常数 c，使得 $T\leqslant cy(\log y)^{-1/2}$.

45. 设 $k\geqslant 1$，$(k,l)=1$，$\mathscr{P}_{k,l}$ 表示由所有素数 $p\equiv l(\bmod k)$ 组成的集合. 再设 $x\geqslant 2$，整数 $h\neq 0$，以 T 表示满足以下条件的正整数 n 的个数：$n\leqslant x$，$n(n-h)$ 没有属于 $\mathscr{P}_{k,l}$ 的素因子. 证明存在仅和 k 有关的正数 $c=c(k)$，使得 $T\leqslant c\prod\limits_{p\mid h,\,p\equiv l(k)}\left(1-\frac{1}{p}\right)^{-1}\frac{x}{(\log x)^{2/\varphi(k)}}$.

此外，当取 $x=h=N\geqslant 2$ 时，上述结论也成立. (利用

$$\sum_{y \geqslant p \equiv l(k)} \frac{1}{p} = \frac{1}{\varphi(k)} \log\log y + O_k(1), \ (l, k) = 1 \Big).$$

46. 设 $1 < y \leqslant x$, $l_1 \cdots, l_r$ 是对模 k 互不同余且和 k 互素的整数. 以 T 表满足以下条件的正整数 n 的个数: $x-y<n\leqslant x$, n 没有属于 $\mathscr{P}_{k, l_i}$ $(i=1, \cdots, r$, 见上题) 的素因子. 证明存在仅和 k 有关的常数 $c=c(k)$ 使得 $T \leqslant cy(\log y)^{-r/\varphi(k)}$.
47. 设 $\mathscr{P}$ 是这样一个素数集合: 存在正数 δ 和 A, 使对任意的 $z \geqslant 2$, 有 $\sum\limits_{z>p\in\mathscr{P}} \frac{1}{p} \geqslant \delta \log\log z - A$. 再设 $1<y\leqslant x$, 以 T 表示满足以下条件的整数 n 的个数: $x-y<n\leqslant x$, n 没有属于 $\mathscr{P}$ 的素因子. 证明: 存在仅和 A 有关的正数 $c=c(A)$, 使得 $T\leqslant cy(\log y)^{-\delta}$.
48. 设 $f(x)$ 是第 43 题中的多项式, $\mathscr{P}$ 同上题. 以 T 表示满足以下条件的整数 n 的个数: $x-y<n\leqslant x$, $f(n)$ 没有属于 $\mathscr{P}$ 的素因子. 证明: 存在仅和 g 及 A 有关的正常数 $c=c(g, A)$, 使得

$$T \leqslant c \prod_{p|E, p\in\mathscr{P}} \left(1-\frac{1}{p}\right)^{m(p)-g} \frac{y}{(\log y)^{\delta g}},$$

其中 $m(p)$, E 见第 43 题.
49. 为了直接从定理 4.2 得到筛函数 $S(\mathscr{A}; \mathscr{P}, z)$ 的正的下界估计, λ 的取值应受到怎样的限制? 相对于 X 来说 z 至多能取到多大的数量阶?
50. 证明: 在条件(1.39), (3.8), (4.8)及定理 4.2 的符号下, 对所有的 $z\geqslant 2$, 式(4.9)和(4.10)仍然成立, 只要把 $R_i(z)$ 换以 $O(z^{\beta+1-i})$. (利用式(1.21), 及用式(4.16)估计式(1.21)中的余项 $R(z)$).
51. 利用 §4 的 Brun 筛法, 证明相应于定理 5.2 的结论.
52. 利用 §5 的 Rosser 筛法, 证明相应于定理 4.2 的结论.
53. 利用 §4 的 Brun 筛法, 证明相应于定理 5.9 的结论.
54. 证明: 每一个充分大的偶数 N 可以表为一个素数和一个不超过四个素数的乘积之和, 且这种表法个数 $\geqslant 3.24C(N)N(\log N)^{-2}$, 其中 $C(N)$ 由式(5.90)给出.
55. 证明: 每一个充分大的偶数 N 可以表为一个素数和一个不超过三个素数的乘积之和, 且这种表法个数 $\geqslant 2.64\, C(N)N(\log N)^{-2}$, $C(N)$ 由式(5.90)给出.
56. 利用第 19 题的加权筛法, 证明上题中的系数 2.64 可改进为 13/3. 式

(5.100)中的系数 2.64 也可改进为 $13\sqrt{3}$.

57. 设 $x \geqslant 2, z = x^{1/u}, u \geqslant 1$. 证明当$u \geqslant 1$时一致地有

$$\sum_{n \leqslant x,\ (n, P_1(z))=1} 1 = w(u) \frac{x}{\log z} + O\left(\frac{x}{\log^2 z} \right) + O\left(\frac{z}{\log z} \right),$$

其中 $w(u)$由方程(5.53)给出.(把 u 分段 $k \leqslant u \leqslant k+1$, 对$k$ 用归纳法, 并利用 Бухштаб 恒等式).

58. 设 l 是给定的正整数. 证明

$$\sum_{n \leqslant x,\ (n, l)=1} \frac{1}{\varphi(n)} = \frac{\varphi(l)}{l} \prod_{p \nmid l} \left(1 + \frac{1}{p(p-1)}\right) \log x + O_l(1)$$

(利用 $\varphi^{-1}(n) = n^{-1} \sum\limits_{d|n} \mu^2(d) \varphi^{-1}(d)$ 及 $\sum\limits_{n \leqslant y} n^{-1}$ 的渐近公式).

59. 设 l 是给定的正整数. 证明:

$$\text{(a)} \quad \sum_{l < p \leqslant x} d(p-l) = 2 \sum_{d < (x-l)^{1/2},\ (d, l)=1} \{\pi(x; d, l) - \pi(l+d^2; d, l)\} + O_l(x^{1/2}).$$

$$\text{(b)} \quad \sum_{l<p \leqslant x} d(p-l) = \frac{\varphi(l)}{l} \prod_{p \nmid l} \left(1 + \frac{1}{p(p-1)}\right) x + O_l\left(\frac{x \log\log x}{\log x} \right).$$

(利用(a)证(b). 用定理 31.1.1 与定理 6.8 计算关于$\pi(x; d, l)$的和, 以及用定理 6.8 估计关于$\pi(l+d^2; d, l)$的和, 并利用上题).

60[1]. 设 $1 < y \leqslant x$, 以 T 表这样的 n 的个数: $x - y < n \leqslant x$, n^2+1, n^2+3 均为素数. 证明

$$T \leqslant 16 \prod_{p>2} \left(1 - \frac{1}{(p-1)^2}\right) \prod_{p \equiv \pm 1(12)} \left(1 - \frac{2\chi(p)}{p-2}\right) \frac{y}{\log^2 y}$$

1) 第 60—65 题可以作为 特 殊 情形, 类似于定理 6.6, 6.9 那样, 用 Selberg 上界筛法来做. 也可以利用第 66—68 题所得到的一般结论来做.

$$\cdot\left(1+O\left(\frac{\log\log(3y)}{\log y}\right)\right),$$

其中 $\chi(p)=\pm 1$ 当 $p\equiv\pm 1(12)$.

61. 设 $1<y\leqslant x$, T表这样的n的个数: $x-y<n\leqslant x$, n^2-2n+2, n^2+2n+2 均为素数. 证明:

$$T\leqslant 16\prod_{p>2}\left(1-\frac{1}{(p-1)^2}\right)\prod_{p>2}\left(1-\frac{2(-1)^{(p-1)/2}}{p-2}\right)\frac{y}{\log^2 y}$$

$$\cdot\left(1+O\left(\frac{\log\log(3y)}{\log y}\right)\right).$$

62. 设整数 $a\neq -b^2$, $1<y\leqslant x$. 以 T 表这样的 n 的个数: $x-y<n\leqslant x$, n^2+a 是素数. 证明:

$$T\leqslant 2\prod_{2<p\nmid a}\left(1-\left(\frac{-a}{p}\right)\frac{1}{p-1}\right)\frac{y}{\log y}\left(1+O_a\left(\frac{\log\log(3y)}{\log y}\right)\right),$$

其中 $\left(\frac{-a}{p}\right)$是 Legendre 符号.

63. 设 $1<y\leqslant x$, T表这样的n的个数: $x-y<n\leqslant x$, n^4+1 是素数. 证明

$$T\leqslant 2\prod_{p>2}\left(1-\frac{1+2\varepsilon(p)}{p-1}\right)\frac{y}{\log y}\left(1+O\left(\frac{\log\log(3y)}{\log y}\right)\right),$$

其中 $\varepsilon(p)=1$, 当 $p\equiv 1(8)$; $\varepsilon(p)=-1$, 当 $p\not\equiv 1(8)$.

64. 设$1<y\leqslant x$, T 表这样的 n 的个数: $x-y<n\leqslant x$, $n-2$, n, $n+4$, $n+6$ 均是素数. 证明:

$$T\leqslant 2^{10}\cdot 3^2\prod_{p>2}\left(1-\frac{1}{(p-1)^2}\right)$$

$$\cdot\prod_{p>3}\left(1-\frac{4}{(p-2)^2}\right)\frac{y}{\log^4 y}\left(1+O\left(\frac{\log\log(3y)}{\log y}\right)\right).$$

65. 设 $1<y\leqslant x$, T 表这样的 n 的个数: $x-y<n\leqslant x$, n, $n+2$, n^2+4 均为素数. 证明:

$$T\leqslant 2^7\cdot 3\prod_{p>2}\left(1-\frac{1}{(p-1)^2}\right)^2\prod_{p>3}\left(1-\frac{1}{(p-2)^2}\right)$$

$$\cdot\prod_{p>3}\left(1-\frac{(-1)^{(p-1)/2}}{p-3}\right)\frac{y}{\log^3 y}\left(1+O\left(\frac{\log\log(3y)}{\log y}\right)\right).$$

66. 设 $G_1(\xi,z)$ 由式(6.7)给出. 证明:

(a) $G_1(\xi,z)$分别是 ξ,z 的增函数, 且满足 $G_1(\xi,z)\geqslant 1$;

$G_1(\xi,z)=G_1(\xi,\xi)$, $\xi\leqslant z$; 及 $G_1(\xi,z)\leqslant (W(z))^{-1}$.

(b) 若条件(5.1), 及条件(5.2)的右半不等式成立, 那末, 对任意的 $2\leqslant z\leqslant\xi$ 及 $\lambda>0$ 有

$$\frac{1}{G(\xi,z)}\leqslant W(z)\left\{1+O\left(\exp\left(-\lambda\frac{\log\xi}{\log z}+(e^{\lambda}-1)\left(\kappa+\frac{A_2}{\log z}\right)\right)\right)\right\},$$

其中 O 常数和 λ 无关.

(c) 利用(b)及定理6.3就可得到第39题中的筛函数的上界估计(暂不管余项估计).

(b)按以下途径证明: 对有界的 z 显然成立, 可假定 z 充分大. 先证对任意的 $s\leqslant 1$ 有: $O\leqslant 1-W(z)G_1(\xi,z)\leqslant\xi^{s-1}\cdot\prod_{p<z}\left(1-\frac{\rho(p)}{p}+\frac{\rho(p)}{p^s}\right)$

$\leqslant\exp\left\{-(1-s)\log\xi+\sum_{p<z}\left(\frac{1}{p^s}-\frac{1}{p}\right)\rho(p)\right\}$. 进而在 $s=1$ 处展开 $p^{-s}-p^{-1}$, 并取 $s=1-\lambda/\log z$, 得到

$$0\leqslant 1-W(z)G_1(\xi,z)\leqslant\exp\left\{-\lambda\frac{\log\xi}{\log z}+(e^{\lambda}-1)\left(\kappa+\frac{A_2}{\log z}\right)\right\}.$$

再证明存在常数 c, 使当 $z\geqslant 2$ 时 $W(z)G_1(z^c,z)\geqslant 1/2$).

67. 设 $z\geqslant 2$, $T(z)=\int_1^z t^{-1}G_1(t,t)dt$. 证明:

(a) $T(z)=\sum_{z>d\mid P(z)}g(d)\log\frac{z}{d}$.

(b) 当条件(5.1)和(5.2)成立时，

$$T(z)=G_1(z,z)\ \frac{\log z}{\kappa+1}\left(1+O\left(\frac{L}{\log z}\right)\right).$$

$\Bigg($利用 $\sum\limits_{z>d|P(z)} g(d)\log d=\sum\limits_{p<z}\frac{\rho(p)}{p}\log p G_1\left(\frac{z}{p},z\right)+\sum\limits_{p<z}\frac{\rho(p)}{p}g(p)$

$\cdot\log p\left\{G_p\left(\frac{z}{p},z\right)-G_p\left(\frac{z}{p^2},z\right)\right\}$,计算第一个和式,并估计第二个和式$\Bigg)$.

68. 设 $z\geqslant 2$. 当条件(5.1)，(5.2)成立时，有渐近公式:

$$(G_1,(z,z))^{-1}=\Gamma(\kappa+1)e^{\kappa\gamma}W(z)(1+O(L(\log z)^{-1})).$$

(由上题可推出，当 z 充分大时有 $G_1(z,z)=(\kappa+1)T(z)(1-r(z))^{-1}\cdot\log^{-1}z$，其中 $|r(z)|\leqslant 1/2$ 当 z 充分大. 进而证明存在正常数 c，使当 $z\geqslant 2$ 时有 $G_1(z,z)=c\log^{\kappa}z(1+O(L\log^{-1}z))$. 最后利用 $\zeta(s)$ 的性质定出 $c^{-1}=C(\rho)\Gamma(\kappa+1)$，$C(\rho)$ 由式(5.35)给出).

69. 证明定理 6.4($\xi\leqslant z$ 的情形). (利用上题).

70. 证明定理 6.5. (先利用第 66 题(b)证明:

$$S(\mathscr{A},\mathscr{P},z)\leqslant XW(z)\left\{1+O\left(\exp\left(-\frac{1}{2}\tau\log\tau\right)\right)\right\}+\sum_{\xi^2>d|P(z)}3^{\omega(d)}|r_d|.$$

进而利用式(1.7)(取$w=2$)及式(1.53),从上式推出定理的另一半不等式).

71. 设 λ_d 由式(6.16)给出，其中 $\xi=z$，$\mathscr{P}=\mathscr{P}_K$，$\rho(d)=1$.

证明: $\sum\limits_{z>d|P(z)}|\lambda_d|=(H_K(z))^{-1}\sum\limits_{n<z,(n,K)=1}\mu^2(n)\sigma(n)/\varphi(n)$,

其中 $\sigma(n)=\sum\limits_{d|n}d$， $H_K(z)=\sum\limits_{n<z,(n,K)=1}\mu^2(n)/\varphi(n)$.

第三十三章 零点分布(二)

本章要证明Ю. В.Линник 所提出的关于L函数零点分布的两个重要定理，由此，他证明了关于算术数列中最小素数的著名结果(见第三十四章). 第一个定理是不带对数方次的L函数零点密度估计:

$$N(\alpha, T, q) \ll (qT)^{C_1(1-\alpha)}, \quad 1/2 \leqslant \alpha \leqslant 1. \qquad \text{(A)}$$

其中$N(\alpha, T, q)$由式(30, C)给出，C_1是一正常数，他的证明十分复杂，Родосский 作了简化；后来利用 Turan 的等幂和方法进一步简化了证明，但仍是较复杂的，且不同于第三十章所用的方法. 由第三十章知，这里的困难在于α接近于 1 的情形. Selberg 提出了所谓拟特征的概念(见 §2)，利用这一方法和 Halász 方法就可以类似于第三十章一样来证明估计(A)，目前这方面最好的结果是 Jutila[1] 给出的：当$4/5 \leqslant \alpha \leqslant 1$时可取$C_1 = 2+\varepsilon$，$\varepsilon$为任意正数. 利用 Jutila 的方法，我们将在定理 2.8 证明可取$C_1 = 3$. 同样的结果可以推广到下述形式的估计：存在正数C_2使得

$$\sum_{q \leqslant Q} N^*(\alpha, T, q) \ll (Q^2 T)^{C_2(1-\alpha)}, \quad 1/2 \leqslant \alpha \leqslant 1. \qquad \text{(B)}$$

其中$N^*(\alpha, T, q)$由式(30.D)给出. 由于证明是一样的，本章不讨论估计(B). 在应用于算术数列中的最小素数问题时，直接应用的不是形如(A)的估计，而是定理 2.9，但需要尽可能好的定出其中的常数，这方面的最好的结果[2]主要是由于利用了 S. Graham 的一个漂亮的渐近公式(见 §1 定理1)而得到的.

Линник 证明的另一个定理是关于L函数的例外零点和

---

1) *Math. Scand.* **41** (1977), 45—62.

2) *Sci. Sin.*, **42** (1979), 859—889; *Acta Arith.*, **39** (1981), 163—179.

L 函数的非零区域之间关系的定量结果，证明这一定理所用的各种不同的方法和证明估计(A)是一样的，我们将在§3利用Jutila[1]的方法证明这样的结果(见定理3.3)．本章内容可参看[25]，[26]，[28]．

§1．一个渐近公式

本节是要证明 S.Graham[2] 的一个有用的渐近公式，证明的方法是初等的．

定理 1 设 $1 \leqslant z_1 < z_2$，以及

$$\lambda_d = \begin{cases} \mu(d), & 1 \leqslant d \leqslant z_1, \\ \mu(d)(\log z_2/d)(\log z_2/z_1)^{-1}, & \\ \qquad z_1 < d \leqslant z_2, & \\ 0, & z_2 < d. \end{cases} \tag{1}$$

那末有

$$\sum_{1 \leqslant n \leqslant N} \Big(\sum_{d|n} \lambda_d \Big)^2 = \begin{cases} N(\log z_2/z_1)^{-1} \\ \quad + O(N(\log z_2/z_1)^{-2}), \quad z_2 \leqslant N, \\ N(\log N/z_1)(\log z_2/z_1)^{-2} \\ \quad + O(1 + N(\log z_2/z_1)^{-2}), \\ \qquad z_1 \leqslant N < z_2. \end{cases} \tag{2}$$

定理 1 很容易从下面的定理推出．

定理 2 设 $x \geqslant 1$，以及

$$\Lambda(d;x) = \begin{cases} \mu(d)(\log x/d), & d \leqslant x, \\ 0, & d > x. \end{cases} \tag{3}$$

那末当 $1 \leqslant x_1 \leqslant x_2 \leqslant N$ 时有

1) *Sci. Sin.*, **42** (1979), 859—889; *Acta Arith.*, **39** (1981), 163—179.
2) *J. Number Theory*, **10** (1978), 83—94.

$$\sum_{1\leqslant n\leqslant N}\left(\sum_{d\mid n}\Lambda(d;x_1)\right)\left(\sum_{e\mid n}\Lambda(e;x_2)\right)$$

$$=N\log x_1+O(N). \tag{4}$$

我们先来用定理 2 证明定理 1.

定理 1 的证明：当 $z_1<z_2$ 时，

$$\Lambda(d;z_2)-\Lambda(d;z_1)=\lambda_d(\log z_2/z_1), \tag{5}$$

故有

$$(\log z_2/z_1)^2\sum_{1\leqslant n\leqslant N}\left(\sum_{d\mid n}\lambda_d\right)^2$$

$$=\sum_{1\leqslant n\leqslant N}\left(\sum_{d\mid n}\Lambda(d;z_1)\right)^2+\sum_{1\leqslant n\leqslant N}\left(\sum_{e\mid n}\Lambda(e;z_2)\right)^2$$

$$-2\sum_{1\leqslant n\leqslant N}\left(\sum_{d\mid n}\Lambda(d;z_1)\right)\left(\sum_{d\mid n}\Lambda(e;z_2)\right). \tag{6}$$

当 $N\geqslant z_2$ 时，对上式右边的三个和式应用定理 2(分别取 $x_1=x_2=z_1$, $x_1=x_2=z_2$, 及 $x_1=z_1$, $x_2=z_2$)，立即推出式(2) 的第一个等式成立. 当 $z_1\leqslant N<z_2$ 时，我们有

$$\sum_{1\leqslant n\leqslant N}\left(\sum_{e\mid n}\Lambda(e;z_2)\right)^2$$

$$=\sum_{1\leqslant n\leqslant N}\left\{\sum_{e\mid n}(\mu(e)(\log N/e)+\mu(e)(\log z_2/N))\right\}^2$$

$$=\sum_{1\leqslant n\leqslant N}\left(\sum_{e\mid n}\Lambda(e;N)\right)^2+(\log z_2/N)(\log N z_2),$$

以及类似可得

$$\sum_{1\leqslant n\leqslant N}\left(\sum_{d\mid n}\Lambda(d;z_1)\right)\left(\sum_{e\mid n}\Lambda(e;z_2)\right)$$

$$= \sum_{1\leqslant n\leqslant N}\left(\sum_{d\mid n}\Lambda(d;\ z_1)\right)\left(\sum_{d\mid n}\Lambda(e;N)\right)$$

$$+ \log z_1(\log z_2/N).$$

把以上两式代入式(6)得到：当 $z_1 \leqslant N < z_2$ 时，

$$(\log z_2/z_1)^2 \sum_{1\leqslant n\leqslant N}\left(\sum_{d\mid n}\lambda_d\right)^2$$

$$= \sum_{1\leqslant n\leqslant N}\left(\sum_{d\mid n}\Lambda(d;\ z_1)\right)^2 + \sum_{1\leqslant n\leqslant N}\left(\sum_{e\mid n}\Lambda(e;N)\right)^2$$

$$-2\sum_{1\leqslant n\leqslant N}\left(\sum_{d\mid n}\Lambda(d;\ z_1)\right)\left(\sum_{e\mid n}\Lambda(e;N)\right)$$

$$+ (\log z_2/N)(\log(Nz_2)/z_1^2). \tag{7}$$

对上式右边三个和式应用定理 2，推出上式右边等于

$$N(\log N/z_1) + O(N) + (\log z_2/N)(\log N\ z_2/z_1^2)$$

$$= N(\log N/z_1) + O(N + (\log z_2/z_1)^2),$$

这就证明了当 $z_1 \leqslant N < z_2$ 时，式(2)的第二个等式成立.

为了证明定理 2 先要证明几个引理.

引理 3 设 $Q \geqslant 1$. 我们有

$$\sum_{q\leqslant Q}\mu^2(q)/\varphi(q)$$

$$= \log Q + \gamma + \sum_p p^{-1}(p-1)^{-1}\log p + O(Q^{-\frac{1}{4}}\log\log 3Q), \tag{8}$$

其中 γ 为 Euler 常数.

证：设

$$f(n) = \mu^2(n)\,n/\varphi(n), \tag{9}$$

$$ng(n) = \sum_{d\mid n}\mu(d)f(n/d). \tag{10}$$

容易算出积性函数 $g(n)$ 的值为:

$$g(p)=-g(p^2)=p^{-1}(p-1)^{-1};\ g(p^\alpha)=0,\alpha\geqslant 3. \quad (11)$$

利用Möbius 反转公式得

$$\sum_{q\leqslant Q}\mu^2(q)/\varphi(q)=\sum_{q\leqslant Q}q^{-1}\sum_{d\mid q}\varphi g(d)=\sum_{ld\leqslant Q}l^{-1}g(d)$$

$$=\sum_{d\leqslant\sqrt{Q}}g(d)\sum_{l\leqslant Q/d}l^{-1}+\sum_{l\leqslant\sqrt{Q}}l^{-1}\sum_{d\leqslant Q/l}g(d)-\sum_{d\leqslant\sqrt{Q}}g(d)\sum_{e\leqslant\sqrt{Q}}l^{-1}, \quad (12)$$

最后一步就是熟知的双曲型求和法. 下面先来证明:

$$\sum_{d\leqslant y}g(d)=1+O(y^{-\frac{1}{2}}\operatorname{loglog}(3y)),\ y\geqslant 1. \quad (13)$$

由式(11) 知, 仅当 $d=d_1d_2^2,(d_1,d_2)=1,\mu(d_1)\neq 0$, $\mu(d_2)\neq 0$ 时才有 $g(d)\neq 0$, 且这时有

$$g(d)=g(d_1)g(d_2^2)=\mu(d_2)g(d_1)g(d_2).$$

因而有

$$\sum_{d>y}|g(d)|=\sum_{d_1=1}^{\infty}\sum_{d_2^2>y/d_1}{}'\mu^2(d_1)\mu^2(d_2)g(d_1)g(d_2)$$

$$=\sum_{d_1\leqslant y}\mu^2(d_1)g(d_1)\sum_{d_2>\sqrt{y/d_1}}{}'\mu^2(d_2)g(d_2)$$

$$+\sum_{d_1>y}\mu^2(d_1)g(d_1)\sum_{d_2=1}^{\infty}{}'\mu^2(d_2)g(d_2),$$

这里“ ′ ”表示条件 $(d_2,d_1)=1$. 利用式(11) 及 $\varphi(d)\gg d(\operatorname{loglog}3d)^{-1}$ 可得

$$\sum_{d>y}\mu^2(d)g(d)=\sum_{d>y}\mu^2(d)(d\varphi(d))^{-1}\ll\sum_{d>y}d^{-2}(\operatorname{loglog}3d)$$

$$\ll y^{-1}(\operatorname{loglog}3y);$$

进而有

$$\sum_{d_1\leqslant y}\mu^2(d_1)g(d_1)\sum_{d_2>\sqrt{y/d_1}}{}'\mu^2(d_2)g(d_2)$$

$$\ll \sum_{d_1 \leqslant y} \mu^2(d_1)(d_1 \varphi(d_1))^{-1}(d_1/y)^{1/2}(\log\log 3y)$$

$$\ll y^{-1/2}(\log\log 3y).$$

综合以上三式即得

$$\sum_{d>y} |g(d)| \ll y^{-1/2}(\log\log 3y). \tag{14}$$

所以，级数 $\Sigma\, g(d)$ 绝对收敛，且由式(11)得到

$$\sum_{n=1}^{\infty} g(d) = \prod_p (1+g(p)+g(p^2)) = 1. \tag{15}$$

由以上两式就证明了式(13)成立.

利用分部求和，由式(13)及式(2.2.17)可得

$$\sum_{d \leqslant \sqrt{Q}} g(d) \sum_{l \leqslant Q/d} l^{-1} = \sum_{d \leqslant \sqrt{Q}} g(d)(\gamma + \log Q/d)$$

$$+ O\Big(Q^{-1} \sum_{d \leqslant \sqrt{Q}} |d\,g(d)|\Big)$$

$$= (\log\sqrt{Q} + \gamma) \sum_{d \leqslant \sqrt{Q}} g(d)$$

$$+ \int_1^{\sqrt{Q}} \Big(\sum_{d \leqslant t} g(d)\Big) t^{-1}\,dt + O(Q^{-1/2})$$

$$= (\log\sqrt{Q} + \gamma) \sum_{d \leqslant \sqrt{Q}} g(d) + \log\sqrt{Q}$$

$$+ \int_1^{\sqrt{Q}} \Big(-1 + \sum_{d \leqslant t} g(d)\Big) t^{-1}dt + O(Q^{-\frac{1}{2}})$$

$$= (\log\sqrt{Q} + \gamma) \sum_{d \leqslant \sqrt{Q}} g(d) + \log\sqrt{Q}$$

$$+ \int_1^{\infty} \Big(-1 + \sum_{d \leqslant t} g(d)\Big) t^{-1}dt$$

$$+ O(Q^{-1/4}\log\log 3Q),$$

$$\sum_{l\leqslant\sqrt{Q}} l^{-1}\sum_{d\leqslant Q/l} g(d)=\sum_{l\leqslant\sqrt{Q}} l^{-1}+O\left(\sum_{l\leqslant\sqrt{Q}} l^{-1}(Q/l)^{-1/2}\log\log 3Q\right)$$

$$=\log\sqrt{Q}+\gamma+O(Q^{-1/4}\log\log 3Q),$$

$$\sum_{l\leqslant\sqrt{Q}} l^{-1}\sum_{d\leqslant\sqrt{Q}} g(d)=(\log\sqrt{Q}+\gamma)\sum_{d\leqslant\sqrt{Q}} g(d)+O(Q^{-1/2}),$$

把以上三式代入式(12)就得到

$$\sum_{q\leqslant Q}\mu^2(q)/\varphi(q)=\log Q+\gamma+\int_1^\infty\left(-1+\sum_{d\leqslant t} g(d)\right)t^{-1}dt$$

$$+O(Q^{-1/4}\log\log 3Q). \qquad (16)$$

最后来计算上式中的积分. 利用分部积分, 式(13)及(11)可得

$$\int_1^\infty\left(-1+\sum_{d\leqslant t} g(d)\right)t^{-1}dt=-\sum_{d=1}^\infty g(d)\log d$$

$$=-\sum_{d=1}^\infty g(d)\sum_{l\mid d}\Lambda(l)=-\sum_{l=1}^\infty\Lambda(l)\sum_{m=1}^\infty g(lm)$$

$$=-\sum_p(\log p)\left\{\sum_{m=1}^\infty(g(pm)+g(p^2m))\right\}=-\sum_p(\log p)\sum_{p\mid m} g(pm)$$

$$=-\sum_p(\log p)g(p^2)\sum_{p\nmid n} g(n)=\sum_p p^{-1}(p-1)^{-1}\log p. \qquad (17)$$

这里还用到了: 对任意整数 K 有

$$\sum_{(n,k)=1} g(n)=\prod_{p\nmid k}(1+g(p)+g(p^2))=1. \qquad (18)$$

由式(16), (17)就证明了所要的结论.

附注 1. 下面我们仅要用到

$$\sum_{q\leqslant Q}\mu^2(q)/\varphi(q)=\log Q+O(1), \quad Q\geqslant 1, \qquad (19)$$

这关系式的证明更简单.

附注 2. 利用证明引理 3(实际上是式(19))的方法, 容易证明: 对任意正整数 $K \leqslant Q$ 有

$$\sum_{q \leqslant Q, (q, K)=1} \mu^2(q)/\varphi(q) = \varphi(K) K^{-1}(\log Q + O(\log\log 3K)). \tag{20}$$

附注 3. 式(8), (19) 及(20) 都可用复变积分法, 即 Perron 公式(定理 6.5.2) 来证明.

我们还要用到下面的初等的素数定理:

引理 4 对任意正数 A, 及 $Q \geqslant 1$, 我们有

$$\sum_{n \leqslant Q} \mu(n) = O(Q(\log 2Q)^{-A}), \tag{21}$$

$$\sum_{n \leqslant Q} n^{-1}\mu(n) = O((\log 2Q)^{-A}), \tag{22}$$

$$\sum_{n \leqslant Q} n^{-1}\mu(n)\log n = -1 + O((\log 2Q)^{-A}), \tag{23}$$

其中 O 常数和 A 有关.

这些结果当然可从素数定理 11.3.2 推出(见习题 11.20), 但它们可以用初等分析方法来证明(见 [27]).

利用引理 4 可以证明

引理 5 设 r 是正整数,

$$k(1)=1;\ k(n)=n\prod_{p \mid n}(1+p^{-1}), \quad n>1, \tag{24}$$

$$\sigma_a(n) = \sum_{d \mid n} d^a, \tag{25}$$

那末, 对任意正数 A, 及 $Q \geqslant 1$ 有

$$\sum_{n \leqslant Q}{}' \mu(n) n^{-1}\log Q/n = r/\varphi(r) + O(\sigma_{-2/3}(r)(\log 2Q)^{-A}), \tag{26}$$

$$\sum_{n \leqslant Q}{}' \mu(n) n^{-1} = O(\sigma_{-2/3}(r)(\log 2Q)^{-A}), \tag{27}$$

$$\sum_{n\leqslant Q}{}' \mu(n)(k(n))^{-1}\log Q/n$$
$$=(\pi^2/6)\,k(r)/r+O(\sigma_{-2/3}(r)\,(\log 2Q)^{-A}), \quad (28)$$
$$\sum_{n\leqslant Q}{}' \mu(n)(k(n))^{-1}=O(\sigma_{-2/3}(r)\,(\log 2Q)^{-A}), \quad (29)$$
这里的“ ′”表示条件$(n,r)=1$，O 常数和 A 有关.

证：考虑正整数集合
$$\mathscr{D}=\mathscr{D}(r)=\{d\geqslant 1 \mid d=1,\text{或 } p\mid d\Rightarrow p\mid r\}. \quad (30)$$
容易看出，对 $-2\lambda>1$ 有
$$\sum_{d\in\mathscr{D}} d^{\lambda}=\prod_{p\mid r}(1-p^{\lambda})^{-1}\ll\prod_{p\mid r}(1+p^{\lambda})\leqslant\sigma_{\lambda}(r), \quad (31)$$
其中 $\ll$ 常数和 λ 有关. 此外还有
$$\sum_{d\mid n,\,d\in\mathscr{D}}\mu(n/d)=\begin{cases}\mu(n), & (n,r)=1,\\ 0, & (n,r)>1.\end{cases} \quad (32)$$
我们先来证明式(26). 利用式(32)，(22)及(23)可得
$$\sum_{n\leqslant Q}{}'\mu(n)n^{-1}\log Q/n=\sum_{n\leqslant Q}n^{-1}\log Q/n\sum_{d\mid n,\,d\in\mathscr{D}}\mu(n/d)$$
$$=\sum_{Q\geqslant d\in\mathscr{D}}d^{-1}\sum_{m\leqslant Q/d}\mu(m)m^{-1}\log(Q/md)$$
$$=\sum_{Q\geqslant d\in\mathscr{D}}d^{-1}\{1+O((\log 2\theta/d)^{-A})\}$$
$$=r/\varphi(r)+I_1+I_2, \quad (33)$$
其中
$$I_1=\sum_{Q<d\in\mathscr{D}}d^{-1},\ I_2\ll\sum_{Q\geqslant d\in\mathscr{D}}d^{-1}(\log 2Q/d)^{-A}.$$
由式(31)得
$$I_1\leqslant Q^{-1/3}\sum_{d\in\mathscr{D}}d^{-2/3}\ll Q^{-1/3}\sigma_{-2/3}(r),$$

$$I_2 \ll (\log 2Q)^{-A} \sum_{\sqrt{Q} \geqslant d \in \mathscr{D}} d^{-1} + \sum_{\sqrt{Q} < d \in \mathscr{D}} d^{-1}$$

$$\ll \sigma_{-1}(r)\,(\log 2Q)^{-A} + \sigma_{-2/3}(r)\,Q^{-1/6}.$$

由此及式(33)就证明了式(26)．完全一样，利用式(32)和(22)可证明式(27)．

为了证明式(28)，我们利用关系式

$$(k(n))^{-1} = n^{-1} \sum_{d \mid n} \mu(d) / k(d), \tag{34}$$

由式(26)可得

$$\sum_{n \leqslant Q}{}' \mu(n)\,(k(n))^{-1} \log Q/n$$

$$= \sum_{d \leqslant Q}{}' \mu(d)\,(k(d))^{-1} \sum_{d \mid n \leqslant Q}{}' \mu(n)\,n^{-1} \log Q/n$$

$$= \sum_{d \leqslant Q}{}' \mu^2(d)(dk(d))^{-1} \sum_{m \leqslant Q/d,\,(m,dr)=1} \mu(m) m^{-1} \log(Q/md)$$

$$= \sum_{d \leqslant Q}{}' \mu^2(d)\,r\,(k(d)\varphi(dr))^{-1}$$

$$+ O\left(\sigma_{-2/3}(r) \sum_{d \leqslant Q} \sigma_{-2/3}(d) d^{-2} (\log 2Q/d)^{-A}\right)$$

$$= r(\varphi(r))^{-1} \prod_{p \nmid r} (1-p^{-2})^{-1} + O(r(Q\varphi(r))^{-1})$$

$$+ O\left(\sigma_{-2/3}(r) \sum_{d \leqslant Q} \sigma_{-2/3}(d)\,d^{-2} (\log 2Q/d)^{-A}\right). \tag{35}$$

注意到 $r(Q\varphi(r))^{-1} \ll \sigma_{-1}(r)\,Q^{-1}$ 及

$$\sum_{d \leqslant Q} \sigma_{-2/3}(d) d^{-2} (\log 2Q/d)^{-A} \ll \sum_{d \leqslant Q} d^{-3/2} (\log 2Q/d)^{-A}$$

$$= \sum_{d \leqslant Q} + \sum_{\sqrt{Q} < d \leqslant Q} \ll (\log 2Q)^{-A} + Q^{-1/4},$$

由式(35)就推出式(28). 用同样的方法, 利用式(34)及式(27)就可证明式(29), 这时要注意到由于这里没有因子 $\log Q/n$, 所以原来在式(35)中的主项不出现而只有大 O 项.

引理 6 在引理 5 的条件与符号下, 当 $Q \geqslant 1$ 时, 我们有

$$\sum_{n \leqslant Q}{}' \mu^2(n) = (6/\pi^2)(r/k(r))Q\{1+O(Q^{-1/2}\sigma_{-1/3}(r))\}, \tag{36}$$

这里的" ′ "表示条件 $(n,r)=1$.

证: 设 $\mathscr{D}$ 是由式(30)给出的集合, 容易证明

$$\sum_{d \in \mathscr{D}, d \mid n} \mu^2(n/d)\lambda(d) = \begin{cases} \mu^2(n), & (n,r)=1, \\ 0, & (n,r)>1. \end{cases} \tag{37}$$

这里 $\lambda(d) = (-1)^{\Omega(d)}$ 是 Liouville 函数. 由此可得

$$\sum_{n \leqslant Q}{}' \mu^2(n) = \sum_{n \leqslant Q} \sum_{d \in \mathscr{D}, d \mid n} \mu^2(n/d)\lambda(d) = \sum_{d \in \mathscr{D}} \lambda(d) \sum_{m \leqslant Q/d} \mu^2(m).$$

注意到

$$\begin{aligned} \sum_{m \leqslant y} \mu^2(m) &= \sum_{m \leqslant y} \sum_{d^2 \mid m} \mu(d) = \sum_{d^2 \leqslant y} \mu(d)\,[y/d^2] \\ &= y \sum_{d \leqslant \sqrt{y}} \mu(d)\, d^{-2} + O(\sqrt{y}) \\ &= (6/\pi^2)\, y + O(\sqrt{y}), \end{aligned}$$

由上式得到

$$\begin{aligned} \sum_{n \leqslant Q}{}' \mu^2(n) &= (6/\pi^2) Q \sum_{d \in \mathscr{D}} \lambda(d)/d + O\left(Q^{1/2} \sum_{d \in \mathscr{D}} d^{-1/2}\right). \\ &= (6/\pi^2) Q \prod_{p \mid r} (1+p^{-1})^{-1} + O(Q^{1/2} \prod_{p \mid r} (1-p^{-1/2})^{-1}), \end{aligned} \tag{38}$$

由此及

$$\prod_{p \mid r} (1+p^{-1}) \prod_{p \mid r} (1-p^{-1/2})^{-1} \ll \prod_{p \mid r} (1+p^{-1/3}) \leqslant \sigma_{-1/3}(r)$$

就推出式(36).

最后，还要证明一个简单估计式

引理 7 设$\sigma_a(n)$由式(25)给出. 当 $-2\leqslant a\leqslant 0$, $Q\geqslant 1$时，我们有

$$\sum_{q\leqslant Q}\sigma_a^{\lambda}(q)\ll Q\min(|a|^{-3},(\log 2Q)^3),\quad \lambda\leqslant 2. \tag{39}$$

证：由于 $\sigma_a^{\lambda}(q)\leqslant\sigma_a^2(q)$, $\lambda\leqslant 2$，所以只要证明 $\lambda=2$ 的情形. 当$a<-(\log 2Q)^{-1}$时有，

$$\begin{aligned}\sum_{q\leqslant Q}\sigma_a^2(q)&=\sum_{d_1\leqslant Q,d_2\leqslant Q}d_1^a d_2^a\sum_{[d_1,d_2]|q\leqslant Q}1\\&\leqslant Q\sum_{d_1\leqslant Q,d_2\leqslant Q}(d_1d_2)^{a-1}(d_1,d_2)\\&=Q\sum_{d_1\leqslant Q,d_2\leqslant Q}(d_1d_2)^{a-1}\sum_{r|(d_1,d_2)}\varphi(r)\\&=Q\sum_{r\leqslant Q}\varphi(r)r^{2a-2}\left(\sum_{d\leqslant Q/r}d^{a-1}\right)^2\\&=Q\sum_{r\leqslant Q}r^{2a-1}\left(\sum_{d\leqslant Q/r}d^{a-1}\right)^2\ll Q|a|^{-3}.\end{aligned}$$

由此及

$$\sum_{q\leqslant Q}\sigma_a^2(q)\leqslant\sum_{q\leqslant Q}d^2(q)\ll Q(\log 2Q)^3$$

就证明了所要的结果.

定理 2 的证明：分(A) $x_1x_2\leqslant N$ 和(B) $x_1x_2>N$ 两种情形来证明. 以I 表式(4)的左边，并记 $\Lambda_i(d)=\Lambda(d;x_i)$, $i=1,2$.

(A) $x_1x_2\leqslant N$ 的情形. 注意到式(3)，我们有

$$I=\sum_{d\leqslant N}\sum_{e\leqslant N}\Lambda_1(d)\,\Lambda_2(e)[N/[d,e]] \tag{40}$$

$$=\sum_{d\leqslant x_1}\sum_{e\leqslant x_2}\mu(d)(\log x_1/d)\mu(e)(\log x_2/e)N/[d,e]$$

$$+O\left(\sum_{d\leqslant x_1}\sum_{e\leqslant x_2}(\log x_1/d)(\log x_2/e)\right)$$

$$=NI_1+O(x_1x_2).$$

利用式(26)(取 $A=2$)可得("$'$"表条件与 r 互素)

$$I_1=\sum_{d\leqslant x_1}\sum_{e\leqslant x_2}\mu(d)\mu(e)d^{-1}e^{-1}(\log x_1/d)(\log x_2/e)\sum_{r\mid(d,e)}\varphi(r)$$

$$=\sum_{r\leqslant x_1}\mu^2(r)\varphi(r)r^{-2}\left\{\sum_{m\leqslant x_1/r}{}'\mu(m)m^{-1}(\log x_1/mr)\right\}$$

$$\cdot\left\{\sum_{n\leqslant x_2/r}{}'\mu(n)n^{-1}(\log x_2/nr)\right\}$$

$$=\sum_{r\leqslant x_1}\mu^2(r)\varphi(r)r^{-2}\{r/\varphi(r)+O(\sigma_{-2/3}(r)(\log 2x_1/r)^{-2})\}^2$$

$$=\sum_{r\leqslant x_1}\mu^2(r)/\varphi(r)+O\left(\sum_{r\leqslant x_1}r^{-1}\sigma^2_{-2/3}(r)(\log 2x_1/r)^{-2}\right). \tag{41}$$

由引理 7 知

$$\sum_{r\leqslant x_1}r^{-1}\sigma^2_{-2/3}(r)(\log 2x_1/r)^{-2}$$

$$=\sum_{k\geqslant 1}\sum_{2^{-k}x_1<r\leqslant 2^{-k+1}x_1}r^{-1}\sigma^2_{-2/3}(r)(\log 2x_1/r)^{-2}$$

$$\ll x_1^{-1}\sum_{k\geqslant 1}2^k k^{-2}\sum_{r\leqslant 2^{-k+1}x_1}\sigma^2_{-2/3}(r)\ll 1.$$

利用式(8)(或式(19)),从以上三式就推出当 $x_1x_2\leqslant N$ 时定理成立.

(B) $x_1 x_2 > N$ 的情形. 利用熟知公式

$$\sum_{d \mid n} \mu(d) \log x/d = \begin{cases} \Lambda(n), & n>1, \\ \log x, & n=1, \end{cases}$$

可推得

$$\sum_{d \mid n} \Lambda(d; x) = \Lambda(n) - \sum_{x<d \mid n} \mu(d) \log x/d$$

$$= \Lambda(n) + \sum_{n/x > d \mid n} \mu(n/d)(\log n/dx), \quad n>1.$$

这样就有

$$I = \log x_1 \log x_2 + \sum_{1<n\leqslant N} \left\{ \Lambda(n) + \sum_{n/x_1 > d \mid n} \mu(n/d)(\log n/dx_1) \right\}$$

$$\cdot \left\{ \Lambda(n) + \sum_{n/x_2 > e \mid n} \mu(n/e)(\log n/ex_2) \right\}$$

$$= \log x_1 \log x_2 + \Sigma_1 + \Sigma_2 + \Sigma_3, \tag{42}$$

其中

$$\Sigma_1 = \sum_{1<n\leqslant N} \Lambda^2(n),$$

$$\Sigma_2 = \sum_{1<n\leqslant N} \Lambda(n) \left\{ \sum_{n/x_1 > d \mid n} \mu(n/d)(\log n/dx_1) + \sum_{n/x_2 > e \mid n} \mu(n/e)(\log n/ex_2) \right\},$$

$$\Sigma_3 = \sum_{1<n\leqslant N} \left\{ \sum_{n/x_1 > d \mid n} \mu(n/d)(\log n/dx_1) \right\} \cdot \left\{ \sum_{n/x_2 > e \mid n} \mu(n/e)(\log n/ex_2) \right\}.$$

由初等的素数定理立即推出

$$\Sigma_1 = N\log N + O(N). \tag{43}$$

由于当 $n = p^k$ 时有

$$\sum_{n/x > d | n} \mu(n/d)(\log n/dx) = \begin{cases} -\log p/x, & p > x, \\ 0, & p \leqslant x, \end{cases}$$

利用初等的素数定理就得

$$\Sigma_2 = -\sum_{x_1 < p \leqslant N} \log p \log p/x_1 - \sum_{x_2 < p \leqslant N} \log p \log p/x_2$$

$$+ O(N^{1/2}\log 2N)$$

$$= N\log(x_1 x_2 N^{-2}) + O(N). \tag{44}$$

最后来计算 Σ_3. 设 $(d, e) = q$, $d = qr$, $e = qt$, 以及 $w = \max(x_1/t, x_2/r)$. 我们有(令 $n = qrtm$)

$$\Sigma_3 = \sum_{d \leqslant N/x_1} \sum_{e \leqslant N/x_2} \sum_{\substack{[d,e] | n \leqslant N \\ dx_1 < n, ex_2 < n}} \mu(n/d)\mu(n/e)(\log n/dx_1)$$

$$\cdot (\log n/ex_2)$$

$$= \sum_{q \leqslant N/x_2} \sum_{t \leqslant N/qx_2} \mu(t) \sum_{\substack{r \leqslant N/qx_1 \\ (r,t)=1}} \mu(r)$$

$$\cdot \sum_{\substack{w < m \leqslant N/qrt \\ (m,rt)=1}} \mu^2(m)(\log mt/x_1)(\log mr/x_2).$$

利用引理 6 及分部积分, 上式最内层和等于(注意条件 $(r, t) = 1$)

$$\int_w^{N/qrt} \left(\log \frac{tu}{x_1}\right)\left(\log \frac{ru}{x_2}\right) d\left(\sum_{\substack{m \leqslant u \\ (m,rt)=1}} \mu^2(m)\right)$$

$$= \frac{6rt}{\pi^2 k(r)k(t)} \left\{ \int_w^{N/qrt} \left(\log \frac{tu}{x_1}\right)\left(\log \frac{ru}{x_2}\right) du \right.$$

$$+O\left(\sigma_{-1/3}(rt)\left(\frac{N}{qrt}\right)^{1/2}\left(\log\frac{2N}{qrx_1}\right)\left(\log\frac{2N}{qtx_2}\right)\right)\Bigg\}$$

$$=\frac{6N}{\pi^2 qk(r)k(t)}\left\{\left(\log\frac{N}{eqrx_1}\right)\left(\log\frac{N}{eqtx_2}\right)+1\right\}$$

$$+\frac{6wrt}{\pi^2 k(r)k(t)}\log\frac{w}{ye^2}$$

$$+O\left(\sigma_{-1/3}(rt)\left(\frac{N}{qrt}\right)^{1/2}\left(\log\frac{2N}{qrx_1}\right)\left(\log\frac{2N}{qtx_2}\right)\right).$$

其中 e 为自然对数底，$y=\min(x_1/t, x_2/r)$. 因此

$$\Sigma_3=\frac{6N}{\pi^2}\sum_{q\leqslant N/x_2}\frac{1}{q}\sum_{t\leqslant N/qx_2}\frac{\mu(t)}{k(t)}$$

$$\cdot\sum_{\substack{r\leqslant N/qx_1\\(r,t)=1}}\frac{\mu(r)}{k(r)}\left\{\left(\log\frac{N}{eqrx_1}\right)\left(\log\frac{N}{eqtx_2}\right)+1\right\}$$

$$+\frac{6x_1}{\pi^2}\sum_{q\leqslant N/x_2}\sum_{r\leqslant N/qx_1}\frac{\mu(r)r}{k(r)}\sum_{\substack{t\leqslant rx_1/x_2\\(t,r)=1}}\frac{\mu(t)}{k(t)}\log\frac{x_1 r}{x_2 t e^2}$$

$$+\frac{6x_2}{\pi^2}\sum_{q\leqslant N/x_2}\sum_{t\leqslant N/qx_2}\frac{\mu(t)t}{k(t)}\sum_{\substack{r<tx_2/x_1\\(r,t)=1}}\frac{\mu(r)}{k(r)}\log\frac{x_2 t}{x_1 r e^2}$$

$$+O\left(N^{1/2}\sum_{q\leqslant N/x_2}q^{-1/2}\left(\sum_{t\leqslant N/qx_2}t^{-1/2}\sigma_{-1/3}(t)\log\frac{2N}{qtx_2}\right)\right.$$

$$\left.\cdot\left(\sum_{r\leqslant N/qx_1}r^{-1/2}\sigma_{-1/3}(r)\log\frac{2N}{qrx_1}\right)\right)$$

$$=N\Sigma_{31}+x_1\Sigma_{32}+x_2\Sigma_{33}+O(N^{1/2}\Sigma_{34}).$$

下面分别来计算 $\Sigma_{3j}, 1\leqslant j\leqslant 4$. 利用式(26)—(29)可得

$$\Sigma_{31}=\sum_{q\leqslant N/x_2}\frac{1}{q}\sum_{t\leqslant N/qx_2}\frac{\mu(t)}{k(t)}\left\{\left(\log\frac{N}{eqtx_2}\right)\right.$$

$$\cdot\left(\frac{k(t)}{t}+O\left(\sigma_{-2/3}(t)\left(\log\frac{2N}{qx_1}\right)^{-4}\right)\right)$$

$$\left.+O\left(\sigma_{-2/3}(t)\left(\log\frac{2N}{qx_1}\right)^{-4}\right)\right\}$$

$$=\sum_{q\leqslant N/x_2}\frac{1}{q}\left\{1+O\left(\left(\log\frac{2N}{qx_2}\right)^{-2}\right)\right\}$$

$$+O\left(\sum_{q\leqslant N/x_2}q^{-1}\left(\log\frac{2N}{qx_1}\right)^{-4}\right.$$

$$\left.\cdot\sum_{t\leqslant N/qx_2}t^{-1}\sigma_{-2/3}(t)\left(\log\frac{2N}{qtx_2}\right)\right)$$

$$=\log\frac{N}{x_2}+O(1)+O\left(\sum_{q\leqslant N/x_2}q^{-1}\left(\log\frac{2N}{qx_2}\right)^{-3}\right.$$

$$\left.\cdot\sum_{t\leqslant N/qx_2}t^{-1}\sigma_{-2/3}(t)\right)$$

$$=\log N/x_2+O(1),$$

最后两步用到了下面的两个估计式:

$$\sum_{t\leqslant y}t^{-1}\sigma_{-2/3}(t)\ll\log 2y,\quad y\geqslant 1, \tag{45}$$

这可利用引理 7 ($\lambda=1$) 及分部求和来证明; 以及

$$\sum_{q\leqslant y}q^{-1}(\log 2y/q)^{-2}\ll 1. \tag{46}$$

利用式(28)，(29) 及(21) 可推出

$$\Sigma_{32}=\sum_{q\leqslant N/x_2}\sum_{x_2/x_1\leqslant r\leqslant N/qx_1}\frac{\mu(r)r}{k(r)}\left\{\frac{k(r)}{r}\right.$$

$$\left.+O\left(\sigma_{-2/3}(r)\left(\log\frac{2x_1r}{x_2}\right)^{-2}\right)\right\}$$

$$\ll\sum_{q\leqslant N/x_2}\frac{N}{qx_1}\left(\log\frac{2N}{qx_1}\right)^{-2}$$

$$+O\left(\sum_{q\leqslant N/x_2}\sum_{x_2/x_1\leqslant r\leqslant N/qx_1}\sigma_{-2/3}(r)\left(\log\frac{2x_1r}{x_2}\right)^{-2}\right)$$

$$\ll N/x_1\ ,$$

最后一步用到了由引理 7 及分部求和推出的估计：

$$\sum_{x_2/x_1<r\leqslant N/qx_1}\sigma_{-2/3}(r)\left(\log\frac{2x_1r}{x_2}\right)^{-2}\ll\frac{N}{qx_1}\left(\log\frac{2N}{qx_2}\right)^{-2}$$

及式(46)．同样可证

$$\Sigma_{33}\ll N/x_2\ .$$

设 $2^{K-1}\leqslant Q<2^K$, 由引理 7 可得

$$\sum_{n\leqslant Q}n^{-1/2}\sigma_{-1/3}(n)\,(\log 2Q/n)$$

$$=\sum_{k=1}^{K}\sum_{2^{-k}Q<h\leqslant 2^{-k+1}Q}n^{-1/2}\sigma_{-1/3}(n)\,(\log 2Q/n)$$

$$\ll\sum_{k=1}^{K}Q^{-1/2}2^{k/2}\cdot k\cdot 2^{-k+1}Q\ll Q^{1/2}.$$

由此及 $N<x_1x_2$ 推出

$$\Sigma_{34}\ll\sum_{q\leqslant N/x_2}q^{-1/2}(N/qx_1)^{1/2}(N/qx_2)^{1/2}\ll N^{1/2}\quad,$$

综合以上各式就得到

$$\Sigma_3 = N\log N/x_2 + O(N) .$$

由此及式(43)，(44)，(42)推出

$$I = N\log x_1 + O(N) .$$

这就证明了当 $x_1 x_2 > N$ 时定理 2 也成立.

§2. Линник 零点密度定理

设 r, r' 是正整数，f 是一算术函数. 令

$$f_r(n) = f((n, r)) , \tag{1}$$

并记

$$f_r f_{r'}(n) = f_r(n) f_{r'}(n) . \tag{2}$$

显见，$f_r(n)$ 以 r 为周期，即

$$f_r(n+r) = f_r(n) ; \tag{3}$$

当 f 是积性函数时，f_r 也是积性的，即有

$$f_r(mn) = f_r(m) f_r(n) , \quad (m, n) = 1 . \tag{4}$$

所以，当 f 是积性函数时，我们把 $f_r(n)$ 称为是**模 r 的拟特征**，这一概念是由 Selberg[1)]引进的.

以下总假定 r, r' 是无平方因子数.

引理 1 设 $q \geqslant 1$，$\chi \bmod q$，f 是积性函数，以及 $\xi_d(d=1, 2, 3, \cdots)$ 是一有界数列，再设

$$M(s, \chi; \xi, f_r) = \sum_{d=1}^{\infty} \xi_d \chi(d) f_r(d) d^{-s} \prod_{p \mid t_d} \{1 + (f(p) - 1)\chi(p) p^{-s}\} , \quad \mathrm{Re}\, s > 1 , \tag{5}$$

1) *Proc*. 1972 *Number Theory Conference*, *Boulder*, 205—216.

其中 $t_d = r/(r,d)$. 那末，当 Re $s>1$ 时有

$$L(s,\chi)M(s,\chi;\xi,f_r)=\sum_{n=1}^{\infty}\Big(\sum_{d\mid n}\xi_d\Big)\chi(n)f_r(n)\,n^{-s}. \tag{6}$$

证：当 Re $s>1$ 时，式(6)的右边等于

$$\sum_{d=1}^{\infty}\xi_d\chi(d)d^{-s}\sum_{m=1}^{\infty}\chi(m)f_r(dm)m^{-s}$$

$$=\sum_{d=1}^{\infty}\xi_d\chi(d)f_r(d)\,d^{-s}\sum_{m=1}^{\infty}\chi(m)f_{t_d}(m)\,m^{-s}, \tag{7}$$

这里用到了当 $\mu(r)\neq 0$ 时，对积性函数 f 有

$$f_r(dm)=f((r,dm))=f((r,d)(r/(r,d),m))$$

$$=f((r,d))f((t_d,m))=f_r(d)\,f_{t_d}(m).$$

由于当 $\mu(k)\neq 0$ 时有

$$f_k(p^l)=1,\ p\nmid k;\ f_k(p^l)=f(p),\ p\mid k, \tag{8}$$

故当 Re $s>1$ 时有

$$\sum_{m=1}^{\infty}\chi(m)f_{t_d}(m)\,m^{-s}$$

$$=\prod_{p\nmid t_d}(1-\chi(p)p^{-s})^{-1}\prod_{p\mid t_d}\{1+\chi(p)p^{-s}f(p)(1-\chi(p)p^{-s})^{-1}\}$$

$$=L(s,\chi)\prod_{p\mid t_d}\{1+(f(p)-1)\chi(p)p^{-s}\},$$

由此及式(5)，式(7)就推出式(6).

容易看出，当取 $f(n)\equiv 1$，$\xi_d=\mu(d)$，$d\leqslant x$；$\xi_d=0$，$d>x$ 时，引理 1 就是式(19.4.29)，$M(s,\chi;\xi,f_r)$ 就是 $M_x^{*}(s,\chi)$.

由式(6)及定理 6.5.4 得：对 $x>0$，Re $s>-1$ 有

$$\sum_{n=1}^{\infty}\left(\sum_{d\mid n}\xi_d\right)\chi(n)f_r(n)n^{-s}e^{-n/x}$$

$$=\frac{1}{2\pi i}\int_{(2)}L(s+w,\chi)M(s+w,\chi;\xi,f_r)\Gamma(w)x^w dw.$$

当 $s=\sigma+it, 1/2\leqslant\sigma<1$ 时，由于上式中的被积函数有因子 $\Gamma(w)$，所以积分线路可移到直线 $\operatorname{Re}w=-\sigma$，这时经过一阶极点 $w=0$，以及当 $\chi=\chi^0$ 时还经过一阶极点 $w=1-s$，因而从上式推得

$$\sum_{n=1}^{\infty}\left(\sum_{d\mid n}\xi_d\right)\chi(n)f_r(n)n^{-s}e^{-n/x}$$

$$=L(s,\chi)M(s,\chi;\xi,f_r)$$

$$+E_0\varphi(q)q^{-1}M(1,\chi;\xi,f_r)\Gamma(1-s)x^{1-s}$$

$$+\frac{1}{2\pi}\int_{-\infty}^{\infty}L((t+u)i,\chi)M((t+u)i,\chi;\xi,f_r)$$

$$\cdot\Gamma(-\sigma+iu)x^{-\sigma+iu}du,$$

其中

$$E_0=1,\quad \chi=\chi^0;\quad E_0=0,\quad \chi\neq\chi^0.$$

当

$$s=\rho=\beta+i\gamma,\quad 1/2\leqslant\beta<1 \tag{9}$$

是 $L(s,\chi)$ 的零点时，我们就得到

$$\sum_{n=1}^{\infty}\left(\sum_{d\mid n}\xi_d\right)\chi(n)f_r(n)n^{-\rho}e^{-n/x}$$

$$=E_0\varphi(q)q^{-1}M(1,\chi;\xi,f_r)\Gamma(1-\rho)x^{1-\rho}$$

$$+\frac{1}{2\pi}\int_{-\infty}^{\infty}L((\gamma+u)i,\chi)M((\gamma+u)i,\chi;\xi,f_r)$$

$$\cdot\Gamma(-\beta+iu)x^{-\beta+iu}du. \tag{10}$$

至此，我们所作的讨论同第三十章中证明零点密度定理所采用的方法(见 § 30.1) 是一样的，只不过是用 $M(s,\chi;\xi,f_r)$ 来代替 $M_x(s,\chi)$.

设 $R\geqslant 1$, $\sum_r^*$ 表对满足条件 $(r,q)=\mu^2(r)=1$ 的 r 求和. 式(10) 两边乘以 r^{-1}, 并求和得到

$$\sum_{n=1}^{\infty}\Big(\sum_{d\mid n}\xi_d\Big)\chi(n)\Big(\sum_{r\leqslant R}{}^* r^{-1}f_r(n)\Big)n^{-\rho}e^{-n/x}$$

$$=E_0\varphi(q)q^{-1}\Gamma(1-\rho)x^{1-\rho}\sum_{r\leqslant R}{}^* r^{-1}M(1,\chi;\xi,f_r)$$

$$+\frac{1}{2\pi}\int_{-\infty}^{\infty}L((\gamma+u)i,\chi)\,\Gamma(-\beta+iu)x^{-\beta+iu}$$

$$\cdot\Big(\sum_{r\leqslant R}{}^* r^{-1}M((\gamma+u)i,\chi,\xi,f_r)\Big)du. \tag{11}$$

我们希望对适当选取的 ξ_d 和 f, 通过这样取平均值后，从式(11) 出发， 利用同 § 30.1 基本上是一样的方法，并结合 Halasz 方法(§ 29.4) 来得到在 $\sigma=1$ 附近的 Линник 型的零点密度定理(式(A))，并有尽可能好的常数 c_1. 迄今，这种方法仅对 $\chi\neq\chi^0$ 得到了好的结果.

我们按照 Jutila 的办法选取

$$\xi_d=\lambda_d, \tag{12}$$

λ_d 由式(1.1) 给出，以及取

$$f(n)=\mu(n)\varphi(n)=\eta(n). \tag{13}$$

我们记

$$a(n)=\sum_{d\mid n}\lambda_d, \tag{14}$$

$$M(s,\chi;\eta_r)=M(s,\chi;\lambda,\eta_r). \tag{15}$$

这样，当 $\chi\neq\chi^0$ 时，由式(11) 得到

$$e^{-1/x}\sum_{r\leq R}{}^{*}r^{-1}+\sum_{n>z_1}a(n)\chi(n)n^{-\rho}e^{-n/x}\Big(\sum_{r\leq R}{}^{*}r^{-1}\eta_r(n)\Big)$$

$$=\frac{1}{2\pi}\int_{-\infty}^{\infty}L((\gamma+u)i,\chi)\Gamma(-\beta+iu)x^{-\beta+iu}$$

$$\cdot\left(\sum_{r\leq R}{}^{*}r^{-1}M((\gamma+u)i,\chi;\eta_r)\right)du, \tag{16}$$

其中 ρ 为 $L(s,\chi)$ 的零点，满足式(9).

为了计算在以后讨论中出现的一些和式，我们先证明几个引理.

引理 2 设 f 是积性函数，$\mathrm{Re}\,s>1$. 我们有

$$\sum_{n=1}^{\infty}f_r f_{r'}(n)n^{-s}=\zeta(s)\prod_{p\mid[r,r'](r,r')^{-1}}(1+(f(p)-1)p^{-s})$$

$$\cdot\prod_{p\mid(r,r')}(1+(f^2(p)-1)p^{-s}). \tag{17}$$

证：由 $\mu(r)\neq0$，$\mu(r')\neq0$ 及式(8)知，当 $\mathrm{Re}\,s>1$ 时

$$\sum_{n=1}^{\infty}f_rf_{r'}(n)n^{-s}=\prod_{p}\{1+f_rf_{r'}(p)(p^{-s}+p^{-2s}+\cdots)\}$$

$$=\prod_{p\mid[r,r'](r,r')^{-1}}(1+f(p)p^{-s}(1-p^{-s})^{-1})$$

$$\cdot\prod_{p\mid(r,r')}(1+f^2(p)p^{-s}(1-p^{-s})^{-1})\prod_{p\nmid r,r'}(1-p^{-s})^{-1},$$

由此就推出式(17).

式(17)右边除 $\zeta(s)$ 外，是有限个有限和的乘积，是一个整函数. 设

$$H(s;r,r')=\prod_{p\mid[r,r'](r,r')^{-1}}(1+(f(p)-1)p^{-s})$$

$$\cdot\prod_{p\mid(r,r')}(1+(f^2(p)-1)p^{-s})$$

$$=\sum_{n=1}^{\infty}h(n;r,r')n^{-s}, \tag{18}$$

这是一个有限和，$h(n;r,r')$是 n 的积性函数．由式(17) 知

$$f_r f_{r'}(n)=\sum_{d\mid n} h(d;r,r')\,. \tag{19}$$

由式(18) 知

$$h(p;r,r')=\begin{cases} f(p)-1, & p\mid [r,r'](r,r')^{-1},\\ f^2(p)-1, & p\mid (r,r'),\\ 0, & p\nmid rr', \end{cases} \tag{20}$$

以及

$$h(p^k;r,r')=0,\quad k>1\,. \tag{21}$$

因此

$$h(n;r,r')=\begin{cases} \prod\limits_{p\mid n}(f(p)-1)\prod\limits_{p\mid (n,r,r')}(f(p)+1), & n\mid [r,r'],\\ 0, & n\nmid [r,r']. \end{cases} \tag{22}$$

引理 3 设$f(n)=\mu(n)\varphi(n)$，$h(n;r,r')$ 由式(18) 给出．我们有

$$\sum_{n=1}^{\infty} h(n;r,r')\,n^{-1}=\begin{cases} \varphi(r), & r=r',\\ 0, & r\neq r'; \end{cases} \tag{23}$$

以及

$$\sum_{n=1}^{\infty}|h(n;r,r')|\leqslant \prod_{p\mid r}(p+1)\prod_{p\mid r'}(p+1)\,. \tag{24}$$

证：在式(18) 中令 $s=1$，并利用 $f(p)=-p+1$ 就立即推出式(23)．由积性及式(20)，(21) 我们有

$$\sum_{d=1}^{\infty}|h(n;r,r')|d^{-s}=\prod_{p\mid [r,r'](r,r')^{-1}}(1+|f(p)-1|p^{-s})\cdot\prod_{p\mid (r,r')}(1+|f^2(p)-1)|p^{-s})\,. \tag{25}$$

现取 $s=0$，并利用 $f(p)=-p+1$ 就得到

$$\sum_{d=1}^{\infty} |h(n;r,r')| = \prod_{p \mid [r,r'](r,r')^{-1}} (p+1) \prod_{p \mid (r,r')} (p-1)^2, \tag{26}$$

这就证明了式(24).

引理 4 当 $\log q \ll (\log R)^{3/2}$ 时，我们有

$$\sum_{r \leqslant R}{}^{*} r^{-1} = 6\pi^{-2} q (k(q))^{-1} \log R (1 + O((\log R)^{-1/4})), \tag{27}$$

其中 $k(q)$ 为由式(1.24)给出，“*”表示条件 $(r, q) = \mu^2(r) = 1$.

证：利用分部求和，从式(1.38)可得：当 $2 \leqslant R_1 \leqslant R$ 时

$$\sum_{R_1 < r \leqslant R}{}^{*} r^{-1} = \int_{R_1}^{R} t^{-1} d\left(\sum_{r \leqslant t}{}^{*} 1\right) = 6\pi^{-2} \prod_{p \mid q} (1 + p^{-1})^{-1} \log R/R_1 + O\left(R_1^{-1/2} \prod_{p \mid q} (1 - p^{-1/2})^{-1}\right). \tag{28}$$

当 R 小于某个正常数 C_1 时引理显然成立. 所以可假定 $R \geqslant c_1$，c_1 为一充分大的正常数. 这时，如果 q 小于某个正常数 c_2，我们可取 c_1, c_3 足够大，及取

$$R_1 = \exp\{c_3 (\log R)^{3/4} (\log\log R)^{-1}\}. \tag{29}$$

注意到

$$\sum_{r \leqslant R}{}^{*} r^{-1} = O(\log R_1) + \sum_{R_1 < r \leqslant R}{}^{*} r^{-1}, \tag{30}$$

由式(28)及(29)就推出式(27)成立. 所以可假定 $q \geqslant c_2$，c_2 为一充分大的常数. 设 $A = p_{\omega(q)}$，$p_{\omega(q)}$ 是第 $\omega(q)$ 个素数. 因此，$q \geqslant p_1 p_2 \cdots p_{\omega(q)}$，

$$\log q \geqslant \sum_{p \leqslant A} \log p \gg A. \tag{31}$$

所以有

$$\prod_{p\mid q}(1+p^{-1})\leqslant\prod_{p\leqslant A}(1+p^{-1})\ll\log A\ll\log\log q\ll\operatorname{loglog}R\ ,\tag{32}$$

$$\begin{aligned}\prod_{p\mid q}(1-p^{-1/2})^{-1}&\ll\prod_{p\mid q}(1+p^{-1})\prod_{p\mid q}(1+p^{-1/2})\\&\ll(\operatorname{loglog}q)\prod_{p\leqslant A}(1+p^{-1/2})\\&\ll(\operatorname{loglog}q)\exp\left(c_4(\log q)^{1/2}(\operatorname{loglog}q)^{-1}\right)\\&\ll\exp\left(c_5(\log q)^{1/2}(\operatorname{loglog}q)^{-1}\right),\end{aligned}\tag{33}$$

c_4, c_5 为正常数，这里用到了

$$\begin{aligned}\log\left(\prod_{p\leqslant A}(1+p^{-1/2})\right)&\leqslant\sum_{p\leqslant A}p^{-1/2}\ll A^{1/2}(\log A)^{-1}\\&\ll(\log q)^{1/2}(\log\log q)^{-1}.\end{aligned}\tag{34}$$

由引理条件知，现在有

$$(\log R)^{3/4}(\operatorname{loglog}R)^{-1}\gg(\log q)^{1/2}(\operatorname{loglog}q)^{-1}\ ,$$

因此可取 R_1 由式(29)给出，c_3 充分大，使得

$$R_1^{-1/2}\prod_{p\mid q}(1-p^{-1/2})^{-1}\ll 1.\tag{35}$$

这样一来，由式(28)，(29)，(30)，(32)及(35)推得

$$\begin{aligned}\sum_{r\leqslant R}{}^{*}r^{-1}&=O((\log R)^{3/4}(\operatorname{loglog}R)^{-1})+6\pi^{-2}\prod_{p\mid q}(1+p^{-1})^{-1}\\&\quad\cdot\log R\,(1+O((\log R)^{-1/4}(\operatorname{loglog}R)^{-1}))\\&=6\pi^{-2}\prod_{p\mid q}(1+p^{-1})^{-1}\log R\,(1+O((\log R)^{-1/4})).\end{aligned}\tag{36}$$

这就证明了引理．

引理 5 设 $q\geqslant 3$，$T\geqslant 2$，$1/2\leqslant\alpha<1$，以及 $\chi\bmod q$ 是非主特征．再设 $\rho=\beta+i\gamma$ 是 $L(s,\chi)$ 在区域

$$\alpha\leqslant\operatorname{Re}s\leqslant 1-c_6(\log qT)^{-1},\ |\operatorname{Im}s|\leqslant T\tag{37}$$

中的零点，c_6 为一正常数，以及

$$g(\rho,\chi)=\sum_{z_1<n\leqslant y}a(n)\chi(n)n^{-\rho}e^{-n/x}\left(\sum_{r\leqslant R}{}^{*}\eta_r(n)r^{-1}\right),\tag{38}$$

这里 $\eta(n)$ 由式(13) 给出，$a(n)$ 由式(14) 和(1.1) 给出，以及出现的参数满足条件

$$x,R,\ z_1<z_2\ll(qT)^{C_7},\tag{39}$$

$$y=x(\log qT)^2,\tag{40}$$

其中 c_7 为任一给定的正数. 那末，对任意正数 ε，当

$$x^{\alpha}\gg R\ z_2(qT)^{1/2+\varepsilon}\tag{41}$$

时有

$$|g(\rho,\chi)|=e^{-1/x}\sum_{r\leqslant R}{}^{*}r^{-1}+O(1),\tag{42}$$

其中 O 常数和 c_6,c_7,ε 有关.

证：由条件(37)，(39)，(40) 及 $a(n)\ll n^{\varepsilon}$ 知

$$\sum_{n>y}a(n)\chi(n)n^{-\rho}e^{-n/x}\Big(\sum_{r\leqslant R}{}^{*}\eta_r(n)r^{-1}\Big)$$

$$\ll R\sum_{n>y}n^{-\alpha+\varepsilon}e^{-n/x}\ll Rxe^{-y/x}$$

$$\ll(qT)^{2C_7}\exp(-(\log qT)^2)\ll1\ ,\tag{43}$$

由此及式(16) 知，为了证明引理就需要估计式(16) 右边的积分. 由式(5)，(15)，(1.1) 及 $\mu(r)\neq0$ 知，当 $\operatorname{Re}s=0$ 时，

$$|M(s,\chi,\eta_r)|\leqslant\sum_{d\leqslant z_2}\varphi((r,d))\prod_{p\mid t_d}(1+p)$$

$$\ll Z_2\prod_{p\mid r}(1+p)\ll z_2r^2\varphi^{-1}(r).$$

由此及式(1.19)，利用分部求和得到：当 $\operatorname{Re}s=0$ 时，

$$\sum_{r\leqslant R}{}^{*}r^{-1}M(s,\chi,\eta_r)\ll z_2\sum_{r\leqslant R}\mu^2(r)r\varphi^{-1}(r)\ll R\ z_2.$$

此外，当 $1/2 \leqslant \operatorname{Re} s \leqslant 1-c_6(\log qT)^{-1}$ 时

$$\Gamma(-s)=-s^{-1}(1-s)^{-1}\Gamma(2-s) \ll \log qT,$$

由以上两个估计式，$L(s,\chi)$ ($\operatorname{Re} s=0$) 及 $\Gamma(s)$($\operatorname{Re} s=-\beta$) 当 $\operatorname{Im} s \to \infty$ 时的阶估计(见式(14.3.14)[1] 及(3.3.22))，以及条件(37)，(41)，立即推出式(16) 右边的积分 $\ll 1$，由此及式(43) 就推出所要的结论，O 常数和 c_6, c_7, ε 有关是显然的.

由式(42) 和(27) 可以看出，当 $\chi \neq \chi^0$ 时，对 $L(s,\chi)$ 在区域(37) 中的每一个零点 ρ，相应的引理 5 中的 Dirichlet 多项式 $g(\rho,\chi)$ 取大值.

为了使得在 $\sigma=1$ 附近的零点密度估计不出现对数方次，就需要利用下面的 Линник 零点密度引理.

引理 6 设 $q \geqslant 1$，$\chi \bmod q$，$s_0=1+it_0$，以及 $\delta>0$. 再设 $M(\delta; s_0,\chi)$ 表 $L(s,\chi)$ 在圆域 $|s-s_0| \leqslant \delta$ 中的零点个数. 我们有

$$M=M(\delta; s_0,\chi) \leqslant O(\delta \log(q(|t_0|+2)))+1, \quad (44)$$

其中 O 常数是一个绝对正常数.

证：由定理 17.1.1 及推论 15.3.2 知，可假定

$$c_8(\log(q(|t_0|+2)))^{-1} \leqslant \delta \leqslant 1/4. \quad (45)$$

由于 $L(s,\chi)$ 和 $L(s,\chi^*)$ ($\chi \Leftrightarrow \chi^*$) 的非显然零点相同，所以不妨假定 χ 是模 q 的原特征. 根据定理 8.4.1 及 15.3.4(取 $s=s_1=1+\delta+it_0$)得

$$\sum_{|\rho-s_1| \leqslant 1/2} \operatorname{Re}(s_1-\rho)^{-1}=E_0 \operatorname{Re}(s_1-1)^{-1}+\operatorname{Re}\frac{L'}{L}(s_1,\chi)$$
$$+O(\log(q(|t_0|+2))). \quad (46)$$

对 $L(s,\chi)$ 的任一零点 ρ 都有

1) 注意到式(14.1.3)，当 $\sigma=0$ 时式(14.3.14) 右边乘以 q^{ε} 后就对非原特征也成立.

$$\mathrm{Re}\,(s_1-\rho)\geqslant\delta,$$

而当 ρ 属于 $|s-s_0|\leqslant\delta\leqslant 1/4$ 时，必有

$$|s_1-\rho|\leqslant 2\delta\leqslant 1/2,$$

因此有

$$\sum_{|\rho-s_1|\leqslant 1/2}\mathrm{Re}\,(s_1-\rho)^{-1}\geqslant\sum_{|\rho-s_0|\leqslant\delta}|s_1-\rho|^{-2}\,\mathrm{Re}\,(s_1-\rho)$$

$$\geqslant(4\delta)^{-1}M.$$

由此及

$$\frac{L'}{L}(s_1,\chi)\ll\delta^{-1},\quad E_0\,\mathrm{Re}\,(s_1-1)^{-1}\leqslant\delta^{-1},$$

从式(46)和(45)就推出

$$M\ll\delta\log(q(|t_0|+2)),$$

这就证明了引理.

为了对 $\chi=\chi^0$，即对 $\zeta(s)$ 得到不出现对数方次的零点密度估计，我们有下面的引理

引理 7 设 $T\geqslant 2$, $1/2\leqslant\alpha\leqslant 1$，以及 $N(\alpha,T)$ 由式(30.C)给出. 我们有

$$N(\alpha,T)\ll T^{3(1-\alpha)}. \tag{47}$$

证：对任意正数 c_9, c_{10}, c_{11}，当

$$\alpha\leqslant 1-c_9(\log T)^{-3/4}$$

时，我们有

$$T^{c_{10}(1-\alpha)}\geqslant\exp(c_9c_{10}(\log T)^{1/4})\gg(\log T)^{c_{11}}.$$

由此从定理 10.3.2 及推论 30.2.2 ($q=1$) 就推出式(47).

现在，我们可以来证明本节的主要结果.

定理 8 设 $T\geqslant 2$, $1/2\leqslant\alpha\leqslant 1$, $q\geqslant 1$. 我们有

$$N(\alpha,T,q)\ll(qT)^{3(1-\alpha)}, \tag{48}$$

其中 $N(\alpha,T,q)$ 由式(30.C)给出.

证：当 $q\leqslant 2$ 时，$N(\alpha,T,q)=N(\alpha,T)$，由式(47)知

定理成立，此外，对任意的 $\chi^0, N(\alpha, T, \chi^0)=N(\alpha, T)$，所以我们只要证明：当 $q \geqslant 3$ 时

$$N'(\alpha, T, q)=\sum_{\chi^0 \neq \chi \bmod q} N(\alpha, T, \chi) \ll (qT)^{3(1-\alpha)}, \tag{49}$$

这里的 $N(\alpha, T, \chi)$ 在第三十章一开始给出．

由推论 30.2.2 及 $N'(\alpha, T, q)$ 是 α 的减函数知，只要对

$$c_{12}(\log qT)^{-1} \leqslant 1-\alpha \leqslant c_{13}<1/25 \tag{50}$$

来证明式(49) 即可，这里 c_{12} 为任意正数，c_{13} 为任给的小正数．证明的思想在原则上和定理 30.3.1 是一样的；只不过由于这里要求不出现对数方次，所以，在把区域：$\alpha \leqslant \sigma \leqslant 1$，$|t| \leqslant T$ 分为两组小矩形时，小矩形的宽度不能取 $\log qT$ 那样大，而要取 $(\log qT)^{-1}$，以及代替推论 15.3.2 要用引理 6 来估计小矩形中的零点个数．

把区域 $D: \alpha \leqslant \sigma \leqslant 1, |t| \leqslant T$ 分为如下的小矩形：

$$\begin{aligned} Q_m: \quad & \alpha \leqslant \sigma \leqslant 1, \ \max(-T, m(\log qT)^{-1}) \\ & \leqslant t \leqslant \min(T, (m+1)(\log qT)^{-1}), \\ & -T(\log qT)-1 \leqslant m \leqslant T(\log qT). \end{aligned} \tag{51}$$

再设

$$D_j=\bigcup_{m \equiv j(2)} Q_m, \quad j=0,1, \tag{52}$$

并以 $N_j'(\alpha; T, q)$ 表所有 $L(s, \chi)$ $(\chi^0 \neq \chi \bmod q)$ 在区域 D_j 中的零点个数之和，显有

$$N'(\alpha; T, q) \leqslant N_0'(\alpha; T, q)+N_1'(\alpha; T, q). \tag{53}$$

对任一 $\chi \bmod q$，以 $R_j(\chi)$ 记小矩形组 D_j 中至少有一个 $L(s, \chi)$ 的零点的小矩形 Q_m 的个数；在每个这种小矩形中各任取 $L(s, \chi)$ 的一个零点，就得到一组零点：

$$\begin{cases} \rho_{1,\chi}, \rho_{2,\chi}, \cdots, \rho_{R_j(\chi),\chi}, \\ |\mathrm{Im}(\rho_{l,\chi}-\rho_{l',\chi})| \geqslant (\log qT)^{-1}, \quad l \neq l'. \end{cases} \tag{54}$$

由引理 6 知，对任意正数 ε_1 有

$$N_j'(\alpha; T, q) \ll \left(\sum_{\chi^0 \neq \chi \bmod q} R_j(\chi)\right)(1+(1-\alpha)\log qT)$$

$$\ll \left(\sum_{\chi^0 \neq \chi \bmod q} R_j(\chi)\right)(qT)^{\varepsilon_1(1-\alpha)}, \tag{55}$$

这里 $\ll$ 常数和 ε_1 有关.

这样一来，式(49) 就转化为证明：对某个小正数 ε_2 有

$$J_j = \sum_{\chi^0 \neq \chi \bmod q} R_j(\chi) \ll (qT)^{(3-\varepsilon_2)(1-\alpha)}, j=0,1. \tag{56}$$

对 J_0, J_1 的估计是完全一样的. 下面用引理 5 和 Halász 方法(引理 29.4.2) 来估计 J_0，并假定 qT 充分大.

在引理 5 中取 $c_6 = c_{12}$，以及

$$R = (qT)^{\varepsilon_3}, \quad z_1 = (qT)^{1/2+7\varepsilon_3}, \quad z_2 = (qT)^{1/2+8\varepsilon_3},$$

$$x = (qT)^{1+12\varepsilon_3}, \quad y = x(\log qT)^2, \tag{57}$$

这里 ε_3 为某一正数. 容易验证，当我们最后取

$$c_{13} = \varepsilon_3 = \varepsilon \leqslant 1/25 \tag{58}$$

时，由条件(50) 可推出条件(41) 成立. 这样，由式(42) 及引理 4 可推得

$$\sum_{\chi^0 \neq \chi \bmod q} \sum_{\rho_\chi}^{(0)} |g(\rho, \chi)| = J_0\left(\sum_{r \leqslant R}{}^* r^{-1}\right)(1+o(1)), \tag{59}$$

这里 $\sum\limits_{\rho_\chi}^{(j)}$ 表示对由式 (54) 给出的这组零点求和，以及 $o(1) \to 0$，当 $R \to \infty$.

为了估计式(59) 左边和式的上界，我们在引理 29.4.2 中取

$$H(s, \chi) = g(s+\alpha, \chi), \tag{60}$$

$$b(n)=n^{-1}(e^{-n/u}-e^{-n/v})\left(\sum_{r\leqslant R}{}^{*}r^{-1}\eta_r(n)\right)^2,n=1,2,\cdots, \tag{61}$$

其中 u,v 为参数，满足

$$\begin{cases} y\leqslant u=e^{u_1}\leqslant y^{1+\varepsilon_3}, \\ z_1^{1-\varepsilon_3}\leqslant v=e^{v_1}\leqslant z_1 . \end{cases} \tag{62}$$

由式(19) 知，

$$\begin{aligned} B(s,\chi) &= \sum_{n=1}^{\infty} b(n)\,\chi(n)\,n^{-s} \\ &= \sum_{r\leqslant R}{}^{*}\sum_{r'\leqslant R}{}^{*}(rr')^{-1}\sum_{d=1}^{\infty} h(d;r,r')\chi(d)\,d^{-1-s} \\ &\quad \cdot\sum_{m=1}^{\infty}\chi(m)m^{-1-s}(e^{-md/u}-e^{-md/v}) . \end{aligned} \tag{63}$$

取 $s=\rho-\alpha$，由式(29,4.16) 得到

$$\begin{aligned} &\left\{\sum_{\chi^0\neq\chi \bmod q}\ \sum_{\rho\chi}{}^{(0)}|g(\rho,\chi)|\right\}^2 \\ &\leqslant\left\{\sum_{z_1<n\leqslant y}|a(n)|^2 n^{1-2\alpha}e^{-2n/x}(e^{-n/u}-e^{-n/v})^{-1}\right\}\cdot \\ &\quad\cdot\left\{\sum_{\chi^0\neq\chi \bmod q}\ \sum_{\rho\chi}{}^{(0)}\sum_{\chi^0\neq\chi' \bmod q}\ \sum_{\rho'\chi'}{}^{(0)}|B(\rho+\overline{\rho}'-2\alpha,\chi\overline{\chi}')|\right\}. \end{aligned} \tag{64}$$

当 u,v 满足条件(62) 时

$$\begin{aligned} e^{-2n/x}(e^{-n/u}-e^{-n/v})^{-1} &\leqslant \{e^{(2/x-1/y)n}-e^{-(1/z_1-2/x)n}\}^{-1} \\ &<(1-e^{-1/2})^{-1},\quad z_1<n, \end{aligned}$$

最后一步用到了由式(39) —(41) 推出的：当 qT 充分大时 $2/x-1/y>1/x$ 及 $1/z_1-2/x>1/2z_1$. 由式(59)，(64) 及上式就得到(以 $\sum\limits_{\chi q'\rho}{}^{(0)}$ 表求和号 $\sum\limits_{\chi^0\neq\chi \bmod q}\ \sum\limits_{\rho\chi}{}^{(0)}$)：

$$J_0^2\Big(\sum_{r\leqslant R}{}^{*}r^{-1}\Big)^2 \ll \Big\{\sum_{z_1<n\leqslant y}|a(n)|^2 n^{1-2\alpha}\Big\}$$

$$\cdot\Big\{\sum_{\chi_q,\rho}^{(0)}\sum_{\chi_q',\rho'}^{(0)}|B(\rho+\overline{\rho}'-2\alpha,\chi\overline{\chi}')|\Big\}. \qquad (65)$$

上式两边对参数 u_1, v_1 在区域(62) 上积分，再除以 $(\log qT)^2$，注意到式(57)，(58)，我们得到

$$J_0^2\Big(\sum_{r\leqslant R}{}^{*}r^{-1}\Big)^2 \ll \varepsilon_3^{-2}(\log qT)^{-2}\Big\{\sum_{z_1<n\leqslant y}|a(n)|^2 n^{1-2\alpha}\Big\}$$

$$\cdot\sum_{\chi_q,\rho}^{(0)}\sum_{\chi_q',\rho'}^{(0)}\int_{\log y}^{(1+\varepsilon_3)\log y}\int_{(1-\varepsilon_3)\log z_1}^{\log z_1}|B(\rho+\overline{\rho}'$$

$$-2\alpha,\chi\overline{\chi}')|du_1dv_1, \qquad (66)$$

由定理 1.1[1]，式(50) 及(57) 就得到

$$\sum_{z_1<n\leqslant y}|a(n)|^2 n^{1-2\alpha}=\int_{z_1}^{y}t^{1-2\alpha}d\Big(\sum_{n\leqslant t}|a(n)|^2\Big)\ll\varepsilon_3^{-1}y^{2-2\alpha}. \quad (67)$$

为了估计式(66) 右边的二重和，先来讨论 $B(s,\chi)$. 当 $0\leqslant \operatorname{Re} s\leqslant 2(1-\alpha)$时，由 Mellin 变换(定理 6.5.4) 及移动积分线路得到

$$\sum_{m=1}^{\infty}\chi(m)m^{-1-s}(e^{-md/u}-e^{-md/v})$$

$$=\frac{1}{2\pi i}\int_{(1)}L(1+s+w,\chi)\Gamma(w)((u/d)^w-(v/d)^w)dw$$

$$=E_0\varphi(q)q^{-1}d^sR(s,u,v)+I(s,\chi,d), \qquad (68)$$

其中 $E_0=1$，当 $\chi=\chi^0$；$=0$，$\chi\neq\chi^0$，

1) 这里还不需要渐近公式(1.2)，而仅要上界估计.

$$R(s,u,v)=\begin{cases}\log u/v, & s=0,\\ (u^{-s}-v^{-s})\Gamma(-s), & s\neq 0,\end{cases} \tag{69}$$

以及

$$I(s,\chi,d)=\frac{1}{2\pi i}\int_{(-1+\delta)} L(1+s+w,\chi)\Gamma(w)\left((u/d)^{w}-(v/d)^{w}\right)dw, \tag{70}$$

δ为一适当小的正数．这样，由此及式(63)知，当 $0\leqslant \mathrm{Re}\, s\leqslant 2(1-\alpha)$ 时，

$$\begin{aligned}B(s,\chi)&=E_0\varphi(q)q^{-1}R(s,u,v)\sum_{r\leqslant R}{}^{*}\sum_{r'\leqslant R}{}^{*}(rr')^{-1}\\&\quad\cdot\sum_{d=1}^{\infty}h(d;r,r')\chi(d)d^{-1}\\&\quad+\sum_{r\leqslant R}{}^{*}\sum_{r'\leqslant R}{}^{*}(rr')^{-1}\sum_{d=1}^{\infty}h(d;r,r')\chi(d)d^{-1-s}I(s,\chi,d)\\&=E_0\varphi(q)q^{-1}\Big(\sum_{r\leqslant R}{}^{*}r^{-2}\varphi(r)\Big)R(s,u,v)+\Sigma_1,\end{aligned} \tag{71}$$

最后一步用到了求和条件$(rr', q)=1$及式(22)，(23)．由熟知的估计(见定理 14.3.4 或 13.4.5)：当 $\mathrm{Re}(1+s+w)\geqslant\delta$，$\mathrm{Im}(s+w)\ll q^{\delta}T$ 时，

$$L(1+s+w,\chi)\ll(qT)^{1/2}, \tag{72}$$

$\ll$ 常数和 δ 有关，以及 $\Gamma(w)$ 的阶估计(见式(3.3.22))可推出：当$\mathrm{Im}\, s\ll T$，$\mathrm{Re}\, s\geqslant 0$ 时

$$I(s,\chi,d)\ll(qT)^{1/2}(v/d)^{-1+\delta}. \tag{73}$$

当我们要求取

$$\varepsilon=\varepsilon_3=c_{13}=\delta\leqslant 1/25 \tag{74}$$

时，由式(72)，(73)，(24)及式(1.19)，并注意到式(57)和(62)，我们有

$$\Sigma_1 \ll (qT)^{1/2} v^{-1+\delta} \sum_{r\leqslant R}{}^{*} \sum_{r'\leqslant R}{}^{*} (rr')^{-1} \sum_{d=1}^{\infty} |h(d;r,r')|$$

$$\ll (qT)^{1/2} v^{-1+\delta} \left(\sum_{r\leqslant R}{}^{*} r\varphi^{-1}(r) \right)^2$$

$$\ll (qT)^{1/2} v^{-1+\delta} R^2 \ll (qT)^{-3\varepsilon}, \tag{75}$$

这里 $\ll$ 常数和 ε 有关. 由于仅当 $\chi=\chi'$时才有 $\chi\overline{\chi}'=\chi^0$, 由式(66), (67), (71) 及(75) 得到, (注意到式(74)):

$$J_0^2 \left(\sum_{r\leqslant R}{}^{*} r^{-1} \right)^2 \ll (\log qT)^{-2} y^{2-2\alpha} \varphi(q)\, q^{-1} \left(\sum_{r\leqslant R}{}^{*} r^{-2} \varphi(r) \right)$$

$$\cdot \left\{ \sum_{\chi^0 \neq \chi \bmod q} \sum_{l=1}^{R_0(\chi)} \sum_{l'=1}^{R_0(\chi)} \int_{\log y}^{(1+\varepsilon)\log y} \int_{(1-\varepsilon)\log z_1}^{\log z_1} \right.$$

$$\left. \cdot\ |R(\rho_{l,\chi} + \overline{\rho}_{l',\chi} - 2\alpha, u, v)|\, du_1 dv_1 \right\}$$

$$+ y^{2-2\alpha} (qT)^{-3\varepsilon} J_0^2 . \tag{76}$$

当 $0 \leqslant \mathrm{Re}\, w \leqslant 1/2$, $w \neq 0$ 时,

$$(u^{-w} - v^{-w})\, \Gamma(-w) = \Gamma(1-w) \int_v^u t^{-w-1}\, dt \ll \log u/v .$$

由此及式(54), (57), (62)及(69), 并注意到 $2\varepsilon \geqslant \mathrm{Re}(\rho_{l,\chi} + \overline{\rho}_{l',\chi} - 2\alpha) \geqslant 0$, 我们有

$$\sum_{\chi^0 \neq \chi \bmod q} \sum_{l=1}^{R_0(\chi)} \sum_{l'=1}^{R_0(\chi)} \int_{\log y}^{(1+\varepsilon)\log y} \int_{(1-\varepsilon)\log z_1}^{\log z_1} |R(\rho_{l,\chi}$$

$$+ \overline{\rho}_{l',\chi} - 2\alpha, u, v)|\, du_1\, dv_1$$

$$= \sum_{\chi^0 \neq \chi \bmod q} \sum_{l=l'} + \sum_{\chi^0 \neq \chi \bmod q} \sum_{l\neq l'}$$

$$\ll J_0(\log qT)^3+(\log qT)\sum_{\chi^0\neq\chi \bmod q}\sum_{l\neq l'}|\Gamma(-(\rho_{l,\chi}$$

$$+\overline{\rho}_{l',\chi}-2\alpha))||\rho_{l,\chi}+\overline{\rho}_{l',\chi}-2\alpha|^{-1}$$

$$\ll J_0(\log qT)^3+(\log qT)\sum_{\chi^0\neq\chi \bmod q}\sum_{l\neq l'}|\rho_{l,\chi}$$

$$+\overline{\rho}_{l',\chi}-2\alpha|^{-2}$$

$$\ll J_0(\log qT)^3\ , \tag{77}$$

最后一步用到了由式(54) 推出的：对任一给定的 l 有

$$\sum_{l'\neq l}|\rho_{l,\chi}+\overline{\rho}_{l',\chi}-2\alpha|\ll\sum_m(\log qT)^2/m^2\ll(\log qT)^2.$$

由式(76)，(77) 得到

$$J_0^2\left(\sum_{r\leqslant R}{}^*r^{-1}\right)^2\ll J_0\varphi(q)q^{-1}y^{2-2\alpha}(\log qT)\left(\sum_{r\leqslant R}{}^*r^{-2}\varphi(r)\right)$$

$$+J_0^2y^{2-2\alpha}(qT)^{-3\varepsilon}. \tag{78}$$

由引理 4 及式(57) 可得

$$\sum_{r\leqslant R}{}^*r^{-1}\geqslant\varphi(q)q^{-1}(\log R)(1+o(1))\gg\varphi(q)q^{-1}(\log qT);$$

由式(50)，(57)，(74) 可得

$$y^{2-2\alpha}(qT)^{-3\varepsilon}\leqslant(qT)^{-\varepsilon+24\varepsilon^2}(\log qT)^{4\varepsilon}=o(1),\ qT\to\infty.$$

此外，注意到

$$\sum_{r\leqslant R}{}^*r^{-2}\varphi(r)\leqslant\sum_{r\leqslant R}{}^*r^{-1},$$

由以上四式就推出

$$J_0\ll y^{2-2\alpha}=((qT)^{2+24\varepsilon}(\log qT)^4)^{(1-\alpha)}, \tag{79}$$

对 J_1 可得同样的估计．因此，在条件(58)下，取 $\varepsilon=\varepsilon_2=\varepsilon_1=1/26$，由此就证明了式(56)成立，进而由式(55)，(53)推出当条件(50)成立时式(49)成立．

在讨论算术级数中的最小素数时，我们直接要用的不是定理8，而是下面的较弱的结果——定理9．但为了得到关于最小素数的较好的数值结果，就需要定出定理9中出现的常数的较好的值，为此就要利用 Graham 的渐近公式——定理1.1．

定理 9 设 $\lambda\geqslant 0$，$q\geqslant 3$，ε 为充分小的正数，以及 $Q(\lambda,q)$ 表示在区域

$$\alpha=1-\lambda(\log q)^{-1}\leqslant\sigma\leqslant 1,\quad |t|\leqslant q^{\varepsilon} \tag{80}$$

中至少有一个零点的 $L(s,\chi)$ $(\chi \bmod q)$ 的个数．那末存在正数 q_0 使当 $q\geqslant q_0$ 时，

$$Q(\lambda,q)<9.87\,e^{11\lambda}. \tag{81}$$

证：由式(48)知

$$Q(\lambda,q)\leqslant N(\alpha,q^{\varepsilon},q)\ll e^{q\lambda},$$

所以存在正数 λ_0，使当 $\lambda\geqslant\lambda_0$ 时式(81)必成立．由定理17.1.1知，存在常数 $c_{14}>0$，使得除了一个例外函数可能有一个例外实零点外，所有的 $L(s,\chi)$ $(\chi \bmod q)$ 在区域 $1-c_{14}(\log q)^{-1}\leqslant\sigma\leqslant 1$，$|t|\leqslant q^{\varepsilon}$ 中无零点，所以，我们只要来证明：当 $c_{14}<\lambda<\lambda_0$，$q\geqslant q_0$ 时式(81)成立．这一结论的证明基本上和定理8一样，一方面在方法上更简单，这里将在式(61)中取定

$$u=y,\quad v=z_1, \tag{82}$$

因而用不到对式(65)（即(64)）取积分；但另一方面为了得到好的常数，就需要精确地估算式(64)的两边，特别是要利用渐近公式(1.2)来计算式(64)的右边．

具体证明如下：由定理10.3.2[1)]知，当 $c_{14}<\lambda<\lambda_0$ 及 q 充分大时，$L(s,\chi^0)$ 在区域(80)中无零点．所以可假定

1) 实际上用不到这样强的结果．

$\chi \neq \chi^0$. 设在区域(80)中有零点的 $L(s,\chi)$ $(\chi \neq \chi^0)$ 是

$$L(s,\chi_j)\ ,\quad 1 \leqslant j \leqslant Q(\lambda,q)=J. \tag{83}$$

相应的零点(任取一个)是

$$\rho_j\ ,\quad 1 \leqslant j \leqslant J. \tag{84}$$

在引理 5 中取 $c_6 = c_{14}$,以及代替式(57)取

$$R = q^b\ ,\ z_1 = q^{a_1} < z_2 = q^{a_2}, x = q^c, y = x\log^2 q, \tag{85}$$

其中 a_1, a_2, b, c 为待定正常数,满足条件

$$c - b - a_2 > 1/2. \tag{86}$$

容易验证,当条件(86)成立时,只要取适当小的 ε,当 $q \geqslant q_0$ 时条件(41)一定满足. 这样,由引理 5 类似于式(59)就得到

$$\sum_{j=1}^{J} |g(\rho_j,\chi_j)| = J\left(\sum_{r \leqslant R}{}^{*} r^{-1}\right)(1+o(1)), \tag{87}$$

这里 $o(1) \to 0$, 当 $q \to \infty$. 另一方面类似于式(64)(注意到式(82))可得到

$$\left(\sum_{j=1}^{J} |g(\rho_j,\chi_j)|\right)^2 \leqslant \left\{\sum_{z_1<n\leqslant y} |a(n)|^2 n^{1-2\alpha} e^{-2n/x}(e^{-n/y} - e^{-n/z_1})^{-1}\right\}$$
$$\cdot \left\{\sum_{l=1}^{J}\sum_{l'=1}^{J} |B(\rho_l + \overline{\rho}_{l'} - 2\alpha, \chi_l \overline{\chi}_{l'})|\right\}. \tag{88}$$

先来计算上式右边的第一个和式. 由于

$$e^{-2n/x}(e^{-n/y} - e^{-n/z_1})^{-1} = \{e^{n(2/x-1/y)} - e^{-n(1/z_1-2/x)}\}^{-1},$$

注意式(85)及式(64)的下一式,对任意小正数 ε_1(满足 $z_1^{1+\varepsilon_1} < z_2$)有

$$\sum_{z_1<n\leqslant y} |a(n)|^2 n^{1-2\alpha} e^{-2n/x}(e^{-n/y} - e^{-n/z_1})^{-1}$$
$$= \sum_{z_1^{1+\varepsilon_1}<n\leqslant y^{1-\varepsilon_1}} |a(n)|^2 n^{1-2\alpha}(1+o(1))$$

$$+ O\Big(\sum_{z_1 < n \leqslant z_1^{1+\varepsilon_1}} |a(n)|^2 n^{1-2\alpha}\Big)$$

$$+ O\Big(\sum_{y^{1-\varepsilon_1} < n \leqslant y} |a(n)|^2 n^{1-2\alpha}\Big), \tag{89}$$

这里 $o(1) \to 0$ 当 $q \to \infty$. 由定理1.1 知

$$\sum_{z_1^{1+\varepsilon_1} < n \leqslant y^{1-\varepsilon_1}} |a(n)|^2 n^{1-2\alpha} = \int_{z_1^{1+\varepsilon_1}}^{y^{1-\varepsilon_1}} u^{1-2\alpha} d\Big(\sum_{n \leqslant u} |a(n)|^2\Big)$$

$$= \Big(\log \frac{z_2}{z_1}\Big)^{-2} \int_{z_1^{1+\varepsilon_1}}^{z_2} u^{1-2\alpha}\Big(\log \frac{u}{z_1} + 1\Big) du$$

$$+ \Big(\log \frac{z_2}{z_1}\Big)^{-1} \int_{z_2}^{y^{1-\varepsilon_1}} u^{1-2\alpha} du$$

$$+ O\bigg(\Big(\log \frac{z_2}{z_1}\Big)^{-2} \frac{y^{2(1-\varepsilon_1)(1-\alpha)}}{2(1-\alpha)}\bigg)$$

$$= \Big(\log \frac{z_2}{z_1}\Big)^{-1} \frac{y^{2(1-\varepsilon_1)(1-\alpha)}}{2(1-\alpha)} - \varepsilon_1 \Big(\log \frac{z_2}{z_1}\Big)^{-2}$$

$$\times (\log z_1) \frac{z_1^{2(1+\varepsilon_1)(1-\alpha)}}{2(1-\alpha)}$$

$$- \Big(\log \frac{z_2}{z_1}\Big)^{-2} \frac{z_2^{2(1-\alpha)} - z_1^{2(1+\varepsilon_1)(1-\alpha)}}{4(1-\alpha)^2}$$

$$+ O\bigg(\Big(\log \frac{z_2}{z_1}\Big)^{-2} \frac{y^{2(1-\varepsilon_1)(1-\alpha)}}{2(1-\alpha)}\bigg)$$

$$= \frac{e^{2\lambda(1-\varepsilon_1)(c+\theta)}}{2\lambda(a_2-a_1)} - \varepsilon_1 \frac{a_1 e^{2a_1\lambda(1+\varepsilon_1)}}{2\lambda(a_2-a_1)^2}$$

$$- \frac{e^{2\lambda a_2} - e^{2\lambda a_1(1+\varepsilon_1)}}{4\lambda^2(a_2-a_1)^2} + O\left(\frac{e^{2\lambda(1-\varepsilon_1)(c+\theta)}}{2\lambda(a_2-a_1)^2\log q}\right)$$

$$= \frac{e^{2c\lambda}}{2\lambda(a_2-a_1)} - \frac{e^{2\lambda a_2} - e^{2\lambda a_1}}{4\lambda^2(a_2-a_1)^2}$$

$$+ O(\varepsilon_1 + (\log q)^{-1/2}), \tag{90}$$

其中 $\theta = (2\log\log q)/\log q$，最后两步用到了式(85)，$\alpha = 1-\lambda(\log q)^{-1}$，及 $c_{14} < \lambda < \lambda_0$，这里的 O 常数和 ε_1，q 无关.

类似地，由定理 1.1 可得

$$\sum_{z_1 < n \leqslant z_1^{1+\varepsilon_1}} |a(n)|^2 n^{1-2\alpha} = \left(\log \frac{z_2}{z_1}\right)^{-2} \int_{z_1}^{z_1^{1+\varepsilon_1}} u^{1-2\alpha}$$

$$\times \left(\log \frac{n}{z_1} + 1\right) du$$

$$+ O\left(\left(\log \frac{z_2}{z_1}\right)^{-2} \frac{z_1^{2(1+\varepsilon_1)(1-\alpha)}}{2(1-\alpha)}\right)$$

$$\ll \varepsilon_1 + (\log q)^{-1/2}, \tag{91}$$

以及

$$\sum_{y^{1-\varepsilon} < n \leqslant y} |a(n)|^2 n^{1-2\alpha} \ll \varepsilon_1 + (\log q)^{-1/2}, \tag{92}$$

这里 $\ll$ 常数和 ε_1，q 无关.

其次来讨论式(88)右边的二重和. 当满足

$$1/2 - a_1 + 2b < 0 \tag{93}$$

时，类似于式(71)和(75)可证(注意式(82)和(85))：当 $0 \leqslant \operatorname{Re} s \leqslant 2(1-\alpha)$ 时，

$$B(s,\chi) = E_0\varphi(q)q^{-1}\left(\sum_{r\leqslant R}{}^{*} r^{-2}\varphi(r)\right)R(s,y,z_1) + O(q^{-\varepsilon_1}), \tag{94}$$

O 常数和 q 无关. 由式(69)知

$$\begin{cases} |R(s,y,z_1)| \leqslant \log y/z_1, \quad s=0, \\ |R(s,y,z_1)| \leqslant |\Gamma(1-s)|\left|\int_{z_1}^{y} u^{-s-1}du\right| \\ \qquad \leqslant (\log y/z_1)(1+O(\log^{-1}q)), \\ \qquad\qquad 0 \leqslant \operatorname{Re} s \ll (\log q)^{-1}. \end{cases} \tag{95}$$

因而有

$$\begin{aligned} &\sum_{l=1}^{J}\sum_{l'=1}^{J}|B(\rho_l+\bar{\rho}_{l'}-2\alpha,\chi_l\bar{\chi}_{l'})| \\ &\leqslant \varphi(q)q^{-1}\left(\sum_{r\leqslant R}{}^{*} r^{-2}\varphi(r)\right)(c-a_1)(\log q) \\ &\quad \cdot J(1+O(\log^{-1}q)) + O(J^2q^{-\varepsilon_1}). \end{aligned} \tag{96}$$

综合式(87)—(92)及(96)得到

$$\begin{aligned} &J^2(1+o(1))\left(\sum_{r\leqslant R}{}^{*} r^{-1}\right)^{-2} \\ &\leqslant \varphi(q)q^{-1}\left(\sum_{r\leqslant R}{}^{*} r^{-2}\varphi(r)\right)(\log q)J\{E+O(\varepsilon_1+o(1))\}. \end{aligned} \tag{97}$$

这里 $o(1)\to 0, q\to\infty$，以及

$$E = (c-a_1)\{(2\lambda(a_2-a_1))^{-1}e^{2c\lambda} - (2\lambda(a_2-a_1))^{-2} \cdot (e^{2\lambda a_2} - e^{2\lambda a_1})\}.$$

利用式(27)，(85) 就推出

$$J \leqslant (\pi^2/6)\, b^{-1}\, \{E + O(\varepsilon_1 + o(1))\}. \tag{98}$$

最后我们来计算 E，并确定参数 a_1, a_2, b, c 的取值. 当 $u_2 > u_1 > 0$，$v > 0$ 时有

$$v(u_2 - u_1)\, e^{vu_1} \leqslant e^{vu_2} - e^{vu_1} = v\int_{u_1}^{u_2} e^{vt}\,dt$$

$$\leqslant v(u_2 - u_1)\, e^{vu_2},$$

故有

$$E \leqslant (c - a_1)\,\{(2\lambda(a_2 - a_1))^{-1} e^{2c\lambda} - (2\lambda(a_2 - a_1))^{-1} e^{2a_1\lambda}\}$$

$$\leqslant (c - a_1)(a_2 - a_1)^{-1} e^{2c\lambda},$$

因此

$$J \leqslant (\pi^2/6)(c - a_1)^2 (b(a_2 - a_1))^{-1} e^{2c\lambda} + O(\varepsilon_1 + o(1)). \tag{99}$$

现取

$$a_1 = 5/2,\ a_2 = 4,\ c = 11/2,\ b = 1 - \varepsilon_1, \tag{100}$$

条件(86)，(93) 显然满足. 注意到，这时有

$$(\pi^2/6)(c - a_1)^2 (a_2 - a_1)^{-1} = \pi^2 = 9.86960\cdots,$$

所以对充分小的正数 ε_1 和足够大的 $q \geqslant q_0 = q_0(\varepsilon_1)$，必有

$$J < 9.87\, e^{11\lambda},$$

定理证毕.

§3. Deuring-Heilbronn 现象

在第十七章中，我们讨论了 L 函数可能存在的例外零点的性质. Deuring 和 Heilbronn 在研究虚二次域的类数问题时发现了一个重要现象：如果例外零点存在，那末，除了该零点以外，L 函数的非零区域可以扩展. Линник 首先对这一现象给出了定量的结果. 他证明了

定理 1 设 $q \geqslant 3$. 如果模 q 的例外零点 $\tilde{\beta}$ 存在，

$\widetilde{\delta}=1-\widetilde{\beta}$，那末，所有的 $L(s,\chi)$ $(\chi \bmod q)$ 在区域

$$\begin{cases}\sigma \geqslant 1-\dfrac{c_1}{\log(q(|t|+1))}\log\dfrac{c_2 e}{\widetilde{\delta}\log(q(|t|+1))}, \\ \widetilde{\delta}\log(q(|t|+1)) \leqslant c_2{}^{1)}\end{cases} \tag{1}$$

中除 $\widetilde{\beta}$ 外没有零点，其中 c_1,c_2 是两个绝对正常数.

把这结果和定理 17.1.1，推论 17.1.3 相比较，就可以看出：当 $|t|$ 比较小时，定理 1 扩展了 L 函数的非零区域的范围. 显然，定理 1 可以表述为下面的等价形式.

定理 2 设 $\rho=\beta+i\gamma$ 是任一 $L(s,\chi)(\chi \bmod q)$ 的零点，$\delta=1-\beta$，$U=q(|\gamma|+1)$. 那末，在定理 1 的条件下我们有

$$\widetilde{\delta}>c_3(\log U)^{-1}e^{-c_4\delta\log U}, \tag{2}$$

其中 c_3,c_4 是两个绝对正常数.

本节将证明 Jutila[2] 的结果：

定理 3 设 $q\geqslant 3$，χ_1 是模 q 的实的非主特征，β_1 是 $L(s,\chi_1)$ 的实零点，$\delta_1=1-\beta_1$. 再设 χ 是模 q 的特征，$\rho=\beta+i\gamma$ 是 $L(s,\chi)$ 的零点，$\delta=1-\beta$，$0<\delta_1<\delta<1/18$，以及 $U=q(|\gamma|+1)$. 那末，对任给的正数 ε_1，存在正数 $U_0(\varepsilon_1)$，使当 $U\geqslant U_0(\varepsilon_1)$ 时有

$$\delta_1>(1/8)(1-6\delta)(\log U)^{-1}U^{-(2+\varepsilon_1)(1-6\delta)^{-1}\delta}. \tag{3}$$

注意到式(1)的第二式及定理 17.1.1，在定理 3 中取 $\beta_1=\widetilde{\beta}$ 就可推出定理 2. 当 U 充分大时，定理 3 定出了好的常数 c_3,c_4.

为证明定理 3，先来证明几个引理. 这里也用到了 §2 中的拟特征方法.

---

1) 显然这一条件是可以不要的. 因当 $\widetilde{\delta}\log q(|t|+1)>c_2$ 时，由第一式给出的非零区域比定理 17.1.1 的还要小. 这条件只是明确地表明了这定理仅在这范围内，即当 $|t|$ 较小时，扩展了非零区域.

2) *Math. Scand.* **41** (1977), 45—62.

以下 χ_1 总表模 q 的实的非主特征，以及

$$a(n)=\sum_{d\mid n}\chi_1(n)\ . \tag{4}$$

容易看出

$$\begin{aligned}a(n)&=\prod_{p^\alpha\| n}(1+\chi_1(p)+\cdots+\chi_1^\alpha(p))\\&=\prod_{p^\alpha\| n,\chi_1(p)=1}(\alpha+1)\prod_{p^\alpha\| n,\chi_1(p)=-1}\left(\frac{1+(-1)^\alpha}{2}\right).\end{aligned} \tag{5}$$

特别的，当 $\mu(n)\neq 0$ 时

$$a(n)=\begin{cases}2^{\omega(n)}, & \text{对所有的 } p\mid n \text{ 有 } \chi_1(p)=1,\\ 0, & \text{其它}.\end{cases} \tag{6}$$

引理 4 设 χ 是模 q 的特征, f 是积性函数, f_r 由式 (2.1) 给出．再设 r, r' 是正整数，

$$G_{r,r'}(s,\chi)=\sum_{n=1}^{\infty}\mu^2(n)\chi(n)a(n)f_rf_{r'}(n)n^{-s},\ \mathrm{Re}\,s>1. \tag{7}$$

那末，$G_{r,r'}(s,\chi)$ 可解析开拓为半平面 $\mathrm{Re}\,s>1/2$ 内的半纯函数，它和 $L(s,\chi)L(s,\chi\chi_1)$ 有相同的极点，且有

$$G_{r,r'}(s,\chi)=P_{r,r'}(s,\chi)Q(s,\chi)L(s,\chi)L(s,\chi\chi_1),\ \mathrm{Re}\,s>1/2, \tag{8}$$

其中

$$\begin{aligned}P_{r,r'}(s,\chi)=&\prod_{p\mid rr',\ p\nmid(r,r')}\frac{1+a(p)f(p)\chi(p)p^{-s}}{1+a(p)\chi(p)p^{-s}}\\&\cdot\prod_{p\mid(r,r')}\frac{1+a(p)f^2(p)\chi(p)p^{-s}}{1+a(p)\chi(p)p^{-s}},\end{aligned} \tag{9}$$

$$Q(s,\chi)=\frac{1}{L(2s,\chi^2)}\prod_p\left\{1-\frac{a(p)\chi^2(p)p^{-2s}}{1+\chi_1(p)\chi(p)p^{-s}}\right\}. \tag{10}$$

证：当 Re s > 1 时，由式(7)得

$$G_{r,r'}(s,\chi)=\prod_p(1+a(p)f_rf_{r'}(p)\chi(p)p^{-s})$$

$$=\prod_{p\mid rr',\ p\nmid(r,r')}(1+a(p)f(p)\chi(p)p^{-s})$$

$$\cdot\prod_{p\mid(r,r')}(1+a(p)f^2(p)\chi(p)p^{-s})$$

$$\cdot\prod_{p\nmid r,r'}(1+a(p)\chi(p)p^{-s})$$

$$=P_{r,r'}(s,\chi)\prod_p(1+a(p)\chi(p)p^{-s}),\qquad(11)$$

进而，由式(4)知

$$\prod_p(1+a(p)\chi(p)p^{-s})$$

$$=L(s,\chi)L(s,\chi_1\chi)\prod_p(1+\chi(p)p^{-s}+\chi_1(p)\chi(p)p^{-s})$$

$$\cdot(1-\chi(p)p^{-s})(1-\chi_1(p)\chi(p)p^{-s})$$

$$=L(s,\chi)L(s,\chi_1\chi)\prod_{\chi_1(p)=-1}(1-\chi^2(p)p^{-2s})$$

$$\cdot\prod_{\chi_1(p)=1}\left\{(1-\chi^2(p)p^{-2s})-2(1-\chi(p)p^{-s})\chi^2(p)p^{-2s}\right\}$$

$$=\frac{L(s,\chi)L(s,\chi_1\chi)}{L(2s,\chi^2)}\prod_{\chi_1(p)=1}\left\{1-\frac{2\chi^2(p)p^{-2s}}{1+\chi(p)p^{-s}}\right\}$$

$$=L(s,\chi)L(s,\chi_1\chi)Q(s,\chi).\qquad(12)$$

由以上两式就推出式(8)．当 $\mathrm{Re}\,s>1$ 时成立．上式右边显然可开拓至 $\mathrm{Re}\,s>1/2$．再注意到

$$1-\frac{2\chi^2(p)\,p^{-2s}}{1+\chi(p)\,p^{-s}}=\frac{(1-\chi(p)p^{-s})(1+2\chi(p)p^{-s})}{(1+\chi(p)p^{-s})},$$

以及有限乘积 $P_{r,r'}(s,\chi)$ 的可能有的极点来自 $1+2\chi(p)\cdot p^{-s}=0$，$\chi_1(p)=1$，$p\mid rr'$，$p\nmid(r,r')$．因此，这些可能有的极点一定和式(11)右边乘积中的零点相抵消．这就证明了引理的其余结论．

引理5 设 β_1 是 $L(s,\chi_1)$ 的实零点，$0<\delta_1=1-\beta_1<1/4$．再设 $y\geqslant1$，$R\geqslant1$，

$$T=\sum_{n=1}^{\infty}{}'a(n)\,n^{-\beta_1}e^{-n/y}\Bigl(\sum_{r\leqslant R}{}'a(r)\,f_r(n)\,r^{-1}\Bigr)^2, \tag{13}$$

其中 $\sum\limits_{l}{}'$ 表示变数 l 满足条件

$$\mu^2(l)=1,\quad(l,q)=1. \tag{14}$$

那末，当取

$$f(n)=\mu(n)\,2^{-\omega(n)}\,n \tag{15}$$

时，对任意正数 ε 有

$$T=q^{-1}\varphi(q)Q(1,\chi^0)L(1,\chi_1)\Gamma(\delta_1)y^{\delta_1}S+O(Rq^{1/4}y^{1/2-\beta_1+\varepsilon}), \tag{16}$$

其中 O 常数和 ε 有关，χ^0 是模 q 的主特征，

$$S=\sum_{r\leqslant R}{}'a(r)r^{-1}. \tag{17}$$

证：利用

$$T=\sum_{r\leqslant R}{}'\sum_{r'\leqslant R}{}'(rr')^{-1}a(r)a(r')\sum_{n=1}^{\infty}\mu^2(n)\chi^0(n)\cdot a(n)\cdot f_rf_{r'}(n)\,n^{-\beta_1}e^{-n/y},$$

注意到式(7)，由 Mellin 变换(定理 6.5.4) 可得

$$T=\frac{1}{2\pi i}\sum_{r\leqslant R}{}'\sum_{r'\leqslant R}{}'\frac{a(r)a(r')}{rr'}\cdot\int_{(1)}G_{r,r'}(s+\beta_1,\chi^0)\,\Gamma(s)\,y^s ds\ . \tag{18}$$

由引理 4 知可把积分移到直线 $\mathrm{Re}\,s=1/2-\beta_1+\varepsilon$，移过的极点是 $s=\delta_1$，得到

$$\begin{aligned}T&=q^{-1}\varphi(q)Q(1,\chi^0)L(1,\chi_1)\Gamma(\delta_1)y^{\delta_1}\\&\quad\cdot\sum_{r\leqslant R}{}'\sum_{r'\leqslant R}{}'\frac{a(r)a(r')}{rr'}P_{r,r'}(1,\chi^0)\\&\quad+\frac{1}{2\pi i}\sum_{r\leqslant R}{}'\sum_{r'\leqslant R}{}'\frac{a(r)a(r')}{rr'}\int_{(1/2+\varepsilon)}G_{r,r'}(s,\chi^0)\\&\quad\cdot\Gamma(s-\beta_1)y^{s-\beta_1}\,ds\\&=T_1+T_2\ .\end{aligned} \tag{19}$$

当 $\mu^2(r)=\mu^2(r')=1$，$(rr',q)=1$，$a(r)\,a(r')\neq 0$ 时，由式(6) 知，对 $p\mid rr'$ 必有 $\chi_1(p)=1$；进而由式(9) 及(15) 可得

$$P_{r,r'}(1,\chi^0)=\begin{cases}0\ , & r\neq r',\\ ra^{-1}(r)\ , & r=r'.\end{cases} \tag{20}$$

因此有

$$T_1=q^{-1}\varphi(q)Q(1,\chi^0)L(1,\chi_1)\Gamma(\delta_1)y^{\delta_1}S\ . \tag{21}$$

下面来估计 T_2，由 L 函数的阶估计(定理 14.3.4 或式(24.2.11))，式(8)，(9)[1]，(10) 及(15) 可得

---

1) 当 ε 足够小时，在 $\mathrm{Re}\,s=1/2+\varepsilon$ 上，$P_{r,r'}(s,\chi)$ 的分母 $1+a(p)\chi(p)p^{-s}\neq 0$.

$$G_{r,r'}(1/2+\varepsilon+it,\chi^0)$$

$$\ll(|t|+1)^{1/4}(q(|t|+1))^{1/4}\prod_{p\mid rr',\ p\nmid(r,r')}(2p^{1/2-\varepsilon})$$

$$\cdot\prod_{p\mid(r,r')}(2p^{3/2-\varepsilon})$$

$$\ll(q(|t|+1)^2)^{1/4}2^{\omega(r)+\omega(r')}(rr'(r,r'))^{1/2-\varepsilon/4}, \tag{22}$$

这里 $\ll$ 常数和 ε 有关．由此及式(6) 推出

$$T_2\ll q^{1/4}y^{1/2-\beta_1+\varepsilon}\sum_{r\leqslant R}{}'\sum_{r'\leqslant R}{}'(rr')^{-1}(rr'(r,r'))^{1/2}. \tag{23}$$

上式右边的二重和等于

$$\sum_{r\leqslant R}{}'\sum_{r'\leqslant R}{}'(rr')^{-1/2}(r,r')^{1/2}\leqslant\sum_{d\leqslant R}d^{1/2}\sum_{r,r'\leqslant R,\ (r,r')=d}(rr')^{-1/2}$$

$$=\sum_{d\leqslant R}d^{-1/2}\sum_{u,u'\leqslant R/d,\ (u,u')=1}(uu')^{-1/2}$$

$$\leqslant\sum_{d\leqslant R}d^{-1/2}\Big(\sum_{u\leqslant R/d}u^{-1/2}\Big)^2\ll R. \tag{24}$$

由式(19)，(21)，(23) 及(24) 就证明了引理．

引理 6 设 S 由式(17) 给出．对任意正数 $\varepsilon>0$ 有

$$S\geqslant q^{-1}\varphi(q)Q(1,\chi^0)L(1,\chi_1)\Gamma(\delta_1)$$

$$\cdot(\log R)^{-\delta_1}+O(R^{-1/2+\varepsilon}q^{1/4}), \tag{25}$$

其中 O 常数和 ε 有关．

证：在引理 4 中取 $f(n)\equiv1$，$\chi=\chi^0$，就可看出 $\mu^2(n)\cdot\chi^0(n)a(n)$ 的生成函数是 $Q(s,\chi^0)L(s,\chi^0)L(s,\chi_1)$．利用 Mellin 变换(定理 6.5.4) 并移动积分直线，类似于式(19) 可得

$$\sum_{n\leqslant R}{}' a(n)n^{-\beta_1} e^{-n/R_1}+O(R^{-\beta_1+\varepsilon})$$

$$=\sum_{n=R}\mu^2(n)a(n)\chi^0(n)\, n^{-\beta_1}e^{-n/R_1}$$

$$=\frac{1}{2\pi i}\int_{(2)}Q(s+\beta_1,\chi^0)$$

$$\cdot L(s+\beta_1,\chi^0)L(s+\beta_1,\chi_1)\Gamma(s)\, R_1^s ds$$

$$=q^{-1}\varphi(q)\,Q(1,\chi^0)\,L(1,\chi_1)\,\Gamma(\delta_1)\,R_1^{\delta_1}$$

$$+\frac{1}{2\pi i}\int_{(\frac{1}{2}+\varepsilon)}Q(s,\chi^0)L(s,\chi^0)L(s,\chi_1)$$

$$\cdot\Gamma(s-\beta_1)\,R_1^{s-\beta_1}ds. \tag{26}$$

这里 $R_1=R/\log R$.注意到式(10),利用 L 函数的阶估计(定理14.3.4或式(24.2.11)),容易推出上式中的积分 $\ll q^{1/4}R^{1/2-\beta_1+\varepsilon}$ ($\ll$ 常数和 ε 有关). 利用

$$S\geqslant R^{-\delta_1}\sum_{n\leqslant R}{}' a(n)\, n^{-\beta_1}e^{-n/R_1},$$

由以上讨论就证明了引理.

下面的引理是证明定理的关键.

引理 7 在引理 5 的符号和条件下, 设 $\rho=\beta+i\gamma$ 是 $L(s,\chi)$ ($\chi \bmod q$) 的零点, $\delta_1<\delta=1-\beta<1/4$, $U=q(|\gamma|+1)$. 再设 B 为正常数,

$$R\ll y^B . \tag{27}$$

那末, 当 $\chi\neq\chi^0,\chi_1$ 时, 对任给正数 ε 有

$$T\geqslant S^2(1+y^{-(1+\varepsilon)(\delta-\delta_1)})+O(RU^{1/2}y^{\delta_1-1/2+\varepsilon}); \tag{28}$$

当 $\chi=\chi^0$ 或 χ_1 时, 以下两式必有一个成立:

$$T\geqslant S^2(1+(1/2)y^{-(1+\varepsilon)(\delta-\delta_1)})+O(RU^{1/2}y^{\delta_1-1/2+\varepsilon}), \tag{29}$$

$(\log R)^{\delta_1}\Gamma^{-1}(\delta_1)$

$$\geqslant (1/2)y^{-\delta}|\Gamma(1-\rho)|^{-1}\{1+O(R^{-1/2+\varepsilon}q^{1/4})\}. \quad (30)$$

其中式(28)，(29) 的 O 常数和 ε, B 有关，式(30) 的 O 常数和 ε 有关.

证：设

$$T(s,\chi)=\sum_{n=1}^{\infty}{}' a(n)\chi(n)\, n^{-s}e^{-n/y}\Big(\sum_{r\leqslant R}{}' a(r)f_r(n)r^{-1}\Big)^2. \quad (31)$$

显见 $T=T(\beta_1,\chi^0)$. 类似于式(18) 我们可得

$$T(\rho,\chi)=\frac{1}{2\pi i}\sum_{r\leqslant R}{}'\sum_{r'\leqslant R}{}'\frac{a(r)a(r')}{rr'}$$

$$\cdot\int_{(1)} G_{r,r'}(s+\rho,\chi)\Gamma(s)\, y^s ds \quad , \quad (32)$$

当 $\chi\neq\chi^0, \chi_1$ 时，由引理 4 知 $G_{r,r'}(w,\rho)$ 在 $\mathrm{Re}\, w>1/2$ 内解析，所以把上式中的积分移到直线 $\mathrm{Re}\, s=1/2-\rho+\varepsilon$ 上时不经过极点，因此类似引理 5 中对 T_2 的估计可得 [1)]

$$T(\rho,\chi)\ll RU^{1/2}y^{\delta-1/2+\varepsilon} \quad , \quad (33)$$

这里 $\ll$ 常数和 ε 有关. 若记

$$T(\rho,\chi)=\sum_{n=1}^{\infty}\alpha(n)\, n^{-\beta}e^{-n/y}, \quad (34)$$

则有

$$\alpha(1)=S^2 \quad . \quad (35)$$

注意到 $S\ll\log^2 R$，由此及式(33) 就得到

---

1) 由于 $L(1/2+\varepsilon+i(t+r),\chi)\, L(1/2+\varepsilon+i(t+r),\chi\chi_1)\ll(q(|t+r|+1))^{1/2}$ $\ll(q(|t|+1))^{1/2}+U^{1/2}$，所以在式(33) 中要用 $U^{1/2}$ 代替原来的 $q^{1/4}$.

$$\left|\sum_{n=2}^{\infty}\alpha(n)n^{-\beta}e^{-n/y}\right|\geqslant e^{-1/y}S^2+O(RU^{1/2}y^{\delta-1/2+\varepsilon})$$

$$=S^2+O(RU^{1/2}y^{\delta-1/2+\varepsilon}).\qquad(36)$$

在另一方面，我们有

$$\left|\sum_{n=2}^{\infty}\alpha(n)n^{-\beta}e^{-n/y}\right|\leqslant\sum_{n=2}^{\infty}|\alpha(n)|n^{-\beta}e^{-n/y}\qquad(37)$$

$$=\sum_{2\leqslant n\leqslant y^{1+\varepsilon}}|\alpha(n)|n^{-\beta}e^{-n/y}$$

$$+\sum_{m=1}^{\infty}\sum_{my^{1+\varepsilon}<n\leqslant(m+1)y^{1+\varepsilon}}\cdot|\alpha(n)|n^{-\beta}e^{-n/y}$$

$$\leqslant y^{(1+\varepsilon)(\delta-\delta_1)}\sum_{2\leqslant n\leqslant y^{1+\varepsilon}}|\alpha(n)|n^{-\beta_1}e^{-n/y}$$

$$+\sum_{m=1}^{\infty}e^{-my^{\varepsilon}}\sum_{my^{1+\varepsilon}<n\leqslant(m+1)y^{1+e}}|\alpha(n)|n^{-\beta}.$$

由 $|a(r)|\leqslant 2^{\omega(r)}\leqslant r$ 及 $\left|\sum_{r\leqslant R}{}'a(r)f_r(n)r^{-1}\right|\leqslant R$ 可得

$$|\alpha(n)|\leqslant nR^2.$$

所以式(37) 的右边

$$\leqslant y^{(1+\varepsilon)(\delta-\delta_1)}\sum_{n\geqslant 2}|\alpha(n)|n^{-\beta_1}e^{-n/y}$$

$$+R^2y^{(1+\varepsilon)(1+\delta)}\sum_{m=1}^{\infty}e^{-my^{\varepsilon}}\cdot(m+1)^{\delta}$$

$$=y^{(1+\varepsilon)(\delta-\delta_1)}(T-S^2)+O(y^{-1}).\qquad(37')$$

最后一步用到了条件(27)，O 常数和 ε, B 有关．由此及式(36) 就推出式(28)．

当 $\chi=\chi^0$ 或 χ_1 时，$G_{r,r'}(s+\rho,\chi)$ 在 $s=1-\rho$ 处有一个一阶极点，注意到式(33)，类似于式(16) 可得到

$$T(\rho,\chi)=q^{-1}\varphi(q)Q(1,\chi^0)L(1,\chi_1)\Gamma(1-\rho)y^{1-\rho}S$$
$$+O(RU^{1/2}y^{\delta-1/2+\varepsilon}). \tag{38}$$

类似于式(36)易证

$$\left|\sum_{n=2}^{\infty}\alpha(n)n^{-\beta}e^{-n/y}\right|\geqslant A+O(RU^{1/2}y^{\delta-1/2+\varepsilon}), \tag{39}$$

其中

$$A=|S^2-q^{-1}\varphi(q)Q(1,\chi^0)L(1,\chi_1)|\Gamma(1-\rho)|y^\delta S|. \tag{40}$$

式(38)和(39)中的 O 常数和 ε 有关. 若 $A\geqslant S^2/2$, 由式(37)′和(39)立即推出式(29)成立. 若 $A<S^2/2$, 我们有

$$S^2/2<q^{-1}\varphi(q)Q(1,\chi^0)L(1,\chi_1)|\Gamma(1-\rho)|y^\delta S$$
$$\leqslant 3S^2/2,$$

即

$$S=\theta q^{-1}\varphi(q)Q(1,\chi^0)L(1,\chi_1)|\Gamma(1-\rho)|y^\delta,$$
$$2/3\leqslant\theta\leqslant 2. \tag{41}$$

注意到 $S\geqslant 1$, 在式(25)两边除以 S, 再利用上式可得

$$1\geqslant\Gamma(\delta_1)(\log R)^{-\delta_1}\{\theta|\Gamma(1-\rho)|y^\delta\}^{-1}+O(R^{-1/2+\varepsilon}q^{1/4}),$$

其中 O 常数和 ε 有关. 这就证明了式(30)成立.

定理 3 的证明: 当 $\delta_1\geqslant(8\log U)^{-1}$ 时定理显然成立, 故可假定

$$\delta_1<(8\log U)^{-1}. \tag{42}$$

先讨论 $\chi\neq\chi^0,\chi_1$ 的情形. 取 $\varepsilon<1/216$,

$$\log y=(2(1-6\delta)^{-1}+72\varepsilon)\log U,$$
$$\log R=((2-12\delta)^{-1}(1+2\delta)+24\varepsilon)\log U. \tag{43}$$

显有 $y^{\delta_1}\ll 1$. 由简单计算可知

$$R^{-1/2+\varepsilon}U^{1/4} \ll y^{-(1+\varepsilon)\delta}U^{-\varepsilon}, \tag{44}$$

$$RU^{1/2}y^{\delta_1-1/2+\varepsilon} \ll y^{-(1+\varepsilon)\delta}U^{-\varepsilon}. \tag{45}$$

因此，由引理 5 及引理 7 的式(28) 可得(注意 $S\geqslant 1$)：

$$S^{-1}q^{-1}\varphi(q)Q(1,\chi^0)L(1,\chi_1)\Gamma(\delta_1)y^{\delta_1}$$

$$\geqslant 1+y^{-(1+\varepsilon)\delta}+O(y^{-(1+\varepsilon)\delta}U^{-\varepsilon}); \tag{46}$$

以及由引理 6 可得

$$S^{-1}q^{-1}\varphi(q)Q(1,\chi^0)L(1,\chi_1)\Gamma(\delta_1)(\log R)^{-\delta_1}$$

$$\leqslant 1+O(y^{-(1+\varepsilon)\delta}U^{-\varepsilon}). \tag{47}$$

由以上两式就推出(利用 $y^{\delta_1}\ll 1$)

$$(\log R)^{\delta_1}y^{\delta_1}\geqslant 1+y^{-(1+\varepsilon)\delta}+O(y^{-(1+\varepsilon)\delta}U^{-\varepsilon}),$$

即

$$(\log R)^{\delta_1}y^{\delta_1}-1\geqslant (1+O(U^{-e}))\,y^{-(1+\varepsilon)\delta}. \tag{48}$$

由于 $y\leqslant U^4$，故由此及式(42) 得

$$(\log R)^{\delta_1}y^{\delta_1}-1\leqslant \sqrt{e}\,\delta_1\log y\,(1+\log\log R/\log y). \tag{49}$$

取 $\varepsilon=\min(\varepsilon_1/75,1/216)$，经简单计算就推出：当 $\chi\neq\chi^0$，χ_1 时式(3) 成立．

下面来讨论 $\chi\neq\chi^0$ 或 χ_1 的情形．由引理 7 知，这时必有式(29) 或式(30) 成立．若式(29) 成立，同上面的讨论完全一样，可以推出式(3) 也成立．所以只要考虑式(30) 成立的情形．y 和 R 的取值仍由式(43) 给出．这时式(30) 可写为(注意到式(44) 并利用 Γ 函数的性质)：

$$\delta_1\geqslant(1/2)\Gamma(1+\delta_1)|1-\rho||\Gamma(2-\rho)|^{-1}y^{-\delta}$$

$$\cdot\{1+O(1)\}, \tag{50}$$

由于 $|\Gamma(2-\rho)|\leqslant\Gamma(2-\beta)\leqslant 1\ (1/2\leqslant\beta<1)$，从上式及式(42)得到

$$\delta_1 \geqslant (1/2)|1-\rho| y^{-\delta}(1+o(1)), \qquad (51)$$

这里 $o(1)\to 0$ 当 $U\to\infty$，o 常数和 ε 有关. 由此容易看出，为了证明式(3) 成立，只要证明：当 U 充分大时有

$$|1-\rho| > (2\log U)^{-1}. \qquad (52)$$

当 $\chi=\chi^0$ 时，由于 $\zeta(s)$ 的非显然零点的虚部的绝对值必有一个正的下界[1)]，所以上式显然成立．当 $\chi=\chi_1$ 时，分 ρ 为实零点和复零点两种情形来讨论，证明方法类似于定理 17.1.6．

ρ 为实零点的情形. 这时 q 充分大. 由式(17.1.56)(取 $\chi=\chi_2=\chi_1$，$\beta_2=\beta$) 知，当 $\sigma>1$ 时有

$$(\sigma-1)^{-1}-(\sigma-\beta_1)^{-1}-(\sigma-\beta)^{-1}+\alpha\log q \geqslant o(\log q), \qquad (53)$$

这里 α 由式(17.1.32) 给出. 取 $\sigma-1=(\sqrt{2}-1)(\alpha\log q)^{-1}$，由计算知(注意 $\beta<\beta_1$)：

$$|1-\rho| = 1-\beta \geqslant (\sqrt{2}-1)^2(\alpha\log q)^{-1}(1+o(1))$$
$$= (0.6207\cdots)(\log q)^{-1}(1+o(1)), \quad q\to\infty. \qquad (54)$$

这就证明了式(52) 成立．

ρ 为复零点的情形．由式(17.1.51)(取 $\chi=\chi_1$)，(17.1.33)，(17.1.31)(取 $\chi=\chi_1$，$s=\sigma$，$m=3$，$\rho_1=\beta_1$，$\rho_2=\overline{\rho}_3=\rho$) 知，当 $\sigma>1$ 时有

$$H-2(\sigma-\beta)\{(\sigma-\beta)^2+\gamma^2\}^{-1} \geqslant 0, \qquad (55)$$

其中

$$H=(\sigma-1)^{-1}-(\sigma-\beta_1)^{-1}+(\alpha+o(1))\log U, \quad U\to\infty. \qquad (56)$$

由式(55) 可得

$$|1-\rho|^2=(1-\beta)^2+\gamma^2=((\sigma-\beta)-(\sigma-1))^2+\gamma^2$$
$$\geqslant 2(\sigma-\beta)H^{-1}-2(\sigma-\beta)(\sigma-1)+(\sigma-1)^2.$$

---

1) 由简单计算知，下界可取为 6，参见习题 8.1．

取 $\sigma = 1+(\log U)^{-1}$，这时由式(42)知 $\sigma-\beta_1<(9/8)\cdot(\log U)^{-1}$，所以由式(56)得

$$H \leqslant (1/9+\alpha+o(1))\log U$$

$$= (0.38750\cdots + o(1))\log U.$$

由以上两式及 $\sigma-\beta>\sigma-1=(\log U)^{-1}$ 得

$$|1-\rho|^2 \geqslant 2(\sigma-\beta)(H^{-1}-(\sigma-1))+(\sigma-1)^2$$
$$> (4.1612\cdots + o(1))(\log U)^{-2},$$

这就证明了式(52)也成立．定理证毕．

最后，我们要指出，由定理 1 容易推出当存在 x 阶例外零点(见推论 17.1.4)时，非零区域可以扩展的相应结论．

定理 8 设 $x \geqslant 3$．如果 x 阶的例外零点 $\widetilde{\beta}$ 存在，那末，所有的 $L(s,\chi)$ $(\chi \bmod q, q \leqslant x)$ 在区域

$$\begin{cases} \sigma \geqslant 1-\dfrac{c_5}{\log(x(|t|+1))}\log\dfrac{c_6 e}{\widetilde{\delta}\log(x(|t|+1))}, \\ \widetilde{\delta}\log(x(|t|+1)) \leqslant c_6, \end{cases} \tag{57}$$

中除 $\widetilde{\beta}$ 外没有零点，这里 $\widetilde{\delta}=1-\widetilde{\beta}$，$c_5, c_6$ 是两个绝对正常数.

这定理的证明和推论 17.1.4 类似，故略．相应于定理 2，定理 3 也可得到类似的结果．

第三十四章 算术数列中的最小素数

设 $q \geqslant 3, 1 \leqslant l < q, (q, l) = 1$，以 $p(q, l)$ 表算术级数 $l + qd (d = 0, 1, 2, \cdots)$ 中的最小素数. 如果广义 Riemann 猜测成立，则有

$$p(q, l) \ll q^{2+\varepsilon},$$

猜测应有

$$p(q, l) \ll q^{1+\varepsilon}$$

成立，ε 为任意正数，第一个无条件结果是由 Линник 利用上一章的两个 L 函数零点分布定理得到的，他证明了存在绝对正常数 c_1 使得

$$p(q, l) \ll q^{c}.$$

潘承洞首先定出 $c \leqslant 5448$. 这一结果得到了不断改进. 最近，陈景润[1]，Graham[2] 和王炜[3] 分别证明了 $c \leqslant 17, 20$ 和 16. 陈景润还宣布他已证明了 $c \leqslant 15$[4]（尚未发表）. 本章将证明 $c \leqslant 68$（定理 1.2）.

从定理的证明可以看出，常数 c 的估计和 L 函数零点分布定理——定理 17.1.6，定理 33.2.9 及定理 33.3.3——中的常数有直接关系；而且和虚部小的零点的确切的个数和位置有密切关系. 已经证明的那些更好的结果，就是对这些作了更细致（当然更复杂）的讨论后得到的.

本章内容除了以上所引文献外，还可参看 [28].

---

1) *Sci. Sin.* **22** (1979), 859—889.

2) *Acta Arith.* **39** (1981), 163—179.

3) 数学学报 **29** (1986), 826—836.

4) *Séminaire de Théorie des Nombres, Paris*, 1979—1980, 167—170. 最近他证明 $c \leqslant 13.5$（中国科学）.

§1. 问题的转化

设 A 为实数，$B>0$，

$$K(w)=e^{Aw}\frac{e^{Bw}-e^{-Bw}}{2Bw}\ . \tag{1}$$

再设 $y>0$，

$$R(y)=\frac{1}{2\pi i}\int_{(2)}K^2(w)\,y^{-w}\,dw. \tag{2}$$

先证明一个引理.

引理 1 设 $R(y)$ 由式(2)给出. 我们有

$$R(y)=0\ ,\qquad 当\ 0<y\leqslant e^{2(A-B)}\ 或\ y\geqslant e^{2(A+B)}; \tag{3}$$

$$R(y)\ll B^{-1},\qquad 当\ e^{2(A-B)}<y<e^{2(A+B)}. \tag{4}$$

证：容易看出，$K^2(w)$ 是整函数且式(2)右边的积分可移至任一直线 $\mathrm{Re}\,w=\alpha$. 因而有

$$\begin{aligned}R(y)=&\frac{1}{2\pi i}\int_{(2)}\frac{1}{4B^2w^2}\left\{\left(\frac{e^{2(A+B)}}{y}\right)^w-2\left(\frac{e^{2A}}{y}\right)^w\right.\\&\left.+\left(\frac{e^{2(A-B)}}{y}\right)^w\right\}dw\\=&\frac{1}{2\pi i}\int_{(-1)}\frac{1}{4B^2w^2}\left\{\left(\frac{e^{2(A+B)}}{y}\right)^w-2\left(\frac{e^{2A}}{y}\right)^w\right.\\&\left.+\left(\frac{e^{2(A-B)}}{y}\right)^w\right\}dw\ .\end{aligned} \tag{5}$$

利用熟知的复积分

$$\frac{1}{2\pi i}\int_{(2)}\frac{a^w}{w^2}\,dw=0,\qquad 0<a\leqslant 1,$$

由式(5)的第一个等式可得

$$R(y)=0,\qquad y\geqslant e^{2(A+B)};$$

利用

$$\frac{1}{2\pi i}\int_{(-1)}\frac{a^w}{w^2}\,dw=0,\quad a\geqslant 1,$$

由式(5)的第二个等式可得

$$R(y)=0,\qquad y\leqslant e^{2(A-B)}.$$

这就证明了式(3)，把式(2)右边的积分移至 $\mathrm{Re}\,w=0$ 可得

$$R(y)=\frac{1}{2\pi}\int_{-\infty}^{\infty}\left(\frac{\sin Bu}{Bu}\right)^2 e^{i(2A-\log y)u}\,du,$$

$$|R(y)|\leqslant(2\pi B)^{-1}\int_{-\infty}^{\infty}\left|\frac{\sin v}{v}\right|^2 dv,$$

这就证明了式(4).

设 $q\geqslant 3$, $(q,l)=1$, $L_2>L_1>0$，考虑和式

$$S=S(L_2,L_1,q)=\sum_{\substack{q^{L_1}<n\leqslant q^{L_2}\\ n\equiv l(\mathrm{mod}\,q)}}\frac{\Lambda(n)R(n)}{n}.\quad(6)$$

容易证明

$$S=(\varphi(q))^{-1}\sum_{\chi\,\mathrm{mod}\,q}\overline{\chi}(l)J(\chi),\quad(7)$$

其中

$$J(\chi)=\sum_{q^{L_1}<n\leqslant q^{L_2}}\chi(n)\Lambda(n)R(n)n^{-1}.\quad(8)$$

现取式(1)中的 A,B 为

$$A=(1/4)(L_2+L_1)\log q,\quad B=(1/4)(L_2-L_1)\log q.\quad(9)$$

这样，利用式(4)由式(6)可得

$$S = \sum_{\substack{q^{L_1} < p \leqslant q^{L_2} \\ p \equiv l (\bmod q)}} \frac{R(p) \log p}{p} + O(q^{-L_1/2}) . \qquad (10)$$

另一方面，利用式(3)由式(8)可得

$$\begin{aligned} J(\chi) &= \sum_{n=1}^{\infty} \chi(n) \Lambda(n) R(n) n^{-1} \\ &= \frac{-1}{2\pi i} \int_{(2)} \frac{L'}{L}(1+w, \chi) K^2(w) \, dw . \qquad (11) \end{aligned}$$

把上式中的积分移至 $\mathrm{Re}\, w = -3/2$ 就得到

$$\begin{aligned} J(\chi) = E_0 &- \sum_{\rho_\chi} K^2(\rho_\chi - 1) - \sum_{\rho'_\chi} K^2(\rho'_\chi - 1) \\ &- \frac{1}{2\pi i} \int_{(-3/2)} \frac{L'}{L}(1+w, \chi) K^2(w) \, dw , \qquad (12) \end{aligned}$$

其中 $\sum\limits_{\rho_\chi}$ 表对 $L(w, \chi)$ 的全体非显然零点求和，$\sum\limits_{\rho'_\chi}$ 表对 $L(w, \chi)$ 在 $\mathrm{Re}\, w = 0$ 上的全体显然零点求和，以及

$$E_0 = 1, \quad \chi = \chi^0 ; \quad E_0 = 0 , \quad \chi \neq \chi^0 . \qquad (13)$$

容易证明：

$$\sum_{\rho'_\chi} K^2(\rho'_\chi - 1) \ll e^{2(B-A)} B^{-2} \sum_{p \mid q} \log^2 p \ll q^{-L_1} , \qquad (14)$$

以及(利用定理 15.3.4)

$$\begin{aligned} &\frac{-1}{2\pi i} \int_{(-3/2)} \frac{L'}{L}(1+w, \chi) K^2(w) \, dw \\ &\ll e^{3(B-A)} B^{-2} \int_{(-3/2)} \left| \frac{L'}{L}(1+w, \chi) \right| \frac{|dw|}{|w|^2} \\ &\ll q^{-L_1} . \qquad (15) \end{aligned}$$

综合式(7)，(12)，(14)及(15)就得到了

$$S=(\varphi(q))^{-1}\left\{1-\sum_{\chi \bmod q}\sum_{\rho_\chi}K^2(\rho_\chi-1)\right\}+O(q^{-L_1}). \tag{16}$$

由此及式(10)推出

$$S_1=\varphi(q)\sum_{\substack{q^{L_1}<p\leqslant q^{L_2}\\ p\equiv l(\bmod q)}}\frac{R(p)\log p}{p}$$

$$=1-\sum_{\chi \bmod q}\sum_{\rho_\chi}K^2(\rho_\chi-1)+O(q^{-L_1/2+1}). \tag{17}$$

如果对取定的 $L_2>L_1>0$（相应就确定了 A 和 B），我们能够证明对充分大的 q 必有 $S_1\neq 0$，那末，也就证明了算术数列中的最小素数 $p(q,l)\leqslant q^{L_2}$. 进而，如果存在 $L_2>L_1>2$，$0<\eta<L_1/2-1$，使对充分大的 q 必有

$$S_3=\sum_{\chi \bmod q}\sum_{\rho_\chi}|K^2(\rho_\chi-1)|\leqslant 1-q^{-\eta}, \tag{18}$$

那末，就可推出对所取的 L_2，L_1，当 q 充分大时$S\neq 0$. 这样一来，算术数列中的最小素数问题就被归结为估计加权零点和S_3. 至今，这个问题都是用这样的方法来研究的. 在下一节，要用Линник的关于 L 函数零点分布的两个重要定理(定理33.2.8，定理 33.2.9及定理 33.3.3) 来估计 S_3，并证明以下结果:

定理 2 设 $q\geqslant 3$，$(q,l)=1$，$p(q,l)$ 表算术数列 $n\equiv l(\bmod q)$ 中的最小素数. 那末，对充分大的 q 必有

$$p(q,l)\leqslant q^{68}. \tag{19}$$

§2. 定理的证明

在本节中 q 表充分大的正整数，ε 表充分小的正数，同一个 ε 可表不同的数值. 先证两个引理.

引理 1 设$h\geqslant b>0$，$\sigma=1+h(\log q)^{-1}$，及 $\mathrm{Re}\,\rho\leqslant 1$. 那末有

$$\min\left(1\,,\ \frac{b^2}{|\rho-1|^2\log^2 q}\right)\leqslant\frac{h+b}{\log q}\ \mathrm{Re}\ \frac{1}{\sigma-\rho}\ .\qquad(1)$$

证：设 $\rho=1-\lambda(\log q)^{-1}+i\tau(\log q)^{-1}$，$\lambda\geqslant 0$，我们有

$$\frac{h+b}{\log q}\ \mathrm{Re}\ \frac{1}{\sigma-\rho}=\frac{(h+b)(h+\lambda)}{h^2+2h\lambda+\lambda^2+\tau^2}\ .\qquad(2)$$

当 $\lambda^2+\tau^2\leqslant b^2$ 时

$$\frac{(h+b)(h+\lambda)}{h^2+2h\lambda+\lambda^2+\tau^2}\geqslant\frac{(h+b)(h+\lambda)}{h^2+2h\lambda+b^2}$$

$$=1+\frac{(h-b)(b-\lambda)}{h^2+2h\lambda+b^2}\geqslant 1\,,\qquad(3)$$

这就证明了式(1)．当 $\lambda^2+\tau^2>b^2$ 时，显见为了证明式(1)，只要证明

$$\frac{(h+b)(h+\lambda)}{h^2+2h\lambda+\lambda^2+\tau^2}\geqslant\frac{b^2}{\lambda^2+\tau^2}\ .\qquad(4)$$

式(4) 等价于

$$(\lambda^2+\tau^2)((h+b)(h+\lambda)-b^2)\geqslant b^2(h^2+2h\lambda)\ .\qquad(5)$$

如果 $\lambda\leqslant b$，则有 $(h+b)(h+\lambda)-b^2\geqslant h^2+2h\lambda$（见式(3)的后半式），所以式(5) 成立；如果 $\lambda>b$，显然式(5) 可从下式推出：

$$\lambda^2((h+b)(h+\lambda)-b^2)\geqslant b^2(h^2+2h\lambda)\,,$$

即当 $\lambda>b$ 时有

$$f(\lambda)=\lambda^3(b+h)+\lambda^2(h^2+bh-b^2)-2\lambda b^2h-b^2h^2>0\,.$$

注意到 $f(b)=0$ 及

$$f'(\lambda)=3\lambda^2(b+h)+2\lambda(h^2+bh-b^2)-2b^2h\geqslant 0\,,\lambda>b\,,$$

就可看出上式成立．引理证毕．

引理 2 设 χ 是模 q 的特征，$\chi\neq\chi^0$，ρ_χ 表 $L(s,\chi)$ 的零点．再设 $\mathscr{R}_1$ 表区域

$$1-(\log q)^{-1}\log\log\log q<\mathrm{Re}\, s\leqslant 1,\ |\mathrm{Im}\, s|\leqslant q^{s},\qquad(6)$$

α 由式(17.1.32)给出．那末对任意的 $0<b\leqslant\alpha^{-1}$ 有

$$\sum_{\rho_\chi\in\mathscr{R}_1}\min(1, b^2|\rho_\chi-1|^{-2}\log^{-2}q)$$

$$\leqslant(1+\sqrt{b\alpha})^2+O((\log q)^{-1}(\log\log q)^4).\qquad(7)$$

证：设 $h\geqslant b$ 是待定常数，$\sigma=1+h(\log q)^{-1}$. 利用引理1，式(7)左边

$$\leqslant\frac{h+b}{\log q}\,\mathrm{Re}\sum_{\rho_\chi\in\mathscr{R}_1}\frac{1}{\sigma-\rho_\chi}$$

$$\leqslant\frac{h+b}{\log q}\left\{\alpha\log q+\mathrm{Re}\frac{L'}{L}(\sigma,\chi)+O((\log\log q)^4)\right\},$$

最后一步用到了式(17.1.31)及由定理33.2.8推出的 $L(s,\chi)$ 在 $\mathscr{R}_1$ 中的零点个数 $\ll(\log\log q)^4$ 的结论．由此及

$$\mathrm{Re}\frac{L'}{L}(\sigma,\chi)\ll\sum_{n=1}^{\infty}\Lambda(n)n^{-\sigma}\ll(\sigma-1)^{-1}=h^{-1}\log q$$

推出：式(7)左边

$$\leqslant(h+b)(\alpha+h^{-1})+O((\log q)^{-1}(\log\log q)^4).$$

取 $h=(b\alpha^{-1})^{1/2}$，由此就证明了式(7)．

定理1.2的证明：设 $\mathscr{L}$ 是联结 $z=0$ 和 $z=2Bw$ 的直线．当 $B>0$, $\mathrm{Re}\, w<0$ 时有

$$\frac{e^{2Bw}-1}{2Bw}=\frac{1}{2Bw}\int_{\mathscr{L}}e^z\,dz.$$

由此及显然估计可得

$$\left|\frac{e^{2Bw}-1}{2Bw}\right|\leqslant\min\left(1,\ \frac{1}{B|w|}\right).$$

因此，当 $u=\mathrm{Re}\, w\leqslant 0$ 时，

$$|K(w)| \leqslant e^{(A-B)u}\min(1,(B|w|)^{-1}) . \tag{8}$$

我们来估计在式(1.18)中给出的和式 S_3. 设 $b>a>0$ 是两个待定常数，取

$$A=a^{-1}\log q\,,\qquad B=b^{-1}\log q\,. \tag{9}$$

再设 $\widetilde{\beta}$ 是可能有的模 q 的例外零点，$1-\widetilde{\beta}=\widetilde{\delta}=\widetilde{\lambda}(\log q)^{-1}$，$\lambda_\chi=(1-\mathrm{Re}\,\rho_\chi)\log q$，$\tau_\chi=(\mathrm{Im}\,\rho_\chi)\log q$. 由式(8)，(9)推出

$$S_3 \leqslant \sum_{\chi \bmod q}\sum_{\rho_\chi} e^{-2(a^{-1}-b^{-1})\lambda_\chi}\min(1,b^2|\rho_\chi-1|^{-2}(\log q)^{-2})$$

$$\leqslant e^{-2(a^{-1}-b^{-1})\widetilde{\lambda}}+\sum_{\chi \bmod q}\sum_{\rho_\chi\neq\widetilde{\beta}} e^{-2(a^{-1}-b^{-1})\lambda_\chi}$$

$$\cdot\min(1,b^2|\rho_\chi-1|^{-2}(\log q)^{-2}) \tag{10}$$

设

$$\lambda_1=\min_{\chi \bmod q}\min_{\widetilde{\beta}\neq\rho_\chi\in\mathscr{R}_1}(\lambda_\chi)\,. \tag{11}$$

由定理 17.1.6 知

$$\lambda_1>1/15\,. \tag{12}$$

我们把所有的非例外零点分为这样三部份:（记 $\lambda=(1-\sigma)\log q$，$\tau=t\log q$）

$$\begin{cases} H_1: & \lambda_1\leqslant\lambda<\max(\lambda_1;\log\log\log q)\,, & |\tau|\leqslant q^{\varepsilon}\log q\,,\\ H_2: & \max(\lambda_1;\log\log\log q)\leqslant\lambda\leqslant\log q\,, & |\tau|\leqslant q^{\varepsilon}\log q\,,\\ H_3: & 0<\lambda\leqslant\log q\,, & |\tau|>q^{\varepsilon}\log q\,. \end{cases} \tag{13}$$

这样就有

$$S_3\leqslant e^{-2(a^{-1}-b^{-1})\widetilde{\lambda}}+S_{31}+S_{32}+S_{33}\,, \tag{14}$$

其中

$$S_{3j}=\sum_{\chi \bmod q}\sum_{\widetilde{\beta}\neq\rho_\chi\in H_j} e^{-2(a^{-1}-b^{-1})\lambda_\chi}$$

$$\cdot\min(1,b^2|\rho_\chi-1|^{-2}(\log q)^{-2}),\quad j=1,2,3\,. \tag{15}$$

下面分 q 不是例外模和 q 是例外模两种情形来讨论. 现取

$$b = 1/2 \ , \qquad a = 1/32 \ . \tag{16}$$

由式(9) 和式(1.9) 知,

$$L_1 = 60 \ , \qquad L_2 = 68 \ . \tag{17}$$

(A) q 不是例外模的情形. 设 $Q(\lambda, q)$ 为由定理 33.2.9 中给出. 当 $\lambda_1 < \log\log\log q$ 时, 由引理 2 知[1)]

$$S_{31} \leqslant ((1+\sqrt{\alpha/2}\ )^2 + o(1)) \int_{(1-\varepsilon)\lambda_1}^{\infty} e^{-60\lambda} d Q(\lambda, q) \ . \tag{18}$$

进而, 利用定理 33.2.9 和式(12) 得到

$$\begin{aligned} S_{31} &\leqslant (1.8817)(600) \int_{(1-\varepsilon)\lambda_1}^{\infty} e^{-49\lambda} d\lambda \\ &= (1.8817)\left(\frac{600}{49}\right) e^{-49(1-\varepsilon)\lambda_1} < 0.88 \ . \end{aligned} \tag{19}$$

设 $\lambda_2 = \max(\lambda_1, \log\log\log q)$. 由定理 33.2.8 得到

$$\begin{aligned} S_{32} &\leqslant \sum_{\chi \bmod q} \sum_{\widetilde{\beta} \neq \rho_\chi \in H_2} e^{-60\lambda_\chi} (4\lambda_\chi^2)^{-1} \\ &\ll \lambda_2^{-2} \int_{(1-\varepsilon)\lambda_2}^{\infty} e^{-60\lambda} \, dN(1-\lambda \log^{-1} q, \ q^{\varepsilon}, q) \\ &\ll \lambda_2^{-2} \int_{(1-\varepsilon)\lambda_2}^{\infty} e^{-56\lambda} d\lambda \ll \lambda_2^{-2} e^{-55\lambda_2} \ . \end{aligned} \tag{20}$$

再来估计 S_{33}. 设 $m = 1, 2, 3, \cdots$,

$$\begin{aligned} S_{33}^{(m)} = \sum_{\chi \bmod q} \ \sum_{m q^{\varepsilon} \log q < |\tau_\chi| \leqslant (m+1) q^{\varepsilon} \log q} & e^{-2(a^{-1} - b^{-1})\lambda_\chi} \\ & \cdot \min(1, \ b^2 |\rho_\chi - 1|^{-2} \log^{-2} q) ; \end{aligned}$$

---

1) 由 $\zeta(s)$ 非零区域的改进(例如定理 10.3.2) 知, $L(s, \chi^0)$ 在 H_1 中无零点, 所以在和式 S_{31} 中可假定 $\chi \neq \chi^0$, 因而可应用引理 2.

以 $N(y,m)$ 表所有 $L(s,\chi)\ (\chi \bmod q)$ 在区域

$$m q^{\varepsilon}\log q<|\tau|\leqslant(m+1)q^{\varepsilon}\log q,\ 0<\lambda\leqslant y\leqslant\log q$$

中的零点个数．

$$S_{33}^{(m)}\leqslant\int_0^{\log q}e^{-60y}(mq^{\varepsilon}\log q)^{-2}dN(y,m).$$

利用推论 30.2.2，当 $m\leqslant q^3$ 时我们有

$$N(y,m)\ll e^{13y}\log^9 q.$$

所以

$$S_{33}^{(m)}\ll q^{-\varepsilon}m^{-2},\qquad m\leqslant q^3.$$

当 $m>q^3$ 时，利用推论 15.3.2(a) 得到

$$N(y,m)\ll N(\log q,m)\ll q^{1+\varepsilon}\log(qm),$$

所以

$$S_{33}^{(m)}\ll q^{1-\varepsilon}m^{-2}\log m,\quad m>q^3.$$

因而有

$$S_{33}\ll\sum_{m\leqslant q^3}q^{-\varepsilon}m^{-2}+\sum_{m>q^3}q^{1-\varepsilon}m^{-2}\log m\ll q^{-\varepsilon}.\tag{21}$$

综合式(19)，(20) 及(21) 知，当 q 不是例外模时由式(14)得

$$S_3<0.88+O((\log\log q)^{-55}).\tag{22}$$

由此及式(17)，以及对式(1.17)，(1.18) 所作的讨论，就证明了定理的结论成立．

(A) q 是例外模的情形．当 $\lambda_1<\log\log\log q$ 时，由式(14)，(16)，(19)，(20)，(21) 得到

$$S_3\leqslant e^{-60\tilde{\lambda}}+(1.8817)\left(\frac{600}{49}\right)e^{-49(1-\varepsilon)\lambda_1}+O(\lambda_2^{-2}e^{-55\lambda_2}+q^{-e}).\tag{23}$$

由定理 33.3.3(取 $\beta_1=\widetilde{\beta}$, $\rho=1-\lambda_1(\log q)^{-1}+i\tau_1(\log q)^{-1}$)及式(11) 可得

$$\lambda_1 > (1/2-\varepsilon)\log(1/8\tilde{\lambda}). \tag{24}$$

由于 $\tilde{\lambda} \leqslant 1/15$，容易验证这时有

$$e^{-60\tilde{\lambda}} \leqslant 1-e^{-4}60\tilde{\lambda} < 1-1.09\tilde{\lambda}. \tag{25}$$

从以上三式可得(利用 $\tilde{\lambda} \leqslant 1/15$)

$$S_3 < 1-\tilde{\lambda}(1.09-(23.1)8(8\tilde{\lambda})^{23})+O(q^{-\varepsilon})$$

$$< 1-\tilde{\lambda}+O(q^{-\varepsilon}). \tag{26}$$

由此及 Siegel 定理(定理 17.3.2) 就推出

$$S_3 \leqslant 1-q^{-\varepsilon/2}. \tag{27}$$

由此及对式(1.17)，(1.18) 所作的讨论就证明了这时定理成立.

当 $\lambda_1 \geqslant \log\log\log q$ 时，式(23) 右边的第二项不出现(因为区域 H_1 不存在)，这时 $\lambda_2 = \lambda_1$，所以有

$$S_3 \leqslant e^{-60\tilde{\lambda}}+O((\log\log\log q)^{-2}e^{-55\lambda_1}+q^{-\varepsilon})$$

$$< e^{-60\tilde{\lambda}}+e^{-55\lambda_1}+O(q^{-\varepsilon}). \tag{28}$$

类似于证明式(26) 和(27)，由此同样可推出式(27) 也成立. 定理证毕.

第三十五章　Dedekind η 函数

为了推导下一章中无限制分拆函数 $p(n)$ 的渐近公式与级数展开式，需要用到 Dedekind η 函数(见式(1.1))的性质，特别是它所满足的函数方程——定理 1.4，或更精确的形式：定理 4.1．本章的目的就是证明这些性质，为下一章的应用作准备．应该指出 η 函数本身，及与其有关的 Dedekind 和都是十分重要的内容，关于这方面的进一步的知识可参看 [29]，[2]，[6]，[4] 等．

§1．函数方程(一)

设 $\operatorname{Im}\tau>0$，函数

$$\eta(\tau)=e(\tau/24)\prod_{m=1}^{\infty}(1-e(m\tau)) \tag{1}$$

称为 Dedekind η **函数**．当 $\operatorname{Im}\tau>0$ 时右边无穷乘积绝对收敛，且在半平面 $\operatorname{Im}\tau\geqslant\delta>0$ 上一致收敛，所以 $\eta(\tau)$ 是上半平面内的解析函数且不等于零．容易看出

$$\eta(\tau+1)=e(1/24)\eta(\tau). \tag{2}$$

设 a,b,c,d 是整数，满足

$$ad-bc=1, \tag{3}$$

我们把分式线性变换

$$\tau'=V\tau=(a\tau+b)/(c\tau+d) \tag{4}$$

称为**模变换**[1)]．显见，模变换的逆变换也是模变换．利用式(3)得到

$$V\tau=\frac{ac|\tau|^2+bd+(bc+ad)\operatorname{Re}\tau}{|c\tau+d|^2}+i\frac{\operatorname{Im}\tau}{|c\tau+d|^2}, \tag{5}$$

---

1) 显然，变换 $\tau'=((-a)\tau+(-b))/((-c)\tau+(-d))$ 和变换(4)是一样的．所以，必要时可以假定 $c\geqslant0$，而当 $c=0$ 时，假定 $d>0$．

所以模变换是把上半平面变到自身的一一映射．我们要来研究 $\eta(\tau)$ 在模变换下的性质．对于特殊的模变换 $V\tau=\tau+b$，由式(2)得

$$\eta(\tau+b)=e(b/24)\eta(\tau),\ \operatorname{Im}\tau>0\ , \tag{6}$$

而对特殊的模变换 $S\tau=-1/\tau$ 有下面的定理．

定理 1 我们有

$$\eta(-1/\tau)=e(-1/8)\sqrt{\tau}\ \eta(\tau),\ \operatorname{Im}\tau>0\,, \tag{7}$$

这里规定

$$0<\arg\tau<\pi,\ \operatorname{Im}\tau>0. \tag{8}$$

证：先假定 $\tau=iy$，$y>0$，由规定(8)知式(7)这时为

$$\eta(i/y)=\sqrt{y}\ \eta(iy),\qquad y>0\ . \tag{9}$$

利用式(1)上式就变为

$$e^{-\pi/12y}\prod_{m=1}^{\infty}(1-e^{-2\pi m/y})$$

$$=\sqrt{y}\ e^{-\pi y/12}\prod_{m=1}^{\infty}(1-e^{-2\pi my}),\ \ y>0. \tag{10}$$

我们来证明式(10)，即式(9)，进而由解析开拓证明定理．对式(10)两边取对数得

$$-\frac{\pi}{12y}-\sum_{m=1}^{\infty}\sum_{n=1}^{\infty}\frac{1}{n}e^{-2\pi mn/y}$$

$$\doteq\frac{1}{2}\log y-\frac{\pi y}{12}-\sum_{m=1}^{\infty}\sum_{n=1}^{\infty}\frac{1}{n}e^{-2\pi mny},\ y>0,$$

即

$$\frac{\pi}{12y}+\sum_{n=1}^{\infty}\frac{1}{n(e^{2\pi n/y}-1)}+\frac{1}{2}\log y$$

$$=\frac{\pi y}{12}+\sum_{n=1}^{\infty}\frac{1}{n(e^{2\pi ny}-1)},\ \ y>0. \tag{11}$$

以 $G(y)$ 记上式右边，式(11)就变为

$$G(y)=G(1/y)+\frac{1}{2}\log y,\ y>0. \qquad (12)$$

对式(5.3.13)两边求对数导数，并以 πz 代 z 得到

$$\pi\frac{\cos\pi z}{\sin\pi z}=\frac{1}{z}+\sum_{j=1}^{\infty}\frac{2z}{z^2-j^2}. \qquad (13)$$

另一方面

$$\pi\frac{\cos\pi z}{\sin\pi z}=\pi i+\frac{2\pi i}{e^{2\pi iz}-1},$$

因而有

$$\frac{1}{e^{2\pi iz}-1}=-\frac{1}{2}+\frac{1}{2\pi iz}+\frac{1}{\pi}\sum_{j=1}^{\infty}\frac{iz}{j^2-z^2}. \qquad (14)$$

令 $iz=ny$ 得到

$$\frac{1}{e^{2\pi ny}-1}=-\frac{1}{2}+\frac{1}{2\pi ny}+\frac{1}{\pi}\sum_{j=1}^{\infty}\frac{ny}{j^2+n^2y^2}. \qquad (15)$$

因此

$$G(y)=\frac{\pi y}{12}+\sum_{n=1}^{\infty}\left(-\frac{1}{2n}+\frac{1}{2\pi n^2y}+\frac{1}{\pi}\sum_{j=1}^{\infty}\frac{y}{j^2+n^2y^2}\right)$$

$$=\frac{\pi}{12}\left(y+\frac{1}{y}\right)+\sum_{n=1}^{\infty}\left(-\frac{1}{2n}+\frac{1}{\pi}\sum_{j=1}^{\infty}\frac{y}{j^2+n^2y^2}\right)$$

$$=\frac{\pi}{12}\left(y+\frac{1}{y}\right)+I(y). \qquad (16)$$

我们有

$$I(y)=\lim_{k\to\infty}\sum_{n=1}^{k}\left[-\frac{1}{2n}+\frac{1}{\pi}\left(\sum_{j=1}^{k}+\sum_{j=k+1}^{\infty}\right)\frac{y}{j^2+n^2y^2}\right]. \qquad (17)$$

当 $y>0$ 时

$$\frac{y}{(j+1)^2+n^2y^2}<\int_j^{j+1}\frac{y}{v^2+n^2y^2}dv<\frac{y}{j^2+n^2y^2},\quad j\geqslant 1.$$

所以

$$0<\int_k^{\infty}\frac{y}{v^2+n^2y^2}\,dv-\sum_{j=k+1}^{\infty}\frac{y}{j^2+n^2y^2}$$

$$<\frac{y}{k^2+n^2y^2}<\frac{y}{k^2}\quad, \tag{18}$$

由此及式(17)得：当 $y>0$ 时

$$I(y)=\lim_{k\to\infty}\sum_{n=1}^{k}\left[-\frac{1}{2n}+\frac{1}{\pi}\sum_{j=1}^{k}\frac{y}{j^2+n^2y^2}\right.$$

$$\left.+\frac{1}{\pi}\int_k^{\infty}\frac{y}{v^2+n^2y^2}\,dv\right]$$

$$=\lim_{k\to\infty}\sum_{n=1}^{k}\left[-\frac{1}{2n}+\frac{1}{\pi}\sum_{j=1}^{k}\frac{y}{j^2+n^2y^2}\right.$$

$$\left.+\frac{1}{\pi}\int_{1/y}^{\infty}\frac{k}{k^2u^2+n^2}\,du\right]\quad, \tag{19}$$

最后一步作了变量替换 $v=kyu$. 由式(16)和(19)可得：当 $y>0$ 时有

$$G(y)-G(1/y)=\lim_{k\to\infty}\frac{1}{\pi}\int_{1/y}^{y}\sum_{n=1}^{k}\frac{k}{k^2u^2+n^2}\,du.$$

$$=\frac{1}{\pi}\int_{1/y}^{y}\lim_{k\to\infty}\left(\sum_{n=1}^{k}\frac{k}{k^2u^2+n^2}\right)du, \tag{20}$$

由于被积函数是正的，所以可交换极限号与积分号. 由 Riemann 积分的定义知

$$\lim_{k\to\infty}\left(\sum_{n=1}^{k}\frac{k}{k^2u^2+n^2}\right)=\lim_{k\to\infty}\sum_{n=1}^{k}\left(\left(\frac{n}{k}\right)^2+u^2\right)^{-1}\frac{1}{k}$$

$$=\int_0^1(u^2+v^2)^{-1}\,dv\;, \tag{21}$$

由此及式(20)得到

$$G(y)-G(1/y)=\frac{1}{\pi}\int_{1/y}^{y}du\int_{0}^{1}(u^2+v^2)^{-1}dv. \quad (22)$$

由于作变量替换 $u=(u')^{-1}$，$v=(v')^{-1}$ 可得

$$\int_{1/y}^{y}du\int_{0}^{1}(u^2+v^2)^{-1}dv=\int_{1/y}^{y}du'\int_{1}^{\infty}(u'^2+v'^2)^{-1}dv'$$

所以，

$$G(y)-G(1/y)=\frac{1}{2\pi}\int_{1/y}^{y}du\int_{0}^{\infty}(u^2+v^2)^{-1}dv$$

$$=\frac{1}{4}\int_{1/y}^{y}\frac{du}{u}=\frac{1}{2}\log y,\quad y>0. \quad (23)$$

这就证明了式(12)成立．定理证毕．

式(6)和(7)给出了η函数在两个特殊的模变换下所满足的函数方程．而一般的模变换(4)可由这两个模变换来合成．

设模变换

$$\tau'=V\tau=(a\tau+b)/(c\tau+d) \quad (24)$$

把 $\tau\to\tau'$；模变换

$$\tau''=V'\tau'=(a'\tau'+b')/(c'\tau'+d') \quad (25)$$

把 $\tau'\to\tau''$．由这两个模变换决定了一个把 $\tau\to\tau''$ 的变换 V''，容易验证

$$\tau''=V''\tau=(\alpha\tau+\beta)/(\gamma\tau+\delta), \quad (26)$$

其中

$$\begin{pmatrix}\alpha & \beta\\ \gamma & \delta\end{pmatrix}=\begin{pmatrix}a' & b'\\ c' & d'\end{pmatrix}\begin{pmatrix}a & b\\ c & d\end{pmatrix}. \quad (27)$$

由式(27)知V''也是一个模变换，把它称为是V'和V的**乘积**，记作

$$V''=V'V \quad , \tag{28}$$

进而可以定义若干个模变换的乘积．由矩阵乘法的性质知，这样定义的乘法是可结合的，但不能交换．显然，恒等变换 $\tau'=I\tau=\tau$ 是乘法的单位元素，即对任意模变换 V 有

$$V=VI=IV. \tag{29}$$

容易证明，对由式 (4) 给出的任一模变换 V，模变换

$$\tau'=V^{-1}\tau=(d\tau-b)/(-c\tau+a) \tag{30}$$

是唯一满足（在式 (4) 的注1）的意义下）

$$VV^{-1}=V^{-1}V=I \tag{31}$$

的模变换，它称为是 V 的**逆变换**．这样，我们就证明了

引理 2　由全体模变换 (4) 构成的集合是一个乘法群，称为**模群**，记作 Γ．

进而我们证明

引理 3　模群 Γ 是由它的两个元素

$$\tau'=T\tau=\tau+1, \quad \tau'=S\tau=-1/\tau \tag{32}$$

生成的．

证：引理就是要证明：任一模变换 V 一定可表为 T 和 S 的方幂的乘积，这里约定任一模变换的零次幂等于 I；对 $k\geqslant 1$，k 次幂表 k 个相乘，$-k$ 次幂表其 k 个逆变换相乘．

设模变换 V 由式 (4) 给出，$m=\min(|c|,|d|)$．若 $|c|>|d|$，则变换 VS 是

$$\begin{aligned}(VS)\tau&=V(S\tau)=V(-1/\tau)\\&=(a(-1/\tau)+b)/(c(-1/\tau)+d)\\&=(b\tau-a)/(d\tau-c).\end{aligned}$$

所以，我们可以限于讨论满足条件 $|c|\leqslant|d|$ 的变换 V，不然只要考虑 VS．这样，就必有 $m=|c|$．

现用归纳法来证．当 $m=0$ 时，显有

$$\tau'=V\tau=\tau\pm b, \quad b\geqslant 0.$$

因此，$V=T^{\pm b}$，所以结论成立．假定结论对 $m<n\,(n\geqslant 1)$ 都成

立．设 $m=n$．可以假定 $c\geqslant 0$，这时有 $c=n$．存在唯一整数 k 使得

$$0\leqslant ck+d<c.$$

我们有

$$\begin{aligned}(VT^k)\tau&=V(T^k\tau)=V(\tau+k)\\&=(a\tau+(ak+b))/(c\tau+(ck+d)),\end{aligned}$$

且 $\min(c,ck+d)=ck+d\leqslant n-1$．故由归纳假设知 VT^k 是 T 和 S 的方幂的乘积，所以 V 也是．这就证明了所要的结论．

现在就可以来证明 η 函数在一般模变换下所满足的函数方程．

定理 4 设 V 是由式 (4) 给出的模变换，则

$$\eta(V\tau)=\omega(c\tau+d)^{1/2}\eta(\tau),\quad \mathrm{Im}\,\tau>0, \tag{33}$$

其中 ω 仅和 a,b,c,d 有关，是一 24 次单位根，即

$$\omega^{24}=1, \tag{34}$$

以及规定幅角

$$-\pi\leqslant\arg(c\tau+d)<\pi. \tag{35}$$

证：先证明：如果对模变换 V 有关系式

$$\eta^{24}(V\tau)=(c\tau+d)^{12}\eta^{24}(\tau) \tag{36}$$

成立，那末对 $VT^{\pm1}$ 及 VS 关系式(36)也成立．这因为利用 $T^{\pm1}\tau=\tau\pm1$ 及式(6)可得

$$\begin{aligned}\eta^{24}((VT^{\pm1})\tau)&=\eta^{24}(V(\tau\pm1))\\&=(c\tau\pm c+d)^{12}\eta^{24}(\tau\pm1)\\&=(c\tau\pm c+d)^{12}\eta^{24}(\tau),\end{aligned}$$

$$(VT^{\pm1})\tau=(a\tau\pm c+b)/(c\tau\pm c+d);$$

以及利用式 (7) 可得

$$\begin{aligned}\eta^{24}((VS)\tau)&=\eta^{24}(V(-1/\tau))\\&=(-c/\tau+d)^{12}\eta^{24}(-1/\tau)\\&=(-c/\tau+d)^{12}\tau^{12}\eta^{24}(\tau)\\&=(d\tau-c)^{12}\eta^{24}(\tau),\end{aligned}$$

$$\begin{aligned}(VS)\tau &= (-a/\tau+b)/(-c/\tau+d)\\ &= (b\tau-a)/(d\tau-c).\end{aligned}$$

由式(6)和(7)知，式(36)对 $V=T^{\pm 1}$ 或 S 显然成立，所以由已证明的结论及引理3知，对任意的模变换关系式(36)一定成立．对式(36)两边开24次方就得到式(33)．

具体定出 ω 是十分困难的．为此要讨论所谓 Dedekind 和(见 §2)及函数 $G(z,s)$ (见 §3)，在 §4 中我们将给出定理4的另一证明，并定出系数 ω．

§2．Dedekind 和

按惯用符号，把式(2.2.2)定义的函数 $b_1(u)$ 写为

$$((u)) = \begin{cases} u-[u]-1/2, & u\neq \text{整数}, \\ 0, & u=\text{整数}. \end{cases} \tag{1}$$

容易看出，它是周期为1的奇函数：

$$((u+1))=((u)),\qquad ((-u))=-((u)). \tag{2}$$

设 k 是正整数，$(h,k)=1$．我们把和式

$$s(h,k)=\sum_{r \bmod k}\left(\left(\frac{r}{k}\right)\right)\left(\left(\frac{hr}{k}\right)\right) \tag{3}$$

称作 Dedekind 和．由式(1)及

$$\sum_{r \bmod k}\left(\left(\frac{hr}{k}\right)\right)=\sum_{r \bmod k}\left(\left(\frac{r}{k}\right)\right)=0,\quad (h,k)=1 \tag{4}$$

可得

$$s(h,k)=\sum_{r=1}^{k-1}\frac{r}{k}\left(\frac{hr}{k}-\left[\frac{hr}{k}\right]-\frac{1}{2}\right), \tag{5}$$

对小的 h 用它可计算 $s(h,k)$ 的值．例如，容易计算

$$s(1,k)=\sum_{r=1}^{k-1}\frac{r}{k}\left(\frac{r}{k}-\frac{1}{2}\right)=\frac{(k-1)(k-2)}{12k}, \tag{6}$$

$$s(2,k)=\sum_{r=1}^{k-1}\frac{r}{k}\left(\frac{2r}{k}-\frac{1}{2}\right)-\sum_{k/2<r\leqslant k-1}\frac{r}{k}$$

$$=\frac{(k-1)(k-5)}{24k},\ 2\nmid k. \tag{7}$$

Dedekind 和有下面的简单性质.

定理 1

(a) 若 $h'\equiv\pm h\pmod k$，则 $s(h',k)=\pm s(h,k)$.

(b) 若 $h\bar{h}\equiv\pm 1\pmod k$，则 $s(\bar{h},k)=\pm s(h,k)$.

(c) 若 $h^2\equiv -1\pmod k$，则 $s(h,k)=0$.

证：先来证(a). 利用式(2)，由定义(3)得

$$s(h',k)=\sum_{r\bmod k}\left(\left(\frac{r}{k}\right)\right)\left(\left(\frac{h'r}{k}\right)\right)$$

$$=\sum_{r\bmod k}\left(\left(\frac{r}{k}\right)\right)\left(\left(\frac{\pm hr}{k}\right)\right)$$

$$=\pm\sum_{r\bmod k}\left(\left(\frac{r}{k}\right)\right)\left(\left(\frac{hr}{k}\right)\right)$$

$$=\pm s(h,k).$$

再证(b). 由于 r 和 hr 同时遍历模 k 的完全剩余系，故有

$$s(\bar{h},k)=\sum_{r\bmod k}\left(\left(\frac{r}{k}\right)\right)\left(\left(\frac{\bar{h}r}{k}\right)\right)$$

$$=\sum_{r\bmod k}\left(\left(\frac{hr}{k}\right)\right)\left(\left(\frac{\bar{h}hr}{k}\right)\right)$$

$$=\sum_{r\bmod k}\left(\left(\frac{hr}{k}\right)\right)\left(\left(\frac{\pm r}{k}\right)\right)$$

$$=\pm s(h,k).$$

当 $h^2\equiv -1 \pmod k$ 时，由(b)知

$$s(h,k)=-s(h,k),$$

这就证明了(c).

同 Jacobi 符号一样，计算 Dedekind 和没有一个简单的方法，但有下面的互反律.

定理 2 设 $h>0, k>0, (h,k)=1$. 我们有

$$s(h,k)+s(k,h)=(12kh)^{-1}(h^2+k^2-3hk+1). \quad (8)$$

证：由对称性知,可假定 $k\geqslant h$. 当 $h=1$ 时由式(6)知式(8)成立. 所以可假定 $k>h>1$.证明的途径是用两种方法来计算和式

$$I=\sum_{r \bmod k}\left(\left(\frac{hr}{k}\right)\right)^2, \quad (h,k)=1 .$$

一方面有

$$I=\sum_{r \bmod k}\left(\left(\frac{r}{k}\right)\right)^2=\sum_{r=1}^{k-1}\left(\frac{r}{k}-\frac{1}{2}\right)^2$$

$$=\frac{1}{k^2}\sum_{r=1}^{k-1}r^2-\frac{1}{k}\sum_{r=1}^{k-1}r+\frac{1}{4}(k-1),$$

另一方面，

$$I=\sum_{r=1}^{k-1}\left(\frac{hr}{k}-\left[\frac{hr}{k}\right]-\frac{1}{2}\right)^2$$

$$=2h\sum_{r=1}^{k-1}\frac{r}{k}\left(\frac{hr}{k}-\left[\frac{hr}{k}\right]-\frac{1}{2}\right)$$

$$+\sum_{r=1}^{k-1}\left[\frac{hr}{k}\right]\left(\left[\frac{hr}{k}\right]+1\right)-\frac{h^2}{k^2}\sum_{r=1}^{k-1}r^2+\frac{k-1}{4} .$$

比较以上两式并利用式(5)得

$$2hs(h,k)+\sum_{r=1}^{k-1}\left[\frac{hr}{k}\right]\left(\left[\frac{hr}{k}\right]+1\right)$$

$$= \frac{1+h^2}{k^2}\sum_{r=1}^{k-1} r^2 - \frac{1}{k}\sum_{r=1}^{k-1} r$$

$$= \frac{(h^2+1)(2k-1)(k-1)}{6k} - \frac{k-1}{2}. \tag{9}$$

这样，问题就转化为计算上式左边的和式

$$J = \sum_{r=1}^{k-1}\left[\frac{hr}{k}\right]\left(\left[\frac{hr}{k}\right]+1\right). \tag{10}$$

我们有

$$J = \sum_{r=1}^{k-1}\left(\sum_{s\leqslant hr/k} 1\right)\left(\sum_{s\leqslant hr/k} 1+1\right)$$

$$= \sum_{s\leqslant h(1-1/k)}\ \sum_{ks/h\leqslant r\leqslant k-1} 1 + \sum_{s_1\leqslant h(1-1/k)}\ \sum_{s_2\leqslant h(1-1/k)}\ \sum_{ks^*/h\leqslant r\leqslant k-1} 1,$$

其中 $s^* = \max(s_1, s_2)$. 由于满足条件 $a\leqslant n\leqslant b$ 的整数 n 的个数是 $[b]+[-a]+1$，并注意条件 $k>h>1$，我们有

$$J = \sum_{s=1}^{h-1}\left(k+\left[\frac{-ks}{h}\right]\right) + \sum_{s_1=s_2} + \sum_{s_1\neq s_2}$$

$$= 2\sum_{s=1}^{h-1}\left(k+\left[\frac{-ks}{h}\right]\right) + 2\sum_{s=1}^{h-1}(s-1)\left(k+\left[\frac{-ks}{h}\right]\right)$$

$$= 2k\sum_{s=1}^{h-1} s + 2\sum_{s=1}^{h-1} s\left[\frac{-ks}{h}\right]$$

$$= -2hs(-k,h) + 2k\sum_{s=1}^{h-1} s - 2\frac{k}{h}\sum_{s=1}^{h-1} s^2 - \sum_{s=1}^{h-1} s$$

$$= 2hs(k,h) - \frac{1}{3}k(h-1)(2h-1)$$

$$+ kh(h-1) - \frac{1}{2}h(h-1), \tag{11}$$

最后两步分别用到了式(5)及定理1(a).由式(9),(10)及(11),经整理后即得所要的结论.

例. 求 $s(5,6)$的值.

由式(8)知

$$s(5,6)+s(6,5)=\frac{1}{12}\left(\frac{5}{6}+\frac{6}{5}+\frac{1}{30}-3\right),$$

$$s(1,5)+s(5,1)=\frac{1}{12}\left(\frac{1}{5}+5+\frac{1}{5}-3\right).$$

由以上两式及 $s(5,1)=0$, $s(6,5)=s(1,5)$就得

$$s(5,6)=-5/18.$$

$s(h,k)$还有许多有趣的同余性质,下面证明一个最简单的结果.

定理3 设 $\theta=(3,k)$.我们有

(a) $6ks(h,k)$是整数.

(b) $6ks(h,k)\equiv 0 \pmod 3 \Leftrightarrow 3\nmid k$.

(c) $6hks(k,h)\equiv 0 \pmod{\theta k}$, $h>0$.

(d) $12hks(h,k)\equiv h^2+1 \pmod{\theta k}$.

证: 由式(5)可推出

$$6ks(h,k)=h(k-1)(2k-1)-\frac{3k(k-1)}{2}-6\sum_{r=1}^{k-1}r\left[\frac{hr}{k}\right]. \tag{12}$$

这就证明了(a). 由上式知

$$\begin{aligned}6ks(h,k)&\equiv h(k-1)(2k-1) \pmod 3\\&\equiv -h(k-1)(k+1) \pmod 3,\end{aligned} \tag{13}$$

由此及$(h,k)=1$ 就证明了(b). 由(b)知

$$6hs(k,h)\equiv 0 \pmod 3 \Leftrightarrow 3\nmid h.$$

进而有

$$6hks(k,h)\equiv 0\ (\mathrm{mod}\ 3k)\ \Leftrightarrow\ 3\nmid h.$$

由以上两式及 $(k,h)=1$，就证明了(c)．$h=0$ 时 $k=1$，(d)显然成立，$h\neq 0$ 时由定理 1 (a)，互反律(8)及(c)推出

$$\begin{aligned}12hks(h,k)&=12|h|ks(|h|,k)\\&=-12|h|\,ks(k,|h|)+h^2+k^2-3|h|k+1\\&\equiv h^2+1\ (\mathrm{mod}\ \theta k),\end{aligned}$$

这就证明了 (d).

由定理 3 (d) 及定理 1 (c) 就得到

推论 4 $s(h,k)=0$ 的充要条件是 $h^2\equiv -1\ (\mathrm{mod}\ k)$.

§3. 函数 $G(z,s)$

先证明一个引理.

引理 1 设 α 是实数，ω_1,ω_2 是两个不为零的复数，且 ω_1/ω_2 不等于实数．定义二重级数

$$G(\omega_1,\omega_2,\alpha)=\sum_{m,n}{}'(m\omega_1+n\omega_2)^{-\alpha},\tag{1}$$

其中“,”表示对所有不同时为零的整数对 m,n 求和.那末，级数(1)当且仅当 $\alpha>2$ 时绝对收敛.

证: $\alpha\leqslant 0$ 时级数显然发散，故可假定 $\alpha>0$.容易看出，在复平面上所有的点 $m\omega_1+n\omega_1$ $(|m|+|n|\neq 0)$ 恰好分布在以 $\pm k\omega_1\pm k\omega_2$ 为顶点的一列平行四边形的周界 P_k 上，$1\leqslant k<+\infty$.显然，这一列平行四边形两两不交，是以原点为心的相似形且在每个 P_k 上恰好有 $8k$ 个这种点.设 r_k，R_k 分别是原点到 P_k 的最短距离和最长距离．容易看出

$$r_k=kr_1,\quad R_k=kR_1,\quad 1\leqslant k<+\infty.$$

因此有

$$\begin{aligned}8R_1^{-\alpha}\sum_{k=1}^{\infty}k^{-\alpha+1}=\sum_{k=1}^{\infty}8k(k\ R_1)^{-\alpha}&\leqslant\sum_{m,n}{}'|m\omega_1+n\omega_2|^{-\alpha}\\&=\sum_{k=1}^{\infty}\sum_{m\omega_1+n\omega_2\in P_k}|m\omega_1+n\omega_2|^{-\alpha}\end{aligned}$$

$$\leqslant \sum_{k=1}^{\infty} 8k(kr_1)^{-\alpha} = 8r_1^{-\alpha} \sum_{k=1}^{\infty} k^{-\alpha+1}. \tag{2}$$

这就证明了所要的结果.

如果在去掉原点的复平面 w 上约定

$$-\pi \leqslant \arg w < \pi, \tag{3}$$

并对复数 s 定义

$$w^{-s} = e^{-s\log w}, \tag{4}$$

那末, 级数 (1) 中的 α 可开拓为复数 s, 且由引理 1 推出

引理 2 设 s 是复数, 在引理 1 的条件和符号下, 定义

$$G(\omega_1, \omega_2, s) = \sum_{m,n}{}' (m\omega_1 + n\omega_2)^{-s}, \tag{5}$$

那末, 级数 (5) 当且仅当 $\mathrm{Re}\, s > 2$ 时绝对收敛.

证: 设 $s = \sigma + it$. 在约定 (3), (4) 下有

$$|m\omega_1 + n\omega_2|^{-\sigma} e^{-\pi|t|} \leqslant |(m\omega_1 + n\omega_2)^{-s}|$$
$$\leqslant |m\omega_1 + n\omega_2|^{-\sigma} e^{\pi|t|}.$$

由此及引理 1 就推出所要的结果.

特别地, 当取 $\omega_1 = z, \omega_2 = 1, \mathrm{Im}\, z \neq 0$ 时, 记

$$G(z, s) = G(z, 1, s). \tag{6}$$

为确定起见以下恒假定

$$\mathrm{Im}\, z > 0. \tag{7}$$

利用定理 7.3.3, 我们来证明 $G(z, s)$ 可解析开拓到整个 s 平面.

定理 3 设 $\mathrm{Im}\, z > 0$. 当 $\mathrm{Re}\, s > 2$ 时有

$$G(z, s) = (1 + e^{\pi is})\zeta(s) + (2\pi)^s (e^{-\pi is/2} + e^{\pi is/2}) \cdot (\Gamma(s))^{-1} A(z, s), \tag{8}$$

其中

$$A(z, s) = \sum_{m=1}^{\infty} \sum_{n=1}^{\infty} n^{s-1} e^{2\pi imnz}. \tag{9}$$

此外, $G(z, s)$ 可解析开拓到整个 s 平面, 且也是在上半平面

$\operatorname{Im} z>0$ 内的 z 的解析函数.

证: 根据约定(3)和(4), 当 $\operatorname{Re} s>2$ 时我们有

$$
\begin{aligned}
G(z,s)= & \sum_{n\neq 0} n^{-s}+\sum_{m<0}\sum_{n=-\infty}^{\infty}(mz+n)^{-s} \\
& +\sum_{m>0}\sum_{n=-\infty}^{\infty}(mz+n)^{-s} \\
= & \sum_{n=1}^{\infty}\left(n^{-s}+(-n)^{-s}\right) \\
& +\sum_{m=1}^{\infty}\left\{(-(mz+n))^{-s}+(mz+n)^{-s}\right\} \\
= & (1+e^{\pi is})\zeta(s)+(1+e^{\pi is})\sum_{m=1}^{\infty}\sum_{n=-\infty}^{\infty}(mz+n)^{-s}.
\end{aligned}
$$

对 $m\geqslant 1$, 根据约定(3),(4)有

$$
\begin{aligned}
& \sum_{n=-\infty}^{\infty}(mz+n)^{-s} \\
= & \sum_{n=-\infty}^{\infty}(i(-mzi-ni))^{-s} \\
= & \sum_{n=-\infty}^{\infty}(i(-mzi+ni))^{-s}=e^{-\pi is/2}\sum_{n=-\infty}^{\infty}(-mzi+ni)^{-s} \\
= & e^{-\pi is/2}(2\pi)^{s}(\Gamma(s))^{-1}\sum_{k=1}^{\infty}k^{s-1}e^{2\pi mkzi},
\end{aligned}
$$

最后一步用到了 $\operatorname{Im} z>0$, 定理 7.3.3(取 $a=1$, 并以 $-mzi$ 代替原定理中的 z). 由以上两式就证明了式(8).

当 $\operatorname{Im} z>0$ 时, 容易看出 $A(z,s)$ 是 s 的全纯函数, 且也是 z 的解析函数. 由此及式(8)就证明了定理的后一部份.

下面我们要证明一个 $G(z,s)$ 在 z 的模变换下所满足的关系式.

定理 4 设 $\operatorname{Im} z>0$, V 是由式(1.4)给出的模变换, $c>0$. 那末有

$$(cz+d)^{-s}\Gamma(s)G(Vz,s)=\Gamma(s)G(z,s)$$
$$-(e^{\pi is}-e^{-\pi is})\Gamma(s)\zeta(s)-L(z,s),\qquad(10)$$
其中
$$L(z,s)=\sum_{j=1}^{c}\int_{\mathscr{C}(\varepsilon)}\frac{w^{s-1}e^{(cz+d)jw/c}e^{-\{jd/c\}w}}{(1-e^{(cz+d)w})(e^{-w}-1)}dw,\qquad(11)$$
积分围道$\mathscr{C}(\varepsilon)$由性质 3.2.7 中给出.

证：容易看出，$L(z,s)$ 对每个 $z\neq -d/c$ 是 s 的全纯函数，以及对每个 s 它是除 $z=-d/c$ 外的复平面 z 上的解析函数．因此，由解析开拓原理知，只要证明，当 $\mathrm{Re}\,s>2$，$\mathrm{Re}\,z>-d/c$ 时式(10)成立即可．我们有
$$G(Vz,s)=\sum_{m,n}{}'(n+mVz)^{-s}$$
$$=\sum_{m,n}{}'\left(\frac{(am+cn)z+(bm+dn)}{cz+d}\right)^{-s}.\qquad(12)$$
容易验证
$$\mathrm{Im}(n+mVz)=m|cz+d|^{-2}\mathrm{Im}\,z.\qquad(13)$$
所以，$\mathrm{Im}(n+mVz)$的正负号和 m 相同．

根据约定(3)和(4)，容易验证当 $c>0$，$\mathrm{Im}\,z>0$ 时，由式(13)可得：对 $|m|+|n|\neq 0$ 有
$$\left(\frac{(am+cn)z+(mb+nd)}{cz+d}\right)^{-s}$$
$$=\begin{cases}e^{-2\pi is}(cz+d)^{s}((am+cn)z+(bm+dn))^{-s}, \\ \qquad\qquad \text{当}\quad m>0\ \text{及}\ am+cn\leqslant 0; \\ (cz+d)^{s}((am+cn)z+(bm+dn))^{-s},\text{其它}.\end{cases}\qquad(14)$$
由式(12)和(14)得到
$$(cz+d)^{-s}G(Vz,s)=e^{-2\pi is}\sum{}^{(1)}((am+cn)z+(bm+dn))^{-s}$$
$$+\sum{}^{(2)}((am+cn)z+(bm+dn))^{-s},\qquad(15)$$

其中 $\sum^{(1)}$ 表对 $m>0$ 及 $am+cn\leqslant 0$ 求和，$\sum^{(2)}$ 表对 $m\leqslant 0$ 或 $am+cn>0$ 求和．由于在变换

$$m'=am+cn\ ,\ n'=bm+dn \tag{16}$$

下，把数对 $\{m,n\}\neq\{0,0\}$ 一一映射到 $\{m',n'\}\neq\{0,0\}$，因此，由式(15)推出

$$(cz+d)^{-s}G(Vz,s)=(e^{-2\pi is}-1)g(z,s)+G(z,s), \tag{17}$$

其中

$$g(z,s)=\sum{}^{(1)}((am+cn)z+(bm+dn))^{-s}\ . \tag{18}$$

由式(16)，$c>0$ 及约定(3)和(4)知

$$\begin{aligned} g(z,s) &= \sum_{m'\leqslant 0,\, dm'-cn'>0}(m'z+n')^{-s} \\ &= \sum_{n'<0}(n')^{-s}+\sum_{m'<0,\, dm'-cn'>0}(m'z+n')^{-s} \\ &= e^{\pi is}\zeta(s)+e^{\pi is}h(z,s), \end{aligned} \tag{19}$$

其中

$$h(z,s)=\sum_{m'>0,\, dm'-cn'<0}(m'z+n')^{-s}. \tag{20}$$

下面我们在条件 $\operatorname{Re}s>2$, $\operatorname{Im}z>0$, $\operatorname{Re}z>-d/c$ 下来讨论 $h(z,s)$．容易看出这时有

$$\begin{aligned} \Gamma(s)h(z,s) &= \sum_{m'>0,\, dm'-cn'<0}\int_0^\infty w^{s-1} \\ &\quad\cdot\exp\left(-(m'z+n')w\right)dw \\ &= \sum_{q=0}^{\infty}\sum_{r=0}^{\infty}\int_0^\infty w^{s-1} \\ &\quad\cdot\exp\left\{-\left((q+1)z+r+1+\left[\frac{dq+d}{c}\right]\right)w\right\}dw, \end{aligned}$$

最后一步作了变换 $q=m'-1, r=n'-\left[\frac{m'd}{c}\right]-1$. 交换最后一式中的求和号与积分号(容易验证这是可以的),并表 $q=cl+j-1, 0\leqslant l<\infty, 1\leqslant j\leqslant c$, 得到

$$\Gamma(s)h(z,s)=\sum_{j=1}^{c}\int_0^{\infty}w^{s-1}\exp\left\{-\left(jz+1+\left[\frac{dj}{c}\right]\right)w\right\}$$

$$\cdot\sum_{l=0}^{\infty}\sum_{r=0}^{\infty}\exp\{-(l(cz+d)+r)w\}dw$$

$$=\sum_{j=1}^{c}\int_0^{\infty}\frac{w^{s-1}\exp\left\{-(cz+d)\frac{j}{c}w+\left\{\frac{jd}{c}\right\}w\right\}}{(1-\exp(-(cz+d)w))(\exp w-1)}dw$$

$$=(e^{\pi is}-e^{-\pi is})^{-1}L(z,s), \tag{21}$$

最后一步用到了约定(3)和(4). 由式(17),(19)及(21)就推出所要的结论.

由定理3和4立即得到函数 $A(z,s)$ 在 z 的模变换下所满足的关系式.

定理5 在定理4的条件下,我们有

$$\begin{aligned}&(cz+d)^{-s}(2\pi)^s(e^{\pi is/2}+e^{-\pi is/2})A(Vz,s)\\ =&(2\pi)^s(e^{\pi is/2}+e^{-\pi is/2})A(z,s)\\ &-(cz+d)^{-s}(1+e^{\pi is})\Gamma(s)\zeta(s)\\ &+(1+e^{-\pi is})\Gamma(s)\zeta(s)-L(z,s).\end{aligned} \tag{22}$$

证: 由式(8)和(10)可得

$$\begin{aligned}&(cz+d)^{-s}\Gamma(s)\{(1+e^{\pi is})\zeta(s)\\ &+(2\pi)^s(e^{-\pi is/2}+e^{\pi is/2})(\Gamma(s))^{-1}A(Vz,s)\}\\ =&\Gamma(s)\{(1+e^{\pi is})\zeta(s)\\ &+(2\pi)^s(e^{-\pi is/2}+e^{\pi is/2})(\Gamma(s))^{-1}A(z,s)\}\\ &-(e^{\pi is}-e^{-\pi is})\Gamma(s)\zeta(s)-L(z,s),\end{aligned}$$

上式整理后即得所要结论.

为下节推导 $\eta(\tau)$ 的函数方程的需要，我们来计算 $L(z,0)$.

定理 6 在定理 4 的条件下，

$$L(z,0)=2\pi i\left\{\frac{cz+d}{12c}+\frac{1}{12c(cz+d)}-s(d,c)+\frac{1}{4}\right\},\tag{23}$$

其中 $s(d,c)$ 是由式(2.3)定义的 Dedekind 和.

证：由式(11)知 $L(z,0)$ 等于下面的留数和：

$$-2\pi i\sum_{j=1}^{c}\operatorname{Res}\{F(w,j)\}_{w=0},\tag{24}$$

其中

$$F(w,j)=\frac{w^{-1}e^{(cz+d)jw/c}e^{-\{jd/c\}w}}{(1-e^{(cz+d)w})(e^{-w}-1)}.\tag{25}$$

所以，只要求出 $F(w,j)$ 的 Laurent 展开式中 w^{-1} 的系数.

$$F(w,j)=w^{-1}\left\{\sum_{n=0}^{\infty}\frac{1}{n!}\left(\frac{(cz+d)j}{c}\right)^n w^n\right\}$$

$$\cdot\left\{\sum_{n=0}^{\infty}\frac{(-1)^n}{n!}\left(\left\{\frac{jd}{c}\right\}\right)^n w^n\right\}$$

$$\cdot((cz+d)w)^{-1}\left\{1+\sum_{l=1}^{\infty}(-1)^l\left(\sum_{n=1}^{\infty}\frac{(cz+d)^n}{(n+1)!}w^n\right)^l\right\}$$

$$\cdot(-w)^{-1}\left\{1+\sum_{l=1}^{\infty}(-1)^l\left(\sum_{n=1}^{\infty}\frac{(-1)^n}{(n+1)!}w^n\right)^l\right\}.$$

容易看出，为了确定 w^{-1} 的系数，只要看下式中的 w^{-1} 的系数:

$$-(cz+d)^{-1}w^{-3}\left\{1+\frac{(cz+d)j}{c}w+\frac{1}{2}\left(\frac{(cz+d)j}{c}\right)^2w^2\right\}$$

$$\cdot\left\{1-\left\{\frac{dj}{c}\right\}w+\frac{1}{2}\left\{\frac{dj}{c}\right\}^2w^2\right\}$$

$$\cdot\left\{1+\frac{1}{2}w+\left(-\frac{1}{6}+\frac{1}{4}\right)w^2\right\}$$

$$\cdot\left\{1-\frac{1}{2}(cz+d)w+\left(-\frac{1}{6}+\frac{1}{4}\right)(cz+d)^2w^2\right\}.$$

不难算出 $F(w,j)$ 展式中 w^{-1} 的系数等于

$$(cz+d)\left(-\frac{j^2}{2c^2}+\frac{j}{2c}-\frac{1}{12}\right)$$

$$+\left(-\frac{j}{2c}+\frac{1}{4}+\frac{j}{c}\left\{\frac{jd}{c}\right\}-\frac{1}{2}\left\{\frac{jd}{c}\right\}\right)$$

$$+(cz+d)^{-1}\left(-\frac{1}{12}-\frac{1}{2}\left\{\frac{jd}{c}\right\}^2+\frac{1}{2}\left\{\frac{jd}{c}\right\}\right).$$

由此及式(24)得

$$(2\pi i)^{-1}L(z,0)=(cz+d)\sum_{j=1}^{c}\left(\frac{j^2}{2c^2}-\frac{j}{2c}+\frac{1}{12}\right)$$

$$+\sum_{j=1}^{c}\left(\frac{j}{2c}-\frac{1}{4}-\frac{j}{c}\left\{\frac{jd}{c}\right\}\right.$$

$$\left.+\frac{1}{2}\left\{\frac{jd}{c}\right\}\right)+(cz+d)^{-1}$$

$$\cdot\sum_{j=1}^{c}\left(\frac{1}{12}+\frac{1}{2}\left\{\frac{jd}{c}\right\}^2-\left\{\frac{jd}{c}\right\}\right)$$

$$=\frac{cz+d}{12c}+\frac{1}{12c(cz+d)}$$

$$-\sum_{j=1}^{c}\left(\frac{j}{c}-\frac{1}{2}\right)\left\{\frac{jd}{c}\right\}+\frac{1}{4},$$

不难验证

$$s(d,c)=\sum_{j=1}^{c}\left(\frac{j}{c}-\frac{1}{2}\right)\left\{\frac{jd}{c}\right\},$$

由以上两式就证明了所要的结论.

§4. 函数方程(二)

利用§3和§2的结果,可以给出η函数的函数方程——定理1.4的另一证明,并能给出系数ω的一个明确的表达式. 首先,我们定义$\eta(\tau)$的对数为:

$$\log\eta(\tau)=\frac{\pi i}{12}\tau+\sum_{m=1}^{\infty}\log(1-e(m\tau))$$

$$=\frac{\pi i}{12}\tau-\sum_{m=1}^{\infty}\sum_{n=1}^{\infty}\frac{1}{n}e(mn\tau),\quad \operatorname{Im}\tau>0. \tag{1}$$

利用式(3.9)定义的函数 $A(z,s)$,得到

$$\log\eta(\tau)=\frac{\pi i}{12}\tau-A(\tau,0),\quad \operatorname{Im}\tau>0. \tag{2}$$

这样,利用定理3.5和3.6,由式(2)就可推出下述形式的$\eta(\tau)$的函数方程.

定理1 设$\operatorname{Im}\tau>0$,V是由式(1.4)给出的模变换,$c>0$. 那末有

$$\log\eta(V\tau)=\log\eta(\tau)+\frac{1}{2}\log(c\tau+d)+\varepsilon(a,b,c,d), \tag{3}$$

其中

$$\varepsilon=\varepsilon(a,b,c,d)=\frac{\pi i}{12}\frac{a+d}{c}-\pi i s(d,c)-\frac{\pi i}{4}, \tag{4}$$

且满足

$$e^{24\varepsilon}=1. \tag{5}$$

证:由式(2)及(3.22)($s=0$),并利用$\zeta(0)=-1/2$得到(注意约定(3.3)及(3.4))

$$\log\eta(V\tau)=\frac{\pi i}{12}\frac{a\tau+b}{c\tau+d}-A(V\tau,0)$$

$$= \frac{\pi i}{12} \frac{a\tau+b}{c\tau+d} - A(\tau,0) + \frac{1}{2} L(\tau,0)$$

$$- \frac{1}{2} \{ \Gamma(s+1) \zeta(s) (1+e^{-\pi i s}) \}_{s=0}$$

$$\lim_{s \to 0} \frac{1-(c\tau+d)^{-s} e^{\pi i s}}{s}$$

$$= \frac{\pi i}{12} \frac{a\tau+b}{c\tau+d} - A(\tau,0) + \frac{1}{2} L(\tau,0)$$

$$+ \frac{1}{2} \log(c\tau+d) - \frac{\pi i}{2}$$

$$= \log \eta(\tau) + \frac{\pi i}{12} \frac{a\tau+b}{c\tau+d} - \frac{\pi i}{12} \tau$$

$$+ \frac{1}{2} L(\tau,0) + \frac{1}{2} \log(c\tau+d) - \frac{\pi i}{2}.$$

由此及式(3.23)就证明了式(3)成立.

下面来证明式(5)成立.显然,这只要证明

$$a+d-12cs(d,c) \equiv 0 \pmod c. \tag{6}$$

由定理2.3(d)可得

$$12dcs(d,c) \equiv d^2+1 \equiv d^2+ad-bc$$
$$\equiv d(a+d) \pmod c,$$

由此及$(d,c)=1$就证明了式(6).

定理1假定了 $c>0$.对 $c \leqslant 0$ 有以下结论:

定理2 设 $\operatorname{Im} \tau > 0$, V 是由式(1.4)给出的模变换.若 $c<0$,则式(3)成立,其中

$$\varepsilon = \varepsilon(a,b,c,d) = \frac{\pi i}{12} \frac{a+d}{c} + \pi i s(d,-c) + \frac{\pi i}{4}, \tag{7}$$

且亦满足

$$e^{24\varepsilon} = 1; \tag{8}$$

若 $c=0$,则

$$\log \eta(V\tau) = \log \eta(\tau) + \frac{\pi i}{12} \frac{b}{d}. \tag{9}$$

证：变换 V 可写为

$$V\tau=((-a)\tau+(-b))/((-c)\tau+(-d)),$$

由定理1 就推出

$$\begin{aligned}\log\eta(V\tau)&=\log\eta(\tau)+\frac{1}{2}\log(-c\tau-d)\\&\quad+\varepsilon(-a,-b,-c,-d)\\&=\log\eta(\tau)+\frac{1}{2}\log(c\tau+d)+\frac{1}{2}\log(-1)\\&\quad+\varepsilon(-a,-b,-c,-d).\end{aligned}$$

由约定(3.3)及式(4)得

$$\varepsilon(a,b,c,d)=\frac{\pi i}{2}+\frac{\pi i}{12}\left(\frac{-a-d}{-c}\right)-\pi is(-d,-c)-\frac{\pi i}{4}.$$

由此及 $s(-d,-c)=-s(d,-c)$ 就证明了式(7)成立.

当 $c=0$ 时，$ad=1$，$V\tau=\tau+b/d$，其中 $d=\pm1$. 注意到约定(3.3)，由此及式(1.6)就推出式(9).

由定理 1 及 2 立即推出定理 1.4 成立，且有

$$\omega=\begin{cases}\exp\left\{\dfrac{\pi i}{12}\dfrac{a+d}{c}-\pi is(d,c)-\dfrac{\pi i}{4}\right\}, & c>0,\\[2ex]\exp\left\{\dfrac{\pi i}{12}\dfrac{a+d}{c}+\pi is(d,-c)+\dfrac{\pi i}{4}\right\}, & c<0,\\[2ex]\exp\left\{\dfrac{\pi i}{12}\dfrac{b}{d}\right\}, & c=0.\end{cases}\qquad(10)$$

定理 1 的另外的证明可参看 [29]，[2]，[4].

习　　题

1．设V是由式(1.4)给出的一个模变换，不是恒等变换．证明：它在上平半面$\mathrm{Im}\,\tau\geqslant 0$(包括无穷远点)上的不动点仅可能有三种情形：(a) 有一个虚部大于零的不动点，(b) 有一个虚部为零的不动点；(c) 有两个虚部为零的不动点．进而指出，出现这三种情形的充要条件是：$|a+d|<2$；$|a+d|=2$及$|a+d|>2$．

2．设T,S是由式(1.32)给出的模变换，求出(a) 模群Γ中所有能和S交换的模变换；(b) Γ中所有能和ST交换的模变换；(c) 最小正整数n，使得$(ST)^n$是恒等变换．

3．设H是上平半面$\mathrm{Im}\,\tau>0$．证明：(a) 对任一$\tau_0'\in H$，必有模变换V及$\tau_0\in H$使得$\tau_0'=V\tau_0$，且τ_0满足$|\tau_0|\geqslant 1$，$|\tau_0\pm 1|\geqslant|\tau_0|$；(b) 对区域$R_\Gamma=\{\tau\in H,|\tau|>1,|\tau+\bar{\tau}|<1\}$中的任一个点$\tau$，若有模变换$V$使得$V\tau=\tau$，则$V$必为恒等变换；(c) 在(a)中分别取$\tau_0'=(8+6i)/(3+2i)$，$(10i+11)/(6i+12)$，求相应的$\tau_0$．

4．求出模群Γ中(a) 以i为不动点的所有模变换组成的子群；(b) 以$e^{2\pi i/3}$为不动点的所有模变换组成的子群．

5．当$(h,k)>1$时，$s(h,k)$仍以式(2.3)定义．证明：对$q>0$有$s(qh,qk)=s(h,k)$．

6．对任意整数x有$\sum\limits_{r \bmod k}\left(\left(\dfrac{r+x}{k}\right)\right)=((x))$．

7．设p是素数，证明：$s(ph,k)+\sum\limits_{b=0}^{p-1}s(h+bk,pk)=(p+1)s(h,k)$．

8．设$\sigma(n)=\sum\limits_{d|n}d$．证明：(a) $\sum\limits_{b \bmod d}s(h+bk,dk)=\sum\limits_{c|d}\mu(c)s(hc,k)\sigma(d/c)$；(b) $\sum\limits_{d|n}\sum\limits_{b \bmod d}s\left(\dfrac{n}{d}h+bk,dk\right)=\sigma(n)s(h,k)$，取$n$为素数就推出第7题．

9．设r,h,k是整数，$k\geqslant 1$．证明(a) $\left(\left(\dfrac{hr}{k}\right)\right)=\dfrac{-1}{2k}\sum\limits_{l=1}^{k-1}\sin\dfrac{2\pi hrl}{k}\cdot\mathrm{ctg}\,\dfrac{\pi l}{k}$；(b) $s(h,k)=\dfrac{1}{4k}\sum\limits_{r=1}^{k-1}\mathrm{ctg}\,\dfrac{\pi hr}{k}\,\mathrm{ctg}\,\dfrac{\pi r}{k}$．

第10—17是利用定理2.2来计算 $s(h,k)$，这里假定 $h>1, k>1$，$(h,k)=1$.

10．若 $k\equiv r \pmod h$，则 $12hks(h,k)=k^2-\{12s(r,h)+3\}hk+h^2+1$.

11．若 $k\equiv 1 \pmod h$，则 $12hks(h,k)=(k-1)(k-h^2-1)$.

12．若 $k\equiv 2 \pmod h$，则 $12hks(h,k)=(k-2)(k-(h^2+1)/2)$.

13．若 $k\equiv -1 \pmod h$，则 $12hks(h,k)=k^2+(h^2-6h+2)k+h^2+1$.

14．若 $k\equiv r \pmod h$，$r\geqslant 1$及 $h\equiv t \pmod r$，$t=\pm 1$，则

$12hks(h,k)=k^2-r^{-1}(h^2-t(r-1)(r-2)h+r^2+1)k+h^2+1$.

15．利用上题确定当 $r=3$ 或 4 时的 $s(h,k)$ 的值.

16．若 $k\equiv 5 \pmod h$，$h\equiv t \pmod 5$，$t=\pm 1$ 或 ± 2，则

$12hks(h,k)=k^2-(1/5)(h^2+4t(t-2)(t+2)h+26)k+h^2+1$.

17．设 $0<h<k$，$(k,h)=1$，$r_0=k$，$r_1=h$，$r_{j-1}=q_jr_j+r_{j+1}$，$0<r_{j+1}<r_j$，$1\leqslant j\leqslant n$，$r_{n+1}=1$．证明：

$$s(h,k)=\frac{1}{12}\sum_{j=1}^{n+1}\left\{(-1)^{j+1}\frac{r_j^2+r_{j-1}^2+1}{r_jr_{j-1}}\right\}-\frac{1+(-1)^n}{8}.$$

18．证明：$\mathrm{Im}\,\tau=0$ 是 $\eta(\tau)$ 的自然边界.（利用定理1.4，定理1.1及式(1.1)证明每一有理点 $\tau=p/q$．$(p.q)=1$，都是 $\eta(\tau)$ 的奇点.）

第三十六章 无限制分拆函数

整数分拆是堆垒数论中的一个基本问题．最重要的整数分拆是所谓无限制分拆(见 §1).正整数 n 的所有不同的无限制分拆的个数记作 $p(n)$，称为无限制分拆函数.无限制分拆函数的母函数 $F(z)$(见 §1)和上一章讨论的 η 函数有密切关系(见式(1.9)),由 η 函数的函数方程就可得到 $F(z)$ 的函数方程(定理1.3).Hardy 和 Ramanujan 首先提出了圆法，用于讨论无限制分拆函数，利用 $F(z)$ 的函数方程，得到了它的渐近公式，这是 §3 所要讨论的内容．后来，Rademacher 改进了他们的讨论，利用圆法得到了 $p(n)$ 的一个漂亮的级数展开式，这将在 §4 证明．首先，我们在 §1，§2 介绍有关 $p(n)$ 的一些基本性质和初等结果．本章内容可参看 [11]，[12]，[3]，[4]，[6]，[29].

§1．无限制分拆函数 $p(n)$

设 n 是正整数．把 n 表为不计次序的若干个正整数之和的一种表示法称为是 n 的一个**分拆**：

$$n=n_1+n_2+\cdots+n_l,\ n_1\geqslant n_2\geqslant\cdots\geqslant n_l>0. \qquad (1)$$

对被加项 n_i 及项数 l 加上一定的限制条件就可得到不同类型的分拆.我们要讨论的是不加限制条件的分拆,称为**无限制分拆**．n 的所有不同的无限制分拆的个数记作 $p(n)$，称为**无限制分拆函数**．例如:

$$5=4+1=3+2=3+1+1=2+2+1$$
$$=2+1+1+1=1+1+1+1+1,$$

所以 $p(5)=7$；

$$6=5+1=4+2=4+1+1=3+3=3+2+1=3+1+1+1$$

$=2+2+2=2+2+1+1=2+1+1+1+1$
$=1+1+1+1+1+1$,

所以，$p(6)=11$．我们约定 $p(0)=1$．把以 $p(n)$ 为系数的幂级数

$$\sum_{n=0}^{\infty} p(n) z^n \tag{2}$$

称为是**无限制分拆函数的母函数**．

定理 1　当 $|z|<1$ 时级数 (2) 收敛，且

$$\sum_{n=0}^{\infty} p(n) z^n= \prod_{r=1}^{\infty}(1-z^r)^{-1}=F(z) . \tag{3}$$

证：设 m 是给定的正整数．我们考虑被加项 $n_i \leqslant m$ 的有限制分拆，n 的所有这种不同的分拆个数记作 $p_m(n)$，并约定 $p_m(0)=0$．显有

$$p_m(n) \leqslant p(n) ; \quad p_m(n)=p(n), \quad n \leqslant m . \tag{4}$$

容易看出 $p_m(n)$ 等于不定方程

$$n=1 \cdot k_1+2 \cdot k_2+\cdots+m \cdot k_m \tag{5}$$

的所有非负解的个数；因此 $p_m(n)$ 的母函数

$$\sum_{n=0}^{\infty} p_m(n) z^n=\left(\sum_{k_1=0}^{\infty} z^{k_1}\right)\left(\sum_{k_2=0}^{\infty} z^{2 k_2}\right) \cdots\left(\sum_{k_m=0}^{\infty} z^{m k_m}\right)$$

$$= \prod_{r=1}^{m}(1-z^r)^{-1}=F_m(z). \tag{6}$$

式 (3) 右边的无穷乘积当 $|z|<1$ 时是绝对收敛的，因此，由解析开拓原理知，只要证明当 $0 \leqslant z<1$ 时有

$$F(z)= \lim_{m \rightarrow \infty} F_m(z)= \sum_{n=0}^{\infty} p(n) z^n . \tag{7}$$

由式 (4) 及 (6) 知，当 $0 \leqslant z<1$ 时

$$F(z) \geqslant F_m(z)=\sum_{n=0}^{m} p_m(n) z^n+\sum_{n=m+1}^{\infty} p_m(n) z^n \geqslant \sum_{n=0}^{m} p(n) z^n .$$

由此推出当 $0\leqslant z<1$ 时级数(2)收敛，且

$$\sum_{n=0}^{\infty} p(n)z^n\leqslant F(z)\qquad 0\leqslant z<1.$$

另一方面，对任意固定的 $0\leqslant z_0<1$，由于 $p_m(n)\leqslant p(n)$ 及级数(2)当 $z=z_0$ 时收敛，所以级数 $\sum_{n=0}^{\infty} p_m(n)z_0^n$ 对 m 一致收敛，因而

$$F(z_0)=\lim_{m\to\infty} F_m(z_0)=\lim_{m\to\infty}\sum_{n=0}^{\infty} p_m(n)z_0^n$$

$$=\sum_{n=0}^{\infty}\left(\lim_{m\to\infty} p_m(n)\right)z_0^n=\sum_{n=0}^{\infty} p(n)z_0^n,$$

这就证明了式(7).

关于无限制分拆函数 $p(n)$ 有下面的递推公式.

定理2 设 n 是正整数，我们有

$$np(n)=\sum_{l=1}^{n}\sigma(l)p(n-l),\tag{8}$$

其中 $\sigma(l)=\sum_{d\mid l} d$.

证：式(3)两边对 z 求对数导数得到

$$\sum_{n=1}^{\infty} np(n)z^{n-1}=\sum_{n=0}^{\infty} p(n)z^n\sum_{r=1}^{\infty} rz^{r-1}(1-z^r)^{-1}$$

$$=\sum_{n=0}^{\infty} p(n)z^n\sum_{r=1}^{\infty} rz^{r-1}\sum_{k=0}^{\infty} z^{rk}$$

$$=\sum_{n=0}^{\infty} p(n)z^n\sum_{r=1}^{\infty}\sum_{d=1}^{\infty} rz^{rd-1}$$

$$=\sum_{n=0}^{\infty} p(n)z^n\sum_{l=1}^{\infty}\sigma(l)z^{l-1}$$

$$=z^{-1}\sum_{d=1}^{\infty}\left(\sum_{l=1}^{n}\sigma(l)p(d-l)\right)z^d,$$

这就证明了式(8).

从式(3)知，$p(n)$的母函数$F(z)$和第三十五章中讨论的Dedekind η函数有密切关系．显有

$$e^{-\pi i\tau/12}F(e^{2\pi i\tau})=\eta^{-1}(\tau),\ \mathrm{Im}\,\tau>0. \qquad (9)$$

这样，由η函数的函数方程(见定理35.1.1，定理35.1.4及式(35.4.10))就可得到在模变换下母函数$F(z)$满足的函数方程．

定理3 设V是由式(35.1.4)给出的模变换，$\tau'=V\tau$．那末，当$\mathrm{Im}\,\tau>0$时，我们有

$$e^{-\pi i\tau/12}F(e^{2\pi i\tau})=\omega(c\tau+d)^{1/2}e^{-\pi i\tau'/12}F(e^{2\pi i\tau'}), \qquad (10)$$

这里的ω及幅角的约定同定理35.1.4．进而，ω的值由式(35.4.10)给出．特别的，当$\tau'=-1/\tau$时，

$$e^{-\pi i\tau/12}F(e^{2\pi i\tau})=e^{-\pi i/4}\sqrt{\tau}\ e^{\pi i/12\tau}F(e^{-2\pi i/\tau}). \qquad (11)$$

由于当$c\neq0$，$\tau=-d/c+i\delta$，$\delta\geqslant0$，$\delta\to0$时，$\mathrm{Im}\,\tau'=(c^2\delta)^{-1}\to+\infty$，所以$F(e^{2\pi i\tau'})\to1$．因而式(10)表明$e^{-\pi i\tau/12}F(e^{2\pi i\tau})$的主要部份是

$$\omega(c\tau+d)^{1/2}e^{-\pi i\tau'/12}.$$

这也证明了$\mathrm{Im}\,\tau=0$是$F(e^{2\pi i\tau})$的自然边界，也是$\eta(\tau)$的自然边界．为了便于应用，把这一性质写为下面的定理．

定理4 设$k>0$，$(h,k)=1$，$hh'\equiv-1\pmod k$．那末，当$\mathrm{Re}\,z>0$ (z的幅角由式(15)确定)时有

$$F\left(\exp\left(2\pi i\left(\frac{h}{k}+i\frac{z}{k}\right)\right)\right)$$
$$=e^{\pi is(h,k)}\sqrt{z}\ \exp\left(\frac{\pi}{12k}\left(\frac{1}{z}-z\right)\right)$$
$$\cdot F\left(\exp\left(2\pi i\left(\frac{h'}{k}+\frac{i}{kz}\right)\right)\right). \qquad (12)$$

证: 设k'满足$-hh'-kk'=1$,在定理3中取模变换为:$a=h'$, $b=k'$, $c=k$, $d=-h$,以及

$$\tau=h/k+iz/k. \tag{13}$$

这样,

$$\tau'=V\tau=h'/k+i/(kz). \tag{14}$$

我们以$\omega_{k,h}$记这里所确定的式(10)中的ω. 此外由$c\tau+d=iz$, $c=k>0$及幅角的约定(35.1.35)知:(取$i=e^{\pi i/2}$)

$$-\pi/2<\arg z<\pi/2. \tag{15}$$

由以上的讨论从式(10)推得

$$\exp\left(\frac{-\pi i}{12}\left(\frac{h}{k}+\frac{iz}{k}\right)\right)F\left(\exp\left(2\pi i\left(\frac{h}{k}+\frac{iz}{k}\right)\right)\right)$$

$$=\omega_{k,h}e^{\pi i/4}\sqrt{z}\exp\left(\frac{-\pi i}{12}\left(\frac{h'}{k}+\frac{i}{kz}\right)\right)$$

$$\cdot F\left(\exp\left(2\pi i\left(\frac{h'}{k}+\frac{i}{kz}\right)\right)\right). \tag{16}$$

比较式(16)和(12),为了证明式(12)只要证明

$$e^{\pi i s(h,k)}=\omega_{k,h}\exp\left(-\frac{\pi i}{12}\left(\frac{h'}{k}-\frac{h}{k}\right)+\frac{\pi i}{4}\right). \tag{17}$$

而由式(35.4.10)知上式成立. 证毕.

§2. $p(n)$的上界及下界估计

利用定理1.2就可得到下面的$p(n)$的估计式:

定理1 对任给的$\varepsilon>0$,必有正数$c(\varepsilon)$,使得当$n\geqslant 1$时有

$$c(\varepsilon)\exp\left(\left(\pi\sqrt{\frac{2}{3}}-\varepsilon\right)n^{1/2}\right)<p(n)<\exp\left(\pi\sqrt{\frac{2}{3}}n^{1/2}\right). \tag{1}$$

进而有

$$\log p(n) \sim \pi \sqrt{\frac{2}{3}} n^{1/2}, n \to \infty. \tag{2}$$

证：式(2)是式(1)的显然推论．下面来证式(1)．先证右半不等式，对 n 用归纳法．当 $n=1$ 时显然成立，假设结论对所有 $m<n(n\geqslant 2)$ 都成立，即

$$p(m) < \exp\left(\pi \sqrt{\frac{2}{3}} m^{1/2}\right), \ m<n. \tag{3}$$

由此及式(8)得

$$\begin{aligned} np(n) &= \sum_{\substack{d=1 \\ dh\leqslant n}}^{n} \sum_{h=1}^{n} dp(n-dh) \\ &\leqslant \sum_{\substack{d=1 \\ dh\leqslant n}}^{n} \sum_{h=1}^{n} d\exp\left(\pi \sqrt{\frac{2}{3}} (n-dh)^{1/2}\right). \end{aligned} \tag{4}$$

利用不等式：当 $x\geqslant y>0$ 时有

$$x^{1/2}-(x-y)^{1/2}=y(x^{1/2}+(x-y)^{1/2})^{-1}>yx^{-1/2}/2, \tag{5}$$

从式(4)推得

$$np(n) < \exp\left(\pi \sqrt{\frac{2}{3}} n^{1/2}\right) \sum_{\substack{d=1 \\ dh\leqslant n}}^{n} \sum_{h=1}^{n} d\exp\left(-\frac{\pi}{2} \sqrt{\frac{2}{3}} \frac{dh}{n^{1/2}}\right).$$

由此利用不等式：当 $x>0$ 时有

$$\begin{aligned} \sum_{d=1}^{\infty} me^{-mx} &= -\frac{d}{dx}\left(\sum_{m=0}^{\infty} e^{-mx}\right) = -\frac{d}{dx}(1-e^{-x})^{-1} \\ &= (e^{x/2}-e^{-x/2})^{-2} < x^{-2}, \end{aligned}$$

得到

$$\begin{aligned} np(n) &< \exp\left(\pi \sqrt{\frac{2}{3}} n^{1/2}\right) \sum_{h=1}^{n} \left(\frac{\pi}{2} \sqrt{\frac{2}{3}} \frac{h}{n^{1/2}}\right)^{-2} \\ &< 6n\pi^{-2}\left(\sum_{h=1}^{n} h^{-2}\right)\exp\left(\pi \sqrt{\frac{2}{3}} n^{1/2}\right), \end{aligned}$$

利用 $\sum_{h=1}^{n} h^{-2} < \zeta(2) = \pi^2/6$，由此就证明了所要的结论.

式(1)左半不等式的证明原则上是一样的，但要麻烦得多，为了简单起见，我们利用下面的初等结果(见 [11，定理 324]).

$$\sum_{l=1}^{n} \sigma(l) = \frac{\pi^2}{12} n^2 + O(n \log n). \tag{6}$$

记 $a = \pi\sqrt{2/3} - \varepsilon$，$c(\varepsilon)$是小于 $\exp(-\pi\sqrt{2/3})$的待定常数. 当 $n=1$ 时结论成立，假设结论对所有 $m<n\,(n \geqslant 2)$成立，即

$$p(m) > c(\varepsilon)\exp(a m^{1/2}), \quad m<n. \tag{7}$$

利用不等式：当 $x \geqslant y > 0$ 时有

$$\begin{aligned} x^{1/2} - (x-y)^{1/2} &= yx^{-1/2}(1+(1-y/x)^{1/2})^{-1} \\ &< yx^{-1/2}(1+(1-y/x))^{-1} \\ &= 2^{-1}yx^{-1/2}(1-y/2x)^{-1} \\ &\leqslant 2^{-1}yx^{-1/2}(1+y/x), \end{aligned} \tag{8}$$

由式(1.8)及(7)得到

$$\begin{aligned} np(n) &> c(\varepsilon) \sum_{l=1}^{n} \sigma(l) \exp(a(n-l)^{1/2}) \\ &> c(\varepsilon)\exp(an^{1/2}) \\ &\quad \cdot \sum_{l=1}^{n} \sigma(l) \exp\left(-\frac{al}{2n^{1/2}} - \frac{al^2}{2n^{3/2}}\right). \end{aligned} \tag{9}$$

记最后一个和式为$\sum$. 由式(2.1.5)及(6)可推得

$$\begin{aligned} \sum &= \frac{\pi^2}{6} \int_1^n u \exp\left(-\frac{au}{2n^{1/2}} - \frac{au^2}{2n^{3/2}}\right) du \\ &\quad + O\left(\int_1^n \log(2u) \exp\left(-\frac{au}{2n^{1/2}} - \frac{au^2}{2n^{3/2}}\right) du\right). \end{aligned} \tag{10}$$

对 $k \geqslant 0$，$x > 0$，我们有

$$\int_0^\infty \exp(-u/x) u^k du = x^{k+1} \int_0^\infty \exp(-u) u^k du \ll_k x^{k+1}. \tag{11}$$

再注意到

$$\exp\left(-\frac{au}{2n^{1/2}}-\frac{au^2}{2n^{3/2}}\right)\geqslant\exp\left(-\frac{au}{2n^{1/2}}\right)\left(1-\frac{au^2}{2n^{3/2}}\right),$$

由式(10)和(11)得到

$$\begin{aligned}\sum&\geqslant\frac{\pi^2}{6}\int_1^n u\exp\left(-\frac{au}{2n^{1/2}}\right)du\\&\quad+O\left(n^{-3/2}\int_1^n u^3\exp\left(-\frac{au}{2n^{1/2}}\right)du\right.\\&\quad\left.+\log n\int_1^n\exp\left(-\frac{au}{2n^{1/2}}\right)du\right)\\&=\frac{\pi^2}{6}\int_1^n u\exp\left(-\frac{au}{2n^{1/2}}\right)du+O(n^{1/2}\log n).\end{aligned}$$

此外

$$\begin{aligned}\int_1^n u\exp\left(-\frac{au}{2n^{1/2}}\right)du&=\frac{4}{a^2}n\exp\left(-\frac{a}{2n^{1/2}}\right)+O(n^{1/2})\\&=\frac{4}{a^2}n+O(n^{1/2}),\end{aligned}$$

由以上两式得：存在正数 c_1 使得

$$\begin{aligned}\sum&\geqslant\frac{2\pi^2}{3a^2}n-c_1n^{1/2}\log n\\&=\left(1-\frac{1}{\pi}\sqrt{\frac{3}{2}}\varepsilon\right)^{-2}n-c_1n^{1/2}\log n\\&>\left(1+\frac{2}{\pi}\sqrt{\frac{3}{2}}\varepsilon\right)n-c_1n^{1/2}\log n\\&=n+\left(\frac{2}{\pi}\sqrt{\frac{3}{2}}\varepsilon n-c_1n^{1/2}\log n\right).\qquad(12)\end{aligned}$$

存在 $n_1=n_1(\varepsilon)$，使当 $n\geqslant n_1$ 时

$$\frac{2}{\pi}\sqrt{\frac{3}{2}}\;\varepsilon n-c_1 n^{1/2}\log n\geqslant 0\,.$$

现取 $c(\varepsilon)$，使得当 $n<n_1$ 时有

$$p(n)>c(\varepsilon)\exp(a n^{1/2})$$

成立，这样，当 $n\geqslant n_1$ 时由式(9) 及(12)知上式也成立. 这就证明了式(1)的左半不等式.

§3. $p(n)$的渐近公式

设 R 是以 ρ 为半径，$0<\rho<1$，以原点为心的正向圆周，根据复变积分的 Cauchy 定理，由式(1.3)知

$$p(n)=\frac{1}{2\pi i}\int_R F(s)s^{-n-1}ds\,. \tag{1}$$

作变量替换 $s=e^{2\pi iz}$，约定 $s\in R$ 时

$$s=\rho e^{i\varphi},\qquad -\pi\leqslant\varphi<\pi\,, \tag{2}$$

这样，复平面 s 上的围道 R 变为复平面 z 上的直线段

$$L:\ x+iy\,,\quad -1/2\leqslant x<1/2\,,\quad y=(2\pi)^{-1}\log(\rho^{-1})\,. \tag{3}$$

因此，设 $m=n-1/24$，$\varepsilon=(2\pi)^{-1}\log(\rho^{-1})$，就有

$$p(n)=\int_L F(e^{2\pi iz})e^{-\pi iz/12}e^{-2\pi imz}dz$$

$$=\int_{L_1}+\int_{L_2}+\int_{L_{3'}}\qquad, \tag{4}$$

其中 L_1：$1/2\leqslant x<-\sqrt{2\varepsilon}$，$y=\varepsilon$；$L_2$：$-\sqrt{2\varepsilon}\leqslant x<\sqrt{2\varepsilon}$，$y=\varepsilon$；$L_3$：$\sqrt{2\varepsilon}\leqslant x<1/2$，$y=\varepsilon$. 现取定

$$\varepsilon=(96\,m)^{-1\;2}\qquad, \tag{5}$$

这也就确定了 ρ. 当 n 充分大时必有 $0<\varepsilon<1/8$. 我们要来估计

$\int_{L_1}$，$\int_{L_3}$，证明它们是可以忽略的次要项；计算$\int_{L_2}$，证明它是主要项．这样就得到$p(n)$的渐近公式．为此先证明两个引理．

引理1　设$z=x+iy$，$y>0$．一定存在一个模变换 V^*(见式(35．1.4))：

$$x^*+iy^*=V^*z=\frac{\alpha z+\beta}{\gamma z+\delta}\ ,\tag{6}$$

使得$y^*\geqslant y$，$y^*\geqslant\sqrt{3}/2$．

证：对任一模变换

$$z'=x'+iy'=Vz=\frac{az+b}{cz+d}\ ,$$

由式(35．1.5)得

$$\frac{1}{y'}=\frac{(cx+d)^2}{y}+c^2y.\tag{7}$$

考虑由所有互素整数对$\{c,d\}$组成的集合$\mathscr{U}$，由于$|c|+|d|$无论以何种方式$\to+\infty$时，式(7)右边也$\to+\infty$，所以，当$\{c,d\}\in\mathscr{U}$时，式(7)右边必在某几组数对上取到最小值，设$\{\gamma,\delta\}$就是这样一对．任取整数对$\{\alpha,\beta\}$使得 $\alpha\delta-\beta\gamma=1$．我们来证明：由这些$\alpha,\beta,\gamma,\delta$决定的式(6)的模变换$V^*$就是所要求的．首先，由最小值性质知，$y^*\geqslant y$．下面来证$y^*\geqslant\sqrt{3}/2$．对任一模变换 V，设$z'=Vz^*$．由式(7)知

$$\frac{1}{y'}=\frac{(cx+d)^2}{y^*}+c^2y^*.$$

注意到$z'=VV^*z$，故由最小值性质知，必有$y^*\geqslant y'$．现取$c=1$，d满足$-1/2\leqslant x^*+d<1/2$，就得到

$$\frac{1}{y^*}\leqslant\frac{1}{y'}=\frac{(x^*+d)^2}{y^*}+y^*\leqslant\frac{1}{4y^*}+y^*,$$

由此立即推出$y^*\geqslant\sqrt{3}/2$．

引理2 设α,β是两个正数，$r=\sqrt{\beta/\alpha}$.再设T是这样的正向围道：T_1: $w=\rho e^{i\varphi}, 0<\rho\leqslant r, \varphi=-2\pi$; T_2: $w=re^{i\varphi}$, $-2\pi\leqslant\varphi\leqslant 0$; T_3: $w=\rho e^{i\varphi}, r\geqslant\rho>0, \varphi=0$.我们有

$$J=J(\alpha,\beta)=\int_T w^{-1/2}\exp(-\alpha w-\beta/w)\,dw$$

$$=2\sqrt{\pi/\alpha}\,\sinh(2\sqrt{\alpha\beta}\,).\qquad(8)$$

证：在复变数替换

$$s=\sqrt{\alpha w}+\sqrt{\beta/w}$$

下$T\to\Gamma$: $T_1\to\Gamma_1$: $-\infty<\mathrm{Re}\,s\leqslant-2(\alpha\beta)^{1/4}$, $\mathrm{Im}\,s=0$; $T_2\to\Gamma_2$: $-2(\alpha\beta)^{1/4}\leqslant\mathrm{Re}\,s\leqslant 2(\alpha\beta)^{1/4}$, $\mathrm{Im}\,s=0$; $T_3\to\Gamma_3$: $2(\alpha\beta)^{1/4}\leqslant\mathrm{Re}\,s<+\infty$, $\mathrm{Im}\,s=0$.而在复变数替换

$$z=-\sqrt{\alpha w}+\sqrt{\beta/w}$$

下$T\to C$: $T_1\to C_1$: $-\infty<\mathrm{Re}\,z\leqslant 0$, $\mathrm{Im}\,z=0$; $T_2\to C_{2,1}$: $0\geqslant\mathrm{Im}\,z\geqslant-2(\alpha\beta)^{1/4}$, $\mathrm{Re}\,z=0$，及$C_{2,2}$: $-2(\alpha\beta)^{1/4}\leqslant\mathrm{Im}\,z\leqslant 0$, $\mathrm{Re}\,z=0$; $T_3\to C_3$: $0\leqslant\mathrm{Re}\,z<+\infty$, $\mathrm{Im}\,z=0$. 注意到由$2\sqrt{w}=(s-z)/\sqrt{\alpha}$可得

$$\frac{1}{\sqrt{w}}=\frac{1}{\sqrt{\alpha}}\left(\frac{ds}{dw}-\frac{dz}{dw}\right),$$

因此

$$J=\int_T\exp(-\alpha w-\beta/w)\frac{1}{\sqrt{\alpha}}\left(\frac{ds}{dw}-\frac{dz}{dw}\right)dw$$

$$=\frac{1}{\sqrt{\alpha}}\int_T\exp\{-(\sqrt{\alpha w}+\sqrt{\beta/w}\,)^2+2\sqrt{\alpha\beta}\,\}\frac{ds}{dw}\,dw$$

$$-\frac{1}{\sqrt{\alpha}}\int_T\exp\{-(-\sqrt{\alpha w}+\sqrt{\beta/w}\,)^2-2\sqrt{\alpha\beta}\,\}\frac{dz}{dw}\,dw$$

$$=\frac{1}{\sqrt{\alpha}}e^{2\sqrt{\alpha\beta}}\int_\Gamma e^{-s^2}ds-\frac{1}{\sqrt{\alpha}}e^{-2\sqrt{\alpha\beta}}\int_C e^{-z^2}dz$$

$$= \frac{1}{\sqrt{\alpha}} \left(e^{2\sqrt{\alpha\beta}} - e^{-2\sqrt{\alpha\beta}}\right) \int_{-\infty}^{\infty} e^{-u^2} du$$

$$= \sqrt{\frac{\pi}{\alpha}} \left(e^{2\sqrt{\alpha\beta}} - e^{-2\sqrt{\alpha\beta}}\right),$$

这就证明了引理.

现在来证明 $p(n)$ 的渐近公式.

定理 3 设 $\lambda=\pi\sqrt{2/3}$，$m=n-1/24$. 我们有

$$p(n) = \frac{1}{4\sqrt{3}} \frac{e^{\lambda\sqrt{m}}}{m} \left(1+O\left(\frac{1}{\sqrt{m}}\right)\right). \tag{9}$$

证：设 n 充分大. 先来估计式(4)中的积分 $\int_{L_1}$，$\int_{L_3}$. 为此，要证明对任一 $z\in L_1\cup L_3$ 必有

$$e^{-\pi iz/12} F(e^{2\pi iz}) \ll e^{\pi/(48\varepsilon)}, \tag{10}$$

这里 ε 由式(5)给出，$\varepsilon<1/8$. 由引理 1 知，必有模变换 V^* 使得 $x^*+iy^*=V^*z$，满足 $y^*\geqslant y$，$y^*\geqslant\sqrt{3}/2$. 因此，由式(35.1.5)知

$$|\gamma z+\delta|^2=y/y^*\leqslant 1.$$

由此及定理 1.3 知(取 $V=V^*$，$\tau=z$，$\tau'=z^*$)

$$|e^{-\pi iz/12} F(e^{2\pi iz})| \leqslant e^{\pi y^*/12} |F(e^{2\pi iz^*})|$$

$$\leqslant e^{\pi y^*/12} F(e^{-2\pi y^*}) \ll e^{\pi y^*/12}, \tag{11}$$

这样，为了证明式(10)就只要证明

$$y^*\leqslant 1/4\varepsilon. \tag{12}$$

当 $z\in L_1\cup L_3$ 时 $y=\varepsilon$，故由式(7)(取 $V=V^*$)知，

$$\frac{1}{y^*} = \frac{(\gamma x+\delta)^2}{\varepsilon} + \gamma^2\varepsilon. \tag{13}$$

我们来证明必有 $|\gamma|\geqslant 2$，由此即推出(12). 不妨设 $\gamma\geqslant 0$（不然以 $-\alpha,-\beta,-\gamma,-\delta$ 代替 $\alpha,\beta,\gamma,\delta$).

(a) $\gamma\neq 0$. 因若 $\gamma=0$，则 $\delta=\pm 1$，由式(13)得

$$1/y^*=1/\varepsilon\geqslant 8,$$

(n 充分大时，$\varepsilon<1/8$)，这和 $y^*\geqslant\sqrt{3}/2$ 矛盾

(b) $\gamma\neq 1$. 因若 $\gamma=1$，可分 $\delta=0$ 和 $|\delta|\geqslant 1$ 两种情形来讨论. 当 $\delta=0$ 时，则 $z^*=\alpha-1/z$，所以由 $|x|\geqslant\sqrt{2\varepsilon}$ 得

$$y^*=y/(x^2+y^2)\leqslant\varepsilon/(2\varepsilon+\varepsilon^2)=1/(2+\varepsilon),$$

这和 $y^*\geqslant\sqrt{3}/2$ 矛盾. 当 $|\delta|\geqslant 1$ 时，由 $|x|\leqslant 1/2$ 及式(13)得

$$\frac{1}{y^*}\geqslant\frac{1}{\varepsilon}(|\delta|-|x|)^2+\varepsilon\geqslant\frac{1}{4\varepsilon}+\varepsilon,$$

由于 $\varepsilon\leqslant 1/8$，这也和 $y^*\geqslant\sqrt{3}/2$ 矛盾.

综合以上讨论就证明了式(12)成立，因而式(10)成立. 由式(10)及(5)就证明了

$$\int_{L_1}+\int_{L_2}\ll e^{2\pi m\varepsilon+\pi/(48\varepsilon)}\ll e^{\lambda\sqrt{m}/2}. \tag{14}$$

下面来计算积分 $\int_{L_2}$. 由式(1.11)得

$$\int_{L^2}=\int_{L_2}e^{-\pi i/4}\sqrt{z}\,e^{\pi i/12z}F(e^{-2\pi i/z})e^{-2\pi imz}dz, \tag{15}$$

作变换 $z=we^{3\pi i/2}$，原来 z 的幅角变化范围（见式(35.1.8)）是 $0<\arg z<\pi$，所以 w 的幅角变化范围是

$$-3\pi/2<\arg w<-\pi/2, \tag{16}$$

我们有

$$\int_{L_2}=\int_{L_2'}\sqrt{w}\,F(e^{2\pi/w})e^{-2\pi(mw+1/24w)}dw, \tag{17}$$

其中 L_2' 是直线段: $\operatorname{Re}w=-\varepsilon$, $-\sqrt{2\varepsilon}\leqslant\operatorname{Im}w<\sqrt{2\varepsilon}$, w 的幅角由式(16)确定.

当 $w \in L_2'$ 时，设 $w=-\varepsilon+iv, |v| \leqslant \sqrt{2}\,\varepsilon$

$$\operatorname{Re}\frac{1}{w}=\frac{-\varepsilon}{\varepsilon^2+v^2} \leqslant \frac{-\varepsilon}{\varepsilon^2+2\varepsilon}=\frac{-1}{\varepsilon+2}<-\frac{1}{3}, \quad (18)$$

最后一步用到了 $\varepsilon<1/8$；所以当 $w \in L_2'$ 时，

$$|e^{-\pi/12w}(F(e^{2\pi/w})-1)| \leqslant \sum_{l=1}^{\infty} p(l) e^{-2\pi(l-1/24)/3} \ll 1 \quad (19)$$

由式(17)，(19)及(5)得到

$$\int_{L_2}=\int_{L_2'} \sqrt{w}\; e^{-2\pi(mw+1/(24w))} dw+O(e^{2\pi m\varepsilon}).$$

$$=I+O(e^{\lambda\sqrt{m}/4}). \quad (20)$$

下面来计算积分 I. 设 δ 是小于 $(24m)^{-1/2}=2\varepsilon$ 的正数. 考虑如下的积分围道[1)]: $G=L_2'+C_1+C_2+C_3+C_4+C_5+C_6+C_7+C_8+C_9$, 这里 C_1: $\operatorname{Im} w=\sqrt{2\varepsilon}$, $-\varepsilon \leqslant \operatorname{Re} w \leqslant 0$; C_2: $\operatorname{Re} w=0, \sqrt{2\varepsilon} \geqslant \operatorname{Im} w \geqslant \delta$; C_3: $|w|=\delta, -3\pi/2 \geqslant \arg w \geqslant -2\pi$; C_4: $\operatorname{Im} w=0, \delta \leqslant \operatorname{Re} w \leqslant 2\varepsilon$; C_5: $|w|=2\varepsilon$, $-2\pi \leqslant \arg w \leqslant 0$; C_6: $\operatorname{Im} w=0, 2\varepsilon \geqslant \operatorname{Re} w \geqslant \delta$; C_7: $|w|=\delta, 0 \geqslant \arg w \geqslant -\pi/2$; C_8: $\operatorname{Re} w=0$, $-\delta \geqslant \operatorname{Im} w \geqslant -\sqrt{2\varepsilon}$; C_9: $\operatorname{Im} w=-\sqrt{2\varepsilon}$, $0 \geqslant \operatorname{Re} w \geqslant -\varepsilon$. 由 Cauchy 积分定理知：

$$I=-\left(\int_{C_1}+\cdots+\int_{C_9}\right)\sqrt{w}\; e^{-2\pi(mw+1/(24w))} dw. \quad (21)$$

先证明除 $\int_{C_4}, \int_{C_5}, \int_{C_6}$ 外，其余的积分都是可忽略的余项. 容易证明: 在 C_3, C_7 上 $\operatorname{Re}(mw+1/(24w)) \geqslant 0$，所以

$$\left|\int_{C_3}\right| \leqslant \pi\delta^{3/2}/2, \quad \left|\int_{C_7}\right| \leqslant \pi\delta^{3/2}/2. \quad (22)$$

在 C_2, C_8 上 $\operatorname{Re}(mw+1/(24w))=0$，所以对任意 $\delta>0$

1) 下面幅角的取值是由式(16)确定的.

$$\left|\int_{C_2}\right| \leqslant \int_0^{\sqrt{2\varepsilon}} \sqrt{u}\, du = \frac{2}{3}(2\varepsilon)^{3/4}, \left|\int_{C_8}\right| \leqslant \frac{2}{3}(2\varepsilon)^{3/4}. \quad (23)$$

在 C_1, C_9 上，设 $w=u\pm i\sqrt{2\varepsilon}$ ，$-\varepsilon\leqslant u\leqslant 0$，我们有

$$\operatorname{Re}(mw+1/(24w)) = mu+(1/24)u^2(u^2+2\varepsilon)^{-1} > -m\varepsilon - 1/48.$$

所以

$$\left|\int_{C_1}\right| \ll e^{2\pi/m\varepsilon} = e^{\lambda\sqrt{m}/4}, \left|\int_9\right| \ll e^{\lambda\sqrt{m}/4}. \quad (24)$$

令 $\delta\to 0$，由式(21)—(24)得到

$$I = -\left(\int_{C_4}+\int_{C_5}+\int_{C_6}\right)\sqrt{w}\, e^{-2\pi(mw+1/(24w))}dw + O(e^{\lambda\sqrt{m}/4})$$

$$= -\int_T \sqrt{w}\, e^{-2\pi(mw+1/(24w))}dw + O(e^{\lambda\sqrt{m}/4}), \quad (25)$$

其中 T 为引理 2 中的积分围道(取 $r=2\varepsilon=(24m)^{-1/2}$)．在引理 2 中取 $\alpha=2\pi m$，$\beta=\pi/12$，那末就有

$$I = -\int_T \sqrt{w}\, e^{-(\alpha w+\beta/w)}dw + O(e^{\lambda\sqrt{m}/4})$$

$$= \left(\frac{d}{d\xi} J(\xi,\beta)\right)_{\xi=\alpha} + O(e^{\lambda\sqrt{m}/4})$$

$$= \left\{\frac{d}{d\xi}\left(2\sqrt{\frac{\pi}{\xi}}\sinh(2\sqrt{\xi\beta})\right)\right\}_{\xi=\alpha} + O(e^{\lambda\sqrt{m}/4}). \quad (26)$$

由式(4)，(14)，(20)及(26)就得到

$$p(n) = \left\{\frac{d}{d\xi}\left(2\sqrt{\frac{\pi}{\xi}}\sinh(2\sqrt{\xi\beta})\right)\right\}_{\xi=\alpha} + O(e^{\lambda\sqrt{m}/2}). \quad (27)$$

不难算出:

$$\left\{\frac{d}{d\xi}\left(2\sqrt{\frac{\pi}{\xi}}\sinh\left(2\sqrt{\xi\beta}\right)\right)\right\}_{\xi=\alpha}$$

$$=\left(\frac{\sqrt{\pi\beta}}{\alpha}-\frac{\sqrt{\pi}}{2\sqrt{\alpha^3}}\right)\left(e^{2\sqrt{\alpha\beta}}-e^{-2\sqrt{\alpha\beta}}\right), \qquad (28)$$

由以上两式，并注意到$\alpha=2\pi m$，$\beta=\pi/12$，就证明了式(9)．

不难证明：由式(9)可得

$$p(n)=\frac{1}{4\sqrt{3}}\ \frac{e^{\lambda\sqrt{n}}}{n}\left(1+O\left(\frac{1}{\sqrt{n}}\right)\right). \qquad (29)$$

从渐近公式的证明可以看出，这里是应用了圆法，但只作了最简单的讨论，即在积分(1)(即积分(4))中取出了一段积分$\left(\text{即}\int_{L_2}\right)$，证明它是整个积分的主要部分，从而就导出了渐近公式．进一步利用Farey分割来分划积分(1)的积分区间，把每一部份都计算出来，就可得到$p(n)$的级数展开式，这是下节的内容．

§4. $p(n)$的级数展开式

本节要利用Farey分割把式(3.1)中的积分分为在一组小圆弧上的积分，然后利用函数方程(1.12)求出在每一小圆弧上积分的主要部份，就可得到$p(n)$的级数展开式．

设N是充分大的正整数，N阶Farey数列F_N是指所有按大小顺序排列的，具有正分母$\leqslant N$的，位于[0,1)之中的既约分数：

$$h/k,\ 0\leqslant h<k,\ (h,k)=1,\ 1\leqslant k\leqslant N. \qquad (1)$$

显然，$0\leqslant h/k\leqslant(N-1)/N$．例如，5阶Farey数列是

$$\frac{0}{1},\ \frac{1}{5},\ \frac{1}{4},\ \frac{1}{3},\ \frac{2}{5},\ \frac{1}{2},\ \frac{3}{5},\ \frac{2}{3},\ \frac{3}{4},\ \frac{4}{5}.$$

关于Farey分数的基本知识可参看[14，第六章 §10]．

对于$N(\geqslant 3)$阶Farey数列中的任一分数

$$0<h/k<(N-1)/N, \tag{2}$$

在数列 F_N 中必有和它相邻的两个分数 $h_1/k_1, h_2/k_2$：

$$h_1/k_1<h/k<h_2/k_2 . \tag{3}$$

我们记

$$h^-/k^-=(h_1+h)/(k_1+k), \quad \theta^-_{k,h}=h/k-h^-/k^- ; \tag{4}$$

$$h^+/k^+=(h+h_2)/(k+k_2), \quad \theta^+_{k,h}=h^+/k^+-h/k . \tag{5}$$

当 $h/k=0/1$ 时，记

$$h^-/k^-=-1/(N+1), \quad h^+/k^+=1/(N+1), \tag{6}$$

$\theta^{\pm}_{k,h}$ 的定义同上；当 $h/k=(N-1)/N$ 时，记

$$h^-/k^-=(2N-3)/(2N-1), \quad h^+/k^+=N/(N+1), \tag{7}$$

$\theta^{\pm}_{k,h}$ 的定义也同上．熟知，

$$(2kN)^{-1}\leqslant\theta^{\pm}_{k,h}\leqslant(kN)^{-1}; \tag{8}$$

且显然有

$$\sum_{k=1}^{N}\sum_{h=0}^{k-1}{}'(\theta^+_{k,h}+\theta^-_{k,h})=1 . \tag{9}$$

设 $0<\rho<1$，令 $s=\rho e^{2\pi i x}$，$0\leqslant x<1$，由式(3.1)得

$$p(n)=\rho^{-n}\int_0^1 F(\rho e^{2\pi i x})e^{-2\pi i n x}dx . \tag{10}$$

利用上面对数列 F_N 的讨论及周期性，由上式得

$$p(n)=\rho^{-n}\sum_{k=1}^{N}\sum_{h=0}^{k-1}{}'\int_{h^-/k^-}^{h^+/k^+}F(\rho e^{2\pi i x})e^{-2\pi i n x}dx$$

$$=\rho^{-n}\sum_{k=1}^{N}\sum_{h=0}^{k-1}\int_{-\theta^-_{k,h}}^{\theta^+_{k,h}}F(\rho e^{2\pi i(h/k+x)})e^{-2\pi i n(h/k+x)}dx . \tag{11}$$

现取

$$\rho=\exp(-2\pi/N^2) \tag{12}$$

并令

$$z=k(N^{-2}-ix), \tag{13}$$

$$I_{k,h}=\int_{-\theta_{k,h}^{-}}^{\theta_{k,h}^{+}} F\left(\exp\left(2\pi i\left(\frac{h}{k}+i\frac{z}{k}\right)\right)\right)e^{-2\pi i n x}\,dx, \quad (14)$$

我们就有

$$p(n)=\exp\left(\frac{2\pi n}{N^2}\right)\sum_{k=1}^{N}\sum_{h=0}^{k-1}{}'\exp\left(\frac{-2\pi i n h}{k}\right)I_{k,h}. \quad (15)$$

下面来计算 $I_{k,h}$. 由定理 1.4 知,

$$I_{k,h}=e^{\pi i s(h,k)}\int_{-\theta_{k,h}^{-}}^{\theta_{k,h}^{+}}\sqrt{z}\,\exp\left(\frac{\pi(z^{-1}-z)}{12k}\right)e^{-2\pi i n x}\,dx$$

$$+e^{\pi i s(h,k)}\int_{-\theta_{k,h}^{-}}^{\theta_{k,h}^{+}}\sqrt{z}\,\exp\left(\frac{\pi(z^{-1}-z)}{12k}\right)e^{-2\pi i n x}$$

$$\cdot\left\{F\left(\exp\left(2\pi i\left(\frac{h'}{k}+\frac{i}{kz}\right)\right)\right)-1\right\}dx$$

$$=e^{\pi i s(h,k)}I_{k,h}^{(1)}+e^{\pi i s(h,k)}I_{k,h}^{(2)}. \quad (16)$$

先估计 $I_{k,h}^{(2)}$. 由式(13)知,

$$\frac{1}{z}=\frac{N^{-2}+ix}{k(N^{-4}+x^2)}. \quad (17)$$

当 $-\theta_{k,h}^{-}\leqslant x\leqslant\theta_{k,h}^{+}$ 时, 由上式及式(8)得

$$\frac{1}{k}\,\mathrm{Re}\,\frac{1}{z}=\frac{N^{-2}}{k^2(N^{-4}+x^2)}\geqslant\frac{1}{1+k^2N^{-2}}\geqslant\frac{1}{2}, \quad (18)$$

以及

$$|z|^{1/2}=k^{1/2}(N^{-4}+x^2)^{1/4}\leqslant k^{1/2}(N^{-4}+k^{-2}N^{-2})^{1/4}$$

$$\leqslant 2^{1/4}N^{-1/2}. \quad (19)$$

因而，由此及式(1.3)得

$$|I_{k,h}^{(2)}|\leqslant(\theta_{k,h}^{+}+\theta_{k,h}^{-})|z|^{1/2}\exp\left(-\mathrm{Re}\ \frac{\pi z}{12k}\right)$$

$$\cdot\sum_{l=1}^{\infty}p(l)\exp\left(-\frac{2\pi}{k}\left(l-\frac{1}{24}\right)\mathrm{Re}\frac{1}{z}\right)$$

$$\leqslant(\theta_{k,h}^{+}+\theta_{k,h}^{-})2^{1/4}N^{-1/2}e^{-\pi/(12N^2)}\sum_{l=1}^{\infty}p(l)e^{-\pi(l-1/24)}.$$

$$\ll(\theta_{k,h}^{+}+\theta_{k,h}^{-})N^{-1/2}\ . \tag{20}$$

下面来计算 $I_{k,h}^{(1)}$. 由式(13)得 $I_{k,h}^{(1)}$ 的复积分表示式：

$$I_{k,h}^{(1)}=\exp\left(\frac{-2\pi n}{N^2}\right)ik^{-1}\int_{k(N^{-2}+i\theta_{k,h}^{-})}^{k(N^{-2}-i\theta_{k,h}^{+})}\sqrt{z}$$

$$\cdot\exp\ \left(\frac{2\pi}{k}\left(n-\frac{1}{24}\right)z+\frac{\pi z^{-1}}{12k}\right)dz\ . \tag{21}$$

由约定知当 $-\theta_{k,h}^{-}\leqslant x\leqslant\theta_{k,h}^{+}$ 时 $\pi/2>\arg z>-\pi/2$. 作复变换 $w=k^{-1}e^{-\pi i}z$, 这时 $-\pi/2>\arg w>-3\pi/2$. 积分变为

$$I_{k,h}^{(1)}=k^{1/2}\exp\left(\frac{-2\pi n}{N^2}\right)\int_{-N^{-2}-i\theta_{k,h}^{-}}^{-N^{-2}+i\theta_{k,h}^{+}}\sqrt{w}$$

$$\cdot\exp\left(-2\pi\left(\left(n-\frac{1}{24}\right)w+\frac{1}{24k^2w}\right)\right)dw\ , \tag{22}$$

这里的积分同式(3.20)中讨论的积分的类型完全相同,计算方法也相同. 考虑积分围道 $H=L_{k,h}+C_1+C_2+C_3+C_4+C_5+C_6+C_7+C_8+C_9$,这里 $L_{k,h}$: $\mathrm{Re}\,w=-N^{-2}$, $-\theta_{k,h}^{-}\leqslant\mathrm{Im}\,w\leqslant\theta_{k,h}^{+}$, C_1: $\mathrm{Im}\,w=\theta_{k,h}^{+}$, $-N^{-2}\leqslant\mathrm{Re}\ w\leqslant 0$; C_2: $\mathrm{Re}\,w=0$, $\theta_{k,h}^{+}\geqslant\mathrm{Im}\,w\geqslant\delta$; C_3: $|w|=\delta$, $-3\pi/2\geqslant\arg w\geqslant-2\pi$; C_4: $\mathrm{Im}\,w=0$, $\delta\leqslant\mathrm{Re}\ w\leqslant r$; C_5: $|w|=r$, $-2\pi\leqslant\arg w\leqslant 0$; C_6: $\mathrm{Im}\ w=0$, $r\geqslant\mathrm{Re}\ w\geqslant\delta$; C_7: $|w|=\delta$, $0\geqslant\arg w\geqslant-\pi/2$; C_8: $\mathrm{Re}\ w=0$, $-\delta\geqslant\mathrm{Im}\ w\geqslant-\theta_{k,h}^{-}$; C_9:

$\operatorname{Im} w=-\theta^-_{k,h}$, $0\geqslant \operatorname{Re} w\geqslant -N^{-2}$，这里取$r=(24k^2(n-1/24))^{-1/2}$，$\delta$ 是小于 $(2N^2)^{-1}$ 的正数．由 Cauchy 积分定理得（记 $m=n-1/24$）

$$I^{(1)}_{k,h}=-k^{1/2}\exp\left(\frac{-2\pi n}{N^2}\right)\left(\int_{C_1}+\cdots+\int_{C_9}\right)\sqrt{w}$$

$$\cdot\exp\left(-2\pi\left(mw+\frac{1}{24k^2w}\right)\right)dw. \qquad (23)$$

同计算式(3.20)中的积分完全一样，利用式(8)可得

$$\left|\int_{C_3}\right|\ll\delta^{3/2},\quad\left|\int_{C_7}\right|\ll\delta^{3/2}.$$

$$\left|\int_{C_2}\right|\ll(\theta^+_{k,h})^{3/2}\ll(Nk)^{-1/2}\theta^+_{k,h},$$

$$\left|\int_{C_8}\right|\ll(\theta^-_{k,h})^{3/2}\ll(Nk)^{-1/2}\theta^-_{k,h},$$

$$\left|\int_{C_1}\right|\ll N^{-2}(N^{-4}+(\theta^+_{k,h})^2)^{1/4}\exp(2\pi mN^{-2})$$

$$\ll k^{1/2}N^{-3/2}\exp(2\pi mN^{-2})\,\theta^+_{k,h},$$

及

$$\left|\int_{C_9}\right|\ll k^{1/2}N^{-3/2}\exp(2\pi mN^{-2})\,\theta^-_{k,h}.$$

把以上估计代入式(23)，令 $\delta\to 0$ 即得

$$I^{(1)}_{k,h}=-k^{1/2}\exp\left(\frac{-2\pi n}{N^2}\right)\int_T\sqrt{w}\;e^{-2\pi(mw+1/(24k^2w))}\,dw$$

$$+O(N^{-1/2}(\theta^+_{k,h}+\theta^-_{k,h})), \qquad (24)$$

其中 T 为引理 3.2 中的积分围道，取 $r=(24k^2m)^{-1/2}$. 在引理 3.2 中取 $\alpha=2\pi m$，$\beta=\pi/(12k^2)$，即得

$$-\int_T \sqrt{w}\ e^{-2\pi(mw+1/(24k^2w))}dw$$

$$=\left(\frac{d}{d\xi}J(\xi,\beta)\right)_{\xi=\alpha}$$

$$=\left\{\frac{d}{d\zeta}\left(2\sqrt{\frac{\pi}{\zeta}}\sinh\left(\frac{1}{k}\sqrt{\frac{\pi\xi}{3}}\right)\right)\right\}_{\zeta=\alpha}$$

$$=\frac{1}{\sqrt{2}\,\pi}\left\{\frac{d}{dx}\left(\frac{1}{\sqrt{x}}\sinh\left(\frac{\pi}{k}\sqrt{\frac{2x}{3}}\right)\right)\right\}_{x=m}$$

$$=\psi_k(n)\ . \tag{25}$$

由式(15)，(16)，(20)，(24)及(25)，利用式(9)即得

$$p(n)=\sum_{k=1}^{N}k^{1/2}A_k(n)\psi_k(n)+O(N^{-1/2}\exp(2\pi nN^{-2}))\ . \tag{26}$$

其中

$$A_k(n)=\sum_{h=0}^{k-1}{}'\exp(\pi i s(h,k)-2\pi inhk^{-1}). \tag{27}$$

令 $N\to\infty$ 就得到了 $p(n)$ 的级数展开式

定理 1

$$p(n)=\sum_{k=1}^{\infty}k^{1/2}A_k(n)\psi_k(n)\ , \tag{28}$$

其中 $\psi_k(n)$，$A_k(n)$ 分别由式(25)，(27)给出．

参 考 书 目

1. Apostol, T. M., Introduction to Analytic Number Theory, Springer-Verlag, 1976.
2. Apostol, T. M, Modular Functions and Dirichlet Series in Number Theory, Springe-Verlag, 1976.
3. Andrews, G. E., The Theory of Partitions, Addison-Wesley, 1976.
4. Ayoub, R., An Introduction to the Analytic Theory of Numbers, AMS, 1963.
5. Bellman, R., Analytic Number Theory, Benjamin/Cummings, 1980.
6. Chandrasekharan, K., Arithmetical Functions, Springer-Verlag, 1970.
7. Davenport, H., Multiplicative Number Theory, 2nd ed., Springer-Verlag, 1980.
8. Edwards, H. M., Riemann's Zeta Function, Academic Press, 1974.
9. 菲赫金哥尔茨(Фихтенгольц), Г. М., 微积分学教程(共三卷八分册), 人民教育出版社, 1980.
10. Halberstam, H., Richert, H. E., Sieve Methods, Academic Press, 1974.
11. Hardy, G. H., Wright, E. M., An Introduction to the Theory of Numbers, 5th ed., Oxford University Press, 1981.
12. 华罗庚, 数论导引, 科学出版社, 1979.
13. 华罗庚, 堆垒素数论, 科学出版社, 1957.
14. 华罗庚, 指数和的估计及其在数论中的应用, 科学出版社, 1963.
15. Huxley, M. N., The Distribution of Prime Numbers, Oxford, 1972.
16. Ingham, A. E., The Distribution of Prime Numbers, Cambridge, 1932.
17. Ivić, A., The Riemann Zeta Function, John Wiley & Sons, 1985.
18.[1] Карацуба, А. А. Основы Аналитической Теории Чисел, 2 изд., Наука, 1983. (第一版有中译本: 卡拉楚巴, 解析数论基础, 科学出版社, 1984).
19. 河田龍夫, Fourier 分析, 高等教育出版社, 1984.
20. Landau, E., Vorlesungen über Zahlentheorie, Verlag, 1927.
21. Landau, E., Handbuch der Lehre von der Verteilung der Primzahlen, 2nd ed., Chelsea, 1953.
22. 刘斯铁尔尼克(Люстерник), Л. А., 索伯列夫(Соболев), В. И., 泛函分析概要, 第二版, 科学出版社, 1985.
23. 闵嗣鹤, 数论的方法(上、下册), 科学出版社, 1981.
24. Montgomery, H. L., Topics in Multiplicative Number Theory, Springer-Verlag, 1971.
25. Motohashi, Y., Sieve Methods and Prime Number Theory, Springer-Verlag, 1983.
26. 潘承洞, 潘承彪, 哥德巴赫猜想, 科学出版社, 1981,
27. 潘承洞, 潘承彪, 素数定理的初等证明, 上海科学技术出版社, 1988.
28. Prachar, K., Primzahlverteilung, Springe-Verlag, 1957.
29. Rademacher, H., Topics in Analytic Number Theory, Springer-Verlag, 1973.
30. Richert, H. E., Lectures on Sieve Methods, Springer-Verlag, 1976.
31. 梯其玛希(Titchmarsh), E. C., 函数论, 科学出版社, 1964.

1) 引用本书不加指明时均指中译本.

32. Titchmarsh, E. C., The Theory of the Riemann Zeta Function, Clarendon, 1951.
33. Vaughan, R. C., The Hardy–Littlewood Method, Cambridge University Press, 1981.
34. Виноградов, И. М., Метод Тригонометрических Сумм В Теории Чисел, 2 изд, Наука, 1980.
35. Виноградов, И. М., Особые Варианты Метода Триго Нометрических Сумм, Наука, 1976.
36. 王元(Wang Yuan, 编辑), Goldbach Conjecture, World Scientific, Singapore 1984; 哥德巴赫猜想研究, 黑龙江教育出版社, 1987.

《现代数学基础丛书》已出版书目

1 数理逻辑基础(上册) 1981.1 胡世华 陆钟万 著
2 数理逻辑基础(下册) 1982.8 胡世华 陆钟万 著
3 紧黎曼曲面引论 1981.3 伍鸿熙 吕以辇 陈志华 著
4 组合论(上册) 1981.10 柯 召 魏万迪 著
5 组合论(下册) 1987.12 魏万迪 著
6 数理统计引论 1981.11 陈希孺 著
7 多元统计分析引论 1982.6 张尧庭 方开泰 著
8 有限群构造(上册) 1982.11 张远达 著
9 有限群构造(下册) 1982.12 张远达 著
10 测度论基础 1983.9 朱成熹 著
11 分析概率论 1984.4 胡迪鹤 著
12 微分方程定性理论 1985.5 张芷芬 丁同仁 黄文灶 董镇喜 著
13 傅里叶积分算子理论及其应用 1985.9 仇庆久 陈恕行 是嘉鸿 刘景麟 蒋鲁敏 编
14 辛几何引论 1986.3 J.柯歇尔 邹异明 著
15 概率论基础和随机过程 1986.6 王寿仁 编著
16 算子代数 1986.6 李炳仁 著
17 线性偏微分算子引论(上册) 1986.8 齐民友 编著
18 线性偏微分算子引论(下册) 1992.1 齐民友 徐超江 编著
19 实用微分几何引论 1986.11 苏步青 华宣积 忻元龙 著
20 微分动力系统原理 1987.2 张筑生 著
21 线性代数群表示导论(上册) 1987.2 曹锡华 王建磐 著
22 模型论基础 1987.8 王世强 著
23 递归论 1987.11 莫绍揆 著
24 拟共形映射及其在黎曼曲面论中的应用 1988.1 李 忠 著
25 代数体函数与常微分方程 1988.2 何育赞 萧修治 著
26 同调代数 1988.2 周伯壎 著
27 近代调和分析方法及其应用 1988.6 韩永生 著
28 带有时滞的动力系统的稳定性 1989.10 秦元勋 刘永清 王 联 郑祖庥 著
29 代数拓扑与示性类 1989.11 [丹麦] I.马德森 著
30 非线性发展方程 1989.12 李大潜 陈韵梅 著

31　仿微分算子引论　1990.2　陈恕行　仇庆久　李成章　编
32　公理集合论导引　1991.1　张锦文　著
33　解析数论基础　1991.2　潘承洞　潘承彪　著
34　二阶椭圆型方程与椭圆型方程组　1991.4　陈亚浙　吴兰成　著
35　黎曼曲面　1991.4　吕以辇　张学莲　著
36　复变函数逼近论　1992.3　沈燮昌　著
37　Banach 代数　1992.11　李炳仁　著
38　随机点过程及其应用　1992.12　邓永录　梁之舜　著
39　丢番图逼近引论　1993.4　朱尧辰　王连祥　著
40　线性整数规划的数学基础　1995.2　马仲蕃　著
41　单复变函数论中的几个论题　1995.8　庄圻泰　杨重骏　何育赞　闻国椿　著
42　复解析动力系统　1995.10　吕以辇　著
43　组合矩阵论(第二版)　2005.1　柳柏濂　著
44　Banach 空间中的非线性逼近理论　1997.5　徐士英　李　冲　杨文善　著
45　实分析导论　1998.2　丁传松　李秉彝　布　伦　著
46　对称性分岔理论基础　1998.3　唐　云　著
47　Gel'fond-Baker 方法在丢番图方程中的应用　1998.10　乐茂华　著
48　随机模型的密度演化方法　1999.6　史定华　著
49　非线性偏微分复方程　1999.6　闻国椿　著
50　复合算子理论　1999.8　徐宪民　著
51　离散鞅及其应用　1999.9　史及民　编著
52　惯性流形与近似惯性流形　2000.1　戴正德　郭柏灵　著
53　数学规划导论　2000.6　徐增堃　著
54　拓扑空间中的反例　2000.6　汪　林　杨富春　编著
55　序半群引论　2001.1　谢祥云　著
56　动力系统的定性与分支理论　2001.2　罗定军　张　祥　董梅芳　著
57　随机分析学基础(第二版)　2001.3　黄志远　著
58　非线性动力系统分析引论　2001.9　盛昭瀚　马军海　著
59　高斯过程的样本轨道性质　2001.11　林正炎　陆传荣　张立新　著
60　光滑映射的奇点理论　2002.1　李养成　著
61　动力系统的周期解与分支理论　2002.4　韩茂安　著
62　神经动力学模型方法和应用　2002.4　阮　炯　顾凡及　蔡志杰　编著
63　同调论——代数拓扑之一　2002.7　沈信耀　著
64　金兹堡-朗道方程　2002.8　郭柏灵　黄海洋　蒋慕容　著

65 排队论基础 2002.10 孙荣恒 李建平 著
66 算子代数上线性映射引论 2002.12 侯晋川 崔建莲 著
67 微分方法中的变分方法 2003.2 陆文端 著
68 周期小波及其应用 2003.3 彭思龙 李登峰 谌秋辉 著
69 集值分析 2003.8 李 雷 吴从炘 著
70 强偏差定理与分析方法 2003.8 刘 文 著
71 椭圆与抛物型方程引论 2003.9 伍卓群 尹景学 王春朋 著
72 有限典型群子空间轨道生成的格(第二版) 2003.10 万哲先 霍元极 著
73 调和分析及其在偏微分方程中的应用(第二版) 2004.3 苗长兴 著
74 稳定性和单纯性理论 2004.6 史念东 著
75 发展方程数值计算方法 2004.6 黄明游 编著
76 传染病动力学的数学建模与研究 2004.8 马知恩 周义仓 王稳地 靳 祯 著
77 模李超代数 2004.9 张永正 刘文德 著
78 巴拿赫空间中算子广义逆理论及其应用 2005.1 王玉文 著
79 巴拿赫空间结构和算子理想 2005.3 钟怀杰 著
80 脉冲微分系统引论 2005.3 傅希林 闫宝强 刘衍胜 著
81 代数学中的 Frobenius 结构 2005.7 汪明义 著
82 生存数据统计分析 2005.12 王启华 著
83 数理逻辑引论与归结原理(第二版) 2006.3 王国俊 著
84 数据包络分析 2006.3 魏权龄 著
85 代数群引论 2006.9 黎景辉 陈志杰 赵春来 著
86 矩阵结合方案 2006.9 王仰贤 霍元极 麻常利 著
87 椭圆曲线公钥密码导引 2006.10 祝跃飞 张亚娟 著
88 椭圆与超椭圆曲线公钥密码的理论与实现 2006.12 王学理 裴定一 著
89 散乱数据拟合的模型、方法和理论 2007.1 吴宗敏 著
90 非线性演化方程的稳定性与分歧 2007.4 马 天 汪宁宏 著
91 正规族理论及其应用 2007.4 顾永兴 庞学诚 方明亮 著
92 组合网络理论 2007.5 徐俊明 著
93 矩阵的半张量积:理论与应用 2007.5 程代展 齐洪胜 著
94 鞅与 Banach 空间几何学 2007.5 刘培德 著
95 非线性常微分方程边值问题 2007.6 葛渭高 著
96 戴维-斯特瓦尔松方程 2007.5 戴正德 蒋慕蓉 李栋龙 著
97 广义哈密顿系统理论及其应用 2007.7 李继彬 赵晓华 刘正荣 著
98 Adams 谱序列和球面稳定同伦群 2007.7 林金坤 著

99　矩阵理论及其应用　2007.8　陈公宁　编著
100　集值随机过程引论　2007.8　张文修　李寿梅　汪振鹏　高　勇　著
101　偏微分方程的调和分析方法　2008.1　苗长兴　张　波　著
102　拓扑动力系统概论　2008.1　叶向东　黄　文　邵　松　著
103　线性微分方程的非线性扰动(第二版)　2008.3　徐登洲　马如云　著
104　数组合地图论(第二版)　2008.3　刘彦佩　著
105　半群的 S-系理论(第二版)　2008.3　刘仲奎　乔虎生　著
106　巴拿赫空间引论(第二版)　2008.4　定光桂　著
107　拓扑空间论(第二版)　2008.4　高国士　著
108　非经典数理逻辑与近似推理(第二版)　2008.5　王国俊　著
109　非参数蒙特卡罗检验及其应用　2008.8　朱力行　许王莉　著
110　Camassa-Holm 方程　2008.8　郭柏灵　田立新　杨灵娥　殷朝阳　著
111　环与代数(第二版)　2009.1　刘绍学　郭晋云　朱　彬　韩　阳　著
112　泛函微分方程的相空间理论及应用　2009.4　王　克　范　猛　著
113　概率论基础(第二版)　2009.8　严士健　王隽骧　刘秀芳　著
114　自相似集的结构　2010.1　周作领　瞿成勤　朱智伟　著
115　现代统计研究基础　2010.3　王启华　史宁中　耿　直　主编
116　图的可嵌入性理论(第二版)　2010.3　刘彦佩　著
117　非线性波动方程的现代方法(第二版)　2010.4　苗长兴　著
118　算子代数与非交换 L_p 空间引论　2010.5　许全华　吐尔德别克　陈泽乾　著
119　非线性椭圆型方程　2010.7　王明新　著
120　流形拓扑学　2010.8　马　天　著
121　局部域上的调和分析与分形分析及其应用　2011.4　苏维宜　著
122　Zakharov 方程及其孤立波解　2011.6　郭柏灵　甘在会　张景军　著
123　反应扩散方程引论(第二版)　2011.9　叶其孝　李正元　王明新　吴雅萍　著
124　代数模型论引论　2011.10　史念东　著
125　拓扑动力系统——从拓扑方法到遍历理论方法　2011.12　周作领　尹建东　许绍元　著
126　Littlewood-Paley 理论及其在流体动力学方程中的应用　2012.3　苗长兴　吴家宏　章志飞　著
127　有约束条件的统计推断及其应用　2012.3　王金德　著
128　混沌、Mel′nikov 方法及新发展　2012.6　李继彬　陈凤娟　著
129　现代统计模型　2012.6　薛留根　著
130　金融数学引论　2012.7　严加安　著
131　零过多数据的统计分析及其应用　2013.1　解锋昌　韦博成　林金官　著

132　分形分析引论　2013.6　胡家信　著
133　索伯列夫空间导论　2013.8　陈国旺　编著
134　广义估计方程估计方程　2013.8　周　勇　著
135　统计质量控制图理论与方法　2013.8　王兆军　邹长亮　李忠华　著
136　有限群初步　2014.1　徐明曜　著
137　拓扑群引论(第二版)　2014.3　黎景辉　冯绪宁　著
138　现代非参数统计　2015.1　薛留根　著